ISBN 978-0-656-48871-1
PIBN 10672625

TRAITÉ
D'ANATOMIE HUMAINE

PUBLIÉ PAR

P. POIRIER
Professeur d'anatomie
à la Faculté de Médecine de Paris
Chirurgien des Hôpitaux

ET

A. CHARPY
Professeur d'anatomie
à la Faculté de Médecine
de Toulouse

AVEC LA COLLABORATION DE

O. AMOËDO — A. BRANCA — A. CANNIEU — B. CUNÉO — G. DELAMARE
PAUL DELBET — A. DRUAULT — P. FREDET — GLANTENAY — A. GOSSET
M. GUIBÉ — P. JACQUES — TH. JONNESCO — E. LAGUESSE — L. MANOUVRIER
M. MOTAIS — A. NICOLAS — P. NOBÉCOURT — O. PASTEAU — M. PICOU
A. PRENANT — H. RIEFFEL — CH. SIMON — A. SOULIÉ

TOME CINQUIÈME

DEUXIÈME FASCICULE

LES ORGANES DES SENS

Le tégument externe et ses dérivés, par A. BRANCA.
Appareil moteur de l'œil, par M. MOTAIS. — **Appareil de la vision**, par A. DRUAULT.
Annexes de l'œil, par M. PICOU.
Oreille externe et moyenne, par M. GUIBÉ. — **Oreille interne**, par A. CANNIEU.
Nez et Fosses nasales, par P. JACQUES.
GLANDES SURRÉNALES, par G. DELAMARE
(FIN DE L'OUVRAGE)

AVEC 544 FIGURES EN NOIR ET EN COULEURS

PARIS
MASSON ET Cie, ÉDITEURS
LIBRAIRES DE L'ACADÉMIE DE MÉDECINE
120, BOULEVARD SAINT-GERMAIN
—
1904

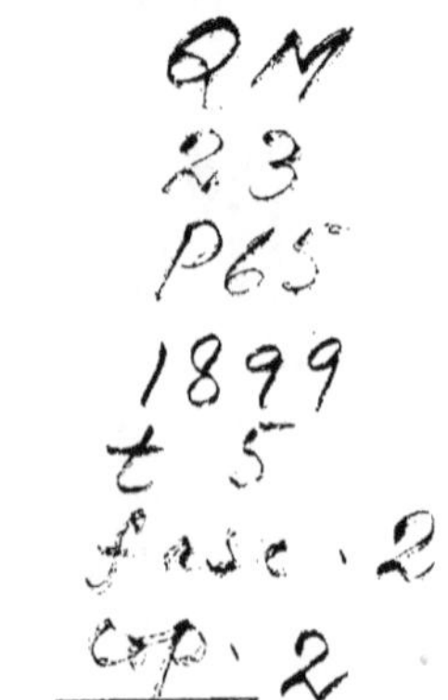

LE TÉGUMENT EXTERNE ET SES DÉRIVÉS

par le Dr Albert BRANCA

GÉNÉRALITÉS

Chez les animaux inférieurs, la peau n'est pas seulement un organe de revêtement. Elle représente encore la totalité de l'appareil sensoriel. Mais, à mesure qu'on s'élève dans l'échelle zoologique, le système nerveux se sépare de l'ectoderme tégumentaire; en même temps, cet ectoderme devient l'origine de colonies épithéliales qui ne tardent pas à s'isoler de la peau; ces colonies entrent alors en connexion avec l'axe cérébro-spinal, et, de cette sorte de conjugaison, résultent les divers appareils sensoriels.

Chez l'homme, le tégument externe a pour rôle essentiel de soustraire le milieu intérieur aux perturbations que ne manqueraient pas de lui faire subir incessamment le monde extérieur où nous vivons. Pour permettre à cette protection de s'exercer de façon réellement efficace, le tégument externe est devenu, chez l'homme, un organe complexe, pourvu de propriétés et de fonctions.

Grâce à ses propriétés, le tégument résiste à l'action des agents divers auxquels il est exposé (agents mécaniques, agents physiques, agents chimiques). Les propriétés de la peau résultent de sa structure même : aussi les voit-on persister sur le cadavre.

Les fonctions de la peau, tout au contraire, sont le propre de l'être vivant. Elles représentent les divers modes de réaction qu'affecte le tégument externe mis en jeu par les excitations les plus diverses. Et pour être multiples et variées, les fonctions de la peau n'en concourent pas moins à un même but, réglées qu'elles sont par le système nerveux cérébro-spinal.

La peau est un appareil sensoriel. Elle est le siège du sens tactile, le plus étendu de tous. A ce titre, on a pu dire que la peau représente une immense terminaison nerveuse, étalée aux confins du monde extérieur. Elle devient, par là même, l'origine de réflexes dont l'importance n'échappera point, puisque l'un d'eux a pour terme la régulation de la température.

Sous forme de sueur, la peau rejette près du tiers des liquides que perd journellement l'organisme. La peau est donc une glande, une glande comme le rein. Comme le rein, elle élimine les déchets qui proviennent des combustions de l'organisme. Il y a même une véritable solidarité entre la sécrétion sudorale et la sécrétion urinaire. Celle-là augmente quand celle-ci diminue et inversement. Il y a plus : c'est par l'évaporation de la sueur que l'organisme se défend contre la chaleur.

Pour lutter contre le froid, le tégument externe est muni de glandes sébacées et de poils. Le sébum empêche le tégument de se mouiller, et de devenir ainsi un bon conducteur de la chaleur et de l'électricité; les poils, en emprisonnant entre leurs tiges, un véritable matelas d'air, diminuent d'autant le rayonnement qui s'effectue à la surface du tégument.

La protection de l'organisme est donc assurée par le tégument externe : mais le tégument externe ne donne pas seulement à l'individu des organes de défense ; il le pourvoit encore d'un appareil d'attaque, l'appareil unguéal. Pour être rudimentaire dans l'espèce humaine, cet appareil n'en garde pas moins sa signification physiologique : il correspond morphologiquement à la griffe des carnivores, au sabot des ongulés... tous organes qui procèdent comme lui du tégument externe, mais qui sont appelés à jouer un rôle autrement important, en raison de leur forme et de leur développement considérable.

ARTICLE PREMIER

LA PEAU

CHAPITRE PREMIER

DÉVELOPPEMENT DE LA PEAU

C'est l'ectoderme définitif, avec sa rangée unique de cellules cylindriques,

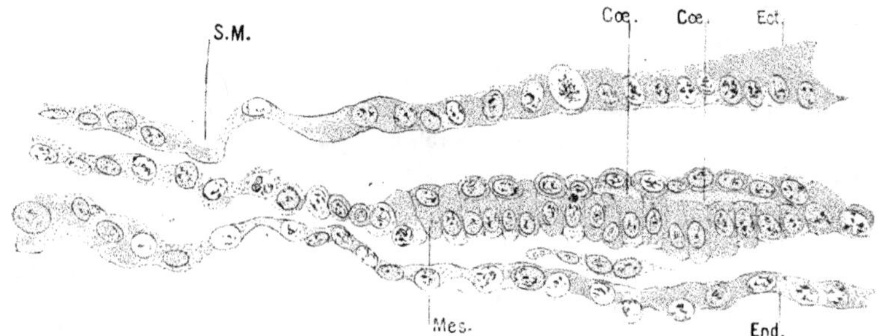

Fig. 432. — Coupe d'un embryon de lapin porteur de cinq protovertèbres. (D'après van der Stricht.)

Ect, l'ectoderme tégumentaire. — *SM*, sinus marginal. — *Mes*, mésoderme. — *Cœ*, cœlome. — *End*, endoderme.

qui constitue, tout d'abord, le tégument de l'embryon. Plus tard, l'ectoderme se stratifie ; le chorion se différencie. La peau se montre dès lors pourvue d'un derme et d'un épiderme dont il nous faut étudier successivement le développement.

I. — ÉPIDERME

1° *Stade de l'épiderme simple.* — Jusque vers la fin du premier mois (embryon de six à huit millimètres), l'épiderme est formé d'une assise cellulaire unique, qui se divise par karyokinèse et donne naissance à des cellules juxtaposées. Les éléments de cette assise sont polyédriques, mais leur forme est essentiellement variable. Chez les mammifères, cette forme se modifie d'un groupe à l'autre, et, dans une espèce donnée, l'épiderme peut offrir des aspects très différents, dans les différents territoires du tégument externe (Minot)[1].

L'épiderme des invertébrés et celui de l'amphioxus ne vont pas au delà de ce stade évolutif, et c'est pour rappeler cette disposition anatomique qu'on désigne du nom de *stade d'invertébré* ce stade initial du développement où l'épiderme est simple, c'est-à-dire non stratifié (A).

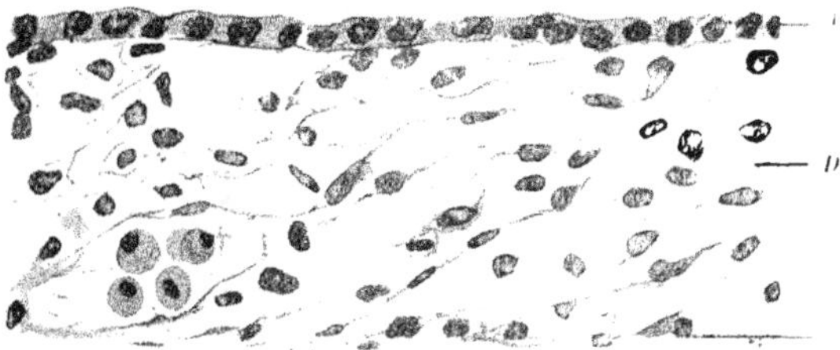

Fig. 433. — Paroi thoracique d'un jeune embryon de cobaye.
E, épiderme encore réduit à une seule assise cellulaire. — *D*. derme. — *P*, endothélium de la séreuse pleuro-péritonéale.

2° *Stade de l'épiderme bi-stratifié.* — Chez les embryons du second mois, l'épiderme se compose de deux assises cellulaires. Les cellules profondes sont cubiques. Leur noyau est rond ou ovalaire, leur cytoplasme est peu développé. Les cellules superficielles sont aplaties parallèlement à la surface du tégument, et pour Bowen[2], elles ne sont autre chose que l'épitrichium.

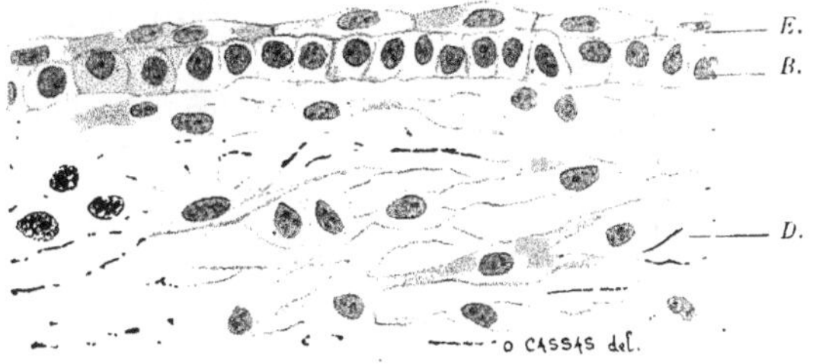

Fig. 434. — Peau d'un embryon de cobaye.
E, assise superficielle. — *B*, assise profonde de l'épiderme. — *D*. derme.

3° *Stade de l'épiderme multi-stratifié.* — Au début du troisième mois, l'épiderme s'accroît, en surface comme en épaisseur ; à cet effet, son assise profonde multiplie ses éléments; des cellules polyédriques s'intercalent entre l'assise basilaire et l'assise superficielle. Ces cellules, qui ont la valeur d'un corps muqueux de Malpighi, entrent à leur tour en mitose, et j'ai noté que le plan de division qu'elles affectent est éminemment variable. Les cellules-filles sont tantôt juxtaposées, tantôt superposées.

L'épiderme, épais de 40 μ, est représenté par 7 ou 8 couches cellulaires, à la fin du quatrième mois. Dans ces diverses couches, on peut distinguer des cellules profondes ou basilaires, des cellules moyennes ou polyédriques, et des cellules superficielles (épitrichium) qui présentent des caractères indiqués par Eschricht, Ebsen (1837), par Simon (1841) et, plus tard, par Robin (1861).

Les cellules basilaires sont hautes, étroites et cylindriques. Leur contour est nettement délimité. Le noyau est souvent rejeté vers le pôle superficiel de la cellule. Dans quelques cas, les cellules basilaires prennent un autre aspect :

1. 1897. S. Minot. *Human embryology*. p. 548.

elles constituent une nappe protoplasmique commune, semée de noyaux (B).

Le corps muqueux se différencie plus ou moins nettement de l'assise basi-

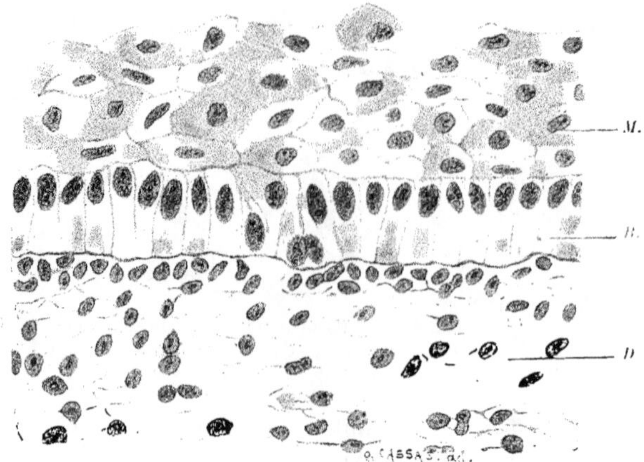

Fig. 435. — Épiderme multistratifié d'un embryon de cobaye.
D, derme. — *B*. cellules basilaires. — *M*, corps muqueux de Malpighi.

laire et de l'épitrichium. Ses éléments sont clairs, de taille inégale, de forme irrégulièrement arrondie. Ils se divisent par karyokinèse. Ils deviendront bientôt polyédriques; jamais, toutefois, dans l'espèce humaine, ils n'atteindront la taille des cellules superficielles : aussi n'observe-t-on jamais de formes de transition, entre les éléments du corps muqueux et ceux de l'épitrichium (Minot).

Les cellules de l'épitrichium, durant tout ce troisième stade, augmentent de volume. Leur diamètre est cinq ou six fois plus considérable que celui des cellules sous-jacentes. Et ces phénomènes de croissance s'effectuent, sans qu'il se produise parallèlement des phénomènes de division. La cellule devient globuleuse; son noyau sphérique ou ovoïde mesure 10 ou 12 μ. Puis, peu à peu, la cellule s'étale ; le noyau apparaît formé de deux ou trois lobes. Il ne tarde pas à faire saillie à la surface de la cellule, qui semble coiffée d'un dôme. Le noyau se pédiculise de plus en plus. Il finit par tomber dans le liquide amniotique : aussi la cellule demeure-t-elle sans noyau, jusqu'au moment où elle disparaîtra par desquamation (Robin[1]).

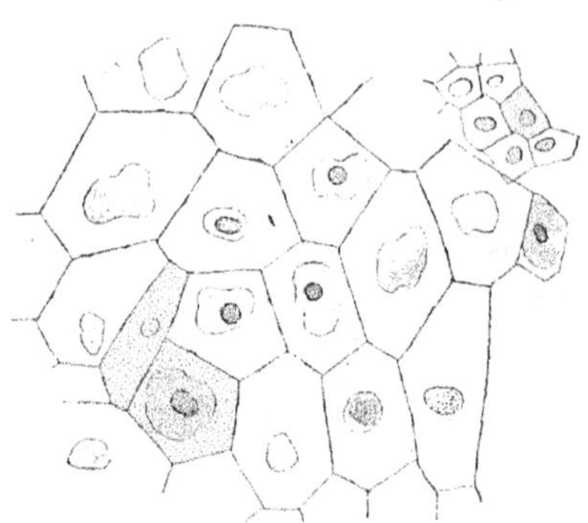

Fig. 436. — Épitrichium d'un fœtus humain — du 5e mois. (D'après S. Minot.)

En haut et à droite quelques cellules malpighiennes de taille relativement petite. L'épitrichium avec ses noyaux, son protoplasma périnucléaire, granuleux, et son protoplasma périphérique très clair.

Les cellules superficielles de la peau forment autour de l'embryon une mince pellicule. Cette pellicule, Welcker

1. 1861. Robin. Sur une particularité de développement des cellules superficielles du fœtus. *Journ. de l'Anat*

l'observa d'abord chez le paresseux[1] (Bradypus); il la retrouva plus tard chez nombre de mammifères (homme, etc.). C'est au-dessous d'elle, entre elle et le corps muqueux, que s'insinue la tige des premiers poils. Voilà pourquoi Welcker la qualifia d'épitrichium (ἐπί, θρίξ).

Partout où le tégument reste glabre, l'épitrichium persiste; il disparaît, au contraire, des régions pileuses; il se détache tout d'une pièce, chez nombre de mammifères (cheval). L'épitrichium une fois tombé, les extrémités des poils font saillie à la surface du tégument.

Tous ces phénomènes se déroulent durant les troisième et quatrième mois.

C'est aussi au quatrième mois (Blaschko[2]) que la face profonde de l'épiderme commence à émettre des bourgeons qui pénètrent dans le derme sous-jacent. Ces bourgeons (bourgeons primaires) sont disposés sur des lignes courbes. Ils apparaissent d'abord sur les régions du tégument externe qui doivent demeurer glabres, et de leur sommet procède le germe des glandes sudoripares[3].

4° Stade de formation de la couche cornée. — L'apparition d'une couche cornée caractérise le quatrième stade de l'évolution épidermique. Cette couche

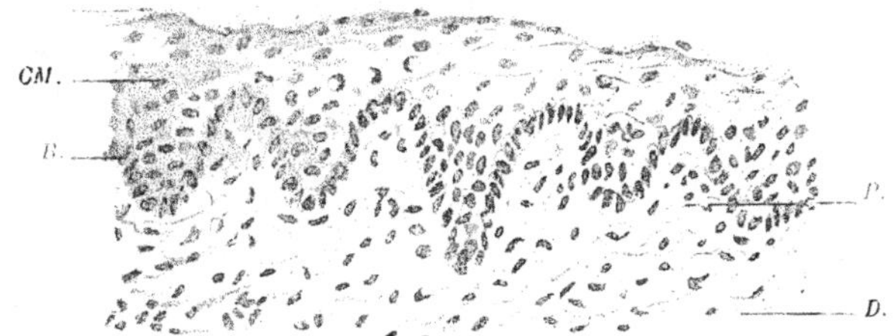

Fig. 457. — Peau de la main d'un fœtus humain, au moment où les papilles P apparaissent à la surface du derme D.

B. couche basilaire de l'épiderme. — *CM*, corps muqueux de Malpighi. — *C*, couche cornée.

cornée s'étale à la surface des assises malpighiennes, et tranche sur elles par son aspect lamelleux. Elle résulte d'un processus de kératinisation.

Dans les régions glabres, la couche cornée résulte de la transformation directe des cellules épitrichiales (Bowen). Elle est formée de grosses cellules vésiculeuses, entourées d'une épaisse paroi. Un tel type structural s'observe à la plante du pied, à la paume de la main (type A de Zander)[4].

Dans les territoires cutanés qui sont garnis de poils ou de phanères (ongles), l'épitrichium disparaît (6e mois). La couche cornée n'en existe pas moins. Elle provient alors de la kératinisation des cellules superficielles du corps muqueux. Elle se montre formée d'écailles aplaties et solides (type B de Zander).

Pendant que se différencie la couche cornée[5], l'épiderme s'épaissit, et il continue à émettre profondément les bourgeons des glandes sudoripares (bourgeons primaires).

1. 1864. Welcker. Haut von Bradypus.
2. 1887. Blaschko. *Arch. f. mikr. Anat.*, XXX, p. 495.
3. Les cellules malpighiennes, commencent à présenter une structure filamenteuse (ponts d'union et fibrilles intracellulaires) dès le début du 5e mois (Mac-Leod). A la même époque, le pigment y apparaît chez les fœtus de race nègre (Thomson).
4. 1888. Zander. *Arch. f. Anat. u. Entwick.*, p. 51.
5. On ignore encore à quel moment la graisse apparaît dans la couche cornée.

Dans certaines régions (paume de la main, plante du pied) des crêtes papillaires apparaissent. Elles font saillie à la surface du tégument. A leur sommet déboucheront les orifices des trajets sudoripares.

Les crêtes papillaires une fois constituées, la face profonde de l'épiderme donne naissance à de nouveaux bourgeons (bourgeons secondaires). Ces bourgeons additionnels se disposent entre les bourgeons primitifs, juste en regard des sillons (sillons interpapillaires) que laissent entre elles les crêtes papillaires (voy. fig. 451).

3e *Stade. Formation du stratum lucidum.* — Entre la couche cornée et le corps muqueux, apparaît alors une assise nouvelle : le stratum lucidum. Cette assise se doublera d'un stratum granulosum chargé d'éléidine (C).

Le stratum lucidum se continue avec le limbe unguéal. C'est à ses dépens que s'élabore la couche cornée, dans les régions où l'épitrichium disparaît.

Vernix caseosa. — Du milieu de la vie fœtale à la naissance, l'épiderme est le siège d'une desquamation des plus abondantes. On voit apparaître, à sa surface, un enduit épais, de consistance grasse, de couleur crémeuse. C'est le smegma embryonnaire ou vernix caseosa.

Le smegma est formé essentiellement par des lamelles épidermiques, comme l'ont établi depuis longtemps Bischoff, Simon et Robin. Ces lamelles sont mélangées à du sébum, mais elles existent là même où les glandes sébacées font défaut. Le smegma se montre en quantité très variable suivant les sujets[1]. On le trouve en notable abondance sur la face de flexion des articulations (aisselles, genoux), sur les flancs, sur la plante du pied, la paume de la main, le dos, les oreilles et la tête. Comme le lanugo, le smegma tombe dans le liquide amniotique dont il trouble parfois la transparence. Aussi, le fœtus avale, avec le liquide amniotique, des fragments de smegma et des poils de lanugo, qu'on retrouve, mêlés au méconium, dans la cavité de son tractus digestif.

II. — DERME

1° *Stade du derme avasculaire et planiforme.* — Sur l'embryon humain de deux centimètres, on peut déjà distinguer le derme des tissus qui l'avoisinent. Ce derme apparaît comme une membrane, séparée de l'épiderme par une vitrée, mince et élastique. Sa face profonde est au contact du squelette : elle se continue avec le tissu conjonctif des muscles, là où le squelette fait défaut. Au commencement du second mois, le derme est avasculaire et planiforme. Il est constitué purement et simplement par des cellules conjonctives qui sont toutes étoilées et anastomosées les unes avec les autres.

2° *Stade de différenciation du tissu conjonctif sous-cutané.* — Puis le derme se vascularise, et se segmente en deux couches superposées. Il est formé d'une zone superficielle, à texture dense, le derme proprement dit, et d'une couche profonde, le tissu conjonctif sous-cutané. Cette couche, qui s'interpose entre le derme et les plans sous-jacents, est reconnaissable à sa texture lâche, à sa

1. Elsasser (1833) trouve que la moitié des enfants naît sans vernix caseosa. Quand le vernix ne fait point défaut, son poids peut atteindre 3 à 5 drachmes (Buck, 1844); la graisse entrerait pour les 9/10 dans sa composition (Elsasser).

transparence, à ses gros vaisseaux, émanés du système de la circulation générale.

3e *Stade d'apparition du pannicule adipeux*. — Au voisinage des vaisseaux sanguins, des cellules vaso-sangui-formatives apparaissent. Des capillaires embryonnaires en dérivent qui prennent le type des réseaux limbiformes. Mais une telle disposition ne s'observe pas dans toute l'étendue du tissu conjonctif sous-dermique.

La partie profonde de ce tissu reste peu vasculaire; elle constitue la nappe de

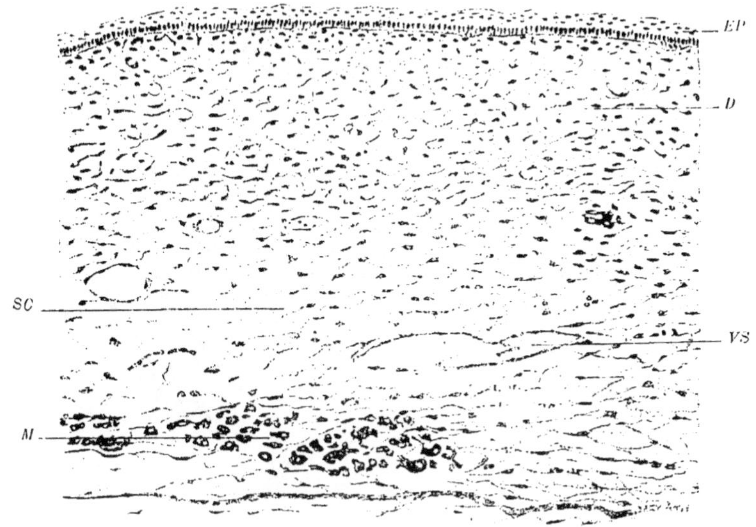

Fig. 438. — Coupe totale de la peau d'un embryon de cobaye.

Ep, épiderme. — *D*, derme. — *TSC*, tissu conjonctif sous-cutané avec ses vaisseaux *VS*; ce tissu se continue avec le tissu interstitiel des muscles *M*.

tissu conjonctif diffus qui permet à la peau de se mobiliser sur les plans sous-jacents.

Sa partie superficielle au contraire est richement irriguée. Dans les mailles que circonscrivent ses capillaires, des cellules commencent à se charger de granulations graisseuses (14e à 15e semaine). Ces cellules se grouperont, un peu plus tard, sous forme de lobules nettement individualisés (4e et 5e mois). Tel est le début du pannicule adipeux qui, chez le nouveau-né, présente[1] un développement relativement plus considérable qu'à toute autre époque de la vie.

4e *Stade de formation des crêtes dermiques et différenciation du derme proprement dit*. — Vers l'époque où se constitue l'hypoderme, la surface du chorion (paume des mains, plante des pieds) présente des crêtes (crêtes dermiques) qui, au sixième mois, vont se hérisser de saillies, disposées en séries parallèles. Ce sont là les papilles qui, d'abord obliquement dirigées, se redressent ensuite et deviennent perpendiculaires à la surface du derme (Renaut).

De ces papilles, les unes contiendront seulement des vaisseaux; les autres

1. Chez le nouveau-né, la graisse contient moins d'acide oléique que chez les adultes (Jœkle, 1902).

possèderont aussi, au moment de la naissance, des corpuscules tactiles (Krause et Langerhans).

Des modifications cellulaires s'observent parallèlement à ces modifications morphologiques. Le derme se répartit en deux zones : l'une superficielle (zone papillaire et sous-papillaire) dont la structure est celle d'un tissu conjonctif relativement jeune, l'autre profonde (derme proprement dit, zone tendiniforme du derme de Renaut), de développement plus avancé.

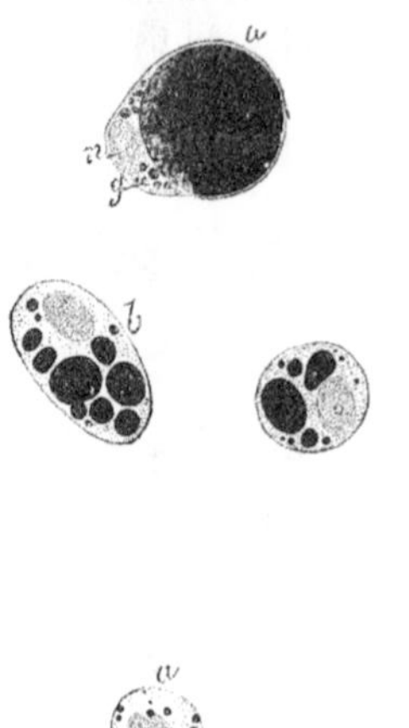

Fig. 439. — Cellules adipeuses du tissu conjonctif sous-cutané d'un embryon de bœuf de 45 centimètres après injection interstitielle d'acide osmique. Conservation dans la glycérine. (D'après Ranvier.)

a, cellule adipeuse presque complètement développée, dans laquelle on voit une boule de graisse colorée en noir par l'osmium, un noyau *n*, et des granulations *g*, dans la masse de protoplasma qui l'entoure. — *d*, cellule adipeuse au début de la formation de la graisse. — *b* et *c*, deux cellules présentant des stades intermédiaires du développement.

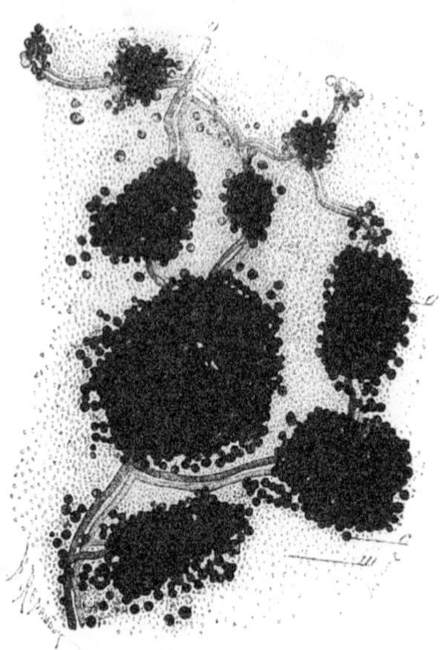

Fig. 440. — Tissu cellulo-adipeux de l'aisselle d'un embryon de bœuf de 35 centimètres de longueur. (D'après Ranvier.)

v, vaisseau sanguin. — *m*, tissu conjonctif embryonnaire. — *a*, îlot adipeux. — *c*, cellule adipeuse isolée au voisinage d'un îlot.

Aux dépens des cellules conjonctives qui constituaient, au début, le derme tout entier, se différencient des fibrilles conjonctives (3e mois) disposées en assises. Ces fibres sont parallèles entre elles dans une même assise. Elles sont perpendiculaires entre elles, dans deux assises superposées. L'ordonnance assez régulière de ces faisceaux est troublée seulement par l'apparition des vaisseaux dermiques qui vont fournir les bouquets papillaires.

Les fibres élastiques ne se montrent, dans le derme, qu'après les fibres conjonctives, et cela, à une époque qui varie avec les régions considérées. On s'accorde à fixer leur première apparition au sixième ou septième mois, mais il est des territoires cutanés où les fibres élastiques n'existent pas encore au moment de la naissance. Quoi qu'il en soit, c'est dans le derme proprement dit et dans l'hypoderme qu'on observe en premier lieu le réseau élastique ; ce réseau ne se différencie que plus tard, dans la zone papillaire formée d'un tissu plus jeune. Krosing a confirmé récemment ce fait (1894).

Muscles. Vaisseaux et nerfs de la peau. — Les muscles annexés à la peau dérivent du feuillet fibro-cutané (Kolliker). Un peaucier strié double le tégument externe sur presque toute son étendue ; il apparaît chez les embryons de deux mois et demi ; il est bien développé chez les fœtus de 5 mois (Heitzmann)[1] ; son épaisseur moyenne atteint alors 100 μ, mais avec les progrès de l'âge, le peaucier se modifie (Ledouble).

Là où il n'est plus nécessaire, il disparaît (membres) ; à la face et au cou, il s'épaissit, il forme, sur la face du fœtus, un masque continu, mais cette disposition simiesque n'est le plus souvent que transitoire. La nappe musculaire se fragmente ; de là des muscles autonomes dont les anastomoses et l'intrication expliquent assez le mode de genèse.

Les vaisseaux sanguins se développent dans la peau comme dans tous les autres organes. C'est en étudiant le derme de jeunes embryons de rat que Schaffer (1874) a montré que les hématies et les parois vasculaires reconnaissaient pour origine un seul et même élément, la cellule vaso-sangui-formative.

Les lymphatiques de la peau auraient, chez l'embryon à terme, des caractères très spéciaux. Ils sont disposés sur un seul plan et nous verrons que chez l'adulte il existe au contraire une double nappe de vaisseaux lymphatiques ; d'autre part, ces lymphatiques sont d'un tel calibre qu'ils rappellent les sacs lymphatiques des batraciens[2].

Les follicules clos, annexés au tégument chez certains animaux (muqueuse balano-préputiale du chien), représenteraient, comme l'amygdale, des dérivés épithéliaux (Retterer).

Les nerfs qui se distribuent à la peau ne sont autre chose que les prolongements périphériques des neurones cérébro-spinaux. Quant aux appareils nerveux terminaux, on n'a que peu de renseignements sur leur mode de formation.

On sait toutefois que les nerfs ont végété jusqu'aux doigts chez les embryons du deuxième au troisième mois. Ils se ramifient en formant un plexus dans l'hypoderme. Plus tard, ils constituent un second plexus, sous-épidermique celui-là, et de ce dernier plexus émergent les fibrilles qui pénétreront dans l'épiderme (4e mois).

W. Krause et Langerhans ont montré, d'autre part, qu'à la naissance, il existe déjà des corpuscules de Meissner.

Bourses séreuses sous-cutanées. — Le développement des bourses séreuses sous-cutanées est, de tous points, identique au développement des bourses péri-tendineuses.

J'emprunte au travail de Ed. Retterer[3] l'exposé des divers stades qu'on observe dans l'histogenèse de ces organes.

1° *Stade du tissu conjonctif primordial.* — Là où doit se développer une

1. 1895. Heitzmann. *Arch. f. Derm. und Syph.*, t. XXX, p. 97.

2. 1879. G. et F. Hoggan. Étude sur les lymphatiques de la peau. *Journal de l'Anatomie et de la Physiologie*, janv. 1879, p. 50-68.

3. 1896. Retterer. Développement morphologique et histologique des bourses muqueuses et des cavités péritendineuses. *Journ. de l'Anat. et de la Physiol.*, 1896. Les grandes lignes de ce travail ont été confirmées par P. Domény (*Arch. f. Anat. u. Entwick.*, 1897. Anat. Abth.)

bourse muqueuse, on observe une masse constituée par un tissu plein. Ce tissu est formé de noyaux arrondis ou ovoïdes, plongés dans une nappe indivise de protoplasma transparent (hyaloplasma). A ce stade, la bourse muqueuse représente donc une masse plasmodiale, un syncytium.

2° *Stade du tissu conjonctif réticulé à mailles pleines.* — Bientôt on voit une zone de protoplasma très colorable se différencier autour de chaque noyau.

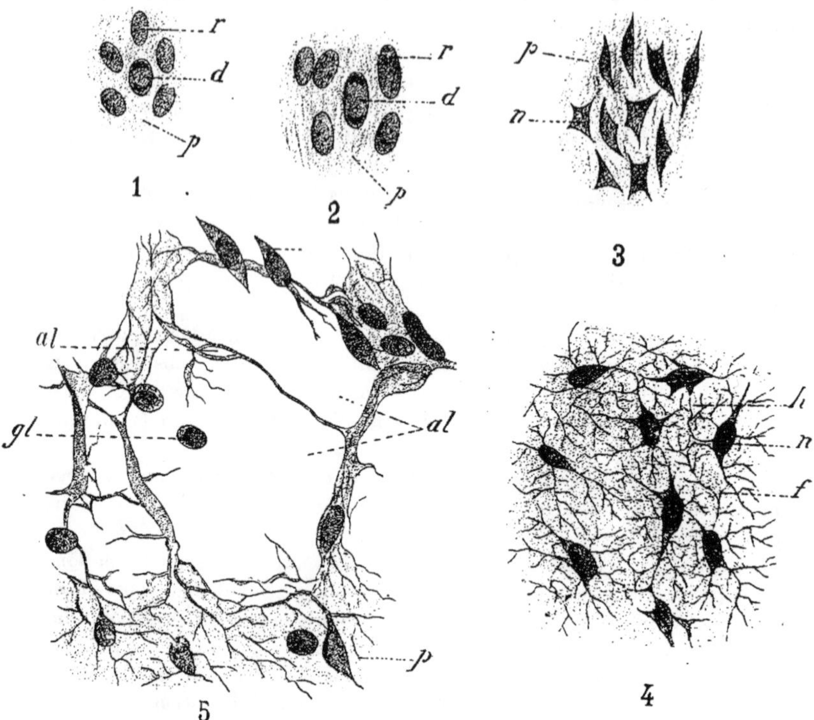

Fig. 441. — Histogenèse des bourses séreuses. (D'après Retterer.)

1, 2, 3. Ces 3 figures se rapportent au stade du tissu conjonctif primordial.

p, protoplasma commun semé de noyaux au repos *r* ou en division *d*; sur la figure 3, une zone de protoplasma tend à s'individualiser autour du noyau (protoplasma périnucléaire).

4. — Stade du tissu conjonctif réticulé à mailles pleines.

n, noyaux entourés de protoplasma colorable qui se prolonge sous forme de filaments chromophiles anastomosés en réseau; l'hyaloplasma *h* est compris dans les mailles du réseau.

5. — Stade du tissu conjonctif réticulé à mailles vides.

al, vacuoles, — *gl*, globules blancs.

A ce stade, le tissu d'où dérivera la bourse muqueuse se montre formé : 1° de noyaux ovoïdes entourés, chacun, 2° d'une écorce de protoplasma ; 3° noyaux et protoplasma périnucléaire sont plongés dans une nappe indivise de protoplasma transparent (hyaloplasma).

Puis le protoplasma périnucléaire se prolonge, en tous sens, par des irradiations colorables, d'apparence fibrillaire. Ces expansions se ramifient, entrent en connexion les unes avec les autres, de façon à limiter des mailles que remplit l'hyaloplasma. C'est là le tissu conjonctif réticulé à mailles pleines.

3° *Stade du tissu conjonctif réticulé à mailles vides.* — Dans tout le territoire qu'occupera la cavité de la bourse muqueuse, l'hyaloplasma se transforme en une substance muqueuse qui se fluidifie, et disparaît finalement. Tel est le tissu conjonctif à mailles vides. Des vacuoles se sont donc substituées à l'hyaloplasma. De la cellule originelle, il ne reste que les noyaux, avec leur protoplasma périnucléaire et ses irradiations anastomosées.

4° *Stade de formation de la cavité de la bourse muqueuse.* — Le processus de fonte continue; les vacuoles s'ouvrent les unes dans les autres et s'agrandissent de la sorte; elles séparent les unes des autres les cellules conjonctives, et les transforment en éléments libres (globules blancs). Une cavité, simple ou cloisonnée, s'est substituée au tissu plein qui forme, à l'origine, la bourse muqueuse. C'est seulement à la périphérie, là où se formera la paroi de la séreuse, que le processus ne se poursuit pas. Là, l'hyaloplasma, loin de disparaître, se différencie à son tour; il élabore ces fibrilles conjonctives, qui, chez l'adulte, formeront en majeure partie, la paroi de la bourse muqueuse.

NOTES

A) *A* l'inverse de ce qu'on observe chez les Amniotes où l'ectoderme définitif est constitué par une assise cellulaire unique, l'ectoderme cutané des amphibiens et de quelques poissons est de type bi-stratifié. C'est là sans doute une disposition secondaire dont la cause nous échappe. Chez certains poissons, en effet (Petromyzon), la présence d'un ectoderme définitif, disposé sur une seule assise, doit faire considérer le stade unicellulaire comme l'état primitif de l'ectoderme tégumentaire.

B) Quand la couche basilaire est en voie de prolifération très active, elle apparaît formée de noyaux plongés dans une nappe protoplasmique indivise. Henle (1850), Robin (1855), Billroth (1858) avaient observé pareil fait. Retterer y est revenu à maintes reprises, depuis 1883. Il décrit la couche basilaire comme formée d'une masse indivise de protoplasma opaque, colorable, où les noyaux sont pressés sur 3 ou 4 rangs (sabot de l'embryon de porc de 20 centimètres).

C) Il importe de remarquer que, dans l'évolution de la peau, l'apparition de telle ou telle formation ne se fait pas simultanément sur toute l'étendue du tégument.

Au 5e mois, l'éléidine existe à la plante du pied et fait défaut sur le dos de l'embryon humain.

De même la différenciation des fibres élastiques semblent varier avec les régions considérées.

On en peut dire autant de la graisse. Elle se localise, d'abord, en certains territoires bien déterminés. Chez le lapin nouveau-né, le tissu adipeux de la face dorsale du tronc se limite à deux nappes situées de chaque côté du rachis. Le tissu adipeux n'existe pas chez l'embryon de bœuf de 15 centimètres. Chez l'embryon de 30 à 35 centimètres, le tissu cellulaire sous-cutané se charge de petits grains opalins, localisés autour des vaisseaux sanguins. Ces grains représentent des groupes de cellules qui sont inégalement chargées de graisse.

D) *Rapports du derme et de l'épiderme.* — Les classiques enseignent que l'épiderme est d'origine ectodermique; le derme au contraire provient du mésoderme.

Ces deux tissus, d'origine blastodermique différente, entrent donc dans la constitution de la peau et se pénètrent réciproquement. L'ectoderme envoie dans le chorion les bourgeons de ses glandes et de ses phanères; le mésoderme, amené par les vaisseaux, refoule le revêtement ectodermique, jusque-là planiforme, et détermine l'apparition des crêtes dermiques et des papilles.

Dans un travail récent, Retterer[1] interprète tout autrement les relations génétiques du derme et de l'épiderme. C'est de l'épiderme que procède le derme tout entier.

1. 1899. Retterer. Développement et structure du chorion de la muqueuse glando-préputiale du chien. *Comptes rendus de l'Association des anatomistes.*

[*A. BRANCA.*]

1° Chez l'embryon et le fœtus, les cellules de la couche basilaire de l'épiderme se divisent; mais les noyaux participent seuls à ce processus. Aussi les cellules issues de la couche basilaire restent-elles unies. Elles sont constituées par des noyaux plongés dans une masse protoplasmique indivise. C'est là le *tissu conjonctif primordial* qui constitue la couche superficielle du derme.

A mesure que l'épiderme se transforme en tissu conjonctif primordial, la couche superficielle, antérieurement formée, recule dans la profondeur et continue à évoluer. Elle revêt successivement le type du *tissu conjonctif réticulé à mailles pleines*, puis *à mailles vides*. Pareille évolution rappelle singulièrement l'histogenèse de la bourse muqueuse.

2° Après la naissance, on assiste à l'apparition des papilles et à la différenciation d'une trame conjonctive et élastique.

a) *Mode de développement et structure des papilles.* — Les papilles reconnaissent pour origine des îlots de cellules épithéliales. Au niveau de ces îlots on voit des groupes d'éléments se transformer en tissu conjonctif, à la suite d'un processus analogue à celui qui préside à l'apparition du derme. C'est dire que les papilles longues ou courtes, simples ou composées, présentent un sommet, une partie moyenne et une base. L'évolution du derme se faisant de la profondeur de l'épiderme vers les tissus sous-jacents, on conçoit qu'on trouvera dans les papilles un tissu qui parcourt les diverses phases de son évolution du sommet vers la base de la papille. Le sommet de la papille sera occupé par du tissu conjonctif primordial qui se transforme en tissu conjonctif réticulé à mailles pleines, puis vides, à mesure qu'on avance dans la profondeur.

b) *Développement des faisceaux conjonctifs et élastiques.* — C'est aux dépens des cellules que se développent les faisceaux conjonctifs et élastiques. « Le réticulum chromophile se transforme en fibres élastiques anastomosées et formant le réseau élastique; l'hyaloplasma de chaque cellule élabore une série de tronçons de faisceaux conjonctifs, séparés les uns des autres par les restes de l'hyaloplasma. Chaque cellule contribue donc ainsi au développement de la trame conjonctive et élastique. »

c) *Tissu conjonctif sous-dermique ou lâche.* — « A la face profonde du derme, les faisceaux conjonctifs perdent peu à peu leur constitution fibrillaire et finissent par dégénérer en substance amorphe ou muqueuse, qui se fluidifie et se résorbe. Les fibres élastiques acquièrent, à ce niveau, une indépendance complète par rapport aux cellules qui les ont élaborées. Quant aux noyaux et à la zone protoplasmique qui les entoure, ils représentent pendant quelque temps des cellules plates », puis le protoplasma réduit son volume et offre des contours arrondis : on a affaire à un leucocyte. Ce protoplasma achève de disparaître par fonte. Et c'est dans cette fonte cellulaire qu'il faut chercher l'origine de la substance amorphe des auteurs.

CHAPITRE II

MORPHOLOGIE DE LA PEAU

I. TRAJET. — Jeté, comme un manteau, à la surface de l'organisme dont il reproduit l'aspect général, le tégument externe se comporte d'une façon un peu différente, à l'égard des diverses parties qu'il recouvre. Tantôt il s'épaissit en regard d'une dépression; il s'amincit au niveau d'une saillie : il tend, en un mot, à niveler les formes. D'autres fois, au contraire, il arrondit les formes sans les masquer, il se soulève au niveau des saillies, il s'abaisse au niveau des dépressions; aussi conçoit-on que l'aspect de l'écorché diffère notablement de l'habitus du cadavre et surtout du sujet vivant. C'est que la peau modifie sans cesse son aspect; elle reflète les modifications qui se produisent dans les organes sous-jacents, à l'occasion de la contraction musculaire.

II. ÉTENDUE DE LA PEAU. — L'étendue de la peau dépasse l'étendue de la surface du corps. En certaines régions, la peau s'adosse à elle-même : la surface cutanée s'accroît de la sorte, dans un but de perfectionnement.

Ces duplicatures du tégument externe s'observent au niveau du pavillon de l'oreille, à l'orifice externe des fosses nasales, au pourtour des ongles (repli sus-unguéal), au niveau des organes génitaux externes mâles (prépuce) et femelles (grandes et petites lèvres).

Par divers procédés (A) directs ou indirects, on a tenté d'évaluer la surface de la peau.

Cette surface oscille de 10 500 à 15 000 centimètres carrés (Vacher).

Sappey[1] a trouvé des chiffres analogues. Sur six hommes dont la taille variait de 1 m. 60 à 1 m. 65 il a trouvé que la superficie du tégument externe atteignait en moyenne 15 000 centimètres carrés. Ce chiffre peut varier d'un tiers et davantage quand la taille est élevée, la musculature bien développée, l'embonpoint exceptionnel. Cette superficie se répartit de la façon suivante (Sappey).

Région.	Surface en cent. carrés
Tête	1323
Cou	340
Tronc	4346
Membres inférieurs	5516
Membres supérieurs	3558
Scrotum, périnée, pénis	214
Pavillon de l'oreille	62

La surface du tégument externe serait seulement de 11 500 centimètres carrés, chez la femme de taille moyenne.

Plus récemment, Wilmart, par deux procédés d'étude un peu différents, est arrivé à des chiffres un peu supérieurs à ceux de Sappey (16 400 et 18 700 centimètres carrés[2]).

Lefèvre estime que la surface totale de la peau (moins la face) mesure 14 500 à 15 000 centimètres carrés[3].

Enfin Bordier, à l'aide d'un appareil dit « intégrateur des surfaces », a précisé les variations que la taille fait subir à l'étendue du tégument externe. Les chiffres qu'il a trouvés sont un peu supérieurs à ceux des autres auteurs.

Taille.	Surface totale de la peau.
1 m. 65	16 717 cent. carrés.
1 m. 66	17 067
1 m. 75	19 445 —

III. POIDS. — On évalue à 3 kilogrammes le poids du tégument externe et de ses annexes chez un sujet de 75 kilogrammes.

IV. LIMITES DE LA PEAU. — Le tégument externe se raccorde au tégument interne au niveau des grands orifices de l'organisme, mais de ces orifices les uns sont recouverts par une muqueuse, les autres par la peau. Les orifices du premier groupe sont la bouche et l'urèthre ; ceux du second sont : les orifices palpébraux, nasaux, anal et vulvaire.

V. ÉPAISSEUR DE LA PEAU. — *a) Épaisseur relative.* — L'épaisseur de la

1. 1876. SAPPEY. *Anatomie descriptive*, t. III.
2. 1896. WILMART. *La Clinique*, 5 nov.
3. 1901. LEFÈVRE. *Journ. de phys. et de pathol. gén.*, p. 1.

peau varie d'un point à l'autre de l'organisme. Réduite à son minimum au niveau de la membrane tympanique, on voit cette épaisseur augmenter toutes les fois que la peau recouvre des régions plus exposées aux pressions et aux violences extérieures. En ordonnant en série quelques régions de l'organisme, on trouve que le tégument, mince sur les paupières, le pénis et le pavillon, augmente d'épaisseur sur le tronc, la face et les membres. Il atteint son maximum au niveau des mains, des pieds et de la partie postérieure du cou.

Dans un même segment du squelette on observe, d'ailleurs, des variations d'épaisseur assez étendues.

Sur la paume des mains, sur la plante des pieds, la peau est moitié plus épaisse que sur la face dorsale des parties correspondantes. « Selon la plupart des auteurs, le tégument externe, sur les membres, serait plus épais en dehors qu'en dedans, et du côté de l'extension que du côté de la flexion, mais ces dernières différences sont peu sensibles. » Le tégument est plus mince sur la face antérieure du cou que sur la nuque. La peau du crâne est plus épaisse que celle de la face et pourtant, la face est doublée d'un puissant pannicule charnu (muscle du sourcil, de l'aile du nez, de la lèvre supérieure).

L'épaisseur moyenne de la peau est de 1 à 2 millimètres ; cette moyenne peut descendre à 500 μ, à 300 μ ; elle s'élève à 3 millimètres (paume des mains calleuses, plante du pied) ou 4 millimètres (partie supérieure du dos, partie postérieure du cou).

Nombre de facteurs sont capables de faire varier notablement l'épaisseur de la peau.

Sans compter les injections qui, en déployant le réseau vasculaire, peuvent augmenter de 100 à 300 μ son épaisseur, on sait que la peau est plus mince aux âges extrêmes de la vie qu'à l'âge adulte. Chez l'adulte, la peau est plus épaisse chez l'homme que chez la femme, et dans un même sexe, l'exercice de telle ou telle profession est capable de créer des différences individuelles considérables.

VI. ÉLASTICITÉ, RÉSISTANCE. — Sappey découpe des bandelettes de peau de surface et d'épaisseur connue ; à ces bandelettes de peau, il suspend des poids. La peau s'allonge, en raison de son élasticité. La limite de cette élasticité obtenue, on continue à ajouter des poids ; la résistance propre de la peau entre en jeu jusqu'au moment où la peau se déchire.

« Le poids qu'on suspend à une languette cutanée de 3 centimètres d'étendue l'allonge instantanément, jusqu'à 4 centimètres et demi. Arrivée à ce degré d'allongement, elle résiste à la manière d'un tendon ou d'un ligament.

« Les bandelettes dont la largeur n'atteint pas 2 millimètres ne possèdent qu'une très faible résistance ; elles se rompent sous l'influence des moindres tractions, les fibres qui les composent étant trop courtes pour en parcourir toute la longueur. Celles qui ont 2 millimètres de largeur et 3 millimètres d'épaisseur supportent un poids de 2 kilogrammes. Si l'on double la largeur, le poids peut être doublé aussi. Si la largeur est portée à 10 millimètres, le poids sera de 7 à 8 kilogrammes et s'élèvera jusqu'à 10 et même 12, pour les languettes prises sur les points où la peau présente son maximum d'épaisseur. Pendant que leur résistance est ainsi mise à l'épreuve, on les voit non seulenent s'allonger très notablement, mais se rétrécir au point de perdre la moitié ou les deux tiers de leur largeur. Elles offrent alors la rigidité d'une corde de violon, et résonnent comme celle-ci lorsqu'on les pince. » (Sappey).

Ce sont là les propriétés de la peau disséquée et découpée en bandelettes.

Dans la pratique, les conditions dans lesquelles entrent en ligne de compte la résistance et l'élasticité du tégument externe, compliquent singulièrement les données théoriques de Sappey.

Tel traumatisme met en jeu la seule élasticité. La peau se mobilise et s'étale sous l'action du corps vulnérant qui peut borner là son action[1].

D'autres fois la peau se déchire, se décolle même des plans sous-jacents, etc. Et cette lésion est fonction du corps vulnérant, de sa forme, de son poids, de sa vitesse, de sa direction par rapport au tégument.

Il en est tout autrement quand la peau se distend, d'une façon lente et progressive. En pareil cas (grossesse et tumeurs, épanchements abdominaux), les déchirures du tégument sont incomplètes ; il n'y a jamais de plaie extérieure, mais le tégument présente des traînées blanchâtres, d'aspect cicatriciel, les vergetures (vergetures de l'abdomen chez les mères, du thorax chez certains pleurétiques), etc.

VII. ADHÉRENCE. — La peau présente des adhérences variables[2] avec les tissus qu'elle recouvre. Tantôt les adhérences sont lâches; la peau est mobile : on peut la pincer entre les doigts et la soulever sous forme d'un pli, partout où cette peau est doublée de graisse ou d'un hypoderme celluleux. Tantôt les adhérences sont solides ; le glissement de la peau sur les plans sous-jacents est nul (gland) ou très limité (cuir chevelu, menton).

VIII. COULEUR. — Nombre de facteurs font varier la couleur du tégument externe, qui méritent d'être examinés séparément.

1° *Variations avec la race.* — La couleur (B) qu'affecte le tégument externe dans l'espèce humaine, a permis de distinguer un certain nombre de races.

Au nombre de deux (C) pour certains auteurs (races blanche et noire), de trois (races blanche, jaune et noire) pour d'autres, de quatre pour quelques-uns (races blanche, jaune, rouge et noire), les races ont été multipliées à l'infini par quelques anthropologistes.

Les races blanches ont surtout l'Europe pour habitat; les races asiatiques sont jaunes ; les races noires sont originaires de l'Afrique et de la Mélanésie. Quant aux races rouges, on les observe en Amérique et même en certaines régions de l'Afrique.

Il importe de bien savoir que la race n'est pas fonction du climat. Sous une même latitude on voit prospérer des races différentes; et par contre, une même race peut se retrouver sous des latitudes très différentes : telle la race jaune qui vit de l'équateur au pôle.

Chaque race comporte plusieurs types. Les races blanches, pour prendre un exemple, comprennent un type blond, un type brun, un type châtain.

a) Des yeux clairs, des cheveux blonds, une peau « rose et fleurie », carac-

1. Aussi conçoit-on que des fractures puissent se produire sans que la peau sus-jacente soit lésée.

2. Lorsqu'il s'agit de tailler un lambeau, au cours d'une amputation ou d'une autoplastie, il est indispensable au chirurgien de compter avec la mobilité du tégument. On trouvera, dans le *Manuel opératoire* de Farabeuf, tous les renseignements utiles à connaître, dans la pratique.

térisent le type blond qu'on observe en Scandinavie, en Angleterre, en Allemagne (Nord-Est), en Belgique, en France (départements kymriques) et plus rarement dans l'Europe méridionale, le Caucase, le Nord de l'Afrique (Kabyles de l'Aurès, Touaregs).

b) Le type brun est représenté par des individus dont les yeux sont foncés (noirs ou bruns), les cheveux noirs, la peau pigmentée. On l'observe dans le bassin méditerranéen, chez les Sémites, les Eraniens, les Aryens de l'Inde (dont il faut rapprocher les Tsiganes).

c) Le type châtain de Topinard s'observe souvent chez les Brachycéphales. On le retrouve dans les populations celtiques de l'Angleterre, de l'Irlande ; dans le Nord-Ouest et le Centre de la France, dans l'Allemagne du Sud.

d) Quant au type roux, il serait la couleur de l'homme primitif ; pour Eusèbe de Salles et pour Topinard, les rouges sont les derniers rejetons d'une race disparue, que représentent encore, en Russie, quelques individus dont les yeux sont verts. Ce type n'a pas de signification ethnique pour Beddoë et pour Deniker.

Il existe donc, dans chaque race, une gamme de nuances très étendue. Je n'en veux qu'un exemple : certains colons de race blanche, habitant les pays chauds, prennent une couleur tellement foncée qu'on les prendrait pour des noirs.

Tableau des couleurs du tégument externe[1]

1. Blanc pâle (pale white).
2. Blanc rosé (florid white, rosy white)[2].
3. Blanc basané (brownish white)[3].

4. Jaune pâle (teinte terreuse, grain de blé, yellowish white)[4]
5. Jaune (cuir neuf de valise, olive, yellow)[5]
6. Jaune brun (feuille morte, dark yellow brown, dark olive)[6].

7. Brun rouge (cannelle, red, cooper coloured)[7].
8. Brun chocolat (reddish brown, chocolate)[8].
9. Brun très foncé (sooty black).
10. Noir (black, coal black).

Cette gamme de nuances est d'ailleurs d'une appréciation souvent difficile. « Nous considérons les Anglais comme blonds, mais eux se regardent comme bruns ; c'est que nous les comparons à nous et qu'ils se comparent aux hommes du Nord. M. Beddoë a beaucoup insisté sur ce genre d'erreurs en anthropologie. »

Ainsi « la complexion rosée des Scandinaves diffère du teint fleuri des Anglais et des Danois. La coloration brune de nos races françaises au midi de la Loire n'est pas celle des Espagnols, et, à plus forte raison, celle des Kabyles bronzés.

« Le prétendu teint jaune des Asiatiques orientaux varie bien davantage. Tantôt il se rapproche du blanc au point de ne pouvoir en être distingué[9] ;

1. Voir Topinard (*loc. cit.*). Voir également : 1892. Garson et Read (Notes and queries on anthropology edit. for the Anthrop. Inst. ; 2ᵉ éd., London, 1892).
2. Scandinaves, Anglais, Hollandais.
3. Espagnols, Italiens.
4. Certains Chinois.
5. Indiens de l'Amérique méridionale, Polynésiens.
6. Malais, certains Américains.
7. Bedjas, Pheuls.
8. Dravidiens, Mélanésiens.
9. Toutefois, même quand la peau est blanche, les Japonais ne présentent jamais de rougeur aux joues

tantôt il est vert olive, brun, en passant par les nuances intermédiaires du jaune pâle ou d'un jaune pain d'épice....

« Le nom de Rouges a été appliqué aux Américains, moins à cause de leur coloration la plus commune, que par suite de leur usage très répandu de se teindre les cheveux ou de se peindre la peau en rouge. Ils offrent en réalité les nuances les plus variées, depuis le ton clair des Antisiens des Indes centrales jusqu'au brun olive des Péruviens (d'Orbigny) et au teint noir de nègre des anciens Californiens (Lapeyrouse). La teinte cuivrée ou cannelle leur est souvent attribuée cependant. La même coloration cuivrée est répandue en Polynésie où se rencontrent également des tons fort clairs, jaunes ou bruns. En Afrique, enfin, les teintes rouges ou jaunes sont très communes, particulièrement au sud, au centre et vers le Haut-Nil. Les Foulbes sont d'un jaune rhubarbe, les purs tirant sur le rouge; les Bisharis sont très souvent d'un rouge acajou; on sait que les anciens Egyptiens se peignaient en rouge sur leurs monuments. La classification ancienne s'appuyant sur la coloration rouge attribuée spécialement aux Indiens de l'Amérique est donc mauvaise.

« Si les nègres sont si éloignés des blancs par la couleur, ils se fondent insensiblement avec les jaunes ou les rouges, sur bien des points de l'Afrique. Les plus francs, comme noir, s'observent à la côte de Guinée; mais du Yoloff au Mondingue et à l'Ashanti seulement, que de nuances signalées! Dans l'Afrique australe, les Hottentots et, en particulier, les Boschimans ne sont plus noirs, mais d'un jaune gris rappelant le cuir verni vieux; au Gabon, les Obongos, vus par de Chaillu, étaient aussi d'un jaune sale. On cite des Cafres rouges. Parmi les Makololos du Zambèse et les Fans de Burton, beaucoup étaient café au lait. Les expressions de brun clair, de couleur claire reviennent souvent, appliquées aux nègres de Lualaba, dans le *Last Journal* de Livingstone, mais n'est-ce pas par rapport aux populations environnantes?.... La coloration noire de la peau se rencontre ailleurs qu'en Afrique; ainsi chez les Australiens, chez les Noirs à cheveux droits de l'Inde,... chez les Arabes noirs de l'Yémen ou Hymiarites.

« En somme, la coloration dans les races fournit d'excellents caractères (anthropologiques), mais ne saurait être prise pour point de départ d'une classification. La division des races blanches (et de celles-ci en deux, les blonds et les bruns) serait la seule fondée. Les colorations jaune, rouge et noire sont reliées par trop d'intermédiaires et ne sont pas caractéristiques. Associé à d'autres, ce caractère devient en revanche très précieux : certain ton jaune sépare absolument le Boschiman de tous les autres nègres; le noir éloigne l'Australien de toutes les autres races aux cheveux droits. » (Topinard[1].)

2° *Variations avec l'action des milieux extérieurs.* — Chez les blancs, l'action combinée de l'air, de la lumière, de la température agit de deux façons différentes.

« Dans les races blondes européennes, le hâle rougit la peau; sous l'action d'un soleil ardent, elle passe du blanc rosé au rouge brique, ou bien se couvre de taches de rousseur. Dans le premier cas, la peau ne se pigmente pas; elle se

1. 1877. TOPINARD. *L'Anthropologie.*

brûle par une sorte d'érythème chronique, pouvant s'accompagner d'exfoliation épidermique, et même d'une formation de phlyctènes.

« Dans les races brunes d'Europe, le hâle brunit la peau uniformément, au point de la rendre quelquefois semblable à celle des mulâtres. La coloration ainsi acquise n'est que temporaire. Elle diminue en hiver et disparaît par le retour dans les pays tempérés ou froids » (Hovelacque et Hervé[1]).

Dans les races jaunes, les agents atmosphériques n'ont pas une action moins remarquable. « A la peau des Indo-Chinois et des Malais, ils communiquent une coloration d'un noir olive. Ailleurs la nuance qu'ils déterminent est un brun piqueté ou un rouge sombre (Fuégiens, Galibis). La peau des Chinois deviendrait plus foncée en hiver et pâlirait en été (Lamprey).

« Chez certains peuples dont la peau est naturellement foncée, les parties exposées au contact de l'air sont souvent plus claires que les parties protégées par les vêtements. Il en serait ainsi chez les Fuégiens (de Rochas) et aux îles Sandwich (Lesson). » (Hovelacque et Hervé, *loc. cit.*)

« De même que les blancs brunissent en se transportant dans les pays chauds, les noirs pâlissent dans les pays froids et tempérés, ainsi que dans les maladies. » (Topinard, *loc. cit.*)

Pritchard, dès 1826, avait déjà constaté des faits analogues[2].

3° *Variations avec le milieu social.* — Dans une même race, l'exercice de telle ou telle profession modifie la couleur du tégument. Dans les races blanches, laboureurs et soldats sont basanés; les religieuses, qui ne sortent pas du cloître, ont le teint pâle. Les Juifs de Cochin sont de couleur foncée, bien que de race blanche. « Leurs enfants naissent blancs et leurs femmes, conservées à l'abri de la lumière, sont blanches. »

4° *Variations avec le sexe.* — Les variations avec le sexe se ramènent en somme aux variations provoquées par le milieu social. Toutefois, au dire d'Havelock Ellis[3], dans des conditions identiques, la couleur du tégument et de la chevelure est de teinte plus claire chez la femme que chez l'homme, dans les races européennes, tout au moins.

5° *Variations avec l'âge.* — Dans les races blanches, le nouveau-né est d'un blanc rose; l'adulte d'un blanc mat; la peau du vieillard est d'une couleur foncée qui tire sur le jaune.

Les négrillons nouveau-nés sont rouges. C'est dans les jours qui suivent la naissance que se développe la pigmentation (voir chapitre IV).

Enfin, les enfants de race jaune, en venant au monde, ont la peau moins colorée que leurs parents (Chinois, Malais, Kalmoucks). Nombre d'entre eux présentent des taches transitoires de pigment, sur les fesses et la région sacro-lombaire. Ces taches, de taille variable, disparaissent à 2, 3, 4 ou 5 ans. Elles sont de signification encore énigmatique

6° *Variations avec la région.* — Outre les modifications qu'impriment les

1 1887. HOVELACQUE et HERVÉ. *Précis d'Anthropologie*, p. 320 et 321.

2 1826. PRITCHARD. *Researches into the natural History of Mankind* (2e édit.).

3 1893. HAVELOCK ELLIS. *Man and Woman*, p. 223.

4. Elles ne sont pas sans rapport avec les éphélides qui se développent l'été sur les jeunes Européens. Le tégument, loin de se brunir d'une façon diffuse, voit le pigment se localiser sous forme de taches, en certains territoires exposés à l'air

milieux extérieurs aux régions exposées du corps, on observe, dans les individus des différentes races, des variations de couleur qui sont en rapport avec une plus abondante distribution de pigment (hyperchromie physiologique).

Dans la race blanche, le tégument qui recouvre la région axillaire, les organes génitaux chez l'homme, la peau de la vulve et de l'auréole mammaire chez la femme, sont remarquablement pigmentés. La nuance du tégument est plus claire à la face antérieure qu'à la face postérieure du tronc, plus claire à la face de flexion des membres qu'à leur face d'extension.

Dans la race noire, la plante des pieds, la paume des mains, les faces latérales des doigts sont moins foncées que le reste du corps; la face ventrale du tronc est plus claire que sa face dorsale.

Dans la race jaune, les nouveau-nés présentent sur le tronc des taches pigmentaires, de couleur brune, qui disparaissent ultérieurement.

7° *Variations en rapport avec le croisement des races.* — Il n'est pas sans intérêt d'examiner comment se colore le tégument lorsque, entre races différentes, s'opèrent ces croisements, d'où proviennent les hybrides chez les animaux, les métis dans l'espèce humaine.

L'anatomie comparée nous apprend que les croisements peuvent se faire entre animaux : 1° d'espèces, 2° de genre et 3° peut-être d'ordre différent. 1° Les croisements entre espèces sont communs et fertiles. 2° Les hybrides de l'isard des Pyrénées et de la chèvre domestique, en s'alliant avec les brebis, donnent les chabins. Ces chabins[1], qui vivent dans les Alpes chiliennes, sont très vivaces et très féconds. 3° On a même prétendu que les jumars de l'Atlas et du Piémont proviennent du croisement du taureau et de la jument.

Les anthropologistes ont remarqué que les métis issus de l'union de deux individus de races très différentes (mulâtres issus de blanc et de noire) ne se perpétuent pas au delà de trois à quatre générations, lorsqu'ils se marient entre eux. Les unions de métis sont donc douées d'une fécondité restreinte et parfois nulle. Mais qu'un mulâtre se croise avec un sujet de l'une de ses races mères, que ce phénomène se reproduise durant quatre ou cinq générations, il y aura retour au type blanc ou au type noir, selon que le croisement se sera effectué avec des sujets de race blanche ou noire ([illegible])

IX. SURFACE EXTERNE DE LA PEAU. — Indépendamment des phanères qu'elle édifie, et dont l'étude sera faite ultérieurement, la peau présente à sa surface une série de particularités qu'on peut répartir sous trois chefs. On y voit : 1° des dépressions ; 2° des saillies ; 3° des orifices.

A. **Dépressions de la peau.** — Comme l'a bien montré Bichat, les dépressions qu'on observe à la surface de la peau sont d'aspect et de cause variables.

1° *Sillons interpapillaires.* — En examinant à la loupe et même à l'œil nu le tégument externe de certaines régions (paume de la main, etc.), on y peut voir des sillons droits ou plus souvent curvilignes, séparés les uns des autres par des crêtes, les crêtes papillaires. Ces sillons sont très superficiels : on les dirait tracés avec la pointe d'une aiguille. Au niveau de la pulpe digitale, ils se montrent disposés par groupes concentriques. S'ils affectent les formes les

1. Cornevin (*C. R. Ac. des Sciences*, 1896, t. CXXIII, p. 322) prétend que l'origine hybride des Chabins est une fable, tout comme celle des Léporides.

A. BRANCA.

plus variées, ils comptent, au nombre de leurs caractères, la fixité : on les voit persister à la surface de l'épiderme, alors même qu'on a séparé la peau des tissus qu'elle recouvre.

2° *Hachures.* — On remarque à la surface de l'épiderme des dépressions linéaires, visibles à l'œil nu, qui s'entrecroisent en tous sens. Ce sont là les hachures de la peau. Plus profondes que les sillons papillaires, les hachures circonscrivent des territoires plus ou moins losangiques, d'étendue variable.

3° *Plis musculaires.* — Les plis musculaires sont déterminés par les fibres musculaires, partout où ces fibres prennent insertion dans le tégument externe (muscles peauciers).

La direction de ces plis est perpendiculaire à la direction des muscles sous-jacents. C'est dire que les plis musculaires sont transversaux sur le front, verticaux sur la racine du nez, rayonnés sur les paupières, d'inclinaison variable au niveau de la face.

Ces plis sont d'abord transitoires. Ils n'apparaissent qu'à l'occasion de la contraction musculaire. Sont-ils déterminés par un muscle strié? ils apparaissent très vite et disparaissent de même (muscles de la face). Sont-ils produits par un muscle lisse? ils se montrent lentement, et persistent beaucoup plus longtemps que dans le cas précédent (dartos scrotal).

A la longue, les plis musculaires deviennent permanents, et, sur la physionomie au repos, ils révèlent les groupes musculaires que chacun de nous met de préférence en jeu. De là, un facies qui permet, à l'observateur exercé, le diagnostic de telle ou telle psychose.

Les plis radiés de l'anus rentrent dans le groupe des plis musculaires. Le sphincter externe les détermine « en contribuant avec l'interne à tenir l'anus oblitéré, forçant à rester plissée une portion de peau trop grande pour cet état d'oblitération et ne montrant toute son étendue que lorsque le passage des fèces amène l'effacement des plis par extension de la peau.... Ce sont encore des plis analogues que forme la peau des lèvres. » (Robin.)

4° *Plis articulaires.* — Les plis articulaires sont déterminés par les mouvements qu'exécutent les uns sur les autres les divers segments du squelette. On les observe au niveau des articulations, du côté de la flexion et de l'extension, là par conséquent où les mouvements sont le plus étendus. « Diamétralement opposés, ils se modifient en sens inverse, sous l'influence de l'action musculaire, les uns s'effaçant tandis que les autres s'exagèrent et réciproquement. »

En raison de leur fixité, les plis articulaires ont une importance considérable en médecine opératoire. Ils sont peu nets, là où la peau est très mobile, et souvent on doit les rechercher à l'aide d'un artifice ; ils sont d'autant plus accusés que la peau est plus adhérente aux parties sous-jacentes (plis de flexion du poignet). Ils constituent d'excellents repères anatomiques.

Les plis qu'on observe sur la face dorsale des doigts et des orteils sont nombreux, irréguliers et très superficiels ; leur forme est généralement curviligne ; ils sont répartis en trois groupes : le groupe supérieur répond au corps de la première phalange ; les groupes moyen et inférieur répondent le premier à l'articulation de la première et de la deuxième phalange, le second à l'union de la phalangine et de la phalangett

Sur la face palmaire des doigts et sur la face plantaire des orteils, les plis articulaires sont profonds, rectilignes et de direction transversale. Ils sont aussi moins nombreux qu'à la face dorsale. Ils sont indélébiles, quel que soit le degré de tuméfaction des doigts (Lisfranc).

Les principaux plis de la paume de la main sont au nombre de sept. Trois d'entre eux sont transversaux, quatre sont verticaux.

a) *Plis transversaux.* — Les plis transversaux sont connus sous le nom de plis palmaires (E).

1° Le pli palmaire supérieur (ligne de vie des chiromanciens) est dû au mouvement d'opposition du pouce. Il paraît être le premier à se former. Chez les individus « qui différencient leurs mouvements d'opposition dans les travaux délicats ou dans l'expression de leur pensée... le pli se brise, s'interrompt, se complique, se dédouble même » (Féré).

2° Le pli palmaire moyen est déterminé par la flexion des quatre doigts. Il se dirige, obliquement, du bord radial de la main vers l'éminence hypothénar. Il est déjà indiqué chez le fœtus humain de 3 mois.

3° Le pli palmaire inférieur reconnaît pour cause la flexion du médius, de l'annulaire, et de l'auriculaire. Il s'étend du bord cubital de la main vers le deuxième espace interdigital. De tous les plis transversaux de la main, il est le dernier à se former. On l'observe constamment chez le nouveau-né.

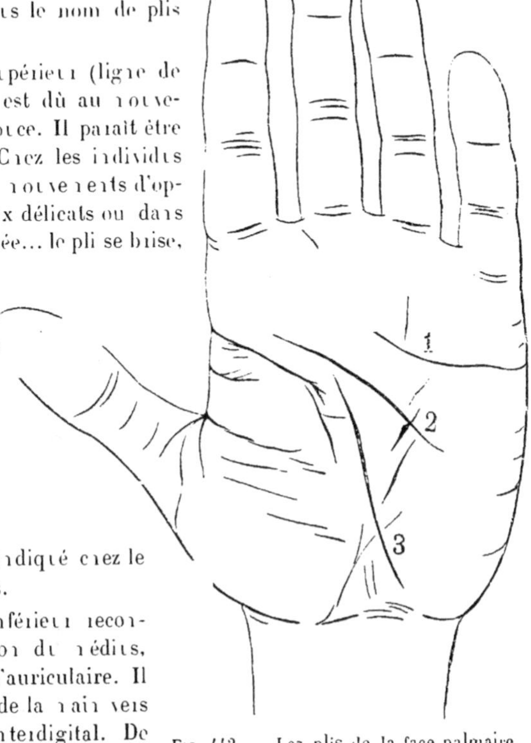

Fig. 442. — Les plis de la face palmaire de la main.

1. Pli de flexion des 3 derniers doigts. — 2. Pli de flexion des 4 derniers doigts. — 3. Pli d'opposition du pouce.

b) *Plis verticaux.* — A l'exception du pli de flexion du pouce qui toujours est nettement indiqué, les plis longitudinaux de la main sont assez mal marqués.

Ils offrent des anastomoses multiples, et leur complexité est en rapport avec la mobilité du métacarpe.

1° Le pli de flexion du pouce est vertical à l'inverse des autres plis de flexion : il est situé sur le prolongement du bord radial de l'index.

Les autres plis longitudinaux se dirigent de la région moyenne du carpe vers la base des doigts.

2° Le pli carpo-auriculaire (ligne hépatique des chiromanciens) atteint la base du petit doigt. Il est net sur les fœtus de six mois.

3° Le pli carpo-médian apparaît après lui : il existe d'ordinaire au moment de la naissance.

4° Quant au pli carpo-annulaire, c'est un pli de perfectionnement, d'apparition tardive, qui fait défaut assez fréquemment.

« Lorsque la mobilité volontaire du métacarpe est très grande, les sillons carpo-médian et carpo-auriculaire forment, au-devant des articulations métacarpo-phalangiennes, des vallons profonds, séparant trois éminences situées sur le prolongement des espaces interdigitaux. Sur les empreintes, ces éminences laissent des traces, qui rappellent celles des mammifères penta-dactyliens, formant une surface trifoliée. Le rapprochement est d'autant plus légitime que sur l'homme, aussi bien que chez les singes[1], on peut observer, au niveau de ces saillies, des séries de lignes papillaires, disposées en anses ou en tourbillons, comme on en voit aussi chez les singes sur les régions palmaires ou plantaires qui supportent les pressions....

« Les quatre saillies ou « monts » qui existent sur le prolongement de l'axe des doigts chez les sujets qui se livrent à de rudes travaux tiennent au frottement et à l'épaississement de l'épiderme.

« Chez les sujets dont les mouvements sont les plus différenciés, les divers plis offrent des anastomoses variées qui sont les traces de ces mouvements[2]. »

Variations des plis palmaires. — Les plis de flexion de la main sont sujets à de nombreuses variations. Chez l'homme, il n'existe parfois qu'un pli transversal. Ce pli unique est en rapport avec un défaut d'opposition du pouce qui pose à plat, sur le plan horizontal, à la façon des autres doigts. Il ne coïncide qu'exceptionnellement avec une infériorité fonctionnelle de la main qui le porte (Féré). Quand les deux plis moyen et inférieur ne font pas défaut, on les voit parfois s'unir par un trait transversal.

Enfin, au-dessous des trois grands plis palmaires, on voit se former des plis accessoires qui sont dus à la flexion isolée des deux doigts ou d'un seul doigt. La flexion passive, prolongée et répétée de l'annulaire et du médius, provoque la formation d'un pli à concavité inférieure. Ce pli, qui va du second au quatrième espace interdigital, est désigné sous le nom d'anneau de Vénus. Les chiromanciens le supposent révéler la lascivité et la luxure (Féré[3]).

Rapports des plis cutanés. — Dans un travail récent, Soulié a étudié par la radiographie les rapports des plis de flexion de la main avec les interlignes articulaires, les arcades artérielles et les synoviales[4].

Je me borne à transcrire les résultats de cet auteur, en faisant remarquer avec lui que l'âge, le sexe, la longueur de la main ne modifient en rien, pratiquement parlant, les données qui suivent[5].

a) *Rapports des plis de flexion et des interlignes articulaires.*

1° *Pli digital inférieur* . . . . . { 9 mm. au-dessus de l'articulation de la 2e et 3e phalange (médius).
8 mm. 5 au-dessus de l'articul. de 2 et 3e phal. (index).

1. 1897. Wilder. On the disposition of the epidermic folds upon the palms and soles of primates. *Anatomischer Anzeiger*, p. 250.

2. 1900. Féré. Note sur les plis d'opposition de la paume de la main. *Soc. Biologie*, p. 370.

3. 1900. Féré. Note sur les plis de flexion de la main. *Compt. rend. Soc. de Biol.*, 31 mars.

4. 1901. Soulié. Sur les rapports des plis cutanés avec les interlignes articulaires, les vaisseaux artériels et les gaines synoviales tendineuses. *Journ. de l'Anat. et de la Phys.*, p. 601.

5. L'auteur a étudié 14 cas. La longueur de la main atteignait 178 millimètres, celle des doigts 77 millimètres

2° *Pli digital supérieur.*	5 mm. au-dessus de l'interligne articulaire pour les autres doigts. 5 mm. 5 au-dessus de l'interligne pour le pouce.
3° *Plis digito-palmaires.* . .	18 mm. 5 au-dessous de l'articulation métacarpo-phalang. (doigts du milieu). 11 mm. au-dessous de l'interligne (auriculaire).
4° *Pli palmaire inférieur.* .	11 mm. au-dessus de l'articul. métacarpo-phalang. de l'annulaire.
5° *Pli palmaire moyen* . .	9 mm. au-dessus de l'articulation métacarpo-phalang. de l'index.
6° *Pli palmaire supérieur.*	Sa partie supérieure (ou verticale) est à peu près équidistante du bord radial (53 mm.) et du bord cubital (48 mm.) de la main.
7° *Pli principal du poignet.* . . .	16 mm. 5 au-dessus de l'articulat. carpo-métacarpienne. 18 mm. au-dessous de l'articul. radio-carpienne (sur ligne médiane).

b) *Rapports des plis de flexion et des arcades vasculaires.*

1° *Arcade palmaire profonde* . .	25 mm. 5 au-dessus du pli palmaire moyen. 36 mm. au-dessous du pli du poignet.
2° *Arcade palmaire superficielle.* (rapports très variables)	17 mm. au-dessus du pli palmaire moyen. 46 mm. 5 au-dessous du pli du poignet.

c) *Rapports des plis de flexion et des synoviales palmaires.*

Le pli supérieur, dans sa portion verticale, indique les limites respectives des synoviales radiale et cubitale.

Les extrémités de ces synoviales sont situées :

1° *la supérieure.*	3 cm. au-dessus du pli du poignet. 1 cm. au-dessus de l'interligne radio-carpien.
2° *l'inférieure.*	4 à 5 mm. au-dessous de l'interligne de la phalange unguéale. 10 à 12 mm. au-dessous du pli digital.

Le corps de la synoviale ne dépasse pas le pli palmaire moyen (sauf pour le prolongement auriculaire de la synoviale cubitale).

5° *Plis séniles.* — La vieillesse fait apparaître, dans le tégument normal, des rides et des plis. Les rides sont dues à ce que la peau perd son pannicule adipeux et voit s'altérer son tissu élastique. Quant aux plis séniles, ils sont nombreux et peu profonds ; en s'entrecroisant sous des incidences variées, ils déterminent, à la surface du dos des mains, du cou et de la face, un réseau dont les mailles sont irrégulièrement polygonales.

6° *Dépressions permanentes de la peau.* — Avec Robin, on peut désigner, sous ce nom, des dépressions permanentes que provoquent les adhérences de la peau aux organes sous-jacents, os, aponévroses. Tels sont le sillon interfessier, le sillon du pli de l'aine ou du creux de l'aisselle.

B. Saillies de la peau. — Des saillies qu'on observe à la surface de la peau les unes sont transitoires, les autres permanentes.

I. — *Saillies transitoires. Chair de poule.* — Sous l'influence du froid ou d'une émotion morale comme la peur, on voit parfois, sur les régions velues du tégument, de petites saillies se dresser brusquement, au niveau du point d'émergence des poils. Ces petites saillies donnent un aspect rugueux à la surface de la peau ; elles sont dues à la mise en jeu des muscles arrectours des poils qui déterminent une véritable projection du follicule pileux. Elles disparaissent aussitôt que cesse la contraction du muscle de l'horripilation. Tel est le phénomène vulgairement connu sous le nom de chair de poule

II. *Saillies permanentes.* — 1) *Raphés.* — On donne le nom de raphés à des épaississements médians et linéaires du tégument externe. Le raphé scroto-périnéal marque la ligne de soudure des deux parties qui constituaient au début la région ano-génitale.

2) *Crêtes papillaires.* — Enfin on observe à la paume des mains et à la plante des pieds de fines crêtes (crêtes papillaires), que séparent des sillons, les sillons interpapillaires. Ces crêtes, droites ou courbes, sont réparties en groupes, et dans chaque groupe elles se disposent parallèlement (F).

Historique. — Les dispositions que présentent les crêtes papillaires à la paume des mains, aussi bien qu'à la plante des pieds, ont un intérêt anthropologique qu'avait bien compris Purkinje dès 1823[1].

Alix publia en 1868 une série de « Recherches sur la disposition des lignes papillaires de la main et du pied[2] » et il s'efforça d'opposer les dispositions qu'affectent les crêtes papillaires chez l'homme et chez les anthropoïdes.

Plus tard, F. Galton[3] étudia les empreintes du pouce de 2500 sujets. Il montra le parti qu'on pouvait tirer de pareilles empreintes en anthropologie criminelle, et il les rapporta à un certain nombre de types.

En 1891, H. de Varigny vulgarisa en France les recherches de Galton[4] et Ch. Féré fit connaître le résultat de ses recherches à la Société de Biologie[5].

Depuis cette époque Forgeot[6], Testut[7], Ch. Feré (1900), ont apporté des documents nouveaux relatifs à l'histoire des empreintes digitales.

Constitution des crêtes papillaires[8]. — Les crêtes papillaires portent, à leur sommet, les orifices des trajets sudorifères disposés en séries linéaires. Ces crêtes sont séparées par des sillons. En regard de chacun de ces sillons, il existe une saillie dermique, dont l'extrémité se divise en deux papilles divergentes « un peu à la façon des branches divergentes d'un Y ».

Les canaux sudorifères « passent, non entre les deux branches d'un même Y, mais entre les branches adjacentes des Y juxtaposés, et si nous représentons ces canaux par I, nous avons à la suite YIYIYIYIY, qui nous représentent des coupes de crêtes et où la crête est figurée par l'union d'un I avec les branches adjacentes des deux Y voisins, alors que les sillons (interpapillaires) correspondent à l'intervalle que laissent entre elles les branches divergentes de chaque Y » (de Varigny). (Voy. fig. 451.)

Crêtes papillaires des phalangettes. Bases de leur classification. — La base de la classification naturelle de M. Galton est très simple, nous dit Ch. Féré.

Les lignes papillaires de la face palmaire ou plantaire des phalangettes présentent une disposition générale constante : 1° Il existe à la base de la phalangette, parallèlement au pli articulaire, des lignes papillaires transversales; 2° Tout le pourtour de la phalangette est parcouru par des lignes elliptiques dont les postérieures présentent graduellement une concavité moins prononcée, de telle sorte que, dans quelques cas, elles finissent par confondre leur direction avec les lignes parallèles de la base. M. Galton appelle cette disposition forme primaire.

Toutefois cette forme primaire est rare. Le plus souvent les lignes transversales et les lignes elliptiques laissent, entre elles, un intervalle qui se trouve rempli par des lignes papillaires de formes diverses, et dont il s'agissait précisément d'établir la nomenclature.

1. 1823. Purkinje. *Commentatio de examine physiologico organi visus et systematis cutanei.*
2. 1868. Alix. *Annales des sciences naturelles*, t. VIII, p. 295 et t. IX, p. 5.
3. 1888. Galton. *Nature*, XXXVIII, p. 201, et 1891, *Philosophical Transactions*, CLXXXII, p. 15.
4. 1891. De Varigny. *Revue scientifique*, 2 mai.
5. 1891. Féré. *Compt. Rend. Soc. Biol.*
6. 1891. Forgeot. *Thèse doctorat*, Lyon.
7. 1894. Testut. *Traité d'anatomie humaine*, livre VI.
8. Les crêtes papillaires ont été connues des peuples préhistoriques. Un pétroglyphe recueilli sur le lac Kejemkooje (Nouvelle-Écosse), par le colonel Garrick Mallory, nous montre une main humaine, où sont indiquées, avec une remarquable sincérité, quelques-unes des crêtes papillaires. (Voir *Annales du Bureau d'Ethnologie des États-Unis d'Amérique.*)

Dans les cas où l'espace est symétrique, il est limité latéralement par deux angles qui répondent aux points de rencontre des lignes elliptiques et des lignes transversales. C'est sur l'existence de ces deux angles que repose toute la classification de M. Galton.

Notons que les angles en question peuvent manquer et qu'il faut construire leur position symétriquement, relativement à une ligne passant par le centre de la figure qui remplit l'espace.

Appelons C l'angle dont le sommet est dirigé vers le bord cubital de la phalangette et R celui qui se dirige vers le bord radial.

Appelons A la dernière crête elliptique qui limite l'espace en avant et P la première ligne transversale qui le limite en arrière.

Ces deux lignes peuvent présenter avec les angles C et R des rapports différents.

Classification des crêtes papillaires. — On a établi une série de 41 types dont les principaux sont ainsi résumés dans la thèse de Forgeot :

1° Les lignes *A* et P passent toutes deux en R et C, en circonscrivant un espace libre régulier.

a) Ce dernier peut être rempli par des lignes antéro-postérieures. C'est là une figure très rare chez l'homme, mais signalée par Alix comme la plus commune, chez les singes anthropoïdes.

Fig. 443. — Empreinte grossie des crêtes papillaires d'un doigt. (D'après Forgeot.)

b) Le plus souvent, l'espace (intermédiaire) est rempli par des lignes concentriques en cercle ou en spirale plus ou moins allongée. C'est le type RAC — RPC de Féré.

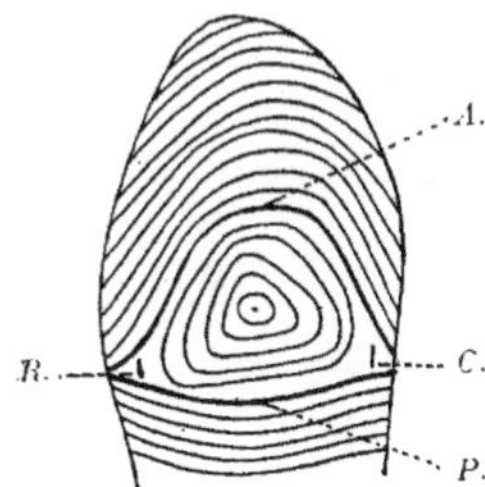

Fig. 444. — Schéma d'une empreinte du pouce droit. (D'après Féré.)

A, ligne antérieure limitant en bas le système elliptique. — P, ligne postérieure limitant le système transversal. — R, angle radial. — C, angle cubital.

2° Les deux lignes A et P passent chacune par un angle différent; d'où la formule AC—PR et AR—PC de Féré.

3° Les lignes A et P ont un point de commun, soit le seul point commun C ou R, d'où les deux formules AR—PR de Féré et AC—PC.

4° L'une des lignes A ou P passe par les deux points C et R, et l'autre ligne par un seul de ces points, d'où les formules

RAC — PR
RAC — PC
RPC — AR
RPC — AC

La nomenclature de Féré et celle de Testut sont calquées sur celle de Galton. Nous nous bornons à rappeler les synonymies

Galton	Féré	Testut
W	C (cubital)	i (interne)
V	R (radial)	e (externe)
	A (antérieur)	C (courbe)
B	P (postérieur)	T (transversal)

[A. BRANCA.]

Ajoutons aussi qu'aux 41 types de Galton et Féré, Testut substitue dix types qu'il désigne comme il suit :

1° Type primaire.	3° Ce Ti.	5° Ci Ti.	7° Cie Tei.	9° Ce Tei.
2° Cei, Tei.	4° Ci Te.	6° Cei, Ti.	Ce Te.	10° Cei Te.

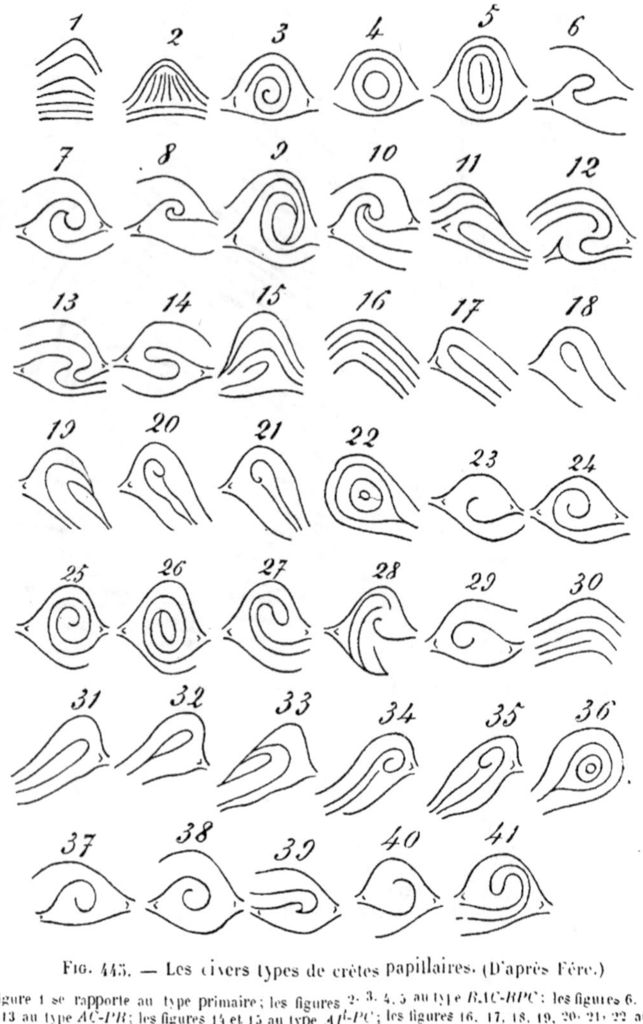

Fig. 445. — Les divers types de crêtes papillaires. (D'après Féré.)

La figure 1 se rapporte au type primaire ; les figures 2, 3, 4, 5 au type *RAC-RPC* ; les figures 6, 7, 9, 10, 11, 12, 13 au type *AC-PR* ; les figures 14 et 15 au type *AR-PC* ; les figures 16, 17, 18, 19, 20, 21, 22 au type *AR-PR* ; les figures 23, 24, 25, 26, 28, 28 au type *RAC-PR* ; la figure 29 au type *AR-RPC* ; les figures 30, 31, 32, 33, 34, 35, 36 au type *AC-PC* ; les figures 37, 38, 39 au type *AC-RPC* ; les figures 40-41 au type *RAC-PC*.

Variations des crêtes papillaires. — A) *Variations individuelles.* — *a*) Les empreintes sont de forme plus variée à la paume de la main qu'à la plante du pied. A la paume de la main, leur forme est d'autant plus complexe que les mouvements des doigts sont plus étendus et plus différenciés, que l'intelligence est plus développée. (Féré.)

b) Chez un même sujet, il y a une similitude plus ou moins parfaite des empreintes de chaque pouce (Galton). Féré, qui a examiné la fréquence de cette symétrie chez les épileptiques arrive à la statistique suivante :

Il y a symétrie pour le pouce	dans	52,19	pour 100
l'index	—	41,09	
le médius	—	56,59	
l'annulaire	—	52,74	—
l'auriculaire	—	75,27	

c) Au niveau de la main, les variations morphologiques sont surtout fréquentes au niveau du pouce et de l'index, qui sont les doigts dont l'importance fonctionnelle est le plus considérable.

d) Quels que soient les aspects de ces empreintes, on peut considérer, avec W. Herschell et Galton, « que le dessin digital (qui existe à partir du sixième mois de la vie intra-utérine....) demeure immuable de la naissance au moment où, par la putréfaction, la peau se désagrège et se décompose, immuable dans ses dispositions fondamentales, immuable dans ses moindres détails » (de Varigny) à l'inverse de tous les autres organes.

Il importe toutefois de remarquer que, dans une région donnée, chez un sujet donné, la morphologie des crêtes papillaires subit quelques légères modifications du fait de l'âge, de la profession, etc. C'est ainsi que chez les vieillards, les crêtes sont « usées, aplaties, à bords flous » (Forgeot).

e) On sait que les crêtes sont plus serrées chez l'enfant que chez l'adulte. On compte dans l'espace de 5 millimètres :

Chez le jeune enfant	15 à 18 crêtes.
A 8 ans	13 crêtes.
A 20 ans	9 à 10 crêtes.

f) Les cicatrices professionnelles ou accidentelles déterminent des interruptions dans les crêtes, ou encore des torsions des lignes papillaires qui, de ce fait, se rapprochent les unes des autres.

g) Le type primaire des empreintes digitales paraît s'observer exclusivement chez des épileptiques.

B) *Variations sexuelles.* — Dans le sexe féminin, les crêtes papillaires sont plus rapprochées les unes des autres que dans le sexe masculin.

C) *Variations familiales.* — Galton est porté à croire à l'hérédité des lignes papillaires ; le rôle de ce facteur est nié par Forgeot de la façon la plus formelle.

D) *Variations ethniques.* — On n'est pas encore fixé sur les variations qu'imprime la race à la morphologie des empreintes digitales.

Les recherches d'Alix ont montré que le type primaire était propre aux grands singes anthropoïdes ; mais, tout récemment, Féré a infirmé les conclusions de cet auteur. « Les empreintes dites primaires n'ont jamais été observées chez aucun singe : on ne peut, sans plus ample informé, les considérer comme des dispositions ataviques »[1]. Le type primaire n'existe qu'exceptionnellement chez l'homme, où Féré l'a observé cinq fois, sur des sujets épileptiques.

Lignes papillaires de la paume de la main. — D'une manière générale, nous dit Féré[2], ces lignes affectent une direction parallèle aux plis primordiaux de flexion et d'opposition. Ces plis primordiaux sont les plis de flexion communs des doigts et le pli d'opposition du pouce.

Dans le cas de la disposition la plus simple, on voit les lignes papillaires suivre le pli d'opposition du pouce, couvrir l'éminence thénar jusque sur la palmature du pouce, où elles deviennent parallèles au pli de flexion commun des doigts.

Les lignes parallèles au pli de flexion commun se relèvent progressivement vers le bord cubital de la main, à mesure qu'on remonte vers le poignet, de sorte que les supérieures, devenues les plus internes, se placent parallèlement à celles qui recouvrent l'éminence thénar. La partie de la main comprise entre le pli de flexion commun et le pli de flexion spécial des trois derniers doigts est couverte de lignes papillaires dont la direction générale est transversale, et qui s'accolent graduellement aux séries de lignes à concavité inférieure ou

1. 1900. FÉRÉ. Notes sur les mains et les empreintes digitales de quelques singes. *Journ. de l'Anat. et de la Physiol.*, p. 255.
2. 1900. FÉRÉ. Les lignes papillaires de la paume de la main. *Journal de l'Anat. et de la Physiol.*, p. 376.

[A. BRANCA.]

digitale, encadrant les dernières lignes transversales de la face palmaire des doigts. Ces dernières lignes courbes présentent une direction parallèle à celle des lignes digitales qui sont généralement transversales aux deux doigts médians, tandis qu'à l'index et au petit doigt, elles sont obliques de bas en haut, et de dedans en dehors par rapport à l'axe de la main. Cette disposition simple est presque constante sur l'éminence thénar: le plus souvent, toutes les lignes papillaires, à partir de la courbe du pli d'opposition du pouce, sont parallèles; elles s'aplatissent progressivement jusqu'au pli de flexion du pouce.... »

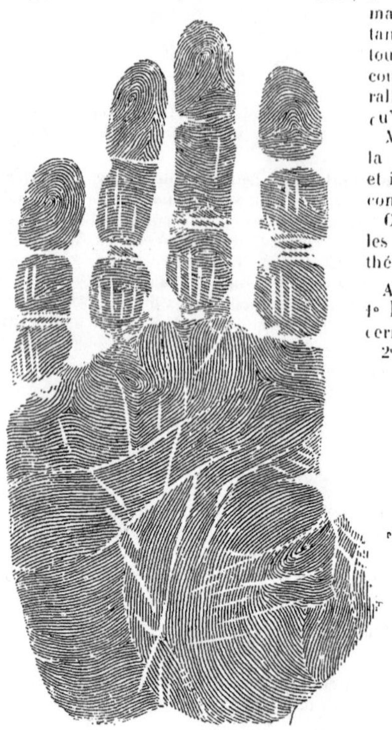

Fig. 446. — Empreinte de la main gauche. (D'après Féré.)

Elle présente des lignes papillaires parallèles au pli d'opposition du pouce et aux plis de flexion des doigts. On y voit les lignes transversales de l'annulaire former une anse à convexité tournée vers la paume, à la base de ce doigt.

Mais ce type simple des lignes papillaires de la paume de la main est en somme assez rare, et il est de règle de voir des figures accessoires compliquer sa morphologie.

Ces figures accessoires peuvent siéger : A) sur les espaces interdigitaux; B) sur l'éminence thénar; C) sur l'éminence hypothénar.

A) Les principales anses interdigitales sont : 1° l'anse cubitale située sur le prolongement du dernier espace;

2° L'anse médiane située dans le prolongement de l'espace médian;

3° L'anse radiale située dans le prolongement de l'espace qui sépare le médius de l'index;

4° L'anse externe située au niveau de l'angle formé par le pouce et le métacarpien de l'index.

B) Les figures de la région thénar affectent deux types principaux :

1° Une anse à sinus ouvert vers le pouce (*anse radiale*);

2° Une anse à sinus ouvert vers le poignet (*anse supérieure*).

C) Les figures de la région hypothénar se présentent sous des formes plus diverses :

1° Une anse ouverte obliquement vers l'angle formé par le pli de flexion commun et le pli d'opposition du pouce (*anse radiale*);

2° Une anse ouverte vers le poignet (*anse supérieure*);

3° Une anse ouverte vers le bord cubital de la main (*anse cubitale*);

4° Diverses variétés du circulus, du tourbillon et du double tourbillon.

Lignes papillaires de la plante du pied. — La plante du pied est parcourue, comme la main, par des crêtes papillaires[1].

Sur le talon, ces lignes sont transversales et se montrent plus ou moins discontinues, plus ou moins anastomosées.

Au-devant de la région du talon, ces lignes sont très nettes et toujours de direction transversale.

Au niveau des articulations métatarso-phalangiennes, elles sont obliques en avant et en dehors. Elles rencontrent les lignes transversales qui occupent la base du 1er et du 5e orteil, et forment avec elles deux angles (angle interne et angle externe).

Dans le territoire compris entre ces deux angles se développe une série de figures accessoires qui rappellent les figures qu'on observe à la face palmaire de la main. Il existe : 1° quatre anses interdigitales, 2° une anse externe, 3° une anse interne, 4° des cercles ou

1 1900. Féré, *Journ. de l'Anat.*, p. 602.

ellipses. « L'anse interne forme une raquette presque constante au niveau de l'articulation métatarso-phalangienne du gros orteil. » Elle a été autrefois figurée par Allix (6).

C. Orifices de la peau. — Outre les grands orifices, au niveau desquels le tégument externe se raccorde aux muqueuses dermopapillaires (bouche, narine, paupière, points lacrymaux, anus, urèthre, etc.), la peau présente les orifices des canaux excréteurs annexés à ses glandes. On y trouve donc :

1° Les orifices des canaux galactophores qui débouchent à la surface du mamelon et lui donnent l'aspect d'une pomme d'arrosoir ;

2° Les orifices des glandes sudoripares. Ces orifices, d'un diamètre de 40 à 50 μ, sont espacés les uns des autres de 50 (dos) à 200 μ (paume des mains). Ils ne sont visibles à l'œil nu que sur la paume des mains et la plante des pieds. Ils se montrent disposés en séries linéaires et s'ouvrent au sommet des crêtes papillaires ;

3° Les orifices des glandes sébacées, d'un diamètre variable, mais relativement large, ne sont visibles que sur deux des variétés de glandes sébacées (glandes isolées et glandes annexées à un poil follet).

Orifices des glandes sudoripares et des appareils pilo-sébacées sont connus du vulgaire sous le nom de pores de la peau.

X. Surface interne de la peau. — La surface interne de la peau (surface profonde, surface adhérente) est beaucoup plus irrégulière que la surface externe. Elle est munie d'orifices qui livrent passage aux vaisseaux, aux nerfs, aux canaux excréteurs de certaines glandes sudoripares. Elle présente des dépressions dans lesquelles se logent les pelotons graisseux du pannicule adipeux (peaucier adipeux de de Blainville).

La surface interne de la peau varie d'aspect, selon que la peau est mobile sur les plans sous-jacents, ou qu'elle adhère à ces plans.

1° Quand la peau est mobile, comme c'est le cas sur le tronc, sur le bras, l'avant-bras, la cuisse et la jambe, on observe la disposition suivante :

a) La face profonde du derme est en connexion étroite avec des faisceaux conjonctifs dont l'ensemble constitue une membrane réticulée, dense, résistante qui n'est autre que le feuillet superficiel (ou dermique), du fascia superficiel. Cette membrane est disposée parallèlement à la surface de la peau.

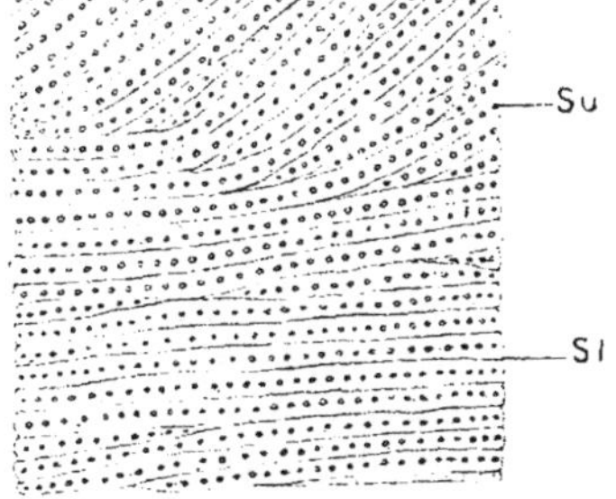

Fig. 447. — Un centimètre carré de l'épiderme de la main vu par sa face libre, à un grossissement de 4 diamètres. (D'après Sappey.)

Su, embouchure des glandes sudoripares. *Si*, sillons interpapillaires.

b) De la face profonde du fascia superficiel se détachent des tractus conjonctifs, à trajet vertical et oblique, qui vont s'insérer, d'autre part, sur une membrane dite feuillet profond du fascia superficiel. Les deux feuillets du fascia sont donc deux membranes, ou plutôt deux séries de membranes, qui cheminent parallèlement à distance l'une de l'autre. Ces deux feuillets sont reliés par des tractus conjonctifs qui leur sont plus ou moins perpendiculaires. Mais ces tractus sont espacés les uns des autres. Ils circonscrivent des loges qu'occupent des lobules adipeux qui font défaut, ici et là, sur certains sujets à constitution sèche. L'ensemble de cette couche représente donc une nappe graisseuse, épaisse et molle, qui s'interpose entre les deux feuillets du fascia. C'est là le pannicule adipeux que parcourent les vaisseaux et nerfs dits vaisseaux et nerfs superficiels ou sous-cutanés.

c) Plus profondément on observe un deuxième feuillet conjonctif plus ou moins dense, mais toujours mince; c'est le feuillet profond du fascia superficiel ou feuillet sus-aponévrotique. Par sa surface externe, ce feuillet entre en rapport avec le pannicule adipeux. Sa face profonde est séparée des aponévroses par une nappe du tissu conjonctif lâche qui permet à la peau de glisser sur les aponévroses.

2° Dans les régions où la peau est adhérente aux plans sous-jacents (creux de l'aisselle, paume des mains, plante des pieds, bords latéraux des doigts), les dispositions anatomiques sont beaucoup plus simples. De la face profonde du derme, se détachent, çà et là, des trousseaux fibreux courts et résistants; ces trousseaux, qui s'insèrent, d'autre part, sur les aponévroses, circonscrivent des aréoles étroites qu'occupent des pelotons graisseux. Ces pelotons se trouvent comprimés dans les aréoles; aussi font-ils hernie, quand on sectionne un point du tégument, adhérent aux tissus profonds. De telles dispositions assurent une union intime du derme et des aponévroses. Ces deux formations sont donc incapables de glisser l'une sur l'autre.

Dans quelques régions de l'organisme, la peau, tout en adhérant aux plans sous-jacents, participe à la mobilité de ces plans, quand ceux-ci sont de nature musculaire. En pareil cas le pannicule charnu, le peaucier charnu (de Blainville), forme doublure au tégument dont il doit assurer la mobilité.

Les muscles annexés à la peau sont de deux ordres. Les uns sont striés, les autres lisses.

Ce sont des fibres striées qui forment les peauciers de la tête (muscles occipito-crânien, frontal, sourcillier, orbiculaire, temporal) et du cou. Ces peauciers ne sont pas, d'ordinaire, enveloppés d'une aponévrose. Ils sont beaucoup moins développés chez l'homme que dans nombre d'espèces animales; chez les singes inférieurs, les muscles de la face sont presque tous fusionnés les uns avec les autres. Ils sont en connexion plus ou moins étroite avec le peaucier du cou, dont ils représentent une dépendance pure et simple. D'autre part, on sait que, chez le cheval et le hérisson, le peaucier du cou se prolonge sur le tronc qu'il enveloppe, tout entier, d'une nappe musculaire.

Les peauciers à fibres lisses sont moins nombreux. Ce sont le muscle sous-aréolaire, le muscle périnéal superficiel, le dartos des bourses qui s'étendrait jusque dans le prépuce, pour y former le muscle péripénien de Sappey.

En certaines régions, on voit les muscles peauciers disparaître en partie ou en totalité. Des formations élastiques se substituent aux muscles disparus. C'est à cet ordre de formations qu'ont été rapportés le ligament du creux de l'aisselle et du pli de l'aine. L'appareil suspenseur des bourses, le sac des grandes lèvres sont le type par excellence des organes élastiques annexés à la peau. Leur étude, comme celle des muscles peauciers, sera faite dans d'autres parties du présent ouvrage.

XI. RAPPORTS DE LA PEAU. — Par sa face profonde, la peau entre en rapport avec les organes les plus variés. Elle recouvre directement la clavicule, le sternum, la rotule, le tibia et nombre d'épiphyses (malléoles, etc.) ou d'apophyses. Aussi conçoit-on facilement qu'en de pareilles régions, très accessibles aux fractures, le tégument, une fois lésé, se répare lentement parce qu'il est mal nourri, et cela d'autant plus que le pannicule adipeux fait défaut : un fascia conjonctif tient sa place où parfois se développent des bourses muqueuses (rotule).

Le tégument externe recouvre les muscles et dessine leurs reliefs. Ces reliefs sont parfois visibles à l'œil nu et toujours sensibles à la palpation. Quelques-uns ont leur importance. Ils servent au tracé des lignes d'incision, en médecine opératoire.

Au niveau du crâne, de la face, des doigts et des orteils, la peau est parcourue par des artères qui sont nombreuses et de taille relativement considérable. De là, l'aisance avec laquelle se réparent les plaies de ces régions, à vascularisation luxuriante.

Les veines forment un riche réseau, visible à travers la peau sous forme de lignes bleuâtres. Ces veines sont d'autant plus profondes qu'elles sont plus volumineuses. Elles siègent toujours dans les points qui sont susceptibles de facilement échapper à la compression.

Quant aux nerfs et aux lymphatiques, on ne les voit pas à l'état physiologique. Quelques-uns d'entre eux cheminent cependant dans l'épaisseur de la peau (lymphatiques et nerfs superficiels).

BOURSES MUQUEUSES

(*Syn.* : Bourses séreuses, bourses celluleuses, bourses sous-cutanées.)

Au XVIIe et au XVIIIe siècle, les bourses muqueuses étaient connues des anatomistes qui se bornaient à constater leur existence (Camper, 1784 ; Four-

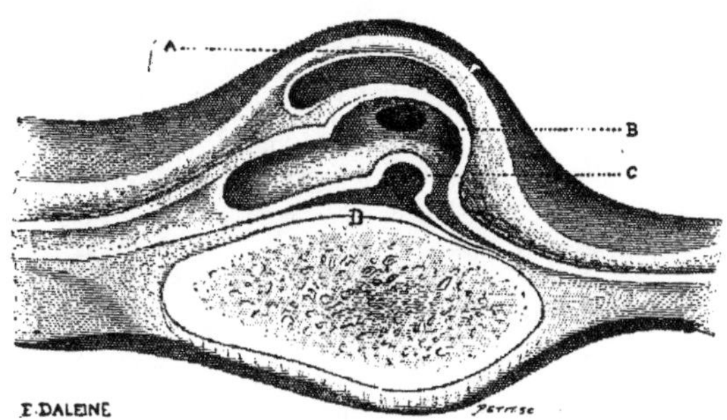

Fig. 448. — Trois bourses prérotuliennes communicantes (d'après Pitha et Billroth), l'une superficielle (A), l'autre moyenne (B), la dernière profonde (C).

croy, 1786). En 1778, Alexandre Monro (Monro le jeune) consacrait à leur étude un mémoire de quelque importance. Outre les descriptions d'Hertwig (1795), de Bichat, de Béclard, de Malgaigne, il a paru, sur l'anatomie des bourses muqueuses, quelques travaux d'ensemble dus à Velpeau, à Padieu, à Vernois, à Gruber, à Zoja, à Heineke.

Les bourses muqueuses sont des cavités qui siègent dans le tissu cellulaire sous-cutané. Elles sont de dimensions très variables. Leur taille varie avec leur siège, avec l'âge et la profession du sujet qui les porte.

On les observe partout où le squelette fait saillie sous le tégument; « les téguments du dos de la main, ceux qui recouvrent la face antérieure de la rotule, l'apophyse olécrâne, l'acromion, ont au-dessous d'eux... un tissu cellulaire qui ressemble déjà à celui que l'on trouve autour des tendons, quelquefois même de véritables bourses muqueuses.... On les trouve même presque constamment à un degré de développement plus ou moins grand entre la peau et les os, dans les endroits où ces parties ont des mouvements fréquents, comme au coude, au genou, en sorte qu'il y a des bourses mùqueuses, comme il y en a de tendineuses »[1].

De ces séreuses, ou « capsules synoviales, ajoute Cruveilhier, les unes sont congénitales et entrent dans le plan primitif de l'organisation, les autres sont accidentelles » ou acquises. Ces dernières se répartissent en deux groupes. Elles sont dues tantôt à l'exercice d'une profession, et sont d'un siège constant pour une profession donnée, qui nécessite des attitudes toujours les mêmes; tantôt elles reconnaissent pour cause une lésion anatomique (hernie, tumeurs, etc.).

Toute bourse séreuse présente à considérer une paroi et une cavité.

La paroi est d'épaisseur et de résistance variables. Elle se confond par sa surface externe avec les tissus ambiants. Sa surface interne est irrégulière. Elle présente des saillies et des anfractuosités.

Quant à la cavité de la bourse muqueuse, elle est cloisonnée, d'ordinaire, par des tractus conjonctifs. Ces tractus affectent la forme de cordons, plus ou moins arrondis ou de lamelles. Ils divisent la cavité de l'organe en une série de loges qui demeurent complètement indépendantes, ou communiquent les unes avec les autres par des orifices dont la taille, la forme, la disposition ne présentent aucune fixité[2]

Un liquide clair, transparent, lubréfie les parois de la bourse; il est fort peu abondant. C'est seulement dans les cas pathologiques (hygroma) qu'il est élaboré en assez grande quantité pour distendre les parois de la bourse muqueuse.

Il y a lieu de distinguer dans les bourses séreuses sous-cutanées : *a*) les bourses séreuses normales, constantes et inconstantes; *b*) les bourses professionnelles ; *c*) les bourses pathologiques.

A) *Bourses séreuses normales.*

Mandibule. . .	Bourse angulo-maxillaire. Bourse prementale.
Larynx	Bourse séreuse de Béclard (au-devant de la pomme d'Adam).
Omoplate .	Bourse sus-acromiale.

1. 1821. Béclard. *Anatomie générale* de Bichat, t. IV, p. 202.

2. Il peut arriver que les bourses muqueuses communiquent avec les séreuses articulaires. Cette communication est d'observation particulièrement fréquente au niveau du genou.

Humérus	Bourse épitrochléenne. Bourse épicondylienne.
Cubitus	Bourse rétro-olécranienne. Bourse styloïdienne interne.
Radius.	Bourse styloïdienne externe.
Articulations métacarpo-phalangiennes	Bourse pré-métacarpo-phalangienne. Bourse rétro-métacarpo-phalangienne.
Articulations inter-phalangiennes . . .	Bourse rétro-phalangienne (située sur la face postérieure de l'extrémité proximale des phalanges).
Bassin. .	Bourse de l'épine iliaque antéro-supérieure. Bourse sous-ischiatique. Bourse rétro-sacrée. Bourse rétro-coccygienne.
Fémur	Bourse trochantérienne. Bourse condylienne externe. Bourse condylienne interne.
Rotule.	Bourse pré-rotulienne. Bourse sus-rotulienne (angle supéro-externe de la rotule).
Tibia	Bourse de la tubérosité externe du tibia. Bourse de la tubérosité interne du tibia. Bourse de la tubérosité antérieure du tibia. Bourse de la crête tibiale. Bourse malléolaire interne.
Peroné	Bourse de la crête péronière. Bourse malléolaire externe.
Calcanéum	Bourse rétro-calcanéenne (partie inférieure de la face postérieure du calcanéum).
Metatarsiens.	Bourse plantaire de la tête du premier métatarsien. Bourse plantaire de la tête du dernier métatarsien.

A côté de ces bourses séreuses normales et constantes[1], on peut rencontrer un certain nombre de bourses séreuses normales, mais inconstantes, qui se développent sur le rachis (apophyse épineuse de la 7e cervicale), sur le tronc (bord antérieur de la clavicule, région lombaire, face externe du grand dorsal), sur la cuisse (face externe ou face antérieure), sur le pied (face dorsale du scaphoïde, articulations tarso-métatarsiennes, etc.).

Ajoutons enfin que l'exercice de certaines professions a parfois pour effet d'agrandir une séreuse d'existence normale.

Les bourses séreuses rétro-olécraniennes sont très développées des deux côtés chez les graveurs, chez les corroyeurs, les tailleurs de meules, les mineurs (the miner's elbow des auteurs anglais). Elles sont agrandies du côté droit seulement chez les guillocheurs; la bourse séreuse, située au-dessus de l'épine iliaque antéro-supérieure, est volumineuse chez les tisserands de Dresde; la bourse sous-ischiatique des tisserands et des bateliers, la bourse malléolaire externe des tailleurs sont encore très développées.

Toutes les professions, et elles sont nombreuses, qui nécessitent, d'une façon prolongée, la station sur les genoux, déterminent l'augmentation de volume de la séreuse pré-rotulienne. L'hygroma pré-rotulien (bourse maid knee, genou de servante des auteurs anglais) est fréquent chez les frotteurs,

1. Qui, au dire de Zimmermann, apparaissent après la naissance (Voir ZIMMERMANN, Real Lexikon der medicinischen Propadeutik, article *Schleimbeutel*.)

parqueteurs, maçons, asphaltiers. On l'observe, fréquemment aussi, chez les religieux. Il importe de remarquer ici que « à genoux, le corps droit, c'est la bourse prétibiale qui en réalité porte sur le sol; mais, quand l'attitude se prolonge, le tronc s'incline un peu en avant et la rotule, par sa face antérieure, devient alors la surface de pression » (Lejars)[1].

B) *Bourses séreuses professionnelles.*

On doit grouper sous ce nom les bourses séreuses de nouvelle formation que l'exercice répété de certains actes finit par créer, de toutes pièces, dans certaines régions du tégument.

Les bourses séreuses du vertex chez les porteurs à la halle, de la région dorso-lombaire chez les chiffonniers; la bourse pré-sternale des ébénistes et des menuisiers; la bourse pré-claviculaire des soldats, de l'articulation acromio-claviculaire gauche chez les scieurs de long comptent parmi les plus fréquentes. Il convient d'ajouter à ces quelques exemples les bourses muqueuses qu'on rencontre chez les joueurs d'orgue (au-devant du trochanter et de la partie inférieure de la cuisse droite), chez les cordonniers (en avant de la partie inférieure de la cuisse), chez les frotteurs de parquet (cou-de-pied).

La bourse séreuse des fileuses de lin occupe le bord cubital de la face palmaire de la main gauche (tiers moyen) et la racine du petit doigt.

C) *Bourses séreuses pathologiques.*

On voit aussi des bourses séreuses se développer sur les vieilles hernies, sur les tumeurs de date ancienne, sur les tissus chroniquement irrités (durillons, cors), sur le sommet des déviations vertébrales (cyphotiques), sur le moignon des amputés de jambe qui marchent avec un pilon, sur les cals vicieux ou proéminents, sur les exostoses, sur la région du pied bot qui porte sur le sol, etc.

Bibliographie. — Monro, Descript. of all the bursæ mucosæ, Edimbourg, 1788. — Velpeau. Recherches sur les cavités closes (*Annales de la Chirurgie française et étrangère*, t. VII, 1843. — Padieu. Des bourses séreuses sous-cutanées, thèse, Paris, 1839. — Vernois. Bourses séreuses professionnelles, thèse et *Annales d'hygiène publique*, 1862. — Bleynie. Anat. et path. des bourses cellulaires sous-cutanées, thèse, Paris, 1865. — Zoja. Sulle borse sierose,... Milan, 1865. — Heineke. Die Anat. u. Pathol. der Schleimbeutel und Sehrenscheiden, Erlangen, 1868. — Vaneckloo. D'une callosite speciale observée chez les fileuses, thèse Paris, 1898.

NOTES

A) *Procédés de détermination de la surface tégumentaire.* — a) On assimile les divers segments du corps à des solides géométriques. On compare la tête à une sphère, les membres à des cylindres; et l'on évalue l'étendue superficielle de la peau à l'aide de formules géométriques (Sappey).

b) « On détache le tégument externe; on le cloue sur une table en lui conservant exactement sa longueur et sa largeur. Puis, après sa complète dessiccation, on le découpe et l'on en rassemble toutes les pièces sur un plan d'un mètre carré. » (Sappey.) Une telle methode donne des résultats sensiblement identiques à ceux de la methode precedente.

c) Bergonié et Ségalas recouvrent le corps de bandes de sparadrap, et determinent ensuite la surface de sparadrap employée[2].

1. 1890. Lejars. *Traite de chirurgie*, I.
2. 1898. Bergonié et Ségalas. Mesures des surfaces du corps de l'homme, méthode et resultats. *Compt. rend. Soc. de Biol.*, p. 616.

d) Bouchard[1] décompose la surface du corps en territoires géométriques. Il détermine la superficie de ces territoires et totalise les résultats obtenus. Cette méthode, plus exacte que la précédente, donne des valeurs trop petites, car elle assimile à des surfaces planes des surfaces qui sont concaves ou connexes.

e) Roussy a fait connaître une « méthode de mensuration de la peau humaine... au moyen d'un nouvel appareil, le planimètre à compteur totaliseur et à surface variable[2] ».

f) Bordier se sert dans le même but d'un appareil dit intégrateur des surfaces dont il a donné la description[3].

B) « La coloration de la peau s'associe habituellement, on pourrait dire constamment, si les races étaient pures, à une coloration déterminée des yeux et des cheveux. Ainsi les peaux blanches, à incarnat rosé, supportant mal le soleil, ont d'ordinaire les yeux et les cheveux de teinte claire. Les peaux blanches brunissant aisément au soleil et toutes les autres colorations de la peau, jaunes, rouges et noires, ont, au contraire, les yeux et les cheveux foncés. » (Topinard, *loc. cit.*)

Quant à la couleur de l'iris, les Instructions de la Société d'anthropologie y distinguent quatre nuances de coloration qui comportent chacune cinq tons. Ces quatre nuances sont le brun, le vert, le bleu, le gris. Les yeux bleus sont l'apanage de ceux qu'on qualifie de blonds; les yeux foncés vont de pair avec des cheveux et un tégument richement pigmentés. Les associations inverses (bruns aux yeux bleus) sont un indice certain de métissage.

C) On ignore encore si les races humaines dérivent d'une souche unique modifiée par les milieux extérieurs ou si elles proviennent de types distincts, qui, en se croisant les uns avec les autres, ont produit les familles variées qui peuplent la surface du globe.

Beddoé a étudié la question de la sélection sur la race blanche. Il est arrivé à une conclusion intéressante. Il croit que le type blond est un type en régression et il s'appuie sur ce fait que le blond est, plus que le brun, susceptible de contracter les maladies si fréquentes dans les grandes agglomérations urbaines (tuberculose, etc.)[4]

D) On a longtemps agité la question de savoir quelle pouvait être, chez une femme, l'influence d'un premier mari sur les enfants issus d'un second ou d'un troisième époux. Cette influence semblerait nulle si l'on s'en tient au fait très intéressant observé par Bell. En 1831, une Écossaise eut un fils d'un nègre de passage dans la ville qu'elle habitait. Cet enfant fut mulâtre. Trente-trois mois plus tard, cette même femme eut, d'un blanc, une fille qui fut blanche[5].

E) « Chez les singes supérieurs, les plis de flexion de la paume de la main affectent une direction transversale, mais sont en nombre différent (2 ou 3) suivant les espèces[6] ».

F) *Procédés d'étude des lignes papillaires.* Pour étudier les crêtes papillaires, il suffit de poser le doigt sur une feuille de papier photographique ou sur une feuille de papier qu'on recouvre ensuite d'une couche d'encre (pour le détail des procédés d'Aubert, Coulier, Poitevin, Florence, voir Forgeot, *loc. cit.*).

On peut encore appliquer la main sur une lame de carton largement enduite de noir de fumée. Pour rendre permanente l'empreinte obtenue de la sorte, il suffit de la traiter par l'un des liquides journellement employés pour « fixer » les esquisses au fusain.

G) Hepburn suppose que la plante du pied des mammifères était primitivement plate. Elle était parcourue par des lignes papillaires parallèles entre elles. Du fait de la marche, des épaississements cutanés se sont formés dans les points où la plante du pied prend appui sur le sol. Et, sur les éminences ainsi formées, les lignes papillaires ont pris une disposition concentrique.

Les lignes papillaires, comprises entre ces éminences, sont devenues parallèles à l'axe des objets que la main ou le pied des primates sont appelés à saisir.

Les éminences se sont transformées en véritables pelotes dermiques chez certains mammifères (digitigrades à 5 doigts).

Chez les embryons de chat, les pelotes dermiques sont seulement au nombre de trois; chez le chat adulte, les trois pelotes distinctes se sont fusionnées en une pelote unique trilobée[7].

1. 1898. Bouchard. *Soc. de biologie*, p. 633.
2. 1899. Roussy. *Soc. de biol.*, 13 mai.
3. 1901. Bordier. *Journ. de physiologie et de pathologie générale*, n° 5, p. 673.
4. 1896. Beddoe. Selection in man, *Science progr.*, p. 384.
5. 1896. Bell. *Journ. of anat. a. phys. norm. and. path.*, t. XXX, p. 259.
6. 1900. Féré. *Compt. rend. Soc. de biol.*
7. 1897. Hepburn. Note sur le travail de Wilder intitulé « Disposition des plis épidermiques sur les mains et les pieds des primates. *Anat. Anz.*, XIII, p. 250 » (in *Anat. Anzeiger*, XIII, p. 435).

CHAPITRE VIII

STRUCTURE DE LA PEAU

La mise en œuvre des procédés rudimentaires, ébullition, putréfaction, etc., que possédaient Bichat et ses prédécesseurs, a permis de distinguer dans la peau deux couches fondamentales : le derme et l'épiderme.

I. — DERME.

Le derme est constitué par un tissu d'aspect blanchâtre et demi-transparent, qui, à la coction, donne de la gélatine. Ce tissu est disposé sous la forme d'une nappe, dont l'épaisseur oscille de 300 μ à 3 millimètres.

La face profonde du derme est d'un gris blanc. Elle confine au tissu cellulaire sous-cutané par une surface lisse, et, là où ce tissu fait défaut, elle s'unit par des tractus fibreux aux os, aux aponévroses, etc.

Sa face superficielle, plus molle et plus rosée que tout le reste du derme, est contigüe à la membrane basale et par elle à l'épiderme.

I. — Rapports du derme et de l'épiderme (A). — Les deux couches fondamentales de la peau affectent entre elles des rapports variables que Blaschko[1] ramène à quatre types. Entre ces types on observe, d'ailleurs, des formes de transition.

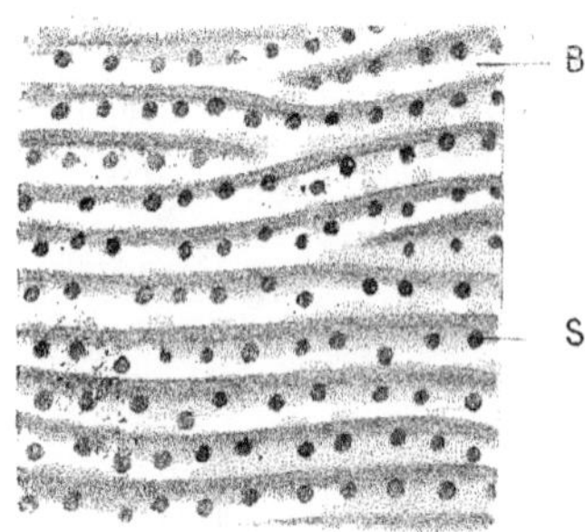

Fig. 449. — Epiderme de la paume des mains, vu par sa face profonde à un grossissement de 8 diamètres. Il représente le nombre des orifices (107) qu'on observe dans cette région sur un espace de 25 millimètres carrés. (D'après Sappey.)

B, bourgeons épidermiques s'enfonçant dans les sillons interpapillaires du derme.

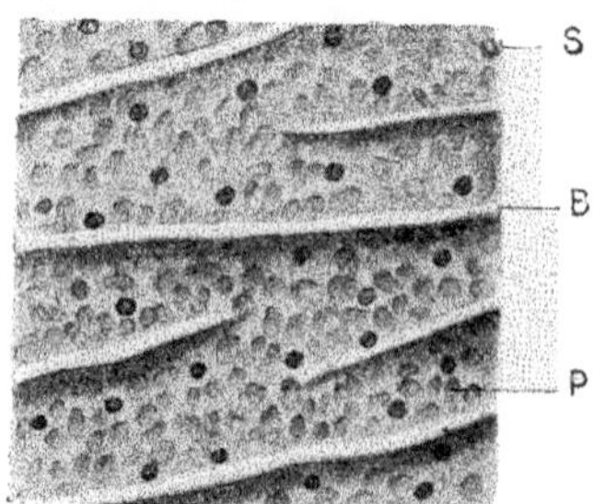

Fig. 450. — Epiderme de la face dorsale du pied, vu par sa face profonde, à un grossissement de 8 diametres. Il montre ses orifices et ceux qu'on observe dans presque toutes les parties du corps, sur l'espace de 25 millimètres carrés. (D'après Sappey.)

B, crêtes de la face profonde de l'epiderme. P, fossettes ou sont reçues les papilles du derme. — S, orifices des glandes sudoripares, au nombre de 32.

[1] 1887 Blaschko. *Arch. f. mikr. Anat.*, p. 495-528.

1er *type*. — L'épiderme et le derme entrent en contact par une surface plane. C'est dire que la surface dermique n'est pas hérissée de saillies; c'est dire aussi qu'il n'existe point de bourgeons épidermiques, issus de la face profonde de l'épiderme. Ce premier type est représenté par la peau du front et le raphé du périnée. Une pareille disposition s'observe encore sur la peau de la conque de l'oreille, sur certaines régions du scrotum (en dehors du raphé) et du creux axillaire, là notamment où les glandes sudoripares sont très développées.

L'épiderme de la face marque la transition de ce type avec le deuxième type de Blaschko; sa face profonde se montre munie de petites saillies bosselées, qui s'interposent entre les racines des poils.

2e *type*. — La face profonde de l'épiderme présente des épaississements qui se disposent sous forme de bandes onduleuses, parallèles entre elles. Ces bandes se bifurquent souvent; en pareil cas, on voit fréquemment s'interposer, entre les deux branches de dédoublement, des crêtes épidermiques fusiformes, orientées comme les grandes bandes épidermiques. Pareil type s'observe sur la peau du cou (au-dessus du sterno-mastoïdien), sur le dos du pénis, sur le mont de Vénus.

3e *type*. — Dans le 3e type de Blaschko, on trouve, entre les longues bandes épidermiques longitudinales qui caractérisent le type précédent, de courtes bandes épidermiques, à direction transversale. Ces « traverses » n'atteignent pas en général les grandes bandes longitudinales.

Dans son ensemble, la face profonde de l'épiderme simule un filet, mais un filet qui n'est qu'à demi fermé. Les préparations de la peau du ventre donnent de belles figures de ce troisième type. On en peut dire autant de la peau du dos, des fesses, de la face d'extension des membres. Mais, ici, le réseau, constitué par les bourgeons épidermiques longitudinaux et transversaux, est déjà plus fermé; c'est un acheminement vers le type qui doit maintenant nous occuper.

4e *type*. — Sur le cuir chevelu, sur la face de flexion des membres, des crêtes épidermiques transversales, droites, obliques ou arciformes, sont jetées entre les bandes longitudinales qu'elles relient. Elles représentent des anastomoses, jetées perpendiculairement entre ces bandes. Les bourgeons épidermiques constituent un réseau, plus ou moins régulier, complètement fermé; dans les mailles de ce réseau pénètrent des saillies dermiques, qui, à la loupe, donnent à la surface du derme un aspect velouté. Ces saillies sont souvent inclinées par rapport à la surface de la peau, comme le sont les cheveux implantés sur le tégument. Ce sont là les *papilles*.

II. Papilles. — Décrites par Malpighi en 1664, les papilles dermiques sont des saillies de la surface du derme dont la taille et la forme n'ont rien de fixe.

Dimensions. — On a distingué artificiellement des papilles grandes, moyennes et petites.

L'examen du tableau suivant fera connaître les variations de taille qu'on observe sur un certain nombre de régions, mais on saura que, sur une même région (mamelon), on peut observer des papilles de taille très différentes.

	Diamètre longitudinal.	Diamètre transversal.
Cuir chevelu, paupières, quelques régions de la face (nez, joues)	40 à 50 μ	20 à 30 μ
Plis articulaires du dos des doigts	40 à 50 μ	20 à 30 μ
Pénis	30 à 50 μ	20 μ
Scrotum, grandes lèvres	30 à 60 μ	20 à 40 μ
Face dorsale des mains et des membres, dos, fesses	100 μ	40 μ
Clitoris, prépuce	120 μ	40 μ
Marge de l'anus	50 à 150 μ	30 à 50 μ
Petites lèvres	100 à 250 μ	40 à 80 μ
Mamelon (grandes papilles)	200 à 300 μ	100 à 200 μ

Nombre. — Le nombre des papilles est de 100 par millimètre carré (75 à 130) sur la tête, le cou, le tronc et la plus grande partie des membres (Sappey). En supposant que les papilles fussent également réparties sur tout le tégument externe, dont la surface se chiffre par 15 000 centimètres carrés, le nombre de ces papilles s'élèverait à 150 millions. Mais c'est là un calcul très approximatif. A la paume des mains, à la plante des pieds, il n'y a que 36 papilles par millimètre carré (Sappey), et moins encore pour Weber. Nous savons d'autre part que certaines régions (scrotum) sont plus ou moins dépourvues de papilles.

Direction. — Les papilles sont obliques ou perpendiculaires à la surface générale du derme.

Les papilles sont obliques chez le fœtus. Elles se redressent plus tard au cours du développement. Toutefois, sur un certain nombre de territoires cutanés (face antérieure du bras, de l'avant-bras, derme péri-unguéal), les papilles gardent, d'une façon définitive, leur obliquité première.

Forme. — Les papilles se répartissent en deux groupes : les papilles simples ou adélomorphes, les papilles composées ou délomorphes.

Les papilles simples ont la forme d'un cône, d'un cylindre, d'un hémisphère, d'une massue. Elles se terminent par un sommet le plus souvent effilé. Elles sont essentiellement caractérisées par deux faits : 1° leur sommet est toujours unique ; 2° la saillie que forme la papille n'est jamais apparente, à la surface externe de l'épiderme. Autrement dit l'épiderme, festonné profondément se limite, d'autre part, par une ligne plane : la papille est adélomorphe.

Les papilles composées s'observent à la paume des mains, à la plante des pieds, sur la pulpe des doigts et des orteils. A leur niveau on voit le derme se relever sous forme de longs plis, qui sont les crêtes dermiques[1]. Ces crêtes larges de 200 à 700 μ se juxtaposent les unes à côté des autres. Elles se répartissent en séries concentriques. Chacune d'elles porte un sommet ramifié, ou composé. Aussi, regarde-t-on les papilles composées comme terminées par une série de mamelons (2 à 5), qui sont à proprement parler des papilles. La surface extérieure de l'épiderme accuse, par une saillie, la saillie de chaque crête dermique ; voilà pourquoi on dit que les papilles composées sont délomorphes. Mais on ne voit jamais l'épiderme révéler la présence de ces mamelons qui hérissent le

1. Il ne faut pas confondre ces crêtes dermiques, avec les lignes papillaires (crêtes épidermiques) dont il a été précédemment question.

sommet des crêtes dermiques, et qui sont, à proprement parler, des papilles. Ces papilles se disposent en général sur deux rangs. Elles sont séparées par un sillon irrégulier et peu profond où se loge un bourgeon épidermique. Au sommet de ce bourgeon s'abouche le canal sudorifère qui traverse l'épiderme et s'ouvre, d'autre part, au sommet de la crête papillaire.

Papilles vasculaires et nerveuses. — D'après la nature des organes qui les pénètrent, on distingue encore les papilles en vasculaires et nerveuses.

Les premières occupent toute la surface du tégument externe.

Les secondes se localisent sur les territoires cutanés, qui recouvrent le squelette des extrémités.

En réalité, toutes les papilles sont vasculaires. Les unes sont exclusivement vasculaires, c'est le plus grand nombre ; les autres sont à la fois vasculaires et nerveuses.

Mode de répartition. — Sur une surface de 22 millimètres carrés, Meissner a procédé au dénombrement des papilles. Il est arrivé aux résultats suivants :

Région.	Nombre de papilles
Paume de la main (partie moyenne)	8
Éminence thénar	8
1re phalange de l'index	15
2e phalange de l'index	40
3e phalange de l'index	108

III. Texture du derme. — Le derme dont nous venons de faire l'étude morphologique est formé de « fibres » entrelacées en réseau. C'est à l'existence de ces « fibres » que la peau doit ses propriétés physiques, c'est-à-dire sa résistance et son élasticité et c'est à déterminer la direction qu'affectent ces « fibres » que se sont attachés nombre d'observateurs.

Sur les indications de Dupuytren, Filhos fit pénétrer dans la peau « un poinçon conique » ; il obtint de petites plaies linéaires, dont la direction était constante, pour une même région du tégument externe[1]

Malgaigne reprit ces expériences ; il établit la direction que prennent les solutions de continuité dans tel ou tel segment de l'organisme, et il incline à penser que cette direction est en rapport avec un arrangement particulier des fibres du derme[2].

Langer continua ces recherches. Il conclut que le derme est formé de fibres entre-croisées en diagonale. Ces fibres circonscrivent des mailles irrégulièrement polygonales. Plus ces mailles sont étroites, plus les fibres qui les circonscrivent tendent à devenir parallèles les unes aux autres[3].

Plus récemment, Hoffmann a publié[4] un mémoire où il étudie au point de vue médico-légal la forme qu'affectent les blessures dans les divers territoires du tégument externe. Les résultats qui servent de conclusion à ses recherches sont de quelque importance.

Tout instrument conique qui pénètre dans la peau écarte les fibres qui consti-

1. 1834. Dupuytren. *Traité des blessures par armes de guerre*, I, p. 61.
2. 1859. Malgaigne. *Traité d'anatomie chirurgicale*, I, p. 76.
3. 1861-1862. Langer. Zur Anat. u. Phys. der Haut. *Sitz. der k. Akad. d. Wissench.*, t. XLIV, p. 19 à 46 et XLVI, p. 133 à 188.
4. 1881. Hoffmann. *Wiener med. Jahrb.*

tient le derme, en majeure partie. Une fois enlevé, cet instrument laisse après lui une plaie linéaire. La direction de cette plaie est la même que celle des

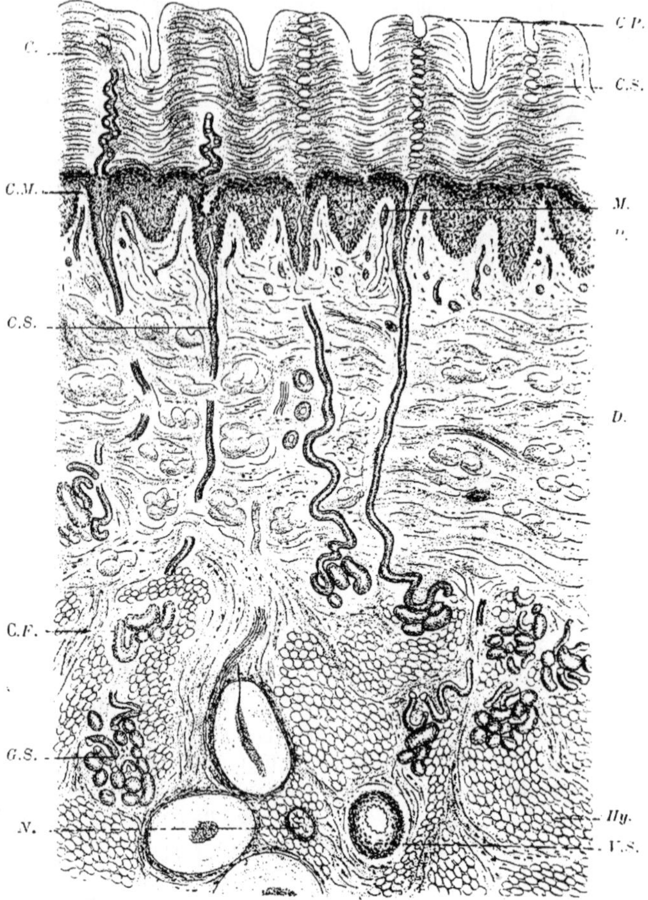

Fig. 451. — Coupe d'ensemble de la peau. (D'après Darier.)

L'épiderme se montre formé : 1° d'une couche cornée C, munie de saillies qui sont les crêtes papillaires CP, portant à leur sommet les orifices des glandes sudoripares ; 2° d'un derme formé d'une couche papillaire P, d'un derme proprement dit D, d'un hypoderme Hy formé de lobules adipeux, séparés par des cônes fibreux CF ; dans cet hypoderme on voit de gros vaisseaux sanguins VS, un nerf N, trois corpuscules de Pacini, des glomérules de glandes sudoripares GS dont le canal excréteur CS va s'aboucher au sommet d'un bourgeon épidermique interpapillaire. Les crêtes papillaires *CP* sont séparées les unes des autres par des sillons visibles à la surface de la peau, qui sont les sillons interpapillaires.

fibres dermiques. C'est dire que la plaie est verticale sur les membres et la partie postérieure de la tête ; horizontale sur le cou et sur la région moyenne du tronc ; oblique de haut en bas et de dedans en dehors dans la région scapulaire ; oblique en sens inverse au niveau des fesses. Au voisinage de la colonne vertébrale les plaies prennent un aspect irrégulièrement étoilé ; la cause en est, qu'en ces territoires convergent plusieurs systèmes de fibres dermiques d'orientation différente.

Telles sont les notions qu'on a pu recueillir sur le derme, à l'aide des méthodes anatomiques.

Les progrès de l'histologie ont apporté des faits nombreux, capables d'éclairer la structure du derme, et l'on trouve déjà dans Todd et Bowman[1] une bonne description de cette structure.

IV. Histologie du derme. — On distingue actuellement dans le derme 3 couches superposées qui sont, en allant de la profondeur vers la surface : 1° l'hypoderme; 2° le chorion proprement dit; 3° le corps réticulaire.

La clinique justifie pleinement cette distinction anatomique (Kromayer). Les affections de la couche réticulaire et de l'épiderme (Parenchymhaut des Allemands) diffèrent profondément de la pathologie du chorion (Ledermaut).

1° *Hypoderme*. — L'hypoderme de Besnier répond à ce que les anatomistes décrivent sous le nom de fascia superficiel. Il est essentiellement formé de tissu conjonctif et de tissu élastique; les faisceaux conjonctifs y sont peu serrés et s'y montrent orientés en tous sens.

Nous savons que, dans certaines régions, l'hypoderme est réduit à du tissu conjonctif. Une telle disposition s'observe partout où le chorion n'a que des attaches lâches sur le périoste (rotule, olécrane) ou sur les tissus sous-jacents (paupières, pénis, scrotum).

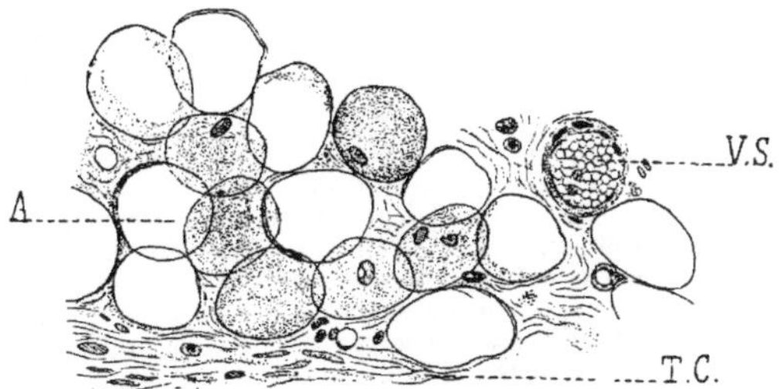

Fig. 452. — Tissu conjonctif doublant la face profonde de la peau. (D'après Stöhr.)

A. cellules adipeuses. — T.C, tissu conjonctif. — V.S, vaisseau sanguin

Ailleurs (face ventrale des mains et des pieds, cuir chevelu), l'hypoderme comprend, dans son épaisseur, une formation adipeuse (pannicule adipeux)[2]. C'est là une formation surajoutée et contingente, puisqu'elle peut disparaître au cours de l'amaigrissement. En pareil cas, on voit partir du tissu cellulaire sous-cutané des bandes fibreuses qui contiennent des fibres élastiques. Ces bandes, après un trajet oblique ou perpendiculaire à la surface de la peau, vont se perdre à la face profonde du chorion. Elles sont connues sous le nom de cônes fibreux de la peau.

Ces cônes fibreux délimitent des loges qu'occupent des amas de cellules adipeuses. Ces éléments, qu'on n'observe jamais dans le chorion, résultent d'un dépôt de graisse dans le protoplasma des cellules conjonctives de l'hypoderme. Leur ensemble constitue un coussinet élastique et résistant, où pénètrent des poils volumineux (barbe, cheveux) et les pelotons des grosses glandes sudoripares (aisselle, paume de la main, plante du pied).

1. 1845. Todd et Bowman. *Phys. Anat.*, t. I, p. 406, fig. 77.

2. La graisse est très rare en certaines régions telles que la peau de l'oreille et du nez.

La cellule, appelée à se différencier en cellule adipeuse, est toujours située au voisinage des vaisseaux sanguins. Elle est primitivement nue, et porte en son centre un noyau. La graisse y est élaborée sous forme de fines granulations, disséminées dans toute l'étendue du cytoplasme. A mesure que ces granulations grossissent, en se fusionnant les unes avec les autres, le protoplasme et le noyau se trouvent refoulés à la périphérie de la cellule. C'est seulement alors que la cellule édifie sa membrane d'enveloppe.

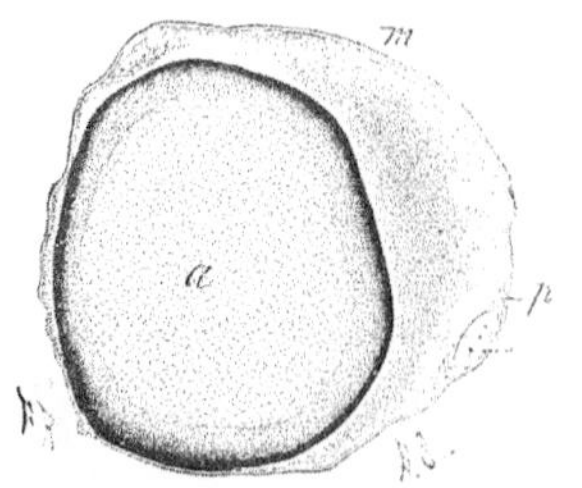

Fig. 453. — Cellule adipeuse isolée du tissu conjonctif diffus sous-cutané du chien, après injection interstitielle de nitrate d'argent à 1 pour 1000. (D'après Ranvier.)

m, menbrane. — n, noyau entouré de protoplasma granuleux p. — a, boule de graisse. 300 diam.

La cellule adipeuse, adulte, est une vésicule d'un diamètre de 40 à 150 μ. Elle est entourée d'une membrane à double contour. A la face interne de cette capsule s'applique le protoplasma, réduit à une lame sphérique. En un point de sa surface, ce protoplasma s'épaissit pour entourer un noyau, généralement unique. Ce noyau, d'aspect vésiculeux, est sphérique ou ovoïde; sa surface porte parfois des excavations (Rabl) que déterminent les gouttelettes de graisse élaborées, autour du noyau. « Le milieu de la cellule est occupé par une masse graisseuse séparée du protoplasma par une zone qu'occupe un liquide transparent. » (Ranvier.)

La graisse est soluble dans l'éther, le chloroforme et les carbures d'hydrogène. Elle réduit l'acide osmique en se teignant en noir. Elle est colorée en bleu par le bleu de quinoléine, en rouge par la teinture d'orcanette, en rouge orangé par le Sudan III.

La graisse est un mélange d'éthers de la glycérine (tristéarine, tripalmitine, trimargarine). La stéarine et la palmitine y dominent chez l'homme. Chez le mouton, la graisse est presque exclusivement formée de stéarine.

En étudiant comparativement la chimie de la graisse animale, Henriques et Hensen sont arrivés à des résultats très intéressants. Ils ont montré que la température de fusion de la graisse s'élève, à mesure que la graisse est située plus profondément : dans la peau (porc), la graisse (panne) est d'autant moins fusible qu'elle est plus éloignée de l'épiderme.

On enseigne que la graisse est une élaboration cellulaire. Nourris de la même façon, des animaux, d'espèce différente, devraient donc élaborer une graisse différente. Mais l'expérience a montré qu'il n'en est rien. Les graisses introduites dans l'organisme sont transportées dans les cellules adipeuses, et gardent le caractère spécifique de l'organisme dont elles proviennent. A titre d'exemple, je citerai quelques faits. Un chien soumis au jeûne, puis nourri avec de l'huile de colza (Munk) ou de l'huile de lin (Lebedeff), ou encore avec de la graisse de mouton, possède, au bout de quelque temps, une graisse qui présente les caractères des huiles végétales ou du suif de mouton. Cette graisse ne fond plus à 20° comme la graisse du chien, mais à 40° comme celle du mouton. Il y a là une simple fixation d'un produit déjà élaboré. Il n'y a point une élaboration cellulaire, à proprement parler.

2° *Chorion proprement dit.* — La zone moyenne du derme, ou chorion proprement dit, est essentiellement constituée par du tissu conjonctivo-élastique, au milieu duquel sont noyés des vaisseaux, des nerfs, des glandes et des poils.

Ce chorion est rose sur le vivant; sur le cadavre il est d'un blanc gris qui tire sur le jaune; son aspect est demi-transparent, sa structure grossière. Il représente la majeure partie du derme (2/3 ou 4/5). Il est formé d'éléments qui sont : 1° des cellules conjonctives; 2° des fibres conjonctives; 3° des fibres élastiques.

a) Les cellules conjonctives sont des cellules étoilées, anastomosées les unes avec les autres. Elles sont peu nombreuses et disposées à la surface des faisceaux fibreux du chorion.

b) Ces faisceaux compacts, onduleux ou tendus, cylindriques ou aplatis, sont formés chacun de fines fibrilles conjonctives, orientées parallèlement dans un même faisceau. Ils sont disposés sur plusieurs assises. Les faisceaux fibreux d'une même assise sont parallèles entre eux. Les faisceaux situés dans des assises différentes sont, tantôt parallèles entre eux, et tantôt disposés d'une façon variable. Dans ce dernier cas, leur direction est perpendiculaire ou oblique à celle des faisceaux adjacents. On peut même suivre certains faisceaux qui présentent une disposition nattée. On les voit se redresser, devenir obliques ou perpendiculaires à la surface de la peau, passer d'un plan dans un autre plan. De cette orientation variable des faisceaux conjonctifs, résulte un aspect feutré du chorion.

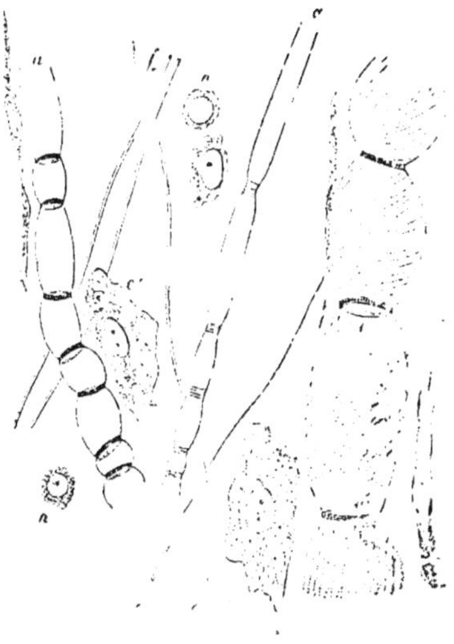

Fig. 454. — Tissu conjonctif sous-cutané du chien adulte, préparé par injection interstitielle d'une solution au nitrate d'argent à 1 pour 1000, coloré avec le picro-carminate et conservée dans la glycérine additionnée d'acide formique. (D'après Ranvier.)

a, faisceaux conjonctifs munis de fibres annulaires. — *b*, fibres élastiques. — *c*, cellules plates vues de face. — *c'*, les mêmes vues de profil. — *n*, cellules lymphatiques. 400 diam.

Dans certaines régions (pulpe digitale), le chorion peut se subdiviser en deux couches, l'une profonde, l'autre superficielle. La première est la plus épaisse; elle représente les deux tiers du chorion. Elle est formée de faisceaux conjonctifs volumineux et lâchement unis : on voit s'y terminer les cônes fibreux de la peau. La seconde est mince; elle est formée de faisceaux fibreux très petits, très serrés les uns contre les autres; elle confine au corps papillaire.

Les faisceaux fibreux du derme forment donc un réseau. Ils interceptent des mailles virtuelles, qu'occupent les globules blancs et une substance hyaline, peu colorable, que les anciens auteurs désignent sous le nom de matière amorphe. Les histologistes contemporains sont à peu près unanimes à considérer cette substance, comme du ciment ou comme du plasma transsudé des vaisseaux sanguins ou lymphatiques. Pour Heitzmann[1], cette substance est du protoplasma, et Betterer la considère comme de l'hyaloplasma, c'est-à-dire comme la partie périphérique des cellules conjonctives. Une partie de cet hyaloplasma se différencierait pour former les faisceaux conjonctifs; l'autre partie continuerait à assurer la continuité des divers éléments du chorion.

c) La présence de fibres élastiques donne au chorion un type structural qui différencie nettement ce chorion des formations conjonctives modelées (aponé-

1. 1890. Heitzmann. *Arch. f. Derm. u. Syph.*, I. u. 2.

vroses, tendons) avec lesquelles il a tant de points de ressemblance. Larges de 2 à 12 μ, de forme cylindrique ou lamelleuse, ces fibres sont droites ou onduleuses, selon que la peau qu'on examine est tendue ou rétractée. Elles se ramifient pour former un réseau, à mailles larges et irrégulières, dont la masse représente le 1/10, le 1/6 de la masse totale du derme, et parfois davantage encore. Ce réseau s'intrique avec les faisceaux conjonctifs. On répète, d'ordinaire, que la direction du réseau élastique est subordonnée à la direc-

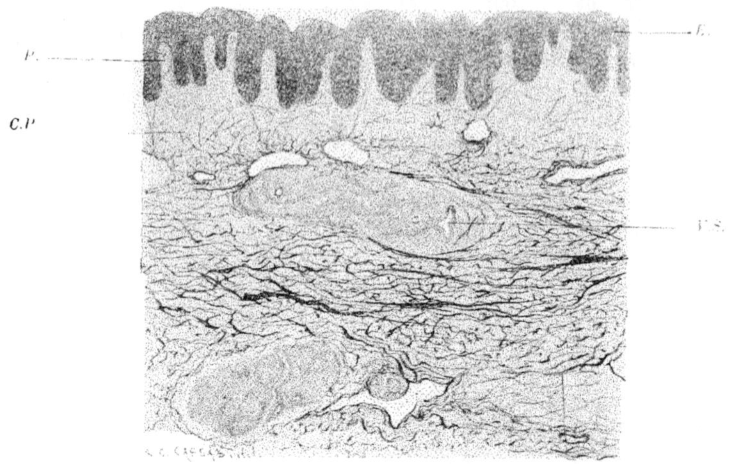

Fig. 455. — Formation élastique de la peau sur une coupe traitée par l'orcéine.
E épiderme; CP, couche papillaire et sous-papillaire avec ses papilles P. — Dans le derme on remarque les vaisseaux sanguins V. S. et le réseau élastique El (dessiné en noir) qui se prolonge jusque dans les papilles.

tion des faisceaux fibreux. Ce réseau serait allongé dans le sens des faisceaux fibreux. Il est loin d'en être toujours ainsi (Robin). Sur la muqueuse balano-préputiale du chien, par exemple, les fibres élastiques les plus nombreuses ont une direction longitudinale; les faisceaux conjonctifs leur sont perpendiculaires : ils sont disposés circulairement (Retterer).

Le réseau élastique occupe toute l'étendue du chorion. Il fournit aux organes inclus dans ce chorion (poils, glandes, etc.) des gaines élastiques, qui sont plus ou moins nettement individualisées, mais qui restent toujours à distance des nerfs, des muscles et des vaisseaux. De plus le réseau élastique (Todd et Bowman, 1845) du derme se prolonge dans le corps réticulaire et dans l'hypoderme. Dans l'hypoderme, il va former les réseaux élastiques qu'on observe dans l'épaisseur des cônes fibreux de la peau, et qui, chez nombre de mammifères, constituent, sous la peau, une couche des plus puissantes.

3° *Corps réticulaire.* — Une nappe d'un tissu délicat, qui doit à sa riche vascularisation une coloration d'un gris rouge, constitue le corps réticulaire ou zone superficielle du derme[1].

1. Ce corps réticulaire fait défaut sur certaines régions cutanées. La papille est alors constituée par du tissu fibreux.

Cette zone se limite profondément par un réseau vasculaire très développé, le réseau sous-papillaire. Superficiellement, elle vient au contact de la membrane basale qui la sépare de l'épiderme.

Elle affecte des aspects variables, selon qu'elle appartient à une région glabre ou à une région munie de poils.

Dans le premier cas, la surface externe du corps réticulaire présente des saillies qui sont plus ou moins parallèles entre elles. De telles crêtes dermiques s'observent au niveau du conduit auditif, des lèvres, du mamelon, du prépuce, du gland, des petites lèvres.

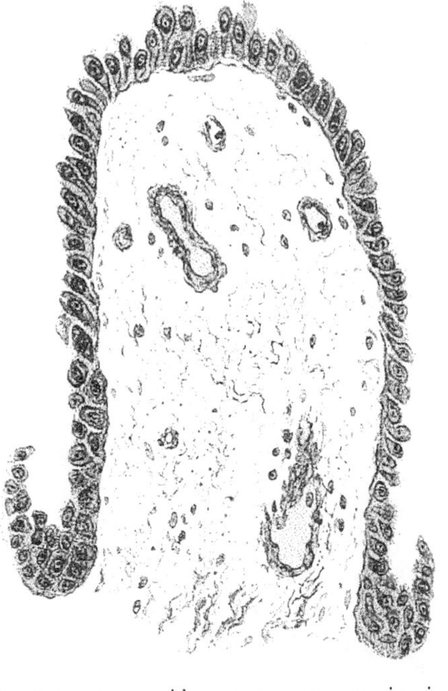

Fig. 456. — Une papille néoformée dans une cicatrice cutanée. (Comparer cette figure avec la figure 457.)

Dans les régions pileuses, la surface du derme présente des aspects multiples (Voy. plus haut, p. 759). Nous n'envisagerons qu'un exemple : celui où le derme est hérissé de papilles.

La couche réticulaire se présente, alors, comme une bande à bords parallèles, épaisse de 100 μ ou 150 μ, dite zone sous-papillaire. Cette zone porte, çà et là, des prolongements : les papilles. Dans l'intervalle des papilles, elle affleure le sommet des bourgeons épidermiques qui s'enclavent dans les sillons inter-papillaires. Couche sous-papillaire et papille présentent à peu près la même structure;

On y trouve, chez l'adulte :

a) Des cellules conjonctives, fusiformes, stellaires, anastomosées les unes aux autres, et beaucoup plus abondantes que dans le reste du chorion. Ces cellules « auraient une forme d'autant plus compliquée selon les uns, d'autant plus simple selon les autres, qu'on les examine dans des couches plus superficielles ». Le protoplasma de nombre d'entre elles est peu abondant.

b) Les fibrilles conjonctives des papilles sont réprésentées, non plus par des gros paquets de fibrilles, mais par des filaments grêles; ces filaments, bien moins nombreux que dans le chorion, sont plus ou moins isolés les uns des autres. Aussi, comme le remarque Kolliker, la structure fasciculée de la papille est loin d'être partout également nette. Nombre de fibrilles horizontales du derme se redressent, à angle droit, pour pénétrer dans la papille; elles s'y termineraient par une extrémité arrondie ou ramifiée en pinceau : et cette terminaison s'appliquerait sur la membrane vitrée, au niveau des parties latérales, et surtout au niveau du sommet de la papille : de là, la présence de dentelures à la surface des papilles, dentelures qui s'engrènent avec des dentelures semblables de la vitrée et qui ne font défaut qu'au sommet des bourgeons interpapillaires.

c) Les fibres élastiques de la couche réticulaire sont toutes de faible calibre : elles sont beaucoup plus grêles que les fibres élastiques du chorion ; les mailles du réseau qu'elles constituent sont ici plus étroites et plus régulières que dans toute autre région de la peau ; les fibres élastiques se montrent avec une abondance extrême en certaines régions (face) (B).

Balzer[1] pense que les fibres élastiques forment une sorte de cage, qui côtoie la membrane basale et enveloppe la papille, surtout vers son sommet, mais il n'y aurait jamais de fibres élastiques dans l'axe de la papille (Sederholm).

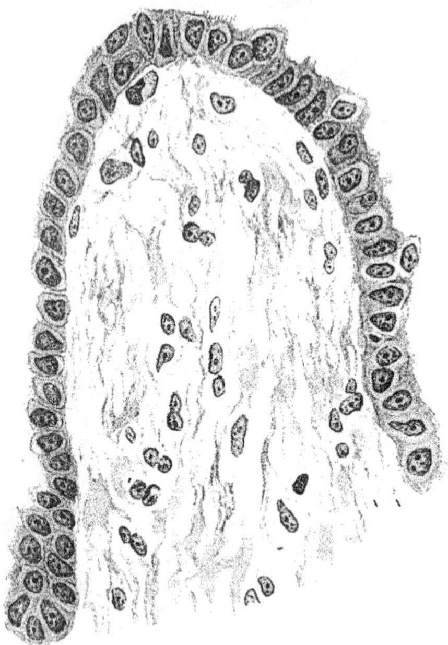

Fig. 457. — Une papille de la peau du pouce chez une femme de 90 ans. Cette papille est formée surtout de volumineux faisceaux conjonctifs.

Il arrive parfois que les fibrilles élastiques franchissent la membrane basale et qu'elles pénètrent jusque dans les espaces qui séparent les cellules de la première rangée du corps muqueux. Cette pénétration se voit tantôt sur les parties latérales, tantôt au sommet des papilles » (Balzer).

Behrens[2] a nié pareil fait et Zenthöfer écrit que les fibres élastiques se terminent librement par une extrémité effilée (1894).

Depuis, J. Schütz (1896) a décrit la continuité des fibres élastiques du derme et des fibres d'union de l'épiderme[3]. Plus récemment, Retterer soutient que les cellules de l'épiderme restent unies, par des prolongements protoplasmiques (irradiations chromophiles), avec les éléments de la charpente réticulée du derme qui en dérivent. Elles seraient en continuité, d'autre part, avec les fibres élastiques du derme superficiel (C).

ÉLÉMENTS LIBRES INTRA-DERMIQUES

Les éléments cellulaires qu'on observe, à l'état de liberté, dans le derme normal, sont nombreux. On y trouve :

1° Des *globules blancs* de types variés. Les leucocytes polynucléaires (ou à noyau contourné) sont toujours en très petit nombre. La présence des leuco-

1. 1882. BALZER. Recherches techniques sur le tissu élastique. *Arch. de physiol.*, t. X, p. 314.
2. 1892. BEHRENS. Zur Kenntnis des subepithelialen elastischen Netzes. *These*, Rostock.
3. 1896. SCHÜTZ. Ueber den Nachweiss eines Zusammenhanges der Epithelien. *Arch. f. Derm. u. Syph.*, XXXVI, p. 111.

cytes éosinophiles semble en rapport avec des lésions du tégument externe.

2° *Plasmzellen.* — Les plasmzellen sont des cellules, plus volumineuses que les leucocytes, qui sont constamment groupées en amas, au voisinage des vaisseaux sanguins. Leur contour est arrondi ou polyédrique. Il n'est jamais muni de prolongements. Le corps cellulaire est très colorable; il fixe les couleurs basiques, sans métachromasie. Le noyau, ovale ou sphérique, est rejeté, d'ordinaire, à la périphérie du cytoplasme. Il est porteur d'une série de corpuscules chromatiques, plongés dans un suc nucléaire, remarquablement transparent. L'un de ces corpuscules occupe le centre du noyau, les autres sont répartis en série, à la surface interne de la membrane nucléaire (Hodara[1]). Les plasmzellen sont des éléments propres à la peau humaine (Unna, 1891). On les trouve en abondance, quand la peau est le siège de processus pathologiques, à évolution lente. Unna fait des plasmzellen des éléments d'origine conjonctive. Von Marschalko, Judassohn et Darier leur prêtent, au contraire, une origine leucocytaire.

3° Les mastzellen (cellules engraissées, cellules d'Ehrlich) sont des cellules granuleuses qui s'observent, en assez grand nombre, à l'état normal, le long des vaisseaux sanguins et aussi à la surface des papilles. Fusiformes, triangulaires, ou sphériques, parfois ramifiées, les mastzellen ne contractent aucune anastomose avec les cellules qui les avoisinent. Elles sont caractérisées, et par un noyau peu colorable, et surtout par leur cytoplasme. Ce cytoplasme est bourré de granulations très distinctes, qui se teignent en violet rouge après fixation par le Flemming et coloration à la thionine ou au bleu de Unna. Dans les mêmes conditions, les clasmatocytes ont un noyau vivement coloré, un corps cellulaire à peine visible. Les clasmatocytes et les mastzellen des mammifères sont donc des éléments bien différents (Jolly[2]).

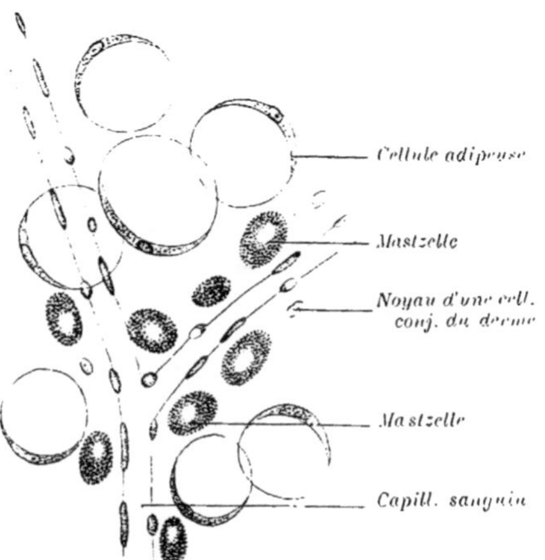

Fig. 458. — Les mastzellen de la peau.

Les mastzellen seraient encore des cellules mobiles. Unna les a retrouvées dans les vésicules épidermiques qui se développent, au cours de la miliaire, et il les considère comme d'origine conjonctive. Les mastzellen sont des descendantes de leucocytes basophiles pour Pappenheim (1898) et pour de nombreux auteurs.

MUSCLES DE LA PEAU. — Outre les glandes et les poils, dont l'étude sera faite ultérieurement, on observe encore, dans le derme, des fibres musculaires qui sont de type lisse ou de type strié.

1. 1895. Hodara. *Monats. f. prakt. Derm.*, XXII, 2.
2. 1900. Jolly. Clasmatocytes et Mastzellen, *Soc. de biol.*, p. 611. — Chez les batraciens, mastzellen et clasmatocytes ont des caractères identiques.
3. 1898. Pappenheim. *Arch. f. path. Anat.*, CLI, p. 89.

A l'exception des fibres lisses de l'arrecteur des poils (Voir Poil), la plupart des fibres lisses de la peau siègent non point dans l'épaisseur du derme proprement dit, mais à sa face profonde. Les faisceaux du muscle sous-aréolaire par exemple « sont situés dans le tissu cellulaire sous-cutané; les plus superficiels adhèrent manifestement au derme mais manifestement aussi... ils ne sont pas intra-dermiques » (Robin).

Le dartos des bourses présente deux parties l'une superficielle, mince, adhérente au derme qu'elle pénètre; l'autre profonde, épaisse, noyée dans le tissu cellulaire sous-jacent.

Les muscles lisses n'ont de particulier dans la peau que leur réseau élastique et leur mode de terminaison.

Il existe autour des faisceaux de muscles lisses de la peau, un premier réseau élastique (réseau périfasciculaire). Un second réseau pénètre dans l'épaisseur du faisceau pour envelopper chacun des éléments de ce faisceau (Balzer).

Fig. 459. — Terminaison des muscles dans la peau. (D'après Podwyssozki.)

Pour effectuer sa terminaison, la fibre lisse se soude, par ses extrémités, à des fibrilles élastiques (Kolliker, Sederholm) qui lui servent de tendon.

Quant aux muscles striés annexés à la peau, ils sont enveloppés par des réseaux élastiques complexes (aile du nez). Robin les a vus se dissocier en faisceaux de plus en plus grêles, à mesure qu'ils se rapprochent du derme. Ils arrivent à se réduire en fascicules; 5 ou 10 fibres musculaires, parfois une seule, constituent chaque fascicule. Les fascicules traversent le chorion et, à 100 ou 200 μ des bourgeons interpapillaires, ils aboutissent à des petits tendons. C'est à 50 μ de la basale que ces tendons se terminent « par éparpillement des fibrilles tendineuses, sous des angles nets, plus ou moins ouverts, et par enchevêtrement avec les fibres élastiques et lamineuses du derme » (Robin).

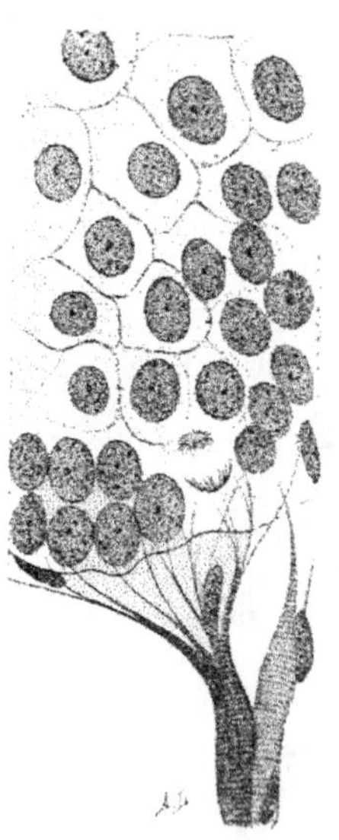

Fig. 460. — Terminaison des muscles dans la peau: terminaisons intra-epitheliales. (D'après Podwyssozki.) — Partie de la figure precedente, vue a un plus fort grossissement.

Podwyssozki, chez l'homme et le lapin, a vu aussi[1] les fibres musculaires aboutir à des fibrilles tendineuses, pénétrer dans les papilles ou dans les bourgeons épithéliaux interpapillaires et se terminer tantôt sur la membrane basale, tantôt dans l'interstice des cellules épidermiques. Les muscles pourraient donc agir directement sur l'épithélium.

Il est intéressant de rapprocher cette disposition de celle qu'on observe sur

1. 1887. Podwyssozki. *Arch. f. mikr. Anat.*, p. 327-335.

certains invertébrés (Arthropodes). Le tégument est réduit à une seule assise de cellules épithéliales. Ces cellules se touchent par leur pôle superficiel, revêtu d'une cuirasse de chitine; par leur pôle profond, elles sont écartées les unes des autres, et leur protoplasma fibrillaire se continue directement avec la fibre musculaire (Duboscq) (voy. fig. 511).

II. — EPIDERME.

Originaire par simple prolifération du feuillet externe du blastoderme, l'épiderme, dont dérivent les glandes et les phanères, se présente sous la forme d'une lame mince qui forme la partie extérieure de la peau, recouvre le derme, et masque, jusqu'à un certain point, les inégalités de sa surface. Cette lame est essentiellement caractérisée par deux faits : elle n'est formée que de cellules épithéliales et les vaisseaux n'abordent jamais la membrane constituée par ces cellules.

Nous étudierons successivement, comme nous l'avons fait pour le derme, la morphologie puis la structure de l'épiderme.

I. **ASPECT GÉNÉRAL.** — L'épiderme présente deux faces, l'une superficielle, l'autre profonde.

La face superficielle, qui n'est autre que la surface cutanée, nous est connue; on y trouve des dépressions (sillons interpapillaires, hachures, plis musculaires, plis articulaires, plis séniles), des saillies transitoires ou permanentes (crêtes papillaires), des orifices que le vulgaire désigne sous le nom de pores et qui représentent le débouché des glandes cutanées. Quelques-uns de ces orifices livrent passage aux poils.

Par sa face profonde, l'épiderme vient au contact de la face externe du derme. Il se moule exactement sur lui. Voilà pourquoi l'épiderme se limite par une surface plane, quand le derme est planiforme; pourquoi il se montre hérissé de bourgeons, quand le chorion présente des papilles; en pareil cas les bourgeons épidermiques prennent place dans l'intervalle de deux papilles; ils méritent le nom de bourgeons interpapillaires. Dans ce cas, le derme et l'épiderme entrent en rapport par des surfaces munies de saillies : les saillies du derme superficiel alternent avec les saillies de l'épiderme profond; il y a là un véritable engrènement.

De plus, quand, à la suite d'une macération prolongée, l'épiderme se détache du chorion, on voit pendre à sa face profonde une série de filaments. Ces filaments, pleins ou creux, sont des poils ou des canaux excréteurs de glandes cutanées. Ils représentent, en somme, les organes qu'édifie la face profonde de l'épiderme, au cours de son évolution.

II. **ÉPAISSEUR DE L'ÉPIDERME.** — 1° L'épaisseur de l'épiderme varie suivant les régions de l'organisme.

Drosdorff[1] a mesuré, après l'action de l'acide osmique, l'épaisseur de l'épiderme.

Il est arrivé aux résultats suivants : dans les régions où la peau est mince,

1. 1879. Drosdorff. *Arch. de physiol.*, mars et avril.

[A. BRANCA.]

MENSURATION DE L'ÉPIDERME

HOMME DE 56 ANS MORT D'HÉMORRAGIE CÉRÉBRALE

• (D'APRÈS DROSDORFF)

PARTIE DU CORPS	MESURE PRISE EN REGARD	COUCHE CORNÉE		COUCHE MUQUEUSE		ÉPIDERME	
		Minim.	Maxim.	Minim.	Maxim.	Minim.	Maxim.
Front.	Des papilles	21 μ	23 μ	37 μ	64 μ	58 μ	87 μ
	De l'espace interpapillaire.	22 μ	33 μ	42 μ	82 μ	64 μ	115 μ
Joue	Des papilles	30 μ	40 μ	50 μ	65 μ	80 μ	105 μ
	De l'espace interpapillaire.	35 μ	58 μ	54 μ	82 μ	89 μ	140 μ
Devant du cou . . .	Des papilles	21 μ	42 μ	21 μ	58 μ	42 μ	100 μ
	De l'espace interpapillaire.	21 μ	58 μ	29 μ	84 μ	50 μ	142 μ
Région sus-claviculaire.	Des papilles	21 μ	37 μ	29 μ	42 μ	50 μ	79 μ
	De l'espace interpapillaire.	21 μ	50 μ	68 μ	84 μ	89 μ	134 μ
Région brachiale externe.	Des papilles	21 μ	29 μ	29 μ	50 μ	50 μ	79 μ
	De l'espace interpapillaire.	22 μ	33 μ	71 μ	105 μ	93 μ	138 μ
Région brachiale interne.	Des papilles	23 μ	29 μ	25 μ	58 μ	48 μ	88 μ
	De l'espace interpapillaire.	24 μ	33 μ	50 μ	100 μ	74 μ	133 μ
Région d'avant-bras (côté de flexion). .	Des papilles	21 μ	33 μ	29 μ	62 μ	50 μ	96 μ
	De l'espace interpapillaire.	25 μ	33 μ	67 μ	96 μ	92 μ	130 μ
Région d'avant-bras (côté d'extension). .	Des papilles	29 μ	40 μ	25 μ	71 μ	54 μ	111 μ
	De l'espace interpapillaire.	33 μ	52 μ	65 μ	92 μ	99 μ	145 μ
Région dorsale de main.	Des papilles	37 μ	58 μ	50 μ	56 μ	88 μ	115 μ
	De l'espace interpapillaire.	42 μ	58 μ	73 μ	73 μ	115 μ	131 μ
Paume de main. . .	Des papilles	425 μ	500 μ	62 μ	150 μ	487 μ	650 μ
	De l'espace interpapillaire.	437 μ	565 μ	100 μ	165 μ	537 μ	730 μ
Pulpe de l'index . .	Des papilles	687 μ	725 μ	75 μ	150 μ	762 μ	875 μ
	De l'espace interpapillaire.	716 μ	725 μ	100 μ	175 μ	816 μ	900 μ
Région ombilicale. .	Des papilles	25 μ	46 μ	33 μ	63 μ	58 μ	109 μ
	De l'espace interpapillaire.	29 μ	50 μ	63 μ	105 μ	92 μ	155 μ
Région lombaire . .	Des papilles	21 μ	42 μ	32 μ	50 μ	53 μ	92 μ
	De l'espace interpapillaire.	25 μ	50 μ	50 μ	96 μ	75 μ	147 μ
Région fessière. . .	Des papilles	25 μ	42 μ	63 μ	180 μ	88 μ	222 μ
	De l'espace interpapillaire.	25 μ	50 μ	105 μ	231 μ	130 μ	281 μ
Région fémorale interne.	Des papilles	25 μ	42 μ	25 μ	42 μ	50 μ	84 μ
	De l'espace interpapillaire.	25 μ	46 μ	50 μ	105 μ	75 μ	151 μ
Région fémorale externe.	Des papilles	25 μ	29 μ	21 μ	39 μ	46 μ	69 μ
	De l'espace interpapillaire.	27 μ	42 μ	63 μ	75 μ	90 μ	117 μ
Région externe de jambe	Des papilles	25 μ	42 μ	21 μ	58 μ	46 μ	100 μ
	De l'espace interpapillaire.	33 μ	50 μ	33 μ	88 μ	67 μ	138 μ
Rég. dorsale du pied.	Des papilles	29 μ	33 μ	25 μ	42 μ	54 μ	75 μ
	De l'espace interpapillaire.	33 μ	63 μ	54 μ	130 μ	87 μ	193 μ
Région plantaire du pied	Des papilles	525 μ	600 μ	75 μ	125 μ	600 μ	725 μ
	De l'espace interpapillaire.	575 μ	625 μ	125 μ	162 μ	700 μ	787 μ
Pulpe du 2e orteil. .	Des papilles	937 μ	1082 μ	75 μ	125 μ	1012 μ	1207 μ
	De l'espace interpapillaire.	1050 μ	1175 μ	87 μ	250 μ	1137 μ	1425 μ

l'épiderme mesure 50 à 100 μ en regard des papilles, 60 à 150 μ au niveau des bourgeons interpapillaires.

Là où le tégument est épais on voit l'épaisseur de l'épiderme monter à 280 μ (bout des doigts) et même à 600, 1000, 1500, 1560 μ au niveau de la paume des mains et de la plante des pieds.

2° Lorsqu'on compare l'épaisseur relative de l'épiderme et du derme, on constate qu'en certaines régions l'épiderme représente seulement le 1/10, le 1/8, le 1/4, la moitié de l'épaisseur de la peau; ailleurs il est plus épais que le derme. Le tableau suivant, dont les données sont empruntées à l'article de Robin et Retterer[1], résume l'épaisseur relative du derme et de l'épiderme, au niveau de quelques territoires cutanés.

Épaisseur du derme et de l'épiderme.

Régions.	Épiderme.	Derme.
Pénil.	30 μ	300 à 400 μ
Cuir chevelu	90 à 150 μ	970 à 1350 μ
Scrotum	50 μ	300 à 400 μ
Paupières	50 μ	300 μ
Grandes lèvres.	100 μ	200 à 300 μ
Petites lèvres.	100 μ	200 à 300 μ
Caroncule	100 μ	60 μ

III. TEXTURE DE L'ÉPIDERME. — Dès 1664, Malpighi[2] avait vu que l'épiderme, traité par l'eau bouillante, se sépare en deux couches.

De ces deux couches, l'une est profonde; elle se présente sous l'aspect d'une membrane criblée de trous : c'est le réseau de Malpighi. L'autre est superficielle; elle se détache sous forme de lamelles minces et solides : c'est la couche dure ou cornée.

La couche profonde est molle et gorgée de sucs; elle est friable, d'aspect grenu, de couleur grisâtre; sa surface est irrégulière; l'eau gonfle et ramollit le corps muqueux que teignent aisément les colorants neutres ou basiques.

La couche cornée est dure, sèche et d'une remarquable résistance. Son aspect est homogène; sa transparence est parfaite. Elle est normalement incolore, mais elle est aisément accessible aux colorants acides, tels que l'acide picrique. Elle ne se gonfle que lentement dans l'eau. Les révulsifs appliqués sur la peau la détachent du corps muqueux. Une vésicule pleine de sérosité se constitue, dont la couche cornée représente le toit.

L'épaisseur relative du corps muqueux et de la couche cornée a été indiquée par Drosdorff pour des régions épidermiques, d'épaisseur variable (voy. p. 773.)

En somme, l'épaisseur relative du corps muqueux et de la couche cornée varie avec les régions considérées. Là où le tégument est mince (pénis, gland, petites et grandes lèvres), le corps muqueux est plus épais que la couche cornée, et cette disposition est celle qu'on observe sur toute l'étendue du tégument, chez le fœtus et chez le nouveau-né. Au niveau du visage, du dos, de la face dorsale de la main et du pied, le corps muqueux a la même épaisseur que

1. 1885. ROBIN et RETTERER. Article Peau du *Dictionnaire* de Dechambre.

2. 1664. MALPIGHI. *Epistola de externo tactus organo.* « Quand on soumet l'épiderme à l'action de l'eau bouillante, la partie superficielle ou cornée, tenace, résistance, bien que plus mince de moitié en général, se détache sous forme de lame, alors que la partie profonde se présente sous la forme de lambeaux criblés de trous et figure un réseau. »

la couche cornée. Dans certaines régions comme la plante du pied, la paume de la main, la couche cornée dépasse de beaucoup en étendue le corps muqueux; elle est deux, trois, quatre, cinq fois plus épaisse que lui.

IV. HISTOLOGIE DE L'ÉPIDERME. — Leuwenhoeck décrivit (1717) l'épiderme comme formé de lamelles ou squamules; Fontana vit, sur la peau de l'anguille, que ces lamelles présentaient un corps oviforme en leur centre (1781); Purkinje, enfin, en 1833, annonça que l'épiderme est tout entier formé de cellules, c'est-à-dire de masses protoplasmiques individualisées par un noyau.

Ces cellules se répartissent en sept couches (Ranvier), qui se superposent de la profondeur vers la surface dans l'ordre suivant :

Couche profonde ou molle. .	Assise basilaire. Corps muqueux proprement dit. Stratum granulosum.
Couche superficielle ou cornée. . .	Stratum intermedium. Stratum lucidum. Stratum corneum. Stratum disjunctum.

Membrane basale. — Une membrane mince, brillante, transparente comme du verre, sépare le derme de l'épiderme. C'est la basement-membrane de Todd et Bowmann (1845), la membrana prima de Hensen, la membrane basale de Ranvier, la vitrée de quelques auteurs.

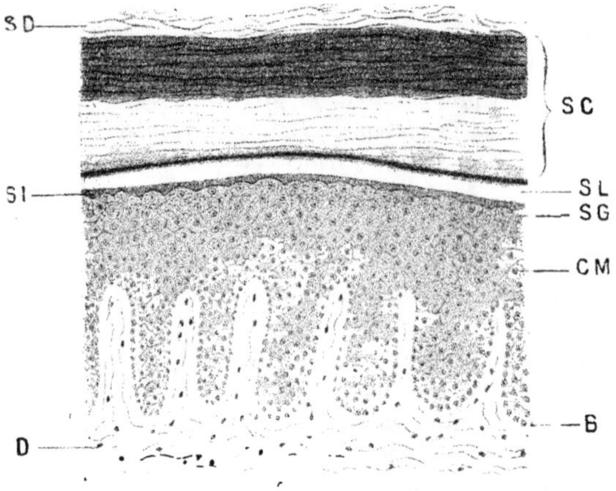

Fig. 461. — Les couches de l'épiderme. (D'après Ranvier.)

B, couche basilaire. — CM, corps muqueux de Malpighi. — SG, stratum granulosum. — SI, stratum intermedium. — SL, stratum lucidum. — SC, stratum corneum. — SD, stratum disjunctum.

Cette membrane, isolable sous l'aspect d'une lame élastique et cassante, apparaît comme une ligne foncée, sur les coupes de tissus traitées par l'alcool et l'acide osmique, et parfois comme une bande à double contour. Son aspect homogène, sa réfringence plus considérable que celle du derme sous-jacent, la caractérisent autant que sa minceur (1 à 2 μ). Elle n'acquiert une épaisseur plus considérable qu'au niveau des dérivés épidermiques (poils, glandes sudoripares). Le carmin ne se fixe pas sur la basale; le picro-carmin lui donne une teinte d'un orange pâle. La basale se teint encore en violet avec l'hématoxyline au fer, en lilas pâle avec l'hématéine, en rose avec l'éosine; le lichtgrün lui donne un aspect brillant d'une beau vert. La basale enfin résiste aux acides.

Sa surface externe est en rapport avec le derme; des fibres conjonctives du derme viendraient s'y terminer par séries, mais seulement sur les côtes et sur le sommet des papilles. Là, la face profonde de la vitrée présente des crêtes qui, sur les coupes, ont l'aspect de fines denticulations. Ces crêtes sont d'autant plus accusées qu'elles sont plus proches du sommet de la papille. De semblables denticulations se retrouvent également sur la face externe de la membrane basale. Elles s'engrènent avec les petites saillies qui hérissent le pied des cellules basilaires.

On a longtemps discuté sur la signification morphologique de la membrane

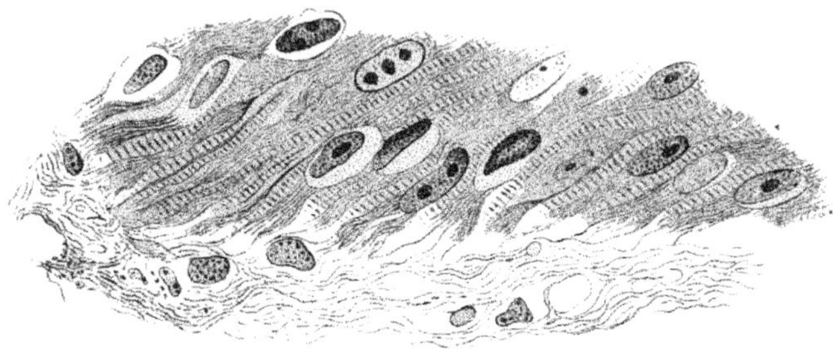

Fig. 462. — La couche basilaire et ses rapports avec le derme. (D'après Weidenreich.)

basale. Les anciens auteurs la rattachent au derme. On doit la considérer aujourd'hui comme une édification des épithéliums. Les faits qui plaident en faveur de cette interprétation sont nombreux. Hensen a noté que, chez l'embryon, la basale apparaît avant toute formation conjonctive et Mathias Duval, dans une région de la vésicule ombilicale où l'épithélium endodermique entre au contact de l'épithélium ectodermique, a vu une vitrée se différencier au niveau de la ligne de séparation des deux épithéliums.

1° Assise basilaire. — Je désignerai constamment sous ce nom la couche profonde du corps muqueux de Malpighi. Cette couche, Ch. Robin l'appelait autrefois couche germinative; Rémy la qualifie de couche génératrice; Kolliker, dans son édition de 1889, emploie également ce terme; il fait de cette assise le stratum germinativum et tout récemment Ranvier[1] adopte aussi cette dénomination.

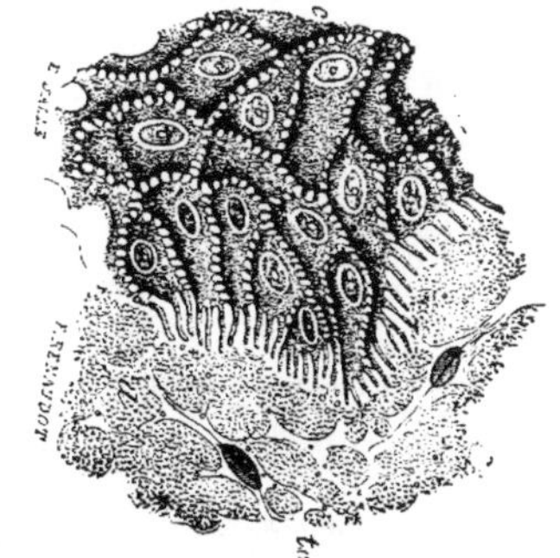

Fig. 463. — Coupe du corps muqueux de Malpighi, faite parallèlement à la surface de la peau, après injection d'acide osmique dans les vaisseaux et durcissement par la gomme et l'alcool. (D'après Ranvier.)

c. corps muqueux de Malpighi. — t. c. tissu conjonctif du derme.

Cette assise se caractérise essentiellement pour cet auteur par un fait essentiel. Les cellules qui la composent « forment une couche à part » qui jouit « de la propriété de se diviser », mais nous aurons l'occasion de voir qu'en réalité le processus de rénovation ne se limite pas à cette assise.

1. 1899. Ranvier. *Compt. rend. Ac. des sc.*, 9 janv.

La couche basilaire est formée d'une seule rangée de cellules, et, d'ordinaire, son aspect est plus sombre que celui des assises sus-jacentes. Elle doit cet aspect à des causes multiples : les noyaux y sont serrés les uns contre les autres, et le corps cellulaire, souvent très colorable, se montre semé de granulations pigmentaires. Examinée dans l'eau, la couche basilaire est translucide; examinée à la lumière polarisée, elle apparaît comme une bande sombre; elle est donc monoréfringente (Ranvier).

Les cellules basilaires[1], implantées perpendiculairement à la surface de la peau, sont de forme cylindrique. Elles sont hautes de 12 à 16 µ, larges de 6 à 8 µ. Leur noyau est rond ou ovale; dans ce dernier cas, son diamètre vertical atteint 8 à 10 µ, son diamètre transversal 3 à 4 µ. Un fait, dans ces éléments basilaires, est d'une fréquence remarquable : c'est le siège du noyau qui d'ordinaire tend à se réfugier loin de la basale; son extrémité supérieure n'est souvent distante que de 2 ou 3 µ du pôle superficiel de la cellule.

Le protoplasma de la cellule basilaire est très réduit au niveau de la zone occupée par le noyau. Nous verrons de plus qu'il est chargé de pigment, et parcouru par des fibrilles épidermiques.

Les rapports qu'affectent les éléments de la couche basilaire, sont très simples. Par leur pôle d'insertion, ces éléments sont au contact d'une ligne à double contour, mince et festonnée, la basale; par de fines digitations, ils s'engrènent parfois avec cette basale qui les sépare du derme sous-jacent. Le pôle superficiel des cellules basilaires se montre uni par des filaments à l'assise de cellules polyédriques qui leur est superposée.

Sur leurs faces latérales, les cellules basilaires sont séparées les unes des autres par un espace clair, traversé par des filaments d'union, parallèles à la surface du derme. Ces filaments sont souvent aussi nets que ceux des assises polyédriques du corps muqueux. Ils ne manquent que dans un cas : c'est lorsque l'espace situé entre deux cellules basilaires est occupé par un élément libre, par une hématie, par exemple, qui passe du chorion dans l'épaisseur de l'épiderme, à la faveur d'une hémorragie dermique.

La couche basilaire est le siège de prédilection du pigment. Chez les blancs elle est même le siège exclusif du pigment; chez les noirs, au contraire, le pigment n'est que plus abondant au niveau de la couche basilaire : il se localise aussi dans les assises profondes du corps muqueux de Malpighi.

Le pigment, dont la couleur varie du blond au brun, est constitué par de la mélanine. Il est insoluble dans l'acide acétique et dans l'acide sulfurique froid. Il se montre sous formes de granulations dont la taille oscille de 1 à 3 µ. Ces granulations se disposent, dans le corps cellulaire, de diverses façons; tantôt elles simulent un croissant qui coiffe l'extrémité supérieure du noyau; tantôt même, elles se répandent dans tout le protoplasma : le noyau, sur les coupes, apparaît alors comme une tache claire; il peut être à son tour envahi par le pigment.

Le pigment disparaît dans certains cas de la couche basilaire et des organes édifiés par cette assise cellulaire : l'albinisme est constitué. D'ordinaire assez peu abondant dans le tégument normal, si ce n'est en certaines régions (aréole du mamelon, peau des organes génitaux externes), le pigment peut prendre pathologiquement un développement considérable, soit en des points bien déterminés de l'organisme (taches pigmentaires), soit sur toute l'étendue du tégument (maladie bronzée d'Addison, diabète pigmentaire, etc.).

2° Assises polyédriques. — Syn. : couche de cellules malpighiennes, couche

1. Nous avons déjà fait remarquer que les cellules basilaires sont parfois fusionnées en plasmode.

muqueuse proprement dite, couche de Malpighi, corps muqueux de Malpighi, couche d'individualisation, stratum spinosum, stratum filamentosum, etc.

Deux raisons nous engagent à conserver les termes anciens d'assises polyédriques, de cellules malpighiennes. La première, c'est que les cellules malpighiennes sont « génératrices » au même titre que l'assise basilaire ; la seconde, c'est que la présence de filaments d'union ne suffit pas à caractériser de telles cellules. J'ai dit que ces filaments existent dans la couche basilaire, et je dirai qu'on en trouve encore dans le stratum granulosum de P. Langerhans ; on notera, toutefois, que les filaments d'union sont plus apparents que partout ailleurs, dans le corps muqueux proprement dit.

A l'inverse de la couche basilaire qui est d'une fixité remarquable dans sa présence et dans ses caractères, le réseau de Malpighi est sujet à de nombreuses variations. Ses éléments sont polyédriques ; les plus superficiels d'entre eux ont leur grand axe parallèle à la surface cutanée. Ces éléments sont superposés sur un nombre d'assises qui varie d'un point à un autre ; chez l'homme, à l'avant-bras, ces assises sont au nombre de six à huit au niveau des papilles, au nombre d'une vingtaine au niveau des bourgeons interpapillaires.

Par sa face profonde, le réseau de Malpighi entre au contact de la couche basilaire dont il suit fidèlement le contour ; il présente donc une série de prolongements, qui s'enfoncent entre les papilles dermiques et forme la majeure partie des bourgeons interpapillaires. La face superficielle du réseau de Malpighi est contiguë au stratum granulosum, et, comme le stratum granulosum, elle se limite par une surface plane.

Tels sont les caractères généraux du corps muqueux de Malpighi. Examinons maintenant la disposition et la structure des cellules qui le composent.

Le noyau, d'un diamètre de 6 à 12 μ, est arrondi et d'aspect clair. Il porte en un point variable de son étendue un ou plusieurs nucléoles. Le noyau des cellules malpighiennes est sujet à de nombreuses altérations ; tantôt il est déformé en calotte et occupe l'extrémité d'un espace clair qui s'est plus ou moins substitué à lui, au cœur de la cellule ; tantôt il affecte la forme d'un croissant dont les cornes sont très voisines l'une de l'autre ; il peut simuler un anneau régulier ou renflé en chaton sur un point de sa circonférence. Exceptionnellement la cellule malpighienne contient deux noyaux : un tel état n'est pas l'indice d'une division prochaine ; il est le témoin d'une division cellulaire ancienne, qui a porté sur le noyau, et n'a pas intéressé le corps cellulaire.

Le corps cellulaire d'un diamètre de 10 à 12 μ présente deux portions d'aspect très différent ; l'une est claire, l'autre foncée ; la première est située au pourtour du noyau ; la seconde à la périphérie de l'élément.

La zone de protoplasma périnucléaire (endoplasme de quelques auteurs) est difficile à colorer ; aussi nombre d'anciens auteurs la considéraient comme une cavité au sein de laquelle se trouvait le noyau.

La zone de protoplasma périphérique ou cortical (exoplasme de quelques auteurs) se colore avec énergie. Elle se teint en jaune avec l'acide picrique, en orange avec le picrocarminate d'ammoniaque, en rouge avec l'éosine, en violet foncé avec la thionine, en bleu avec le bleu polychrome de Unna. Elle présente avec certains réactifs un aspect assez homogène, mais lorsqu'on emploie, comme fixateurs, des composés chromiques, on y fait apparaître sur un fond homogène (hyaloplasma) un réseau filaire (spongioplasma) très délicat, disposé au pourtour du noyau (endoplasma) et des fibrilles. Ces fibrilles occupent surtout la périphérie du cytoplasme. Elles sont la continuation des filaments d'union qui solidarisent entre elles les diverses cellules du corps muqueux de Malpighi. Elles représentent une partie différenciée du spongioplasma

Les filaments d'union traversent les espaces clairs qui séparent les uns des

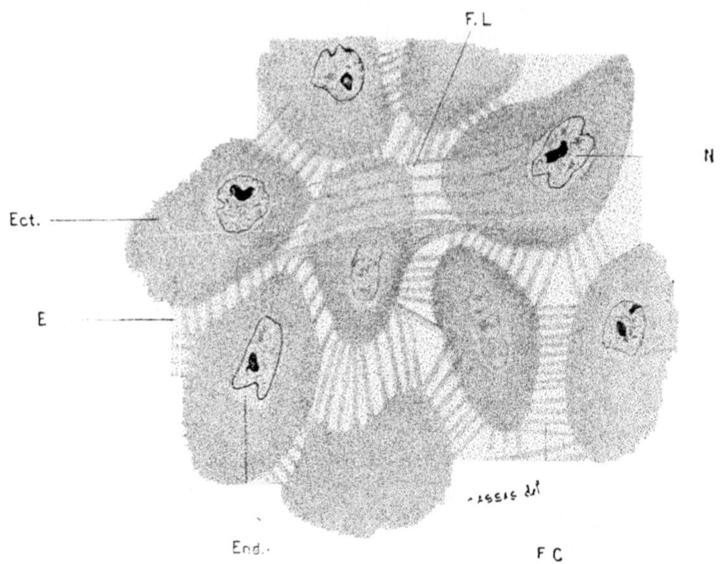

Fig. 464. — Cellules du corps muqueux de Malpighi.

N, noyau. — End, protoplasma péri-nucléaire (endoplasme). — Ect. protoplasma périphérique (exoplasme). Filaments d'union courts FC et longs FL. On notera que les espaces intercellulaires sont distendus et les filaments d'union très longs. Le spongioplasma n'est pas visible sur cette coupe qui provient d'un tegument œdématié.

autres les cellules du corps muqueux. Ils sont jetés, comme autant de ponts parallèles, entre les faces proximales de deux éléments polyédriques. Arrive-t-il qu'un côté de la cellule malpighienne se trouve en regard de deux ou trois autres cellules, en pareil cas, les filaments se disposent en deux ou trois faisceaux qui simulent des écrelles, diversement orientées : chacun de ces faisceaux va pénétrer dans l'une des cellules voisines. De place en place, là surtout où plusieurs cellules s'opposent par leurs angles, les filaments s'écartent les uns des autres, en circonscrivant un espace triangulaire ou polygonal, véritable lacune qu'occupe souvent un élément libre, un leucocyte par exemple, quand l'épiderme est infiltré de pareils éléments.

On observe souvent au milieu des filaments d'union, au même niveau dans un même faisceau de filaments, de petits nodules arrondis qu'a signalés le professeur Ranvier. Ce nodule n'est pas le produit d'une fixation défectueuse, comme le croit Renaut.

Les filaments d'union, comme on le devine aisément, sont d'une extrême fragilité. Que l'épiderme soit infiltré de globules blancs ou de leucocytes éosinophiles, qu'une hémorragie se produise dans le derme et projette des hématies dans les espaces clairs, situés entre les cellules malpighiennes, du fait de cet accident, les filaments d'union sont brisés par les éléments libres qui tendent à occuper leur place.

Mais les filaments d'union, dont il vient d'être question, ne sont qu'une portion d'un appareil filamenteux, très développé dans le corps muqueux de Malpighi. Ils représentent seulement la partie de cet appareil qui se projette en

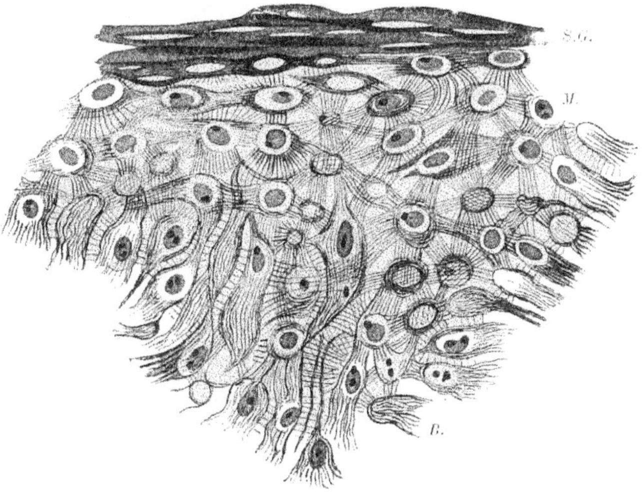

Fig. 465. — Structure filamenteuse de l'épiderme. (D'après Kromayer[1].)
B, couche basilaire. — M, corps muqueux. — S.G., stratum granulosum.

dehors de la cellule. La partie de l'appareil filamenteux, incluse dans le corps cellulaire, est plus développée, et plus complexe encore.

Les fibrilles de la zone corticale des cellules malpighiennes sont parallèles entre elles; mais il n'est pas rare de les voir chevaucher les unes sur les autres. De ces fibrilles les unes sont courtes, les autres longues.

Les premières émergent du cortex d'une cellule donnée, traversent l'espace clair qui entoure un des côtés de la cellule (filaments d'union) et pénètrent dans le cortex de l'élément situé juste en regard. Les filaments courts relient donc les faces adjacentes de deux cellules situées en regard l'une de l'autre.

Les fibrilles longues se dégagent du cortex d'une cellule malpighienne, traversent l'espace clair qui sépare cet élément de la cellule qui lui est adjacente (pont d'union), et pénètrent dans le cortex de cette dernière. Loin de s'arrêter là comme les fibrilles courtes, elles traversent de part en part cette cellule, en passant au voisinage de son noyau; elles abordent un troisième élément et finissent par s'y perdre. Les fibres longues prennent donc insertion sur deux cellules comme les fibres courtes, mais, à l'inverse de ce qu'on observe sur ces dernières, les deux pôles d'insertion de la fibrille ne sont jamais situés sur les

1. Cette figure est extraite du mémoire de Kromayer, 1892. *Arch. f. mikr. Anat.*, p. 141-150.

[A. BRANCA.]

faces adjacentes de deux cellules adjacentes. On doit considérer les longs filaments comme des filaments d'union distendus par suite des changements de rapports qu'éprouvent les cellules malpighiennes au cours de l'évolution épidermique.

Le réseau de Malpighi est donc solidarisé par un système de filaments, longs ou courts, droits ou curvilignes. Ces filaments sont constitués uniquement par du protoplasma différencié; au niveau de la cellule, ils sont noyés dans l'hyaloplasma; ils se dégagent de la cellule d'origine sous forme de ponts d'union Ils sont disposés en séries parallèles, et sont diversement orientés dans chaque série. Ils fragmentent, en perles incolores et réfringentes, l'espace clair qui sépare cette cellule de sa voisine. Puis sans changer de direction, sans perdre leur individualité, ils pénètrent dans une seconde cellule. Parfois même, on peut les voir prendre point d'appui sur plusieurs éléments disposés en série.

En résumé, les filaments unitifs sont jetés entre deux cellules, que ces cellules soient voisines ou distantes l'une de l'autre. Dans ce dernier cas, les éléments interposés entre les cellules extrêmes donnent point d'appui aux filaments unitifs; ils jouent « le rôle des poteaux télégraphiques supportant le fil qui relie deux stations extrêmes » (D).

Caractères histochimiques. — Ranvier[1] a résumé les caracteres histochimiques des filaments unitifs. Traitées par l'eau, même bouillante, les fibrilles épidermiques ne sont pas notablement modifiées. Elles se gonflent sous l'action des acides et des alcalis. Elles sont teintes en violet par l'hématoxyline, en rose par le carmin, en vert pâle par la thionine qui colore en bleu le corps cellulaire. Examinées dans l'eau, elles sont un peu opaques et grisâtres; à la lumière polarisée, elles présentent un aspect brillant qui révèle leur bi-réfringence. A ces caractères, on peut encore ajouter les suivants : Fixées par l'acide osmique ou la liqueur de Flemming, les fibrilles sont teintes en jaune: colorées ensuite par le violet de gentiane, d'après la méthode de Bizzozero, elles se montrent colorées en violet foncé, tandis que le corps cellulaire est incolore ou à peine coloré: traitees par l'hématoxyline au fer elles prennent une coloration grisâtre; le bleu polychrome de Unna se fixe bien sur le corps cellulaire, peu ou pas sur les fibrilles.

J'examinerai ultérieurement comment se fait la rénovation du corps muqueux de Malpighi et à ce propos je dirai comment se comportent les filaments unitifs au cours de la karyokinèse. Qu'il me suffise de rappeler ici quelles opinions ont eu cours sur la nature des fibrilles épidermiques.

Nature des filaments. — Dans son mémoire, date de 1863, Schrön[2] fit mention le premier des fibrilles épidermiques; il les interpréta comme des canaux poreux, analogues à ceux qu'on trouve sur les cellules végétales.

Max Schultze[3] (1864), puis F.-E. Schultze[4] (1867) pensent que la cellule malpighienne est munie de prolongements cellulaires pleins, en forme de piquants. Ces piquants se comportent, vis-à-vis des piquants des cellules voisines, comme les dents que portent les roues d'un engrenage.

Puis Bizzozero[5] (1871) décrit l'espace que menagent entre elles les dents de Schultze: ces dents, loin de s'engrener, se mettent bout à bout, comme deux doigts qui se touchent par leur pulpe. Ces dents ne sont, d'ailleurs, que de simples prolongements de protoplasma comme le dira également Heitzmann (1873).

Ranvier[6] distingue, dès 1879, les filaments d'union courts et les filaments longs; il decrit

1. 1899. RANVIER. Définition et nomenclature des couches de l'épiderme chez l'homme et les mammifères. *Compt. rend. Ac. sc.*, 9 janvier

2. 1863. SCHRÖN. Ueber die Porenkanale in der Membran der Zellen des Rete Malpighii beim Menschen. *Moleschott's Untersuchungen z. Naturl.*, IX.

3. 1864. MAX SCHULTZE. Die Stachel und Risszellen der tierferen Schichten der Epidermis, dicker Pflasterepithelien, und der Epithelialkrebse *Arch. f. path. Anat. u. Phys.*, XXX, p. 260, et *Med. Centralbl.*, n° 12.

4. 1867. F.-E. SCHULTZE. Epithel und Drusenzellen. *Arch. f. mikr. Anat.*, III.

5. 1871. BIZZOZERO. Sulla struttura degli epiteli pavimentosi stratificati. *Centralbl. f. d. med. Wissenschaften*, p. 482.

6. 1879. RANVIER. Nouvelles recherches sur le mode d'union des cellules du corps muqueux de Malpighi. *Compt. rend. Ac. sc.*, p. 667. — 1882. Sur la structure des cellules de corps muqueux de Malpighi. *Compt. rend. Ac. sc.*, p. 1374

le nodule que portent, en leur milieu, nombre de filaments d'union, et, en 1883, il revient sur la question de ces filaments. Ils sont essentiellement constitués par des ponts de protoplasma. Dans l'axe de ces ponts pénètrent des fibrilles très fines qui sont en connexion avec le treillis fibrillaire qu'on trouve dans le corps de la cellule malpighienne, aussi bien que dans la cellule nerveuse ou névroglique. De telles fibrilles ont pour rôle d'assurer la solidité de la peau.

Entre ces fibrilles s'interposent des espaces clairs qui seraient de véritables lacunes lymphatiques, susceptibles d'être injectées (Axel Key et Retzius[1], 1883).

C'est à l'hypothèse de lacunes que s'arrêtent aussi Klein[2] et Flemming.

Mitrophanow[3] rapporte à la rétractilité des filaments d'union l'absence de lacunes qu'on observe dains les couches superficielles de la peau.

Sheridan Delepine[4] regarde les fibrilles de l'épiderme comme les restes des filaments achromatiques qui sont constants, au cours de la cytodiérèse (1883).

Ramon y Cajal[5] accorde une structure complexe aux ponts d'union. Il voit dans chacun un axe protoplasmique entouré de deux gaines concentriques, l'une d'enchylème, l'autre dérivée de la membrane cellulaire.

Pour Manille Ide (1888), la cellule malpighienne est entourée d'une membrane d'enveloppe; cette membrane est constituée par un réseau fibrillaire; des nœuds de ce réseau partent les fibrilles qui se portent dans la cellule adjacente, en constituant les ponts d'union[6].

Pour Kolliker (édition de 1889), les ponts intercellulaires sont de structure variable. Dans les couches profondes du réseau de Malpighi, ils sont formés de protoplasma; dans les cellules malpighiennes superficielles (qui sont munies d'une membrane d'enveloppe), les filaments d'union sont une dépendance de cette membrane.

Henneguy[7] a fait la critique des opinions de Sheridan Delepine, qu'adopte aussi Manille Ide, dans son mémoire de 1890. Les filaments achromatiques ont un tout autre aspect que les filaments épidermiques. D'autre part, les ponts d'union qui existent en série, au pourtour de la cellule malpighienne, ne peuvent être du même âge. « Lorsqu'une de ces cellules se divise par cytodiérèse, ses contours s'arrondissent et les ponts intercellulaires, en admettant que ceux-ci dérivent de la figure achromatique, ne peuvent prendre naissance que sur le côté commun aux deux cellules-filles. Si nous supposons que la cellule épithéliale était dépourvue, au début, de connexions avec ses voisines, et si nous supposons que son contour soit hexagonal, ce n'est qu'après six bipartitions successives, dans des directions différentes, que chacun de ses côtés sera relié aux cellules voisines par des ponts intercellulaires. Ceux-ci appartiendront donc à six générations différentes. Or, à chaque division, le corps protoplasmique subit des modifications importantes et on ne comprend pas comment les restes des diverses figures achromatiques pourraient ainsi persister, avec la même valeur pendant toute une série de divisions. »

Pour Retterer[8], il y a lieu de distinguer dans le protoplasma des cellules épidermiques une partie colorable (protoplasma chromophile) et une partie hyaline (hyaloplasma). Les filaments d'union ne sont que les parties périphériques du protoplasma chromophile.

Ranvier[9], ayant noté des différences dans la façon dont se comportent le corps cellulaire et les fibrilles des cellules malpighiennes, vis-à-vis des réactifs colorants, écrit: « Les filaments épidermiques aussi bien que les grains d'éléidine ne sont pas du protoplasma. Ils sont simplement élaborés par lui, comme les grains d'amidon, dans les cellules végétales. »

Enfin, à l'inverse de Tizzoni[10], j'ai pu voir sur les cellules malpighiennes que l'apparition des figures chromatiques n'entraîne jamais la destruction des filaments d'union qui solidarisent entre elles les cellules du corps muqueux tout entier. Les filaments d'union sont dans l'épiderme un élément fixe de la cellule adulte. Sur la cellule chargée de granulations d'éléidine, ils persistent, quoi qu'on en ait dit. On ne les voit plus sur la cellule qui se kératinise, et passe dans les couches cornées, sur la cellule épithéliale qui entre en chromato-

1. 1881. Axel Key et G. Retzius. Zur Kenntniss der Saftbah. in der haut der Menschen. Biol. Untersuch., Stockholm, p. 106.
2. 1878. Klein. *Quartely Journ. of micr. Sc.*
3. 1884, P. Mitrophanow. Ueber die Intracellularlücken im Epithel., *Zeitschr. f. w. Zool.*, XLI.
4. 1883. Scheridan Delepine. Contribution to the study of nucleus division based of the study of prickle-cells. *Journ. of Anat. and Physiol.*, XVIII.
5. 1886. Ramon y Cajal. Contribution à l'étude des cellules anastomosées des épithéliums pavimenteux stratifiées. *Journal internat. mensuel d'anat. et de physiol.*, III.
6. 1890. Manille Ide. La membrane des cellules du corps muqueux de Malpighi, *La Cellule*, t. IV. 1888. Nouvelles observations sur les cellules épithéliales, *La Cellule*, t. V.
7. 1896. F. Henneguy. Leçons sur la cellule, p. 446.
8. 1899. Ranvier. Définition et nomenclature des couches de l'épiderme chez l'homme et les mammifères. *Compt. rend. Ac. des Sc.*, 9 janv. 1899.
9. 1897. Ed. Retterer. Épithélium et tissu réticulé. *Journ. de l'anat. et de la physiol.*
10. 1899. A. Branca. Sur les filaments d'union, *Soc. de biologie*, avril.

[A. BRANCA.]

lyse ou se différencie en appareil glandulaire (axolotl); les filaments disparaissent sur la cellule qui meurt ou change de fonction. Mais les ponts d'union ne sont qu'une partie de l'appareil filamenteux des cellules malpighiennes. Ils représentent seulement la partie de cet appareil qui se projette en dehors de la cellule (portion extracellulaire). Le reste de l'appareil filamenteux demeure (portion intracellulaire), et nous le retrouverons jusque dans les couches cornées.

Arnold rapproche les filaments épidermiques des filaments que Pflüger et Kuppfer ont observés dans les cellules hépatiques: il les compare aux bâtonnets des cellules rénales, aux fibrilles intracellulaires que Flemming décrit dans les cellules conjonctives. Ces filaments seraient formés de plasmosomes, d'agencement variable[1].

Unna avait regardé la cellule épidermique comme formée : 1° d'un spongioplasma; 2° d'un hyaloplasma; 3° de fibrilles. Pour Unna, Rabl et Herxheimer[2], les fibrilles sont une modalité du spongioplasma, c'est-à-dire une modalité de la substance figurée de la cellule malpighienne. Elles représentent une forme et une partie de cette substance. Elles sont comparables au « protoplasma supérieur, ce qui ne veut pas dire qu'elles en soient formées », comme le fait remarquer Prenant.

C'est à cette conception que se range également Weidenreich[3].

Nature des espaces situés entre les cellules malpighiennes. — Une dernière question mérite examen : j'ai constamment employé le nom d'espace clair pour désigner les espaces qui séparent, les unes des autres, les cellules du corps muqueux de Malpighi. Ce nom a l'avantage de ne rien faire préjuger sur la nature de ces espaces, que les filaments d'union fragmentent en perles incolores et réfringentes. Examinons à quelles interprétations ont donné lieu les espaces clairs, et précisons tout d'abord quels desiderata doit remplir toute hypothèse qui veut rendre compte de la nature de cet espace.

Cette hypothèse doit rendre compte de la présence dans les espaces clairs d'une série d'éléments figurés qui sont : 1° des globules rouges venus du derme à la suite d'une hémorragie; 2° des leucocytes éosinophiles dont la présence est fréquente au cours de certains états pathologiques; 3° des globules blancs qui, pour certains auteurs ont immigré dans l'épiderme (Ranvier, Stœhr, Renaut), qui, pour d'autres, ont, pour origine, le réseau de Malpighi (Schweninger (1881), S. Maier (1892), Retterer (1897). Cette hypothèse doit expliquer encore : 4° le trajet des fibres nerveuses qui vont se terminer sur les cellules malpighiennes; 5° et rendre compte de l'expérience d'Axel Key et Retzius qui auraient pu remplir ces espaces clairs d'une masse à injection.

Trois explications ont été proposées.

1° Pour les uns, l'espace clair est occupé par du ciment. Ce ciment mou est réparti en perles réfringentes puisqu'il est traversé par des ponts d'union. M. J. Renaut a adopté cette manière de voir[4]. Toutefois il importe de remarquer, avec Flemming, que la présence d'un ciment différencié n'est pas prouvable. Un tel ciment se colorerait par les méthodes usuelles et les perles réfringentes circonscrites par les filaments d'union restent incolores après l'action de tous les réactifs.

2° Pour d'autres, c'est seulement du plasma ou de la lymphe qu'on rencontre au niveau des lignes réfringentes. Une telle substance se retrouve jusqu'au stratum lucidum. Ranvier[5], Flemming ont soutenu cette opinion que nous adoptons ici.

3° Les espaces clairs, qui pour les auteurs que nous venons de citer ont la valeur d'une substance intercellulaire, font partie pour d'autres « du complexus protoplasmique qui forme le revêtement épithélial ». Retterer, en s'appuyant sur ses propres recherches et sur quelques faits de Schultze et de Rabl, a proposé cette dernière interprétation. Pour lui, le réseau de Malpighi est formé de cellules fusionnées; au pourtour de chaque cellule se trouve une couche de protoplasma chromophile; à la périphérie de ce protoplasma chromophile se dispose une nappe de substance claire (hyaloplasma). Cet hyaloplasma est traversé par les filaments chromophiles qui solidarisent le protoplasma chromophile des divers éléments du réseau de Malpighi. (E).

3° Stratum granulosum. — C'est à Langerhans[6] qu'on doit la première description de cette couche du corps muqueux qu'Unna qualifie de stratum granulosum quelques années plus tard[7].

1. 1898. Arnold. Sur la structure et l'architecture des cellules. *Arch. f. mikr. Anat.*, LII.
2. 1899. Herxheimer. Structure du protoplasma de l'épiderme humain. *Arch. f. mikr. Anat.*, LIV, p. 291.
3. 1900. Weidenreich. *Arch. f. mikr. Anat.*, LVI, p. 169.
4. 1897. Renaut. *Traité d'histologie pratique*, t. II.
5. 1882. Ranvier. *Compt. rend. Ac. Sciences.*
6. 1873. Langerhans. Ueber Taskorp. u. Rete Malpighi. *Arch. f. mikr. Anat.*, t. IX.
7. 1875. Unna. *Arch. f. mikr. Anat.*, t. XII, p. 665 à 741.

Sur les coupes non colorées, le stratum granulosum forme une traînée blanche, que OEhl et Schrön confondaient avec le stratum lucidum. Mais certains réactifs y font apparaître les granulations caractéristiques du stratum granulosum.

Ce stratum apparaît comme une bande a bords à peu près parallèles; elle présente de légères ondulations en regard des reliefs papillaires. Formée ici de trois à quatre assises cellulaires superposées, elle se montre ailleurs constituée par une seule couche d'éléments. Sur les téguments très minces cette assise est discontinue. Elle peut même faire complètement défaut.

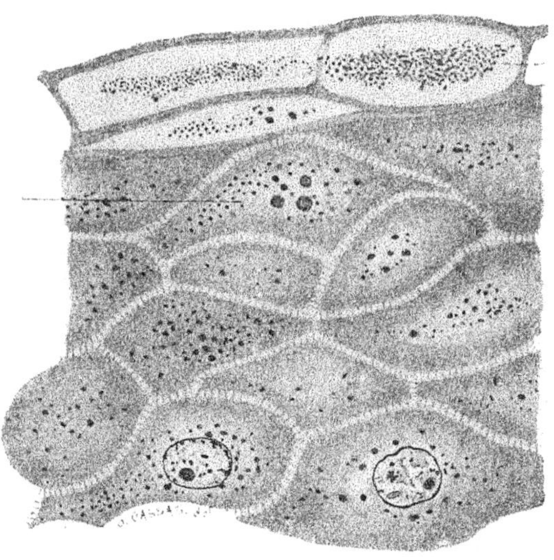

Fig. 466. — Stratum granulosum à un fort grossissement.

On voit les cellules du stratum granulosum G chargées d'éléidine. On remarquera que ces cellules, très rapprochées les unes des autres, sont unies par des filaments d'union très fins, très courts et très nombreux.

Le stratum granulosum répond par sa face inférieure au corps muqueux de Malpighi. Par sa face superficielle il entre au contact des couches cornées, et, en particulier, au contact du stratum intermedium. C'est au niveau du stratum granulosum que l'épiderme se clive avec le plus de facilité. Aussi, les phlyctènes, consécutives aux brûlures, se développent au niveau du stratum granulosum qui se détruit. Le corps muqueux de Malpighi forme le plancher de la phlyctène; la couche cornée lui tient lieu de toit.

Le stratum granulosum est constitué par des cellules losangiques dont le grand axe est parallèle à la surface de la peau. Le noyau est clair, peu colorable: il va présenter tous les signes de l'atrophie.

Le corps cellulaire se montre infiltré de granulations qui, dans les couches profondes, se disposent autour du noyau et qui, dans les cellules superficielles, se répartissent dans tout le corps cellulaire, sauf à l'extrême périphérie. L'espace clair qui séparait les cellules du corps muqueux se rétrécit à ce niveau. De ce fait les filaments d'union se raccourcissent. Les perles réfringentes que circonscrivent ces filaments réduisent leur taille et finissent par se colorer. Dans la couche sus-jacente, les ponts d'union ne seront plus distincts.

Quant aux fibrilles épidermiques, elles commencent à n'être plus nettement perceptibles dans l'intérieur du corps cellulaire. Au niveau du stratum granulosum, on assiste, dit Ranvier[1], « au début de la formation d'une membrane

1. 1900. Darier. *La Pratique dermatologique*, tome I.

autour des cellules ». Ranvier explique ces deux faits en montrant que les fibrilles, « au moment de l'apparition de l'éléidine en grains, sont refoulées à la périphérie de la cellule et vont s'y condenser en une membrane fenêtrée. Celle-ci résulte donc du tassement de ces fibrilles elles-mêmes. »

Toutefois, la présence de filaments d'union a été niée par Ranvier[1] au niveau du stratum granulosum et par Kromayer[2]. Ces filaments, cependant, sont bien visibles, comme j'ai pu m'en assurer, en recourant à l'examen de couches granuleuses épaisses. Unna[3] et Rabl[4] ont, les premiers, établi leur présence qu'accepte aujourd'hui Kromayer[5].

Caractères de l'éléidine. — Les granulations d'éléidine sont solides pour Waldeyer[6] et pour Unna[7], et constituées par de la kératohyaline. Elles sont liquides pour Ranvier (1879) qui leur donne le nom d'éléidine granuleuse[8]. Buzzi[9] pense même que l'éléidine se montre sous la forme liquide et la forme solide (1888).

L'éléidine serait, pour Ranvier, un liquide albuminoïde, ayant l'apparence de gouttelettes d'huile, répandues dans le corps cellulaire.

Elle ne réduit pas l'acide osmique comme la graisse, mais se montre réfractaire aux réactifs colorants, après l'action de cet agent fixateur.

Lorsqu'on pratique des coupes de peau desséchée, ou fixée, au préalable, par le sublimé, la liqueur de Flemmig ou l'alcool, l'éléidine est très visible et présente une grande affinité pour les matières colorantes.

Elle se colore en rouge par la safranine et par le picrocarmin. Cette dernière coloration est surtout nette sur les pièces fixées dans l'alcool, et traitées par l'eau de chaux qui gonfle le corps cellulaire. Elle se teint en violet par l'hématoxyline, l'hématéine, et parfois par la thionine.

L'éléidine résiste à l'ébullition, à l'éther, à la potasse à 40 %, à l'eau de chaux, à l'eau salée à 6 %. Elle disparaît de la cellule sous l'action des acides (acide formique, acide acétique) : toutefois elle peut encore être mise en évidence, si on neutralise l'action des acides par un lavage prolongé.

L'eau salée à 10 % transforme l'éléidine granuleuse en éléidine diffuse, c'est-à-dire en larges plaques, vacuolaires, semblables à celles qu'on constate dans le stratum lucidum, après l'action de l'alcool et du picrocarmin. Cette transformation est plus marquée encore, quand on a fait usage de chlorure de sodium à 20 %.

Mais quand on traite par ce sel des coupes qui, au préalable, ont séjourné dans l'alcool, l'éléidine demeure bien visible sous forme de granulations, qu'il est toujours aisé de colorer, à moins que la coupe n'ait trop longtemps demeuré dans l'alcool.

Origine de l'éléidine. — Pour les uns, l'éléidine provient en totalité (Kromayer (1890) ou en partie (Renaut, Kromayer[10], 1897) de la désintégration des filaments unitifs. Weidenreich et Apolant[11] (1901) croient qu'elle se forme aux dépens de la substance inter-fibrillaire et surtout au pourtour du noyau. D'autres auteurs affirment au contraire, avec des variantes (Mertsching[12], Ernst[13], Rabl[14]), que l'eléidine, loin de provenir du protoplasma, représente une élaboration nucléaire. Rosenstadt (1897) adopte une opinion mixte[15] : l'éléidine provient à la fois du cytoplasma et du noyau. En somme, l'éléidine a la valeur d'une élaboration cellulaire, mais on discute encore sur la partie de la cellule qui lui donne naissance.

Évolution et rôle de l'éléidine. — Une partie de l'évolution de l'éléidine nous

1. 1889. Ranvier. *Traité technique d'histologie*, p. 674.
2. 1890. Kromayer. *Arch. f. Derm.*
3. 1894. Unna. *Monats. f. prakt. Dermat.*, XIX.
4. 1897. Rabl. *Arch. f. mikr. Anat.* Bd XLVIII, p. 430.
5. 1897. Kromayer. *Monatsch. f. prak. Dermat.*, Bd XXIV
6. 1882. Waldeyer. Untersuch. ub. die Histol. der Horngebilde. *Beitr. z. Anat. u. Embry.* v. Jacob Henle.
7. *Loc. cit.*
8. 1879. Ranvier. Sur une substance nouvelle de l'épiderme et sur le processus de kératinisation du revêtement épidermique, *Compt. rend. Ac. Sciences*, 30 juin 1879 et *Arch. de physiologie*, 15 février 188[illegible]
9. 1888. Buzzi. *Arch. f. prakt. Derm.*, XXIV, n° 9.
10. 1897. Kromayer. *Monatsch. f. Derm.*, XXIV, p. 450.
11. *Loc. cit.* et 1901, Apolant. *Arch. f. micr. Anat.* LVII, p. 766.
12. 1889. Mertsching. *Arch. f. path. Anat.*, CXVI, 3.
13. 1892. Ernst. *Arch. f. pathol. Anat.*, CXXX.
14. 1897. Rabl. *Arch. f. mikr. Anat.*, XLVIII, p. 430 à 495.
15. 1897. Rosenstadt. *Arch. f. mikr. Anat.*, t. XLIX.

est maintenant connue. Nous savons que l'éléidine granuleuse (kératohyaline des Allemands) se présente sous forme de fines granulations dans le stratum granulosum. Dans le stratum lucidum, elle revêt l'aspect de larges plaques; elle constitue l'éléidine diffuse de Ranvier, l'éléidine des auteurs allemands.

Eléidine granuleuse et éléidine diffuse présentent des réactions colorées différentes. Celle-là se teint en violet par l'hématoxyline, celle-ci ne se colore point dans le même réactif.

Éléidine granuleuse et éléidine diffuse représentent cependant les deux aspects d'une seule et même substance. L'action du sel marin à 10 pour 100 transforme l'éléidine granuleuse en éléidine diffuse (Ranvier). D'autre part, les deux formes de l'éléidine subissent des variations parallèles au cours des processus pathologiques (Buzzi).

De ces faits connus, on est passé à l'hypothèse.

L'éléidine diffuse servirait à l'élaboration de la kératine et de la graisse. Elle mériterait le nom de prokératine que lui donne Waldeyer. Elle disparaîtrait en se combinant au réticulum protoplasmique. Ernst aurait pu même déceler des granulations de kératine, en traitant la substance cornée, par la méthode de Gram.

Unna ne croit pas qu'on puisse établir de relations entre l'éléidine et la kératine. Ce seraient là deux substances différentes, sans aucun lien de parenté.

En faveur de cette conception, plaident un certain nombre de faits.

a) La couche cornée présente des caractères absolument semblables (couches cornées nucléées) dans les parakératoses où l'éléidine fait défaut, et dans le lichen corné, où cette substance est fort abondante;

b) D'autre part, dans l'ichtyose fœtale, la couche cornée est sèche, écailleuse; elle ne présente jamais de graisse et cependant, dans cette dermatose, le stratum granulosum ne se montre nullement altéré (F).

4° Stratum intermedium. — Récemment individualisé par Ranvier, le stratum intermedium constitue la première des couches cornées; il représente la partie profonde du stratum lucidum.

De même que le stratum lucidum, le stratum intermedium n'est bien visible que sur les régions épaisses de l'épiderme. Il se présente comme une bande mince, formée de deux à trois étages de cellules. La limite profonde de cette bande est festonnée; son contour superficiel est, au contraire, rectiligne.

L'analyse histologique du stratum intermedium a montré que ce stratum ne résiste qu'incomplètement à la digestion artificielle : il n'est donc qu'incomplètement kératinisé. Les réactions de ses éléments rappellent assez bien les réactions des cellules du stratum lucidum; toutefois Ranvier a indiqué les caractères qui permettent de différencier ces deux couches.

Le stratum intermedium, fixé à l'alcool, reste incolore après l'action de la thionine. Après l'usage de la liqueur de Flemming, il est réfractaire à la purpurine, qui colore en rose tout le reste de l'épiderme. Après l'action de l'acide osmique et du picrocarmin, le stratum intermedium se colore en rouge vif.

5° Stratum lucidum. — *Syn.* : Couche cornée basale, Hornschicht.

C'est à OEhl qu'est due la première description du stratum lucidum[1]; Schrön

1. 1857. Œhl. Indagini di anatomia microscopica. *Ann. univ. d. medicina*, Milan.

reprit cette étude quelques années plus tard[1], et il émit l'hypothèse que la couche cornée n'était que le produit de la sécrétion sudoripare.

Le stratum lucidum doit son nom à son aspect clair et réfringent. Il est très net sur les pièces qui ont séjourné dans les bichromates alcalins, et se montre sous l'aspect d'une lame à contours parallèles.

Comme le stratum intermedium, il ne réduit pas l'acide osmique. Il ne contient donc pas de graisse; mais, à l'inverse du stratum intermedium, il reste incolore après l'action successive de l'acide osmique et du picro-carmin.

Les éléments du stratum lucidum sont des éléments polyédriques et d'aspect hyalin. Ils sont disposés les uns au-dessus des autres, en assises serrées que l'ammoniaque ou la potasse à 40 pour 100 dissocient aisément. Le noyau des cellules du stratum lucidum n'a pas cessé d'exister, comme on l'enseigne d'ordinaire; il est seulement en voie d'atrophie. Le corps cellulaire s'est revêtu d'une coque kératinisée. Il ne possède plus cet appareil filamenteux compliqué qu'on retrouve dans toute l'étendue du corps muqueux : les fibrilles se sont simplement tassées à la périphérie de la cellule. Quant à l'éléidine granuleuse (kératohyaline de Waldeyer), elle a brusquement disparu : à sa place on observe l'éléidine diffuse (éléidine de Waldeyer). Cette éléidine diffuse se montre sous l'aspect de larges gouttelettes qui sortent, comme d'une éponge, des cellules du stratum lucidum ouvertes par le rasoir. Ces flaques se teignent en rose par le carmin; elles ne fixent pas l'hématoxyline. Un même réactif, manié délicatement, colore donc différemment l'éléidine granuleuse et l'éléidine diffuse.

Cette éléidine diffuse existe encore en petite quantité, à la paume de la main et à la plante du pied, dans le stratum corneum des ouvriers.

6° *Stratum corneum*. — De toutes les couches de la peau, le stratum corneum (G) est celle qui présente les variations d'épaisseur les plus étendues. Ce stratum donne, à l'ensemble des couches cornées, leur épaisseur propre. Il acquiert son maximum d'étendue, chez les manouvriers (paume de la main) et chez les individus qui marchent pieds nus. Dans son ensemble, il apparaît comme une membrane homogène, translucide, au niveau de laquelle l'évolution épidermique est totalement achevée (H).

Ses cellules se disposent en lits superposés. Ces lits sont séparés, çà et là, par des fissures virtuelles que l'action des liquides développe considérablement. C'est à cette disposition que l'épiderme corné doit la propriété de se gonfler, en présence de l'eau et des solutions aqueuses.

Fig. 467. — Cellules cornées dissociées. (D'après Darier.)

Dissociées après l'action des bichromates, les cellules cornées sont lenticulaires. Elles présentent à leur surface des dents irrégulières, qui leur permettent de s'engrener les unes avec les autres.

La potasse et les acides gonflent les éléments du stratum corneum qui sont « des utricules déformés par pression réciproque ayant une enveloppe résistante et un contenu cireux ». La membrane d'enveloppe se présente alors avec un double contour. Elle résulte de la transformation des fibrilles épidermiques

1. 1865. Simon, *Contribuz. alla anat. fil. della cute humana*, [illegible].

qui formaient le squelette de la cellule malpighienne. Ces filaments, en s'élevant dans la couche cornée, se sont localisés à la périphérie de la cellule; ils s'y sont imbriqués et tassés les uns sur les autres. Ils donnent à la cellule l'apparence d'un cocon[1]. Ils sont bien visibles sur les pièces qui ont macéré dans le liquide de Müller.

La cellule s'est donc transformée en une vésicule. Cette vésicule est remplie de protoplasma desséché et surtout de graisse[2] (I).

Cette graisse est fluide; elle s'écoule hors des cellules lorsque celles-ci ont été ouvertes par le rasoir. Voilà pourquoi la couche cornée, traitée par l'acide osmique, présente un aspect qui varie avec l'épaisseur même de la coupe. Les

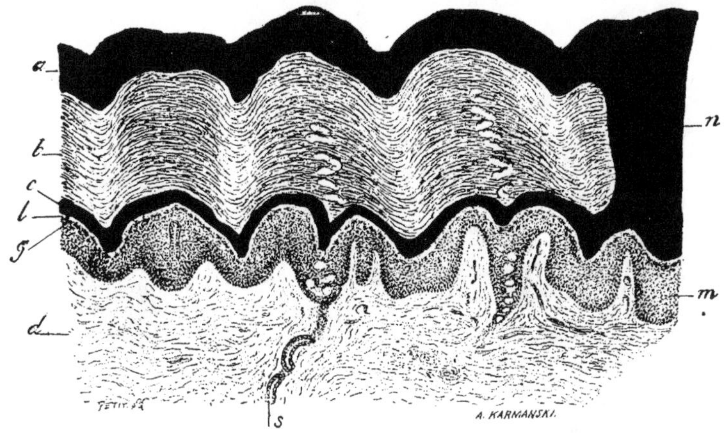

Fig. 468. — Coupe verticale d'un très petit fragment de la peau de la face palmaire des doigts de l'homme, faite après un séjour de 24 heures dans une solution d'acide osmique à 1 pour 100. (D'après Ranvier.)

La couche cornée est colorée en noir à sa surface et dans sa région profonde, sauf sur les bords du morceau, *n*, où elle est colorée dans toute son épaisseur. La bande c, profonde, est plus mince que la bande superficielle *a*; cela tient à ce que l'acide osmique n'est arrivé dans cette région de la couche cornée qu'après avoir perdu du temps à traverser le derme et le corps muqueux de Malpighi. — b, portion de la couche cornée dans laquelle l'acide osmique n'a pas pénétré. — *l*, stratum lucidum. — *g*, stratum granulosum. — *m*, corps muqueux de Malpighi. — *d*, derme. — *s*, canal d'une glande sudoripare.

coupes minces ne noircissent pas : la graisse s'est écoulée de toutes les cellules. Les coupes épaisses au contraire montrent un stratum corneum coloré en noir par l'osmium, « parce qu'elles contiennent un grand nombre d'utricules qui n'ont pas été entamés ». Les coupes d'épaisseur moyenne présentent des utricules qui sont les uns clos, les autres ouverts, d'où l'aspect tigré de pareilles coupes. En ce cas « les taches noires... sont toutes à peu près semblables, leur épaisseur est de 5 à 7 μ et leur largeur de 30 à 40 μ, leur forme est trapézoïde, losangique ou rectangulaire. Quand elles s'avoisinent, elles sont séparées par des bandes claires[3] » (J).

1. 1897. H. Rabl. *Arch. f. mikr. Anat.*, XLVIII, p. 430-495.
2. 1899. Ranvier. La matière grasse de la couche cornée de l'homme et des mammifères. *Compt. rend. Acad. des Sciences*, 20 mars.
3. Weidenreich (1901. *Arch. f. mikr. Anat.*, t. LVII, p. 583) a repris récemment l'étude de la graisse épidermique. C'est la glande sébacée qui cède sa graisse à l'épiderme, dans les régions revêtues de poils. Dans les régions glabres, la graisse ne se différencie pas dans la cellule cornée. La réduction de l'acide osmique est provoquée par la paréléidine.

Les noyaux existent encore dans la couche cornée, mais ils sont profondément atrophiés. Retterer en 1883[1] a pu les mettre en évidence, en colorant la couche cornée, après l'action des alcalis dilués. Il a vu que ces noyaux sont aplatis, longs de 6 μ, larges de 2 μ. Ils sont constants, dans toute l'épaisseur de la couche cornée; on peut les déceler souvent par les techniques courantes, partout où la couche cornée est mince.

Après Retterer, Kölliker[2] a pu également mettre en évidence le noyau dans les grosses cellules cornées des organes génitaux (petites lèvres, face interne des grandes lèvres, du prépuce et du gland).

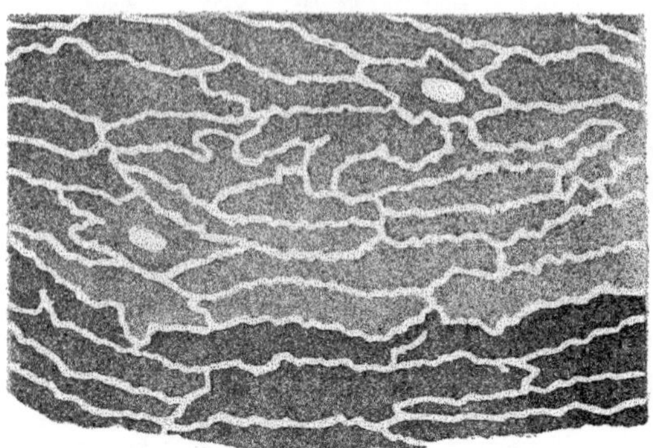

Fig. 469. — Les cellules de la couche cornée en place. (D'après Weidenreich.)

Réactions histochimiques. — Les réactions histochimiques de la couche cornée nous montrent que cette couche a des caractères très spéciaux.

Le stratum corneum, fixé par l'alcool, le sublimé ou les bichromates, se teint en jaune avec le picrocarmin, en vert intense avec la thionine, en rouge orange avec la safranine, en violet avec la méthode de Weigert, en bleu avec le bleu polychrome de Unna. Il fixe énergiquement les couleurs acides, l'éosine, l'orange, la fuchsine acide.

C'est à la présence d'une substance spéciale, la kératine, que la couche cornée est redevable des réactions qui viennent d'être signalées.

Traité par l'acide osmique qui laisse incolore le stratum lucidum, et teint en gris jaune le corps muqueux de Malpighi, le stratum corneum se colore en noir dans toute son épaisseur. Dans toute son épaisseur, il contient donc de la graisse.

Caractères de la kératine. — La kératine est une substance albuminoïde chargée de soufre (4,25 pour 100). Elle n'est pas attaquée par les sucs digestifs (pepsine en solution chlorhydrique, pancréatine, trypsine) qui peptonisent l'albumine de l'œuf. Elle est dissoute par l'ammoniaque. On pourrait effectuer sa synthèse en mettant des albuminoïdes en présence de phénol et de bisulfite de soude, chargé d'acide sulfureux.

Caractères de la graisse épidermique. — Pour obtenir la graisse épidermique, il suffit de plonger, pendant 30 secondes, dans l'eau bouillante, la paume de la main ou la plante du pied. L'épiderme s'enlève d'un seul morceau. Traité 24 heures par les essences ou l'éther rectifié, l'épiderme cède à ce dissolvant 10 centigrammes d'une matière grasse qu'on peut extraire par évaporation, et qui n'est soluble qu'en partie dans l'alcool fort.

« La graisse épidermique est jaunâtre, solide à la température ordinaire. Elle a la consistance et la plasticité de la cire. Si on la presse avec l'ongle sur une surface de verre, elle adhère à l'un et à l'autre, et pour les séparer il faut une certaine force que l'on peut apprécier aisément. Elle fond à une température de 35 degrés centigrades comme la cire d'abeilles.... La graisse épidermique de l'homme et des mammifères est comparable à la cire des abeilles », à la graisse de laine (lanoline), qui elles aussi sont « un produit de secrétion de la peau ». (Ranvier).

Origine de la graisse. — Trois hypothèses ont été formulées sur l'origine de la graisse épidermique.

1° Cette graisse provient des glandes sébacées. A cette hypothèse on peut objecter que la graisse est très abondante dans des régions qui précisément ne contiennent pas de glandes sébacées.

1. 1883. Retterer. *Compt. rend. Acad. des sciences*, 19 février.
2. 1889. Kölliker. *Handbuch der Gewebelhere*, t. I, 2e édition, p. 151.

2° Cette graisse provient des glandes sudoripares (Unna). Mais la graisse n'existe qu'en faible proportion dans la sécrétion sudorale.

3° La graisse épidermique est une élaboration épidermique (Liebreich) de même que la kératine. En faveur de cette opinion plaide l'anatomie comparée. Les oiseaux possèdent un épiderme corné, riche en graisse, et pourtant leur tégument ne possède ni glandes sébacées, ni glandes sudoripares.

Rôle de la graisse. — « De la présence et du mode de distribution de la cire épidermique dans le stratum corneum, il résulte que le corps entier est recouvert d'un vernis protecteur dont la solidité et la souplesse sont incomparables. Nous sommes protégés par une couche subéreuse dont les cellules sont remplies de cire. Le stratum corneum, autant que le permet sa faible épaisseur, nous défend par sa structure subéreuse contre les injures mécaniques et par sa cire contre les actions chimiques » (Ranvier).

7° STRATUM DISJUNCTUM (LAME SUPERFICIELLE DESQUAMANTE, RENAUT).

C'est au niveau de cette couche, dont la surface est au contact du milieu extérieur, que s'effectue la desquamation de l'épiderme. Cette couche, d'aspect brillant et poli, se soulève, sans cesse, en lamelles destinées à tomber. L'acide osmique la colore faiblement, bien qu'elle soit chargée de graisse, comme le stratum corneum lui-même. Un fait d'observation vulgaire « illustre » assez ce fait. Les mains simplement trempées dans l'eau ne sont jamais mouillées; par contre, les graisses appliquées sur la peau pénètrent facilement dans l'organisme, « les graisses mouillent l'épiderme imbibé lui-même de graisse ».

ÉLÉMENTS LIBRES INTRA-ÉPIDERMIQUES (K)

Kölliker constata le premier, dans l'épiderme, des cellules ramifiées qui réduisaient le chlorure d'or à la façon des fibres nerveuses. Langerhans[1] observa ces éléments quelque temps après; il les considéra comme des cellules nerveuses terminales, et nombre d'auteurs (Podcopaiew, Eimer) se rangèrent à cette interprétation. Merkel fit de ces cellules ramifiées des cellules pigmentaires.

Mais les recherches d'Eberth[2], celles de Arnstein[3], de Bonnet, de Ranvier ont fait justice de ces interprétations. De tels éléments ne sont autres que des cellules migratrices, et Langerhans a fini lui-même par adopter cette opinion.

On n'est pas encore d'accord sur l'origine, sur le rôle et sur la destinée des globules blancs inclus dans l'épiderme.

Pour les uns les globules blancs proviennent du derme et émigrent dans l'épiderme. Ils peuvent abandonner au sein des tissus les substance qu'ils ont fixées dans leur trajet dans le derme. « Il arrive même que leur protoplasma se dissout et que les matériaux dont il est formé se répandent dans le plasma nutritif au sein duquel vivent les organes. Si les leucocytes absorbent des particules alimentaires, c'est sans doute pour se nourrir ; mais ils peuvent aussi les abandonner après les avoir transportées plus ou moins loin. Ils vont dans toutes les parties du corps que les vaisseaux sanguins ne sauraient atteindre. » (Ranvier.)

Pour les autres, les leucocytes prennent naissance aux dépens de l'épithélium. Ce sont des cellules vieillies qui ont perdu leurs connexions avec leurs

1. 1868. LANGERHANS. Ueber die Nerven der menslichen Haut. *Arch. f. path. Anat. u. Phys.*, 1868, Bd XLIV, p. 325.
2. 1870. EBERTH. Die Endigung der Hautnerven. *Arch. f. mikr. Anat.*, Bd VI, p. 225.
3. 1876. ARNSTEIN. Die Nerven der behaarten Haut. *Sitzungsb. der Wien. Akad. d. Wiss.*, Bd LXXIV, III, Abth., p. 203.

congénères; elles sont incapables d'entrer en karyokinèse (Retterer). Les globules blancs peuvent se détruire dans l'épiderme; il est vraisemblable que certains d'entre eux sont rejetés au dehors avec les produits de desquamation épidermique. On ignore si les leucocytes qu'on constate dans l'épiderme sont aptes à pénétrer dans le derme et dans les vaisseaux dont ce derme est parcouru.

III. — BOURSES MUQUEUSES

La paroi des bourses muqueuses est de nature fibreuse. Les éléments qu'on y rencontre sont « aplatis parallèlement à la surface. Par places, ces éléments affleurent la surface interne, mais les imprégnations au nitrate d'argent ne déterminent que des dessins irréguliers, analogues à ceux qu'on obtient, par le même procédé, sur les synoviales articulaires. » (Tourneux.)

IV. — VAISSEAUX SANGUINS DE LA PEAU

Des deux couches constituantes de la peau, une seule est vasculaire : c'est le derme. L'autre n'est jamais abordée par des vaisseaux. Toutefois, certains dérivés de l'ectoderme sont vasculaires chez les vertébrés : telles sont, par exemple, la muqueuse nasale du cobaye (Bovier-Lapierre), la muqueuse palatine (Maurer) de nombre d'amphibiens.

Les vaisseaux sanguins de la peau (L) proviennent des gros vaisseaux qui cheminent dans le tissu cellulaire sous-cutané[1].

Artères et veines pénètrent, accolés, dans l'hypoderme; très nombreux en certaines régions comme le tégument de la face, de la paume des mains, plus nombreux sur la face de flexion des membres que sur leur face d'extension, les vaisseaux ont, dans l'hypoderme, un trajet perpendiculaire (plante, paume) ou oblique à la surface du tégument. Ils suivent les cônes fibreux de la peau, et dans leur trajet, ils émettent des réseaux qui se distribuent, à la façon d'un filet, autour des lobules adipeux. Quand le pannicule adipeux fait défaut, qu'il ne se soit pas développé ou qu'en revanche il ait disparu (comme le fait s'observe dans l'amaigrissement), les gros vaisseaux émettent, cependant, des rameaux qui prennent, dans l'hypoderme, le type des réseaux limbiformes.

Une fois l'hypoderme franchi, les vaisseaux sanguins forment, à la face profonde du chorion proprement dit, un plexus horizontal dont les mailles, assez rares, sont larges et de forme allongée. C'est là le *plexus sous-dermique*, le *réseau profond du derme*, le réseau planiforme profond des vaisseaux de distribution, comme l'appelle encore Renaut[2]

De ce réseau partent deux groupes de rameaux : 1° des rameaux descendants qui vont s'épuiser sur les poils et les glomérules sudoripares; 2° des rameaux ascendants, remarquables par leur rareté et leur gracilité. Ces rameaux verticaux ou obliques, traversent le derme. Après un trajet droit ou bifurqué en Y, ils se jettent dans le *plexus sous-papillaire*[3]. Bref les rameaux intra-

1. Aussi quand le tissu cellulaire est détruit, la peau sus-jacente ne tarde pas à se sphaceler.
2. Au dire de quelques auteurs, les vaisseaux seraient entourés d'une gaine de tissu conjonctif lâche qui permet leur ampliation. Beck a décrit autour des vaisseaux sanguins et lymphatiques du prepuce, une gaine élastique commune qui permet à ces vaisseaux de maintenir leur calibre (*Arch. f. Dermat*, t. XXXVIII, p. 401)
3. Ou sus-dermique.

dermiques, à direction ascendante, servent à établir les communications vasculaires entre deux plexus qui sont parallèles. De ces plexus, l'un est situé à la face profonde du derme proprement dit (plexus sous-dermique), l'autre à sa face superficielle (plexus sus-dermique).

Ce dernier est formé de vaisseaux à direction horizontale. Les rameaux qui le composent forment un réseau, situé à la base du corps papillaire. Ses

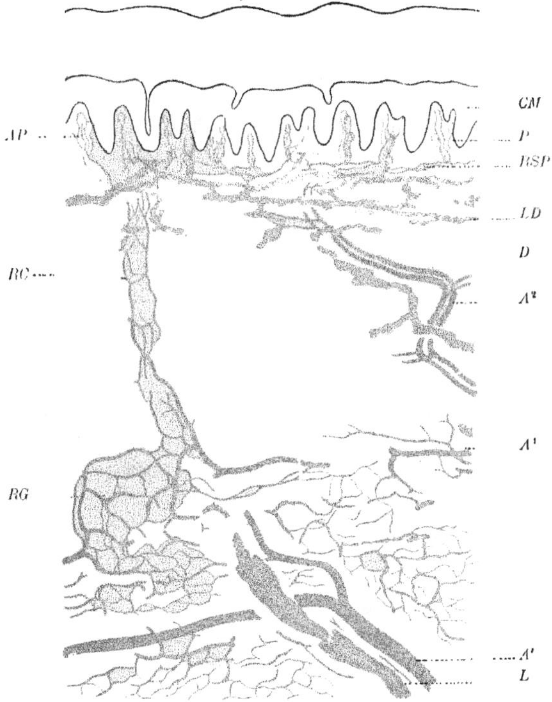

Fig. 470. — Coupe de la peau dont les vaisseaux sanguins et lymphatiques ont été injectés. (D'après Darier.)

A, vaisseaux sanguins de l'hypoderme qui émettent des réseaux autour des lobules adipeux. Ces vaisseaux forment, à la face profonde du derme proprement dit, un plexus (plexus sous-dermique A') qui émet des rameaux pour les glomérules sudoripares et pour la partie profonde des conduits sudorifères. Le plexus sous-dermique A^1 est relié par des rameaux verticaux A^2 au plexus horizontal sus-dermique situé à la base du corps papillaire. Ce dernier plexus envoie des anses dans les papilles, et il vascularise la partie superficielle du canal excréteur des glandes sudoripares *RC*.

L, lymphatiques de l'hypoderme. — *LD*, réseau lymphatique du corps papillaire qui envoie des branches dans les papilles.

D, derme avec ses papilles *P*; corps muqueux *CM*; couche cornée *C*.

mailles sont beaucoup plus nombreuses, beaucoup plus serrées que celles du réseau sous-dermique. Tel est le réseau planiforme anastomotique sous-papillaire de Renaut, d'où partent des branches qui se distribuent aux appareils pilo-sébacés, aux canaux sudorifères, aux papilles dermiques.

Le capillaire destiné à la papille monte à côté de la veine; il se dispose parallèlement à celle-ci ou décrit autour d'elle des spirales; dans un cas comme dans l'autre, il se termine par une anse dont la convexité atteint le sommet de la papille; cette anse s'ouvre, d'autre part, dans la veine centrale, qui commence à quelque distance du sommet de la papille. Un brusque changement de calibre indique le point où se raccordent le capillaire qui finit et la veine qui commence. D'autres fois, plusieurs capillaires sont destinés à la papille; ils forment alors un réseau complexe autour de la veine et s'ouvrent non plus à l'extrémité de la veine, mais sur divers points de son trajet.

En résumé, les vaisseaux sanguins, assez rares dans le chorion, sont très nombreux au niveau des papilles. Mais il ne faudrait pas croire que la circulation du sang se fasse d'une façon uniforme et régulière, dans toute l'étendue du tégument. On constate dans ce tégument des aires de pleine circulation et des aires de circulation réduite (Renaut).

Lorsqu'on pratique, à l'aide du bleu de Prusse, l'injection du tégument, surtout dans une région où le derme est planiforme, on voit la masse colorée pénétrer d'abord dans le chorion sous forme de taches isolées : ces taches sont arrondies ou ovalaires; en ce cas, elles sont allongées dans le sens des plis de la peau. Chacune de ces taches est irriguée par une artériole profonde qui s'épanouit en un cône, dont la base est tournée vers la surface du derme. Ce cône représente un territoire vasculaire, doué d'une certaine autonomie, puisque c'est lui que remplit d'abord l'injection du tégument, lui qui se congestionne tout d'abord dans la roséole émotive et dans nombre de dermatoses (aires de pleine circulation).

Quand on ne s'en tient pas à cette injection incomplète du tégument, et qu'on continue à faire pénétrer la masse à injection, on voit les aires de pleine circulation se relier par des anastomoses et finalement se confondre. L'injection ne pénètre qu'en dernier lieu dans ces systèmes anastomotiques: la circulation y est difficile. Ce sont les aires de circulation anastomotique ou de circulation réduite, que la stase veineuse accuse en bleu violacé sur le tégument exposé au froid (M).

V. — LYMPHATIQUES DE LA PEAU

Le dispositif du réseau lymphatique rappelle d'assez près celui du réseau sanguin. Le réseau lymphatique commence au centre des papilles cutanées, par un gros capillaire, occupant la moitié, ou le tiers inférieur de la papille. Ce capillaire présente, à son origine, une extrémité close, tantôt effilée, tantôt renflée ou disposée en anneau de clef.

Au niveau de la pulpe des doigts qui servira de type à notre description, ces capillaires débouchent dans un réseau, à branches arciformes, compris dans la couche réticulaire du derme.

Ce premier réseau, *réseau papillaire*, aboutit à un second réseau à mailles irrégulières, situé dans l'épaisseur du chorion proprement dit. Ce *réseau intradermique* chemine donc à distance du réseau sanguin sous-dermique et du réseau sus-dermique; il est plus rapproché pourtant de celui-ci que de celui-là. Il est formé de canaux énormes, dont le calibre varie incessamment. Ces canaux sont réduits à un endothélium festonné; ils n'ont pas de valvules; ce sont donc encore des capillaires lymphatiques.

Le réseau intradermique communique, par des branches anastomotiques, à trajet vertical, avec le réseau de l'hypoderme. A ce niveau, les vaisseaux lymphatiques sont munis de fibres musculaires et de valvules. Ce ne sont plus des capillaires, mais des canaux. Et ces canaux sont escortés de vaisseaux sanguins. Partout ailleurs, vaisseaux rouges et vaisseaux blancs cheminent à distance les uns des autres. Voilà pourquoi les lymphangites profondes sont seules à déterminer la rougeur du tégument. Cette rougeur est parfois masquée par l'épaisseur du derme sus-jacent, comme cela se passe à la paume de la main. C'est seulement quand l'infection s'est propagée de proche en proche, que la rougeur apparaît, sur le dos de la main ou dans le tégument de l'avant-bras.

En somme, le réseau lymphatique de la peau est un réseau clos. Il est formé de capillaires et de canaux; nombre des vaisseaux présentent, à leur surface, des bosselures, qui sont disposées, dans le derme, à la façon de drains; mais ces drains ne s'ouvrent nulle part dans les espaces interfasciculaires du tissu conjonctif; c'est seulement par osmose que les liquides, répandus dans le derme, peuvent pénétrer dans le réseau lymphatique.

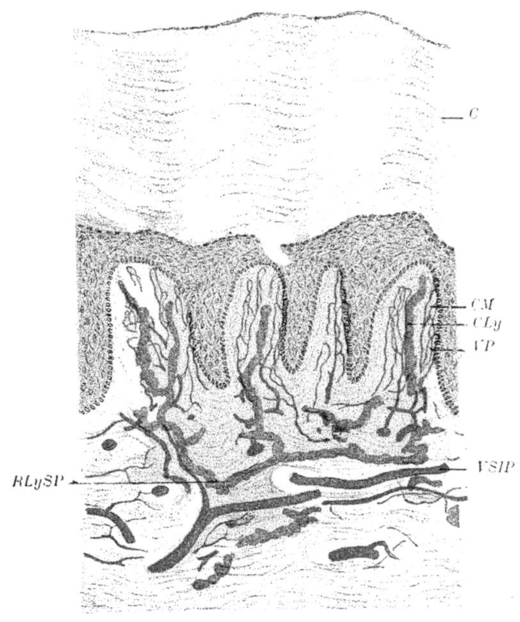

Fig. 471. — Vaisseaux superficiels de la peau. (D'après Darier.)

VP, vaisseaux sanguins papillaires. — *CLy*, capillaire lymphatique de la papille. — *VSP*, réseau sanguin sous-papillaire. — *RLySP*, réseau lymphatique sous-papillaire.

On ne saurait distinguer, dans le réseau lymphatique de la peau, des territoires de pleine circulation et des territoires de circulation anastomotique. L'injection pratiquée sur un point quelconque du réseau gagne de proche en proche. Elle s'étend à la façon d'une tache d'huile. Elle remplirait vraisemblablement la totalité du réseau si des difficultés techniques (écoulement de l'injection par les efférents, etc.) ne faisaient obstacle à cette injection totale du tégument.

VI. — NERFS DE LA PEAU

Système nerveux central et organes des sens représentent des dérivés de l'ectoderme embryonnaire. La peau n'est qu'un de ces appareils sensoriels : pour assurer plus efficacement la protection de l'organisme, elle est devenue un organe de tact. Et comme son étendue dépasse de beaucoup celle des autres organes sensoriels, c'est par une énorme surface que s'opère le toucher. C'est en ce sens qu'on peut considérer le tégument externe comme une immense terminaison nerveuse, étalée à la limite du monde extérieur.

Les nerfs sensitifs de la peau sont fort nombreux ; ils ont pour origine les troncs nerveux sous-cutanés. Certains d'entre eux se terminent dans le tissu cellulaire par des corpuscules connus sous les noms de *corpuscules de Vater-Pacini*, de *corpuscules de Golgi-Mazzoni*, de *corpuscules de Ruffini*.

Les plus nombreux pénètrent dans l'hypoderme, accolés aux vaisseaux sanguins. Parvenus dans le chorion, ils se divisent, présentent un trajet onduleux. Nombre d'entre eux ne dépassent pas le corps papillaire; ils se terminent donc dans l'épaisseur du derme par des corpuscules : les *corpuscules de Meissner*.

D'autres nerfs vont se ramifier à la fois dans le derme et l'épiderme (*terminaisons hédériformes*) ou seulement dans l'épiderme (*terminaisons libres intra-épidermiques*).

Toutes ces terminaisons représentent l'origine d'un nerf sensitif. Elles ont du nerf et la structure et les propriétés chimiques, mais leur aspect diffère, comme diffère (Arnstein) la nature de leur excitant ordinaire (excitant chimique, thermique (N).

A. — CORPUSCULES DE VATER-PACINI

1° *Historique.* — Abraham Vater, en 1741, décrivit le premier, sous le nom de papilles nerveuses, de petits corps visibles à l'œil nu qu'il trouva appendus aux rameaux nerveux de la paume de la main[1]

Cette observation anatomique était passée inaperçue quand Filippino Pacini[2], en 1836, retrouva les corpuscules de Vater. Il les étudia au microscope et établit les principaux points de leur structure. A sa suite, Henle et Kölliker[3], Herbst, Hoyer, Ciaccio, Ranvier ont repris l'étude de ce groupe de terminaisons nerveuses et fixé les détails de leur structure.

2° *Morphologie.* — Sous le nom de corpuscules de Vater-Pacini, on décrit de petits corps transparents, longs de 1 à 5 millimètres, de forme ovoïde, d'aspect brillant, qu'on observe dans le tissu cellulo-adipeux sous-dermique. Ils sont appendus aux ramuscules nerveux qui vont se terminer dans le tégument externe. On les trouve dans la pulpe des doigts et des orteils, sur la face dorsale de la main, du pied, de l'avant-bras, du bras et du cou. On a décrit également les corpuscules de Pacini sur les nerfs intercostaux (nerfs de la mamelle) et sur les nerfs honteux internes; Kölliker les a signalés dans les plexus sympathiques, sur les faces antérieure et latérales de l'aorte, dans le mésentère et le méso-côlon, au voisinage des articulations et sur les nerfs qui cheminent le long des ligaments inter-osseux[4].

Rauber estime à plus de 2000 le nombre des corpuscules de Pacini disséminés

1. 1741. VATER. *Dissertatio de consensu partium corporis humani.*
2. 1840. PACINI. *Nuovi organi scoperti nel corpo umano.*
3. 1844. HENLE und KÖLLIKER. *Ueber die Pacinis'chen Korperchen des menschen und der Thiere.* Zurich.
4. Les corpuscules de Pacini sont rares chez quelques sujets et font défaut chez d'autres. Ils sont tres développes chez les manouvriers et seraient souvent énormes chez les vieillards (1876. GENERSICH, *Stricker's Jahrbuch*, II. p. 133). On les rencontre aussi sur le clitoris, la mamelle, l'enveloppe fibreuse de la verge et dans la prostate.

dans le tégument externe, et les trouve répartis de la façon suivante

Mains.	828
Bras et avant-bras. .	322
Épaules	24
Pieds. .	550
Jambes et cuisses. .	176
Hanches.	10
Tronc.	92

3° *Structure.* — A tout corpuscule de Pacini, on peut distinguer deux portions

A) Une coque périphérique;

B) Une cavité centrale que remplit une masse granuleuse et réfringente, en forme de massue (*massue centrale*).

A. *Coque conjonctive.* — L'enveloppe des corpuscules de Pacini est constituée par une coque épaisse, formée d'une série[1] de capsules concentriques. Ces capsules apparaissent séparées par des lignes réfringentes, et c'est dans ces lignes réfringentes que font saillie les noyaux de l'endothélium qui revêt la face interne de chaque capsule.

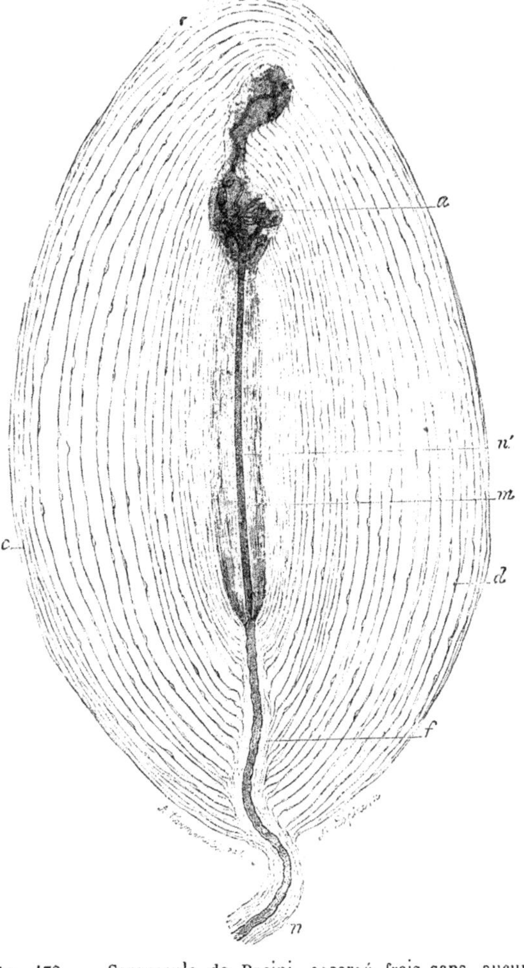

Fig. 472. Corpuscule de Pacini, observé frais sans aucun réactif. (D'après Ranvier.)

c, capsules. — *d*, lignes endothéliales qui les séparent. — *n*, nerf afférent. — *f*, funicule. — *m*, massue centrale. — *n'*, fibre terminale. — *a*, point où l'une des branches de la fibre terminale se divise en un grand nombre de rameaux portant des boutons terminaux.

Les capsules périphériques et les capsules centrales sont plus minces que les capsules moyennes.

Quel que soit leur siège, ces capsules sont formées de fibres conjonctives, de substance amorphe, et d'un endothélium.

a) « Dans chaque capsule, ces fibres (conjonctives) forment en dedans une couche longitudinale et en dehors une couche annulaire, et ces deux couches sont traversées par quelques fibres transversales ou plutôt à direction

1. Quarante, cinquante, cent et davantage suivant la taille du corpuscule.

rayonnante. Dans les capsules internes, les fibres longitudinales dominent; il en est de même dans les superficielles, où elles acquièrent un diamètre de plus en plus considérable et qui finit par égaler celui des faisceaux de tissu conjonctif ordinaire. Il convient d'ajouter que, dans la région moyenne du corpuscule, les capsules ne contiennent qu'un nombre extrêmement restreint de fibres annulaires. » (Ranvier, *loc. cit.*, p. 716.)

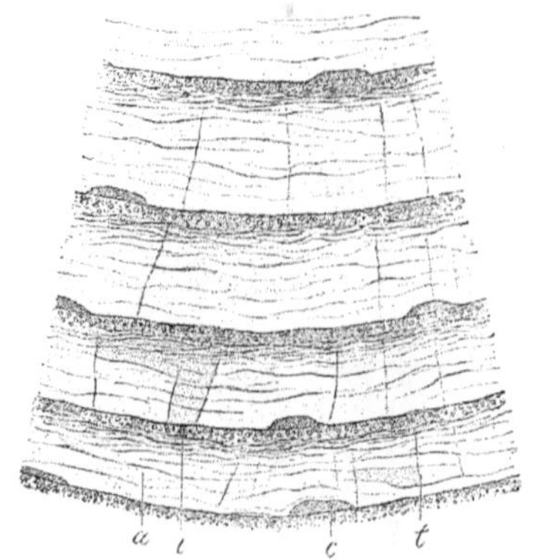

Fig. 473. — Coupe transversale de quatre capsules de la partie moyenne de l'enveloppe d'un corpuscule de Pacini de l'homme, faite après injection d'acide osmique. Coloration du corpuscule entier par le picro-carminate et durcissement dans l'alcool. (D'après Ranvier.)

a, fibres circulaires. — *t*, fibres transversales ou rayonnantes. — *c*, noyaux des lames endothéliales.

b) L'endothélium est formé de cellules, à contour irrégulièrement polygonal. Ces cellules revêtent la face interne de chaque capsule. L'endothélium de la capsule la plus interne limite la massue centrale.

c) Quant à la substance amorphe qui réunit les fibres conjonctives, elle serait l'homologue de la substance hyaline où sont coulées les fibres conjonctives et les fibres élastiques du mésentère; elle aurait donc, pour les uns, la valeur d'une substance intercellulaire; elle serait pour les autres du protoplasme non différencié, de l'hyaloplasma.

B. *Massue centrale.* — Sur les corpuscules examinés dans leur propre plasma, la massue centrale paraît renfermer une substance granuleuse et réfringente, au sein de laquelle se termine le nerf afférent.

La structure de cette substance a donné lieu à nombre de discussions. Axel Key et Retzius y voyaient des fibres conjonctives longitudinales; Kölliker et Schafer pensent que la massue centrale est formée de couches emboîtées les unes dans les autres. Merkel soutient que la massue est entièrement formée de cellules, et Krause affirme, de plus, que ces cellules sont des cellules conjonctives d'un type spécial. Elles « ressemblent assez aux cellules godronnées des nodules fibro-hyalins » et semblent « plongées... dans une masse gélatineuse. » (Renaut.) Ranvier admet une

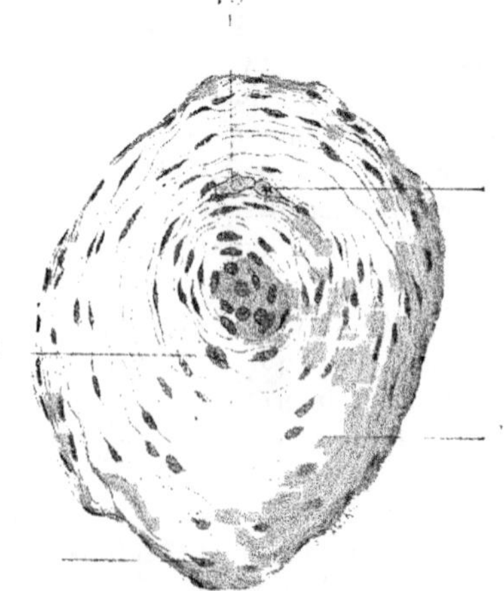

Fig. 474. — Corpuscule de Pacini en coupe transversale.

Au centre, la massue centrale avec ses noyaux, limitée par des capsules concentriques C, munies de noyaux N. Deux de ces noyaux sont en karyokinèse K. Dans une de ces capsules on voit un vaisseau sanguin, VS, dont la lumière est occupée par deux globules rouges.

opinion éclectique : sur les coupes transversales, la masse centrale paraît formée d'une substance granuleuse disposée en couches concentriques. Cette substance granuleuse, semée de quelques noyaux, apparaît finement striée en long sur les examens en surface. Il existe donc dans la masse des fibres à direction longitudinale. Voilà pourquoi, à la lumière polarisée, la masse « paraît brillante sur les vues longitudinales, tandis que, dans les coupes transversales, elle est obscure ».

d) Rapport du nerf et du corpuscule. — Le nerf aborde le corpuscule de Pacini par l'un de ses pôles. « Au point où le nerf atteint le corpuscule[1], les lames les plus externes de sa gaine s'écartent les unes des autres pour concourir à la formation des capsules périphériques; puis les lames sous-jacentes, après avoir accompagné le nerf sur un certain trajet, l'abandonnent les unes après les autres, et forment de même, par leur expansion, les capsules moyennes et internes; enfin la dernière de ces lames ne quitte le nerf qu'au niveau de la masse centrale, pour donner la capsule qui la limite. La partie de la gaine lamelleuse du nerf comprise dans l'enveloppe capsulaire du corpuscule constitue ce qu'on désigne sous le nom de funicule. » (Ranvier, *Traité technique d'histologie*, 1889, p. 710.)

Les corpuscules de Pacini sont munis d'un appareil vasculaire sanguin, occupant les capsules superficielles et les capsules moyennes. Dans les capsules superficielles, on trouve un véritable réseau; dans les capsules moyennes, seulement des anses plus ou moins longues. Des cellules fixes séparent ces capillaires, à parois épaisses, du tissu conjonctif capsulaire où ils sont englobés.

La capsule une fois franchie, le nerf aborde la masse centrale. En y pénétrant, il perd sa myéline. Réduit à son cylindre-axe et au protoplasma de sa gaine de Schwann, il s'élève dans la masse, et avant d'atteindre son pôle distal, il se ramifie. Il présente des branches latérales et des branches terminales qui, après un trajet plus ou moins flexueux, se terminent chacune par un renflement ou par une série de renflements de nombre, de forme, de dimension variables : telle est l'arborisation terminale du cylindre-axe (O).

Mais une telle disposition n'est pas constante. « Quelquefois la fibre nerveuse afférente ne se termine pas dans le corpuscule, elle ne fait que le traverser néanmoins elle perd successivement ses enveloppes, et sa gaine de myéline disparaît même complètement dans la masse centrale. Mais au pôle opposé toutes ses gaines se reconstituent et elle poursuit son trajet pour se terminer dans un second corpuscule, ou bien elle le traverse, comme le premier, pour trouver dans un troisième corpuscule sa véritable terminaison (P). »

B. — CORPUSCULES DE GOLGI-MAZZONI

Golgi (1880), puis Mazzoni (1891) ont signalé, à la surface des tendons, des corpuscules nerveux qui rappellent, de très près, les corpuscules de Pacini. Ces corpuscules, Ruffini les a retrouvés, en petit nombre, dans la pulpe des doigts de l'homme (tissu conjonctif sous-cutané), et j'emprunte à cet auteur les éléments de leur description.

La fibre nerveuse qui se distribuera au corpuscule se ramifie, à quelque dis-

1. Comme les lamelles du corpuscule sont plus nombreuses que les lamelles du nerf afférent, on doit admettre que les lamelles de la gaine lamelleuse se sont divisées pour entourer le corpuscule (Tourneux).

tance de lui. Elle se divise en 5, 6 ou 7 branches. Ces branches se rendent toutes au même corpuscule; d'autres fois elles se rendent, isolément, ou par groupes de 2 ou 3, à des corpuscules différents. Elles abordent souvent ces corpuscules par des points quelconques de leur surface.

Les corpuscules de Golgi-Mazzoni sont de taille et de forme variable, mais, constamment, ils sont entourés d'un bouquet de capillaires sanguins plus ou moins développé. Ces corpuscules se rapportent à deux types, que relient d'ailleurs des formes de transition.

Les uns sont ovoïdes. Leur paroi, formée d'une série d'enveloppes concentriques, est mince. Elle entoure une massue centrale granuleuse au sein de laquelle pénètre la fibre nerveuse réduite à son cylindre-axe. Cette fibre se divise en plusieurs rameaux. De ces rameaux, les uns sont courts : ils « se terminent dans le voisinage du point d'entrée de la fibre nerveuse »; les autres sont très longs, ils se rendent à l'extrémité opposée du corpuscule. Dans leur trajet ils s'entre-croisent et s'enroulent, de diverses façons, les uns sur les autres. Ils portent, sur leur trajet, de renflements assez rapprochés et se terminent tous par une extrémité libre, de forme arrondie.

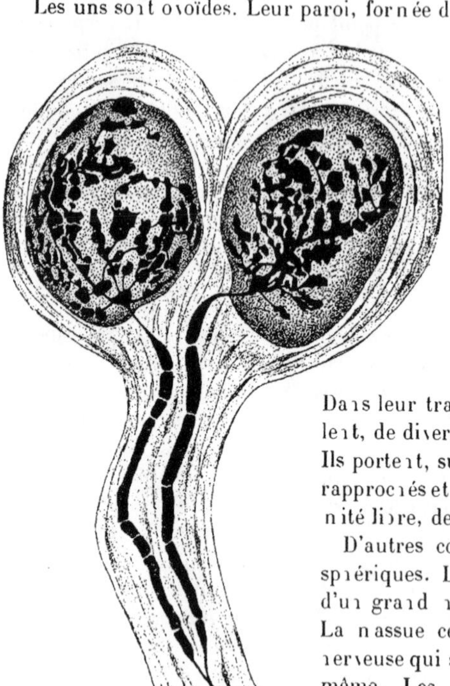

Fig. 475. — Corpuscules de Golgi-Mazzoni. (D'après Ruffini.)

On remarquera sur cette figure l'étranglement que présente le cylindre axe avant sa terminaison[1].

D'autres corpuscules de Golgi-Mazzoni sont sphériques. Leur coque est épaisse et formée d'un grand nombre de lamelles conjonctives. La massue centrale est occupée par une fibre nerveuse qui se replie capricieusement sur elle-même. Les rameaux qui se détachent du cylindre-axe sont courts et peu nombreux; ils présentent des renflements de forme variée.

C. — CORPUSCULES DE RUFFINI

En 1894, Ruffini a décrit[2], dans le tégument de la main et du pied, des organes nerveux terminaux désignés, depuis cette époque, sous le nom de corpuscules de Ruffini[3]

Ces corpuscules siègent à la limite du derme et du pannicule adipeux; parfois même ils sont inclus dans l'hypoderme, à côté des glomérules des glandes sudoripares et des corpuscules de Pacini. Ils occupent l'épaisseur des

1. 1896. Ruffini. *Monit. zool. ital.*, fasc. 5.
2. 1894. Ruffini. *Arch. ital. de Biol.*, t. XXI, p. 249.
3. Voir également : 1900. Sfameni. *Mem. Ac. des sc. de Turin*, t. l. et *Arch. ital. de Biologie*. p. 34

cônes fibreux : ils restent toujours à distance des vésicules adipeuses.

De nombre égal ou supérieur aux corpuscules de Pacini, d'une longueur de 240 à 1350 μ, d'un diamètre de 50 à 200 μ, les corpuscules de Ruffini nous apparaissent formés essentiellement d'un tissu de soutien richement vascularisé et d'un réseau nerveux, de forme cylindrique.

Le tissu de soutien du corpuscule est représenté par un fuseau dont l'extrémité superficielle est parfois divisée. Ce fuseau est de nature conjonctivo-élastique. C'est dire qu'il est formé de cellules fixes, de fibres conjonctives et de fibres élastiques. A sa surface, se dispose constamment un réseau de capillaires. Ce réseau provient des vaisseaux sanguins escortant la fibre nerveuse qui s'épanouit dans le corpuscule.

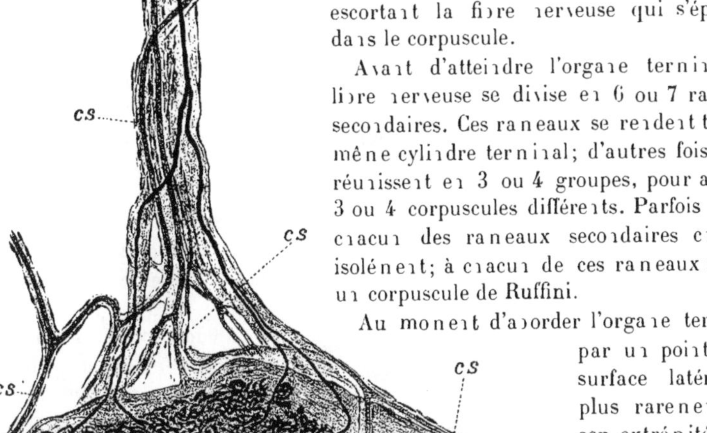

Fig. 476. — Corpuscule de Ruffini. (D'après Ruffini.)
L, tissu de soutien. — *tn*, réseau nerveux. — *cs*, capillaires sanguins.

Avant d'atteindre l'organe terminal, la fibre nerveuse se divise en 6 ou 7 rameaux secondaires. Ces rameaux se rendent tous au même cylindre terminal ; d'autres fois, ils se réunissent en 3 ou 4 groupes, pour aborder 3 ou 4 corpuscules différents. Parfois même, chacun des rameaux secondaires chemine isolément ; à chacun de ces rameaux répond un corpuscule de Ruffini.

Au moment d'aborder l'organe terminal, par un point de sa surface latérale et plus rarement par son extrémité, la fibre nerveuse se dépouille de sa gaine de Henle[1]. Elle pénètre dans le corpuscule, et parfois elle « tourne et parcourt une bonne partie de l'organe encore revêtue de sa gaine de myéline ». Réduite à l'état de cylindre-axe, la fibre nerveuse se divise et se subdivise. Elle émet, sous une incidence variable, de petits rameaux variqueux qui restent isolés ou contractent des anastomoses (?) les uns avec les autres.

Elle aboutit donc à un véritable réseau, qui porte, çà et là, de menus renflements. Ce réseau, capricieusement enchevêtré, enveloppe le corpuscule ; il se termine par des extrémités libres et renflées, vers la périphérie du corpuscule.

D. — CORPUSCULES DE MEISSNER

I. Historique. — Wagner[2] a décrit le premier les corpuscules du tact. Ces corpuscules, Meissner en a repris l'histoire dans une monographie publiée

1. Cette gaine fournit une capsule à la périphérie de l'organe terminal.

2. 1852. Wagner. Ueber das Vorhandensein bisher umbekannter eigenthumlicher Tastkorperchen (*Gottinger Nachrichten*, n° 2).

l'année suivante[1]. Il y montre que le corpuscule est essentiellement formé d'une masse granuleuse au niveau de laquelle le nerf vient se perdre, après s'être dépouillé de sa gaine de myéline. Les recherches de Langerhans[2], de Thin[3], de Fischer[4], de Ranvier[5], ont précisé les divers points de l'histoire des corpuscules de Meissner, qui n'existent pas seulement chez l'homme, mais aussi chez les singes. Chez les Atels, par exemple, ces corpuscules se retrouvent jusque sur la queue prenante, qui joue le rôle d'un organe de tact.

II. Morphologie. — Les corpuscules de Wagner-Meissner, encore nommés corpuscules du tact, sont toujours situés dans le derme, et dans le derme des seules régions glabres de la peau. On les trouve, de préférence, dans l'épaisseur de la peau qui recouvre le squelette des extrémités (mains et doigts, pieds et orteils). Ils sont surtout nombreux au niveau des phalangettes.

Ils occupent les papilles dermiques, et les remplissent complètement avec la boucle vasculaire qui les accompagne (Thin). Ils se présentent comme de petits corps olivaires, dont le grand axe est perpendiculaire à la surface de la peau. Ils sont longs de 100 à 180 μ et larges de 30 à 50 μ. Leur pôle superficiel arrive presque au contact de la vitrée leur pôle profond est le point d'émergence du nerf qui s'y distribue; ce nerf, d'ailleurs, atteint souvent le corpuscule par un point de sa surface externe.

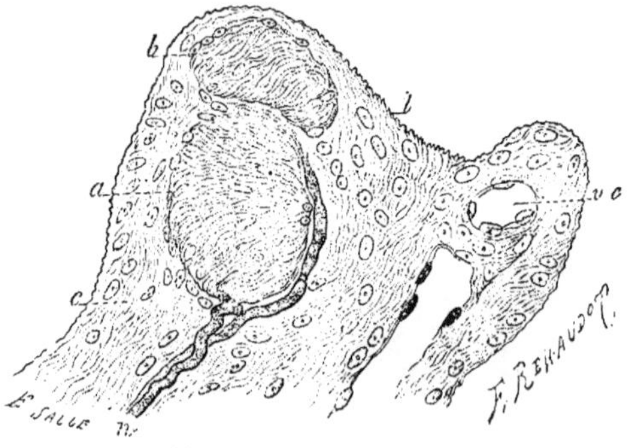

FIG. 477. — Papille du doigt de l'homme contenant un corpuscule du tact composé de deux lobes; coupe après l'action successive de l'acide osmique et de l'alcool. (D'après Ranvier.)

n, nerf afférent. — *a*, lobe inférieur du corpuscule. — *b*, son lobe supérieur. — *c*, tissu connectif de la papille. — *l*, plis de la membrane basale à la surface de la papille. — *vc*, capillaire sanguin.

III. Structure. — D'après leur forme, on distingue les corpuscules du tact en corpuscules simples ou corpuscules composés; les premiers sont unilobaires, les seconds sont faits de lobes superposés.

A) *Corpuscules simples.* — Plongé de toutes parts au sein du tissu conjonctif de la papille, le corpuscule tactile ne présente pas à sa périphérie une capsule distincte, analogue à celle des organes de Pacini. Il est seulement entouré par des cellules conjonctives aplaties, qui se continuent avec la gaine de Henle du nerf afférent.

Le corpuscule du tact est strié en travers. Il est formé essentiellement de nerfs et de cellules, dites cellules interstitielles, cellules tactiles.

Ces cellules, considérées comme des cellules ganglionnaires (Merkel, 1880), sont en réalité de nature conjonctive, comme l'ont montré Meissner, Lan-

1. 1853. MEISSNER. *Beitrage z. Anat. u. Phys. der Haut*, Leipzig.
2. 1873. LANGERHANS. Ueber Tastkorperchen und Rete Malpighi. *Arch. f. mikr. Anat.*, IX.
3. 1873. THIN. Ueber den Bau der Tastkorperchen. *Compt. rend. Ac. des sciences de Vienne*, LXVII.
4. 1875. FISCHER. Ueber den Bau der Meissnerschen Tastkorperchen. *Arch. f. mikr. Anat.*, t. XI.
5. 1880. RANVIER. Nouvelles recherches sur les corpuscules du tact. *Compt. rend. Ac. Sc.*, 27 dec.

gerhans, Krause et Ranvier. Elles ont un aspect clair, une forme globuleuse et leur noyau arrondi est de siège excentrique. Il occupe toujours la surface du corpuscule tactile. On admet que ces cellules sont empilées les unes au-dessus des autres, à la façon des lamelles d'un gâteau feuilleté. Ces lamelles interceptent entre elles des logettes, où le nerf du corpuscule vient s'épanouir en une arborisation terminale.

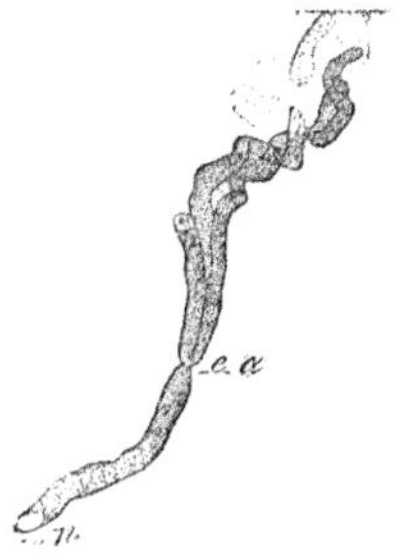

FIG. 478. — Tube nerveux afférent d'un corpuscule du tact de l'homme, composé de trois lobes, observé dans une coupe de la peau faite après l'action successive de l'acide osmique et de l'alcool. — (D'après Ranvier.)

n, nerf afférent. — *e. a*, étranglement annulaire au niveau duquel le tube nerveux afférent se divise en 3 branches.

Ce nerf atteint le corpuscule par son extrémité profonde, généralement un peu sur le côté. Il décrit à sa surface un trajet sinueux, plus ou moins compliqué; il perd sa myéline au niveau d'un étranglement interannulaire, puis pénètre dans le corpuscule. Il émet des branches renflées en certains points et rétrécies en d'autres; ces branches sont les unes latérales, les autres terminales. Toutes aboutissent à une arborisation, munie de boutons à direction transversale. Ces boutons, sphériques et plus souvent discoïdes sont étalés parallèlement à la surface cutanée, et sont compris entre les lamelles formées par les cellules tactiles.

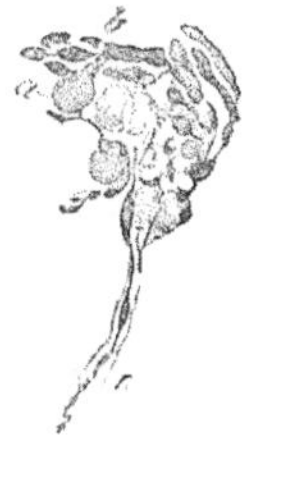

FIG. 479. — Corpuscule d'un enfant de 50 jours, traité par le chlorure d'or. — (D'après Ranvier.)

Nerf afférent, *n*. — *b*, bouquet nerveux terminal, entre les branches duquel s'insinuent les cellules *a*, du nodule sous-jacent.

B) *Corpuscules composés.* — Les corpuscules composés sont formés de 2 ou 3 lobes superposés. Ces lobes se touchent, ou sont légèrement écartés les uns des autres; ils se regardent par des faces planes, qui sont transversales ou obliques. Chacun d'eux a la structure d'un corpuscule simple et « reçoit une fibre nerveuse distincte. Cependant les fibres qui se rendent aux différents lobes d'un corpuscule composé peuvent provenir d'un même tube à myéline qui s'est divisé en deux ou trois branches, au niveau d'un étranglement annulaire.... Lorsque le corpuscule est composé de plusieurs lobes, les fibres nerveuses destinées aux lobes supérieurs contournent les inférieurs de la manière la plus variée.... Il convient d'ajouter que, dans le corpuscule, les fibres nerveuses ne forment pas une série d'étages réguliers, mais qu'elles sont réunies par petits groupes, constituant autant de glomérules ou plutôt de lobules distincts. Ces lobules nerveux... montrent chacun des stries parallèles, correspondant aux fibres qui les composent. Dans la plupart d'entre eux, les stries sont régulièrement transversales, mais, dans d'autres, elles sont plus ou moins obliques et même dans certains corpuscules on peut en trouver qui sont à peu près verticales. » (Ranvier[1]).

Dans ses « Nouvelles recherches sur les corpuscules du tact ». Ranvier[2] a précisé le mode de développement des corpuscules de Meissner.

Chez le nouveau-né, certains des nerfs de la peau, qui montent jusque dans

1. 1889. RANVIER. *Traité technique d'histologie*, p. 706 et 707.
2. 1880. RANVIER. *Ac. des Sc., Comptes rendus*, 27 déc.

les papilles de la pulpe digitale, se terminent dans la papille par un bouquet. Ce bouquet, situé au-dessous de la membrane basale, est constitué par quelques rameaux, à direction horizontale, qui se terminent par des boutons. Au-dessous de lui, se trouve un nodule formé d'un petit îlot de cellules rondes.

Chez les enfants de cinquante jours, l'arborisation nerveuse terminale a pris un grand développement. Les branches nerveuses ont augmenté de taille et de nombre; les cellules du nodule conjonctif, situées primitivement au-dessous de l'arborisation, se sont élevées; elles se sont insinuées entre les branches du bouquet nerveux.

« Au sixième mois, le lobe supérieur des corpuscules composés a sa forme définitive; il est bien limité, et dans son intérieur, on aperçoit un certain nombre de bouquets terminaux, séparés les uns des autres par des cellules qui sont légèrement aplaties transversalement. Le second lobe est en voie de formation. En effet, à la base du premier lobe, on aperçoit un nouveau bouquet nerveux au-dessous duquel se trouve un groupe de cellules arrondies qui paraissent destinées à le pénétrer » (Ranvier). Ces cellules sont des cellules mésodermiques; elles diffèrent des cellules conjonctives ordinaires par leur affinité pour le chlorure d'or qu'elles réduisent avec une énergie tout élective

« Chez les jeunes sujets, les enfants d'un an par exemple, on remarque, entre les fibres nerveuses, des noyaux assez volumineux, légèrement aplatis de haut en bas, et entourés d'une masse protoplasmique dont on ne peut pas reconnaître nettement les limites.... A mesure que le corpuscule se développe. les noyaux qui étaient disséminés dans son intérieur sont refoulés à sa périphérie. On n'en trouve plus d'habitude aucun dans le milieu de l'organe qui probablement n'est occupé que par les fibres nerveuses et les expansions protoplasmiques des cellules marginales » (Ranvier). Le transport à la périphérie des noyaux disséminés d'abord dans toute l'étendue du corpuscule rappelle donc ce qu'on observe dans l'histogenèse de la fibre musculaire striée des vertébrés (Q).

E. — TERMINAISONS NERVEUSES HÉDÉRIFORMES

Il existe dans la peau de l'homme, au niveau de la pulpe des doigts, par exemple, des terminaisons nerveuses d'un type très spécial.

Au voisinage du canal excréteur d'une glande sudoripare, on voit arriver dans le derme, une ou plusieurs fibres à myéline qui se contournent de diverses façons et abordent le bourgeon épithélial interpapillaire, où débouche le tube sudorifère. « Au delà elles perdent leur myéline, et se divisant et se subdivisant, elles constituent une arborisation d'une grande élégance qui couvre de ses branches la surface du derme et dont les derniers rameaux se terminent par des ménisques tactiles. » Ces ménisques tactiles ne sont autre chose que les extrémités du nerf, renflées et étalées à la façon d'une cupule. C ménisques embrassent dans leur concavité, tournée vers la surface de la peau, la partie profonde d'une cellule épithéliale ou dermique, qui, de ce fait, prend la valeur d'une cellule tactile. « Comme l'ensemble de ces terminaisons rappelle assez bien, par sa disposition, un lierre rampant à la surface d'une muraille ». Ranvier donne à ces terminaisons le nom de « terminaisons hédériformes ». « Il est probable que tous les ménisques tactiles ne correspondent pas à des cellules. En effet, si l'on compare les préparations dans lesquelles on ne peut distinguer les cellules tactiles, à des coupes faites dans les mêmes régions, après l'action de l'acide osmique, on constate que le nombre de ces

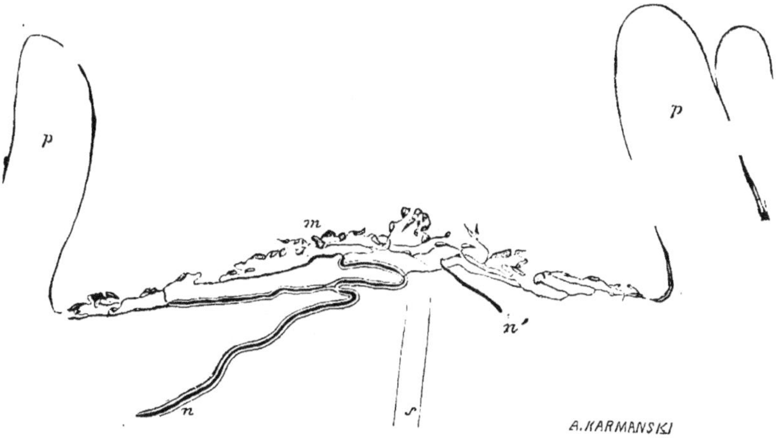

Fig. 480. — Coupe de la peau de la pulpe du doigt d'un enfant, faite perpendiculairement à la surface, après l'action du jus de citron et du chlorure d'or. (D'après Ranvier.)

La réduction de l'or a été produite par l'acide formique ; *s*, canal d'une glande sudoripare ; *p*, *p*, papilles dénudées ; *n* et *n*, tubes nerveux à myéline dont les terminaisons par des ménisques tactiles sont hédériformes.

cellules n'est nullement en rapport avec celui des ménisques de l'arborisation hédériforme, tels qu'ils sont dessinés par le chlorure d'or. »

En somme, les terminaisons hédériformes rappellent les dispositions qu'on observe dans le groin du porc, à une différence près. Dans la peau de l'homme, les cellules tactiles se rencontrent et dans l'épiderme et dans le derme ; dans le groin du cochon elles se localisent exclusivement dans les couches profondes de certains bourgeons épidermiques interpapillaires.

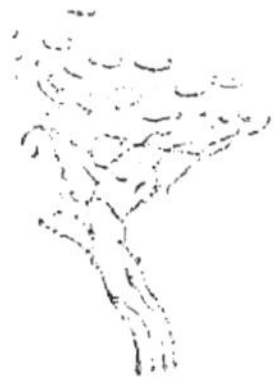

Fig. 481. — Terminaisons hédériformes sur une préparation au chlorure d'or. (D'après Szymonowicz.)

F. TERMINAISONS LIBRES INTRA-ÉPIDERMIQUES

En 1868, Langerhans[1], au moyen de la méthode de l'or, réussit à démontrer que l'épiderme humain est pourvu de fibres nerveuses, exclusivement localisées dans le corps muqueux de Malpighi.

Les résultats annoncés par Langerhans furent confirmés par Eberth[2], par Krohn[3], par Ranvier[4], par Stoehr et Kolliker. Ils

1. 1868. Langerhans. Ueber die Nerven der menschlichen Haut. *Arch. f. pat. Anat. u. Phys.*, Bd XLIV, p. 325.
2. 1870. Eberth. Die Endigung der Hautnerven. *Arch. f. mikr. Anat.*, Bd VI, p. 225.
3. 1875. Krohn. Om folenervenes forlobi mangelags pladeepithelniere ; afhandle for doktorsgraden in med. Copenhague. *Schwalbe's Jahresbericht.*
4. 1889. Ranvier. *Traité technique d'histologie.*

furent étendus par un grand nombre d'auteurs aux formations dérivées de l'ectoderme cutané de l'homme et des vertébrés.

Dans la peau de la pulpe digitale, traitée par le chlorure d'or, « on voit, nous dit Ranvier, des fibres nerveuses colorées en violet foncé, s'avancer dans les papilles, en gagner la surface, et après avoir suivi sous la membrane propre un trajet plus ou moins long, plus ou moins compliqué, et quelquefois s'être anastomosées avec des fibres voisines, donner des branches sans myéline qui pénètrent dans l'épiderme.

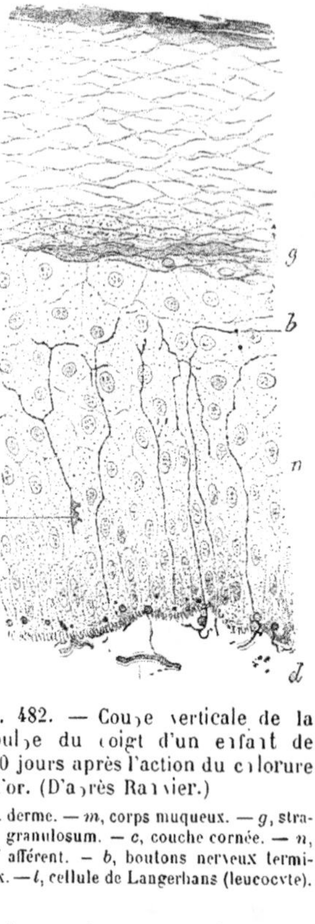

« Ces branches se divisent ensuite; les rameaux deviennent sinueux, s'anastomosent parfois, se divisent encore, se recourbent en des directions diverses et finalement se terminent par des boutons entre les cellules du corps muqueux de Malpighi. Jamais ces boutons ne dépassent le stratum granulosum[1].... Dans les couches profondes de l'épiderme, les fibres nerveuses sont assez régulières, mais à mesure qu'elles se rapprochent des couches superficielles, elles montrent des varicosités de plus en plus accusées, et souvent même, elles paraissent constituées à leurs extrémités par de petites boules isolées, disposées en série[2]. »

Fig. 482. — Coupe verticale de la pulpe du doigt d'un enfant de 50 jours après l'action du chlorure d'or. (D'après Ranvier.)

d, derme. — *m*, corps muqueux. — *g*, stratum granulosum. — *c*, couche cornée. — *n*, nerf afférent. — *b*, boutons nerveux terminaux. — *l*, cellule de Langerhans (leucocyte).

Les résultats fournis par le chlorure d'or ne tardèrent pas à être confirmés par F. E. Schultze, Retzius[3], van Gehuchten[4].

La méthode de Golgi a fait voir à cet auteur que les fibres nerveuses, une fois arrivées dans le tissu conjonctif sous-cutané, se divisent chacune en deux branches qui s'écartent l'une de l'autre sous un angle variable, et constituent par leur ensemble un véritable plexus. Dans ce plexus sous-cutané « les fibres nerveuses qui le constituent ne s'anastomosent jamais les unes avec les autres, mais elles passent les unes au-dessus des autres, s'enchevêtrant et s'entrelaçant d'une façon très compliquée.

« De ce plexus part alors un nombre *incalculable* de fines fibrilles nerveuses qui pénètrent verticalement dans l'épiderme, s'y divisent et s'y subdivisent, deviennent quelque peu monoliformes, et finissent, dans la couche muqueuse de Malpighi, par un petit bouton terminal. Quelques-unes, avant de se terminer, présentent un petit trajet horizontal, d'autres se recourbent sur

1. Toutefois, Fusari aurait vu les fibres nerveuses pénétrer jusqu'à la couche cornée (1894. *Acad. des Sc. nat. et med. de Ferrare*).

2. 1889. Ranvier. *Traité technique*, p. 691 et 692.

3. 1892. Retzius. *Biologische Untersuchungen*. Neue Folge, III. Stockholm.

4. 1892. Van Gehuchten. Les terminaisons nerveuses libres intra-épidermiques. *Verhandl. der anat. Gesellsch. Wien*, p. 67.

elles-mêmes et redescendent quelque peu vers les couches profondes avant de présenter leur bouton final. »

Outre les nerfs sensitifs, on trouve encore dans la peau :

1° *Des nerfs moteurs*, qui se rendent aux muscles du pannicule charnu,

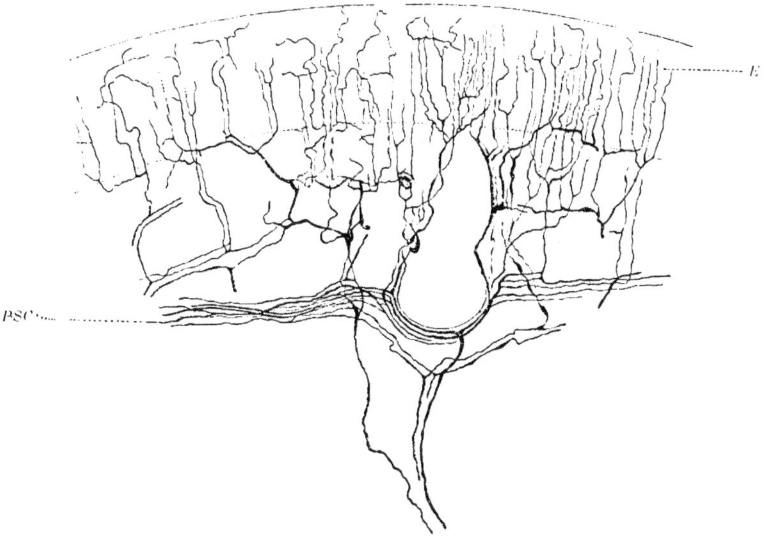

Fig. 483. — Terminaisons nerveuses de l'épiderme de la lèvre inférieure d'une souris dans une préparation par la méthode de Golgi. (D'après van Gehuchten.)

E, épiderme. — *PSC*, plexus sous-cutané dû à la division en Y des troncs nerveux afférents. — *N*, terminaisons intra-épidermiques. On remarquera l'extrême abondance de ces terminaisons.

lisse (dartos, aréole du sein, mamelon) ou strié (muscles de la face et du cou, platysma), aux muscles arrecteurs des poils.

2° *Des nerfs sécréteurs*, dont la démonstration physiologique a été donnée pour les glandes sudoripares.

3° *Des nerfs vasculaires*, qui vont se terminer sur les vaisseaux dermiques. Ce sont à ces nerfs vaso-moteurs qu'on doit vraisemblablement rapporter les terminaisons nerveuses dont les papilles cutanées (van Gehuchten, Ruffini) sont si abondamment pourvues. Toutefois, Sfameni regarde ces terminaisons comme de nature sensitive (1900, *Arch. ital. de biologie*, XXXIV, p. 484).

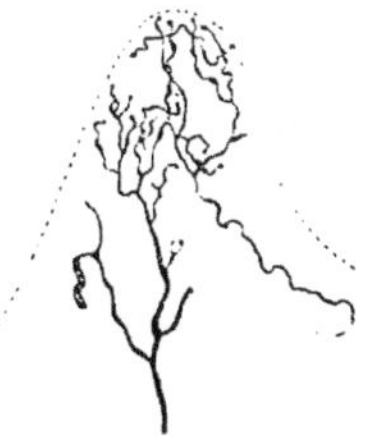

Fig. 484. — Terminaisons nerveuses dans une papille de la peau, après l'emploi de la méthode de Golgi. (D'après van Gehuchten).

Les nerfs des vaisseaux lymphatiques ont été récemment étudiés par Dogiel, sur la peau du pénis et du prépuce. Les fibres amyéliniques qui les constituent se divisent comme les vaisseaux; réduites à l'état de fibrilles variqueuses, elle se terminent sur les cellules musculaires de la paroi du vaisseau[1]

1. 1897. Dogiel, *Arch. f. mikr. Anat.*, XLIX, 4. p. 791.

NOTES

A) On n'est pas encore d'accord sur les rapports qu'affectent dans leur direction le réseau épidermique et les trousseaux conjonctifs du derme. Mais un fait paraît certain : ces trousseaux se déplacent sous l'action de la contraction musculaire. Il est très vraisemblable que le réseau épidermique subit des modifications parallèles. A chaque contraction. « il s'étend dans la direction de l'effort musculaire, il se montre dans un incessant mouvement de va-et-vient. Comme le dit O. Simon, on peut fort aisément se rendre compte de ce mouvement, à l'aide d'un carré de mousseline. Qu'on étende ce carré dans divers sens, on verra chaque maille du réseau se déformer et se déplacer dans la direction des tractions qu'on lui fera subir[1]. »

B) En somme, on peut opposer les caractères du chorion et de la couche papillaire. Le derme est pauvre en cellules. Il est formé de faisceaux conjonctifs compacts, de libres élastiques longues et solides. Il n'a pas de réseau sanguin qui lui soit propre. Il se régénère fort mal quand il est détruit.

Le corps papillaire est riche en cellules; ses libres conjonctives et élastiques sont grêles, et plus ou moins espacées les unes des autres. Ce corps papillaire est très vasculaire. Les terminaisons nerveuses qu'on y rencontre sont différentes des terminaisons nerveuses du derme proprement dit.

C) D'après Schuberg, les cellules conjonctives superficielles du derme peuvent s'anastomoser avec les cellules basilaires de l'épiderme. Schuberg a noté pareil fait sur les pelotes plantaires de la rainette. Des connexions du même ordre s'observent encore chez l'axolotl. Les prolongements des cellules conjonctives pénètrent dans la basale épaisse qui double l'épiderme: un certain nombre de ces prolongements se disposent horizontalement en réseau, dans l'épaisseur de la basale; les autres se dirigent verticalement, pour entrer en continuité avec les cellules épithéliales[2]. Depuis cette époque, Schuberg a étendu ces données et montré que les cellules épidermiques pouvaient s'anastomoser non seulement avec les cellules conjonctives (Salmonidés, Crapaud, Salamandre), mais encore avec les fibres lisses intra-dermiques. Il est intéressant de rappeler que Leydig considérait déjà comme un fait très général, la communication des cellules épithéliales et des cellules conjonctives.

Sur les larves de batraciens[3], l'épiderme est formé de cellules, réunies par une couche hyaline très réfringente. Au cours du développement, on voit apparaître, dans cette couche, des vacuoles. Ces vacuoles sont remplies d'un liquide. Elles restent à distance les unes des autres. En s'accroissant, elles réduisent le volume des cloisons protoplasmiques qui les séparent, et qui représentent, dès lors, de véritables ponts intercellulaires (Schultze).

Eismond[4] pense que le liquide qui remplit les vacuoles résulte d'une sécrétion protoplasmique. Il conclut donc que dans l'épiderme les communications protoplasmiques sont primaires : elles résultent d'une séparation incomplète de cellules originellement fusionnées. Sont secondaires, au contraire, les anastomoses qu'échangent entre elles, au cours du développement, les cellules de l'épiderme et celles du chorion.

D) Le corps muqueux de Malpighi « est constitué par un plexus fibreux[5] dont chaque point nodal est occupé par le noyau et le protoplasma d'une cellule » (Ranvier). Une structure de tous points analogue se retrouve dans la névroglie. Cellules névrogliques et cellules épidermiques, bien qu'ayant un rôle différent, ont une morphologie comparable, de par leur commune origine. Les parentés de l'épiderme et du tissu adamantin ne sont pas moins remarquables. « Allongeons les filaments d'union, réduisons le corps de chaque cellule du corps muqueux de Malpighi: nous obtiendrons le tissu adamantin. » (Ranvier.)

E) Les connexions des espaces intercellulaires ont été diversement comprises.

Les espaces intercellulaires pourraient s'ouvrir directement à la surface du tégument. Le fait s'observerait chez la larve de salamandre (Pfitzner) dont l'épiderme est réduit à une assise de cellules malpighiennes. Il s'observerait encore chez les mammifères, au dire d'Axel Key et de Retzius, mais les voies lymphatiques que constituent les espaces intercellulaires communiquent alors avec le milieu extérieur, non plus directement, mais par l'intermédiaire des trajets sudoripares.

1. Consulter sur ce sujet : Blaschko, *loc. cit.*, 1883. Lewinski, *Arch. f. path. Anat. u. Phys.*, Bd. XCII, p. 135.
2. 1891. Schuberg, *Verh. d. Deutsc. zool. Gesellsch.* Leipzig.
3. 1896. Schuberg. Ueber die Verbindung der Epithelzellen unter einander. *Sitz. Ak. Berlin*, XXXIX, p. 971, pl. VIII.
4. 1896. Eismond. Contribut. à la question de la division du corps cellulaire. *Trav. Soc. Varsovie*, III, p. 1.
5. C'est-à-dire formé de fibres épidermiques.

Carriere, Paulicki et Cohn[1], dans leurs recherches sur les Amphibiens, ont vu constamment l'assise superficielle du tégument externe recouverte d'une cuticule. Cette cuticule ferme le réseau des espaces intercellulaires et le transforme en un système clos.

F) L'eléidine est un produit propre aux mammifères. « Il n'y en a ni dans l'épiderme des oiseaux, des reptiles et des poissons, ni dans les plumes et les écailles de ces animaux. Tout au contraire, on trouve de l'eléidine dans le revêtement épithelial de la muqueuse buccale et de la langue d'un grand nombre de mammifères et même dans l'épithélium de l'œsophage et dans celui du grand cul-de-sac de l'estomac du rat commun (mus decumanus). Les cellules épithéliales qui concourent à la formation de l'ongle, de l'écorce et de l'épidermicule des poils n'en contiennent pas. » (Ranvier.)

G) En thèse générale, le stratum corneum est d'autant plus épais que le stratum granulosum compte lui-même plus d'assises. Mais les exceptions à la règle sont nombreuses. On observe des produits cornés, là où ne différencie point un stratum granulosum (écorce des poils, produits kératinisés des vertébrés inférieurs).

H) Zander a précisé les caractères qu'affecte la couche cornée au niveau des extrémités.

Au niveau des extrémités (paume de la main, plante du pied), la peau est épaisse; les papilles sont hautes et très vasculaires; la couche basilaire est formée d'éléments aplatis; les filaments d'union à direction verticale disparaîtraient tandis que les filaments horizontaux persistent. Le stratum granulosum est épais. La kératinisation s'effectue lentement. L'épiderme se desquame sous forme de lamelles (type A de Zander).

Partout ailleurs, l'épiderme présente des caractères inverses. Le stratum granulosum est mince ou fait défaut. La couche cornée se réduit en fines écailles qui tombent dans le milieu extérieur[2].

I) Merk[3] croit que la cellule cornée, outre son enveloppe fibrillaire kératinisée, possède encore un réseau fibrillaire intracellulaire relié, par des anastomoses, au réseau péricellulaire.

J) La couche cornee noircit par l'acide osmique, à moins qu'elle n'ait été traitée par l'alcool ou l'éther, avant l'action de ce réactif. Elle contient donc de la graisse. Cette graisse est répandue dans toute son épaisseur. Parfois, la réduction de l'acide osmique ne se fait pas uniformément dans la couche cornée. « Si cette couche est épaisse, comme à la paume des mains et à la plante des pieds, il reste, en son milieu, une region qui, n'ayant pas été atteinte par le reactif, ou ne l'ayant été que très faiblement, forme une zone incolore. » (Ranvier.)

Tout récemment, Unna a avancé que certaines liqueurs à base d'acide osmique étaient capables de déceler la « graisse larvée », non seulement dans la couche cornée, mais encore dans le corps muqueux (noyaux) et dans le derme (papilles, etc.).

K) Herxheimer[4] en 1889 a vu sur des coupes de peau, traitées par la méthode de Gram modifiée par Weigert[5], des libres, disposées en spirale, pénétrer dans les couches profondes de l'épiderme. Ces fibres, Kromayer (1890) les interprète comme les prolongements protoplasmiques des cellures basilaires.

Eddowes[7] a repris l'étude de ces formations. Ces spirales, de taille très variable, se retrouvent, parfois, jusque dans la couche cornée. Elles se continuent souvent avec les coagula fibrineux du derme ; comme ces coagula, elles sont digérées par les sucs digestifs. Pour ces raisons, et pour d'autres encore qui sont longuement développées dans la mémoire d'Eddowes, on doit penser que les fibres épidermiques d'Herxheimer représentent simplement de la fibrine, coagulée dans les espaces intercellulaires. Elles sont surtout abondantes dans les régions épidermiques où les leucocytes pénètrent le plus facilement, et l'on sait que les leucocytes se détruisent, en donnant naissance à une partie de la substance fibrino-plastique nécessaire à la formation de la fibrine.

L) Au dire de quelques auteurs, les vaisseaux cutanés seraient toujours séparés de la trame fibreuse du chorion par une atmosphère celluleuse lâche qui permet à leurs mouvements d'ampliation de s'effectuer librement.

M) Bourceret a étudié « la circulation des doigts et la circulation dérivative des extrémités ». Au niveau des dernières phalanges des doigts (partie movenne de la face palmaire,

1. Cohn. 1895. Ueber intracellulallucken und Kittsubstanz, Refer. und Beitrage z. Anat. u. Entwick. *Anat. Hefte*, V, p. 293.

2. 1888. Zander. Rech. sur le proc. de Kérat. *Arch. f. Anat. u. Phys.*, t. I.

3. 1900. Merk. *Arch. f. mikr. Anat.*, p. 525.

4. 1889. Herxheimer. *Congrès de Prague.*

5. 1887. Weigert. *Forschritte d. Med.*, n° 8.

6. 1890. Kromayer. *Arch. f. Derm. u. Syphil.*

7. 1890. Eddowes. *Monatsch. f. prakt. Derm.* et *Brit. Journ. of Dermato'.* (Octobre).

parties latérales de la phalange, et deux tiers supérieurs du champ unguéal), il a vu les artères se résoudre brusquement en capillaires. Ces capillaires, volumineux et courts, sont pelotonnés les uns avec les autres. Ils ne tardent pas à confluer pour constituer des veines. Il y a donc là non point un type circulatoire nouveau, mais une simple modification dans les connexions des artères et des veines[1].

N) Blaschko (*Arch. f. mikr. Anat.*, 1887, t. XXX) note que dans l'épiderme il faut distinguer les régions pileuses et les régions glabres. Dans les premières, le tact s'exerce par l'intermédiaire des phanères (régions tactiles indirectes); dans les secondes il s'exerce par la surface de la peau (régions tactiles directes) munie de crêtes papillaires. Ces crêtes papillaires sont les analogues des séries linéaires de poils; elles apparaissent à la même époque que les poils et dans certains territoires (conduit auditif, mamelon) où s'opère la transition des régions glabres et des régions pileuses, on voit les crêtes papillaires se continuer avec les séries courbes de poils.

O) Selon Sala[2], à côté de la fibre nerveuse centrale, s'insinue dans le corpuscule de Pacini, une autre fibrille qui reste indépendante de la première; cette fibrille se divise et se subdivise, et forme plexus autour de la fibre centrale.

P) D'après ce que nous avons dit, le corpuscule de Pacini représente une simple terminaison nerveuse, d'un type un peu spécial, et Schœfer a pu établir les homologies de diverses parties qui le constituent (*Quart. Jour. of mic. Sc.*, 1875).

Arndt a donné une interprétation toute différente du corpuscule de Pacini. Ce corpuscule représente pour Arndt une anomalie physiologique dont l'apparition remonte à la vie intra utérine; il n'est à l'origine qu'une sorte d'anévrysme développé sur l'artère satellite d'un filet nerveux; cet anévrysme s'oblitère et se transforme en tissu plein. Le corpuscule de Pacini ne serait donc qu'un mode de terminaison des nerfs vaso-moteurs de l'organisme. (Voy. *Arch. f. path. Anat. u. Phys.*, t. LXV.)

Q) Il est intéressant de rapprocher ces faits de développement des constatations de Szymonowicz sur l'histogenèse des corpuscules de Grandry (bec du canard)[3]. C'est au moment où les extrémités des nerfs cutanés pénètrent dans le derme, qu'on voit apparaître, en regard de l'extrémité terminale des ramifications nerveuses les plus fines, des amas de cellules conjonctives qui se transforment en cellules tactiles.

R) On a longtemps pensé (Merkel) que la forme des terminaisons nerveuses varie avec les divers territoires du tégument externe. Szymonowicz a vu que le groin du cochon contient, à l'état normal, et cela à toutes les périodes de la vie, une série de terminaisons nerveuses de forme variée (terminaisons intra-épithéliales, terminaisons dans les cellules tactiles, terminaisons en massue, terminaisons dendritiques, terminaisons dans les poils tactiles). Ces constatations viennent donc à l'encontre de l'hypothèse de Merkel.

S) La terminaison (ou plutôt l'origine) des nerfs sensitifs de la peau se fait par une extrémité libre. Arnstein a cru que cette origine était représentée par un réseau nerveux. Cette terminaison se fait entre les cellules épidermiques; toutefois cette opinion compte des contradicteurs, qui font naître la fibrille nerveuse dans l'intérieur de la cellule. Le nerf émerge du nucléole pour Hensen (1864), du noyau pour Haycraft (1890), du corps cellulaire pour Kowalewsky. Pfitzner croit qu'à chaque cellule épidermique sont annexées une fibre motrice et une fibre sensitive. Unna adopte cette opinion, et pense qu'il existe des terminaisons nerveuses qui sont les unes intercellulaires, et les autres intracellulaires.

CHAPITRE IV

ÉVOLUTION DE LA PEAU

La peau est un organe en évolution continue. A mesure qu'elle se desquame par sa face superficielle, il se produit, dans les couches profondes de son épiderme, des phénomènes de prolifération qui assurent son intégrité. Processus de destruction, processus de rénovation s'observent simultanément dans

1. 1883, Bourceret, *Compt. rend. Ac. Sciences*, 9 avril.
2. 1900, Sala, *Arch. ital. de Biol.*, t. XXXIV, p. 483.
3. 1897, Szymonowicz, *Arch. f. mikr. Anat.*, XLVIII, 2, p. 329.

le tégument externe, et se balancent dans une certaine mesure, pendant toute la durée de la vie.

D'autre part, l'âge n'est pas sans imprimer des caractères spéciaux au tégument externe aussi bien qu'à tous les organes. La peau varie d'aspect, chez l'enfant et chez le vieillard, comme varient d'aspect la rate ou le testicule aux âges extrêmes de la vie.

I. — RÉNOVATION DE LA PEAU

La cellule épidermique de la couche basilaire évolue en gagnant progressivement les couches superficielles du tégument. Elle s'élève dans l'épiderme : elle fait partie successivement du corps muqueux, des stratum granulosum, intermedium et lucidum. Elle entre dans la couche cornée, et, finalement, elle disparaît, en tombant dans le monde extérieur.

On possède dans la karyokinèse, un critérium qui permet de déterminer, à coup sûr, dans quelles conditions s'effectue la rénovation de l'épiderme.

C'est à W. Flemming (A) que revient l'honneur d'avoir soupçonné[1] puis démontré[2] la présence des mitoses dans le tégument externe. Après lui, Unna et Ostry dans les tissus pathologiques (1884), Duval et Retterer (1886) dans l'épiderme de cobayes adultes auxquels ils avaient appliqué des vésicatoires, ont fait pareille constatation[3].

a) Les mitoses (B) existent donc dans la couche basilaire. Voilà pourquoi nombre d'auteurs ont désigné cette couche sous le nom d'assise génératrice, mais le processus de rénovation de l'épiderme est loin de se limiter à cette assise.

b) Sur des préparations où le corps muqueux comptait 12 assises, j'ai trouvé des mitoses dans les 6 assises profondes et il n'est pas douteux qu'on en puisse observer plus près encore du stratum granulosum, si l'on s'en rapporte à ce qu'on peut voir sur l'axolotl et le têtard de grenouille. Chez ces vertébrés, le corps muqueux tout entier peut devenir le siège de figures karyokinétiques et ces figures s'observent même dans l'assise la plus superficielle du tégument[4].

c) Examinons maintenant quelle orientation affecte le plan de segmentation vis-à-vis de la surface libre de la peau.

On a longtemps enseigné que les mitoses aboutissent à la production de cellules-filles superposées. Il n'en est rien cependant. Dans la couche basilaire aussi bien que dans les assises profondes du corps muqueux de Malpighi, les cellules-filles se disposent tantôt à côté l'une de l'autre, tantôt l'une au-dessus de l'autre, et parfois dans une situation oblique, intermédiaire entre la superposition et la juxtaposition. La direction du plan de segmentation n'est donc soumise à aucune règle fixe.

d) C'est seulement dans les travaux de Flemming et de Tizzoni qu'on peut voir aborder l'étude des filaments d'union dans les cellules en karyokinèse. Sur l'embryon de salamandre, Flemming figure, schématiquement, semble-t-il,

1. 1880. FLEMMING. *Arch. f. mikr. Anat.*, Bd XVIII, p. 34.
2. 1884. FLEMMING. *Arch. f. mikr. Anat.*, Bd XXIII, p. 148.
3. 1886. DUVAL et RETTERER. *Compt. rend. Soc. de Biol.*
4. 1899. A. BRANCA. La karyokinèse dans la cicatrisation du tégument externe. *Soc. de Biol.* et Recherches sur la cicatrisation épithéliale, *Journ. de l'Anat. et de la Phys.*

des cellules en mitose qui ont conservé leurs filaments d'union, et quelques-uns de ces filaments sont disposés en Y, c'est-à-dire divisés sur une partie de leur longueur. Tizzoni, lui aussi, a pu donner la « démonstration des cils (filaments d'union) dans quelques-unes des cellules à noyau en mouvement », et il ajoute : Voir ces filaments d'union « est impossible dans ces phases de la carvocinèse où l'aspect clair, très transparent de cette portion du protoplasma qui subsiste au milieu et autour des diverses fonctions nucléaires, a envahi tout l'élément[1] ». Mais avec des procédés techniques plus perfectionnés que ceux dont disposait Tizzoni, il est possible, sur les cellules malpighiennes, de mettre constamment en évidence les points d'union et cela à tous les stades de la mitose[2] (C).

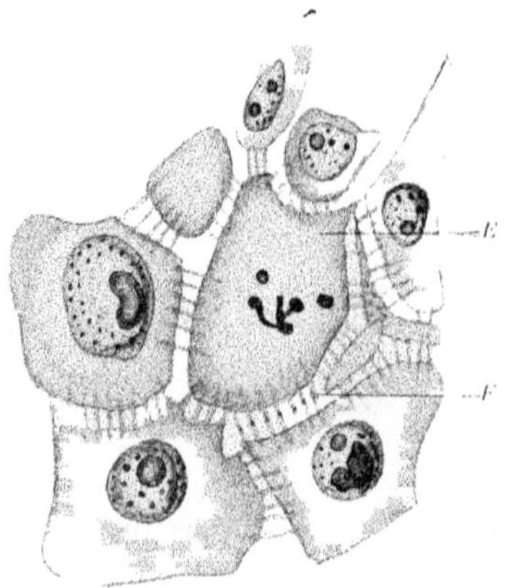

FIG. 485. — Une cellule du corps muqueux de Malpighi *E* en voie de karyokinèse.

Cette cellule a gardé ses filaments d'union. Quelques-uns de ces filaments portent en leur milieu un petit nodule *F*.

Toutes les cellules de l'épiderme ne subissent pas l'évolution qui vient d'être décrite. Quelques-unes meurent sur place à la suite de phénomènes de chromatolyse. La chromatine de leur noyau se condense en un bloc, qui se fragmente et disparaît : le corps cellulaire se colore énergiquement par les teintures acides (éosine). Il subira la desquamation comme les cellules qui l'environnent (D).

II. — TÉGUMENT EXTERNE CHEZ L'ENFANT

1° *Races blanches.* — La peau chez l'enfant se caractérise par sa couleur rosée et par sa finesse ; elle ne présente jamais de rides. Elle est pourvue d'un pannicule adipeux, relativement plus développé que celui de l'adulte. Les cellules de l'épiderme sont unies par des filaments d'union. C'est seulement après la naissance qu'on voit le pigment apparaître dans l'épiderme. Dans les races blanches ce pigment commence à s'élaborer au cours de la première année (2e et 3e mois); il se localise dans les cellules de la couche basilaire. Encore ne l'observe-t-on, en abondance, qu'au niveau de certaines régions (organes génitaux externes, aréole du mamelon).

2° *Races jaunes.* — Les nouveau-nés de races jaunes ont la peau moins colorée que leurs parents (Chinois, Malais, Kalmoucks). Nombre d'entre eux présentent, sur les fesses et la région sacro-lombaire, des taches transitoires de pigment. Ces taches, de taille variable, disparaisssent à 2, 3, 4 ou 5 ans. Elles ont été observées chez les Japonais par Grimm et Baelz, chez les Chinois par Matignon (1896), chez les Tagals des Philippines par Collignon (1896), chez les Esquimaux par Soren Hansen (1893).

3° *Races noires.* — Dans les races nègres, l'enfant naît rosé. Sa coloration

1. 1885. TIZZONI. *Archives italiennes de Biologie.*
2. 1890. A. BRANCA. Sur les filaments d'union. *Soc. de Biol.*

est à peine différente de celle d'un Européen. La pigmentation apparaît bientôt[1]. Elle se localise d'abord au pourtour des ongles et de l'aréole. Elle envahit les organes génitaux le troisième jour après la naissance. A la fin de la première semaine le corps tout entier se montre pigmenté. (P. Camper, cité par Kölliker.)

Origine et mode de formation du pigment. — L'origine et le mode de formation du pigment cutané ont donné lieu à nombre de controverses. Deux hypothèses ont été soutenues.

Pour Æby[2], le pigment est apporté à la peau, par les cellules migratrices qui, au dire de Riehl[3], se désagrègent en cédant leur pigment aux cellules épidermiques.

Pour Retterer[4], Rosenstadt[5], etc., le pigment est élaboré d'abord dans l'épiderme et ses dérivés. C'est seulement plus tard qu'il apparaît dans les cellules conjonctives, situées autour des vaisseaux sanguins.

P. Carnot a repris récemment cette question à l'aide de la méthode expérimentale (greffes) et il est arrivé aux conclusions suivantes

« La cellule pigmentaire paraît sécréter elle-même ses granules.

« La pigmentation épidermique est autoctone.

« La pigmentation dermique peut être également autoctone : elle peut, par contre, dériver de la transformation, en éléments fixes, des cellules mobiles servant à la résorption du pigment épidermique vers l'intérieur.

« Une cellule épidermique pigmentée, transplantée sur un territoire non pigmenté, donne naissance à des cellules-filles faisant du pigment : l'origine est donc bien autoctone.

« Une cellule mésodermique pigmentée (cellule choroïdienne) transplantée de la même manière, donne naissance à des cellules mésodermiques, également pigmentées : l'origine est donc autoctone.

« Si on suit l'évolution d'une greffe épidermique pigmentée, on voit que la pigmentation, d'abord épidermique, devient ensuite dermique. Si même la greffe se résorbe, la pigmentation devient à un certain moment uniquement dermique : ceci prouve l'existence du pigment dermique par fixation dans le derme des produits de résorption du pigment épidermique

« Le phénomène inverse ne s'observe jamais[6]. »

III. — LE TÉGUMENT EXTERNE CHEZ L'ADULTE

A) *Races blanches.* — Le tégument externe de l'adulte, de race blanche, a servi de type à notre description,

Nous nous bornerons à préciser ici les modifications structurales qu'éprouve le tégument externe du fait de la grossesse.

1. Chez les Ouolofs, Collignon note que le jour de la naissance, les pieds et les mains sont rose clair. Le corps est rose rouge (nº 24 de l'échelle chromatique de Broca). Les oreilles, les organes génitaux et l'aréole sont plus foncés (nºs 28 et 29 de l'échelle chromatique). Le lendemain, la coloration est plus foncée encore. Elle est représentée par le nº 29 pour le corps, par le nº 35 pour les organes génitaux.
2. 1885. Æby. *Centralbl. f. med. Wiss.*, nº 16.
3. 1884. Riehl. *Vierteljahresschrift f. Dermat. u. Syphil.*
4. 1887. Retterer. *Soc. de Biol.*
5. 1897. Rosenstadt. *Arch. f. mikr. Anat.*, L, p. 350-384.
6. 1896. P. Carnot. *Recherches sur le mecanisme de la pigmentation.* (Thèse Doctorat ès sciences, Paris). Je rappelle que cet auteur a vu des cellules non pigmentées édifier des phanères pigmentés, et, inversement, un épiderme pigmenté peut donner naissance à des phanères complètement dépourvues de pigment.

Chez nombre de femmes on voit apparaître une pigmentation épidermique très accusée sur le visage (masque de la grossesse), sur les seins (aréole tachetée ou mouchetée), sur la ligne médiane de l'abdomen (ligne brune).

De plus la peau, distendue par l'utérus gravide, présente des éraillures, des vergetures (striæ gravidarum). Ces vergetures sont superficielles. Elles apparaissent à partir du cinquième mois de la grossesse. Elles sont sous-ombilicales pour la plupart, mais elles se rencontrent également sur la partie antérieure des cuisses, sur les fesses et sur le dos.

Tout le temps que dure la grossesse, elles sont rosées; la grossesse achevée, elles prennent un aspect blanc nacré, qui permet, lors d'une seconde grossesse, de distinguer les vergetures anciennes et les vergetures récentes.

Quand la peau se distend, l'épiderme s'amincit; les papilles dermique disparaissent presque complètement. Les faisceaux conjonctifs du chorion jusque-là entre-croisés en tous sens, s'allongent et se disposent en bandes parallèles, d'un bout à l'autre de la vergeture. Les fibres élastiques s'étirent dans le même sens; un certain nombre d'entre elles se rompent. Les fibres élastiques rompues se rétractent, et leurs deux extrémités se contournent en tire-bouchon. Ces fibres élastiques, d'ailleurs, ne semblent pas s'être modifiées dans leur structure.

La disposition des vaisseaux sanguins diffère dans la vergeture, selon qu'elle est récente ou qu'elle est de date ancienne. La vergeture récente est rouge, parce que la peau, amincie à son niveau, y laisse voir par transparence les réseaux capillaires du derme. La vergeture ancienne est incolore, parce que les vaisseaux sanguins étirés ont perdu leur disposition en réseau et se sont oblitérés pour la plupart[1].

B) *Races noires.* — « La peau du nègre présente un aspect velouté qui est en partie la conséquence du développement considérable de l'appareil glandulaire.

« Les assises profondes de l'épiderme sont surchargées de pigment.

« Le derme y est plus épais que dans les autres races, principalement au crâne, à la paume de la main et à la plante du pied. » Dans ce derme sont éparses des cellules conjonctives pigmentées.

« Le tissu cellulaire est très abondant surtout aux mamelles, au pénis, aux lèvres. La graisse est toujours d'un jaune de cire et une coloration analogue s'observe dans toutes les membranes cellulaires et fibreuses, jusqu'au périoste.

« C'est à l'accumulation de la graisse à la région fessière qu'est dû le singulier caractère de la stéatopygie qui existe naturellement chez les femmes de l'Afrique australe (Boschimanes, Hottentotes).... Il y a distension des aréoles du tissu cellulaire sous-cutané des fesses par une collection d'amas graisseux, communiquant à l'ensemble l'aspect d'un vaste lipome. Ces masses fibro-graisseuses se prolongent, sur la face antérieure des cuisses, en une lame épaisse qui ne s'arrête qu'au voisinage du genou. Il en résulte un développement énorme de la saillie des fesses, arrivant souvent à un tel degré que les enfants y grimpent et s'y tiennent debout. La saillie fessière de la Vénus hottentote, mesurée à

1. 1880. LANGER, Ueber die Textur der sogenannten graviditäts-Narben, *in Stricker's med. Jahrb.* — 1887. TROISIER et MÉNÉTRIER, *Soc. de Biologie*, 29 octobre.

l'aide d'une circonférence allant d'un grand trochanter à l'autre, en passant par les points les plus proéminents en arrière, a 0m,791 de tour : la moyenne n'est que de 0m,644 chez les Européennes. » Chez les Wolores (de Rochebrune[1]), chez les femmes Ouolof et Çomalis (Deniker), l'hypertrophie graisseuse de la région fessière existe à un degré plus ou moins prononcé suivant l'âge des sujets, mais ce n'est point la stéatopygie véritable. « Les amas adipeux ne sont pas sous-cutanés, mais interposés entre les faisceaux du muscle grand fessier. » (Hovelacque et Hervé.)

La boule graisseuse sous-cutanée, qui détermine la stéatopygie, est d'appa-

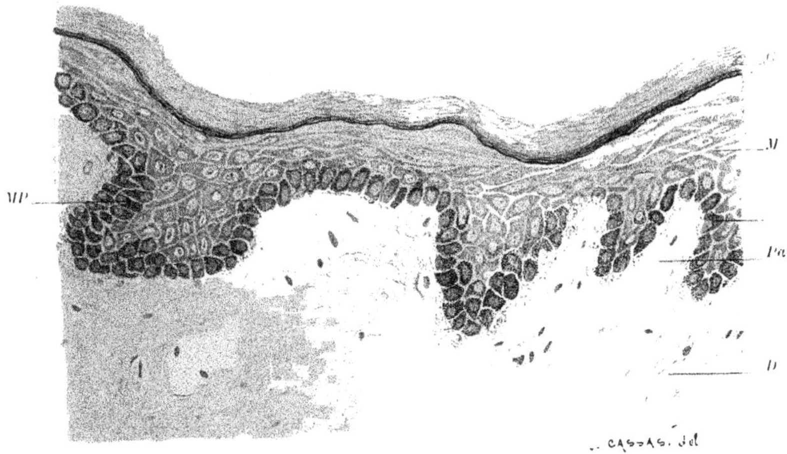

Fig. 486. — Coupe de la peau d'un nègre (lèvre).

D, derme. — *Pa*, papilles du derme. — *B*, couche basilaire chargée de pigment. — *M*, corps muqueux de Malpighi dont quelques cellules profondes *MP* sont chargées de pigment. — *C*, couche cornée.

rition précoce. Elle existe déjà chez les fillettes de 3 ans, et tout mouvement du corps la fait « remuer... comme une gelée tremblante » (Levaillant).

Les gibbosités fessières étaient très accentuées sur une fille d'environ douze ans, au dire de Flower et Murie ; « elles augmentent à partir de la grossesse. Chez les Hottentotes, qui ne les présentent point aussi constamment, leur développement est moins rapide et moins complet ; peut-être même n'apparaissent-elles qu'après la première grossesse. Coexistant avec l'hypertrophie des petites lèvres, la stéatopygie constitue un caractère anthropologique d'une haute valeur qui a dû appartenir jadis à toute une race répandue du golfe d'Aden au cap de Bonne-Espérance, et dont les Boschimans seraient les derniers représentants non métisés. Elle disparaîtrait par le croisement des Boschimanes avec d'autres races (Péron et Lesueur, Knox). »

Elle existe dans les deux sexes, mais elle n'est bien développée que chez la femme. Sa « signification est loin d'être clairement établie. Contrairement à l'opinion de Cuvier, elle n'a rien de commun avec les protubérances fessières,

1. 1881. De Rochebrune, *Rev. d'Anthropol.*, p. 267.

vasculaires et érectiles de certains singes. Considérée par les peuplades qui la présentent, comme un caractère de beauté, il y a lieu de se demander si celles-ci n'auraient pas eu recours à quelque mode d'entraînement pour le développer. Peut-être n'est-elle qu'une simple variété acquise, sous l'influence du milieu et du genre de vie, comme la stéatopygie des races ovines africaines[1] ». Elle n'est pas sans analogie à la boule graisseuse de Bichat : comme elle, elle persiste alors même que l'individu en arrive aux degrés extrêmes de l'émaciation.

C) *Races jaunes.* — Dans les races jaunes comme dans les races noires, la paume des mains et la plante des pieds sont de couleur plus claire que le reste du tégument.

IV. — LA PEAU CHEZ LE VIEILLARD

La dégénérescence sénile « constitue le type le plus pur des altérations cutanées du groupe des dégénérescences primitives. Elle s'observe chez tous les vieillards, mais peut débuter même avant quarante ans, la sénilité de la peau, pas plus que celle d'autres organes, n'étant en rapport exact avec l'âge du sujet. Elle commence et prédomine à la face, au cou, au dos des mains et paraît en relation, dans une certaine mesure, avec l'exposition habituelle de ces régions à l'action de la lumière, des variations de température, etc.

« La peau sénile est mince, parcheminée et ridée parce qu'elle a perdu son élasticité, et souvent pigmentée en excès mais irrégulièrement. On y voit fréquemment des taches hypochromiques et des télangiectasies, ainsi que des élevures cornées (kératome sénile de Dubreuilh, crasse des vieillards).

« L'histologie y décèle de l'hyperkératose accentuée, avec une atrophie du corps muqueux qui est très aminci, et de la couche granuleuse qui fait défaut par places ; souvent l'épiderme envoie dans la profondeur des prolongements pleins qui pourront devenir le point de départ d'épithéliomas. » (Darier[2].)

Les modifications qu'éprouve le derme sont beaucoup plus importantes que celles de l'épiderme : « Quelquefois les papilles semblent plus développées, mais en réalité le corps papillaire s'est atrophié sur presque tout le corps. On est, au premier abord, frappé par la disparition presque complète des noyaux du tissu dermique. » (Remy.) Unna considère comme un caractère constant de la peau sénile, la présence d'amas de cellules rondes ou allongées, mais la plupart des auteurs contestent l'exactitude de ce fait.

Les faisceaux conjonctifs sont plus rapprochés et plus serrés qu'à l'état normal. Les fibrilles, qui les constituent, ont « diminué de volume, elles sont grêles et moins transparentes ».

Les fibres élastiques superficielles s'épaississent. Elles sont irrégulièrement onduleuses et subissent la dégénérescence colloïde. Le tissu élastique des parties profondes du derme garde au contraire ses caractères normaux

La pannicule adipeux s'atrophie (Robin).

« Les fibres lisses musculaires ont subi le sort des faisceaux musculaires striés; elles ont diminué de nombre et même disparu. C'est à la diminution de volume des libres lamineuses qu'est dû l'amincissement de la peau. La disparition des fibres lisses nous semble être la cause de la perte de la tonicité

1. 1887. Hovelacque et Hervé. *Loc. cit.*, p. 307.
2. Darier. *La Clinique dermatologique*, t. I.

cutanée chez les vieillards. La tonicité commence à disparaître précisément dans les points où l'on rencontre, à l'état adulte, le moins de fibres lisses. (face dorsale des mains).

« Les vaisseaux capillaires ont presque toujours leurs parois altérées par la dégénération graisseuse ou pigmentaire de leurs cellules endothéliales. »

Nombre d'entre eux ont subi la dégénérescence hyaline.

Aux modifications morphologiques de la peau répondent des modifications d'ordre chimique (Unna). Les éléments élastiques qui sont normalement acidophiles (élastine) se transforment en une substance basophile, l'élacine, et cette transformation est appréciable quand on les colore dans un mélange de bleu de méthylène et de safranine. Les réactions histo-chimiques des faisceaux conjonctifs sont pareillement modifiées. Chez le vieillard, trois substances se rencontrent dans ces faisceaux : la collastine, la collacine et le collagène basophile[1].

Consulter sur la vieillesse de la peau : 1. 1871. PATENOTRE. *Alt. de la peau chez les vieillards*. Thèse Paris. — 2. 1878. RÉMY. *Rech. hist. sur l'anat. norm. de la peau de l'homme à ses différents âges*. thèse Paris. — 3. 1891. SCHMIDT. Altersverand. der elast. fasern in der Haut. *Arch. Virchow*, vol. 125. — 4. 1894. REIZENSTEIN. Altersverand. der elast. fasern in der Haut. *Monat. f. prakt. Derm.* — 5. 1896. ORBANTE. *Mod. séniles de la peau*. Thèse Saint-Petersb. — 6. 1894. UNNA. *Die Histopath. d. Haut. Krankheiten* et *Monats. f. prakt. derm.*, XIX.

V. — ANOMALIES

Les anomalies du tégument externe, congénitales ou acquises, sont des plus nombreuses. Elles sont pathologiques pour la plupart et nous devons nous borner à passer en revue quelques-unes d'entre elles.

a) *Atrophie cutanée*. — Les atrophies cutanées font souvent qualifier « d'homme squelette » les sujets qui en sont affligés; ces atrophies sont fonction de sclérodermie ou d'atrophies musculaires diverses. Leur étude ressortit à l'anatomie pathologique. Quelques-unes d'entre elles sont de cause inconnue. Jusqu'à plus ample informé, on les désigne sous le nom d' « atrophies idiopathiques ».

Ces atrophies idiopathiques, circonscrites ou diffuses, débutent à l'âge adulte ou chez les vieillards. La peau est ridée et comparable « à une feuille de papier à cigarette qu'on aurait froissée dans les doigts ». Les lésions qu'on y rencontre sont multiples : le corps muqueux est atrophié; les papilles disparaissent; le derme proprement dit s'épaissit et subit la dégénérescence vitrée; l'hypoderme perd sa graisse normale; les poils tombent; les glandes se raréfient. Je ne puis que renvoyer aux traités et aux recueils de dermatologie pour les détails concernant ces atrophies.

b) *Cutis laxa*. Sous le nom de « Cutis laxa » on a décrit une curieuse anomalie du tégument externe. La peau pincée entre les doigts peut s'étendre dans des proportions extrêmes. Relâchée, elle reprend sa disposition primitive.

La peau du front arrive à recouvrir complètement les yeux chez un sujet observé par Schwimmer[2].

Tom Morris, « l'homme à la peau élastique ». « peut se tirer la peau des joues et celle de la poitrine de manière à les faire se rejoindre. Il fait de même pour la peau du front et des sourcils ». Enfin, il s'étire la peau du nez jusqu'à lui donner l'aspect d'une trompe d'éléphant[3].

Seiffert a observé un fait analogue chez un sujet de 19 ans. Il a montré que les fibres élastiques de la peau étaient normales; mais le derme, loin d'avoir une structure dense et fibreuse, était représenté par un tissu conjonctif jeune « d'apparence myxomateuse[4] ».

c) *Anomalies de la pigmentation*. Les anomalies cutanées dues au dépôt anormal de

1. La collastine serait une combinaison de l'élastine normale et de collagène dégénéré; la collacine serait une combinaison d'élacine et de collagène. Les réactions histochimiques de ces diverses substances sont indiquées dans les travaux de Unna et dans la *Dermato-histologische Technik*, de Joseph et Lœwenbach (1900).

2. 1893. SCHWIMMER. *Soc. de méd. de Budapest*, 7 janvier, et *Wien. med. Wochensch.*

3. 1898. EIFFER, *Le Correspondant médical*.

4. 1890. SEIFFERT. *Centralbl. f. klin. Med.*, n° 3.

pigment sont d'observation fréquente. Ce dépôt date parfois de la naissance: il peut être très accusé, et Genser a observé des nouveau-nés dont le tégument externe, très pigmenté, présentait çà et là (genoux, coudes, lombes) des taches de coloration noire (nigritie)[1].

Je rappelle, à titre de curiosité, qu'Orlandi a vu, chez un sujet, les taches pigmentaires du thorax se déplacer lentement[2].

Quand le pigment normal se résorbe, il en résulte une anomalie connue sous le nom d'achromie, de leucodermie. De ces anomalies par défaut, une seule nous retiendra : c'est l'albinisme qui s'observe chez l'homme comme chez les autres vertébrés (oiseaux, mammifères, etc.).

Albinisme. — C'est une difformité congénitale caractérisée par l'absence de pigment dans le tégument externe et ses dérivés (poils) et dans le globe oculaire (iris, choroïde). « Les albinos ne peuvent supporter la lumière solaire et voient mieux la nuit que le jour.... Leur peau est décolorée ou d'un blanc mat: leurs cheveux aussi: leurs yeux sont rougeâtres.... ils sont indolents et sans vigueur musculaire.

« Il existe des albinos incomplets chez lesquels tous les symptômes précédents s'observent, mais à un moindre degré. Ils passent facilement inaperçus parmi les blancs, mais sont très remarqués chez les noirs (nègres pies). Leurs cheveux sont blonds ou roux: leurs yeux bleu clair ou rougeâtres; leur peau café au lait ou tachetée.

« Les deux degrés se rencontrent dans toutes les races et sous tous les climats. Sur la côte occidentale d'Afrique, ils sont l'objet dans quelques cours indigènes, notamment au Congo, d'une certaine vénération sous le nom de Dandos. Le docteur Schweinfurth en a vu un grand nombre chez le roi des Monbouttous, sur les bords du Bahr-el-Ghazel: Pritchard faisait de leur présence, parmi les populations les plus noires du globe, un argument considérable en faveur de l'influence des milieux et de la dérivation de toutes les races humaines d'un même couple primitif. Il se complaisait à y revenir, et cependant, il était le premier à constater qu'ils avaient les cheveux aussi laineux et les traits aussi nègres que leurs compatriotes de la même tribu.... L'albinisme n'est qu'une monstruosité, un état pathologique. On en a vu guérir spontanément. » (Topinard, *l'Anthropologie*)[3].

d) Cornes. — Le tégument externe porte parfois à sa surface des excroissances connues sous le nom de cornes. Ces cornes paraissent surtout fréquentes chez la femme (75 femmes sur 120 cas). En additionnant les statistiques de Wilson et de Villeneuve qui portent sur 171 cas, nous les voyons se répartir comme il suit :

Tête		91 fois.
Tronc		27 —
Cuisse		28 —
Jambe et pied		16 —
Organes génitaux	Mâles	8 —
	Femelles	1 —

Ces cornes apparaissent le plus souvent chez des sujets âgés (31-50), et pauvres, là où le tégument est soumis à des irritations continuelles (contusions, plaies, cicatrices, lupus, etc.); mais il est souvent difficile de préciser leur origine anatomique, comme l'a montré Bland Sutton. Elles sont de forme conique, et souvent elles sont tordues (cas de François Trouillu (1599) rapporté par Mezeray et par de Thou). On a vu leur extrémité se ramifier (cas de Paul Rodrigues). Ces cornes qui peuvent atteindre 30 centimètres de longueur (Vidal), 3 ou 4 centimètres de diamètre, présentent des sillons transversaux et des cannelures longitudinales. Leur couleur est jaune ou brune. Leur consistance est dure. Les cornes qui sont tantôt fixes, tantôt mobiles, brûlent avec une odeur si spéciale, que cette odeur a permis de déterminer leur nature, avant l'emploi du microscope.

Les cornes apparaissent sous la forme d'une élevure conique, de consistance molle. Elles grandissent en perforant la couche cornée qui, dès lors, se dispose en collerette autour de leur point d'implantation.

Kaposi a montré que l'axe des cornes était constitué par un « groupe de papilles hypertrophiées à vaisseaux dilatés » et sur cet axe se dispose une enveloppe constituée par un épiderme stratifié, de type malpighien.

Beaucoup plus rares que les cornes solitaires sont les cornes généralisées. Ingrassias les observa, en 1553, sur une jouvencelle de Palerme qu'il guérit « avec la grâce de Dieu »; Saint-Georges Ash en 1685 a vu un cas analogue chez une Irlandaise, Anne Jackson: chez cette jeune fille, les cornes étaient apparues à l'âge de 3 ans. Alibert a étudié les frères

1. 1896. GENSER, *Soc. vienn. de Dermat.*, 29 avril 1896.
2. 1895. ORLANDI, *Riforma medica*, novembre, p. 506 et 518.
3. DARWIN et RAWITZ ont signalé, chez quelques animaux, une corrélation véritable entre l'albinisme incomplet et la surdité.

Lambert qui s'exhibaient à Paris en qualité « d'hommes porcs-épics». Et cette malformation a régné sur trois générations, dans la famille des Lambert. On trouvera dans le traité de Pathologie générale de Chantemesse et Podwyssosky[1] le dessin du cas de Smirnoff.

Je rappelle que les cornes sont d'observation ancienne. Leur présence indiquait la force et la sagesse, et Michel-Ange, dans sa statue de Moïse, a placé deux cornes sur le front du patriarche. Dans un certain nombre de cas, les auteurs ont noté, chez les porteurs de cornes, une tendance à la rumination. Rhodius aurait été le témoin d'un pareil fait, et Fabricius d'Aquapendente aurait vu ruminer le fils d'un homme cornu[2]. D'autres auteurs ont parlé de moines italiens « cornus et méricistes ». *A* ce propos, on s'est fort égayé des maîtres anciens. Mais il est très possible qu'ils aient observé le méricisme sur des individus porteurs de cornes. De là à rapprocher les faits et à les généraliser, il n'y avait qu'un pas. Ce pas, ils l'ont franchi. On aurait mauvaise grâce à leur en faire un crime.

Rappelons que les cornes ne sont pas très rares chez les animaux domestiques (chien, cheval). Thomas Bartholin (1754) figure dans son ouvrage un cheval porteur de cornes.

c) *Ossifications dermiques*. Les ossifications dermiques ne sont pas rares. Gegenbauer les considère comme déterminées par les pressions prolongées. Elles s'observent également chez les animaux. C'est ainsi que Lataste a vu chez un buffle du Cap un os dermique occuper tout l'espace compris entre les deux cornes.

Il y a lieu de séparer de ces ossifications vraies les concrétions phosphatiques et les calcifications dont la peau peut devenir le siège[3].

VI. — PROPRIÉTÉS ET FONCTIONS DE LA PEAU[4]

La peau est un organe de protection au sens le plus large du mot. Pour assurer cette protection le tegument présente des propriétés et des fonctions bien caractérisées.

« Par sa surface lisse qui facilite le glissement des corps contondants, par son épaisseur, sa résistance, son élasticité et sa mobilité, la peau s'oppose à la pénétration des instruments piquants, étale les chocs, se prête à la distension dans une certaine mesure et préserve aussi efficacement nos tissus contre les actions mécaniques offensives. Le coussinet graisseux fourni par l'hypoderme concourt pour sa part à atténuer leurs effets. »

Le tégument externe, en raison des corps gras dont il est imbibé, est un mauvais conducteur de la chaleur et de l'électricité. La graisse rend l'évaporation difficile à sa surface et limite considérablement les phénomènes d'absorption dont la peau peut devenir le siège.

L'absorption cutanée des solutions aqueuses ou salines est nulle ou insignifiante, dans les conditions ordinaires. Seules, les substances volatiles pénètrent la peau qui n'est pénétrée que par les corps gras, employés en frictions.

La peau sécrète trois humeurs, le lait, la sueur et le sébum.

Certaines de ces sécrétions permettent à l'organisme de se débarrasser des produits toxiques, accumulés dans le sang.

La peau est sensible. Son irritabilité peut être mise en jeu par des excitations si légères que, portées directement sur les nerfs sous-cutanés, ces excitations ne seraient point perçues et n'auraient aucun effet. Les terminaisons intra-épidermiques (dos de la main, joues), permettent à la peau d'apprécier la température. Les corpuscules de Meissner assurent le tact (pulpe des doigts); quant aux corpuscules paciniens situés au voisinage des articulations, ils nous font connaître les phénomènes de pression. Toutefois, Blix et Goldscheider pensent que les sensations de pression, de tact et de température sont perçues par des territoires distincts du tégument externe.

Enfin la peau intervient dans le phénomène de régulation de température. Les nerfs vasomoteurs entrent en jeu pour accroître ou pour diminuer le rayonnement et la sécrétion sudorale.

NOTES

A) On ignore encore le nombre de chromosomes que possèdent les cellules épidermiques en mitose. Sur la cornée humaine, qui n'est qu'un territoire différencié de l'épiderme, Flemming[5] a noté que les éléments en karyokinèse possédaient 23 chromosomes au moins et 27 au plus. Le nombre des chromosomes, constant dans les seules cellules embryonnaires,

1. 1901. CHANTEMESSE et PODWYSSOSKY. *Les Processus généraux*, t. I, p. 158, fig. 85.
2. On sait que le méricisme est souvent héréditaire, de même que les cornes cutanées.
3. Voir sur ce sujet : 1900. PROFICHET, Thèse Paris. — 1899. DERVILLE, *Congrès français de médecine* (août).
4. Pour toute cette physiologie, consulter l'article de CH. RICHET dans le *Dictionnaire* de Jaccoud (1878).
5. 1898. FLEMMING. *Anat. Anzeiger*, t. XIV, n° 6. p. 171-174.

[*A. BRANCA*.]

s'élevait donc probablement à 24. J'ajouterai que Zimmermann[1], qui a signalé la présence de corpuscules centraux dans un grand nombre de cellules épithéliales (la cornée y comprise), n'est jamais parvenu à démontrer les microcentres dans le tégument externe.

B) La karyokinèse est susceptible de présenter des anomalies diverses, du fait des conditions anormales auxquelles est soumis l'épiderme. En appliquant des courants électriques sur la peau, Galeotti a vu les cellules épidermiques s'allonger dans le sens du courant. Les figures karyokinétiques présentent une orientation identique.

Le même auteur a soumis des salamandres à des températures de 35 et 36 degrés. Il a vu se produire dans l'épiderme des mitoses anormales (mitoses pluripolaires, mitoses sans figures achromatiques, mitoses asymétriques[2]).

C) L'intervention de l'amitose dans la régénération physiologique de l'épiderme n'est pas encore tranchée. L'état lobulé des noyaux, si fréquent chez les larves de salamandre, n'est pas un signe de division directe comme l'a cru Goppert. Van der Stricht[3] rapporte cet état à la persistance des saillies que forment les chromosomes, avant de se rétracter au centre du noyau. Chez nombre d'Amphibiens (Triton, Axolotl, etc.) jeunes ou adultes, j'ai observé que la plupart des cellules épidermiques étaient parcourues par des incisures étroites, de nombre, de forme et de situation variables. En raison même de leur multiplicité, ces incisures ne sauraient être regardées comme l'indice de phénomènes de division directe.

D) Wentscher a recherché de quelle vitalité étaient capables les éléments de l'épiderme humain, séparés de l'organisme. L'auteur a pratiqué des greffes de Thiersch; ces greffes, plongées 10 jours dans l'eau salée physiologique, ont pu alors être transplantées avec succès. Des lambeaux épidermiques, conservés 3 semaines dans un milieu sec et stérile, et greffés alors, ont continué à vivre dans la moitié des expériences (30 succès sur 59 essais). Pour les détails histologiques de ces expériences, je renvoie au mémoire de l'auteur[4].

1. 1898. ZIMMERMANN. Contrib. à l'étude de quelques glandes et de quelques épithéliums. *Arch. f. mikr. Anat.*, LII, p. 552-706.

2. 1896. GALEOTTI. Production expérimentale de karyokinèses anormales, *Beitr. z. path. Anat.*, XX, p. 192-219

3. 1894. V. D. STRICHT. *Bull. de l'Ac. roy. de Belgique.*

4. 1898. WENTSCHER. Recherches exp. sur la vitalité de l'épiderme humain séparé de l'organisme. *Beitrag. z. path. Anat.*, XXIV, p. 101-162.

ARTICLE II

LES GLANDES CUTANÉES

GÉNÉRALITÉS

Partout où l'ectoderme oriente son évolution vers le type épidermique, partout donc où l'éléidine intervient pour assurer la kératinisation, des glandes se développent, qui méritent le nom de glandes cutanées.

Ces glandes caractérisent les vertébrés supérieurs au même titre que les poils ou les ongles. Elles sont connues sous le nom de glandes sébacées, glandes sudoripares et glandes mammaires.

Toutes trois proviennent de bourgeons émanés de l'ectoderme tégumentaire. Tantôt les bourgeons glandulaires procèdent directement du corps muqueux, tantôt ils émanent des germes pileux, qui sont eux-mêmes des dérivés ectodermiques.

Malgré leur provenance et leur forme originelle commune, les glandes tégumentaires acquièrent, au cours du développement, une morphologie un peu différente. Les glandes sudoripares sont des tubes cylindriques, assez régulièrement calibrés; les glandes sébacées et les mamelles sont du type acineux : les canaux excréteurs aboutissent à des culs-de-sac, renflés à leur base, qui sont les grains glandulaires, les culs-de-sac sécréteurs.

Histologiquement parlant, les glandes cutanées comprennent deux segments.

Le segment sécréteur est multistratifié dans la glande sébacée; dans la sudoripare comme dans la mamelle, on y compte seulement deux assises cellulaires. L'assise interne peut être qualifiée d'épithélium glandulaire. L'assise externe est de nature contractile, dans la sudoripare (cellules myo-épithéliales). comme dans la mamelle (?) (paniers de Boll).

Le canal excréteur est représenté, sur toutes ces glandes, par un épithélium stratifié.

La sueur, le lait, le sébum sont les trois produits de sécrétion des glandes cutanées. Ces trois produits ont un caractère commun : ils contiennent tous de la graisse. C'est de la graisse, presque exclusivement que sécrètent les glandes sébacées. Les sudoripares élaborent un liquide séreux où la graisse n'existe qu'en infime proportion. Dans la mamelle, graisse et plasma se forment en abondance : le lait tient donc à la fois de la sueur et du sébum, et par sa composition chimique et peut-être par son mode de sécrétion.

Tandis que le sébum résulte, en effet, de la destruction d'éléments cellulaires, tandis que la sueur provient d'un travail histologique qui permet à la cellule glandulaire de survivre à son fonctionnement, il semble que la mamelle occupe une place intermédiaire entre les glandes holocrines (telles que les glandes sébacées) et les glandes mérocrines (telles que les sudoripares). « Elle est surtout mérocrine, nous dit Renaut. Ses cellules ne deviennent pas caduques pour passer ensuite dans la sécrétion. Certaines d'entre elles, en revanche, détachent des bourgeons cellulaires destinés à subir, au sein du produit

[A. BRANCA.]

déjà sécrété, une dissolution de leurs éléments constitutifs, une sorte d'histolyse. La mamelle est donc aussi, bien que très accessoirement, une glande holocrine. Elle fournit à la sécrétion lactée certains éléments issus de la substance même de ses cellules glandulaires ».

Enfin les glandes tégumentaires se différencient encore par un autre caractère de leur sécrétion. Les glandes sébacées déversent leur sébum, à la surface de la peau, d'une façon régulièrement continue. L'excrétion de la sueur est continue, mais irrégulière; elle subit des variations incessantes qui sont commandées par le jeu des organes (digestion, exercice musculaire) ou par l'état physique du milieu extérieur où nous vivons. Quant à la mamelle, c'est seulement pendant la période d'allaitement qu'elle fonctionne. Sa sécrétion est alors continue, mais l'excrétion du lait ne se produit qu'à l'occasion des sucions du nouveau-né : elle est intermittente[1]

I

LES GLANDES SUDORIPARES

CHAPITRE PREMIER

DÉVELOPPEMENT DES GLANDES SUDORIPARES

1° *Stade du germe sudoripare.* — Chez l'embryon du quatrième au cinquième mois, on voit apparaître, au sommet des crêtes primaires de l'ectoderme, des bourgeons pleins et rectilignes, qui proviennent de la couche basilaire. Ces bourgeons, de couleur jaunâtre, pénètrent perpendiculairement dans le derme. L'absence de tout nodule conjonctif, au pourtour du bourgeon épithélial, suffit déjà à différencier le germe pileux du germe sudoripare[2].

Formé de cellules épithéliales, toutes semblables entre elles, le germe sudoripare traverse le chorion et s'arrête, chez l'homme, dans la région où se développera le pannicule adipeux.

Rappelons que les germes sudoripares apparaissent, d'abord, sur les régions glabres et plus tard sur les régions pileuses. Ils se développent plus tôt sur la face palmaire que sur la face dorsale des doigts, plus tôt sur le troisième doigt que sur tous les autres (Kölliker).

Au cours du cinquième mois, l'extrémité profonde du germe pileux se renfle légèrement et se replie, à la manière d'un crochet dont la concavité regarde la surface de la peau.

Ce crochet disposé en crosse se replie, de plus en plus, sur lui-même

1. C'est donc à côté des glandes sébacées et sudoripares qu'on devrait logiquement écrire l'histoire des glandes mammaires; mais l'évolution de la mamelle est intimement liée à l'évolution de l'appareil de reproduction. En raison de ces liens physiologiques, c'est avec les organes génitaux qu'est étudiée la glande mammaire, dans ce traité, comme dans beaucoup d'autres.

2. Nous verrons ultérieurement que le germe pileux se caractérise encore par sa couleur blanche, et par son obliquité vis-à-vis de la surface du tégument externe.

2° *Stade de différenciation des segments sécréteur et excréteur.* — L'apparition du glomérule marque le début de cette période. Entouré de cellules conjonctives, bien distinctes du derme ambiant, la glande est limitée par une membrane basale, qui est surtout épaisse dans la profondeur du bourgeon.

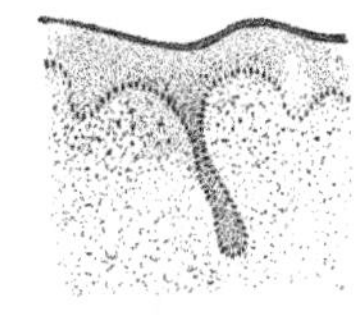

Le segment sécréteur, légèrement renflé, et primitivement plein, se creuse d'une lumière large que limitent deux assises cellulaires, l'une interne, l'autre externe. La première est formée d'éléments glandulaires de forme prismatique, la seconde est représentée par une rangée de cellules très minces, qui deviendront ultérieurement myo-épithéliales[1].

Fig. 487 et 488. — Développement des glandes sudoripares de la plante du pied. (D'après von Brunn.)

La figure 487 se rapporte à un fœtus de 5 mois, la figure 488 à un fœtus de 7 mois.

Quant au canal excréteur[2], sa lumière apparaît au 6e ou 7e mois (Mac Leod), c'est-à-dire après celle du glomérule. Sa paroi est constituée par deux assises cellulaires. Une mince cuticule revêt le pôle libre de la plus intérieure de ces assises. C'est seulement plus tard que se développent les réseaux vasculaires qui se distribuent au pourtour de la glande.

3° *Stade de formation de l'orifice émissaire.* — Pendant tout ce troisième stade les glandes s'allongent. Leur glomérule se contourne de plus en plus.

Jusqu'ici, le segment excréteur, bien que canalisé, ne s'ouvre pas à la surface de la peau. Celle-ci n'accuse la présence de la glande par aucune dépression infundibuliforme. C'est seulement chez le fœtus du 7e mois (Minot) ou même seulement au cours du 1er et du 2e mois qui suivent la naissance, qu'on voit l'épiderme se creuser d'un trajet, en regard de chaque canal sudorifère.

Ce trajet dessine une spirale dont les tours seront de plus en plus fermés et de plus en plus nombreux. Quand l'orifice émissaire est devenu perméable, la sueur commence à se déverser à la surface du tégument. En raison même de l'époque tardive où se forme le pore émissaire, on ne saurait admettre que le liquide amniotique provient des glandes sudoripares.

CHAPITRE II

MORPHOLOGIE DES GLANDES SUDORIPARES

I. **HISTORIQUE.** — Des glandes sudoripares, on n'a connu tout d'abord que l'orifice cutané. Sténon en 1683, Grew en 1684, Albinus (1684-1685), Leuwenhoeck en 1717 font mention des pores de la peau[3]. C'est seulement en 1834, qu'en France, Roussel de Vauzème et Breschet, qu'en Allemagne,

1. Au 5e mois, ce segment présente un calibre de 40 à 45 μ; au 6e mois, son diamètre s'élève à 65 ou 70 μ.
2. Au 5e mois, le diamètre du canal excréteur est de 20 à 25 μ; au 6e mois, ce diamètre s'élève à 40 μ (36 45 μ).
3. Il est probable que bien avant tous ces auteurs, Rabelais a observé les pores de la peau. L'un de ses héros avait « l'épidermis comme un beluteau » (c'est-à-dire comme un crible).

Purkinje et Wenot décrivirent simultanément les glandes sudoripares de l'adulte.

II. ASPECT GÉNÉRAL. — Les glandes sudoripares sont constituées par un long tube dont l'extrémité profonde est terminée en cul-de-sac, et dont l'extrémité superficielle s'ouvre, à la surface de la peau, par un orifice arrondi, désigné du vulgaire sous le nom de pore.

Le tube sudoripare comprend deux portions : l'une est enroulée sur elle-même, à la façon d'un peloton : c'est la région sécrétrice ou glomérule sudoripare. L'autre est destinée à conduire au dehors les produits de l'élaboration du glomérule : c'est le tube sudorifère qui présente deux segments : 1° un segment profond, qui traverse le derme en ligne droite, et doit porter le nom de *canal* sudorifère; 2° un segment superficiel, enroulé en tire-bouchon, qui est creusé dans l'épiderme et n'a pas de paroi propre : c'est le *trajet* sudorifère. Telle est la glande sudoripare dans ses parties essentielles.

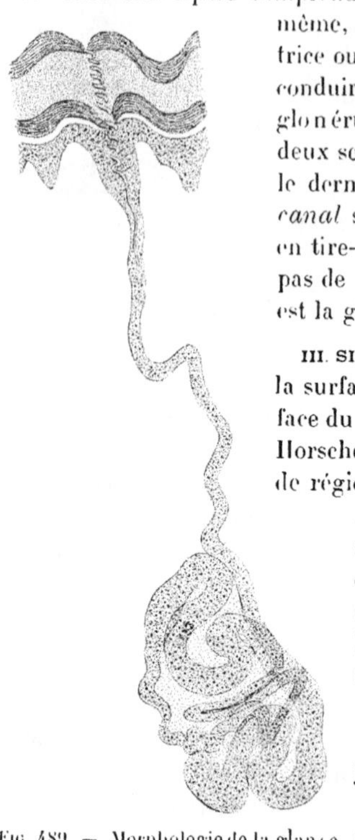

FIG. 489. — Morphologie de la glande sudoripare.

Cette figure, empruntée à von Brunn et dessinée à un grossissement de 45 diamètres, représente la totalité d'une glande sudoripare. Elle provient d'une coupe épaisse de la peau, traitée par l'acide acétique.

III. SIÈGE. — Les glandes sudoripares sont semées à la surface de la peau. Elles existent sur toute la surface du tégument externe au dire d'un élève de Stiéda Horschelmann[1]. Cependant il est un certain nombre de régions de l'organisme où les glandes sudoripares font défaut. Telles sont la face antérieure des ongles, les petites lèvres[2], la partie inférieure des grandes lèvres, la face interne du prépuce et le gland, la face interne du pavillon de l'oreille. A ces régions, il importe de joindre encore (Robin[3]) la peau des sourcils et les régions du tégument externe où les muscles peaussiers viennent prendre insertion (front, joues, ailes du nez).

Partout ailleurs, les glandes sudoripares se retrouvent à la surface de la peau, même sur la caroncule lacrymale (Desfosses), même sur la face externe du pavillon de l'oreille (Horschelmann) où leur présence a jadis été niée.

IV. NOMBRE. — Le nombre des glandes sudoripares qui s'ouvrent à la surface de la peau a été apprécié très diversement. Leuwenhoeck estime le nombre des glandes sudoripares à 2016000000; Eichorn donne le chiffre de 15 millions. Pour Krause, les glandes sudoripares sont au nombre de 2400000, et pour Sappey de 2 millions seulement.

V. RÉPARTITION. — Les glandes sudoripares sont très inégalement réparties à la surface de la peau. Rares sur la face externe du pavillon de l'oreille et sur

1. 1875. HORSCHELMANN. Thèse Dorpat.
2. Sauf peut-être à leur partie antérieure (Webster).
3. 1881. [illegible]. Thèse Paris.

les paupières, elles sont plus nombreuses à la face antérieure du corps qu'à la face postérieure, plus nombreuses aussi sur la face de flexion que sur la face d'extension des membres (Cruveilhier).

Sappey compte 120 glandes par centimètre carré, là où l'épiderme est mince ; là où cet épiderme est épais (plante du pied, paume des mains), ce nombre s'élève à 371. Dans le creux de l'aisselle, cet auteur a même signalé une région circulaire, d'un diamètre de 3 à 4 centimètres, où les glandes sudoripares étaient plus nombreuses encore.

Krause a compté, par pouce carré, le nombre des glandes annexées aux divers territoires cutanés. Il est arrivé aux résultats suivants :

Région	Nombre de glandes par pouce carré
Paume des mains	2700
Plante des pieds	2700
Dos de la main	1500
Front et cou	1300
Thorax, abdomen, bras	1100
Dos du pied	900
Joues et cuisse	500 à 600
Nuque, dos et siège	400 à 600

VI. RAPPORTS. — Le glomérule des glandes sudoripares se reconnaît facilement à sa couleur jaunâtre ou rosée qui tranche sur la couleur blanche du tissu ambiant. Sa situation varie avec les régions considérées.

Tantôt les glomérules, isolés ou réunis par groupes de 4, 5 ou 6, occupent l'épaisseur de la peau ; ils sont intra-dermiques, ils se montrent logés dans les aréoles du chorion. C'est là leur siège le plus rare, celui qu'on observe par exemple, sur la nuque et sur la partie supérieure du dos.

Tantôt et c'est la règle, les glomérules sont sous-dermiques. Ils sont plongés dans le tissu sous-cutané. Une telle disposition s'observe aux extrémités des membres et du tronc (mains, pieds, aréole du sein, organes génitaux, aisselle).

Tantôt enfin, comme à la paume de la main, les glandes sudoripares sont de siège variable : elles sont ici sous-dermiques ; ailleurs elles sont intra-dermiques.

VII. DIMENSIONS. — La taille des glandes sudoripares est sujette à des oscillations fort étendues ; d'après le volume de leur glomérule, on a distingué des glandes sudoripares grosses, moyennes, et petites.

Les grosses glandes sont celles de l'aisselle et du front. Leur diamètre atteint, 1, 2, 3 ou 4 millimètres, et davantage. Les glandes les plus volumineuses seraient les glandes du mamelon, hypertrophiées du fait de la grossesse.

Les glandes, dites moyennes, ont un diamètre de 3 à 500 μ ; on en observe à l'aine et sur la région antéro-latérale du thorax.

Les petites glandes ne dépassent pas 100 ou 200 μ. Elles sont réparties sur toute la surface du corps, et sont isolées ou mélangées aux glandes grosses et moyennes. On les trouve à l'aisselle, sur les paupières, le nez, le fourreau de la verge, le scrotum, etc.

La taille et l'abondance des glandes sudoripares varie, d'ailleurs, avec nombre de conditions (race, âge, etc.).

1° *Race.* — Les glandes sudoripares sont très développées chez les nègres et les Ethiopiens, dont le tégument doit lutter sans cesse contre une temperature fort élevée. Elles seraient très rares chez les Fuégiens, au dire de Bischoff (1882).

2° *Age.* — Les glandes s'atrophient avec l'âge. Elles sont plus petites chez le vieillard que chez l'adulte.

3° *Variations individuelles.* — Les glandes sudoripares sont parfois très rares. Elles peuvent faire complètement défaut. Taendlau a observé un homme de 47 ans qui n'a jamais pu transpirer, et qui souffrait beaucoup à la moindre élévation de température. Se trouvait-il au soleil ? sa température montait à 40°,8. Chez ce sujet, tout l'ectoderme avait subi un arrêt de développement. La peau était lisse et mince ; la dentition se réduisait à 2 incisives et 2 molaires implantées à la mâchoire supérieure ; le système pileux était remarquablement peu fourni. Les glandes cutanées semblaient faire défaut : le sujet n'avait pas de mamelles : les cheveux n'avaient pas de glandes sébacées pour annexes ; les glandes sudoripares étaient absentes à l'avant-bras que l'auteur a spécialement examiné ; elles étaient vraisemblablement absentes sur le reste du corps, car Taendlau n'a jamais pu provoquer de sueur à l'aide d'injections de pilocarpine[1].

VIII. FORME. — C'est Heynold[2] qui le premier (1874) a distingué dans la glande le glomérule, qui élabore la sueur, et le conduit excréteur, qui amène le produit de sécrétion à la surface de la peau.

A) *Glomérule.* — Le glomérule présente, dans son ensemble, une forme arrondie. Il est nettement sphérique, quand il est situé dans le tissu cellulaire sous-dermique ; il affecte la forme d'un cône, d'une pyramide à grand axe vertical, quand il siège dans l'épaisseur du derme.

Il est formé d'un tube contourné sur lui-même. Il « pend à l'extrémité du canal excréteur, comme une pelote au bout du fil qui la forme et qu'on aurait déroulée, dans une fraction de son parcours » (Renaut). Ce tube est uniformément calibré et les dilatations qu'il présente parfois sont pathologiques. Par l'une de ses extrémités, ce tube se termine en cul-de-sac sans présenter de renflement terminal ; par l'autre il s'abouche avec le canal excréteur. Les flexuosités qu'il décrit varient d'une glande à une autre et ses deux extrémités n'ont aucune situation fixe, l'une par rapport à l'autre.

B) *Conduit sudorifère.* — Étendu du glomérule à la surface de la peau, le tube sudorifère émerge de l'intérieur du glomérule[3] ou d'un point quelconque de sa surface. Il est plus étroit que le glomérule. Il commence par un renflement léger du tube sécréteur et parcourt successivement le derme et l'épiderme.

a) Dans le derme son trajet est rectiligne et sensiblement vertical, c'est-à-dire perpendiculaire ou légèrement oblique à la surface du tégument externe. Parfois cependant, il est un peu contourné au niveau de son extrémité glomérulaire ; il ne tarde pas toutefois à devenir rectiligne.

b) Dans l'épiderme, ce conduit se comporte diversement, suivant que l'épiderme est mince ou qu'il est épais.

Quand l'épiderme est mince, le conduit embroche un bourgeon interpapillaire, traverse le corps muqueux en ligne droite, et se contourne en spirale dans

1. 1900. Taendlau, *Berl. med. Gesellschaft*, 31 octobre.
2. 1874. Heynold, *Archives de Virchow*, t. LXI.
3. De cette description résulte comme un fait important : le glomérule ne représente pas seulement le segment sécréteur de la glande sudoripare. Il comprend encore une partie de son conduit d'excrétion.

la couche cornée pour aboutir à « un pore » qui constitue son orifice émissaire.

Là où l'épiderme est épais (paume des mains, plante des pieds), le derme est sillonné de crêtes dermiques dont le sommet est muni de deux papilles. Le tube sudorifère aborde l'épiderme au sommet du bourgeon épidermique qui sépare les deux papilles; il s'enroule sur lui-même, en pénétrant dans le réseau de Malpighi, et décrit dans l'épiderme 20 à 30 tours de spire. Ces tours de spire sont très réguliers; ils sont aussi très rapprochés; ils ne sont pas cependant exactement superposés : l'axe de la spire n'est pas représenté par une ligne rigoureusement perpendiculaire à la surface libre du tégument.

L'orifice cutané du canal excréteur s'ouvre au sommet des crêtes papillaires, par un pore qui présente une double obliquité : il est oblique par rapport à la surface de la peau, oblique par rapport à l'axe du canal. Aussi, les corps étrangers n'y pénètrent-ils que difficilement.

Dans certaines glandes sudoripares (glandes cérumineuses) l'orifice superficiel du tube sudorifère ne s'ouvre plus à la surface du tégument. Il aboutit au follicule pileux, et l'on peut voir deux ou trois glandes déboucher dans chaque follicule (Hassal, Schültze, Schwalbe, Alzheimer).

CHAPITRE III

HISTOLOGIE DES GLANDES SUDORIPARES

La distinction qu'établit la morphologie entre le glomérule et le canal sudorifère, se légitime encore quand on étudie histologiquement les deux parties de la glande sudoripare.

I. **GLOMÉRULE.** — A un faible grossissement, le glomérule apparaît, sur les coupes, comme formé d'une série de cavités accolées les unes aux autres. Ces cavités, à contour arrondi ou elliptique, ne sont, en réalité, que la section, sous diverses incidences, des divers segments du même tube glomérulaire. A un fort grossissement, on trouve le glomérule limité par une membrane vitrée qui donne insertion à deux assises cellulaires, l'une externe, l'autre interne.

1° *Basale.* — La membrane basale des glandes sudoripares est plus épaisse (2 à 4 μ) que la vitrée du revêtement épidermique, avec laquelle elle se continue d'ailleurs. Elle a les mêmes réactions que cette vitrée : elle se colore, comme elle, en bleu pur avec l'hématoxyline. Sa face externe est en rapport avec les cellules conjonctives et les réseaux élastiques du derme. Sa face interne porterait de fines crêtes qui s'engrènent avec les crêtes que présente le pôle périphérique des cellules glomérulaires.

2° *Assise myo-épithéliale.* — L'assise externe de l'épithélium sudoripare est constituée par des cellules musculaires, d'origine épithéliale, c'est-à-dire par des cellules myo-épithéliales. Ces cellules ont le type d'éléments peu différenciés. Elles présentent à la fois les propriétés du muscle et de l'épithélium, et ne sont pas sans analogie avec les cellules myo-épithéliales que Kleinenberg a décrites dans l'hydre d'eau douce.

Les cellules myo-épithéliales (A) ont été signalées par Kölliker (1849) et par Heynold (1874), qui les croyaient extérieures à la membrane basale. Leur étude a été reprise par Herrman[1]; Ranvier, deux jours plus tard, publiait une note à l'Académie des sciences « sur la structure des glandes ». Herrman et Ranvier établissent la situation exacte des cellules externes du glomérule, mais sont divisés sur la nature de ces éléments, qu'on s'accorde généralement à regarder comme musculaires (B).

Situées entre la basale et l'assise interne des cellules glomérulaires, les cellules myo-épithéliales se montrent comme des éléments fusiformes[2], dirigés obliquement par rapport à l'axe du tube, autour duquel ils dessinent une spirale allongée.

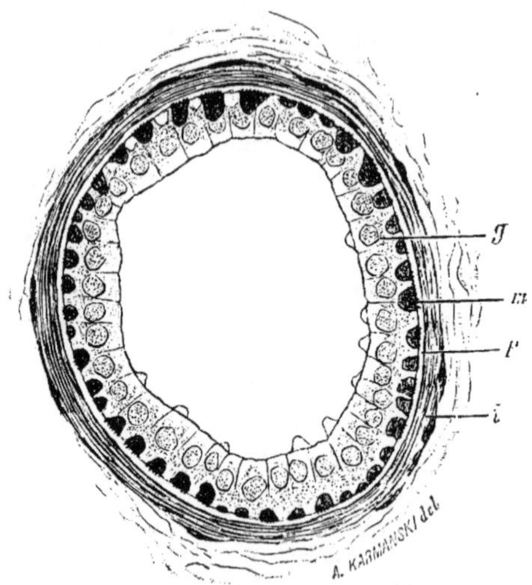

Fig. 490. — Coupe transversale de l'ampoule d'une glande sudoripare de la pulpe du doigt de l'homme. (D'après Ranvier.)

g. cellules glandulaires. — *m*. cellules musculaires. — *p*. membrane propre. — *t*, tunique connective

Ces cellules sont formées d'un corps cellulaire et d'un noyau. Le noyau, allongé suivant l'axe de la cellule, fait saillie sur la face interne de l'élément; il est au contact des cellules glandulaires. Le corps cellulaire comprend deux portions : 1° l'une interne, claire, enveloppe le noyau (protoplasma périnucléaire); 2° l'autre externe, fibrillaire, vient au contact de la basale. Elle représente une véritable semelle contractile; sa surface porte de longues crêtes qui s'incrustent dans la membrane vitrée, et demeurent solidement attachées.

Les auteurs ne sont pas d'accord sur les rapports qu'affectent entre elles les cellules myo-épithéliales. Pour les uns (Renaut), les cellules myo-épithéliales sont disposées en nappe continue. Elles séparent d'une façon complète l'épithélium glandulaire et la basale, entre lesquels elles s'interposent. Pour Ranvier, bien au contraire, les cellules musculaires ne sont pas disposées en couche continue; elles sont séparées les unes des autres; leur ensemble dessine, à la surface du glomérule, un grillage[3]. J'ai fait une pareille observation sur la pulpe des doigts des Lémuriens : l'épithélium glandulaire vient au contact de la

1. 1879. Herrman. Particularités relatives à la structure des glandes sudoripares. *Compt. rend. Soc. Biol.* 27 déc.

2. En raison de leur obliquité, les fibres musculaires agissent à la fois comme fibres longitudinales et comme fibres circulaires. Elles raccourcissent le tube secréteur en même temps qu'elles réduisent son diametre transversal

3. Cette disposition permet au plasma de penetrer rapidement jusqu'à la cellule glandulaire qui parfois est appelee à sécreter rapidement une quantité de sueur considerable.

membrane basale partout où les cellules myo-épithéliales font défaut, partout où il existe des mailles dans le réseau que dessinent ces cellules.

3° *Assise glandulaire.* — L'assise interne du revêtement glomérulaire est de nature glandulaire. Elle est représentée par des cellules prismatiques, disposées sur un seul rang, et implantées perpendiculairement à la membrane vitrée (C).

Le pôle d'implantation de la cellule glandulaire est tourné vers la périphérie du tube glomérulaire; il vient au contact de la membrane basale, quand les cellules myo-épithéliales sont absentes à son niveau. Partout où se développe l'élément musculaire, la cellule glandulaire reste à distance de la vitrée, ou se relie à cette vitrée par des prolongements lamelleux, qui s'insinuent entre les cellules myo-épithéliales. Aussi les cellules musculaires sont-elles entourées, sur trois de leurs faces, par les éléments glandulaires. Le pôle apical de la cellule sudoripare est tourné vers la lumière du glomérule. Ses faces latérales sont en rapport avec les faces latérales des cellules voisines. Çà et là, on voit la lumière glandulaire se prolonger, entre les faces de deux cellules épithéliales, sous forme d'un *canalicule intercellulaire*, à direction radiée, qu'on peut suivre[1] jusqu'au voisinage de la basale (D). Ce canalicule se prolonge même dans l'intérieur de la cellule sudoripare (*canalicule intracellulaire* de Zimmerman).

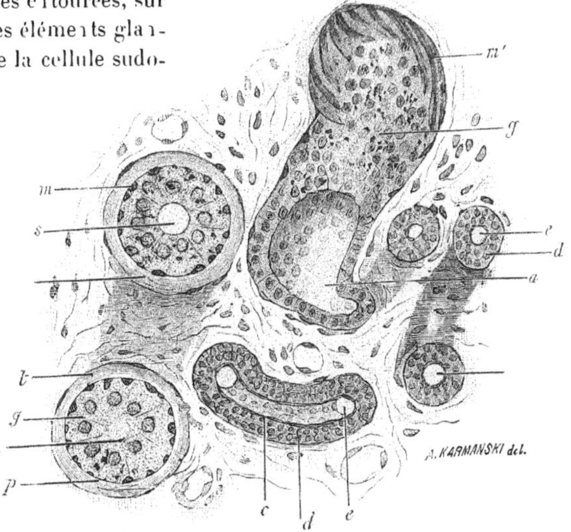

Fig. 491. — Glande sudoripare de la pulpe du doigt de l'homme (coupe au niveau du glomérule). (D'après Ranvier.)

s, tube sécréteur. — *a*, ampoule du tube sécréteur au point où il se continue avec le canal excréteur. — *g*, cellules glandulaires renfermant quelques granulations graisseuses, colorées en noir par l'acide osmique (la glande a été fixée par injection, dans les vaisseaux sanguins, d'une solution osmique à 1 pour 100. — *m*, fibres musculaires (cellules contractiles) — *m'*, ces mêmes éléments coupés obliquement. — *c*, canal excréteur revêtu d'une double couche épithéliale (*d*). *e*, sa cuticule interne. — *p*, membrane propre (vitrée) des canaux sécréteurs. — *t*, tunique conjonctive.

Les cellules glandulaires examinées, non plus dans leurs rapports, mais dans leur structure, nous montrent un petit noyau arrondi, nucléolé, situé à mi-hauteur de la cellule. Au voisinage du noyau, Zimmerman trouve, dans le cytoplasma, une paire de microcentres (E). Le corps cellulaire est nu; il est chargé de fines granulations qui se disposent à la file, en série, parallèlement au grand axe de l'élément, et donnent à la

1. Le canalicule intercellulaire est une formation permanente. Il est entouré par les schlussleisten de Bonnet (bandelettes obturantes), c'est-à-dire par du ciment ou plutôt par du protoplasma différencié. Le canalicule intra-cellulaire, tout au contraire, est une formation vraisemblablement transitoire, creusée dans le cytoplasme de la cellule sécrétante.

cellule un aspect strié. Ces granulations sont constituées les unes par du pigment, les autres[1] par de la graisse.

II. **MODE DE CONTINUITÉ DU GLOMÉRULE ET DU CANAL EXCRÉTEUR.** — Examinons maintenant comment se continuent les deux segments de la glande sudoripare. Au point où s'unissent le tube excréteur et le glomérule, la vitrée se poursuit sans interruption. Les cellules myo-épithéliales se disposent en sphincter et elles font suite aux cellules basilaires du canal excréteur. Ficatier déclare n'avoir jamais pu voir nettement le point où disparaissent les cellules myo-épithéliales. Quant aux cellules internes du canal, elles succèdent aux cellules glandulaires du glomérule

III. **CANAL SUDORIFÈRE.** — Un léger renflement du tube glomérulaire marque le début du canal sudorifère. Ce canal apparaît formé essentiellement d'une double assise de cellules épithéliales implantées sur une basale :

1° *Basale.* — La basale du canal sudorifère est en rapport par sa face externe avec le tissu conjonctif du derme et avec les réseaux élastiques qui engainent la glande sudoripare.

Des cellules épithéliales, disposées sur deux rangées reposent sur elle : la rangée externe répond à l'assise basilaire de l'épiderme ; la rangée interne limite la lumière du canal.

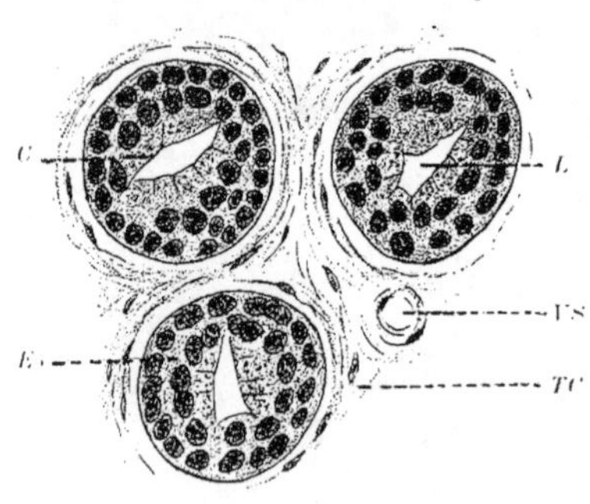

Fig. 492. — Canaux sudorifères. (D'après Kölliker.)

L, lumière du canal. — *E*, cellules épithéliales avec leur cuticule *C*. — *TC*, tissu conjonctif et vaisseau sanguin *VS* entourant les canaux sudorifères.

2° *Cellules externes.* — Les cellules externes sont allongées, et leur protoplasma est clair et transparent comme celui des cellules de la gaine externe des poils.

3° *Cellules internes.* — Les cellules internes sont épaisses ; leur pôle libre est revêtu d'une cuticule rigide et résistante, que brunit fortement l'acide osmique. La présence de cette formation indique assez qu'il ne se passe aucun phénomène de sécrétion, au niveau du canal sudorifère.

Ajoutons qu'au voisinage du bourgeon épithélial inter-papillaire, l'épithélium du canal sudorifère se stratifie sur trois ou quatre assises. Sur tout son trajet, la lumière du canal est généralement circulaire ou de forme ovale.

IV. **TRAJET SUDORIFÈRE.** — Lorsque le canal sudorifère émerge du derme, il aborde l'épiderme et perd sa paroi propre. Une simple lacune, bordée de toutes parts par des cellules épidermiques, représente le trajet sudorifère.

Au niveau du corps muqueux de Malpighi, ce trajet est limité par des cellules qui se sont disposées concentriquement sur deux ou trois rangs autour du trajet :

1. Tschlenoff a décrit récemment des granulations qui réduisent l'acide osmique et se teignent en rouge par la fuchsine phéniquée, comme le bacille de Koch. Ces granulations se colorent en noir après l'action des dissolvants de la graisse, ce ne sont point des granulations graisseuses ; mais l'auteur ne discute point leurs relation avec le pigment (Voir *Arch. f. Dermat.*, 1899, t. XLIX, p. 185) et nous savons par les travaux de Ledermann, de Barlow (1895), de Dreysel (1896), qu'une partie des pigments cutanés réduit l'acide osmique comme la graisse. Traité au préalable par les solutions chromiques, ce pigment, mis en présence de l'acide osmique, ne se colore plus en noir, à l'inverse de la graisse.

elles sont aplaties et se montrent chargées de granulations d'éléidine, et cela sur un plan bien inférieur à celui qu'occupe le stratum granulosum. Elles ont donc subi une évolution hâtive. L'assise la plus interne de ces cellules élabore une cuticule[1].

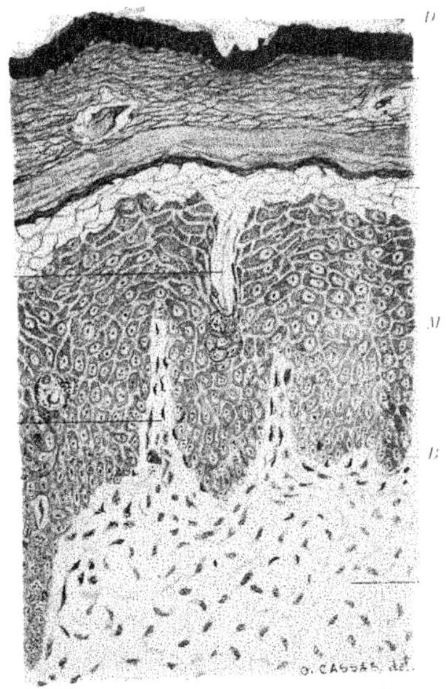

Fig. 493. — Coupe de l'épiderme et de la partie superficielle du derme.

DE, derme avec ses papilles *P*; l'épiderme avec ses diverses couches, *B*, couche basilaire. — *M*, corps muqueux de Malpighi. — *G*. stratum granulosum. — *L*, stratum lucidum. *C*, couche cornée. — *D*, lame desquamante. — *S*, trajet sudorifère bordé de cellules qui se sont chargées d'éléidine.

Dans la couche cornée, le trajet sudorifère décrit des tours de spire, serrés les uns contre les autres. La sueur s'infiltre dans la couche cornée « comme un fleuve dans les sables ». Elle s'écoule à la surface du tégument par le pôle sudoral, disposé obliquement par rapport à la surface de la peau et par rapport à l'axe du trajet.

Telle est la structure de la glande sudoripare chez l'adulte.

Chez le vieillard, la glande s'atrophie et ses épithéliums sécréteurs s'infiltrent de graisse et de pigment.

V. HISTO-PHYSIOLOGIE DE LA SÉCRÉTION SUDORALE.

— Des cellules glandulaires et des cellules musculaires constituent les parties essentielles du glomérule. Ces deux ordres d'éléments peuvent entrer en jeu séparément, sous l'influence d'excitants divers, et il est possible d'étudier les modifications cellulaires qui accompagnent les actes sécrétoires et la contraction musculaire du glomérule[2].

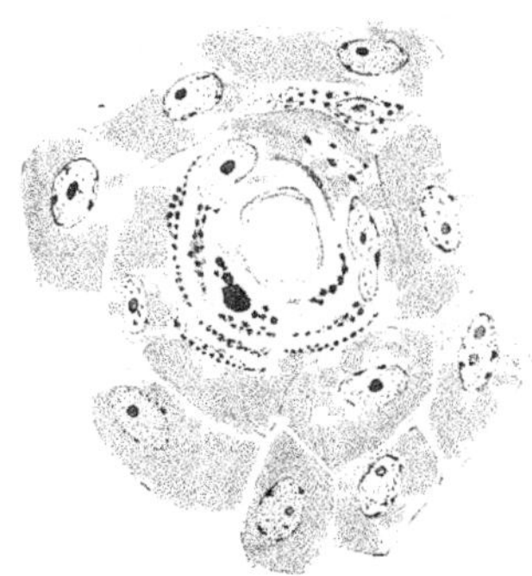

Fig. 494.

Le trajet sudoripare vu en coupe transversale, avec sa lumière ronde, sa cuticule, et sa bordure de cellules chargées d'éléidine.

a) *Phénomènes sécrétoires* (F). — La glande qui vient de sécréter abondamment présente des cellules glandulaires de forme basse et de taille exiguë. Leur protoplasma est clair et n'a plus l'aspect strié. Le noyau est volumineux au point de représenter la majeure partie de l'élément.

La lumière du glomérule est large. Un caillot l'occupe, dont le contour est muni d'encoches. Ces encoches sont dues aux gouttes sarcodiques émanées des cellules

1. Cette cuticule est formée d'autant de pièces qu'il existe de cellules internes dans le canal sudorifère.

2. Consulter sur ce sujet : 1881. Bubnoff. *Arch. f. mikr. Anat.*, XX, p. 109. — 1891. Max Joseph. *Arch. f. Anat. u. Phys.*, p. 81-87. — 1894. Renaut. Dispositif anat. et mécan. de l'excrét. des glandes sudoripares. *Ann. de Dermat.*, août et septembre.

glandulaires. Ce caillot est constitué par du plasma à peine modifié. Il est de nature albumineuse et coagulable par les réactifs; il contient parfois des détritus cellulaires; son élimination donne lieu à la sueur visqueuse de l'agonie. Ajoutons que le tissu conjonctif périglomérulaire est semé de globules rouges et blancs. Ces derniers pourraient passer dans le produit de sécrétion.

b) *Phénomènes contractiles.* — Si on examine, comme l'a fait Renaut, des glandes sudoripares fixées à l'état de contraction, on constate des modifications qui portent encore sur le segment sécréteur de la glande.

Ce segment présente une lumière de forme irrégulière toujours plus étroite qu'à l'état normal. Les cellules glandulaires ont subi des modifications dans leur forme, dans leur structure, dans leurs relations réciproques. Elles sont déformées et souvent aplaties. Elles présentent de larges vacuoles. Les cellules d'un côté de la glande viennent au contact des cellules de la paroi opposée, de telle sorte que la lumière du glomérule semble cloisonnée par des ponts épithéliaux. Quant aux cellules myo-épithéliales, elles sont au contact les unes des autres. Leur contraction raccourcit donc le tube glomérulaire et détermine, en même temps, une diminution de son calibre.

Cette démonstration indirecte de la contractilité des éléments myo-épithéliaux, Ranvier l'avait établie par l'examen direct. Sous l'influence de l'excitation électrique, il a pu observer sous le champ du microscope la contraction des cellules musculaires annexées aux glandes de la membrane nictitante de la grenouille[1].

VI. TISSU CONJONCTIF PÉRIGLANDULAIRE. — Le tissu conjonctif qui entoure la glande sudoripare est riche en fibres élastiques. Sur le segment sécréteur, on voit quelques fibres élastiques pénétrer à l'intérieur du glomérule (fibres intraglomérulaires); la plupart de ces fibres se disposent autour du tube glandulaire et perpendiculairement à lui. Elles forment une série d'anneaux anastomosés, et rappellent l'aspect bien connu d'une trachée d'insecte (Balzer). Ces anneaux sont reliés par quelques fibres longitudinales qui limiteraient leur écartement. — Sur la portion dermique du canal excréteur, les fibres élastiques changent de direction et se confondent insensiblement avec le réseau élastique du corps papillaire (Sederholm).

VII. VAISSEAUX. — Bien décrit par Todd et Bowman, dès 1845, le réseau vasculaire de la glande sudoripare provient de rameaux artériels émanés du plan horizontal profond du tégument externe.

1° *Réseau glomérulaire.* — Plusieurs rameaux vasculaires se rendent à chaque glomérule. Ils forment à sa surface un réseau dont les mailles polygonales atteignent 20 ou 40 μ. Par sa richesse même, ce réseau se distingue nettement des vaisseaux du tissu conjonctif ambiant. Du réseau périglomérulaire, on voit pénétrer, dans l'intérieur du glomérule, quelques fins rameaux qui ne vont jamais jusqu'à enserrer dans leurs mailles le tube sudoripare. Tous les vaisseaux glomérulaires sont plongés dans le tissu conjonctif; ils y forment des arcades que relient des anastomoses curvilignes.

1. 1887. RANVIER. Le mécanisme des sécrétions. *Journal de micrographie*, de Pelletan.

2° *Réseau du canal excréteur.* — Les vaisseaux du canal excréteur proviennent de deux sources. Ceux qui sont destinés à la région profonde de ce canal ont pour origine le réseau glomérulaire. Ceux qui doivent irriguer la portion superficielle du canal sudorifère émanent du réseau sous-papillaire. Heynold[1] a établi que les deux systèmes vasculaires, destinés au segment excréteur de la glande sudoripare, ne présentaient jamais d'anastomoses.

VIII. LYMPHATIQUES. — Les lymphatiques issus de l'appareil sudoripare gagnent les canaux venus du réseau sous-papillaire.

IX. NERFS. — Les premiers travaux entrepris sur les nerfs des glandes sudoripares ont montré qu'il existe autour de la glande un plexus nerveux des plus riches. Ce plexus est constitué par des fibres sans myéline (Tomsa, Hermann, Ficatier, Coyne) qui traversent la membrane propre et aboutissent à la musculature pour Kölliker. Pour Unna, les fibrilles nerveuses présentent à leur extrémité des boutons nerveux qui s'appliquent sur les épithéliums sécréteurs, et sur les épithéliums de transition qui s'interposent entre le glomérule et le canal excréteur proprement dit.

Ranvier[2] a donné des détails précis sur le réseau périglandulaire. Ce réseau est très fin; ses mailles serrées sont allongées perpendiculairement au grand

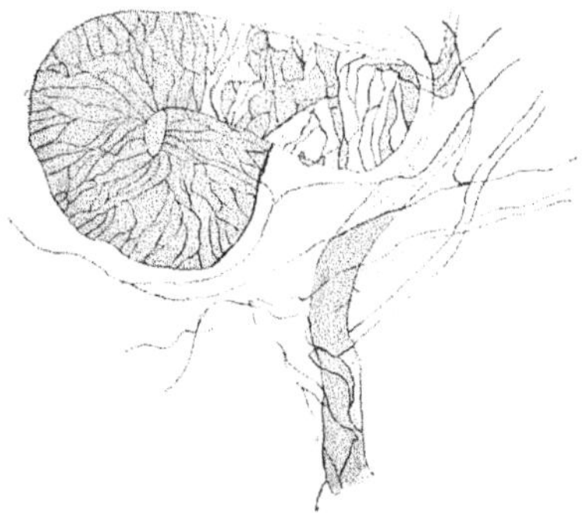

Fig. 495. — Le plexus nerveux situé au pourtour du glomérule d'une glande sudoripare. (D'après Arnstein.)

Fig. 496.— Terminaisons des nerfs dans les cellules de la sudoripare. (D'après Arnstein.)

axe du tube sécréteur. Des fibrilles s'en dégagent, qui traversent la membrane propre et arrivent à la couche myo-épithéliale.

Plus récemment, Arnstein[3] a repris l'étude des nerfs sudoripares.

Du réseau périglandulaire situé à la face externe de la basale (réseau épilemmatique) se détachent des fibrilles ténues, qui traversent la basale. Ces fibrilles (fibrilles hypolemmatiques d'Arnstein) restent indivises ou elles se ramifient. Elles se garnissent d'appendices qui sont les uns latéraux, les autres terminaux. Ces appendices, plus ou moins rapprochés, s'appliquent sur les éléments du segment secréteur et s'y terminent vraisemblablement.

1. 1874. Heynold. *Arch. f. path. Anat. u. Phys.*, p. 72, LXI.
2. 1887. Ranvier. *Journ. de Microgr.*, n° 5.
3. 1895. Arnstein. Appareils nerv. term. des glandes. *Anat. Anzeiger*, X. n° 13. p. 410-419.

Sfameni[1] écrit en 1898 qu'il existe, dans la membrane propre du glomérule, un réseau nerveux. De ce réseau partent des fibrilles qui se terminent sur l'épithélium sécréteur. Il pense que le réseau amyélinique décrit par les anciens auteurs est de nature vaso-motrice.

CHAPITRE IV

DE QUELQUES GLANDES SUDORIPARES

1° *Glandes sudoripares ordinaires.*

Les glandes sudoripares qu'on trouve dans la majeure partie du tégument se présentent comme des glandes isolées, invisibles à l'œil nu. Le glomérule, d'un diamètre de 200 μ, est formé d'un tube de 50 à 90 μ, dont les flexuosités sont serrées les unes contre les autres. Ce tube présente une lumière étroite qu'occupe un contenu granuleux. On y trouve : 1° une membrane basale épaisse de 4 à 6 μ. Cette basale est au contact de cellules fixes très nombreuses; 2° les cellules myo-épithéliales (cellules basilaires d'Hermann) sont petites et distantes les unes des autres. Leur longueur atteint 20 à 40 μ, leur largeur 5 μ, leur épaisseur maxima 5 à 6 μ. Leur protoplasma montre des granulations disposées en série, qui sont très nettes chez le cheval. 3° Les cellules glandulaires sont très allongées et leurs prolongements basilaires sont courts. Les cellules glandulaires ont 25 à 28 μ de hauteur, leur base atteint 10 μ, leur sommet 3 à 4 μ. Leur noyau généralement unique, présente un diamètre de 6 μ. Leur protoplasma ne se montre point chargé de pigment.

Quant au canal excréteur, sa membrane basale n'atteint qu'un μ.

On doit rapprocher des glandes sudoripares ordinaires, les glandes circum-anales, décrites par Gay en 1871[2]. Ces glandes ne présenteraient aucune particularité (Heynold, Ficatier) à l'inverse de ce qu'affirme Gay. Toutefois, Stöhr affirme que le peloton glomérulaire y est constitué par plusieurs branches enroulées sur elles-mêmes[3].

2° *Glandes axillaires.*

Les glandes axillaires sont le type d'une série de glandes volumineuses, qu'on trouve, disséminées au milieu de glandes sudoripares ordinaires, dans la région de l'aine, sur la face cutanée des grandes lèvres, sur l'aréole (Ficatier), sur les portions velues de la face et du cou. Elles ont été décrites par Robin en 1845[4].

Ces glandes se caractérisent par leur grand volume et leur mode de répartition. Elles sont réunies par groupes et donnent aux coupes du tégument de l'aisselle un aspect lacunaire. Elles sont visibles à l'œil nu. Leur glomérule atteint 3 à 4 millimètres et présente une coloration d'un rouge jaune.

Elles sont formées d'un tube, lâchement enroulé sur lui-même, qui montrerait, au dire d'Horschelman, des régions alternativement rétrécies et dilatées. Ce tube, d'un diamètre de 100 ou 200 μ, est muni d'une large lumière. Il est limité par une basale très mince (2 μ). Les cellules musculaires y sont volumineuses et pressées les unes contre les autres. Les cellules glandulaires sont de forme variable. Elles sont tantôt cylindriques et hautes de 24 à 36 μ, tantôt cubiques et hautes de 18 à 24 μ, tantôt aplaties; leur diamètre alors ne dépasse pas 12 μ. Ces cellules portent en leur centre un noyau arrondi, et parfois 2 ou 3 noyaux. Leur partie profonde, très colorable, est chargée de grains de pigment jaune, parfois réunis en amas. Cette zone profonde se fixerait sur la membrane basilaire par des prolongements très longs. Quant à la zone superficielle de la cellule, elle est transparente et hyaline. Elle se colore mal par les réactifs sur les cellules de forme cylindrique; elle se pédiculise parfois, à la façon d'une larme (masque hyalin d'Heynold), pour tomber dans la lumière du glomérule. Mais il est vraisemblable qu'un pareil aspect est dû à une fixation défectueuse, en ce sens qu'elle porte sur des éléments frappés de mort.

1. 1898. SFAMENI. Term. nerv. des glomérules des glandes sudoripares de l'homme. *Arch. ital. de Biol.*, t. XXIX, p. 373.

2. 1871. GAY. *Sitz. d. Wien. Akad.*

3. 1892. Gegenbauer, dans son livre d'anatomie, insiste sur ce fait que les glandes anales de type tubulé sont propres à l'espèce humaine. Chez tous les autres mammifères, ces glandes sont de type acineux.

4. 1845. ROBIN. *Compt. rend. Ac. des Sc.* et *Ann. des Sc. nat.*

Les glandes axillaires sécrètent une sueur que caractérisent son odeur et sa grande acidité.

3° *Glandes cérumineuses.*

Les glandes cérumineuses occupent le conduit auditif externe: elles sont très abondantes sur la partie postérieure et supérieure de ce conduit; elles se disposent sur 2 à 4 plans superposés.

Elles sont ramifiées, tout au moins chez le nouveau-né. Chez lui, elles s'ouvrent dans le follicule pileux, comme les glandes sébacées (Hassal, Schultze, Schwalbe, Alzheimer), soit isolément, soit par groupe de deux ou trois. A mesure qu'on avance en âge, on assiste à une migration de l'orifice du canal cérumineux. Les 4/5 des glandes cérumineuses s'ouvrent, chez l'adulte, à la surface de la peau. Les autres gardent leur disposition primitive et s'abouchent dans le follicule pileux (Alzheimer).

Le tube sécréteur est de calibre irrégulier; son diamètre oscille de 25 à 250 μ. Il comprend : 1° une membrane propre très mince; 2° une assise de cellules myo-épithéliales. Ces cellules seraient disposées sous forme d'une nappe continue. Nulle part, l'assise glandulaire ne viendrait au contact de la membrane vitrée; 3° Les cellules glandulaires sont de forme variable; leur aspect varie avec le stade de sécrétion auquel on les considère. Ces cellules, généralement cubiques, présentent: *a*) une zone profonde, homogène, bien colorable; *b*) une zone moyenne, chargée de pigment, où siège le noyau; c) une zone superficielle, claire, dirigée vers la lumière du tube sécréteur, où l'on observe des granulations graisseuses.

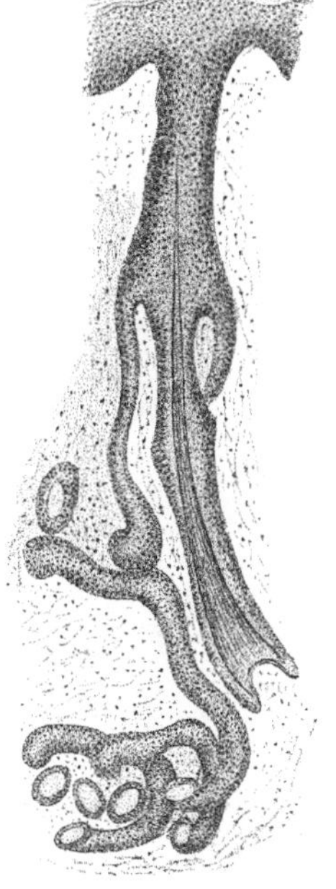

Fig. 497. — Une glande cérumineuse ouverte dans un follicule pileux. (D'après Stœhr.)

Le pigment se montre sous forme de grains, de forme et de taille variables. Ces grains, toujours plus petits que le noyau, sont de couleur jaune ou brune. Ils ne fixent pas les réactifs colorants. Ils ne réduisent pas l'acide osmique. Ils se disposent en série, dans le protoplasma et lui donnent un aspect strié.

La graisse apparaît dans les mailles du réseau protoplasmique qui constitue le pôle apical de la cellule glandulaire.

Une dilatation ampullaire unit le glomérule au canal sudorifère.

Ce canal est régulièrement calibré, relativement court, et peu sinueux. Schwalbe l'a vu se bifurquer. Nous avons dit qu'il peut déboucher dans le follicule pileux.

On donne le nom de cérumen à la substance qui s'accumule dans le conduit auditif externe. Cette substance, de couleur jaune brun, de saveur amère, est semi-liquide quand elle est de sécrétion récente. Elle se dessèche et prend l'aspect de la cire (bouchons cérumineux, cire des oreilles) quand elle est exposée à l'air.

Le cérumen représente un produit complexe où l'on trouve des déchets cellulaires, des grains de graisse et de pigment, agglomérés par un liquide dont la constitution rappelle celle de la sueur. Les auteurs ne sont point d'accord dans la part qu'il convient d'attribuer aux diverses glandes du conduit auditif dans l'élaboration du cérumen.

Pour Alzheimer[1] la glande sudoripare serait capable d'élaborer le cérumen, puisqu'elle trouve, dans ses éléments, les granulations de graisse et de pigment qui représentent la partie essentielle du cérumen.

Schwalbe pense au contraire que les glandes sébacées sont l'origine de la majeure partie des corps gras du cérumen; les glandes sudoripares fournissent au cérumen sa partie liquide et son pigment. Il n'y aurait donc point de glandes cérumineuses, au sens propre du mot.

4° *Glandes ciliaires de Moll.*

Moll[2] (Utrecht, 1857) et Hubert Sattler, vingt ans plus tard[3], ont étudié des glandes longues

1. 1888. Alzheimer. Ueber die Ohren-schmaldrusen. *Thèse*, Wurtzbourg.
2. 1857. Moll, *Arch. f. Opht.*, Bd III, II Abth., p. 261.
3. 1877. Sattler. *Arch. f. mikr. Anat.*, XIII.

de 450 μ qui occupent l'épaisseur des paupières et s'ouvrent entre les cils, qui hérissent le bord libre de ces paupières. Quelques détails de leur morphologie méritent d'être retenus : les glandes ciliaires de Moll ne sont pas pourvues d'un glomérule. Leur segment sécréteur, à peine contourné en S ou en zigzag, se raccorde au canal excréteur par un segment rétréci. Ce canal présente, à son origine, une dilatation ; il s'ouvre parfois, d'autre part, dans un follicule pileux.

Sattler a montré que le canal des glandes de Moll est revêtu de 2 ou 3 assises cellulaires ; les cellules qui bordent la lumière du canal sont kératinisées dans toute la région ou le canal est de calibre uniforme.

CHAPITRE V

LA SUEUR

Le produit de sécrétion (G) des glandes sudoripares se déverse à la surface du tégument externe. Qu'il « se dégage pendant la transpiration insensible » ou qu'il ruisselle sur la peau, sous l'influence d'une température élevée, ce produit de secretion présente des caractères constants qu'il importe de passer en revue.

1° *Caractères physiques.* — La sueur normale est un liquide incolore comme de l'eau. Elle est limpide quand elle a été débarrassée, par filtration, des épithéliums et de la graisse qu'elle entraîne avec elle. Son odeur est caractéristique, tout en variant un peu avec les régions du corps où elle est déversée. Sa saveur est salée et parfois un peu âcre[1]. Sa densité moyenne atteint 1,005, mais cette densité varie : elle est plus considérable au début de toute sudation. La réaction de la sueur est acide. Cette acidité provient des acides gras ou peut-être des phosphates acides de potasse et de soude qu'elle contient. La sueur des aisselles, de l'aine (Gautier), de la paume de la main serait alcaline. Serait alcaline également la sueur qui a fermenté (fermentation ammoniacale de l'urée).

L'examen cryoscopique de la sueur a montré que le point de congélation est à —0°,237. Les variations de ce point (—0,08 à —0°,46) sont en rapport avec une teneur plus ou moins considérable en chlorure de sodium (Ardin-Delteil).

« Un adulte sécrète de 700 à 900 grammes de sueur par jour. Sous l'influence de la chaleur, de l'exercice, ou suivant des conditions individuelles très variables, cette quantité peut dépasser 2 litres par 24 heures. Le corps placé, à l'exception de la tête, dans une étuve chauffée vers 40 à 50°, un homme qui boit abondamment peut sécréter jusqu'à 6 et 8 litres de sueur, en un jour » (Gautier).

2° *Propriétés chimiques.* — « La sueur constitue une solution aqueuse très étendue de sels minéraux, ou domine le chlorure de sodium, mêlé d'un peu de chlorure de potassium, de sels alcalins à acides organiques (lactates, sudorates?), d'un peu d'urée, d'une très petite quantité de matières grasses et de substances odorantes « acides gras volatiles, formique, acé« tique, propionique, butyrique ». Ce sont des bases volatiles (trimethylamine, methylamine) des acides gras (acide butyrique des graisses, ethers caproique, valérique, etc.), qui donnent à la sécrétion sudorale son odeur « agréable ou fetide », et cette odeur se répand dans les locaux où vivent réunis un grand nombre de sujets (odeur d'hôpital, odeur de caserne).

Voici, citées par A. Gautier[2], « quelques analyses, d'après Favre, Schöttin et Funke. La façon dont sont présentés les résultats analytiques, indique suffisamment la marche suivie par les auteurs. Tous les nombres sont rapportés à 1000 centimètres cubes de sueur. »

	Sueur générale provoquée par élévation de température	Sueur des membres	
	Favre	Schöttin	Funke
Partie soluble dans l'eau :			
Chlorure de sodium	2,230	3,6	
Chlorure de potassium.	0,244	»	
Sulfates alcalins. . . .	0,012	1,31	1,36
Phosphates alcalins . .	traces		
Albuminates.	0,005		

1. « Toute sueur est salée. Ce que vous direz estre vrai si vous voulez taster de la vôtre » (Rabelais).
2. 1892. GAUTIER, *Chimie biologique*, p. 476.

	Sueur générale provoquée par élévation de température	Sueur des membres	
	Favre	Schottin	Funke
Partie insoluble dans l'eau soluble dans l'eau acidulée :			
Phosphates terreux	traces	0,39	
Partie soluble dans l'alcool :			
Lactates alcalins. .	0,317	11,30	7,24 dont 1,55 d'urée
Sudorates alcalins. .	1,562		
Urée	0,043		
Matières grasses. . .	0,014		
Partie insoluble dans l'eau, même acidulée, et dans l'alcool :			
Épithélium	traces	4,20	2,49
Eau.	995,573	977,40	988,40

Rôle de la sueur. — Outre le rôle considérable qu'elle joue dans l'acte de la régulation de la température, la sueur constitue un liquide d'excrétion qui peut anormalement se charger de produits colorants (indigo, matières colorantes de la bile, du sang), et de médicaments variés (iode, arsenic, mercure, etc.).

La toxicité de la sueur normale est encore controversée.

Cette toxicité, acceptée par Rohrig, Arloing[1], n'est pas admise par un certain nombre d'expérimentateurs (Queirolo, Mairet et Ardin-Delteil[2]).

NOTES

A) Sfameni pense que les cellules myo-épithéliales, si nettes sur les glandes de l'aréole et de l'aisselle, font défaut sur les petites glandes sudoripares.

B) Il est intéressant de rappeler ici que, chez certaines annélides, la paroi cutanée est constituée par une rangée unique d'éléments épithéliaux. Ces éléments présentent chacun deux zones : 1° une zone glandulaire où se trouve le noyau ; 2° une zone musculaire[3]

C) A l'aide de sa méthode à l'acide osmique et au tannin, Kolossow voit que les cellules sécrétantes sont reliées, par des ponts protoplasmiques, aux cellules myo-épithéliales[4].

D) La présence de ces canalicules inter- et intra-cellulaires rappelle la disposition que nous observons au niveau du foie.

E) Zimmermann décrit des microcentres dans les cellules sudoripares, comme dans beaucoup d'autres, mais il n'est pas démontré que ces corpuscules soient des centrosomes[5].

F) On sait que la sécrétion sudorale peut être provoquée par l'injection de pilocarpine. L'acétate de thallium possède un effet inverse.

G) Au dire de Meissner, la glande sudoripare se borne à sécréter de la graisse.

Selon cet auteur, toute la graisse cutanée proviendrait du glomérule. Le glomérule emprunte aux vaisseaux sanguins les matériaux de sa sécrétion. Une fois l'élaboration achevée, la glande se décharge de sa graisse, et la verse dans l'hypoderme qui la transmet au corps papillaire. Du corps papillaire, la graisse passe dans l'épiderme en cheminant dans les espaces lymphatiques intra-épidermiques qu'ont injectés Axel Key et Retzius. Elle se déverse finalement dans le trajet sudoripare.

Le glomérule fabrique donc de la graisse. C'est même là son unique fonction, car Meissner juge invraisemblable que la glande puisse encore fabriquer de la sueur.

A cette conception une série d'objections peuvent être opposées : 1° la sueur ne résulte pas de la simple filtration du plasma sanguin dans un organe glandulaire. La sécrétion est indépendante de l'état du système vasculaire. Elle est sous la dépendance du système nerveux. 2° D'autre part, il se produit dans la glande qui fonctionne une série de modifications cellulaires. La cellule au repos est haute et trouble. La cellule qui a sécrété est basse et claire. 3° Il n'est pas jusqu'au produit de sécrétion qui ne subisse des variations en

1. 1897. Arloing. *Journ. de Pathol. et de Phys.*, p. 249 et 268.
2. 1900. Mairet et Ardin-Delteil. *Soc. de Biol.*, p. 982 et 1013.
3. 1897. Gilson. *Verhand. der anat. Gesellsch.* Gand.
4. 1898. Kolossow. *Arch. f. mikr. Anat.*, LII, p. 1 à 43.
5. 1898. Zimmermann. Contrib. à l'étude de quelques glandes et de quelques épith. *Arch. f. mikr. Anat.*, t. LII, p. 552-706.

A. BRANCA.

rapport avec la durée de la sécrétion. Au début la sueur est riche en graisse; elle est faiblement alcaline à la fin de la sécrétion.

Aussi accorde-t-on, aujourd'hui, au glomérule sudoripare une double fonction : il sécrète de la sueur et de la graisse, et ces deux sécrétions, au dire de Henle, se succèdent tour à tour dans le même glomérule.

II

LES GLANDES SÉBACÉES

CHAPITRE PREMIER

DÉVELOPPEMENT DES GLANDES SÉBACÉES[1]

Les glandes sébacées se développent aux dépens de l'épiderme, mais leur évolution diffère, selon que la glande dérive directement de l'ectoderme tégumentaire ou qu'elle procède du germe pileux qui, lui-même, représente un dérivé épidermique.

1° *Glandes annexées aux poils.* — Au moment où le germe pileux commence à présenter une papille, on voit apparaître à sa face inférieure, au-dessous de la région qu'occupent les papilles dermiques, le rudiment des glandes sébacées. Ce rudiment, véritable bourgeon greffé sur le germe pileux, ne tarde pas à s'allonger. Il présente bientôt deux extrémités. L'extrémité proximale, confondue avec le germe pileux, reste étroite. L'extrémité distale se renfle en ampoule. Elle végète dans le tissu conjonctif ambiant. Elle « produit ensuite une, puis plusieurs bosselures formant de la même manière autant de culs-de-sac d'un acinus, dont la première involution devient le canal excréteur » (Robin).

Si l'on étudie les modifications structurales qu'on observe parallèlement dans le germe sébacé, on constate que ce germe renferme, tout d'abord, des éléments semblables à ceux du germe pileux.

Puis les cellules de la glande sébacée se différencient. Les cellules périphériques sont petites et granuleuses. C'est d'elles que proviennent les acini nouveaux qu'émet la glande au cours de son évolution. C'est d'elles que proviennent encore les éléments qui, dans chaque acinus, sont appelés à assurer la régénération des cellules centrales, détruites par le processus sécrétoire. Ces cellules centrales sont volumineuses, de contour net, de forme sphérique ou ovalaire; leur protoplasma est semé de vacuoles que remplissent des gouttelettes adipeuses

Il se différencie donc, au centre de la glande sébacée, une colonne de cellules d'abord « globuleuses, puis ensuite colorables en noir diffus par l'osmium enfin formées de grains de graisse, régulièrement disposés autour du noyau central ». — « La colonne axiale de cellules sébacées, partie des germes des

1. La phylogenèse des glandes sébacées est indiquée dans le travail de Roberts (1900) *Journ. of dermatology*, p. 123.

glandes, monte dans l'axe du follicule et dans l'ectoderme embryonnaire sous-jacent. » Elle forme le chemin de Goette qui prépare la voie d'éruption au poil, et cela, longtemps avant que le poil ne soit constitué.

Sur le fœtus du septième mois, la glande est représentée par une membrane basale très mince, par des cellules corticales disposées sur plusieurs rangées, enfin par des éléments ayant subi l'infiltration graisseuse, caractéristique de l'évolution sébacée.

Plus tard, la dégénérescence graisseuse s'étend progressivement aux cellules périphériques. L'assise basilaire restera quelque temps la seule assise où la graisse ne soit pas élaborée. Ses éléments finiront eux-mêmes par se montrer infiltrés de quelques granulations graisseuses.

Les glandes sébacées apparaissent à un stade défini de l'évolution du poil. Comme les poils se développent les uns après les autres, on conçoit que sur une même coupe on puisse trouver des germes sébacés aux divers stades de leur évolution. Au dire de Kölliker, les germes sébacés commencent à apparaître sur la tête (fœtus de 4 mois 1/2). C'est seulement au cinquième mois qu'ils se montrent sur le reste du corps. On n'est pas d'accord d'ailleurs sur l'époque d'apparition des divers germes sébacés.

Certains auteurs disent qu'aux petites lèvres, par exemple, ces germes apparaissent à la fin du deuxième mois de la vie extra-utérine (Robin).

Wertheimer fixe seulement au quatrième mois après la naissance l'apparition des bourgeons sébacés. Sur l'enfant de deux ans les bourgeons ont doublé de volume, et leur extrémité profonde s'est bifurquée. C'est seulement au cours de la quatrième et de la cinquième année que les glandes acquièrent leur constitution définitive.

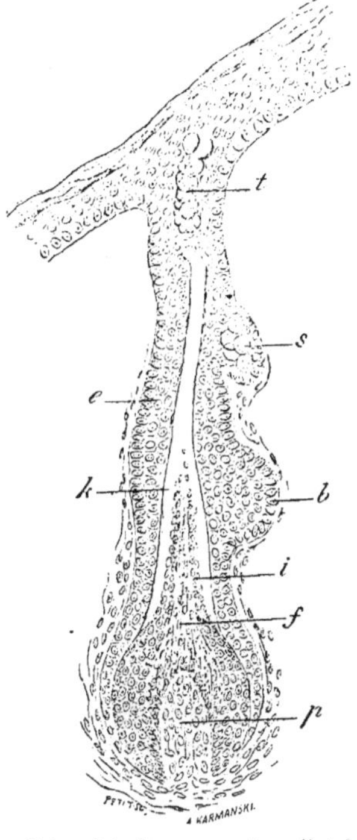

FIG. 498. — Développement du poil et de la glande sébacée chez un embryon humain de 4 mois et demi. Coupe perpendiculaire à la surface de la peau et passant par l'axe du poil, faite après durcissement par le liquide de Muller. Coloration par le picrocarminate. (D'après Ranvier.)

p, papille du poil dont le sommet donne naissance au poil *f*, tandis que ses parties latérales forment la gaine épithéliale interne *i*. — *k*, portion kératinisée de cette gaine qui est demeurée incolore. — c, gaine épithéliale externe. — b, bourgeon de cette gaine destiné à servir d'insertion au muscle redresseur. — *s*, glande sébacée embryonnaire. — *t*, sébum fourni d'une manière indépendante au sein de la masse épithéliale, dans la région où s'établira plus tard le col du follicule.

2° *Glandes ouvertes à la peau.* — Les glandes sébacées de l'aréole et des petites lèvres proviennent d'un bourgeon issu directement de la couche basilaire du revêtement cutané. Leur évolution ne semble pas différer de l'évolution des glandes annexées au poil.

CHAPITRE II

MORPHOLOGIE DES GLANDES SÉBACÉES

Les glandes sudoripares sécrètent la sueur et sont situées dans la profondeur du derme. Elles sont disséminées sur toute l'étendue du tégument externe. Les glandes sébacées, au contraire, élaborent une substance grasse, le sébum, et elles déversent leur produit de sécrétion, tantôt dans un follicule pileux, tantôt à la surface de l'épiderme. Elles sont situées dans les couches superficielles du derme et l'on a pu, avec quelque exagération, désigner les glandes sébacées sous le nom de glandes cutanées superficielles, tandis que les glandes sudoripares portaient le nom de glandes profondes.

I. **SIÈGE.** — Les glandes sébacées sont inégalement réparties à la surface de la peau. Elles font défaut sur la paume des mains et la plante des pieds[1].

II. **VOLUME.** — Le volume total des glandes sébacées est représenté par une masse qui, au dire de Robin, « ne doit pas s'éloigner du volume du poing ».

Considérées isolément, les glandes sébacées sont de taille très variable. Quand la peau est mince elles peuvent faire saillie sous l'épiderme et devenir visibles à l'œil nu. Les glandes sébacées les plus volumineuses sont représentées par les glandes de Meibomius.

III. **NOMBRE.** — Le nombre des glandes sébacées ne saurait être déterminé avec précision. En tout cas, ces glandes sont beaucoup moins nombreuses que les glandes sudoripares. « La différence est surtout très sensible sur les membres, le tronc et le cou, où la proportion des unes aux autres est de 1 à 6 ou 8. A la tête, cette proportion se modifie très notablement. Ainsi sur le cuir chevelu, le pavillon de l'oreille et une partie des téguments de la face, il y a presque égalité entre les deux ordres de glandes. Sur le front, les ailes du nez, les bords libres des paupières, et, chez la femme, sur les organes génitaux externes, la différence est en faveur des glandes sébacées. Les rapports de nombre entre celles-ci et les glandes sudoripares offrent donc de très grandes variétés » (Sappey).

IV. **FORME. — DIMENSIONS.** — Les glandes sébacées sont des glandes en grappe et leur forme varie comme leur volume. Toutes présentent un segment sécréteur et un canal d'excrétion.

1° *Segment sécréteur.* — Tantôt le segment sécréteur est formé d'un cul-de sac simple, ovoïde ou bilobé. Sa longueur atteint 6 à 800 μ, sa largeur est moitié moindre.

Tantôt les culs-de-sac sont multipliés. Ils sont au nombre de 10, de 20 et davantage. Sappey figure une glande pourvue de vingt-sept acini. Ces acini convergent les uns vers les autres et se réunissent sous un angle généralement

1. Ce fait n'est peut-être pas aussi absolu qu'on le répète. J'ai eu l'occasion d'examiner histologiquement un kyste sébacé de la paume de la main, que m'a envoyé le Dr A. Marian.

aigu. D'autres fois on les voit se réunir par séries : ils forment des lobules qui parfois se groupent à leur tour pour former des lobes. Aussi a-t-on réparti les glandes sébacées en deux groupes selon la complexité de leur forme. On a décrit des glandes simples et des glandes composées. Dans les premières, l'acinus est une évagination directe du canal excréteur. Dans les secondes, la glande est ramifiée (glandes alvéolaires[1]).

Le diamètre des glandes composées est au minimum de 500 μ. Il peut dépasser deux millimètres. Chacun des culs-de-sac est long de 2 à 400 μ. De telles glandes sont assez rares et assez peu développées dans le tégument du cou, du tronc et des membres. Elles se montrent en grand nombre sur la tête, le mamelon et les organes génitaux de la femme.

2° *Canal excréteur.* — Le canal excréteur des glandes sébacées est généralement court. Il est cylindrique, parfois élargi en entonnoir a sa partie superficielle, parfois encore dilaté en fuseau dans sa région moyenne. Son diamètre oscille de 80 à 150 μ. Il fait suite à la glande proprement dite et s'ouvre tantôt à la surface de la peau, tantôt dans le follicule pileux. De là une classification des glandes sébacées.

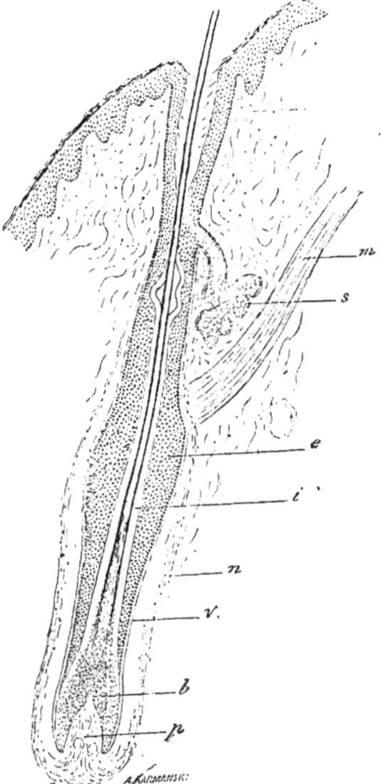

Fig. 499. — Coupe de cuir chevelu perpendiculaire à la surface de la peau et passant par l'axe du poil. (D'après Ranvier.)

Le durcissement de la pièce a été obtenu par l'action successive du bichromate d'ammoniaque, de la gomme et de l'alcool. — *e*, col du follicule pileux. — *s*, glande sébacée. — *m*, muscle redresseur. — *e*, gaine épithéliale externe. — *i*. gaine épithéliale interne. — *b*, bulbe du poil. — *p*. sa papille. — *n*, enveloppe connective du follicule. — *v*, membrane vitrée.

V. CLASSIFICATION DES GLANDES SÉBACÉES. — Les glandes sébacées se répartissent en trois groupes. On distingue :

1° Les glandes sébacées ouvertes dans la cavité du follicule pileux;

2° Les glandes sébacées ouvertes à la surface de la peau. et livrant passage à un poil rudimentaire;

3° Les glandes sébacées ouvertes à la peau et ne présentant aucune connexion avec les phanères.

1° *Glandes sébacées ouvertes dans la cavité du follicule pileux.* — Les glandes pileuses représentent les 9/10 des glandes sébacées. Elles ont pour caractère

1. Conrad Bauer distingue les glandes tubulo-alvéolaires et les glandes alvéolaires. Dans les premières, les culs-de-sac s'étendent dans une direction unique; dans les secondes, ils se disposent en tous sens, car rien ne fait obstacle à leur développement; on trouvera dans le travail de Bauer les dessins de six reconstructions de glandes sébacées. (1894. *Morphol. Arbeit.*)

d'être annexées à un poil, de taille variable, et de s'ouvrir dans son follicule.

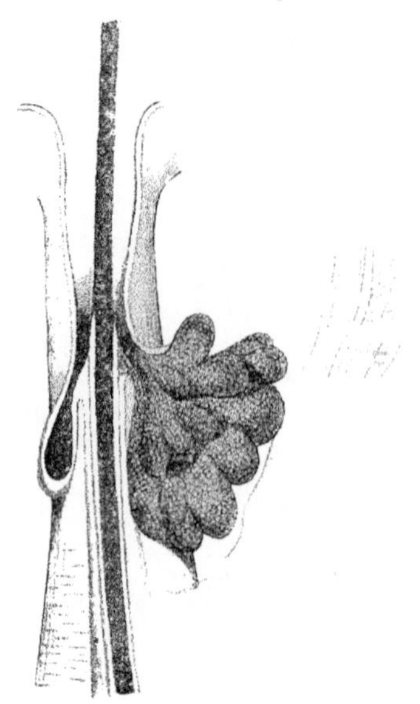

Fig. 500. — Glandes sébacées annexées à un poil. (D'après Sappey.)

Il y a ici deux glandes ouvertes à la même hauteur : l'une petite, l'autre volumineuse.

A la plupart des poils rudimentaires, à tous les poils bien développés, sont annexées une, et généralement deux glandes sébacées. Ces glandes sont de volume égal ou inégal ; elles s'ouvrent, par un trajet oblique, dans le follicule pileux, sur un même plan horizontal et en des points diamétralement opposés. Quand elles sont au nombre de trois ou quatre, elles débouchent à la même hauteur ou à des hauteurs différentes.

En règle générale, la taille des glandes sébacées est en raison inverse de celle du poil auquel elles sont annexées. Les glandes sont énormes sur les poils du duvet (paupières, pavillon de l'oreille), elles sont relativement petites sur les cheveux et la barbe. Cependant les glandes des poils de barbe sont plus grosses que les glandes du cuir chevelu, bien que le poil de barbe soit de diamètre supérieur au cheveu.

Quand il existe, côte à côte, des glandes pileuses ouvertes dans le folli-

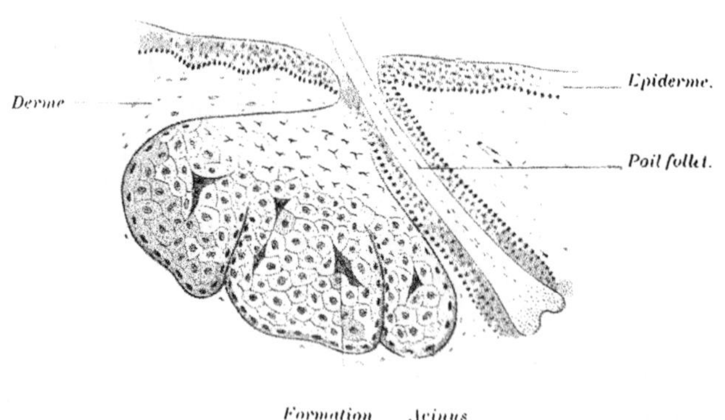

Fig. 501. — Glande sébacée annexée à un poil follet. (Demi-schématique.)

cule et des glandes ouvertes à la peau, les premières sont petites et superficielles ; les secondes sont volumineuses et profondes.

2° *Glandes sébacées ouvertes à la surface de la peau et livrant passage à des poils follets.* — Les glandes sébacées de ce second groupe atteignent le volume le plus considérable et la forme la plus compliquée. On les trouve sur le visage, les membres, l'abdomen, la partie supérieure du tronc (aréole).

Les plus grosses occupent la peau du nez, de la face, et des joues. Elles ont pour caractère de s'ouvrir à la surface de la peau, et d'avoir pour annexe un, et parfois deux poils follets. Le follicule, qui est droit ou incurvé en arc, occupe souvent l'espace compris entre deux lobes sébacés; il ne tarde pas à s'engager dans le canal excréteur de la glande. Il le parcourt dans toute son étendue et émerge, à la surface du tégument externe, par l'orifice cutané de ce canal.

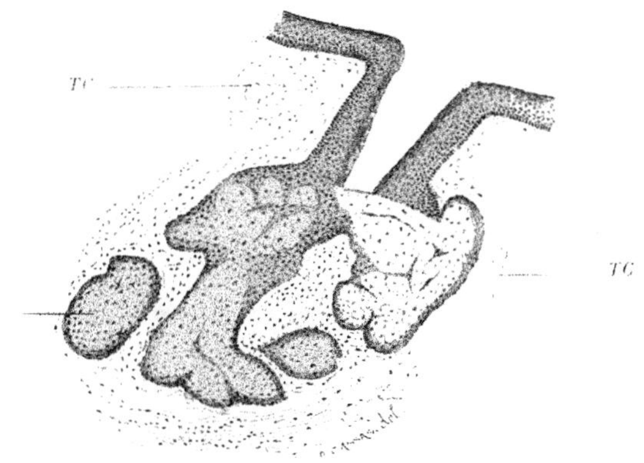

Fig. 502. — Glande sébacée ouverte à la peau.

E, épiderme. — *S*, lobule sébacé. — *TC*, tissu conjonctif. Cette glande provient de la lèvre inférieure.

On peut considérer les glandes de ce groupe comme établissant un type de transition entre les deux autres formes de glandes sébacées. Elles font partie du groupe des glandes pileuses, et à ce titre elles ont des rapports de contiguïté avec des phanères. D'autre part, comme les glandes indépendantes des poils, elles ont un canal excréteur ouvert à la surface de la peau.

3° *Glandes indépendantes des poils.* — Les glandes sébacées qui sont indépendantes des poils sont peu nombreuses. Elles ont pour caractère fondamental de s'ouvrir à la surface de la peau.

On les observe sur les nymphes, sur le bord muqueux des lèvres, sur le mamelon. Elles constitueraient encore les glandes très rares et très rudimentaires de la cavité balano-préputiale (glandes de Tyson) (voy. plus loin).

VI. VARIATIONS. — Les glandes sébacées sont susceptibles de présenter quelques variations.

1° *Age.* — Au dire d'Arnozan et de Greciet, la sécrétion sébacée ne commence pas avant l'âge de 5 ou 6 ans. Elle débute dans le sillon naso-génien. Elle atteint son maximum [1] chez l'adulte. Elle va diminuant chez le vieillard. Pour établir de pareils faits, Arnozan a mis à profit la propriété que présentent les graisses [2] d'arrêter instantanément les mouvements giratoires de l'eau, chargée de camphre pulvérisé.

1. Excrètent de la graisse la tête, la nuque, le dos, la région présternale, les épaules, le pubis. Les autres territoires cutanés n'en contiendraient pas normalement. « La transition entre les parties graisseuses et les parties non graisseuses se fait graduellement ». Voir : 1892. Arnozan. Répartition des sécrétions grasses de la peau. *Ann. de Dermatol.* — 1892. Greliet. Thèse Bordeaux.

2. Et les corps chargés de graisse.

A. BRANCA.

2° *Race.* — Les glandes sébacées sont très volumineuses chez les nègres et donnent à leur tégument externe un velouté très spécial.

3° *Volume.* — Enfin, certaines glandes sébacées peuvent prendre des dimensions anormales. D'Abundo a observé deux glandes de ce type. Elles étaient symétriquement placées, du côté droit et du côté gauche, au-devant de l'hélix. Elles s'étaient développées chez un dégénéré et d'Abundo leur prête une signification atavique[1].

CHAPITRE III

HISTOLOGIE DE LA GLANDE SÉBACÉE

L'histologie de la glande sébacée se réduit à l'examen de l'acinus et du canal excréteur qui constituent les deux parties de la glande.

I. — Acinus sébacé. — A) *Basale.* — Une membrane transparente, à bords nets, épaisse de 2 à 3 μ, limite à sa périphérie la glande sébacée. Par sa face externe, cette basale repose sur le tissu conjonctif qui sépare l'acinus glandulaire des acini voisins. Par sa face interne, elle donne insertion à la couche profonde des cellules sébacées.

B) *Épithélium sébacé.* — L'épithélium des glandes sébacées est un épithélium pavimenteux. Son évolution se fait, comme celle de la peau, de la profondeur vers la surface, de la membrane basale vers le canal excréteur. C'est dire qu'on trouve successivement, dans les assises superposées de la glande, des zones cellulaires ayant des caractères bien tranchés.

a) Assise basilaire. — Sur la membrane basale, on trouve une première assise cellulaire qu'on peut qualifier d'assise basilaire, en raison même de sa situation. Elle est formée d'éléments de forme variable, bien que généralement basse. Ces éléments, qui seraient réunis les uns aux autres, par des ponts protoplasmiques (Kolossow[2]) se divisent par voie karyokinétique; quand ils ont acquis une taille de 15 à 20 μ, ils commencent parfois à élaborer de la graisse.

b) Assises sébacées. — Les assises cellulaires qui s'étagent au-dessus de la couche basilaire présentent des caractères de plus en plus différenciés à mesure qu'on s'éloigne de la membrane basale.

Ces cellules, d'abord irrégulièrement polygonales, présentent, en leur centre, un noyau unique et parfois double. Leur protoplasma est chargé de granulations réfringentes qui se colorent en rouge brique après fixation par l'acide osmique et coloration par l'éosine.

Ces granulations ne tarderont pas à prendre les caractères de la graisse et à réduire l'acide osmique. Elles se montrent comme des sphérules transparentes, à centre brillant, à contour foncé, d'un diamètre moyen de 4 à 5 μ. Puis ces

1. 1897. D'Abundo. *Arch. di Psichiatria, Sc. penal e Antrop. crim.*, XVIII, 4.
2. 1898. Kolossow. *Arch. f. mikr. Anat.*, t. II, p. 1-43

granulations augmentent de taille et de nombre. La cellule sébacée devient de plus en plus volumineuse.

Finalement la cellule sébacée est représentée par une masse globuleuse au

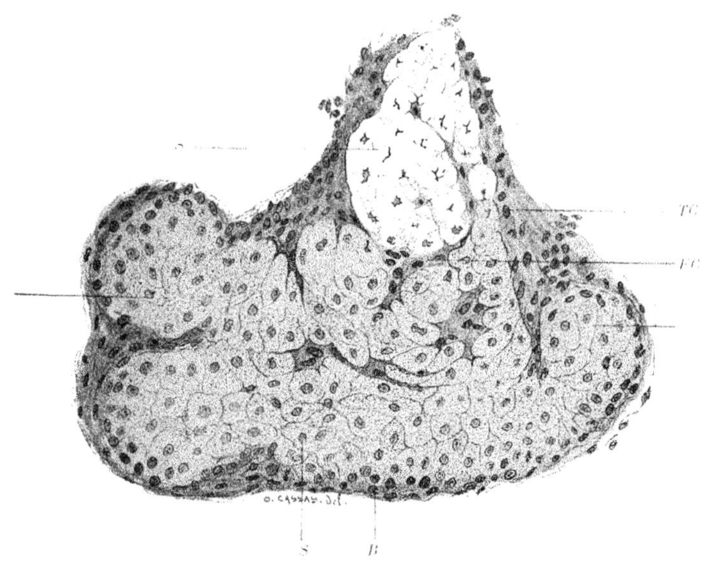

Fig. 503. — Un lobe de la glande sébacée, représentée dans la figure 502, et vu à un fort grossissement.

B, couche basilaire des cellules glandulaires : ces cellules sont appelées à se transformer en cellules sébacées reconnaissables à leur noyau rond, à leur protoplasma réticulé, chargé de gouttelettes de graisse ; au terme de leur évolution ces cellules S sont remarquables par leur taille volumineuse, leur aspect clair, leur noyau étoilé. — *FC*, formation cloisonnante. — *TC*, tissu conjonctif.

centre de laquelle on observe un noyau qui, comprimé par les produits de sécrétion protoplasmique, prend une forme irrégulièrement déchiquetée : il affecte l'aspect d'un bâtonnet ou d'une étoile ; sa chromatine, primitivement basophile, finit par fixer les colorants diffus ; elle est acidophile. Le protoplasma est réduit à un réseau délicat dont les mailles sont chargées de graisse ; ce réseau est en continuité avec la zone protoplasmique qui enveloppe, à la façon d'une écorce, la cellule sébacée.

Fig. 504. — Deux cellules sébacées chargées de granulations graisseuses.

Enfin la cellule sébacée se libère de ses connexions avec ses congénères. En même temps, elle se détruit par éclatement. Le noyau disparaît, comme émietté ; le corps cellulaire s'affaisse, se plisse et prend un aspect chiffonné ; mélangés à des gouttelettes graisseuses, les débris cellulaires s'engagent dans le collet du poil, ou sont déversés directement à la surface du tégument ; ils constituent le sébum.

En somme la cellule sébacée représente « une cellule épidermique qui s'est chargée de graisse et dont l'évolution a pour terme sa destruction et la mise en liberté du matériel formé au sein du protoplasma ; de sorte que le sébum, produit ultime de la sécrétion, est constitué non seulement par des matières grasses, mais par les débris de la cellule dans laquelle ces matières grasses se sont formées » (Ranvier).

La glande sébacée est donc une glande de type holocrine. C'est par le même processus de fonte cellulaire que la glande du noir, chez la seiche, élabore et met en liberté son pigment (Goodsir, 1842).

c) *Formation cloisonnante.* — Certains éléments de l'acinus glandulaire ne subissent pas l'évolution sébacée, ils forment des travées qui englobent, dans leurs mailles, des groupes de cellules sébacées. Ces travées sont formées de cellules qui revêtent le type de l'ectoderme cutané; elles sont reliées entre elles par des filaments d'union; elles subissent la transformation cornée en se rapprochant des parties centrales de la glande; elles ont successivement la valeur

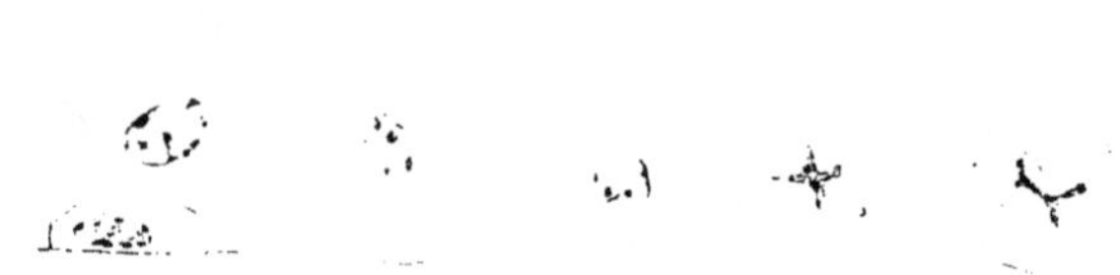

Fig. 505. — Évolution du noyau dans la cellule sébacée.

A. cellules basilaires. — *B, B'*, cellules sébacées situées près de l'assise basilaire. — *C, C'*. cellules au terme de leur évolution.

de cellules basilaires, puis de cellules malpighiennes; elles se chargent ensuite d'éléidine, elle se kératinisent enfin et se dissocient à la manière des cellules cornées du tégument externe. Quelques-unes d'entre elles sont chargées de mélanine, chez les animaux pigmentés (Hermann). L'ensemble des cellules qui subissent l'évolution épidermique constitue la *formation cloisonnante*.

II. — Canal excréteur. — Le canal excréteur des glandes sébacées est généralement fort court.

Quand il appartient à une glande pileuse, il se montre formé : 1° d'une basale continue d'une part avec la basale de la glande et d'autre part avec la membrane vitrée du poil; 2° de cellules épithéliales stratifiées, qui représentent un prolongement de la gaine épithéliale externe de la phanère. Le produit de sécrétion de la glande se trouve versé dans l'espace virtuel ménagé entre la gaine et la phanère. « La graisse pénètre de plus le long de la portion radiculaire de la tige, favorisant ainsi son glissement sur la gaine interne, comme le fait l'huile dont on mouille un trocart pour le faire jouer dans sa canule. » (Renaut.)

Quand le canal excréteur s'ouvre directement à la peau, sa basale est en continuité avec celle de l'épiderme. Elle est revêtue de cellules épithéliales de type malpighien

III. — Tissu conjonctif. — Du tissu conjonctivo-élastique enveloppe la glande et son conduit excréteur. Il se confond insensiblement avec le derme. Les fibres élastiques de la couche sous-épidermique se prolongent sur les glandes sébacées et les enveloppent d'un véritable filet. Ce filet est très puissant sur le canal excréteur (Sederholm); il est déjà moins développé au pourtour de la glande; il est plus grêle encore autour de chaque acinus (Balzer).

Toutefois, le tissu conjonctif où sont plongées les glandes de Meibomius est remarquablement riche en fibres élastiques. C'est au réseau élastique périglandulaire qu'aboutissent, en partie, les tendons de l'arrecteur du poil (Bauer)[1].

IV — Vaisseaux. — Les vaisseaux sanguins entourent la glande d'un réseau lâche. Ils sont en connexion avec l'appareil vasculaire du derme.

Les lymphatiques des glandes sébacées ne sont pas connus.

V. — Nerfs. — On a cru longtemps qu'il n'existait pas de nerfs capables de faire passer la glande de l'état de repos à l'état de fonctionnement. La sécrétion sébacée, disait-on, est une sécrétion continue; elle résulte d'une évolution particulière de cellules épithéliales. C'est tout au plus si les nerfs peuvent avoir quelque influence sur l'excrétion du sébum, quand ils déterminent la contraction (Hesse[2]) du muscle arrecteur du poil.

Cependant, Arloing reconnut que la section du sympathique détermine sur l'oreille de l'âne une hypersécrétion des glandes sébacées. Cette hypersécrétion débute 18 à 20 jours après la section du nerf, persiste 3 jours et disparaît ultérieurement. Elle semble due à l'excitation de nerfs glandulaires (nerfs excito-sécrétoires[3]).

La démonstration des physiologistes devança de quelques années la constatation anatomique.

Après Arnstein, Pensa[4] vit, dans les paupières, des fibrilles nerveuses partir des plexus péri-vasculaires et du plexus sous-épithélial qui en provient en partie. Ces fibrilles enlacent d'un réseau (réseau épilemmal) la surface de la glande de Meibomius. De ce premier réseau naissent des fibrilles qui traversent la membrane propre, pénètrent entre les cellules sébacées, et se terminent sur ces cellules par des renflements de taille et de direction variées.

Fumagalli[5], sur les glandes de Meibomius, a vu les nerfs former un second réseau hypolemmal, réseau intra-acineux). Ces nerfs présentaient à leurs extrémités, de petits renflements, en forme de tête d'épingle.

CHAPITRE IV

DE QUELQUES GLANDES SÉBACÉES

Outre les glandes pileuses et les glandes ouvertes à la surface du tégument externe, on rencontre encore, dans l'organisme, un certain nombre de glandes sébacées qui méritent une mention : ce sont les glandes de Meibomius, les glandes ciliaires, les glandes du mamelon et des petites lèvres.

1. 1894. Bauer. *Morphol. Arbeit.*, III, p. 439.
2. 1876. Hesse. Zur Kenntniss der Hautdrüsen und ihrer Muskeln, *Zeit. f. Anat. Entwick.*, t. II, p. 274.
3. 1891. Arloing. Relat. du sympath. avec l'épiderme et les glandes. *Soc. nat. de Lyon.*
4. 1897. Pensa. Rech. sur les nerfs de la conj. palpébrale, des cils et des glandes de Meibomius. *Bull. Soc. med. chir. de Pavie*, n° 2, p. 111.
5. 1898. Fumagalli. *Arch. per le Sc. med.*, XXII.

1° *Glandes de Meibomius.*

Ce sont de petites glandes à direction verticale qu'on trouve dans l'épaisseur des tarses, et qui, dans chaque paupière, se dirigent parallèlement, du bord adhérent vers le bord libre.

Au nombre de 25 à 30 pour la paupière supérieure, de 20 à 25 pour l'inférieure, ces glandes, qui sont les plus grosses des glandes sébacées, présentent une disposition particulière. Autour d'une cavité centrale à peu près rectiligne, revêtue d'un épithélium pavimenteux stratifié, sont disposés une série de follicules sébacés, généralement renflés à leur base, isolés ou réunis en grappe. Ces culs-de-sac d'un diamètre égal ou supérieur (90 à 220 μ) à celui du conduit excréteur (90 à 110 μ) sont insérés sur ce canal collecteur, comme des follicules sur un pétiole commun. La structure des glandes de Meibomius n'a rien de particulier; cependant Colasanti a décrit (1873) au pourtour des acini une corbeille de fibres musculaires lisses et un réseau, constitué par des fibres de Remak, qu'on a supposé se terminer dans les cellules sébacées (*Lo Sperimentale*, 1873, p. 689). Arnstein (1895), Pensa (1898), Fumagalli (1898), ont précisé le mode de terminaison des nerfs dans les glandes de Meibomius.

2° *Glandes ciliaires.*

A chaque cil, sont annexées deux glandes sébacées rudimentaires : les glandes ciliaires. Chacune de ces glandes est réduite à un simple cul-de-sac, ou à 2 ou 3 lobules sébacés. L'orifice excréteur s'ouvre très près du bord libre de la paupière. Le produit complexe qui se concrète, à l'état pathologique, le long du bord libre des paupières, et qu'on désigne sous le nom de chassie, représente le produit de sécrétion des glandes ciliaires et des glandes de Meibomius.

3° *Glandes de l'aréole.*

L'aréole porte, à sa surface, 10 à 20 petites saillies, disséminées irrégulièrement, ou réparties suivant une ligne circulaire. Ces saillies, dites tubercules de Morgagni, représentent des glandes sébacées, annexées à un poil follet. Au cours de la grossesse, elles acquièrent un développement tel qu'elles soulèvent le tégument.

4° *Glandes de Tyson.*

On a décrit sous le nom de glandes de Tyson, des glandes sébacées occupant la face interne du prépuce, le sillon balano-préputial, les fossettes latérales du frein, la couronne du gland. Ces glandes ont été mises en doute par Robin et Cadiat[1], et par Finger (1885). Sprunck[2] et Stieda[3] ont également nié leur existence sur le gland.

5° *Glandes des petites lèvres.*

Les glandes sébacées des nymphes sont surtout nombreuses à la partie moyenne de la petite lèvre et à ses extrémités. Sur la face interne des nymphes où elles atteignent leur volume maximum, on en compte 135 par centimètre carré et 28 seulement sur la face externe des mêmes replis[4].

Ces glandes sébacées apparaissent, 4 mois après la naissance, sous la forme de bourgeons de 250 μ. A l'âge de 2 ans elles ont doublé de volume et leur extrémité profonde s'est bifurquée. Ce n'est que vers l'âge de 5 ou 6 ans que les glandes sébacées se montrent définitivement constituées. Encore n'atteignent-elles leur développement complet qu'à l'occasion de la grossesse (Wertheimer, 1883).

CHAPITRE V

LE SÉBUM

Produit de destruction des glandes sébacées, le sébum (A) est une substance huileuse qui s'épaissit à l'air sous la forme d'un corps gras, solide, de couleur blanchâtre, de réaction acide.

1. 1874. Robin et Cadiat. *Journ. de l'Anat. et de la Physiol.*, p. 607.
2. 1897. Sprunck. Die verm. Tyson'schen Drusen. *Thèse*. Kœnigsberg.
3. 1897. Stieda. *Verhandl. der anat. Gesellsch.* Gand.
4. 1862. Martin et Léger. *Arch. gén. de méd.*

Il contient de l'eau, des éthers (oléine, margarine) et des sels d'acide gras (oléates, margarates), des chlorures alcalins, des phosphates terreux, des sels d'ammonium.

Schmidt et Lehman ont établi, le premier pour les kystes sébacés, le second pour le smegma préputial, la composition centésimale de la matière sébacée. Je cite (d'après Gautier) la première de ces deux analyses :

	Kyste sébacé.
Eau.	317
Epithélium et matières protéiques . . .	617,5
Graisse, acides gras, sels ammoniacaux.	41,6
Acide butyrique, valérique, caproïque.	12,1
Extrait alcoolique	»
Extrait aqueux	»
Cendres.	11,8

NOTES

A). On a vu précédemment que le sébum est surtout formé de graisse. La sueur, elle aussi, contient de la graisse, comme l'ont constaté depuis longtemps F. Simon, Krause l'aîné, Kölliker, Muller, Meissner, Henle, Grunhagen et Ranvier.

Quelle part revient donc aux glandes sébacées et aux glandes sudoripares dans la formation de la graisse épidermique?

« Le sébum lubréfie le poil. La sueur fournit à l'épiderme la graisse qui l'empêche de se dessécher ». Telle est la doctrine développée récemment par Unna.

A) Il est certain que le sébum lubréfie le poil; mais nous savons : 1° que les glandes sébacées ne sont pas en rapport de volume avec le poil follet auquel elles sont annexées : aux poils follets répondent des glandes énormes; à des poils volumineux (épines du hérisson) répondent de très petites glandes; 2° nous avons vu d'autre part qu'il existe des glandes sébacées ouvertes à la peau. Force est bien de conclure que les glandes sébacées versent du sébum à la surface de la peau.

B) On sait qu'il existe de la graisse dans les régions épidermiques (paume de la main, plante du pied) où l'absence de glandes sébacées est certaine. D'où vient cette graisse? elle provient de la glande sudoripare. Elle réduit avec lenteur l'acide osmique, et cet acide lui communique une teinte grisâtre. Elle se comporte comme les acides gras, solides, qu'on trouve dans la sueur (acides palmitique, stéarique; cholestérine).

Le sébum, tout au contraire, contient surtout de l'acide oléique, et cet acide gras, *liquide*, réduit *instantanément* l'acide osmique et se teint en *noir d'ivoire*[1].

Mais on peut alors se demander d'où provient la graisse cutanée chez les animaux qui n'ont pas de glandes sudoripares. En pareil cas, la graisse paraît être une élaboration de la cellule épidermique.

En résumé, la graisse cutanee provient, selon les cas, soit de l'épiderme lui-même, soit des glandes qu'édifie cet épiderme.

APPENDICE

HISTOLOGIE TOPOGRAPHIQUE DU TÉGUMENT EXTERNE

La structure de la peau, telle qu'elle est précédemment exposée, est forcément artificielle. Certaines régions du tegument externe sont d'aspect si différent qu'il est facile de les reconnaître sur une coupe. Quelques données d'histologie topographique ne seront pas inutiles pour corriger le schéma que nous avons donné plus haut.

1° *Cuir chevelu*. — Le cuir chevelu présente un corps papillaire très mince; son derme

1. Voir sur ce sujet : 1893. Wallace Beatty. *Brit. Journ. of Dermatolog.*, avril 1893. — 1894. Unna. Congrès des Assoc. med. brit., sect. de Dermat. *Comptes rendus*, Bristol, 1er août.

A. BRANCA

au contraire, est fort épais, et le pannicule adipeux qui le double est relié à l'aponévrose épicrânienne par des tractus fibreux courts et résistants.

On trouve dans le cuir chevelu : 1° des poils qui sont répartis en groupes; 2° des glandes sudoripares; 3° des glandes sébacées. Ces glandes sont volumineuses et abondantes : elles occupent l'épaisseur du derme. Elles sont d'abord annexées au poil; quand vient la calvitie, elles continuent à verser du sébum à la surface du cuir chevelu qui prend un aspect luisant. C'est seulement chez les vieillards que la glande sébacée s'atrophie; le cuir chevelu prend, dès lors, un aspect terne et plissé[1].

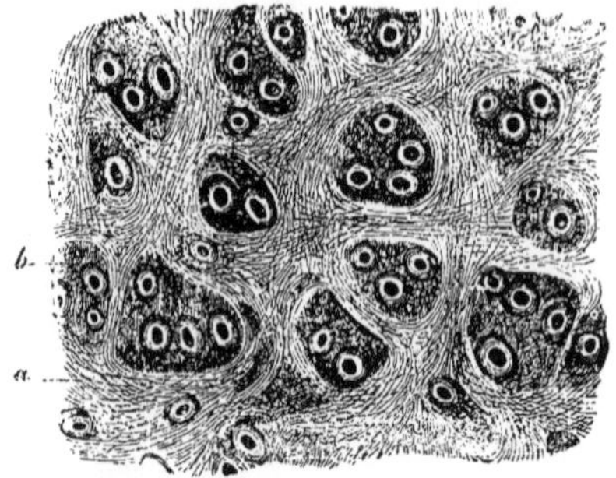

Fig. 506. — Cuir chevelu de l'homme. (D'après Kölliker.)

a, tissu conjonctif entourant et isolant les uns des autres les follicules pileux réunis par groupe *b*, au nombre de 2, 3, 4.

2° *Face.* — La peau de la face est mince et son réseau élastique est très développé.

Certaines régions de la face sont munies d'un pannicule adipeux. On y trouve des glandes sudoripares volumineuses et des glandes sébacées énormes qui, au lieu d'être situées dans l'épaisseur du derme, comme c'est la règle, sont noyées dans du tissu adipeux.

Là où le pannicule adipeux fait défaut, le derme se continue insensiblement avec le tissu conjonctif interstitiel des peaussiers qui, pour la plupart, n'ont pas d'aponévrose d'enveloppe. Les glandes sébacées, qui sont extrêmement nombreuses sur le nez, les poils, quand ils sont longs et volumineux (moustache), peuvent donc se trouver entourés de fibres musculaires striées.

3° *Front.* — La peau du front est remarquable par son aspect lisse, ses glandes sudoripares volumineuses, son réseau élastique beaucoup plus développé que celui du cuir chevelu.

4° *Cou.* — Le tégument du cou n'a rien de bien caractéristique. L'épiderme en est mince; le derme est doublé : 1° d'un pannicule adipeux; 2° d'un pannicule charnu. On trouve, comme annexes, des poils follets, des glandes sébacées et sudoripares. Ces dernières sont de deux types. Les moins nombreuses (4/10) sont petites; les plus nombreuses (6/10) sont de grande taille; leur glomérule atteint 1000 à 1500 μ; le diamètre de leur tube sécréteur peut dépasser 100 ou 110 μ.

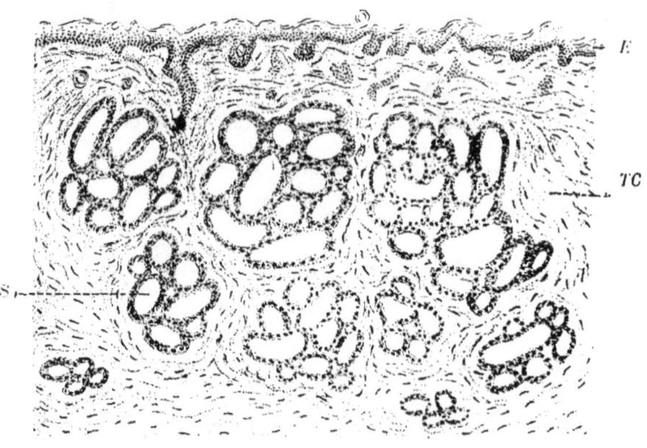

Fig. 507. — Peau du conduit auditif externe. (D'après Pissot[2].)

E, épiderme. — *TC*, tissu conjonctif dermique. — *S*, glandes cérumineuses.

5° *Conduit auditif externe.* — Le tégument du conduit auditif externe est formé d'un épiderme qui, bien que très mince, est le siège d'une abondante desquamation (Albespy). La couche cornée représente la moitié superficielle de l'épiderme : 7 à 10 assises de cellules malpighiennes constituent le reste du revêtement ectodermique. Le derme du conduit auditif n'est pas hérissé de papilles. On y trouve : 1° des poils qui n'ont pas de muscle arrecteur (Alzheimer); 2° des glandes sébacées et sudoripares. Dans le tiers externe (cartilagineux) du conduit, ces glandes sont réparties en nombre à peu près égal; dans le tiers moyen (fibreux)

1. 1880. Rémy. Sur l'état anat. du cuir chevelu à divers âges de la vie (*Journ. de l'Anat. et de la Phys.*, p. 50).
2. 1899. Pissot. Essai sur les glandes du conduit auditif externe. *Thèse de Paris.*

les glandes sudoripares sont de beaucoup les plus nombreuses; le tiers interne du conduit ne présente pas de glandes ou présente seulement des glandes embryonnaires[1]. De plus les glandes sudoripares du conduit auditif externe sont d'un type un peu spécial : leur glomerule sécrète une matière jaune, de saveur amère, de consistance épaisse : le cérumen : leur canal excréteur s'ouvre parfois dans le follicule pileux (voy. Glandes cerumineuses). Les nerfs du conduit auditif proviennent du plexus cervical et du pneumogastrique.

6° *Caroncule lacrymale.* — La caroncule lacrymale est une région cutanée sans cesse mouillee par les larmes. La couche cornee, à peine développée, recouvre un épiderme dont l'épaisseur atteint 100 μ. Le derme, muni de papilles courtes, n'atteint que 60 μ. On y trouve des glandes sudoripares de petit calibre (Desfosses) et des follicules pilo-sébacés qui n'ont pas de muscle arrecteur.

7° *Face postérieure du tronc.* — Sur la face postérieure du tronc, l'épiderme est mince ; le corps papillaire est muni de courtes papilles; le derme est d'épaisseur considérable; il est doublé d'un pannicule adipeux, formé d'areoles circonscrites par des cloisons fibreuses

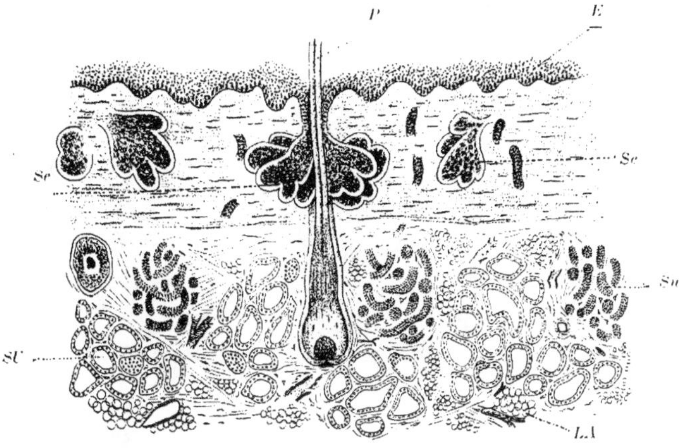

Fig. 508. — Coupe du tégument du sommet de la région axillaire chez un supplicié. (D'après Ficatier.)

E, épiderme. — *P*, poil. — *Se*, glandes sébacées. — *SU*, grosses glandes sudoripares (glandes axillaires) *Su*, glandes sudoripares. — *LA*, lobules adipeux.

fort épaisses. Des glandes sudoripares, les unes sont courtes, et ne dépassent pas le derme; les autres sont volumineuses; elles ont un long conduit, et leur glomérule occupe le pannicule graisseux.

8° *Aisselle.* — La peau de l'aisselle est pigmentée; elle est garnie de poils de teinte claire, et d'un appareil glandulaire très développé. On y trouve : 1° de petites glandes sébacées, annexées aux poils, et 2° des glandes sudoripares nombreuses au point que leurs glomérules forment une couche continue. De ces glandes les unes sont petites, les autres énormes (glandes axillaires); les cellules de ces dernières sont chargées de graisse et de pigment.

9° *Mamelle.* — La peau de la zone périphérique de la mamelle est doublée de graisse on y trouve des glandes sébacées volumineuses et de petits follicules pileux, mis en mouvement par des muscles volumineux.

Le tégument de l'aréole est pigmenté. Il n'est pas doublé d'un pannicule adipeux, mais on y rencontre un muscle lisse dont les fibres sont, les unes circulaires (muscle sous-aréolaire) et les autres radiées (muscle radié de Meyerholtz). Entre la peau et le muscle, on constate : 1° des glandes sudoripares très volumineuses, dont le canal excréteur est variqueux; 2° des glandes sébacées énormes à poil rudimentaire (tubercules de Morgagni); 3° et des glandules mammaires accessoires (tubercules de Montgomery).

La peau du mamelon est munie de nombreuses papilles, volumineuses pour la plupart. On y trouve des glandes sébacées. Les glandes sudoripares et les poils y font défaut.

1. 1882. Ciniselli, *An. per le Sc. med*

10° *Membre supérieur.* — C'est surtout à la face palmaire des mains et des phalanges que le tégument externe du membre supérieur présente un aspect très spécial. L'épiderme est épais et se montre représenté par 7 ou 8 couches superposées: le derme est muni de papilles composées, fort nombreuses et de très grande taille. Ces papilles sont, les unes vasculaires et les autres vasculo-nerveuses (corpuscules du tact). Le derme repose sur un pannicule adipeux fort épais, réparti en loges par des tractus fibreux. Dans cet hypoderme sont logés

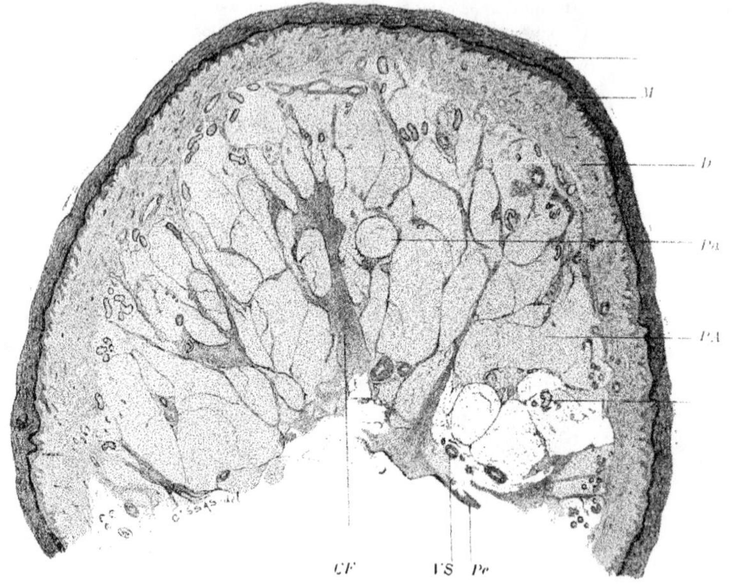

FIG. 509. — Coupe totale de la face plantaire d'un orteil.

Pe, périoste d'où partent des cônes fibreux *CF* limitant des aréoles remplies de graisse *P.A*; dans ces aréoles on trouve aussi des vaisseaux *VS*, des corpuscules de Pacilli *Pa*, des glomérules de glandes sudoripares *Su*: le derme proprement *D* est hérissé de papilles; il est recouvert d'épiderme formé d'un corps muqueux mince *M* et d'une couche cornée épaisse *C*.

des corpuscules de Pacini, des glomérules sudoripares. Au niveau de la phalangette, la face profonde du tégument se confond avec le périoste.

11° *Membre inférieur.* — Le tégument du membre inférieur rappelle de très près le tégument du membre supérieur.

Au niveau de la face antérieure du genou, la couche cornée est épaisse: les papilles du derme sont longues et richement vascularisées; les phanères et les glandes annexées à la peau sont des plus rares.

La structure de la plante du pied est de tous points comparable à celle de la paume de la main.

LE TÉGUMENT EXTERNE DANS LA SÉRIE ANIMALE

I. — INVERTÉBRÉS

A. *Protozoaires.* — Bien qu'ils soient constitués par une cellule unique, la plupart des protozoaires « sont protégés par des formations dont la puissance, la variété et souvent l'élégance suffiraient à mettre en lumière la féconde activité de la cellule animale » (Chatin). C'est ainsi que la cellule s'entoure d'une membrane cuticulaire[1], d'un squelette siliceux[2], chitineux ou calcaire, ou même d'une véritable coquille[3].

B. *Métazoaires.* — Chez les métazoaires le tégument externe est représenté par un derme et par un épiderme.

Le derme n'a pas la complexité du derme des vertébrés. Il se confond avec les tissus ambiants. Les éléments conjonctifs qui le constituent se différencient souvent pour former des chromatophores[4], des iridocytes[5], des fibres musculaires. C'est également dans le derme qu'apparaissent les appareils de soutien (spicules) qu'on observe chez les spongiaires et les échinodermes.

L'épiderme des invertébrés est représenté par une assise unique de cellules épithéliales. C'est là son caractère fondamental. Les éléments qui le composent présentent un polymorphisme des plus remarquables. Ce sont des éléments aplatis, cylindriques ou polyédriques. Leur corps cellulaire est nettement délimité ; d'autres fois, il se fusionne avec le corps cellulaire des cellules voisines.

L'épiderme des métazoaires est capable de différenciations multiples et variées. Certaines cellules se transforment en appareils de défense (nématocystes), ou de sécrétion (cellules caliciformes). D'autres élaborent des organes de mouvement (cils) ou des organes de soutien (spicules). D'autres encore constituent des organes sensoriels.

Par sa face superficielle, l'épiderme édifie une cuticule souvent épaisse, et cette cuticule, chitineuse ou calcaire, n'est pas le trait le moins remarquable de l'épiderme des métazoaires.

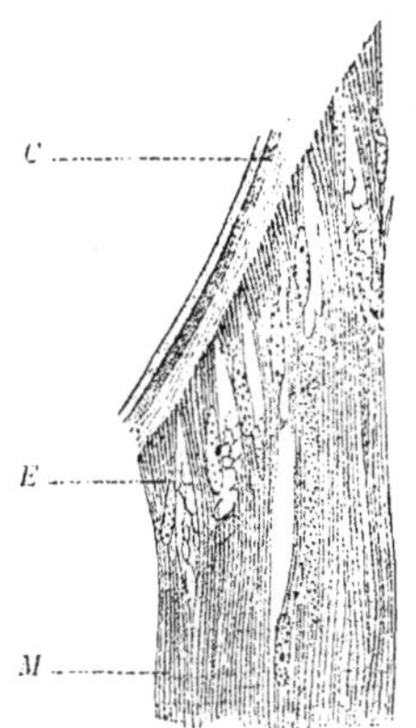

FIG. 511. — Peau d'un arthropode. (D'après O. Duboscq.)

C, cuticule, élaborée par les cellules épidermiques E, disposées sur une seule assise. Ces cellules épidermiques sont en continuité avec les fibres musculaires striées, M, sous-jacentes.

Enfin le tégument des métazoaires présente des glandes. Ces glandes sont abondantes chez les mollusques ; chez les arthropodes elles sont représentées par les glandes défensives, par les glandes cirières. Chez les Insectes et les Myriapodes, les glandes cutanées « se relient aux organes respiratoires, par des liens originels fort étroits. Les trachées semblent ne représenter... que des glandes tégumentaires modifiées » (Chatin).

II. — VERTÉBRÉS

1° *Poissons.* — La larve de l'Amphioxus est pourvue d'un ectoderme cilié. Sur l'animal adulte, le tégument est formé de cellules prismatiques, disposées sur un seul rang, qui portent un plateau à leur pôle libre. La vitrée est épaisse et se montre formée de plusieurs lames superposées. Le derme se continue avec le tissu conjonctif inter-musculaire.

L'épiderme des autres poissons est stratifié : on peut y trouver des cellules caliciformes, le plus souvent disséminées. Le derme ne renferme ni muscles ni glandes, à quelques exceptions près (glandes venimeuses, glandes cutanées des dipneustes). En revanche il élabore des écailles qui représentent un véritable squelette extérieur, parfois ossifié. Ces écailles sont recouvertes de cellules épidermiques, durant toute la vie, ou seulement pen-

1. Infusoires.
2. Radiolaires.
3. Foraminifères.
4. Ce sont des cellules sphériques, chargées de pigment, qui s'aplatissent, à certains moments, et donnent au tégument une coloration foncée.
5. Les iridocytes sont des cellules conjonctives minces et striées, à la surface desquelles se réfléchissent les rayons lumineux.

dant la période embryonnaire (Sélaciens). La peau des poissons est encore pourvue de chromatoblastes; ces éléments, situés dans le derme ou dans l'épiderme, sont en connexion avec des nerfs qui permettent à l'animal de modifier sa teinte à son gré. Il y a là un curieux phénomène d'adaptation au milieu, bien connu des zoologistes[1].

2° *Amphibiens.* — Certains amphibiens présentent des glandes unicellulaires incluses dans l'épiderme (Axolotl); d'autres portent des glandes pluricellulaires qui s'enfoncent dans le derme (glandes à mucus, glandes à venin du Triton et de la Salamandre). Cette abondance de glandes est un trait caractéristique du tégument des amphibiens. Le derme se montre, chez eux, pourvu de libres lisses, de cellules pigmentaires, de dépôts calcaires et même d'un squelette osseux (Cératophys). Chez quelques batraciens (Salamandre), l'assise épidermique superficielle se sépare du revêtement buccal au niveau des lèvres, et c'est par cet orifice unique que l'animal sort du sac que lui forme cette assise. Chez la Cecilie, il existe, sur le tégument, des écailles rudimentaires. Ajoutons que poissons et amphibiens, présentent des organes sensoriels à la surface de leur tégument. Ces organes, qui rappellent les bourgeons du goût, sont très nombreux et très développés. A mesure qu'on s'élève dans l'échelle zoologique, ces organes émigrent dans l'épaisseur de la peau.

3° *Reptiles.* — Destinée à une mue annuelle, « la peau des reptiles, à l'opposé de celle des amphibiens, est extraordinairement pauvre en glandes. La propriété caractéristique de la peau des serpents consiste dans la faculté de produire des écailles, des tubercules, des piquants, des scutelles, des griffes et autres formations analogues. Toutes ces productions... dérivent... d'une prolifération des cellules épidermiques » (Wiedersheim). On rencontre encore, chez les Sauriens et les Crocodiliens, des os dermiques. De tels os constituent la carapace des Tortues. « Il faut aussi signaler la présence du pigment dans la peau des reptiles (Caméléons, Ascalabotes, Serpents et Scinques) et la faculté que celle-ci possède de changer de coloration. » (Wiedersheim).

4° *Oiseaux.* — Les oiseaux sont les vertébrés qui présentent le derme le plus mince, le moins vasculaire, le plus riche en organes sensoriels (corpuscules de type pacinien, corpuscules de Grandry). Ce derme est parfois séparé des parties sous-jacentes par des vésicules aériennes.

La couche basilaire de l'épiderme est chargée d'huile, partout où la peau est recouverte d'écailles. Les éléments du corps muqueux sont solidarisés par un appareil filamenteux de forme compliquée. Le stratum granulosum fait défaut, comme chez les reptiles. La couche cornée est infiltrée de cire (Ranvier).

L'épiderme est capable d'élaborer nombre de productions cornées (étui du bec et des ergots, peau des doigts, ongles et plumes). Le derme ne présente aucune trace d'os dermiques; il est complètement dépourvu de glandes. Toutefois, chez nombre d'oiseaux, on trouve, près de l'extrémité de la queue, une glande sébacée volumineuse, qui constitue la glande du croupion ou glande uropygienne. Cette glande est en rapport avec un muscle constricteur puissant. C'est à son orifice que l'oiseau puise, avec son bec, la matière sebacée qu'il répartit ensuite sur toute la surface du corps.

Le pigment n'est pas élaboré dans la peau des oiseaux; on ne le trouve que dans les plumes. Ces plumes sont mises en jeu par des muscles puissants (muscles lisses) qui, selon quelques auteurs, présenteraient des traces de striation transversale.

5° *Mammifères.* — Le tégument des mammifères rappelle, à quelques différences près, le tégument humain[2].

L'épiderme subit une mue incessante. Sa couche cornée s'épaissit pour former les callosités ischiatiques des singes, les châtaignes du cheval, les plaques écailleuses de la queue du castor et du rat.

Le derme, pourvu de papilles de taille monstrueuse chez les Cétacés et les Ruminants (museau), élabore un véritable squelette chez le Tatou et chez la Taupe; il renferme une musculature puissante chez le Hérisson, le Porc-épic et chez les Solipèdes: cette musculature s'attache à des tendons insérés sur la face profonde du derme

La peau de certains mammifères s'adosse à elle-même pour former des replis qui rappellent la membrane interdigitale de la Grenouille, la palmature de certains oiseaux (Canards). Tel est le cas des ailes de la Chauve-souris et des Galeopithèques.

La peau contient 3 ordres de glandes, qui toutes trois sont capables d'élaborer de la graisse ; ce sont les glandes mammaires (voy. Mamelle), les glandes sudoripares et sebacées.

a) Dans toute la série des mammifères, les glandes sudoripares affectent la forme tubuleuse.

1. Ce réflexe disparait quand les nerfs optiques ont été coupes.

2. L'éléidine est une substance propre aux mammiferes. Toutefois elle n'existe pas chez tous les mammiferes. La plante et pied de l'ornythorynque n'en contient jamais (Pilliet. *Soc. Anat.*, 1892, p. 318)

Elles sont formées d'un canal rectiligne chez la Taupe, enroulé en crosse à son extrémité profonde chez le Lapin et le Lièvre, franchement glomérulé chez le Cheval. Ces 3 types morphologiques, de plus en plus compliqués, rappellent les 3 stades du développement de l'appareil sudoripare dans l'espèce humaine. Ils sont reliés par des transitions insensibles.

Les glandes sudoripares sont simples ou ramifiées. Cette dernière disposition s'observe chez le Chien, le Porc, le Lapin (glandes de la base pileuse). Ces glandes comprennent deux segments : le segment excréteur et le segment sécréteur, que sépare, chez le Chat, un canal rétréci; le segment sécréteur, avec ses cellules glandulaires et myo-épithéliales, présente lui-même deux portions : l'une, profonde, est contournée en glomérule; l'autre, superficielle, est rectiligne. Chez la Chauve-souris les glandes sont ovoïdes ou ampullaires; et Ranvier a pu y constater la contraction de fibres musculaires d'origine épithéliale.

Chez l'Ane et le Cheval, les glandes sudoripares affectent des rapports intéressants avec les poils. Leur glomérule, situé dans l'épaisseur du derme, s'étend du bulbe pileux à la glande sébacée; il occupe toujours le côté du poil où s'insère le muscle arrecteur. Ce muscle présente souvent une boutonnière où s'engage le canal excréteur de la glande. Aussi, quand le poil se redresse sous l'effet du froid, le muscle contracté rétrécit ou fait disparaître la lumière du canal. Aucune sudation, ou, tout au moins, aucune sudation abondante ne peut, dès lors, se produire à la surface du tégument (Renaut).

Outre les glandes sudoripares ordinaires qui s'observent chez la plupart des mammifères (Chien, Chat, Cobaye, Cheval, Rat) on observe encore dans cette classe de vertébrés des glandes volumineuses qui sont chargées de pigment et rappellent beaucoup les glandes axillaires de l'espèce humaine. Telles sont les glandes du mulle (Bœufs), les glandes latérales des Musaraignes, les glandes du larmier de la Gazelle, du sinus biflexe (Mouton et Lama), de la pochette inguinale (Mouton, Gazelle), de la brossette (Chevreuil), de l'aréole du mamelon (Porc, Jument), du fourreau de la verge (Cheval)[1].

Chez certains mammifères des glandes tubuleuses ou à caractère mixte, élaborent des sécrétions colorées en rouge et en bleu. On les rencontre sur la poitrine et l'abdomen du Kangourou, et chez l'Antilope. La sécrétion possède chez le mâle une odeur pénétrante « qui semble exciter la femelle pendant la période du rut ».

b) Quant aux glandes sébacées, elles sont extrêmement développées chez le Bœuf, chez le Chien, et chez le Cheval dont le système pileux est très développé. Les glandes sébacées ouvertes à la surface de la peau et munies d'un poil rudimentaire font défaut chez la plupart des mammifères; « ce n'est que sur les parties glabres du corps qu'on en rencontre quelques-unes » (Sappey).

« Les glandes nidoriennes, glandes à parfum, etc., si répandues chez les mammifères, principalement chez les carnivores et les rongeurs, sont des glandes sébacées formant souvent des masses considérables, et caractérisées par l'odeur de leurs sécrétions. Cette odeur est parfois tellement fétide que l'appareil glandulaire ainsi constitué peut être considéré comme réellement défensif, permettant aux Mouffettes, etc., d'éloigner leurs ennemis et d'échapper à leurs atteintes. Les glandes odorantes sont généralement situées dans la région anale ou périnéale : telles sont les glandes à parfum des Civettes, les glandes à musc des Moschidés, les glandes à castoreum des Castors.

On doit en rapprocher les glandes préputiales des Rats, les glandes caudales des Desmans, les glandes faciales des Cheiroptères, etc. » (Chatin).

1. 1881. Ficatier. Étude anatomique des glandes sudoripares. *Thèse*. Paris.

ARTICLE III

L'ONGLE

CHAPITRE I

DÉVELOPPEMENT DE L'ONGLE[1]

Comme tous les phanères, l'ongle procède d'une involution d'origine ectodermique. Organe annexé aux extrémités des membres, il suit la loi générale du développement de ces extrémités (Zander, Retterer). Son apparition est donc plus précoce[2] au membre supérieur qu'au membre abdominal.

Mais, pour donner quelque précision aux indications chronologiques qui marquent les diverses étapes de l'évolution, nous n'aurons en vue que l'ongle du pouce.

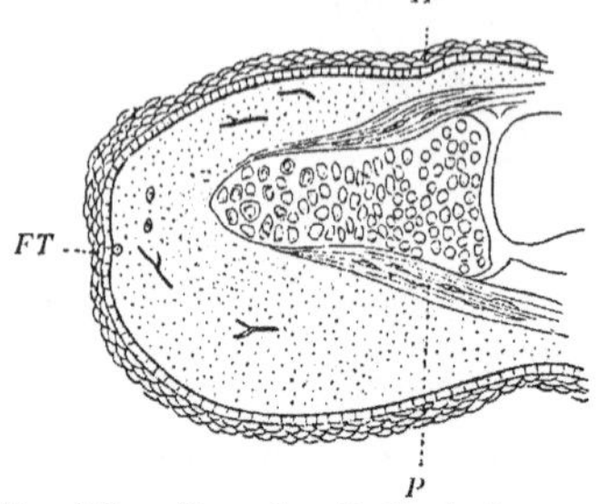

Fig. 512. — Coupe longitudinale du pouce (fœtus ♂ de $\frac{3^{cm}2}{4^{cm}}$. (D'après Curtis).

Premiers vestiges de l'involution postérieure *IP* et de la fossette terminale *FT*. — La phalangette montre sur sa face palmaire la coupe du tendon fléchisseur *P*, et sur sa face dorsale la coupe du tendon extenseur.

Disons ici, une fois pour toutes, que « la genèse de l'ongle est un phénomène absolument continu ». Les stades que nous distinguerons chevauchent les uns sur les autres : un stade commence, sans que le stade antérieur soit terminé. Aussi « les seules divisions qu'on puisse établir ici doivent répondre aux époques où *débutent* les diverses modifications cellulaires qui impriment à l'évolution épithéliale ses modalités successives[3] ».

1° *Stade du lit dorso-terminal.* — Un pli épidermique de direction transversale apparaît sur le dos du pouce, un peu au-devant de la base de la troisième phalange (1re semaine du 3e mois). Il circonscrit en arrière le champ unguéal

La délimitation du lit primitif se complète, un peu plus tard, par l'apparition d'un sillon arciforme, dont le pli postérieur représente la corde. Les parties latérales de ce sillon sont à peu près verticales. Sa partie antérieure est transversale. Elle occupe l'extrémité du doigt; elle est à égale distance de la face palmaire et de la face dorsale du pouce; elle est située dans le prolongement de la face antérieure de la dernière phalange.

1. La terminologie qu'appliquent les auteurs aux diverses parties de l'ongle est tellement variable qu'il importe, une fois pour toutes, d'indiquer, au début de ce chapitre, les synonymies.

La face superficielle de l'ongle est encore appelée face libre, face postérieure, face dorsale, face supérieure. Toutes ces appellations se justifient suivant qu'on examine l'ongle en place, sur le dos des doigts, comme le font les anatomistes, suivant qu'on le considère sur des coupes, comme le font les histologistes.

La face profonde ou adhérente est encore dénommée face palmaire, face antérieure, face inférieure.

Le bord adhérent de l'ongle porte aussi les noms de bord supérieur, de bord postérieur ou proximal.

Le bord libre est souvent qualifié de bord inférieur, de bord antérieur, de bord distal,

2. De 2 à 3 semaines (Mac Leod, *British Journ. of Dermat.*, 1898). Voilà pourquoi, à la naissance, « les ongles dépassent l'extrémité des doigts, mais non pas celle des orteils » (Lacassagne. *Médecine judiciaire*).

3. 1889. P. Curtis. Sur le développement de l'ongle chez le fœtus humain jusqu'à la naissance. *Journal de l'Anat. et de la Physiol.*, p. 125.

Au lit de l'ongle ainsi délimité, on peut reconnaître deux segments, l'un antérieur, l'autre postérieur, qui se raccordent à angle droit, au niveau de la région qui, chez l'adulte, répond à l'angle de l'ongle. Le segment antérieur du lit occupe la moitié dorsale de l'extrémité du doigt; le segment postérieur occupe l'extrémité distale de la face dorsale du pouce.

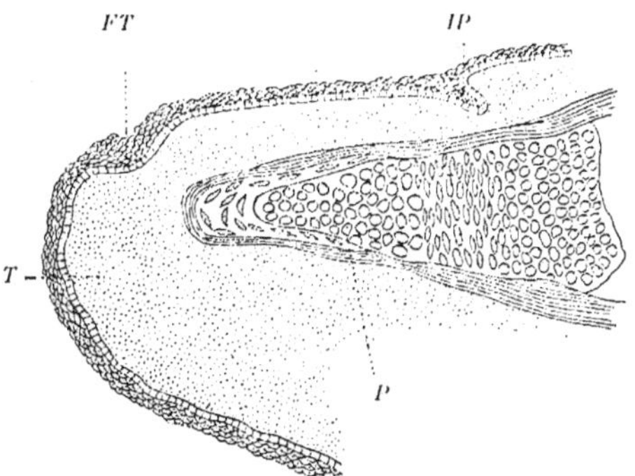

Fig. 513. — Coupe longitudinale du pouce sur le fœtus ♂ de $\frac{7^{cm}}{9^{cm}5}$. (D'après Curtis.)

On remarque le champ unguéal, limité en arrière par l'involution postérieure *IP*, et en avant par la fossette terminale *FT*, qui se trouve reportée sur le dos du doigt. L'extrémité du doigt est en *T*; le tendon fléchisseur s'insère sur la face palmaire de la phalangette *P*.

Dans ce premier stade du développement de l'ongle, la délimitation du lit primitif est assurée par une dépression de l'épiderme, et cette dépression très superficielle détermine, dans la profondeur, l'apparition d'un mur plongeant formé par l'invagination d'une bande épidermique.

2° *Stade du lit dorsal primitif.* — Sur le pouce du fœtus de $\frac{7^{cm}}{9^{cm}5}$ le lit primitif n'est plus dorso-terminal; il est tout entier sur le dos du doigt (A). Le segment antérieur ou terminal du lit primitif s'est donc déplacé; il occupe maintenant le dos du doigt comme le segment postérieur au-devant duquel il est situé.

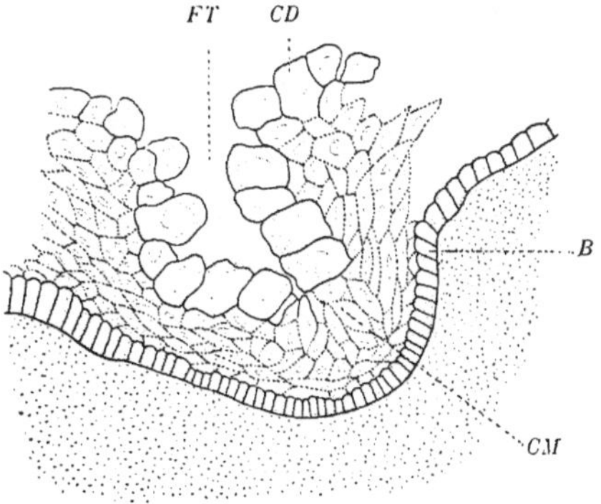

A ce stade, le sillon qui, en arrière, circonscrit le lit primitif est très superficiel; en regard de lui, on constate la présence d'un bourgeon épidermique long de 125 à 130 μ, constitué par l'assise basilaire et par des cellules malpighiennes, superposées sur 15 à 20 rangs

Fig. 514. — Fossette terminale d'un fœtus de $\frac{7^{cm}}{9^{cm}5}$. (D'après Curtis.)

L'assise basilaire *B* est formée de cellules cubiques. — Les cellules des assises malpighiennes *CM* augmentent de taille en se rapprochant de la surface du tégument; les cellules superficielles *CD*, dépourvues de filaments d'union présentent un aspect remarquable. Elles sont volumineuses (20 μ), polyédriques ou irrégulières, et lâchement unies les unes aux autres. — Un noyau arrondi occupe la partie moyenne de l'élément. Au-dessus de lui, le protoplasma se colore énergiquement par le carmin. Ce sont là les cellules desquamantes de Curtis.

Le sillon épidermique de l'involution antérieure est très net; il est connu sous le nom de fossette terminale; à son niveau l'épiderme déprimé s'est aminci. L'examen de la figure 514, mieux qu'une longue description, montrera la constitution de la fossette terminale.

En même temps que le lit primitif se localise tout entier sur le dos du doigt, on constate la première apparition des crêtes dermiques de Henle, sur les bords et sur les parties antérieures du champ de l'ongle.

C'est seulement plus tard que le lit primitif se transformera *partiellement* en lit définitif. Le segment antérieur et le segment postérieur du lit primitif se séparent par un sillon transversal (1re semaine du 5e mois). Le lit définitif se constituera aux dépens du seul segment postérieur.

3° *Stade de l'éponychium.* — L'apparition des processus de kératinisation à la surface de la zone ectodermique qui représente le champ de l'ongle, marque le 3e stade du développement (stade de l'éponychium de Curtis).

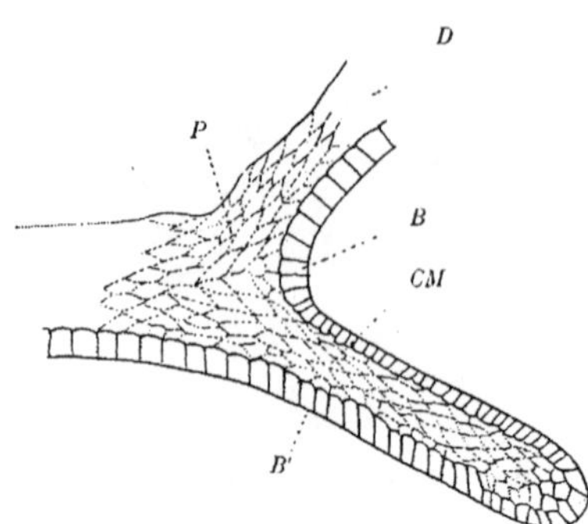

FIG. 515. — Involution postérieure sur le fœtus de $\frac{7^{cm}}{9^{cm}5}$. (D'après Curtis.)

Corps muqueux *CM* et couche basilaire de la face postéro-supérieure *B* et de la face antéro-inférieure *B'* de la gouttière unguéale.

Au début du 4e mois (fœtus de $\frac{10^{cm}5}{14^{cm}5}$) on voit apparaître, dans l'extrémité antérieure du lit de l'ongle, une couche cornée que Unna désigne sous le nom d'éponychium.

Cette couche s'accroît rapidement, d'avant en arrière, jusqu'au niveau de l'involution épidermique postérieure. Mais à peine l'éponychium a-t-il recouvert la totalité du lit de l'ongle, que, « refoulé par le développement des parties sous-jacentes, il se déchire, au milieu du lit, vers la fin du 4e mois. Ses deux extrémités seules persistent » et voit continuer leur évolution.

Son extrémité antérieure devient l'origine de cette corne épaisse qui persiste au niveau de l'angle antérieur de l'ongle.

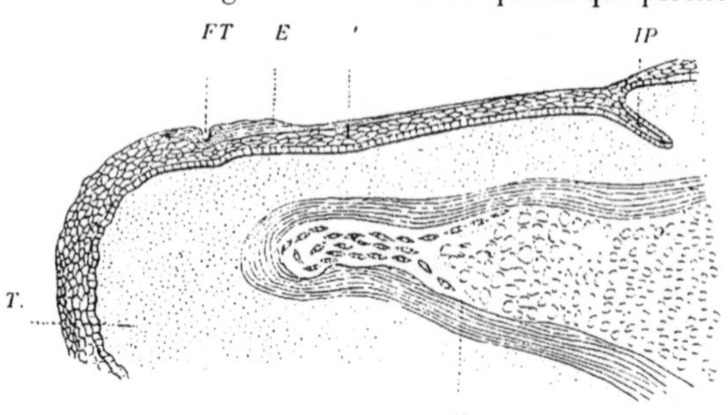

Fig. 516. — Coupe longitudinale du pouce (fœtus ♂ de $\frac{10^{cm}5}{14^{cm}5}$). (D'après Curtis.)

IP, involution postérieure. — *FT*, fossette terminale. — *L*, champ ungueal. — *E*, éponychium. — *T*, extremité du pouce. — **P**, face palmaire de la phalangette.

L'extrémité postérieure de l'éponychium prend, dès lors, le nom de périonyx. Sur les embryons de 11 à 12 centimètres, un prolongement se détache de sa face profonde. C'est là l'éperon radiculaire. Il va s'enfoncer d'avant en arrière et de haut en bas dans l'involution postérieure, que, de ce fait, il partage en deux couches, l'une antéro-inférieure, l'autre postéro-supérieure. Celle-là deviendra la matrice primitive; celle-ci représente l'épiderme réfléchi du repli sus-unguéal. Finalement (9e mois), l'éperon radiculaire atteindra le fond de l'involution postérieure; il y prolonge, en quelque sorte, la transformation cornée « commencée à la surface libre de l'épiderme ».

Il importe de remarquer ici que dans les trois quarts antérieurs du lit unguéal, la transformation cornée de l'épiderme est consécutive à la formation d'un stratum granulosum. Il n'en est plus de même dans le quart postérieur du lit. Là, plus d'éléidine : la kératinisation « s'effectue par un aplatissement et un tassement des éléments épithéliaux » et par une modification chimique qui débute à la périphérie du corps cellulaire.

L'éponychium ne représente donc point « un tout homogène. Son mode d'origine et sa structure diffèrent en avant et en arrière ».

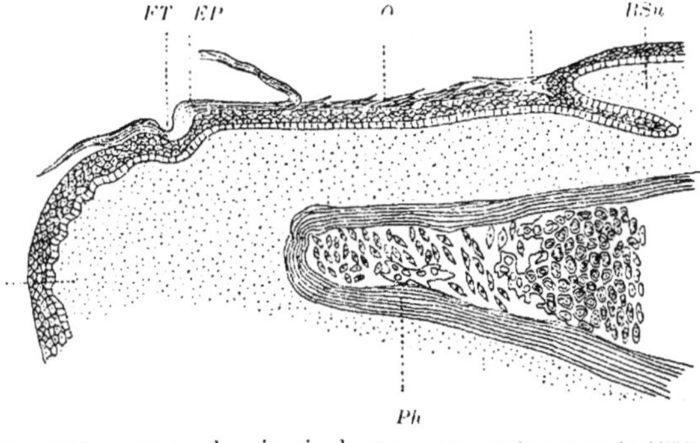

Fig. 517. — Coupe longitudinale du pouce sur le fœtus de $\frac{11^{cm}}{17^{cm}}$, (D'après Curtis.)

Rupture de l'éponychium *EP*, qui laisse à nu l'ongle primitif *O*. — *FT*, fossette terminale. — *P*, périonyx. — *RSu*, repli sus-unguéal. — *T*, extrémité du doigt. — *Ph*, phalangette.

4° *Stade de l'ongle primitif.* — Le stade de l'ongle primitif débute au milieu du 4e mois. Il s'étend jusqu'au milieu du 5e mois.

Ce stade est marqué par d'importantes modifications cellulaires qui se produisent dans le corps muqueux, commencent au centre du lit, et se propagent à sa partie postérieure (fin du 4e mois).

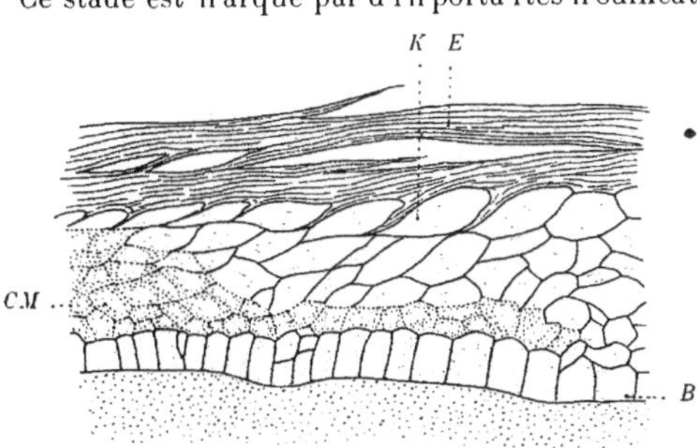

Fig. 518. — Coupe intéressant le segment antérieur du lit et la matrice primitive chez le fœtus de $\frac{10^{cm}5}{14^{cm}5}$. (D'après Curtis.)

B, couche basilaire. — *CM*, corps muqueux; les cellules du segment antérieur du lit sont situées à gauche ; leur corps cellulaire est de couleur grise ; les cellules de la matrice primitive sont claires et inclinées les unes sur les autres ; les plus superficielles sont chargées de grains de kératine *K*. — *E*, éponychium.

Sur l'embryon de $\frac{10^{cm}5}{14^{cm}5}$, le corps muqueux est formé de « cellules ovoïdes dont le grand diamètre atteint 20 μ, et qui affectent une tendance à s'orienter en files, obliques de haut en bas et d'arrière en avant ». Leur corps transparent, muni déjà de filaments d'union, « présente des contours nets... et renferme un noyau pâle à fines granulations. Ces éléments, au contact immédiat de la couche cornée superficielle, se chargent de grains volumineux (1 à 2) arrondis, anguleux, ou en forme de croissant et qui, semblables à de grosses gouttes d'un liquide coagulé sur place, se colorent fortement en jaune par le picrocarmin. C'est là évidemment un premier dépôt intracellulaire de substance kératinienne ».

Le dépôt de la kératine[1] marque donc le début du stade de l'ongle primitif. Ce dépôt se localise dans des éléments situés au-dessous de l'éponychium; ces éléments, dont l'aspect est remarquablement..., voient leur protoplasma s'entourer d'une coque de kératine (kératinisation marginale de Curtis). L'ensemble des cellules ainsi modifiées constitue la matrice primitive de l'ongle.

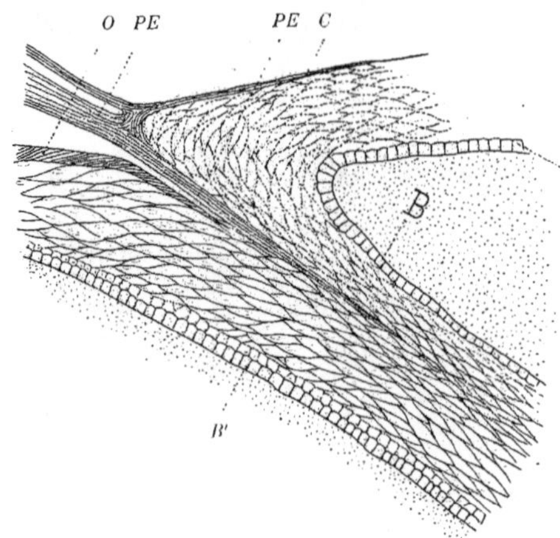

Fig. 519. — La gouttière de l'ongle et l'éperon radiculai (D'après Curtis).

Coupe longitudinale de la gouttière de l'ongle, sur le fœ de $\frac{12^{cm}5}{18^{cm}}$, laissant voir l'éperon radiculaire formé de 2 bandes tinctes, l'une *O*, formée de substance unguéale, l'autre *PE*, de s stance cornée; cette dernière déborde la substance unguéale s'avance plus près du fond de l'involution. — *B*, couche basil du repli sus-unguéal. — *B'*, couche basilaire de la matrice de l'on

Dès lors, l'éponychium change d'aspect; il n'est plus uniformément coloré en rose par le picro-carmin; sa zone profonde, la plus récemment formée, se teint en jaune. Sur les coupes, cette zone semble se prolonger, dans les parties superficielles de la matrice unguéale, par des filaments cornés qui représentent l'exoplasme des cellules malpighiennes déjà kératinisé (B).

La zone profonde de l'éponychium, teinte en jaune par le picro-carmin, est le rudiment de l'ongle primitif, mais « il est impossible de préciser d'une manière absolument exacte l'époque où apparaît pour la première fois une lame distincte méritant le nom d'ongle. C'est par une substitution lente et continue que l'ongle primitif déplace et remplace l'éponychium » (Curtis).

Quand l'éponychium, soulevé par l'accroissement des tissus sous-jacents, se déchire et disparaît de la partie moyenne du lit de l'ongle, l'ongle primitif se trouve mis à nu.

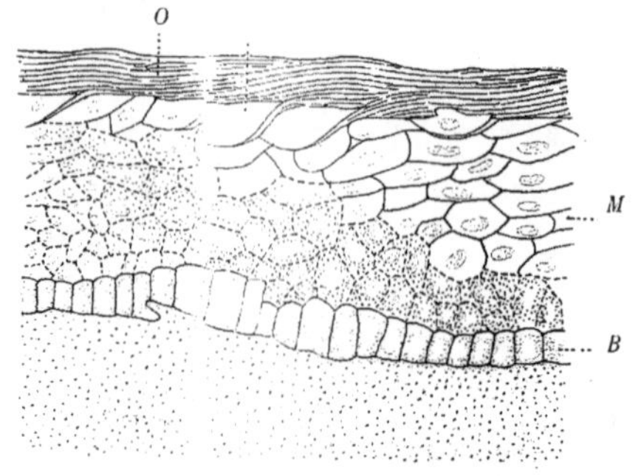

Fig. 520. — Coupe longitudinale de la matrice primitive sur un fœtus ♂ de $\frac{12^{cm}5}{1^{cm}8}$, (D'après Curtis.)

B, cellules bas es — *M*, corps muqueux unguéal. — *K*, grains de kératin — *O* l'ongle primitif qui à ce stade est à nu.

C'est une lame de structure lâche, d'aspect feuilleté, et dont la surface libre s'exfolie sans cesse. Cette lame a bientôt recouvert tout le champ de l'ongle, et de la fin du 4e mois au début du 9e, elle s'étend, comme la matrice, d'avant en arrière, elle s'enfonce dans l'involution

1. Signalé par Brooke (1883) (*Shenk's Mittheil.*, Wien, Bd. I) et par Zander.

postérieure, en longeant la paroi …érieure de l'éperon radiculaire qui la déborde et « semble lui servir de guide ».

Aussi l'embryon de $\frac{14^{cm}8}{17^{cm}}$ possède- une involution postérieure que cloisonne, de haut en bas et d'avant … arrière, l'éperon radiculaire. La zone

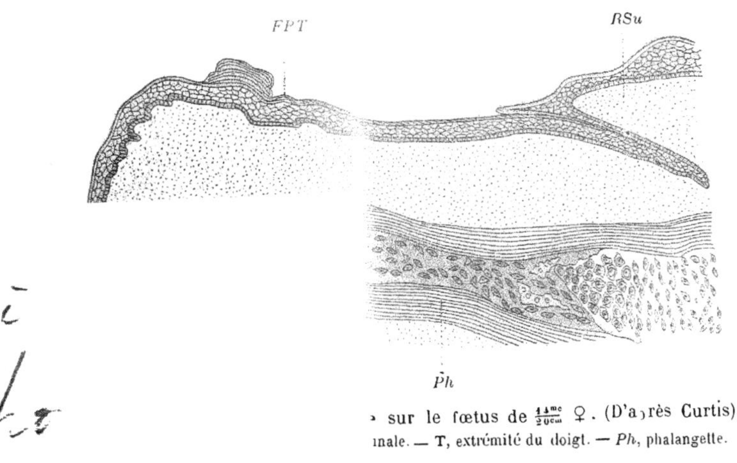

… sur le fœtus de $\frac{14^{mc}}{20^{cm}}$ ♀. (D'après Curtis).
…inale. — T, extrémité du doigt. — Ph, phalangette.

…e la matrice et va prendre ses carac- …sente déjà l'épiderme réfléchi du repli

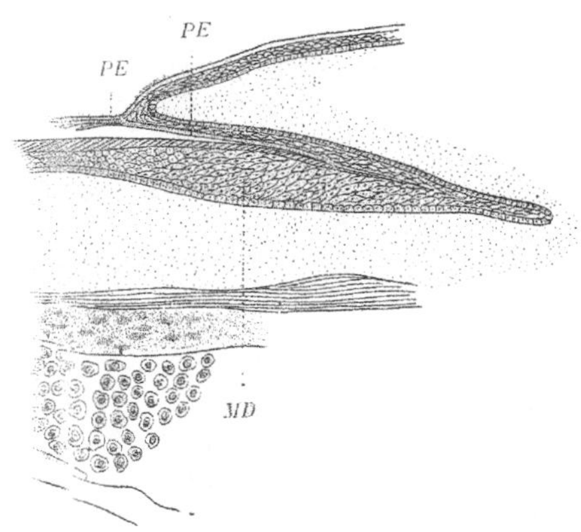

…pour sur un fœtus ♂ de $\frac{20^{cm}}{30^{cm}}$. (D'après Curtis.)
T, fossette préterminale. — O, ongle. — MD, matrice unguéale.

sus-unguéal. C'est seulement … le fond de l'involution, là précisément où ne se prolonge pas l'éperon radiculaire, que ces deux zones ne peuvent être distinguées l'… de l'autre.

5° *Stad…* *…gle définitif.* — … dis que la partie postérieure de la matrice s… avec l'ongle p… partie centrale devient le siège

Le dépôt de la kératine[1] marque donc le début du stade de l'ongle primitif. Ce dépôt se localise dans des éléments situés au-dessous de l'éponychium ; ces éléments, dont l'aspect est remarquablement clair, voient leur protoplasma s'entourer d'une coque de kératine (kératinisation marginale de Curtis). L'ensemble des cellules ainsi modifiées constitue la matrice primitive de l'ongle.

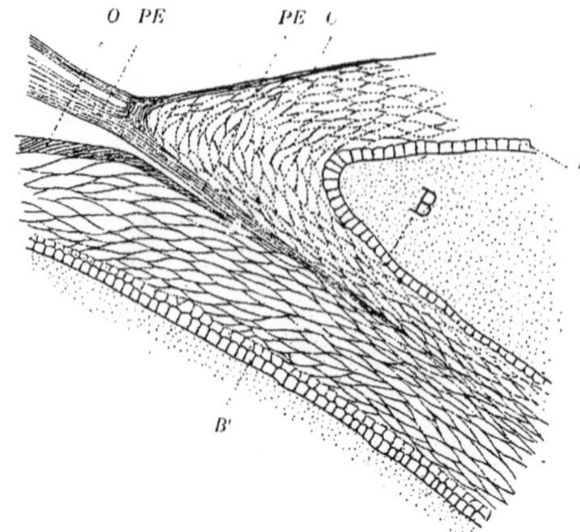

Fig. 519. — La gouttière de l'ongle et l'éperon radiculaire. (D'après Curtis).

Coupe longitudinale de la gouttière de l'ongle, sur le fœtus de $\frac{12^{cm}5}{18^{cm}}$, laissant voir l'éperon radiculaire formé de 2 bandes distinctes, l'une *O*, formée de substance unguéale, l'autre *PE*, de substance cornée ; cette dernière déborde la substance unguéale et s'avance plus près du fond de l'involution. — *B*, couche basilaire du repli sus-unguéal. — *B'*, couche basilaire de la matrice de l'ongle

Dès lors, l'éponychium change d'aspect ; il n'est plus uniformément coloré en rose par le picro-carmin ; sa zone profonde, la plus récemment formée, se teint en jaune. Sur les coupes, cette zone semble se prolonger, dans les parties superficielles de la matrice unguéale, par des filaments cornés qui représentent l'exoplasme des cellules malpighiennes déjà kératinisé (B).

La zone profonde de l'éponychium, teinte en jaune par le picro-carmin, est le rudiment de l'ongle primitif, mais « il est impossible de préciser d'une manière absolument exacte l'époque où apparaît pour la première fois une lame distincte méritant le nom d'ongle. C'est par une substitution lente et continue que l'ongle primitif déplace et remplace l'éponychium » (Curtis).

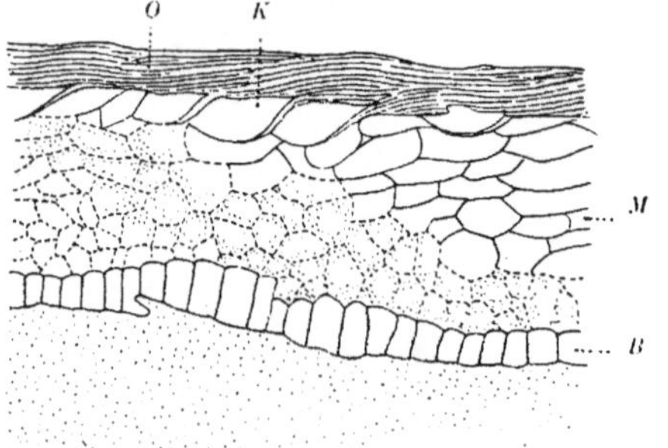

Fig. 520. — Coupe longitudinale de la matrice primitive sur un fœtus ♂ de $\frac{12^{cm}5}{16^{cm}8}$. (D'après Curtis.)

B, cellules basilaires. — *M*, corps muqueux ungueal. — *K*, grains de keratine. — *O*, l'ongle primitif qui à ce stade est a nu.

Quand l'éponychium, soulevé par l'accroissement des tissus sous-jacents, se déchire et disparaît de la partie moyenne du lit de l'ongle, l'ongle primitif se trouve mis à nu.

C'est une lame de structure lâche, d'aspect feuilleté, et dont la surface libre s'exfolie sans cesse. Cette lame a bientôt recouvert tout le champ de l'ongle, et de la fin du 4e mois au début du 9e, elle s'étend, comme la matrice, d'avant en arrière ; elle s'enfonce dans l'involution

1. Signalé par Brooke (1883) (*Shenk's Mittheil*, Wien, Bd. II, H. 3) et par Zander

postérieure, en longeant la paroi inférieure de l'éperon radiculaire qui la déborde et « semble lui servir de guide ».

Aussi l'embryon de $\frac{14^{cm}8}{17^{cm}}$ possède-t-il une involution postérieure qui cloisonne, de haut en bas et d'avant en arrière, l'éperon radiculaire. La zone

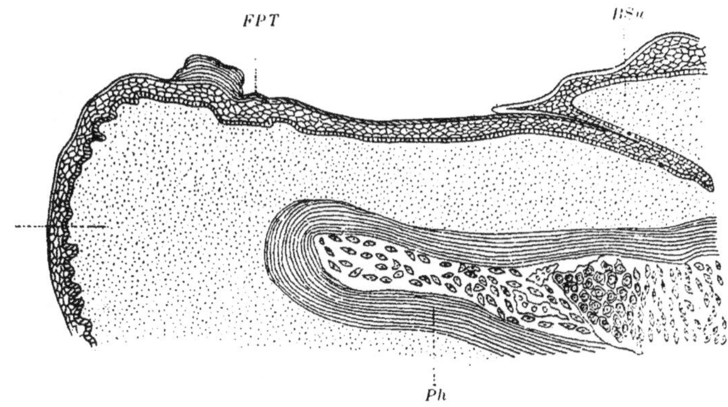

Fig. 521. — Coupe longitudinale du pouce sur le fœtus de $\frac{11^{mm}}{20^{cm}}$ ♀. (D'après Curtis).
RSu, repli sus-unguéal. — *FPT*, fossette pré-terminale. — *T*, extrémité du doigt. — *Ph*, phalangette.

située au-devant de la cloison prolonge la matrice et va prendre ses caractères; la zone située en arrière représente déjà l'épiderme réfléchi du repli

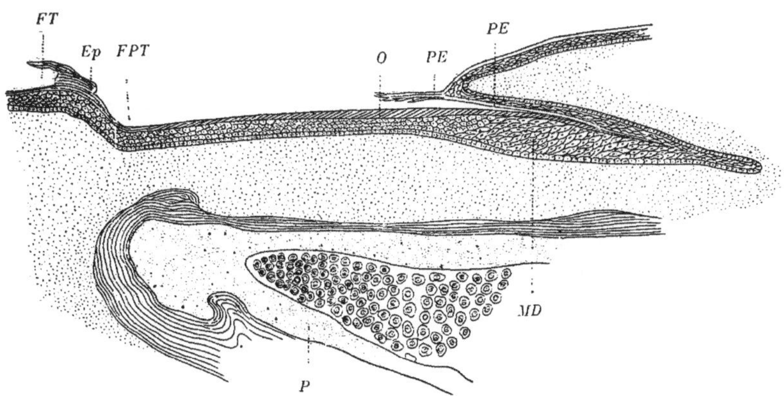

Fig. 522.— Coupe longitudinale du pouce sur un fœtus ♂ de $\frac{20^{cm}}{30^{cm}}$. (D'après Curtis.)
FT, fossette terminale.— *Ep*, éponychium.— *FPT*, fossette préterminale. — *O*, ongle. — *MD*, matrice unguéale. — *PE*, périonyx. — *P*, phalangette.

sus-unguéal. C'est seulement dans le fond de l'involution, là précisément où ne se prolonge pas l'éperon radiculaire, que ces deux zones ne peuvent être distinguées l'une de l'autre.

5° *Stade de l'ongle définitif*. — « Tandis que la partie postérieure de la matrice se déplace avec l'ongle primitif, sa partie centrale devient le siège d'une évolution nouvelle, qui débute dans la 2e semaine du 5e mois. Les cellules épithéliales subissent, à l'entrée de la gouttière, une transformation *in situ*. » Elles prennent une forme nettement polyédrique, et loin d'élaborer des grains de kératine, rares et volumineux (6 μ), on les voit se charger de granulations fines et nombreuses, que le picrocarmin colore en rouge-brun. Ces granulations sont identiques à celles qu'on observe sur l'ongle de l'adulte. Elles sont formées de substance onychogène.

De telles modifications s'étendent, peu à peu, sur toute la matrice, et au début du 6e mois, la matrice définitive s'est substituée à la matrice primitive; la substance onychogène y remplace la kératine.

Aux dépens de la matrice définitive, et là où elle a d'abord apparu, se développent des couches unguéales nouvelles. L'ensemble de ces couches constitue une lame de corne épaisse, compacte, qui n'a nulle tendance à la desquamation.

L'ongle définitif s'est substitué d'une façon lente et continue à l'ongle pri-

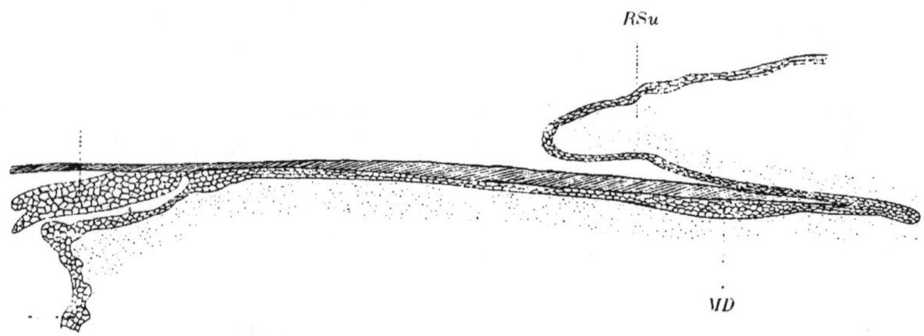

Fig. 523. — Coupe longitudinale du médius sur le fœtus de $\frac{33^{cm}}{47^{cm}}$. (D'après Curtis.)
La couche cornée de l'épiderme s'est détachée, partout, sauf sous le bord libre de l'ongle C, elle represente le reste de l'éponychium. — T, extrémité du doigt. — MD, matrice de l'ongle. — RSu, repli sus-unguéal.

mitif, dont il suit le mode de progression. Au 9e mois, il atteint en arrière le fond de la gouttière unguéale (fœtus de $\frac{33^{cm}}{47^{cm}}$); en avant, il commence à proéminer et présente un bord libre[1].

Pendant que se succèdent ces transformations fondamentales, la fossette terminale s'efface, mais le lit de l'ongle est limité par l'apparition d'un sillon, situé en arrière de la fossette terminale. Ce sillon, qu'on nomme fossette préterminale, est net sur le fœtus de $\frac{15^{cm}}{20^{cm}}$; il a disparu sur le fœtus de [illegible].

Telle est la description que donne le professeur Curtis dans son mémoire de 1889; depuis, cet auteur a repris l'étude du stade de l'ongle définitif, et dans une note qu'il a bien voulu me remettre (juillet 1900), il modifie comme il suit sa première interprétation :

1° Les grains de kératine se forment jusqu'au moment de la naissance, tout en devenant de plus en plus fins et de plus en plus rares; leur zone de production recule incessamment vers le fond de la gouttière unguéale;

2° La substance onychogène n'existe point. Ce qu'on a pris pour elle, c'est

1. L'ongle commence à présenter un bord libre au début du 7e mois. Ce détail a son importance en médecine légale.

la coupe des filaments d'union, filaments qui sont déjà visibles sur le fœtus de $\frac{10^{mm}5}{14^{mm}5}$;

3° Il n'y aurait pas lieu d'opposer l'ongle primitif et l'ongle définitif en disant : l'ongle primitif se forme à la suite d'un dépôt de kératine, l'ongle définitif à la suite d'un dépôt de substance onychogène. L'ongle se forme par un processus univoque, toujours semblable à lui-même. Mais dans le stade de l'ongle primitif, la production de kératine se fait sur tout le lit de l'ongle; dans le stade de l'ongle définitif, cette production se localise au fond de la gouttière unguéale.

Résumé. — Un pli épidermique circonscrit le champ où se développera l'ongle. Ce lit, revêtu de cellules épithéliales, se recouvre bientôt d'une couche cornée (éponychium). Puis une plaque unguéale se différencie; elle s'interpose entre le corps muqueux et la couche cornée; elle a donc la valeur d'un stratum lucidum; elle s'enfonce dans l'involution postérieure, où elle constitue la racine de l'ongle. L'éponychium une fois rompu, le limbe unguéal est à nu dans la majeure partie de son étendue; il ne cesse de croître par l'apport de couches nouvelles, issues du corps muqueux sous-jacent. Tout d'abord lâche et friable, l'ongle ne tarde pas à se montrer solide et dur. A l'ongle primitif, qui apparaît d'avant en arrière, se substitue l'ongle définitif dont la croissance se fait en sens inverse[1].

NOTES

A) *Situation du lit primitif.* — Zander[2] pense que le lit unguéal occupe primitivement l'extremité du doigt. L'ongle, chez l'homme, est terminal comme la griffe de certains mammifères. Secondairement, il se déplace en totalité et se trouve reporte sur le dos de la phalangette. Voilà pourquoi la région unguéale est innervée à la main par les nerfs palmaires, au pied par les nerfs plantaires.

Curtis (*loc. cit.*) n'admet qu'une migration partielle; le segment distal du lit de l'ongle se déplace seul; une fois parvenu sur la face dorsale du doigt, il acquiert un stratum granulosum; il élabore ces couches cornées épaisses qui plus tard font corps avec la face inférieure de l'ongle, au voisinage de son bord libre. Le segment antérieur du champ unguéal est l'homologue de la sole des solipèdes[3].

Gegenbaur[4], comme Zander, admet que l'ébauche de l'ongle est terminale. Il lui distingue deux parties : l'une ventrale (lame cornée inférieure), l'autre dorsale (lame unguéale), aux dépens de laquelle se constitue le lit définitif. La première de ces parties, loin de se déplacer, s'atrophie chez l'homme; chez les vertébrés porteurs de griffes ou de sabots, elle acquiert un développement considérable.

B) *Kératinisation dans le lit unguéal.* — La kératinisation marginale ne s'observe pas seulement au niveau de la matrice primitive (Curtis). Tandis que l'ongle définitif se constitue dans la matrice, les cellules superficielles de la région antérieure du lit (deux tiers antérieurs) se chargent de granulations de kératine, et cela du sixième au neuvième mois. Ces cellules seraient donc capables de former de l'ongle, mais un ongle à structure lâche et irrégulière, un ongle facile à dissocier, sans cesse en voie de desquamation. C'est tout au plus si la région antérieure du lit fournit un plan de glissement au limbe solide et compact qui naît dans la matrice définitive, quand celle-ci élabore la substance onychogène.

1. Consulter sur le développement de l'ongle : 1880. KÖLLIKER. *Embryologie ou Traité complet du développement de l'homme et des animaux supérieurs.* — 1885. RETTERER. Sur le développement du squelette des extrémités et des productions cornées chez les mammifères. *Thèse* doctorat ès sciences, Paris.

2. 1884. ZANDER. Die frühesten Stadien der Nagelentwicklung und ihre Beziehungen zu den Digitalnerven. *Arch. f. Anat. und Entwick.* Anat. Abtheilung, 103.

3. 1884. BOAS. Ein Beitrag zur Morphol. der Nägel, Krallen, Hufe und Klauen d. Saugethiere. *Morphol. Jahr.*, IX.

4. 1885. GEGENBAUER. Zur Morpholog. des Nagels. *Morphol. Jahresb.*, X, p. 465.

CHAPITRE II

MORPHOLOGIE DE L'ONGLE

Une lame de corne transparente, flexible et résistante, tangente au dos de la phalangette des doigts et des orteils, tel est l'ongle dans l'espèce humaine.

Cet ongle, comme le poil, représente un produit de kératinisation de l'épiderme, et, comme l'épiderme, il concourt au rôle de protection, dévolu à l'ectoderme tout entier. Mais, chez l'homme comme chez les primates, qui sont les seuls mammifères pourvus d'un ongle, il constitue un appareil de défense et d'attaque des plus rudimentaires. Il correspond morphologiquement à la griffe des carnivores, au sabot des ongulés et même aux cornes des ruminants, tous organes qui procèdent, comme lui, de l'épiderme, mais qui sont appelés à un rôle autrement important, en raison même de leur forme et de leur développement considérable.

A l'appareil unguéal ainsi compris, on distingue, comme à la peau, deux parties fondamentales : 1° l'épiderme, dont la partie superficielle se modifie pour former le limbe unguéal; 2° le derme sous-unguéal, dont les vaisseaux doivent assurer la nutrition de l'ongle sus-jacent.

De plus, l'ongle a trois de ses bords sertis dans un repli cutané, en forme de croissant. C'est le repli sus-unguéal ou manteau de quelques anatomistes.

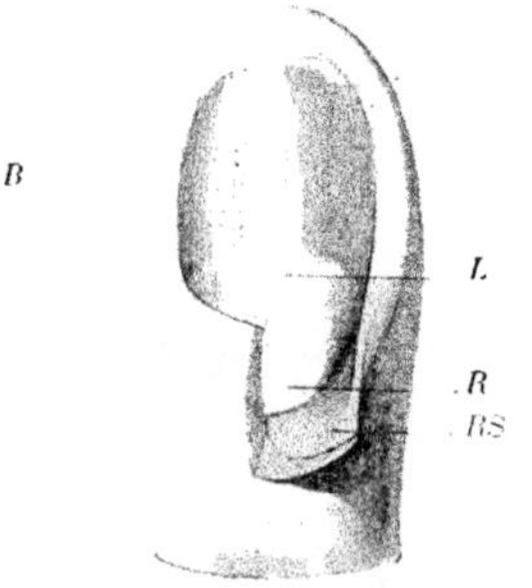

Fig. 524. — Repli péri-unguéal. (D'après Sappey.)

RS, repli sus-unguéal dont une partie a été sectionnée pour laisser voir sa forme, sa hauteur et la gouttière qui loge la racine de l'ongle. — *B*, bourrelets latéraux de l'ongle. — *R*, *L*, parties du champ unguéal qui répondent à la racine *R* et à la lunule *L*.

A. ONGLE. — L'ongle est une plaque de corne d'aspect blanchâtre et transparent. Légèrement convexe de haut en bas, beaucoup plus convexe dans le sens transversal, l'ongle apparaît comme « un segment de cylindre creux ». Ce segment est quadrilatère. Par trois de ses bords, il est enchâssé dans un repli cutané « comme une feuille de verre dans la sertissure d'un cadre ». Seul, son bord inférieur est libre et se projette directement en bas.

Il occupe le dos de la dernière phalange des doigts et des orteils. Aussi désigne-t-on communément cette phalange sous le nom de phalange unguéale, bien que l'ongle ne réponde, en réalité, qu'à ses quatre cinquièmes inférieurs.

On distingue à l'ongle trois parties qui sont, de haut en bas, la racine, le corps, l'extrémité libre.

1° La *racine* est la partie cachée de l'ongle. Elle occupe l'angle rentrant déterminé par la rencontre du repli sus-unguéal et du derme sous-unguéal. Elle est molle et flexible. Elle a pour étendue, l'étendue même du repli sus-unguéal, dont on peut la décoller aisément. Son bord proximal est très mince et finement dentelé. Par sa face profonde, aux dépens de laquelle l'ongle est taillé en biseau, la racine est fortement unie aux tissus sous-jacents.

2° Le *corps* de l'ongle s'étend de la racine au sillon qui sépare de la pulpe l'extrémité libre de la phanère (angle de l'ongle).

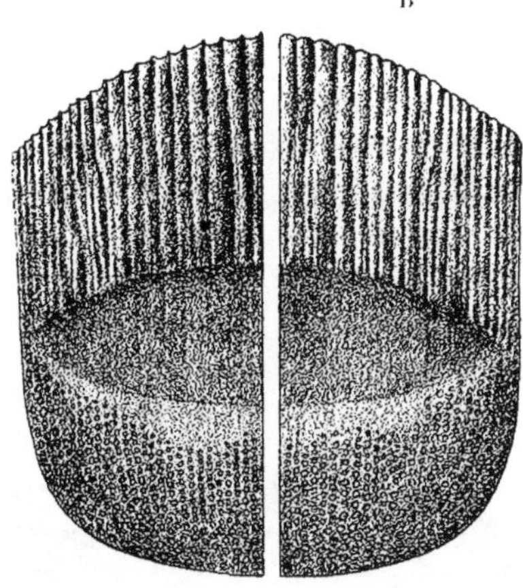

Fig. 525. — A, Face inférieure de la moitié d'un ongle et de sa matrice. — B, Face supérieure du derme sous-unguéal du même ongle. (D'après Blaschko.)

Deux ou trois fois plus long que la racine, d'épaisseur à peu près uniforme dans toute son étendue, le corps de l'ongle offre à considérer deux faces et deux bords.

Sa face superficielle (face postérieure ou libre) est convexe. Elle est parcourue, sur toute son étendue, par des stries longitudinales qui sont constantes, mais plus ou moins apparentes. Une zone ovalaire, opaque, à grand axe transversal, de coloration blanchâtre, représente la partie supérieure de cette face : c'est la lunule. Par son bord proximal, à convexité supérieure, la lunule se prolonge dans la racine; son bord distal, convexe en bas, tranche nettement sur le reste du corps unguéal, coloré en rose. La lunule est plus développée sur le pouce que sur les autres doigts; sur l'auriculaire, elle fait parfois défaut.

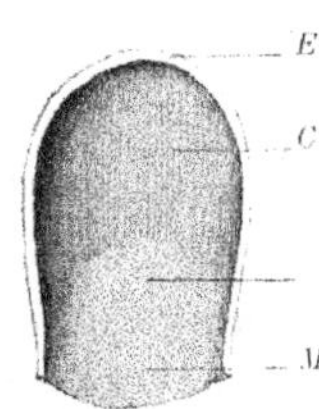

Fig. 526. — Face concave ou adhérente de l'ongle. (D'après Sappey.)

M, partie qui répond à la matrice. — *L*, partie qui répond à la lunule. — *C*, corps du limbe unguéal *E*, son extrémité libre.

La face profonde (face antérieure, face adhérente) du corps de l'ongle est plane.

Les deux bords latéraux de l'ongle sont verticaux; ils augmentent d'épaisseur de haut en bas.

3° *L'extrémité libre* de l'ongle est d'un blanc gris et ses dimensions sont très réduites lorsque l'ongle est coupé ou usé par le travail. Mais lorsque l'ongle est respecté, elle s'allonge au point d'atteindre 2 ou 3 centimètres et davantage.

Disons ici, une fois pour toutes, que la description qui précède s'applique non point à la totalité, mais à *une partie de l'ectoderme unguéal*, à l'ongle proprement dit. Lorsqu'on « arrache un ongle », on n'enlève en réalité que la *portion dure* et *superficielle* de l'ectoderme unguéal; cette portion constitue l'ongle proprement dit. Elle répond histologiquement à un stratum lucidum, d'épaisseur considérable.

La portion molle de l'ectoderme unguéal, entrevue par Albinus, est plus profondément située; elle reste adhérente au derme sous-jacent; elle a la valeur d'un corps muqueux de Malpighi. Sa face superficielle est plane; elle entre en rapport avec le limbe corné; sa face profonde est concave. Elle présente des crêtes et des sillons qui s'engrènent avec les crêtes et les sillons du derme sous-jacent auquel elle adhère solidement.

En résumé, l'ectoderme unguéal comprend deux couches comme l'ectoderme cutané : l'une de ces couches est molle et profonde, c'est le corps muqueux; l'autre est dure et superficielle, c'est le limbe unguéal ou ongle proprement dit.

A ce limbe unguéal nous avons distingué deux régions : l'une supérieure, le corps de l'ongle; l'autre inférieure, formee par la lunule et la racine. Le corps muqueux unguéal double ces deux régions; à la première, il constitue un plan de soutien : le *lit de l'ongle*; il représente l'organe formateur de la seconde, c'est-à-dire la *matrice unguéale*.

B. Derme sous-unguéal. — Situé à la face profonde de l'ectoderme unguéal, le derme sous-unguéal est formé par une zone rectangulaire, à grand axe

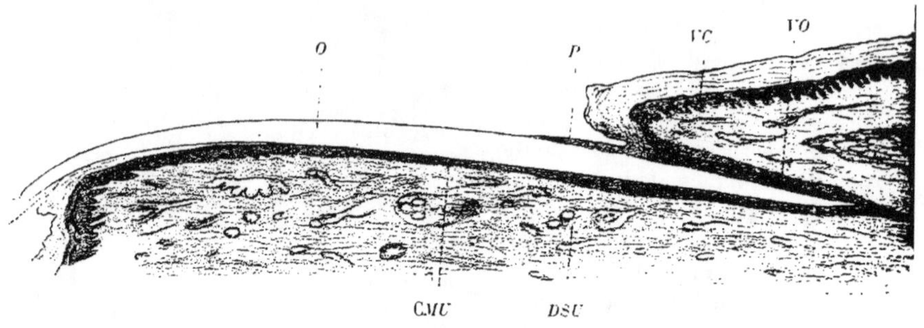

Fig. 527. — Coupe antéro-postérieure de l'ongle.

O, limbe unguéal avec son bord libre *BO*. — *AO*, angle de l'ongle. — *CMU*, corps muqueux unguéal dont la partie postérieure épaissie représente la matrice. — *DSU*, derme sous-unguéal. — *RSU*, repli sus-unguéal avec son versant cutané, *VC*, et son versant unguéal, *VO*. — *P*, périonyx. — On remarquera que sur cette pièce, le limbe unguéal, usé, s'amincit de plus en plus, à mesure qu'on se rapproche de son bord libre.

longitudinal. Beaucoup plus convexe dans le sens vertical que dans le sens transversal, le derme sous-unguéal remonte jusqu'à l'insertion tendineuse de l'extenseur des doigts, sur la phalange unguéale.

Sa face antérieure se confond avec le périoste de cette phalange, auquel elle adhère solidement. Sa face postérieure, convexe dans le sens transversal, est parcourue par une série de crêtes dermiques, les crêtes de Henle. Ces crêtes partent toutes d'un pôle commun, représenté par la partie médiane du bord supérieur du derme sous-unguéal; les crêtes moyennes descendent verticalement, en suivant l'axe du doigt; les crêtes latérales se portent en dehors; elles s'écartent donc des crêtes médianes, puis bientôt se redressent et leur deviennent parallèles. L'arc de cercle qu'elles décrivent est d'autant plus considérable, qu'elles sont plus latérales. Bref, ces crêtes s'écartent de leur centre d'origine ou pôle « comme autant de méridiens », suivant la comparaison très exacte de Henle.

A la face postérieure du derme sous-unguéal, comme à la face postérieure de l'ongle, on distingue deux zones, l'une supérieure, l'autre inférieure.

La zone supérieure convexe de haut en bas présente une coloration blanchâtre. Elle double la matrice.

La zone inférieure est plane de haut en bas. Elle est sous-jacente à la partie rosée du corps de l'ongle, c'est-à-dire au lit de l'ongle.

C. REPLI SUS-UNGUÉAL. — Un repli cutané, en forme de croissant, recouvre la racine et les bords latéraux de l'ongle, à la façon d'un manteau. Ce repli (repli sus-unguéal, manteau de l'ongle) atteint sa plus grande étendue (5 à 6 millimètres) au niveau de la racine de l'ongle; assez saillant sur la partie supérieure du bord de l'ongle, où il atteint 2 à 3 millimètres, il s'atténue progressivement et s'effile en pointe, en se rapprochant de l'extrémité du doigt. Il disparaît bientôt. La partie inférieure du bord latéral de l'ongle se trouve, de ce fait, mise à nu.

Étudié sur des coupes du doigt, le repli sus-unguéal apparaît sous la forme

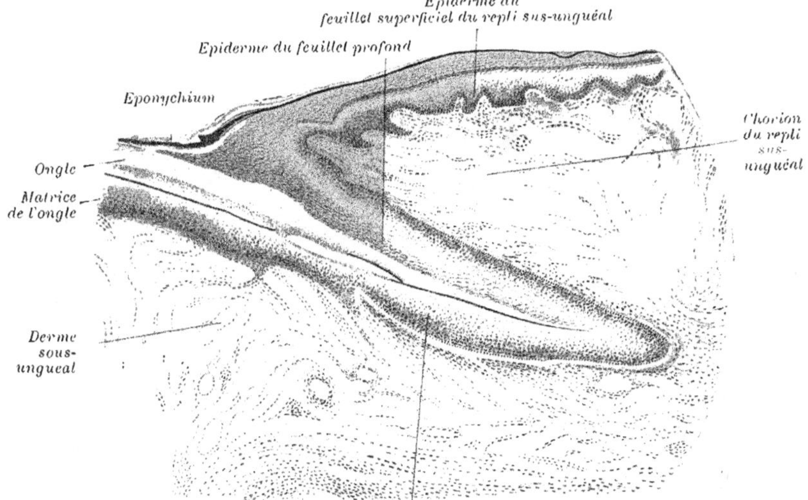

Fig. 528. — Repli sus-unguéal. (D'après Szcymonowicz.)

d'un triangle. Le sommet de ce triangle est dirigé vers le corps de l'ongle; sa face superficielle est libre; sa face profonde entre au contact du limbe unguéal. Mais ce triangle varie d'aspect suivant les points considérés.

Au niveau de la racine, il est très haut et se termine par un sommet plus ou moins effilé. Sur les bords de l'ongle, le triangle est d'autant moins haut qu'on se rapproche davantage de l'extrémité du doigt; son sommet est mousse.

Gouttière ou rainure unguéale. — On désigne sous le nom de gouttière, de rainure unguéale, l'angle rentrant qui, sur les sections du doigt, apparaît circonscrit par la réunion du corps muqueux unguéal et du repli sus-unguéal.

Cette gouttière affecte la forme d'un croissant comme le repli sus-unguéal qui provoque sa formation; et elle disparaît, là où ce repli cesse d'exister. Son ouverture regarde le corps de l'ongle; sa partie supérieure est profonde et transversalement dirigée; ses parties latérales sont verticales, et très superficielles.

Cette gouttière forme un cadre où le limbe unguéal vient enchâsser la totalité de sa racine et une partie de ses bords latéraux.

Nous aurons l'occasion de voir dans un instant que la gouttière unguéale résulte d'une apparence grossière. En réalité, le derme sus-unguéal se continue avec le derme sous-unguéal; l'ectoderme unguéal se poursuit avec l'épiderme dorsal de la phalangette dont il ne représente qu'une zone différenciée. La gouttière unguéale n'existe point, histologiquement parlant, à moins qu'on ne désigne sous ce nom le sillon virtuel déterminé par la rencontre du limbe unguéal et des couches cornées du manteau.

D. VARIATIONS DE L'APPAREIL UNGUÉAL. — 1° *Variations dans l'aspect général.* — Les ongles des orteils sont d'ordinaire plus épais et plus solides que les ongles des doigts.

A la main comme au pied, l'ongle le plus développé est celui du pouce ou

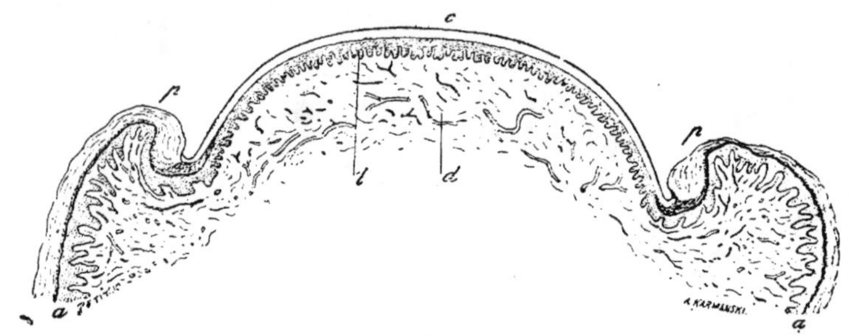

Fig. 529. — Ongle d'un enfant de huit jours. Coupe perpendiculaire à la surface et à la ligne médiane de l'ongle, au niveau de sa partie moyenne. (D'après Ranvier.)

Cette coupe a été faite après durcissement par l'alcool. Coloration par le picrocarminate faible. Conservation dans la glycérine — *C*, corps de l'ongle.— *E*, lit de l'ongle avec ses crêtes papillaires et son corps muqueux. — *D*. derme sous-unguéal. — *P*, parties latérales du repli sus-unguéal, dans lequel la couche cornée est separée du corps muqueux par un stratum granulosum chargé d'éléidine, tandis que cette substance fait completement défaut dans le revêtement épithélial du lit de l'ongle. — *A*, commencement de la pulpe du doigt dans laquelle on distingue ce derme, le corps muqueux, le stratum granulosum. et la couche cornée.

du gros orteil; le moins développé est celui du cinquième doigt. Souvent même un tubercule corné représente, à lui seul, l'ongle du cinquième orteil, déformé par le port de la chaussure.

2° *Variations portant sur l'une des parties de l'ongle.* — *a*) *Lunule.* — La lunule est très diversement développée chez les divers sujets. Plus petite au pied qu'à la main, la lunule varie d'aspect avec le doigt sur lequel on la considère. Bien visible sur le pouce, elle est souvent à peine apparente sur l'auriculaire, où, parfois même, elle fait défaut. D'autre part, la lunule est à peu près aussi développée chez l'enfant que chez l'adulte.

Chez les nègres, qui ont l'ongle de couleur bistre, la lunule présente une coloration bleuâtre qu'elle doit au pigment infiltré dans le derme et le corps muqueux sous-jacent. Les derniers vestiges d'un métissage qui « fait retour au blanc » sont la coloration jaune de la sclérotique et de la lunule des ongles. Pareil fait est bien connu des créoles de l'Amérique.

b) *Corps de l'ongle.* — Le corps de l'ongle est plus ou moins plat, plus ou moins bombé. Il présente souvent de petites taches (*flores unguium*, *men-*

songes) blanchâtres, de nombre variable, de forme et de siège irréguliers. Ces taches sont parfois confluentes : le corps de l'ongle est blanc dans toute son étendue. Partiel ou total, l'albugo est généralement d'origine traumatique. Il est d'observation fréquente chez les personnes qui font usage du « couteau à cuticule » pour faire disparaître l'éponychium (Unna, Heidingsfeld[1]). Il est déterminé par une kératinisation anormale.

c) *Extrémité antérieure de l'ongle.* — Courte quand on la coupe ou qu'elle s'use par le travail, l'extrémité antérieure de l'ongle peut être longue de 3, 4, 5 centimètres. Elle atteint 6 ou 7 centimètres chez les Chinois et les Annamites qui ne se livrent à aucun travail manuel. En pareil cas, l'extrémité antérieure de l'ongle se recourbe en crosse vers la paume de la main.

d) *Repli sus-unguéal.* — Ce repli s'avance plus ou moins sur la face dorsale de l'ongle. Les soins de la toilette le font souvent partiellement disparaître. Renaut fait remarquer que la face libre de ce repli est différente au niveau des doigts et des orteils. Aux doigts, les papilles dermiques ne font aucune saillie à la surface de la peau ; aux orteils, elles déterminent l'apparition de petites saillies globuleuses, bien visibles dans les espaces interpapillaires.

3° *Variations professionnelles.* — L'exercice de certaines professions détermine de profondes modifications dans la couleur et l'aspect général de l'ongle des mains.

A l'état normal, l'ongle, arraché de son lit, présente sur toute son étendue, la coloration blanche qu'affecte son bord antérieur.

Chez les préparateurs de toiles pour fleurs artificielles, l'ongle est d'un jaune franc ; il est jaune brun, chez les ouvriers des manufactures de tabac ; il est d'un brun rougeâtre, chez les tanneurs et les corroyeurs, et brun ou noir chez les ébénistes. Les peintres ont l'ongle chargé de plomb, et cet ongle noircit au contact des préparations sulfureuses.

L'ongle est aminci chez les teinturiers ; il est rugueux et ses bords sont relevés en cupule chez les ouvriers qui manipulent les alcalis. L'ongle du pouce droit est déformé et usé chez les pastilleurs ; l'usure de la partie externe de la phanère s'observe chez les écosseuses de pois, etc. Tous ces caractères ont leur importance, en médecine légale, dans la recherche de l'identité.

CHAPITRE III

HISTOLOGIE DE L'APPAREIL UNGUÉAL

A. L'ONGLE ET LE DERME SOUS-UNGUÉAL. — Comme le tégument dont il n'est qu'une dépendance et qui lui fournit un appareil de protection connu sous le nom de manteau, l'appareil unguéal comprend deux parties : 1° le derme sous-unguéal, homologue du chorion ; 2° l'ectoderme, dont l'ongle proprement dit ne constitue qu'une partie.

1. 1900. HEIDINGSFELD. *Journ. of cut. and genit. ur. diseases*, p. 490. Dans ce travail, l'auteur note que les cellules unguéales se teignent beaucoup plus énergiquement qu'à l'état normal, au niveau de la zone achromique.

1° *Derme sous-unguéal.* — Le derme sous-unguéal n'est point un derme planiforme. Il porte à sa surface une série de crêtes longitudinales, les crêtes de Henle, qui sont toutes parallèles entre elles. Aussi, lorsqu'on examine une coupe verticale de l'ongle, rigoureusement orientée, voit-on le derme se limiter par une surface plane ; les coupes transversales, au contraire, nous font voir une série de papilles équidistantes, de forme régulière, qui sont la coupe des crêtes de Henle. Quelquefois même, ces crêtes portent à leur sommet de minuscules saillies ; ces crêtes de second ordre sont le rudiment de la disposition foliée qu'affecte le derme dans le sabot des ongulés.

Le derme sous-unguéal est de nature fibreuse. Il est muni d'un réseau élastique des plus abondants qui se prolonge jusque dans les crêtes de Henle (Sperino[1]). La présence d'une formation de ce genre est intéressante à constater ici. Il est de règle de voir les fibres élastiques se développer sur les organes susceptibles de se déplacer. Ici, tout au contraire, ces fibres se sont différenciées dans un territoire d'une immobilité parfaite. Le derme sous-unguéal, en effet, adhère solidement au périoste de la phalange unguéale d'une part, au corps muqueux de l'ongle sus-jacent d'autre part.

Dans ce derme, on ne rencontre aucune formation glandulaire. On n'y a jamais décrit de corpuscules nerveux. Les crêtes qu'il présente sont exclusivement vasculaires et nous aurons l'occasion d'indiquer plus loin le mode de distribution qu'y affectent les vaisseaux sanguins.

2° *Ectoderme unguéal.* — Au-dessus d'une membrane basilaire très nette qui rappelle en tous points la vitrée de l'épiderme, dont elle n'est, d'ailleurs,

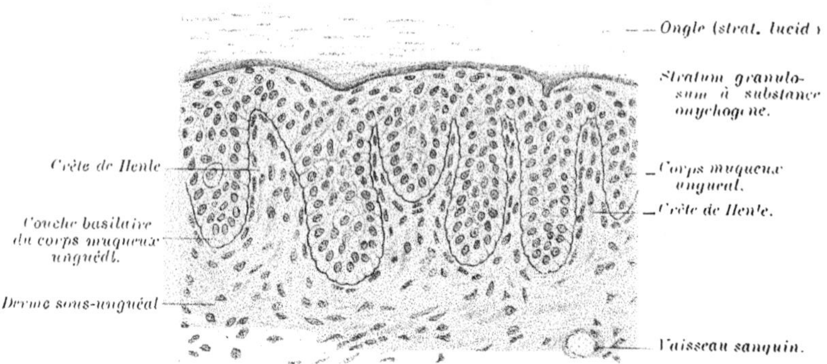

Fig. 530. — Coupe totale de l'ongle. (D'après Szymonowicz.)

qu'un segment, s'étage l'épithélium pavimenteux stratifié qui constitue l'ectoderme unguéal.

Cet ectoderme comprend, comme dans la peau :

a) Une assise profonde, ou basilaire, constituée par un rang de cellules cylindriques.

b) Un corps muqueux, dont les cellules polyédriques, munies d'un gros

1. 1894. Sperino, *Giorn. d. R. Ac. d. Med. di Torino*, p. 639

noyau, sont disposées sur plusieurs rangs. Ces cellules sont d'autant plus aplaties qu'elles sont plus superficielles. Elles sont unies les unes aux autres par des filaments, beaucoup moins nets que ceux qu'on observe dans le tégument.

c) Un stratum granulosum, au niveau duquel le corps cellulaire, loin de se charger de gouttelettes d'éléidine, comme dans la peau, présente des gouttelettes d'une substance spéciale, la matière onychogène.

d) Un stratum lucidum extrêmement épais, représenté par le limbe unguéal proprement dit, qui se détache en bloc du corps muqueux sous-jacent quand on pratique l'extirpation de l'ongle, au cours de l'opération de l'ongle incarné, par exemple.

Examiné sur une coupe verticale, antéro-postérieure, le limbe apparaît comme une lame dont l'épaisseur augmente progressivement de haut en bas, dans les limites de la matrice (racine et lunule). Il semble taillé en biseau aux dépens de sa face adhérente. Dans toute l'étendue du lit unguéal, l'épaisseur du limbe ne varie guère ; ses deux faces restent à peu près parallèles ; l'ongle ne s'accroît en épaisseur qu'au niveau de sa matrice.

Traité par les colorants histochimiques, par le picro-carmin en particulier, le

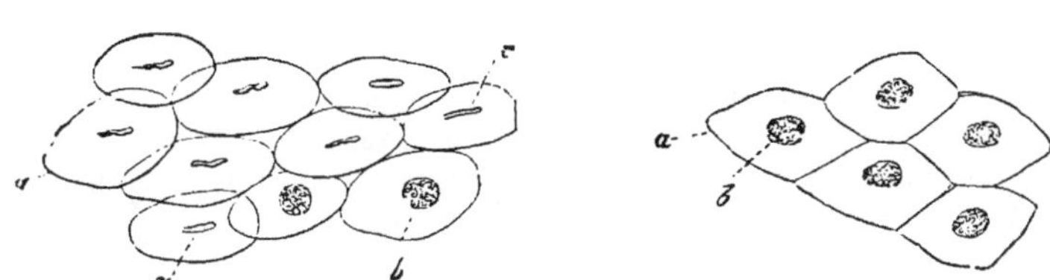

Fig. 531. — Cellules unguéales dissociées par l'ébullition dans une solution de soude. (D'après Kölliker.)

En A cellules vues de profil ; leurs noyaux sont vus de face en *b* et de profil en *c*. — En B cellules vues de face avec leur noyau *b*.

limbe unguéal ne se colore pas en jaune, comme l'épiderme corné. Il a l'aspect homogène et translucide du stratum lucidum, dont il tient la place, dans l'épiderme modifié de la région unguéale. Les noyaux qu'on y observe sont atrophiés ; ils apparaissent ratatinés, linéaires ou moniliformes. Ces caractères du noyau se retrouvent dans le stratum lucidum, à cette différence toutefois que dans le stratum lucidum de l'épiderme, le noyau est plus réfractaire aux matières colorantes. Enfin, dans le limbe unguéal, les cellules sont pressées les unes contre les autres ; elles se disposent en assises, étagées les unes au-dessus des autres ; toutes ces cellules sont solidement soudées entre elles ; aussi l'ongle ne subit-il jamais, comme l'épiderme, la desquamation insensible[1].

Lorsqu'on traite le limbe unguéal par les réactifs dissociateurs, la potasse à 40 pour 100 ou les acides forts (acide azotique, acide sulfurique), les cellules unguéales se séparent les unes des autres et se montrent gonflées. Elles sont plus ou moins arrondies. Un noyau atrophié occupe leur centre. Autour de ce noyau, on observe une couronne « de fines granulations réfringentes qui pa-

1. A l'état pathologique, l'ongle peut se desquamer. En pareil cas, on constate qu'il s'est produit de l'éléidine, et non plus de la substance onychogène, dans son stratum granulosum (Suchard).

raissent noires sur les préparations non colorées et qui se teignent en rouge grenat foncé par l'éosine hématoxylique » (Renaut). Ces grains pigmentaires sont originaires des grains de substance onychogène ; on ne les retrouvera point dans la partie toute supérieure du limbe, car, dans la région correspondante de la matrice, les cellules épidermiques se kératinisent sans présenter de grains de substance onychogène.

Quant à la couche cornée, elle n'est plus représentée dans l'ongle adulte, si ce n'est par le périonyx. Nous avons vu que la couche cornée existe chez l'embryon (stade de l'éponychium) et disparaît en grande partie au cours du développement.

Tel est le schéma de la structure de l'ongle. Il importe de préciser ce schéma par l'indication des modifications structurales qu'on observe dans les diverses parties constituantes de l'ongle.

1° *Racine de l'ongle.* *a*) Dans la partie supérieure de la région radiculaire. la couche basilaire est mal accusée ; le corps muqueux est formé de cellules « disposées en lits serrés, fondues les unes avec les autres dans une substance homogène et réfringente, et présentant chacune un noyau petit et comme linéaire ». Au-dessus de ce corps muqueux s'étale un ongle parfaitement formé, qui résulte de la transformation « de cellules ectodermiques kératinisées sans avoir contenu de grains onychogènes » (Renaut).

b) Dans la partie inférieure de la racine, les éléments cellulaires profonds sont représentés par des cellules dont le corps se teint mal par le carmin et dont le noyau fixe énergiquement les réactifs nucléaires, tels que l'hématoxyline. Le reste du corps muqueux est formé de cellules « disposées tangentiellement en lits serrés et qui se colorent en rouge brun par le picro-carminate d'ammoniaque, en rose pur par l'éosine hématoxylique » (Renaut). Cette coloration est due à la présence de granulations solides et réfringentes, formées de substance onychogène[1].

2° *Lunule.* — Au niveau de la lunule, qui répond à la partie visible de la matrice unguéale, on observe une structure semblable. Les assises superficielles du corps muqueux sont encore chargées de granulations onychogènes. Ranvier et Renaut signalent encore la présence de cette substance dans la région du lit. Les cellules qui la contiennent ne forment là qu'une bande étroite et linéaire.

Disons ici que, dans de récentes leçons au Collège de France, Ranvier[2] enseigne que les granulations colorables sont la coupe de filaments d'union. C'est l'opacité de ces fibrilles épidermiques qui donnerait à la lunule l'aspect opalin qu'elle présente à l'état normal.

En résumé, la région postérieure du corps muqueux unguéal constitue la matrice de l'ongle. Elle double la racine et la lunule. A son niveau, le limbe unguéal augmente d'épaisseur de haut en bas ; il semble taillé en biseau aux dépens de sa face adhérente.

3° *Région du lit.* — Les particularités qu'on observe dans la région antérieure du limbe unguéal sont les suivantes :

Les cellules basilaires sont implantées obliquement sur la vitrée. Elles s'in-

1. 1889. RANVIER. *Traité technique d'histologie* 2e édit., p. 889.
2. 1900. DARIER. *La Pratique dermatologique*, t. Ier.

clinent « de plus en plus, d'avant en arrière, en sens inverse de la poussée de l'ongle ».

Les cellules malpighiennes, inclinées comme les cellules basilaires, sont disposées sur plusieurs plans ; elles sont reliées par de longs filaments d'union.

Au niveau de la zone antérieure du lit, dans la partie moyenne des bourgeons épithéliaux que séparent les crêtes de Henle, Renaut a observé la présence d'éléments d'un aspect un peu particulier. Ce sont des cellules globuleuses, d'aspect clair, qui présentent un petit noyau arrondi, réfringent, peu colorable par le picro-carmin. Ce noyau est central ou excentrique; le protoplasma qui l'entoure ne présente aucune trace de granulations: le protoplasma périphérique émet en tous sens des filaments d'union. En raison de leur volume et de leur répartition en série, de tels éléments déforment les cellules malpighiennes qui les environnent et n'ont pas subi cette sorte de transformation vésiculeuse; ces cellules s'aplatissent et prennent un aspect étoilé.

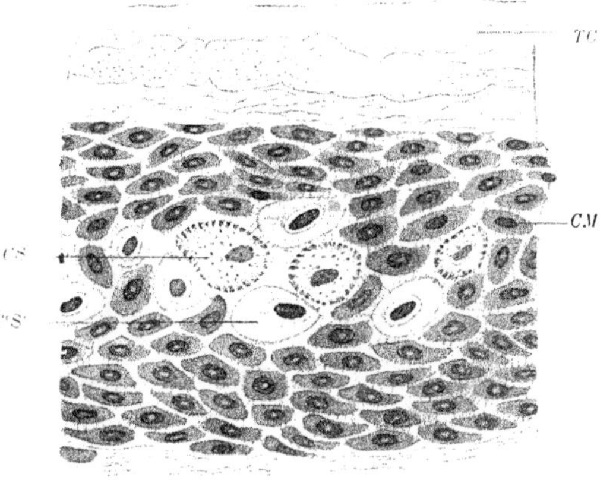

Fig. 332. — Coupe du corps muqueux unguéal, parallèle à la surface du limbe unguéal. (D'après Renaut.)

CM, cellule malpighienne. — CS, cellule globuleuse vue en surface. C'S', cellule globuleuse vue en coupe optique. — TC, tissu conjonctif des crêtes de Henle.

Dans toute l'étendue du lit, les cellules les plus superficielles du corps muqueux apparaissent, tantôt réunies par groupes de deux ou trois, et tantôt isolées par des filaments qui, d'autre part, s'engagent et se perdent dans la lame cornée du limbe. Ces filaments, colorés en jaune par le picro-carmin, occupent les lignes intercellulaires; ils représentent des tractus cornés et leur présence montre assez que la kératinisation commence dans les espaces intercellulaires, envahit le protoplasma cortical, se propage au protoplasma périnucléaire, sans toutefois amener la disparition du noyau. Les cellules ainsi modifiées sont appelées à s'engager d'arrière en avant dans le limbe où elles ne perdront point leurs ponts d'union (Renaut). C'est là la cause de l'extrême solidité du limbe, comme aussi la raison de son adhérence au corps muqueux de la matrice et du lit.

B. REPLI SUS-UNGUÉAL. — Le tégument de la face dorsale des doigts et des orteils forme, au pourtour de l'ongle, un repli, connu sous le nom de repli sus-unguéal, auquel on peut distinguer une partie supérieure, le pli sus-unguéal proprement dit, et deux parties latérales, qui sont les bourrelets encadrant les bords latéraux de l'ongle.

1° *Pli sus-unguéal.* — Le derme sus-unguéal forme un coin aplati de haut en bas dont la base se continue avec le derme dorsal des doigts et des orteils ; l'épiderme cutané revêt la face superficielle du repli, contourne son sommet ou genou, et se réfléchit sur sa face profonde pour se continuer, au fond de la gouttière, avec les assises unguéales qui lui répondent morphologiquement.

a) Sur la face superficielle du repli, le tégument garde le type cutané. On y trouve un derme, muni de nombreuses papilles, de forme conique, qui sont des papilles vasculaires ou nerveuses ; un épiderme qui présente, comme annexes, des glandes sudoripares et des glandes sébacées. Les poils font constamment défaut à ce niveau

b) Sur la face profonde du repli, les papilles dermiques ont à peu près complètement disparu, et avec elles les appareils glandulaires annexés à la peau. L'épiderme garde sa structure normale.

On y trouve : 1° une assise basilaire dont les éléments sont obliquement implantés sous le derme sous-jacent ; 2° un corps muqueux de Malpighi formé de deux ou trois assises cellulaires ; 3° un stratum granulosum très mince qui cesse d'exister vers le fond de la gouttière unguéale ; 4° un stratum lucidum ; 5° une couche cornée.

c) Sur le bord libre et tranchant du repli sus-unguéal, la couche cornée s'est épaissie ; elle apparaît comme une mince lamelle qui tend à empiéter sur le dos de l'ongle, et lui adhère sur l'étendue de quelques millimètres. Cette lamelle, que font souvent disparaître les soins de la toilette, est l'épidermicule de l'ongle. Elle est l'homologue du périople qui recouvre le sabot du cheval. Elle représente le reste de cet éponychium qui, sur le fœtus, revêt la totalité de l'ongle et disparaît, en partie, à un stade donné du développement.

2° *Bourrelets latéraux de l'ongle.* — Les bourrelets latéraux de l'ongle présentent la structure typique de la peau ; leur stratum granulosum cesse au point où le tégument se raccorde avec les couches de l'ongle qui lui sont homologues ; la couche cornée s'épaissit dans des proportions considérables, sur le versant interne ou réfléchi du bourrelet, versant qui regarde le limbe unguéal.

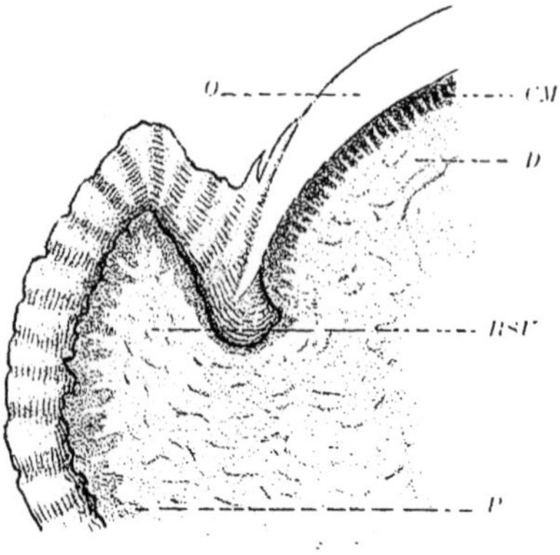

Fig. 533. — Coupe transversale de l'ongle et de son bourrelet lateral.

O, limbe unguéal. — *CM*, corps muqueux unguéal. — *D* derme sous-unguéal. — *BSU*, partie laterale du repli sus-unguéal ou bourrelet latéral de l'ongle. — *P*, bourgeons épitheliaux interpapillaires.

C. Rapports de l'ongle et du tégument externe. — L'étude histologique du repli sus-unguéal nous a fait connaître comment se modifie le tégument pour se raccorder avec l'appareil unguéal, au niveau des trois bords adhérents de l'ongle. Examinons maintenant comment se comportent, vis-à-vis l'un de l'autre, le tégument terminal du doigt et le bord antérieur du limbe unguéal.

L'ongle quitte son lit et se projette directement en avant au-dessus de la pulpe du doigt ou de l'orteil en conservant sa direction primitive. Son lit, au contraire, se termine brusquement. Le derme, suivi par l'épithélium stratifié qui le recouvre, se sépare du limbe suivant un angle droit ou presque droit (angle de l'ongle) et s'abaisse brusquement à pic. De la séparation du limbe et du tégument résulte la formation de la gouttière sous-unguéale.

L'épithélium stratifié, en s'éloignant de l'ongle, récupère les caractères de l'ectoderme cutané. Le derme présente des papilles, l'épiderme reprend un stratum granulosum, un stratum lucidum, une couche cornée. Les glandes sudoripares réapparaissent; leur canal excréteur, au niveau de la rigole sous-unguéale, se dirige obliquement de haut en bas; un peu plus loin, sur la pulpe du doigt, le canal redeviendra perpendiculaire à la surface du tégument.

D. HOMOLOGIES DE L'ONGLE ET DU TÉGUMENT EXTERNE. — Élaboré dans un territoire différencié du tégument externe, l'ongle reproduit, dans sa disposition générale, la disposition générale de l'ectoderme cutané dont il provient. Et lorsqu'on examine le point où se raccordent l'appareil unguéal et le repli sus-unguéal, il est possible de suivre les homologies.

Couche basilaire et corps muqueux de Malpighi sont représentés dans l'une et l'autre formation. Au stratum granulosum, à éléidine, qui cesse à quelque distance du fond de la rigole unguéale, et sur son versant cutané, répond un stratum granulosum, à matière onychogène, qui commence à quelque distance du fond de cette même rigole et sur son versant unguéal. Le stratum lucidum de la peau est l'homologue du limbe corné. Le stratum corneum est exactement représenté, chez le fœtus, par l'éponychium, et, chez l'adulte, par les restes de cet éponychium.

E. VAISSEAUX ET NERFS DE L'ONGLE. — 1° *Vaisseaux sanguins.* — Les vaisseaux sanguins se distribuent dans l'appareil unguéal et dans ses dépendances (repli sus-unguéal). Ils présentent, ici et là, des caractères bien tranchés que Renaut a mis en lumière.

A) *Réseaux vasculaires du repli sus-unguéal.* — *a*) Au niveau du feuillet superficiel du repli sus-unguéal, on voit les vaisseaux à direction oblique, qui proviennent du réseau sous-cutané, émettre : 1° des rameaux qui formeront une cage vasculaire aux glandes sudoripares, et 2° des branches très grêles qui, bientôt, constituent un réseau planiforme. De ce réseau partent des bouquets de capillaires; ces capillaires forment, dans les papilles, des anses multiples.

b) Au niveau du feuillet réfléchi du repli sus-unguéal, la disposition des vaisseaux se simplifie du fait de l'absence de papilles et de glomérules sudoripares. Les vaisseaux de distribution, nombreux et serrés, se relient, par une série de larges branches, au réseau planiforme; les mailles de ce réseau sont plus nombreuses et de diamètre plus considérable qu'au niveau du feuillet superficiel du manteau. Le réseau planiforme ne porte plus de bouquets de capillaire; il représente donc, ici, la terminaison de l'appareil vasculaire de l'ongle.

B) *Réseaux vasculaires de la matrice et du lit de l'ongle.* — *a*) La partie la plus reculée de la région radiculaire nous montre une distribution vasculaire analogue à celle du feuillet réfléchi du manteau.

b) La portion distale de la région radiculaire (région sus ou rétro-lunulaire) nous montre un réseau planiforme, porteur de boucles vasculaires simples, obliques en avant; ces boucles sont au nombre de 3 ou 4 sur une coupe d'ongle.

c) Au niveau de la lunule, le réseau vasculaire est planiforme.

d) Au-devant de la lunule (région du lit), les vaisseaux de distribution du lit sont volumineux, sinueux, fréquemment réunis par de larges anastomoses. Des branches arciformes, très grêles, en émergent. « Elles se dirigent d'arrière en avant, à la façon d'arcs de cercle superposés », qui sont d'autant plus courts qu'on les examine plus près de la racine. Ces branches aboutissent à un réseau superficiel, horizontal, qui court à la base des crêtes de Henle et ne présente que de rares anastomoses de crête à crête. De ce réseau superficiel naissent les anses capillaires qui occupent l'axe des crêtes.

Les anses situées au voisinage de la lunule sont obliques en arrière; les

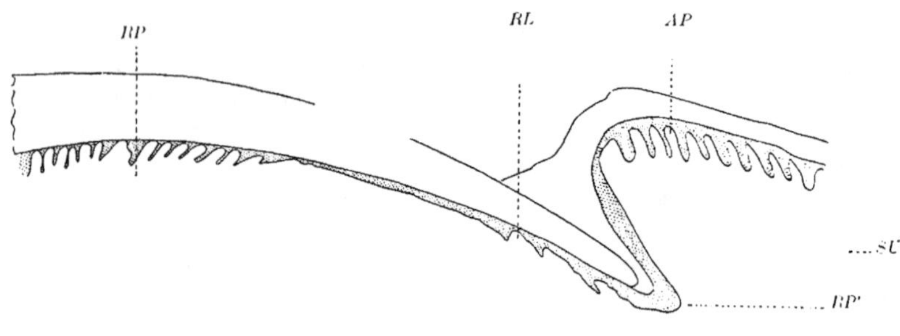

Fig. 534. Coupe antéro-postérieure de l'ongle et de son appareil vasculaire. (D'après Renaut, emprunté à Arloing.)

Cette coupe est un peu oblique. Elle laisse voir les crêtes de Henle. — *AP*, anses papillaires du feuillet direct du repli sus-unguéal. — *SU*, réseaux vasculaires des glandes sudoripares. — *RP'*, réseaux planiformes du feuillet réfléchi du repli sus-unguéal. — *VD*, vaisseaux de distribution du lit avec leurs rameaux terminaux dont l'obliquité varie dans la région de la racine et de la lunule (*RL*) et dans la région du corps de l'ongle (*RP*).

anses plus antérieures, simples le plus souvent, sont longues et grêles. Elles présentent une direction verticale.

Dans le segment le plus antérieur du lit, les boucles vasculaires font défaut; le réseau planiforme est redevenu sous-épidermique.

Examinons, maintenant, comment se modifie le type vasculaire de la région unguéale pour reprendre le type vasculaire propre au tégument externe.

En suivant sur une coupe antéro-postérieure de l'ongle le mode de distribution des vaisseaux, on constate, au niveau de l'angle de l'ongle, la présence de « bouquets papillaires typiques, longs, à anses multiples, et tous dirigés parallèlement à la direction primitive de l'ongle, de telle sorte qu'ils sont exactement horizontaux.

« Plus loin, au niveau de la pulpe unguéale, les bouquets vasculaires, au lieu de communiquer entre eux par l'intermédiaire d'un réseau plan d'anastomoses..., font directement suite aux branches émanées des vaisseaux distributeurs. Il n'y a donc pas ici, comme dans la peau de la pulpe des doigts et dans la face libre du manteau de l'ongle, d'anastomoses grêles entre le réseau des papilles et les ramifications des vaisseaux qui distribuent le sang à la peau. » (Renaut.)

Plus loin encore, on retrouve le type vasculaire propre au tégument externe.

2° *Vaisseaux lymphatiques.* — Signalés par Bonamy et par Ancel[1], les vaisseaux lymphatiques ont été figurés par Sappey[2], qui a vu, sur le pouce, le réseau, parti de la matrice unguéale, s'avancer sur le dos du doigt.

3° *Nerfs.* — Les nerfs deviennent nombreux dans le derme sous-unguéal. Ils sont parallèles aux crêtes de Henle. On admet qu'il n'existe point de terminaisons nerveuses pour l'appareil unguéal.

CHAPITRE IV

ÉVOLUTION DE L'ONGLE

A. CROISSANCE DE L'ONGLE. — L'ongle est un organe en voie de croissance incessante; aussi le stade qu'il parcourt depuis la naissance jusqu'à la mort a-t-il pu être désigné sous le nom de « stade de l'accroissement longitudinal » (Curtis).

1° *Organe formateur de l'ongle.* — L'organe formateur de la plaque unguéale est constitué par l'ensemble des cellules malpighiennes occupant la lunule et la racine. Ces deux régions du corps muqueux doivent donc porter le nom de *matrice de l'ongle*. L'ongle ne s'accroît pas sensiblement dans son trajet sur le lit, à la surface duquel il glisse « comme sur des rails ».

Un certain nombre de faits vient confirmer cette manière de voir. L'ongle s'accroît, en épaisseur, du bord postérieur au bord antérieur de la matrice; sur une coupe il représente un triangle à base antérieure; au delà, l'ongle garde une égale épaisseur; il se limite par deux lignes à peu près parallèles.

D'autre part, lorsqu'on pratique l'arrachement de l'ongle, l'ongle se régénère; la régularité de son contour seule n'est pas conservée. Une lamelle rugueuse, qui naît sur toute l'étendue du lit, et se desquame facilement, marque sa place. A cette lamelle, se substitue bientôt un ongle véritable, qui naît au niveau de la matrice et envahit d'arrière en avant la surface du lit.

Mais quand, à la suite de l'ablation de l'ongle, on pratique, comme l'a fait Quénu[3], la résection de la matrice (régions lunulaire et radiculaire) l'ongle ne se reproduit plus. De là un élégant procédé opératoire pour le traitement radical de l'ongle incarné.

1. 1868. Ancel. Des ongles au point de vue anatomique, physiologique et pathologique. *Thèse*, Paris.
2. 1877. Sappey. *Traité d'anatomie*, t. II, p. 873.
3. 1887. Quénu. Des limites de la matrice de l'ongle. Application au traitement de l'ongle incarné. *Bulletin de la Soc. de Chirurgie*, p. 252.

On conçoit sans peine que l'intégrité absolue de la matrice soit la condition nécessaire et suffisante de la production d'un ongle normal. Que la matrice se trouve donc accidentellement divisée dans le sens de sa longueur, et qu'elle répare incomplètement sa perte de substance, l'ongle qu'elle élabore présentera une solution de continuité. Les deux moitiés d'ongle seront situées sur le même plan, ou inclinées l'une vis-à-vis de l'autre, comme les deux versants d'un toit (voy. Ancel, *loc. cit.*). Au lieu d'une division permanente, on observe parfois un amincissement de l'ongle; c'est le long de cette ligne de moindre résistance que l'ongle peut se déchirer, secondairement, à la moindre occasion.

2° *Mensuration de l'accroissement de l'ongle.* — On admet que l'ongle pousse de sa longueur en 70 jours (Béclard), en 75 à 90 jours (Sappey). Mais l'ongle ne croît pas également vite au membre supérieur et au membre inférieur. Il s'accroît par semaine de 1 millimètre à la main, et seulement de 1/4 de millimètre au pied. Ces chiffres donnés par Beau ont été contrôlés et reconnus exacts par Ménard et Randon[1] et par Dufour[2].

On est allé plus loin dans ces mensurations. On a reconnu que les ongles de la main droite s'accroissent plus vite que ceux de la main gauche, et que sur une même main, les ongles poussent de quantités inégales, qui sont représentées par les chiffres suivants :

	Croissance par semaine.	Durée du renouvellement de l'ongle.
Pouce	1mm.20	138 jours.
Petit doigt.	0mm.95	121 »
Doigts intermédiaires.	0mm.88	124

Moleschott s'est adressé à une autre méthode pour déterminer l'accroissement de l'ongle. Au lieu de mesurer la longueur dont s'accroît la phanère en un temps donné, il a calculé le poids de substance unguéale que produisaient quotidiennement les deux mains; il a trouvé que ce poids était de cinq milligrammes, et qu'il est un peu plus considérable l'été que l'hiver. En un an, la production unguéale des mains se chiffre par 1825 et par 2086 milligrammes.

3° *Variations dans l'accroissement de l'ongle.* — Nombre de causes sont susceptibles de déterminer un arrêt brusque dans la croissance des ongles.

Tels sont les phlegmons (Dubreuilh et Frèche), les traumatismes des nerfs (Bernhardt, cité par Heller; Weir Mitchell, Arnozan). Telles sont encore les fractures des membres (Gunther, 1842; Broca, Zeisler). Un sillon transversal marque, sur l'ongle, la reprise de la croissance, reprise qui d'ailleurs ne coïncide point avec la consolidation de la fracture, comme on l'a cru pendant longtemps.

B. DIMENSIONS DE L'ONGLE. — Complètement développé, l'ongle présente des dimensions longitudinales et transversales qui varient comme les dimensions de la phalangette dont il doit protéger le dos[3].

Son épaisseur est plus fixe. Mesurée sur une coupe médiane et longitudinale,

1. 1860. MÉNARD et RANDON, *Gazette des hôpitaux*.
2. 1872. DUFOUR, *Société vaudoise d'histoire naturelle*.
3. Dans son livre sur *Rabelais anatomiste et physiologiste*, Ledouble reproduit une main de seigneur annamite dont les ongles, contournés en vrille, atteignent ou dépassent 40 centimètres. Cet auteur rappelle que dans l'Extrême Orient, il est de mode, dans la classe élégante, de protéger les ongles à l'aide d'un étui d'or ou d'argent.

elle atteint 384 μ chez l'homme, 346 μ chez la femme, au niveau de la partie antérieure du corps de l'ongle, c'est-à-dire là où l'ongle a acquis toute son épaisseur[1].

Les coupes transversales montrent que l'ongle diminue d'épaisseur en se rapprochant de ses bords; il affecte donc la forme d'un croissant à concavité inférieure. Ces différences d'épaisseur, entre sa partie médiane et ses parties latérales, s'atténuent à mesure qu'on se rapproche de l'extrémité du doigt.

Esbach a insisté sur les modifications que l'ongle peut subir dans sa forme et dans son épaisseur. Il a montré qu'au cours de la grossesse l'ongle diminue d'épaisseur (260 μ). Chez les manouvriers l'ongle accentue sa courbure; son épaisseur s'accroît avec l'âge, et elle augmente d'autant plus que le sujet est soumis à des travaux plus rudes, c'est-à-dire à une diaphorèse plus active.

J'emprunte, à cet auteur, deux séries de mensurations. Les premières ont été prises, dit l'auteur, sur des individus à « professions douces », les secondes ont trait à des manouvriers.

Première série.	Épaisseur.	Deuxième série.	Épaisseur.
Femme 24 à 31 ans	267 μ	Femme 28 à 34 ans . . .	300 μ
» 32 à 46 ans	360 μ	» 35 à 46 ans .	400 μ
Homme 30 à 36 ans	325 μ	Homme 29 à 39 ans	354 μ
» 37 à 44 ans	400 μ	» 40 à 53 ans	445 μ

C. ANOMALIES DE L'ONGLE. — 1° *Absence de l'ongle.* — L'absence congénitale de l'ongle est exceptionnelle. Elle a été observée par Bleck sur un fœtus du musée de Berlin (cité par Ancel). Petersen[2] l'a étudiée sur un sujet de 30 ans, et Ternowski a fait connaître un fait analogue à la même séance de la Société russe de syphiligraphie et de dermatologie de Saint-Pétersbourg.

2° *Ongle rudimentaire.* — L'atrophie de l'ongle est tantôt congénitale, tantôt acquise. Congénitale, elle peut s'accompagner de l'atrophie du système pileux. C'était le cas chez un sujet observé par Nicolle et Halipré[3]. D'autres fois au contraire, l'atrophie unguéale existe seule: les phanères (poils, dents) ne présentent aucune altération (Lindstrem[4]). — White a vu l'ongle s'atrophier à partir de 9 ans chez un enfant. Depuis quatre générations, l'ongle s'atrophiait aussi dans la famille de cet enfant[5].

3° *Hypertrophie de l'ongle.* — Ces hypertrophies semblent, pour la plupart, de nature pathologique. L'ongle n'est pas seulement volumineux, il présente encore des sillons transversaux, curvilignes, parallèles entre eux. Parmi les exemples d'ongle hypertrophique, on cite souvent le cas de Rayer (ongles de 10 cm. de longueur et de 10 cm. d'épaisseur) et celui de Saillant (observation de la femme aux ongles).

4° *Hétéropie de l'ongle.* — Bartholin a observé une jeune fille qui avait l'ongle de l'index implanté sur le côté du doigt. Un sujet, chez lequel les doigts manquaient, avait des ongles fixés sur le moignon de la main.

5° *Ongle surnuméraire.* — Rayer a observé un sujet dont la main présentait six doigts. Chacun de ces doigts avait son extrémité garnie d'un ongle.

6° *Multiplicité de l'ongle.* — J'ai observé un sujet qui avait l'auriculaire gauche muni d'un ongle normal, mais cet ongle était recouvert en partie par un petit ongle inséré sur l'un des bourrelets de l'ongle, au niveau de la lunule.

7° *Ongles d'origine accidentelle.* — On a publié quelques exemples de plaques cornées développées sur la peau normale ou pathologique (cicatrices).

8° *Chute des ongles.* — Montgommery a observé un homme de 35 ans qui depuis son enfance, avait constamment sur les mains, un ou deux ongles en voie d'élimination. Cette chute permanente des ongles était héréditaire dans la famille[6].

1. 1876. ESBACH. Modifications de la phalangette dans la sueur, le rachitisme et l'hippocratisme. *Thèse*, Paris.
2. 1894. PETERSEN (29 octobre). Analysé dans *Ann. de dermat. et de syphiligr.*
3. 1895. NICOLLE et HALIPRÉ. *Ann. de dermatologie.*
4. 1897. LINDSTREM. Soc. physico-méd. de Kieff, 20 mars. Analysé dans *Ann. de dermat. et de syphil.*
5. 1896. WHITE. *Journ. of cut. and genit. ur. diseases*, juin 1896.
6. 1897. MONTGOMMERY. *J. of cut. and. genit. urin. diseases*. p. 252.

CHAPITRE V

LES ONGLES CHEZ LES VERTÉBRÉS

Geppert a tenté d'établir récemment la phylogénèse de l'appareil unguéal.

Selon cet auteur les ongles apparaissent sous une forme rudimentaire, chez les animaux aquatiques.

Le doigt est terminé par une extrémité arrondie qui se renfle en massue chez le crapaud.

Chez la sirène, le doigt s'effile, il se retourne vers la face ventrale de la patte. Son extrémité se recouvre d'une couche cornée fort épaisse.

C'est seulement à la face dorsale du doigt que se développe la corne chez l'onychodactylus : l'ongle de cet urodèle est l'homologue de l'ongle des primates.

L'homme et le singe sont les seuls mammifères qui présentent un ongle véritable, c'est-à-dire une plaque cornée réduite à sa plus simple expression.

Mais des productions cornées plus ou moins compliquées s'observent chez nombre de vertébrés supérieurs. Elles sont connues sous le nom de sabots, de griffes, de cornes. Elles siègent aux extrémités digitales[1], qu'elles entourent parfois d'une sorte d'étui[2].

Tous ces organes ont une structure assez compliquée.

Chez le cheval, la *paroi* qui répond à l'ongle, se montre pénétrée par de longues papilles dermiques. En regard de ces papilles, l'ectoderme unguéal se dispose en cordons pleins. Ces cordons sont connus sous le nom de tubes ; ils sont volumineux et disposés parallèlement à la surface de la paroi. Entre eux « est coulée une substance unissante. Ces tubes ont pour éléments constituants les éléments des poils ; rien n'y manque pour établir l'analogie, pas même la substance médullaire. De sorte que les tubes cornés sont comme d'énormes productions pileuses qui deviennent libres et flottent au bord inférieur du sabot si l'humidité, le sable et la boue des chemins détruisent la matière inter-tubulaire. Quant à cette dernière, elle possède la structure de la substance des tubes. Ainsi donc, grosse production piloïde agglutinée par un amas de cellules épidermiques inter-tubulaires, telle est l'idée que l'on peut se faire de la constitution du sabot des ruminants ». (Arloing, *loc. cit.*)

De telles productions cornées représenteraient un groupe de poils agglutinés. Rien ne manque d'ailleurs pour établir les homologies de l'ongle et des productions cornées. Greffées sur un animal de même espèce ou d'espèce différente, ces phanères continuent à se développer quand on les transplante avec la matrice qui les produit (Voy. Paul Bert, *De la greffe animale*, 1863.)

Bibliographie. — Consulter parmi les récents travaux : 1889. Unna. *Monatsch. f. prakt. Derm.*, t. VIII. — 1892. Eichhorst. Angeborener Nagelmangel. *Centralbl. f. klin. Med.*, 14ᵉʳ Jahr. — 1894. Boas. Zur Morphologie der Wilbelthier-Krallen. *Morph. Jahr.*, XXI. 1895. Echeverria. Étude histolog. de l'ongle sain et malade. *Monats. f. prakt. Dermat.*, t. XX, p. 78. — 1900. Okamura. Ueber d. Entwick. d. Nagels bei Menschen. *Arch. f. Derm. u. Syph.*, t. LII, p. 223. — 1900. Vaudraschoff. Sur la croissance des ongles. *Vratch*, 13 janvier 1900. — 1900. Julius Heller. *Die Krankheiten der Nagel*. Hirschwald, Berlin, 1900.

1. 1896. Goppert. Zur Phylog. der Wirbelthierkralle. *Morph. Jahr.*, XXV, pl. 1.

2. On observe d'autres productions cornées chez les mammifères sur le front, sur le nez (rhinocéros), sur le groin (porc), sur la queue (lion). Elles ont la forme d'un coin, d'une plaque, etc. Certaines de ces productions constituent des anomalies : on a cité des exemples de chiens, de chats et de chevaux cornus (Bartholin).

ARTICLE IV

LE POIL

CHAPITRE PREMIER

DÉVELOPPEMENT DU POIL

Les premiers poils se développent vers la fin du troisième mois (Valentin), chez le fœtus humain de dix centimètres.

C'est au niveau de l'orifice cutané des fosses nasales (vibrisses) et de la marge du front (cheveux et sourcils) qu'ils apparaissent tout d'abord

A ce moment, la peau est représentée par trois ou quatre rangs de cellules épidermiques ; il n'y a pas de couche cornée, au sens propre du mot. Les cellules superficielles sont seulement plus claires et plus volumineuses que les cellules profondes, situées au contact de la membrane basale. Ces dernières apparaissent, sur les coupes, comme une bande sombre « vivement colorée, ce qui tient d'une part à la nature du protoplasme » homogène, opaque et finement granuleux, et de l'autre « aux nombreux noyaux (de 5 à 6 μ) pressés les uns contre les autres, en raison des faibles dimensions du corps cellulaire (7 à 9 μ)[1] ».

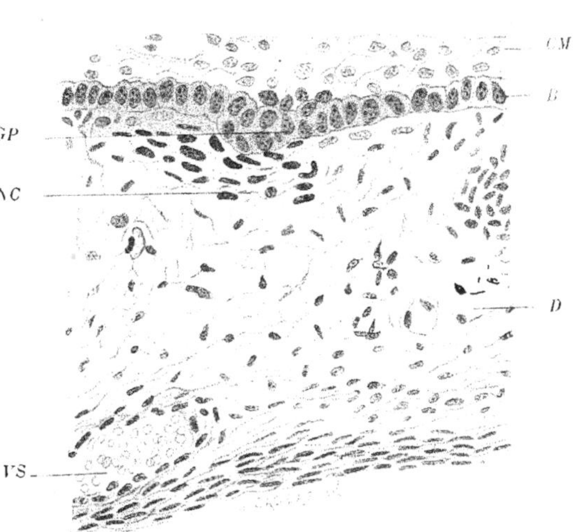

Fig. 535. — Développement du poil (embryon du cobaye).

L'épiderme formé d'un corps muqueux (CM) et d'une couche basilaire (B) envoie dans le derme (D), déjà muni de vaisseaux dans sa profondeur (VS), un bourgeon (GP) qui est situé en regard d'un nodule conjonctif (NC).

1er *Stade : du germe pileux.* — De distance en distance, des bourgeons pleins, qui sont visibles à l'œil nu, apparaissent à la face profonde de l'épiderme (A). Ces bourgeons équidistants sont disposés régulièrement, en série linéaire.

1. 1886. Ed. Retterer. Article « Pileux », *Dictionnaire encyclopédique des sciences médicales* et *Comptes rendus de la Société de Biologie*, 18 décembre.

[A. BRANCA.]

Leur grand axe n'est pas perpendiculaire, mais oblique à la couche basilaire, et, dans une même série, ils se disposent parallèlement les uns aux autres.

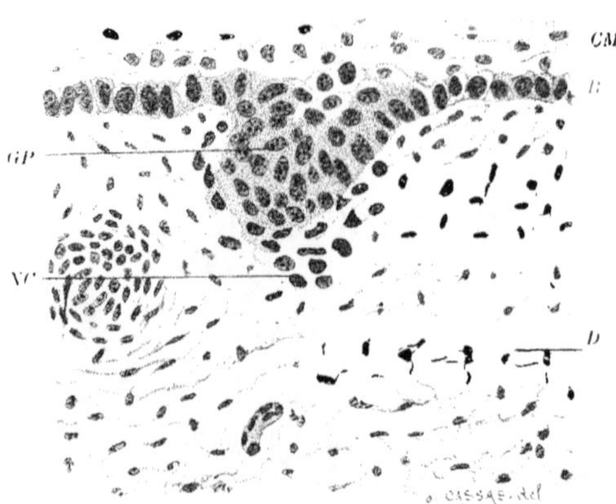

FIG. 336. — Développement du poil (embryon de cobaye).

Le germe pileux (*GP*) s'est allongé, le nodule conjonctif (*NC*) l'enveloppe et se reconnait à ses noyaux, beaucoup plus rapprochés que ceux du derme ambiant (*D*). — L'épiderme comprend une assise basilaire (*B*) et un corps muqueux (*CM*).

Tout d'abord, le bourgeon figure un coin dont la base se confond avec l'assise basilaire.

Puis ce bourgeon s'allonge; il représente une tige régulièrement calibrée.

Finalement son extrémité profonde se renfle à la façon d'une baguette de tambour. Le germe pileux est constitué.

Mais le follicule pileux n'est pas exclusivement formé par une ébauche ectodermique. Le tissu conjonctif intervient dans sa constitution. Partout où se développe un poil, on observe une disposition particulière du derme embryonnaire. En d'autres termes, à tout germe pileux répond un nodule conjonctif.

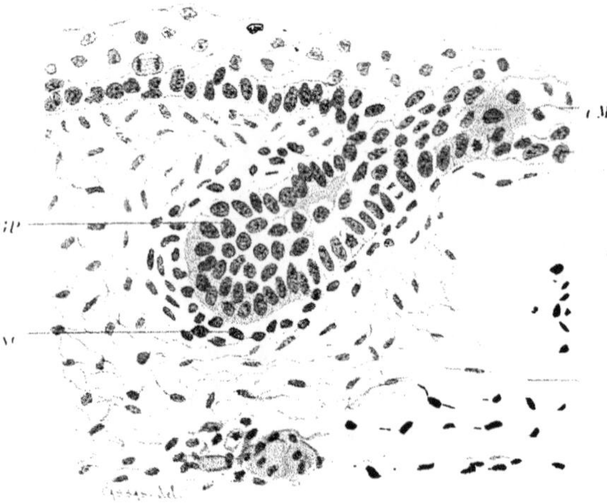

FIG. 337. — Développement du poil (embryon de cobaye).

Le germe pileux (*GP*) s'est encore allongé et son extrémité profonde commence à se renfler, ce germe est toujours au contact du nodule conjonctif (*NC*). — *D*, derme. — *B* et *CM* épiderme avec sa couche basilaire et son corps muqueux.

Ce nodule conjonctif a son importance. Il n'apparaît jamais qu'en regard des phanères (germes pileux et dentaires). Aussi, est-il toujours possible de distinguer un germe pileux des bourgeons glandulaires qui se développent à son voisinage[1].

Ce nodule apparaît dans le chorion, en regard de l'extrémité profonde du germe pileux, et juste en même temps que lui. A mesure que le germe pileux

1. Le germe pileux se différencie encore par sa *couleur blanchâtre* et par son *obliquité* vis-à-vis de l'épiderme.

s'allonge, il s'enfonce plus profondément dans le derme; il repousse progressivement au-devant de lui le nodule conjonctif; il le déprime et s'en coiffe. Finalement, le nodule conjonctif constitue une sorte de sac au bourgeon ectodermique; ce sac est mince dans ses parties superficielles; il augmente progressivement d'épaisseur, à mesure qu'il engaine des portions plus profondes du germe pileux. Le fond du sac reçoit l'extrémité renflée du germe pileux, de la même façon que la cupule tendineuse reçoit la fibre musculaire dans sa cavité (*B*).

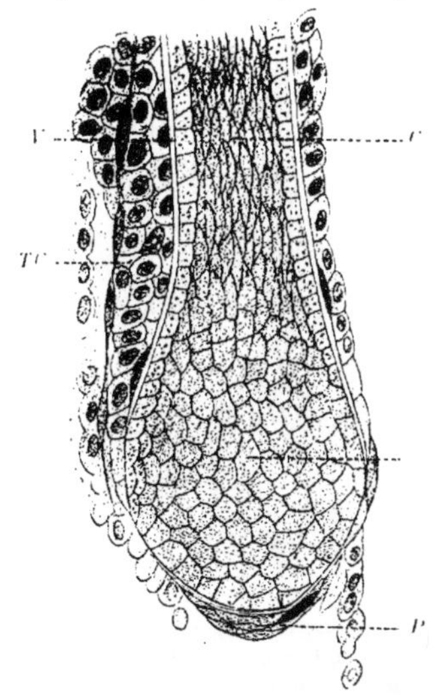

Fig. 538. — Extrémité inférieure du germe d'un poil pris au voisinage de l'onglon de veau. (D'après Renaut.)

C, racine du germe pileux. — *B*, son extrémité renflée en bulbe. — *V*, membrane basilaire. *P*, nodule conjonctif.

Au stade représenté dans la figure 538, le germe comprend donc un cordon (racine) terminé par un renflement (bulbe). Le germe, limité par une membrane vitrée, est formé de cellules basilaires, disposées sur une seule couche. Ces cellules cubiques s'aplatissent, en se rapprochant de la portion renflée du germe, où elles disparaissent. Les cellules épidermiques qui constituent la racine du germe sont allongées verticalement; elles sont polygonales au niveau du bulbe.

Quant au tissu conjonctif; il forme une gaine, T C, autour du germe pileux et coiffe son extrémité d'une calotte épaisse, P. Il est formé de « tissu connectif embryonnaire » (Renaut).

2e *Stade : Stade de la papille.* — Le germe ectodermique a grandi. Au-dessous de la région qu'occupent les papilles dermiques, il porte, sur ses côtés, une série de renflements aliformes, qui sont les rudiments des glandes sébacées annexées au poil (4e *mois*)[1]

Dès ce moment, on peut donc distinguer au germe pileux deux parties; l'une est sus-jacente aux glandes sébacées (collet du follicule pileux); l'autre, située au-dessous de ces glandes (racine du follicule), est terminée par une partie renflée, le bulbe.

Le sac fibreux du poil suit dans son allongement le phanère qu'il engaine de toutes parts, et au moment où le poil cesse de croître, on voit s'élever, du centre de la calotte qui coiffe l'extrémité du germe, un bourgeon conjonctif. Ce bourgeon est avasculaire, mais des vaisseaux s'y développeront plus tard. Il représente la future papille du poil dont il déprime l'extrémité.

De ce fait, le bulbe du germe s'excave, à la façon d'un fond de bouteille pour loger le nodule conjonctif qui devra assurer sa nutrition.

Une coupe, analogue à celle de la figure 539, nous montre le germe pileux, limité par une membrane basale V, qui s'amincit considérablement, au niveau de la papille P.

1. C'est à cette époque que se montre également l'ébauche du muscle arrecteur (Mac Leod, 1898, *loc. cit.*).

Le germe est constitué par une assise de cellules basilaires, régulièrement cylindriques *B*. Au contact de la papille, ces cellules se disposent sur deux ou trois rangs et le contour de leur corps cellulaire est indistinct. Aussi la couche basilaire *G*, au niveau de la papille du poil, prend-elle le caractère d'une lame protoplasmique indivise, semée de noyaux : c'est un plasmode.

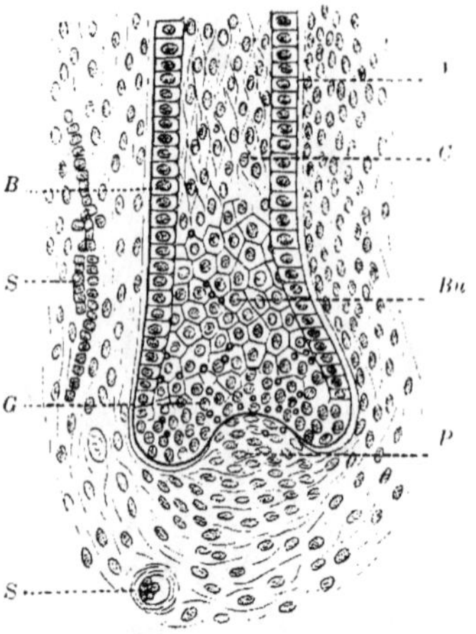

Les autres cellules constituantes du poil ont des caractères identiques à ceux qu'elles offrent au stade précédent : elles sont polygonales au niveau du bulbe, losangiques au niveau de la racine. Les premières contiennent, de plus, quelques granulations graisseuses.

FIG. 539. — Extrémité inférieure du germe d'un poil pris au voisinage de l'ongle du veau, au stade de la papille. (D'après Renaut.)

C, racine du germe pileux. — *Bu*, bulbe du germe pileux. — *V*, membrane basilaire. — *B*, cellules basilaires. — *G*, cellules ectodermiques embryonnaires, qui sont les cellules génératrices du poil et de la gaine épithéliale interne. — *P*, papille. — *S*, vaisseaux sanguins. On voit, dans les cellules du germe pileux, des granulations graisseuses.

3e *Stade : Stade du cône pileux primitif.* — Les modifications, qu'on observe à ce stade sont au nombre de trois.

1° Un réseau capillaire à larges mailles apparaît dans la gaine conjonctive du poil, et bientôt il pénétrera dans la papille, sous forme d'un bouquet capillaire.

2° Au niveau de la papille, les cellules basilaires se différencient. Elles forment un dôme qui recouvre la papille et se montrent sous forme d'éléments allongés verticalement. Ces éléments sont d'autant plus hauts qu'ils sont plus près de l'axe du poil. C'est là le cône pileux primitif, à sa prime origine.

Ce cône pileux s'accroît[1]. Son sommet s'engage dans l'axe du poil, et bientôt il atteindra le niveau des glandes sébacées.

3° En même temps que s'allonge le cône pileux, les cellules ectodermiques qui restent en dehors de la phanère, se répartissent en deux zones. L'une recouvre, à la façon d'un cornet, le cône pileux : c'est la gaine épithéliale interne. L'autre, située à la périphérie du germe pileux, devient la gaine épithéliale externe.

En résumé, le germe du poil présente, au cinquième mois, trois parties :

1° Le poil, qui simule un cône plein dont la base surplombe le sommet de la papille, se montre formé de cellules, allongées verticalement. Ces cellules ont subi la transformation cornée et sont reliées par des filaments d'union.

2° Le poil est coiffé par un cône creux, très mince, puisqu'il est réduit à deux rangs de cellules, chargées d'éléidine. Ces cellules constituent la gaine épithéliale interne ; elles sont, à ce stade, le satellite du poil tout entier ; elles prennent naissance sur les parties latérales de la papille, et, comme le poil lui-même, elles ont une évolution ascendante.

3° « Ce qui reste du germe ectodermique, entre la gaine interne et la vitrée

1. Par division successive de ses éléments constituants.

du derme... constitue la gaine externe du poil. Cette gaine est limitée, du côté du cône formé par la gaine interne, par une ligne nette de cuticulisation. Ses éléments subissent une évolution dirigée dans le sens radiaire. » Ils sont de nature malpighienne. « La gaine externe constitue simplement le milieu ectodermique dans lequel le phanère se développe et chemine à sa naissance » (Renaut)[1].

4e Stade : Le poil traverse la région du collet.

Le quatrième stade de l'évolution du poil s'étend depuis le moment où le poil dépasse la glande sébacée jusqu'au moment où il apparaît à la surface de la peau.

Le poil a continué à pousser dans l'axe du follicule, mais sa croissance est plus rapide que celle de la gaine épithéliale interne. Aussi ne tarde-t-il pas à buter contre cette gaine, puis à la perforer : au delà du niveau de la glande sébacée, le poil n'a plus, pour satellite, la gaine épithéliale interne.

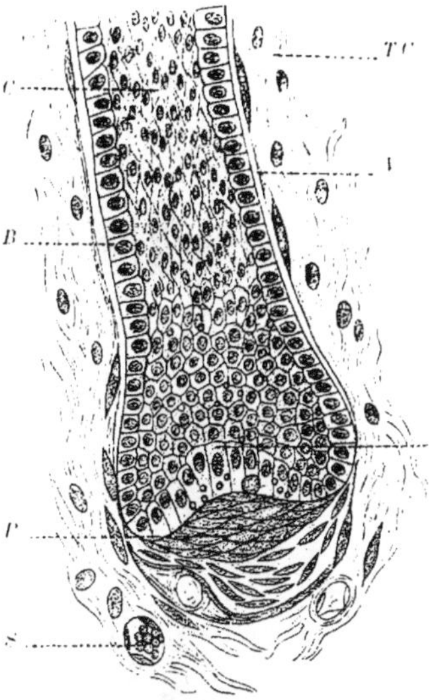

Fig. 540. — Extrémité inférieure du germe d'un poil pris au voisinage de l'onglon du veau, au stade de l'apparition du cône pileux. (D'après Renaut.)

C. racine du germe pileux. — V, membrane basilaire. — B, cellules basilaires. — G, cellules génératrices qui par leurs divisions successives donneraient le cône pileux. — P, papille. — S, vaisseaux sanguins. — TC, tissu conjonctif entourant le germe pileux.

Cette gaine s'est détruite, mais cette destruction n'est pas complète : on trouve encore, à son niveau, les cellules cornées de la gaine interne, plus ou moins désagrégées. Elles ont pris l'aspect d'écailles libres[2].

Le poil chemine donc, dans l'axe de la gaine épithéliale externe, puis dans l'épiderme. Il y chemine d'autant plus aisément que les cellules, situées sur le trajet qu'il doit parcourir, ont subi la transformation sébacée. Et cette transformation a cela de remarquable qu'elle est de beaucoup antérieure à l'émergence, et même à la formation du poil. Elle est contemporaine de l'édification du nodule papillaire. L'ensemble des cellules ainsi modifiées présente la forme d'une colonne ou d'un cône, dont la base affleure la surface de l'épiderme. Ce cône plein constitue le chemin de Gotte[3], la glande sébacée diffuse de Ranvier[4].

Dans sa région effilée ou profonde, le chemin de Gotte est entouré, de toutes parts, par les cellules de la gaine épithéliale externe, chargée de fines granulations graisseuses ; dans sa région superficielle ou élargie, il est circonscrit par des cellules de l'épiderme « tassées latéralement et remplies de granulations d'éléidine, alors qu'il n'en n'existe nulle part ailleurs ».

1. 1897. Renaut. *Traité d'histologie pratique.*
2. 1878. Rémy. *Loc. cit.*, p. 46.
3. 1868. Gotte. Morphologie der Haare. *Arch. für mikr. Anat.*, IV, p. 273.
4. 1887. Ranvier. *Journal de Micrographie*, p. 64.

[A. BRANCA.]

Le poil s'insinue donc dans la colonne sébacée qui prépare sa voie d'éruption; il suit son axe, mais sa pointe ne perce pas la couche cornée de l'épiderme. Cette pointe se recourbe; elle se couche à plat à la face profonde du stratum corneum ou même dans son épaisseur (Kölliker). Elle émergera libre ment sur le tégument externe, quand les éléments kératinisés qui recouvrent le poil se seront détachés du corps de l'embryon.

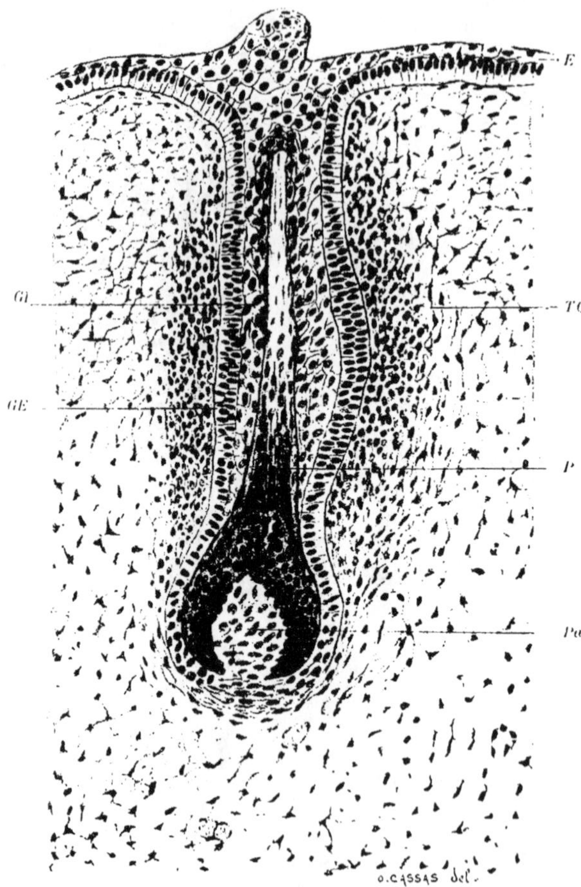

Fig. 541. — Développement du poil (museau du cobaye).

Le poil *P*, avec sa papille *Pa*, est entouré de ses gaines épithéliales interne *GI* et externe *GE*; il est près de faire éruption à la surface de la peau. L'épiderme *E* fait saillie en regard du follicule pileux qui plonge dans le tissu conjonctif dermique *TC*.

5e *Stade.* — *Stade de l'émergence du poil.* — Du 5e au 6e mois (Œsterlen) le poil, qui émerge à la surface de la peau, est complètement constitué. Il présente une racine, incluse dans le tégument, une tige qui flotte à la surface de la peau et s'accroît de jour en jour.

La racine, entourée de son follicule, est implantée obliquement par rapport à la surface de la peau. L'angle obtus qu'elle forme avec cette surface est soustendu par un muscle, l'arrecteur du poil, inséré, d'une part, dans le derme (portion réticulaire), et, d'autre part, à la partie moyenne du follicule, renflé à ce niveau. Dans le triangle ainsi déterminé, on trouve la glande sébacée annexée au poil.

Les poils qui, chez le fœtus, se dressent sur toute la surface de la peau, sont appelés tous à être remplacés.

Les uns voient leur papille croître et bientôt s'atrophier. C'est le sort du duvet fœtal (lanugo) qui ne tarde pas à se détacher dans la poche des eaux, à partir du 6e et du 7e mois.

Les autres ont une durée plus longue et une taille plus volumineuse. Ce sont les poils proprement dits. Ils ne tombent qu'après la naissance. Avant de tomber, nombre d'entre eux émettent un germe de remplacement. Leur orifice pilo-sébacé sera le siège d'une série d'éruptions pileuses qui rappellent, de très près, ce qu'on observe dans l'évolution de l'appareil dentaire.

NOTES

A) Reissner et Gotte (cités par Kölliker), Feiertag[1], Ed. Retterer[2], ont observé que, dans certains cas, l'apparition du germe pileux, telle que nous l'avons exposée, est précédée d'un autre stade que n'admet pas Maurer[3].

On voit, au point que doit occuper le germe pileux, l'épiderme présenter de petites élevures. Il s'agit là d'un simple soulèvement qui traduit l'apparition d'une saillie, à la surface du derme. Plus tard le germe pileux se forme et s'engage dans le chorion. Son évolution ultérieure ne diffère en rien de l'évolution indiquée plus haut.

Cette variante dans les premiers développements du poil, se réduit, en somme, à l'apparition d'un stade préliminaire; elle a été observée par Feiertag au niveau des poils tactiles et de quelques poils de la tête. Cet auteur considère, comme la papille du poil futur, la saillie que fait le chorion. Cette papille est ensuite refoulée dans la profondeur, du fait de l'apparition et de l'allongement du bourgeon ectodermique.

Retterer, qui a étudié l'ébauche pileuse dans les poils tactiles des lèvres, chez le cheval et chez le porc, a vu que les élevures du derme ne se montrent que dans les poils d'apparition précoce. Pour cet auteur, elles ne représentent nullement la papille du poil; elles sont seulement en rapport avec les phénomènes d'hypernutrition dont sont le siège les territoires où se développeront les poils.

O. Hertwig[4] se range à l'opinion de ses compatriotes. Il homologue la saillie superficielle du derme à la papille pileuse. La papille du poil se forme donc suivant deux modes. Dans le premier, elle apparaît après que le germe ectodermique du poil a pénétré dans le derme; dans le second, « la papille se développe à la surface de la peau », puis le germe pileux apparaît, et il refoule la papille dans la profondeur.

« Lequel de ces deux modes de formation est le primitif ? ajoute Hertwig. Selon moi, c'est la formation de la papille à la surface de la peau. En effet, c'est à coup sûr le mode le plus simple et le moins perfectionné; l'autre en est un dérivé, et peut s'expliquer. Si les poils se sont engagés dans la profondeur de la peau, ce n'est que pour être mieux nourris et mieux fixés. Nous trouvons le pendant de ce phénomène dans le développement des dents. Chez les sélaciens, les papilles des dents cutanées pénètrent à l'intérieur de l'épiderme. »

B) Les germes pileux apparaissent dans un ordre fixe: les poils du front et du sourcil se montrent à la 13e semaine, ceux de la tête, du dos, de la poitrine et du ventre à la 16e ou 17e semaine, les poils des extrémités à la 20e semaine. En règle générale, le cône pileux primitif se différencie, dans le germe, 3 à 5 semaines après l'apparition de ce germe (Kölliker).

C) Kölliker pense (*Embryologie ou traité du développement complet de l'homme et des animaux domestiques*) que le poil qui a dépassé la glande sébacée et va émerger à la surface de la peau est encore entouré de sa gaine épithéliale interne.

Sur le développement du poil, voir :

1868. Gotte. Zur Morphol. der Haare. *Arch. für mikr. Anat.*, IV.

1876. Hesse. Zur Kenntniss der Hautdrusen und ihrer Muskeln. *Zeitsch. f. Anat. Entwick.*, t. II.

1876. Unna. Beitrage zur Histolog. und Entwick. der mensch. Oberhaut. *Arch. für mikr Anat.*, t. XII.

1876. Von Ebner. Mikrosk. Stud. über Wachstum und Wechsel der Haare. *Compt. rend. de l'Ac. de Vienne*, t. LXXIV.

1882. Waldeyer. Untersuchungen über die Histogenese der Horngebilde, insbesondere des Haare und Federn. *Beitrage z. Anat. u. Embry., als Festgabe f. Jacob Henle.*

1. 1875. Feiertag. *Ueber die Bildung der Haare.* Thèse, Dorpat.
2. 1894. Retterer. Premiers développements du poil du cheval. *Soc. de Biol.*, 13 janvier.
3. 1892. Maurer. Hauttsinnesorgane, Feder und Haarlangen. *Morphol. Jahr.*, XVIII.
4. 1891. Hertwig. *Traité d'Embryologie*, trad. franç., 1re édit., p. 463.

CHAPITRE II

MORPHOLOGIE DU POIL

DES POILS EN GÉNÉRAL

A tout poil on distingue un corps et deux extrémités.

De ces extrémités, l'une est effilée : c'est l'extrémité libre; l'autre est profonde et légèrement renflée. Elle porte le nom de bulbe ou bouton (capitum pili de Malpighi).

Le corps du poil présente deux parties. L'une est la tige (scapus ou flèche), qui flotte à la surface du tégument externe; l'autre est la racine, incluse dans l'épaisseur de la peau.

Cette racine entre donc successivement en rapport avec les diverses couches de l'épiderme et avec le chorion. Épiderme et chorion lui fournissent un revêtement (folliculus pilorum), constitué par deux gaines concentriques.

La gaine intérieure est ectodermique; elle est de nature épithéliale. C'est la gaine épithéliale ou gaine épithéliale externe (vagina pili). La gaine extérieure est mésodermique, elle est formée par du tissu conjonctif; on l'appelle gaine fibreuse ou follicule proprement dit.

Au niveau du bulbe du poil, la surface interne de la gaine fibreuse se renfle et prend l'aspect d'un bourgeon. Ce bourgeon fait saillie dans l'extrémité profonde du bulbe, excavé pour la recevoir, à la façon d'un cul de bouteille. Il représente la papille du poil.

A. **MORPHOLOGIE DU POIL.** — 1° *Bulbe du poil.* — Le renflement terminal du poil est piriforme. Sa grosse extrémité est creuse quand le poil qui la porte est en pleine vitalité (poil à bulbe creux); elle est pleine au contraire quand le poil a achevé sa croissance et va tomber dans le milieu extérieur (poil à bulbe plein). L'extrémité effilée du bulbe se continue avec le corps du poil.

2° *Corps du poil.* — Le corps du poil n'est pas toujours régulièrement calibré. Sa forme est en rapport avec l'état de la papille (voy. chapitre III). La surface de la tige est lisse, mais il n'est pas rare de la trouver inégale et munie d'excroissances irrégulières. Une telle disposition s'observe sur les poils de l'aisselle, du pubis, etc. Elle est due à la destruction des couches superficielles du poil par les liquides de l'organisme (sueur, urine), et par le contact prolongé du vêtement.

3° *Extrémité libre.* — L'extrémité superficielle du poil se termine en pointe effilée, quand le poil n'a jamais été coupé. Mais l'usure, la cassure, sont capables d'émousser cette extrémité, et de la déformer de diverses façons[1].

1. 1880. GALIPPE et BEAUREGARD. *Loc. cit.*, p. 169.

Quand le poil a été coupé, son extrémité se montre plus ou moins finement divisée; elle est, d'autres fois, représentée par une section nette, oblique ou transversale.

Œsterlen, qui a étudié les causes de ces différents aspects, est arrivé aux conclusions suivantes : aussitôt que le poil vient d'être coupé, sa surface de section, transversale ou oblique, est assez nette, mais elle présente des inégalités. Ces inégalités disparaissent dans les semaines qui suivent, aplanies par l'usage du peigne ou de la brosse. Au bout de 12 semaines, la surface de section du poil présente des bords nets. Puis cette surface s'amincit, sans jamais atteindre, toutefois, la finesse de la pointe primitive.

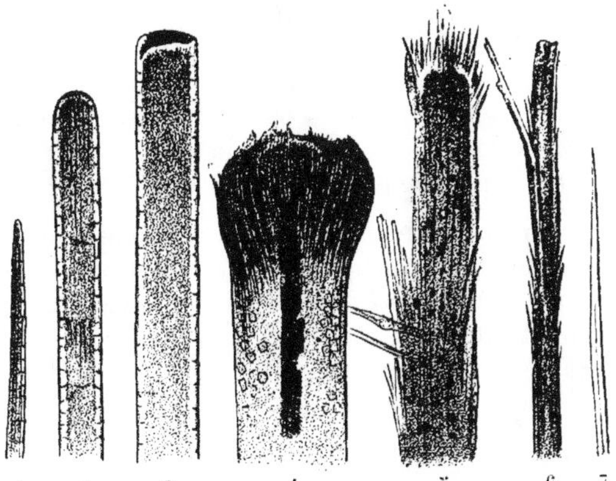

Fig. 542. — Types qu'affectent les extrémités de quelques poils. (D'après Vibert.)

1. Extrémité d'un poil du pubis chez l'homme adulte. — 2. Poil de l'avant-bras d'un homme adulte, avec son extrémité mousse. — 3. Cheveu d'un homme adulte, coupé depuis trois jours. — 4. Poil du pubis dont l'extrémité est renflée en massue. — 5. Cheveux de femme, terminé en pinceau. — 6. Cheveu de femme, à extrémité fourchue. — 7. Cheveu d'un enfant nouveau-né, à terme. Ces poils sont dessinés à un même grossissement (100 diamètres).

Vaillant[1] a étudié l'état de la pointe sur 760 cheveux. Cette pointe était effilée dans 241 cas, arrondie dans 22 et coupée carrément dans les 497 autres cas.

B. **SIÈGE.** — Certaines régions de la peau sont totalement dépourvues de poils : ce sont la paume de la main et la face palmaire des doigts; la plante du pied et la face plantaire des orteils, le dos de la troisième phalange des doigts et des orteils; le mamelon, la face interne des grandes lèvres, les nymphes, la face interne du prépuce et le gland, le rebord rouge des lèvres.

Partout ailleurs, le tégument externe est revêtu de poils. Certains territoires de la face, le cuir chevelu, le creux axillaire, la région pré-pubienne se font remarquer par l'énorme développement qu'y acquiert le système pileux.

D'autres régions, comme le tronc et les membres, ne sont revêtues que de poils courts et fins.

Sur l'oreille externe et la mamelle, le système pileux est représenté par un fin duvet qu'on ne voit bien qu'à l'aide de la loupe.

En résumé, le système pileux n'est pas seulement irrégulièrement réparti sur les diverses régions du corps; il y est aussi inégalement développé. Linné avait déjà fait cette constatation; il avait reconnu son importance, et dans sa classification, il caractérise l'espèce humaine comme il suit :

1. 1861. Vaillant. *Essai sur le système pileux*. Thèse. Paris.

« *Differt itaque a reliquis corpore erecto, nudo; at piloso capite, super ciliis, ciliisque, in maturis pube, axillis, in masculo sexu, mento*[1]. »

C. **DIMENSIONS.** — Nous aurons l'occasion, plus tard, d'indiquer les dimensions des poils. Disons seulement ici que la taille des poils varie avec la région considérée, et dans une même région avec les poils considérés, sur un même poil avec le niveau de sa section.

Par ordre de calibre décroissant, les poils se rangent comme il suit : Barbe (menton), — poils du pubis et moustache, — poils des joues, — poils du sourcil, — poils du scrotum, — poils de l'aisselle, — cheveux des tempes, — cheveux du vertex, — cils, cheveux du bregma, — cheveux du front, — poils des narines, — poils de la nuque (Galippe et Beauregard)[2].

D. **COULEUR.** — Nous étudierons ultérieurement la couleur du poil, mais on peut se demander déjà quels rapports affectent le système pileux et la coloration de la peau. Blocq pense que le système pileux est d'autant plus développé que le tégument externe et ses dérivés sont moins chargés de pigment. Il s'établirait même un balancement véritable entre le pigment de la peau et celui des phanères[3].

E. **NOMBRE.** — Sappey enseigne que le nombre des poils est invariable dans l'espèce humaine, quels que soient la race, le sexe ou l'âge des individus considérés. Vaillant (*loc. cit.*) estime au contraire que le nombre des poils augmente, à mesure que diminue leur diamètre.

Withof a recherché comment se trouvaient distribués les poils à la surface du tégument externe. Sur un quart de pouce carré, il en a observé :

Région.	Nombre de poils par pouce carré.
A la face antérieure de la cuisse	13
A la face dorsale des mains	19
A l'avant-bras	23
A la région pré-pubienne	34
Au menton	39
Au sinciput	293

F. **MODE DE GROUPEMENT DES POILS.** — Les poils se groupent en série, à la suite les uns des autres.

Ces séries affectent la forme de lignes courbes régulières, connues, depuis Eschricht[4], sous le nom de fleuves ou courants.

Ces courants se disposent, à la façon de rayons, autour d'un centre, le tourbillon. Le plus connu de ces tourbillons occupe le cuir chevelu. Il est équidistant du bregma et de la nuque.

Quand les poils dirigent leur extrémité libre vers le tourbillon, les courants sont convergents. Tels sont les courants de l'angle de la mâchoire, du sommet de l'olécrâne, du dos du nez, de la racine du pénis, de l'ombilic et du coccyx.

Sont divergents au contraire les courants dont les poils ont l'extrémité tournée à l'inverse du tourbillon (courants du sommet de la tête, de l'angle interne

1. 1789. Linné. *Syst. nat.*, Lyon.
2. 1880. Galippe et Beauregard. *Guide de Micrographie*, ch. XII, p. 818.
3. 1896. Blocq. *Bull. de la Soc. d'Antropol.*, p. 309.
4. 1837. Eschricht. Ueber die Richtung der Haare am menschlich. Koerpen. *Muller's Arch.* 1837.

de l'œil, de l'entrée du conduit auditif externe, de l'aisselle, du pli de l'aine, du dos du pied).

Les courants qui font partie de tourbillons voisins se rencontrent suivant des lignes droites, courbes ou irrégulières. Ces lignes sont connues sous le nom de lignes nodales ; elles sont parfois peu apparentes ; la plus nette d'entre elles est verticale ; elle occupe la partie antéro-latérale du thorax et de l'abdomen ; elle s'étend du tourbillon axillaire au tourbillon inguinal.

Parfois, autour d'un point commun, on voit converger quatre lignes nodales; quatre séries de courants, orientées chacune autour d'un tourbillon, se sont rencontrées deux à deux. Les lignes nodales prennent alors la disposition d'une croix. On observe plusieurs croix sur la ligne médiane, sur la partie latérale du tronc, sur le nez, le sternum, l'hypogastre, la nuque, les lombes et les membres. Quelques sujets, dont les sourcils sont particulièrement développés, présentent une croix sur la racine du nez.

Courants, tourbillons, lignes nodales et croix sont d'une étude facile sur les fœtus de 6 à 7 mois. Plus tard ils sont moins nets. Ils n'en existent pas moins, et l'anatomie comparée nous apprend que des groupements analogues se retrouvent chez nombre de mammifères (chien, cheval, etc.). On observe des tourbillons au niveau du front, du vertex (gorille), de l'obélion (bonnet chinois), de la nuque (orang, gibbon).

J'emprunte à C. Voigt[1] la description des tourbillons et des territoires cutanés (domaines du tourbillon) qui leur sont annexés.

1° Tourbillon du vertex. — Le domaine du tourbillon du vertex (1) s'étend sur la partie postérieure de la tête. De ce tourbillon font partie une série de départements, dits champs pilaires. Ce sont :

a) *Le champ moyen de la nuque* (2). Ce champ se rétrécit en descendant le long du rachis; il finit en pointe du côté du coccyx.

b) *Les champs latéraux de la nuque* (3) occupent la tête et la région supérieure des parties latérales du cou. Ils s'étendent, en arrière, jusqu'au champ moyen de la nuque. En avant, ils se rétrécissent progressivement pour se perdre sur le tourbillon cervical.

c) *Le champ occipital* (4) se confond avec la région supérieure des champs latéraux de la nuque, au-dessus desquels il est situé; il s'étend, d'autre part, tantôt jusqu'au bord de l'hélix, tantôt jusqu'à la partie haute de la surface d'insertion du pavillon.

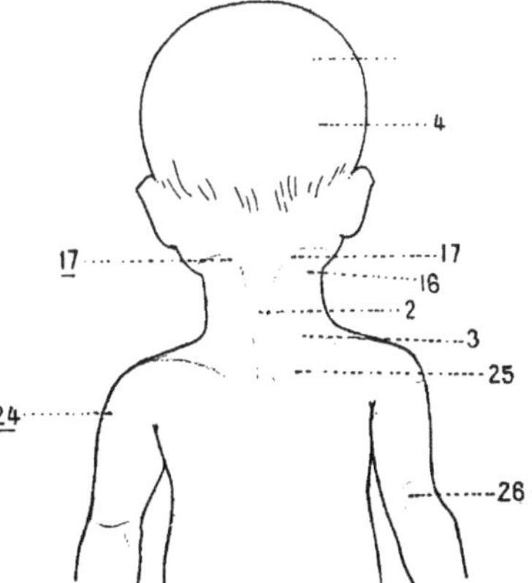

Fig. 543.—Champs pilaires de la tête et du cou. (D'après Voigt.)

d) *Le champ temporal*, est parallèle au champ occipital et ne s'en sépare qu'au niveau de l'oreille.

e) *Le champ frontal latéral* (5) n'a pas non plus de limites précises. C'est sa situation topographique qui permet surtout de l'individualiser.

Champ temporal et champ frontal latéral, plus ou moins confondus, occupent le cuir chevelu et la région parotidienne; ils descendent, en se rétrécissant, jusqu'au tourbillon cervical. La limite postérieure de ces deux champs se tient à quelque distance du bord antérieur de l'oreille.

1. 1857. C. Voigt. *Abhandl. über die Richtung der Haare....* Wien.

f) Le champ frontal moyen (6) est impair, comme le champ moyen de la nuque. Il s'étend de la glabelle à la croix des sourcils.

2° Tourbillon occulaire ou facial (7). — Ce tourbillon, dont sont tributaires les poils du visage, confine, en haut comme en dehors, au tourbillon du vertex; en bas, il s'étend jusqu'à l'os hyoïde et jusqu'au tourbillon cervical; en dedans, c'est-à-dire sur la ligne médiane, il est en rapport avec son congénère.

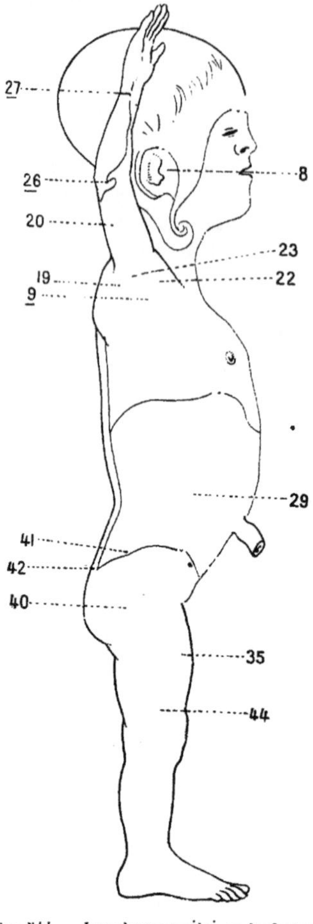

3° Tourbillon auriculaire. — Ce tourbillon (8), le plus petit de tous, est complètement entouré par les champs pilaires qui dépendent du tourbillon du vertex. Il embrasse la partie cartilagineuse du conduit auditif externe, et la surface concave du pavillon de l'oreille. Les poils qu'il renferme divergent du « Porus acusticus externus » à la façon de rayons.

4° Tourbillon axillaire. — Le domaine du tourbillon axillaire (9) est très étendu. Outre le membre supérieur, il embrasse presque toute la partie inférieure du cou, la région pectorale tout entière, la partie supérieure de l'abdomen; en arrière, il confine au champ moyen de la nuque; à ce tourbillon se rattachent une série de champs :

1° Le *champ pectoral latéral* (10) dont les poils ont une direction descendante et oblique.

2° Le *champ pectoral transverse* (11) dont les poils ont une direction ascendante et oblique.

Ces deux champs superposés sont limités par le fleuve pectoral transverse (12). De plus, les champs du côté droit sont separés des champs du côté gauche par le fleuve médian convergent, qui constitue la frontière des deux tourbillons axillaires.

Fleuves pectoraux transverses et fleuve médian convergent se coupent à angle droit pour constituer la croix du sternum (13).

La présence d'un fleuve divergent, dans le prolongement superieur du champ pectoral transverse, détermine la formation de deux champs nouveaux.

3° Le *champ* (14) confine aux tourbillons de la face et du vertex. Avec le premier il forme la croix de l'os hyoïde (15); avec le second il constitue le tourbillon cervical convergent.

D'autre part le fleuve divergent (16) forme avec le tourbillon du vertex la croix de la nuque (17).

4° Le *champ* (18) situé derrière le fleuve divergent (16), s'appelle le *champ huméral antérieur*.

5° Le *champ* (19) situé derrière le tourbillon axillaire porte le nom de *champ huméral postérieur*.

Fig. 544. — Les champs pilaires du fœtus. (D'après Voigt.)

Ces deux champs (18 et 19) entourent l'épaule. En bas, ils sont separés des champs de la partie supérieure du bras (20 et 21) par les fleuves huméraux (22 et 23) qui, sur la partie latérale de l'épaule, forment la croix du deltoïde (24).

En arrière, les champs huméraux se rencontrent dans le fleuve convergent (25) et se prolongent jusqu'au champ moyen de la nuque.

Le fleuve moyen du bras descend dans le sillon du biceps, puis au pli du coude. De là il passe sur le bord radial de l'avant-bras, puis sur la face posterieure du poignet; il se termine vers le bord cubital du poignet. Il sépare deux champs dirigés verticalement.

6° Le *champ antérieur* (21) est bien visible sur la figure 545.

7° Le *champ postérieur* (20) apparaît sur la fig. 544.

Ces deux champs partent de la croix du deltoïde et de la partie supérieure du fleuve moyen du bras.

Ajoutons qu'à la région du coude, au-dessus de l'épicondyle, il existe un tourbillon convergent, le tourbillon cubital (26).

A la partie inférieure de l'avant-bras, deux courants pilaires, l'un convergent, l'autre divergent, se rencontrent à angle droit sur l'apophyse styloïde du cubitus, pour former la croix ulnaire (27).

3° Tourbillon inguinal. — Toute la partie inférieure du corps relève du tourbillon inguinal (28).

De ce tourbillon partent cinq fleuves divergents :

a) L'un monte verticalement en haut (29) jusqu'à la croix latérale (30) (fleuve ascendant).

b) Un autre (31) se porte transversalement vers la ligne blanche qu'il atteint un peu au-dessous de l'ombilic, en un point connu sous le nom de croix ombilicale (32) (fleuve transversal).

c) Un troisième fleuve (33) se dirige en bas et en dedans, de manière à couper la face interne de la cuisse, un peu au-dessus de sa moitié inférieure (fleuve oblique interne).

d) Un quatrième courant (34) se détache du fleuve (33) et se porte verticalement en bas, sur la partie moyenne de la face antérieure de la cuisse (fleuve descendant).

e) Le dernier fleuve naît de deux façons. Tantôt la première partie de son trajet est commune avec celle des deux fleuves précédents. D'autres fois, au contraire, ce fleuve naît à quelque distance du tourbillon inguinal. Dans un cas comme dans l'autre, ce courant se dirige en dehors et contourne la face externe de la cuisse. Ce courant (35) qu'on peut qualifier d'oblique externe, rencontre au milieu de la croix fémorale (36) le fleuve (33) qui mérite le nom d'oblique interne.

Examinons maintenant quels champs circonscrivent les fleuves dont il vient d'être question.

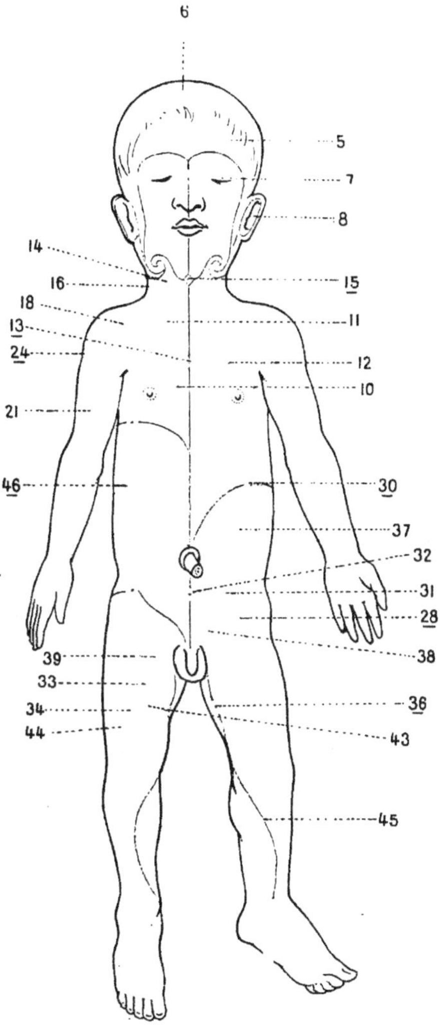

Fig. 545.— Les champs pilaires du fœtus. (D'après Voigt.)

1° Le *champ abdominal* (37), limité par le courant ascendant et le courant transversal, confine au domaine du tourbillon axillaire. D'autre part, il rencontre le champ du même nom, sur la ligne médiane antérieure qu'occupe un fleuve convergent. Il participe donc à la formation du tourbillon ombilical convergent, caractérisé par ce fait que tous ses poils dirigent leur pointe vers l'ombilic, autour duquel ils sont placés.

2° Le *champ génital* (38) renferme une partie des poils situés entre le fleuve descendant et le fleuve oblique interne.

3° Le *champ crural supérieur* (39) est constitué de la même façon.

Il importe de remarquer que le champ génital et le champ crural supérieur se séparent seulement au niveau de la racine du pénis. Là, leurs poils divergent en formant la croix du pénis qui n'est pas figurée sur les figures.

4° Le *champ coxal* (40) occupe le territoire situé entre le fleuve ascendant et le fleuve oblique interne. Il répond à la partie inférieure du dos, à la fesse et à la partie supérieure de la cuisse (faces postérieure et interne). Les poils de ce champ convergent vers sa partie moyenne pour constituer le fleuve iliaque convergent qui (41) se dirige vers le coccyx. Là, il rencontre les fleuves convergents du champ moyen de la nuque et forme avec eux le tourbillon coccygien (42).

5° Le *champ crural antérieur* (43) est situé en dedans du fleuve vertical descendant, sur la face antérieure de la cuisse et de la jambe.

6° Le *champ latéral* (44) occupe les faces latérale et postérieure des mêmes segments du membre abdominal.

Ces deux champs convergent vers une ligne qui descend (45) le long du droit interne, coupe la croix crurale et l'articulation du genou, et suit la crête antérieure du tibia jusqu'à la malléole interne.

6° Tourbillon latéral. — Quand il existe un tourbillon latéral (46), le domaine du tourbillon axillaire et du tourbillon inguinal sont diminués d'autant. Le tourbillon latéral embrasse la moitié de l'abdomen et de la partie inférieure du dos; il s'étend en bas jusqu'à l'aine.

La croix latérale est située à la limite de ce tourbillon et du tourbillon axillaire.

La croix abdominale, le champ génital, et la partie supérieure du champ iliaque sont distraits au tourbillon inguinal par ce tourbillon latéral.

Variations des tourbillons. — a) *Variations individuelles.* Les tourbillons sont sujets à de fréquentes anomalies. Pour prendre un exemple, nous dirons que le tourbillon du vertex peut s'écarter de 2 ou 3 centimètres de sa situation, chez des individus normaux.

Chez les dégénérés, ces déviations sont beaucoup plus considérables. Le tourbillon du vertex est franchement latéral. D'autres fois il est dédoublé[1].

b) *Variations en rapport avec les espèces animales.* Chez le bonnet chinois, il existe un tourbillon au niveau de l'obélion. Chez l'orang-outang le tourbillon de la septième cervicale répond à notre tourbillon du vertex. Cette différence de siège des deux tourbillons homologues entraîne des variations parallèles dans les champs pilaires et dans les courants qui les limitent. Aussi les territoires pileux et les territoires glabres ne se répondent pas chez l'homme et chez l'orang. C'est là un des arguments à opposer aux auteurs qui fondescendre l'espèce humaine des grands singes anthropoïdes.

Division des poils. — Avec Vaillant (*loc. cit.*) on peut répartir les poils en cinq groupes, dont nous indiquerons successivement les caractères.

Poils.
- 1° Cheveux.
- 2° Barbe.
- 3° Poils des aisselles.
- 4° Poils des organes génitaux.
- 5° Poils annexés aux organes des sens
  - 1° Vue : Sourcils. Cils. Poils de la caroncule.
  - 2° Odorat : Vibrisses.
  - 3° Ouïe : Poils du pavillon. Poils du conduit auditif externe.
- 6° Poils de la surface cutanée générale : Poils. Duvet.

I. CHEVEUX.

Développés sur la peau qui revêt la voûte crânienne (cuir chevelu), les cheveux nous apparaissent comme les poils les plus souples, les plus fins et les plus longs que porte le tégument externe. De leur longueur, Bichat tirait même un argument en faveur de la station bipède, qu'il considère comme propre à l'espèce humaine.

1. 1881. Féré. *Rev. d'Anthropol.*, p. 483.

2. Bichat. *Anat. gén.*, t. IV, p. 498, édit. 1830.

I. **LONGUEUR.** — La longueur que peuvent atteindre les cheveux varie avec une série de facteurs :

1° *Age.* — Chez le fœtus et chez l'enfant de race blanche, où la longueur du cheveu est d'une appréciation plus aisée que chez l'adulte, les mensurations ont donné les résultats suivants :

Age.	Longueur.
Fœtus 5 mois	8 à 10 mm.
Fœtus à terme	15 à 20 mm.
Enfant 20 jours	10 à 25 mm.
Enfant 14 mois	25 à 30 mm.

2° *Sexe.* — La plus ou moins grande longueur du cheveu ne constitue jamais un caractère sexuel. Les cheveux sont seulement un peu plus longs chez la femme que chez l'homme (races blanches), mais les individus du sexe masculin portent les cheveux courts, chez nombre de peuples, et cette coutume accentue encore les différences.

Nous verrons qu'il existe, en revanche, des différences notables dans la croissance, considérée dans les deux sexes.

3° *Race.* — Chez les Européennes, on voit les cheveux descendre jusqu'à la ceinture, la racine de la cuisse et même la partie moyenne du mollet. Ils atteignent 0 m. 50, 1 m. et parfois davantage.

C'est dans la race jaune (Chinois) que les cheveux, rassemblés en natte, atteignent leur plus grande longueur. C'est dans cette race que les cheveux sont aussi les plus gros et les plus roides. Toutefois, au dire de Pruner-Bey, les Peaux-Rouges (Sioux et Pieds-Noirs) portent une chevelure ronde et lisse dont l'extrémité tombe jusqu'aux talons.

Les noirs ont une chevelure généralement courte. Les cheveux atteignent au maximum 20 centimètres chez les Cafres, et 5 centimètres seulement chez les Boschimans.

Nous préciserons ultérieurement quels rapports existent entre la longueur et la forme du cheveu.

II. **DIAMÈTRE.** — Le diamètre du cheveu est en rapport avec une série de facteurs qu'il est utile d'envisager successivement.

1° *Variations avec la race.* — Pruner-Bey a montré que le diamètre du cheveu varie dans de larges proportions. Ce diamètre oscille de 50 à 410 μ. Les résultats auxquels est arrivé Pruner-Bey sont résumés dans le tableau suivant :

Race	Diamètre du cheveu.	Race.	Diamètre du cheveu.
Français	50 à 80 μ	Nègre d'Océanie	250 μ
Juif	90 μ	Guarani	300 μ
Hottentot	150 μ	Malais	320 μ
Nègre d'Afrique	150 μ	Femme guarani	410 μ
Arabe	230 μ		

2° *Variations avec le sexe.* — Œsterlen n'a trouvé que des différences insignifiantes dans le diamètre du cheveu, en étudiant des cheveux d'adultes de sexe différent.

[*A. BRANCA.*]

Sexe.		Diamètre du cheveu.	
Masculin.	1re observation	54 μ	Soit en moyenne : 64 μ 75
	2e »	62 μ	
	3e	68 μ	
	4e »	75 μ	
Féminin.	1re observation	58 μ	Soit en moyenne : 67 μ 50
	2e »	65 μ	
	3e »	70 μ	
	4e »	77 μ	

3° *Variations avec l'âge.* — Œsterlen[1] a montré que dans une même race (race blanche) le diamètre du poil varie avec l'âge du sujet. Le poil fin, chez l'enfant, grossit chez l'adulte, pour diminuer de diamètre chez le vieillard.

Les résultats de Galippe et de Malassez, ceux d'Œsterlen sont consignés dans les deux tableaux qui suivent :

Age.	Diamètre des cheveux. Moyenne de 10 mensurations.	Écarts.
Fœtus 4 mois	18 μ	16 à 20 μ
Fœtus 5 mois	24 μ	20 à 28 μ
Fœtus 7 mois 1/2	34 μ	28 à 40 μ
Fœtus 8 mois 1/2	34.4 μ	28 à 40 μ
Presque à terme	32.6 μ	28 à 36 μ
A terme	37.6 μ	28 à 48 μ
Garçon 1 jour	31.2 μ	20 à 40 μ
Fille 2 jours	28 μ	20 à 36 μ
Garçon 2 jours 1/2	59.6 μ	44 à 80 μ
Garçon 5 jours	37.2 μ	24 à 48 μ
Garçon 6 jours (chauve)	24 μ	
Fille 11 jours	37.4 μ	22 à 40 μ
Enfant 20 jours	31.2 μ	24 à 40 μ
Enfant 14 mois	42 μ	28 à 48 μ

Age.	Diamètre du cheveu. Moyenne.
Enfant de 12 jours	20 à 26 μ
Enfant de 6 à 18 mois	34 μ
Enfant de 15 ans	50 à 62 μ
Adulte homme	54 à 75 μ
Adulte femme	58 à 76 μ
Vieillard	50 à 63 μ

4° *Variations avec la région du cheveu considérée.* — A l'inverse de nombre d'autres poils, le corps du cheveu est de diamètre uniforme dans toute son étendue. Toutefois, l'extrémité libre est plus ou moins effilée et le bulbe généralement renflé.

III. **COULEUR.** — Les couleurs qu'affectent les cheveux ont été rapportées par Topinard à six types : le noir, le brun, le châtain, le roux, le blond doré, le blanc de lin.

Ces types ont été multipliés par nombre d'anthropologistes, et Broca a rassemblé, dans un tableau que l'on trouve à l'Institut anthropologique de Paris, un échantillon des diverses colorations que peuvent affecter les cheveux.

1. 1874. Œsterlen. *Das menschliche Haar und seine gerichtsärztliche Bedeutung.* Tubingen. Analysé dans *Annales d'hygiène et de médecine légale*, t. XLVII, 2e série, p. 381.

« Ce tableau renferme 54 nuances s'appliquant aux cheveux et à la peau. Les vingt premiers numéros concernent également l'iris ; les vingt premières nuances sont disposées en séries régulières, à savoir : 1—5, nuances brunes ; 6—10, nuances vertes ; 11—15, nuances bleues ; 16—20, nuances grises. Le reste du tableau est disposé autrement. La multiplicité et la proximité des nuances fondamentales qui relèvent de deux couleurs seulement, jaune et rouge, et de leur mélange en proportions convenables, rendant impossible cette classification, on s'est borné à confronter sur l'un des côtés du tableau les teintes les plus sombres afin de rendre la comparaison plus facile. On a cherché à faire suivre les autres dans un certain ordre, mais cet ordre n'a pu être régulier ; il a fallu plus d'une fois rendre les séries naturelles ; le numéro 48 représente le noir absolu[1]. »

1° *Variations dans la couleur du cheveu.* — La couleur des cheveux ne peut s'apprécier que sur une mèche de cheveux.

Selon que l'on regarde cette mèche à la lumière réfléchie ou à la lumière directe, l'aspect change, comme l'a dit Vaillant (*loc. cit.*).

A la lumière directe, le reflet du cheveu varie avec l'intensité et avec l'incidence des rayons lumineux.

A la lumière réfractée, le cheveu noir paraît brun acajou, le cheveu châtain semble acajou clair, le cheveu rouge est d'un jaune clair orangé, le cheveu blanc est transparent avec un léger reflet jaunâtre. (Voy. Vaillant, *loc. cit.*, et Joannet[2].)

2° *Variations avec le sexe.* — Au dire d'Havelock Ellis, les Européennes ont la peau et les cheveux plus clairs que les Européens[3].

3° *Variations avec l'âge.* — Les cheveux de l'enfant deviennent de plus en plus foncés à mesure qu'il avance en âge (Bonté). L'enfant blond deviendra châtain ; l'enfant châtain sera plus tard d'un brun plus ou moins foncé.

4° *Variations en rapport avec l'action des milieux extérieurs.* — Il arrive fréquemment que la chevelure ne présente pas la même couleur dans toutes ses parties.

La partie adhérente des cheveux est plus foncée que la partie libre, exposée aux radiations solaires. La première est par exemple couleur châtain, tandis que la seconde est d'un blond roux.

D'autre part, il arrive souvent que deux mèches blanches, provenant de deux femmes âgées, sont profondément différentes. « L'une a appartenu à une dame ayant soin de sa tête, vivant au salon : elle est d'un blanc d'argent ; l'autre a appartenu à une paysanne travaillant au grand air : elle est jaune. » (Arloing).

5° *Variations en rapport avec l'usage des teintures, etc.* — La chevelure prend une teinte plus foncée à la suite de l'usage répété des pommades.

L'usage des teintures et des décolorants change profondément son aspect.

1. 1864. BROCA. *Bull. de la Soc. d'Anthropol.*, 4 février. — Tableau chromatique. *Mém. de la Soc. d'Anthropol.*, t. II, p. 123).
2. 1878. JOANNET. *Le poil humain, ses variétés d'aspect, leur signification en médecine judiciaire.* Thèse, Paris.
3. 1893. HAVELOCK ELLIS. *Man and Woman*, p. 223.

L'eau oxygénée, par exemple, fait passer les cheveux noirs au blond et même au rouge. Topinard a pu s'assurer du fait sur des chevelures chinoises[1].

6° *Variations en rapport avec la race.* — La couleur des cheveux est généralement en harmonie avec la couleur de la peau et celle de l'iris. Une peau blanche, qui brunit aisément au soleil, ne va guère sans des yeux bleus et des poils blonds.

De cette observation exacte, quelques anthropologistes ont voulu tirer un caractère de classification. C'est ainsi que les Européens[2] ont été répartis en deux groupes : les bruns et les blonds. Parmi les premiers figurent les Maltais, les Ligures et les Bretons ; parmi les seconds, les Danois et les Wallons, mais « les nuances claires, et en particulier le blond clair, ajoute Arloing, sont très peu répandues ; les races qui les présentent appartiennent, en grande partie, à l'Europe, et surtout aux rameaux germanique, slave et celtique de la souche aryenne et au rameau finnois des Touraniens. On en trouve quelques exemples dans le Caucase, chez les Arméniens, chez les Sémites de la Syrie, quelquefois parmi les Juifs et peut-être en Afrique chez les Berbères de l'Atlas[3] ».

La couleur des cheveux ne saurait donc constituer qu'un caractère de second ordre, et cela pour diverses raisons.

a) On observe des couleurs diverses sous un même climat, et inversement la même couleur s'observe sous des longitudes différentes.

« La couleur noire est celle qu'on rencontre sur tous les points du globe. Elle est l'apanage de l'Esquimau, tout autant que du nègre, de l'Hindou bramahnique, du Malais, et les nations européennes en offrent de nombreux exemples[4]. »

b) Dans une même race, d'autre part, on observe des individus dont la chevelure est de couleur différente. Les Juifs sont rouges, blonds, châtains ou bruns.

c) Enfin, dans toutes les races connues, la chevelure rouge est représentée chez un petit nombre d'individus. Ce fait a été diversement interprété. La chevelure rouge n'a pas de signification ethnique pour Beddoë ; pour Eusèbe de Salles, l'homme primitif était rouge, et, pour Topinard, les rouges sont les derniers rejetons d'une race disparue, que représentent encore, en Russie, quelques individus dont les yeux sont verts.

Toutefois, Deniker écrit tout récemment : « Il n'y a pas de races aux cheveux roux.... Les cheveux rouges sont très communs dans les pays où se sont mêlées plusieurs races, blanche, brune ou blonde. On trouve alors, dans ces races croisées, des chevelures de toutes les couleurs, noires, brunes, blondes, rousses, cendrées, châtain : c'est le résultat naturel du mélange de sang. Mais lorsque chez un peuple aux cheveux noirs qui n'a subi aucun mélange, qui, du moins, ne s'est jamais mêlé qu'avec des races aux cheveux noirs, naît par exception un individu aux cheveux rouges, cela constitue un cas pathologique appelé *érythrisme* par Broca. L'érythrisme ne peut se manifester que dans certaines

1. Ces modifications dans la couleur des cheveux sont parallèles aux modifications qu'on observe [illegible] la couleur de l'iris. Nombre d'Européens qui naissent avec des yeux bleus ont plus tard l'iris gris, brun [illegible]. De telles variations dépendent de l'évolution du pigment.

2. 1879. Topinard. Communication sur la collection de cheveux européens exposée dans la galerie [illegible] Trocadéro. *Bullet. de la Soc. d'Anthropol.*.

3. 1880. Arloing. Poils et ongles, leurs organes producteurs. *Thèse, agrégation.*

4. 1863. Pruner Bey. De la chevelure comme caractéristique des races humaines, d'après des [illegible] recherches microscopiques. *Soc. d'Anthropol.*, 19 mars.

races; du moins, on n'en a cité, jusqu'ici, aucun exemple chez les Nègres; par contre, l'érythrisme est assez fréquent chez les Juifs de l'Europe, chez lesquels il est le plus souvent associé aux cheveux frisés[1]. »

7° *Rapports de la couleur et de quelques autres caractères ethniques.* — On a remarqué qu'en France les individus bruns sont souvent petits; les blonds sont au contraire de grande taill

La race blonde est la plus prolifique. Chez les jeunes filles de cette couleur, l'instauration menstruelle est plus tardive que chez les brunes; mais elle est plus précoce que chez la femme châtain foncé.

Pruner-Bey a noté que les enfants issus de couples blonds ou bruns sont également blonds ou bruns. Mais quand l'un des conjoints est blond et l'autre brun, l'enfant peut présenter un type de couleur intermédiaire; mais il est, le plus souvent, franchement blond ou franchement brun[2]

Nous rappellerons la prédisposition qu'affectent pour certaines maladies, et en particulier pour la tuberculose, les individus d'un blond roux (type vénitien).

IV. **NOMBRE**. — Le nombre des cheveux varie avec la race, avec la couleur et le diamètre des cheveux.

1° *Variations de race.* — De Quatrefages écrit déjà que la chevelure est surtout fournie chez les races boréales[3]. Hilgendorf[4] a voulu préciser l'influence de la race sur le nombre des cheveux. Il a compté chez quelques sujets de race différente, le nombre de cheveux qu'on trouve implanté sur 1 centimètre carré de peau. Il a trouvé :

Race.	Nombre de cheveux.
Aïnos	214
Japonais	269 (252 à 286)
Allemand	272

2° *Variations avec la couleur.* — Withof a montré que le nombre des cheveux implantés sur une égale étendue du tégument externe, augmente quand la teinte des cheveux s'éclaircit.

Couleur.	Nombre de cheveux
Noire	147
Brune	162
Blonde	182

On sait, d'autre part, que le diamètre des cheveux est d'autant moins considérable que la couleur du cheveu est plus claire. Les cheveux blonds sont les plus fins et les plus nombreux.

V. **FORME**. — Bory de Saint-Vincent a réparti les races humaines en deux groupes, d'après la forme du cheveu. Il distingue les races léiotriques (à cheveux lisses) et les ulotriques (à cheveux crépus).

Cette classification répond assez exactement à celle de Virey qui distingue seulement deux groupes de races : les races blanches et les races noires[5]

1. 1900. Deniker. *Races et peuplades de la terre.* p. 60.
2. 1860. Pruner Bey. Voir *Bull. de la Soc. d'Anthropol.*
3. 1877. De Quatrefages. *De l'espèce humaine*, 3e édit.
4. 1875. Hilgendorf. *Mittheilungen der deut. Gesellsch. f. Nat. u. Volkeskunde Ostasiens.*
5. 1860. *Tableau synoptique des races humaines*

Isidore Geoffroy Saint-Hilaire a développé la classification de Bory de Saint-Vincent, et dressé le tableau suivant :

1° *Races léiotriques.*	Caucasique. Alléganienne (Peaux-Rouges). Hyperboréenne (Esquimaux). Malaise. Américaine. Mongolique. Paraboréenne. Australienne (Taïtiens).
2° *Races ulotriques.*	Éthiopien Cafres. Mélanésiens. Hottentots.

1° *Léiotriques.* — A un point de vue purement descriptif, les instructions

Fig. 546. Cheveux droits ou lisses[1] (Peau-Rouge). — Fig. 547. Cheveux bouclés (Française).

de la Société d'Anthropologie distinguent dans le groupe des léiotriques quatre types de cheveux que relient des formes de transition innombrables :

a) Les cheveux droits, lisses (straight = straff, schlicht).

b) Les cheveux ondés (waved = wellig).

c) Les cheveux bouclés.

d) Les cheveux frisés (curly, frizzly = lockig).

a) Les cheveux droits sont rectilignes dans toute leur étendue. A l'exception de ceux des Finnois occidentaux, ils sont raides et durs, comme les crins d'un cheval[2].

b) Les cheveux ondés ou ondulés sont disposés en élément de courbe, sur une longue étendue[3].

c) Les cheveux sont bouclés quand, en s'enroulant, ils simulent un anneau large de plusieurs centimètres, mais incomplètement fermé[4].

1. Ces figures ont été exécutées d'après des photographies. Les 4 dernières figures proviennent des collections du Muséum.

2. Races altaïque et américaine, Esquimaux, Lapons.

3. Européens.

4. Européens, nombre de Polynésiens, Aïnos, Dravidiens.

d) Les cheveux frisés sont souvent raides. L'anneau qu'ils forment est complet; de plus cet anneau ne dépasse guère un centimètre de diamètre.

2° *Ulotriques*. — Quant aux cheveux laineux[1] ou crépus, ils sont essentiellement caractérisés par ce fait qu'ils forment des anneaux spiroïdes, plus ou

Fig. 548. — Cheveux frisés (Indigène d'Obock).

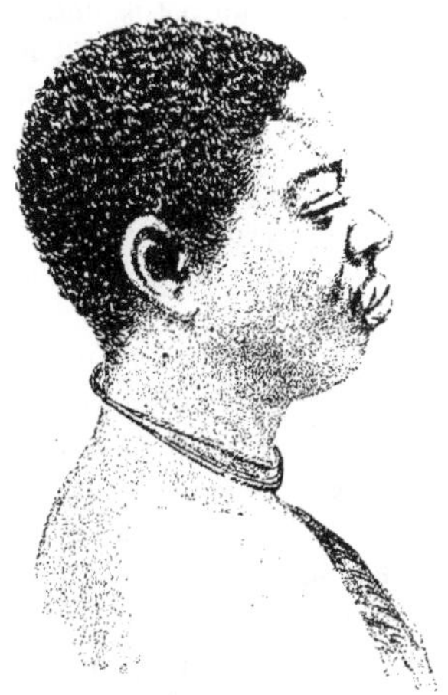

Fig. 549. — Cheveux laineux en toison (Okota, Ogowi).

Fig. 550. — Cheveux laineux en vadrouille (Indigène de l'île des Pins).

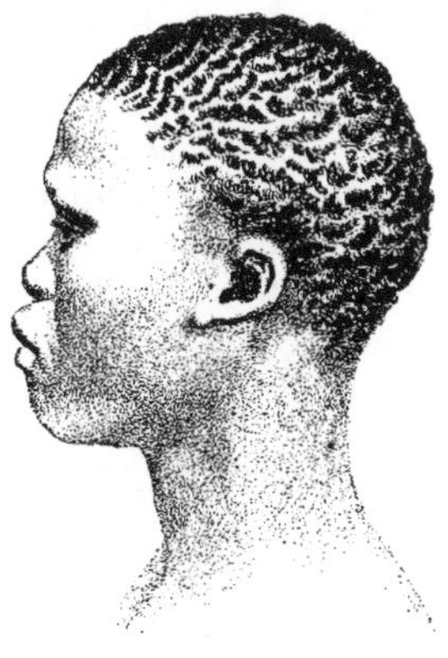

Fig. 551. — Cheveux laineux en grain de poivre.

moins rapprochés les uns des autres, et toujours d'un diamètre exigu (1 à 8 millimètres, 2 millimètres chez les Cafres). De plus, ils s'enroulent par petites touffes, dont l'apparence est celle de la laine.

Les cheveux laineux sont de diamètre comme de longueur variables.

Ils forment de longues torsades chez les Tasmaniens. Chez les Néo-Calédo

1. Australiens, Nubiens, Mulâtres, Cafusos (métis d'Indiens et de Nègres).

niens, chez certains Cafres, ils se dressent en rayonnant à la surface du cuir chevelu, sans former de touffes; ils simulent une sorte de casque ou d'auréole, haute parfois de 30 centimètres (chevelure en vadrouille).

Beaucoup plus fréquemment, les cheveux laineux sont courts. En pareil cas, ils forment une nappe qui tantôt semble continue, et qui, d'autres fois, semble constituée par de petits îlots séparés par des espaces glabres. Ce groupement rappelle celui des « loquets » d'une brosse. Telle est la chevelure en grain de poivre (chevelure en buisson de Burchell, chevelure en brosse à souliers (hard shoe brush) de Pritchard[1]. Ce type de chevelure est celui des Hottentots et des Boschimans.

Ces deux modes d'implantation de la chevelure ont semblé d'une importance capitale à nombre d'anthropologistes, et l'un d'eux, Haeckel, a cru devoir distinguer les races négritiques en deux groupes, les ériocomes et les lophocomes. Mais cette distinction ne saurait être maintenue dans toute sa rigueur. Il n'y a là qu'une apparence, due à ce que des cheveux, répartis en groupes, s'accrochent ensemble pour former de petites touffes. « Tous les cheveux, réunis en une même touffe, convergent vers l'axe de la touffe, et cette convergence tend, d'une part, à rapprocher leur insertion, d'une autre part, à établir des intervalles entre les touffes voisines. Cette disposition, qui mérite d'être signalée comme caractère descriptif, n'a aucunement la valeur d'un caractère anatomique; car lorsqu'on coupe les cheveux très près de la peau, on voit que l'implantation est uniforme et continue et qu'il n'y a point d'espace glabre entre les prétendus pinceaux. » (Hovelacque et Hervé[2].) C'est tout au plus si chez les nègres, fait remarquer Deniker, les cheveux sont, par endroits, plus rapprochés, et, par endroits, plus espacés les uns des autres.

Rapports entre la forme du cheveu et quelques caractères de l'appareil pileux. — 1° *Forme et longueur du cheveu.* — Il existe un rapport constant entre la longueur et la forme du cheveu. Les cheveux droits sont les plus longs de tous (Chinois, Peaux-Rouges). Ils atteignent jusqu'à deux mètres. Les cheveux crépus n'atteignent que 5 ou 10 centimètres (Boschimans, Hottentots).

2° *Forme, longueur et sexe.* — Dans les races à cheveux droits et dans celles à cheveux crépus, la chevelure présente les mêmes dimensions, dans les deux sexes.

Au contraire chez tous les peuples à cheveux ondés ou bouclés, chez certains peuples frisés, la chevelure de l'homme, abandonnée à sa libre croissance, serait plus courte (30 à 40 centimètres) que celle de la femme (65 à 75 centimètres au maximum). Ces différences sont peu considérables : elles ne sauraient constituer un caractère sexuel.

3° *Forme du cheveu et appareil pileux.* — Les races aux cheveux droits sont glabres; les races aux cheveux ondulés ou frisés ont un système pileux bien développé; des races aux cheveux courts et crépus, les unes sont glabres (Boschimans, nègres occidentaux); les autres sont « assez poilues » (Mélanésiens, Achantis).

1. 1826. Pritchard. *Researches into the physical history of Mankind*, t. II, p. 627.
2. 1887. Hovelacque et Hervé. *Précis d'Anthropologie*. Voy. aussi *Bull. de la Soc. d'Anthrop.*, 1878, p. 61 et 94, et 1880, p. 229 et 596.

Causes de la frisure des poils. — 1° *La frisure du poil est fonction de la forme de son follicule.* — Cette théorie est celle de Donné, de Nathusius[1].

Ces auteurs prétendent que l'incurvation du follicule pileux est la cause de la frisure des poils.

Stewart[2], chez le nègre, a signalé l'incurvation en demi-cercle du follicule pileux qui est très long. Duclert[3] a confirmé ce fait. Il a vu que, chez le mouton mérinos, les poils droits naissent dans des follicules droits, et les poils frisés dans des follicules incurvés.

2° *La frisure du poil est fonction de troubles de la nutrition.* — Ce sont des alternatives de bonne et de mauvaise nourriture qui constituent, pour Sanson, la cause première de la frisure des poils. Les troubles de la nutrition déterminent, sur le poil, une série de rétrécissements. Cette modification morphologique détermine à son tour l'enroulement de la phanère.

3° *La frisure du poil est fonction de l'aplatissement du cheveu.* — Le cheveu frisé est aplati et s'enroule sur le plat.

Cette conception a été défendue par Weber, Brown, Henle, Kölliker, Pruner-Bey, Broca, Topinard. « Plus le cheveu est aplati, plus il s'enroule; plus il s'arrondit, plus il devient lisse et roide. L'une des extrémités de l'échelle est représentée par les Papous, les Boschimans et les nègres, l'autre par les Polynésiens, les Malais, les Siamois, les Japonais, les Touraniens et les Américains » (Pruner-Bey), dont les cheveux sont durs, gros, arrondis. On observe un type de transition chez les Aryens et les Européens[4].

Un fait ressort nettement de l'examen de ces théories : la frisure est liée à l'aplatissement du poil, mais cet aplatissement relève lui-même de deux causes, chez le nègre tout au moins[5] : au lieu d'être droit, le follicule est enroulé en lame de sabre; au lieu d'être sphérique, la papille du poil est aplatie.

En désignant par « indice du cheveu » le rapport centésimal du petit au grand diamètre du poil, Pruner-Bey a montré que cet indice atteint son maximum chez les léiotriques. Il diminue à mesure que le cheveu prend la forme ondulée, frisée, laineuse ou crépue.

Race.		Indice du cheveu.
Léiotriques.	Samoyèdes	90
	Japonais	84
Ulotriques	Nègres d'Afrique	52
	Papous	40

VI. DIRECTION DES CHEVEUX DANS LE TÉGUMENT EXTERNE. — Le cheveu s'implante obliquement dans le derme. Cependant les cheveux sont parfois disposés perpendiculairement à la surface du cuir chevelu (Pruner-Bey). Dans les races blanches, cet aspect s'observe seulement pour une mèche ou deux de cheveux, lesquelles se redressent en « épi ». Chez les Hottentots, les Pa

1. 1866. Nathusius. *La laine du mouton sous le rapport histologique et technologique.* Berlin. Voir aussi *Bull. de la Soc. d'Anthropol.*, 1868, p. 717.

2. 1873. Stewart. *Monthly microsc. Journ.*, n° 2. p. 54.

3. 1888. Duclert. *Journal de l'Anatomie et de la Physiologie.*

4. Consulter à ce sujet Pruner-Bey. Sur la chevelure comme caractéristique des races humaines d'après des recherches microscopiques, *Mém. de la Soc. d'Anthropol.*, t. II; et Deuxième série d'observations sur la chevelure, *Mém. de la Soc. d'Anthropol.*, t. III.

5. Voy. à ce sujet : 1896. Unna. Ueber die Haar als Rassenmerkmal. *Deut. medizin. Zeitsch.*, n°s 82 et 83. — 1882. Anderson Stuart. *Journ. Anat. Phys.*, XVI, p. 362.

A. BRANCA.

pous et quelques autres nègres, toute la chevelure présente cette disposition.

VII. MODE DE GROUPEMENT DES CHEVEUX. — Les cheveux sont réunis par groupes de 2 à 5; ils sont isolés des groupes voisins par des faisceaux conjonctifs. Dans chacun de ces groupes pileux, les poils sont de même taille ou de taille différente; quelques-uns d'entre eux peuvent émerger d'un seul orifice de la peau. De tels poils appartiennent à des follicules ramifiés. Kölliker, Westreim, Robin, Sappey en ont observé des exemples.

Cette répartition en groupes juxtaposés serait propre au système pileux du fœtus. On ne la rencontre plus guère chez l'adulte, si ce n'est au niveau des poils follets et du cuir chevelu.

VIII. MODE DE DISTRIBUTION ET ZONE D'IMPLANTATION DES CHEVEUX. — Les groupes de cheveux ne sont pas plantés au hasard[1] dans le cuir chevelu. Ils se disposent autour d'un centre qui répond à peu près à l'angle supérieur de l'occipital. Ils s'irradient, de là, suivant des lignes spirales assez régulières.

La zone d'implantation des cheveux n'est pas limitée par une ligne régulièrement arrondie, chez les races caucasiques tout au moins. En avant, le cuir chevelu porte 5 prolongements; l'un est médian, il occupe le milieu du front les autres sont pairs, ils sont situés respectivement au niveau de l'angle externe de l'orbite et au niveau des tempes. Sur les côtés de la tête, on voit les cheveux contourner l'oreille, passer au-dessus de l'apophyse mastoïde qu'ils laissent toujours plus ou moins dégarnie. En arrière, les cheveux descendent plus ou moins bas sur le cou.

Les cinq prolongements antérieurs de Cazenave[2] font défaut chez les Hottentots; un contour régulièrement circulaire marque la limite du front et du cuir chevelu.

En résumé, en dehors de leur longueur, souvent considérable, les cheveux se caractérisent surtout par leur diamètre presque toujours inférieur à 80 μ et par leur extrémité libre qui ne se termine jamais par une pointe régulièrement effilée. La pointe régulièrement effilée s'observe seulement chez les tout jeunes enfants dont les poils n'ont jamais été coupés, et chez les adultes porteurs de cheveux acuminés (voy. plus loin). De plus, la racine des cheveux est plus volumineuse chez l'homme que chez la femme, et, chez le premier, la substance pileuse se montrerait plus résistante aux lessives caustiques (Hager).

II. BARBE.

Toute la face est couverte de duvet; les poils proprement dits n'existent que chez l'homme; ils se localisent à certaines régions de la face. Leur ensemble constitue la barbe.

I. DISTRIBUTION. — Le siège de la barbe varie avec les races qui la portent. Chez les blancs, la barbe se localise aux joues (favori), à la lèvre supérieure (moustache), à la lèvre inférieure (mouche), au menton (bouc), à la région sus-hyoïdienne (collier). Chez les Australiens, la moustache fait défaut; le reste

1. 1838. Mandl. *Ann. des sciences nat.*
2. 1850. Cazenave. *Traité des maladies du cuir chevelu*, p. 38.

de la barbe est assez bien fourni. Une disposition inverse s'observe chez les Hindous et dans la race jaune. Quelques Orientaux, enfin, ont les favoris très nettement délimités du reste de la barbe.

II. **DIMENSIONS.** — A) *Longueur.* — La longueur de la barbe est extrêmement variable. Elle atteint 6, 10, 20, 30 centimètres et davantage encore. Bartholin[1] cite le cas d'un certain Alvarus Semedus, père de la Compagnie de Jésus, dont la barbe descendait jusqu'au sol. Mais c'est là une de ces anomalies que nous passerons en revue ultérieurement.

B) *Diamètre.* — Le diamètre de la barbe est notablement supérieur à celui du cheveu, dans les races blanches tout au moins. Œsterlen (*loc. cit.*) a donné, de ce diamètre, les chiffres suivants :

Région.	Diamètre.
Poil de la joue	104 μ.
Poil de moustache	115 μ.
Poil du menton	125 μ.

La barbe se présente sous des aspects aussi variables que les cheveux.

Certaines races de l'Asie (Mongols), de l'Afrique et de l'Amérique (race alléganienne) sont imberbes. C'est sous cet aspect que se représentent également les anciens Egyptiens sur leurs monuments. Peut-être doit-on mettre cette absence de barbe sur le compte de l'épilation pratiquée par mode et transmise par hérédité.

D'autres races ont la barbe peu fournie : tels les Chinois et les Japonais dont les cheveux sont pourtant bien développés[2] ; la moustache de ces peuples est représentée seulement par quelques poils longs et rigides.

La barbe est abondante et longue chez les Aïnos, les Iraniens et certains Sémites. Elle est enchevêtrée en broussaille chez les Australiens, les Todas, les Védas. Elle est remarquablement abondante et courte chez certains nègres. Chez les nègres d'Afrique, elle est crépue à la lèvre supérieure, frisée sur les joues et le menton.

III. **COULEUR.** — La barbe varie de nuance chez les divers individus de la race blanche et elle est généralement « assortie » à la couleur de la chevelure et du tégument. Dans toutes les autres races la barbe est noire.

Variations. — Nombre de conditions font varier l'aspect général de la barbe.

1° *Races.* — Nous avons indiqué précédemment les modifications que la race apporte au développement et à la topographie de la barbe.

2° *Age.* — La barbe n'apparaît qu'à l'âge de la puberté. Les exceptions à cette règle sont généralement en rapport avec des anomalies de l'appareil pileux.

3° *Sexe.* — La barbe est propre au sexe masculin. Toutefois, on voit parfois chez la femme une fine moustache ombrager la lèvre supérieure. Pareil fait serait commun chez les Européennes du Sud (Espagnoles)[3] ; il est d'observation

1. 1654. BARTHOLIN. *Hist. rar. anat.*, p. 63.
2. 1880. Voy. STANILAND WAKE. La barbe considérée comme caractère de race. *Revue d'Anthropologie*, p. 34.
3. Il s'observerait aussi chez les femmes aïnos qui d'ailleurs accentueraient cette disposition en teignant de bleu leur lèvre supérieure.

assez fréquente dans nos pays, chez les brunes, après la ménopause. Vésale avait déjà fait cette remarque que confirme Rœdt[1].

4° *État des organes génitaux.* — Les anomalies de siège des organes génitaux, et en particulier la bi-cryptorchidie, peuvent influer sur le développement du système pileux. Mais le fait n'est pas constant. Certains ectopiques, d'âge adulte, ont la peau glabre; pubis, aisselle et face sont dépourvus de poils, la voix est aiguë, les organes génitaux mal développés, l'aspect grêle. D'autres au contraire, sont robustes; leur voix est grave, leur chevelure bien fournie, leur barbe parfois « superbe »[2]

Aristote[3], d'ailleurs, avait déjà remarqué que chez les eunuques châtrés avant la puberté, la barbe faisait constamment défaut; sa présence était constante quand la castration était pratiquée chez l'adulte; la vieillesse venue, l'eunuque perd sa barbe, mais devient rarement chauve.

En résumé « plusieurs poils étant donnés, longs de 4 à 6 centimètres, larges de 126 μ, avec tige d'épaisseur uniforme, frisés, à pointe constituée par une surface de section oblique, non amincie, sans inégalités, peuvent être considérés comme des poils de barbe » (Œsterlen). Ajoutons que la substance médullaire, loin d'être centrale, se trouve reportée vers la convexité du poil (Pouchet).

Les favoris se reconnaîtraient à leur tige. Cette tige est plus épaisse que la racine et sa surface est irrégulière.

III. POILS DES AISSELLES.

Ce sont des poils longs de 4 à 8 centimètres et d'un diamètre de 75 à 80 μ, qui se distinguent des cheveux : 1° par leur teinte plus claire et souvent rougeâtre; 2° par leur tige rugueuse; 3° par leur pointe émoussée en cône tronqué (Hager). Les menues saillies que porte la tige du poil sont dues à la destruction de sa surface par la sueur, le frottement des habits, etc. Les poils de l'aisselle, comme ceux du pubis, sont rares chez les nègres. Ils font complètement défaut chez les Fuégiens, en dehors de toute pratique d'épilation.

IV. POILS DES ORGANES GÉNITAUX.

Les poils des organes génitaux apparaissent, comme la barbe, au moment de la puberté.

Ce sont, chez l'homme, des poils courts et frisés, de couleur plus foncée que la barbe et les cheveux. Longs de 6 à 8 centimètres, ils émergent parfois à deux d'un même orifice cutané. Les poils du périnée se retrouvent jusqu'au voisinage de l'anus.

Chez la femme, les poils annexes à l'appareil génital présentent des caractères à peu près identiques. Les poils du pubis, plus grêles que chez l'homme, acquièrent, dans certains cas, un développement considérable. Siebold et Voigtel les ont vu descendre jusqu'au genou. Les grandes lèvres sont aussi mu-

1. 1834. Rœdt. *Dissert. de Pilis.* Groningue.
2. 1892. P. Besançon. *Étude sur l'ectopie testiculaire du jeune âge.* Thèse. Paris, 1892.
3. Aristote. *Hist. des animaux*, livre III, chap. ii.

nies de poils, mais, à l'inverse de ce que l'on observe dans le sexe mâle, le périnée n'est garni que de poils follets.

Rodt nous apprend[1] enfin que les poils des organes génitaux sont colorés, même chez les albinos.

Bref, comme les poils de la barbe, les poils du pubis sont longs de 4 à 8 centimètres et leur diamètre atteint, chez l'homme, 110 à 120 μ (115 à 150 μ chez la femme). Ces poils sont frisés : leur coupe est donc elliptique. Les poils du pubis, qui sont les derniers à grisonner (Aristote), se reconnaissent encore à leur racine profondément implantée, à leur tige dont la surface est inégale, à leur extrémité qui se présente tantôt légèrement renflée et tantôt comme une pointe courte.

Quant aux poils du scrotum, ils sont longs, frisés, plus minces que les poils du pubis, mais plus épais que les cheveux (85 à 90 μ) et nettement fusiformes. Ils ont donc un ventre renflé et deux extrémités effilées. La substance médullaire y est constante.

Quelques auteurs pensent qu'on peut distinguer les poils annexés aux organes génitaux, dans l'un et l'autre sexe. Chez l'homme, les poils du pubis seraient plus minces que ceux de la femme; leur racine s'implante profondément dans le derme et elle est plus volumineuse que la tige. Chez la femme, les poils du pubis sont volumineux; leur racine a le même diamètre que leur tige; elle s'implante à la surface du derme. Aussi le poil a-t-il une implantation moins solide que dans le sexe masculin.

V. POILS ANNEXÉS AUX ORGANES DES SENS.

A. POILS ANNEXÉS A L'APPAREIL OLFACTIF.

Vibrisses. — Implantés circulairement à l'entrée des fosses nasales, à la face interne des narines, les vibrisses sont constitués par des poils rigides et courts, dont la section affecte souvent la forme d'une guitare (Hager), et dont la surface est inégale. Leurs pointes effilées se dirigent en bas. Elles viennent au contact les unes des autres, et forment une sorte de tamis sur lequel se déposent les impuretés de l'air inspiré.

A l'état normal, les mouvements dont la face est constamment le siège viennent, sans cesse, détacher des vibrisses les corps étrangers qu'elles interceptent. Mais que ces mouvements cessent; on voit l'orifice des narines « dans l'espace de quelques jours, se couvrir d'une sorte de poussière qui d'abord entoure chaque poil et qui plus tard remplit leurs intervalles en obstruant en partie l'entrée des narines. C'est cet état d'obstruction qui a été décrit par les séméiologistes sous le nom de pulvérulence des narines » (Sappey).

B. POILS ANNEXÉS AUX ORGANES DE PROTECTION DU GLOBE OCULAIRE.

Les poils annexés aux organes de protection du globe oculaire se répartissent en trois groupes; ils sont disposés de chaque côté de la ligne médiane sur les sourcils, sur les paupières, sur la caroncule.

1° *Poils des sourcils.* — La saillie musculo-cutanée qui constitue le sourcil est revêtue de poils roides et soyeux, dont la couleur rappelle celle des cheveux.

1. *Loc. cit.*, p. 49.

ces poils, longs de 6 à 10 millimètres, sont inclinés les uns sur les autres de façon à se recouvrir par leur base. Ils sont obliquement dirigés de dedans en dehors, mais tandis que les poils les plus internes sont obliques de bas en haut, les plus externes sont obliques en sens inverse. Quant aux poils de la région moyenne, ils affectent assez souvent une direction anormale.

Plus gros (90 μ), plus nombreux et moins régulièrement implantés chez l'homme que chez la femme (50 μ), les poils des sourcils sont moins développés chez les peuples du Nord que dans les races du Midi. C'est surtout chez ces dernières que l'intervalle de 10 à 15 millimètres, qui normalement sépare les deux sourcils, se couvre de poils. En pareil cas (femmes persanes), on voit les sourcils « former une ligne non interrompue dont la partie moyenne, plus clairsemée, descend en pointe sur la racine du nez ou bien décrit un arc à concavité supérieure ». Chez les nègres, les sourcils sont peu fournis et à peine arqués[1].

Le sourcil ne se contente pas d'intercepter une partie des rayons lumineux qui pourraient blesser l'organe de la vue par leur trop vif éclat. Il « soustrait cet organe au contact de la sueur qui coule du front.... En outre, il concourt puissamment à l'expression de la physionomie » (Sappey).

2° *Cils.* — Peu développés chez les races mongoles[2], les cils, à l'inverse des sourcils, sont plus fins chez l'homme (67 μ) que chez la femme (90 μ). Les plus longs occupent la partie moyenne des paupières et leur couleur est plus foncée que celle des cheveux. Ils sont disposés sur un seul rang, à l'état normal, et sur plusieurs, dans les cas de trichiasis; ils sont implantés sur la portion ciliaire du bord libre des paupières. Ils sont semés sur la lèvre antérieure de ce bord, mais leur zone d'implantation est non point une ligne, mais une surface, large de 1 à 2 millimètres.

Sur la paupière supérieure, on compte 100 à 150 cils, longs de 11 à 13 millimètres (Mahly), et ces cils sont recourbés en avant et en haut.

Sur la paupière inférieure, les cils sont moitié moins nombreux (60 à 75), moitié moins longs (7 à 8 mm.[3]) (Mahly) et recourbés en avant et en bas: aussi les cils des deux paupières ne s'entre-croisent jamais quand les deux paupières viennent à se rapprocher[2].

3° *Poils de la caroncule lacrymale.* — Une douzaine de poils se dressent à la surface de la caroncule lacrymale. Ces poils sont si petits qu'on ne les voit bien qu'à la loupe. Ils occupent donc cette région de la conjonctive en regard de laquelle le bord libre des paupières se montre totalement dépourvu de cils.

C. POILS ANNEXÉS A L'APPAREIL AUDITIF.

Les poils annexés à l'appareil auditif occupent le pavillon de l'oreille et le conduit auditif externe.

1° *Poils du pavillon de l'oreille.* — Le pavillon de l'oreille est recouvert par des poils extrêmement nombreux mais rudimentaires. Le duvet est surtout touffu au niveau du lobule de l'oreille. Chiarugi a montré que les courants

1. Au dire de Mme Koike (cité par Deniker, *loc. cit.*), le Coréen n'estime dans le physique de la femme qu'une abondante chevelure et des sourcils « fins comme un fil ».

2. Cette disposition est en rapport avec la forme de l'orifice palpébral.

3. 1879. Mahly, *Contribution à l'anatomie et à la pathologie des cils*. Thèse, Stuggart.

constitués par les poils de duvet convergent tous vers la région qu'occupe le tubercule de Darwin. A côté de ces poils de duvet, dont la pointe est tournée en haut et en arrière, on rencontre, chez certains sujets, un bouquet de poils volumineux, implanté à la face interne du tragus. Ce bouquet (barbula hirci) ne se développe guère avant 45 ou 50 ans.

2° *Poils du conduit auditif externe.* — A l'entrée du conduit auditif externe, on trouve parfois quelques poils véritables. Dans le reste du conduit, le système pileux n'est représenté que par le duvet, et ce duvet n'existe, en général, qu'au niveau de la portion fibro-cartilagineuse.

En résumé, les poils annexés aux organes des sens sont des poils roides, de 10 à 20 millimètres, de couleur foncée. Ils ont la forme d'un fuseau, et la diminution du diamètre transversal se fait brusquement, en raison de la faible longueur de la phanère; leur extrémité profonde est nettement effilée; leur extrémité libre est souvent émoussée par le frottement.

Parmi les poils courts de la face on compte

a) Les sourcils, qui ont un diamètre de 50 à 90 µ;

b) Les cils, qui atteignent de 67 à 96 µ, et, au dire de Mably, de 90 à 120 µ. Ils sont remarquables par leur énorme papille (Mably) et par ce fait que la canitie s'y observe rarement;

c) Les vibrisses, que caractérisent leur diamètre (56 µ), leur racine qui sur les coupes en long a la forme d'une guitare (Hager); leur tige inégale, leur pointe fine.

d) Les poils de l'oreille (45 µ) rappellent beaucoup les vibrisses. Toutefois, leur tige serait moins rugueuse et leur racine se terminerait par un cône plus effilé.

VI. POILS DE LA SURFACE CUTANÉE GÉNÉRALE.

Les poils de la surface cutanée générale occupent le cou, le tronc, les membres. Certaines régions en sont cependant dépourvues; ce sont la paume de la main et la face palmaire des doigts, la plante du pied et la face plantaire des orteils, le dos de la phalange unguéale des doigts et des orteils.

Le système pileux est représenté chez l'adulte : 1° par des poils proprement dits (touffes pileuses de l'omoplate, etc.); 2° et aussi par un duvet qu'il faut bien distinguer du duvet fœtal. C'est sur la face antérieure du tronc que les poils sont surtout développés; une disposition inverse s'observe chez tous les mammifères; un type de transition nous est présenté par les singes, qui sont également velus sur le dos et sur le ventre (Aristote, *loc. cit.*, l. III, ch. XII).

On observe des variations nombreuses dans le développement des poils de la surface cutanée. C'est surtout dans le sexe masculin, à partir de la puberté, que le système pileux atteint tout son développement; mais on note, à cet égard, d'importantes variations ethniques.

A. Les *poils du tronc et des membres* peuvent être caractérisés comme il suit:

a) Les poils de la poitrine se rapprochent des poils de l'aisselle. Ils sont seulement plus courts et plus rouges; leur racine est épaisse; leur extrémité libre est une pointe effilée ou une massue.

b) Les poils des membres sont longs de 1 à 2 centimètres, comme les poils du tronc; ils sont toutefois plus grêles, et d'autant moins colorés qu'ils sont plus courts. Leurs deux extrémités sont effilées, mais assez souvent l'extrémité libre est émoussée, plus ou moins arrondie, et parfois renflée. Les poils qui recouvrent le dos des mains ont cette extrémité en baguette de tambour. Cette extrémité est plus volumineuse que la tige du poil, qui, elle-même, est plus épaisse que la portion radiculaire. Les poils du membre supérieur convergent vers le coude, chez l'homme comme chez les anthropoïdes.

B. Le *duvet des adultes* constitue les poils follets, et ce duvet recouvre le bras et l'aréole du mamelon chez la femme, le pavillon de l'oreille, etc.

Le diamètre de ce duvet atteint 31 à 38 μ, avec des écarts de 14 μ à 44 μ. La pointe en est souvent fendillée en balai; le corps du poil peut présenter un axe de substance médullaire. Les mensurations pratiquées par Malassez et Galippe ont donné les résultats suivants :

	Diamètre moyen (10 mensurations).	Diamètre minimum.	Diamètre maximum.
Femme 20 ans, duvet abondant. . .	38.4 μ	28 μ	52 μ
Femme 27 ans, duvet rare	31.2 μ	24 μ	38 μ
Jeune femme	37.4 μ	28 μ	44 μ

Mais il importe de distinguer, dans le groupe des poils rudimentaires qui constituent le duvet, le duvet de l'adulte et le duvet fœtal.

Ce dernier est constitué par des poils très fins dont le développement s'arrête à un certain moment, tandis que les poils voisins continuent à s'accroître.

Le *duvet fœtal* est caractérisé par sa pointe fine et régulière, par l'absence à peu près constante de substance médullaire, par sa chute spontanée. Ce duvet atteint 16 à 18 μ sur le dos des nouveau-nés : c'est là un chiffre moyen; les chiffres extrêmes trouvés par Malassez et Galippe sont 12 et 24 μ.

La chute du duvet fœtal se produit tantôt avant, tantôt après la naissance. Dans le premier cas, les poils sont parfois avalés par le fœtus. On les retrouve dans l'intestin (Osiander) mélangés au méconium, à la graisse, à la cholestérine, à des débris épithéliaux. Dans le second cas, au contraire, ce duvet tombe dans le milieu extérieur, au cours des semaines qui suivent la naissance. Cette mue physiologique est surtout apparente pour les poils qui recouvrent le cuir chevelu, le front et le tégument sourcilier.

Variations ethniques. — Les poils de la surface cutanée générale présentent d'importantes variations ethniques.

Les Australiens, les Tasmaniens, les Todas, les Nelghiris, les anciens Assyriens, certains Hébreux (légende d'Esaü) avaient des poils très développés. Les Aïnos, des îles Kouriles, ont une véritable toison qui dérobe aux regards la surface de la peau, sur le thorax et sur les membres. Rosny a vu, chez un métis d'Aïnos et de Japonaise, cette toison atteindre 17 centimètres.

Chez les nègres d'Afrique, dans les races mongoles et américaines, le système pileux est fort peu développé, et cela pour diverses raisons. On doit incriminer d'une part l'épilation, pratiquée de génération en génération, chez ces peuples dont les poils sont rares, et d'autre part l'hérédité qui fixe les résultats obtenus de la sorte.

ORIGINES DU SYSTÈME PILEUX. — Darwin croit que l'homme, descendant d'ancêtres velus, était à l'origine couvert de poils. Sa nudité relative est acquise. Elle est due à la sélection naturelle. Les poils auraient disparu de bonne heure à la région antérieure du tronc où « la lutte contre les parasites (qui se mettent dans les endroits chauds, là où les petits touchent le corps de la mère qui les allaite) a pu.... provoquer la disparition des poils, comme cela se voit, d'ailleurs chez les singes » (Deniker)[1].

D'autres auteurs, au contraire, pensent que l'homme était originellement nu. Sa nudité primitive s'est plus ou moins conservée. L'apparition d'un système pileux est secondaire. Elle a une signification progressive : c'est un caractère acquis[2]. Si l'homme était à l'origine couvert de poils, ajoutent les partisans de cette théorie, on ne voit pas comment il aurait pu les perdre.

Mais, répondent leurs adversaires, les frottements, qui développent des callosités sur les fesses des singes de l'ancien continent, ont leur rôle dans cette disparition des poils. Ne sait-on pas, qu'à l'état sauvage, les chameaux ont (Prjevalsky) le grassel, le sternum et les genoux couverts de poils (Fogliata)? C'est seulement sur les animaux soumis à la domesticité que les poils du genou tombent, en laissant à nu un territoire cutané dont la couche cornée, progressivement épaissie, constitue la callosité[3].

Telles sont les hypothèses émises sur les origines du système pileux. La conception de Darwin a rallié les plus nombreux suffrages, car, à défaut de preuves directes, les arguments qu'elle invoque s'imposent et par leur nombre et par leur valeur.

CHAPITRE III

HISTOLOGIE DU POIL

A. POIL PROPREMENT DIT.

Tout poil présente deux parties. L'une flotte à la surface du tégument, c'est la *tige*; l'autre est incluse dans l'épaisseur de la peau, c'est la *racine*. A cette dernière, on doit distinguer deux régions : l'une est profonde, courte et de forme conique; on l'appelle *cône pileux*. Sa base, excavée pour recevoir la papille, prend le nom de *bulbe* ou *bouton*. Son sommet tronqué se continue avec la *racine* proprement dite, qui, dans toute son étendue, présente un diamètre à peu près invariable.

Quelque région du poil qu'on considère, on trouve le phanère formé des mêmes parties essentielles. C'est un cordon de *substance pileuse* dont la surface est recouverte d'un revêtement, l'*épidermicule*, et dont l'axe est souvent occupé par une colonne de *cellules médullaires*.

1° Substance médullaire. — (*Syn.* Moelle, partie celluleuse ou fibreuse du poil.)

1. 1900. Deniker. *Races et peuples de la terre.* — 1874. Belt. *The naturalist in Nicaragua*, p. 209. 1891. Chevyref. Les parasites de la peau. *Trav. Soc. Nat. St-Petersb.* en russe (cité par Deniker).

2. 1891. Mme Clémence Royer. Le système pileux de l'homme et dans la série des mammifères. *Revue d'Anthropol.*, n° 1, 15 janvier. Voir Hypertrichose.

3. 1896. Cattaneo. *Monit. Zool. ital.*, t. VII, p. 165.

Une colonne cellulaire, de forme assez régulièrement cylindrique, remplit l'axe du poil. C'est la moelle ou substance médullaire.

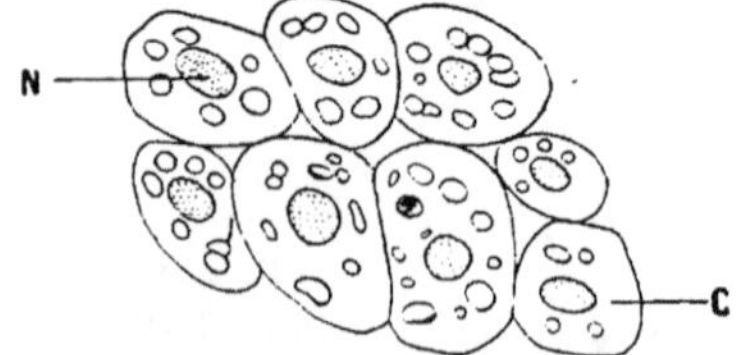

Fig. 552. — Cellules médullaires du poil.
C, corps cellulaire ; N, noyau. (D'après Kölliker.)

Tantôt nettement centrale, tantôt déjetée du côté de la convexité des poils, sur les moustaches et les cils (Pouchet), la substance médullaire apparaît blanche et transparente lorsqu'on la regarde à la lumière transmise. Elle est noire et opaque quand on l'examine par reflet.

Originaire des cellules chargées d'éléidine qui occupent la partie centrale et culminante de la papille, la moelle est constituée par de petits éléments dont le diamètre atteint 15 à 30 μ. Ces éléments, globuleux ou polyédriques, présentent à leur centre un noyau. Leur protoplasma, bien colorable, est chargé de granulations d'éléidine, de graisse ou de pigment. Dans ce dernier cas, les granulations sont de couleur brune, rouge ou noire (A).

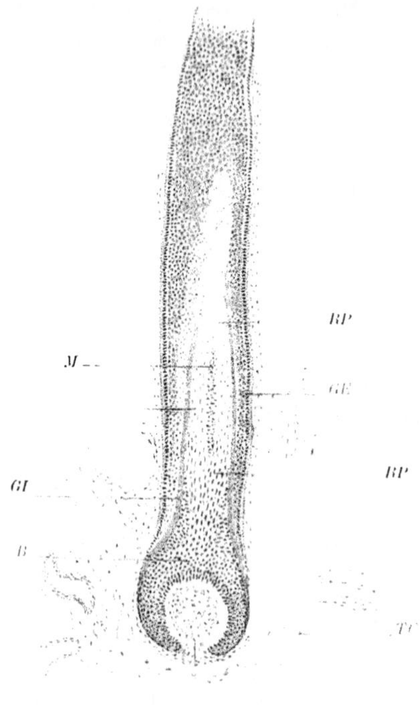

Fig. 553. — Coupe longitudinale, mais un peu oblique, d'un follicule pileux.

BP, racine du poil, dont le bulbe *B* est creux et reçoit une papille *P* ; cette racine comprend la substance médullaire *M* et le cortex *C* ; elle est entourée des gaines épithéliales interne *GI* et externe *GE*, et de tissu conjonctif *TC*. — La coupe qui, dans la partie supérieure de la figure, passe en dehors du poil, atteint tangentiellement les deux gaines épithéliales.

Les cellules médullaires ne sont pas adhérentes les unes aux autres ; elles sont simplement accolées face contre face, et, dans la tige du poil, on voit, çà et là, s'interposer entre elles de fines bulles d'air.

Ces cellules s'empilent les unes au-dessus des autres et se disposent en deux, trois ou quatre colonnettes. Mais à mesure qu'on se rapproche de l'extrémité du poil, la substance médullaire est moins abondante. Elle n'est bientôt représentée que par une rangée de cellules, disposées en file, et dont la taille a diminué. A quelque distance de l'extrême pointe du phanère, la moelle disparaît complètement.

La substance médullaire n'est pas une partie fondamentale du phanère. Aussi sa disposition est-elle sujette à des variations nombreuses.

Au lieu de se montrer comme une tige régulièrement calibrée, la moelle peut revêtir l'aspect d'un boudin irrégulier; au lieu de s'étendre à tout le poil, on peut ne l'observer que sur la tige; au lieu de former un tractus continu, la moelle se fragmente parfois, et c'est en particulier quand le poil présente des renflements et des étranglements successifs. Il y a plus. Constante dans la barbe et les cheveux de l'homme, la substance médullaire est totalement absente du lanugo fœtal. Elle fait souvent défaut sur le duvet et, parfois même, sur nombre de poils très volumineux (poils du Nègre, du Papou, du Malais (Pruner-Bey) (B).

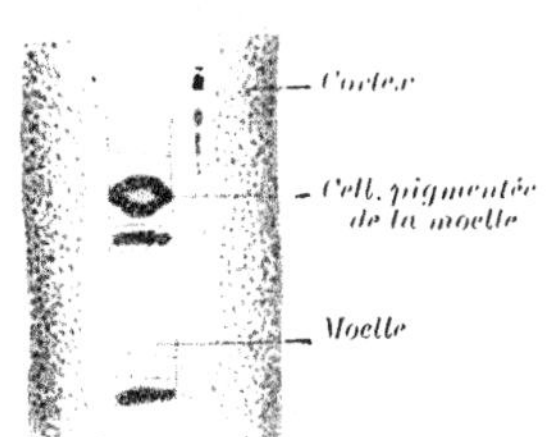

Fig. 554. — Les cellules pigmentaires dans la moelle du poil chez une femme de 28 ans. (D'après Metchnikoff.)

2° Substance corticale (*Syn.* : cortex, substance fondamentale de Pouchet et Tourneux, substance propre ou pileuse de Robin, partie fibreuse ou poil de Sappey, tissu fibreux du poil de Kölliker)

Selon que la substance médullaire occupe l'axe du poil ou fait défaut dans le phanère, la substance corticale qui forme la majeure partie du poil (2/3, 4/5) prend la forme d'un cylindre creux ou d'une tige pleine. Elle a pour cellules génératrices les cellules molles qui recouvrent le sommet et les faces latérales de la papille, et prend naissance à la périphérie de la substance médullaire, toutes les fois que cette substance ne fait point défaut. — La substance corticale est solide et élastique. Son aspect est homogène et transparent.

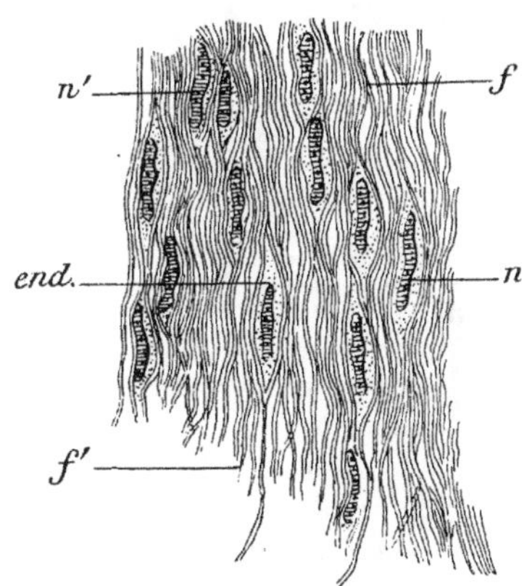

Fig. 555. — Coupe tangentielle de la substance corticale du poil au voisinage de la papille. (D'après Renaut.)

n et *n'*, noyaux des cellules kératinisées. — *end.* zone de protoplasma péri-nucléaire dont l'aspect est granuleux. — *f* et *f'*, fibrilles formant la partie périphérique des cellules corticales du poil.

a) Examinée au niveau du cône pileux, elle se résout en éléments irréguliers, qui sont souvent effilés en fuseau. Ces éléments, longs de 50 à 70 μ, sont assez larges (30 μ) mais très minces (4 à 10 μ).

Les réactifs nucléaires y décèlent un noyau rond, atrophié. A mesure qu'on s'élève dans la racine du poil, ce noyau s'allonge, parallèlement au grand axe de la cellule qu'il individualise.

Le protoplasma périnucléaire est finement granuleux; il se montre chargé d'un pigment dont la couleur varie avec celle du cheveu. Ce pigment est dissous, ou à l'état de granulations. C'est son absence congénitale qui provoque l'albinisme.

Quant au protoplasma périphérique, il élabore de longues fibrilles qui sont de nature cornée, comme le démontrent leurs réactions histochimiques. Ces fibrilles, plus longues que les cellules corticales, se poursuivent d'un élément à un autre. Elles sont les homologues de l'appareil filamen teux qu'on observe dans les cellules malpighiennes du tégument externe.

A l'inverse des cellules médullaires, les cellules cornées du cortex sont donc solidement unies les unes aux autres, grâce à la présence de fibrilles entrevues par Kölliker et bien étudiées par Waldeyer[1].

b) Aussitôt que cesse le cône pileux, commence la racine proprement dite. A ce niveau, la substance corticale perd son aspect strié. « L'écorce, sectionnée en long ou en travers, paraît alors homogène. Tous les détails des crêtes et des fibres unitives sont noyés dans la substance cornée qui leur est isoréfringente et deviennent pour cette raison invisibles. Les noyaux subsistent et subissent les mêmes modifications que dans le limbe unguéal. » Longs de 20 à 50 μ, larges seulement de 2 à 3 μ, ils apparaissent, sur les coupes verticales, réduits à une ligne colorée.

En résumé, les cellules corticales du poil sont des cellules munies d'un appa-

Fig. 556. — Substance corticale du poil: à gauche, cellules isolées: à droite, cellules dans leurs rapports réciproques. (D'après Kölliker.)

reil filamenteux. Ce sont de plus des cellules cornées et leur kératinisation s'effectue toujours sans l'intermédiaire de l'éléidine[2]

Traitées par le picro-carmin, elles se colorent en brun. Ces deux caractères rapprochent les éléments du cortex des cellules de l'épidermicule, mais le pigment, si abondant dans les premières, fait constamment défaut dans les secondes.

De plus, les cellules corticales sont différentes au niveau du cône pileux et de la racine. Les éléments de la racine sont de forme plus aplatie; leur noyau est linéaire; les éléments du cône pileux, beaucoup moins résistants à l'action de l'acide acétique que ceux de la racine, sont un peu plus épais; leur noyau est rond ou ovale. Leur protoplasma est muni de filaments très nets. Il va sans dire que des transitions insensibles réunissent ces deux types cellulaires extrêmes.

3° Épidermicule (*Syn.*: cuticulum pileux). — L'épidermicule forme à la substance corticale un manteau des plus minces, puisqu'une rangée unique de cellules le constitue. Ce manteau adhère à la gaine épithéliale interne, dans toute la région du poil sous-jacente à la glande sébacée.

1 1882. Waldeyer. Untersuchungen über die Histogenese der Horngebilde. *Beiträge zur Anatomie u. Embryologie als Festgabe für Jacob Henle.*

2 A l'inverse de Ranvier, Waldeyer pense qu'il y a de l'éléidine dans les cellules formatives de l'écorce du poil, et dans les éléments d'où dérivent les plumes des oiseaux et les écailles des reptiles.

Né de cellules molles reposant sur les parties latérales de la papille, en dehors des cellules génératrices du cortex, en dedans des cellules de la gaine épithéliale interne, l'épidermicule apparaît nettement sur les coupes, à la hauteur du sommet de la papille

a) Sur la base du cône pileux, il est formé de petites cellules, implantées perpendiculairement à la surface du cortex. Sur la partie supérieure de ce cône, les cellules augmentent de hauteur; elles s'inclinent les unes sur les autres et se recouvrent partiellement.

b) Un peu plus haut, sur la racine proprement dite, les cellules de l'épidermicule se sont aplaties; elles ne sont plus distinctes les unes des autres. Elles forment sur les coupes une bordure claire d'éléments kératinisés.

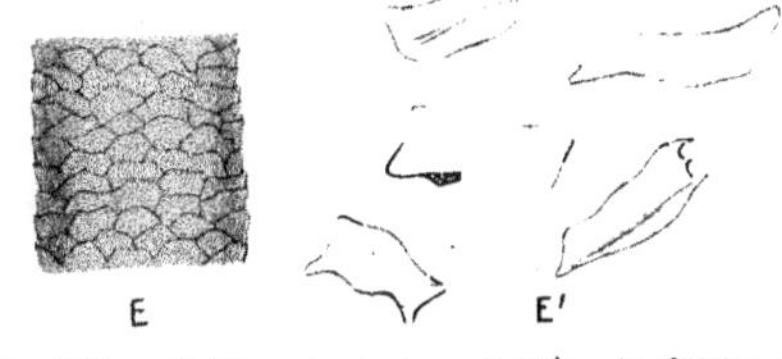

Fig. 557. — Épidermicule du poil. (D'après Kölliker.) *E*, l'épidermicule en place à la surface du poil. — *E'*, cellules de l'épidermicule isolées.

Les dissociations pratiquées sur une telle bordure y démontrent la présence de cellules polygonales, allongées verticalement. Ces cellules, hautes de 50 à 70 μ, larges de 30 à 60 μ, sont d'une extrême minceur. Leur noyau très allongé est colorable par le carmin; il est atrophié et mesure seulement 2 à 3 μ. Le corps cellulaire est transparent comme du verre; il ne contient jamais ni pigment, ni granulations d'éléidine.

Examinées en place, à la surface du cortex, les cellules de l'épidermicule apparaissent non point juxtaposées, mais imbriquées comme les tuiles d'un toit. Elles se recouvrent de dedans en dehors et de bas en haut. Leur bord libre est donc tourné vers l'extrémité de la tige pileuse. Leur contour dessine, à la surface du poil, un réseau qui rappelle « l'aspect bien connu d'une queue de rat, garnie de ses écailles ». Les éléments de l'épidermicule apparaissent encore « parcourus dans le sens de la longueur par des crêtes unitives d'une admirable régularité, parallèles entre elles, et se poursuivant de cellule en cellule, sans s'interrompre au niveau des chevauchements ». La présence de ces filaments assure à l'épidermicule, comme à la substance corticale, une cohésion qu'on n'observe jamais dans la substance médullaire.

B. ENVELOPPES DU POIL.

I. GAINE ÉPITHÉLIALE INTERNE.

Une première gaine épithéliale entoure le poil et procède, comme lui, des assises cellulaires qui recouvrent la papille. Cette gaine, dont l'évolution est ascendante, comme celle du poil, s'étend du bulbe à la région qu'occupe la glande sébacée. Au-dessus de cette glande, la gaine épithéliale interne fait défaut : la gaine épithéliale externe arrive au contact du poil. Cependant un étroit espace virtuel, où se déverse le sébum, sépare le poil de sa gaine, dans toute la région du collet.

La gaine épithéliale interne a la forme d'un cylindre creux, d'égale épaisseur sur toute son étendue ; elle présente un aspect vitreux, qui la différencie nettement de la gaine externe, plus sombre et plus opaque. Elle doit cet aspect à la présence de cellules kératinisées, dont le protoplasma homogène est clair et réfringent.

Elle provient de ces cellules ectodermiques à caractère embryonnaire, qui constituent tout le bulbe pileux ; les cellules génératrices de la gaine interne siègent au niveau du col de la papille ; elles sont situées en dehors des assises génératrices du poil, et sont remarquables par la présence de gouttelettes

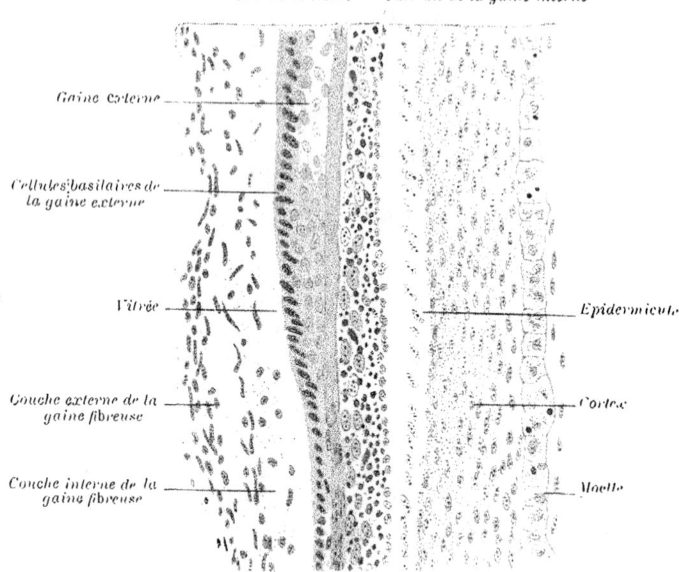

Fig. 558. — Coupe longitudinale d'un poil à un fort grossissement (550 diam.). (D'après Szymonowicz.)

d'éléidine; aussi fixent-elles, avec une élection véritable, les solutions colorantes, le carmin en particulier. C'est de là que leur vient le nom de « manteau rouge », que leur donne Unna.

Trois assises cellulaires constituent le manteau rouge et la gaine interne qui lui fait suite. Ces assises, de moins en moins solides à mesure qu'elles sont plus excentriques au poil, se disposent concentriquement. Ce sont, de dedans en dehors, la cuticule de la gaine interne, la couche de Huxley, la couche de Henle.

Les cellules génératrices de ces trois couches occupent la rigole circumpapillaire. Elles occupent un niveau d'autant plus élevé qu'elles sont plus internes. Les cellules génératrices de la cuticule interne sont situées en dedans des cellules génératrices de la couche de Huxley, et aussi sur un plan supérieur à ces dernières; les cellules génératrices de la couche de Henle ne sont pas seulement les plus extérieures du manteau rouge ; elles émergent de la rigole circumpapillaire sur un niveau inférieur à celui de la couche de Huxley. Ces considérations sur les rapports réciproques des parties qui constituent la matrice de la gaine épithéliale interne auront leur importance.

1° Cuticule de la gaine interne. — Formée à sa partie tout inférieure d'une assise de cellules plates, interposée entre l'épidermicule du poil et la gaine de Huxley, la cuticule de la gaine interne se kératinise rapidement, grâce à l'in-

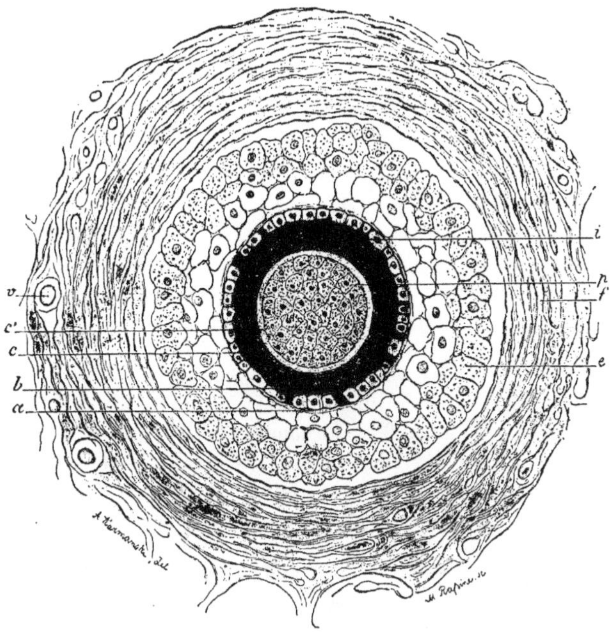

Fig. 559. — Coupe transversale d'un poil à bulbe creux et de son follicule, faite immédiatement au-dessus de la papille après durcissement de la peau par le bichromate d'ammoniaque, la gomme et l'alcool, et colorée par le picro-carminate. (D'après Ranvier.)

p, corps du poil dont les cellules sont distinctes. — i, gaine épithéliale interne. — e, gaine épithéliale externe. — c', épidermicule du poil. — c. cuticule de la gaine épithéliale interne. — b, cellules de la couche de Huxley. — a, cellules de la couche de Henle. — f, enveloppe connective du follicule. — v, vaisseau sanguin.

tervention de l'éléidine, qu'on trouve dans la matrice de la gaine interne. Elle n'est bientôt représentée que par une ligne homogène, véritable cuticule.

2° Gaine de Huxley. — La gaine de Huxley présente des caractères variables, selon le niveau qu'elle occupe.

a) Au niveau du bulbe, elle apparaît formée d'un rang de cellules cubiques, de 35 à 45 μ, inclinées les unes sur les autres, à la façon des tuiles d'un toit. Elles sont imbriquées de bas en haut, et de dehors en dedans, dans le sens ascendant. Elles ont donc une disposition inverse des cellules de l'épidermicule. Des granulations d'éléidine remplissent les éléments de cette couche, jusqu'au niveau où s'unissent le cône pileux et la racine proprement dite.

b) Au-dessus de ce point, les cellules de la gaine de Huxley, qui représentaient jusque-là un *stratum granulosum*, se colorent en rose pâle comme le *stratum lucidum*. « Cette coloration existe dans une certaine zone au delà de laquelle les cellules sont de nouveau incolores. De cette réaction, on doit conclure qu'après la disparition de l'éléidine la kératinisation n'est pas encore achevée et qu'elle se complète progressivement. » (Ranvier.)

c) Plus haut encore, la gaine de Huxley est réduite à des cellules claires et transparentes où l'on constate les vestiges d'un noyau atrophié.

3° Gaine de Henle. — *a*) Dans le cul-de-sac circumpapillaire, la gaine de Henle présente les mêmes caractères que la gaine de Huxley. Les cellules génératrices des deux gaines sont cubiques et imbriquées les unes au-dessus des autres, dans le sens ascendant.

b) Puis la couche de Henle se charge d'éléidine.

c) Un peu plus haut, à la base du cône pileux, son éléidine disparaît. On voit les éléments de cette gaine se colorer en rose par le carmin, puis devenir rapidement tout à fait transparentes : le noyau n'y est plus visible, si ce n'est dans les poils très jeunes, dans le lanugo fœtal par exemple.

En somme, la gaine de Henle comme la gaine de Huxley, considérée de bas en haut, présente successivement la structure d'une couche génératrice, d'un stratum granulosum, d'un stratum lucidum, d'un revêtement corné ; mais la gaine de Henle présente ces modifications dans une région inférieure à celle où on les constate dans la gaine de Huxley. Pour prendre un exemple, la gaine de Huxley perd son éléidine granuleuse au sommet du cône pileux ; c'est à la base de ce même cône que l'éléidine disparaît de la couche de Henle.

La raison de ces différences nous est connue : les cellules génératrices de la gaine de Henle sont situées plus bas que les cellules génératrices de la couche de Huxley ; c'est donc toujours plus tôt, c'est-à-dire à un niveau moins élevé, qu'elles doivent subir la série des modifications dont le terme est la kératinisation.

Un dernier détail mérite d'être mentionné. Les cellules de la couche de Henle sont simplement juxtaposées et ne présentent jamais de filaments d'union. Sur les coupes du poil, on les voit souvent laisser entre elles, de distance en distance, un intervalle d'étendue variable. Dans cet intervalle, s'engagent les prolongements issus de la face externe de la couche de Huxley, qui, elle, ne présente aucune solution de continuité. De cet engrènement réciproque, il résulte que les deux couches externes de la gaine épithéliale interne sont solidement unies. Elles ne peuvent glisser l'une sur l'autre, au cours de la croissance du poil.

Pareille solidarité s'observe, d'autre part, entre l'épidermicule et la substance corticale du poil. Mais les cellules qui constituent chacune de ces deux formations sont solidement unies entre elles : des filaments unitifs assurent la cohésion de la tige cornée, de sa racine à son extrémité libre.

Il n'en est plus de même ici. Le manteau du poil est formé, comme la substance médullaire, de cellules simplement juxtaposées. Ces cellules subissent la transformation épidermique dans la partie du poil qui s'étend du bulbe à la glande sébacée. Au niveau du collet du poil, ces cellules sont arrivées au terme de leur évolution. Elles se dissocient facilement, et, comme le tégument externe, elles se réduisent à l'état d'écailles libres. Elles cheminent, mêlées au sébum, dans l'espace virtuel, ménagé entre la gaine épithéliale externe et le phanère. Mêlées à la sécrétion sébacée, elles ne tardent pas à tomber dans le milieu extérieur.

En somme, les gaines internes « sont comparables au périonyx dans les ongles, au périople dans les sabots. Comme les deux formations précitées, elles sont perforées par le phanère proprement dit, à partir d'un certain stade de l'évolution, et ne recouvrent plus dès lors que sa racine. » (Renaut.)

II. GAINE ÉPITHÉLIALE EXTERNE.

(*Syn.* : lame muqueuse, couche vaginale, épiderme réfléchi.)

Le poil, recouvert de son manteau, est entouré par un sac épidermique, la gaine épithéliale externe. Cette gaine, plus épaisse que le manteau, représente un prolongement de l'ectoderme tégumentaire; elle constitue le lit du poil (Unna), c'est-à-dire le milieu où le phanère évolue. Elle est doublée extérieurement par un sac fibreux fourni par le derme. Aussi peut-on considérer le poil et sa gaine interne comme entouré par un reflet de la peau, constitué, comme la peau, par le derme et par l'épiderme,

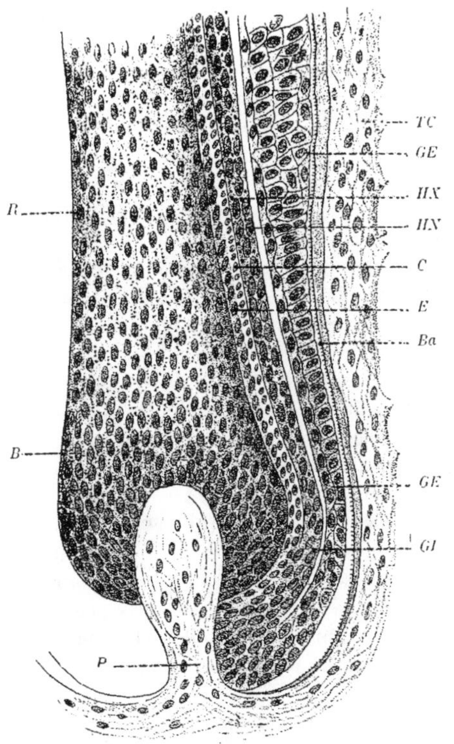

Fig. 560. — Coupe longitudinale de la racine *R* et du bulbe *B* d'un poil. (D'après Kölliker.)

P, papille du poil. — *TC*, gaine fibreuse du poil. — *Ba*, basale. *GE*, gaine épithéliale externe. — *GI*, gaine épithéliale interne avec *HN*, la couche de Henle. — *HX*, la couche de Huxley. — *C*, sa cuticule. — *E*, épidermicule du poil.

La gaine épithéliale externe s'étend de l'épiderme cutané jusqu'au niveau du bulbe. C'est une bande à contours parallèles qui s'amincit progressivement à partir du moment où elle atteint le cône pileux. Elle semble taillée en biseau aux dépens de sa face interne. Elle va s'effilant et semble se perdre, à angle aigu, sur le versant externe de la rigole circumpapillaire, comme l'a bien établi Moleschott, dès 1846[1].

A la gaine externe on peut distinguer trois régions : l'une répond au collet

1. 1846. Moleschott. Ueber innere Wurtzelscheide und Epithelium des Haares. *Müller's Arch.*, XII, p. 305.

[A. BRANCA.]

du poil, l'autre à la racine proprement dite; la dernière est située en regard du cône pileux.

a) Dans la région du collet, la gaine épithéliale externe a la constitution de l'ectoderme tégumentaire. Considérée de dehors en dedans, on y trouve : 1° des cellules basilaires, cylindriques, implantées par un de leurs pôles sur une vitrée fort épaisse; 2° un corps muqueux de Malpighi, dont les cellules polyédriques sont reliées les unes aux autres par des filaments d'union[1]; 3° au dessus de ce corps muqueux, s'étage un stratum granulosum. L'éléidine, dont sont chargés les éléments de cette assise, se retrouve encore dans le stratum lucidum, et jusque dans la couche cornée de la gaine épithéliale externe. Cette couche cornée est séparée, par un espace virtuel, de la surface externe du phanère.

C'est dans cet espace que s'accumulent les produits de la sécrétion sébacée et aussi les produits de la desquamation de deux gaines épithéliales. Dans certaines dermatoses, la base du poil est entourée, comme d'une bague, par l'épiderme desquamé qui provient du collet de la gaine épithéliale externe.

b) Au-dessous de la glande sébacée, la gaine épithéliale externe comprend une assise basilaire et un corps muqueux de Malpighi, disposé sur plusieurs assises, et muni de filaments d'union bien développés. La couche granuleuse et la couche cornée font constamment défaut, dans cette région de la gaine qui, sur les coupes totales du poil, apparaît comme une bande sombre, à bords parallèles.

c) Enfin, en regard du cône pileux, la gaine externe s'effile progressivement. Elle est taillée en biseau aux dépens de sa face interne. Aussi, au moment où elle disparaît, la gaine épithéliale externe se trouve réduite à son assise basilaire.

Cette assise est formée de cellules cylindriques implantées perpendiculairement à la membrane vitrée. Quand le corps muqueux qui la double a disparu, on voit la couche basilaire prendre la forme cubique et s'aplatir progressivement pour se perdre à la partie supérieure du versant externe de la gouttière circumpapillaire.

Le corps muqueux, qui s'étage au-dessus de la couche basilaire, voit ses assises diminuer de nombre, à mesure qu'on se rapproche de la base du cône pileux. Il est formé de cellules qui, pour la plupart, ont pris une forme globuleuse. Entre ces cellules ont pris place des éléments, disposés en série, qui présentent une forme étoilée et s'anastomosent en réseau. C'est là la formation réticulaire de la gaine externe, très accusée dans les cils de l'âne et du cheval[2]

De la description qui précède, il résulte que la gaine épithéliale externe double la gaine épithéliale interne depuis le niveau de la glande sébacée jusque vers la partie moyenne du bulbe pileux. Au-dessus de la glande sébacée, la gaine externe existe seule (région du collet). A la partie inférieure du bulbe pileux, la gaine externe, qui s'est progressivement effilée, fait défaut. Les cellules génératrices de la gaine interne constituent en totalité la partie

1. Les filaments d'union sont parallèles à la vitrée dans la couche basilaire; ils affectent une disposition rayonnée dans les assises sus-jacentes. Ils présentent sur le trajet un petit nodule arrondi, semblable à celui qu'on observe dans le corps muqueux de Malpighi. (1895. V. Brunn, *Arch. f. mikr. Anat.*, XLIV, p. 207).

2. 1880. Renaut, *Compt. rend. de l'Acad. des sciences.*

périphérique du bulbe; leur ensemble reproduit « la forme de tenailles embrassant » les éléments formateurs du poil proprement dit, éléments insérés sur le sommet de la papille.

Membrane basale. — La gaine externe est séparée du sac fibreux du poil par une membrane vitrée. Cette membrane amorphe, mince sous l'ectoderme cutané, s'épaissit à partir du collet du poil. Elle peut atteindre 8 ou 9 μ. Mais au niveau du bulbe pileux, elle s'amincit considérablement, et, sur la papille, on la soupçonne plus qu'on ne la voit.

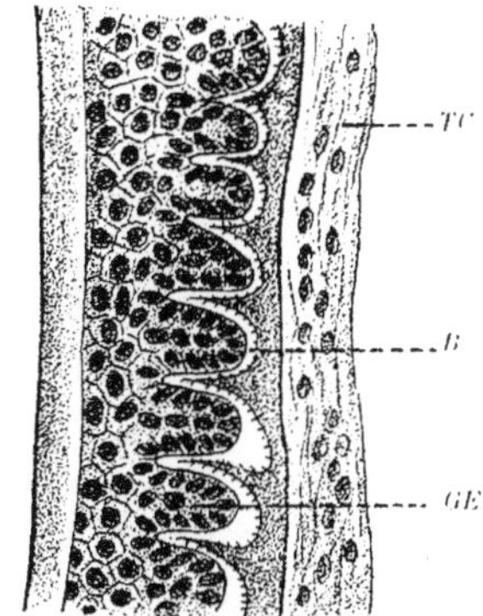

Fig. 561. — (D'après Kölliker.)

B, basale. — *TC*, tissu conjonctif de la gaine fibreuse du poil. — *GE*, gaine épithéliale externe.

La face externe de la membrane basale est lisse; sa face interne se montre hérissée d'une série de côtes, disposées horizontalement, au-dessus les unes des autres. Ces côtes, en forme d'anneau, présentent de fines denticulations qui s'engrènent avec les dentelures que présente le pied des cellules basilaires.

Au voisinage du bulbe, les crêtes annulaires s'accusent au point de présenter l'aspect de festons qui font saillie du côté de la gaine épithéliale externe. C'est au-dessous de ces festons que la membrane basale s'amincit, pour devenir à peu près indistincte, dans toute l'étendue de la papille et du sillon circumpapillaire.

La membrane basale semble formée, comme la membrane de Descement, de lamelles nombreuses, anhistes, disposées parallèlement les unes aux autres Nous avons examiné, en traitant de la peau, quelle signification il convient d'attribuer à pareille membrane.

Valeur morphologique du poil et de ses enveloppes. — Le poil proprement dit est un produit transformé du corps muqueux de Malpighi. La gaine épithéliale interne, qui constitue son manteau, nous présente une évolution ascendante, comme celle du poil. Quant aux enveloppes du poil, elles sont un prolongement du tégument: la gaine épithéliale externe se raccorde avec l'épiderme; la gaine fibreuse fait suite au chorion.

III. GAINE FIBREUSE.

Syn. : Sac fibreux. sac pileux.

Le tissu conjonctif du derme fournit, au poil et à ses enveloppes épithéliales, un sac fibreux, nacré comme une aponévrose, qu'on peut isoler par dissection.

L'orifice du sac se perd dans le tissu dermique, au niveau de la glande sébacée; sa face interne est au contact de la vitrée, et, au niveau du fond du sac, elle présente un renflement, la papille qui pénètre dans une excavation du bulbe pileux; sa face externe donne insertion aux appareils moteurs du poil, qui sont formés de fibres lisses dans les poils ordinaires; dans les poils affectés au tact, les muscles sont striés et composés de fibres pâles et de fibres foncées.

[*A. BRANCA.*]

On distingue deux couches concentriques au sac fibreux :

1° La couche interne, la moins avancée en évolution, est formée de nombreuses cellules conjonctives[1] et de fibres annulaires, horizontalement disposées les unes au-dessus des autres. Sur chacune de ses faces, et surtout sur sa face interne, cette couche circulaire est revêtue d'une nappe de fibres élastiques.

2° La couche externe (gaine lamelleuse du poil), épaisse de 20 μ, est formée de faisceaux fibreux à direction longitudinale. Serrées les unes contre les autres, à l'inverse de ce qu'on constate dans la couche interne, les fibres conjonctives sont nombreuses et les cellules rares.

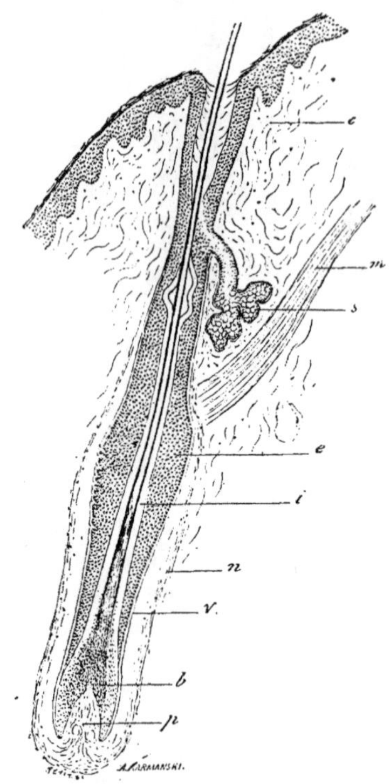

Fig. 362. — Coupe du cuir chevelu perpendiculaire à la surface de la peau et passant par l'axe du poil. (D'après Ranvier.)

Le durcissement de la pièce a été obtenu par l'action successive du bichromate d'ammoniaque, de la gomme et de l'alcool. — *c*, col du follicule pileux. — *s*, glande sébacée. — *m*, muscle redresseur. — *e*, gaine épithéliale externe. — *i*, gaine épithéliale interne. — *b*, bulbe du poil. *p*, sa papille. — *n*, enveloppe connective ou follicule. *v*, membrane vitrée.

Les fibres élastiques forment autour du follicule pileux un véritable panier (Stirling). Sont longitudinales la plupart des fibres élastiques qui sont proches du follicule pileux. Plus en dehors il existe des fibres longitudinales et des fibres transversales. Le réseau élastique est très développé au niveau du col du follicule. Il fait défaut dans la papille (Balzer, Sederholm).

Cette papille, qui s'élève du fond du sac fibreux, est analogue aux papilles qui hérissent la face superficielle du derme. Haute de 300 à 350 μ, large de 110 à 200 μ, elle s'enfonce dans le bulbe, excavé pour la recevoir. Elle circonscrit, avec la face profonde de la gaine fibreuse, une sorte de rigole circulaire, dite rigole circumpapillaire

La forme de la papille varie avec les espèces animales, et, dans une même espèce, elle présente un aspect différent suivant les poils qu'elle est chargée de nourrir. Dans la barbe de l'homme, la papille est tantôt lancéolée, tantôt bifurquée à son sommet. Elle est parfois étranglée à sa partie moyenne ou à sa base : c'est le col de la papille. Sa structure est des plus simples. Elle est constituée par un tissu

1. Henle et Kolliker considèrent comme des fibres lisses, les cellules conjonctives qui forment, en majeure partie, la couche interne de la gaine fibreuse du poil. La rétraction de cette couche, après la chute du poil, plaide en faveur de la nature contractile des éléments qui la composent, nous dit Biesiadecki. Retterer, qui cite cet auteur, ajoute : « Cependant en tenant compte des connexions de cette couche qui représente la couche superficielle du derme, on s'explique facilement comment les cellules conjonctives se trouvent dans un état de plus en plus jeune, au fur et à mesure qu'on s'approche de la couche basilaire. »

conjonctif jeune, formé essentiellement de cellules conjonctives; elle se montre parcourue, le plus souvent, par un bouquet de capillaires sanguins, moins développé chez l'homme que chez nombre d'animaux. Quand le poil est arrivé au terme de sa croissance, la papille voit ses éléments évoluer vers le type adulte. C'est le commencement de l'atrophie papillaire qu'accompagne la formation d'un bulbe plein et bientôt la chute du cheveu.

Toutes les modifications de forme ou de structure dont la papille peut devenir le siège retentissent sur la morphologie du poil. Tant que la papille est en voie de croissance, le poil qui s'implante à sa surface est de forme conique. Quand la papille reste stationnaire, le poil qu'elle édifie est cylindrique. Aussitôt que la papille s'atrophie, la racine du poil s'effile de plus en plus. Et quand la papille subit des alternatives d'accroissement et de diminution, le poil est fait de parties alternativement renflées et amincies. Tel est le cas des poils moniliformes de la taupe (Ranvier).

C. ANNEXES DU POIL.

A. MUSCLE ARRECTEUR DU POIL (Muscle de l'horripilation). — Le follicule pileux est obliquement implanté par rapport à la surface de la peau. L'angle obtus qu'il forme avec cette surface est sous-tendu par un muscle lisse, le muscle arrecteur du poil, bien décrit par Moleschott[1]. Ce muscle ne fait défaut que sur un petit nombre de poils (poils follets, cils).

Très net chez l'enfant et le nouveau-né, beaucoup moins développé chez l'adulte et surtout chez le vieillard, ce muscle est formé de fibres lisses, réparties en deux ou trois faisceaux de taille variable.

Il s'insérerait dans le réseau élastique du corps papillaire du derme par de petits tendons élastiques; d'autre part, il s'attache sur la vitrée du follicule pileux. Cette insertion est située « tantôt à la partie moyenne du follicule, renflé à ce niveau », tantôt plus profondément, vers le fond du sac fibreux; mais on voit, parfois, le muscle arrecteur contourner l'extrémité profonde du follicule et s'attacher sur le côté opposé du phanère. En pareil cas, l'insertion mobile et l'insertion fixe de l'appareil musculaire siègent de part

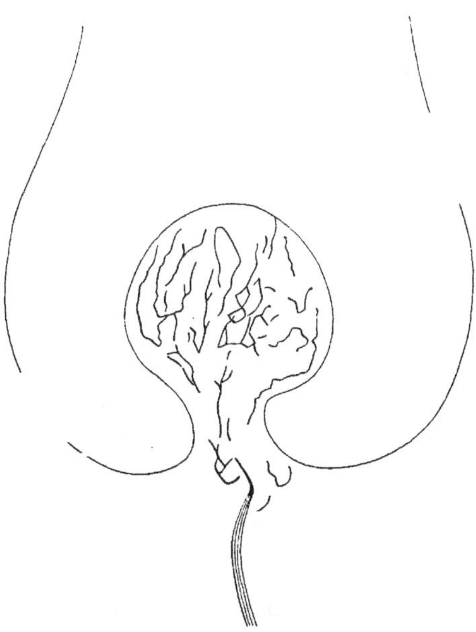

Fig. 563. — Papille d'un poil avec les vaisseaux (en rouge) et les nerfs qui s'y terminent. (D'après Ksjunin.)

et d'autre du follicule pileux, que le muscle embrasse dans sa concavité comme dans une sangle.

Le muscle, en se contractant, redresse le follicule pileux et le rend plus apte à percevoir les contacts[1]. C'est là tout son rôle chez l'homme. Chez quelques animaux, comme l'âne et le cheval, les canaux sudorifères de l'aisselle s'engagent souvent dans une boutonnière que leur fournit l'arrecteur. Aussi, pendant le frisson, quand les poils se redressent sous l'action du muscle contracté, la lumière du canal sudorifère s'aplatit ou s'efface. Une sudation abondante devient dès lors impossible (Renaut).

B. GLANDES SÉBACÉES. — Dans le triangle circonscrit par le poil, le muscle arrecteur et le tégument externe, se trouve logée la glande sébacée annexée au poil.

Cette glande a pour origine un bourgeon de la gaine épithéliale externe. Mais tandis que dans la gaine épithéliale externe la formation de la graisse est discrète et disséminée, dans l'acinus sébacé, tout au contraire, la matière grasse est élaborée dans la presque totalité des cellules qui constituent la glande Echappent seuls à la fonction sébacée quelques groupes cellulaires, qui subissent l'évolution cornée et constituent la formation cloisonnante de l'acinus sébacée

Nous avons dit, en traitant de la peau, que les glandes annexées aux poils se répartissent en deux groupes : les unes sont annexées à un poil bien développé, les autres à un poil follet. Dans le premier cas, la glande semble une dépendance du follicule pileux; dans le second, c'est la glande qui, en raison de son volume, semble avoir le poil pour dépendance.

Dans un cas comme dans l'autre, la glande sébacée lubréfie le poil qui lui donne naissance. Le sébum est un agent de protection pour le tégument externe. La graisse empêche l'eau de mouiller la peau et la défend contre le froid, en raison de sa mauvaise conductibilité.

D. VAISSEAUX ET NERFS DES POILS.

A. VAISSEAUX DES POILS. — Les vaisseaux destinés aux poils proviennent du réseau sous-cutané. Ils se répartissent en deux groupes intercommunicants : 1° les vaisseaux papillaires; 2° les vaisseaux du follicule.

Les vaisseaux papillaires, moins développés chez l'homme que chez les animaux, peuvent faire défaut dans la papille. Généralement, ils dessinent des anses qui arrivent presque au contact de la vitrée; ces anses sont constituées par des capillaires qui parfois seraient en connexion, d'une part, avec deux petites artérioles, et d'autre part, avec deux petites veinules (Biesiadecki).

Les vaisseaux de la gaine fibreuse sont des vaisseaux à direction ascendante. Pour Biesiadecki[2], la vascularisation des poils est assurée par une artère et une veine, situées entre les deux couches de la tunique fibreuse. Ces vaisseaux se résolvent en capillaires, qui s'épuisent dans la couche circulaire du sac fibreux.

1. On sait que dans le phénomène de la chair de poule, l'arrecteur du poil entre en jeu. En même temps qu'il érige le poil, il entrave la circulation : il est synergique des vaso-constricteurs. Lewandowsky a montre que l'extrait de capsule surrénale, injecté sous la peau du chat, provoque la contraction des muscles pilo-moteurs en même temps qu'il agit sur la circulation sanguine (*Centralbl. f. Phys.*, 24 novembre 1900, p. 433).

2. Cité par Retterer, Pileux. *Dictionnaire* de Dechambre.

Dans quelques cas, le réseau vasculaire du follicule provient de branches artérielles ou veineuses émanées de diverses sources, mais ces branches restent distinctes des rameaux qui vont se réduire en mailles sur les glandes sébacées annexées au poil.

B. **NERFS DES POILS.** — Les nerfs sensitifs destinés aux poils proviennent des rameaux nerveux qui se distribuent dans le tégument externe. Sous la forme de fibres à myéline, isolées ou groupées, ils abordent le follicule au-dessous de la glande sébacée, perdent leur gaine médullaire et traversent la vitrée.

A la face interne de cette membrane, ils forment autour du poil des tours de spire dont l'ensemble dessine une série d'anneaux, perpendiculaires au grand axe du poil.

De ces anneaux se dégagent des branches longitudinales, ascendantes ou descendantes. Ces branches se terminent par des ménisques qui vont prendre contact sur certaines cellules globuleuses de la gaine épithéliale externe.

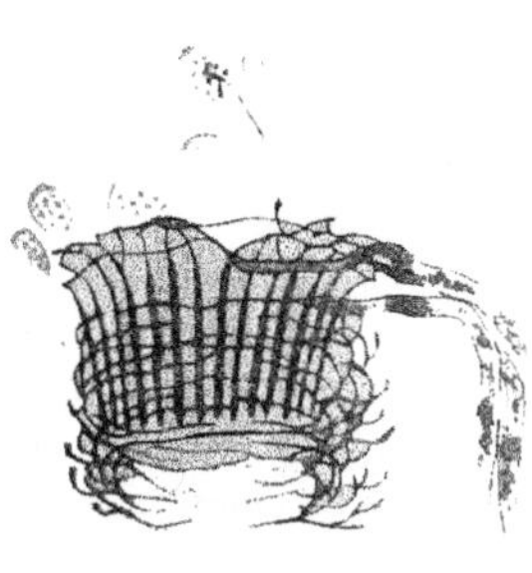

Fig. 564. — Terminaisons nerveuses dans le poil. Méthode de l'or. (D'après Sczymonowicz.)

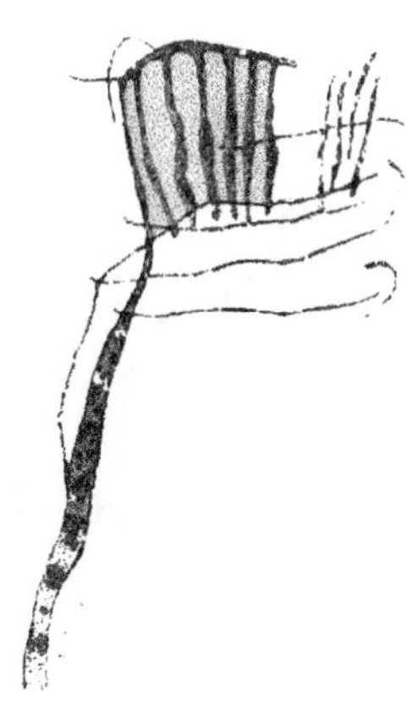

Fig. 565. — Terminaisons nerveuses dans le poil. Méthode de l'or. (D'après Sczymonowicz.)

Tout récemment, Oustromow Arnstein[1], puis P. Ksjunin[2], figurent des terminaisons nerveuses dans la papille du poil. Ces terminaisons sont comparables à celles que l'on observe dans les papilles du derme; elles seraient destinées aux bouquets vasculaires des papilles.

E. CARACTÈRES DE LA COUPE TRANSVERSALE D'UN POIL.

Les détails donnés précédemment permettent de déterminer, dans une coupe horizontale du tégument, à quel niveau se trouve coupé un follicule, sectionné transversalement.

1° *Coupe au niveau de la papille.* — La partie centrale du poil est occupée par du tissu conjonctif et des vaisseaux. Autour de la papille se disposent des assises épithéliales répondant aux cellules génératrices du poil et de sa gaine interne; les cellules génératrices de la gaine interne sont caractérisées par la présence de gouttelettes d'éléidine.

1. 1895. Oustromow Arnstein. Die Nerven der Sinushaare. *Anat. Anzeiger.*
2. 1899. P. Ksjunin. Zur Frage über die Nervenendigungen in den Tast oder Sinushaaren. *Arch. f. mikr. Anat.*, p. 403.

2° *Coupe au niveau du cône pileux.* — La substance corticale du poil présente des noyaux bien colorables. L'épidermicule est clair; ses noyaux sont distincts. Les cellules de la couche de Huxley sont remplies de granulations d'éléidine; les cellules de la couche de Henle, plus avancées en évolution, sont colorées en rose par le carmin, comme le stratum lucidum de l'épiderme, ou sont tout à fait incolores quand leur kératinisation est achevée.

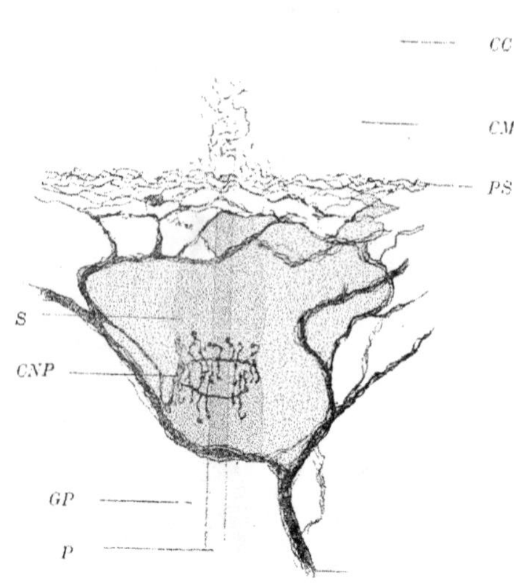

Fig. 566. — Terminaisons nerveuses dans les poils (museau d'une souris de 5 à 6 jours). — Méthode rapide de Golgi. (D'après Retzius, mais un peu simplifié.)

CC et *CM*, couche cornée et corps muqueux de l'épiderme. — *P*, poil. — *GP*, gaines du poil. — *S*, glande sébacée. — *N*, nerf sensitif qui donne une couronne nerveuse au poil, *CNP*, au-dessous de la glande sébacée. — *PS*, plexus nerveux superficiel. Quelques-unes de ses branches se distribuent dans le corps muqueux *CM*.

3° *Coupe au niveau de la racine.* — Autour du poil proprement dit, représenté essentiellement par sa substance cornée, se dispose, sous forme d'un anneau, la gaine interne réduite à des éléments incolores, déjà kératinisés. Plus en dehors, c'est la gaine externe, avec son corps muqueux de Malpighi muni de filaments d'union, la membrane basale et la gaine fibreuse du poil.

4° *Coupe au niveau de la glande sébacée.* — Le follicule pileux est entouré à sa périphérie de lobules appartenant à l'appareil sébacé annexé au poil.

5° *Coupe au niveau du collet du poil.* — Autour du poil, la gaine épithéliale interne fait défaut. Un espace virtuel, où s'écoule le sébum, sépare le poil de la gaine épithéliale externe représentée par un ectoderme stratifié typique. C'est dire qu'on trouve, dans cet ectoderme, couche cornée, stratum granulosum, assises malpighiennes et couche basilaire.

NOTES

A) Le siège du pigment dans la substance corticale est diversement localisé par les auteurs. Il est intercellulaire pour Unna; il est intracellulaire pour Waldeyer et Riehl.

Son origine est encore objet à litige. Pour Riehl (*Vierteljahr. f. Derm. u. Syph.*, p. 33, 1884), il est apporté au poil par les cellules migratrices; pour d'autres, le pigment est une élaboration du corps cellulaire ou du noyau (Mertsching) des cellules pileuses.

Quoi qu'il en soit, le pigment de la substance corticale est réparti tantôt uniformément, et tantôt irrégulièrement, sous forme de petits amas.

Il se montre sous deux états: le pigment dissous et le pigment granuleux (ou grenu).

Le pigment dissous fait presque complètement défaut dans les cheveux blancs ou blonds; il est abondant dans les cheveux roux, châtains et noirs. Les deux formes du pigment sont réunies dans les cheveux foncés; elles y sont parfois également réparties; parfois l'une d'entre elles prédomine sur l'autre.

La nuance des cheveux dépend donc et de la substance médullaire et surtout de la substance corticale (Hager). « La substance fibreuse cornée est noire, ou plutôt gris foncé, dans les fibres isolées des cheveux noirs; dans les cheveux roux elle est rouge; dans les cheveux châtains elle est brune; dans les cheveux blancs elle est jaune. Le degré d'intensité de ces colorations dépend de la quantité de matière grasse élaborée par les glandes annexes du cheveu ou ajoutée. » (Galippe et Beauregard, *loc. cit.*)

B) En médecine légale, il y a parfois un intérêt considérable à savoir si les poils soumis à l'examen de l'expert sont ceux d'un animal ou d'un homme. Dans ce cas, l'expert peut avoir à désigner de quelle région proviennent les poils qui lui sont présentés.

A l'inverse de ce qu'on observe d'ordinaire chez les mammifères, le poil humain ne présente jamais de zones de coloration différentes. La substance médullaire y fait assez souvent défaut, et quand elle existe, elle occupe seulement le tiers, le quart ou le cinquième de la surface de la section du poil. Un épais étui de substance corticale l'enveloppe de toutes parts.

Plus délicat est le rôle de l'expert quand il lui faut indiquer de quelle région provient le poil qui lui est soumis. Considérés isolément, les caractères qu'on accorde à telle ou telle variété de poils n'ont point de valeur absolue et c'est surtout par leur réunion que valent ces caractères. Nous avons indiqué d'après Œsterlen (*loc. cit.*), et Joannet (*loc. cit.*) les particularités que présentent les divers poils de l'organisme. Nous citons, d'après Œsterlen, les rapports observés entre la moelle et la tige du poil humain. Il est intéressant de comparer ce tableau à celui qu'on trouvera chapitre V.

RAPPORT DE LARGEUR ENTRE LA MOELLE ET LA TIGE DU POIL CHEZ L'HOMME (ŒSTERLEN).

	Moelle.	Tige.
1° *Enfant* 1 an 1/2 :		
Front. .	9 μ	39 μ
Vertex. .	10 μ	46 μ
2° *Enfant* 15 ans		
Bregma	12 μ	59 μ
Nuque	10 μ	61 μ
Vertex	11 μ	55 μ
3° *Femme*		
Bregma .	7 μ	48 μ
Vertex.	12 μ	81 μ
Tempe.	13 μ	66 μ
Front	8 μ	54 μ
Cil	11 μ	76 μ
Sourcil.	14 μ	60 μ
Aisselle	15 μ	86 μ
Pubis.	12 μ	105 μ
4° *Homme* :		
Bregma .	6 μ	52 μ
Vertex. .	18 μ	55 μ
Tempe.	14 μ	196 μ
Front. .	12 μ	196 μ
Cil	4 μ	43 μ
Sourcil	10 μ	42 μ
Moustache.	32 μ	123 μ
Aisselle	[illegible]	79 μ
Pubis.	15 [illegible]	96 μ
5° *Vieillard* :		
Bregma.	12 μ	59 μ
Vertex.	12 μ	67 μ
Tempe	14 μ	63 μ

CHAPITRE IV

ÉVOLUTION DU POIL ET DU SYSTÈME PILEUX
ANOMALIES

I. — EVOLUTION DU POIL.

A. CROISSANCE. — Du jour où il émerge à la surface de la peau (A), chez l'enfant comme chez l'adulte, le poil croît, tombe et finalement se trouve remplacé par un poil nouveau.

Croissance du poil, chute du poil, remplacement du poil, tels sont les trois termes de l'évolution de chacun des phanères qui constituent le système pileux.

La durée de la croissance du poil a été évaluée de deux à quatre ans.

On sait aujourd'hui que les cheveux croissent de 10 à 20 centimètres par an sur les sujets qui ne coupent pas leurs cheveux, etc. Mais il y a ici une distinction à établir : chez l'homme le système pileux est sans cesse en voie de croissance; mais la coupe des cheveux, leur usure (frottements, frisure), les arrêts que peut subir la croissance du phanère sont autant de raisons qui diminuent et limitent sans cesse la longueur de la chevelure et de la barbe. Chez la femme, tout au contraire, la chevelure cesse de croître, ou ne croît que d'une façon insignifiante, du jour où la menstruation s'est établie (A. Gautier).

La barbe, coupée toutes les 36 heures ou toutes les 24 heures, croit en un an de 12 et de 15 millimètres; coupée toutes les 12 heures, la quantité dont elle aurait poussé se mesure par 27 millimètres. (Berthold, cité par Frey.)

On a calculé enfin le poids de substance pileuse qu'élaborait chaque jour le cuir chevelu, aux divers âges de la vie :

Age.	Poids de cheveux produits.
18 à 20 ans.	0 gr. 20
32 à 45 ans.	0 gr. 14

Variations dans la croissance. — Les facteurs qui font varier la croissance du poil sont nombreux.

Le cheveu croît plus vite l'été que l'hiver (Bichat), plus vite la nuit que le jour (Berthold, cité par Frey), plus vite quand il est coupé et d'autant plus vite qu'il est plus fréquemment coupé. La coupe, qui active la croissance, augmente également le diamètre du cheveu.

Contrairement à l'opinion courante, soutenue par Remesow, C. W. Bischoff[1] pense que la section des poils ne provoque pas un accroissement plus rapide du phanère. Les mitoses ne sont pas plus nombreuses sur un poil sectionné que

1. 1898. Bischoff. Rech. hist. sur l'influence de la section sur le développement des poils. (*Arch. f. mikr. Anat.*, LI, 3, p. 691-703)

sur un poil normal. C'est tout au plus si la coupe accélère la division des cellules vivantes du poil (B).

La croissance des poils peut s'effectuer après la mort. La barbe de Charlemagne avait cru dans son tombeau; pareil fait est également signalé dans le procès-verbal de l'exhumation du corps de Napoléon Ier

Un certain allongement du poil est possible vraisemblablement, car tous les éléments anatomiques ne meurent pas en même temps[1], mais, à cet allongement réel, il faut joindre l'allongement apparent, dû à ce que la racine du poil, fraîchement rasé, peut faire, en quelques jours, une saillie perceptible au toucher, du fait de la dessiccation et de la rétraction du derme, sur le cadavre.

A. Gautier[2] a montré récemment que l'organisme humain était pourvu d'arsenic à l'état normal. Cet arsenic est éliminé tout entier chez l'homme par la peau, les ongles et les poils, tous organes qui assimilent énergiquement cette substance. Aussi le traitement arsenical a-t-il une influence manifeste sur la croissance des phanères.

Des phénomènes semblables s'observent, chez la jeune fille, jusqu'au moment de la puberté. Tant que se fait chez elle « l'accroissement de la chevelure, les règles ne se produisent pas ». Puis la menstruation apparaît à cette époque de la vie qui répond chez l'homme à l'éruption de la barbe. La menstruation établie, les cheveux « ne poussent que peu ou pas ». C'est que l'arsenic s'élimine chez la femme non plus par le tégument externe, mais par le sang menstruel. Vient-on à dériver l'élimination de l'arsenic vers le tégument externe, vient-on, chez une femme, à couper les cheveux *au moment des règles*, en pareil cas on voit les époques s'éloigner ou devenir « irrégulières ».

En somme, chez l'homme « la crue des cheveux et de la barbe, ainsi que la desquamation épidermique continue, correspondent donc, au point de vue de l'élimination des nucléines arsenico-iodées, à la perte menstruelle de la femme dont la peau lisse subit moins d'exfoliation, qui n'a pas de barbe, et dont les cheveux ne poussent que peu ou pas, dès qu'à la puberté, ils ont atteint leur entier développement ».

Des faits du même ordre s'observent chez les animaux à température constante: chez les mâles comme chez les femelles (qui pour la plupart n'ont pas d'écoulement sanguin), on voit coïncider avec l'époque du rut la mue pileuse, la chute des bois, et de diverses productions cornées. De telles modifications du tégument externe se produisent précisément au moment où l'arsenic cesse de s'éliminer par la peau, détourné qu'il est par les organes reproducteurs.

B. CHUTE DU POIL. — Tant qu'une papille est capable d'assurer sa nutrition, le poil ne tombe jamais spontanément (poil à bulbe creux, Ranvier; poil en bouton, Henle).

Les poils à bulbe creux « saignent parfois et toujours donnent une sensation de piqûre d'aiguille quand on les arrache ». Examine-t-on un pareil poil, à la loupe? on constate que son diamètre est invariable, que sa couleur est uniforme. Une extrémité renflée le termine: c'est le bulbe. Ce bulbe est fortement

1. Voy. Peau (chapitre V), les exemples de vitalité de la cellule épidermique détachée de l'organisme.
2. 1900. GAUTIER. L'arsenic normal chez les animaux. *Congrès de Médecine de Paris.* Sect. Physiol., p. 80.

coloré; il est humide; en séchant, il adhère à la lame de verre sur laquelle on le dépose; de plus ce bulbe est mou; il se déforme sous la pression des doigts, à l'inverse du corps du phanère (tige et racine) qui est rigide, et se détend comme un ressort quand on cesse de le maintenir replié. Histologiquement, le poil vivant présente une substance médullaire continue, et une couche corticale fortement pigmentée.

L'arrachement du poil ne provoque-t-il aucune sensation douloureuse? (C) c'est que le poil est au terme de son évolution. Abandonné à lui-même, un tel poil serait tombé spontanément (poil en massue, poil à bulbe plein). Il n'eut pas tardé à se trouver remplacé par un autre poil. C'est là le phénomène de la mue.

La mue pilaire est un phénomène continu, mais qui se répète, avec une fréquence inusitée, à certaines périodes de la vie.

Les mues qu'on observe chez l'enfant aussitôt après la naissance, chez l'adulte au printemps et à l'automne, chez les femmes à l'occasion de la menstruation, chez les malades à la suite de l'érysipèle, de la typhoïde, de la syphilis, toutes ces mues ne sont que l'exagération momentanée de la mue physiologique dont le caractère est d'être continu.

I. Pincus a cherché à évaluer quel nombre de cheveux tombe chaque jour, aux divers âges de la vie, et l'on trouvera représenté dans le tableau suivant les chiffres qui résultent de ses recherches :

Age.	Nombre de cheveux tombés quotidiennement.		
Enfant	90		
Adulte de 18 à 25 ans. . . .	38 à 108	avec minimum .	13 à 70
		avec maximum .	62 à 203
Vieillard	120		

Consulter à ce sujet :

PINCUS. 1866. Zur Diagnosis des ersten Stadium der Alopecia (*Arch. f. path. An. u. Phys.*, XXXVII, p. 18): — 1867. Das zweite Stadium der Alopecia Pityroides (*Id.*, XLI, p. 322); — 1869. *Id. Berl. klin. Woch.*, VI, p. 341); — 1875. *Id.* (*Id.*, XII, p. 42 et 59); — 1883. *Id.* (*Id.*, XX, p. 645).

A B

FIG. 567.
A, poil à tube creux.
B, poil à bulbe plein.

Les modifications histologiques qu'on observe dans le poil, dont la chute va s'effectuer, sont les suivantes ·

Le bulbe pileux diminue de diamètre (D). La papille s'atrophie. La cavité, qu'elle creusait à la base du bulbe, disparaît. Le follicule prend la forme d'un doigt de gant.

Dès lors, la gaine interne du poil cesse de se former: la racine vient au contact de la gaine épithélialeexterne, et lui adhère plus ou moins par des prolongements « en forme d'épines, plus ou moins nombreux, plus ou moins saillants » (Ranvier), prolongements constitués par les cellules corticales.

« Ainsi maintenu en place, quoique privé de son point d'attache normal (la papille qui a disparu), le cheveu s'élève progressivement dans le follicule, jusqu'à ce qu'il arrive à son orifice cutané; alors il tombe. » Il tombe spontanément, repoussé par les multiplications cellulaires qui se font au-dessous de lui, ou par le poil nouveau qui va le remplacer.

Il apparaît terminé par une sorte de boule blanche, sèche, cornée. Cette boule est plus ou moins pénicillée. Elle ressemble à une racine pivotante, à un navet. Elle est à peine plus volumineuse que le corps du poil ; elle représente le bulbe plein, caractéristique de tout poil déhiscent.

A mesure que le poil s'élève vers la surface de la peau, il laisse, derrière lui, une cavité bordée par les épithéliums folliculaires. Ces épithéliums entrent en coalescence. La cavité disparaît. Au puits pilaire s'est substitué un cordon plein, qui se rétracte vers la surface de la peau.

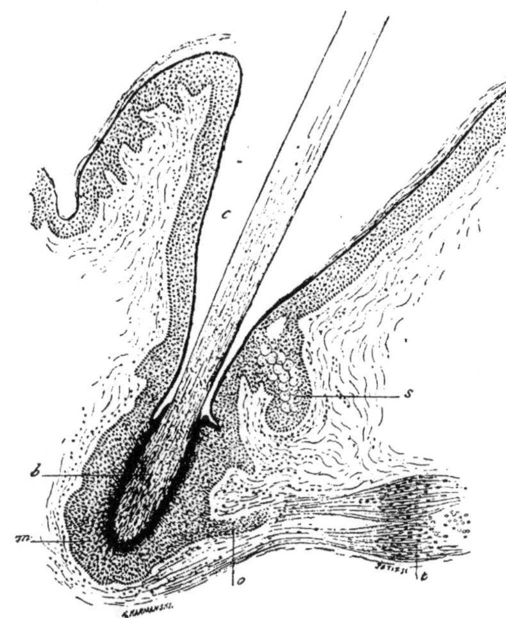

FIG. 568. — Poil à bulbe plein de l'homme. Coupe perpendiculaire à la surface de la peau, passant par l'axe du poil. (D'après Ranvier.)

Cette coupe a été faite après durcissement par l'action successive du bichromate d'ammoniaque, de la gomme et de l'alcool. Coloration par la purpurine. — *m*, masse épithéliale occupant le follicule atrophié et au sein de laquelle se trouve fixé le bulbe du poil b. — *c*, col du follicule qui a été ouvert accidentellement dans la préparation. — *s*, glande sébacée. — *o*, bourgeon épithélial au niveau de l'insertion du muscle redresseur.

La gaine conjonctive du poil s'est modifiée. Sa partie superficielle forme toujours enveloppe au cordon épithélial qui représente le follicule ancien. Sa partie profonde, au contraire, est sous-jacente à ce cordon ; elle adosse ses parois ; ce n'est plus une gaine creuse, c'est un « *pilier conjonctif* ». Ce pilier « subit lui-même une légère rétraction ascendante, déprimant la face profonde du derme, et, dans le cône creux ainsi formé, s'engage le pannicule adipeux sous-cutané » (Sabouraud[1]).

Dès que le poil est séparé de sa papille, il ne se forme plus ni moelle[2], ni gaine épithéliale interne : le poil ne peut que tomber (Götte, Ebner, Ranvier, Reinke). Pour Unna, au contraire, le poil « se creuserait un lit dans la partie supérieure de la gaine épithéliale externe, s'y grefferait et continuerait à vivre d'une seconde vie, grâce à l'apport d'autres éléments de renouvellement qui lui seraient fournis par le nouveau lit des cellules de la gaine épithéliale externe ».

A cette conception, nombre de critiques ont été faites. La saillie du follicule qu'Unna considère comme le lit du poil ancien (poil intercalaire de Götte, poil

1. 1901. SABOURAUD. *Les maladies séborrhéiques.*
2. La moelle s'arrête brusquement au-dessus du bulbe.

couché de Unna) est considérée par Schulen, von Ebner et Ranvier, comme la saillie qui sert d'insertion au muscle arrecteur. D'autre part, Reinke[1] n'a, dans cette saillie, jamais trouvé de mitoses.

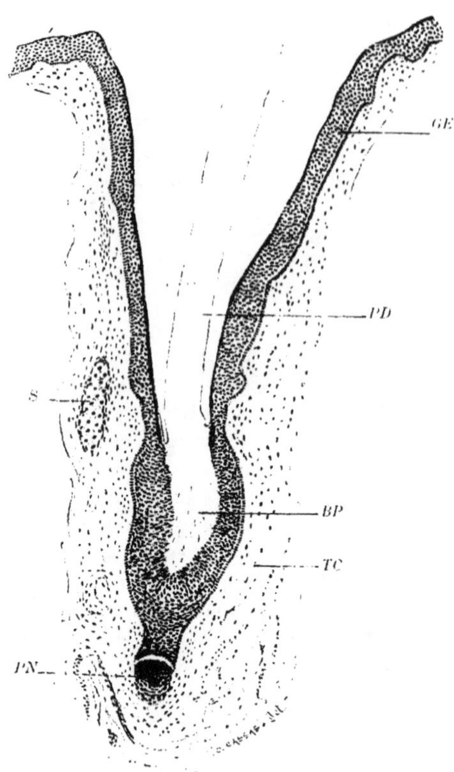

Fig. 569. — Poil déhiscent *PD* avec son bulbe plein *BP*. Au-dessous de lui commence à se former une nouvelle papille *PN*. — Le poil est entouré par la gaine épithéliale externe *GE*, et le tissu conjonctif *TC*, où l'on trouve la glande sébacée *S*.

C. REMPLACEMENT DU POIL. — Pendant une période assez longue de la vie, le nombre des poils demeure sensiblement le même. Il ne peut en être ainsi que si le poil qui tombe est remplacé par un autre poil, de même calibre ou de calibre supérieur.

Toutes les fois que le poil de remplacement est plus grêle que le poil auquel il succède, on voit, au bout d'un temps plus ou moins long, le cuir chevelu se dégarnir : l'amincissement du poil de remplacement est le phénomène avant-coureur de la calvitie, sénile ou prématurée.

On sait comment se fait la chute du poil[2] : une fois tombé, le poil a laissé derrière lui son follicule. Sur cet ancien follicule prendra naissance le poil de remplacement.

C'est seulement chez le fœtus que le follicule pileux provient d'un bourgeonnement de l'assise basilaire. Il y a là un phénomène en tout point comparable à celui qu'on observe dans l'évolution des dents.

Les auteurs sont encore partagés sur la façon dont il faut comprendre la genèse du poil de remplacement, aux dépens de l'ancien follicule.

Ce poil naît sur l'ancienne papille, disent Langer, Kölliker, v. Ebner, Esoff[3] ; il naît au contraire sur une papille de nouvelle formation, soutiennent Steinlein, Klein, Stieda, Feiertag[4]. Quant à Unna, Götte et Ranvier, ils admettent

1. 1887. Reinke. *Arch. f. mikr. Anat.*, Bd XXX, p. 181-204.

2. Le poil se détache de sa papille quelques semaines avant de tomber. Il est remplacé un certain nombre de fois. La papille est donc sujette à des disparitions et à des réapparitions successives. Elle se développe dans l'épaisseur du pilier conjonctif (Sabouraud).

3. 1877. Esoff. *Arch. de Virchow*, Bd LXIX, p. 417-431. On trouvera dans ce mémoire toute la bibliographie ancienne de la question.

4. Et aussi Heusinger, Wertheim, etc.

les deux modes d'origine : « Le nouveau poil se développe à la surface de l'ancienne papille plus ou moins atrophiée, ou sur une papille de nouvelle formation si l'ancienne a disparu. »

Pendant que le poil tombe, on voit naître aux dépens de sa gaine épithéliale externe un bourgeon plein. D'ordinaire, ce bourgeon est oblique ment dirigé par rapport à la direction du poil en voie de déhiscence. D'abord cylindrique, il ne tarde pas à se renfler au niveau de son extrémité profonde, qui bientôt s'excave, à la façon d'un cul de bouteille, pour loger une papille. Le germe pileux de remplacement évolue comme le germe pileux primitif. Un nouveau poil s'y différencie, dont la destinée sera celle du poil auquel il succède.

Que la papille nouvelle ait le même diamètre que la papille ancienne, le poil nouveau aura le même diamètre que le poil ancien ; que cette papille soit plus grosse (comme c'est le cas dans la barbe des jeunes gens) ou plus petite (comme c'est la règle sur le cuir chevelu des vieillards), le poil qu'elle édifiera présentera des modifications de diamètre rigoureusement parallèles.

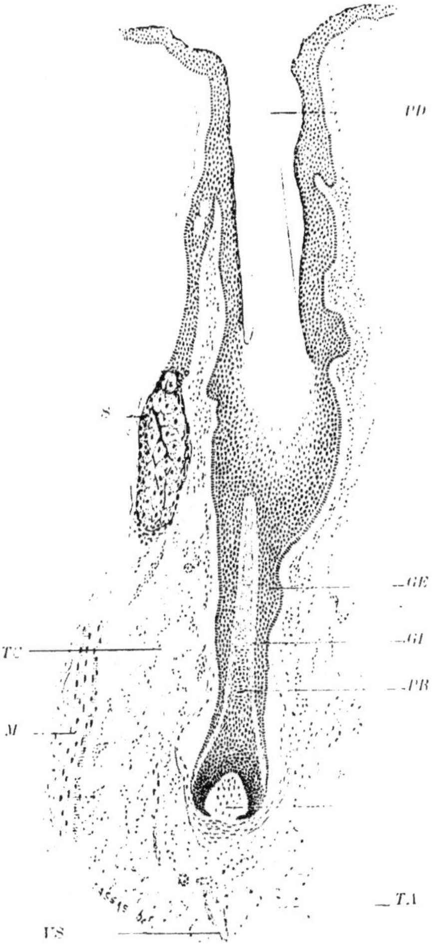

Fig. 570. — Cette figure provient, comme la précédente, d'une coupe de la lèvre. Elle montre le poil déhiscent à bulbe plein *PD* avec sa glande sébacée *S*.

Au-dessous de lui, se trouve un poil de remplacement *PR* dont le bulbe creux embrasse une papille **P** ; ce poil est entouré de ses gaines interne et externe *GI*, *GE*, et de tissu conjonctif *TC*. — Dans ce tissu conjonctif on trouve des vaisseaux *VS*, de la graisse *T.A*, des muscles striés *M*.

En résumé, le poil de remplacement procède d'un bourgeon épithélial. Ce bourgeon provient, non de la peau, mais d'un follicule pileux : il y a là un phénomène comparable à celui qu'on observe dans le développement des dents : le bourgeon d'attente, appelé à fournir la dent définitive, prend naissance sur la dent de lait. Une seule différence est à relever. Germes de la dent caduque et de la dent définitive apparaissent en même temps; le bourgeon du poil de remplacement, tout au contraire, n'apparaît sur le follicule pileux qu'au moment où le poil est caduc et se montre pourvu d'un bulbe plein.

Cependant Götte (homme, cils du lapin), Hesse (front de l'homme adulte) pensent que certains poils peuvent se former directement aux dépens du corps muqueux de Malpighi, après comme avant la naissance. Ce serait là un processus de formation direct, bien différent de celui qu'on observe d'ordinaire; ce processus, Kölliker l'admet également. « Je puis... indiquer une région, dit-il, qui montre la production de poils chez l'adulte, avec une facilité et une netteté extrêmes : c'est la peau qui revêt la ramée des chevreuils et des cerfs, ainsi que le savaient déjà Czermak et Langer[1]. »

D. RÉGÉNÉRATION ET GREFFE DES POILS. — Arraché, le poil à bulbe creux se détache au niveau de sa matrice et l'emporte en majeure partie. La gaine épithéliale interne est entraînée avec le poil, en partie ou en totalité. La gaine externe demeure, en général, inaltérée. Puis la paroi folliculaire se ratatine; les cellules des deux gaines épithéliales prennent un aspect uniforme jusqu'au jour où le poil se regénère.

De 41 à 72 jours après l'épilation, il se produit des mitoses au-dessus de l'ancienne papille; un cône pileux et une gaine épithéliale interne se différencient; le poil grandit; il ne tarde pas à perforer la gaine épithéliale interne, et à prendre contact avec la gaine épithéliale externe. Le poil finit par atteindre la surface de la peau : c'est alors seulement que le pigment se distribue avec régularité dans les éléments du phanère (Giovannini[2]).

Chez le cobaye, la régénération du poil arraché demande 14 à 16 jours le plus souvent, exceptionnellement moins (8 jours), ou plus (20 jours). Le poil croît de 4 millimètres en 8 jours, de 9 millimètres en 16 jours[3].

Quant à la greffe des poils, elle a été diversement jugée par les auteurs. Dzondi, Dieffenbach, Wiesmann, P. Bert, ont obtenu des résultats contradictoires qui s'expliquent, peut-être, par ce fait que le follicule se trouvait greffé avec le poil, tandis qu'en d'autres cas, la greffe portait sur le poil, isolé de ses enveloppes. Dans ce dernier cas, le poil ne saurait se greffer.

II. — ÉVOLUTION DU SYSTÈME PILEUX

A. LE SYSTÈME PILEUX CHEZ L'ENFANT — L'homme naît couvert de lanugo. Dans les semaines qui précèdent et qui suivent la naissance, ce lanugo tombe. Son remplacement ne s'effectue que sur les régions de l'organisme appelées à se revêtir de poils.

A) Races blanches. — Chez le nouveau-né, les poils follets persistent sur le front et les tempes, pendant des semaines, des mois, des années même, et ces poils se continuent, par gradations insensibles, avec les cheveux et les sourcils. Ils sont d'ailleurs appelés à tomber.

« Bien des gens prétendent que les cheveux que l'enfant apporte en naissant sont toujours bruns, mais que ces premiers cheveux tombent bientôt et sont

1. 1880 KÖLLIKER. *Embryologie*, trad. franç., p. 822.

2. 1890 GIOVANNINI. Des altérations des follicules dans l'épilation et du mode de régénération des poils arrachés. *Arch. ital. de biologie*, XV.

3. Voy. à ce sujet : VAILLANT, *loc. cit.*, et parmi les mémoires anciens : 1822. HEUSINGER. Sur la régénération des poils. *Journ. complement. du Dict. des Sciences médicales*, t. XIV, p. 229-241 et 339-3[illegible]

remplacés par d'autres de couleur différente. » Buffon[1] qui fait cette remarque, se demande si elle est juste. Regnault a voulu vérifier son exactitude et il écrit : « La grande majorité des enfants naît avec des cheveux d'un brun plus ou moins foncé allant jusqu'au noir. Les cheveux blonds à la naissance sont exceptionnels. Les roux, par contre, naissent tels qu'ils seront toute leur vie. » Et Regnault ajoute : « Les cheveux bruns de la naissance tombent.... pour faire place à d'autres cheveux (qui sont généralement blonds). Je n'ai jamais observé la réciproque ».

B) Races de couleur. — Il serait intéressant de connaître l'état du système pileux chez les enfants appartenant aux races de couleur.

Malheureusement, les renseignements que nous possédons sur ce point sont extrêmement rares.

Blumenbach déclare que les fœtus nègres ont le système pileux très développé. Au dire de Micluco-Maclay, les enfants papous auraient la face, le dos et les épaules couverts de poils. Collignon[2] a vu des nègres nouveau-nés, présenter des cheveux noirs, lisses, à peine ondulés. Ces cheveux, fins et souples, étaient très abondants. Ils atteignaient 3 centimètres. Ils différaient notablement des cheveux de leurs parents : les Ouolofs ont en effet des cheveux courts, rudes, et rassemblés en grains de poivre.

« Les Peaux-Rouges de l'Amérique du Nord ne se distinguent en rien des blancs.

« Je pourrais[3] en dire autant des Hindous que j'ai pu voir » (Regnault)[4].

B. LE SYSTÈME PILEUX CHEZ L'ADULTE. — Nous avons eu l'occasion d'indiquer les caractères du système pileux chez l'adulte. Nous avons signalé les variations qu'il subit dans les diverses races. Bornons-nous à dire que si la canitie et la calvitie s'observent chez les adultes, elles atteignent leur maximum de fréquence chez le vieillard.

La calvitie, fréquente chez les blancs, est exceptionnelle chez les rouges. Chez les nègres, elle est 10 fois (33 à 44 ans) et même 30 fois (de 21 à 22 ans) moins fréquente que chez les blancs du même âge. Une remarque identique s'applique à la canitie[5].

Rappelons que lorsqu'il s'établit des mélanges entre les races, les caractères des cheveux se fusionnent. « Ainsi les métis entre les nègres et les Indiens de l'Amérique ont le plus souvent les cheveux frisés ou ondés. Mais il y a aussi des retours fréquents vers le type primitif, cependant presque toujours un peu atténué. »

C. LE SYSTÈME PILEUX CHEZ LE VIEILLARD. — Deux particularités de l'évolution du poil s'observent avec une fréquence inusitée chez le vieillard : c'est la canitie et la calvitie.

Si ces deux phénomènes ont été constatés chez l'adulte et parfois même chez l'enfant, nombre de vieillards ne les présentent jamais. On sait que, chez les Chiquitos du Pérou, les cheveux du vieillard sont jaunes et non pas blancs et

1. BUFFON. *Œuvres complètes*, 1845, édition Ledoux, t. III, p. 229.
2. 1895. COLLIGNON. *Bull. Soc. d'anthrop.*, p. 687.
3. 1895. REGNAULT. *Médecine moderne.*
4. Pour les autres détails sur le système pileux de l'enfant noir, voy. chapitre II.
5. 1869. GOULD. *Investig. in the milit. and anthrop. statis. of americ. soldiers*, New-York.

les exemples ne sont pas rares de centenaires qui n'ont que de rares cheveux blancs. D'autre part, nombre de sujets, arrivés au terme extrême de la vieillesse, ont gardé une opulente chevelure.

Je renvoie donc au paragraphe suivant pour tout ce qui regarde la canitie et la calvitie, considérées en général, et, chez les vieillards, en particulier.

III. — CANITIE

A un certain âge de la vie, le système pileux, jusque-là coloré, grisonne, puis blanchit[1]. C'est là la canitie.

Exceptionnelle chez l'enfant, déjà moins rare chez les jeunes gens, et surtout chez les adultes, la canitie est de règle chez les vieillards. Elle constitue un des phénomènes de la sénilité, mais ce phénomène n'est pas d'une constance absolue. Une vieille femme, actuellement hospitalisée à la Salpêtrière, a seulement quelques cheveux blancs, toute centenaire qu'elle est.

La canitie débute d'ordinaire sur le cuir chevelu et sur la barbe; elle se manifeste plus tardivement sur les autres poils de la surface cutanée. Elle atteint en dernier lieu les poils de la région génitale. C'est surtout à la canitie du système pileux céphalique que se rapportent les détails dans lesquels il est nécessaire d'entrer maintenant.

A) Canities permanentes. — 1° *Canities partielles.* — Qu'elle soit précoce ou tardive, la canitie apparaît tantôt sur la totalité du cuir chevelu, tantôt sur un territoire nettement localisé.

Les mèches de cheveux blancs sont d'observation fréquente. Elles apparaissent au niveau d'une cicatrice et parfois sans cause apparente. Elles sont parfois multiples, et Féré a observé 5 mèches blanches développées sur la tête d'un enfant, à la suite d'une violente frayeur. Ces cinq mèches se trouvaient situées là même où la mère de cet enfant avait appliqué la main, pour lui soutenir la tête. Ces canities régionales se transmettent parfois par hérédité. Blanc a constaté le fait dans une famille lyonnaise.

Plus rarement, la canitie occupe une partie considérable du cuir chevelu : tel était le cas d'un enfant observé par Bartholin : une moitié de la tête était couverte de cheveux blancs et l'autre de cheveux noirs.

Brissaud (1897) a vu une canitie unilatérale se développer subitement chez un apoplectique, et se développer seulement sur le cuir chevelu[2].

2° *Canities totales.* — Comme les canities locales, les canities totales et précoces sont héréditaires. Féré les a vues coïncider avec la longévité héréditaire[3].

La canitie totale s'installe d'ordinaire d'une façon lente et graduelle, mais il est certain que son apparition est parfois brusque[4] : j'emprunte à la thèse d'Arloing[5] quelques faits de cet ordre.

1. Sur certains poils colorés, on constate que la racine est incolore. De tels poils poussent blancs après avoir été pigmentés. D'autres poils, au contraire, ont une racine colorée et une tige blanche ; pareil fait est susceptible de deux interprétations. Le cheveu a blanchi à partir de son extrémité, ou bien il pousse coloré après avoir blanchi. (1877. Malassez, *Soc. de biologie*, p. 288.)

2. 1897. Brissaud. *Progrès médical*, n° 6.

3. 1900. Féré. *Soc. de biol.*, 10 mars.

4. 1900. Rousseau. De la canitie subite émotionnelle. *Thèse*, Bordeaux.

5. *Loc. cit.*, p. 169.

« Thomas Campanella raconte qu'un jeune moine, candidat à l'épiscopat, part pour Rome afin d'obtenir une dispense d'âge. Sur le refus du Pape, il blanchit en une nuit, si bien que le Pape, croyant voir dans ce changement brusque une manifestation du vœu de la Divinité, le nomme évêque sur-le-champ (Œsterlen, *loc. cit.*).

« Moleschott (1878) rappelle que Louis Sforza blanchit presque complètement pendant la nuit qui suivit sa défaite après sa campagne contre Louis XII.

« On raconte que Thomas Morus et la reine Marie-Antoinette blanchirent pendant la nuit qui précéda leur supplice....

« Bichat, Moleschott, Charcot (1861), Brown-Sequard (1869) virent, ce dernier sur lui-même, qu'un certain nombre de poils peuvent blanchir en 12 heures.

« Le docteur Parry (1861) aurait vu un Cipaye de l'armée du Bengale grisonner uniformément, en une demi-heure, pendant qu'on se préparait à le passer par les armes. »

B) Canities transitoires.— La canitie est apparue : elle est définitive le plus souvent, mais, dans quelques cas, elle est transitoire.

Témoin cette anecdote que Rœdt rapporte d'après Shenck : « Vir quidam, qui asinis onerariis adesse illosque ducere solebat, subito incanuit, cum asinus ei furtim esset sublatus : cum autem recuperavisset, pili colorem nigrum iterum receperunt. »

A. Forel[1] a vu la canitie survenir subitement chez une malade, à la suite de fatigues et d'émotions. Au bout de quelque temps, cette malade, qu'on avait mise au repos, perdit ses cheveux blancs, que des cheveux noirs ne tardèrent pas à remplacer.

Plus nombreuses sont les observations de canities temporaires d'apparition lente. Graves nous rapporte qu'un officier anglais, épuisé par la dysenterie, vit blanchir ses cheveux. Il quitta les Indes, revint au pays natal et ses cheveux ne tardèrent pas à récupérer leur teinte primitive. Graves a d'ailleurs observé des faits analogues chez des dyspeptiques, des typhiques et des tuberculeux. Laborde[2] a noté sur lui-même, au cours d'une maladie grave, l'apparition d'une canitie des plus marquées; la convalescence terminée, ses cheveux repoussèrent avec leur ancienne couleur.

Certaines canities transitoires présentent une évolution particulière. Elles méritent le nom de *canities à bascule*, de *canities à répétition*.

Mayer[3] a observé un garçon dont les cheveux étaient blancs. A trois reprises, et cela pendant une période de deux à trois semaines, ce sujet présente, au voisinage de la nuque, une bande de cheveux roux, large de deux travers de doigt.

Enfin, il est certain que les poils d'un sujet, atteint de canitie, depuis de longues années, peuvent se recolorer spontanément.

Griffiths a publié l'observation d'un ingénieur de soixante-cinq ans, dont les cheveux, jadis blonds, étaient blancs depuis trois années. Cet ingénieur, au

1. 1898. Forel. *Zeitschrift f. Hypnol.*, VII, p. 140.
2. 1879. Laborde. *Soc. de Biol.*
3. 1897. Mayer. *Soc. viennoise de dermatologie*, 2 mai.

cours d'un incendie, resta toute une nuit, la tête exposée à l'eau, au vent, à la gelée. Depuis lors, ses cheveux poussèrent, colorés en noir[1].

Un médecin, le Dr Roveas d'Amorgos[2] avait été atteint de canitie prématurée. Il mourut à quatre-vingt-dix ans, et six mois avant sa mort, sa barbe et sa moustache prirent une coloration noire, « à la grande stupéfaction de tous ceux qui le connaissaient[3] ».

D'autres canities à bascule sont caractérisées par ce fait que, pendant la croissance d'un même poil, on voit la canitie paraître, disparaître, et reparaître un certain nombre de fois. Aussi le poil est-il composé d'une série de segments blancs et de segments colorés. Un fait comparable s'observe chez les animaux. « Plusieurs mammifères possèdent des poils annelés de diverses couleurs et le porc-épic nous en offre un exemple macroscopique. » (Arloing.)

Mécanisme de la canitie. — Deux facteurs ont été invoqués pour expliquer la canitie : 1° la pénétration de l'air dans le phanère ; 2° l'absence de pigment.

1° *Pénétration de l'air.* — La pénétration de l'air suffit à déterminer la blancheur du poil. Elle se produit, aussi bien dans les canities lentes que dans les canities brusques, et Landois a constaté une énorme quantité de bulles d'air sur des cheveux devenus gris, dans l'espace d'une seule nuit.

Mosler, dans un cas analogue, a vu les cheveux blancs garder tout leur pigment. La pénétration de l'air dans le poil suffirait donc parfois, à déterminer la canitie.

Le mode de pénétration de l'air est inconnu, mais on est mieux renseigné sur les modifications que provoque cet air dans la disposition réciproque des éléments constituants du poil.

Gegenbauer et Kölliker ont soutenu que les bulles d'air sont intracellulaires; elles seraient intercellulaires pour Reissner, car, dit cet auteur, le cheveu privé d'air, par une ébullition prolongée, ne tarde pas à récupérer rapidement l'air dont il était porteur.

Waldeyer[4] a observé que dans les plumes, les bulles d'air apparaissent dans l'intervalle des cellules médullaires, entre les ponts d'union qui relient ces cellules. Puis quand les éléments médullaires sont enveloppés d'un matelas d'air, ils constituent un tissu épithélial aérifère (aéro-épithélium). Une telle disposition s'observe dans les poils de l'homme et de nombre de mammifères (singes, carnivores, rongeurs).

Mais chez un certain nombre d'entre eux (cerf, porc-épic, etc.) et chez tous les oiseaux, les bulles d'air ne restent pas confinées entre les cellules. Elles ne sont plus seulement intercellulaires; elles deviennent intracellulaires et pren-

1. 1895 Griffiths. *Journ. of cut. and genit. urin. dis.* p. 376. — Griffiths s'est assuré que ce malade ne s'était jamais teint.

2. 1900. Robbius. *Journ. americ. med. Association.* 12 mai.

3. Des faits de cet ordre ont peut-être été connus des anciens, ils ont vraisemblablement été l'origine de certains mythes. Tels sont par exemple le mythe de Jouvence et le mythe de Médée. Jupiter transforme en fontaine la nymphe Jouvence et donne à cette fontaine la vertu de rajeunir ceux qui s'y baignent. Médée endort le vieil Eson. Elle lui ouvre la gorge, laisse couler son vieux sang (*veterem exire cruorem*) et le remplace par un philtre, « dès qu'Eson a reçu ce philtre dans sa bouche et dans sa blessure, sa barbe et ses cheveux noircissent tout à coup ».

Barba comæque.
Canitie posita, nigrum rapuere colorem. (Ovide. *Metamorphoses*, VII. 288.)

4. 1882. Waldeyer. *Loc. cit.*

nent la place qu'occupent les parties liquides du protoplasma, quand ce protoplasma a achevé de se dessécher.

Metchnikoff[1] a repris récemment l'étude de la canitie. Il fait remarquer qu'il existe de l'air dans les cheveux colorés, aussi bien que dans les poils blancs. Aussi se refuse-t-il à voir dans sa présence l'un des facteurs de la canitie. C'est tout au plus si la disparition du pigment facilite la pénétration des gaz au niveau du pranère.

2° *Absence du pigment.* — Le pigment fait généralement défaut dans le poil blanc : c'est là un fait certain, mais pourquoi ce pigment fait-il défaut? Y a-t-il diminution ou arrêt de la formation du pigment? S'agit-il d'un trouble dans la circulation du pigment? Le pigment est-il élaboré et circule-t-il comme à l'état normal, mais sa destruction est-elle exagérée? L'absence du pigment tient-elle à un seul de ces phénomènes? est-elle fonction de troubles portant à la fois sur la formation, l'apport et la destruction du pigment? Telles sont les questions qu'on s'est posé, sans les résoudre.

Pour Riehl, pour Kölliker, pour Ehrmann[2], le pigment est apporté au poil par les éléments conjonctifs du derme. Ces éléments pénètrent dans le bulbe et dans la racine. Ils abandonnent leur pigment aux cellules du pranère. Dans les canities précoces, les cellules dermiques sont chargées de pigment, ce pigment fait défaut dans les canities séniles, mais, dans un cas comme dans l'autre, les cellules dermiques restent dans le derme. Elles ne montent plus dans le poil

Jarisch[3], Retterer, au contraire, montrent que le pigment est d'origine ectodermique. Il représente une élaboration des couches médullaire et corticale. Le pigment existe dans le poil, bien avant qu'on ne le trouve dans le chorion. La canitie ne peut donc tenir qu'à une destruction du pigment élaboré par le pranère.

Post[4] prend position entre ces deux conceptions opposées, et se montre éclectique. Le cheveu est capable d'élaborer du pigment, mais une partie du pigment qu'il renferme provient du derme.

Tout récemment, Metchnikoff[5] a étudié, sur le chien et sur l'homme, le mécanisme de la canitie. Comme Jarisch, comme Betterer, il a vu le pigment naître sur place dans le pranère, et il a examiné comment ce pigment disparaît.

Quand le poil commence à blanchir, certaines des cellules médullaires pénètrent dans les cellules qui les avoisinent, et se chargent de leur pigment. De ce fait elles grossissent, elles prennent une forme irrégulière et présentent des expansions de forme variée. Elles se mobilisent alors. On les trouve d'abord entre la couche médullaire et la couche corticale; elles passent, de là, dans la couche corticale, et elles absorbent son pigment. La cellule migratrice continue sa migration. Tantôt elle « se rend à la périphérie des cheveux et passe totalement au dehors », tantôt elle descend dans la racine; elle arrive au bulbe et de là dans le tissu conjonctif voisin. Le cheveu est blanc dans toute son étendue.

Metchnikoff considère le mécanisme de la canitie comme un acte de pha-

1. 1901. Metchnikoff. *Annales de l'Institut Pasteur.*
2. 1885 et 1886. Ehrmann. *Arch. f. Dermat. u. Syph.*
3. 1892. Jarisch. *Arch. f. Dermat. u. Syph.*
4. 1894. Post. *Virchow's Arch.*, t. CXXXV, p. 479.
5. 1901. Metchnikoff. *Ann. de l'Institut Pasteur*, p. 865.

A. BRANCA.

gocytose. Le pigment normal du cheveu disparaît, absorbé par certaines cellules épidermiques, qui sont dès lors de véritables « pigmentophages ». Ces pigmentophages ne se trouvent ni sur les poils blancs, ni sur les poils normalement colorés. Il suffit de les rechercher, pour les voir, sur les poils en train de blanchir. En pareil cas, le prélèvement du cheveu doit être fait la nuit, car c'est la nuit que les pigmentophages manifestent surtout leur activité.

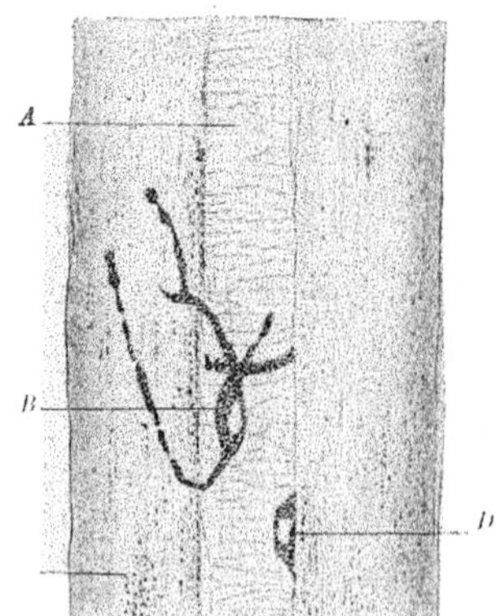

Fig. 571. — Pigmentophages du cheveu. Homme de 28 ans. (D'après Metchnikoff.)

A, moelle. — *B*, pigmentophage en voie de migration dans le cortex. — C, cortex. *D*, pigmentophage encore situé dans la moelle.

Metchnikoff pense que cette conception permet d'expliquer et le blanchiment intermittent ou annelé, et les modifications morphologiques qu'on observe parfois dans les poils blancs.

Tel serait le mécanisme de la canitie qui se développe sur un poil coloré.

La canitie peut être encore due à la néoformation de poils sans pigment, mais on ne possède encore aucun document précis sur cet autre côté de la question.

Causes de la canitie. — On prête à la canitie des causes multiples. Quand la canitie survient à la suite des maladies infectieuses, on peut supposer que les toxines, dont est chargé l'organisme, s'éliminent par les poils, et leur élimination déterminerait des modifications qui portent sur certaines cellules pigmentaires du phanère.

La canitie survient-elle à la suite d'une émotion violente, d'un chagrin, d'une lésion du névraxe (apoplexie?), on la dit d'origine nerveuse. Elle est peut-être encore due à une toxine.

IV. — CALVITIE[1]

La calvitie ne paraît plus être le terme physiologique de l'évolution du système pileux. Ce serait « une maladie dont les causes générales et locales sont multiples ». Elle est « caractérisée en tant que microbe par la présence du microbacille ». Elle se révèle cliniquement par un « trépied symptomatique », la séborrhée (ou flux sébacé), l'hyperhidrose et l'alopécie (Sabouraud)

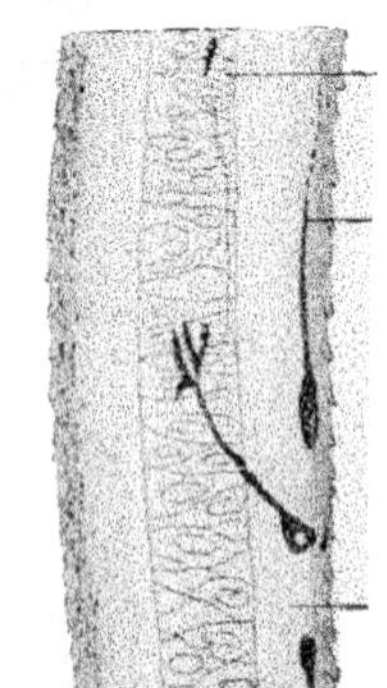

Fig. 572. — Pigmentophages d'un cheveu d'une femme de 28 ans. (D'après Metchnikoff.)

A, moelle. — *B*, pigmentophage émigré dans le cortex. — *C*, cortex.

En raison de ses caractères pathologiques, l'étude de la calvitie ne saurait entrer dans le cadre de ce traité. Mais étant donné

1. La calvitie semble avoir été connue dès la plus haute antiquité. Nous lisons dans la Bible :
« Parce que les filles de Sion sont orgueilleuses... le Seigneur rendra chauve la tête des filles de Sion.... Au lieu de cheveux frisés, il y aura des têtes chauves. » (Isaie, III).

que l'alopécie s'accompagne, quelle que soit sa cause, de modifications du poil d'une uniformité constante, nous passerons rapidement en revue son histoire anatomique.

L'alopécie se manifeste à des âges très variables. Tel sujet de trente-cinq ans, et de moins encore, a le cuir chevelu complètement dégarni; tel autre, arrivé au terme extrême de la vieillesse, a gardé une opulente chevelure. Aussi, ne doit-on pas considérer la calvitie comme un des symptômes de la sénilité.

L'alopécie est plus fréquente chez les blancs que chez les nègres. Elle est plus fréquente et plus précoce chez l'homme que chez la femme (Crocker), plus fréquente aussi dans la race blanche que dans toutes les autres.

Comme la canitie, la calvitie peut être lente ou brusque.

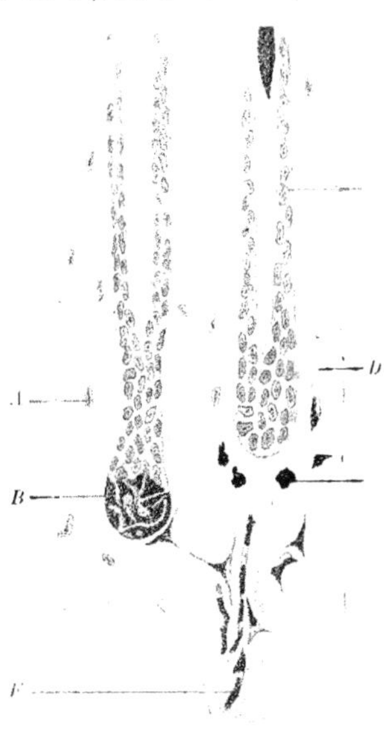

Fig. 573. — Pigmentophages émigrés dans le bulbe pileux et dans le derme d'un vieux chien danois. (D'après Metchnikoff.)

A, noyau d'une cellule conjonctive dermique. — B, pigmentophages descendus dans le bulbe du poil. — C, poil. — D, derme. — E, pigmentophage émigré dans le derme. — F, pigmentophages.

Phénomènes initiaux de la calvitie progressive. — Dans les chevelures qui ne sont pas coupées fréquemment, on observe des cheveux de 7 à 8 centimètres dont l'extrémité libre est acuminée. La croissance de tels cheveux est lente; leur durée est courte : elle se chiffre par 4 à 9 mois; leur nombre est restreint, puisqu'ils ne représentent que 1/18 de la totalité des cheveux.

Toutes les fois que la chute des cheveux ne s'accompagne pas de phénomènes de remplacement parallèles, les poils acuminés se détachent en grand nombre. Ils représentent le quinzième, le neuvième et parfois même la moitié des cheveux qui tombent. L'interprétation qu'il convient de donner de ces faits est la suivante : les cheveux normaux sont remplacés progressivement par des cheveux de plus en plus grêles. De tels cheveux ne mesurent que 40 ou 50 μ; et leur diamètre peut tomber à 12 ou 15 μ. Ils croissent de plus en plus lentement; leur chute est de plus en plus rapide, leur longueur de moins en moins considérable. Ils finissent par disparaître complètement. L'alopécie est constituée.

Marche de la calvitie. — Qu'elle soit prématurée ou tardive, la calvitie présente les mêmes caractères. « Elle débute en général par le vertex; puis, formant tache d'huile, la tonsure ainsi constituée va s'élargissant. En même temps, les parties latérales du front se dégarnissent. Partie de ces trois points d'attaque, l'alopécie s'étend avec une rapidité plus ou moins grande. Bientôt, elle élargit de plus en plus le front, relève la limite antérieure des cheveux, dénude peu à peu tout le sommet de la tête en respectant, parfois, pendant un certain temps, un petit îlot de cheveux à la partie antérieure et médiane du front, et une bande plus ou moins étroite de cheveux qui va d'une tempe à l'autre, en passant par le sommet de la tête, et en s'amincissant de plus en plus à mesure qu'elle approche de la suture bipariétale[1]. »

La marche de l'alopécie est toujours symétrique et le plus souvent elle affecte les localisations successives signalées plus haut. C'est exceptionnellement qu'on la voit débuter par les tempes.

Les autres régions du tégument externe ne sont qu'exceptionnellement le siège de la calvitie.

La durée d'évolution de l'alopécie est sujette à des variations fort étendues et les dermatologistes ont distingué des formes subaiguës, aiguës de l'alopécie.

Les lésions de la calvitie. — Selon l'âge auquel apparaît la calvitie, le cuir chevelu présente des aspects bien différents[2]. Dans la calvitie des jeunes, le cuir chevelu a l'aspect de l'ivoire; il est poli et luisant, en raison de l'enduit sébacé qui s'écoule à sa surface. Chez les vieillards, au contraire, les cheveux, avant de tomber, ont grisonné, puis blanchi; la peau du crâne devient sèche, écailleuse et terne.

A ces types anatomiques différents, répondent des structures différentes. Dans les calvities précoces, le derme n'est pas atrophié; on constate un développement exagéré des appareils sébacés, qui contraste avec la disparition ou l'atrophie des organes pileux; les cheveux qui persistent ont un diamètre inférieur à la normale, et l'on sait que les sujets dont la calvitie est précoce ont toujours eu une chevelure fine.

Dans les calvities séniles, l'état anatomique du cuir chevelu est bien différent. La peau est amincie; le chorion est moins épais qu'à l'état normal, ainsi que le tissu cellulaire sous-cutané; les lobules graisseux ont disparu. On rencontre encore, dans le tégument, des foyers constitués par des granulations pigmentaires. Les glandes sudoripares demeurent indemnes de toute lésion. Les glandes sébacées s'atrophieront, aussitôt que le cheveu qui leur est annexé sera tombé. Ce cheveu voit son bulbe diminuer de volume; puis, la papille, à son tour, s'atrophie (Stieda) en raison de l'altération des vaisseaux et des nerfs qui s'y rendent (Kölliker). La vitrée s'épaissit (Unna); le tissu conjonctif du poil subit, comme le derme, la dégénérescence vitreuse (Neumann). Les follicules pileux ont leurs gaines plus ou moins altérées. Ils renferment un poil follet très mince qu'entourent, de toutes parts, des débris épidermiques.

Telle est l'histoire de la calvitie banale du cuir chevelu, d'apparition tardive et d'évolution lente.

Mais il est des calvities brusques, des calvities circonscrites, des calvities généralisées.

1° *Calvities brusques.* — Comme type de calvitie brusque, je citerai une observation de Bidon[3]. A la suite d'une émotion vive, survenue pendant la nuit, un enfant de onze ans vit ses cheveux tomber en l'espace de deux heures. Cils et sourcils disparurent, quelques jours après les cheveux. A dix-huit ans,

1. 1900. Brocq. *La Pratique dermatologique*, t. I, p. 368.
2. 1880. Remy. De l'état anatomique du cuir chevelu à divers âges de la vie. *Journ. de l'anat. et de la physiol.*, janvier.
3. 1889. Bidon. *Ann. de derm. et de syphilig.*

les poils de la puberté (barbe, poils du pubis) se développèrent chez le même sujet. Ils disparurent brusquement, soixante ans plus tard, à l'occasion d'une chute.

2° *Calvities totales et calvities partielles.* La calvitie atteint parfois la totalité du système pileux ; plus souvent, elle se localise au cuir chevelu ; parfois même, elle affecte la forme de plaques (calvitie en plaques) sur le cuir chevelu. Les faits de cet ordre sont bien connus. On en trouvera des exemples nombreux dans tous les recueils de dermatologie.

V. — ANOMALIES DU SYSTÈME PILEUX

I. Agénésie pilaire[1]. — Les agénésies pilaires sont parfois une anomalie familiale. Danz a vu, dans une famille israélite, deux enfants qui n'avaient jamais eu ni dents, ni cheveux ; et un homme de 40 ans, soigné par Alkinson, présentait une semblable particularité, qu'on retrouvait aussi chez sa grand'mère maternelle, et chez son oncle.

Schœde[2] a observé un frère (6 mois) et une sœur (13 ans) dont le tégument externe était absolument glabre. L'examen histologique démontra l'absence totale des phanères : toutes les glandes sébacées de ces deux sujets s'ouvraient à la surface de la peau.

L'agénésie pilaire est parfois héréditaire (Dutring).

Elle pourrait même constituer un caractère ethnique. Toute une tribu de nègres du Queensland, qui vivait sur le « Creek » Wallam, à cinq cents milles à l'ouest de Brisbane, en était affectée[3]. Deux individus de cette race, le frère et la sœur, se trouvaient, en 1880, à Gulnarber (Queensland) ; ils ont été vus par Kirk, et photographiés par un explorateur russe, le baron Macleay. La surface de leur corps était totalement dépourvue de poils, et ce fait est d'autant plus intéressant que les Australiens ont un système pileux des plus développés.

Les agénésies pilaires ne sont pas toujours persistantes.

Elles sont circonscrites ou généralisées.

Delabande pense que certaines des agénésies en plaques reconnaissent pour cause un nævus dont la guérison s'est effectuée spontanément chez le fœtus ou chez le nouveau-né[4].

Plus rares sont les agénésies totales. Ziegler a observé une jeune fille de dix-sept ans qui n'a jamais eu de cheveux. Cette jeune fille est restée dépourvue de système pileux jusqu'à treize ans. A cet âge, la menstruation s'est établie, et depuis, toutes les quatre semaines, cette enfant a vu naître et disparaître une petite touffe de cheveux noirs. Son système pileux est représenté par quelques cils, par quelques sourcils, et par un très léger duvet réparti sur les joues. L'examen histologique du cuir chevelu a montré qu'il n'existait aucun follicule pileux sur presque toute l'étendue du cuir chevelu[5].

II. Dysgénésie pilaire. — A côté de ces agénésies pilaires, il est des « dysgénésies pilaires ». Le sujet naît avec un système pileux atrophique.

Rayer a rapporté le cas d'un certain Beauvais qu'il observa en 1827 à la Charité. Il fallait un examen attentif pour trouver, sur ce sujet, quelques follets, épars sur le cuir chevelu, sur les sourcils, la lèvre supérieure et le menton. Quelques poils véritables s'implantaient, pourtant, au niveau des aisselles et de la région pubienne.

L'histoire de la dysgénésie pilaire a été tracée par Sabouraud : « Les cheveux sont fins, lanugineux, rares, et, à aucun moment de leur vie, l'état pilaire général ne deviendra normal, la puberté demeurant sans influence notable sur un état qui la précède d'ailleurs de beaucoup. Fréquemment, cette dysgénésie pilaire s'accompagne, en certaines régions, de

1. Il est bien entendu que j'élimine, de l'agénésie pilaire, les alopécies. Dans l'alopécie, les poils ont existé : ils disparaissent secondairement parce que la région qu'ils occupaient est devenue le siège d'une cicatrice, d'une infection, etc.

2. 1872. SCHŒDE. *Arch. fur klin. Chir.*, Bd XIV.

3. 1881. HIGHAM HILL. Hairless Australian Aboriginals. *Brit. med. Journ.*, p. 177.

4. 1895-1896. DELABANDE. De l'alopécie congénitale circonscrite. *Thèse*. Bordeaux.

5. 1897. ZIEGLER. Alopécie congénitale. *Arch. f. Derm. u. Syph.* t. XXXIX, p. 213. — On consultera avec intérêt les planches annexées à ce travail.

l'état moniliforme[1] des cheveux, qui paraît accompagner constamment les cas de dysgénésie pilaire grave. Il s'agit dans tous ces cas d'un état congénital, au-dessus des ressources thérapeutiques.... L'enfant naît avec des cheveux normaux, qui tombent à 6 semaines et ne sont pas remplacés normalement. A partir de cette époque la malformation est constituée. Elle peut s'accuser peu à peu ou demeurer. Je ne l'ai jamais vue regresser avec l'âge[2], quel que soit son type d'ailleurs (aplasie moniliforme[3], atrichie ou dystrichies diverses...). J'ai vu le père et le fils atteints de cette malformation. L'un et l'autre (55 et 18 ans) présentaient une calvitie typique de forme, mais du type le plus complet, celui que j'ai designé sous le nom de monastique. Le fils lui-même, à 18 ans, ne présentait plus qu'une couronne circulaire de follets, moins large que le doigt. Le tégument mince, atrophié, ressemblait au tégument de certaines pelades (ophiasiques). »

III. Hypertrichose[4]. — L'apparition de poils, de taille et de siège anormaux, s'observe exceptionnellement chez l'enfant[5], plus souvent à la puberté et à l'âge adulte, plus souvent chez l'homme que chez la femme[6].

1° *Hypertrichose du sexe féminin.* — L'hypertrichose apparaît à tous les âges de la vie, et elle présente une topographie variable.

Chez les enfants de 2 à 3 ans, on l'a vue siéger sur la face[7], sur le tronc[8], sur la totalité du tégument[9].

Au moment de la puberté, l'hypertrichose est plus fréquente.

La chevelure de miss Owens, une Americaine, qui s'exhibait dans les foires, mesurait 8 pieds et 3 pouces. Le développement d'une barbe bien fournie est signalé par Hippocrate (cas de Phœtuse, épouse de Pythias), et depuis par un grand nombre d'auteurs (Ecker, Ledouble, etc.). L'hypertrichose peut enfin se généraliser. Une chanteuse espagnole Julia Pastrana, fut surnommée la femme ourse, parce qu'elle avait une forte barbe, tout le corps velu, ainsi que le front et le cou (Darwin).

Les hypertrichoses de l'âge adulte et de la ménopause sont connues depuis Vésale. Elles ont pour siége de prédilection les lèvres, le menton, les seins, la paroi abdominale. Elles sont curables ou transitoires. Dans ce dernier cas, elles disparaissent quand disparaît la cause qui les provoque (grossesse, observation de Slocum; gastro-enterite, observation de Bricheteau). De ces hypertrichoses, je rapprocherai le fait de Zaroubine (1890) : Une femme de 27 ans, au cours de sa troisième grossesse, perdit la plupart de ses cheveux, mais le reste de son système pileux présenta un développement hypertrophique.

2° *Hypertrichose chez l'homme.* — Les observations d'hypertrichose infantile ne sont pas rares. Tantôt l'anomalie se localise à la face : le petit-fils de Schwe-Maong avait à 14 mois la moustache et le reste de la barbe très développés.

Tantôt l'hirsutie envahit tout le corps: ce fut le cas chez l'un des fils de Rebecca : « le premier qui vint au monde était roux et velu comme un manteau de poils » et on l'appela Esaü, c'est-à-dire velu (*Genèse*, XXV).

L'hypertrichose de la puberté et de l'âge adulte presente des localisations analogues. Eblé dit qu'à la Cour du roi d'Edam vivait un charpentier dont la barbe mesurait 2 m. 70.

Comme type d'hypertrichose généralisée, je citerai le cas d'Adrien Jeftichew[10].

« Adrien Jeftichew avait, au moment où je l'ai vu (54 ans, en 1873), le front, les paupières, les oreilles, les joues, les lèvres, le menton, l'entrée des conduits auditifs externes revêtus de longs poils fins, de couleur indécise, et de nuance mélangée de fauve clair au brun. La paume des mains et la plante des pieds étaient absolument glabres et les poils qui garnissaient tout le reste du corps étaient beaucoup plus clairsemés, moins soyeux que ceux de la tête, à l'exception de la région supérieure du dos qui presentait deux longues touffes analogues aux épaules de sanglier. Cet homme-chien n'avait jamais eu, comme

1. Le poil est pourvu d'une série d'étranglements. Le pigment et la substance médullaire font generalement défaut au niveau de ces étranglements.

2. 1902. SABOURAUD, *Les maladies seborrhéiques*, p. 270.

3. *Syn.* : Nodosité des poils, poils noueux, monilothrie, aplasie moniliforme de Wirchow, atrophie en sablier d'Hallopeau.

4. *Syn.* : Hypertrophie des poils, trichose, polytrichie, hirsutie, etc.

5. Nous éliminons de ces faits les observations assez fréquentes où un enfant couvert d'un lanugo abondant voit disparaître ce duvet dans les premiers mois qui suivent sa naissance.

6. LEDOUBLE, Canitie et pilosisme. *Gaz. med. du Centre*

7. Cas de Viola M.., 3 ans.

8. Cas de la fille de Schwe-Maong, 2 ans.

9. Observations de Lesser (1900) (enfant de 2 ans), de Fauvelle (cas de Krao, 10 à 12 ans), de Lombroso (cas de Teresa Gambarcella, 12 ans).

10. Ces hypertrichoses ont donné matière aux exhibitions foraines de l'homme-chien, de l'homme-caniche, de l'homme-griffon, de l'homo hirsutus, de l'homme primitif, etc.

garniture complète des maxillaires, que cinq dents » (Ledouble), qui sont cinq incisives. Jo-Jo, l'homme caniche, exhibé à Paris en 1902, ne possédait que deux canines au maxillaire supérieur et cinq à l'inférieur.

En somme, l'hypertrichose est une anomalie par excès; elle apparaît seulement sur les régions normalement revêtues de poils. Elle n'a jamais été signalée dans les régions glabres (paume des mains, plante des pieds); elle est parfois l'indice d'une puberté précoce.

Rapports de l'hypertrichose et de l'appareil dentaire. — Les auteurs qui ont eu l'occasion d'observer des hypertrichiques ont été frappés des rapports qu'affecte le développement de l'hypertrichose et de l'appareil dentaire.

Fig. 574.— Adrien Jeftichew. (D'après Ledouble).

Si, dans quelques cas, l'appareil dentaire est normal (obs. Coulon), il est plus souvent le siège d'anomalies par excès ou par défaut.

Rham-a-Sama, observé par Reboul en 1897 et par Duhausset en 1900, « avait les arcades maxillaires garnies de dents supplémentaires qui en doublaient le nombre ».

D'autres auteurs, avec Magitot, prétendent qu'il y a antagonisme entre le développement des deux appareils. Des faits nombreux semblent justifier cette assertion (cas de Julia Pastrana, de Schwe-Maong et de sa fille, cas des Jeftichew, d'Étienne Stéphane, etc.).

Tout ce qu'on peut affirmer, c'est que le développement exagéré du système pileux s'accompagne généralement de troubles dans l'évolution du système dentaire. Les dents naissent en retard, et souvent en nombre inférieur à la normale; elles sont mal plantées; elles se carieraient vite.

Quant aux relations du pilosisme avec les anomalies de l'appareil génital, elles ne semblent pas devoir être retenues, tant les observations publiées sur ce sujet sont contradictoires.

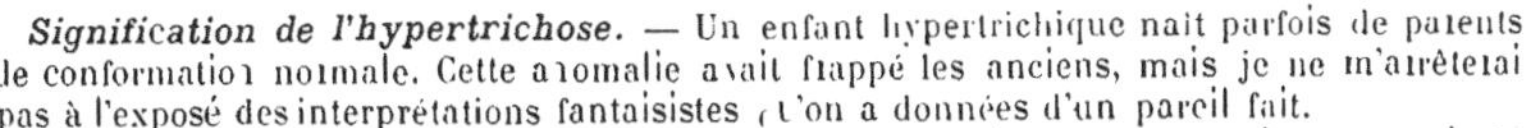

Signification de l'hypertrichose. — Un enfant hypertrichique naît parfois de parents de conformation normale. Cette anomalie avait frappé les anciens, mais je ne m'arrêterai pas à l'exposé des interprétations fantaisistes qu'on a données d'un pareil fait.

C'est dans l'atavisme qu'il faut chercher la cause probable de cette persistance, mais le rôle de l'atavisme est compris de diverses façons.

Pour les uns (Mme Clémence Boyer), l'espèce humaine aurait été glabre, à son origine. Mais chez certaines races primitives, le système pileux *peut* avoir pris des proportions considérables; que deux individus se croisent qui proviennent de ces races primitives depuis « longtemps séparées », il se produira un phénomène d'atavisme convergent qui sera la cause de l'anomalie.

Pour d'autres, il a toujours existé des races velues. Parmi ces races, on a fait mention des anciens Assyriens, et d'une « race éteinte dont les restes se retrouvent, çà et là, parmi les bruns de l'Europe méridionale ». (Topinard.) Piette[1] conclut aussi, d'après l'examen de figurines d'ivoire qu'il a trouvées dans des fouilles[2], à l'existence d'une race velue qui a vécu dans le midi de la France. Les femmes de cette race étaient comme « les femmes Boschimanes actuelles, stéatopygiques et longinymphes ».

A ces auteurs qui croient en somme à l'existence de races velues, Deniker[3] répond :

« Il n'y a pas de race d'hommes velus. Tout ce que l'on a dit de différents « sauvages poilus » de l'intérieur de l'Afrique ou de l'Indo-Chine, se réduit à la présence d'un léger duvet (probablement les restes de lanugo embryonnaire) chez les Akkas du Haut-Nil ou à l' « existence fortuite » d'individus poilus qui parfois appartenaient à une même famille. Tous ces sujets ne sont que des cas particuliers d'atavisme ou de retour à la condition primordiale probable de l'homme ou de son précurseur, qui, semble-t-il, était aussi poilu

1. 1894. Piette. Sur de nouvelles figures humaines d'ivoire, provenant de la station quaternaire de *Brassempouy*. *Ac. des Sciences*, CXIX, p. 927.

2. A côté d'ossements d'animaux disparus (éléphants, rhinocéros, etc.).

3. 1900. Deniker. *Loc. cit.*, p. 54.

que le sont, par exemple, aujourd'hui les singes anthropoïdes : ce ne sont nullement les représentants d'une race poilue.[1] »

IV. Hétérotopies du système pileux. — Accréditée par Plutarque et par Pline, la légende raconte que le cœur d'Achille était couvert de poils. Sans nous arrêter à discuter ce fait invraisemblable, disons qu'on a observé la présence de follicules pileux au niveau de la vessie, de la bouche (Rœdt)[2], au niveau du pharynx et du rectum (Sédillot).

Nombre de nævi pigmentaires présentent à leur surface une garniture de poils volumineux et fortement pigmentés. Ces poils simulaient une palatine jetée sur les épaules et la partie supérieure du tronc d'un enfant de quatre ans (Bodard, 1748).

Van Swieten les a vus se développer sur le cou d'une belle jeune fille, « venustissima puella »; ils donnaient au nævus l'aspect d'une chenille aux couleurs variées.

Ledouble, qui rapporte les deux faits précédents, a observé, avec Lapeyre, chez un jeune homme de 19 ans, un nævus pilaire en « caleçon de bain », et Chaumier a constaté un cas absolument analogue. Ce dernier auteur a vu, chez une femme, un nævus pilaire couvrir toute la joue et donner à cette malheureuse l'aspect d'une « femme à barbe ».

La présence de poils est banale dans la paroi des kystes dermoïdes.

En résumé, la présence de poils n'est pas rare dans les tissus sains ou pathologiques, quand ces tissus sont d'origine ectodermique ou voisins de formations ectodermiques.

Il est intéressant de rappeler ici que chez le lièvre et le lapin on observe une bande étroite de muqueuse buccale, qui commence à la commissure des lèvres et finit au niveau des dernières dents. Cette bande, de forme triangulaire, fait relief sur la muqueuse des joues; on y trouve implantés des follicules pilo-sébacés fort nombreux et des glandes dont la forme est intermédiaire entre la glande en grappe et la glande en tube. Les muqueuses ectodermiques, tout comme le tégument externe, sont donc capables de former des phanères, et si, chez l'homme, on a pu constater des poils au niveau du pharynx, du rectum et de la vessie, c'est que l'ectoderme voisin a dû envoyer, au niveau de ces organes, des colonies épithéliales erratiques.

V. Albinisme. — L'albinisme est une anomalie de l'ectoderme tégumentaire caractérisée par l'absence congénitale de pigment. Les poils de l'albinos sont blancs, à l'exception de ceux des organes génitaux (Rœdt).

VI. — PROPRIETÉS ET FONCTIONS DES POILS

1° Le poil est flexible et élastique. On peut l'enrouler sur lui-même de mille manières : il revient toujours à sa direction primitive quand on l'abandonne à lui-même. « Soumis à une extension lente et graduelle, les poils se laissent allonger d'un cinquième pour la plupart et quelques-uns même du quart de leur étendue; après cette extension ils ne reprennent pas tout à fait leur grandeur primitive. »

2° Le poil est d'une extrême solidité. On a vu l'arrachement du cuir chevelu se produire chez des ouvrières dont la chevelure s'était trouvée prise dans l'engrenage d'une machine. En médecine judiciaire, nous dit Œsterlen, toutes les fois « que l'on trouve des cheveux brisés sur un marteau, sur une pierrre, cet état fragmenté des cheveux devra faire supposer l'emploi d'une telle force qu'un plan résistant d'appui, comme un os, aurait été du même coup infailliblement brisé[3] ».

Toutefois Galippe et Beauregard pensent qu'Œsterlen a singulièrement exagéré cette résistance du poil. En n'exerçant de tractions que sur un cheveu à la fois, ils ont vu, à l'inverse d'Œsterlen, la tige du cheveu se briser et la racine demeurer implantée dans le tégument externe. En saisissant une poignée de cheveux, « les choses se passent différemment ». Il faut bien savoir que nombre de circonstances rendent le cheveu facilement cassant : telle l'application fréquente du fer à friser, telles certaines maladies (fistules biliaires).

3° Mis en présence de l'air humide, le poil dégraissé s'allonge d'un quarante-sixième de son étendue. Cet allongement, qui serait surtout régulier pour les cheveux blonds, était connu de Th. de Saussure, qui l'appliqua dans la construction de son hygromètre.

4° Soumis à la chaleur, les poils présentent des inflexions artificielles. Ils prennent une

1. Brandt considère l'hypertrichose comme l'expression d'un affaiblissement du système tégumentaire. Il en donne pour preuve ce fait que le revêtement pileux est identique au lanugo fœtal. L'anomalie pourrait être qualifiée d'hypertrichose du lanugo fœtal. Le lanugo persiste, tout comme persiste la ramure des cerfs affaiblis par la castration.

2. Rœdt, *loc. cit.*, p. 77, ne cite cette observation que par ouï-dire.

3. 1880. Galippe et Beauregard, *loc. cit.*, p. 860.

forme frisée, et, quand la température augmente encore, ils se crispent, deviennent secs et cassants, et se consument en dégageant une flamme vive et une odeur de corne assez particulière.

5° Les cheveux bien secs s'électrisent parfois sous le frottement du peigne. Ils crépitent et peuvent même produire des étincelles.

« Le fait le plus ancien de ce genre est, d'après Landois (*Traité de Physiologie*), rapporté par Cardan, le médecin mathématicien, qui fait mention d'étincelles sortant des cheveux.

J. Dom Cassini[1] parle d'un seigneur russe qui avait des propriétés analogues à celles de la torpille.

Dans la *Description du galvanisme*, Humbold cite un cas analogue (1799).

Loyer Villermay, dans son *Traité des maladies nerveuses ou vapeurs*, rapporte l'observation d'une hystérique qui, au moindre contact, dégageait des étincelles électriques.

Arago, Hoffmann (1849), Loomis (1857), ont signalé des faits semblables chez des sujets normaux.

Chez les malades, Hosford (*Obs. de la dame électrique*, 1837), Hoffmann, Mussy, Girard Féré, Arndt, Lowenfeld ont publié des observations du même genre, qu'on trouvera réunies dans la thèse de Lueddeckens[2].

A titre de document, je transcrirai le résumé de la belle observation de Feré.

« Il s'agit d'une névropathe qui, vers l'âge de 14 ans, s'aperçut que sa chevelure crépitait et dégageait des étincelles. A l'âge de 27 ans, le phénomène se manifeste avec plus d'intensité. Ses doigts attirent les corps légers (fragments de papier, rubans); ses cheveux, non seulement donnent des étincelles, mais sont plus rebelles à cause de leur tendance à se redresser et à s'écarter les uns des autres. Quand ses vêtements approchent de la peau, il se produit une crépitation lumineuse, puis les vêtements adhèrent à la peau, parfois au point de gêner les mouvements. Les émotions morales augmentent la tension électrique et l'intensité des phénomènes : il se produit une sensation de lassitude, d'impuissance, tandis que les temps secs exagèrent la tension électrique et amènent une excitation générale, une suractivité nettement appréciable. Les phénomènes sont plus marqués du côté gauche où existent des troubles sensoriels. » M. Feré observa, en 1884, de l'œdème des membres inférieurs et des troubles vaso-moteurs qui disparaissaient sous l'influence de l'électricité statique. La peau était d'une sécheresse extrême, comme on put le noter à l'aide d'un hygromètre spécial. L'électromètre subissait spontanément une légère déviation à droite, déviation augmentant beaucoup au moindre frottement.

Le fils de cette malade, à l'âge de 11 ans, présentait les mêmes phénomènes.

Deux faits semblent à retenir de ces observations. Les phénomènes électriques s'observent surtout chez des névropathes ; ils nécessitent pour se produire que la peau soit sèche, et cette sécheresse de la peau procède d'un trouble vaso-moteur.

Il y a lieu de se demander si des faits de cet ordre, observés également par Eble, Sappey, Félizet, n'ont pas été la source des légendes qui relatent une auréole lumineuse sur la tête de certains sujets.

6° Les poils sont d'une grande résistance à la putréfaction. On les retrouve sur les momies égyptiennes, en état de parfaite conservation.

« Des cheveux d'un enfant nouveau-né ont pu séjourner plus de deux ans sur le sol et être retrouvés adhérents encore à un linge, alors que toutes les parties du corps, même les os, avaient disparu. La couleur des cheveux ne parait pas s'altérer sensiblement » (Galippe et Beauregard, *loc. cit.*), bien que certains auteurs admettent qu'en pareil cas le cheveu pâlit.

D'après Orfila (cité par Joannet, *loc. cit.*), les poils sont encore solidement adhérents à la peau 15 jours après une exhumation. Ils se détachent facilement au bout de 40 jours. Après 2 mois, les cheveux sont presque tous détachés des parties molles. Des faits analogues s'observent sur les cadavres jetés dans les fosses d'aisance; le sulfhydrate d'ammoniaque pourrait même retarder la putréfaction (Joannet).

Ajoutons que l'influence du milieu est capable de faire varier dans de larges limites les chiffres donnés par Orfila. Beauregard et Galippe ont vu le cuir chevelu presque entièrement garni de cheveux sur le crâne d'une femme ensevelie depuis un temps « relativement ancien » dans une île du Morbihan.

7° Enfin les poils sont capables de retenir à leur surface, enduite de sébum, nombre de matières organiques ou minérales. Les cheveux des meuniers et des boulangers sont recou-

1. 1777. Cassini. Note à l'Académie des sciences.

2. 1895. Lueddeckens. Zur Kasuistik der Neurosis electrica. *These*. Leipzig. — Voir également : 1896. Vigouroux. Les névroses électriques, *Revue intern. de l'électricité*, p. 377 et 392.

3. 1888. Féré. *Soc. de Biol.*, 14 janvier.

verts de grains d'amidon; ceux des raffineurs, de poussière de sucre; le charbon teint en noir le cheveu des charbonniers, en brun roux celui des individus exposés à la poussière de la houille (Robin.)

8° Traité par certains réactifs chimiques, le cheveu se décolore (eau oxygénée) ou se teint de différentes façons. L'usage du henné, des teintures à base de bismuth, d'argent ou de plomb est en honneur depuis la plus haute antiquité.

L'exercice de certaines professions peut encore modifier la couleur des poils: ces poils sont verts chez les individus qui travaillent le cuivre, noirs chez ceux qui manipulent la ceruse (par réduction du sel de plomb par les produits sulfurés, dégagés par le cheveu), etc.

9° Composition chimique des poils. Gorup Besanez, dans sa *Chimie physiologique*, attribue à la kératine du poil la constitution suivante :

Carbone	50.65
Hydrogène	6.36
Azote	17.14
Oxygène	20.85
Soufre	5

Rôle des poils. — Les poils sont, avant tout, un organe de protection, comme la peau dont ils dérivent.

Barbe et cheveux, surtout quand ils sont secs, emprisonnent entre leurs tiges un matelas d'air; ce matelas d'air diminue d'autant la déperdition de calorique qui s'effectue à la surface du tégument, exposé aux intempéries.

Les vibrisses, la moustache, les poils du conduit auditif externe filtrent l'air qui pourrait souiller et irriter les appareils respiratoire, auditif ou visuel.

Les cils préservent la cornée d'une lumière trop vive; les sourcils arrêtent la sueur qui roule sur le front et menace de tomber dans l'œil.

Ses poils tactiles une fois enlevés, la chauve-souris est incapable de diriger son vol: le chat de chasser la souris.

« La coupe d'une barbe ou d'une chevelure abondante abaisse la température, augmente le chiffre des combustions organiques, éveille l'appétit, et favorise le retour des forces et l'engraissement si l'homme prend en même temps une plus grande quantité d'aliments. Au contraire, la conservation d'une chevelure, en ralentissant la croissance de chaque poil, en particulier, diminue l'élimination qui se fait par cette voie, amène une rétention dans l'économie des matières minérales, de graisse, de produits azotés, lesquels se feront jour par une autre voie. » (Arloing). Les poils ne servent pas seulement au rejet de l'azote. Ils sont encore utilisés par l'organisme pour éliminer des nucléines arsenico-iodées, à l'instar du tégument et de ses autres dérivés (A. Gautier).

NOTES

A) *Follicules pileux ramifiés.* — Il arrive parfois que plusieurs poils de même taille ou de taille différente émergent d'un orifice unique de la peau. En pareil cas, on admet avec Kölliker, Westreim, Robin, que ces poils appartiennent à des follicules ramifiés: de tels follicules s'observent surtout au niveau de la face et des organes génitaux.

Giovannini[1] a eu l'occasion d'étudier chez un enfant des cheveux geminés. Les 2 poils étaient contenus dans une même gaine épithéliale interne. Chacun d'eux était muni d'une papille, mais les matrices des deux poils étaient fusionnées par leur partie inferieure. L'auteur rappelle que Flemming a vu jusqu'à trois poils emerger d'un même follicule pileu

B) L'allongement du poil est consécutif à une néo-formation cellulaire. Les mitoses sont surtout nombreuses dans les 3 ou 4 assises cellulaires qui surmontent la papille et servent de couche génératrice à la substance corticale et à la cuticule. On en observe dans la gaine épithéliale externe.

C) Il résulte de ces faits que le poil detaché de la peau se presente sous deux aspects. C'est un poil à bulbe plein ou à bulbe creux. Le premier peut tomber spontanement ou peut avoir été arraché. Le second a toujours ete arraché; il a souvent emporte avec lui ses gaines épithéliales.

D) Nathusius[3] a vu qu'au moment de la mue le corps du poil est aplati. Il contient seul cette substance medullaire qui fait defaut sur les extremites du phanère. L'auteur se demande donc si l'aplatissement du poil est en rapport avec la presence de la moelle.

1. 1893. Giovannini. *Arch. f. Derm. u. Syphil.*, p. 187.
2. 1884. W. Flemming, Zelltheilung in den Keimschichten des Haares. *Monatshefte f. prakt. Derm.*, n° 5.
3. 1898. Nathusius. Sur les causes de la formation des poils *Arch. Entw. Mech.*, VI, p. 366.

CHAPITRE V

LES POILS DANS LA SÉRIE ANIMALE

Le poil est caractéristique des vertébrés supérieurs (pilifères) au même titre que la glande mammaire ou l'appareil sébacé; mais, avant de passer en revue le système pileux des mammifères, il ne sera pas sans intérêt d'indiquer ce qu'est le poil d'un invertébré, ce qu'est la plume d'un oiseau.

1° ***Poils des invertébrés.*** — Le poil des arthropodes est constitué, non par un groupe de cellules, mais par un produit de différenciation cellulaire, la chitine. La chitine forme une coque, sécrétée par le revêtement ectodermique, et dans cette coque viennent se loger des cellules semblables à celles qu'on rencontre dans le chorion. Quelques-unes d'entre elles sont des cellules nerveuses, des neurones sensitifs périphériques.

2° ***Plume.*** — La plume est une production épithéliale entourée d'un follicule que lui fournit une papille.

« Au point où doit se développer une plume, le derme fait saillie vers l'ectoderme et produit de la sorte une papille. Celle-ci s'accroît de façon à constituer un long cône à sommet libre, le germe de la plume, et, en même temps, elle s'enfonce, par sa base, de plus en plus dans le derme, de sorte qu'elle se trouve ainsi contenue dans une sorte de poche, le follicule de la plume. La couche cornée, ainsi que la couche de Malpighi de l'épiderme se continue sur le fond du follicule, et de là, sur le germe de la plume, dont l'intérieur ou pulpe est formé comme précédemment par les cellules du derme. »

La portion du germe de la plume incluse dans la peau ne subit aucune modification : c'est le tuyau ou racine de la plume. La portion qui fait saillie à la surface du tégument continue à évoluer.

Les cellules malpighiennes prolifèrent; elles forment des bourgeons saillants du côté de la pulpe; ces bourgeons se kératinisent et se séparent les uns des autres. Quand se déchire la couche cornée qui les recouvre, ces bourgeons (rayons) deviennent libres; ils sont tous semblables entre eux; ils constituent le duvet embryonnaire ou plumule.

La plume peut persister durant toute la vie; elle peut se trouver remplacée par une plume définitive.

« Dans ce dernier cas, il se forme de bonne heure, au fond du follicule de la plumule, un second follicule qui se continue avec le premier par un cordon cellulaire, qui présente les mêmes phénomènes évolutifs.

« La papille qui se développe dans son intérieur s'accroît rapidement, et repousse, peu à peu, au dehors le tuyau de la plumule jusqu'à ce qu'il tombe. La nouvelle plume ressemble beaucoup au début à la plumule. Elle est en effet composée primitivement de rayons tous semblables munis à leur tour de rayons secondaires.

« Mais, au bout de peu de temps, un des rayons s'épaissit, s'allonge de plus en plus et devient la hampe ou axe primaire. Sa portion basilaire constitue le tuyau: sa partie libre, saillante, la tige ou rachis. Les autres rayons, dont l'accroissement a été moins rapide, forment les barbes (*vexillum*). Chaque branche latérale de la tige, c'est-à-dire chacune des barbes, représente ainsi, avec ses petits rayons secondaires, une répétition de la plume tout entière. C'est ainsi que se développent les pennes, telles, par exemple, qu'on les rencontre à l'aile et sur la queue. Dans ces régions, les barbes sont très intimement unies les unes aux autres, de façon à former une sorte de feutrage très résistant, imperméable à l'air.

« La papille renfermée dans la base de chaque tuyau sécrète périodiquement, à sa surface, des membranes emboîtées les unes dans les autres, auxquelles on donne le nom d'âme de la plume.

« La chute des plumes et leur remplacement par des plumes nouvelles ou mue, que l'on observe périodiquement chez tous les oiseaux, doit être considérée comme un phénomène analogue au processus de desquamation. » (Wiedersheim [1]).

1. 1890. WIEDERSHEIM. *Anatomie comparée.*

A. BRANCA

3° ***Poils des mammifères.*** — Les poils des mammifères se répartissent en deux groupes. Cuvier[1] les distingue en poils laineux et poils soyeux.

Anatomie. — Les poils laineux, ou laine, sont fins, courts et peu colorés; ils sont frisés et comblent les espaces situés entre la base d'implantation des poils soyeux qui, souvent, les dérobent à la vue. Les poils laineux correspondent au duvet et à la bourre de Milne-Edwards. Ils constituent la laine du mouton.

Les poils soyeux ou soie, sont gros et lustrés; ils sont rigides et longs; ce sont eux qui déterminent la couleur de la robe de l'animal. Ils répondent au jarre de Milne-Edwards. Ils constituent les poils tactiles, les soies du porc, les crins du cheval, les épines du hérisson, les piquants du porc-épic.

La répartition de ces deux ordres de poils est différente. Dans les pays chauds, la fourrure est presque uniquement constituée par des soies. Dans les pays froids, on trouve un duvet abondant entre les soies (fourrure d'été), et ce duvet prend, pendant l'hiver, un développement exubérant (fourrure d'hiver). Il est d'autant plus abondant que la fourrure est plus souple et plus chaude.

Les poils sont groupés chez l'homme comme chez les animaux. « Les épines du porc-pic naissent par séries de 7, 9 ou 11, sur une ligne courbe: dans le paca, c'est par une érie de 3 poils; dans l'aï, les poils semblent implantés en quinconce » (Cuvier). De plus, on observe chez les mammifères (chien, cheval, etc.), à la région du front, de la nuque, etc., des courants, des tourbillons, des lignes nodales.

C'est chez les cétacés cétodontes que les poils sont le moins développés; ils sont représentés uniquement par une paire de soies implantées sur la lèvre supérieure, et, chez quelques cétacés, ces soies n'existent que pendant la période fœtale.

Les poils des mammifères sont généralement plus nombreux que chez l'homme. On en compte par millimètre carré :

Animal.	Nombre de poils.
Mouton mérinos	64 à 88
Lièvre	175
Taupe	400
Ornithorhynque	600

Les poils sont également plus développés sur le dos qu'à la face ventrale. Nous avons noté une disposition inverse dans l'espèce humaine. Toutefois, chez l'orang, les poils de la face antérieure du tronc sont très développés (Deniker et Chudzinski, 1882).

En règle générale, la fourrure est plus foncée sur le dos que sur le ventre, mais les exceptions à la règle ne sont pas rares : le blaireau par exemple a le ventre noir.

La couleur du poil varie avec le climat. Enfin, sous un même climat, et dans les climats froids en particulier, on observe des variations saisonnières que précède le phénomène de la mue. L'écureuil dont les poils sont d'un brun roux, pendant l'été, devient gris, pendant la saison d'hiver.

La forme des poils ne varie pas moins que leur couleur. Les poils sont droits ou onduleux, ronds ou aplatis ou creusés en gouttière (Musc).

Engainés dans un seul follicule, on les voit souvent sortir, en plus ou moins grand nombre (15 sur le lapin, 30 sur l'ornithorhynque) (Welcher), d'un même orifice de la peau.

Enfin « beaucoup de singes ont le visage orné de barbe, de favoris ou de moustache, apanage du sexe masculin ou la tête recouverte de cheveux pouvant atteindre une grande longueur[2] ».

Tels sont les caractères anatomiques du poil. Ces caractères seraient beaucoup plus fixes qu'on ne s'est plu à le dire jusqu'ici. Les particularités de forme et de couleur que présente le poil chez les équidés, domestiques ou sauvages, semblent assez constantes à Nathusius pour servir à la taxinomie. Elles pourraient être utilisées « pour remonter à l'origine des races » toutes les fois que les études craniologiques demeurent sans résultat[3].

Structure. — A des modifications secondaires près, le poil des mammifères est d'une structure comparable à celle du poil humain.

C'est ainsi que le sac fibreux des poils tactiles prend chez le cobaye l'aspect des lames cornéennes et chez la taupe, il présente, çà et là, des points d'ossification.

La papille, renflée en bouton dans les poils du mufle du cobaye, est conique dans le groin du cochon, et sphéro-conique dans les poils tactiles du rat et du cobaye.

1. 1805. Cuvier. *Leçons d'anat. comp.*, 2e éd., t. II, leçon XIV, p. 534 et seq.
2. 1872. Darwin. *La descendance de l'homme*, t. I, page 24 et t. 2, p. 311.
3. 1897. Nathusius. Sur la forme et la couleur des poils envisagés comme criterium de l'hérédité chez les Équidés et spécialement chez les hybrides. *Landwirthsch. Jahr.*, XXVI, p. 317.

Les gaines épithéliales subissent, avec les espèces, des variations assez considérables. C'est ainsi que, chez le chien, la couche de Huxley compte 4 à 5 assises cellulaires.

Le poil lui-même diffère quelque peu du poil humain. « Il y a des animaux, la taupe par exemple, dont les poils présentent des parties alternativement renflées et amincies, ce qui indique des alternatives correspondantes d'accroissement et de diminution de la papille, et comme une sorte de rythme dans son évolution » (Ranvier). D'autres, comme le porc-épic ont des poils dont la couleur se répartit sous forme d'anneaux superposés, alternativement clairs et foncés.

L'épidermicule est formé de cellules dont les bords sont très apparents.

Certains animaux (comme les édentés, le tatou), ont une couche d'air interposée entre l'épidermicule et le cortex (Welker).

Chez la plupart des vertébrés, le cortex forme un étui des plus minces à la substance médullaire qui est à peu près constante et toujours bien développée. Ce sont là des caractères très spéciaux, et leur importance est telle qu'ils sont toujours pris en considération, en matière d'expertise médico-légale.

Aussi donnons-nous, à titre de document, le tableau suivant. Il permet d'établir le rapport de largeur entre la moelle du poil et sa tige chez quelques animaux.

Animal	Moelle.	Tige.
Barbet	8 µ	25 µ
Chien (dos)	84 µ	11 µ
Chien jeune	8 µ	24 µ
Chat (dos)	57 µ	75 µ
Chat (ventre)	10 µ	15 µ
Vache (dos)	57 µ	96 µ
Lapin	57 µ	75 µ
Lièvre	99 µ	108 µ
Taupe (poil fin)	6 µ	8 µ
Taupe (poil gros)	18 µ	24 µ

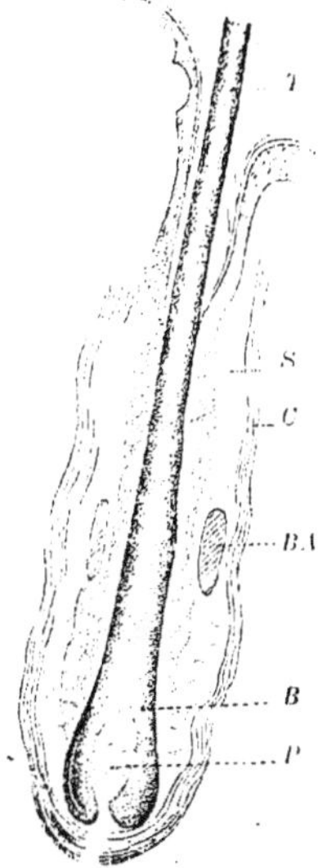

Fig. 575. — Coupe d'un poil tactile.

T, sa tige prolongée par une racine terminée par un renflement, B, le bulbe. Ce bulbe est excavé pour recevoir une papille vasculaire *P*. La racine du poil est bordée par une bande gris clair. C'est la gaine externe du poil, limitée en dehors, dans la moitié supérieure de la racine, par un mince liséré blanc, le corps conique, renflé à sa partie inférieure pour former le bourrelet annulaire *B.A.* Les vaisseaux sanguins forment un réseau, dans la moitié inférieure de la racine, et un sinus *S*, dans la moitié supérieure de cette même racine. Plus au dehors, la gaine fibreuse du poil *C*.

Poils tactiles. — Bien qu'on ait cru en voir au niveau de la joue, de l'orifice des narines, du conduit auditif externe, il est certain que les poils tactiles font défaut chez l'homme.

Situés surtout au niveau des lèvres et du museau, ils sont connus sous le nom de moustaches. On les observe chez le rat, le lapin, le cobaye, le chat, etc. Implantés sur une courte surface, ils ont l'aspect de longs poils, soyeux et raides, et s'écartent de leur surface d'implantation, à la façon d'un eventail.

La structure du poil tactile est en tout semblable à celle d'un poil ordinaire. C'est dire qu'autour du poil on trouve une gaine épithéliale, une membrane basale, un sac fibreux fort épais, une papille volumineuse et souvent effilée. « Dans les grands poils tactiles, la papille vasculaire, après avoir fourni un réseau dans la base du bulbe pileux, se continue en une anse vasculaire qui parcourt une certaine longueur de l'axe de la racine du poil, anse vasculaire accompagnée d'un tissu presque amorphe, vaguement fibrillaire.... Ce n'est qu'à partir du point où se termine l'anse vasculaire centrale qu'on trouve dans l'axe du reste du poil la véritable substance médullaire formée de cellules épidermiques arrondies ou polyédriques, souvent aplaties. » (M. Duval[1].)

A ces parties fondamentales du poil, s'ajoutent un certain nombre de formations qui sont tout à fait spéciales aux poils tactiles.

1° Tout d'abord, une masse de tissu muqueux s'interpose entre la membrane vitrée et la gaine fibreuse du poil. Ce tissu muqueux occupe la moitié ou les deux tiers inférieurs de la racine du poil. Il est constitué essentiellement par des cellules conjonctives.

2° Outre ce tissu muqueux on remarque encore, dans le poil tactile, un appareil vasculaire complexe. L'artère de distribution du poil ne donne pas seulement naissance aux

1. 1873. Duval. Poil et plume, note pour servir à l'étude de quelques papilles vasculaires. Vaisseaux des poils, substance médullaire. *Journal de l'anatomie et de la physiologie,* janvier.

réseaux vasculaires de la gaine fibreuse et de la papille. Aussitôt après avoir traversé la gaine fibreuse, l'artère afférente envoie de longues branches latérales qui contournent le bulbe du poil et se prolongent sur la moitié ou les deux tiers inférieurs de la racine. Ils entourent cette racine d'un véritable manchon vasculaire.

Dans sa moitié profonde, le manchon vasculaire est constitué par des vaisseaux qui sont comme coulés dans la gangue du tissu muqueux interposée entre la vitrée et le sac fibreux du poil.

Ces vaisseaux en s'élevant augmentent de calibre, multiplient leurs anastomoses, viennent au contact les uns des autres, si bien que le tissu muqueux de soutien disparaît presque complètement. La moitié supérieure du manchon vasculaire représente un véritable « sinus circulaire » ou lac sanguin « construit à la façon exacte d'un angiome caverneux ».

Bref, entre la gaine épithéliale et le sac fibreux s'interpose dans le poil tactile une formation vasculo-connective. Cette formation entoure la partie profonde de la racine, et les deux parties qui la constituent par leur pénétration réciproque présentent un développement inverse. Le tissu muqueux est abondant dans la moitié inférieure du manchon et rare dans sa moitié supérieure. Quant au réseau vasculaire, il forme un filet dont les travées délicates augmentent de nombre et de calibre, au point de constituer un véritable sinus dans la moitié supérieure du manchon vasculaire.

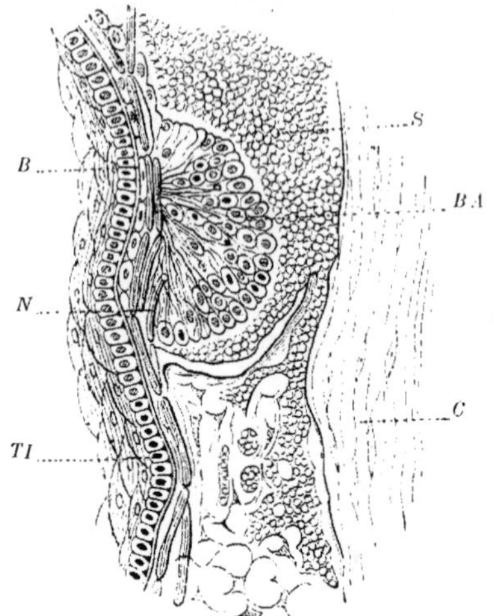

Fig. 576. — Coupe longitudinale d'un poil tactile, intéressant la région du bourrelet annulaire. (D'après Renaut, emprunté à Arloing.)

TI, gaine du poil limitée extérieurement par la basale *B*. En dehors de la basale, se trouve le bourrelet annulaire *BA*, qui est comme appendu à un mince cordon cellulaire, le corps conique. — *N*, tubes nerveux distribués au bourrelet annulaire. — *S*, sinus sanguin. — *C*, tissu conjonctif (gaine conjonctive du poil).

3° Certaines cellules de la gaine épithéliale externe se chargent de graisse, et subissent l'évolution sébacée. Comme elles sont situées au voisinage les unes des autres, elles simulent un glomérule au centre duquel il existe une lumière pleine de sébum. La « glande sébacée glomérulée » (Ranvier) n'a pas d'enveloppe conjonctive : elle n'est qu'un territoire différencié de la gaine épithéliale externe.

4° Enfin, au-dessous de la glande sébacée, on voit le derme se prolonger par un coin de tissu fibreux ; ce tissu fibreux s'interpose entre la vitrée d'une part, et la moitié *supérieure* du lac sanguin, d'autre part; il constitue le *corps conique* dont le sommet dirigé en bas se renfle brusquement pour former, autour du poil, une sorte d'anneau, le *bourrelet annulaire*.

Ce bourrelet annulaire est constitué par du tissu muqueux chez la taupe et le lapin, par du tissu fibro-hyalin chez le rat. On y voit donc, chez ce dernier animal, des faisceaux conjonctifs délicats qui circonscrivent des mailles occupées par des cellules rondes et transparentes comme du verre.

5° Les muscles destinés aux poils tactiles sont des muscles striés. Insérés d'une part à la partie profonde du derme et d'autre part sur le sac fibreux, ils sont constitués par un mélange de fibres pâles et de fibres foncées.

6° Les nerfs des poils tactiles proviennent de la VIe et de la VIIe paire cranienne.

Retzius a montré que, chez l'embryon, ces nerfs aboutissent à des arborisations fibrillaires. C'est seulement plus tard que s'effectue la terminaison des nerfs, dans les disques tactiles.

Chez l'adulte, les nerfs destinés aux poils tactiles sont formés chacun par quatre ou cinq faisceaux. Ces faisceaux, enveloppés d'une gaine lamelleuse, sont composés chacun de quinze ou vingt fibres, qui sont des fibres de Remak ou des fibres à myeline. Ces nerfs perforent obliquement le sac fibreux au niveau du bulbe du poil; ils cheminent à la surface du poil, au milieu du tissu muqueux et des vaisseaux sanguins interposés entre la membrane basale et la gaine fibreuse.

Arrivés au niveau du bourrelet annulaire, ils s'insinuent entre lui et la vitrée, puis ils se branchent en Y. Les segments interannulaires, que présentent, dès lors, les tubes à myeline, sont remarquablement courts. Ils cheminent entre les cloisons conjonctives, qui séparent les éléments globuleux du bourrelet, et perdent leur myeline.

Les fibres nerveuses, nées de la sorte, se répartissent en deux groupes. Les unes restent en dehors de la vitrée, les autres traversent cette membrane.

Les premières se terminent par un prolongement élargi, soit entre les cellules globuleuses du bourrelet soit à la surface de la vitrée.

Les cylindres-axes qui franchissent la basale du poil tactile sont de beaucoup les plus nombreux. Ils se divisent et se subdivisent à la face interne de la vitrée et se terminent de deux façons. Les uns forment des arborisations terminales autour des cellules malpighiennes de la gaine épithéliale externe; les autres se terminent par des ménisques, étalés parallèlement à la surface du poil. Ces ménisques, par leur concavité inféro-externe, embrassent une cellule épithéliale de forme globuleuse.

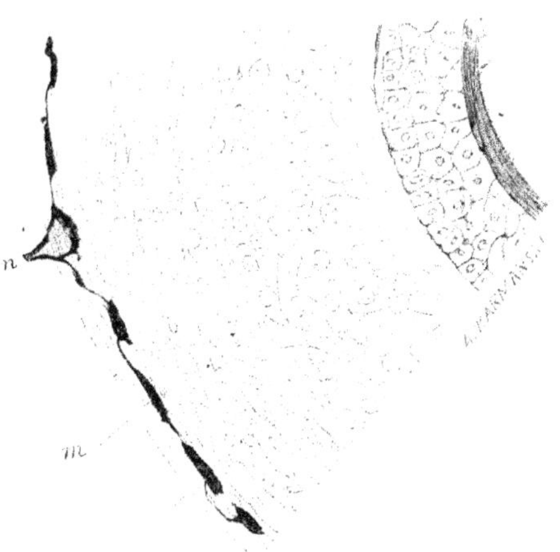

Fig. 577. — Poil tactile de la moustache du lapin, traité par le chlorure d'or et l'acide formique. — Coupe transversale au niveau du bourrelet annulaire. (D'après Ranvier.)

n, fibre nerveuse. — *m*, ménisque tactile. — *e*, gaine épithéliale externe. — *i*, gaine épithéliale interne. — *p*, poil. — *v*, membrane vitrée.

Quand une excitation vient à mettre en jeu le poil tactile, il se produit d'abord un réflexe moteur. Sous l'influence de ses muscles, le poil se redresse. En se redressant, il comprime les vaisseaux veineux du lac sanguin; celui-ci ne tarde pas à se distendre, d'autant plus que les artérioles afférentes, moins compressibles que les veines, laissent encore arriver le sang. Aussi les terminaisons nerveuses sont-elles comprimées entre le poil et le lac sanguin. Elles sont prêtes à fonctionner et à transmettre aux neurones sensitifs périphériques les impressions qu'elles vont recevoir.

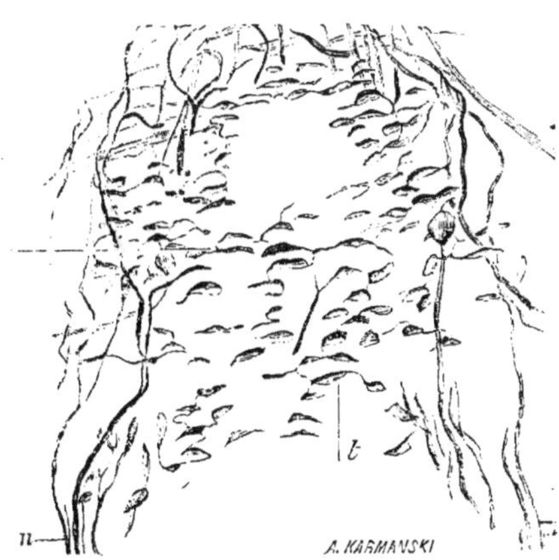

Fig. 578. — Poil tactile de la moustache du lapin, traité par le chlorure d'or et l'acide formique. Coupe tangentielle comprenant la membrane vitrée, la gaine épithéliale externe sous-jacente. (D'après Ranvier.)

n, fibre nerveuse donnant une arborisation, *a*, sur les branches de laquelle se trouvent des ménisques tactiles, *t*.

On consultera sur cette question : Eble. *Lehre von der Haaren*, I, p. 181. — Jobert. Études d'anatomie comparée sur les organes du toucher. *Annales des Sciences naturelles*, XVI, 1872. — Schöbl. Das aussere Ohr der Igel als Tastorgan. *Arch. f. mikr. Anat.*, VIII, 1872; — Ueber die Nervenendigung an dem Tasthaaren der Saugethiere. *Arch. f. mikr. Anat.*, IX, 1873. — Arnstein. Die Nerven der behaarten Haut. *Ac. des Sciences de Vienne*, octobre 1876. — Lœwe. Bemerk. z. Anat. der Tasthaare. *Arch. f. mikr. Anat.*, 1878. — Bonnet. Studien über die Innervation der Haarbalge der Hausthiere. *Morph. Jahrb.*, IV, 1878. — Renaut. Nerveux (système), in *Dict. Encycl. des Sc. méd.*, 1878; — *Traité pratique d'histologie*, II, p. 1050, 1899. — Ranvier, *Traité technique d'histologie*, 1889, p. 701 (2e éd.). — Oustromow Arnstein. Die Nerven der Sinushaare. *Anat. Anzeiger*, 1893. — P. Ksjunin. Zur

Frage über die Nervenendigungen in den Tast oder Sinus Haaren. *Arch. f. mikr. Anat.*, 1899, p. 403.

Évolution. Anomalies. — L'évolution du poil et du système pileux est la même chez les mammifères que chez l'homme; c'est dire que la mue ou la canitie, par exemple, s'observent chez les divers mammifères (chien, chat).

Il n'est pas jusqu'aux anomalies du système pileux qu'on ne puisse retrouver chez les mammifères.

L'alopécie congénitale a été observée aux États-Unis et au Mexique sur une race de chiens d'origine chinoise. Elle a été notée également chez le cheval (Savary[1], 1900) et chez le chat. Elle s'accompagnait de l'atrophie du système dentaire.

L'hypertrichose est également connue: Louis II (le Samson de la race chevaline) avait une queue de onze pieds et une crinière de seize (cité par Ledouble).

L'albinisme total ou partiel n'est pas rare chez les cervidés (Rorig).

Phylogénèse des poils chez les mammifères. — Quatre hypothèses ont été émises sur l'origine des poils chez les mammifères.

1° Pour certains auteurs, les poils sont comparables aux écailles cornées des reptiles.

2° Pour d'autres ils dérivent des proliférations épidermiques qui sont disséminées sur le tégument des animaux à température variable.

3° Maurer a tenté d'homologuer les poils aux organes sensoriels de la peau des amphibiens, en raison de leur mode de développement. Les uns et les autres procéderaient d'ébauches uniques, qui bourgeonneraient pour donner naissance aux germes des poils et des organes sensoriels. De Meijère[2] a soulevé des objections contre cette hypothèse. Pour lui les poils sont originellement groupés 3 par 3; les poils de la triade pileuse proviennent d'un germe, *isolé dès l'origine*. Le poil médian atteint toujours la taille la plus volumineuse. Cette disposition primitive se complique plus tard du fait de l'apparition de nouveaux poils.

4° Tout récemment, A. Brandt[3] écrit que les poils sont comparables aux dents et aux écailles placoïdes des Sélaciens. Il a eu l'occasion d'observer sur la gueule d'un requin, des piquants roïdes dont la structure était celle des poils. Il conclut que les poils sont des dents cutanées qui n'ont pas subi la calcification : autrement dit, les dents buccales seraient des poils minéralisés. A l'aide de ces données, l'auteur cherche à établir l'arbre généalogique des vertébrés. Les Sélaciens seraient les ancêtres des mammifères. Les reptiles qui sont revêtus d'écailles, les oiseaux avec leurs plumes se rattacheraient à une autre source[4].

1. 1900. Savary. *Rec. de méd. vétér.*, t. VII, p. 538.
2. 1899. De Meijère. *Anat. Anzeig.*, XVI, p. 249.
3. 1898. A. Brandt. *Biol. Centralbl.*, XVIII, p. 257.
4. Pour la bibliographie du tégument externe et de ses dérivés, je me borne à renvoyer aux dictionnaires de Jaccoud (article de Ch. Richet) et de Dechambre (articles de Robin et Retterer), au traité de Kolliker et à l'article de v. Brunn (*Handbuch d. Anat. d. Menschen*).

Décembre 190[illegible]

APPAREIL MOTEUR DE L'OEIL

Par M. MOTAIS (d'Angers).

Membre correspondant de l'Académie de Médecine, Professeur de clinique ophtalmologique.

L'anatomie de l'appareil moteur de l'œil de l'homme comprend : 1° les *muscles*, 2° l'*aponévrose*, désignée sous le nom de *capsule de Ténon*.

CHAPITRE PREMIER

MUSCLES

Les muscles contenus dans l'orbite se partagent en deux catégories :

Les muscles **intrinsèques** de l'œil : muscle ciliaire et muscle de l'iris, à fibres lisses. Ces muscles seront étudiés au chapitre de l'anatomie de l'œil.

Les muscles **extrinsèques** au nombre de six : quatre *muscles droits* et deux *muscles obliques*, auxquels nous joindrons, dans son trajet orbitaire, le *muscle releveur de la paupière*. Ces sept muscles sont à fibres striées [1]

I. — MUSCLES DROITS

Nombre. Définition. — Chez l'homme, comme chez tous les vertébrés, les muscles droits sont au nombre de quatre.

On les désigne sous le nom de *muscles droits*, parce qu'ils se rapprochent du parallélisme avec l'axe antéro-postérieur du globe. Cette dénomination, consacrée par l'usage, n'est rigoureusement exacte ni au point de vue anatomique, comme un simple coup d'œil permet de le constater (fig. 580 et 581), ni au point de vue physiologique, les muscles dits droits étant tous, par leur insertion orbitaire antérieure, des *muscles réfléchis*. Elle est cependant acceptable, sous ces réserves, chez l'homme et les mammifères.

Mais, dans un grand nombre de vertébrés (poissons, reptiles), les muscles qu'on appelle toujours muscles droits forment avec l'axe du globe un angle très ouvert, parfois obtus, en sorte qu'ils sont, en réalité, autant ou plus obliques que les muscles obliques proprement dits (fig. 579).

Forme. — Le corps musculaire est aplati et rubané en forme de triangle isocèle dont la base est en avant. Il se termine en arrière par des fibres tendi-

1. Nos figures ont été dessinées d'après nos pièces anatomiques par M. le Dr Mareau, professeur d'anatomie à l'École de médecine d'Angers.
Se reporter pour la discussion complète des parties nouvelles de ce travail à notre mémoire sur l'« Anatomie et la physiologie de l'appareil moteur de l'œil de l'homme, » in *Encyclopédie française d'ophtalmologie*, t. I.

neuses courtes et serrées, en avant par un tendon allongé, mince, plus large que le muscle.

Volume et longueur. — La section du corps du muscle donne les surfaces suivantes (Volkmann) :

Muscle droit interne	17mm,4
Muscle droit externe	16,7
Muscle droit inférieur	15,9
Muscle droit supérieur	11,3

D'après le même auteur, tous les muscles droits présentent à peu près une longueur égale; ils atteignent, en moyenne, 40 millimètres

On remarquera que les muscles les plus volumineux sont le muscle droit interne, chargé de la double fonction de convergence et d'adduction, et le muscle droit externe qui lui fait équilibre.

Insertion orbitaire ou postérieure. — Tous les muscles droits — accompagnés du muscle oblique supérieur et du muscle releveur de la paupière — groupent leurs insertions orbitaires dans un cercle très resserré entourant le trou optique. Ils se fixent sur la gaine du nerf optique et sur le *tendon ou ligament de Zinn* (fig. 580).

Le *tendon de Zinn* est une lame fibreuse, très résistante, qui s'insère dans une fossette — transformée parfois en un petit tubercule rugueux — du corps du sphénoïde et se divise en trois languettes destinées à trois des muscles droits :

Le *muscle droit interne* (DIN) s'insère : 1° sur la branche interne du ligament de Zinn; 2° sur la partie interne de la gaine du nerf optique.

Le *muscle droit externe* (DE) s'insère : 1° sur la branche externe du ligament de Zinn; 2° sur l'anneau fibreux du nerf moteur oculaire externe.

Le *muscle droit supérieur* (DS) s'insère : 1° sur la gaine du nerf optique, au-dessous du muscle releveur de la paupière; 2° sur la partie interne de la fente sphénoïdale, entre cette fente et le trou optique, faisant suite à l'insertion du muscle droit externe.

Le *muscle droit inférieur* (DI) s'insère à la branche moyenne — la plus large — du ligament de Zinn

Le *muscle releveur de la paupière* (MR), que nous mentionnons ici à cause de ses rapports avec le muscle droit supérieur sur lesquels nous aurons à revenir, s'insère sur la gaine du nerf optique, au-devant du trou optique, au-dessus de l'insertion du muscle droit supérieur.

Direction et rapports. — De leur insertion orbitaire, les quatre muscles droits se portent en avant, en divergeant, jusqu'à l'équateur du globe. De l'équateur jusqu'à l'insertion scléroticale, ils s'enroulent, en convergeant, sur l'hémisphère antérieur. Ils forment donc un cône dont le sommet est en arrière, la base ouverte en avant et la partie la plus large au niveau de l'équateur de l'œil.

Dans leur trajet, les muscles droits présentent deux parties dont les rapports sont distincts.

Une *partie postérieure* ou *orbitaire*, située dans la loge orbitaire, *en arrière de l'aileron*.

Une *partie antérieure* ou *oculaire*, située sous la conjonctive et sur la cavité de Ténon, *en avant de l'aileron*.

Portion orbitaire. — Elle est étendue de l'insertion postérieure à la naissance de l'aileron; elle est la plus longue, mais variable suivant la position de l'aileron.

Dans la loge orbitaire, la *face profonde* des muscles droits repose sur une masse graisseuse qui la sépare du nerf optique, des vaisseaux et nerfs ciliaires. Cette couche adipeuse se prolonge en avant, sur l'hémisphère postérieur de l'œil, jusqu'au point où la gaine musculaire profonde se replie en arrière sur cet hémisphère.

La *face superficielle* de la portion orbitaire, recouverte de sa gaine, est en rapport avec le périoste de la cavité orbitaire auquel l'unissent des trabécules celluleux plus ou moins nombreux et résistants.

Dans toute cette région, c'est-à-dire du fond de l'orbite à la naissance de l'aileron, la face superficielle du muscle apparaît en effet à peu près à nu, recouverte seulement, en des points variables, de quelques lobules adipeux isolés, du moins chez les sujets maigres ou d'un embonpoint moyen. L'étendue de cette surface à peu près dénudée dépend naturellement du point d'origine de l'aileron.

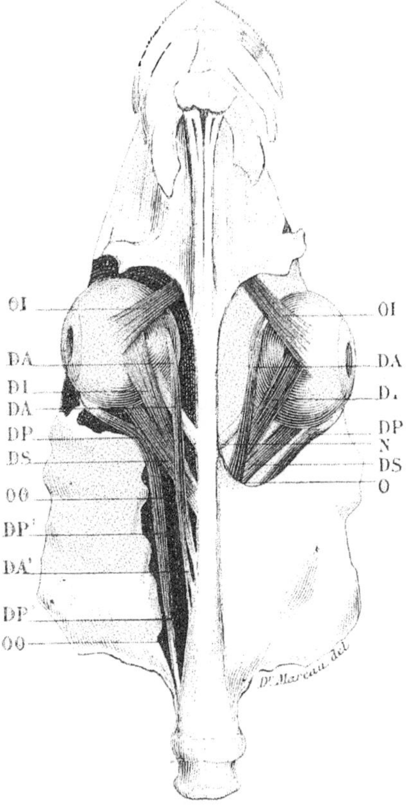

Fig. 579. — Muscles de l'œil du maquereau (scomber scombrus).

DA, DA', muscle droit antérieur (correspondant au muscle droit interne de l'homme). — DP, DP', muscle droit postérieur (correspondant au muscle droit externe de l'homme). — DI, muscle droit inférieur. — DS, muscle droit supérieur. OI, muscle oblique inférieur. — O, orifice du canal sphénoïdal. Le muscle droit posterieur se réfléchit sur cet orifice. Le canal sphénoïdal est ouvert à gauche OO, la paroi inféro-externe étant enlevée. Ce canal se prolonge jusqu'à l'articulation occipito-vertébrale et loge tous les muscles droits. — N, nerf optique. Les muscles droits, notamment le muscle droit antérieur, forment avec l'antéro-postérieur du globe un angle plus ouvert que celui des muscles obliques.

Pour les muscles droits interne et externe, elle est de 20 à 22 millimètres; pour le muscle droit inférieur, de 22 à 24 millimètres; pour le muscle releveur, de 27 à 28 millimètres.

Par leurs *bords*, les muscles droits sont en rapport avec leurs voisins dont ils sont séparés par des bourrelets adipeux. En outre de cette disposition générale, quelques rapports particuliers à certains muscles sont à signaler.

Le ganglion ophtalmique s'applique sur le nerf optique, en regard de la face profonde du muscle droit externe, à 5 millimètres environ du trou optique. Entre les deux branches du tendon postérieur du muscle droit externe existe une boutonnière fibreuse dans laquelle passent les nerfs moteur oculaire externe et nasal. A sa sortie du trou optique, l'artère ophtalmique se place entre le nerf optique et la face profonde du muscle droit externe.

La face superficielle du *muscle droit supérieur* offre des rapports qui lui sont propres. Elle est recouverte, dans ses deux tiers internes en arrière, et

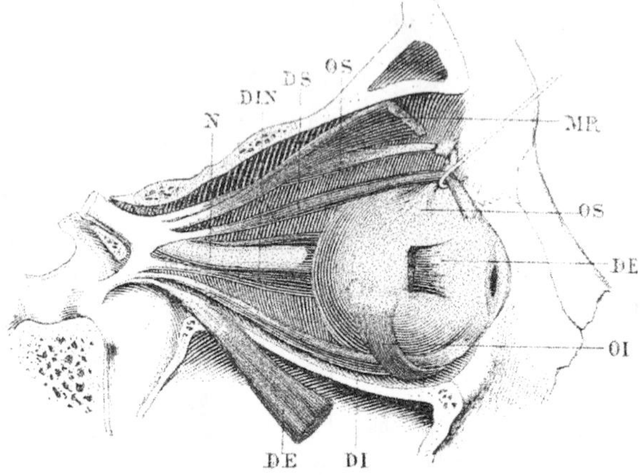

Fig. 580. — Muscles de l'œil chez l'homme.

DE, DE, muscle droit externe sectionné. — DI, muscle droit inférieur. — DIN, muscle droit interne. — DS, muscle droit supérieur écarté pour découvrir l'insertion bulbaire du muscle oblique supérieur. — OS, muscle oblique supérieur. — OI, muscle oblique inférieur. — MR, muscle releveur de la paupière dont le tendon est excisé. — N, nerf optique. — Le tendon de Zinn — non désigné — se reconnaîtra facilement par l'insertion des trois muscles droits externe, inférieur et interne.

complètement en avant, par le muscle releveur de la paupière. Les deux muscles, issus du même point de départ, se superposent, suivent exactement le même trajet, décrivent la même courbe, jusqu'à leur partie antérieure où des connexions aponévrotiques assez denses les unissent encore plus intimement.

Signalons encore la direction du muscle droit supérieur légèrement inclinée d'arrière en avant et de dedans en dehors. Le muscle droit inférieur s'incline dans le même sens.

Portion oculaire. — Étendue de l'aileron à l'insertion bulbaire

Cette portion est la plus courte; elle varie dans son étendue, comme la portion orbitaire, mais en sens inverse, suivant la position de l'aileron.

Elle apparaît très nettement après dissection de la conjonctive et de la capsule antérieure. Formée de l'extrémité antérieure du muscle et de son tendon, elle offre les longueurs suivantes (moyennes de 14 mensurations) :

Muscle droit supérieur.	13mm
Muscle droit inférieur	9
Muscle droit interne.	16
Muscle droit externe.	19

En avant de l'implantation de l'aileron, la *face superficielle* du muscle, doublée de la capsule antérieure, se trouve dans le cul-de-sac conjonctival. L'aileron, près de son point de départ, se couche sur elle, puis s'en écarte pour gagner le rebord orbitaire. La conjonctive lui succède et recouvre — la capsule antérieure étant toujours interposée — l'extrémité antérieure du muscle et le tendon jusqu'à l'insertion sclérotieale. Les 9/10 de la portion antérieure du muscle sont donc situés sous la conjonctive. La profondeur des culs-de-sac conjonctivaux est limitée par la longueur de la partie oculaire du muscle, ou, ce qui est équivalent, par le point de départ de l'aileron.

Face profonde. — La face profonde de la portion oculaire est *en rapport avec la séreuse oculaire et la cavité de Ténon et forme à ce niveau, la paroi externe de cette cavité.*

Bords. — A la lèvre superficielle des bords des muscles et des tendons s'insère la capsule antérieure; à la lèvre profonde, la séreuse oculaire.

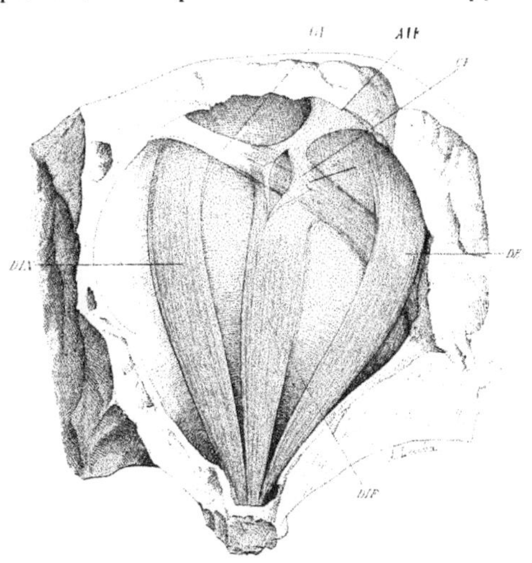

Fig. 581. Muscles de l'œil de l'homme : face inférieure.

DIX, muscle droit interne. — *DIF*, muscle droit inférieur. — *DE* muscle droit interne. — *OI*, muscle oblique inférieur. — *CF*, cravate fibreuse. — *AIF*, aileron inférieur

Insertion sclérotieale des muscles droits. — L'étude anatomique du tendon antérieur et de l'insertion sclérotieale des muscles droits prend un grand intérêt des opérations fréquentes qui s'y pratiquent (strabotomie par reculement, strabotomies par avancement, opération de Motais, etc.) Nous avons mesuré avec soin les tendons et les insertions bulbaires de 19 sujets. Les mesures déjà prises par les auteurs s'accordent à peu près avec les nôtres, mais nous les avons complétées sur plusieurs points importants.

Structure des tendons. — Les tendons sont formés de fascicules fibreux parallèles, rectilignes, sans anastomoses. Une seule couche fibreuse existe près des bords toujours plus minces; vers le centre, deux et parfois trois couches (muscle droit interne) sont superposées.

Les fascicules sont réunis par du tissu conjonctif assez résistant. Cependant ces lamelles conjonctives que n'entrecroise aucune anastomose fibreuse se laissent assez facilement couper par une suture. On a proposé divers artifices opératoires pour parer à cet accident. Dans tous les cas, il est rationnel, non seulement de comprendre dans la suture la capsule antérieure, mais de passer l'aiguille dans la partie épaisse du tendon, à 3 ou 4 millimètres du bord. Cette précaution est encore plus indiquée dans les yeux myopes dont les tendons s'amincissent par l'allongement.

En outre des faisceaux réguliers qui forment le corps du tendon, nous avons souvent rencontré près des bords et surtout au centre, des fibrilles détachées de la face profonde, s'implantant sur la sclérotique de 1 à 5 millimètres en arrière de l'insertion principale. Nous avons constaté ce fait, non seulement dans les vieux strabismes, mais à l'état normal. Dans toute strabotomie, d'ailleurs correcte, dont l'effet demeure à peu près nul, il sera donc prudent de passer le crochet à quelques millimètres en arrière de l'insertion.

LONGUEUR DES FIBRES TENDINEUSES.

(Mesures prises sur la face superficielle).

Muscle		
Muscle droit supérieur	centre	[illegible]
	bords	8
Muscle droit inférieur	centre	7^{mm}
	bords	3 à 4
Muscle droit interne	centre	7^{mm}
	bords	7
Muscle droit externe	centre	8^{mm}
	bords	11

LARGEUR DES TENDONS.

(Mesures prises à 5^{mm} au-dessus de l'insertion).

Muscle	
Muscle droit supérieur	8^{mm}
Muscle droit inférieur	6,5
Muscle droit interne	7
Muscle droit externe	6

LARGEUR DE L'INSERTION.

	FUCHS.	MOTAIS.
Droit supérieur	10^{mm},6	11^{mm}
Droit inférieur	9,8	9,5
Droit interne	10,3	10,5
Droit externe	9,2	9

POSITION DES INSERTIONS PAR RAPPORT AUX MÉRIDIENS DE LA CORNÉE. — Le milieu des tendons et des insertions bulbaires n'est jamais en regard du méridien correspondant de la cornée. Les chiffres suivants sont pris du point de l'insertion situé sur le prolongement du méridien aux deux extrémités de l'attache tendineuse (fig. 583).

Muscle		
Droit supérieur	extrémité externe	
	extrémité interne	
Droit inférieur	extrémité externe	4,25
	extrémité interne	5,25
Droit interne	extrémité supérieure	5,5
	extrémité inférieure	4,5
Droit externe	extrémité supérieure	5,5
	extrémité inférieure	3,5

L'étendue de l'insertion excède donc :

Muscle	
Muscle droit interne	1^{mm} en haut.
Muscle droit inférieur	1 en dedans.
Muscle droit externe	[illegible] en haut.
Muscle droit supérieur	[illegible] en dehors.

Il est indispensable de noter ces chiffres :

1° Dans les strabotomies, pour prolonger le coup de ciseaux dans le sens indiqué. Dans la strabotomie du muscle droit supérieur en particulier, si la situation très excentrique et la direction fuyante en arrière de l'extrémité externe n'était pas présente à l'esprit, on laisserait facilement échapper quelques fibres tendineuses.

2° Dans notre opération de ptosis, nous tenons à prendre la languette au milieu même du tendon pour ne pas modifier l'action complexe du muscle. On se souviendra donc que la boutonnière doit être pratiquée et la languette taillée un peu en dehors (2 à 3 millimètres) du méridien de la cornée.

Direction de la ligne d'insertion. — Pour toutes les parties du tendon qui ne sont pas situées en face des méridiens de la cornée, nous prenons nos mesures sur une tangente passant par l'extrémité de ce méridien. Si nous disons pour simplifier « distance à la cornée », il s'agira donc en réalité de la distance à la tangente.

Muscle droit supérieur (fig. 583, DS). — L'extrémité externe est à 11 millimètres de la cornée. Partant de ce point, l'insertion se porte, dans un coude brusque de 3 millimètres, en avant et un peu en dedans. Le sommet du coude est à 9 millimètres de la cornée. De là, la ligne devient régulièrement oblique en dedans et en avant jusqu'à 3 millimètres de l'extrémité interne. En ce point, la distance à la cornée est de 6 mm. 5 (milieu, 8 millimètres). Puis l'insertion s'infléchit assez fortement en arrière et légèrement en dedans jusqu'à l'extrémité interne située à 7 mm. 3 de la cornée.

Dans *la ténotomie du muscle droit supérieur*, il est donc formellement indiqué d'*introduire le crochet par le bord interne* et de pousser l'instrument en dehors et en arrière.

Muscle droit inférieur. — L'extrémité externe est à 8 millimètres de la cornée. La ligne d'insertion se dirige de dehors en dedans et d'*arrière en avant*, jusqu'à 6 millimètres, point le plus saillant, situé à 5 mm. 5 de la cornée (milieu, 6 millimètres). Puis elle s'infléchit de dehors en dedans et d'*avant en arrière* sur une longueur de 3 mm. 5 à 4 millimètres jusqu'à l'extrémité interne située à 7 millimètres de la cornée (fig. 583, DIF).

L'insertion du muscle droit inférieur décrit donc une courbe irrégulière, à convexité antérieure, dont le sommet est plus rapproché de l'extrémité interne. Sa direction générale est oblique d'arrière en avant et de dehors en dedans.

Dans la ténotomie du muscle droit inférieur, comme dans celle du muscle droit supérieur, on introduira le crochet par le *bord interne*; on poussera le crochet de dedans en dehors et d'avant en arrière, comme dans la ténotomie du muscle droit supérieur, mais dans une direction moins oblique.

Muscle droit interne. — L'insertion du muscle droit interne n'est pas exactement rectiligne, comme on l'enseigne habituellement. Elle décrit une courbe légère, à convexité antérieure. La partie la plus saillante est au centre (à 5 mm. 5 de la cornée, fig. 583, DIN).

Son extrémité supérieure est à 6 millimètres de la cornée; son extrémité inférieure à 7 millimètres. On pourrait déduire de cette différence que la ligne d'insertion se dirige obliquement, dans son ensemble, de haut en bas et d'avant en arrière. Il n'en est rien. L'extrémité inférieure seule forme brusquement un petit coude de 1 millimètre en arrière comme l'extrémité externe du muscle droit supérieur. Ce retour n'est du reste pas assez prononcé pour mettre obstacle à l'introduction du crochet par le bord inférieur.

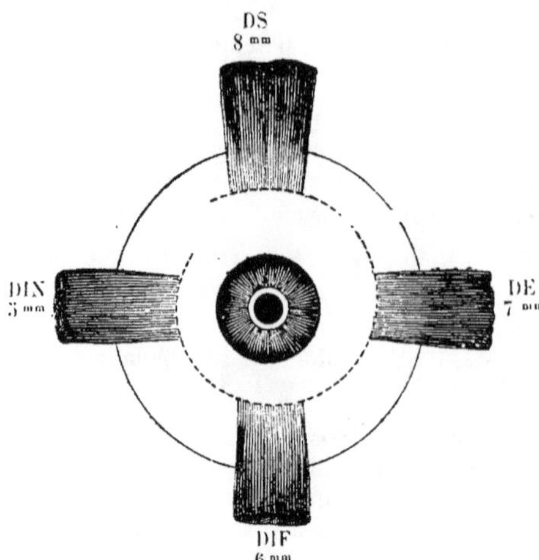

Fig. 582. — Schéma classique des insertions scléroticales des muscles droits. (D'après Tillaux.)

DIN, muscle droit interne. — DIF, muscle droit inférieur. — DE, muscle droit externe. — DS, muscle droit supérieur.

Muscle droit externe. — La courbe, à convexité antérieure, existe encore, mais à peine sensible. Entre son point saillant et les extrémités, la distance à la cornée ne varie que de 1/4 et 1/2 millimètre (fig. 583, DE).

Fuchs signale une légère obliquité de l'insertion. Une obliquité existe, en effet, de haut en bas et d'avant en arrière; l'extrémité inférieure s'éloignant, de 1/4 de millimètre en plus, de la cornée. Cette minime, mais très constante différence ne s'explique pas, comme dans l'insertion du muscle droit interne, par une inflexion brusque de l'extrémité seule. La ligne d'insertion du muscle droit externe est très légèrement, mais bien réellement oblique dans son ensemble.

L'insertion du muscle droit externe dépasse le méridien de la cornée de 3 mm. 5 en haut et de 5 mm. 5 en bas. Dans une ténotomie de ce muscle, on prolongera donc la section dans cette dernière direction.

Distance des insertions a la cornée. — Tous les auteurs ont mesuré cette distance en prenant comme unique point de repère le *milieu du tendon* :

	Merckel.	Sappey.	Tillaux.	Fuchs.	Testut.	Motais.
Droit interne. . .	6,5	5.5	6	5.5	5.8	5.5
Droit inférieur.	6.8	6,7	6	6.5	6,5	6
Droit externe. .	7,2	7.2	7	6.9	7.1	6.8
Droit supérieur. .	8	8.5	8	7.7	8	8

Les écarts, peu importants du reste, dans ces résultats, sont attribuables aux différences individuelles et, principalement, au volume des yeux examinés.

On peut admettre en pratique que le milieu de l'insertion du

Muscle droit interne est à la distance de	. . .	5 à 6mm de la cornée.
Muscle droit inferieur	— —	. . .	6 à 6mm,5
Muscle droit interne	— —	. . .	7
Muscle droit supérieur	— —	. . .	8mm

D'après cette méthode de mensuration, il apparait donc que les insertions des muscles droits forment autour de la cornée, non pas un cercle, mais une spirale régulière dont la ligne est de plus en plus distante du muscle droit interne au muscle droit supérieur (fig. 582).

Mais cette figure est tout à fait artificielle et de convention. En effet, le milieu du tendon n'est en même temps le point le plus rapproché de la cornée que dans le seul muscle droit interne. Il ne peut jamais être considéré comme une moyenne entre le point le plus avancé et le point le plus reculé de l'insertion; enfin il n'est jamais situé en face du méridien correspondant de la cornée.

Ce point de repère est donc mal choisi à tous égards et, en fait, la spirale classique ne donne aucune idée exacte de la véritable ligne d'insertion des muscles droits.

Au lieu du point de repère purement conventionnel du milieu du tendon, prenons les distances cornéennes des points les plus rapprochés et les plus éloignés des insertions. Nous aurons les chiffres suivants (fig. 583) :

DISTANCE A LA CORNÉE DE LA PARTIE LA PLUS AVANCÉE DU TENDON.

Muscle droit interne	5mm,5
Muscle droit inférieur	5.5
Muscle droit externe	6,7
Muscle droit supérieur	6,5

DISTANCE A LA CORNÉE DU POINT LE PLUS RECULÉ DU TENDON.

Muscle droit interne	7mm
Muscle droit inférieur	8,0
Muscle droit externe	7,0
Muscle droit supérieur	11,0

Fixons tous ces points de repère : dessinons la ligne de jonction de toutes les extrémités tendineuses — cette ligne forme en même temps la ligne d'insertion de la capsule antérieure et la limite de la cavité de Ténon; — nous obtiendrons ainsi la figure 584 qui aura le mérite d'exprimer une vérité anatomique.

VARIÉTÉS DES MUSCLES DROITS. — Ces variétés sont assez rares. Le muscle droit interne et le muscle droit inférieur peuvent être réunis dans tout le tiers postérieur de l'orbite (Macalister). Les deux faisceaux d'origine du muscle droit externe peuvent être plus ou moins fusionnés. Zagorski et Albinus ont noté la complète indépendance des deux faisceaux. Macalister a signalé l'absence du faisceau externe sur deux cadavres. Curnow a vu le muscle droit externe envoyer deux faisceaux sur le tarse de la paupière inférieure (?). Schlemm a signalé un faisceau anastomotique entre le muscle droit externe et le muscle droit inférieur. Nous-même, nous avons disséqué sur les deux yeux d'un sujet, un faisceau volumineux émanant du bord externe du muscle droit inferieur, se dirigeant vers le muscle droit externe et se perdant en éventail dans la gaine de ce dernier muscle. Cette anomalie rappelle une disposition normale de certains ruminants et solipèdes. Les muscles droits interne ou externe peuvent faire défaut dans des cas de strabisme (Testut). Tous les muscles de l'œil étaient absents dans un cas de Kleiscosh.

Muscles droits des vertébrés. — Les muscles droits sont au nombre de quatre chez tous les vertébrés dont l'œil n'est pas atrophié.

Nous avons établi (Anatomie et physiologie de l'appareil moteur de l'œil de l'homme et des vertébrés. *Encyclopédie française d'ophtalmologie*, t. I et t. III) que le développement des muscles oculaires est principalement régi par la loi suivante :

Plus l'animal a besoin d'étendre son champ du regard, plus ses muscles oculaires se développent.

Et inversement.

Par suite, les muscles droits sont extrêmement grêles chez les ophidiens, les chéloniens et les batraciens. Chez ces derniers, Cuvier n'avait vu qu'un seul muscle droit: nous les avons tous isolés et dessinés; mais leur gracilité rendait excusable cette erreur du scalpel. Les muscles droits des oiseaux sont courts et minces relativement aux dimensions du globe, l'extrême mobilité du cou suppléant au peu de mobilité de l'œil. Au contraire, les muscles droits sont bien développés chez les poissons et la plupart des mammifères.

Les insertions orbitaires ou postérieures des muscles droits présentent des variations très importantes dans la série des vertébrés. Groupées *autour du nerf optique*, dans l'angle postéro-interne de la cavité orbitaire chez les mammifères et les oiseaux, elles se placent chez d'autres (sauriens, crocodiliens, nombreux téléostéens), en arrière du nerf optique, dans un canal spécial (*canal sphénoïdal*) avec lequel elles peuvent arriver jusqu'à l'articulation occipito-vertébrale (Scomber, fig. 579).

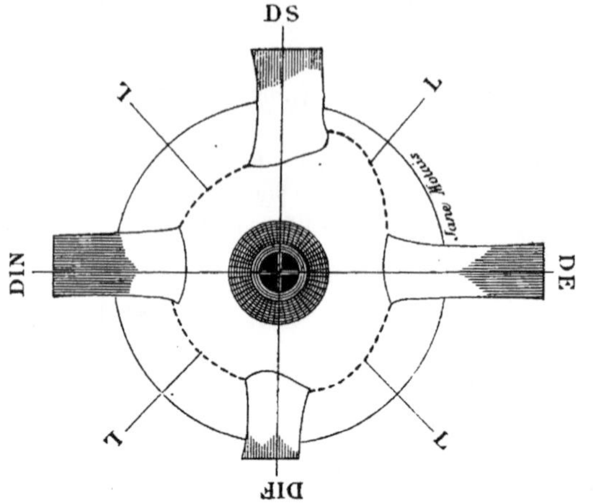

Fig. 583. — Insertions scléroticales des muscles droits.

DS, muscle droit supérieur. — DIN, muscle droit interne — DE, muscle droit externe. — DIF, muscle droit inférieur. — L. L. L. L. lignes d'insertion de la capsule antérieure à la sclérotique.

Une disposition inverse se produit chez les squales et les rajides, etc. Leurs muscles droits s'insèrent non plus au fond de l'orbite, autour ou en arrière du nerf optique, mais sur une tige cartilagineuse implantée au milieu du septum interorbitaire, *en avant du nerf optique*.

Les variations des insertions scléroticales ne sont pas moins intéressantes. Leur distance à la cornée varie suivant une loi que nous avons établie dans toute la série des vertébrés. *Plus l'angle formé par l'axe du muscle et l'axe antéro-postérieur du globe est ouvert, plus l'insertion bulbaire du muscle recule vers l'hémisphère postérieur. Et inversement.*

Nous n'avons pas trouvé d'exception à cette règle dont l'application devient particulièrement évidente dans la figure 579. Le muscle droit postérieur du scomber, presque parallèle à l'axe du globe à partir de son point de réflexion sur l'orifice du canal sphénoïdal, s'insère tout près de la cornée. Au contraire, le muscle droit antérieur, presque perpendiculaire à l'axe du globe, recule son insertion jusqu'au voisinage du pôle postérieur.

Chez l'homme, le muscle droit interne dont la direction se rapproche le plus du parallélisme avec l'axe antéro-postérieur de l'œil, possède l'insertion la moins distante de la cornée.

La raison de cette loi est facile à saisir: nous l'avons longuement discutée ailleurs (in *Encyclopédie française d'ophtalmologie*, t. I.)

A propos des muscles droits des vertébrés, nous devons mentionner le *muscle choanoïde*, inconnu chez l'homme et les singes élevés. Nous l'avons trouvé chez quelques cétacés, chez les batraciens anoures, les sauriens, les crocodiliens, les chéloniens et la plupart des mammifères (fig. 595 et 596).

Il affecte la figure d'un cône assez régulier, à sommet postérieur, inclus dans le cône formé par les quatre muscles droits.

L'insertion scléroticale a lieu en arrière de celle des muscles droits, sur l'hémisphère postérieur du globe; elle ne dépasse que très rarement l'équateur sur quelques points (carnivores).

Le cône musculaire est fermé chez les rongeurs: il présente un ou deux interstices celluleux chez les ruminants et les solipèdes; chez les carnivores il se divise en quatre faisceaux tout aussi nettement séparés que les quatre muscles droits. Chez les singes inférieurs, il s'atrophie et se réduit à une seule bandelette musculaire (macaques).

Le muscle choanoïde est rétracteur et suspenseur du globe. En outre, il est chargé de déployer la paupière clignotante lorsqu'elle n'est pas pourvue d'un appareil moteur spécial.

Muscle oblique supérieur ou grand oblique. — Insertion orbitaire ou postérieure. — Le muscle grand oblique s'insère au fond de l'orbite, sur la gaine du nerf optique, entre les muscles droits supérieur et interne (fig. 580).

Direction, rapports. — Il se dirige en avant et en haut, en se plaçant dans l'angle supéro-interne de la cavité de l'orbite, entre le muscle droit interne en dedans, les muscles droit supérieur et releveur de la paupière en haut. Il occupe un plan plus élevé que ces muscles, et sa face superficielle émerge du tissu adipeux à peu près dans toute son étendue.

A l'angle supéro-interne du rebord orbitaire, à 3 ou 4 millimètres en arrière de ce rebord, il traverse la *poulie du muscle grand oblique*.

Cette poulie est formée par un demi-anneau fibro-cartilagineux s'insérant sur les bords d'une fossette frontale ; l'anneau tout entier est donc ostéo-fibro cartilagineux.

En s'engageant dans la poulie, le corps musculaire fait place à un tendon épais, un peu aplati, à fibres nacrées et brillantes qui lui donnent l'aspect d'un ligament articulaire, d'une largeur de 3 mm. 5 et d'une longueur de 22 millimètres.

Sa direction est tout autre que celle du muscle ; il se porte d'avant en arrière, de haut en bas et de dedans en dehors ; passe sous le muscle droit supérieur et s'insère sur la partie supérieure, postérieure et externe du globe, entre les muscles droits supérieur et externe. Des brides fibreuses, en nombre variable, relient habituellement le tendon à sa gaine.

Insertion sclérοticale. — En arrivant à son insertion, le tendon s'élargit brusquement en éventail.

L'insertion mesure 11 millimètres de largeur. Elle forme une courbe très accentuée, à convexité tournée en dehors, vers le muscle droit externe.

Son extrémité postérieure est à 10 millimètres du nerf optique.

Son extrémité antérieure est à 14 ou 15 millimètres du bord de la cornée Cette extrémité antérieure atteint et dépasse même souvent d'un millimètre l'équateur de l'œil.

Muscle oblique inférieur ou petit oblique. — Insertion orbitaire ou antérieure. — Le muscle petit oblique (fig. 580 et 581) s'insère à la partie inférieure et interne de la circonférence de l'orbite, à 2 millimètres en dehors du sac lacrymal, par de courtes fibres tendineuses.

Direction, rapports. — De ce point, il se dirige obliquement de dedans en dehors et d'avant en arrière, passe sous le muscle droit inférieur avec lequel il contracte une adhérence aponévrotique très intime (fig. 581 et 593), s'applique et s'enroule sur la sclérotique dans tout l'espace situé entre les muscles droits inférieur et externe.

Insertion sclérοticale. — Le tendon sclérotical est large et aplati. Les fibres tendineuses sont mélangées de faisceaux charnus jusqu'à l'insertion.

Il s'insère à la partie postérieure, inférieure et externe du globe sous le muscle droit externe, mais obliquement par rapport à ce muscle; l'extrémité antérieure de l'insertion étant située sous le bord inférieur du muscle droit externe et l'extrémité postérieure arrivant près du bord supérieur du même muscle (fig. 580, OI).

La largeur de l'insertion est de 12 millimètres; elle se dirige d'avant en arrière et de bas en haut en formant une légère courbe à concavité supérieure. Toutefois, l'extrémité postérieure s'infléchit brusquement en bas sur une longueur de 4 millimètres.

L'extrémité postérieure est à 7 millimètres du nerf optique; elle est plus rapprochée de ce nerf que l'extrémité postérieure de l'insertion du muscle grand oblique. L'extrémité antérieure est à 16 millimètres du bord de la cornée.

Les insertions scléroticales des deux muscles obliques ne sont donc ni parallèles ni linéaires, comme l'indiquent la plupart des auteurs. Nous venons de voir, en effet, qu'elles décrivent une courbe très accentuée pour le muscle grand oblique, irrégulière pour le muscle petit oblique. Quant au parallélisme, les deux insertions se placent en regard l'une de l'autre, mais suivant deux lignes obliques qui s'éloignent d'arrière en avant; en sorte que les extrémités postérieures des insertions s'écartent de 11 millimètres; les extrémités antérieures de 14 millimètres.

Variétés des muscles obliques. — Ledouble, dans le cours de ses remarquables travaux sur les variations du système musculaire, signale deux anomalies fort rares du muscle oblique supérieur.

Dans le premier cas, remarquable en outre par sa bilatéralité, toute la portion orbitaire du muscle était supprimée. La poulie cartilagineuse n'existait pas. Le muscle grand oblique, réduit à sa portion réfléchie, s'insérait directement dans la fossette destinée à la poulie. Il s'insérait d'autre part à la sclérotique dans la région habituelle et par un tendon en éventail, mais la partie comprise entre ses deux insertions était charnue.

Dans le second cas, une grêle bandelette musculaire accompagnait le bord supérieur du tendon du muscle grand oblique et s'insérait à la sclérotique près du tendon.

Ledouble croit pouvoir faire remonter ces anomalies à un retour atavique vers les vertébrés inférieurs. Pour de multiples raisons, nous croyons à un simple phénomène tératologique. A rapprocher des cas de Ledouble : sous le nom de *gracillimus orbitis*, Albinus et après lui Bochdaleck ont signalé un faisceau surnuméraire qui longeait le bord supérieur du grand oblique et venait s'attacher sur sa poulie de réflexion (Testut).

L'insertion scléroticale du muscle oblique inférieur est habituellement telle que nous l'avons décrite, mais elle présente des variations fréquentes quant à la position qu'elle occupe sur l'hémisphère postérieur. Nous avons observé un sujet chez lequel *l'extrémité postérieure de l'insertion touchait le nerf optique.*

Muscles obliques des vertébrés. — Une comparaison rapide des muscles obliques des vertébrés avec les mêmes muscles de l'homme ne sera pas sans intérêt.

Insertion orbitaire. — Chez tous les vertébrés, sauf les mammifères, les deux muscles obliques s'insèrent sur deux points très rapprochés, à l'angle antéro-interne de l'orbite (fig. 579). Chez les mammifères, à l'exception des cétacés, le muscle oblique supérieur s'insère au fond de la cavité orbitaire.

Direction. — Les muscles obliques des poissons, des batraciens, des reptiles et des oiseaux se dirigent de dedans en dehors. Étant donnée la situation latérale des orbites, cette expression de *dedans en dehors* équivaut à celle d'*arrière en avant* chez l'homme.

La direction des muscles obliques des vertébrés inférieurs est donc opposée à celle des muscles obliques de l'homme.

Chez les ruminants et les solipèdes, l'insertion orbitaire du muscle grand oblique (nous n'envisageons en ce moment que l'insertion physiologique, c'est-à-dire la poulie) et celle du muscle petit oblique sont très éloignées du rebord orbitaire; l'insertion scléroticale s'avance au contraire vers la cornée. Il en résulte que la *direction est presque transversale*.

Chez les carnivores, l'insertion orbitaire s'avance; l'insertion scléroticale reste à peu près au même point : *direction un peu oblique en arrière*.

Chez les singes et l'homme, l'insertion orbitaire s'avance encore et l'insertion scléroticale se fait tout entière sur l'hémisphère postérieur : *direction très oblique d'avant en arrière*.

L'étude comparée des muscles obliques présente un grand nombre d'autres points intéressants; mais nous signalons particulièrement cette transformation dans la direction de ces muscles, parce que la régularité de la progression avec laquelle elle est établie des vertébrés inférieurs aux vertébrés supérieurs et à l'homme, constitue un fait exceptionnel dans l'anatomie comparée de l'appareil moteur de l'œil.

CHAPITRE II

CAPSULE DE TÉNON

Définition. — Nous maintenons ce nom consacré par l'usage. Il est juste d'ailleurs de rendre hommage à Ténon qui, le premier, décrivit la membrane d'enveloppe du globe oculaire et les *ailes ligamenteuses*.

Nous devons dire toutefois, dès maintenant, que le terme de capsule est

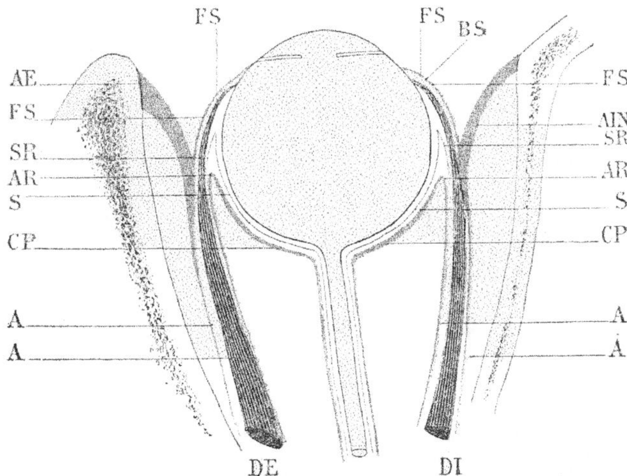

Fig. 584. — Schéma de la capsule de Ténon de l'homme (coupe horizontale).

Aponévrose en bleu, muscles en rouge, séreuse en noir.

DE, muscle droit externe. — DI, muscle droit interne. — A, gaine des muscles. — AR, feuillet profond de la gaine des muscles *abandonnant* le muscle et se repliant sur l'hémisphère postérieur du globe qu'il tapisse en formant la capsule postérieure CP. — AE, aileron ligamenteux externe. — AIN, aileron ligamenteux interne. — FS, fascia sous-conjonctival ou capsule antérieure. — BS, bourse séreuse. — S, membrane séreuse de la cavité de Ténon. — SR, cette membrane se repliant en suivant dans son repli le feuillet profond de la gaine du muscle.

inexact en ce sens qu'il donnerait à penser que la calotte fibreuse de l'œil est la partie principale de l'aponévrose orbitaire. On doit en réalité entendre par capsule de Ténon, l'*aponévrose du groupe musculaire de l'orbite* se dédoublant, comme toutes les aponévroses des groupes musculaires, pour former les gaines particulières des muscles, les enveloppes des glandes (glande lacrymale) et des viscères (œil) de la région.

Description générale. — Suivons l'aponévrose orbitaire d'arrière en avant en partant du fond de l'orbite (fig. 584 et 585).

Celluleuse en arrière, elle se soude, avec le périoste et la gaine fibreuse du nerf optique, aux points des insertions des muscles. Elle accompagne les muscles en avant, leur fournit une gaine et étend, dans les intervalles musculaires, en une lamelle très mince qui cloisonne, dans ses dédoublements celluleux, les lobules adipeux, les vaisseaux et les nerfs.

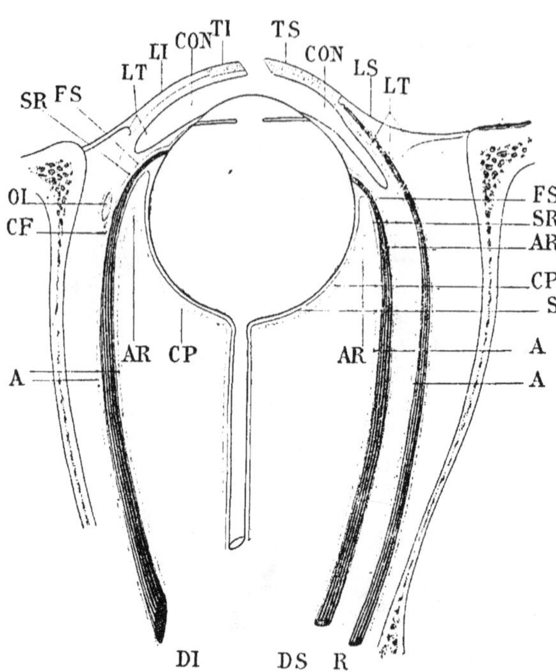

Fig. 585. — Schéma de la capsule de Ténon de l'homme (coupe verticale).

Aponévrose en bleu, muscles en rouge, séreuse en noir.

DE, muscle droit inférieur. — DS, muscle droit supérieur — R, muscle releveur de la paupière. — OI, coupe du muscle petit oblique. — TI, cartilage tarse inférieur. — TS cartilage tarse supérieur. — CON, espace conjonctival. — A, aponévrose formant la gaine des muscles. — AR, feuillet profond de la gaine des muscles *abandonnant* les muscles et se repliant sur l'hémisphère postérieur du globe qu'il tapisse en formant la capsule postérieure CP. — CF, cravate fibreuse dont la gaine du muscle droit inférieur entoure le muscle petit oblique. — fascia sous-conjonctival ou capsule antérieure. — LT, LT, lamelles terminales de l'entonnoir aponévrotique se rendant aux cartilages tarses et aux rebords orbitaires (l'un des tirets de gauche qui devrait s'arrêter à la ligne se rendant au cartilage tarse est prolongé par erreur jusque dans le sac conjonctival). — S, membrane séreuse de la cavité de Ténon. — SR, cette membrane suivant la gaine profonde des muscles dans son repli sur l'hémisphère postérieur.

Au niveau de l'hémisphère postérieur du globe, les deux feuillets de la gaine des muscles s'épaississent et prennent une disposition très différente.

Le *feuillet profond* ne suit pas jusqu'à l'insertion scléroticale la face profonde du muscle et du tendon, qui doit glisser librement dans la cavité séreuse. *Il abandonne totalement le muscle pour se replier sur l'hémisphère postérieur du globe* qu'il enveloppe comme une calotte fibreuse (*Capsule postérieure*).

Quant au *feuillet superficiel*, il se divise vers l'équateur de l'œil, en deux fascias inégalement étendus et résistants.

Le premier, souple, élastique, translucide, continuant exactement ce feuillet superficiel, accompagne la *partie oculaire* du muscle et le tendon dont il forme la gaine *superficielle*, puis s'étale sur la sclérotique dans les intervalles musculaires et se prolonge jusqu'à la cornée. On lui donne le nom de fascia sous-conjonctival ou *capsule antérieure*. La capsule antérieure, unie à la capsule postérieure, constitue la *capsule fibreuse complète du globe*.

Le second, s'écartant du globe, se rend aux paupières et à la circonférence de l'orbite en forme d'*entonnoir fibreux* ou cellulo-fibreux, dont les faisceaux situés au niveau des muscles, considérablement renforcés, prennent le nom d'*ailerons ligamenteux*.

En résumé, les muscles de l'orbite, comme tous les muscles de l'économie, sont pourvus de gaines dont l'ensemble constitue l'aponévrose du groupe musculaire de l'orbite. De cette aponévrose musculaire se détachent deux expansions principales :

1° La capsule fibreuse du globe formée, en arrière, par le repli du feuillet profond et, en avant, par l'étalement du feuillet superficiel ;

2° L'entonnoir aponévrotique avec ses ailerons, émanant du feuillet superficiel et des lames intermusculaires, agent de fixation et de suspension de l'appareil moteur et du globe.

D'après Schwalbe, la structure de la capsule fibreuse du globe à laquelle nous pouvons assimiler la plupart des gaines musculaires et l'entonnoir aponévrotique, sauf les ailerons, est la suivante :

« On y trouve des faisceaux de fibrilles de tissu connectif des grosseurs les plus différentes s'entre-croisant dans toutes les directions sur le plan de la membrane. Souvent ces fibrilles sont réunies en rangs tellement serrés dans un faisceau que celui-ci paraît presque homogène ; les fibres élastiques courent également dans toutes les directions et sont remarquables par leur finesse ; en général, elles courent de longues distances sans se diviser. Le faisceau leur doit la faculté de se rétrécir quand il est arraché de ses points d'insertion. »

L'aspect extérieur de l'aponévrose orbitaire répond à cette structure. Cellulo-fibreuse ou très dense suivant les régions, elle est de couleur grisâtre ou blanchâtre ; sa caractéristique, avec une résistance variable, est la souplesse et l'élasticité.

Reprenant l'aponévrose à son origine, au sommet de l'orbite, et la suivant dans son trajet, d'arrière en avant, on trouve à décrire successivement :

1° Les gaines musculaires, du sommet de l'orbite à la naissance des ailerons ;

2° Les ailerons et l'entonnoir aponévrotique ;

3° Le fascia sous-conjonctival ;

4° La capsule fibreuse du globe ;

5° La séreuse oculaire et la cavité de Ténon.

I. — APONÉVROSE, DU SOMMET DE L'ORBITE A LA NAISSANCE DES AILERONS.

Aux points d'insertion des muscles droits, du muscle releveur de la paupière et du muscle oblique supérieur, l'aponévrose, réduite à une couche celluleuse, se soude au périoste et à la gaine du nerf optique. Elle se porte en avant, en accompagnant les muscles à chacun desquels elle fournit une gaine jusqu'à la naissance de l'aileron.

Gaines musculaires. — Les gaines musculaires présentent un *feuillet superficiel* et un *feuillet profond*.

Feuillet superficiel. — Nous avons observé précédemment que la face superficielle des muscles droits interne, externe et inférieur et du muscle releveur de la paupière apparaissait à peu près à nu dans la moitié postérieure de leur trajet, les masses graisseuses qui recouvrent la partie antérieure des muscles ne devenant régulièrement abondantes qu'à la naissance des ailerons.

Le feuillet superficiel de la gaine des muscles se présente donc en général sans dissection, après avoir enlevé les parois orbitaires, le périoste auquel il est uni par des filaments conjonctifs et quelques lobules adipeux.

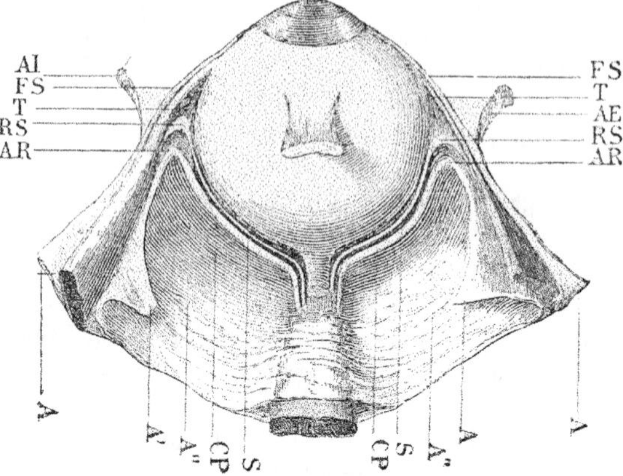

Fig. 586. Coupe horizontale des muscles et de leurs gaines.

AA', gaine des muscles. — A, feuillet superficiel. — A', feuillet profond. — AR, repli du feuillet profond *abandonnant* le muscle pour tapisser l'hémisphère et globe en formant la capsule postérieure CP. — AE, AI, ailerons ligamenteux externe et interne. — FS, fascia sous-conjonctival ou capsule antérieure. — A'', lames intermusculaires de l'aponévrose. — S, membrane séreuse de l'œil. — RS, son repli accompagnant le repli de la gaine et muscle sur l'hémisphère postérieur. — TT, tendon sclérotical et muscle.

Celluleux tout à fait au fond de l'orbite, il forme, à partir de 7 à 8 millimètres jusqu'à l'aileron, une membrane mince et presque translucide comme l'aponévrose des oiseaux, mais de plus en plus apparente en se rapprochant de l'aileron. On peut la saisir et la soulever avec une pince à dissection, bien qu'elle soit assez adhérente à la surface musculaire, mais on la met mieux en évidence en la soulevant indirectement par des tractions de la masse graisseuse de la base des ailerons sur laquelle elle envoie des tractus celluleux.

Cette description s'applique au feuillet superficiel de la gaine des muscles droits interne, inférieur et externe.

Le muscle droit supérieur est à peu près complètement sous-jacent au muscle releveur palpébral. Son feuillet superficiel est généralement plus dense que celui des autres muscles droits. Près du bord interne du muscle, ce feuillet se porte à la face profonde du muscle releveur de la paupière, se dédouble et l'enveloppe. Il est très aisé de se rendre compte de cette disposition soit en pratiquant une coupe transversale des deux muscles et de leurs gaines, soit en soulevant le muscle releveur (fig. 585 et 591). Nous avons plusieurs fois rencontré une petite bourse séreuse signalée par Denonvilliers dans l'épaisseur du feuillet qui relie les deux muscles, vers la partie antérieure, à 10 ou 12 millimètres de la naissance du tendon du muscle releveur.

Quant au muscle oblique supérieur, sa direction excentrique et sa situation superficielle dans toute l'étendue de la cavité orbitaire le laissent en dehors de la description qui précède. Sa gaine est formée par les lames intermusculaires venant des muscles droits interne et supérieur. Plus celluleuse que celle des muscles droits, elle s'étend tout entière de l'insertion orbitaire à la poulie.

Feuillet profond. — Le feuillet profond de la gaine musculaire repose sur les couches adipeuses qui le séparent du nerf optique.

Celluleux en arrière, plus résistant, quoique mince et transparent, dans ses deux tiers antérieurs, il offre la même structure que le feuillet superficiel.

Mais, au niveau du pôle postérieur du globe, en un point correspondant à peu près à la naissance de l'aileron sur la face superficielle du muscle, il s'épaissit tout à coup et prend l'aspect d'une membrane élastique d'un blanc jaunâtre. Il s'avance ainsi sous le muscle — auquel il n'adhère pas — jusqu'à 2 ou 3 millimètres de l'équateur. Puis, au lieu de continuer sa marche en avant, il *abandonne tout à fait le muscle* pour *se replier* sur l'hémisphère postérieur qu'il tapisse en formant la partie postérieure de la capsule fibreuse de l'œil (*capsule postérieure*). Cette disposition est d'une évidence telle qu'elle ne peut être discutée. Qu'on soulève simplement le muscle d'arrière en avant, après avoir enlevé les masses adipeuses post-bulbaires, ou qu'on fasse une coupe antéro-postérieure du muscle à ce niveau, il est parfaitement clair que la gaine profonde *abandonne* le muscle pour se replier sur l'hémisphère postérieur du globe (fig. 586 et 587). On ne trouve plus, sous la partie oculaire du muscle et sous le tendon, que la séreuse oculaire et quelques trabécules de tissu celluleux qui séparent celle-ci du repli de la capsule.

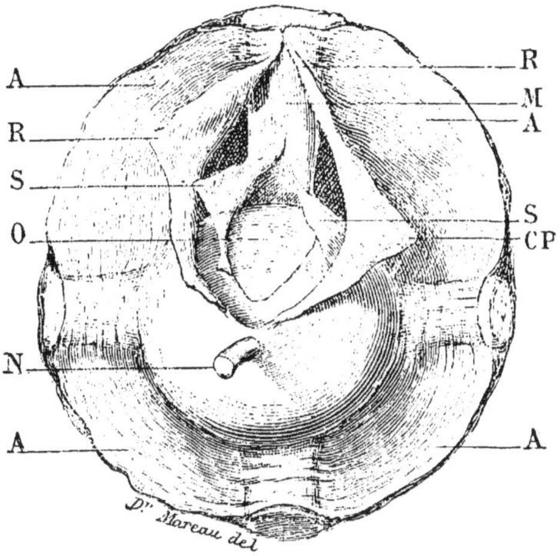

Fig. 587. — Capsule de Ténon de l'homme. Aponévrose vue d'arrière en avant sur l'hémisphère postérieur du globe. Le tissu graisseux est enlevé. La cavité de Ténon est ouverte au-dessous d'un muscle droit M par l'incision du repli de la gaine profonde et de la séreuse.

AA, lames cellulo-fibreuses intermusculaires. — RR, feuillet profond de la gaine incisé au moment où il abandonne le muscle pour se replier sur l'hémisphère postérieur où il forme la capsule postérieure CP incisée en partie. — S, membrane séreuse incisée.

La comparaison classique de la dépression de cette partie de l'aponévrose en doigt de gant (Tillaux, Sappey, Testut, etc.) est donc erronée.

Toute cette partie de l'aponévrose se retrouve avec les mêmes caractères dans la série des vertébrés.

Chez les poissons, la gaine musculaire, toujours celluleuse près de l'insertion orbitaire des muscles, devient bientôt assez résistante, son rôle contentif prenant plus d'importance dans une cavité orbitaire remplie d'une substance gélatineuse assez molle. Son caractère particulier consiste dans le pont cellulo-fibreux très remarquable qu'elle jette des muscles droits sur les muscles obliques.

Nous donnons ici (fig. 588) le schéma de l'aponévrose orbitaire des squales dont l'œil est supporté par une tige et une capsule cartilagineuses. Il suffira de comparer ce schéma avec celui de l'homme (fig. 584 et 585) pour constater leur identité dans toutes les parties essentielles.

Chez l'esturgeon (acipenser sturio) dont l'œil, dans une cavité orbitaire encore plus étendue, n'a pour soutien qu'un cornet mince et celluleux, toute la partie postérieure des muscles, le nerf optique comme le globe, sont entourés d'une gaine aponévrotique extrêmement dense et résistante.

Chez la plupart des mammifères, la gaine de la partie postérieure ou orbitaire des muscles suit la loi générale : elle est celluleuse près de l'insertion orbitaire, dans l'étendue ou le déplacement des muscles est insignifiant. Plus épaisse en avant, elle prend les caractères d'une aponévrose des membres chez les grands carnassiers et certains ruminants (asinus).

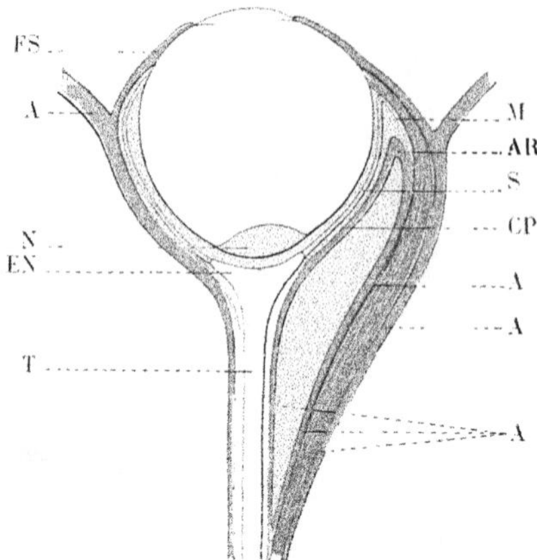

Fig. 588. — Schéma de l'aponévrose orbitaire du squale.

Aponévrose en bleu, muscle en rouge, séreuse en noir.

M, muscle droit. — AAA, aponévrose formant la gaine du muscle et de la tige cartilagineuse. — AR, repli du feuillet profond de la gaine du muscle tapissant l'hémisphere postérieur du globe pour former la capsule postérieure CP. — EN, entonnoir aponévrotique. — FS, fascia sous-conjonctival ou capsule antérieure. — S, membrane séreuse. — SR, son repli accompagnant la capsule postérieure. — N, noyau cartilagineux de la sclérotique. — T, tige cartilagineuse.

L'anatomie comparée ne laisse donc pas de doute sur l'existence d'une aponévrose musculaire dans la loge orbitaire, aponévrose plus ou moins fibreuse suivant la région, les espèces et les individus, suivant le développement général des muscles ou des conditions particulières d'équilibre, mais toujours bien nette dans son ensemble.

Chez l'homme, la gaine de la moitie postérieure des muscles est habituellement, comme nous l'avons dit, mince et transparente; son peu d'épaisseur à ce niveau est en rapport avec le faible déplacement des muscles soutenus par la couche graisseuse rétro-bulbaire et conforme par consequent à la loi qui régit le developpement de toutes les aponévroses. Cependant, chez quelques sujets maigres et fortement musclés, nous avons rencontré de veritables gaines fibreuses, d'un tissu dense et blanchâtre. Une des pièces de notre collection, déposée au musee de l'École de médecine d'Angers, en offre un exemple tres remarquable.

Nous venons de décrire la partie postérieure des gaines musculaires comprise entre le sommet de l'orbite et les ailerons.

Nous avons conduit le *feuillet profond* jusqu'à sa terminaison sur l'hémisphère postérieur. Nous le retrouverons plus tard à propos de la capsule fibreuse du globe.

Nous avons laissé le *feuillet superficiel* à la naissance de l'aileron.

Reprenons ce feuillet superficiel à partir de ce point.

A la naissance des ailerons, le feuillet superficiel se divise en deux fascias : l'un, qui comprend à la fois les *ailerons ligamenteux* et l'*entonnoir cellulo fibreux*, s'écarte des muscles et du globe pour se rendre à l'orbite et aux paupières; l'autre, sous le nom de *fascia sous-conjonctival* ou *capsule antérieure*, prolonge par sa direction et sa disposition le feuillet superficiel, forme la gaine superficielle du muscle dans sa partie oculaire et, s'étendant dans les espaces intertendineux, recouvre la moitié antérieure de la sclérotique.

II. — AILERONS LIGAMENTEUX

A 20 ou 22 millimètres du fond de l'orbite, à peu près à la hauteur du pôle postérieur du globe pour trois des muscles droits, à 5 ou 6 millimètres plus en avant pour le muscle droit supérieur, le *feuillet superficiel* de la gaine musculaire, jusque-là mince et transparent, devient tout à coup dense, épais, d'un blanc légèrement jaunâtre, et s'implante fortement sur le muscle ; la ou les bandes fibreuses qu'il forme se rendent au rebord orbitaire et prennent, depuis Ténon, le nom d'*ailes ligamenteuses* ou *ailerons ligamenteux*.

Chacun des muscles droits possède au moins un aileron : le muscle droit interne, l'aileron interne ; le muscle droit externe, l'aileron externe ; le muscle droit supérieur, deux ailerons latéraux ; en 1887, nous avons découvert et dessiné l'aileron du muscle droit inférieur qui sert également de bande fibreuse de renvoi au muscle oblique inférieur. En outre, nous avons démontré que le muscle releveur de la paupière est pourvu comme le muscle droit supérieur, de deux ailerons latéraux.

Les ailerons présentent comme caractères communs :

1° *Leur épaisseur considérable* relativement aux autres parties de l'aponévrose orbitaire. Ils sont tous formés par un épaississement brusque du feuillet superficiel de la gaine musculaire.

2° *Leur forte résistance* qui n'exclut pas une certaine élasticité. Sappey a décrit dans les ailerons interne et externe, outre des fibres élastiques nombreuses, des fibres musculaires lisses et leur a donné le nom de *muscles orbitaires interne et externe*.

3° *Leur adhérence* à la face superficielle du muscle est tellement intime qu'elle a pu faire croire à l'existence de tendons proprement dits. Chez l'homme, il n'y a pas, à l'état normal, continuité, mais simple contiguïté entre les faisceaux musculaires et fibreux. Toutefois, nous avons très nettement constaté, chez deux sujets, de véritables tendons orbitaires du muscle droit supérieur : un tendon occupant la moitié externe de l'aileron supérieur externe, un tendon occupant la partie superficielle de l'aileron supérieur interne.

Cette anomalie des muscles de l'homme rappelle un fait normal chez un grand nombre de vertébrés. Les carnivores (canis) présentent des tendons orbitaires très accentués; nous avons dessiné de superbes tendons orbitaires émanant de tous les muscles droits et obliques du poisson lune (orgathoriscus mola) (fig. 595) et du thon (thynnus).

4° *Leur direction.* — Alors que les muscles s'infléchissent en convergeant sur l'hémisphère antérieur du globe, ils prolongent à peu près la direction primitive des muscles, soit directement en avant (ailerons interne et externe), soit obliquement et en bifurquant (ailerons doubles du muscle droit supérieur et du releveur de la paupière), mais toujours dans le même plan.

5° *Leur insertion au rebord orbitaire.* — Tous les ailerons s'insèrent au rebord orbitaire. Nous verrons plus tard que cette insertion fixe est leur raison d'être.

6° *Les ailerons ne sont pas des bandes fibreuses isolées*; ils font partie d'un entonnoir aponévrotique complet qu'ils renforcent au niveau des muscles.

7° *Les ailerons* — qu'ils soient de véritables tendons comme chez un grand nombre de vertébrés ou des pseudo-tendons comme chez l'homme — consti-

[*MOTAIS.*]

tuent pour tous les muscles de l'œil, sauf le muscle grand oblique, *une seconde insertion orbitaire en avant*. Leur disposition anatomique indique clairement qu'ils servent de bandes fibreuses de renvoi et que, par suite, tous les muscles oculaires, même les muscles droits, sont en réalité des muscles *réfléchis*.

Aileron externe. — Cet aileron est le plus développé et le plus saillant,

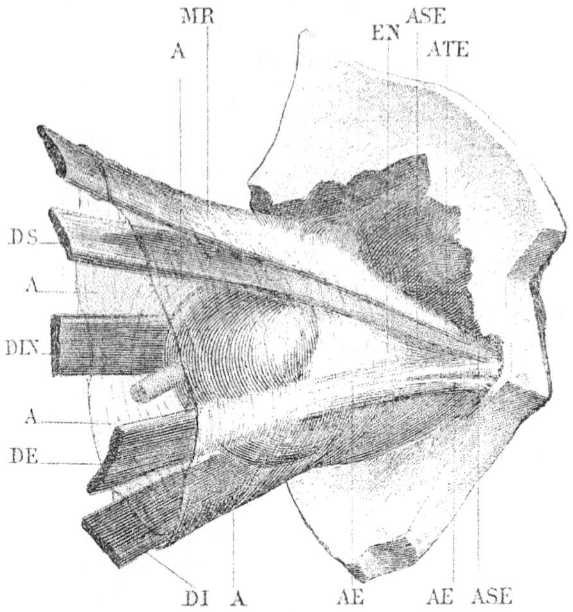

Fig. 589. — Aileron ligamenteux externe.

DE, muscle droit externe. — AE, aileron externe. — AA, lamelles intermusculaires. — EN, entonnoir aponévrotique. — ASE, aileron ligamenteux superieur externe du muscle droit supérieur. — ATE, aileron tendineux externe du muscle releveur. — MR, muscle releveur. — DS, muscle droit superieur. — DIN, muscle droit interne. — DI, muscle droit inférieur.

non seulement chez l'homme, mais chez tous les animaux où les faisceaux fibreux existent (fig. 589).

Pour le rendre bien manifeste — la graisse étant enlevée — il suffit d'attirer en arrière le muscle droit externe.

L'aileron se dessine alors comme une épaisse bandelette d'un blanc grisâtre, formant une saillie très prononcée sur l'entonnoir fibreux avec lequel il se continue cependant de tous les côtés.

Il part de la partie médiane de la face superficielle du muscle droit externe sur laquelle il s'implante avec une telle solidité qu'en l'arrachant, on déchire toujours des fibres musculaires; sa surface d'implantation est de 4 à 5 millimètres. Il se dirige d'arrière en avant et, très légèrement, de dedans en dehors vers l'angle externe du rebord orbitaire. Sa largeur moyenne est de 7 à 8 millimètres; sa longueur, depuis le point le plus reculé de son adhérence au muscle jusqu'à son insertion orbitaire, est de 18 à 20 millimètres. Son épaisseur, qui varie de 3 à 6 millimètres, atteint le maximum à son insertion orbitaire.

En l'examinant attentivement après l'avoir débarrassé de l'amas cellulo-adipeux qui le recouvre, nous remarquons qu'il n'est pas formé d'un faisceau compact, mais de plusieurs languettes parallèles dont quelques-unes sont très ténues. La plus volumineuse se rencontre constamment au bord supérieur, renforcée par une partie de l'aileron externe du muscle droit supérieur (fig. 589) qui passe sous la glande lacrymale et s'accole au bord supérieur de l'aileron du muscle droit externe. Sur des coupes transversales ou antéro-postérieures, nous constatons que ces faisceaux sont séparés entre eux par des noyaux adipeux, par des veinules et par des lobules de la glande lacrymale qui s'engagent dans les interstices.

D'après Sappey et la plupart des auteurs, « la face externe du *muscle* droit externe répond antérieurement à la portion orbitaire de la glande lacrymale qui la croise à angle droit mais qui ne s'étend pas cependant jusqu'à sa partie inférieure ». Nous devons relever cette erreur. La glande lacrymale située près du rebord orbitaire ne peut, en quoi que ce soit, affecter des rapports avec le *muscle*. Elle est logée entre l'*aileron externe* et l'*aileron supérieur externe*, débordant sur ce dernier.

L'aileron externe offre, dans ses deux tiers postérieurs, la structure de la plus grande partie de l'aponévrose orbitaire, mélange de tissu fibreux et élastique. Dans son tiers antérieur, près de l'insertion orbitaire, Sappey a découvert de nombreuses fibres lisses. Cette accumulation de fibres musculaires en ce point est contraire à ce que nous avons observé chez les vertébrés. Lorsque les ailerons contiennent des fibres musculaires, celles-ci émanent directement du muscle droit lui-même et l'aileron devient de plus en plus fibreux en s'avançant vers le rebord orbitaire.

VARIÉTÉS. — Les mesures que nous venons de donner indiquent, par l'écart des chiffres, les variations notables que l'on rencontre dans le volume de l'aileron externe. Nous dirons pour lui, comme pour les autres ailerons, que son épaisseur est généralement en rapport avec le développement musculaire. Cependant nous avons vu des sujets dont les muscles atteignaient un développement moyen, ne présentant que des ailerons relativement faibles. Dans ce cas, nous avons toujours remarqué que l'entonnoir aponévrotique devenait plus épais et plus résistant dans son ensemble, comme chez les ruminants, les solipèdes, etc.

Aileron interne. — L'aileron ligamenteux interne est moins épais et plus large que l'aileron externe. Sa surface est tomenteuse surtout en arrière où de nombreuses cloisons cellulo-adipeuses viennent se jeter sur lui. Il ne présente pas d'interstices comme le ligament externe. Sa couleur est d'un gris jaunâtre et, près du rebord orbitaire, d'un rouge pâle (fig. 590).

Bien que la saillie qu'il forme sur les parties voisines de l'aponévrose soit beaucoup moins apparente que celle de l'aileron externe, on peut le distinguer facilement en le tendant par la traction en arrière du muscle droit interne.

On se rend encore mieux compte de ses limites en appliquant sur lui la pulpe du doigt près de son insertion orbitaire ; une traction brusque du muscle droit interne imprime une tension plus forte à l'aileron proprement dit qu'aux parties aponévrotiques qui l'entourent et le doigt peut suivre aisément la bandelette ainsi tendue. On observe alors que l'aileron ne vient que des trois quarts inférieurs de la surface du muscle (fig. 590) ; au quart supérieur fait suite l'entonnoir aponévrotique continu sans doute avec l'aileron, mais qui s'en distingue par une épaisseur moindre et une tension plus faible.

La largeur de l'aileron interne est de 8 à 10 millimètres. Sa longueur est de 15 à 18 millimètres, son épaisseur moyenne est de 1 millimètre; elle prend 1 mm. 5 près de l'insertion orbitaire.

Sa surface d'adhérence intime au muscle est de 3 à 4 millimètres. Après avoir abandonné le muscle, il se porte vers l'angle interne de l'orbite et s'insère sur la moitié supérieure de la crête de l'unguis, et sur la suture fronto-ethmoïdale.

De sa face antérieure, près de l'insertion orbitaire, partent des brides

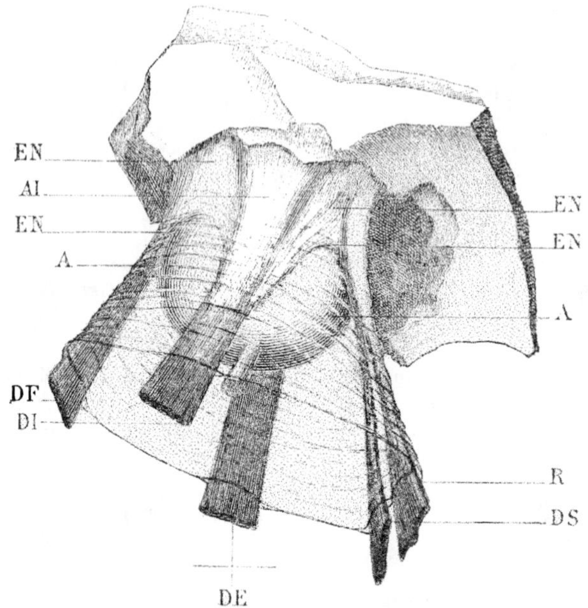

Fig. 590. — Aileron ligamenteux interne.

DI, muscle droit interne. AI, aileron interne. — AA, lamelles intermusculaires. — EN, EN, entonnoir aponévrotique. — DF, muscle droit inférieur. — DE, muscle droit externe. — DS, muscle droit supérieur. — R, muscle releveur de la paupière.

fibreuses qui plongent dans la caroncule et l'unissent intimement avec celle-ci, en sorte qu'un recul notable de l'aileron s'accompagnera nécessairement d'un enfoncement de la caroncule.

L'aileron interne contient, dans toute sa longueur, des fibres élastiques en plus grand nombre que dans l'aileron externe. Sappey lui a décrit des fibres musculaires lisses occupant, comme dans l'aileron externe, le voisinage de l'insertion orbitaire (*muscle orbitaire interne*, Sappey).

Variétés. — Dans les orbites où la graisse est très abondante et les muscles atrophiés, l'aileron interne est le plus indistinct de tous les ailerons et sa dissection devient très difficile pour qui n'a pas une grande expérience des muscles de l'orbite. Dans les conditions opposées, nous l'avons vu acquérir une épaisseur de 2 et même 3 millimètres et former une saillie presque aussi prononcée que la saillie normale de l'aileron externe.

Ailerons supérieurs. — Si nous tendons le muscle droit supérieur par une traction en arrière, après avoir soulevé le muscle releveur de la paupière, nous voyons très distinctement un cordon fibreux qui, partant du bord interne du muscle droit supérieur à 27 ou 28 millimètres du fond de l'orbite, se dirige en avant et en dedans vers la portion du muscle grand oblique à laquelle il s'insère avec la gaine de ce muscle (*aileron supérieur interne*) (fig. 591).

De cet aileron se détachent fréquemment, comme l'a constaté Cruveilhier, un ou deux faisceaux qui se jettent sur la gaine du tendon du muscle grand oblique (fig. 592), rappelant les connexions musculo-aponévrotiques normales entre les mêmes muscles d'un grand nombre de mammifères.

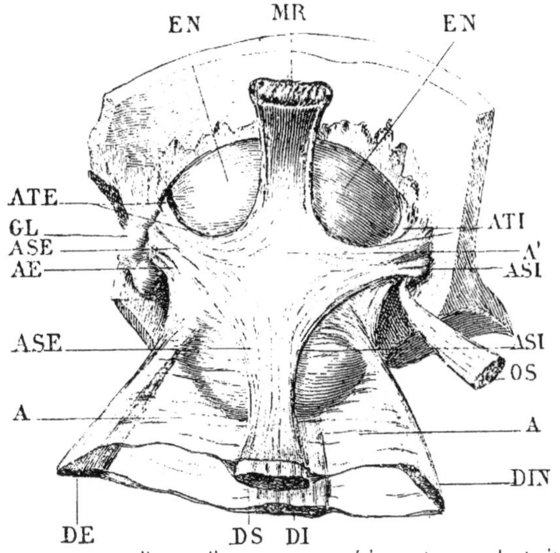

Il n'est pas très rare de voir des fibres musculaires se détacher du corps du muscle droit supérieur et se rendre dans cet aileron qui devient ainsi un véritable tendon orbitaire. Deux pièces de notre collection le démontrent d'une manière certaine. Mais on ne doit admettre cette disposition qu'après examen attentif; l'adhérence du cordon fibreux au bord du muscle est en effet tellement intime qu'au premier abord tous les ailerons semblent contenir des fibres musculaires, tandis qu'en réalité il n'y a là qu'un fait exceptionnel chez l'homme.

Fig. 591. — Ailerons ligamenteux supérieurs du muscle droit supérieur. Ailerons tendineux du muscle releveur.

DS, muscle droit supérieur. — DI, muscle droit inférieur. — DIN, muscle droit interne. — DE, muscle droit externe. — MR, muscle releveur de la paupière. — OS, muscle oblique supérieur — GL, glande lacrymale soulevée de sa loge. — AA, lames cellulo-adipeuses intermusculaires. — ASE, aileron supérieur externe. — ASI, aileron supérieur interne. — ATE, aileron tendineux externe du muscle releveur. — ATI, aileron tendineux interne. — A' gaine du muscle droit supérieur se jetant sur la face profonde du muscle releveur.

Sur le bord externe du même muscle, une bandelette fibreuse plus aplatie que le cordon précédent se rend — après avoir jeté une expansion qui passe sous l'extrémité postérieure de la glande lacrymale et se termine dans l'aileron ligamenteux du muscle droit externe — à l'angle externe de l'orbite, entre l'aileron externe et l'extrémité tendineuse externe du muscle releveur avec laquelle elle se confond en partie (fig. 591). C'est l'*aileron supérieur externe*.

Le muscle droit supérieur possède donc deux ailerons latéraux au lieu d'un aileron médian. Cette disposition tient à la présence du large tendon du muscle releveur qu'un aileron unique médian aurait dû traverser pour se rendre à l'orbite.

Chez les vertébrés munis d'un muscle releveur de la paupière, les ailerons du muscle droit supérieur sont également dédoublés. Dans les vertébrés où les paupières et, par conséquent, le muscle releveur manquent, on ne trouve qu'un aileron supérieur médian (thynnus).

Ailerons tendineux du muscle releveur de la paupière. — Les bords interne et externe du large tendon du muscle releveur (muscle orbito-palpébral de Sappey) s'incurvent en dedans ou en dehors en suivant exactement la courbe des deux ailerons supérieurs qu'ils recouvrent. Ils s'insèrent avec eux ou près d'eux aux angles de l'orbite (fig. 591 et 592).

Lorsqu'on exerce une traction énergique sur le muscle releveur, ses deux extrémités tendineuses insérées aux angles de l'orbite arrêtent le mouvement. La ligne de tension qui va de l'une à l'autre se dessine nettement sous forme d'une corde, d'une saillie transversale et concave en avant.

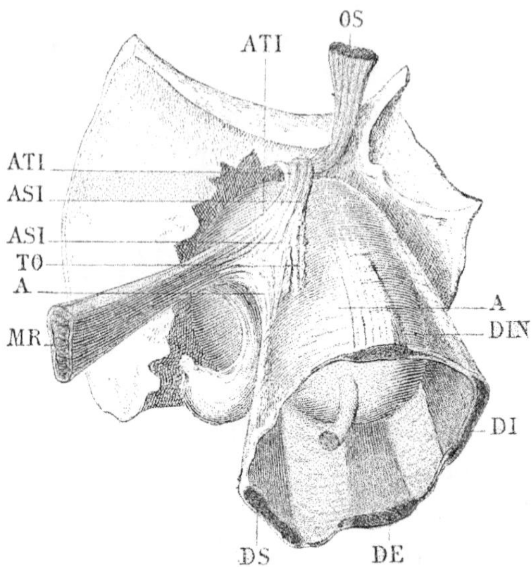

Fig. 592. — Aileron supérieur interne du muscle droit supérieur vu de profil.

MR, muscle releveur de la paupière. — DS, muscle droit supérieur. DE, muscle droit externe. — DIN, muscle droit interne. — DI, muscle droit inférieur. — OS, muscle oblique supérieur. — ASI, aileron supérieur interne du muscle droit supérieur. — ATI, aileron tendineux interne du muscle releveur. — TO, tendon réfléchi du muscle grand oblique dont la gaine — ouverte en partie — se soude avec l'aileron supérieur interne ASI et s'insère avec lui à la poulie.

En même temps, toute la partie antérieure du tendon du muscle releveur qui se rend au cartilage tarse est immobilisée; le mouvement d'élévation de la paupière est enrayé.

Cette disposition rappelle exactement — tant au point de vue anatomique que physiologique — la double insertion en avant, fixe et mobile, des muscles de l'œil et se calque particulièrement sur celle du muscle droit supérieur. La seule différence consiste dans la structure de ces expansions orbitaires : véritables tendons pour le muscle releveur, pseudo-tendons pour les muscles droits.

Pour fixer à la fois cette analogie et cette différence, nous désignerons les tendons orbitaires du muscle releveur sous le nom d'*ailerons tendineux* du muscle releveur de la paupière.

Aileron inférieur. — Nous avons donné en 1887 (*Anatomie de l'appareil moteur de l'œil de l'homme et des vertébrés*) la première description exacte et précise de l'aileron inférieur qui présente une disposition toute particulière.

A 22 millimètres du fond de l'orbite, le feuillet superficiel de la gaine du muscle droit inférieur s'épaissit brusquement et, pendant que le muscle s'incurve vers son insertion sclérolicale en passant sous le muscle petit oblique la bande fibreuse ainsi formée se jette sur le bord postérieur de la partie moyenne du muscle petit oblique. Elle se dédouble en se renforçant de la propre gaine de ce dernier muscle qu'elle enveloppe comme une *cravate fibreuse* (fig. 581 et 593).

Jusqu'ici il n'y a pas d'aileron proprement dit puisqu'il n'y a pas d'insertion à l'orbite.

Mais, du bord antérieur du muscle petit oblique, faisant suite à l'expansion du muscle droit inférieur, part une bandelette fibreuse qui se dirige obliquement d'arrière en avant et de dedans en dehors. Elle s'insère à 4 ou 5 millimètres au-dessous du rebord orbitaire, à peu près à égale distance de l'aileron externe et de l'insertion orbitaire du muscle petit oblique (fig. 581 et 593).

Sa longueur est de 12 à 13 millimètres. Sa largeur varie suivant les points de son trajet. Au milieu, elle est de 2 ou 3 millimètres; à son insertion musculaire, de 7 à 8 millimètres; à son insertion osseuse, de 5 à 6 millimètres. Elle présente donc la forme de deux triangles réunis par le sommet.

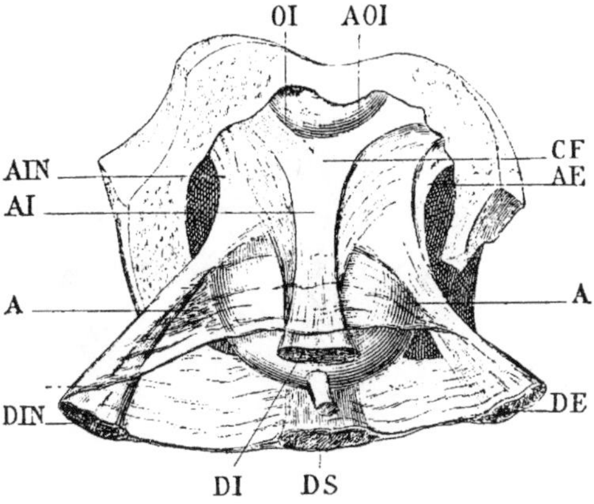

Nous venons de décrire l'aileron inférieur tel qu'il se présente habituellement.

Fig. 593. — Aileron ligamenteux inférieur.

DI, muscle droit inférieur. — DS, muscle droit supérieur. — DE, muscle droit externe. — DIN, muscle droit interne. — OI, muscle oblique inférieur. — AA, lamelles intermusculaires et gaines des muscles. AOI, aileron inférieur. — CF, cravate fibreuse de la gaine du muscle droit inférieur enveloppant la partie médiane du muscle petit oblique. AIN, aileron interne. — AE, aileron externe.

Il est donc composé de deux parties : l'expansion fibreuse du muscle droit inférieur sur le muscle petit oblique et l'aileron proprement dit.

Chez tous les sujets, l'expansion de la gaine du muscle droit inférieur est la plus nacrée, la plus nettement fibreuse de toutes les lames aponévrotiques de l'orbite. Elle forme un lien d'une extrême solidité entre les muscles droit inférieur et petit oblique.

Quant à l'aileron proprement dit, il varie singulièrement dans son développement. Tantôt d'un tissu dense et très résistant, il forme, par la plus légère traction du muscle droit inférieur, une saillie très apparente sur l'entonnoir aponévrotique; nous l'avons vu comparable, par son aspect et son épaisseur, aux ligaments articulaires. Chez les sujets adipeux et peu musclés, il s'efface au point de ne se dessiner que sous la traction énergique du muscle droit inférieur. Dans ce dernier cas, nous avons fait la même remarque que pour les autres ailerons affaiblis : l'entonnoir aponévrotique devient relativement plus épais.

L'aileron que nous venons de décrire sert de double insertion orbitaire et de bande fibreuse de renvoi à deux muscles : le muscle droit inférieur et le muscle petit oblique.

En simulant la contraction du muscle petit oblique par une traction vers son insertion fixe, l'aileron proprement dit se tend en se rapprochant du rebord de l'orbite. L'expansion fibreuse du muscle droit inférieur se tend également. Le muscle petit oblique se réfléchit donc à la fois sur le muscle

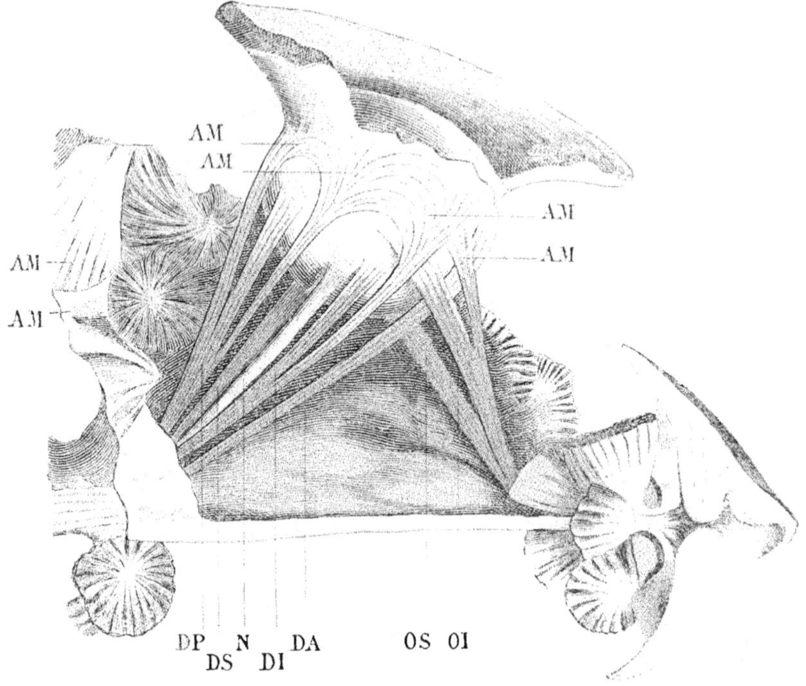

Fig. 394. — Ailerons musculaires de l'orgathoriscus mola.

DP, muscle droit postérieur (muscle droit externe de l'homme). — DA, muscle droit antérieur (muscle droit interne de l'homme). — DS, muscle droit supérieur. — DI, muscle droit inférieur. — OS, muscle oblique supérieur. — OI, muscle oblique inférieur. — AM, AM, AM, AM, ailerons musculaires, simples ou doubles, s'épanouissant en forme de collerette sur l'entonnoir aponévrotique. — N, nerf optique.

droit inférieur par sa cravate fibreuse et sur l'angle inféro-externe de l'orbite par l'aileron.

Dans la traction en arrière du muscle droit inférieur, l'aileron se tend manifestement de dedans en dehors. La partie antérieure du muscle petit oblique comprise entre la cravate fibreuse et son insertion fixe se tend également, mais de dehors en dedans. Le muscle droit inférieur se met sur ces deux cordons de renvoi, l'un fibreux, l'autre musculaire.

Le muscle petit oblique a donc deux points de réflexion : l'aileron proprement dit et le muscle droit inférieur par l'intermédiaire de la cravate fibreuse.

La réflexion du muscle droit inférieur est également double : sur l'aileron proprement dit et sur la partie antérieure du muscle petit oblique ; cette bifurcation présente une certaine analogie avec la disposition des deux ailerons latéraux du muscle droit supérieur.

Ailerons chez les vertébrés. — Nous avons trouvé non plus des ailerons ligamenteux, c'est-à-dire des simples renforcements fibreux de la gaine des muscles se rendant à l'orbite, mais de véritables tendons orbitaires, dans tous les ordres de poissons.

Parmi les téléostéens, le thon, parmi les ganoïdes, l'esturgeon, présentent des tendons accessoires qui se détachent des six muscles et se jettent sur l'entonnoir fibreux. L'orgathoriscus mola offre, à cet égard, une disposition remarquable ; ses tendons accessoires, très longs, s'épanouissent en éventail sur l'entonnoir, et leur série forme une collerette élégante (fig. 594). Nous avons dû rectifier l'erreur de Cuvier qui avait pris cette collerette pour un muscle orbiculaire.

Chez certains mammifères, notamment chez les carnivores, les tendons orbitaires sont aussi nets.

ENTONNOIR APONÉVROTIQUE

Comme nous venons de le voir, le feuillet superficiel de la gaine musculaire s'épaissit en avant, pour former les ailerons.

Du fond de l'orbite, jusqu'à l'équateur de l'œil, les intervalles situés entre les muscles sont remplis par une couche abondante de graisse. Cette masse adipeuse est enveloppée et cloisonnée par des mailles cellulo-fibreuses plus ou moins serrées, émanant des lames intermusculaires, des gaines et des bords des ailerons.

Il est visible que, dans toute la partie comprise entre l'équateur de l'œil et le fond de l'orbite, les muscles se déplacent à peine et que leur effort n'est supporté que par les ailerons. Ils n'ont donc nullement besoin d'être reliés et maintenus, à ce niveau, par une membrane contentive d'une grande solidité. Un tissu de remplissage est seul indiqué et, comme il arrive dans toute autre région de l'économie, l'aponévrose, n'ayant à subir ici aucun effort de traction ou de contention, se résout en une mince lamelle intermusculaire émettant de nombreux et fins cloisonnements sur les lobules adipeux.

Il est facile toutefois de se rendre compte, en absorbant la graisse par une compression entre deux feuilles de papier buvard, que tout ce tissu aréolaire se rattache directement aux gaines musculaires et aux ailerons. Une exception dont l'explication nous échappe, très remarquable pour sa constance, nous le démontre encore plus nettement. Entre le muscle droit supérieur et le muscle droit externe, l'aponévrose se reconstitue sous la couche graisseuse et forme une large expansion triangulaire qui s'étale, comme la membrane interdigitale des palmipèdes, du bord supérieur du muscle droit externe et de l'aileron externe au bord externe du muscle droit supérieur et de son aileron. Son bord postérieur concave s'étend souvent jusqu'au niveau du pôle postérieur du globe.

Nous ajouterons — fait beaucoup plus significatif — que chez quelques sujets d'un développement musculaire et aponévrotique exceptionnel, la disposition que nous venons de décrire s'étend à tous les intervalles musculaires.

Mais la continuité de la gaine de la partie postérieure des muscles avec l'entonnoir que nous allons décrire se manifeste directement le long des muscles droit supérieur et releveur de la paupière. La gaine s'étend ici sans interruption du sommet de l'orbite à sa base. Ce point, qui n'a pas été suffisamment remarqué, démontre clairement l'unité du système aponévrotique de l'orbite

En se rapprochant du bord orbitaire, le rôle de l'aponévrose réapparaît dans toute la circonférence de l'orbite.

On constate en effet, par le tiraillement d'un muscle quelconque, que si le principal effort s'exerce toujours sur l'aileron, l'aponévrose adjacente subit cependant, à ce niveau, un certain degré de traction. Il s'ensuit qu'à partir de l'équateur du globe, l'aponévrose se reconstitue partout sous la couche graisseuse pour former avec les ailerons *un entonnoir membraneux complet* qui s'insère sur tout le pourtour orbitaire et sur les paupières et ne présente aucune interruption, comme il est facile de le constater soit d'arrière en avant, après extraction de la graisse, soit d'avant en arrière, après avoir excisé la conjonctive et le tissu cellulaire des culs-de-sac.

Mais il ne faudrait pas chercher ici, pas plus que dans la plupart des autres parties — mêmes les plus saillantes — de l'aponévrose orbitaire, du tissu fibreux pur présentant l'aspect nacré et brillant de l'aponévrose fémorale.

Nous n'avons sous les yeux qu'une toile cellulo-fibreuse ininterrompue, à mailles assez serrées cependant pour constituer dans son ensemble une membrane parfaitement définie. Elle représente un entonnoir ou un diaphragme concave en avant. Tillaux, qui l'a bien observée, constate qu'en s'unissant en arrière à la capsule fibreuse du globe elle sépare la cavité orbitaire en deux loges : une loge postérieure ou orbitaire; une loge antérieure ou oculaire.

Ce fait est exact au point de vue anatomique comme au point de vue chirurgical. Nous noterons toutefois que le tissu de ce diaphragme n'est pas assez dense pour former une barrière infranchissable entre les deux loges. Un abcès ou une hémorragie intraorbitaire s'infiltreront peu à peu dans l'épaisseur des paupières et sous la conjonctive.

Prenons maintenant l'entonnoir membraneux *au bord supérieur de l'aileron externe* et suivons-le autour de l'orbite.

Il envoie en arrière un prolongement que nous avons décrit entre les muscles droit supérieur et externe. En avant, près du rebord orbitaire, il comble l'étroit espace triangulaire compris entre l'aileron externe et une partie de l'aileron supérieur externe.

Il s'unit à l'aileron supérieur externe, puis se jette sur l'aileron tendineux externe du muscle releveur. Il se dédouble sur le bord de cet aileron pour envelopper le large tendon du releveur.

Sa *lame superficielle* tapisse la face supérieure du tendon du muscle releveur et s'insère au-devant de lui, à la lèvre supérieure du bord supérieur du cartilage tarse; mais en passant sous l'arcade orbitaire, elle envoie à celle-ci un mince feuillet qui prend insertion sur le rebord de l'orbite, complétant ainsi la cloison de la loge orbitaire (fig. 585, LT).

Sa lame *profonde* tapisse la face inférieure du tendon et s'insère au bord supérieur du cartilage tarse. Cette lame profonde du releveur reçoit, comme nous l'avons dit, toute la gaine superficielle du muscle droit supérieur qui se soude avec elle et la renforce (fig. 585 et 591).

Ces connexions aponévrotiques entre le muscle droit supérieur et le muscle releveur rendent encore plus intime l'union que nous avons déjà constatée entre les deux muscles élévateurs du globe et de la paupière.

Au bord interne du tendon du muscle releveur, les feuillets superficiel et profond du releveur se soudent; le fascia de l'entonnoir ainsi reconstitué se joint à la gaine latérale du muscle droit supérieur pour former l'*aileron supérieur interne* (fig. 591), comble l'espace entre celui-ci et l'aileron interne, s'unit à l'*aileron interne*, s'étend jusqu'à la partie antérieure du muscle petit oblique qu'il enveloppe, s'épaissit pour la *cravate fibreuse* que le muscle droit

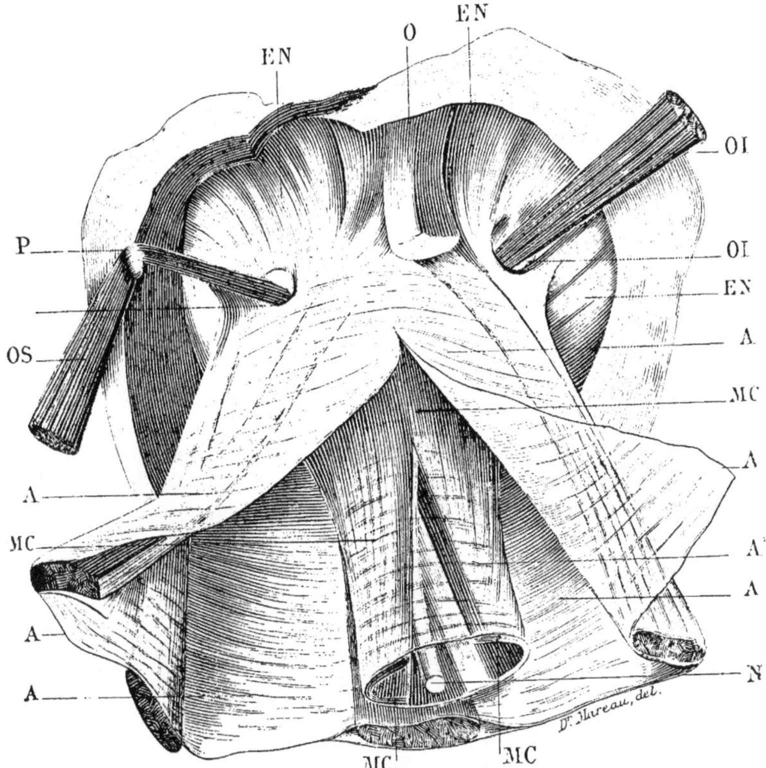

Fig. 595. — Aponévrose orbitaire du cheval.

OS, muscle oblique supérieur. — OI, muscle oblique inférieur. La gaine de ces deux muscles est enlevée. — MC, muscle choanoïde recouvert de sa gaine A'. — A, A, lames aponévrotiques intermusculaires et gaines des muscles droits. — EN, EN, entonnoir aponévrotique. — N, nerf optique. — P, poulie du muscle grand oblique.

inférieur envoie sur le muscle petit oblique et se dirige vers l'*aileron externe* en englobant, chemin faisant, l'*aileron inférieur*.

De l'aileron interne à l'aileron externe, l'entonnoir membraneux s'insère, en se dédoublant comme dans la moitié supérieure de l'orbite, par une lamelle au rebord orbitaire et par l'autre au cartilage tarse de la paupière inférieure (fig. 585). Cette dernière insertion permet au droit inférieur d'abaisser légèrement la paupière.

Entonnoir aponévrotique chez les vertébrés. — Il existe chez tous les vertébrés, parfaitement net chez les poissons dépourvus de tous les organes accessoires, plus ou moins épais et dense dans les autres classes, suivant le développement des muscles de l'orbite. il devient très apparent chez les carnivores, mais il prend son maximum d'épaisseur chez les solipèdes (âne) et chez les ruminants qui ne possèdent pas d'ailerons (fig. 595).

III. — FASCIA SOUS-CONJONCTIVAL OU CAPSULE ANTÉRIEURE

Nous avons vu que le feuillet superficiel de la gaine des muscles se divise. à la naissance des ailerons, en deux fascias; le premier, que nous venons de décrire, s'écarte des muscles et se dirige vers la circonférence de l'orbite et des paupières (entonnoir aponévrotique avec ses ailerons).

Le second prolonge exactement en avant le feuillet superficiel de la gaine. en suivant la face antérieure du muscle et du tendon, et s'étalant sur la sclérotique dans les intervalles musculaires, jusqu'à la cornée. C'est le *fascia sous-conjonctival.*

Vu par devant, après excision de la conjonctive et du tissu cellulaire sous conjonctival des culs-de-sac, il semble naître de l'angle ouvert en avant formé :

Au niveau des muscles, par l'aileron qui se rend à l'orbite et par le muscle qui s'infléchit sur l'hémisphère antérieur

Dans les intervalles musculaires, par l'entonnoir qui s'écarte vers le rebord orbitaire et par la capsule fibreuse postérieure du globe. De cet angle se détache une membrane molle, comme la capsule postérieure, et presque translucide. C'est le *fascia sous-conjonctival*, prolongement direct, comme nous l'avons dit, du feuillet superficiel de la gaine musculaire;

Dans les intervalles musculaires, ce fascia s'avance jusqu'à la cornée en se moulant sur la sclérotique. Au niveau des muscles, il gagne également la cornée après avoir recouvert la face superficielle de la portion oculaire du muscle et du tendon. L'ensemble de ce fascia enveloppe tout l'hémisphère antérieur jusqu'à la cornée et prend le nom de *capsule antérieure*. La *capsule antérieure* et la *capsule postérieure*, soudées vers l'équateur de l'œil, sur la ligne de départ de l'entonnoir, forment la *capsule fibreuse du globe.*

Nous reviendrons sur cette capsule fibreuse complète.

Reprenons quelques points intéressants de la *capsule antérieure*

Souple et à peu près translucide sur le vivant et sur le cadavre à l'état frais, elle est assez variable dans son épaisseur suivant les sujets. En général. elle est relativement plus développée chez les enfants et chez les individus bien musclés. Elle est toujours moins épaisse au milieu de l'espace intertendineux.

Rapports. — On peut lui considérer une extrémité postérieure; une extrémité antérieure; une face superficielle; une face profonde.

Extrémité postérieure. — Nous venons de dire que la capsule antérieure se détachait de l'angle formé par l'aileron et le muscle et. dans les intervalles musculaires, de l'angle formé par l'entonnoir et la capsule postérieure auxquels elle se soude.

Extrémité antérieure. — La capsule antérieure s'arrête au pourtour de la cornée.

Face superficielle. La face superficielle est en rapport d'arrière en avant :

Avec la face profonde des ailerons ou de l'entonnoir dans un très court espace de 1 à 2 millimètres; puis avec le cul-de-sac conjonctival, dont elle est séparée par un tissu cellulaire lâche — *tissu cellulaire sous-conjonctival.*

Elle se place ensuite sous la conjonctive bulbaire et s'avance jusqu'à la cornée. Le tissu cellulaire sous-conjonctival devient de moins en moins distinct de la membrane fibreuse en se rapprochant de la cornée, et se confond tout à fait avec elle sur le pourtour cornéen.

Face profonde. — Ses rapports varient suivant que nous la prenons au-devant des muscles et des tendons ou dans les intervalles musculaires.

Dans les intervalles musculaires. — La face profonde de la capsule antérieure est en rapport, *d'arrière en avant* : 1° avec la cavité de Ténon et la séreuse oculaire, qui la séparent de la sclérotique sur laquelle elle glisse sans lui adhérer; 2° à partir de la ligne irrégulière qui rejoint les extrémités des insertions tendineuses (fig. 583), la cavité de Ténon n'existe plus et la capsule antérieure s'applique directement sur la sclérotique à laquelle elle adhère. Son adhérence à la sclérotique devient de plus en plus intime jusqu'au bord de la cornée.

Au-devant des muscles et des tendons. — La face profonde de la capsule antérieure contracte avec la face superficielle et les bords des muscles et des tendons, des adhérences très importantes au point de vue chirurgical, soigneusement décrites par Boucheron.

La capsule antérieure adhère à toute la face superficielle du muscle et du tendon (adhérences prémusculaires de Boucheron), sauf dans un espace médian, très variable dans ses dimensions, occupé par une *bourse séreuse* de forme allongée.

Bourses séreuses prétendineuses. — Au-devant de l'extrémité antérieure de chaque muscle droit, s'étend une cavité de forme allongée, cloisonnée par des filaments celluleux très déliés (*Bourses séreuses prétendineuses* de Boucheron).

Ces bourses séreuses sont limitées : *profondément* par la face antérieure du muscle et du tendon; *superficiellement*, en avant et en arrière, par les adhérences prémusculaires de la capsule antérieure. Au-devant du muscle droit externe, la bourse séreuse s'arrête à 3 ou 4 millimètres de l'insertion scléroticale du tendon. Sa longueur est, en moyenne, de 11 à 12 millimètres. Elle occupe, en largeur, la plus grande partie du tendon et du muscle, refoulant les adhérences prémusculaires de chaque côté à 1 ou 2 millimètres des bords. La bourse séreuse du muscle droit interne est la plus parfaite. Elle ne laisse qu'un millimètre de chaque côté aux adhérences prémusculaires. Sa longueur est de 9 à 10 millimètres, sa cavité est plus libre que celle du muscle droit externe et ses cloisonnements celluleux plus déliés. La bourse séreuse du muscle droit supérieur est encore manifeste, bien que ses limites soient moins nettes et sa cavité plus cloisonnée. Au-devant du muscle droit inférieur la bourse séreuse devient rudimentaire et peu distincte.

Telle est la disposition habituelle. Elle varie fréquemment; nous avons assez souvent constaté l'absence ou l'état rudimentaire de toutes les bourses séreuses sauf de celle du muscle droit interne qui nous a paru constante.

La capsule contracte donc des *adhérences prémusculaires* avec la face antérieure du muscle et du tendon, de chaque côté des bourses séreuses. En outre, elle s'unit à la lèvre antérieure des bords des muscles et des tendons par des adhérences solides (*adhérences latérales*). En avant du tendon, la capsule s'insère immédiatement à la sclérotique et s'avance, de plus en plus étroitement unie à la coque fibreuse de l'œil, jusqu'à la cornée. Par les adhérences prémusculaires et latérales, les muscles et les tendons font corps avec la capsule antérieure qui, d'autre part, s'insère à la sclérotique au-devant des tendons et dans toute la largeur des intervalles tendineux. Il en résulte que *le muscle ne s'implante pas seulement sur le globe par son tendon, mais aussi par la large insertion complémentaire de la capsule.*

La pratique de la strabotomie démontre que l'insertion capsulaire est aussi importante que l'insertion tendineuse, une section du tendon sans débridement capsulaire n'ayant qu'un effet minime sur le recul du muscle. Les conséquences opératoires d'une telle disposition ressortent d'elles-mêmes. Pour obtenir un recul notable du muscle dans la strabotomie, il sera nécessaire de compléter la section tendineuse par une section des adhérences latérales de la capsule.

IV. — CAPSULE FIBREUSE DU GLOBE

La capsule fibreuse du globe a été considérée par Ténon et par tous les auteurs comme la partie essentielle, le centre d'irradiation de l'aponévrose orbitaire. Nous lui avons rendu son véritable rôle anatomique de simple diverticulum de l'aponévrose musculaire, dont nous ne contestons pas d'ailleurs l'importance au point de vue physiologique.

La capsule fibreuse du globe est formée en arrière par le repli de la gaine profonde des muscles (*capsule postérieure*); en avant par le fascia sous-conjonctival (*capsule antérieure*). Ces deux membranes se soudent vers l'équateur, dans l'intervalle des muscles, pour constituer l'enveloppe fibreuse du globe (fig. 586).

La capsule de l'œil enveloppe cet organe, du nerf optique à la cornée. Elle présente donc la forme d'une sphère creuse ouverte à ses deux pôles.

D'une teinte gris jaunâtre en arrière, translucide en avant, elle offre son maximum d'épaisseur à la partie moyenne. Sa caractéristique, indispensable à sa fonction, comme nous le verrons plus loin, est la souplesse et l'élasticité alliées à une résistance suffisante pour participer à la contention d'un organe très mobile.

Rapports. — Elle présente : un orifice postérieur, un orifice antérieur, une face superficielle, une face profonde.

Orifice postérieur. — Il entoure le nerf optique. La capsule se prolonge sur ce nerf en enveloppant sa gaine fibreuse propre. Elle est traversée par les vaisseaux et nerfs ciliaires. A leur niveau, elle se résout en tractus multiples, sortes de gaines pour le paquet vasculo-nerveux, *par lesquels la capsule adhère fortement à la sclérotique autour du nerf optique* (fig. 597).

Orifice antérieur. — La capsule s'arrête autour de la cornée. Elle forme entre la cornée et la ligne d'insertion des tendons, *une large ceinture adhérente à la sclérotique* (fig. 597) (zone épisclérale, siège principal de l'épisclérite).

Face superficielle. — Sa face superficielle est en rapport, en arrière, avec le tissu cellulo-adipeux rétro-bulbaire et la face profonde des muscles; vers l'équateur, avec l'entonnoir et les ailerons; en avant, avec la conjonctive.

Face profonde. — Dans la plus grande partie de son étendue, la face profonde recouvre la sclérotique dont elle est séparée par la séreuse oculaire. Toutefois, la partie oculaire des muscles et le tendon s'interposent entre elle et la sclérotique; et, dans la zone épisclérale, elle s'applique directement sur la coque oculaire, la cavité de Ténon n'existant plus à ce niveau.

La capsule fibreuse de l'œil est traversée, en arrière, par le nerf optique, les vaisseaux et nerfs ciliaires; vers l'équateur, par les quatre troncs des vasa vorticosa.

La capsule fibreuse de l'œil isole cet organe. Nous devons à Bonnet d'avoir démontré ce fait anatomique important au point de vue chirurgical. Il permet en effet de pratiquer l'énucléation du globe sans ouvrir largement la loge orbitaire; mais l'isolement n'est pas complet, comme on le croit communément : on ne peut en effet énucléer sans sectionner le paquet des vaisseaux et nerfs ciliaires autour du nerf optique et les tractus capsulaires qui les accompagnent. On ouvre ainsi une brèche dans la loge orbitaire.

Comme l'entonnoir fibreux, la capsule fibreuse de l'œil ne présente pas une texture assez serrée pour arrêter longtemps l'infiltration des liquides. Dans l'hygroma aigu de la cavité séreuse de l'œil ou *ténonite*, la sérosité intraténonienne passe dès le deuxième ou troisième jour dans le tissu épiscléral

Capsule fibreuse des vertébrés. — La capsule fibreuse de l'œil reçoit des modifications nombreuses dans la série des vertébrés.

Chez les poissons, elle est semblable, dans sa disposition générale, à celle de l'homme. Elle n'en diffère que par son épaisseur considérable dans certaines espèces. Chez les squales, elle s'insère en arrière sur la circonférence de la capsule cartilagineuse qui supporte le globe. Elle devient sous-jacente à l'appareil musculo-tendineux de la troisième paupière et du muscle choanoïde chez les reptiles, les oiseaux et un grand nombre de mammifères. Chez les ruminants, elle présente une disposition spéciale que nous décrirons plus tard (fig. 597).

L'énucléation des yeux pourvus d'un muscle choanoïde exposerait non seulement à des difficultés opératoires, mais à des complications dues à l'ouverture béante de la loge orbitaire.

V. — CAVITÉ DE TÉNON. — SÉREUSE DE L'OEIL

Entre la capsule fibreuse et la sclérotique existe un espace lymphatique qu'on désigne sous le nom de cavité ou de fente de Ténon. Cette cavité est virtuelle à l'état normal (fig. 586 et 587).

Nous lui décrirons une limite antérieure, une limite postérieure, une face viscérale, une face pariétale.

Limite antérieure. — Sa *limite antérieure* est intéressante pour l'ophtalmologiste. Elle est tracée par l'insertion des tendons des muscles droits et par la ligne de jonction des extrémités tendineuses sur laquelle s'insère la capsul fibreuse (fig. 583).

Cette ligne est irrégulière. Près de l'extrémité externe du tendon du muscle droit supérieur, elle s'éloigne de la cornée de 11 millimètres. Partout ailleurs elle varie entre 6 et 8 millimètres.

Si l'on veut pousser une injection dans la cavité de Ténon ou pratiquer la paracentèse sclérale au travers de cette cavité, et non dans la zone épisclérale, suivant le procédé que nous avons recommandé à plusieurs reprises, on tombera, sans erreur possible, dans la séreuse oculaire en ponctionnant à 10 millimètres de la cornée, sauf près de l'extrémité *externe* du tendon du muscle droit supérieur.

Dans ses injections de la cavité de Ténon ou de l'espace supra-choroïdien. Schwalbe a vu souvent le liquide s'infiltrer jusqu'à la circonférence de la cornée. Il en conclut que la cavité de Ténon ne s'arrête qu'autour de la cornée.

Cette déduction n'est pas exacte. Il est vrai que les adhérences de la capsule à la sclérotique ne sont pas assez solides ni son tissu assez serré pour s'opposer longtemps à l'infiltration soit du liquide d'une ténonite, soit du liquide d'une injection. Mais il ne s'ensuit pas que les adhérences n'existent pas. La dissection permet de les constater avec toute évidence. Nous affirmons avec Henle, Magni et la plupart des anatomistes que la capsule fibreuse de l'œil s'insère à la sclérotique sur la ligne d'insertion des muscles droits, limitant ainsi en avant, à l'état normal, la cavité de Ténon.

Limite postérieure. — En arrière, la limite est moins précise. Schwalbe, dans ses *Recherches sur les vaisseaux lymphatiques de l'œil et leur délimitation* la définit en ces termes :

« En ce qui concerne l'étendue de la capsule de Ténon vers le pôle postérieur de l'œil, Luschka et Henle sont d'accord qu'elle s'étend jusqu'à l'entrée du nerf optique et qu'elle y possède une ouverture circulaire par où le nerf optique et les vaisseaux ciliaires postérieurs parviennent au globe de l'œil; le faisceau ne se soude pas à la gaine extérieure du nerf optique. Je ne puis que confirmer cette opinion, mais en y ajoutant que, par l'ouverture en question, la cavité de Ténon se trouve en communication directe avec une autre cavité qui entoure comme une enveloppe la gaine extérieure du nerf optique et peut être suivie jusqu'au canalis opticus. La paroi périphérique de cette cavité fusiforme, entre le retractor bulbi et le nerf optique, est formée par une prolongation du *faisceau de Ténon* (capsule fibreuse du globe) et, au milieu, par une prolongation du tissu *très fin tapissant le globe de l'œil* (membrane séreuse de la cavité de Ténon) et qui s'étend au-dessus de la gaine extérieure de l'optique. Comme nous allons le voir, cette cavité fait communiquer la cavité de Ténon avec le cavum arachnoïdale; comme le montre le résultat des injections, elle est parfaitement fermée de tous les autres côtés. »

D'après Schwalbe, la capsule fibreuse du globe se continue donc en arrière avec la couche du tissu conjonctif qui environne le nerf optique, et non avec la gaine fibreuse propre du nerf. La membrane séreuse se prolonge aussi sous la face profonde de cette couche cellulo-fibreuse superficielle.

Aucune communication n'existe donc entre la cavité de Ténon et les espaces lymphatiques sous-dural et sous-arachnoïdal du nerf optique.

Mais une large communication est établie entre cette cavité et l'espace sous-arachnoïdien du cerveau par le canal compris entre le prolongement de la capsule, en dehors, et la gaine fibreuse propre du nerf, en dedans.

Schwalbe a rempli la cavité de Ténon par une injection poussée dans la cavité arachnoïdienne du cerveau.

Face viscérale. — Elle est formée par une très belle couche endothéliale appliquée sur la sclérotique (*séreuse viscérale*).

Face pariétale. — Cette face est limitée par une membrane conjonctive d'une extrême finesse, transparente, revêtue d'un endothélium, présentant tous les caractères d'une membrane séreuse (*séreuse pariétale*). Bogros, Budge et Schwalbe l'ont admise. Nous avons réussi à l'isoler dans toute son étendue.

La séreuse oculaire pariétale (fig. 586) est partout accolée à la capsule fibreuse au nerf optique jusqu'à la zone épisclérale. Elle s'insère à la face profonde de la partie oculaire des muscles, à quelques millimètres en avant du point où la gaine profonde abandonne ces muscles; puis, après s'être avancée sous le muscle et le tendon jusqu'auprès de l'insertion tendineuse, elle suit la gaine fibreuse dans son repli sur l'hémisphère postérieur et tapisse toute la capsule postérieure. En avant elle s'insère sur la lèvre profonde des bords des muscles et des tendons, et tapisse toute la capsule antérieure jusqu'à la ligne d'insertion de celle-ci à la sclérotique. A cette limite, la couche conjonctive disparaît et la couche endothéliale seule se replie sur la sclérotique qu'elle tapisse (séreuse viscérale).

Sa dissection exige assurément l'habitude du scalpel; cependant on la met facilement à nu par le procédé suivant (fig. 587) :

Sectionner et soulever l'un des muscles droits en arrière de l'œil; enlever toute la graisse rétro-bulbaire et découvrir la capsule postérieure; tendre le muscle en dehors; le repli de sa gaine profonde apparaît immédiatement; inciser ce repli de haut en bas; diviser avec prudence une couche de tissu celluleux très délié; écarter les lèvres de l'incision; on apercevra alors une membrane d'une extrême finesse et d'une transparence telle qu'elle permet de voir la face oculaire du muscle; poursuivre sa dissection dans tous les sens.

Les faces pariétale et viscérale sont lâchement unies par des filaments celluleux très ténus. Ces filaments sont ordinairement moins nombreux et la cavité est, par conséquent, plus libre sous la face oculaire des muscles et près de leurs tendons. Le bord des tendons sera donc le lieu d'élection pour la paracentèse sclérale.

Nous avons noté, d'après Schwalbe, la communication de la cavité de Ténon avec l'espace sous-arachnoïdien. Le même auteur s'est assuré de la communication de la cavité de Ténon avec l'espace suprachoroïdien par les orifices des troncs veineux des vasa vorticosa.

Cavité de Ténon des vertébrés. — Chez les poissons et quelques reptiles (ophidiens) qui ne possèdent que les six muscles de l'homme, la cavité de Ténon ne diffère pas de celle que nous venons de décrire. Mais elle devient irrégulière et parfois singulièrement réduite par les muscles et les tendons de la troisième paupière des batraciens, des reptiles et des oiseaux, et par le muscle choanoïde d'un grand nombre de vertébrés.

Elle est rudimentaire chez certains mammifères (ruminants) (fig. 596). Dans ce cas, la cavité de Ténon est remplacée par une bourse séreuse développée *entre la face superficielle du muscle choanoïde et la face profonde des muscles droits.*

Chez l'esturgeon (acipenser sturio) la capsule fibreuse du globe est d'une épaisseur et d'une densité extraordinaires (4 à 5 millimètres); en outre elle est assez intimement unie à la sclérotique par un tissu aréolaire fibreux et serré. La surface articulaire est également transportée à la *surface externe de la capsule*, dans ses deux tiers postérieurs.

HISTORIQUE DE LA CAPSULE DE TÉNON

Suivant Hélie, la capsule de Ténon est signalée dans Galien, Colombo, Casserius, Rialon, C. Briggs, sous les noms de tunica adnata, membrana innominata. Mais les notions des anciens à ce sujet étaient extrêmement vagues.

Le 29 fructidor an XIII, le chirurgien Ténon donna lecture à l'Institut d'un mémoire dans lequel il présenta une description magistrale de la membrane à laquelle il attacha son nom. Ce document, d'une importance capitale dans l'histoire des aponévroses de l'orbite, étant trop peu connu de nos jours, nous croyons devoir en reproduire un des passages les plus saillants.

« Il ne serait pas étonnant que l'on cherchât en vain la tunique dont je vais parler, elle est difficile à trouver; il fallait bien que cela fût, puisqu'elle a échappé aux efforts de tant d'anatomistes célèbres qui se sont occupés de recherches sur l'œil. Cette tunique est commune au nerf optique, au globe de l'œil et aux paupières. Elle fournit une enveloppe à l'œil; elle sert de plus à le suspendre en devant à l'entrée de l'orbite et à le lier avec les paupières. Elle passe du globe de l'œil à la conjonctive, s'adosse avec elle dans les paupières, l'accompagne jusqu'aux ligaments tarses, passe sur la convexité de ces cartilages, et la conjonctive, à son tour, passe à leur face concave. Cette tunique ressemble, pour le tissu et la couleur, à la conjonctive; elle n'est pas aussi épaisse; est fort adhérente au nerf optique à l'endroit où ce nerf a son entrée dans l'œil. Elle est assez adhérente à la sclérotique en arrière, n'y est liée en devant que par un tissu cellulaire très fin : elle donne passage aux tendons des muscles droits et obliques; elle fournit une gaine au tendon du muscle grand oblique. Parvenue à l'insertion des muscles adducteur et abducteur du globe de l'œil, c'est-à-dire près de la conjonctive, et avant de s'adosser à cette membrane, elle produit de chaque côté une espèce d'aile ligamenteuse qui attache le globe de l'œil à l'orbite, au grand et au petit angle. Ces ailes ligamenteuses sont formées de l'adossement des portions de cette tunique qui passent l'une dessus, l'autre dessous le globe de l'œil.... »

C'est donc bien à Ténon que revient le mérite d'avoir découvert la capsule qui porte son nom. Il l'a décrite dans ses principales dispositions. Il a reconnu qu'elle embrassait l'œil dans sa concavité, qu'elle semblait traversée par tous les muscles oculaires; il a indiqué ses rapports avec le globe dans l'hémisphère postérieur. Il a décrit enfin les ailes ligamenteuses ou faisceaux tendineux des muscles droits interne et externe, qu'il a seulement le tort de présenter comme des tendons continus avec les fibres musculaires. Ténon considère déjà la capsule fibreuse de l'œil comme le centre d'où partent les expansions orbitaires traversées par les muscles.

Ce mémoire si remarquable resta cependant longtemps dans l'oubli. Mais vers 1840, la découverte de Stromeyer (strabotomie) remit à l'ordre du jour les questions relatives aux muscles de l'œil et aux aponévroses orbitaires.

Malgaigne reproduit à peu près l'opinion de Ténon : de plus, il signale la partie de la capsule qui relie les tendons des muscles droits sur l'hémisphère antérieur (fascia sous-conjonctival). Malgaigne ajoute, et avec raison : « Cette membrane ne serait-elle pas le siege special de l'ophtalmie rhumatismale ou arthritique? » (épisclérite).

Baudens observe les six gaines que la capsule envoie aux muscles de l'œil.

Lucien Boyer et Jules Guérin revendiquent la découverte du fascia sous-conjonctival sans qu'il soit possible, aujourd'hui, d'établir leurs titres de priorité.

Hélie, dans une description très courte, mais assez exacte, mentionne sommairement les ailerons du muscle droit supérieur et la terminaison de l'aponévrose à l'orbite. Il parle également d'un aileron des muscles droits inférieur et supérieur, mais sans être bien fixé à leur sujet, surtout en ce qui concerne l'aileron inférieur.

Il reconnaît, le premier, la nature et l'origine de la capsule de Ténon. Pour lui, cette membrane n'est qu'un *prolongement de la dure-mère crânienne, qui se continue, en avant, avec le périoste facial après s'être replié sur le globe*. Il émet cette fameuse comparaison du *bonnet de coton* qui devait donner lieu à tant de discussions.

« Par ces différents moyens, on arrive à reconnaître qu'elle forme une sorte de sac sans ouverture, ou encore de bonnet de coton dont une partie, repliée sur elle-même, sert de coque à l'œil, tandis que l'autre partie recouvre les parois de l'orbite. »

Bonnet (*Traité des sections tendineuses et nouvelles recherches sur l'anatomie des aponévroses et des muscles de l'œil* et *Annales d'oculistique*, t. V, p. 27, 1841) reprend l'étude de la capsule de Ténon au point de vue chirurgical. Il donne son procédé de préparation de la capsule postérieure (section des muscles droits et obliques, du nerf optique, énucléation du globe), procédé devenu classique. Il précise les rapports des tendons avec le fascia sous-conjonctival. Il se base sur ces rapports pour substituer à la myotomie la ténotomie des muscles de l'œil, et varier l'effet opératoire suivant le plus ou moins de débridement latéral du fascia sous-conjonctival.

Lenoir (*Des opérations qui se pratiquent sur les muscles de l'œil*) fait précéder sa thèse (1850) de quelques considérations sur la capsule de Ténon qui n'apportent rien de nouveau.

En 1843, Richet déposa au musée Orfila plusieurs pièces fort remarquables sur la capsule de Ténon (Concours de prosectorat, 1843). Dans son *Traité d'anatomie chirurgicale* (1855), il démontre l'insertion de la capsule sur tout le pourtour du rebord orbitaire, mais présente les ailerons ligamenteux *comme détachés de la face interne de l'aponévrose*, ne faisant pas corps, par conséquent, avec ce diaphragme cellulo-fibreux.

Cruveilhier (*Traité d'anatomie descriptive*, t. II, 2e partie, p. 603) donne une description plus complète qu'Hélie des faisceaux orbitaires du muscle droit supérieur.

Sappey (*Traité d'anatomie descriptive*, t. II) découvre des fibres musculaires lisses dans les ailerons interne et externe, auxquels il donne le nom de muscles orbitaires interne et externe ; il établit que les ailerons émanent de la gaine du muscle et non du muscle lui-même, comme on l'avait cru depuis Ténon.

Il démontre, en outre, que le large tendon du muscle releveur de la paupière n'est point une aponévrose, mais un muscle à fibres lisses, qu'il désigne sous le nom de muscle « orbito-palpébral ».

D'après Sappey, le triangle du muscle orbito-palpébral arrête la capsule de Ténon et l'empêche d'arriver jusqu'au cartilage tarse et au rebord orbitaire. Mais nous avons vu que l'aponévrose du muscle droit supérieur se jette sur le muscle releveur, qu'elle enveloppe ainsi que son tendon, tapisse par conséquent les deux faces du muscle orbito-palpébral, et se rend avec ce dernier au cartilage tarse, puis au rebord orbitaire, par une lamelle détachée du feuillet superficiel de la gaine.

Sappey a réfuté l'opinion d'Hélie, adoptée par Richet et la plupart des auteurs, sur l'origine de la capsule de Ténon, et établi que cette membrane n'est pas une dépendance de la dure-mère crânienne et du périoste orbitaire. Nous partageons, à cet égard, l'opinion de Sappey : mais nous ne pouvons le suivre lorsque, après avoir décrit l'aponévrose orbitaire entourant toute la portion scléroticale du globe, il ajoute : « De cet organe comme d'un centre, elle s'irradie sur les muscles qui le meuvent ; puis s'étend de ceux-ci jusqu'aux parois de l'orbite, et au bord adhérent des paupières. Cette aponévrose nous offre donc à considérer : 1° une portion centrale ou oculaire ; 2° six gaines musculaires ou prolongements du premier ordre ; 3° cinq faisceaux tendineux ou prolongements du second ordre. »

Panas, dans ses *Leçons sur le strabisme*, reproduit à peu près l'opinion de Sappey. Plus tard, dans son *Traité des maladies des yeux*, il se rallia à notre opinion. Panas et Berger ont pleinement adopté notre description.

Tillaux fait remarquer avec raison les caractères physiques de la capsule de Ténon de l'homme, différents, sur la plupart des points, de l'aspect fibreux et nacré des autres aponévroses. Il ajoute : « L'idée générale que l'on doit se faire de l'aponévrose orbitaire est donc en définitive celle d'un diaphragme peu résistant en arrière, plus résistant en avant, ou, si l'on veut, d'une sorte de cupule recevant dans sa concavité le globe de l'œil. Cette capsule présente une face postérieure, une face antérieure et deux extrémités. La face antérieure est concave, lisse, unie, moulée sur l'hémisphère postérieur du globe qu'elle embrasse lâchement. La face postérieure, convexe, est en rapport avec les graisses de l'orbite ; mais, à l'encontre de la précédente, elle fournit des prolongements très résistants qui se portent les uns sur les muscles, les autres vers la base de l'orbite et constituent *en réalité la partie essentielle de l'aponévrose.* » De cette dernière phrase que nous soulignons, il n'y avait qu'un pas à faire pour renverser l'opinion en cours et reconnaître que la capsule fibreuse est non pas le centre et le point de départ de l'aponévrose orbitaire, mais un simple diverticulum de celle-ci. Si Tillaux n'est pas allé jusque-là, il observe que « l'aponévrose de l'orbite est constituée par une lame cellulo-fibreuse étendue du *pourtour de l'orbite* au pôle postérieur de l'œil. Elle partage l'orbite en deux loges, l'une antérieure, largement ouverte en avant, destinée au bulbe oculaire ; l'autre postérieure, contenant graisses, muscles, vaisseaux, nerfs. » Tillaux admet donc avec raison la *continuité de l'expansion orbitaire* à laquelle nous avons donné le nom d'*entonnoir aponévrotique*.

Parmi les plus récents auteurs, Testut affirme encore avec plus de précision l'erreur que nous avons relevée chez tous ses devanciers :

« *Prolongements envoyés par la capsule de Ténon sur les muscles qui la traversent.* Devant chacun des muscles précités, la capsule de Ténon, au lieu de se laisser perforer, *se déprime en doigt de gant et accompagne les tendons jusqu'à leur insertion sur la sclérotique.* D'autre part, au moment où elle se déprime en avant sur les tendons, elle envoie, en sens inverse, sur les corps musculaires eux-mêmes, des prolongements qui constituent les gaines de ces muscles. *La capsule de Ténon jette donc sur les muscles qui la traversent* deux ordres de gaines : des gaines antérieures destinées aux tendons, ce sont des gaines tendineuses ; des gaines postérieures, destinées au corps musculaire, ce sont les gaines musculaires. »

Et plus loin :

« Les recherches de Schwalbe sur les voies lymphatiques de l'œil nous démontrent que la capsule de Ténon est constituée en réalité par deux feuillets conjonctifs concentriques l'un à l'autre : 1° un feuillet postérieur ou externe relativement épais qui n'est autre que la coque fibreuse qu'on a sous les yeux après l'énucléation de l'œil, qui n'est autre que la capsule de Ténon elle-même telle que la décrivent les auteurs; 2° un feuillet antérieur ou interne, infiniment plus mince (séreuse) qui recouvre la sclérotique et lui adhère intimement. »

Personne n'avait affirmé avec plus de netteté la prédominance presque absolue de la capsule fibreuse du globe. Cette étrange erreur ne semblait donc pas en voie de disparaître.

Henle et Magni font terminer en avant le faisceau de Ténon (capsule fibreuse du globe) sur la ligne d'insertion des muscles droits. Budge, Luschka et Schwalbe le poursuivent jusqu'à la cornée.

Les uns et les autres ont raison. La capsule fibreuse *prend insertion* à la sclérotique sur la ligne d'insertion des muscles droits, mais se prolonge ensuite, toujours adhérente à la sclérotique, jusqu'à la cornée.

La cavité de Ténon ou séreuse de l'œil a relativement moins attiré l'attention des anatomistes.

La surface interne de la capsule fibreuse du globe est lisse, unie, très régulière. Elle n'adhère à la sclérotique que par un tissu cellulaire, humide, très fin et très lâche, qui a pu être considéré comme une sorte de séreuse rudimentaire (Sappey, *loc. cit.*). Tous les auteurs avaient en effet regardé la cavité de Ténon comme une pseudo-séreuse. Bogros remarqua que les tendons des muscles droits et obliques pénétraient dans cette cavité qu'il décrivit sous le nom de séreuse des tendons de l'œil.

Schwalbe, dont les recherches ont été jusqu'ici les plus complètes sur ce sujet, établit que l'espace auquel il donne, le premier, le nom de cavité de Ténon, était bien une cavité séreuse ou, plus exactement, un espace lymphatique tapissé dans toute son étendue par une très belle couche d'endothélium reposant sur une membrane conjonctive excessivement fine. Il démontre les deux communications importantes de la cavité de Ténon avec l'espace suprachoroïdien d'une part et la cavité sous-arachnoïdienne du cerveau d'autre part.

Nous croyons avoir apporté notre contribution personnelle à l'étude de la capsule de Ténon de l'homme sur les points suivants :

1° Nous avons établi, par des preuves tirées de l'anatomie humaine et de l'anatomie comparée, sa véritable nature : *La capsule de Ténon est l'aponévrose du groupe musculaire de l'orbite.*

2° Nous avons présenté une description plus simple et plus rationnelle, basée sur cette interprétation.

3° Nous avons non seulement admis, avec Tillaux, la continuité de l'entonnoir aponévrotique, mais nous l'*avons identifié avec les ailerons.*

4° Nous avons découvert l'*aileron inférieur* et la connexion aponévrotique si remarquable des muscles petit oblique et droit inférieur.

5° Contrairement à la description de tous les auteurs, nous avons démontré d'abord que l'expansion orbitaire *n'est pas traversée par les muscles*; en outre, que la gaine profonde des muscles *abandonne ceux-ci pour se replier sur l'hémisphère postérieur du globe* où elle forme la capsule postérieure.

6° Nous avons isolé par le scalpel toute la membrane séreuse qui tapisse la face pariétale de la cavité de Ténon et décrit cette membrane.

7° Après avoir étendu nos recherches à toute la série des vertébrés et présenté une description particulière, toujours d'après nos pièces anatomiques, de la capsule de Ténon dans chaque classe et dans un grand nombre de genres et d'espèces, nous avons pu, par une synthèse de toutes ces recherches, ramener la capsule de Ténon à un seul type, commun à tous les vertébrés et à l'homme, régi par les mêmes lois générales, dans son ensemble comme dans ses détails.

L'observation exacte des dispositions anatomiques nous ont conduit aux déductions suivantes :

Description du véritable mécanisme des mouvements de rotation du globe comparé à tort jusqu'ici aux mouvements énarthrodiaux.

Analyse complète du rôle des ailerons pendant le repos et la contraction musculaires.

Applications opératoires à la chirurgie des muscles de l'œil et des paupières (Théorie des strabotomies; opération de Motais, etc.)[1].

SIGNIFICATION ANATOMIQUE DE LA CAPSULE DE TÉNON

Nous venons de voir que deux opinions ont été émises sur la manière d'interpréter la capsule de Ténon.

1° Pour Hélie, Richet et quelques autres anatomistes de cette période, la capsule de Ténon est *un prolongement de la dure-mère et du périoste orbitaire* auxquels elle fait suite du sommet à la circonférence de l'orbite. La comparaison des deux feuillets du *bonnet de coton* traduisait bien cette hypothèse. Personne ne la soutient plus depuis la réfutation de Sappey. Sappey a démontré en effet qu'il n'existe aucune analogie de structure ni de fonction entre la capsule et le périoste. L'aponévrose orbitaire et le périoste se rencontrent dans leur insertion commune aux saillies osseuses. Mais ce point de contact n'implique pas plus pour elle que pour les autres aponévroses une continuité de tissu.

2° *La partie essentielle de l'aponévrose orbitaire est la capsule fibreuse de l'œil.*

« De cette capsule, comme d'un centre, partent des prolongements de premier ordre, gaines des muscles, et des prolongements de second ordre, ailerons ligamenteux. » — Les muscles *traversent* ces prolongements (Sappey).

Le passage de Ténon que nous avons cité prouve que l'inventeur de l'aponévrose orbitaire avait déjà cette opinion. Elle est presque unanimement admise aujourd'hui.

Cette interprétation doit être abandonnée. Elle fait de la capsule de Ténon une membrane unique dans l'économie et n'est conforme ni aux faits bien observés, ni aux lois générales qui régissent le système musculo-aponévrotique.

1. Pour étude plus complète, consulter l'« Anatomie et physiologie de l'appareil moteur de l'œil de l'homme in *Encyclopédie française d'ophtalmologie* et notre traité d'*Anatomie de l'appareil moteur de l'œil de l'homme et des vertébres.*

La capsule de Ténon est *l'aponévrose commune du groupe musculaire de l'orbite.*

Comme tous les groupes musculaires de l'économie, les muscles de l'orbite sont reliés entre eux par une aponévrose commune qui, se dédoublant sur leurs bords, fournit à chacun d'eux une gaine particulière.

Dans l'orbite comme ailleurs, l'aponévrose orbitaire ne forme pas seulement la gaine des muscles, mais, par des prolongements qui s'en détachent, enveloppe les organes qui se trouvent sur son parcours : vaisseaux, viscères (œil), glandes (glande lacrymale), etc. La capsule fibreuse du globe, loin d'être la partie essentielle et le point de départ de l'aponévrose de l'orbite, n'en est donc qu'un diverticulum, quelle que soit son importance au point de vue physiologique.

Lorsque la stabilité ou la structure des muscles et des organes l'exigent, les aponévroses s'insèrent solidement sur le pourtour des ceintures osseuses ou ostéo-fibreuses et, par l'entonnoir ou le cercle fibreux ainsi formé, les protègent contre des déplacements ou des compressions dangereuses (insertions aponévrotiques sur le pubis et l'arcade de Fallope, sur l'arc sterno-claviculaire, sur les branches ischio-pubiennes, etc.).

L'aponévrose orbitaire, chargée d'assurer la fixité et l'intégrité fonctionnelle de l'appareil moteur et du globe plongés dans une cavité relativement vaste, prend également des points d'appui étendus et solides sur le rebord orbitaire. C'est la raison d'être de l'entonnoir aponévrotique et des ailerons ligamenteux.

Nous savons que la structure des aponévroses musculaires se modifie suivant les fonctions qu'elles ont à remplir. L'aponévrose du groupe musculaire de l'orbite se conforme à cette loi. Celluleuse au fond de l'orbite et dans la plupart des intervalles musculaires où les tractions des muscles sont très limités, elle prend une grande épaisseur au niveau des ailerons qui supportent la plus grande partie de l'effort musculaire. Toutefois, nulle part elle ne présente l'aspect nacré et l'inextensibilité des aponévroses des membres. Ces qualités fussent devenues pour elle les plus graves des défauts. L'aponévrose et son entonnoir orbitaire devaient être assez résistants pour assurer l'équilibre des muscles et du globe, mais, en même temps, *assez élastiques* pour se prêter à leurs mouvements. Une gaine inextensible, un aileron ou un diaphragme rigide auraient coupé court au raccourcissement du muscle et à son effet physiologique de rotation du globe dès le début de la contraction.

C'est pourquoi la structure de l'aponévrose musculaire de l'orbite est remarquable par l'abondance des fibres élastiques (Schwalbe) et même par la présence, dans ses parties les plus résistantes, de fibres musculaires lisses. Cette structure lui donne un aspect particulier qui a contribué à en faire méconnaître la véritable nature.

La capsule de Ténon, observée chez l'homme seul, apparaît donc clairement, non plus comme une membrane d'exception unique dans l'économie, mais comme l'aponévrose musculaire commune du groupe musculaire de l'orbite.

Dans les vertébrés, cette interprétation s'impose de toute évidence. Chez les sujets très nombreux, de toutes les classes, dans lesquels le muscle choanoïde existe, recouvrant une partie de l'hémisphère postérieur, la capsule fibreuse du globe est nécessairement rudimentaire. Chez les ruminants, en particulier (fig. 596) l'hémisphère postérieur tout entier est occupé par le muscle choanoïde, ses faisceaux accessoires et des lobules adipeux adhérents à la sclérotique. Ici la capsule fibreuse est réduite à sa partie antérieure. La cavité de Ténon n'existe pas. Elle est remplacée par une large bourse séreuse située entre les muscles droits et le muscle choanoïde. Nous sommes donc en présence d'orbites dans lesquels — si l'on admettait la théorie en cours — la partie essentielle — capsule fibreuse du globe — disparaît à peu près tota-

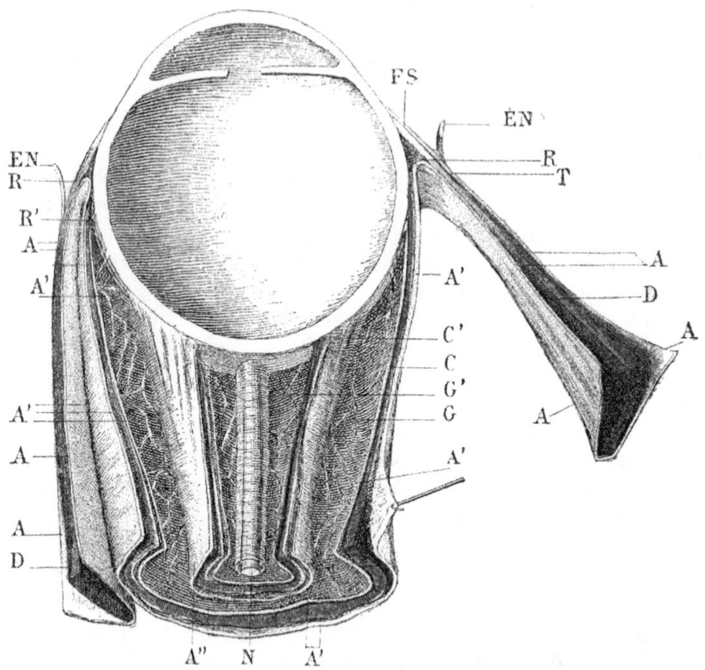

Fig. 596. — Coupe horizontale des muscles et de l'aponévrose d'un œil de bœuf.

DD, muscles droits interne et externe. — C, muscle choanoïde. — C', faisceaux accessoires ou profonds du même muscle. — AA, gaine des muscles droits. — A'A', gaine du muscle choanoïde. — A''. gaine des faisceaux accessoires du même muscle. — R, feuillet profond de la gaine des muscles droits abandonnant ces muscles. comme chez l'homme, pour se replier en arriere, mais au lieu de former la capsule postérieure du globe, il ne tapisse que quelques millimètres de la sclerotique et rencontre presque immediatement le muscle choanoïde C' sur lequel il s'étale pour former le feuillet superficiel de sa gaine A', passe dans les interstices du muscle choanoïde, forme la gaine des faisceaux profonds de ce muscle A'' et se perd en cloisonnements sur les masses adipeuses GG. Il n'existe donc pas de capsule fibreuse postérieure du globe. — FS, fascia sous-conjonctival EN, entonnoir aponévrotique — T, tendon du muscle droit. — N, nerf optique.

lement, pendant que la partie considérée comme secondaire — aponévrose musculaire — qui ne dériverait que de cette capsule absente, prend un développement remarquable.

Nous devons donc conclure avec certitude que l'appareil membraneux dénommé *capsule de Ténon* n'est que l'*aponévrose du groupe musculaire de l'orbite*; que, par son développement et sa texture. cette aponévrose est adaptée, dans son ensemble comme dans ses parties, au volume des muscles, aux tractions qu'elle subit, aux fonctions qu'elle doit remplir; que, d'autre part, la capsule fibreuse du globe n'est qu'un diverticulum de cette aponévrose, au même titre que les enveloppes fibreuses des glandes lacrymales et de Harder, de la boule graisseuse et de la tige cartilagineuse de certains vertébrés[1]

CHAPITRE III

MOUVEMENTS DU GLOBE

L'action de chaque muscle de l'œil et le rôle de l'aponévrose ne pouvaient être définis isolément. Nous les réunissons dans un chapitre spécial.

ACTION DES MUSCLES

Au point de vue physiologique, les muscles de l'œil sont groupés en trois paires :

Première paire : muscle droit interne, muscle droit externe;
Deuxième paire : muscle droit supérieur, muscle droit inférieur;
Troisième paire : muscle oblique supérieur, muscle oblique inférieur.

Première paire. — Les muscles droits interne et externe s'insérant à la sclérotique suivant une courbe régulière dont les deux extrémités sont à distance à peu près égale de la tangente au méridien transversal de la cornée, leur action sur l'œil sera simple. Leur limite de rotation extrême est de 46 degrés pour l'abduction, 44 degrés pour l'adduction (Landolt).

La légère obliquité de l'insertion du muscle droit externe que nous avons signalée après Fuchs a été négligée jusqu'ici. Notons cependant que Volkman, dans ses déterminations sur le cadavre de l'action des muscles de l'œil, dit avoir trouvé une légère inclinaison en avant de l'axe de rotation correspondant à la première paire musculaire.

Deuxième paire. — La direction des muscles droits supérieur et inférieur est légèrement oblique de dedans en dehors; leur *insertion* est plus oblique encore de dedans en dehors et d'avant en arrière. Leur action sera donc complexe.

Nous remarquerons, toutefois, que l'obliquité de l'insertion du muscle droit supérieur est plus prononcée que celle du muscle droit inférieur. Pour le muscle droit supérieur, le point le plus rapproché de la cornée est 6 mm. 5, le plus éloigné à 11 millimètres; *différence* 4 mm. 5. Pour le muscle droit inférieur, le point le plus rapproché est à 5 mm. 5, le plus éloigné à 8 millimètres; *différence* 2 mm. 5.

Il est admis cependant que l'axe de rotation des muscles de la deuxième paire forme, avec l'axe optique, un même angle de 63 degrés ouvert en dehors Le muscle droit supérieur tournera donc l'œil en haut et en dedans; le

1. Pour plus amples développements de cette discussion, se reporter à l'« Anatomie et physiologie de l'appareil moteur de l'œil de l'homme », in *Encyclopédie française d'ophtalmologie*, t. I.

muscle droit inférieur en bas et en dedans. Ils ne peuvent produire seuls ni l'élévation ni l'abaissement directs.

Les muscles droits supérieur et inférieur sont antagonistes pour les mouvements d'abaissement et d'élévation, mais associés pour l'inclinaison du méridien vertical en dedans.

La limite extrême est pour l'abaissement de 50 degrés, et pour l'élévation de 44 degrés (Landolt).

Troisième paire. — *Muscles obliques.* — Les muscles obliques forment avec l'axe optique un angle de 39 degrés ouvert en dehors (Landolt). Leur axe de révolution traverse le globe horizontalement et se dirige d'avant en arrière et de dehors en dedans.

Le muscle oblique supérieur tourne la cornée en bas et en dehors, le muscle oblique inférieur en haut et en dehors.

Les muscles obliques sont donc antagonistes pour l'élévation et l'abaissement et associés pour la rotation en dehors.

Les muscles obliques étant à la fois élévateurs ou abaisseurs et *abducteurs*, les muscles droits supérieur et inférieur, élévateurs ou abaisseurs et *adducteurs*, on conçoit que l'action combinée de la deuxième et de la troisième paire produira le regard *direct* en haut ou en bas.

De l'action successive ou combinée des six muscles résultera la rotation de l'œil dans tous les sens.

La *convergence* a lieu par l'action *simultanée* des deux muscles droits internes. Cette fonction existe chez tous les animaux, mais à un degré d'autant plus faible que la latéralité des orbites est plus prononcée. Elle acquiert une importance plus grande chez l'homme et les primates, la présence de la macula donnant à la vision binoculaire plus d'acuité et de précision.

On sait donc que le globe exécute des mouvements de rotation autour d'un axe vertical (muscles droits interne et externe); d'un axe à peu près transversal (muscles droits supérieur et inférieur); d'un axe situé aussi dans le plan horizontal, mais se rapprochant de l'axe antéro-postérieur (muscles grand et petit obliques).

On sait, en outre, que le globe ne subit pas ou très peu de mouvements de translation en masse et que le centre de rotation reste à peu près invariable.

Ces faits sont tous bien établis, mais leurs raisons anatomiques et physiologiques n'ont pas été rigoureusement étudiées.

ÉQUILIBRE DU GLOBE

Le centre de rotation de l'œil est fixe. — Dispositions anatomiques et physiologiques qui déterminent cette fixité. — Le centre de rotation de l'œil est à peu près invariable. Il ne subit de légers déplacements que près des limites extrêmes des rotations.

Comment un organe à parois souples, plongé dans une masse molle et animé de mouvements assez rapides, peut-il conserver une telle fixité?

Le globe est suspendu dans l'orbite et maintenu dans une position invariable par l'action combinée d'un certain nombre d'éléments anatomiques.

Antagonisme des muscles droits et des muscles obliques. On sait qu'un muscle à l'état de contraction ou même à l'état de repos, *par sa tonicité seule*, tend toujours à ramener son point d'insertion mobile vers son point fixe.

L'insertion osseuse des quatre muscles droits a lieu au fond de l'orbite; ces muscles sont donc des *rétracteurs*.

L'insertion osseuse du muscle petit oblique se fait près du rebord orbitaire, et son insertion sclératicale sur l'hémisphère postérieur du globe. Il est donc un muscle *protracteur*

Le grand oblique s'insère au fond de l'orbite avec les muscles droits; *c'est son insertion anatomique*. Mais il se réfléchit dans une poulie située près du rebord orbitaire. Son point de réflexion constitue *son insertion physiologique*, la seule qui nous intéresse en ce moment. De là, le tendon se dirige en arrière et va s'insérer sur l'hémisphère postérieur du globe. Le muscle grand oblique, comme le muscle petit oblique, est donc un muscle *protracteur*.

Cet antagonisme entre les muscles droits et obliques est l'élément *actif* de l'équilibre du globe.

Notons, à ce propos, les connexions fibreuses intimes qui unissent le muscle petit oblique au muscle droit inférieur (cravate fibreuse) et le muscle grand oblique, par sa gaine tendineuse, au muscle droit supérieur. Il en résulte que ces muscles s'appuient l'un sur l'autre et neutralisent réciproquement leur tendance à déplacer le globe en sens opposés.

Appareil fibreux. — Le globe est reçu en arrière dans une calotte fibreuse formée par la gaine profonde des muscles droits repliés sur l'hémisphère postérieur. Vers l'équateur, cette *capsule postérieure* se soude à l'entonnoir aponévrotique et à ses ailerons qui se fixent solidement à toute la circonférence de l'orbite. Ce vaste diaphragme concave s'oppose au déplacement du globe en arrière.

L'appareil fibreux qui s'oppose au déplacement en avant est formé, *exclusivement*, de la *capsule antérieure*, c'est-à-dire de la *moitié antérieure* de la capsule fibreuse du globe. Nous savons que la capsule antérieure coiffe tout l'hémisphère antérieur de l'œil jusqu'à la cornée; que d'autre part, elle est adhérente aux muscles droits qui sont rétracteurs. Elle *soutient et régularise* l'action rétractrice des muscles droits, en l'étendant à toute la surface sclérotical antérieure. L'importance de ce rôle de la capsule antérieure ressort des conséquences de la strabotomie que nous avons signalées : La section seule du tendon n'expose pas à un exophtalmos appréciable; la section trop large des attaches capsulaires donne toujours une protrusion choquante.

Coussinet adipeux. — Le globe, recouvert de ses membranes d'enveloppe, est plongé dans une épaisse masse graisseuse qui l'entoure de tous les côtés, sauf en avant. Ce tissu de remplissage était indispensable dans une cavité orbitaire aussi vaste, par rapport au volume du globe. Nous avons souvent constaté qu'après avoir enlevé le tissu adipeux de l'orbite, sans toucher aux muscles et aux aponévroses, le globe se déplaçait assez facilement, soit latéralement, soit en arrière. C'est pourquoi le tissu adipeux de l'orbite est toujours abondant même chez les sujets les plus amaigris. Dans les vertébrés,

(MOTAIS.)

lorsque ce tissu de support manque (squales, scyllium canicula), l'appareil fibreux tout entier prend un développement considérable.

Paupières. — Les paupières contribuent dans une certaine mesure à maintenir le globe en avant. Leur action est surtout appréciable dans l'exophtalmos qui s'exagère habituellement par l'écartement artificiel des paupières. Nous avons présenté à la Société de médecine d'Angers la première acromégalie connue (1881), avant les travaux de Marie, chez laquelle l'exophtalmos était tel que le simple écartement des paupières déterminait une brusque luxation des deux globes en avant.

Vaisseaux et nerfs. — Bien qu'il soit impossible de la mesurer, la résistance qu'opposent au déplacement en avant les vaisseaux du fond de l'œil, les nerfs ciliaires et principalement le nerf optique, ne saurait être niée. Cependant ces organes se prêtent par une distension lente à un allongement qui peut devenir considérable.

En résumé :

Le déplacement de l'œil d'*avant en arrière* est donc arrêté par : les muscles obliques, la capsule postérieure appuyée sur l'entonnoir aponévrotique et ses ailerons, le coussinet adipeux.

Le déplacement de l'œil d'*arrière en avant* est arrêté par : les muscles droits, la capsule antérieure, les paupières, les vaisseaux et nerfs post-bulbaires[1]

Mais la suspension du globe n'est pas seule en jeu dans le problème assez complexe de la fixité du centre de rotation. Si l'*appareil moteur* n'est pas maintenu lui-même dans une direction constante, ses tractions seront inégales et variables. Les déplacements de son point d'insertion mobile seront également variables. Comme toutes les aponévroses musculaires, l'aponévrose du groupe musculaire de l'orbite est chargée de remplir le rôle d'agent de contention vis-à-vis de ce groupe, partout où une tendance à son déplacement pourrait se manifester.

Les *muscles droits* forment un cône très resserré près de leur insertion orbitaire. Dans cette partie, la couche adipeuse située à l'intérieur du cône suffit pour les soutenir. A 8 ou 10 millimètres de l'insertion, les bords des muscles s'écartent de plus en plus jusqu'à l'aileron; au coussinet graisseux sous-jacent, s'ajoute la gaine cellulo-fibreuse qui devient de plus en plus résistante en se rapprochant de l'aileron. Vers l'équateur, le muscle s'infléchit sur l'hémisphère antérieur du globe. En se redressant pendant la contraction, il pourrait : 1° comprimer l'œil; 2° se déplacer en glissant latéralement sur la partie la plus saillante du globe. L'effort musculaire portant presque en entier sur ce point devait être maintenu par une résistance énergique. Les ailerons et l'entonnoir adjacent prennent naissance, s'opposent à toute déviation et, comme nous le verrons plus loin, éloignent la corde musculaire de l'équateur du globe.

Le *tendon du muscle oblique supérieur* est maintenu en place par sa gaine fibreuse qui prend son insertion sur la poulie, et par une expansion fibreuse de l'aileron interne du muscle droit supérieur qui se soude à sa gaine.

Le *muscle oblique inférieur* est solidement fixé par la cravate fibreuse de la gaine du muscle droit inférieur et par l'aileron inférieur.

1. Nous verrons (page 1002) par quel mécanisme le globe est préservé contre le déplacement latéral.

En outre, tous les intervalles des faisceaux fibreux et l'espace situé entre la face superficielle des muscles et de l'aponévrose et le périoste sont remplis par des masses cellulo-adipeuses.

Les rapports et la direction des muscles de l'orbite sont ainsi maintenus dans une position constante par les diverses parties de l'aponévrose et par le coussinet adipeux. L'équilibre de l'organe mobile et celui de l'appareil moteur sont donc également assurés, déterminant la fixité du centre de rotation.

MÉCANISME DU MOUVEMENT DU GLOBE

Pour tous les auteurs anciens et modernes, l'articulation de l'œil est une énarthrose; l'œil roule dans sa capsule fibreuse comme la tête du fémur dans sa cavité cotyloïde : « Il ne doit être comparé *comme mécanisme*, qu'à une tête articulaire reçue dans une cavité, comme la tête fémorale dans le cotyle. » (Helmholtz, *Optique physiologique*, p. 63.)

Cette erreur, aussi étrange par son énormité que par son universalité, repose sur une apparence. L'œil, en effet, ne subit que des mouvements de rotation; mais le véritable *mécanisme* de ces mouvements est beaucoup plus complexe que celui de l'énarthrose.

Nous avons vu que le globe est adhérent à sa capsule fibreuse, en arrière, dans l'étendue traversée par les vaisseaux et nerfs ciliaires; en avant dans toute la zone épisclérale (fig. 597 et 598). Il est intimement uni au nerf optique et relié aux organes environnants par les vasa vorticosa, les tendons, etc.

En présence de ces connexions, on n'admettra plus que la sphère oculaire puisse rouler librement dans une capsule fibreuse *à laquelle elle est adhérente*, notamment, *aux deux pôles*. Il est de toute évidence que cette capsule et les organes voisins suivront le globe dans ses mouvements.

Nous avons établi le véritable mécanisme des mouvements du globe par une série d'expériences[1] dont nous donnons ici les conclusions.

La rotation du globe comporte les phénomènes suivants :

1° Inflexion du nerf optique dans le sens de la rotation; 2° déplacement du tissu cellulo-graisseux rétro-bulbaire dans le sens de la rotation; 3° la capsule suit le globe dans son mouvement de rotation; cependant le mouvement du globe est un peu en avance sur le mouvement de la capsule par suite d'un léger plissement de celle-ci.

En définitive, *le globe entraîne dans son mouvement : le nerf optique, les couches profondes de l'atmosphère cellulo-graisseuse qui l'entoure et sa membrane d'enveloppe qui s'infléchissent dans le sens de la rotation.* C'est là le phénomène principal. *Grâce à l'élasticité de la capsule et à ses attaches extérieures, son mouvement propre est un peu plus étendu.*

Au premier abord, ce mécanisme complexe semble peu s'accorder avec l'aisance des mouvements du globe. Mais il faut remarquer que les limites extrêmes des rotations par rapport à la position primaire varient entre 40 et 50 degrés, soit 10 millimètres environ. L'élasticité de tous les tissus intéressés, leur permet de se prêter facilement à ce léger déplacement.

1. Anatomie et physiologie de l'appareil moteur de l'œil de l'homme, in *Encyclopédie française d'ophtalmologie*, t I.

Chez un grand nombre de vertébrés (certains squales, ruminants, etc.), dont les mouvements oculaires présentent cependant une étendue et une aisance normales, la cavité de Ténon n'existe même plus et la surface de glissement est transportée à la face externe du muscle choanoïde ou de la coque fibreuse. Il s'en suit que le muscle choanoïde lui-même prend part à la rotation du globe, sans que ce mouvement en paraisse gêné

FONCTIONNEMENT DES MUSCLES EXTRINSÈQUES DE L'ŒIL

Les muscles droits prennent leur insertion fixe au fond de l'orbite et leur insertion mobile à la sclérotique, sur l'hémisphère antérieur de l'œil.

L'action des muscles oculaires se résout en des mouvements de rotation. Les muscles droits tendant, par leur contraction, à rapprocher leur insertion mobile de leur insertion fixe détermineront donc tous la rotation en arrière du pôle antérieur de l'œil.

Cette rotation en arrière s'opérera dans le sens vertical supérieur ou inférieur ou dans le sens horizontal interne ou externe.

Nous savons encore que les muscles droits s'enroulent sur l'hémisphère antérieur à partir de l'équateur. L'arc qu'ils décrivent se redresse pendant la contraction, et la corde plus ou moins droite ainsi formée comprimerait l'équateur du globe si d'autres éléments anatomiques n'intervenaient.

En effet, l'action des muscles de l'œil est singulièrement modifiée par des annexes fibreuses que nous avons soigneusement décrites dans la partie anatomique de ce travail.

Il s'agit des ailerons ligamenteux et de l'entonnoir aponévrotique; dans l'exposé qui va suivre, nous ne parlerons guère que de la partie principale : l'aileron. Disons une fois pour toutes que l'*entonnoir aponévrotique soutient et régularise l'influence des ailerons en l'étendant à toute la circonférence de l'orbite.*

Du rôle de l'aileron sur le muscle en contraction. — 1° *Au point de vue physiologique, l'aileron constitue pour les muscles droits un troisième tendon, tendon de renvoi.*

Par son épaisseur considérable relativement au volume du corps musculaire, par son implantation sur le muscle aussi solide que si elle émanait du muscle lui-même, par sa large insertion sur le rebord orbitaire, par la modification de direction qu'il imprime au muscle, l'aileron remplit au point de vue physiologique, le rôle d'un tendon.

Nous venons de dire que le redressement de l'arc musculaire devrait comprimer l'équateur de l'œil. Mais l'aileron s'attache précisément au muscle au niveau de l'équateur; comme, d'autre part, il s'éloigne du globe pour se rendre à l'orbite, il entraîne le muscle lui-même dans sa direction excentrique. Il forme un véritable tendon de renvoi sur lequel le muscle *droit se réfléchit.* La direction du muscle contracté est donc la résultante de ses trois insertions.

2° *L'aileron est un tendon d'arrêt pour le muscle.*

Nous devons à Ténon lui-même la connaissance de ce point. Lorsque le muscle se raccourcit vers le fond de l'orbite, il entraîne avec lui l'aileron. Au delà d'une certaine distension, l'aileron oppose une résistance invincible à la traction musculaire.

Les ailerons sont donc bien des tendons d'arrêt. La façon dont l'arrêt se produit pour les muscles droits interne et externe est connue depuis longtemps. Pour le muscle *droit supérieur*, on n'a décrit jusqu'ici, comme tendon d'arrêt, que l'expansion de sa gaine sur le muscle releveur de la paupière. Cette expansion existe et contribue même, comme on sait, à relier les deux muscles ensemble, de telle sorte que le muscle droit supérieur élève un peu la paupière en même temps que la pupille.

Mais, outre cette expansion, nous avons signalé deux bandelettes fibreuses qui partent des bords du muscle droit supérieur pour se rendre aux angles interne et externe de l'orbite. Ces *ailerons supérieurs* sont les véritables tendons d'arrêt du muscle droit supérieur. On le démontre facilement en observant leur tension pendant la traction en arrière du muscle. Ils arrêtent le mouvement avant que l'expansion du releveur soit elle-même complètement tendue.

Nous avons déjà signalé la remarquable disposition anatomique à l'aide de laquelle le muscle droit inférieur prend insertion à l'orbite, en avant, comme les autres muscles droits.

La gaine épaissie du muscle *droit inférieur* embrasse comme une cravate la partie médiane du muscle petit oblique, qui se fixe lui-même à l'angle interne du rebord orbitaire inférieur par son propre tendon et à l'angle externe par l'aileron inférieur.

Le muscle droit inférieur prend donc son point d'appui à l'orbite par l'intermédiaire de l'anse musculo-aponévrotique du muscle oblique inférieur, et son arrêt se produit par la tension successive de sa cravate fibreuse, de l'extrémité antérieure du muscle petit oblique, et de l'aileron inférieur.

L'arrêt du muscle petit oblique se produit également par la tension de l'aileron inférieur qui lui est commun avec le muscle droit inférieur. Dans une contraction énergique, l'insertion musculaire de l'aileron du petit oblique se porte en avant avec le muscle raccourci, en sorte qu'au moment où il devient un tendon d'arrêt, l'aileron se trouve couché le long du rebord orbitaire inférieur et presque transversalement dirigé de l'angle interne à l'angle externe.

Le muscle grand oblique présente une disposition particulière. Il est arrêté dans son mouvement par les brides fibreuses qui s'étendent du tendon lui-même au tube fibreux de sa gaine. Ces brides fibreuses s'opposent au glissement exagéré du tendon en s'arc-boutant contre l'orifice inférieur de la poulie. Elles forment, en réalité, un aileron divisé en cinq ou six bandelettes.

Les six muscles de l'œil possèdent donc, dans leurs ailerons, des *tendons d'arrêt*. Nous avons à nous demander toutefois si cet arrêt ne coïnciderait pas avec l'épuisement de la puissance contractile du muscle lui-même? Dans cette hypothèse, il n'offrirait plus d'intérêt physiologique.

L'arc d'excursion de la cornée est de 40 à 50 degrés. En l'évaluant en millimètres (chaque millimètre valent 4 ou 5 degrés), nous trouvons que cet arc équivaut à peu près à 10 ou 12 millimètres, c'est-à-dire au maximum de distension de l'aileron.

La longueur des muscles oculaires est d'environ 40 millimètres. Leur raccourcissement se limite donc au quart de leur longueur. Or, dans les autres muscles striés de l'économie, le raccourcissement atteint la moitié de la longueur du muscle. Il n'a pas été signalé, que nous sachions, d'anomalie de structure des muscles de l'œil. Nous pouvons donc conclure définitivement, avec TÉNON, MERKEL, etc., que l'arrêt prématuré du muscle appartient à l'aileron, et à l'aileron seul.

Non seulement l'aileron, à son extrême limite de tension, joue le rôle d'un tendon d'arrêt, mais nous ajouterons que dès le début de la contraction musculaire, l'aileron subit un certain degré de tension; cette tension augmente

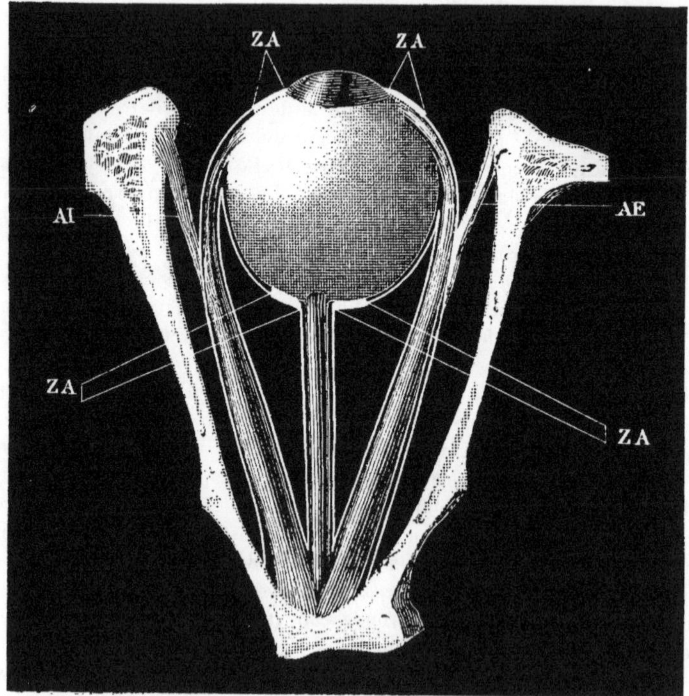

FIG. 597. — Schéma. — Œil à l'état de repos.

AI, aileron interne — AE, aileron externe. — ZA, ZA, ZA, ZA, zones d'adhérences de la capsule à la sclérotique.

progressivement avec le reculement du muscle; en sorte que, *dès le début et pendant toute la durée de la contraction musculaire, l'aileron est un agent modérateur des mouvements du globe.*

Cette action que nous énonçons le premier et que nous avons démontrée par une série d'expériences [1], est d'une grande importance dans la théorie des strabotomies.

Tels sont les phénomènes qui se passent du côté du *muscle en contraction et de son aileron*

[1] Anatomie et physiologie de l'appareil moteur de l'œil de l'homme, in *Encyclopédie française d'ophtalmologie*, t. I.

Pendant cette contraction, que devient l'antagoniste? L'observation directe nous permet de répondre à cette question : *le muscle* **antagoniste** *se distend, s'allonge et se porte en avant en s'enroulant sur le globe.*

Nous tenons à préciser : il s'enroule et s'applique intimement sur le globe *sans que son aileron puisse l'en écarter.*

En effet, le muscle agissant tend son aileron par une traction d'*avant en arrière*. L'aileron tendu réagit sur le muscle et modifie sa direction.

Au contraire, le muscle antagoniste se porte en avant : *il relâche donc son*

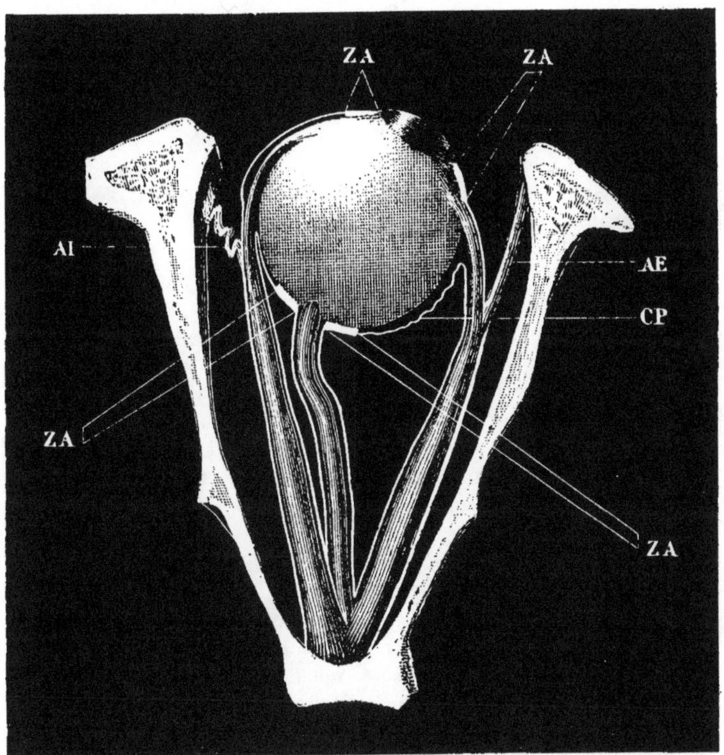

Fig. 598. — Schéma. — Pendant la contraction du muscle droit externe.

ZA, ZA, ZA, ZA, zones d'adhérences de la capsule à la sclérotique. — CP, capsule postérieure suivant le mouvement du globe et se plissant légèrement. — AE, aileron externe tendu éloignant le muscle droit externe de l'œil. — AI, aileron interne porté en avant et, par suite, relâché. Le muscle droit interne s'enroule sur le globe. Le nerf optique est infléchi dans le sens de la rotation.

aileron qui n'a plus d'action sur lui (fig. 598 et 599). Les conséquences de ce fait sont assez importantes. Le muscle, en s'enroulant directement sur le globe, exerce une compression sur lui, d'autant plus forte que l'enroulement est plus étendu. Cette compression est atténuée par sa régularité, mais réelle.

Les partisans de la compression par les muscles extrinsèques dans la pathogénie de la myopie trouvent ici un argument sérieux.

Mais qu'on ne s'y trompe pas, *cette compression ne peut avoir lieu*, comme on l'a dit, *par le muscle agissant*. Celui-ci est écarté par son aileron. Elle se produit par l'*enroulement du muscle antagoniste*.

Il est vrai que toute compression sur un point suppose une résistance sur le point opposé. Nous dirons où et comment se produit cette résistance après avoir écarté, pour ne plus y revenir, une autre erreur qui a cours sur le rôle de l'*aileron de l'antagoniste*.

La plupart des auteurs admettent que l'arrêt du muscle agissant se produit non seulement par l'aileron correspondant — ce qui est vrai — mais par l'*aileron de l'antagoniste*. Quelques-uns interprètent même uniquement dans ce dernier sens l'opinion de Ténon.

« Le globe ne peut se porter ni en *dedans* ni en *dehors* puisque le prolongement latéral *externe* l'immobilise dans le premier sens et le prolongement latéral *interne* dans le second » (Sappey, *Traité d'anatomie descriptive*).

Or nous venons de constater (fig. 599) que, pendant la traction d'un muscle, l'aileron de l'antagoniste se relâche. Pendant cet état de laxité, il est de nul effet sur son muscle et, à plus forte raison, sur le muscle opposé. Assurément, si le mouvement en avant du muscle antagoniste était tel que son aileron fût entraîné au delà du rebord orbitaire, il arriverait, par cet extrême allongement, à se tendre d'arrière en avant, et deviendrait en effet tendon d'arrêt. Mais en évaluant sa longueur à 20 millimètres et son renversement à 10 millimètres, l'arc d'excursion serait de 30 millimètres. Nous savons, d'autre part, que l'aileron du muscle en contraction l'arrête net après 10 à 12 millimètres d'allongement. Il s'ensuit que l'aileron de l'antagoniste ne peut, dans aucun cas, remplir le rôle de tendon d'arrêt.

Revenons maintenant à la question précédente. Le muscle antagoniste dont l'aileron est relâché s'enroule autour du globe qu'il tend à déplacer latéralement du côté du muscle en activité. Ce déplacement ne se produit pas. On peut se rendre compte par l'expérience suivante des phénomènes qui s'y opposent.

Si l'on simule la contraction du muscle *droit externe* par une traction de ce muscle en arrière, l'*aileron externe* se tend immédiatement. Les masses graisseuses étant enlevées de ce côté, nous constatons que la tension de l'aileron externe se communique à l'entonnoir fibreux, en bas, jusqu'à l'aileron inférieur; en haut, jusqu'à l'aileron externe du muscle droit supérieur. Dans la traction du muscle droit interne, l'*aileron interne* communique sa tension à l'aponévrose jusqu'à l'aileron inférieur, en bas, et jusqu'à l'aileron interne du muscle droit supérieur, en haut. Dans la traction du muscle droit inférieur, la tension de l'aileron inférieur se communique à l'entonnoir jusqu'aux ailerons interne et externe. Dans la traction du muscle droit supérieur, les deux ailerons interne et externe de ce muscle qui s'insèrent, comme nous l'avons dit, aux angles interne et externe du rebord orbitaire, se tendent. Entre ces deux ailerons toute la gaine du muscle qui se jette sur le muscle releveur, pour se rendre à l'orbite et au cartilage tarse supérieur, participe à la tension, et, dans les tractions énergiques, on voit la tension de l'aponévrose gagner le bord supérieur des ailerons des muscles droits interne et externe.

En somme, lorsqu'un muscle droit se contracte, *la moitié de l'entonnoir fibreux qui lui correspond*, pris entre ses attaches antérieures au rebord orbitaire et la traction du muscle en arrière, se *tend et forme une toile concave d'autant plus rigide que la traction musculaire est plus forte*. La toile fibreuse ainsi tendue s'appuie sur les masses graisseuses qui apportent elles-mêmes un élément de résistance d'autant plus efficace que les travées celluleuses qui la divisent en lobules nombreux émanent de l'aponévrose, font corps avec elle et participent, dans une certaine mesure, à sa tension.

Ce n'est donc pas à l'aileron relâché du muscle antagoniste qu'on doit attribuer l'équilibre latéral du globe pendant la contraction musculaire, mais à la *tension de la moitié de l'entonnoir fibreux qui correspond au muscle en activité*.

Le globe n'est pas retenu par l'aileron du côté opposé; il est *repoussé* par la tension de l'aponévrose du même côté.

L'œil est donc pris entre le muscle antagoniste qui s'enroule et l'aponévrose du muscle en action qui se tend. La compression qui doit en résulter ne sera qu'insignifiante et sans effet nocif dans les rotations moyennes qui n'exigent qu'une action musculaire faible, d'autant que la souplesse et l'élasticité des agents de compression viennent l'atténuer. Mais, près des limites extrêmes de la rotation, alors que le centre de rotation a tendance à se déplacer, et notamment dans la convergence excessive produite par l'attitude scolaire habituelle, il est difficile d'admettre que la compression de l'œil ne soit pas appréciable. Si nous tenons compte, en outre, de la sangle des muscles obliques et de sa compression, non seulement sur le globe, mais encore sur les veines vorticineuses (Arlt, Fuchs), nous serons amenés à attribuer à la compression de l'œil par les muscles extrinsèques une part importante dans la pathogénie et le développement de la myopie.

BIBLIOGRAPHIE DE L'ANATOMIE ET DE LA PHYSIOLOGIE DE L'APPAREIL MOTEUR DE L'ŒIL.

ANATOMIE.

Baudens. Leçon publiée le 26 novembre 1840. — Berger. *Anatomie normale et pathologique de l'œil*. Paris, 1893. — Bonnet. Des muscles et des aponévroses de l'œil. *Ann. d'Oculistique*, vol. V; Recherches nouvelles sur l'anatomie des aponévroses et des muscles de l'œil. *Bulletin de thérapeutique*, vol. XX. 1841. — Boyer Lucien. *Gazette des hôpitaux*. février 1841. — Burdach (Fr.). *Bau. u. Leben d. Gehirns*, vol. II, 1822. — Cruveilhier. *Traité d'anatomie descriptive*, vol. II. 1879. — Dalrymple. *The anatomy of the human eye*. London. 1834. — Fuchs. *Manuel d'ophtalmologie*, 1892. — Helie. Recherches sur les muscles de l'œil et l'aponévrose orbitaire. *Thèse de Paris*, 1841. — Henle. *Anatomie*. 1879. — Klincosch. In Otto. *Pathol. Anat. South's Translation*. p. 243. — Ledouble. Variations des muscles de l'œil, des paupières et des sourcils dans l'espèce humaine. *Archives d'ophtalmologie*, 1894; *Traité des variations musculaires de l'homme et de leur signification au point de vue de l'anthropologie zoologique*, vol. I. p. 45 à 63. — Lenoir. Des opérations qui se pratiquent sur les muscles de l'œil. *Thèse de Paris*. 1850. — Malgaigne. *Anatomie chirurgicale*, vol. I. — Merkel. Macroscopische Anat. d. Auges. *Arch. f. microscopische Anat.* Bonn, 1870. — Motais. Contribution à l'etude de l'anatomie comparée de muscles de l'œil et de la capsule de Ténon. *Association fr. p. l'avancement des sciences. Congrès de la Rochelle*, 1882; Contribution à l'etude de l'anatomie comparee des muscles de l'œil et de la capsule de Ténon. *Bulletin de la Soc. fr. d'opht.*, 1883; Recherches sur les muscles de l'œil chez l'homme et dans la série animale. *Bulletin de la Soc. fr. d'opht.*, 1885; Capsule de Ténon de l'homme. *Bulletin de la Soc. fr. d'opht.*, 1885: Observations anatomiques et physiologiques sur la strabotomie. *Bulletin de la Soc. fr. d'opht.*, 1886. *Anatomie de l'appareil moteur de l'œil de l'homme et des vertébrés.* Déductions physiologiques et chirurgicales (strabisme). Paris, 1887; Théorie du traitement chirurgical du strabisme. *Soc. fr. d'opht.*, 1893; Points de repère anatomiques pour les opérations chirurgicales de la région orbitaire. Instrument. *Soc. fr. d'opht.*, 1895. — PANAS. *Traité des maladies des yeux*. 1894. — RICHET. *Traité d'anatomie médico-chirurgicale*. Paris, 1855. SAPPEY. *Traité d'anatomie descriptive*, vol. II, 1879. — SCHWALBE. Recherches sur les vaisseaux lymphatiques de l'œil et leur délimitation. *Graefe u. Sämisch's Handb.* vol. I. chap. I. 1874. — TÉNON. *Mémoires d'anatomie et de physiologie* (1806). — TESTUT. Les anomalies musculaires chez l'homme, 1884; *Traité d'anatomie*. Paris. O. Doin, éd. — TILLAUX. *Traité d'anatomie topographique*, 1er fascicule. Paris. 1875. — (Consulter les Traités généraux d'Anatomie et d'Ophtalmologie).

PHYSIOLOGIE

DONDERS. De projectie d. gesichtverschynselen naar de richtingslugen. *Onderzoek ged. in het. phys. Labor. der Utrechtsche Hoogschool III, I*, 1872; Versuch einer gesset. Erklär d. Augenbeweg. *Arch. f. d. ges. Physiol.*, XIII, 1876. — DONDERS ET DOYER. Explication génétique des mouvements oculaires. *Ann. d'Oculistique*, vol. LXXVI, p. 213. — DONDERS (F. C.). Ueb. d. Gesetz der Lage d. Netzh. in Bezieh. zu der Blikbene. *Arch. für Opht.*, vol. XXI, 2, 1875. — GIRAUD-TEULON. La vision et ses anomalies. 1881. — GRÆFE (A. VON). Ueber d. Bewegungen d. Auges beim Lidschluss. *Arch. f. Opht.*, 1855, vol. I. — HERING E. Ueb. d. Rollung d. Auges um d. Gesichtslinie. *Arch. für Opht.*, vol. XV, I, 1869. — HERING. Das Sehen mit bewegten Augen. *Hermann's Hand. d. Physiol.*, III, Gesichtssin, 1879. — JAVAL. De la vision binoculaire, *Ann. d'Ocul.*, vol. LXXVI, 1881. — JOH. MULLER. I. *Vergleich. Physiol. d. Gesichtssins*. Leipzig, 1826. — LANDOLT. Étude sur les mouvements des yeux a l'état normal et a l'état pathologique. *Arch. d'Opht.*, novembre-décembre 1881: De l'amplitude de convergence. *Arch. d'Opht.*, mars 1885. — LANDOLT ET ÉPERON. Mouvements des yeux et leurs anomalies. *Traité complet d'ophtalmologie par de Wecker et Landolt*. vol. III, fasc. III, 1887; *Leçons sur le diagnostic des maladies des yeux*. 1875: *Étude sur les mouvements des yeux à l'état normal et à l'état pathologique*, 1871; Nouvelles recherches sur la physiologie des mouvements des yeux. *Arch d'Opth.*. p. 385, 1891. — MOTAIS. *Anatomie de l'appareil moteur de l'œil de l'homme et des vertébrés*. Déductions physiologiques et opératoires (strabisme). 1887; Du même auteur, se reporter à la bibliographie de l'Anatomie. — NAGEL. *Das Sehen mit zwei Augen*. Leipz. u. Heidelberg. 1861. — VOLKMANN. *Neue Beitr. f. Physiol. d. Gesichtsinns*, 1826. — WUNDT. Ueber d. Augenbewegungen. *Arch. fur Opht.*, vol. VIII, 2, 1862; Beschreib. eines kunstl. Augenmuskelsystems z. Untersuch. d. Bewegungsgesetze d. menschl Auges. *Arch. für Opht.*. vol. VIII. 2. 1862: *Lehrb. d. Physiol. d. Menschen*. Leipzig, 1873. — Consulter les Traités généraux de Physiologie et d'Ophtalmologie).

APPAREIL DE LA VISION

par A. DRUAULT

La sensibilité à la lumière est un phénomène biologique général. Bien des expériences la démontrent chez les êtres unicellulaires. Chez les animaux multicellulaires, des cellules superficielles sont différenciées en vue de la perception lumineuse. Cette différenciation s'est faite de bonne heure dans la série animale, à peu près en même temps que les premiers rudiments de système nerveux.

Chez les *invertébrés*, l'appareil visuel montre les plus grandes variations morphologiques. Des nombreuses dispositions qu'il présente il en est, parmi les plus développées, deux qui sont particulièrement intéressantes à comparer avec ce qu'on rencontre chez les vertébrés.

La première disposition semble présenter son maximum de perfection chez le poulpe. La rétine est formée essentiellement par des cellules dont l'extrémité perceptrice est tournée vers l'extérieur, tandis que de l'autre extrémité part un cylindre-axe qui pénètre dans la profondeur sans changer de direction (fig. 599 et 600). Cette rétine provient d'une simple invagination ectodermique du point où elle se trouve. Le cristallin est formé par un épaississement du même feuillet à l'endroit où les lèvres de l'invagination se sont rapprochées et soudées. C'est le type de l'œil à rétine *directe*, formée sur place, présentant ses éléments percepteurs tournés directement vers la lumière.

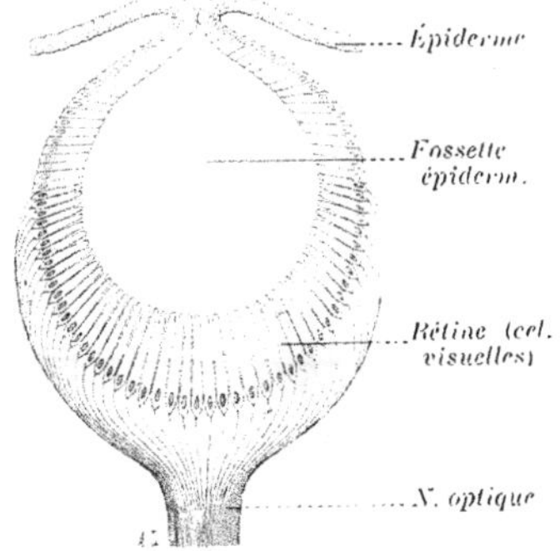

Fig. 599. — Développement d'un œil à *rétine directe* (œil de poulpe). (D'après Retterer.)

La rétine est formée par une dépression de l'épiderme.

La seconde disposition à signaler chez les invertébrés est tout à fait exceptionnelle chez eux. On la rencontre dans l'œil d'un autre mollusque (*Pecten Jacobæus*) : la rétine, provenant sans doute d'un point ectodermique éloigné de sa situation définitive, est *inversée*, c'est-à-dire que ses éléments percepteurs sont tournés vers la profondeur, à l'opposé de la lumière.

Ces deux dispositions générales de la rétine caractérisent essentiellement les deux types d'yeux qui se rencontrent seuls chez les *vertébrés* :

Le premier type, a *rétine directe*, est l'exception ; il ne s'observe à son complet développement que chez quelques vertébrés inférieurs (surtout des reptiles) et toujours en même temps que l'autre type. C'est l'œil pinéal ou organe pariétal décrit dans une autre partie de cet ouvrage (voy. t. III, p. 40 et fig. 24).

Le second type, à *rétine inversée*, est constant. Il comprend les deux yeux latéraux, dont la constitution se modifie à peine d'une classe à l'autre et qui sont formés essentiellement par une rétine résultant d'une invagination ectodermique prenant naissance en un point relativement très éloigné de son emplacement définitif, et par un cristallin formé sur place, par conséquent aux dépens d'une région différente de l'ectoderme.

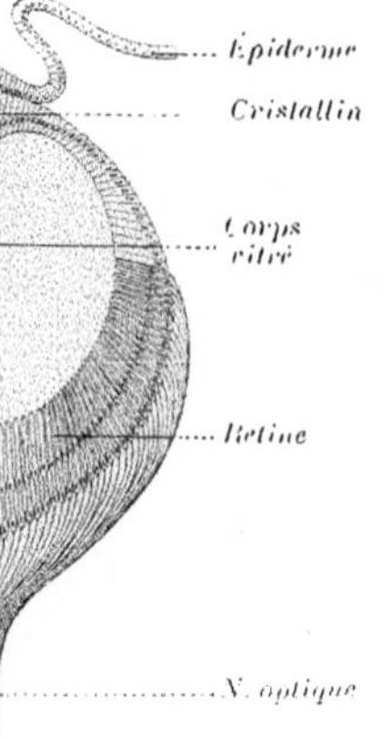

Fig. 600. — Schéma d'un œil à *rétine directe* (œil de poulpe). (D'après Retterer.)

Au point de vue optique ces deux types d'yeux se comportent de la même façon. Les images s'y forment comme dans l'appareil photographique, ce sont des images renversées du monde extérieur. Dans un travail récent (1899), Ramon y Cajal montre que ce renversement des images nécessite un entrecroisement des nerfs optiques. Il admet en outre que c'est sans doute cet entrecroisement qui a déterminé celui des autres conducteurs nerveux.

L'anatomie de l'œil a donné lieu à des travaux particulièrement nombreux. En effet, certaines parties, par exemple le cristallin, le corps vitré, constituent des formations absolument uniques dans l'organisme. D'autre part, sa disposition permet une étude facile de divers éléments, par exemple des cellules fixes de la cornée comme types de cellules conjonctives, ou encore des cellules rétiniennes comme types de cellules nerveuses.

DÉVELOPPEMENT DE L'OEIL ET DE SES ANNEXES

Le développement de l'appareil oculaire se fait aux dépens de l'ectoderme et du mésoderme. Le feuillet ectodermique donne d'abord naissance à la rétine, puis au cristallin. Par la précocité de leur développement et par leur importance, ces deux organes, particulièrement la rétine, commandent en quelque sorte le développement des autres parties de l'œil ; l'étude de leur développement doit donc venir en premier lieu.

A propos du développement du système nerveux, on a vu (t. III, p. 33 et fig. 16 à 19) que la première ébauche des rétines consistait en deux expansions latérales émises par l'extrémité antérieure de l'axe cérébro-médullaire en un point dépendant du cerveau antérieur primaire.

D'après Dareste, l'extrémité antérieure de la gouttière cérébro-médullaire, qui se soude d'arrière en avant, achève sa fermeture dès que les vésicules optiques primitives apparaissent. La partie antérieure de la gouttière cérébro-médullaire serait donc déjà presque complètement transformée en canal au moment de l'apparition du renflement optique. En outre, pour Dareste, à partir du moment où les lèvres de l'extrémité antérieure de la gouttière se sont rapprochées jusqu'au moment où elles se soudent, il se fait sur les bords de

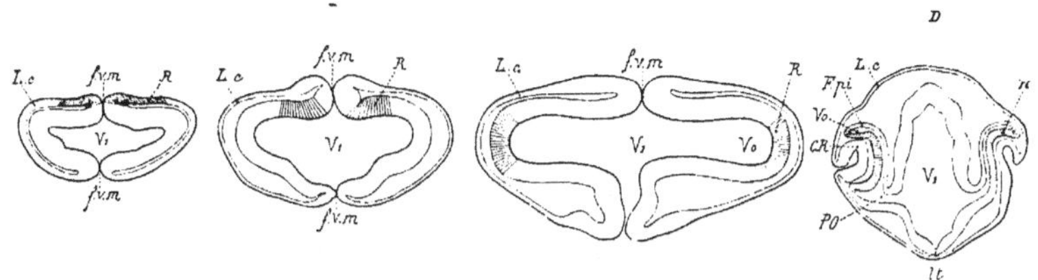

Fig. 601. — Développement de la vésicule optique (D'après Dareste.) (schémas de Déjerine).

A, *B*, *C*, *D*, stades successifs montrant le déplacement de la région rétinienne (figurée en gris). — *CR*, cristallin. — *Epi.*, épithelium pigmenté. — *fvm*, fente vertico-médiane. — *Lc*, lame cornée. — *lt*, lame terminale embryonnaire. — *PO*, pédicule optique. — *R*, cellules rétiniennes. — *Vo*, cavité de la vésicule optique primitive. — V_1 première vésicule encéphalique.

l'orifice un *glissement de l'ectoderme* vers l'intérieur de la cavité (fig. 601). De cette façon le point qui donnera naissance à la vésicule optique est encore éloigné de sa situation définitive au moment où les bords de la gouttière se rapprochent. Cette théorie semble surtout appuyée sur ce fait qu'entre le moment du rapprochement des bords de la gouttière à ce niveau et celui de leur soudure, l'augmentation de volume de l'extrémité antérieure du

Fig. 602. — Formation de la vésicule optique chez la taupe (Heape).
Deux stades successifs, A et B.

canal cérébro-médullaire n'est pas accompagnée d'un allongement de la fente située entre les bords.

Pour d'autres auteurs, au contraire, les fossettes optiques existent déjà sur les parties laterales de la gouttière nerveuse, même avant le rapprochement de ses bords (fig. 602).

Van Duyse, Déjerine, Renaut admettent la théorie de Dareste, tandis que la seconde manière de voir est défendue surtout par Kölliker, van Wijhe, Heape, Nussbaum.

Locy a noté chez quelques animaux (acanthias, poulet) la présence de vésicules optiques accessoires, surnuméraires, qui disparaissent avant l'apparition des vraies vésicules.

Quel que soit le moment de leur apparition, les fossettes optiques se creusent de plus en plus, en même temps qu'elles se renflent à leur extrémité. Elles de

[A. DRUAULT.]

viennent ainsi piriformes, pour constituer les *vésicules optiques primitives*. Le sommet de ces vésicules arrive au contact de l'ectoderme au point où celui-ci donnera naissance au cristallin ; le pédicule se continue avec la partie ventrale du névraxe au point d'union du cerveau antérieur secondaire avec le cerveau intermédiaire ou thalamencéphale ; la cavité se continue dans le pédicule et s'ouvre dans la cavité de la vésicule cérébrale.

Au point de vue du développement, on divise la vésicule optique primitive en deux segments ou parois : la paroi *proximale* (la plus rapprochée du cerveau) et la paroi *distale* (la plus éloignée du cerveau). Dans le cours du développement, la paroi proximale garde à peu près sa forme et donne naissance à la seule couche pigmentée de la rétine ; au contraire, la paroi distale s'invagine dans la précédente et donne naissance à toutes les autres couches de la rétine.

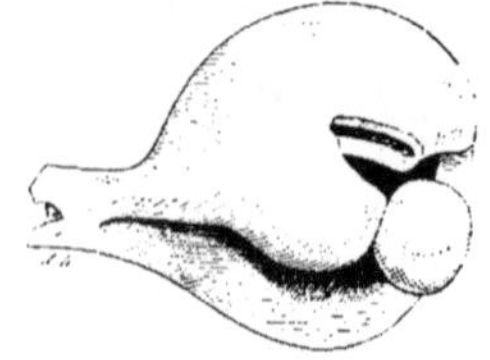

Fig. 603. — Formation de la vésicule optique secondaire.

Une échancrure montre les deux parois de cette vésicule — En avant, le cristallin.

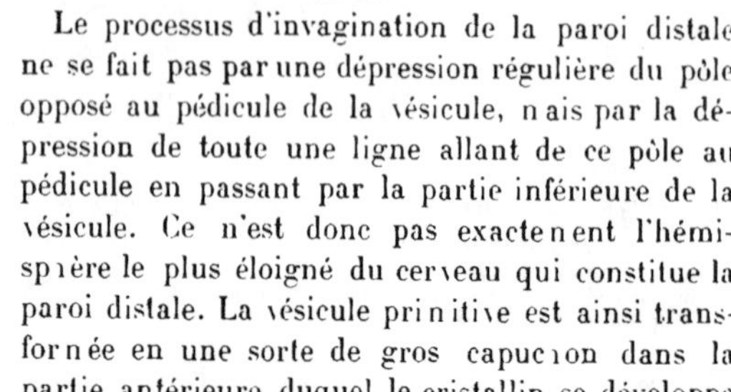

Le processus d'invagination de la paroi distale ne se fait pas par une dépression régulière du pôle opposé au pédicule de la vésicule, mais par la dépression de toute une ligne allant de ce pôle au pédicule en passant par la partie inférieure de la vésicule. Ce n'est donc pas exactement l'hémisphère le plus éloigné du cerveau qui constitue la paroi distale. La vésicule primitive est ainsi transformée en une sorte de gros capuchon dans la partie antérieure duquel le cristallin se développe (fig. 603). C'est ce que l'on nomme la *vésicule optique secondaire*. En réalité, ce ne sera une vésicule que plus tard, encore restera-t-elle toujours ouverte en avant. Les bords inférieurs de la vésicule secondaire sont primitivement séparés par le tissu mésodermique qui a pénétré dans la cavité formée par l'invagination de la paroi distale de la vésicule primitive. Ces deux bords se rejoignent et se soudent d'abord vers le pôle postérieur ; puis la soudure gagne en avant et en arrière, jusqu'à ce qu'elle ait atteint les bords dans toute leur étendue, sauf à leur extrémité pédiculaire où reste une petite traînée conjonctive contenant des vaisseaux qui seront l'artère et la veine centrale de la rétine. En même temps, la cavité de la vésicule secondaire se remplit, sa paroi devient relativement plus mince et son orifice antérieur plus resserré.

Les vésicules optiques, qui étaient d'abord dirigées transversalement, se portent ensuite de plus en plus en avant pendant le cours du développement. En outre, la ligne de soudure, qui était dirigée en bas et en dedans, exécute vers le commencement du deuxième mois de la vie intra-utérine un mouvement de rotation de 45° en bas et en dehors et se trouve ensuite dirigée directement en bas comme chez l'adulte, ainsi que le point de pénétration des vaisseaux situé à sa partie postérieure (Henckel).

Cette évolution morphologique est accompagnée d'une *évolution histologique*. Jusqu'au moment de l'invagination de la paroi de la vésicule primitive, celle-ci et son pédicule étaient formés d'une paroi relativement épaisse, se continuant sans changement de structure avec l'écorce cérébrale. D'abord épithélium stratifié, puis méritant plutôt le nom de tissu nerveux embryonnaire, cette paroi ne commence à se différencier dans ses diverses parties qu'au moment de la formation de la vésicule secondaire. La paroi distale invaginée reste épaisse et formée de plusieurs couches de cellules, tout en augmentant d'étendue; la paroi proximale s'amincit; le bord antérieur de la vésicule secondaire et le pédicule subissent une évolution particulière.

Paroi distale de la vésicule primitive. — Elle présente d'abord une multiplication cellulaire qui s'observe surtout et le plus longtemps dans les cellules les plus rapprochées de la paroi proximale et par conséquent de la cavité primitive. Les cellules internes de la rétine, c'est-à-dire les cellules multipolaires, sont formées en premier lieu, puis ce sont les cellules bipolaires et enfin les cellules des cônes et des bâtonnets. Dès qu'elles sont formées, les cellules commencent à émettre leurs prolongements.

Ramon y Cajal a étudié le développement des cellules nerveuses de la rétine chez plusieurs mammifères (chat, chien, lapin, veau, souris).

Les cellules multipolaires sont les premières développées. Le cylindre-axe s'y formerait avant les prolongements protoplasmiques. Ceux-ci se forment d'abord dans toutes les directions, mais les prolongements ascendants continuent seuls à se développer, les prolongements descendants s'atrophient et disparaissent.

Les cellules unipolaires n'ont qu'une sorte de prolongements. Elles ont un développement précoce.

Les cellules bipolaires forment en même temps les expansions cellulipètes et l'expansion cellulifuge. Les premiers éléments, qui semblent être des cellules bipolaires, sont des cellules ayant deux prolongements très grêles (fig. 604) et dont le prolongement supérieur atteint la membrane limitante externe, constituant ainsi une « massue de Landolt » analogue à celle que les cellules bipolaires adultes présentent chez les oiseaux et chez les vertébrés inférieurs. Mais chez les mammifères, cette massue de Landolt serait seulement transitoire. A un stade plus avancé, les cellules bipolaires montrent un panache supérieur et un prolongement inférieur. Elles sont très nettement différenciées en cellules bipolaires de cônes et cellules bipolaires de bâtonnets, sans qu'on observe de formes intermédiaires entre ces deux types.

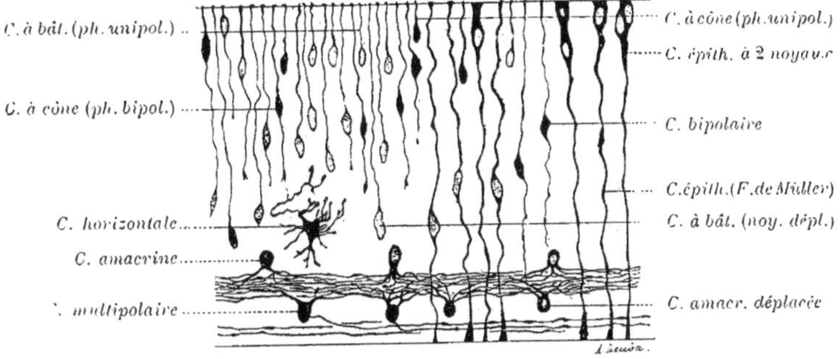

FIG. 604. — Développement de la rétine (chat nouveau-né). (Ramon y Cajal.)
Les différentes sortes de cellules commencent à être nettement différenciées.

Les cellules horizontales présentent d'abord des prolongements développés dans tous les sens, puis le corps cellulaire s'amincit, les prolongements protoplasmiques se disposent dans un plan occupant une zone étroite de la couche plexiforme externe, tout en s'allongeant. En même temps le cylindre-axe s'accroît en longueur.

Les cellules des cônes et des bâtonnets donnent naissance d'abord au prolongement externe (phase unipolaire de Cajal) qui les réunit à la membrane limitante externe. A cette époque, les corps cellulaires de cônes et de bâtonnets sont entremêlés et présentent le même aspect; leur seule différence se trouve dans le plus grand volume de la masse protoplasmique du corps des cônes embryonnaires qui, à cause de cela, paraît plus coloré. L'expansion descendante se forme ensuite (phase bipolaire de Cajal), mais descend à des hauteurs très variables. Pour certaines cellules ce prolongement s'arrête au milieu de la région des noyaux des cônes et des bâtonnets, tandis que pour d'autres il atteint presque la région des cellules unipolaires. — Enfin plus tard (phase adulte de Cajal), les noyaux des cônes se rapprochent de la membrane limitante externe: l'expansion qui les unissait déjà à cette membrane s'épaissit en se raccourcissant et les prolongements descendants vont se terminer tous au même niveau. — Cajal considère les cellules des cônes et des bâtonnets comme des cellules spéciales différant des cellules nerveuses et des cellules névrogliques. Pour cela il se base surtout sur l'antériorité de développement du prolongement cellulipète.

La formation de la rétine s'achève par la poussée des cônes et des bâtonnets. D'après Falchi, ceux-ci commencent à apparaître dans l'espèce humaine chez l'embryon de 21 cm. 3. Chez le nouveau-né ils n'ont encore que 4 à 6 μ de longueur dans la fovea (E. v. Hippel). Chez les animaux qui naissent aveugles comme les lapins, le développement des cônes et des bâtonnets ne se fait qu'après la naissance.

Les fibres de Müller sont différenciées de bonne heure. Sur une rétine embryonnaire, elles sont reconnaissables à ce qu'elles vont d'une membrane limitante à l'autre, ce qui revient à dire qu'elles ont déjà formé ces membranes limitantes. Leurs noyaux sont d'abord disséminés dans toute l'épaisseur de la rétine, sauf dans les couches des cellules multipolaires et des fibres optiques. Plus tard ils se réunissent dans la couche des grains internes. Au stade représenté par la fig. 604, quelques-unes de ces fibres ont deux noyaux: d'après Cajal, c'est parce qu'elles sont en voie de prolifération. Les expansions latérales soit lamelleuses, soit filiformes émises par les fibres de Müller ne sont pas antérieures, mais postérieures à la différenciation morphologique des corpuscules nerveux: leur développement est subordonné à celui de ces corpuscules.

En même temps que se fait l'évolution morphologique des éléments nerveux de la rétine, ces éléments, qui étaient d'abord plus ou moins entremêlés, s'ordonnent en couches régulières, les couches plexiformes formées par les prolongements cellulaires séparant les couches de noyaux. Les couches les plus internes sont les premières différenciées, mais l'apparition des étages ou zones parallèles de la couche plexiforme interne est un phénomène relativement tardif. D'après Chievitz, la couche des cellules ganglionnaires est presque entièrement distincte de la couche des cellules bipolaires chez le fœtus humain de quinze semaines.

En outre ce développement de la rétine ne se fait pas simultanément dans toutes ses parties, il commence au pôle postérieur et est de plus en plus tardif à mesure qu'on s'en éloigne. La région maculo-papillaire est également celle dont le développement en surface se fait le plus vite : il est achevé dans les mois qui suivent la naissance.

D'après Chievitz, chez le fœtus de 30 à 32 semaines le centre de la fovea est à 3 mm. 3 du bord de la papille et chez le fœtus de 34 à 36 semaines, à 3 mm. 5. Chez un enfant de 9 mois, W. Koster a trouvé 4 mm. 165 entre le centre de la fovea et le centre de la papille du nerf optique, c'est-à-dire la même distance que chez l'adulte.

La fovea centralis n'est pas, comme on le croyait autrefois, un reste de la fente de la vésicule optique (Chievitz). Elle manque complètement chez l'embryon de 24 semaines et commence à se former au 7e mois d'avant en arrière, c'est-à-dire des couches internes vers les couches externes.

Rétine ciliaire et ora serrata. — Le développement de la rétine ciliaire et de l'ora serrata se fait par un amincissement progressif d'avant en arrière.

Ce développement a été étudié surtout par O. Schultze. — La rétine ciliaire est d'abord formée, comme la rétine proprement dite, par plusieurs rangées de cellules. Il en est encore de même vers la 13e semaine quand les saillies des procès ciliaires commencent à apparaître. Mais par la suite, le développement des procès ciliaires entraîne un accroissement considérable de surface pour la portion de rétine recouvrant la région et, par ce fait, un amincissement de cette rétine.

Vers la 15e ou 16e semaine, les procès ciliaires sont déjà bien formés, la rétine s'est amincie à leur surface et dans les vallées qui les séparent, mais l'ora serrata, c'est-à-dire le bord de la rétine épaisse, siège immédiatement en arrière de la couronne ciliaire. Ce bord est dentelé avec des pointes tournées en avant comme chez l'adulte. Ces pointes s'enfoncent même un peu dans les vallées ciliaires où l'amincissement de la rétine s'est moins étendu en arrière qu'au niveau des procès.

Plus tard, la ligne de l'ora serrata s'éloigne peu à peu de l'extrémité postérieure des procès ciliaires. L'espace lisse ainsi découvert porte le nom d'orbiculus ciliaris. Parfois cet espace reste traversé pendant un certain temps par de longues dents dont la pointe va jusqu'à la partie postérieure des vallées ciliaires et qui, le plus souvent, se raccourcissent ensuite en laissant à leur place des traînées brunes (fig. 696); mais elles peuvent persister au moins dans la portion nasale.

Paroi proximale de la vésicule primitive. — Bien que les cellules de cette couche se multiplient également par karyokinèse, l'augmentation de nombre des cellules n'est pas proportionnée à l'augmentation de surface, de sorte que cette paroi, formée primitivement de plusieurs rangs de cellules, n'en présente bientôt plus qu'un seul rang, qui sera la couche pigmentaire de la rétine. Le pigment s'y développe en commençant par la partie interne des cellules. En outre il paraît plus tôt dans la région de l'iris et du muscle ciliaire que dans les autres parties de l'œil (Krückmann).

Le développement de cette paroi est précoce. Chez l'embryon humain de 60 jours, l'épithélium pigmenté de la rétine a déjà l'aspect et la structure qu'il conservera toute la vie (Rochon-Duvigneaud).

Pédicule de la vésicule. — C'est le futur nerf optique dont le développement a déjà été abordé dans cet ouvrage (t. III, p. 782). Les cellules qu'il contient à l'origine ne forment pas de cellules nerveuses, mais seulement des cellules névrogliques. Les fibres nerveuses du nerf optique sont les cylindres-axes des cellules multipolaires de la rétine. Leur développement de la rétine vers le cerveau est démontré par la constatation des fibres dans l'extrémité oculaire du nerf optique avant qu'on puisse la faire dans son extrémité cérébrale. Il existe, en outre, quelques fibres à direction inverse qui prennent naissance dans les ganglions de la région pédonculaire et se terminent dans la rétine.

La myéline se développe dans le nerf optique vers la 10e semaine après la naissance (E. von Hippel).

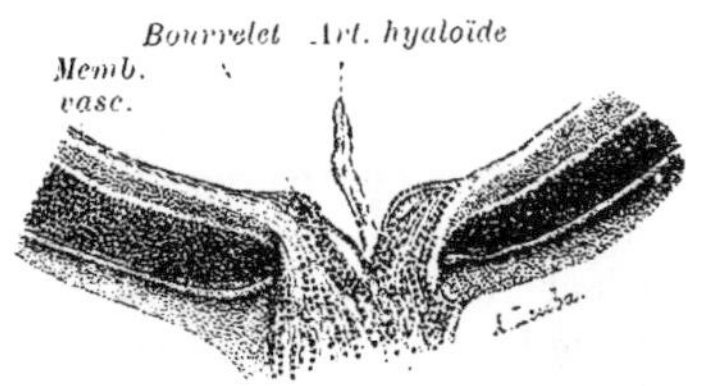

Fig. 605. — Origine de la membrane vasculaire de la rétine (embryon de mouton, 25 mm.) — Gr. 45 D. (Voll.)

Vaisseaux rétiniens. — C'est surtout aux travaux d'Oskar Schultze et de Voll qu'est due la connaissance du développement des vaisseaux rétiniens. Il se développe d'abord dans la papille un bourrelet de tissu mésodermique (fig. 605), en continuant à se multiplier, les cellules de ce bourrelet s'étalent à la surface interne de la rétine, pour former la future membrane vasculaire de la rétine (fig. 605, 606 et 611 B). Les vaisseaux se forment dans cette membrane à partir de la papille; l'extension en avant se fait plus vite pour la partie inférieure du globe que pour sa partie supérieure. Ces vaisseaux envoient bientôt des rameaux dans les couches internes de la rétine.

Au début ils sont en rapport avec ceux de la choroïde et des gaines du nerf optique et ne sont unis que par des capillaires avec le tronc de l'artère hyaloïdienne. Plus tard les vaisseaux rétiniens ne sont plus que des dépendances des vaisseaux centraux de la rétine dont l'artère n'est que le tronc de l'ancienne artère hyaloïdienne. Toutefois la première disposition persiste souvent chez l'homme pour quelques vaisseaux dits cilio-rétiniens et plus souvent encore dans d'autres espèces (chat, cheval).

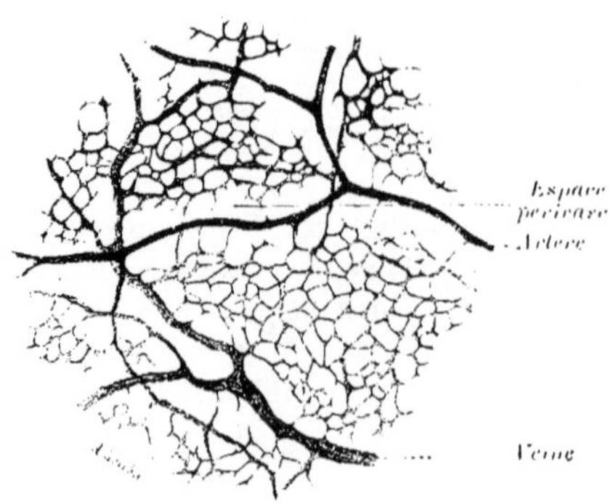

Fig. 606. — Développement des vaisseaux rétiniens dans la membrane vasculaire (fœtus de porc de 16 cm. de longueur). (D'après Oskar Schultze.)

A aucun moment, les artères propres du corps vitré n'envoient de branches à la rétine, contrairement à une opinion ancienne.

Colobomes rétiniens. — Les colobomes sont considérés comme des défauts de soudure des lèvres de la vésicule optique secondaire. Le tractus uvéal manque à leur niveau, et c'est ce qui en constitue le caractère le plus apparent. Ils peuvent siéger en bas ou en dehors, sur un point quelconque entre le bord pupillaire et la papille. Sur l'iris, ils se présentent sous la forme d'une fente partant du rebord pupillaire. Lorsqu'ils siègent dans la région équatoriale de l'œil, la sclérotique à nu forme une tache blanche plus ou moins grande. Lorsque le colobome se trouve au niveau de la papille, celle-ci est très agrandie et creusée d'une grande excavation.

CRISTALLIN

L'ectoderme donne naissance au cristallin dans le point où la vésicule optique primitive arrive à son contact. Il se produit d'abord un léger épaississement de l'ectoderme formé à ce moment d'une seule couche de cellules, puis, en même temps que l'épaississement s'accuse, la partie épaissie se déprime en une fossette d'abord largement ouverte. Ensuite, la dépression se creuse et augmente de dimensions en profondeur pendant que la partie superficielle se resserre. Ce resserrement est plus accusé à la partie supérieure répondant au bord supérieur de la vésicule optique secondaire qu'à la partie inférieure répondant à la fente oculaire. La fermeture complète de la partie resserrée transforme la dépression en vésicule, et bientôt celle-ci se détache de l'ectoderme.

De tous les travaux où fut traitée la question du développement du cristallin, celui de Rabl mérite particulièrement d'être mentionné. Cet auteur a fait une étude comparée du développement du cristallin dans les différentes classes de Vertébrés. Les principaux points de ce processus sont les mêmes dans toutes les classes, mais l'étude des détails montre qu'il existe des types principaux répondant aux différentes classes et des types secondaires répondant aux différentes espèces. Dans la figure 607, les principaux types d'ébauches cristalliniennes sont représentés exactement au même stade. Le nombre des cellules est à peu près en rapport avec le nombre des fibres du cristallin adulte. Ce nombre des cellules, leur disposition, la forme de l'ébauche permettent à eux seuls de reconnaître la classe à laquelle appartient un animal.

Chez les animaux dont l'ectoderme comprend déjà plusieurs couches au moment de la

FIG. 607. — Formation du bourgeon cristallinien aux dépens de l'épiderme. — Même stade dans les différentes classes de vertébrés. (Rabl.)

A. Pristiurus (sélacien). — *B*. Axolotl. — *C*. Lézard — *D*. Couleuvre. — *E*. Canard. — *F*. Lapin.

formation du cristallin, celui-ci ne se développe qu'aux dépens de la couche profonde (Axolotl, fig. 607 B).

Au moment où l'ébauche du cristallin se détache de l'ectoderme, elle présente une cavité à son centre. Chez certains animaux (Pristiurus), cette petite cavité manque au moment de la séparation d'avec l'ectoderme, mais elle se forme peu après. La cavité de la vésicule n'est pas exactement centrale, car la paroi postérieure est déjà plus épaisse que l'antérieure. Par la suite, la cavité est reportée en avant, en même temps qu'elle s'aplatit dans le sens antéro-postérieur par le développement des fibres dans la paroi postérieure.

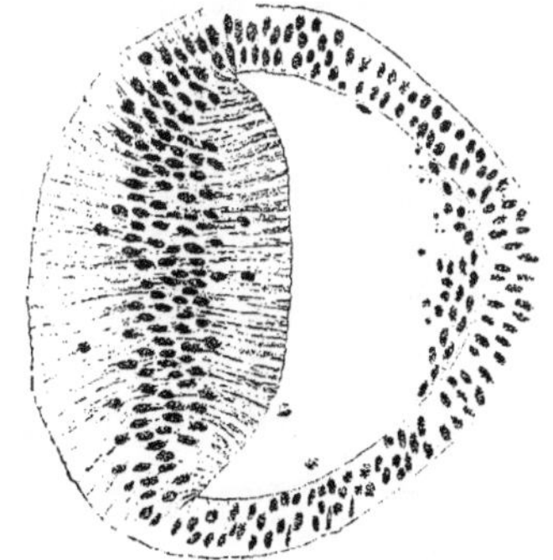

FIG. 608. — Cristallin d'un embryon humain de 30 jours. — Gr. 170 D. (Rabl.)

Amas cellulaire central de l'ébauche cristallinienne. — Chez l'homme et chez la plupart des mammifères, d'après Rabl, la prolifération des cellules de la fossette et de la vésicule cristalliniennes produit, outre les cellules régulièrement disposées dans les parois, des cellules qui se détachent et tombent dans la cavité de la vésicule où elles forment un amas central irrégulier (fig. 607 F et 608). Finalement elles disparaissent sans prendre part à la formation du cristallin définitif. Leur évolution commence sur la fossette cristallinienne encore ouverte et se termine dans la vésicule cristallinienne peu après sa fermeture.

Fibres cristalliniennes. — Elles sont formées par l'allongement des cellules de la paroi postérieure. Elles sont d'abord dirigées directement d'arrière en avant, mais lorsqu'elles s'accroissent davantage elles s'incurvent et prennent les formes qui seront décrites à propos du cristallin. Sur le cristallin plus développé, les fibres les plus anciennes sont amassées au centre, formant une sorte de noyau plus dense, les fibres suivantes les enveloppent et il s'en forme encore de nouvelles à la périphérie.

Formation des sillons et étoiles des faces du cristallin. — A un moment donné les fibres centrales du cristallin cessent de s'accroître alors que les fibres voisines continuent leur allongement. De cette façon il se forme une dépression à chaque pôle du cristallin, à l'extrémité des fibres centrales. Chez quelques animaux ces dépressions antérieure et postérieure restent plus ou moins arrondies; ordinairement elles s'allongent suivant un diamètre et constituent un sillon horizontal en arrière et un sillon vertical en avant. Ce stade est définitif chez quelques espèces, mais le plus souvent, chacun de ces sillons se transforme ensuite en une étoile à trois branches. Comme Rabl l'a observé chez le porc, le sillon primitif s'incurve et un sillon vient se former sur le milieu de sa convexité. Cette troisième branche commence au centre du premier sillon et s'allonge peu à peu; mais elle reste longtemps plus courte que les deux autres. Enfin, chez l'homme, à chacune des trois branches ainsi formées, s'en ajoutent une ou deux nouvelles après la naissance.

Capsule du cristallin. — La capsule cristallinienne ne résulte pas d'une transformation de cellules; c'est, au moins pour la plus grande partie, une formation cuticulaire sécrétée par les cellules cristalliniennes. Elle commence à apparaître de très bonne heure, au moment où se forme la cupule épithéliale qui donne naissance au cristallin. D'abord très mince, elle s'épaissit ensuite progressivement.

Toutefois certains auteurs (Iwanoff, etc.) ont attribué à la capsule du cristallin une origine mésodermique, particulièrement aux dépens de la tunique vasculaire. Mais il a été observé, sauf chez les mammifères (Rabl), que la capsule se montre avant l'apparition des éléments mésodermiques à ce niveau, et comme d'autre part elle continue à augmenter d'épaisseur après la disparition de la tunique vasculaire, ce ne peut être sa seule origine.

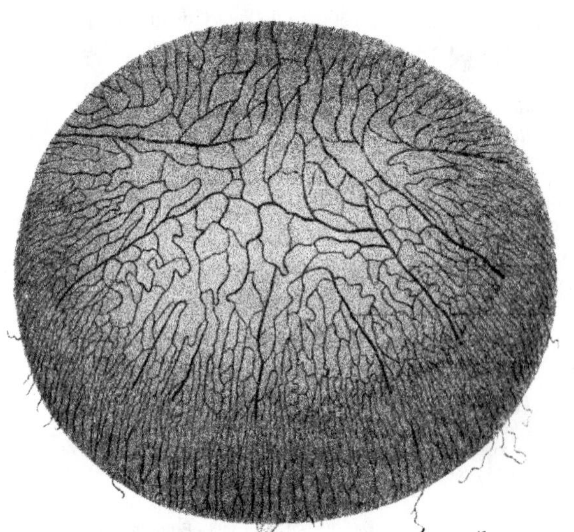

Fig. 609. — Vaisseaux du cristallin embryonnaire (porc, 13 cm.). (D'après Oskar Schultze.)

a, a, artères provenant de l'iris. — *c, c,* capillaires de l'équateur du cristallin. — *g, g,* artères du corps vitré.

Une origine mixte (ectodermique et mésodermique) de la capsule a été admise par Schwalbe et défendue plus récemment par Damianoff, Truc et Vialleton. Les faits invoqués par ces derniers auteurs à l'appui de leur opinion sont les suivants : La capsule adulte présente extérieurement une mince couche qui se comporte vis-à-vis de certains réactifs d'une manière différente du reste; la tunique vasculaire n'est pas isolable de la cristalloïde embryonnaire; les fibres de la zonule s'insérant d'abord sur la tunique vasculaire, si celle-ci disparaissait entièrement, les fibres perdraient leur insertion à la cristalloïde.

Tunique vasculaire du cristallin. — On donne ce nom au réseau vasculaire qui enveloppe le cristallin pendant son développement (fig. 609). Les artères qui alimentent ce réseau sont l'artère hyaloïdienne, les artères propres du corps vitré et le grand cercle artériel de l'iris ; le sang revient par les veines de l'iris. En arrière les vaisseaux de cette tunique forment des mailles dont les espaces sont vides. En avant ils sont logés dans une membrane très délicate, la membrane pupillaire de Wachendorff. D'après Damianoff, Truc et Vialleton, les parties superficielles de la cristalloïde embryonnaire font partie de la tunique vasculaire à laquelle elles adhèrent intimement.

Accroissement du cristallin. — Le cristallin augmente rapidement de volume pendant les premiers mois de la vie intra-utérine, puis reste presque stationnaire. Chez le fœtus de 4 mois, il pèse déjà 123 milligrammes, presque les deux tiers de son poids chez l'homme adulte (Renaut).

Régénération du cristallin. — C'est un des phénomènes les plus curieux de régénération d'organes. Il était connu depuis assez longtemps déjà lorsqu'on se préoccupa de

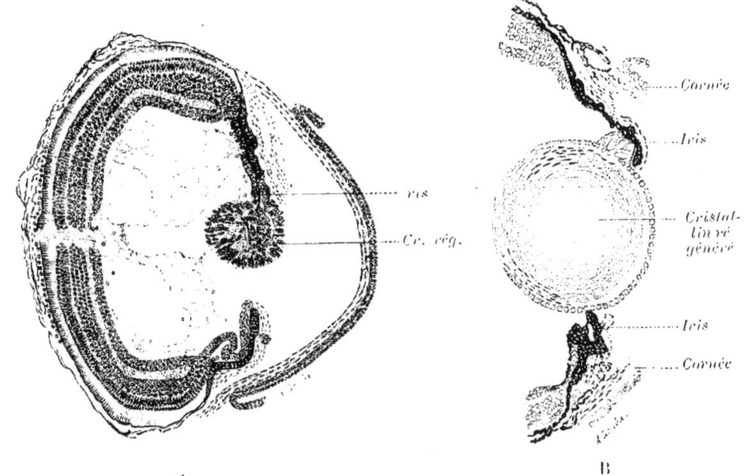

Fig. 610. — Régénération du cristallin après extraction complète chez la salamandre. Gr. 50 D. (Fischel.)

A, 54 jours et *B*, 212 jours après l'extraction.

savoir d'où provenait le cristallin régénéré. Cette origine du cristallin régénéré a été découverte par Colucci, puis étudiée par Wolff, par Kochs et par Fischel.

Chez des tritons jeunes et même adultes, après l'ablation du cristallin, cet organe se régénère non pas aux dépens de la région ectodermique qui lui a donné naissance, mais aux dépens de l'épithélium de la face postérieure de l'iris qui n'est, comme on le verra plus loin, que l'extrémité antérieure de la vésicule oculaire secondaire. Le cristallin régénéré est donc, comme le cristallin primitif, une formation ectodermique. C'est seulement la partie supérieure de l'épithélium irien qui prend part au processus. Les cellules perdent leur pigment, prolifèrent, forment une vésicule ; celle-ci prend la place du cristallin et la formation des fibres s'y fait comme dans un cristallin normal.

Pour chercher à expliquer le phénomène, Fischel a enlevé, en même temps que le cristallin, la partie supérieure de l'iris supportant l'épithélium aux dépens duquel se fait habituellement la régénération. Il a vu alors que les autres parties de l'épithélium irien ne forment pas de nouveau cristallin, mais que celui-ci se reproduit toujours en haut aux dépens du bord antérieur de la rétine.

ZONULE DE ZINN.

De nombreuses hypothèses ont été émises pour expliquer l'origine et la nature de la zonule de Zinn (voy. *Nature des fibres zonulaires*, p. 130).

Nussbaum, d'après des recherches sur le lapin, admet qu'elle est formée par des cellules vitréennes qui émettent de fins prolongements pincillés.

D'après Damianoff, chez les fœtus, les procès ciliaires adhèrent d'abord par une substance tenace sur une large surface au cristallin sur lequel ils sont appliqués. Cette substance serait sécrétée par les cellules claires de l'épithélium des procès ciliaires qui se souderait ainsi à la membrane vasculaire du cristallin. Les fibres de la zonule seraient engendrées par l'étirement de ce produit de sécrétion.

Mais, pour d'autres auteurs (Terrien, etc.), on ne peut distinguer les fibres zonulaires au microscope que lorsque la surface ciliaire est déjà notablement écartée du cristallin. D'après Rochon-Duvigneaud, elles se montrent d'abord dans le fond des vallées ciliaires, vers le 3e mois chez le fœtus humain.

CORPS VITRÉ

La cavité de la vésicule optique secondaire, devenant plus tard la grande cavité vitréenne comprise entre la rétine et le cristallin, est occupée successivement par une masse de tissu mésodermique embryonnaire, par un corps vitré primitif vascularisé qui résulte de la transformation de ce tissu mésodermique et enfin par un corps vitré définitif privé de vaisseaux et probablement d'origine ectodermique.

Au moment où se fait l'invagination qui transforme la vésicule oculaire primitive en vésicule secondaire, une petite masse de *tissu mésodermique* suit la paroi de la vésicule dans son retrait. Elle est en continuité de tissu avec le mésoderme céphalique, d'abord au niveau de la fente oculaire fœtale, ensuite sur tout le pourtour du cristallin. A ce niveau, la continuité de tissu cesse seulement au moment de la disparition de la tunique vasculaire du cristallin.

Vaisseaux. — Dans la masse de tissu mésodermique qui occupe ainsi la cavité de la rétine, des vaisseaux se développent rapidement. Ce sont l'artère hyaloïdienne et les vaisseaux propres du corps vitré.

L'*artère hyaloïdienne* va de la papille à la surface postérieure du cristallin, où elle se ramifie. Elle est exclusivement destinée au cristallin. Les *vaisseaux propres du corps vitré* sont également des artères; ils proviennent du même tronc que l'artère hyaloïdienne. Dans les premiers temps, ils sont situés pour la plupart dans les couches les plus périphériques de cette masse mésodermique, près de la surface rétinienne. Ils se ramifient, s'anastomosent et leurs branches terminales vont contribuer comme l'artère hyaloïdienne à la formation de la tunique vasculaire du cristallin qu'ils abordent par sa périphérie.

Corps vitré primaire. — En même temps que les vaisseaux se sont développés, la masse mésodermique qui leur a donné naissance s'est transformée en un tissu vitréen que nous appellerons le *corps vitré primaire ou primitif*. Sur les coupes, ce vitré a un aspect différent de celui qui existe chez l'adulte ; il se présente sous l'aspect d'un tissu fibrillaire beaucoup plus grossier et plus irrégulier.

Corps vitré secondaire. A un certain moment (embryon humain de trois mois), lorsque les vaisseaux du corps vitré ont acquis leur plus grand développement, il se forme à la périphérie du corps vitré primitif, au contact de la rétine, une couche ayant tous les caractères du corps vitré de l'adulte et qui, par la suite, s'épaissit de plus en plus. Cette couche doit être regardée comme le début du *corps vitré secondaire ou définitif*. A mesure qu'elle s'épaissit, elle écarte de la rétine les vaisseaux superficiels du corps vitré qui, auparavant, en étaient très rapprochés (G. Retzius).

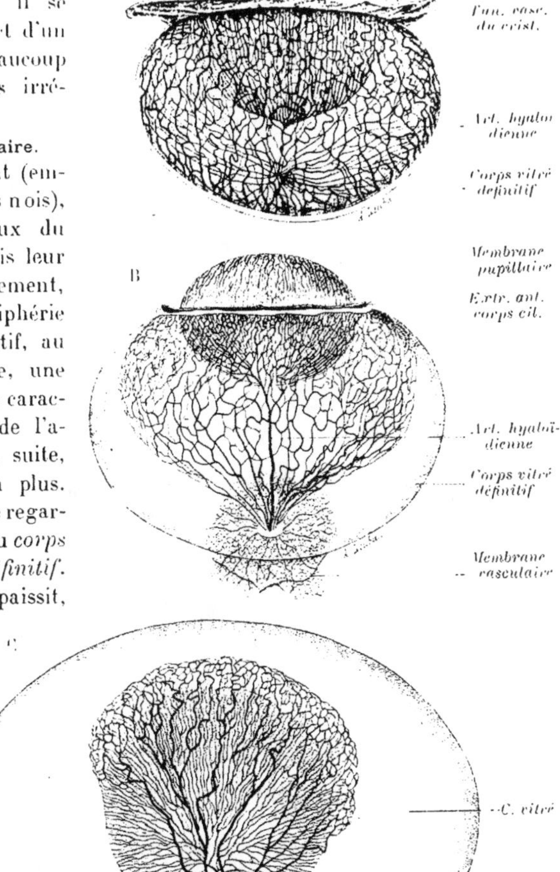

FIG. 611. — Évolution des vaisseaux du corps vitré chez le porc. (Oscar Schultze.)

A. Embryon de 9 cm. — B. Embryon de 11 cm. — C. Embryon de 15 cm., vu d'arrière. — Gr. 7 D. environ.

Régression des vaisseaux vitréens. — Cette régression commence dans la partie inférieure du corps vitré où d'ailleurs, même au début, les vaisseaux sont un peu moins abondants. La régression se fait d'arrière en avant, c'est-à-dire que les petites branches et les mailles du réseau disparaissent d'abord en arrière, ne laissant que les troncs parallèles à l'artère hyaloïdienne qui conduisent le sang à la partie antérieure du vitré (*fig.* 611 C).

Enfin les vaisseaux hyaloïdiens disparaissent complètement, l'artère hyaloïdienne reste seule pendant un certain temps et finit par disparaître à son tour.

Persistance de l'artère hyaloïdienne. — La résorption de l'artère hyaloïdienne est normalement complète chez l'homme au moment de la naissance, exception faite pour un petit cordon spiralé, plein, long d'un ou deux millimètres, qui persiste normalement pendant les premiers mois (Rochon Duvigneaud, F. Terrien) et quelquefois pendant toute l'existence (voy. fig. 428, t. III, p. 786).

A côté de cette persistance évolutive de l'artère hyaloïdienne, il en existe une autre qui présente des caractères tout différents : c'est un long cordon fibreux qui flotte dans le vitré ou qui vient s'insérer au pôle postérieur du cristallin ; de plus il existe généralement en même temps des altérations souvent très intenses du cristallin ou de la rétine. Dans ce dernier cas, on doit admettre avec van Duyse qu'il y a eu pendant la vie intra-utérine des accidents oculaires inflammatoires et que les lésions persistantes n'en sont que les cicatrices.

Canal de Cloquet. — Cette formation a été découverte par Jules Cloquet en 1822. Elle présente sa disposition type au 6e mois de la vie intra-utérine chez l'homme. Il ne s'agit nullement d'un canal véritable ; c'est seulement un cordon élargi en avant, occupant l'axe du corps vitré et présentant une structure spéciale. En effet, ce cordon représente le corps vitré primitif refoulé au centre de l'œil par le développement du corps vitré définitif. Ce fait a été observé d'abord par G. Retzius ; nous avons pu le vérifier sur plusieurs espèces animales. La limite du canal de Cloquet est formée par la couche voisine du corps vitré secondaire paraissant plus dense.

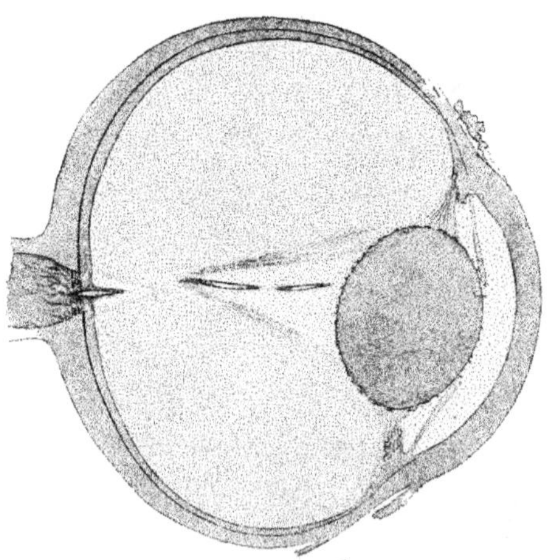

Fig. 612. — Œil d'un fœtus humain.

Le cristallin est encore enveloppé de sa tunique vasculaire dont les vaisseaux sont seuls visibles à ce grossissement. Le corps vitré est traversé par le *canal de Cloquet* élargi en avant et dont la partie moyenne manque parce qu'elle se trouvait en dehors de la coupe. Au milieu du canal de Cloquet, l'artère hyaloïdienne.

Lorsque l'artère hyaloïdienne se résorbe, il se rétrécit encore. En avant, le vitré secondaire se rapproche alors davantage de la face postérieure du cristallin et s'y applique peu à peu en commençant par la périphérie.

Enfin, chez l'homme après la naissance, on ne trouve plus trace de ce canal. le corps vitré primaire qui occupait sa cavité a complètement disparu et tout l'espace compris entre la rétine et le cristallin est occupé par le corps vitré définitif.

Nature du corps vitré. — Le corps vitré primaire dérive incontestablement d'une transformation sur place du tissu mésodermique qui a pénétré dans la fente oculaire, et il contient des vaisseaux, ce qui est bien en rapport avec son origine mésodermique.

Mais le corps vitré définitif a-t-il la même origine ? Jusqu'à présent, cette distinction de deux corps vitrés n'était pas faite — sauf par G. Retzius — et il ne pouvait guère être question d'une autre origine que de l'origine mésodermique. Cependant, depuis quelques années, Tornatola soutient que le corps vitré provient des éléments de la rétine. Il donne même un certain nombre de figures dans lesquelles il représente la formation du corps vitré par des fibrilles provenant directement des cellules rétiniennes, y compris les plus externes et allant se perdre jusqu'au milieu des vaisseaux hyaloïdiens. D'ailleurs, il n'admet pas l'existence des membranes limitante interne et hyaloïdienne qui empêcheraient le trajet des fibrilles en question. Bien que ces opinions aient été confirmées, notamment par Haemers, il est difficile d'admettre avec ces auteurs que le corps vitré a son origine dans des parties plus ou moins profondes de la rétine. En effet, on peut objecter à cette théorie l'existence réelle de la membrane hyaloïde et de la membrane limitante interne de la rétine, ainsi que la structure lamelleuse et non fibrillaire des couches périphériques du corps vitré.

Il est probable au contraire que le corps vitré définitif se forme et vit aux dépens des pieds des fibres de Müller et de la surface de la partie postérieure de la rétine ciliaire. Il ne peut en être autrement puisqu'il apparaît au moment de la disparition des vaisseaux hyaloïdiens. Ce corps vitré ne contient pas de cellules propres, mais seulement des cellules migratrices. Il nous semble que ces faits permettent de rejeter son origine mésodermique et de le considérer comme une formation cuticulaire d'une nature spéciale et d'origine ectodermique.

Dans un travail récent, Accario admet également une origine ectodermique du corps vitré, mais il pense que c'est exclusivement aux dépens de l'épithélium ciliaire qui se trouve immédiatement en avant de l'ora serrata.

TRACTUS UVÉAL

La membrane formée par la choroïde, le corps ciliaire et l'iris, se développe manifestement sous l'influence de la rétine. En effet, elle la recouvre très exactement dans toute son étendue, depuis la papille jusqu'au bord pupillaire : si la rétine manque en un point, par exemple dans le cas de persistance de la fente oculaire fœtale, la choroïde ne se développe pas à ce niveau, tandis que la sclérotique s'y développe normalement et on a un colobome de la rétine et de la choroïde.

Cette membrane uvéale est formée dans son ensemble par la différenciation des éléments mésodermiques appliqués sur la rétine, mais quelques parties ont une origine différente.

Épithélium du corps ciliaire et de l'iris. — C'est la partie antérieure de la rétine qui s'est beaucoup étendue en surface, mais s'est réduite à deux couches de cellules, une pour chacune des parois de la vésicule primitive. De ces deux couches de cellules, l'externe se charge d'abord de pigment, puis la formation pigmentaire contourne le bord de la vésicule et gagne le feuillet interne sur lequel elle s'étend jusqu'au corps ciliaire

D'autre part, au niveau du corps ciliaire, cette double couche épithéliale subit un maximum de développement en surface qui entraîne la formation de nombreux plis, les procès ciliaires. Les plis se produisent d'abord dans la couche profonde, puis dans la couche superficielle.

Muscles de l'iris. — Ces muscles sont le sphincter et le dilatateur de la pupille. Beaucoup de discussions ont porté sur la nature et même l'existence de ce dernier. Quoi qu'il en soit, ces muscles, ou tout au moins le sphincter, étaient considérés comme des muscles à fibres lisses et leur origine mésodermique n'était même pas discutée. Mais récemment sont parus plusieurs travaux nous montrant qu'ils sont au contraire d'origine épithéliale.

Pour le dilatateur, c'est d'abord Grynfeltt, puis presque en même temps Heerfordt, qui reconnaissent que ce muscle est formé par les parties profondes des cellules situées au contact immédiat de l'iris, sans que les noyaux de ces cellules entrent dans la constitution des fibres.

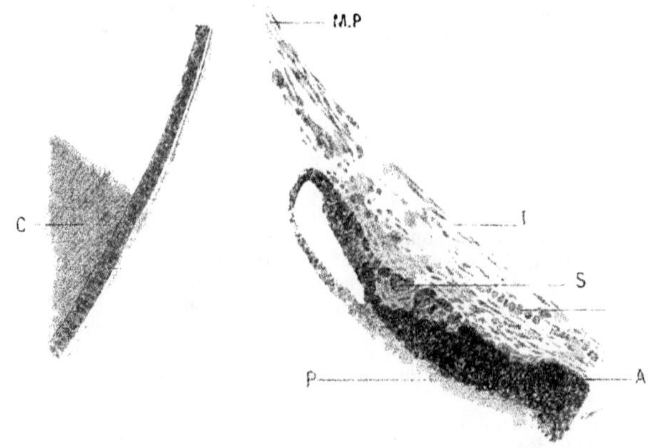

Fig. 613. — Formation du sphincter pupillaire aux dépens de la couche antérieure de l'épithélium irien (fœtus humain). (D'après une préparation de Rochon-Duvigneaud.)

S, sphincter irien dont quelques faisceaux sont complètement enveloppés de tissu conjonctif, tandis que les autres se continuent d'une façon insensible avec la couche antérieure de l'épithélium A. — C, cristallin. — I, iris. — M.P, membrane pupillaire. — P, couche postérieure de l'épithélium irien, séparée accidentellement en avant de la couche antérieure. — V, vaisseau.

Quant au sphincter pupillaire, son origine épithéliale a été découverte par Nussbaum sur des souris blanches nouveau-nées. Elle peut se vérifier avec la plus grande facilité sur le fœtus humain (yeux de 6 à 9 millimètres de diamètre). (Voy. fig. 613.)

Muscle ciliaire. — Ce muscle commence à se différencier vers la fin du 2e mois de la vie intra-utérine. Jusqu'à présent, rien n'indique qu'il ait une origine rétinienne comme les muscles de l'iris.

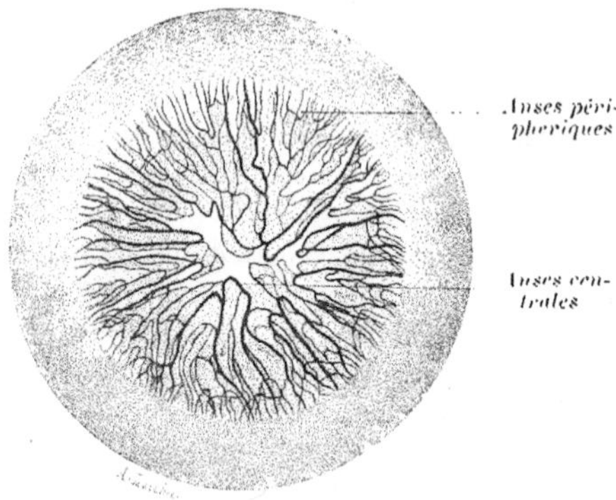

Fig. 614. — Membrane pupillaire d'un fœtus humain de 8 mois. (Oskar Schultze.)

Membrane pupillaire. — Elle est appelée aussi membrane de Wachendorf, du nom de l'anatomiste qui l'a découverte en 1738. Elle n'existe pas chez tous les vertébrés, mais seulement chez les mammifères.

Après que le pédicule cristallinien s'est complètement étranglé, le cristallin reste encore quelque temps appliqué contre l'ectoderme, mais peu à peu le tissu mésodermique vient s'insinuer sous l'ectoderme. Lorsqu'une lame mésodermique est ainsi constituée entre le cristallin et l'ectoderme, il s'y produit une fente, véritable espace lymphatique, qui la divise en deux couches dont l'une sera le tissu conjonctif de la cornée et dont l'autre formera l'iris et la membrane pupillaire. En effet, derrière cette dernière lame mésodermique s'étend le bord antérieur de la vésicule optique secondaire qui a dépassé l'équateur du cristallin et vient se resserrer sur sa face antérieure en séparant peu à peu ce tissu mésodermique de celui du corps vitré. La couche mésodermique qui répond au bord de la vésicule formera l'iris par son union avec ce bord ; la partie centrale sera la membrane pupillaire. Comme on l'a déjà vu, la membrane pupillaire se continue sous le bord pupillaire avec la capsule vasculaire du cristallin, ou mieux elle n'en est que la partie antérieure.

Les vaisseaux de la membrane pupillaire forment des anses plus ou moins régulières à convexité tournée vers le centre, mais présentant de nombreuses anastomoses (fig. 614).

La résorption de la membrane commence par son centre et s'étend progressivement vers le bord de la pupille. — Chez l'adulte, on observe parfois dans le champ pupillaire des filaments pigmentés reliés à la face antérieure de l'iris et qui sont des restes de cette membrane.

Chez l'homme, la membrane pupillaire évolue entièrement pendant la vie fœtale, elle se forme vers la fin du 2e mois et se résorbe dans le courant du 8e mois. Au contraire, chez les animaux qui naissent avec les paupières soudées, elle ne disparaît qu'après la naissance.

Ligament pectiné. — Il existe d'une façon transitoire chez le fœtus humain. (Voy. p. 1054.)

Procès ciliaires. — Ils commencent à se former à la 13e semaine (O. Schultze). (Voy. plus haut *Développement de la rétine ciliaire.*)

Choroïde. — Chez le fœtus de 4 mois 1/2, elle est entièrement différenciée de la membrane fibreuse, sauf au voisinage du nerf optique. — Le pigment du stroma choroïdien apparaît vers le 7e mois.

CORNÉE ET SCLÉROTIQUE

La cornée et la sclérotique dérivent également du tissu mésodermique qui entoure l'œil.

L'ébauche de la cornée se trouve formée chez les vertébrés inférieurs qui n'ont pas de membrane pupillaire, dès que le tissu mésodermique s'est insinué entre le cristallin et l'ectoderme. Au contraire, chez les mammifères, la cornée n'existe qu'à partir du moment où la membrane pupillaire s'est séparée de cette masse. Les cellules qui limitent la chambre antérieure se disposent pour former un endothélium. La membrane de Descemet est un produit de sécrétion de ces cellules. — D'après Ranvier, etc., la cornée embryonnaire présenterait un réseau vasculaire dans la couche superficielle sous-épithéliale. Mais d'autres auteurs (Rochon-Duvigneaud, Leber) affirment que ce réseau n'existe pas.

GLOBE DE L'ŒIL

Dans son ensemble, le globe de l'œil présente un développement ou plutôt une croissance très précoce. A la naissance, la région papillo-maculaire a déjà ses dimensions définitives et l'œil entier a environ les deux tiers de ses dimensions et un tiers de son poids définitif. Après la naissance, son augmentation de volume se fait surtout avant l'âge de 4 ans. Cette croissance est parallèle à celle du cerveau. — Au contraire, pour l'ensemble du corps, le poids à la naissance est d'un vingtième à peine du poids de l'adulte (Weiss).

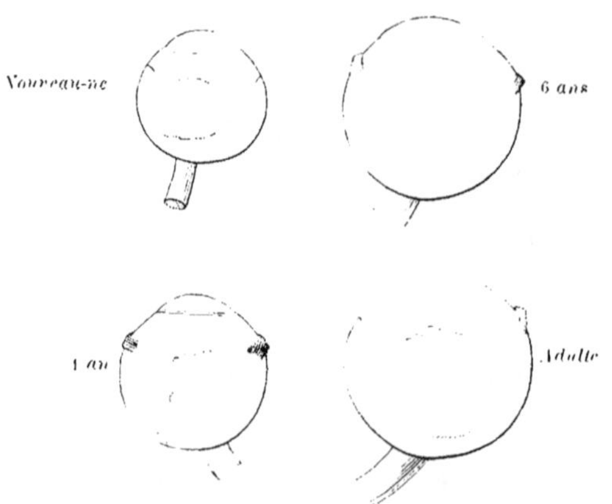

Fig. 613. — Développement du globe de l'œil après la naissance. (Weiss.)

L'œil du nouveau-né a de 17 à 18 millimètres de diamètre lorsqu'il s'agit d'enfants bien développés. Il présente dans sa partie postérieure un certain renflement, la *protubérance sclérale d'Ammon*, répondant à la région maculaire et tenant sans doute au développement encore plus précoce de cette région. C'est toujours un œil hypermétrope. La ligne visuelle s'écarte plus de l'axe de l'œil que chez l'adulte (angle α positif, très grand), fait également en rapport avec le développement de la région maculaire. La cornée est relativement grande (9 à 10 millimètres de diamètre) et épaisse; mais son épaisseur varie considérablement d'un sujet à l'autre (0,4 à 1 millimètre); inversement à ce qui existe plus tard, sa courbure est plus accentuée aux bords qu'au centre; son rayon de courbure est en moyenne de 6.5 à 7 millimètres. La choroïde est relativement épaisse. Le corps ciliaire est encore peu développé; le muscle ciliaire s'y montre sous les deux types signalés par Iwanoff chez l'adulte. Le cristallin moins aplati que chez l'adulte a de 3.5 à 5 millimètres d'épaisseur, de 6 à 7 millimètres de diamètre. La chambre antérieure est peu profonde. Le nerf optique est dépourvu de myéline (Merkel et Orr, E. von Hippel, etc.).

PAUPIÈRES

La formation des paupières commence, chez l'embryon humain, au 2e mois de la vie intra-utérine.

L'angle interne des paupières provient de l'extrémité externe du bourgeon frontal primitif (voy. t. I, fig. 351, I); la paupière inférieure est formée par la peau qui recouvre le bourgeon maxillaire supérieur: enfin la paupière supérieure par le pli cutané qui unit ces deux bourgeons au-dessus de l'œil.

L'accroissement se fait surtout en haut et en bas, les paupières s'étendent au dessus de l'œil et arrivent au contact au 3e mois. Il se fait alors entre les deux paupières une soudure qui persiste jusque vers la fin de la vie intra-utérine chez l'homme. Chez beaucoup d'animaux (chien, lapin, etc.), les paupières ne se dessoudent que plusieurs jours après la naissance; chez ces mêmes animaux les autres parties de l'œil sont également retardées dans leur évolution.

La surface des deux paupières commence à se différencier dès qu'elles recouvrent l'œil. La soudure se fait seulement par l'accolement de l'épiderme.

La troisième paupière (repli semi-lunaire chez l'homme) se développe sous les deux autres et ne s'accole pas avec elles.

Au moment où les paupières se soudent, les *glandes de Meibomius* se forment sur leurs bords par bourgeonnement du corps muqueux de Malpighi. — Les *cils* apparaissent en même temps.

APPAREIL LACRYMAL

Les *glandes lacrymales* se développent par un bourgeonnement de l'épithélium du cul-de-sac conjonctival qui commence au 3e mois de la vie intra-utérine chez l'homme.

Les *voies lacrymales* présentent un développement assez complexe qui n'est bien connu que depuis peu. Elles proviennent de la fente formée en bas par le bourgeon maxillaire supérieur et en haut par la partie externe du bourgeon frontal primitif qui, un peu plus tard, forme à ce niveau le bourgeon nasal externe (voy. t. I. fig. 351). A cause de sa destination, cette fente est nommée *fente lacrymale*, puis *sillon lacrymal*.

On a cru longtemps que le canal était formé simplement par un accolement des lèvres du sillon un peu au-dessus de son fond. En réalité c'est une traînée épithéliale pleine (prenant l'apparence d'un bourgeon sur des coupes transversales) qui pénètre dans le mésoderme au fond du sillon lacrymal. Cette traînée épithéliale ne se creuse d'une lumière que longtemps après s'être séparée de l'ectoderme.

L'extrémité inférieure du canal est d'abord séparée de la cavité nasale, mais elle s'en rapproche peu à peu et finit par s'y ouvrir peu de temps avant la naissance, ordinairement à la fin du huitième mois, mais souvent plus tard et même après la naissance (Stanculéano).

Le développement de l'extrémité supérieure des voies lacrymales a été étudié surtout sur les animaux. L'extrémité du tractus épithélial primitif se forme au niveau de la paupière inférieure. Elle s'enfonce dans le derme et donne par bourgeonnement le canalicule supérieur. Des deux canalicules, c'est le supérieur, dernier formé, qui s'ouvre le premier, au rebord palpébral (Cosmettatos). L'ouverture des deux canalicules se fait avant la naissance chez l'homme.

MUSCLES EXTRINSÈQUES DE L'ŒIL

La première ébauche reconnaissable de la musculature externe de l'œil consiste en un conglomérat de cellules étroitement unies, à gros noyaux, pauvres en protoplasma, fusiformes, se distinguant nettement du mésenchyme péri-cérébral relativement pauvre en cellules. Cette ébauche envoie des prolongements vers le globe (chez plusieurs animaux, avant la séparation complète des muscles droits et obliques, la couche interne de cette ébauche caliciforme se sépare pour former le muscle rétracteur du bulbe). L'élévateur de la paupière supérieure se forme le dernier par séparation de la partie interne du droit supérieur ; plus tard, il en recouvre le bord interne.

Sur les embryons humains de 24 et de 29 millimètres, les muscles droits sont — sur des coupes — faciles à distinguer du tissu conjonctif environnant mais il n'est pas encore possible de délimiter l'élévateur. — A la fin du 3e mois et au commencement du 4e, les muscles peuvent déjà être préparés macroscopiquement. l'élévateur recouvre le droit supérieur presque comme chez l'adulte (Henckel, Reuter, Strahl).

Bibliographie. — Addario, *Riforma medica*. 1902. — V. Ammon, *Arch. f. Ophtalmologie*, t. IV. — Van Bambeke, *Annales de la Soc. de méd. de Gand*. 1879. — Th. Beer, *Wiener* *klin. Wochenschrift*, 1901 (Ueber primitiv Sehorgan). — Brachet et Benoit, *Bibliographie anatomique*, 1899. — Chievitz (J. H.), *Intern. Zeitschrift für Anat. u. Physiol.*, 1887. — Ciaccio. *Arch. ital. de biologie*, XIX, 1893. — Cirincione, *Zur Entwickelung der Wirbeltierauges*, 1898. — Cloquet (J.), *Anatomie*, 1828. — Colucci, *Accad. Bologna*, V, 1891. — Tr. Collins, *The royal London Opht. Reports*, XIII, 1891. — Cosmettatos, *Thèse Paris*, 1898. — Damianoff, *Th. de Montpellier*, 1900. — Dareste, *Annales d'oculistique*, 1891. — Mathias Duval, *Bulletin de la Société d'Anthropologie*, 1883. — Van Duyse, *Arch. d'Opht.*, 1891. — Ewetsky (Th.), *Arch. f. Opht.*, 1888. — Falchi Fr., *Arch. ital. de biol.*, IX, 1887. — Fischel. *Anat. Hefte*, t. XIV. — Gabriélidès, *Th. Paris*. 1895. — Gonin, *Ziegler's Beitr. z. pathol. Anat. u. z. allg. Pathol.*, XIX. — Grynfeltt, *Th. de Montpellier*, 1899. — Hafmeis. *Arch. d'Opht.*, 1903. — Haensell. *Th. Paris*. 1888. — Halben, *Inaug. Dissert.*, Breslau. 1900. — Heape (W.), *Quaterly journal of microscopical science*, t. XXVII, 1887. — Heerfordt. *Anat. Hefte, Merkel et Bonnet*, XIV. — Henckel (Fr.), *Anat. Hefte*, t. X. — Henle (J.). *Diss. inaug.*, Bonn, 1832. — Hertwig (O.). *Lehrbuch der Entw. d. Menschen u. d. Wirbeltiere* 1898. — E. von Hippel, *Arch. f. Opht.*, 45, 2. — His (W.), *Anat. menschlicher Embryonen*. 1885. — Huschke. *Meckel's Archiv*. 1832. — Kessler, *Diss. inaug.*, Dorpat, 1871. — *Zur Entw. des Auges der Wirbeltiere*. 1877. — Kölliker, *Entw. des Menschen und der höheren Tier.*, 1879. — *Zur Entw. des Auges. Festschr. d. Univers. Zürich*, 1883. — Krückmann. *Arch. f. Opht.*, t. XLVII. — Merkel et Orr, *Anat. Hefte*, t. I, 1892. — Nussbaum. Entwickelungsgeschichte des menschlichen Auges, in *Graefe-Saemisch, Handbuch der gesamten Augenheilkunde*, 2e édit., 1899. — Rabl, *Ueber den Bau und die Entwickelung der Linse*. Leipzig, 1900. — Ramon y Cajal, *Journal de l'Anatomie et de la Physiologie*. 1896. — Randolph. *John's Hopkins Hospital Reports*. 1900. — G. Retzius, *Biologische Untersuchungen*, 1894. — Reuter (K.). *Anat. Hefte, Merkel et Bonnet*. t. IX. — Rochon-Duvigneaud, *Précis iconographique d'anat. norm. de l'œil*, 1895. — *Archives d'Ophtalmologie*. juin 1900. — Rubattel, *Recueil zool. suisse*, 1885. — Schneller. *Arch. f. Opht.*, 47. — Schultze (Max), *Arch. f. mikr. Anat.*, II et III. — Schultze (Oskar), Zur Entwickelungsgeschichte des Gefäss-Systemes im Säugetier-Auge, in *Kölliker Festschrift*. 1892. — *Verhandl. d. phys. med. Ges. zu Würzburg*, t. XXXIV, 1901. — *Grundriss d. Entw. des Menschen u. d. Säugetiere*, 1897. — Stanculéanu, *Arch. d'Opht.*, 1900. — Strahl. Zur Entwickelung des menschlichen Auges. *Anat. Anz.*, 1898. — Terrien, *Th. de Paris*. 1898. — Tornatola. *Ricerche embriologiche sull' occhio dei vertebrati*. Messine. 1898. — *Nota di Embriologia oculare*. Messine, 1901. — Voll, Ueber die Entwickelung der Membrana vasculosa retinae. in *Kölliker Festschrift*, 1892. — Weiss. *Anat. Hefte*. t. VIII. — Wolff. *Sitzungsber. d. phys. med. Ges. zu Würzburg*. 1896.

OEIL OU GLOBE OCULAIRE

Configuration extérieure. — Dans son ensemble l'œil a une forme sensiblement sphérique, à part un léger aplatissement dans le sens vertical. Cette forme est même assez régulière dans l'hémisphère postérieur, tandis que l'hémisphère antérieur comprend la cornée dont la courbure est nettement plus forte que celle de la sclérotique. D'ailleurs la partie antérieure de la sclérotique présente elle-même une courbure un peu plus accentuée que la partie postérieure. A l'union de la cornée et de la sclérotique, la surface externe du globe présente un étranglement : *sillon scléral* ou *sillon scléral externe*. Le centre de l'hémisphère postérieur se trouve sensiblement au milieu de l'axe antéro-postérieur de l'œil. Si l'on prend une coupe d'œil et qu'on complète en avant le demi-cercle formé par la moitié postérieure, on vient donc passer au sommet de la cornée (schéma de Merkel, fig. 616 A) ou plus exactement à un demi-millimètre au-dessous du sommet.

La plupart des yeux s'écartent plus ou moins de cette forme schématique non seulement par une variation dans la longueur relative du méridien antéro-postérieur, mais encore par l'aplatissement de certaines régions (fig. 616 B, d'après Koster).

A cause de sa forme, on distingue dans l'œil un pôle antérieur qui répond au sommet de la cornée, un pôle postérieur au point opposé, un axe qui réunit les deux pôles, un équateur placé dans un plan perpendiculaire à l'axe, à égale distance des deux pôles, et des méridiens formés par les cercles passant par les deux pôles.

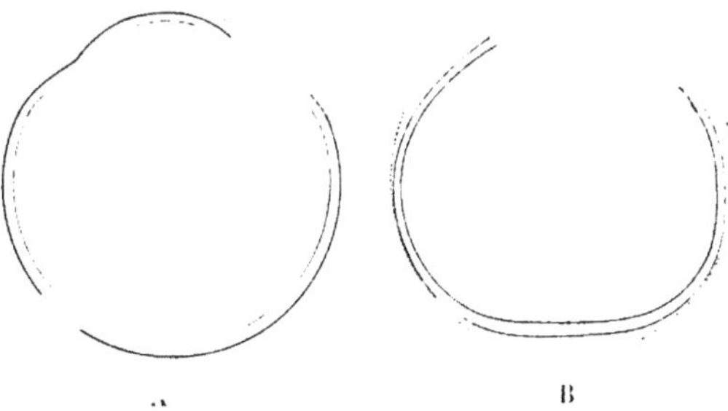

Fig. 616. — Forme du globe oculaire.
A, d'après Merkel. — B, d'après Koster (coupe sagittale).

L'axe de l'œil, tel qu'il vient d'être indiqué, ne répond pas exactement à l'axe de toutes les parties de l'œil, mais seulement à celui de la cornée et de la sclérotique. En outre, il s'écarte sensiblement de la ligne visuelle, surtout dans le plan horizontal. En ophtalmologie, on considère généralement comme axe de l'œil le rayon cornéen passant par le centre de la pupille ou mieux encore l'axe optique de la cornée et du cristallin. La ligne visuelle passe par la fovea centralis et par le centre optique de l'œil. Cliniquement, c'est la ligne qui unit ce centre au point fixé. L'angle que forme l'axe de l'œil avec la ligne visuelle est désigné sous le nom d'angle α. Presque toujours l'axe de l'œil est dirigé en dehors de la ligne visuelle, de sorte que l'œil semble regarder un peu en dehors du point fixé, et même si l'écart entre les deux lignes est grand, on peut croire que les yeux sont atteints d'un léger strabisme divergent. Cet angle est généralement de 4 à 7 degrés. Awerbach l'a trouvé en moyenne de 5 degrés chez l'homme, de 6 degrés chez la femme. Il est généralement plus fort chez les hypermétropes, et plus faible chez les myopes. Chez ces derniers il peut même être nul ou négatif; alors l'axe de l'œil coïncide avec la ligne visuelle ou est dirigé en dedans.

Souvent cette déviation de l'axe de l'œil par rapport à la ligne visuelle n'est pas directement en dehors, mais en même temps de 2 ou 3 degrés en bas. Toutefois la déviation verticale est beaucoup plus souvent nulle ou négative que la déviation horizontale (Tscherning).

Le *centre de rotation* est situé, d'après Donders, un peu en arrière du milieu de l'axe de l'œil, à 14 millimètres en arrière du sommet de la cornée ou à 10 millimètres en avant du pôle postérieur.

Surface extérieure du globe oculaire. — Un œil énucléé, débarrassé de la conjonctive et de la capsule de Tenon, présente encore à la surface de la sclérotique des traces de tendons, de vaisseaux et de nerfs.

Les insertions musculaires ont été examinées en détail dans un autre chapitre (voy. Muscles de l'œil), mais il y a lieu de noter ici leurs situations approximatives. Pour les quatre muscles droits, l'insertion se fait suivant des lignes à peu près parallèles au bord cornéen et situées à une distance de ce bord variant avec le muscle. Cette distance a été donnée d'une façon approximative mais commode à retenir par les chiffres suivants : 5 millimètres pour le droit interne, 6 pour l'inférieur, 7 pour l'externe et 8 pour le supérieur.

Les deux muscles obliques s'insèrent dans l'hémisphère postérieur, le petit oblique au pôle postérieur même, en dehors de l'entrée du nerf optique, le grand oblique au-dessus et un peu en dehors du nerf optique.

Les vaisseaux qu'on reconnaît à la surface de la sclérotique sont les deux artères ciliaires longues postérieures et les quatre veines vorticineuses. Les deux artères ciliaires longues postérieures sont dans l'épaisseur même de la sclérotique et situées dans le méridien horizontal. Elles se voient généralement par transparence depuis le nerf optique jusqu'à l'équateur. Les quatre veines vorticineuses ne montrent que leur point de sortie sur l'œil énucléé. Elles contiennent rarement assez de sang pour qu'elles soient en évidence.

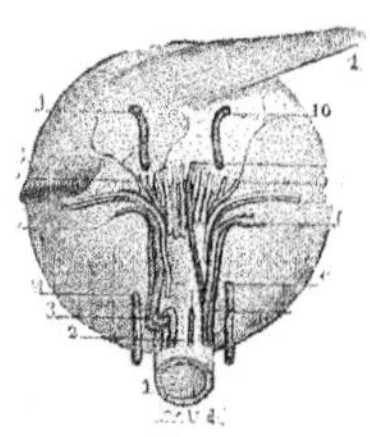

Fig. 617. — Hémisphère postérieur d'un globe oculaire gauche (Sappey).

1, nerf optique. — 3, 4, 5, 6, artères ciliaires postérieures ; entre les artères d'un côté et celles de l'autre, on aperçoit les nerfs ciliaires qui s'entremêlent en partie avec les branches artérielles. — 7, artère ciliaire postérieure longue du côté externe et nerf qui l'accompagne. — 8, artère et nerf correspondant du côté opposé. — 9, 10, 11, 12, veines choroïdiennes. — 13, attache du muscle petit oblique. — 14, tendon du muscle grand oblique.

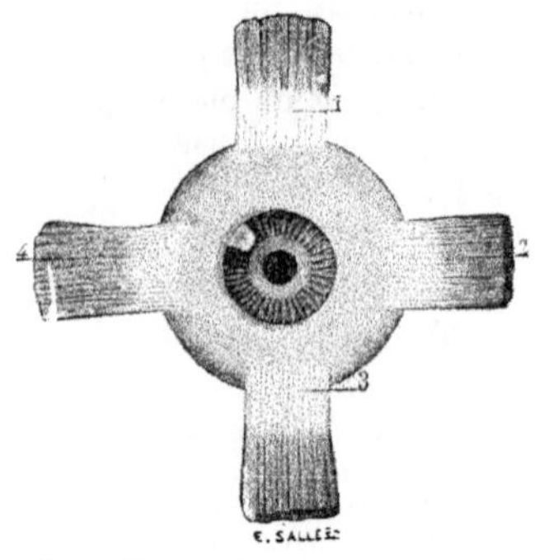

Fig. 618. — Hémisphère antérieur d'un globe oculaire gauche (Sappey).

1, tendon du muscle droit supérieur. — 2, tendon du droit externe. — 3, tendon du droit inférieur. — 4, tendon du droit interne. Les lignes d'insertion de ces tendons sont de plus en plus rapprochées de la cornée dans l'ordre ci-dessus.

L'entrée du nerf optique est située un peu en dedans du pôle postérieur de l'œil. Le centre du nerf est à 3 millimètres environ du pôle. Autour du point d'entrée du nerf optique pénètrent les nerfs ciliaires et les artères ciliaires courtes postérieures.

Mise en position d'un œil énucléé. — On doit rechercher d'abord le méridien horizontal, dont on reconnaîtra en même temps la partie interne et la partie externe. Grâce aux insertions des muscles droits, on ne peut prendre un méridien oblique pour le méridien horizontal; il suffit donc de distinguer le méridien horizontal du vertical. A la rigueur les insertions des muscles droits pourraient suffire, mais la position de l'entrée du nerf optique rend la distinction encore plus facile; en effet, dans le méridien vertical, le nerf est à peu près à égale distance de la cornée en haut et en bas, tandis que dans le méridien horizontal il est beaucoup plus près du bord interne de la cornée que du bord externe. Lorsque les artères ciliaires longues postérieures sont apparentes, elles indiquent immédiatement ce méridien.

La distinction entre la partie supérieure et la partie inférieure du globe est généralement un peu plus délicate. La différence entre les distances qui séparent l'insertion des droits supérieur et inférieur de la cornée pourrait suffire dans certains cas. Un moyen plus sûr consiste à chercher l'insertion du grand oblique qu'on place en haut. L'œil étant ainsi orienté, on voit alors de quel côté est tourné son côté externe, et par conséquent à quel côté du corps il appartient.

Dimensions. — Elles ont été déterminées avec beaucoup de soin par Sappey. Il a observé d'abord que les dimensions d'un œil pouvaient être prises d'une façon sensiblement exacte, même si cet œil appartient à un sujet mort depuis 24 ou 36 heures. En effet, la sclérotique et la cornée sont des membranes non extensibles, et si l'on comprime modérément un œil flasque aux deux extrémités d'un de ses diamètres, il reprend exactement ses dimensions primitives dans le plan perpendiculaire à ce diamètre.

Sappey a ainsi trouvé les chiffres suivants en examinant 26 yeux d'individus adultes (14 hommes et 12 femmes).

	DIAMÈTRE ANTÉRO-POSTÉRIEUR	DIAMÈTRE TRANSVERSAL	DIAMÈTRE VERTICAL
Moyenne.	24,2	23,6	23,2
Maximum.	26,4	27,1	25,8
Minimum.	22,9	22,2	—

Il trouve donc une prédominance du diamètre antéro-postérieur sur le diamètre transverse. Il est en cela d'accord avec Merkel qui donne 24 millimètres pour le diamètre antéro-postérieur, 23,5 pour le transverse et 23 pour le vertical. D'autres auteurs (Krause, etc.) ont trouvé, au contraire, une légère prédominance du diamètre transverse.

Sappey trouve, en outre, que chez l'homme chaque diamètre oculaire a en moyenne 5 à 6 dixièmes de millimètre de plus que chez la femme.

Le rapport entre les divers méridiens est sujet à une certaine variabilité. Il existe par exemple dans le tableau donné par Sappey deux yeux dont le diamètre transverse a 3 mm. 1 et 3 mm. 7 de plus que le vertical. J'ai pu observer deux yeux semblables, ils étaient dans un état de conservation parfaite et la skiascopie montra qu'ils présentaient un astigmatisme de plus de 3 dioptries indiquant une déformation de la cornée dans le même sens que la déformation générale du globe.

Rapports entre la longueur de l'œil et la puissance de son appareil dioptrique. — On donne le nom d'œil emmétrope à celui dans lequel les images d'objets éloignés se font exactement sur la rétine lorsque l'accommodation est complètement relâchée ; cette détermination ne s'appliquant exactement qu'à la ligne visuelle. Dans l'œil hypermétrope les images se forment en arrière de la rétine et dans l'œil myope en avant de la rétine.

Ces variations peuvent tenir à la constitution de l'appareil dioptrique ou à la forme de l'œil. Dans l'hypermétropie, l'accord insuffisant entre la longueur de l'œil et la puissance de son appareil dioptrique doit être regardé, le plus souvent, non comme une maladie ou même une malformation, mais comme une forme spéciale, un simple caractère anthropologique. Dans la myopie, au contraire, il s'agit presque toujours d'une véritable maladie de l'œil dont l'extrémité postérieure s'est allongée; chaque millimètre d'allongement produisant 2,5 à 3 dioptries de myopie. Par conséquent en anatomie normale les dimensions de l'œil hypermétrope sont généralement à considérer au même titre que celles de l'œil emmétrope, tandis que celles de l'œil myope sont à éliminer comme celles de tout autre œil pathologique.

Poids. — Le poids de l'œil varie d'un individu à l'autre; de plus, l'œil se vide après la mort par évaporation ; aussi est-il difficile d'établir le poids moyen exact. Sappey l'estime à 7 ou 8 grammes. Testut a trouvé 7 gr. 14 comme moyenne de 10 yeux pris sur le cadavre et Weiss 7 gr. 45 comme moyenne de 5 yeux emmétropes.

Consistance. — Elle tient à la tension intérieure qui équivaut en général à une pression de 25 millimètres de mercure.

Situation. — Elle est à considérer principalement par rapport aux bords et par rapport aux parois de l'orbite. Elle a été étudiée par Merkel sur des coupes de sujets congelés.

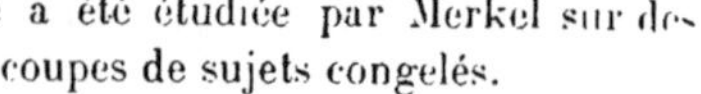

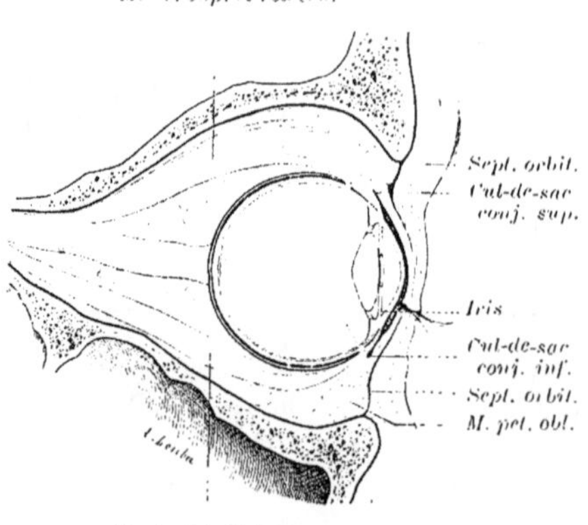

Fig. 619. — Rapports de l'œil (coupe sagittale). (D'après Merkel.)

L'œil est généralement bien protégé par le rebord orbitaire en haut et en dedans. Il l'est moins bien en bas et surtout en dehors : une ligne située dans un plan sagittal et joignant le bord supérieur au bord inférieur de l'orbite est tangente au sommet de la cornée ou passe un peu en arrière (Merkel, fig. 619). Dans le plan horizontal, au contraire, une ligne joignant le bord interne au bord externe traverse le segment antérieur de l'œil. Elle pénètre le globe en dedans au niveau de l'union de l'iris avec le corps ciliaire, en dehors au niveau de l'ora serrata ou un peu en arrière (fig. 620). D'ailleurs ces rapports varient notablement avec les individus suivant que les yeux sont plus ou moins saillants.

La situation de l'œil par rapport aux parois orbitaires est à considérer sur une coupe frontale passant par l'équateur de l'œil. L'œil est plus près de la paroi externe que de la paroi interne ; il est presque à égale distance des parois supérieure et inférieure, cependant un peu plus près peut-être de la paroi supérieure. Sur une coupe de pièce congelée, Testut a trouvé, comme distances oculo-orbitaires, 9 millimètres en haut, 11 millimètres en bas, 11 millimètres en dedans et 6 millimètres en dehors.

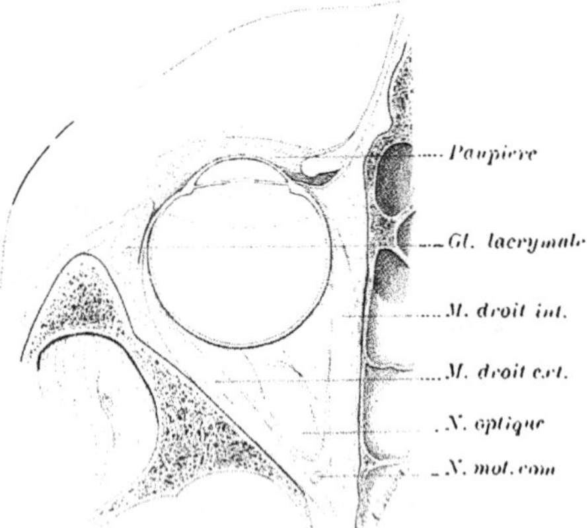

Fig. 620. — Rapports de l'œil (coupe horizontale). (D'après Merkel.)

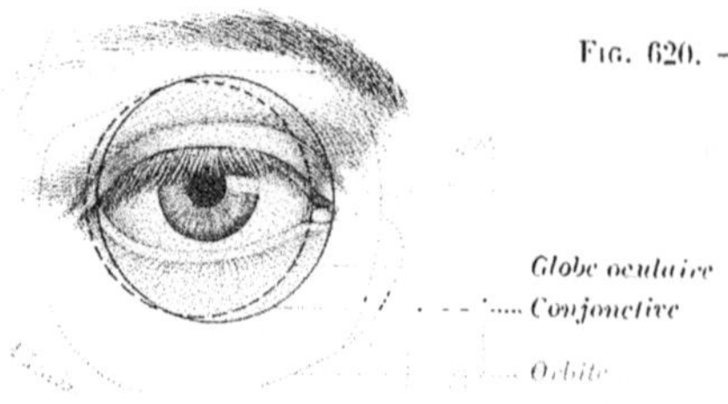

Fig. 621. — Rapports de l'œil (Merkel).

L'écart entre les deux yeux se mesure facilement par les procédés optiques subjectifs qui donnent la distance comprise entre les deux centres de rotation et par la mensuration objective qui donne, mais moins bellement, la distance entre les centres des pupilles. L'écart ainsi mesuré est de 6 centimètres en moyenne ; il varie entre 66 et 58 millimètres ou encore moins.

Rapports de l'axe de l'œil avec l'axe de l'orbite. — On a vu plus haut que si la ligne visuelle est dirigée directement en avant, l'axe oculaire

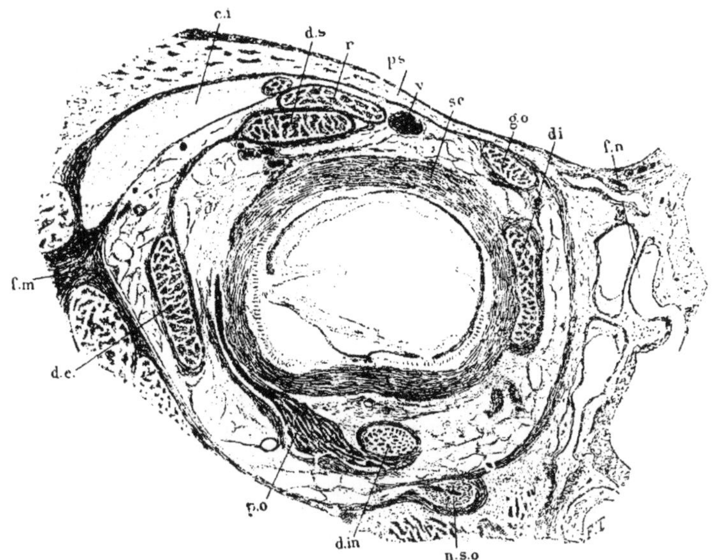

Fig. 622. — Coupe vertico-transversale de l'orbite d'un nouveau-né (Rochon-Duvigneaud).

dc, di, din, ds, les quatre muscles droits. — *go, po*, les deux obliques. — *r*, releveur. — *ci*, loge innominée, correspondant à la soi-disant fossette lacrymale (la glande lacrymale se trouve sur des coupes plus antérieures au niveau de *fm*). — *fn*, fosses nasales. — *nso*, nerf sous-orbitaire. — *ps*, paroi orbitaire supérieure. — *sc*, sclérotique. — r, veine. — Les membranes du globe oculaire présentent des déformations accidentelles produites par les réactifs.

présente sa partie antérieure déviée en dehors (5°) et en bas (2°). L'axe orbitaire présente une déviation dans le même sens, mais beaucoup plus accusée ; sa partie antérieure est portée de 23 à 25° en dehors et 15 à 20° en bas.

Rapports avec les parties molles. — Ces rapports seront étudiés surtout avec les annexes de l'œil : muscles orbitaires et capsule de Tenon, paupières, conjonctive, glandes lacrymales.

Bibliographie. — Awerbach, *Thèse de Moscou*, 1900. — Koster, *Arch. f. Ophl.*, 52, 3. — Krause, *Arch. f. Anat. u. Physiol.*, VI, 1832. — Merkel, *Handb. d. gesamt. Augenh.*, 1re édit. — Merkel et Kallius, *Handb. d. gesamt. Augenh.*, 2e édit. — Panas, *Traité des mal. des yeux*, 1894. — Tscherning, *Optique physiologique*, 1897. — Weiss, *Anat. Hefte*, VIII.

CONSTITUTION DU GLOBE OCULAIRE.

Le globe de l'œil est formé d'une paroi et d'un contenu. La paroi est formée par trois membranes qui sont en allant de dehors en dedans [1] : la membrane

1. Dans toutes les descriptions concernant le globe oculaire, les désignations *interne* et *externe* se rappor-

fibreuse comprenant elle-même la sclérotique et la cornée; — la membrane vasculaire comprenant la choroïde, le corps ciliaire et l'iris; — la membrane nerveuse comprenant la rétine et l'épithélium du corps ciliaire et de l'iris. Ce dernier épithélium est intimement uni aux parties qui le supportent et doit être étudié avec elles.

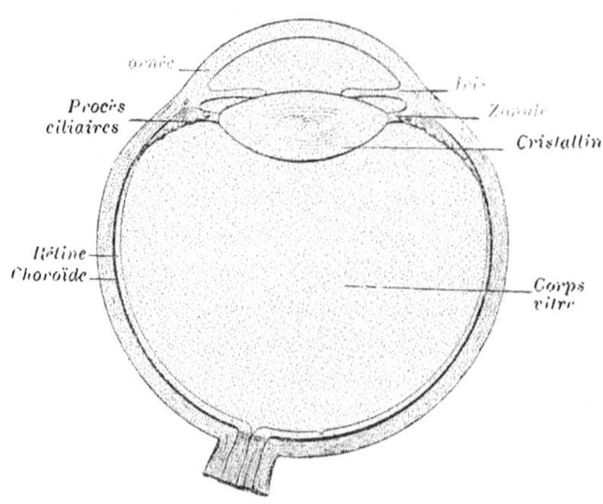

Fig. 623. — Coupe horizontale de l'œil droit (Panas).

Les trois membranes sont en continuité avec le cerveau et ses enveloppes. On a vu, à propos du développement, que la rétine est une expansion cérébrale. Les deux autres membranes répondent aux méninges. La sclérotique se continue avec la gaine durale du nerf optique qui se continue elle-même avec la dure-mère au niveau du trou optique, et la structure fibreuse reste sensiblement la même depuis la sclérotique jusqu'à la dure-mère. La choroïde est dans un rapport moins évident avec la pie-mère du nerf optique qui, elle, n'est qu'un prolongement de celle du cerveau. En effet, la choroïde est séparée de la gaine pie-mérienne du nerf optique au niveau de la lame criblée et l'aspect des deux membranes paraît assez différent. Mais ce ne sont là que des dispositions d'ordre secondaire, car la différence d'aspect tient surtout à la surcharge pigmentaire de la choroïde. Au contraire, la vascularisation de la choroïde et son rapport intime avec la rétine suffisent pour en faire l'homologue de la pie-mère.

La masse contenue dans l'œil est entièrement transparente. Elle est formée de trois parties : le cristallin suspendu en arrière de l'iris : le corps vitré en arrière du cristallin; l'humeur aqueuse autour et en avant du cristallin.

Dans l'étude des parties constituantes de l'œil, on aura donc :

1° Une *membrane fibreuse* : sclérotique et cornée ;

2° Une *membrane vasculaire* : choroïde, corps ciliaire et iris;

3° La *rétine* ;

4° Le *cristallin* ;

5° Le *corps vitré* ;

6° L'*humeur aqueuse*.

MEMBRANE FIBREUSE

La coque fibreuse de l'œil est formée de deux parties bien distinctes, la cornée et la sclérotique. Mais, malgré la grande différence d'aspect, la différence histologique entre les deux parties est très faible, si on excepte les couches superficielles et profondes de la cornée. Toutes deux sont essentiellement formées d'un

tent à l'axe de l'œil et non au plan médian de la tête. — Lorsqu'on veut désigner un côté ou l'autre du globe oculaire, on se sert des expressions *nasal* ou *médian* et *temporal* ou *latéral*.

stroma conjonctif fibreux parsemé de cellules peu nombreuses avec des vaisseaux rares dans la sclérotique et sans vaisseaux dans la cornée. A l'union de ces deux membranes, se trouve la région du limbe scléro-cornéen présentant une structure spéciale. L'étude de la tunique fibreuse de l'œil comprendra donc l'étude successive de :

A. La *cornée*.

B. La *région du limbe scléro-cornéen*.

C. La *sclérotique*.

A. — CORNÉE

La *cornée* ou *cornée transparente* est le segment antérieur de la coque fibreuse de l'œil. Grâce à sa forme arrondie et régulière et à sa transparence, elle joue le rôle d'une lentille convergente et constitue la partie essentielle de l'appareil dioptrique oculaire.

Situation et rapports. — La situation de la cornée au pôle antérieur de l'œil et ses rapports avec les paupières n'ont pas à être décrits.

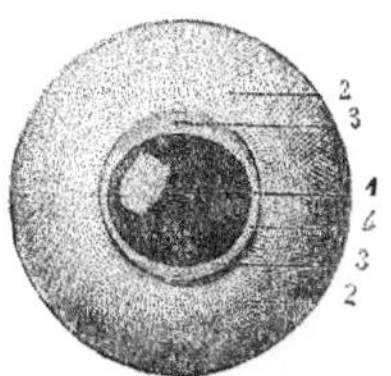

Fig. 624. — Face antérieure ou ovalaire de la cornée (Sappey).

1, cornée. — 2, sclérotique. — 3 et 4, bord de la sclérotique avançant sur la cornée.

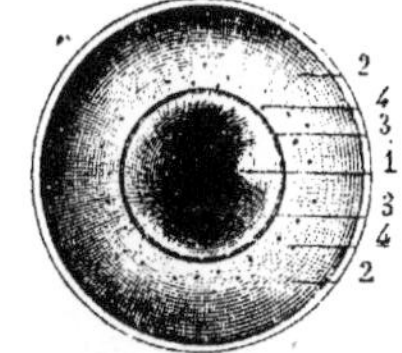

Fig. 625. — Face postérieure ou circulaire de la cornée (Sappey).

1, cornée. — 2, sclérotique. — 3, canal de Schlemm. — 4, orifices de pénétration des artères ciliaires antérieures.

Par son pourtour, elle se continue avec la conjonctive et l'extrémité antérieure de la sclérotique ou région du limbe scléro-cornéen. La surface de séparation entre la cornée et la sclérotique est inclinée de telle sorte que la face postérieure de la cornée est plus grande que la face antérieure. En outre, cet empiétement de la sclérotique sur la cornée est plus marqué en haut et en bas que sur les côtés.

La face postérieure forme la paroi antérieure de la chambre antérieure. L'humeur aqueuse contenue dans cette chambre la sépare de l'iris et du cristallin.

Transparence. — La cornée est formée par un tissu parfaitement transparent à l'état normal. Mais toute altération de ce tissu lui fait perdre sa transparence. Elle est définitivement perdue sur des points plus ou moins étendus dans les cas de cicatrices (taies), d'arc sénile.

Forme. — Dans son ensemble la cornée est un ménisque dont la face antérieure est convexe, la face postérieure concave et les bords plus épais que le centre.

L'étude de la *forme de la face antérieure* est d'un grand intérêt puisque c'est à ce niveau que les rayons lumineux pénétrant dans l'œil subissent leur plus forte réfraction. Dans son ensemble c'est une surface sphérique, mais la partie centrale est seule régulière et de plus elle présente une courbure généralement plus accusée — de rayon plus petit — dans le méridien vertical que dans l'horizontal. Cette partie centrale se rapproche donc de la surface d'un ellipsoïde. En réalité, elle diffère un peu avec chaque individu et n'appartient jamais à une surface géométrique parfaite. Quant aux parties périphériques de la cornée, elles sont relativement très irrégulières et généralement plus aplaties — à rayon plus long — que les parties centrales. L'aplatissement est plus marqué dans la partie interne de la cornée que dans la partie externe. Il est à peu près le même en haut et en bas.

Le rayon de cette surface varie de 7 millimètres à 8 mm. 5, et est en moyenne de 7 mm. 8. Il serait un peu plus grand chez les individus de grande taille et à tête volumineuse (Tscherning).

La mesure exacte des courbures de la face antérieure de la cornée est de la plus grande importance pour les ophtalmologistes. Elle a pu être faite dans quelques cas par Helmholtz au moyen de son ophtalmomètre. Aujourd'hui elle se fait avec une grande rapidité au moyen de l'ophtalmomètre de Javal et Schiötz. Avec cet instrument, on peut évaluer le rayon de courbure d'une région donnée à 1/50 de millimètre près et comparer très rapidement la courbure de différents méridiens de la cornée.

La forme de la face antérieure de la cornée a été étudiée dans de nombreux travaux, et d'une façon particulièrement précise dans un travail récent de v. Brudzewski.

La *courbure de la face postérieure* de la cornée est beaucoup moins exactement connue. Son rayon est de 6 millimètres à 6 mm. 5 ; il est sensiblement plus court que celui de la face antérieure, de sorte que la cornée est plus épaisse à la périphérie qu'au centre.

Cette face se trouve comprise entre le tissu cornéen dont l'indice de refraction est de 1,377 et l'humeur aqueuse dont l'indice n'est que de 1.337. Ayant sa convexité du côté de la substance la plus réfringente, elle agit à la façon d'une lentille divergente et diminue la réfringence de la surface antérieure d'environ un dixième. Tandis que l'action positive de la face antérieure de la cornée est d'environ 50 dioptries, l'action négative de la face postérieure ,peut être évaluée à 5 dioptries.

Dimensions. — Vue d'avant, la cornée a une forme légèrement elliptique à grand axe horizontal. Son diamètre horizontal est de 12 millimètres environ et le diamètre vertical de 11 millimètres. Chez le nouveau-né, ces diamètres ne sont que de 9 mm. 2 et 9 mm. 9 (Schneller).

Vue d'arrière, elle est à peu près circulaire et d'un diamètre de 13 millimètres.

Son épaisseur est de 1 millimètre en moyenne, 0 mm. 8 au centre et 1 mm. 1 à la périphérie. Ces chiffres présentent quelques variations généralement faibles. Le centre est toujours plus mince et l'épaississement est d'abord faible, puis de plus en plus accentué en se rapprochant du bord, un peu plus marqué en dehors qu'en dedans et peut-être aussi un peu plus en bas qu'en haut, mais sans régularité. — Chez le nouveau-né, au contraire, l'épaisseur de la cornée est très variable : 0 mm. 41 à 1 mm. 02, d'après E. v. Hippel.

Structure. — La cornée est formée en presque totalité par la charpente fibreuse se continuant avec la sclérotique et sur chacune des faces de laquelle se trouve une membrane anhiste recouverte d'épithélium en avant, d'endothélium en arrière. On a donc 5 couches successives :

1° *Épithélium* ;
2° *Membrane de Bowman* ;
3° *Tissu propre de la cornée* ;
4° *Membrane de Descemet* ;
5° *Endothélium.*

Dans beaucoup de ses détails (cellules fixes, épithélium, nerfs), la cornée a été prise comme sujet d'études générales grâce à sa transparence, son absence de vaisseaux, etc.

1° Épithélium. — C'est un épithélium pavimenteux stratifié. Son épaisseur moyenne est de 40 μ au centre, 60 μ à la périphérie. On peut le détacher complètement en raclant la surface de la cornée au moyen d'une curette.

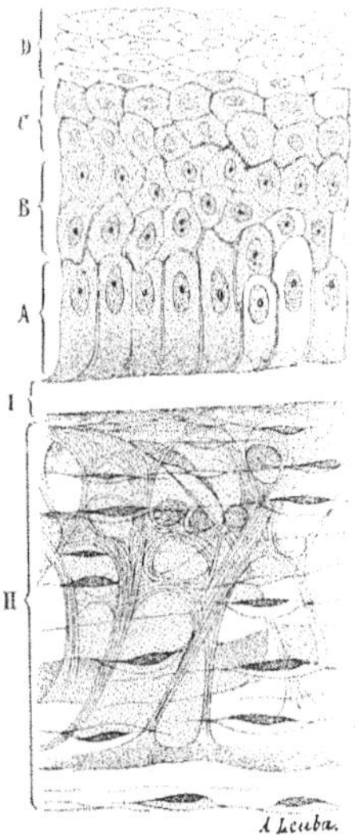

Sur les coupes, les cellules sont polygonales, mais, comme dans tous les épithéliums pavimenteux stratifiés, elles changent notablement de caractère dans les différentes couches. Les cellules profondes sont allongées perpendiculairement à la surface de la membrane, les moyennes sont à peu près cubiques et les plus superficielles sont aplaties parallèlement à la surface. En réalité, ces différentes formes ne sont que les étapes successives des mêmes éléments. Les cellules profondes seules se multiplient, refoulant les éléments déjà formés ; les plus anciennes tombent à la surface de la cornée.

Fig. 626. — Couches superficielles de la cornée (Waldeyer).

A, B, C, D, épithélium. — A, cellules cylindriques (cellules à pied de Rollett). — B, cellules polymorphes. — C, cellules dentelées. — D, cellules plates superficielles. — I. Membrane de Bowman. — II, couches antérieures de la substance propre (riches en fibres de soutien).

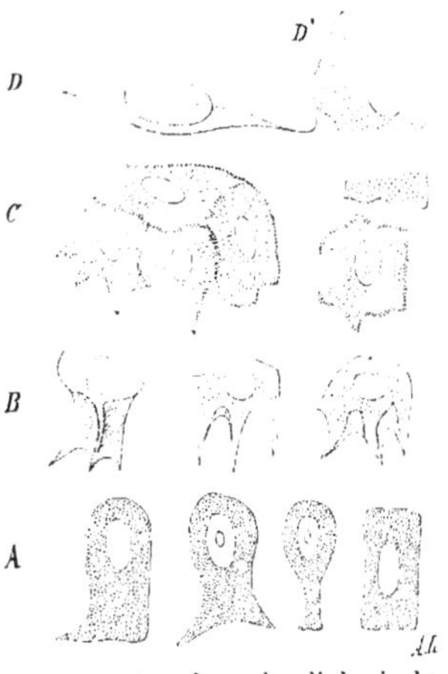

Fig. 627. — Cellules épithéliales isolées de la cornée humaine (Waldeyer).

A, cellules profondes (cell. à pied de Rollett). — B, cellules moyennes à prolongement digitiformes. — C, cellules épineuses. — D, cellule plate superficielle vue de profil. — D', cellule plate superficielle de face.

Les cellules profondes présentent souvent une extrémité inférieure légèrement étalée, d'où le nom de *cellules à pied* ou *cellules pédales* donné par Rollett. De plus, la face tournée vers la membrane présente un plateau d'une substance réfringente. Ce plateau est très mince chez les mammifères et très épais chez les urodèles. Chez la salamandre terrestre, il peut atteindre la moitié de l'épaisseur de la cellule. Dans ce plateau épais, Ranvier distingue à la base une mince bordure claire et au-dessus une striation fine perpendiculaire à cette bordure.

Les cellules moyennes sont à peu près aussi hautes que larges. Leur face profonde présente des fossettes — *cellules à fossettes* — et leur face superficielle est convexe. Les fossettes sont particulièrement profondes chez l'homme.

Les cellules de la couche moyenne et de la couche profonde présentent sur toute leur surface, à l'exception du pied des cellules profondes, une dentelure fine extrêmement délicate (Ranvier).

Le noyau est, comme les cellules elles-mêmes, aplati dans les cellules superficielles et allongé perpendiculairement aux faces de cette couche dans les cellules profondes.

Ranvier a montré que ces cellules jouissent de propriétés remarquables d'élasticité, de mobilité et de plasticité. En effet, après une plaie étroite, les cellules situées sur les bords glissent dans la profondeur jusqu'à ce que la plaie soit comblée, ce qui demande généralement moins de vingt-quatre heures. Si la surface détruite est très étendue, l'épithelium peut arriver à ne plus former qu'une couche de cellules presque aussi aplaties que celles d'un endothélium. La nivellation de l'épithélium se fait sans augmentation du nombre des cellules, mais elle est suivie rapidement de divisions cellulaires jusqu'à ce que le nombre primitif des cellules soit reproduit.

2° *Membrane de Bowman*. — Elle est désignée encore par les noms de *membrane basale antérieure* (Ranvier), *lame élastique antérieure* (Bowman), *couche limitante antérieure*, *membrane de Reichert*. Elle fut découverte et décrite presque simultanément, en 1845, par Bowman et par Reichert.

C'est une membrane anhiste d'environ 10 μ d'épaisseur.

D'après Berger, sur des préparations soumises à l'action du permanganate de potasse ou provenant d'yeux atteints d'irido-cyclite, elle se montre constituée par des fibrilles extrêmement délicates. A l'état normal, ces fibrilles ne sont pas visibles, parce qu'elles sont unies par une substance de même pouvoir réfringent. — Par la plupart des méthodes de coloration, elle se différencie très nettement des couches voisines, épithélium et tissu propre. Elle est formée d'un tissu élastique spécial, qui n'est pas le tissu élastique proprement dit. C'est une membrane basale, sans doute la plus épaisse de l'organisme.

Lorsqu'elle est détruite, elle ne se régénère pas et si, dans un processus inflammatoire, il se forme du tissu conjonctif entre elle et l'épithélium, elle reste séparée de l'épithélium.

3° *Tissu propre de la cornée*. — Le tissu propre de la cornée est formé par une charpente fibreuse parsemée de cellules, cellules fixes et cellules migratrices.

Charpente fibreuse. — Elle comprend une série de lames superposées, d'épaisseur et de disposition très régulières. Ces lames sont au nombre d'environ 50 dans une cornée humaine. Chacune d'elles est constituée par une série de faisceaux de fibrilles disposés parallèlement et plus ou moins fusionnés par leurs bords.

Les fibrilles conjonctives qui constituent la trame cornéenne présentent une propriété spéciale qui est de se gonfler au contact de l'eau sans se dissocier, tandis que le tissu conjonctif ordinaire se dissocie en fibrilles par macération dans l'eau. A cause de cette propriété, Ranvier les dit « colloïdes ». Un ciment les unit entre elles.

Le groupement des fibrilles en faisceaux se reconnaît surtout par des artifices de préparation : rétraction des tissus sous l'influence de certains réactifs, injections intracornéennes d'air, d'huile, de mercure, produisant les *canaux de Bowman*. Dans ces injections, particulièrement avec l'injection d'air faite sur des cornées fraîches, on voit apparaître, tout au moins chez le bœuf et le cheval, une striation comparable à celle d'une cassure de vitre. Les prétendus canaux ainsi formés sont des espaces cylindriques dus simplement à la dissociation des lames en faisceaux. Lorsque des faisceaux apparaissent dans les préparations par suite de la rétraction des tissus, ces faisceaux sont très irréguliers de forme et de volume. — D'autre part, l'examen des cellules fixes démontre, à la surface des lames cornéennes, l'existence de sillons parallèles à la direction des fibrilles; ces sillons paraissent répondre à la même division des lames en faisceaux.

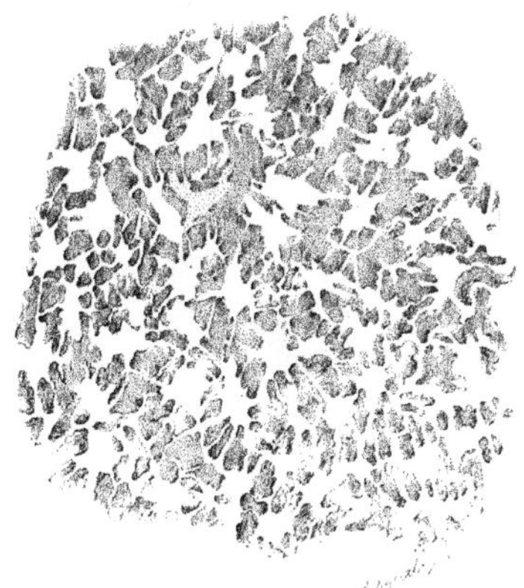

Fig. 628. — Cellules fixes de la cornée. Imprégnation négative par le nitrate d'argent (lapin).

Dans chaque lame, toutes les fibrilles ont une direction parallèle, mais cette direction varie d'une lame à l'autre. Généralement les fibrilles ou les faisceaux des lames successives se croisent à peu près à angle droit.

La cornée est ordinairement difficile à dissocier en lames, car celles-ci ne sont pas complètement indépendantes. Des fibrilles et même de véritables faisceaux de fibrilles passent dans beaucoup d'endroits d'une lame à l'autre. La plupart sont obliques, quelques-unes, surtout dans les couches superficielles, sont perpendiculaires au plan des lames. En outre, chez certains animaux, les lames sont encore unies entre elles par des fibres d'une substance élastique allant de la membrane de Bowman à la membrane de Descemet. Ranvier a étudié ces fibres chez la raie, il les nomme *fibres suturales*.

Fig. 629. — Cellules fixes de la cornée. Imprégnation au chlorure d'or (lapin).

Les nouvelles méthodes de coloration du tissu élastique ont permis de démontrer que la cornée ne contient pas de *fibres élastiques* dans ses parties centrales. Mais elle en contient de nombreuses, très fines, dans ses parties périphériques jusqu'à 2 ou 3 millimètres du limbe; elles sont légèrement ondulées et vont dans diverses directions. Elles sont particulièrement nombreuses au niveau de l'insertion de la conjonctive (Stutzer, Kiribuchi).

Entre les lames et dans les intervalles des cellules fixes se trouve une substance spéciale, différente du ciment interfibrillaire. D'après Ranvier, si on fait des coupes perpendiculaires à la surface d'une cornée ayant subi l'imprégnation négative au nitrate d'argent dont il est question plus loin, on peut voir entre les lames des lignes foncées qui ne répondent pas aux cellules. Si l'argent s'est déposé d'abord sur ces seules lignes interlamellaires, c'est qu'elles sont constituées par une substance spéciale n'existant pas entre les cellules fixes et les lames. Cette substance peut être d'ailleurs un ciment ou un simple revêtement de la surface des lames.

Cellules fixes ou *cellules cornéennes proprement dites*. — Ce sont des cellules conjonctives de forme particulière. Elles ont été étudiées dans de nom-

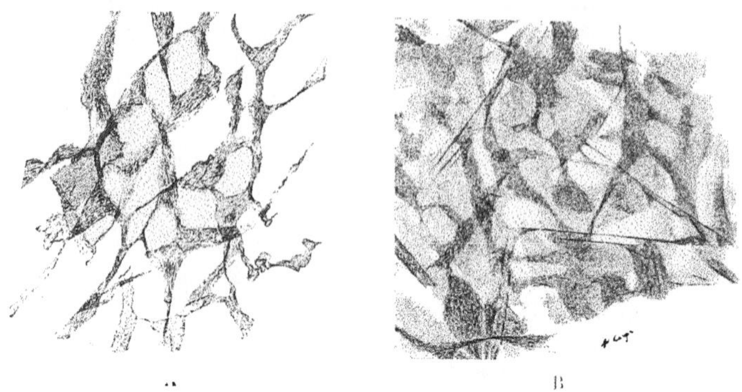

Fig. 630. — Cellules fixes de la cornée humaine. Imprégnation positive au chlorure d'or. *A*, dans la plus grande partie de l'épaisseur de la cornée. — *B*, dans les couches postérieures.

breux travaux. Les meilleurs procédés pour bien les voir sont les imprégnations au nitrate d'argent et au chlorure d'or. Le nitrate d'argent peut donner des imprégnations négatives ou positives suivant la façon dont il est employé. Dans le premier cas les cellules se détachent en clair sur un fond coloré (fig. 628), dans le second elles sont plus foncées que le fond. Le chlorure d'or donne seulement des imprégnations positives (fig. 629 à 631).

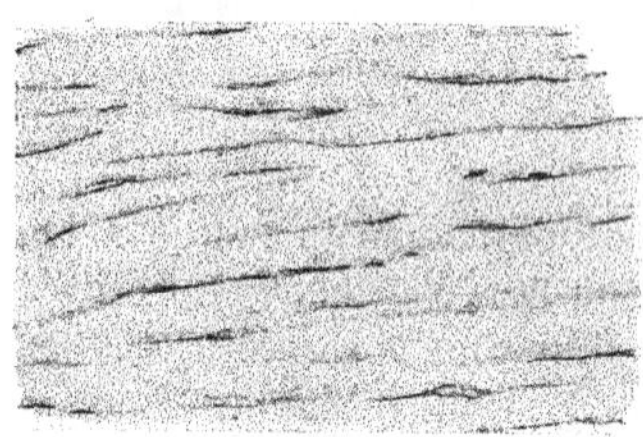

Fig. 631. — Cornée humaine. Imprégnation au chlorure d'or. Coupe perpendiculaire à la surface.

Les cellules fixes vues de profil ont l'apparence de petites traînées noires entre les lamelles cornéennes.

Elles sont distribuées avec une certaine régularité dans les différentes parties de la cornée et situées exclusivement entre les lames. Sur des coupes méridiennes, on voit le noyau allongé avec un prolongement protoplasmique fin à chaque extrémité, le tout situé dans l'interstice de deux lames. Sur des coupes parallèles à la surface de la cornée, surtout dans les cas d'imprégnation au chlorure d'or, tous les détails de la cellule se montrent avec une grande netteté. Elle est formée par un corps cellulaire de forme carrée ou polygonale dont partent de nombreux prolongements. Sur chacune des faces du corps cellulaire on observe des *crêtes d'empreinte* (fig. 629) parallèles entre elles, mais perpendiculaires à celles de la face opposée. Ces crêtes répondent aux sillons que présentent les lames entre lesquelles la cellule est située. Les prolongements sont rectilignes et se continuent avec les crêtes. Ils répondent suivant leur direction aux sillons de l'une ou l'autre des lames limitantes. Ces prolongements s'anastomosent entre eux et avec ceux des cellules voisines, transformant ainsi les cellules d'un espace interlamellaire en une sorte de réseau.

Chez certains animaux, le rat, le cobaye, le chien, les prolongements cellulaires sont rubanés et très larges. Ils s'anastomosent largement et ne laissent entre eux que de petites mailles arrondies. Les noyaux sont relativement petits. Dans ces cornées l'injection d'air s'étend diffusément sans donner naissance à des tubes de Bowman. — D'après la forme de leurs cellules fixes, Ranvier divise les cornées des différents animaux en deux groupes : cornées à cellules du type corpusculaire (bœuf, cheval) et cornées à cellules du type membraniforme (rat, etc.).

Le noyau a une forme très variable chez l'adulte (fig. 632), mais généralement plus régulière (ronde ou elliptique) chez l'enfant et le nouveau-né. Il peut avoir jusqu'à 40 μ de long sur 5 à 10 μ de largeur (Henle). Il remplit une grande partie du corps cellulaire. On y trouve 2, 3, 4 nucléoles. Quelques cellules ont 2 noyaux.

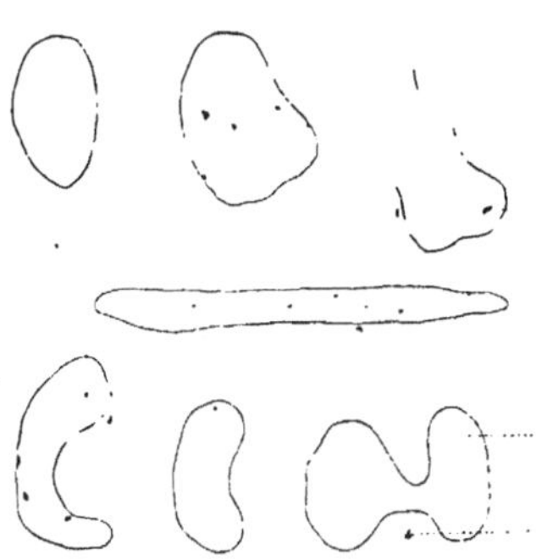

Fig. 632. — Noyaux et microcentres des cellules fixes de la cornée chez l'homme adulte (Ballowitz).

Les cellules fixes de la cornée et particulièrement celles de l'homme ont été choisies par Ballowitz comme type de cellules conjonctives pour la recherche du microcentre. Il existe d'une façon constante en dehors du noyau sous la forme de deux corpuscules (exceptionnellement trois), les centrosomes, unis par un pont de substance intermédiaire (centrodesmose) moins colorable, de sorte qu'ils paraissent parfois complètement séparés. Sa position par rapport au noyau est très irrégulière et sans rapport avec la forme de celui-ci (fig. 632). Dans les cellules à deux noyaux, il y a également deux microcentres. Chez l'adulte au moins, ces cellules ne présentent jamais de phénomènes de karyokinèse.

Cellules migratrices. — Ce sont des globules blancs issus des vaisseaux. Le tissu cornéen est le premier tissu dans lequel elles ont été observées (Recklinghausen).

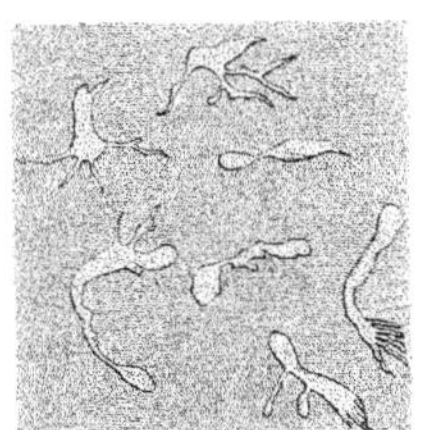

Fig. 633. — Cellules migratrices de la cornée (Ranvier).

Elles sont plus nombreuses à la périphérie de cette membrane et là elles sont également nombreuses dans toutes les couches. Au centre elles sont plus nombreuses dans les couches superficielles, sans doute à cause de leur affinité pour l'oxygène.

Elles se montrent sous deux types principaux, suivant qu'elles se trouvent entre deux lames ou dans l'épaisseur d'une lame. Dans le premier cas elles sont plus ou moins étalées, membraniformes, avec une partie renflée; dans le second cas elles sont plus ou moins allongées, fusiformes, mais elles ont toujours de nombreux prolongements disposés de la façon la plus irrégulière.

Les prolongements se font dans les sillons que présentent les faces des lames et la plupart se montrent parallèles à ceux des cellules fixes.

A l'état vivant, le noyau ne peut se reconnaître que dans les cellules interlamellaires très étalées; il est polymorphe. Le protoplasma contient des granulations graisseuses tenant sans doute à son épuisement, car les cellules sont là dans de mauvaises conditions de nutrition. Les cellules dans leur migration présentent la plus grande variété de marche. Cette marche se fait librement à travers les lames et les faisceaux.

Lacunes interlamellaires. — La nature de ces lacunes (ou fentes, ou espaces) et leurs rapports avec les cellules fixes qu'elles contiennent ont été très discutés. Un fait est certain, c'est qu'il n'existe pas de canaux lymphatiques véritables ayant un revêtement endothélial continu. Mais plusieurs auteurs et notamment Waldeyer ont admis qu'il existe dans la cornée un réseau de canaux interlamellaires et que les cellules fixes ne les occupent que partiellement, la paroi des espaces se montrant souvent séparée de la paroi cellulaire. En réalité, il ne s'agit là que de rétractions dues aux réactifs employés. Les lames sont plus adhérentes entre elles qu'aux cellules fixes, de sorte qu'une injection dans le tissu cornéen pénètre d'abord autour des cellules avant de séparer les lames. Comme les prolongements cellulaires forment un véritable réseau, il est probable que les sucs nutritifs circulent de préférence dans ce réseau péricellulaire.

4° Membrane de Descemet. — Elle est appelée encore *membrane de Demours*, *membrane basale postérieure* (Ranvier), *lame élastique postérieure* (Bowman).

C'est une membrane anhiste, très réfringente, comme la membrane de Bowman. Ses deux faces sont lisses : son épaisseur très régulière est de 12 μ en moyenne chez l'adulte et le vieillard. Elle est un peu moins épaisse chez l'enfant. A son pourtour elle présente des verrucosités, surtout chez le vieillard. D'ailleurs d'une façon générale elle augmente d'épaisseur à mesure que le sujet avance en âge.

En arrière elle se termine par une formation dite anneau limitant antérieur de Schwalbe, dont il sera question à propos de la région trabéculaire scléro-cornéenne.

Elle est très friable et présente toujours une cassure nette. Elle est très élastique et lorsqu'elle est isolée elle s'enroule immédiatement sur elle-même. L'enroulement se fait toujours dans le même sens, la face antérieure en dedans, la face postérieure en dehors. Par une ébullition prolongée, elle se divise en un grand nombre de fines lamelles superposées. Quelques réactions chimiques (action de la potasse, des acides concentrés) la rapprochent du tissu élastique, mais plusieurs réactions colorantes (carmin, hématoxyline, acide osmique) l'en séparent nettement. Ces mêmes réactions colorantes la différencient aussi, quoique moins bien, de la membrane de Bowman.

Contrairement à la membrane de Bowman, la membrane de Descemet peut se cicatriser. Après une section des couches profondes de la cornée pratiquée de l'intérieur vers l'extérieur, les deux lèvres de la plaie de la membrane de Descemet s'écartent en se recourbant légèrement en avant, suivant en cela le mode d'enroulement indiqué plus haut. Puis, lorsque la plaie s'est comblée et recouverte d'endothélium, une nouvelle membrane de Descemet est produite par l'endothélium. La nouvelle membrane ne part pas des bords de l'ancienne, mais d'un point de la convexité de la partie recroquevillée.

5° Endothélium postérieur. — Il est appelé encore *endothélium de la membrane de Descemet*, et même *épithélium postérieur de la cornée* (Ranvier), malgré son origine nettement mésodermique.

Il est formé par une rangée de cellules disposées régulièrement. Ce sont des cellules polygonales, la plupart à six côtés, dont le diamètre moyen est de 25 μ et l'épaisseur de 5 à 6 μ chez l'homme. — Le diamètre moyen de ces cellules peut être mesuré indirectement, grâce à un phénomène de diffraction qui peut s'observer sur une cornée en suspension dans l'eau ou même sur le vivant (Druault).

Nuel et Cornil décrivent aux cellules de l'endothélium cornéen vues de face des filaments rayonnés occupant le plan antérieur de ces cellules. Ces filaments passent d'une cellule à l'autre en formant des sortes de faisceaux qui croisent perpendiculairement les bords droits intercellulaires. Ils peuvent être suivis ainsi dans plusieurs cellules successivement. Ils sont très apparents chez les oiseaux, mais ils existent également chez les mammifères, l'homme compris.

Le *noyau* occupe toute l'épaisseur de la cellule mais ne fait pas saillie sur ses faces. — Ballowitz a observé chez le chat, le mouton et d'autres mammifères que sa forme se modifie avec l'âge. Chez les animaux jeunes, ces noyaux sont ronds ou elliptiques, plus tard ils deviennent réniformes ou même en fer à cheval. Aucune modification analogue n'a été observée chez l'homme, même lorsqu'elle a été recherchée (Asayama).

D'après Ballowitz, ces cellules ne se multiplient que dans les premiers temps de la vie (jusqu'à 2 ou 3 mois après la naissance chez le chat). Plus tard, elles ne présentent jamais de figures de karyokinèse. La cornée augmente d'étendue; mais elles deviennent elles-mêmes plus larges en même temps que leur noyau devient plus volumineux.

De même que les cellules fixes de la cornée, les cellules de cet endothélium ont été prises comme type pour certaines études cytologiques. Ballowitz y a trouvé d'une façon constante une volumineuse sphère attractive contenant un microcentre. Dans les espèces où les noyaux de ces cellules se courbent à mesure que l'animal vieillit, la sphère occupe la concavité du noyau et c'est sa situation qui entraîne les changements de forme de cette partie de la cellule. Parfois la sphère sort de la concavité du noyau et alors celui-ci prend une nouvelle courbure en rapport avec la nouvelle position de la sphère. Ballowitz considère cette migration de la sphère, et la modification de courbure du noyau qui en résulte comme un phénomène de rafraîchissement de la cellule, destiné à remplacer le rajeunissement qui se produit dans d'autres cellules, par le fait de leur multiplication.

Circulation de la cornée. — La cornée normale de l'homme ne possède, sauf dans ses parties périphériques, ni vaisseaux sanguins, ni vaisseaux lymphatiques. Les sucs nourriciers circulent dans les espaces contenant les cellules.

Chez quelques poissons osseux, la carpe en particulier, la cornée est vasculaire pendant toute la vie.

On attribue ordinairement à la cornée les fins vaisseaux occupant la région du limbe scléro-cornéen sur une largeur de 1 millimètre environ et situés sur deux plans. Le réseau superficiel est formé par des anses capillaires dont la convexité est tournée vers la cornée. Le sang vient des artères ciliaires antérieures et retourne au plexus veineux épiscléral qui se jette dans les veines ciliaires antérieures. Le réseau profond présente un degré de développement très variable. Il est formé également par des anses; celles-ci proviennent des vaisseaux qui accompagnent les nerfs à leur entrée dans la cornée (Berger).

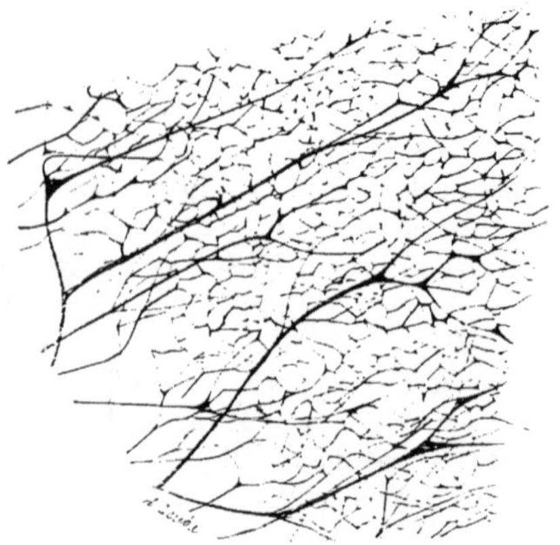

Fig. 634. — Nerfs de la cornée (lapin). (D'après Ranvier.)

Nerfs de la cornée. — Les nerfs de la cornée proviennent des nerfs ciliaires (voy. Nerfs du tractus uvéal). D'après Ranvier, ils pénètrent dans la sclérotique à peu de distance de la cornée, se dirigent vers celle-ci, et à sa périphérie forment un *plexus annulaire* composé de fibres dépourvues de myéline et surtout de fibres à myéline. De ce premier plexus partent des branches de dimensions variables qui pénètrent dans la cornée par sa périphérie à des intervalles assez réguliers et s'y ramifient en se rapprochant de sa face antérieure. D'après Dogiel, 60 à 80 petits troncs pénètrent ainsi dans la cornée, la plupart (40 à 50) plus près de la face antérieure, les autres (20 à 30) plus près de la face postérieure. Ces ramifications forment un second plexus occupant toute l'étendue de la cornée au voisinage de sa surface, *plexus fondamental.* Les branches partant de ce second plexus vont directement en avant, perforent la membrane de Bowman (branches perforantes) et arrivent au-dessous de l'épithélium où elles forment un troisième plexus constitué par des fibres très grêles, *plexus sous-épithélial.* Les fibres fournies par ce plexus pénètrent dans l'épithélium et leurs ramifications se distribuent surtout dans les parties superficielles de l'épithélium au-dessous des cellules aplaties, formations que Ranvier considère encore comme un plexus, *plexus intra-épithélial.* Enfin les fibres se

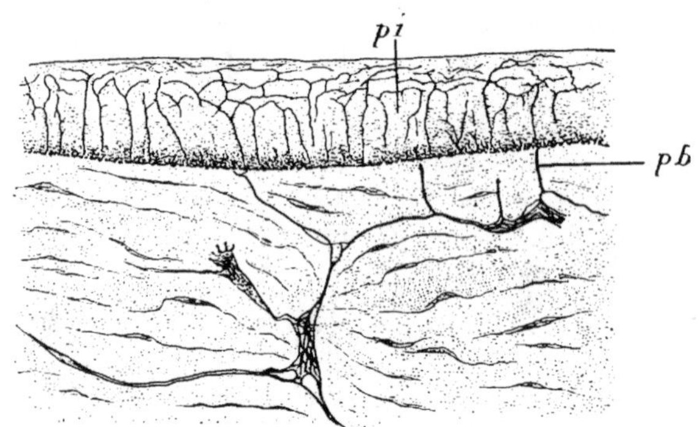

Fig. 635. — Coupe transversale d'une cornée de lapin colorée au chlorure d'or (Ranvier).

Cette coupe montre une portion du plexus fondamental, des fibres perforantes (*pb*), le plexus sous-épithelial, le plexus intra-épithelial (*pi*) et les boutons terminaux.

terminent par des boutons. — Dans aucun de ces plexus, il n'existe de cellules nerveuses.

La plupart des fibres nerveuses perdent leur myéline au niveau du bord de la cornée. Fréquemment, une fibre à myéline, après être devenue une fibre pâle, se revêt d'un petit segment de myéline, puis redevient une fibre pâle. — A ce niveau, Ranvier a vu souvent les cylindres-axes nus provenant d'un petit groupe de fibres à myéline s'accoler ensemble et prendre l'apparence exacte d'un cylindre-axe unique. Dans le plexus fondamental, on voit des rameaux voisins s'accoler, mêler intimement leurs fibres et se diviser ensuite de la façon la plus irrégulière.

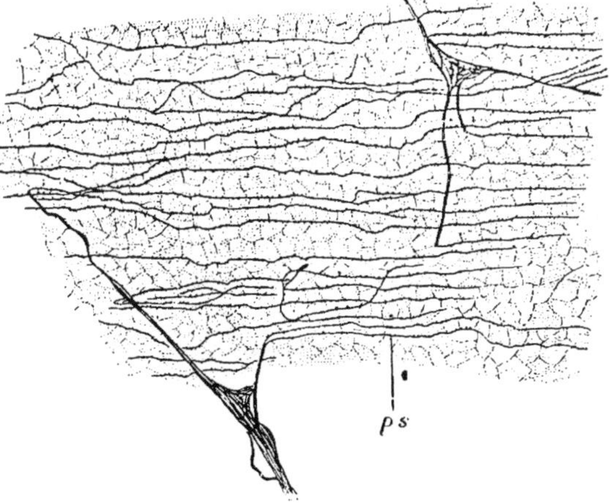

Fig. 636. — Plexus nerveux sous-épithélial (cornée de lapin colorée au chlorure d'or). (Ranvier.)

Coupe parallèle à la surface comprenant l'épithelium et quelques nœuds du plexus fondamental ; elle est vue par sa face profonde.

Les nerfs passent dans les diverses parties de la cornée. Ils entrent parfois en contact avec les cellules fixes, mais ils ne sont pas logés d'une façon prépondérante dans les espaces interlamellaires qui contiennent les cellules. — Tous les troncs nerveux de la cornée sont aplatis suivant la surface de la membrane.

Les fibres perforantes proviennent du plexus fondamental, cependant un certain nombre vient directement du bord de la cornée. Chez l'homme, on les voit quelquefois se bifurquer dans l'épaisseur de la membrane de Bowman.

Arrivées à la face profonde de l'épithélium, les fibres perforantes se divisent brusquement en un pinceau de quelques fibrilles, parfois jusqu'à 20 qui s'écartent d'abord les unes des autres, puis se dirigent parallèlement vers le centre de la cornée (fig. 636). Ces fibrilles forment le plexus sous-épithélial. Les fibres terminales sont de grosseur inégale. Les boutons terminaux ont un diamètre double de celui des fibres qu'ils terminent. Ils restent toujours au-dessous de la surface de l'épithélium.

B. — RÉGION DU LIMBE SCLÉRO-CORNÉEN

Cette petite région est importante à connaître, puisqu'elle joue le rôle principal dans l'excrétion de l'humeur aqueuse et que c'est le lieu où l'on incise la coque oculaire dans la plupart des opérations sur le globe de l'œil. Elle a été l'objet de nombreux travaux, souvent contradictoires. Nous la décrivons surtout d'après Rochon-Duvigneaud (1892).

L'union des deux membranes se fait suivant une surface un peu plus rétrécie en avant qu'en arrière. Ainsi, sur une coupe méridienne, la ligne d'union de la cornée avec la sclérotique est si oblique par rapport à la surface de ces membranes que son extrémité antérieure se rapproche plus de l'axe de l'œil que son extrémité postérieure, surtout en haut et en bas (fig. 641 et 718).

A ce niveau, il se produit un certain nombre de modifications dans les divers plans de la membrane fibreuse de l'œil : — L'épithélium cornéen se continue avec l'épithélium conjonctival, pavimenteux, stratifié en ce point, mais qui deviendra bientôt cylindrique. La membrane de Bowman se continue avec la membrane basale de l'épithélium conjonctival, mais, à cause de la grande différence d'épaisseur, elle semble disparaître complètement.

Les couches tout à fait superficielles du tissu propre se continuent avec le chorion ou derme conjonctival, mais la presque totalité de ce tissu se continue avec celui de la sclérotique sans changement notable de structure; toutefois il perd sa transparence. Dans cette couche on trouve, près de la face profonde, le *canal de Schlemm*, et, en dedans de celui-ci, une formation spéciale, le *système trabéculaire scléro-cornéen.*

C'est dans cette formation que se terminent la membrane de Descemet et l'endothélium qui la tapisse.

Canal de Schlemm ou **Sinus scléral** (Rochon-Duvigneaud). — Il a été découvert par Schlemm (1830). Sa nature a été très discutée. C'est un canal veineux annulaire, aplati de dehors en dedans, mais généralement un peu plus large en arrière qu'en avant. Par sa face externe et ses bords il est en rapport avec le tissu scléral, et par sa face interne avec le système trabéculaire scléro-cornéen. Dans la plus grande partie de son étendue, c'est un canal simple, de forme irrégulière, mais dans presque tous les yeux il existe quelques points où il se divise en deux ou trois canaux secondaires. D'ailleurs, chez certains animaux (bœuf, porc), il est remplacé, dans toute son étendue, par une série de petits canaux anastomosés entre eux.

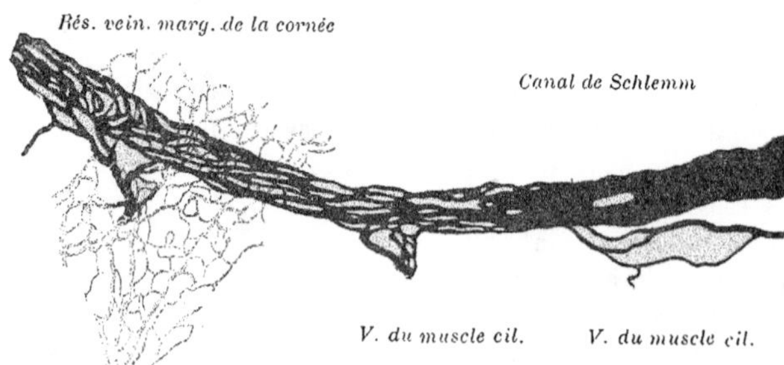

Fig. 637. — Canal de Schlemm vu par sa partie interne (Leber).

Le segment représenté forme un véritable plexus dans la plus grande partie de son étendue. Le réseau veineux épiscléral, figuré en bleu clair, est situé dans un plan plus superficiel.

Structure. — Il n'a pas de paroi spéciale, sauf l'endothélium et une mince couche riche en fibrilles élastiques. Il est creusé en plein tissu scléral. C'est, comme le dit Rochon-Duvigneaud, un véritable sinus analogue à ceux de la dure-mère. Sa cavité est tapissée par un endothélium dont les noyaux sont beaucoup plus rapprochés sur la paroi interne que sur l'externe. Ce fait tient peut-être à ce que la paroi interne est plus ou moins rétractée quand on l'examine.

Veines communicantes. — Le canal de Schlemm communique avec des veines d'un calibre inférieur au sien, s'abouchant surtout au niveau de son bord postérieur, quelquefois en un point de sa paroi externe, et se dirigeant en arrière et en dehors. Après quelques millimètres de trajet intra-scléral, ces veinules deviennent épisclérales. Elles cheminent souvent par couples, chaque couple étant accompagné d'une artériole. Elles ont la même structure que le canal, mais une forme régulièrement arrondie.

Perméabilité de la paroi interne. — Il est admis généralement que l'humeur aqueuse est excrétée principalement par le canal de Schlemm et qu'elle pénètre dans celui-ci en traversant sa paroi interne, mais le mode de pénétration et surtout l'existence d'orifices béants dans cette paroi ont été beaucoup discutés.

Schwalbe admet ces orifices et les assimile à des abouchements de lymphatiques dans les veines. Leber a démontré, au contraire, que les matières pulvérulentes les plus fines, ne passaient pas à travers cette paroi. Rochon-Duvigneaud a fait la même démonstration pour les globules graisseux du lait. Enfin les examens histologiques qui ont pu être faits de cette paroi (Heisrath) ont montré qu'elle était tapissée par un endothélium continu, sans trace d'orifices. — Cette question est connexe avec celle du contenu du canal.

Contenu du canal de Schlemm. — Sur les coupes d'yeux normaux préparés par les procédés ordinaires, on ne trouve jamais de globules rouges dans le canal de Schlemm pas plus que dans les veinules intra-sclérales qui en partent. Au contraire, dans certains cas (glaucome, pendus, position déclive de la tête), on le trouve rempli de sang. — Aussi beaucoup d'auteurs (Schwalbe, etc.) ont admis que, sur le vivant, il contenait seulement de l'humeur aqueuse, le considérant comme un espace agrandi du réticulum scléro-cornéen, c'est-à-dire comme un espace lymphatique. Aujourd'hui on admet généralement que son contenu normal est du sang veineux à peine dilué par le minime courant d'humeur aqueuse traversant sa paroi interne. D'après Nuel et Benoît, l'absence habituelle de sang sur les préparations est due à ce qu'après la mort l'humeur aqueuse continue encore pendant un certain temps à s'écouler par cette voie. Si le canal de Schlemm reste rempli de sang dans les yeux glaucomateux, c'est que l'élimination de l'humeur aqueuse est entravée.

Plexus de Leber. — Ce terme doit désigner non seulement le canal de Schlemm, mais aussi un certain nombre de veinules avoisinantes, dont les unes représentent des branches de bifurcation du canal, les autres des vaisseaux efférents allant rejoindre les veines episclérales (Rochon-Duvigneaud).

Système trabéculaire scléro-cornéen. — Sur les coupes méridiennes, il a une forme triangulaire (fig. 638). Le plus grand côté, long de 1 millimètre, interne par rapport à l'axe de l'œil, répond à la chambre antérieure. Le côté postérieur, qui est le plus petit, répond au tissu scléral, et le côté externe au canal de Schlemm et au tissu scléral. — L'angle antérieur se continue avec la membrane de Descemet et son endothélium ; l'angle postérieur est en rapport avec l'insertion du tendon du muscle ciliaire, et l'angle externe est en plein tissu scléral.

L'ensemble de la région est formé par un système de trabécules arrondies s'anastomosant entre elles et formant ainsi des mailles.

Sur les coupes méridiennes où le système trabéculaire forme le triangle décrit ci-dessus, les trabécules ayant des directions plus ou moins obliques par rapport au plan de la coupe, on n'en voit que des fragments isolés, mais ces fragments sont tous dirigés à peu près parallèlement à la surface cornéenne, s'étalant toutefois un peu en éventail, c'est-à-dire convergeant en avant et divergeant en arrière. On peut compter de 12 à 20 plans de trabécules en arrière et seulement quelques-uns en avant. En outre, ces plans sont plus serrés en avant.

Les trabécules et les mailles changent de forme suivant les points considérés. En allant des parties superficielles (internes) vers les parties profondes (externes) et vers l'angle antérieur, les trabécules deviennent plus larges, sans s'épaissir, et les mailles plus étroites. Vers l'angle antérieur et dans les plans profonds, les trabécules se transforment ainsi en lames perforées. Le milieu des couches internes est formé de mailles allongées dans le sens antéro-postérieur (fig. 639), tandis que les mailles plus petites des parties antérieures et postérieures des mêmes couches ainsi que celles des lames externes sont allongées dans le sens transversal. Ces dernières doivent donc être agrandies par la contraction de l'iris et surtout du muscle ciliaire (Asayama).

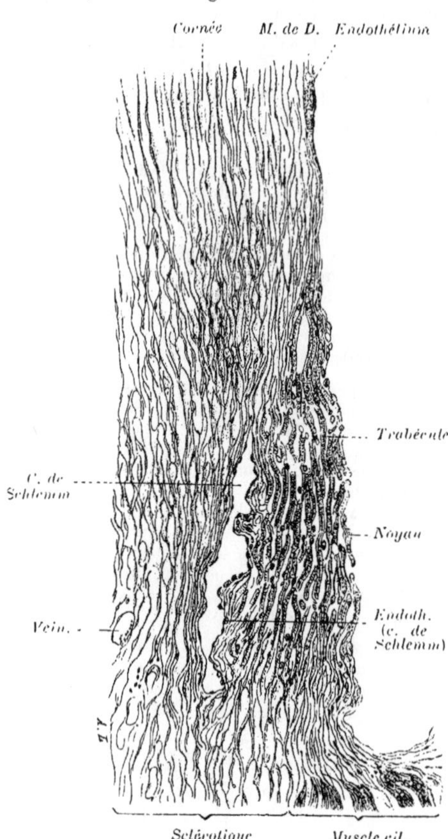

Fig. 638. — Système trabéculaire scléro-cornéen de l'homme. — Gr. 165 D. (Rochon-Duvigneaud).

Cette figure est un agrandissement du segment correspondant de la figure 718.

Structure. — D'après Ranvier, chaque trabécule est constituée par trois couches concentriques qui sont un endothélium superficiel, une écorce épaisse et un axe. — *L'endothélium* est formé par de larges cellules dont les noyaux sont situés de préférence dans les angles de bifurcation des trabécules. C'est manifestement l'équivalent de celui qui tapisse la membrane de Descemet. Il en diffère en ce que les cellules sont plus larges et beaucoup plus minces. — *L'écorce* forme environ les deux tiers de l'épaisseur des trabécules; elle est très légèrement striée, comme si elle était formée elle-même de couches concentriques. Elle est plus épaisse chez l'adulte et le vieillard que chez l'enfant. De plus, chez le vieillard, sa surface devient irrégulière, bosselée, et les trabécules prennent quelquefois une apparence moniliforme. Ces caractères la rapprochent de la membrane de Descemet. Elle est moins épaisse, mais les cellules qui la recouvrent sont moins épaisses également. C'est vraisemblablement une production des cellules endothéliales comme la membrane de Descemet. — L'*axe* est vaguement fibrillaire; c'est une continuation du tissu propre de la cornée. Il y existe des fibres élastiques assez nombreuses (de Lieto-Vollaro).

Les parois de l'espace scléro-cornéen contenant le système trabéculaire sont tapissées d'endothélium en continuité avec celui des trabécules et de la membrane de Descemet.

Dans l'angle antérieur, les trabécules, devenues des lames, se continuent avec les couches les plus internes de la cornée. La zone de transition est désignée sous le nom d'*anneau limitant antérieur* par Schwalbe. Elle est formée de lames perforées et anastomosées, ayant la même structure que les travées dont elles sont une continuation. A ce niveau, la membrane de Descemet et l'endothélium qui la recouvre s'amincissent considérablement et se laissent traverser par des prolongements du tissu propre de la cornée qui formeront la charpente des lames et des travées du réticulum scléro-cornéen. A ces prolongements fibreux, la membrane de Descemet et son endothélium forment les minces gaines qui ont été décrites plus haut.

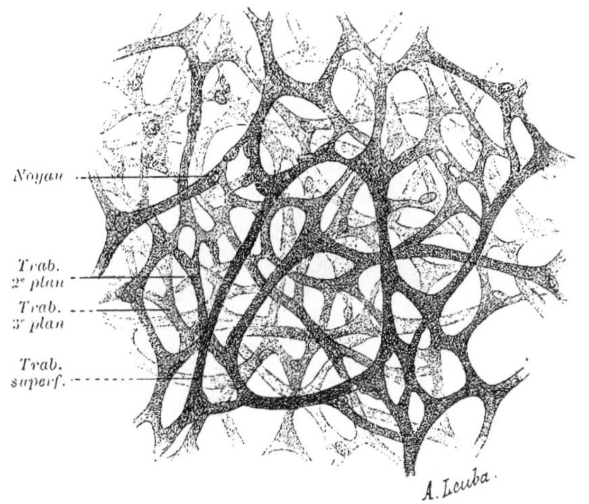

Fig. 639. — Système trabéculaire scléro-cornéen; lamelles superficielles vues de la chambre antérieure (homme). — Gr. 250 D. (Rochon-Duvigneaud).

En arrière, les trabécules se terminent brusquement dans le tissu scléral. Les plus superficielles semblent se continuer avec le tendon du muscle ciliaire. A ce niveau — angle postérieur de la région trabéculaire scléro-cornéenne — la sclérotique présente une sorte de faisceau circulaire mal délimité, auquel Schwalbe avait donné le nom d'*anneau limitant postérieur*.

Chez le fœtus, le système trabéculaire est beaucoup plus étalé et occupe tout l'angle irido-cornéen. Le passage à la forme adulte est dû plutôt au refoulement en dehors des trabécules qu'à leur résorption.

Rainure sclérale. — Cette désignation est employée souvent dans les travaux concernant la région. C'est le sillon produit par l'*arrachement* du système trabéculaire scléro-cornéen. Quelques auteurs y comprennent le canal de Schlemm.

C. — SCLÉROTIQUE

La *forme* et les *rapports* extérieurs de la sclérotique ont déjà été étudiés à propos de la conformation extérieure du globe de l'œil.

Elle est d'une *couleur* blanche qui, à l'état normal, transparaît à travers la conjonctive. Chez l'enfant et quelquefois chez l'adulte elle a une nuance bleuâtre qui tient à ce qu'elle a alors une certaine translucidité et qu'on voit le noir de la choroïde au travers. Au contraire, chez le vieillard elle prend une teinte jaunâtre.

Son *épaisseur* est en moyenne, d'après Sappey, de 1 millimètre au voisinage du nerf optique, de 0 mm. 8 au voisinage de la cornée, de 0 mm. 4 à 0 mm. 5 sur la partie moyenne du globe de l'œil, dans l'intervalle des muscles droits, et seulement de 0 mm. 3 dans les points qui correspondent aux tendons de ces muscles. Elle est plus mince chez l'enfant. Chez l'adulte, l'épaisseur de la sclérotique serait un peu plus grande chez l'homme que chez la femme, mais elle varie surtout avec les individus.

Son *poids* moyen est, d'après Testut, de 1 gr. 17, la cornée en étant détachée. C'est un peu moins du sixième du poids moyen du globe de l'œil.

La *surface interne*, concave, est d'une coloration brune tenant aux cellules pigmentées qui existent à ce niveau. Elle est en rapport avec la choroïde dans la plus grande partie de son étendue, avec le corps ciliaire et la racine de l'iris en avant. Les deux membranes fibreuse et vasculaire sont unies par un tissu conjonctif lâche dans toute leur étendue et plus solidement en quelques points par les vaisseaux et nerfs entrant ou sortant, le pourtour du nerf optique et surtout l'insertion circulaire du tendon ciliaire.

Orifices. — Ce sont les lieux de passage des vaisseaux et nerfs. Ils sont assez nombreux :

L'*orifice du nerf optique* est situé en dedans du pôle postérieur de l'œil. Il a une forme en tronc de cône. Au niveau de la face externe de la sclérotique, son diamètre est de 3 millimètres environ ; au niveau de la face interne, il est seulement de 1 mm. 5. Son axe est ordinairement perpendiculaire à la paroi sclérale, mais peut présenter une certaine obliquité par rapport à celle-ci. — L'union de la sclérotique avec les gaines du nerf a été étudiée à propos de celui-ci (t. III, p. 787).

Les *orifices* des *artères* et *nerfs ciliaires postérieurs* sont groupés autour de l'orifice du nerf optique et surtout à sa partie externe. Ils sont au nombre de 15 à 20, dont 2 détachés en avant. — Ces deux derniers sont situés dans le plan horizontal, l'un en dedans, l'autre en dehors, à quelques millimètres en avant des autres. Ils sont destinés aux deux artères ciliaires longues postérieures. Le trajet intra-scléral de ces artères est extrêmement oblique. Elles transparaissent extérieurement et peuvent servir à l'orientation du globe oculaire, comme il a été dit plus haut. — Quant aux autres orifices, ils laissent passer les artères ciliaires courtes postérieures et les nerfs. Leur trajet est généralement un peu oblique en avant et en dehors, mais de direction variable. Il n'y a pas d'orifice veineux dans cette région. — Dans l'épaisseur même de la sclérotique, autour de l'orifice du nerf optique, les artères ciliaires courtes forment par leurs anastomoses, un anneau vasculaire : cercle artériel de Zinn ou de Haller.

Les *orifices des veines vorticineuses* sont situés un peu en arrière de l'équateur. Ces orifices sont au nombre de 4 et disposés d'une façon assez régulière dans les méridiens inclinés à 45° en haut et en dedans, en haut et en dehors, en bas et en dedans, en bas et en dehors. Leur trajet intra-scléral est oblique en arrière, en allant vers la surface extérieure.

Les *orifices des artères et veines ciliaires antérieures* sont disposés au pourtour de la cornée. Ils sont plus petits que ceux des artères postérieures.

Structure. — La structure de la sclérotique est analogue à celle de la substance propre de la cornée, mais beaucoup plus irrégulière.

La masse principale est formée de *faisceaux conjonctifs* s'entrelaçant dans

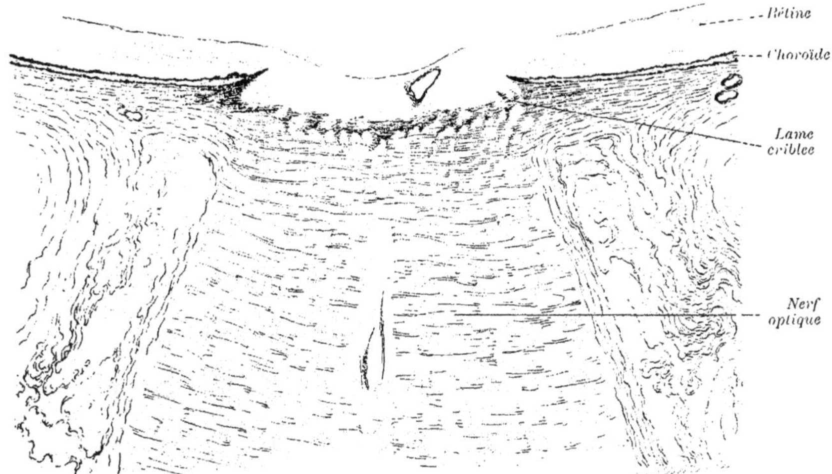

Fig. 640. — Tissu élastique de la partie postérieure de la sclérotique et de la lame criblée. (D'après une préparation de de Lieto-Vollaro.)

Le tissu élastique est figuré en noir, ainsi que la pigmentation de la choroïde et de l'épithélium pigmentaire de la rétine.

tous les sens. D'après Waldeyer, les faisceaux à direction équatoriale et méridienne sont les plus nombreux. Autour du nerf optique, les fibres méridiennes prédominent vers la face choroïdienne et les fibres équatoriales vers la face extérieure. En avant, les tendons des muscles droits augmentent le nombre des fibres méridiennes, mais au voisinage du canal de Schlemm les fibres circulaires reprennent une certaine prédominance.

D'après Ischreyt, la disposition des faisceaux constituant la sclérotique est plus irrégulière dans la partie postérieure du globe. Au niveau des insertions des muscles droits, les couches superficielles de la sclérotique sont formées surtout de faisceaux circulaires (équatoriaux). Les faisceaux tendineux des muscles s'y enfoncent obliquement sous un angle de 30°. Les muscles obliques s'insèrent sous des angles encore plus aigus, de sorte que leurs faisceaux tendineux paraissent plutôt s'appliquer à la surface de la sclérotique que s'y enfoncer.

Les faisceaux sont formés de fibrilles conjonctives soudées par un ciment. Ces fibrilles paraissent identiques à celles des aponévroses. Elles sont un peu différentes de celles de la cornée qui sont très hygrométriques. Ainsi par macération dans l'eau, la cornée se gonfle, tandis que la sclérotique conserve son épaisseur normale.

La sclérotique contient en outre des *fibres élastiques*. Elles sont plus abondantes dans les couches superficielles, les couches profondes et au niveau des insertions des muscles. Elles sont très nombreuses en avant, autour du canal de Schlemm et au voisinage du réticulum scléro-cornéen et de l'insertion du muscle ciliaire; dans ce dernier point, on les rencontre surtout à la périphérie des faisceaux conjonctifs. En arrière, au niveau de l'entrée du nerf optique, il existe un lacis circulaire de fibres élastiques autour de l'orifice, et la lame criblée elle-même est formée presque entièrement de fibres élastiques (fig. 640). Ces fibres sont toutes perpendiculaires à l'axe du nerf; elles se continuent avec celles de la sclérotique et des vaisseaux centraux. Chez le nouveau-né, la lame criblée contient beaucoup moins de fibres élastiques (Sattler, Stutzer, Kiribuchi Ischreyt, de Lieto-Vollaro).

Entre les faisceaux se trouvent des cellules fixes et des cellules migratrices situées dans des lacunes. Ces cellules sont semblables à celles de la cornée, mais moins nombreuses, surtout les cellules migratrices.

Dans la sclérotique, on trouve encore des cellules pigmentées analogues à celles de la choroïde. Chez l'homme, on les rencontre principalement le long des vaisseaux et nerfs traversant la choroïde. Chez quelques mammifères et quelquefois chez l'homme, il en existe d'autres qui sont disséminées dans l'épaisseur de la membrane, surtout près de son union avec la cornée.

Vaisseaux et nerfs. — La sclérotique est très pauvre en vaisseaux et en nerfs. Sa nutrition est assurée par les rameaux d'un *réseau artériel* à larges mailles, situé à sa face externe et la recouvrant dans toute son étendue. Ce réseau provient des artères ciliaires courtes postérieures et surtout des artères ciliaires antérieures. Il est beaucoup plus riche en avant dans une zone péricornéenne large de 5 à 6 millimètres. En arrière il communique avec un réseau analogue alimentant la gaine fibreuse du nerf optique.

Les *veinules* sclérales se rendent dans un réseau semblable qui se déverse dans les veines ciliaires antérieures, dans les veines vorticineuses et dans de petits troncs veineux indépendants (*veines ciliaires courtes*) mêlés aux artères ciliaires mais ne pénétrant pas dans la paroi sclérale.

La sclérotique ne possède pas de vaisseaux *lymphatiques* véritables, mais seulement des lacunes lymphatiques. Leur contenu se déverse dans la cavité de la capsule de Tenon et dans l'espace supra-choroïdien.

On admet généralement que les *filets nerveux* sont très rares, mais, d'après Bach, ils sont relativement assez nombreux pour un tel tissu. — Ils proviennent des nerfs ciliaires à leur passage à travers la sclérotique et dans leur trajet sous-scléral. Ils naissent principalement dans la région entourant le nerf optique et dans la région ciliaire; ceux qui naissent dans l'intervalle pénètrent souvent dans la sclérotique avec des vaisseaux sanguins. D'ailleurs les ramifications des nerfs de la sclérotique accompagnent fréquemment les vaisseaux.

surtout les artères. Ces nerfs sont formés de fibres à myéline et de fibres sans myéline. Ils se distribuent surtout aux deux tiers internes de l'épaisseur de la membrane. Ils présentent des anastomoses. Les terminaisons, très ramifiées, sont semblables à celles qu'on trouve dans les tendons et le tissu conjonctif dense en général. Il existe des terminaisons nerveuses pour les parois vasculaires, des terminaisons sensitives libres et d'autres, sans doute de nature trophique, qui sont appliquées sur des cellules conjonctives. — D'après Smirnow, quelques cellules nerveuses multipolaires se rencontrent le long de ces nerfs.

Bibliographie. — Asayama, *Arch. f. Opht.*, t. 53, 1901. — Bach. *Arch. f. Augenh.*, t. 33. — Ballowitz, *Arch. f. Opht.*, t. 49, 1899 et t. 50, 1900. — V. Brudzewski, *Arch. f. Aug.*, t. 40. — Dogiel. *Anat. Anzeiger*, 1890; *Arch. f. mikr. Anat.*, t. 37. — Druault. *Congr. d'Opht. d'Utrecht*, 1899. — Helfreich. *Ueber d. Nerv. d. Conjontiva u. Sklera*, 1870. E. v. Hippel, *Arch. f. Opht.*, t. 45. — Ischreyt. *Arch. f. Opht.*, t. 49. — De Lieto-Vollaro. *Arch. d'Opht.*, 1902. — Morax. *Encycl. fr. d'Opht.*, t. 1, 1903. — Nuel et Benoit. *Arch. d'Opht.*, 1900. Ranvier. *Leçons sur la cornée*, 1881; *Arch. d'Anat. micr.*, t. 2. — Rochon-Duvigneaud. *Th. Paris*, 1892. — Al. Rollett. *Hist. de Stricker*, 1871. — Schwalbe. *Lehrb. d. Anat. d. Auges*, 1887. — Smirnow. *Journ. int. d'Anat. et de Phys.*, t. 7, 1890; *Anat. Anz.*, 1900.

MEMBRANE VASCULAIRE

La *membrane vasculaire* ou *tractus uvéal*[1] est caractérisée surtout par une grande richesse en vaisseaux et en nerfs, de nombreuses cellules conjonctives ramifiées et pigmentées, et des muscles. On la divise en 3 parties qui sont, en allant d'avant en arrière :

A. L'iris.
B. La zone ciliaire.
C. La choroïde[2].

A. — IRIS

L'iris est, comme il vient d'être dit, le segment antérieur du tractus uvéal. Son rôle essentiel est celui d'un diaphragme ayant pour action de limiter la quantité de lumière qui entre dans l'œil et de ne permettre le passage des rayons lumineux que dans les meilleurs points de l'appareil dioptrique oculaire. Il semble avoir encore un rôle, d'ailleurs très discuté, dans la résorption de l'humeur aqueuse.

Situation et rapports. — L'iris est tendu dans le plan vertical formé par l'orifice antérieur de la sclérotique. Sa face postérieure s'applique sur la face antérieure du cristallin. Sa face antérieure est tournée du côté de la cornée, mais ne la touche jamais à l'état normal. Il baigne dans l'humeur aqueuse et divise l'espace qui la contient en deux compartiments, la chambre antérieure

1. Nommé ainsi à cause de sa ressemblance avec l'enveloppe d'un grain de raisin noir : *uva*, raisin.
2. Dans beaucoup d'ouvrages d'anatomie, le nom de *choroïde* est employé pour l'ensemble des deux parties postérieures désignées alors individuellement sous les noms de choroïde proprement dite et corps ou *zone ciliaire*. En réalité le corps ciliaire est aussi indépendant de la choroïde (aux points de vue anatomique, physiologique et pathologique) que de l'iris. D'ailleurs la division immédiate du tractus uvéal en trois parties est en accord avec le langage ophtalmologique courant.

et la chambre postérieure. Sa racine est accolée à l'extrémité antérieure du corps ciliaire.

Forme et dimensions. — C'est une membrane discoïde perforée au centre et plane dans son ensemble. Lorsque l'œil regarde au loin, les parties centrales sont légèrement bombées en avant. Dans la vision de près, elles se bombent encore davantage et les parties périphériques se dépriment légèrement en arrière.

Son diamètre est de 13 millimètres et son épaisseur d'un tiers de millimètre environ.

Face antérieure. — Elle est remarquable par les irrégularités de sa surface et par sa coloration.

La face antérieure de l'iris paraît, déjà à l'œil nu, anfractueuse et irrégu-

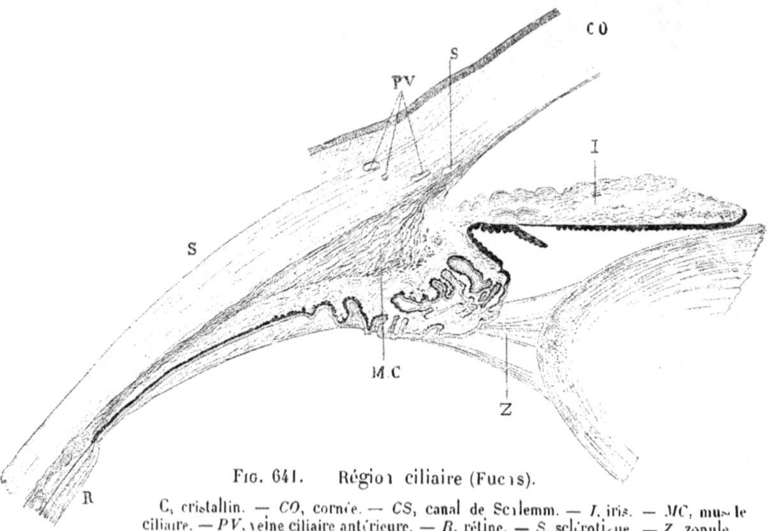

Fig. 641. — Région ciliaire (Fuchs).

C, cristallin. — *CO*, cornée. — *CS*, canal de Schlemm. — *I*, iris. — *MC*, muscle ciliaire. — *PV*, veine ciliaire antérieure. — *R*, rétine. — *S*, sclérotique. — *Z*, zonule. Pour les détails, voir plutôt les figures 642, 711 et 718.

lière, mais pour bien voir le dessin de ces irrégularités, il convient de se servir d'une forte loupe. Elle est recouverte, dans son ensemble, par les saillies demi-cylindriques de trabécules à direction radiaire. A l'union du tiers interne avec les deux tiers externes, ces trabécules s'anastomosent et circonscrivent des dépressions à contours arrondis ou polygonaux. Cette région est le *petit cercle* de l'iris. En dedans de lui, est la zone pupillaire de la face antérieure de l'iris ; en dehors, est la zone ciliaire. Dans la moitié externe de cette zone ciliaire, on voit quelquefois des plis parallèles au bord de l'iris, ce sont des rides de contraction.

La *couleur* de l'iris présente de nombreuses variétés étudiées avec détails par les anthropologistes. On sait que ces variétés ont des rapports avec la couleur des cheveux et qu'avec celle-ci elles diffèrent notablement suivant les races. Les enfants naissent pour la plupart avec des iris bleu foncé. Cette coloration se modifie plus ou moins pendant les premières années de la vie.

Lorsque l'iris est de teinte foncée, brune ou noire, cette couleur est due au pigment des couches antérieures. Au contraire, dans les iris de teinte claire, bleue ou grise, ce pigment des couches antérieures existe à peine, mais celui de l'épithélium postérieur est aussi abondant et on admet que c'est sa teinte noire qui, vue à travers les couches antérieures agissant comme milieu trouble, paraît bleue si l'iris est mince, grise s'il est épais. L'iris est souvent tacheté de points noirs, dus à des dépôts de pigment. Chez les albinos, le pigment de l'épithélium postérieur manque également et l'iris est presque transparent. Il paraît rouge grâce à la coloration de ses vaisseaux et aux reflets rouges du fond de l'œil.

Pupille. — La pupille ou prunelle n'est pas toujours située exactement au centre de l'iris; elle est souvent un peu en dedans. D'ordinaire arrondie, elle est parfois légèrement allongée dans un sens ou dans l'autre. Son diamètre est en moyenne de 3 à 4 millimètres, mais il présente de nombreuses variations anatomiques, physiologiques ou pathologiques. Ainsi la pupille est généralement plus grande chez les jeunes sujets et chez les myopes, plus petite chez les sujets âgés et chez les hypermétropes. Elle se contracte sous l'action de la lumière et pendant la vision de près; elle se dilate dans l'obscurité et pendant la vision au loin. Elle se contracte encore après la section du sympathique cervical, et après l'instillation d'ésérine. Elle se dilate dans le glaucome, dans la paralysie du moteur oculaire commun et après l'instillation d'atropine.

Le bord pupillaire de l'iris est légèrement aminci chez l'homme. Sa coloration est noire parce que l'épithélium de la face postérieure vient s'y recourber légèrement en avant. Il est finement dentelé.

Face postérieure. — Elle est entièrement noire et présente des sillons, les uns radiés, les autres concentriques. Pour bien voir ces sillons, il est utile, comme pour la face antérieure, d'employer la loupe. Les stries radiées sont les plus nettes; elles sont dues seulement aux différences d'épaisseur de l'épithélium pigmenté.

La périphérie de cette face est en rapport avec la tête des procès ciliaires sur une largeur de 1 millimètre environ.

Bord périphérique de l'iris. — En continuité avec le stroma de la zone ciliaire, l'iris est là très aminci, et lorsqu'on l'arrache, c'est en ce point qu'il se déchire.

Structure. — L'iris est formé de 4 couches qui sont en allant d'avant en arrière :

1° l'endothélium antérieur,

2° le tissu irien proprement dit ou couche conjonctivo-vasculaire,

3° la membrane basale de Bruch ou muscle dilatateur de la pupille,

4° l'épithélium postérieur.

1° Endothélium. — La face antérieure de l'iris est recouverte par un endothélium qui se continue avec l'endothélium de l'angle irido-cornéen et de la face postérieure de la cornée.

Malgré leur continuité, l'endothélium irien et l'endothélium cornéen sont de types très différents. L'endothélium irien est un endothélium séreux qui ne se voit bien que de face, après imprégnation au nitrate d'argent de la face antérieure de l'iris. Ses cellules polygonales sont aplaties et dépourvues de pigment. On lui décrit une membrane basale anhiste. Elle paraît bien difficile à démontrer.

2° *Tissu irien proprement dit* (*couche conjonctivo-vasculaire*). — Cette couche est formée par un tissu conjonctif lâche contenant : *a*) des cellules étoilées spéciales, *b*) des vaisseaux et nerfs, *c*) un sphincter.

Le tissu conjonctif fondamental est formé de fibrilles conjonctives et élastiques très fines. Il contient des cellules lymphatiques et, comme cellules fixes, les cellules étoilées.

a) *Cellules étoilées ou en araignée.* — Ce sont des cellules à prolongements longs et irréguliers (fig. 643). Leur protoplasme est chargé de granulations

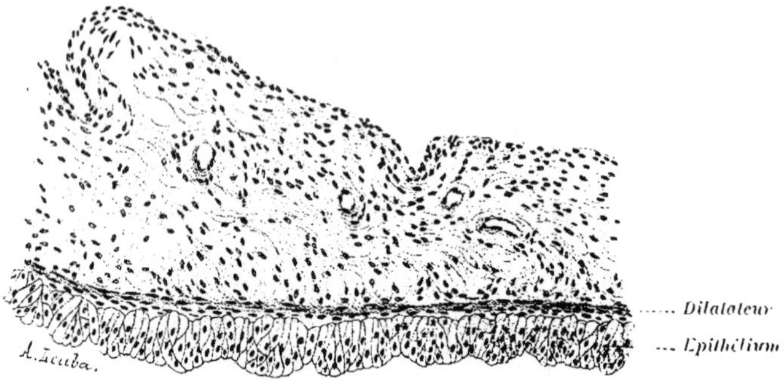

Fig. 642. — Coupe d'iris dépigmenté (Widmark).

pigmentaires de forme arrondie, de volume variable, de coloration brune assez foncée. La coloration de l'iris dépend de leur nombre et de leur pigmentation.

Elles se rencontrent dans toute l'épaisseur du stroma irien, mais sont plus nombreuses près de la face antérieure. La partie antérieure du stroma, qui est ainsi formée presque exclusivement de ces cellules, est décrite par beaucoup d'auteurs comme couche spéciale : couche limitante antérieure (Henle), couche réticulée (Michel), couche antérieure du stroma irien (Faber), couche des noyaux (Panas). Ces auteurs désignent le reste de la couche sous le nom de membrane vasculaire.

Fig. 643. — Cellules pigmentées de l'iris.

Au voisinage du rebord pupillaire, un certain nombre de ces cellules situées en plein stroma changent considérablement de caractère. Elles perdent leurs prolongements, en même temps qu'elles augmentent de volume. Elles forment des masses relativement grosses et sont très chargées en pigment.

D'après Venneman, le tissu mésodermique qui forme le parenchyme irien chez l'homme s'est arrêté pour la plus grande partie à un stade d'évolution inférieure. — Chez l'embryon, il est formé de cellules étoilées, dont les prolongements très minces s'anastomosent pour délimiter des espaces dans lesquels se logent, beaucoup plus nombreuses, des cellules globuleuses juxtaposées sans ciment apparent. Cet état est définitif pour la partie superficielle antérieure du parenchyme (couche des noyaux de Panas). — A la période fœtale, une substance fondamentale muqueuse, homogène, sépare les cellules primitivement accolées, cellules qui d'arrondies deviennent étoilées à prolongements anastomotiques. Ce tissu muqueux persiste chez l'adulte dans la couche vasculaire, c'est-à-dire dans la plus grande partie de l'épaisseur de l'iris. — Un tissu conjonctif fibrillaire, adulte se développe seulement dans la paroi des vaisseaux, à la face antérieure de la limitante postérieure, entre le sphincter papillaire et l'épithélium, et dans l'intervalle des faisceaux musculaires du sphincter.

b) *Vaisseaux*. — Leur disposition sera donnée plus loin. Ils sont pourvus d'une épaisse gaine adventice. Les artères possèdent relativement peu d'éléments musculaires et beaucoup de tissu élastique. Il n'existe pas de canaux lymphatiques mais seulement des lacunes lymphatiques qui sont très grandes.

c) *Sphincter irien*. — C'est un muscle annulaire plat. Il vient en dedans jusqu'au bord de l'orifice pupillaire et s'étend jusqu'à 1 millimètre environ en dehors. Il est épais de 50 μ environ. Il est beaucoup plus près de la face postérieure que de la face antérieure de l'iris ; la face postérieure du muscle est à 40 μ de l'épithélium pigmenté. Il est constitué par des fibres musculaires lisses formant des faisceaux allongés parallèlement au bord pupillaire. Ces faisceaux sont séparés par de petites cloisons conjonctives.

Dans l'intervalle qui sépare le muscle de l'épithélium, se trouve un tissu conjonctif assez dense et à fibres obliques en avant et en dedans.

Stomates iriens (***Stomates de Fuchs***). — Sur la face antérieure de l'iris, près du bord pupillaire et surtout près du bord ciliaire, se trouvent des dépressions nommées stomates ou cryptes, sur le bord desquelles l'endothélium de la surface se réfléchit pour tapisser les parties superficielles de leurs parois. Les plus larges de ces stomates ont de 1 à 2/10 de millimètre ; les plus étroits de 8 à 20 μ. Le fond serait formé par le stroma irien, de sorte que les larges lacunes de ce stroma communiqueraient librement avec la chambre antérieure. — D'après Venneman, les cryptes de la zone pupillaire et les cratères de la région marginale de Fuchs sont des enfoncements borgnes. Ils ne communiquent pas avec le stroma irien.

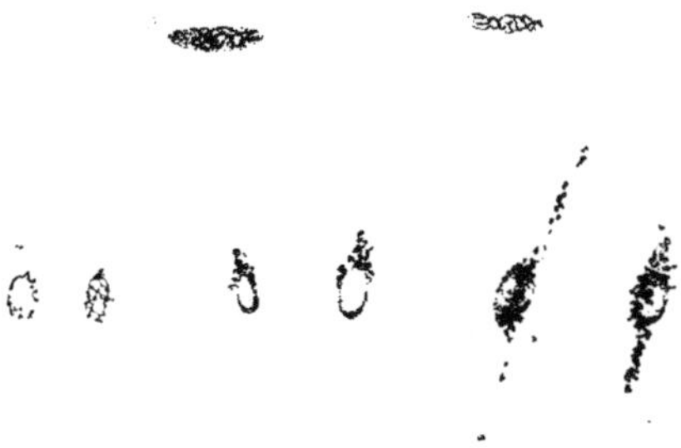

Fig. 644. — Cellules du sphincter (A) et du dilatateur (B, C, D) de l'iris chez l'homme. (D'après Heerfordt.)
A et D, fœtus de 30 à 32 semaines. — B et C, nouveau-né. Les cellules du dilatateur sont représentées les unes de face, les autres de profil : dans ces dernières le noyau paraît accolé à la cellule.

3° Dilatateur de la pupille (Membrane basale de Bruch, membrane limitante de Henle). — Cette membrane tapisse régulièrement à peu près toute la face antérieure de l'épithélium rétinien dont elle dérive (voy. *Développement de l'œil*, p. 1019). Elle est nette-

[*A. DRUAULT.*]

ment limitée sur ses deux faces, comme on peut bien s'en rendre compte sur les préparations dans lesquelles l'action des réactifs a produit sa séparation de l'épithélium. Son épaisseur est de 2 à 3 μ. Sur sa face postérieure, elle présente des noyaux. Vus de face, ceux-ci se présentent au milieu d'une petite zone chargée de pigment. Sa constitution et son rôle, quoique très étudiés, ne semblent pas établis d'une façon indiscutable.

Dans les nombreux travaux où la membrane de Bruch a été étudiée, chaque fois elle a été comprise d'une façon plus ou moins spéciale, mais toutes les descriptions rentrent dans deux cadres bien distincts : la membrane est ou n'est pas contractile. Pour ceux qui n'admettent pas sa contractilité (Kölliker), c'est une membrane anhiste, vitrée ou fibrillaire constituant une membrane basale à l'épithélium. Pour ceux qui l'admettent (Grynfeltt, Heerfordt, qui soutiennent également son origine épithéliale), elle est constituée soit par une lame musculaire continue, non divisée en fibres cellules, plus ou moins fibrillaire d'aspect (Grynfeltt), soit par des cellules musculaires lisses. Cette dernière opinion est défendue notamment par Heerfordt, qui admet des modifications notables dans la forme des fibres-cellules suivant que la pupille est contractée ou dilatée. Lorsque la pupille est dilatée, le muscle dilatateur est plus épais, les fibres-cellules, très difficiles ou peut-être impossibles à isoler, sont raccourcies, et leurs noyaux, à peine allongés, sont reportés en dehors ; ils paraissent ainsi accolés au corps cellulaire (fig. 644 B, C, D). Au contraire, lorsque la pupille est contractée, le muscle est aplati, les fibres-cellules plus longues et leur noyau nettement allongé est placé dans l'épaisseur du corps cellulaire. Dans cet état, les fibres-cellules sont faciles à isoler ; elles ressemblent davantage aux fibres musculaires du sphincter.

4° *Épithélium* (Pars iridica retinae). — C'est la continuation de celui qui recouvre les procès ciliaires. Il s'arrête au niveau du bord pupillaire. Il représente le bord antérieur de la rétine, moins ce qui a servi à former le sphincter et le dilatateur de l'iris. Sur les coupes, il présente une bordure postérieure ondulée, dont les creux correspondent aux sillons qui ont été décrits sur la face postérieure de l'iris.

L'épithélium irien est formé par une double rangée de cellules, mais tellement chargées de pigment qu'il est impossible à l'état normal d'en distinguer les contours et les noyaux. Après dépigmentation, on voit que ce sont des cellules cubiques plus ou moins régulières, nettement limitées, à noyau arrondi et à peu près central. Le pigment qu'elles contiennent est formé de grains arrondis. Son abondance est plus grande qu'en aucun autre point de la zone ciliaire ou de la choroïde. De plus il existe dans les deux rangées de cellules. La rangée postérieure commence à se charger de pigment au niveau de l'extrémité antérieure de la zone ciliaire, un peu en arrière de l'angle irido-ciliaire. — On décrit à la surface postérieure de cette couche épithéliale une membrane cuticulaire très mince se continuant avec la membrane vitrée interne de l'épithélium ciliaire.

Ligament pectiné. Rochon-Duvigneaud a particulièrement étudié la structure de l'angle irien. Il a montré qu'il existe là deux systèmes trabéculaires, l'un scléro-cornéen que nous avons déjà décrit, l'autre cilio-scléral unissant le premier à la racine de l'iris et au corps ciliaire. D'après Rochon-Duvigneaud, le système cilio-scléral, formé de grosses trabécules pigmentaires, mérite chez les mammifères et oiseaux le nom de ligament pectiné. Mais il fait défaut chez les singes et l'homme. Il ne faut donc pas parler chez l'homme de ligament pectiné ; c'est à peine si, dans certains cas, on peut observer chez l'adulte une trabécule pigmentaire — véritable organe témoin — qui en occupe la place et puisse en être considérée comme un vestige. En revanche, le fœtus possède un ligament pectiné tout à fait analogue à celui des quadrupèdes ; il disparaît après la naissance, et l'homme adulte ne possède plus que le réticulum scléro-cornéen qui forme grillage entre le canal de Schlemm et la chambre antérieure ». D'après le même auteur, chez les singes et chez l'homme, le muscle ciliaire s'est assez développé pour constituer à lui seul un moyen suffisant d'adhérence entre les deux membranes vasculaire et fibreuse. Corrélativement le ligament pectiné s'est atrophié.

Les *espaces de Fontana* (ancien canal de Fontana) sont les lacunes de ce ligament pectiné ou système cilio-scléral. Ils manquent par conséquent chez l'homme adulte comme le ligament pectiné lui-même.

B. — CORPS CILIAIRE OU ZONE CILIAIRE

C'est le segment moyen du tractus uvéal. Il se continue avec la choroïde en arrière et l'iris en avant. Il présente deux parties principales : le muscle ciliaire, qui est le muscle de l'accommodation, et les procès ciliaires, qui constituent l'élément essentiel dans la nutrition du segment antérieur de l'œil. Son pigment empêche la pénétration dans l'œil de la lumière extérieure diffuse.

Situation. — La zone ciliaire est située entièrement en avant de l'équateur de l'œil, en arrière de la cornée et de l'iris, en avant de la choroïde, autour du cristallin.

Forme et dimensions. — Dans son ensemble, elle a une forme annulaire. Sur une coupe méridienne de la paroi oculaire, elle est triangulaire. Cet aspect triangulaire est dû au renflement des procès ciliaires. D'après Terrien, sa longueur prise entre l'ora serrata et l'angle cilio-irien est en moyenne de 6 mm. 4 en dehors, de 5 mm. 9 en dedans.

Rapports. — La face antéro-interne forme la paroi postérieure de l'angle de la chambre antérieure et est en rapport plus en dedans avec la racine de l'iris qui y prend son insertion. En arrière de celle-ci se trouve l'angle rétro-iridien ou cilio-irien, entre la racine de l'iris et la partie correspondante du corps ciliaire. Cet angle est très étroit ; il est plus ouvert lorsque l'iris se porte en avant. Il est plus profond au niveau des procès ciliaires qu'au niveau des vallées, puisque le corps ciliaire est plus épais au niveau des procès. — La face externe ou plutôt antéro-externe est en rapport avec la sclérotique. — La face interne est en rapport, sauf à l'extrémité postérieure, avec les fibres de la zonule, qui baignent dans l'humeur aqueuse et la séparent du vitré. A son extrémité postérieure, cette face est en rapport immédiat avec le vitré, qui lui adhère.

Le bord antérieur se continue avec la région trabéculaire scléro-cornéenne et la racine de l'iris. — Le bord postérieur se continue avec la choroïde au niveau de l'ora serrata.

Face interne. — Pour examiner cette face, il faut couper un œil suivant son équateur. Le segment antérieur étant placé dans une cupule, la cornée tournée en bas, on a sous les yeux toute la zone ciliaire (fig. 697).

Cette face de la zone ciliaire comprend deux segments : l'un antérieur, plus

A. DRUAULT.

étroit, formé par les procès ciliaires; l'autre postérieur, à surface unie. La partie postérieure de la zone ciliaire a été nommée orbiculus ciliaris par Henle.

Procès ciliaires. — Leur ensemble forme la *corona ciliaris*. Ils occupent la partie antérieure de la zone ciliaire sur une largeur de 2 millimètres environ. Chaque procès se termine en avant par un renflement : la « tête » du procès. La surface en est mamelonnée. Sur les pièces, la base en est plus étroite que le sommet et les plis de la surface paraissent généralement un peu anguleux. Il est probable que, sur le vivant, la réplétion des vaisseaux leur donne un aspect un peu différent. Ils tranchent aussi par leur teinte grise très claire, presque blanche, sur le fond brun plus ou moins foncé de la région. Ils sont de grandeur inégale. La plupart ont environ 2 millimètres de long; quelques-uns sont plus courts. Parfois, dans tout un segment de la zone, on voit les grands et les petits alterner régulièrement. Dans d'autres segments, on voit entre les procès de petits plis dont la surface est moins pigmentée que celle des vallées et qui sont même quelquefois aussi décolorés que les procès ciliaires. On a ainsi tous les intermédiaires entre les petits plis bruns et les procès ciliaires vrais. En d'autres points, on voit des procès doubles; ceux-ci sont unis par leur extrémité antérieure, mais entièrement séparés dans tout le reste de leur étendue : ils sont de longueur inégale. A cause de ces diverses dispositions, le nombre des procès ciliaires est difficile à préciser. Il est de 70 à 80, suivant qu'on y compte un nombre plus ou moins grand de plis intermédiaires. — Brücke a constaté qu'ils sont moins développés dans la partie nasale de l'œil que dans la partie temporale.

Surface de l'orbiculus ciliaris. — Elle s'étend des procès ciliaires à l'ora serrata. Sa largeur moyenne est de 3 mm. 5 à 4 millimètres en dedans et de 4 mm. 5 à 5 millimètres en dehors, mais la différence dans la largeur des deux côtés varie d'un individu à l'autre. Sa teinte est très foncée (comme celle des vallées ciliaires) en avant sur un peu moins de moitié de sa largeur; elle est légèrement plus claire en arrière. Chez les sujets bruns, les deux parties ont à peu près la même coloration. — La partie antérieure présente des plis longitudinaux fins. Ces plis sont formés par les vaisseaux sous-jacents.

Sur cette surface et surtout dans sa partie postérieure, on peut voir assez souvent des traînées sombres, *striæ ciliares* de O. Schultze, s'étendant du sommet des dents de l'ora serrata jusqu'à l'extrémité postérieure des vallées ciliaires. Parfois il existe au-devant de l'ora serrata une bande sombre de même aspect. Ces différentes particularités, qui tiennent au développement de l'ora serrata, seront étudiées plus loin (voy. Ora serrata). La limite entre la zone sombre située en avant et la zone claire se fait par une ligne finement dentée

Structure. — On peut reconnaître dans la zone ciliaire, en allant de dehors en dedans :

1° la lamina fusca;

2° le muscle ciliaire;

3° le stroma;

4° la masse des procès ciliaires;

5° la membrane vitrée;

6° l'épithélium.

1° *Lamina fusca.* — Elle s'étend également sur la choroïde et sera décrite avec celle-ci. Rochon-Duvigneaud fait remarquer qu'au niveau de la zone ciliaire ses lamelles sont extrêmement ténues et espacées. L'espace supra-choroïdien est presque transformé en cavité séreuse ; dès lors il est bien difficile de ne pas admettre des glissements de la choroïde sur la sclérotique en ce point.

2° *Muscle ciliaire.* — Ce muscle occupe la partie antéro-externe de la zone ciliaire. Sur les coupes perpendiculaires à la paroi oculaire, il a une forme triangulaire, avec l'angle interne arrondi. Les deux grands côtés du triangle ont environ 6 à 7 millimètres de long, et le petit 0 mm.8. Il est d'une coloration gris jaunâtre qui permet de le reconnaître à l'œil nu.

La face externe est en rapport avec la sclérotique dont elle est séparée par la lamina fusca. La face postéro-interne et l'angle interne sont recouverts par les procès ciliaires. L'angle postérieur se perd dans le stroma conjonctif de la choroïde. L'angle antérieur, constitué par le tendon du muscle, s'avance jusqu'à l'angle irido-cornéen.

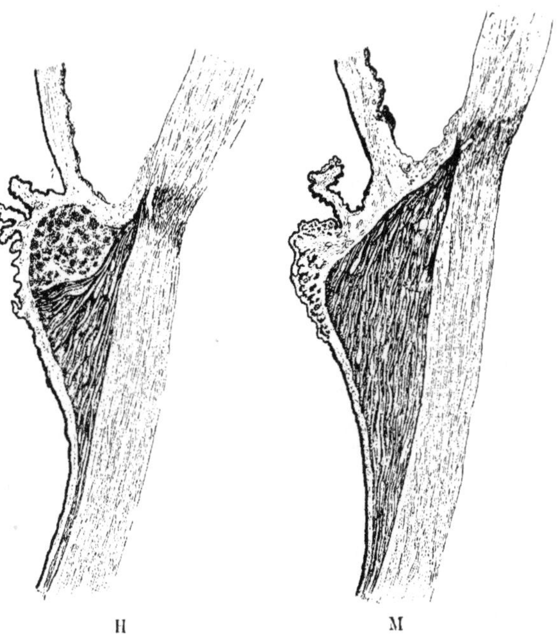

FIG. 645. — Types extrêmes du muscle ciliaire (schémas d'Iwanoff, 1869).

H, muscle ciliaire avec un volumineux faisceau transversal (muscle de Rouget ou de Muller). Type plus fréquent chez l'hypermétrope. — *M*, muscle ciliaire exclusivement composé de fibres longitudinales. Type plus fréquent chez le myope.

Le muscle ciliaire est formé de faisceaux séparés par un tissu conjonctif lâche et s'anastomosant entre eux. La plupart de ces faisceaux ont une direction longitudinale, c'est-à-dire méridienne. Les plus internes ont, au contraire, une direction transversale ou équatoriale. La transition des uns aux autres se fait par des faisceaux à direction oblique. — Les faisceaux externes se prolongent jusqu'au delà de la ligne équatoriale où ils s'attachent à la sclérotique par l'intermédiaire des lames supra-choroïdiennes (Venneman).

Les faisceaux sont formés de fibres musculaires lisses ayant 6 μ de large et 50 à 75 μ de long (Chrétien).

Le tendon du muscle naît de l'extrémité antérieure des faisceaux longitudinaux. Ses fibres continuent la direction des faisceaux les plus externes. L'insertion fixe se fait sur le bord antérieur de la sclérotique où le tendon semble continuer les trabécules internes du réticulum scléro-cornéen. Chez le fœtus de 4 ou 5 mois, tous les faisceaux se continuent directement avec les trabécules scléro-cornéennes, mais, dans la suite du développement, fibres tendineuses et trabécules se reportent en dehors, et les faisceaux tendineux les plus internes se courbent en S.

C'est le tendon du muscle ciliaire qui constitue le principal moyen d'union entre la membrane fibreuse (sclérotique et cornée) et la membrane vasculaire (tractus uvéal). Lorsqu'on sépare les deux membranes l'une de l'autre, l'arrachement du tendon du muscle ciliaire creuse un petit sillon à l'union de la cornée avec la sclérotique (sillon scléro-cornéen interne).

On désigne souvent les deux portions du muscle ciliaire sous les noms de muscle de Brücke pour la portion longitudinale et de muscle de Müller pour la portion transversale. D'après Chrétien, ces deux noms devraient être remplacés par ceux de Wallace et de Rouget. Le premier a démontré (1835) la nature musculaire de ce qu'on appelait avant lui le ligament ciliaire. Brücke ne l'a découverte à son tour qu'en 1846 et n'en a décrit comme Wallace que les faisceaux longitudinaux. De même pour les faisceaux annulaires; Rouget les a décrits en 1856 et Müller n'a publié ses recherches qu'en 1857.

Iwanoff a recherché la composition du muscle en faisceaux longitudinaux et transversaux dans les différentes sortes d'yeux. Il a trouvé que dans les yeux myopes les faisceaux circulaires manquent complètement, alors que sur des yeux hypermétropes ils sont au contraire plus nombreux, mais il a remarqué aussi que, dans des yeux normaux, on pouvait trouver de grandes différences. Charles Théodore de Bavière attribue la disposition du muscle ciliaire des myopes à l'allongement qui atteint toutes les parties des yeux. Heine a examiné comparativement des yeux de singes auxquels il avait instillé d'un côté de l'atropine, de l'autre de l'ésérine. Avant de sacrifier les animaux, il avait constaté que la refraction des yeux atropinisés n'avait pas changé, tandis que les yeux ésérinisés étaient en forte accommodation. Au microscope, le muscle ciliaire des yeux atropinisés présentait la disposition donnée par Iwanoff, comme propre aux yeux myopes, tandis que celui des yeux ésérinisés rappelait au contraire ce qui a été trouvé par le même auteur dans les yeux hypermétropes. Il est donc probable que les divers aspects du muscle ciliaire ne répondent pas à un nombre plus ou moins grand de faisceaux circulaires, mais à un état différent du muscle.

Récemment Tscherning a remarqué que sur des yeux dont la chambre antérieure a été injectée à la gélatine avant la fixation, et où elle est devenue très profonde, le muscle prenait la disposition décrite par Iwanoff dans la myopie. Comme les yeux myopes ont généralement une chambre antérieure profonde, il se peut qu'il y ait là l'explication de la différence que l'on trouve entre le muscle ciliaire des myopes et celui des hypermétropes. En tout cas, cette disposition ne peut être donnée comme preuve de la valeur fonctionnelle différente des deux ordres de faisceaux.

3° Stroma. — C'est un tissu conjonctif lâche avec des cellules fixes chargées de pigment (cellules étoilées, analogues à celles de l'iris et de la choroïde) et contenant des vaisseaux. Mais ceux-ci sont relativement moins nombreux que dans la choroïde.

Dans la partie postérieure de la zone, le stroma de l'orbiculus ciliaris se continue avec celui de la choroïde, mais en diffère par l'absence de la couche des capillaires qui cesse assez brusquement immédiatement au-devant de l'ora serrata.

D'après Salzmann, à la partie interne de cette couche se trouve une lame de tissu comprenant de dehors en dedans : 1° une mince lamelle plane formée de tissu élastique, comme le montrent ses réactions colorantes, se continuant en arrière avec la lamelle externe de la vitrée de la choroïde et se perdant en avant d'une façon indistincte au niveau de la couronne ciliaire; 2° une couche de tissu conjonctif fin, sans vaisseaux et contenant seulement quelques noyaux à sa partie la plus interne. Ces deux couches ne représenteraient avec la membrane vitrée sous-jacente, dont la description suit, que la membrane vitrée de la choroïde.

4° Procès ciliaires. — Ils sont constitués par le même stroma avec une grande abondance de vaisseaux qui s'anastomosent et se ramifient en de nombreux capillaires. Avec l'âge, les capillaires veineux s'élargissent et s'allongent.

5° Membrane vitrée (Membrane vitrée externe de Salzmann). — Elle se continue en arrière avec la vitrée de la choroïde, ou seulement avec sa partie interne, d'après Salzmann. Dans l'étendue de l'orbiculus ciliaris, elle est délicate et mince, mais au niveau des procès ciliaires, elle atteint souvent une épaisseur de 10 à 12 μ (Salzmann).

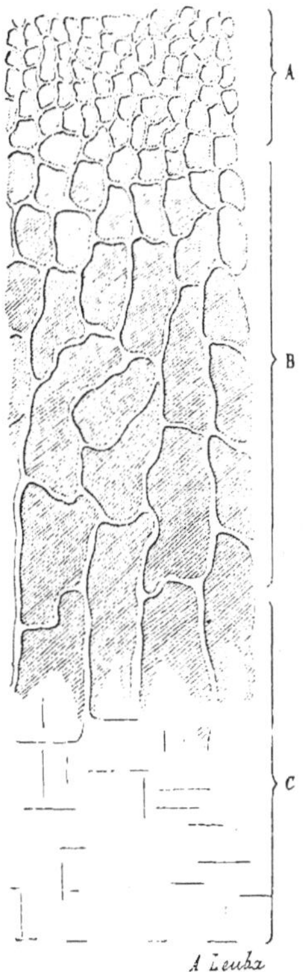

Fig. 646. — Membrane vitrée du corps ciliaire (face interne). (D'après Iwanoff.)

A, partie antérieure présentant des mailles polygonales arrondies. — *B*, Zone des grandes mailles. — *C*, partie avoisinant l'ora serrata.

Dans la région de l'orbiculus et les parties postérieures de la corona ciliaris, cette membrane forme en dedans des plis minces, assez élevés, s'anastomosant entre eux pour former des mailles (*Réticulum de la membrane vitrée*). Dans la partie la plus antérieure, les mailles sont très étroites et de forme arrondie; leur diamètre moyen est de 8 à 12 μ. Dans la partie moyenne, elles sont plus grandes et très allongées dans le sens antéro-postérieur ; elles atteignent jusqu'à 50 ou 60 μ de longueur. Ces mailles grandes ou petites peuvent être fermées assez régulièrement (fig. 646 *A* et *B*), mais assez souvent on trouve une grande prédominance de plis à direction méridienne. On a ainsi parfois des figures rappelant celles des corpuscules osseux (Heinrich Müller). Tout à fait vers l'ora serrata (fig. 646, *C*), on n'aperçoit plus que des traces de plis dirigés les uns dans le sens méridien, les autres transversalement. D'après Salzmann, le réticulum manque sur une largeur de 0 mm. 6 au-devant de l'ora serrata. Ce réticulum est plus développé chez les adultes que chez les enfants. Les grandes mailles sont plus développées dans les parties externe et inférieure de l'œil où l'orbiculus ciliaris présente son maximum de largeur. Les petits plis ne sont formés que par la membrane vitrée, les grands ont un axe constitué par le tissu conjonctif sous jacent. Au niveau des procès ciliaires où la membrane vitrée est plus épaisse, il n'y a pas de réticulum à proprement parler, mais seulement des inégalités insignifiantes de cette membrane.

6° Épithélium (*Pars ciliaris retinæ*). — La rétine ciliaire comprend deux couches de cellules représentant les deux feuillets de la vésicule oculaire secondaire. La couche externe seule est pigmentée. (Voy. p. 113 ses rapports avec la zonule de Zinn.)

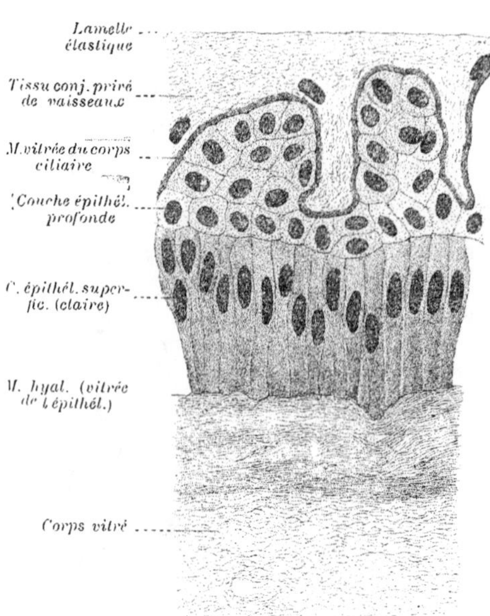

Fig. 647. — Partie postérieure de l'orbiculus ciliaris. Gr. 440 D. (Salzmann).

La couche profonde de l'épithélium est représentée sans pigment.

a) Couche externe ou couche pigmentée. — Elle se continue avec la couche antérieure de l'épithélium irien et avec l'épithélium pigmentaire de la rétine. Elle comble en grande partie les mailles du réticulum, de sorte que sa face externe est très accidentée dans les points où il existe ; sa face interne ne présente que de faibles soulèvements au niveau des plis limitant les mailles du réticulum. — Elle est formée de cellules cubiques ou prismatiques, ayant 10 μ de diamètre en moyenne, fortement chargées de pigment. Mais la teneur en pigment n'est pas la même dans les différents points de la zone ; elle est notablement plus forte dans les vallées ciliaires qu'au sommet des procès. Ce sont ces variations qui produisent les différences de teintes notées sur la face vitréenne de la zone ciliaire.

Le pigment est formé de grains arrondis, de volume inégal, mais on y trouve en outre quelques grains isolés assez rares en forme de grains d'orge.

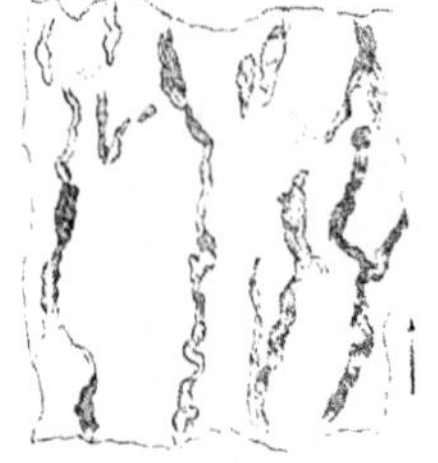

Fig. 648. — Face interne de l'épithélium ciliaire dans la partie antérieure de l'orbiculus ciliaris. — Gr. 200 D. (Salzmann).

La flèche est dirigée en avant.

b) Couche interne ou couche des cellules claires. — Cette couche est nettement limitée de la précédente, à l'inverse de ce qui se passe pour l'épithélium de l'iris. Elle représente la continuation de la couche superficielle de l'épithélium irien en avant et de la totalité de la rétine en arrière. Les cellules qui la composent sont beaucoup plus hautes que les précédentes et par conséquent cylindriques de forme. Celles de la portion plane sont plus élevées que celles des procès, surtout à leur sommet. Dans la région des grandes mailles du réticulum elles peuvent atteindre une hauteur de 40 à 60 μ pour une largeur de 9 μ ; sur les procès, elles ont 10 à 15 μ dans les diverses dimensions et sont plutôt moins hautes que larges (Salzmann). Le noyau a une forme elliptique dans les cellules allongées, ronde dans les cellules cubiques. En avant, tout près de l'angle cilio-irien, ces cellules se chargent de pigment comme celles de la couche postérieure de l'iris qui les continuent.

Dans la plus grande partie de son étendue, cette couche s'adapte sur les saillies et les dépressions de l'épithélium pigmenté sans les modifier sensiblement. Cet état se modifie cependant dans la partie antérieure de l'orbiculus ciliaris et dans la partie postérieure de la corona ciliaris, surtout sur les côtés des procès et dans les vallées. Dans ces points, la face interne de l'épithélium ciliaire présente des sillons irréguliers à direction méridienne prédominante (fig. 648). Ces sillons n'existent que dans l'épaisseur de l'épithélium clair, la surface interne de l'épithélium pigmenté ne présentant pas de dépressions à ce niveau. — C'est dans la région occupée par ces sillons que se trouvent la plus grande partie des insertions zonulaires.

Il existe entre les cellules des deux couches de la rétine ciliaire une substance de nature cuticulaire tout à fait comparable au ciment intercellulaire admis généralement entre les cellules de l'épithélium pigmenté de la rétine. La nature cuticulaire de cette substance intercellulaire est admise notamment par Schwalbe, Salzmann. Certains auteurs ont pensé qu'il s'agissait de fibres de Müller modifiées ; cette assimilation ne peut être admise surtout parce que les fibres de Müller sont des cellules pourvues de noyaux et que la substance intercellulaire de l'épithélium ciliaire n'en contient jamais.

A sa face interne, l'épithélium est recouvert d'une mince lamelle (*membrane vitrée interne de Salzmann*) se continuant avec la substance unissante des cellules sous-jacentes. A partir de l'ora serrata, sur une étendue de 1 mm.5, cette membrane adhère beaucoup plus intimement au corps vitré qu'à l'épithélium (Salzmann). Cette lamelle est de nature cuticulaire.

Certains auteurs la considèrent comme la continuation de la limitante interne de la rétine. Cette dernière est constituée, comme on le verra plus loin, par l'accolement des pieds des fibres de Müller et, sur les préparations de face, on voit les lignes d'union de ces pieds qui lui donnent un aspect de membrane endothéliale. Sur la vitrée interne du corps ciliaire il n'existe aucune disposition analogue. D'ailleurs l'assimilation de cette lamelle à la limitante interne de la rétine repose surtout sur l'assimilation inexacte, citée plus haut, de la substance intercellulaire de l'épithélium ciliaire aux fibres de Müller.

Pour d'autres auteurs (Salzmann), la vitrée interne du corps ciliaire est la continuation de la membrane hyaloïdienne qui abandonnerait le corps vitré au point où il se sépare de la rétine. La membrane hyaloïdienne sera étudiée plus loin. En tout cas, elle n'existe nulle part sous forme de lamelle isolable comme cette lamelle vitrée.

C. — CHOROIDE

La choroïde constitue le segment postérieur du tractus uvéal. Par son pigment, elle sert, avec l'épithélium pigmentaire de la rétine, à absorber les rayons lumineux qui ont traversé la rétine et à empêcher leur réflexion sur la sclérotique. En outre, par ses vaisseaux, elle nourrit l'épithélium pigmentaire et les couches externes de la rétine.

Forme, situation et rapports. — C'est une membrane représentant environ les deux tiers de la surface d'une sphère de 12 millimètres de diamètre.

Elle est située entre la sclérotique, qui la dépasse en avant, et la rétine proprement dite, dont les limites sont exactement les mêmes.

Lorsque la sclérotique est déjà séparée du muscle ciliaire qui constitue sa principale adhérence avec le tractus uvéal, il est très facile de la séparer de la choroïde. Seuls les vaisseaux et nerfs passant d'une membrane à l'autre résistent légèrement pendant cette séparation. Il se trouve en même temps de fins tractus conjonctifs qui sont tiraillés et rompus, comme on peut s'en rendre compte ensuite en plaçant l'œil sous l'eau. La choroïde montre alors sa face externe noire, brillante, sur laquelle on distingue le trajet des gros vaisseaux choroïdiens parce que le stroma pigmenté se trouve naturellement moins abondant au-devant d'eux que dans les intervalles qui les séparent. Sur cette face, les nerfs ciliaires postérieurs courent d'arrière en avant.

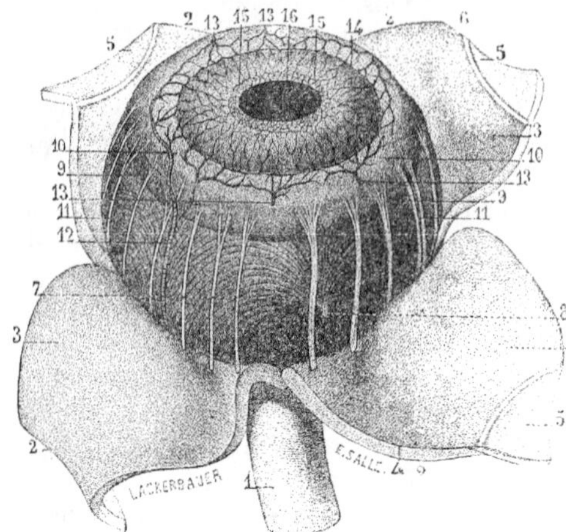

Fig. 649. — Œil après ouverture de la cornée et de la sclérotique (Sappey).

1, nerf optique. — 2, sclérotique. — 3, surface et 4, coupe des couches externes de la lamina fusca ayant suivi la sclérotique. 5, cornée. — 6, insertion du tendon du muscle ciliaire. — 7, choroïde. — 8, veine vorticineuse. — 9, limite postérieure de la région ciliaire. — 10, muscle ciliaire. — 11, nerfs ciliaires. — 12, artère ciliaire postérieure longue. — 13, artères ciliaires antérieures. 14, iris. — 15, petit cercle artériel de l'iris. — 16, orifice pupillaire.

Pour mettre la face interne de la choroïde à nu, il faut ouvrir l'œil et enlever la rétine, qui ne présente pas la moindre adhérence. On a alors la face interne de la choroïde recouverte par l'épithélium rétinien qui lui adhère. Cette face est ainsi uniformément noire.

Le bord antérieur de la choroïde se continue avec le stroma de la zone ciliaire au niveau de l'ora serrata.

En arrière, la choroïde est percée d'un orifice d'environ 1 mm. 5 de diamètre pour le passage du nerf optique. Le bord de cet orifice adhère en arrière à la sclérotique et en dedans au nerf.

La choroïde présente une épaisseur de 30 à 40 µ (Sappey), ou de 80 à 160 µ (Iwanoff), de 50 à 80 µ en arrière et un peu moins en avant (Greeff), de 200 à 300 µ sur le vivant (Vennemann).

Structure. — Toute la choroïde appartient à une même lame mésodermique, et c'est grâce à la disposition, à la texture de ses vaisseaux qu'on la divise schématiquement en cinq couches. Ces couches sont, en allant de dehors en dedans :

1° couche supra-choroïdienne ou lamina fusca.
2° couche des gros vaisseaux ou tunique vasculaire de Haller.
3° couche des vaisseaux moyens,
4° couche chorio-capillaire ou membrane de Ruysch.
5° lame vitrée.

Les deux premières de ces couches contiennent des cellules chargées de pigment, *cellules choroïdiennes* ou *cellules en araignées*, analogues à celles que l'on a déjà rencontrées dans l'iris et le corps ciliaire. Ce sont des cellules conjonctives pourvues de prolongements protoplasmiques et chargées de granulations pigmentaires brunes, arrondies et de volume inégal. Dans la choroïde les prolongements protoplasmiques de ces cellules sont moins longs et plus gros que dans l'iris; souvent ils s'anastomosent entre eux. Comme pour tous les organes pigmentés, la teneur de ces cellules en pigment varie considérablement avec les individus. Elle peut varier aussi d'une cellule à l'autre chez le même individu. Le noyau ne contient jamais de pigment. V. der Stricht signale la présence d'une sphère attractive dans les cellules pigmentaires de la choroïde du chat.

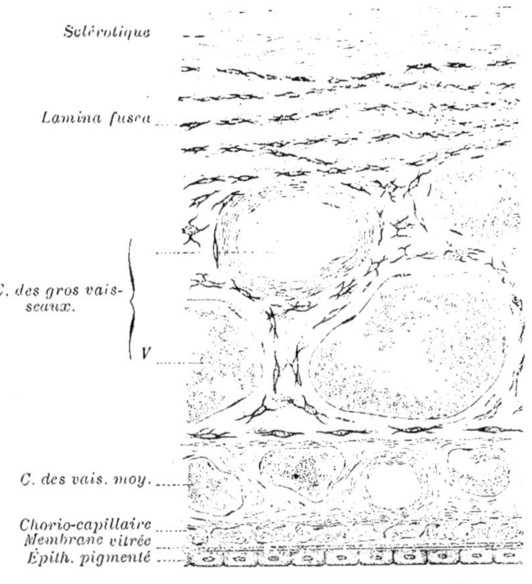

Fig. 650. — Choroïde (dessin schématique). (D'après R. Greeff.)

D'après Venneman, le stroma de la choroïde est formé de lamelles de *tissu muqueux* disposées en plans plus ou moins parallèles aux plans cellulaires de la sclérotique. L'élément élastique se retrouve dans toute la choroïde, mais surtout dans ses parties externes riches en pigment.

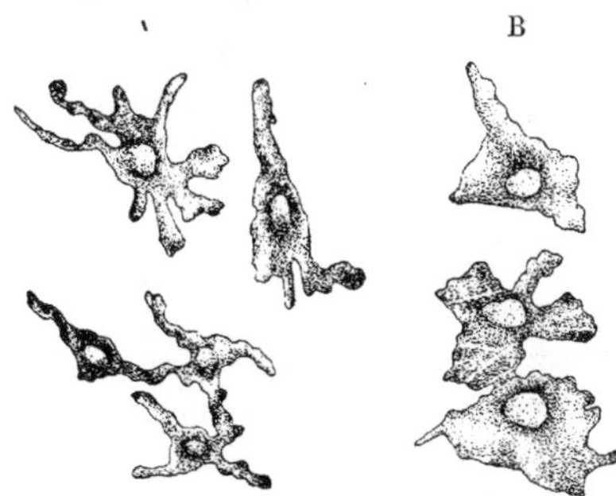

Fig. 651. — Cellules pigmentées de la choroïde. *A*, dans la couche moyenne. — *B*, dans la lamina fusca.

1° ***Couche supra-choroïdienne ou lamina fusca.*** — Elle sépare la sclérotique de la choroïde proprement dite. Elle est constituée par plusieurs plans de lamelles obliques en avant et en dedans par rapport aux surfaces sclérale et choroïdienne (Rochon-Duvigneaud).

Ces lamelles sont formées d'un substratum de fribrilles élastiques, de cellules pigmentées et de cellules endothéliales. Elles s'anastomosent entre elles, constituant un réseau extrêmement lâche.

D'après Schwalbe, les mailles de ce réseau sont des espaces lymphatiques destinés à recueillir la lymphe provenant de la choroïde proprement dite; la nature lymphatique de ces lacunes serait démontrée par ce fait que les lamelles sont recouvertes sur les deux faces d'une couche endothéliale continue. D'après Ranvier, les cellules pigmentaires ne sont pas dans l'épaisseur des lamelles, mais sont appliquées sur une de leurs faces, et ne se touchent pas entre elles. D'après les recherches de Hache, les lamelles offrent cette disposition particulière que Ranvier a désignée sous le nom de système de tentes, c'est-à-dire qu'elles sont reliées les unes aux autres par des piliers membraneux limitant des orifices qui font communiquer tous les espaces. Une seule face des lamelles est recouverte par un endothélium continu, l'autre est tapissée par des cellules connectives plates avec ou sans pigment, et distantes les unes des autres. Les lamelles sont orientées de telle façon que toutes les surfaces endothéliales sont dirigées du côté de la sclérotique, tandis que les faces connectives regardent la couche des vaisseaux. « En résumé, dans la lamina fusca, on voit des surfaces endothéliales alterner et se continuer avec des surfaces connectives à cellules pigmentées pour constituer des espaces mixtes. C'est là un fait important au point de vue de la morphologie des endothéliums, un argument sérieux en faveur de l'analogie des espaces conjonctifs et des cavités lymphatiques, une des données du problème, depuis si longtemps posé, de l'origine des vaisseaux lymphatiques. »

Cette couche n'a pas de vaisseaux propres, mais elle est traversée perpendiculairement par tous les vaisseaux choroïdiens. En outre c'est dans son épaisseur que sont logés les nerfs ciliaires dans leur trajet inter-scléro-choroïdien.

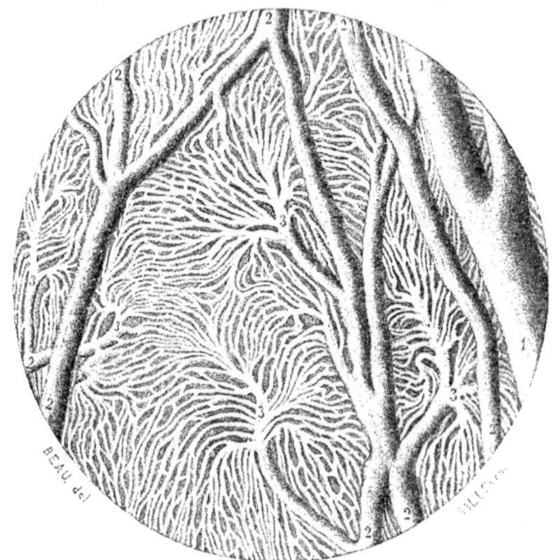

Fig. 652. — Veines de la choroïde (Sappey).

2° ***Couche des gros vaisseaux. — Tunique vasculaire de Haller.*** — Le stroma de cette couche est formé de fibrilles élastiques, de cellules pigmentées et de cellules endothéliales, c'est-à-dire des mêmes éléments que la lamina fusca.

Ce stroma remplit seulement les espaces intervasculaires, qui sont relativement petits. Les vaisseaux formant cette couche sont surtout des veines. Celles-ci ont des gaines lymphatiques qui les entourent complètement. Ces grosses branches veineuses ont une disposition en tourbillons tout à fait spéciale. Elles présentent entre elles de nombreuses anastomoses et s'unissent pour former les veines vorticineuses.

Les artères sont relativement peu nombreuses. Elles ont des parois plus épaisses et sont pourvues d'une couche musculaire bien développée.

3° ***Couche des vaisseaux moyens.*** — Entre cette couche et la précédente, Greeff décrit une couche endothéliale presque continue. Il la nomme *deuxième membrane endothéliale*, la première étant plus interne.

Le stroma de cette couche est formé par un fin réseau élastique privé de cellules, sauf chez les sujets très pigmentés, chez lesquels il contient de petites cellules plates peu pigmentées et peu ramifiées. Les vaisseaux se continuent avec ceux de la couche précédente. Les veines y sont également plus nombreuses. Seules elles sont entourées de gaines lymphatiques.

4° **Couche chorio-capillaire.** — **Membrane de Ruysch.** A la partie externe de cette couche, par conséquent au niveau de sa limite avec la couche précédente, se trouve encore une couche endothéliale, celle-ci continue. C'est *la première membrane endothéliale* de Greeff. On la nomme habituellement *membrane de Sattler*. Sattler la considère comme l'équivalent du tapis choroïdien que l'on trouve chez beaucoup de mammifères. Elle ne se continue pas dans la région ciliaire.

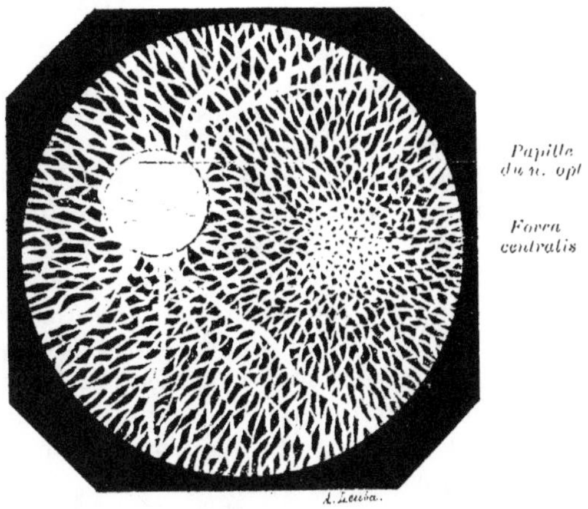

FIG. 653. — Aspect ophtalmoscopique du fond de l'œil (R. Greeff).

Le réseau capillaire de la choroïde est visible ici à travers la rétine et l'épithélium pigmentaire.

La couche chorio-capillaire elle-même est formée par une rangée de capillaires se touchant presque. Ces capillaires ont 10 à 36 μ de diamètre et sont par conséquent des plus gros de l'économie. La substance intermédiaire a une apparence homogène chez les jeunes sujets. Plus tard elle est finement granulée. Elle laisse un petit espace clair autour des capillaires. A l'état normal elle ne contient pas de globules blancs, mais la moindre irritation y provoque l'apparition de cellules migratrices.

Les mailles formées par les capillaires sont plus étroites dans la région maculaire où elles ont de 3 à 18 μ de diamètre. En avant elles deviennent plus grandes et en même temps s'allongent dans le sens antéro-postérieur. Au niveau de l'équateur elles ont de 6 à 20 μ de large sur 36 à 110 μ de long et au niveau de l'ora serrata de 6 à 36 μ de large sur 60 à 400 μ de long (Leber).

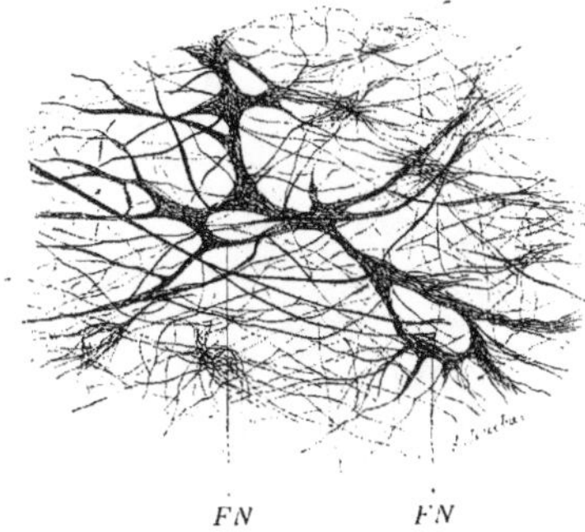

FIG. 654. — Tissu élastique formant la lamelle externe de la membrane vitrée (Smirnow).

FN, groupements fibrillaires, d'aspect pseudo-cellulaire.

D'après Venneman, la chorio-capillaire est un réseau de cellules etoilées, anastomosées, creusées en capillaires dans lesquels le nitrate d'argent ne décèle pas de contours endothéliaux. Les mailles sont remplies d'une substance homogène, molle, sans formes cellulaires. Cette substance homogène s'épaissit en dedans, sous l'épithélium, pour former la lame vitrée.

5° **Lame vitrée** (Arnold). — **Membrane élastique** (Kölliker). — **Membrane basale** (Henle). — C'est une membrane homogène de 0 μ.6 à 0 μ.8 d'épaisseur, adhérant à la couche précédente. Chez les sujets âgés et dans certains processus inflammatoires chroniques, il se développe des verrucosités, quelquefois très nombreuses, à sa surface interne.

D'après Sattler, elle est composée de deux lamelles, dont l'interne est anhiste et l'externe est formée d'un tissu réticulé fin et pâle. Dans ce tissu réticulé, Smirnow a vu un fin réseau de fibres élastiques qui, de face, peut donner des figures pseudo-cellulaires (fig. 654). Ces lamelles se voient mieux au voisinage de la papille, parce qu'en ce point, elles sont plus épaisses toutes les deux, surtout l'externe. En avant, la lame vitrée passe dans la région ciliaire, mais d'après Salzmann ses deux feuillets se séparent et dans l'intervalle on trouve un tissu conjonctif onduIé privé de vaisseaux.

Bord postérieur de la choroïde. — En arrière, la choroïde se termine autour du nerf optique par une sorte d'épaississement très riche en fibres élastiques et intimement uni au tissu scléral. C'est le *tissu limitant* d'Elschnig. La choroïde envoie en outre dans le nerf des petits vaisseaux et du tissu conjonctif formant les couches les plus antérieures de la lame criblée (*lame criblée choroïdienne*). Cette partie de la lame criblée contient peu de fibres élastiques. Chez le chien et d'autres animaux, elle est fortement chargée de pigment, comme la choroïde elle-même. — La lame vitrée de la choroïde se termine au contact du nerf optique sans y pénétrer; souvent son bord se replie en avant en ce point (Sagaguchi).

Tapis. — Lorsqu'on regarde à l'ophtalmoscope ou qu'on ouvre un œil de bœuf, de chien ou de chat, on est frappé par ce fait qu'une partie du fond de l'œil est verdâtre et très brillante, tandis que le reste est d'un brun sombre, terne comme le fond de l'œil humain ou celui du lapin. Si on enlève la rétine, le même aspect persiste et est même plus net. Le pinceautage de l'épithélium rétinien, qui n'est pas pigmenté à ce niveau ne modifie pas non plus l'aspect de la région. Cet aspect brillant est dû à une constitution particulière de la choroïde et c'est à cette disposition qu'on donne le nom de *tapis*.

La *structure du tapis* a été bien étudiée par Tourneux. Il est formé par l'interposition d'une couche spéciale entre la chorio-capillaire et la couche des gros vaisseaux. Il en existe deux types : le type cellulaire, qui se rencontre chez les carnassiers, et le type fibreux, chez les ruminants. Dans les deux types, il s'agit d'une couche de 100 à 200 μ d'épaisseur, appliquée immédiatement sur la chorio-capillaire et traversée perpendiculairement par d'autres capillaires qui font communiquer la chorio-capillaire avec la couche des gros vaisseaux. Chez les carnassiers, elle est formée de grandes cellules (iridocytes, cellules irisantes, cellules chatoyantes) polygonales, à 5 ou 6 pans, aplaties, ayant 40 μ de diamètre sur 3 ou 4 μ d'épaisseur. Le noyau est petit, sphérique et central. Le corps cellulaire est clivé en aiguilles d'apparence cristalline. Chez les ruminants, cette couche fondamentale est composée de faisceaux fibrillaires aplatis parallèlement à la surface de la choroïde et terminés en pointe à leurs deux extrémités. Leur longueur est de 200 à 300 μ environ. Entre eux se trouvent quelques cellules conjonctives fusiformes.

VAISSEAUX ET NERFS DU TRACTUS UVÉAL

Les vaisseaux et les nerfs des trois segments du tractus uvéal présentent trop de rapports entre eux pour être étudiés séparément à propos de chacun de ces segments.

D'après Leber, dont la description est devenue classique, le système circulatoire de l'œil est formé de deux territoires presque complètement indépendants. L'un de ces territoires comprend la rétine et la terminaison du nerf optique, l'autre comprend les deux autres membranes de l'œil, le tractus uvéal et la sclérotique avec un peu de tissu épiscléral. Entre les deux réseaux, il existe seulement quelques fines anastomoses au niveau du nerf optique. — Ici, il ne sera question que de la circulation du tractus uvéal.

Artères. — Les artères qui se distribuent au tractus uvéal portent le nom d'artères ciliaires. Il y en a 3 groupes :

a) *Artères ciliaires courtes postérieures.* — Elles naissent directement de l'artère ophtalmique ou de ses premières branches par 4 à 6 petits troncs qui se divisent en arrière du globe, de sorte qu'en arrivant à celui-ci, les artères ciliaires courtes sont au nombre de 20 environ. Elles traversent la sclérotique autour du nerf optique, plus près de lui en dedans qu'en dehors. En pénétrant dans la sclérotique, quelques-unes lui abandonnent de fins rameaux,

Dans leur trajet intra-scléral, quelques-unes de ces artères (2 à 4, situées généralement en dedans et en dehors) donnent des branches qui s'anastomosent entre elles et forment un anneau complet autour de l'entrée du nerf optique ; c'est l'*anneau vasculaire scléral de Zinn* ou *de Haller*, ou *cercle artériel du nerf optique*. De cet anneau vasculaire partent de petites branches pour l'extrémité du nerf optique, dans lequel elles s'anastomosent avec les vaisseaux rétiniens ; mais ses branches principales vont à la choroïde, où elles ont la même distribution que les rameaux des autres artères ciliaires courtes postérieures.

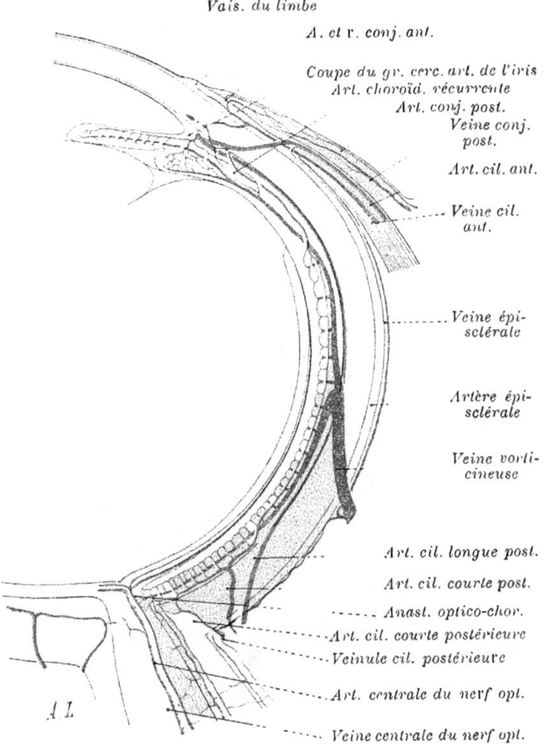

FIG. 655. Vaisseaux de l'œil (schéma de Leber).

b) *Artères ciliaires longues postérieures.* — Leur origine est la même que celle des ciliaires courtes. Elles sont au nombre de 2 et elles abordent la sclérotique, l'une en dedans, l'autre en dehors, un peu plus en avant que les ciliaires courtes. Leur trajet intra-scléral est extrêmement oblique. Elles cheminent ensuite sans se ramifier à la surface de la choroïde, jusqu'au niveau du muscle ciliaire.

c) *Artères ciliaires antérieures.* — Ce sont des rameaux des artères des

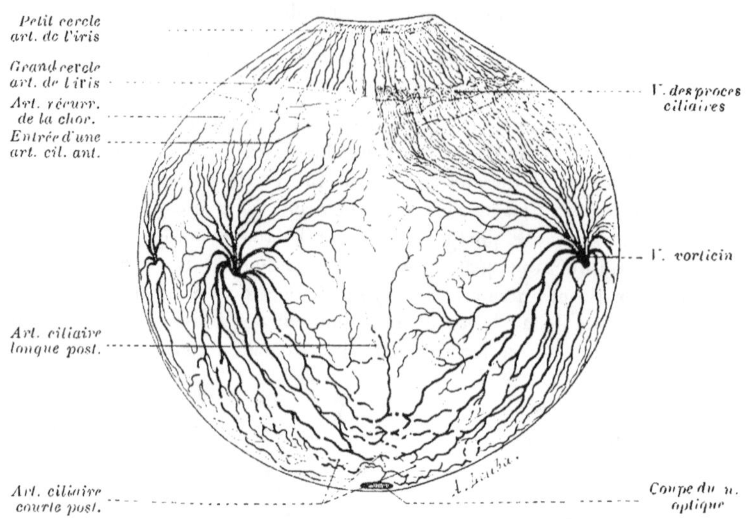

Fig. 656. — Vaisseaux du tractus uvéal (d'après Leber).

quatre droits muscles, dont elles suivent les tendons pour pénétrer dans la sclérotique. Elles sont généralement au nombre de deux pour chaque muscle, sauf pour le droit externe qui n'en a qu'une. Elles abandonnent des branches à la sclérotique et traversent cette membrane près du bord de la cornée.

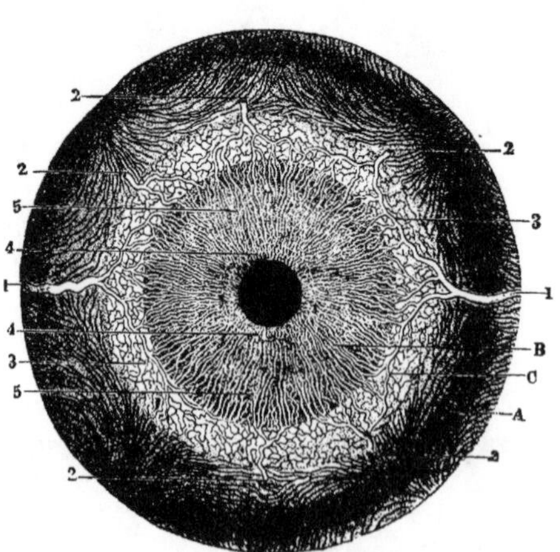

Fig. 657. — Artères de l'iris (Arnold).

A, choroïde. — *B*, iris. — *C*, muscle ciliaire. — 1, artères ciliaires postérieures longues. — 2, artères ciliaires antérieures. 3, grand cercle artériel de l'iris (anastomoses entre les artères ciliaires longues postérieures et les artères ciliaires antérieures) 4, petit cercle de l'iris. — 5, artères de l'iris.

De ces trois groupes d'artères, le premier est destiné à la choroïde, les deux autres au corps ciliaire et à l'iris.

Après avoir perforé la sclérotique, les ciliaires courtes postérieures se répandent dans la partie externe et moyenne du *stroma choroïdien*, en s'anastomosant entre elles. Certaines de ces artères se groupent plus particulièrement autour de la papille dans la zone équatoriale et dans la région maculaire. Les dernières ramifications des artères ciliaires courtes postérieures se terminent dans les capillaires de la membrane de

Ruysch. Leur territoire ne s'étend pas tout à fait jusqu'à l'ora serrata. Le bord antérieur de la choroïde reçoit des artères récurrentes dont les ramifications s'anastomosent avec le réseau postérieur.

Le *muscle ciliaire*, la *région de l'orbiculus ciliaris* et le *bord antérieur de la choroïde* sont alimentés par des rameaux venant soit des artères ciliaires antérieures, soit des artères ciliaires longues postérieures. Les rameaux des artères ciliaires antérieures s'anastomosent entre eux un peu en arrière du grand cercle artériel de l'iris, formant un anneau incomplet dit *cercle artériel du muscle ciliaire*.

Les deux artères ciliaires longues postérieures, arrivées dans l'épaisseur du muscle ciliaire, se divisent chacune en une branche ascendante et une branche descendante. Les deux branches de chaque artère s'anastomosent avec les deux branches de l'artère opposée et avec les artères ciliaires antérieures, pour former un anneau artériel complet. Cet anneau situé en plein muscle ciliaire, mais près de la racine de l'iris, est nommé *grand cercle artériel de l'iris*. Chez quelques animaux (lapin) il se trouve dans l'iris même. Ses rameaux sont particulièrement destinés aux procès ciliaires et à l'iris.

Les artères des *procès ciliaires* naissent du grand cercle artériel de l'iris Chacune de ces artères est destinée, suivant son volume, à un ou à plusieurs procès ciliaires. Elles sortent du muscle ciliaire, pénètrent dans les procès ciliaires par leur extrémité antérieure et s'y divisent immédiatement en un grand nombre de rameaux anastomosés entre eux.

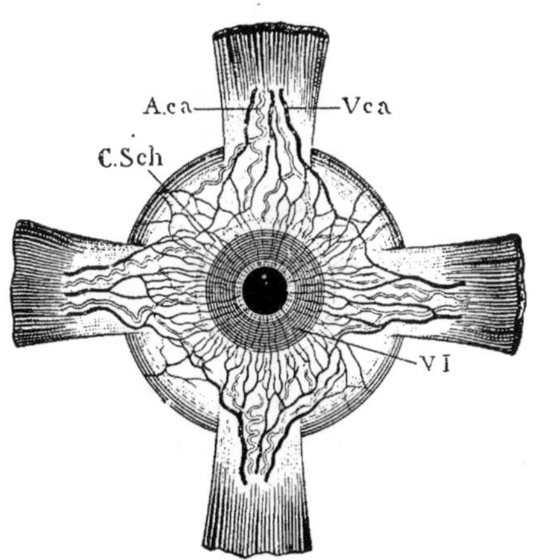

Fig. 658. — Artères et veines ciliaires antérieures (Sappey).

Les artères de l'*iris* naissent du grand cercle, souvent par des troncs communs avec les artères des procès ciliaires. Leurs ramifications suivent la face postérieure de l'iris suivant une direction radiaire et gagnent le bord pupillaire. Au voisinage de celui-ci, au point où s'insérait la membrane pupillaire, il existe des anastomoses transversales formant le *petit cercle artériel de l'iris*. Les artères de l'iris ont des parois relativement très épaisses.

Du grand cercle artériel de l'iris part aussi un troisième groupe de branches, les artères récurrentes, qui vont s'anastomoser avec les artères choroïdiennes, branches des artères ciliaires postérieures.

Veines. — Leur disposition est très différente de celle des artères. Tandis que le tractus uvéal comprend deux territoires artériels, antérieur et postérieur, d'importance à peu près égale, ses deux territoires veineux sont d'importance très inégale : l'un, celui des *veines ciliaires antérieures*, reçoit seulement une

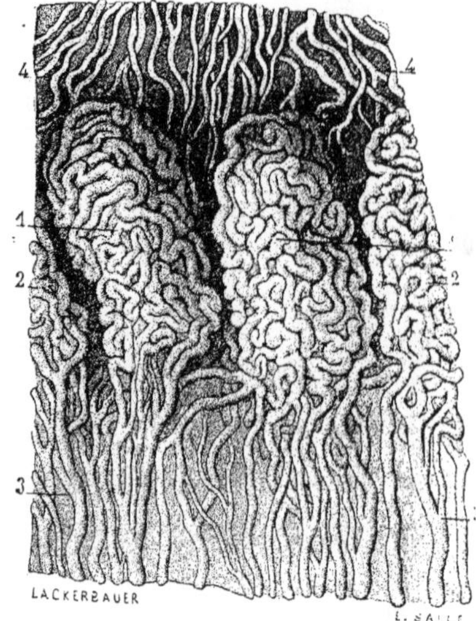

FIG. 659. — Plexus veineux des procès ciliaires. Gr. 40 D. (Sappey).

1, 2, procès ciliaires. — 3, veines allant des procès ciliaires aux vasa vorticosa. — 4, veines de l'iris venant se jeter dans le plexus des procès ciliaires qu'elles contribuent à former.

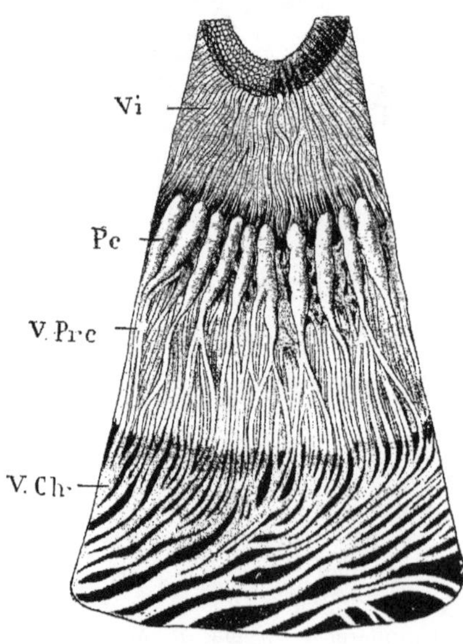

FIG. 660. — Veines du segment antérieur du tractus uvéal, vues par la face interne (Sappey).

Pc, procès ciliaires. — *V.Ch*, veines de la choroïde. — *Vi*, veines de l'iris. — *VPrc*, veines des procès ciliaires.

partie des vaisseaux du muscle ciliaire; l'autre, celui des *veines vorticineuses*, reçoit le sang de presque tout le reste du tractus uvéal.

D'après Sappey, les veines de la *choroïde* naissent brusquement par la fusion de 12, 15, 20 capillaires à direction convergente et formant un petit tourbillon (fig. 652), puis ces veines se réunissent avec d'autres, gagnent la couche des gros vaisseaux et là forment de grands tourbillons, visibles à l'œil nu, dont chacun est le centre d'une *veine vorticineuse*.

Les veines des *procès ciliaires* forment des pelotons limités en avant par une arcade veineuse et terminés en arrière par cinq ou six veines longitudinales qui, tout en se groupant, gagnent le réseau vorticineux.

Les veines de l'*iris* ont une disposition rayonnée parallèle à celle des artères, mais elles occupent un plan plus profond. Elles s'anastomosent entre elles et, dans la zone ciliaire, s'unissent aux veines des procès ciliaires pour gagner les veines vorticineuses. D'après Leber, aucune de ces veines ne va au canal de Schlemm.

Les veines du *muscle ciliaire* vont en partie en arrière s'unir aux précédentes. Les autres se dirigent en avant, pénètrent dans la sclérotique, entrent en relation avec le canal de Schlemm et se jettent dans les *veines ciliaires antérieures*. Ces veines sont plus petites que les artères correspondantes, ce qui tient surtout à ce que leurs rameaux intra-oculaires sont beaucoup moins importants.

Au voisinage du nerf optique, il existe des anastomoses entre les veines de la choroïde et les branches de la veine centrale du nerf optique. (Voir *Vaisseaux rétiniens*).

Les veines ciliaires courtes postérieures ne proviennent que de la sclérotique.

Veines vorticineuses. — Elles sont généralement au nombre de quatre. Ce sont des veines relativement volumineuses. Elles traversent la sclérotique un peu en arrière de l'équateur, en quatre points symétriques placés dans les méridiens obliques en haut et en dehors, en haut et en dedans, en bas et en dedans, en bas et en dehors. Leur trajet intra-scléral de l'intérieur vers l'extérieur est légèrement oblique en arrière. A la sortie de la sclérotique, elles décrivent plusieurs sinuosités et vont se jeter, les deux supérieures dans la veine ophtalmique supérieure, les deux inférieures dans la veine ophtalmique inférieure.

Parfois une ou deux de ces veines sont en quelque sorte dédoublées et il existe cinq ou six veines vorticineuses. D'après Schoute, il existe parfois une ou deux veines vorticineuses tout près du point d'entrée du nerf optique ou dans son voisinage.

A leur sortie de la sclérotique, les veines vorticineuses reçoivent de petites veines épisclérales dont quelques-unes leur constituent des anastomoses avec les veinules ciliaires postérieures.

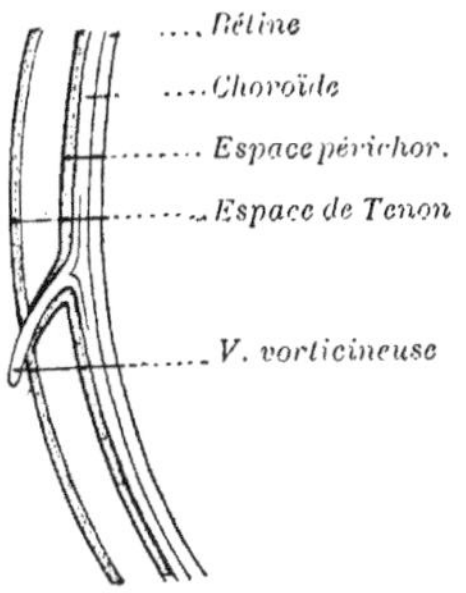

Fig. 661. — Espace lymphatique entourant une veine vorticineuse (Schwalbe).

Lymphatiques. — Il n'existe pas de véritables canaux lymphatiques dans le tractus uvéal, mais de nombreux et grands espaces lymphatiques dans le tissu lâche qui forme son stroma. Il existe en outre des gaines périveineuses dont la réunion forme les gaines des veines vorticineuses. D'après Schwalbe, ces gaines, dans leur trajet intra-scléral, enveloppent complètement la veine dans la partie interne de ce trajet et occupent seulement la partie postérieure de la veine pour la dernière portion du trajet (fig. 661). En sortant de la sclérotique, la gaine lymphatique se jette dans l'espace de Tenon.

D'après Venneman, les gaines péri-vasculaires elles-mêmes n'existent pas en tant qu'espaces ouverts, mais les gaines conjonctives délicates qui entourent les vaisseaux et les nerfs traversant la sclérotique n'en sont pas moins des voies de prédilection pour la diffusion des liquides.

Nerfs. — Le tractus uvéal est abondamment pourvu de filets nerveux. On les divise en nerfs ciliaires courts, branches du ganglion ophtalmique, et nerfs ciliaires longs, branches du nasal (t. III, p. 914).

Après avoir perforé la sclérotique au pourtour du nerf optique, les nerfs ciliaires cheminent entre la sclérotique et la choroïde, dans l'épaisseur de la lamina fusca, pour gagner le muscle ciliaire.

Parfois le tronc d'un nerf ciliaire peut former une duplicature dans l'épaisseur de la sclérotique. Le nerf, qui était dans l'espace supra-choroïdien, se dirige brusquement en dehors à travers la sclérotique, mais, arrivé près de la surface externe de cette membrane, il revient en arrière en suivant le même trajet intra-scléral, puis continue son trajet dans l'espace supra-choroïdien. Sur certaines coupes, on peut avoir ainsi l'apparence presque complète d'un nerf volumineux traversant la sclérotique et se divisant immédiatement au-dessous en deux branches égales, dirigées l'une en avant, l'autre en arrière (Axenfeld, Naito).

Dans leur trajet sous-scléral, les nerfs donnent des rameaux nombreux à la *choroïde*. Ces rameaux, formés de fibres à myéline et de fibres sans myéline, s'anastomosent et forment un réseau dans l'épaisseur de la lamina fusca; les branches de ce réseau se rendent surtout aux artères et à la couche choriocapillaire.

Bietti décrit un réseau spécial en rapport avec la lame vitrée, situé probablement sur sa face externe. Ce réseau est constitué par des faisceaux entre-croisés et anastomosés entre eux, formant des mailles très irrégulières et donnant des fibrilles qui forment à l'intérieur de ces mailles d'autres mailles plus fines.

A la surface du *muscle ciliaire*, les nerfs ciliaires se divisent et forment un plexus serré. Celui-ci donne des rameaux nombreux au muscle et à l'iris, quelques rameaux récurrents à la région de l'orbiculus ciliaris et des rameaux externes pour la cornée.

Les rameaux musculaires pénètrent dans le muscle et vont autour de ses fibres. Leurs terminaisons ne sont pas connues.

Les nerfs de l'*iris* constituent un réseau d'où partent 3 groupes de fibres : *a*) des fibrilles dirigées vers la face postérieure où elles forment un réseau très fin : elles sont sans doute destinées au dilatateur, d'autres fibrilles très fines vont au sphincter; *b*) des fibres à myéline dirigées en avant et se terminant par des fibrilles nues qui forment un épais réseau près de la face antérieure; elles paraissent être sensitives; *c*) enfin un troisième réseau destiné aux vaisseaux.

Cellules nerveuses. — La plupart des auteurs (Iwanoff, etc.) admettent l'existence de cellules nerveuses dans le tractus uvéal. Dans la choroïde, ce sont des cellules multipolaires très nombreuses, surtout dans les couches superficielles. Dans le muscle ciliaire, ce sont des cellules bipolaires plus rares. — Dans l'iris, la question a été plus discutée. On admet généralement qu'il ne contient pas de cellules ganglionnaires; c'est notamment l'opinion d'Andogsky. D'après cet auteur, on a pris pour des cellules ganglionnaires, tantôt des cellules ramifiées du stroma, tantôt des cellules appartenant aux gaines nerveuses présentant des noyaux triangulaires à certains points de bifurcation des filets nerveux.

D'après Seidenmann (1899) il n'y a probablement pas de cellules nerveuses dans le tractus uvéal et on aurait pris pour des cellules nerveuses les cellules étoilées du stroma ou les points de division des fibres nerveuses privées de myéline.

Bibliographie. — AGABABOW. *Journ. int. d'Anat. et de Phys.*, t. 14, 1897. — AGABABOW et ARNSTEIN. *Anat. Anz.*, t. 8, 1893. — ALEXANDER. *Arch. f. Anat. u. Phys.*, 1889. — ANDOGSKY. *Arch. f. Augenh.*, t. 34, 1897. — AXENFELD. *Soc. d'Heidelberg*, 1895. — BACH. *Arch. f. wiss. u. prakt. Thierheilk.*, 1894. — BARDELLI. *Ann. di Oft.*, t. 28, 1898. — BERGER. *Anat. norm. et path. de l'œil*, 1893. — BIETTI. *Le fibre nerv. della coroidea*, Pavia, 1897. — CHRETIEN. *Th. d'agr.*, Paris, 1876. — TH. COLLINS, *IXe Cong. int. d'oph.*, 1899. — D'ERCHIA. *Monit. zool. ital.*, t. 6. — GABRIÉLIDÈS. *Th. Paris*, 1895. — GREEFF. *Augenärztl. Unterrichtstafeln de Magnus*, Heft XII. — GRYNFELLT. *Th. Montpellier*, 1899. — GUTTMANN. *Arch. f. mikr. Anat.*, t. 49. — HACHE. *Acad. d. Sc.*, 1887. — HALM. *Wien. klin. Wochenschr.*, 1897. — HEERFORDT. *Anat. Hefte de Merkel et Bonnet*, t. 14. — HEINE. *Arch. f. Opht.*, t. 49, 1899. — IWANOFF. *Arch. f. Opht.*, t. 15, 1869; *Handb. d. gesammt. Augelh.*, 1re éd., 1874. — KIRIBUCHI. *Arch. f. Opht.*, t. 38. — KUHNT. *Arch. f. Opht.*, t. 25. — LEBER. *Journ. de l'Anat.*, 1866; *Handb. d. gesammt. Augenh.*, 1re éd., 1876. — H. MÜLLER. *Arch. f. Opht.*, t. 2. — NAITO. *Klin. Monatsbl. f. Aug.*, 1902. — G. RETZIUS. *Biol. Untersuch.*, t. 5, 1893. — ROCHON-DUVIGNEAUD. *Th. Paris*, 1892; *Précis icon. d'Anat. de l'œil*, 1895. — SAGAGUCHI. *Klin. Monatsbl. f. Aug.*, 1902. — SATTLER. *Arch. f. Opht.*, t. 22, 1876. — SCHOUTE. *Arch. f. Opht.*, t. 46. — SCHWALBE. *Hist. de Stricker*, 1871. — SEIDENMANN. *Th. Pétersbourg*, 1899. — SMIRNOW. *Arch. f. Opht.*, t. 47. — STUTZER. *Arch. f. Opht.*, t. 45. — TOURNEUX. *Journ. de l'Anat.*, 1878. TSCHERNING. *Congr. int. de méd., Sect. d'Opht.*, Paris, 1900. — WIDMARK. *Mitteil. aus. d. Augenkl. zu Stockholm*, 1901.

RÉTINE[1]

A propos du développement de cette membrane, on a vu qu'elle dérive entièrement du système nerveux et que, primitivement, elle tapisse toute la face interne du tractus uvéal, s'étendant en avant jusqu'au bord pupillaire. — Les deux segments antérieurs de la rétine embryonnaire, c'est-à-dire la portion irienne et la portion ciliaire, ont été décrits à propos de l'iris et du corps ciliaire, avec lesquels ils sont d'ailleurs fusionnés intimement. La partie optique de la rétine qui reste à décrire comprend la couche d'épithélium pigmentaire appliquée à la face interne de la choroïde et la rétine proprement dite.

Aspect de la rétine. — La rétine proprement dite est à l'état normal parfaitement transparente, sauf peut-être dans sa couche la plus externe (cônes et bâtonnets). Aussi, à l'examen ophtalmoscopique, on n'en voit que les vaisseaux. La coloration générale du fond de l'œil tient surtout à la pigmentation et à la vascularisation de la choroïde; cependant la présence du « pourpre rétinien » dans les bâtonnets peut contribuer, pour une petite part, à la teinte du fond de l'œil. Cette teinte varie beaucoup avec les individus : plus la choroïde et l'épithélium pigmentaire sont chargés de pigment, plus le fond de l'œil paraît uniformément noir; moins il y a de pigment, plus le fond de l'œil est rouge et mieux on y reconnaît le dessin des vaisseaux choroïdiens. — Chez les jeunes sujets, la surface interne de la rétine présente des reflets moirés surtout marqués au bord de la fovea centralis; chez l'adulte, on n'observe qu'un tout petit reflet au centre de la fovea. — D'autres modifications d'aspect dans la région de la fovea centralis et dans celle de la papille seront signalées à propos de ces régions. — L'aspect de la rétine et du fond de l'œil est exactement le même (à part la réplétion des vaisseaux rétiniens) sur l'œil fraîchement énucléé et ouvert largement; mais très peu de temps après l'énucléation ou après la mort, la rétine s'opacifie et prend une teinte blanche.

Elle se sépare avec la plus grande facilité de la choroïde (à laquelle l'épithélium pigmentaire reste adhérent), sauf à son bord antérieur et au pourtour de la papille, où elle est intimement unie aux parties profondes. Elle se présente alors sous l'aspect d'une fine membrane extrêmement friable.

Elle a la *forme* d'une calotte assez régulièrement sphérique, car la portion de la paroi oculaire qu'elle tapisse est justement la plus régulière. Elle répond à la surface de plus d'une demi-sphère; sur des coupes méridiennes de l'œil, sa coupe représente environ les deux tiers d'un cercle.

Son *épaisseur* varie de 0 mm. 1 à 0 mm. 4. Elle a son maximum au pourtour de la fovea et va en diminuant régulièrement vers la périphérie.

Elle présente une face externe, une face interne et un bord antérieur. La *face externe* est en rapport avec la choroïde dans toute son étendue et la *face*

1. Son nom actuel est la traduction de celui qui lui avait été donné par les anciens anatomistes grecs (ἀμφιβληστροειδὴς χιτών); il montre que ceux-ci la comparaient à un filet. Il est évident qu'il ne s'agissait pas de sa structure réticulée, mais bien de sa disposition générale, soit lorsqu'elle est en place, soit lorsqu'elle est décollée. Il est possible aussi que cette comparaison avec un filet ait été facilitée par ses rapports avec le corps vitré transparent et souvent fluide comme de l'eau.

interne avec le corps vitré auquel elle adhère légèrement. — Le bord antérieur, qui est bien net, forme l'*ora serrata*. En arrière, la rétine se continue avec la papille du nerf optique.

Prise en bloc, sa *composition chimique* est la suivante : Eau, 880 ; matières organiques, 110 ; sels, 10.

STRUCTURE DE LA RÉTINE

Dans sa *structure*, la rétine présente une grande complexité. Mais la facilité relative avec laquelle on peut l'isoler, la fixer, l'examiner, sa fonction bien définie, sa disposition en couches bien nettes, l'ont toujours fait choisir par les histologistes comme un objet d'étude préféré.

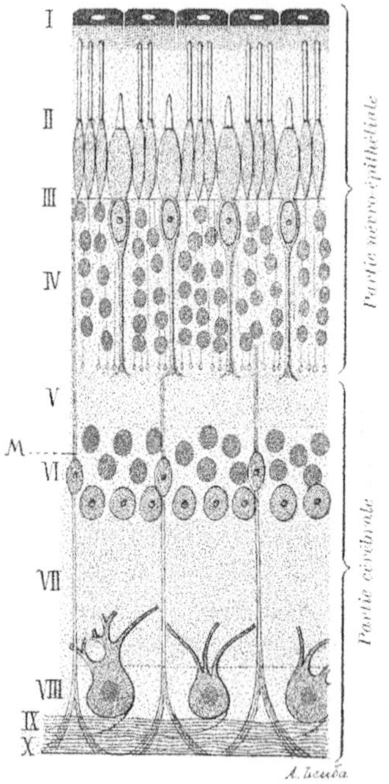

Fig. 662. — Coupe de la rétine. Coloration à l'hématoxyline. (Schéma de R. Greeff.)

I, epithelium pigmentaire. — *II*, couche des cônes et des bâtonnets. — *III*, membrane limitante externe. — *IV*, couche des grains externes (corps des cellules visuelles). — *V*, couche plexiforme externe. — *VI*, couche des grains internes ou couche des cellules unipolaires et bipolaires. — *VII*, couche plexiforme interne. *VIII*, couche des cellules multipolaires. *IX*, couche des fibres du nerf optique. — *X*, membrane limitante interne. — *M*, fibre de Muller.

Les nombreux travaux qui lui ont été consacrés peuvent être divisés en deux périodes d'après les méthodes de recherches employées. La première période comprend les recherches faites avec les fixateurs et colorants employés pour les autres tissus, et qui font voir en même temps, mais sans netteté, tous les éléments rétiniens, la differenciation n'existant guère que pour les noyaux cellulaires. La seconde période comprend les recherches faites avec les « méthodes révélatrices » de Golgi et d'Ehrlich, qui présentent le grand avantage de ne colorer à la fois qu'un petit nombre de cellules, et de les colorer avec tous leurs prolongements[1].

La première période avait été inaugurée par Heinrich Müller (1857), qui divisait la rétine en 8 couches. Après lui, la membrane limitante externe fut reconnue, et l'epithelium pigmentaire rattaché à la rétine, de sorte qu'on lui decrivit 10 couches. Mais les recherches de tous les auteurs de cette période sont surtout dominees et dirigées par l'idée qu'ils se font d'une *fibre rétinienne* unissant nécessairement d'une façon directe les éléments percepteurs aux fibres du nerf optique (Rochon-Duvigneaud).

Dans la seconde période, c'est l'étude des cellules qui a été poursuivie. On vit quelle enorme extension pouvaient prendre les prolongements protoplasmiques et, surtout par l'etude de leurs connexions, on put se faire une idée beaucoup plus exacte de leur fonctionnement. Dans cette voie, les travaux de Ramon y Cajal ont ete certainement les plus fructueux.

1. Ces deux groupes de méthodes semblent aussi differents dans leur mécanisme intime que dans les resultats qu'il fournissent. Dans les méthodes ordinaires, le colorant penetre le tissu et se fixe sur les éléments, sans doute par le fait d'une affinité chimique spéciale. Dans les méthodes de Golgi et d'Ehrlich, il semble au contraire que l'affinité chimique n'ait qu'un rôle secondaire et que l'impregnation des eléments cellulaires soit due surtout à un phénomène de capillarité : ce qui nous paraît le mieux en donner l'idée, est justement l'imprégnation d'une rétine fraiche au bleu de méthylene, car on peut suivre alors sous le microscope la pénétration de la matiere colorante le long des éléments.

A cause de la complexité de la rétine, il importe d'établir des divisions aussi nettes que possible dans son étude histologique. Les divisions employées seront les suivantes :

I. *Épithélium pigmentaire.* — Il forme à lui seul une véritable membrane spéciale, aussi bien par son développement, que par ses rapports avec la choroïde, à laquelle beaucoup d'auteurs le rattachent encore.

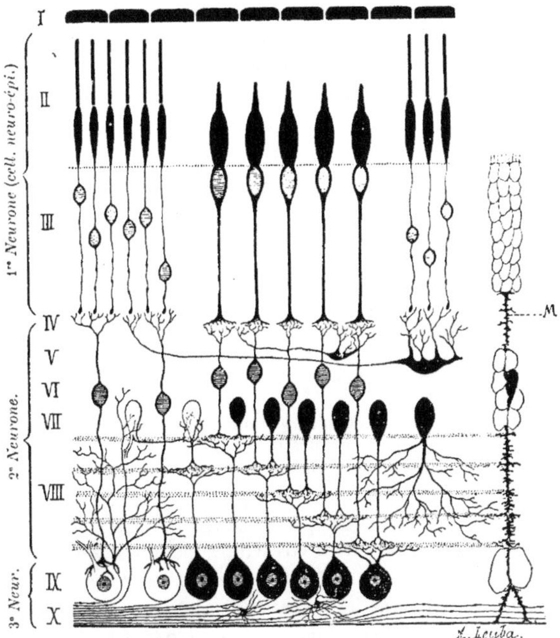

Fig. 663. — Coupe de la rétine. Coloration par la méthode de Golgi. (Schéma de R. Greeff.)

I, épithélium pigmentaire. — *II*, cônes et bâtonnets. — *III*, cellules visuelles. *IV*, couche plexiforme externe. — *V*, cellules horizontales. — *VI*, cellules bipolaires — *VII*, cellules unipolaires ou amacrines. — *VIII*, couche plexiforme interne (divisée en 5 zones ou étages). — *IX*, couche de cellules multipolaires. — *X*, couche des fibres nerveuses. — *M*, fibres de Muller dont les extrémités forment les membranes limitantes externe et interne.

II. *Éléments cellulaires.* — Les éléments cellulaires qu'on rencontre dans la rétine sont disposés de telle manière qu'aucun d'eux ne se trouve en entier dans une seule des couches classiques de la rétine et que, d'autre part, la plupart de ces couches sont formées par plusieurs sortes d'éléments. C'est pourquoi il nous a semblé préférable de séparer la description des couches de celle des cellules et de commencer par l'étude des éléments cellulaires.

III. *Connexions des éléments nerveux.*

IV. *Constitution des différentes couches.*

I. — ÉPITHELIUM PIGMENTAIRE.

Épithélium pigmentaire hexagonal (Greeff) ; *couche pigmentée de la rétine.*

L'épithélium pigmentaire est formé par un seul rang de cellules appliquées sur la membrane vitrée de la choroïde et, jusqu'à ce que son développement fût connu, on l'attribua à cette dernière membrane.

Les cellules ont de 12 à 18 μ de diamètre. Elles sont disposées avec une grande régularité. Vues de face, elles sont nettement séparées les unes des autres et présentent presque toutes un contour hexagonal (fig. 664, *a*); cependant quelques-unes ont 5 ou 7 côtés, et on peut même en trouver ayant 4 ou 8 et jusqu'à 12 côtés (Greeff). — Dans la région fovéale, elles sont petites et bien régulières; elles deviennent un peu plus grandes et moins régulières vers l'équateur, puis de nouveau plus petites, mais encore moins régulières vers l'ora serrata. La couche est plus sombre dans la région de la fovea centralis que dans le reste de la rétine.

Du côté de la choroïde, elles sont terminées par une extrémité légèrement convexe. Du côté opposé, elles présentent des prolongements qui pénètrent entre les cônes et les bâtonnets. Ces prolongements sont relativement plus courts chez les mammifères que dans les autres classes de vertébrés.

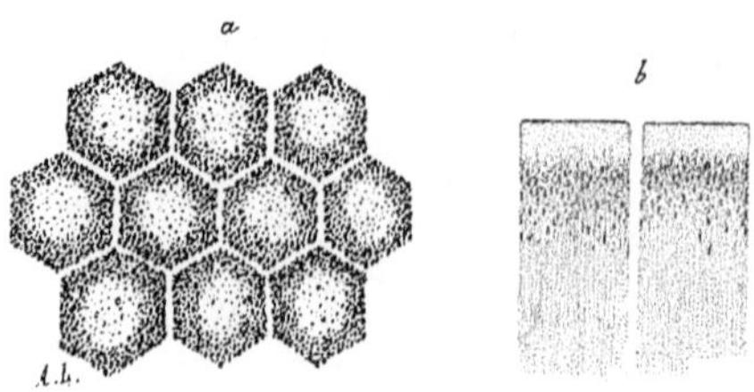

Fig. 664. — Cellules de l'épithélium pigmentaire de la rétine humaine (Max Schultze).

a. sommet ou face externe (appliquée sur la lame vitrée de la choroïde). — *b*, parties latérales.

Les cellules sont séparées les unes des autres dans leur moitié supérieure par une couche épaisse de ciment qui s'étend également sur leur face choroïdienne, formant ainsi un chapeau autour de leur extrémité supérieure. — Le protoplasma est incolore dans la partie supérieure des cellules et chargé de pigment dans la partie inférieure et dans les prolongements. Le pigment, substance nommée *fuscine* par Kühne, est brun foncé et formé par des grains arrondis et par de petites aiguilles ayant de 1 à 5 μ de longueur chez l'homme. Il n'y a que la forme en aiguilles dans les prolongements; les grains arrondis deviennent au contraire de plus en plus nombreux en remontant.

La forme même des aiguilles varie d'une espèce animale à l'autre. Chez l'homme, elles sont relativement courtes et à pointes mousses (Greeff).

Cette forme en aiguilles est spéciale au pigment rétinien. Elle permet de le distinguer du pigment choroïdien ou des pigments pathologiques, même dans les yeux les plus altérés.

Le pigment manque complètement chez les albinos. En outre, chez les carnassiers et les animaux à sabot, le pigment manque au niveau du tapis clair de la choroïde (*tapetum lucidum*). Chez ces animaux, la choroïde et l'épithélium pigmentaire de la rétine sont ainsi privés de pigment dans la même région; mais la pigmentation de l'épithélium est aussi développée que chez les autres espèces au niveau du tapis sombre (*tapetum nigrum*).

Chez quelques poissons, particulièrement chez la brème, et chez quelques sauriens, il existe un tapis purement rétinien dû à la présence dans l'épithélium pigmentaire d'un pigment blanc. Ce pigment est formé par une substance calcique (*guanine*). Ses grains existent dans toutes les parties des cellules. A côté d'eux, on trouve aussi des grains de pigment ordinaire (fuscine). Chez la brème, par exemple, sur l'œil ouvert, on voit que le tapis rétinien occupe les deux tiers supérieurs du fond de l'œil, qui est d'un blanc brillant à son niveau. Ce tapis rétinien a permis d'observer l'existence du pourpre rétinien sur l'animal vivant. En effet, à l'examen ophtalmoscopique, le fond de l'œil se montre rouge à ce niveau lorsque l'animal a été laissé dans l'obscurité; ensuite on peut voir, pendant la durée de l'examen, la rétine blanchir sous l'action de la lumière.

Chez quelques animaux des différentes classes de vertébrés, mais non chez l'homme, on trouve encore dans l'extrémité choroïdienne des cellules deux sortes de gouttelettes, les unes formées d'une substance d'aspect graisseux, désignée sous le nom de *lipochrine* ou *lutéine*, et les autres formées d'une subtance d'aspect cireux dites *grains myéloïdes* ou *aleuronoïdes*.

Le *noyau* est situé dans la partie supérieure, non pigmentée, de la cellule (fig. 665). Il refoule dans une certaine mesure les granulations pigmentaires situées au-dessous de lui, de sorte que, dans certaines préparations vues de face, les cellules paraissent plus claires au centre (fig. 664, *a*). Certaines cellules contiennent deux noyaux.

Sous l'action de la lumière, les prolongements inférieurs des cellules subissent un allongement plus ou moins grand suivant les espèces animales (fig. 665, B). Chez les amphibies et les oiseaux, cet allongement est quelquefois considérable et les prolongements peuvent même atteindre la membrane limitante externe. Par le fait de ce mouvement, les cônes et surtout les bâtonnets sont en partie soustraits à l'action de la lumière.

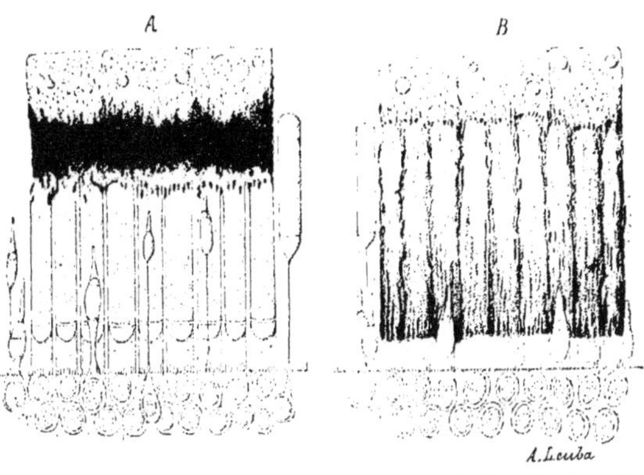

FIG. 665. — Action de la lumière sur les cellules pigmentaires et les cônes, chez la grenouille (van Genderen Stort, 1887).

A, obscurité : les cellules pigmentaires sont rétractées et les cônes allongés. *B*, lumière : les prolongements des cellules pigmentaires descendent jusqu'au voisinage de la limitante externe ; les cônes sont rétractés.

Kühne a montré que la présence de l'épithélium pigmentaire est indispensable à la sécrétion du pourpre rétinien contenu dans les segments externes des bâtonnets. Par sa situation entre les capillaires choroïdiens et les parties externes de la rétine, qui sont dépourvues de vaisseaux, cet épithélium est évidemment appelé à transmettre à la rétine un certain nombre de matérieux nutritifs. D'ailleurs, sur le vivant, la rétine décollée, c'est-à-dire séparée de cet épithélium, dégénère très rapidement.

II. ÉLÉMENTS CELLULAIRES DE LA RETINE

Les éléments cellulaires propres de la rétine proviennent tous de l'ectoderme. Les uns sont de nature nerveuse (ou neuro-épithéliale pour quelques-uns), les autres de nature névroglique.

La disposition des éléments nerveux a permis de les diviser en éléments à conduction directe ou centripète (les plus nombreux), éléments d'association et éléments à conduction inverse ou centrifuge (les moins nombreux). Pour le premier groupe, le sens de la conduction est certain ; pour les deux autres, la fonction supposée par ces dénominations est extrêmement probable.

On a ainsi quatre groupes d'éléments :

A, éléments nerveux à conduction centripète ;

B, éléments nerveux d'association ;

C, éléments nerveux à conduction centrifuge ;

D, éléments névrogliques.

A. — ÉLÉMENTS A CONDUCTION CENTRIPÈTE

Ce sont les plus nombreux, les mieux connus et, il semble, les plus importants.

Lorsqu'on examine une rétine colorée au moyen d'un colorant nucléaire, on voit ressortir avec évidence trois rangées régulières de noyaux séparées par deux intervalles clairs (les couches plexiformes). Ces trois rangées de noyaux sont constituées pour la plus grande partie par les noyaux des cellules à conduction centripète.

Celles-ci sont en effet de trois sortes différentes (une sorte dans chaque couche de noyaux) : *cellules visuelles* en dehors, *cellules bipolaires* au milieu et *cellules multipolaires* en dedans.

Parfois on les nomme les trois neurones de la rétine : externe, moyen et interne, ou premier, deuxième et troisième, en allant de dehors en dedans, c'est-à-dire en suivant le sens de la conduction lumineuse.

CELLULES VISUELLES

Elles comprennent deux sortes d'éléments : *cellules à cônes* et *cellules à bâtonnets*; mais ceux-ci présentent les mêmes parties : un prolongement externe[1], cylindrique ou conique, relié plus ou moins directement à un corps cellulaire formé principalement d'un noyau et se continuant avec un prolongement interne terminé par un renflement. Dans la série des vertébrés, on en rencontre un grand nombre de variétés, plus ou moins faciles à rattacher à l'un des deux types principaux. Ces deux types existent seuls chez l'homme.

Cellules à bâtonnets

Elles comprennent, en allant de dehors en dedans : le bâtonnet, le prolongement cellulaire externe, le corps cellulaire et le prolongement interne.

Bâtonnets. — Chez l'homme, on peut les considérer comme cylindriques dans leur ensemble. Ils sont plus hauts dans la partie postérieure de l'œil (60 μ) qu'en avant (40 μ). Leur diamètre est de 1,5 à 2 μ. Ils sont formés par deux parties nettement séparées, les segments externe et interne.

Segment externe. — Le segment externe est régulièrement cylindrique. Il n'y a ni amincissement, ni renflement aux extrémités. L'extrémité externe est terminée par une surface plane, aux angles légèrement arrondis, l'extrémité interne par une surface convexe articulée avec le segment interne.

Sa surface présente de petites rainures longitudinales, mais à direction légèrement inclinée sur l'axe, de sorte que leur trajet forme des spirales très allongées (fig. 666 *a*). D'après Max Schultze, sur des coupes transversales de bâtonnets, on voit ces rainures se prolonger sous forme de fentes radiaires (fig. 666 *b*). Pour Greeff, ces rainures sont particulièrement nettes chez la grenouille, mais existent aussi chez les mammifères : il les considère comme des empreintes dues aux prolongements protoplasmiques des cellules pigmentaires.

La longueur des segments externes des bâtonnets est de 30 à 50 μ chez l'homme.

Ils sont formés par une enveloppe et un contenu. L'enveloppe est sans structure, elle ne recouvre pas le sommet (Greeff). Le contenu est constitué par des petits disques disposés en pile de monnaie et unis entre eux par une mince couche de ciment.

1. Sur les dessins de rétine, les parties externes (par rapport à l'axe de l'œil) sont figurées en haut et les parties internes en bas. — Cette disposition est d'ailleurs également employée pour la choroïde et la sclérotique.

Le contenu du segment externe paraît complètement homogène à l'état frais; cependant, dans certaines conditions d'éclairage, on peut déjà y reconnaître une striation transversale répondant à la division en disques. Très peu de temps après la mort, cette striation devient très nette; elle est suivie bientôt d'une séparation des disques qui commence par l'extrémité libre du segment. Très souvent les disques commencent à se séparer tous sur le même côté du bâtonnet qui s'incurve par ce fait.

Ces disques ont à peu près la même épaisseur dans toute la série des vertébrés, de sorte que leur nombre est proportionnel à la longueur du segment externe. Cette épaisseur est relativement faible chez l'homme; elle est de 0 μ.45 à 0 μ.6 (Greeff). Chez certains animaux, elle peut s'élever jusqu'à 0 μ.88.

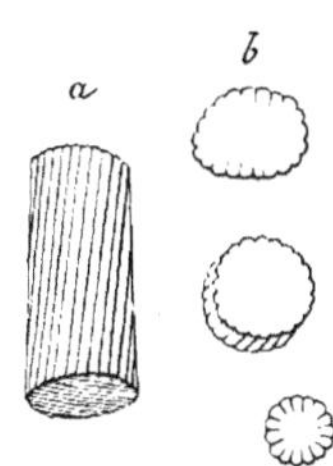

Fig. 666. — Segment externe de bâtonnets de triton. — Gr. 1000 D. (Max Schultze).

a, vue latérale. — *b*, disques isolés.

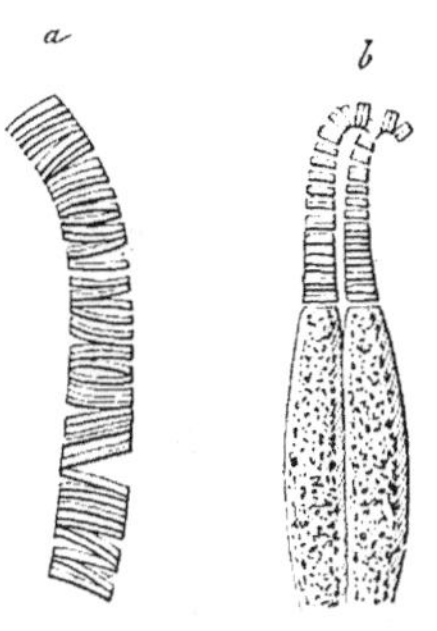

Fig. 667. — Segment externe des cônes et des bâtonnets. — Gr. 1000 D. (Max Schultze). Division en disques, dans le sérum.

a, bâtonnet (grenouille). — *b*, double cône (perche).

Pourpre rétinien (Rouge visuel, Erythropsine). — Cette substance a été étudiée surtout par Boll et par Kühne. Elle est contenue dans les segments externes des bâtonnets. Les cônes en sont totalement dépourvus, et elle manque complètement dans les rétines qui ne contiennent que des cônes.

Dans la rétine humaine, le pourpre rétinien manque au niveau de la fovea centralis, dans la partie qui ne contient que des cônes, ainsi qu'au bord antérieur de la rétine sur une étendue de 3 à 4 millimètres en arrière de l'ora serrata, bien que cette dernière région contienne des bâtonnets.

Le pourpre visuel est relativement résistant à la plupart des agents chimiques ou physiques, mais se détruit très vite sous l'action de la lumière. Cette propriété permet de faire avec la rétine d'un animal sortant de l'obscurité des sortes de clichés photographiques qu'on nomme optogrammes.

Si le pourpre rétinien est soumis à la lumière rouge, il passe par le jaune avant de se décolorer; s'il est soumis à la lumière bleue, il se décolore immédiatement sans passer par cette teinte jaune.

Le pourpre rétinien peut se regénérer complètement dans une rétine en 10 ou 15 minutes. Cette régénération ne se fait que lorsque les bâtonnets sont au contact de l'épithélium pigmentaire, mais elle se fait même après une séparation temporaire de l'épithélium et des bâtonnets. L'épithélium pigmentaire produit donc une substance qui passe ensuite dans les segments externes des bâtonnets et qui est indispensable à la formation du pourpre.

Segment interne. — Sa forme est également cylindrique, mais avec une portion moyenne légèrement renflée. En général, il est plus court que le segment externe. Chez l'homme, sa longueur est de 20 à 25 μ.

Dans son tiers externe, il renferme un *appareil fibreux* (Max Schultze) ou *corps intercalaire filamenteux* (Ranvier), composé de nombreuses fines aiguilles parallèles à l'axe du bâtonnet.

Chez les poissons, les amphibies, les oiseaux, cet appareil a pour équivalent l'*ellipsoïde* ou *corpuscule lentiforme* (*corps intercalaire* de Ranvier) mieux délimité, plus aplati et d'une forme variable suivant les espèces (biconvexe, biconcave, en ménisque). Il est formé par une substance homogène encore plus réfringente que les parties voisines du bâtonnet qui le sont déjà notablement.

Chez certains vertébrés inférieurs (triton, gecko), il existe au-dessous du corps intercalaire un autre corps, *corps accessoire* (Ranvier), dont les propriétés chimiques sont différentes.

La partie interne est formée par une substance transparente, parfaitement homogène à l'état frais, mais qui devient finement granuleuse peu de temps après la mort.

Le segment interne des bâtonnets se colore généralement un peu par les colorants nucléaires, tandis que le segment externe ne se colore pas. Au contraire, le segment externe, qui contient des matières grasses, se colore plus par l'acide osmique que le segment interne.

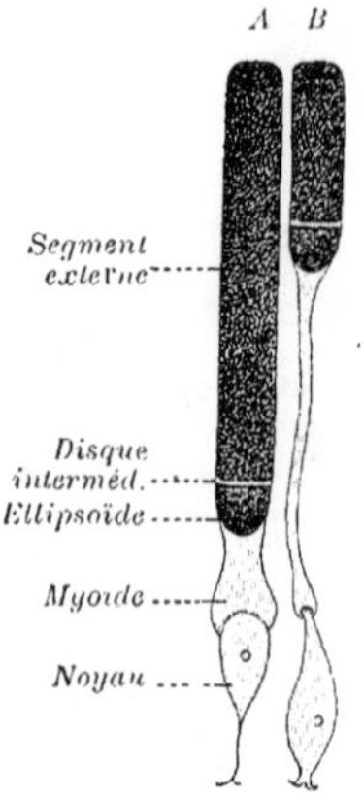

A B

Segment externe

Disque interméd.

Ellipsoïde

Myoïde

Noyau

FIG. 668. — Cellules à bâtonnets chez la grenouille (R. Greeff).

A, bâtonnet rouge. — *B*, bâtonnet vert.

Bâtonnets jumeaux. — Observés par Ranvier dans la rétine du gecko, ils sont analogues aux cônes jumeaux (voy. p. 1081).

Bâtonnets verts. — Ils se rencontrent chez la grenouille, où ils sont d'ailleurs beaucoup moins nombreux que les rouges. Leur segment externe est très court, moitié environ de celui des rouges, mais il est aussi gros et s'avance aussi loin vers la choroïde (fig. 668, B). On ne saurait encore affirmer si leur coloration, limitée au segment externe et disparaissant sous l'action de la lumière, tient à un simple contraste ou à la présence d'une substance verte (*vert visuel* ou *chloranopsine*).

Le segment interne présente un corps lentiforme identique à celui des bâtonnets rouges, mais au-dessous il est formé par un filament grêle, très allongé.

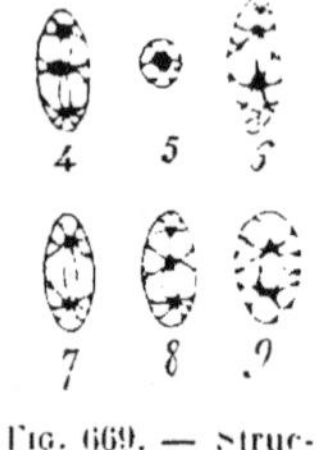

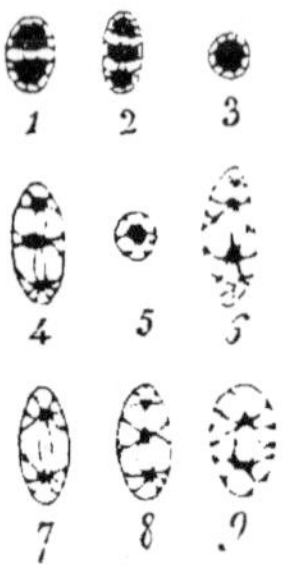

FIG. 669. — Structure des noyaux des bâtonnets. Gr. 1000 D. (R. Greeff).

1, 2, 3, chat. — 4, 5, veau. — 6, cheval. 7, 8, homme nouveau-né — 9, homme adulte — Les noyaux 3 et 5 sont vus par l'extrémité.

Prolongement cellulaire externe. — C'est un filament très fin, plus ou moins long suivant la situation du corps cellulaire dans la couche des grains externes. Il a un trajet légèrement sinueux entre les corps cellulaires placés au-dessus (fig. 663, III et fig. 673).

Corps cellulaire. — C'est ce qu'on nomme habituellement le *grain du bâtonnet*. Sa forme est un peu allongée dans le sens vertical. Il est constitué par le noyau entouré d'une très mince couche de protoplasma légèrement saillante aux deux extrémités où elle se continue avec les prolongements externe et interne.

Le *noyau* présente un caractère très particulier et qui a donné lieu à de nombreuses discussions; il est strié transversalement. Ce caractère, très net chez beaucoup d'animaux, l'est un peu moins chez l'homme. Il est dû à la disposition de la chromatine. Celle-ci forme deux ou trois masses qui, lorsqu'elles sont volumineuses, ne laissent entre elles qu'un ou deux espaces plans plus ou moins étroits. Cependant la chromatine du noyau n'est pas entièrement contenue dans ces masses, elle forme encore de très fins filaments qui unissent les masses entre elles ou à la paroi du noyau (fig. 669). La disposition est la même sur les rétines fraîches que sur les rétines durcies (Greeff et Löwenstamm).

Prolongement cellulaire interne. — Il est semblable au prolongement externe, mais il présente deux ou trois varicosités sur son trajet et est terminé par un renflement piriforme (*sphérule*) plus gros, entièrement dépourvu de fibrilles chez les mammifères, en présentant, au contraire, chez les oiseaux de jour, les amphibies, les reptiles (Voy. fig. 663, III et fig. 675).

Cellules à cônes.

Leur description se trouvera simplifiée par les nombreuses analogies qu'elles présentent avec les cellules à bâtonnets.

Cônes. — Ils comprennent également un segment externe et un segment interne. Leur forme et leurs dimensions varient assez régulièrement chez l'homme de la fovea centralis à l'ora serrata, comme le montre la figure ci-jointe de Greeff (fig. 670). Ils sont plus gros et plus courts que les cônes, sauf dans la région maculaire. Leurs dimensions varient beaucoup avec les espèces animales.

Segment externe. — Sa forme est nettement conique avec une pointe très aiguë. Il présente une enveloppe et un contenu ayant le même aspect que dans les bâtonnets. Mais l'enveloppe recouvre le sommet du cône alors qu'elle ne recouvre pas le sommet du bâtonnet (Greeff). Le contenu se divise également en disques après la mort (fig. 667). D'après Max Schultze, les disques sont un peu plus épais que ceux des bâtonnets.

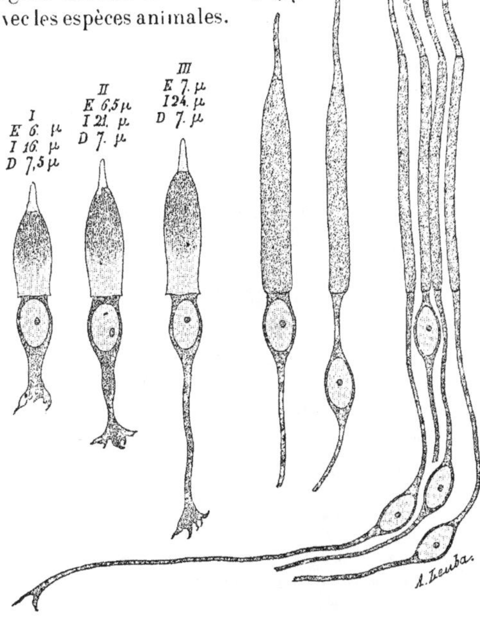

Fig. 670. — Cônes dans les différentes régions de la rétine (R. Greeff).

I, près de l'ora serrata. — *II*, à 3 mm. de l'ora serrata. — *III*, à distance égale de l'ora serrata et de la papille. — *IV*, à la périphérie de la fovea centralis. — *V*, dans la fovea centralis. — *VI*, au centre de la fovea centralis. — *E*, longueur du segment externe. — *I*, longueur du segment interne. — *D*, diamètre du segment interne.

Segment interne. — Sauf dans la région maculaire, il est assez gros et renflé au milieu (fig. 670). Il présente deux parties comme les bâtonnets, et sa substance paraît également semblable à celle des bâtonnets. Chez l'homme, le segment intercalaire occupe les deux tiers externes du segment interne. Le tiers interne est formé par une substance homogène qui, après la mort, devient rapidement granuleuse.

Certains animaux ont également, pour les cônes comme pour les bâtonnets, un *corps accessoire* au-dessus du corps intercalaire.

Cônes doubles et jumeaux. — Ce sont deux cônes accolés l'un contre l'autre, mais appartenant à deux cellules différentes. Souvent il s'en trouve un gros et un petit; quelquefois ils sont de volume égal. Ils manquent dans les rétines des mammifères.

Matière colorante des cônes. — Il n'en existe pas chez les mammifères, sauf chez les marsupiaux et les monotrèmes, mais on en rencontre dans beaucoup d'espèces des autres classes et surtout chez les oiseaux. A l'inverse de la matière colorante des batonnets, son siège est dans le segment interne. Elle se montre dans les globules colorés ou sous forme de pigment diffus.

Les *globules colorés* sont des sphérules graisseuses dont la coloration varie du rouge au vert en passant par le jaune. Il en existe même des bleues. Ils sont situés chacun à l'extrémité externe d'un segment interne qu'ils remplissent presque complètement entre le corps intercalaire et le segment externe. La hauteur des segments internes varie avec la couleur de la boule qu'ils contiennent. Ainsi on peut trouver sur une coupe transversale en allant de dehors en dedans, un rang de sphérules orangées, un rang de rouges, un second rang d'orangées un peu plus grosses que les premières, enfin un rang de petites sphérules vertes. Dans certaines espèces (grenouille), il existe des globules graisseux analogues non colorés.

Le *pigment diffus* est sous forme de petits grains rouges. Il se rencontre dans des cônes portant une sphère rouge.

Contractilité des cônes. — Ce phénomène consiste en un allongement plus ou moins grand de la partie interne du segment interne dans l'obscurité, de sorte que cette partie s'amincit et que le reste du cône est porté en dehors (fig. 665, A). Le phénomène inverse se produit sous l'action de la lumière (fig. 665, B). Le fait a été observé surtout sur la grenouille, mais on a pu le constater aussi sur des oiseaux et des poissons.

***Corps cellulaire* (*Grains des cônes*).** — Chez les mammifères et la plupart des poissons, les grains des cônes sont situés immédiatement au-dessous de la membrane limitante externe. Le grain est uni au segment interne des cônes par un segment très court à peine rétréci (fig. 670 et fig. 662, 663).

Fig. 671. — Structure des noyaux des cônes. — Gr. 1000 D. (R. Greeff).

1, cobaye. — 2, chien. — 3, homme nouveau-né.

Dans la fovea de l'homme et chez les espèces qui ont les grains de cônes sur plusieurs rangées, l'union du grain au cône se fait au contraire par un segment allongé, sensiblement plus grêle (fig. 670, V et VI) comparable au prolongement cellulaire externe des cellules à bâtonnets.

Le grain est beaucoup plus gros que celui des bâtonnets. Il a une forme un peu allongée de dehors en dedans. Il est rempli presque entièrement par le noyau. Cependant la couche de protoplasma est un peu plus épaisse que dans les grains des bâtonnets.

Le *noyau* est quelquefois strié transversalement comme celui des cellules à bâtonnets (Krause); mais généralement chez les mammifères, il ne contient au centre qu'une seule masse de chromatine plus ou moins volumineuse suivant les espèces. Celle-ci envoie de fins prolongements radiaires, terminés par des renflements d'où partent d'autres prolongements fins et courts fixés à la paroi du noyau (fig. 671) (Greeff et Lœwenstamm).

Prolongement interne. — Il part de l'extrémité interne du grain. Il est droit, non variqueux et plus volumineux que celui des cellules à bâtonnets. Il se termine par un pied étalé dont partent des fibrilles courtes, fines et non variqueuses.

Répartition des cônes et des bâtonnets.

1° *Chez l'homme.* — Dans la rétine humaine, cette répartition a été étudiée surtout par Max Schultze et par Koster. Les bâtonnets sont beaucoup plus nombreux que les cônes, mais en certains points, la proportion dans le nombre relatif de ces deux sortes d'éléments présente de grandes variations.

Dans la région de la fovea centralis, il n'existe que des cônes jusqu'à une distance moyenne de 0 mm. 25 à partir de son centre. Cependant, même dans cette région centrale, il existerait presque toujours un ou deux bâtonnets (Koster).

En s'éloignant du centre de la fovea, on voit les cônes se mêler peu à peu de bâtonnets, mais ceux-ci sont encore moins nombreux que les cônes jusqu'à

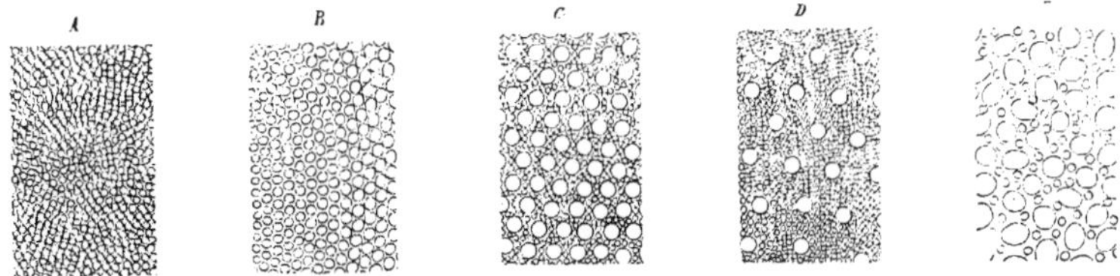

Fig. 672. — Cônes et bâtonnets, de face, dans les différentes parties de la rétine Gr. 270 D. (D'après Max Schultze.)

A, au centre de la fovea (Cônes seuls). — B, à 0 mm. 2 du centre de la fovea (cônes seuls). — *C*, à 0 mm. 8 du centre de la fovea (Cônes et bâtonnèts). — *D*, à 3 mm. du centre de la fovea. — *E*, à l'ora serrata — Le grossissement est un peu moindre en *D*, un peu plus fort en *E*.

0 mm. 4 du centre de la fovea. A 1 mm. 2 du centre de la fovea, on trouve dix ou onze fois plus de bâtonnets que de cônes. A 3 ou 4 millimètres du centre de la fovea, il y a environ vingt fois plus de bâtonnets que de cônes. Cette proportion reste sensiblement la même jusqu'au voisinage immédiat de l'ora serrata où les bâtonnets deviennent notablement plus rares, alors que les cônes sont encore aussi nombreux et peut-être même un peu plus nombreux que dans le reste de la rétine; mais, dans l'ensemble, les bâtonnets et les cônes y sont beaucoup plus espacés que dans les autres régions.

2° *Dans la série des vertébrés.* — Dans les différentes espèces animales, la proportion entre le nombre des cônes et celui des bâtonnets varie beaucoup d'une espèce à l'autre. Les différences tiennent surtout au genre de vie des animaux (prédominance de la vision diurne ou de la vision crépusculaire); c'est « un caractère d'adaptation et non un caractère générique » (Rochon-Duvigneaud).

Chez le singe, cette repartition est, dans la plupart des espèces, la même que chez l'homme. Chez les autres mammifères, la proportion reste en général à peu près la même (prédominance des bâtonnets), sauf en ce qui concerne la fovea qui manque chez eux. — Il en est de même chez les amphibies et les poissons. — Au contraire, chez les oiseaux, les cônes prédominent et chez la plupart des reptiles ils existent seuls. Chez beaucoup d'animaux nocturnes, mammifères, poissons et même oiseaux, les cônes manquent complètement ou à peu près.

D'après Renaut, les deux types existent chez les vertébrés inférieurs avec un développement à peu près égal. Dans beaucoup d'espèces, un type l'emporte considérablement sur l'autre. Dans ces variations, les bâtonnets disparaissent quelquefois complètement, mais les cônes restent toujours, au moins à l'état rudimentaire.

[A. DRUAULT.]

cause de leurs grandes dimensions, sont dites géantes et d'autres présentant un long prolongement vertical, dites à massues de Landolt. Les corps de ces différentes cellules sont assez semblables, elles diffèrent surtout par les prolongements.

Cellules bipolaires des bâtonnets. — Les *corps cellulaires* sont épais, allongés verticalement et formés par un noyau enveloppé d'une mince couche de protoplasma. De leur situation dans la couche des grains externes

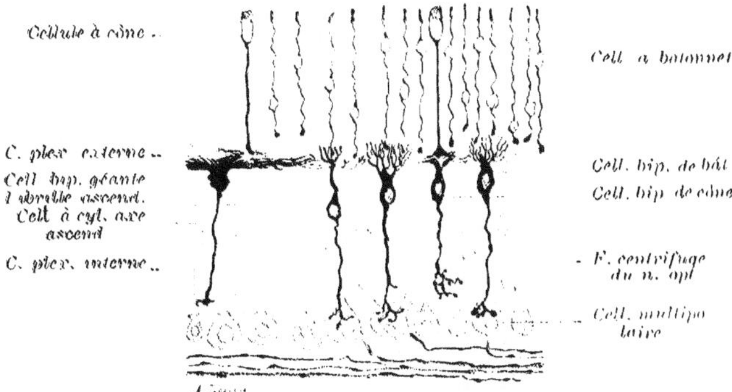

Fig. 673. — Éléments rétiniens conducteurs centripètes ou directs (en noir) et centrifuges ou inverses (en rouge). (chien). (D'après Cajal.)

dépend en partie la disposition des *prolongements ascendants*. Lorsque le corps cellulaire est haut placé, les prolongements en naissent isolément; lorsqu'il est situé un peu plus bas, les prolongements naissent par un tronc commun. Ils se terminent par des ramifications nombreuses, fines, à direction verticale.

Les dimensions relatives du panache ascendant sont très variables. Les cellules volumineuses ont un panache qui se met en rapport avec 15 ou 20 sphérules de bâtonnets, tandis que celui des plus petites ne touche que 3 ou 4 sphérules.

Le *cylindre-axe* est au contraire très long. Il traverse toute la couche plexiforme interne et se termine par une arborisation courte à branches grossières, moniliformes, renflées à l'extrémité. Cette arborisation s'étale le plus souvent sur le corps des cellules ganglionnaires. Dans quelques cellules, le cylindre-axe est plus court et se ramifie dans un étage quelconque de la couche plexiforme interne.

Cellules bipolaires des cônes. — Le *corps cellulaire* est ovoïde, vertical.

Le *prolongement protoplasmique* supérieur est gros, court et se divise assez brusquement en un grand nombre de branches horizontales. Il s'étale sur une étendue beaucoup plus considérable que celui des bipolaires spéciales aux bâtonnets.

Le prolongement inférieur constitue le *cylindre-axe*, qui descend dans la couche plexiforme interne et s'y termine par une ramification brusque, étalée

C'est la proportion très différente dans le nombre des cônes et des bâtonnets, en rapport avec les habitudes des différents animaux, qui a fait émettre par Max Schultze l'hypothèse de plus en plus admise que *les cônes servent surtout à reconnaître les couleurs, tandis que les bâtonnets ne donnent qu'une notion quantitative de lumière et sont plus sensibles que les cônes pour les petites quantités.*

Nature des cellules visuelles. — On les a considérées tantôt comme des cellules nerveuses, tantôt comme des cellules épithéliales ou encore comme des cellules neuro-épithéliales. Ce qui a permis ces diverses opinions, c'est, d'une part, que ces cellules proviennent du même groupe d'éléments embryonnaires que les autres cellules de la rétine dont la nature nerveuse est indiscutable et, d'autre part, qu'elles ont une situation particulière. En effet elles limitent, avec l'épithélium pigmentaire, la cavité de la vésicule oculaire primitive, cavité qui peut être considérée comme une extension de la surface épidermique. Mais l'étude du développement ne suffit pas à donner la signification de tous les tissus, puisque l'ectoderme peut engendrer des fibres musculaires. Ces cellules sont l'équivalent fonctionnel des cellules sensorielles des autres sens, c'est pour cette raison qu'elles ont été désignées ici également sous le nom de cellules neuro-épithéliales.

Quant au degré de parenté entre les cellules à cônes et les cellules à bâtonnets, il ne saurait se définir d'un mot en disant qu'elles sont ou ne sont pas de même nature. Les analogies de développement, de structure, de forme, de fonction sont nombreuses entre les deux sortes de cellules et en font évidemment des éléments anatomiques extrêmement rapprochés. Néanmoins il n'est pas démontré encore qu'on ait pu trouver de véritables formes de passage entre les deux types. Dans toutes les rétines où il y a les deux sortes d'éléments, on les distingue les uns des autres malgré leurs variétés de forme.

Fonction des cellules visuelles. — Les cellules à cônes et les cellules à bâtonnets sont les éléments chargés de recevoir les impressions visuelles. La première preuve en a été donnée par H. Müller en étudiant le déplacement de l'ombre des vaisseaux de la rétine dans certaines conditions. Cependant son expérience n'a pas un degré suffisant de précision pour indiquer exactement le point où l'impression lumineuse est perçue. La simple comparaison des éléments de la rétine avec ceux des autres appareils sensoriels montre d'une façon plus sûre encore que les cônes et les bâtonnets sont en somme de simples cils sensoriels et que, par conséquent, ce sont eux qui sont chargés de recevoir les impressions lumineuses.

De leurs deux segments interne et externe, celui qui semble plus particulièrement chargé de recevoir cette impression est le segment externe, à cause de sa situation plus périphérique et de son rapport plus immédiat avec les cellules pigmentaires qui ont certainement un rôle dans cette perception.

Le mécanisme même par lequel l'onde lumineuse agit sur ces éléments n'est pas connu. Parmi les nombreuses théories qui ont été données pour l'expliquer, il en est trois, d'ailleurs associables en partie, qui présentent plus de vraisemblance que les autres :

1° La perception de la lumière serait due aux qualités optiques spéciales des segments externes des cônes et des bâtonnets. Ils sont formés par une substance très réfringente et offrent par conséquent une grande résistance à l'entrée et à la sortie des rayons lumineux. En outre, ils peuvent être décomposés en disques dont l'épaisseur (0 μ 45 à 0 μ 6) est à peu près égale à la longueur d'onde des rayons visibles (Zenker, 1867). Ceux-ci ont en effet de 0 μ 4 (violet) à 0 μ 7 (rouge) dans l'air, soit un peu moins dans les points considérés, à cause de la différence de réfringence. Certains auteurs (Max Schultze, Renaut) pensent même que les mouvements des franges pigmentées qui s'abaissent avec la lumière bleue ou violette, se relèvent dans l'obscurité ou dans la lumière rouge, produisent dans le premier cas un raccourcissement des bâtonnets et des cônes, dans le second un allongement, phénomènes s'accompagnant nécessairement d'une diminution ou d'une augmentation d'épaisseur des disques, les accommodant ainsi à la longueur d'onde de la lumière agissante.

2° La lumière agirait sur les cônes et les bâtonnets en amenant des transformations chimiques des substances qu'ils contiennent. Une preuve de cette théorie est donnée par l'action de la lumière sur l'érythropsine contenue dans les segments externes des bâtonnets.

3° D'après Pizon, la lumière agirait sur les grains de pigment de l'épithélium pigmentaire auxquels elle imprimerait des vibrations. Celles-ci exciteraient mécaniquement les cônes et les bâtonnets.

CELLULES BIPOLAIRES

On en distingue deux sortes principales, suivant qu'elles sont en rapport avec les bâtonnets ou avec les cônes. En outre, il en existe quelques-unes qui, à cause de leurs grandes dimensions, sont dites géantes et d'autres présentant un long prolongement vertical, dites à massues de Landolt. Les corps de ces différentes cellules sont assez semblables, elles diffèrent surtout par les prolongements.

Cellules bipolaires des bâtonnets. — Les *corps cellulaires* sont épais, allongés verticalement et formés par un noyau enveloppé d'une mince couche de protoplasma. De leur situation dans la couche des grains externes

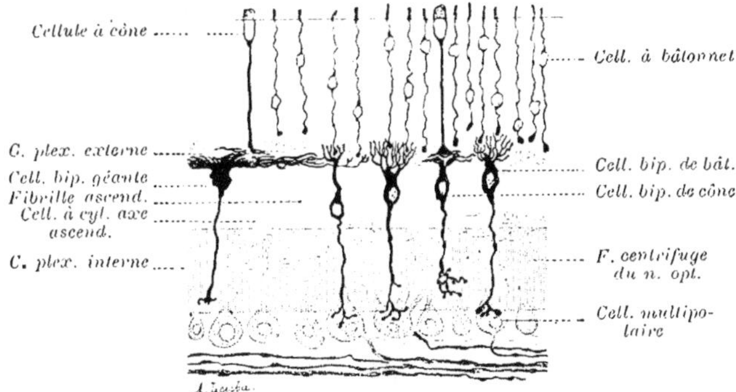

Fig. 673. — Éléments rétiniens conducteurs centripètes ou directs (en noir) et centrifuges ou inverses (en rouge), (chien). (D'après Cajal.)

dépend en partie la disposition des *prolongements ascendants*. Lorsque le corps cellulaire est haut placé, les prolongements en naissent isolément; lorsqu'il est situé un peu plus bas, les prolongements naissent par un tronc commun. Ils se terminent par des ramifications nombreuses, fines, à direction verticale.

Les dimensions relatives du panache ascendant sont très variables. Les cellules volumineuses ont un panache qui se met en rapport avec 15 ou 20 sphérules de bâtonnets, tandis que celui des plus petites ne touche que 3 ou 4 sphérules.

Le *cylindre-axe* est au contraire très long. Il traverse toute la couche plexiforme interne et se termine par une arborisation courte à branches grossières, moniliformes, renflées à l'extrémité. Cette arborisation s'étale le plus souvent sur le corps des cellules ganglionnaires. Dans quelques cellules, le cylindre-axe est plus court et se ramifie dans un étage quelconque de la couche plexiforme interne.

Cellules bipolaires des cônes. — Le *corps cellulaire* est ovoïde, vertical.

Le *prolongement protoplasmique* supérieur est gros, court et se divise assez brusquement en un grand nombre de branches horizontales. Il s'étale sur une étendue beaucoup plus considérable que celui des bipolaires spéciales aux bâtonnets.

Le prolongement inférieur constitue le *cylindre-axe*, qui descend dans la couche plexiforme interne et s'y termine par une ramification brusque, étalée horizontalement et dont les branches sont variqueuses. Cette ramification terminale se trouve tantôt dans l'un, tantôt dans l'autre des cinq étages de la couche plexiforme interne. Lorsqu'elle est dans l'étage le plus inférieur, ses branches peuvent toucher la face supérieure du corps de certaines cellules multipolaires bien que ce fait soit très rare.

Chez les batraciens, les reptiles et les oiseaux, le prolongement inférieur donne des ramifications étalées dans les différentes couches, de sorte que ses branches sont disposées comme celles d'un sapin (Renaut). Chez les mammifères, on peut observer exceptionnellement une ébauche de cette disposition consistant dans la presence d'une collatérale se ramifiant dans un étage plus élevé que celui de l'arborisation terminale.

Cellules bipolaires géantes (fig. 673). — Elles sont analogues aux précédentes, mais plus volumineuses, avec un panache supérieur formé de branches plus nombreuses et plus longues. Cette arborisation se met en rapport de préférence avec les pieds des cônes, mais elle présente aussi des épines ascendantes qui s'articulent préalablement avec les sphérules des bâtonnets.

Le prolongement descendant se termine comme celui des autres cellules bipolaires par une ramification aplatie et variqueuse ; cette ramification est presque toujours située dans l'étage le plus inférieur de la couche plexiforme interne.

Cellules bipolaires à massue de Landolt. — Ces cellules existent chez les batraciens et les reptiles, où elles sont très nombreuses, et chez les oiseaux. De la partie centrale de leur arborisation supérieure, ou d'une des grosses branches, part un prolongement flexueux, dépourvu de ramifications et terminé par un renflement, *massue de Landolt*. Ce renflement est situé dans la partie externe de la couche

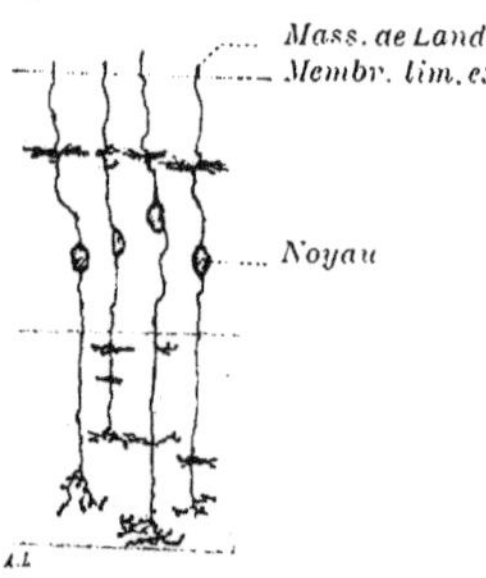

Fig. 674. — Cellules bipolaires à massue de Landolt (poule). (D'après Cajal.)

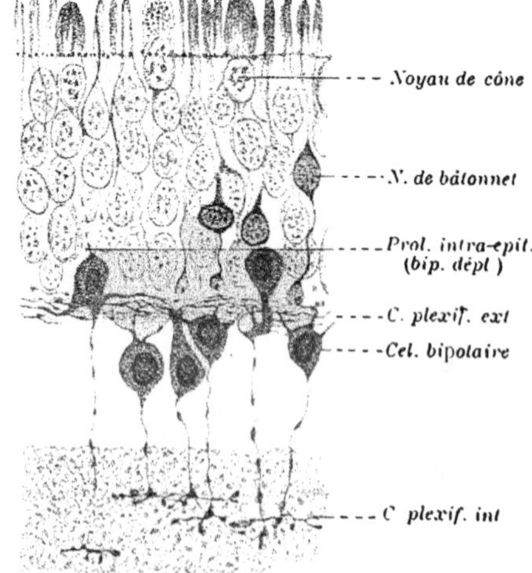

Fig. 673. — Cellules bipolaires de la retine (Dogiel).
Deux des cellules bipolaires figurees sont deplacees dans la couche des grains externes.

des grains externes. Il est conique et sa pointe pénètre à travers la limitante externe jusqu'entre les segments internes des cônes et des bâtonnets.

Chez l'homme, Dogiel a décrit une formation analogue constituee par un filament variqueux très sinueux traversant plus ou moins obliquement la couche des grains externes, pour se terminer sous la limitante externe par un petit renflement arrondi. Ramon y Cajal en nie l'existence chez les mammifères en general.

Cellules bipolaires déplacées. — Ces cellules ont ete decrites par Dogiel. Leur corps cellulaire est deplace et se trouve dans la partie inferieure de la couche des noyaux des cônes et des bâtonnets (fig. 675). Il peut être complètement inclus dans cette couche ou, au contraire, faire une saillie dans la partie externe de la couche plexiforme externe. Dans le premier cas, les prolongements protoplasmiques naissent par un tronc commun; dans le second, ils naissent isolément. Il y a une exception à faire pour le prolongement terminé par une massue de Landolt dont l'existence est, comme on l'a vu plus haut, admise chez les mammifères par Dogiel. Ce prolongement naîtrait alors le plus souvent de l'extrémité supérieure du corps cellulaire.

CELLULES MULTIPOLAIRES

On les désigne encore sous les noms de *cellules ganglionnaires* ou même de *cellules nerveuses*.

Le *corps cellulaire* présente des variations de volume et de forme assez grandes dans une même rétine et surtout dans les rétines des différents animaux. Son volume est généralement plus grand que celui des autres cellules rétiniennes. Chez l'homme, le diamètre du corps cellulaire varie de 10 à 30 μ. Les petites cellules sont de beaucoup les plus nombreuses. — La surface de la cellule est irrégulière, ce qui tient à la disposition des prolongements protoplasmiques naissant des différents côtés. — La couche de protoplasma enveloppant le noyau est plus épaisse que dans les autres cellules rétiniennes. La méthode de Nissl y décèle des granulations chromatophiles très irrégulières par leur nombre, leur volume et leur forme. A l'état frais, sans aucune coloration, on y voit seulement un réseau fibrillaire. Le noyau contient un nucléole et un réseau de chromatine très léger.

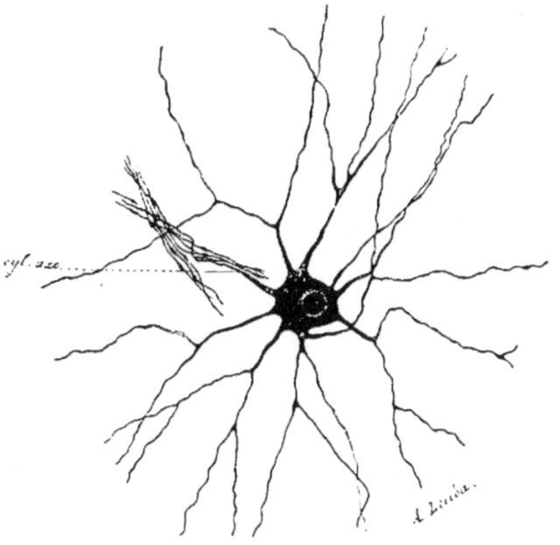

Fig. 676. — Cellule multipolaire de la rétine (Dogiel).

Outre les variations de dimension et de forme que le microscope montre parmi elles, ces cellules présentent encore un curieux exemple de variations dans leur constitution chimique, démontrées par l'action de certains poisons; c'est ainsi que celles de la région fovéale sont moins sensibles à l'intoxication quinique (Druault) et probablement plus sensibles à l'intoxication alcoolique que celle des autres parties de la rétine.

Le *cylindre-axe*, très long, constitue une *fibre optique*. Il gagne la papille, suit toute l'étendue du nerf optique et de la bandelette, et se termine par une arborisation dans les noyaux de la région pédonculaire, ordinairement dans le corps genouillé externe. Il présente une fine striation fibrillaire longitudinale. Jamais on ne lui voit de membrane d'enveloppe séparable. Il n'y a pas de noyaux appliqués à sa surface. Souvent on y observe des renflements, mais ceux-ci sont dus à l'action des réactifs. Le volume des différents cylindres-axes est très variable. D'après Max Schultze, les plus fins ont moins de 0 μ. 5 de diamètre et les plus gros 3 à 5 μ. Ils restent nus dans la rétine et prennent une gaine de myéline immédiatement en arrière de la lame criblée de la papille (voy. Nerf optique).

Cependant chez certains animaux (lapin), les cylindres-axes prennent une enveloppe de myéline dans la rétine, bien avant d'arriver à la papille. La même disposition peut s'observer chez l'homme comme anomalie; on voit alors, à l'ophtalmoscope, la région péripapillaire de la rétine présenter des taches blanches, plus ou moins grandes, situées presque toujours au bord même de la papille. Mais chez l'homme les fibres qui ont de la myéline dans ces taches en manquent ensuite au niveau de la papille, jusqu'en arrière de la lame criblée où elles prennent une gaine de myéline comme les fibres normales.

D'après Aubaret, le cylindre-axe (fibre optique) naît différemment sur la cellule, le plus souvent au niveau de l'un des angles orientés vers la couche des fibres optiques, quelquefois d'une expansion cellulaire s'enfonçant dans la couche plexiforme, exceptionnellement enfin au niveau d'un prolongement cellulaire interne en forme de T. Dans ce dernier cas, le prolongement se terminerait par deux fibres identiques, l'une, le cylindre-axe, dirigée vers la papille et l'autre à l'opposé (sans doute pour remonter à une certaine distance dans la zone plexiforme interne). Cette sorte de cellule en T — rencontrée chez le lapin — constituerait un type tout à fait spécial parmi les cellules multipolaires; mais comme elle n'a été observée que par la méthode d'Ehrlich, nous pensons qu'elle ne devra être considérée comme certaine que si la méthode de Golgi montre qu'il ne s'agit pas de l'accolement accidentel d'une fibre à une cellule étrangère.

Les *prolongements protoplasmiques* varient avec les cellules, et, d'après leur disposition, on divise ces cellules en cellules stratifiées et cellules diffuses.

Cellules multipolaires stratifiées. — Les prolongements s'étalent d'une façon analogue à celle des prolongements des cellules unipolaires dans un étage de la couche plexiforme interne, quelquefois dans deux étages, rarement dans trois. De même que les cellules unipolaires, les cellules multipolaires présentent un nombre de prolongements

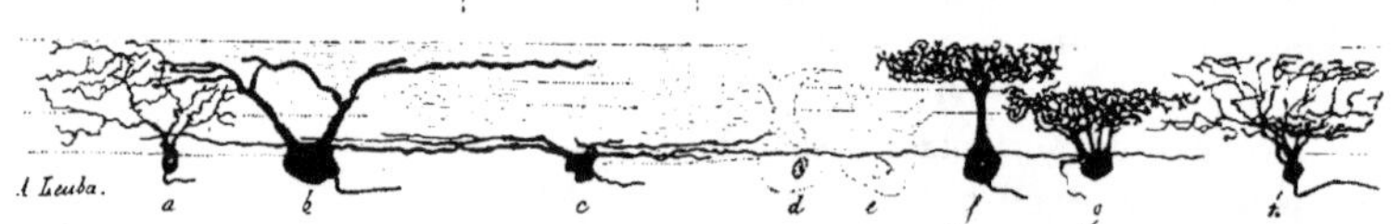

Fig. 677. — Cellules amacrines (en rouge) et multipolaires diffuses (en noir ; leurs prolongements protoplasmiques se ramifient dans la couche plexiforme interne (chien). (D'après Cajal.)

variable avec la distance de l'étage dans lequel elles envoient leurs ramifications. Celles qui sont destinées aux étages supérieurs et, par conséquent, les plus éloignés n'ont qu'un gros prolongement protoplasmique duquel partent toutes les ramifications. Celles qui sont destinées aux étages inférieurs et surtout au cinquième ont plusieurs branches protoplasmiques naissant du corps cellulaire. Ramon y Cajal en distingue un grand nombre de variétés :

a) *Cellules monostratifiées* formant cinq groupes, un pour chaque étage de la zone plexiforme interne; et dans chaque groupe il distingue deux ou trois types : petit, moyen, gros, géant, à arborisation étendue;

b) *Cellules bistratifiées* s'arborisant dans le deuxième et le troisième étages;

c) *Cellules tristratifiées.*

Cellules multipolaires diffuses. — Leurs prolongements se distribuent dans toute l'épaisseur de la couche plexiforme sans contribuer à la formation des zones de cette couche.

Cellules ganglionnaires jumelles. — Elles ont été observées surtout chez l'homme, notamment par Dogiel, Greeff, Renaut. Elles consistent en cellules associées par deux, au moyen d'un prolongement volumineux se continuant avec le protoplasma des cellules. Ce prolongement peut être court ou long. Il peut présenter quelques petits rameaux, mais il en est complètement dépourvu dans la plupart des cas.

Des deux cellules, une seule a un cylindre-axe. Elles peuvent être de volume égal ou inégal et, dans ce dernier cas, c'est la cellule dépourvue de cylindre-axe qui est la plus petite.

Cellules ganglionnaires déplacées. — Ces éléments découverts par Dogiel existent en très petit nombre chez les batraciens, les reptiles, les oiseaux. Ils sont décrits habituellement sous le nom de spongioblastes à cylindre-axe. Ils sont situés au milieu des cellules unipolaires et leurs prolongements protoplasmiques ont la même distribution, mais la présence d'un cylindre-axe se rendant dans la couche des fibres optiques montre que le rôle de ces éléments est le même que celui des cellules multipolaires. — Certaines cellules sont déplacées seulement dans la couche plexiforme interne.

B. — ÉLÉMENTS D'ASSOCIATION

On en connaît de deux sortes : les *cellules horizontales* et les *cellules unipolaires*. — Les noyaux de ces cellules appartiennent à la couche moyenne de noyaux (celle des cellules bipolaires). Les cellules horizontales forment la partie externe de cette couche et les cellules unipolaires sa partie interne.

CELLULES HORIZONTALES

Cellules basales (Ranvier); c. *étoilées*; c. *subréticulaires*; c. *du fulcrum tangentiel* (W. Müller).

Ces cellules étaient connues depuis longtemps, mais leur nature n'a été démontrée que récemment. Elles sont caractérisées par l'épaisseur notable de leurs branches protoplasmiques, et surtout par la présence d'une branche à direction horizontale, ayant les propriétés d'un cylindre-axe. Le nom de cellules horizontales leur a été donné par Ramon y Cajal à cause de la distribution de leurs rameaux dans le plan même où est situé le corps cellulaire. Grâce à cet étalement, elles ne peuvent être complètement observées que sur des coupes horizontales, c'est-à-dire parallèles à la surface. Leur volume et leur nombre sont en rapport avec l'abondance des bâtonnets.

On en distingue, d'après Cajal, trois sortes que l'on désigne, suivant leur situation et leur forme, en externes, internes sans prolongement descendant et internes avec prolongement descendant.

Cellules horizontales externes (fig. 678). — Elles siègent dans la région la plus externe de la zone des grains internes. Le *corps cellulaire* est très aplati. D'après le volume

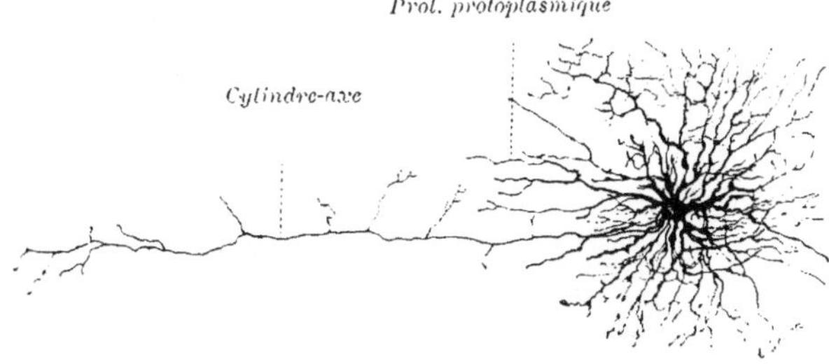

Fig. 678. — Cellule horizontale externe (bœuf). (D'après Cajal.)

ces cellules présentent *deux types*, l'un à *corps petit* (12 à 20 µ) et à peine saillant en dedans vers les bipolaires, l'autre à *corps très volumineux* (jusqu'à 40 µ) et présentant en dedans une éminence très saillante.

Les *prolongements protoplasmiques* sont extrêmement nombreux, très ramifiés, divergents, tout en restant horizontaux et variqueux. Aux points de bifurcation, il existe des renflements triangulaires. Les branches terminales sont très délicates, presque droites, longues et dépourvues de panache terminal. Ces prolongements présentent parfois des épines ascendantes qui traversent toute l'épaisseur de la couche plexiforme externe.

Le *cylindre-axe* naît ordinairement d'un gros prolongement protoplasmique, suit un trajet assez court, horizontal et souvent flexueux. Dans ce trajet, il émet des collatérales à angle droit qui se ramifient dans la couche plexiforme externe. Il se termine en se résolvant en quelques branches fines, variqueuses et terminées librement dans l'étage superficiel de la couche plexiforme.

Cellules horizontales internes avec prolongement protoplasmique descendant (fig. 679). — Le *corps cellulaire* est de forme conique avec la base tournée en haut.

Les *prolongements protoplasmiques* horizontaux partent de la base. Ils sont plus courts que ceux des cellules horizontales externes. Ils sont épais et, après quelques divisions

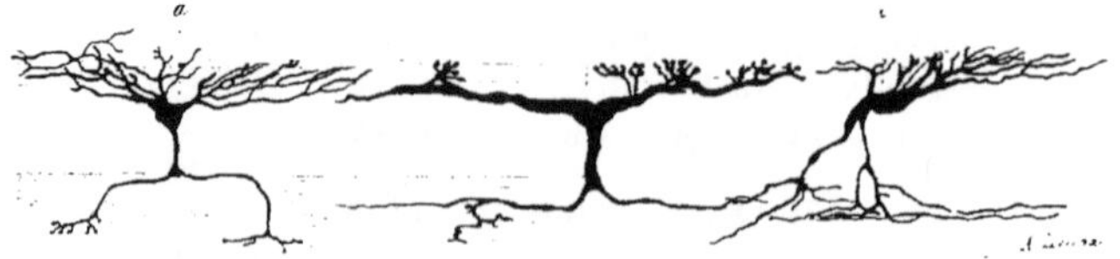

Fig. 679. — Cellules horizontales à prolongements descendants (bœuf). (D'après Cajal.)

dichotomiques, se résolvent en un panache de rameaux courts, variqueux, digitiformes, se terminant au moyen d'un renflement. Des appendices analogues se montrent aussi tout le long des branches principales.

Le *prolongement protoplasmique descendant* est généralement unique, très épais, vertical et se divise en deux branches dans la partie externe de la couche plexiforme interne. Ces branches se terminent par des ramifications en nombre très variable. Parfois le prolongement est double dès son origine, mais sa distribution reste la même.

Le *cylindre-axe* est très gros et très long. Dans son trajet, qui est horizontal, il reste à quelque distance de la zone plexiforme externe. Il n'a pas de collatérales et ne change

Fig. 680. — Cellule horizontale interne dépourvue de prolongement descendant et arborisation terminale du cylindre-axe d'une cellule analogue (bœuf). (D'après Cajal.)

jamais de direction. Cajal admet qu'il se termine dans l'épaisseur de la couche plexiforme externe au moyen d'arborisations libres d'énorme étendue. Les branches secondaires et tertiaires portent des épines ascendantes qui montent jusqu'entre les sphérules des bâtonnets.

Cellules horizontales internes sans prolongement descendant (fig. 680 et 681).

Fig. 681. — Cellules horizontales sans prolongement descendant (chien). (D'après Cajal.)

Elles sont moins connues que les précédentes (cellules à prolongement descendant). Les unes sont peu épaisses et ont un petit nombre de prolongements protoplasmiques. Les autres, plus volumineuses, ont des prolongements protoplasmiques plus nombreux. Le cylindre-axe est très volumineux, très long et semble analogue à celui des cellules à prolongement descendant.

Cellules horizontales déplacées. — Ce sont des éléments dont la nature n'est pas parfaitement établie. Ils ont été rencontrés par Cajal dans la partie inférieure de la couche des grains des cônes et des bâtonnets. Leur corps cellulaire est petit et de forme ovoïde; il émet des branches horizontales etalées dans la partie externe de la couche plexiforme externe (fig. 682). Parfois ces branches portent des épines ascendantes renflées à l'extrémité et pénétrant entre les boutons terminaux des bâtonnets.

Fig. 682. — Corpuscule ovoïde de Cajal (bœuf).

CELLULES UNIPOLAIRES

Spongioblastes (W. Müller); *cellules paraéticulaires* (Kallius); *cellules amacrines* (Cajal)[1].

Elles sont situées dans la partie la plus inférieure de la couche des grains internes, tout près de la couche plexiforme interne.

Leurs *corps cellulaires* sont un peu plus gros que ceux des bipolaires; ils sont également allongés dans le sens vertical.

Tous leurs *prolongements* partent de l'extrémité inférieure et sont semblables, de sorte qu'on ne peut, sauf dans une variété, y distinguer un cylindre-axe et des prolongements protoplasmiques. D'après leur morphologie, on les considère généralement comme des prolongements protoplasmiques. Au point de vue fonctionnel, il est plus probable que le courant nerveux y est cellulifuge et alors ils devraient être considérés comme des cylindres-axes.

Cajal en distingue trois variétés principales, d'après la disposition des prolongements :

Cellules amacrines stratifiées. — Ces cellules ont pour la plupart un seul prolongement épais, qui descend jusque dans l'une des zones de la couche plexiforme interne où

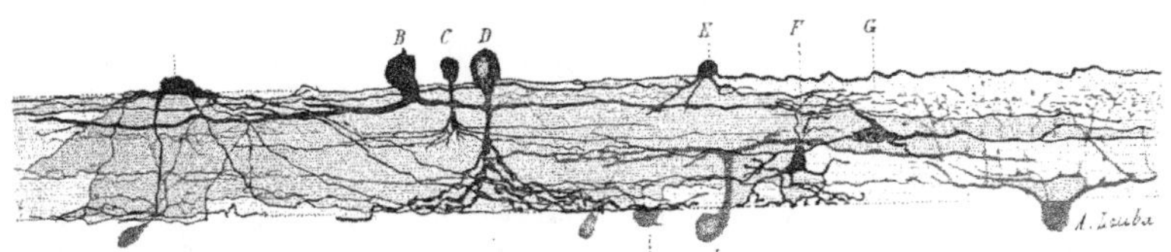

Fig. 683. — Cellules amacrines (en noir) et multipolaires stratifiées (en rouge); leurs arborisations s'étendent dans la couche plexiforme interne (bœuf). (D'après Cajal.)

il se ramifie en un grand nombre de branches horizontales. — Mais celles qui se ramifient dans les parties supérieures de la couche plexiforme ont au contraire des prolongements partant directement du corps cellulaire qui, par suite, présente une forme un peu différente.

Un certain nombre envoient des ramifications dans deux couches quelconques rapprochées ou eloignées.

Les *cellules amacrines déplacées* doivent être rattachées aux cellules amacrines stratifiées, car elles ont la même distribution.

Les unes sont situées dans la couche plexiforme interne. Elles ont une direction générale parallèle aux faces de la rétine. Leurs expansions se ramifient à plusieurs reprises et

1. Aucun des noms donnés à ces cellules ne leur convient parfaitement. Ceux de *spongioblastes* et de *cellules paraéticulaires* provenant de leurs rapports (de production ou de situation) avec la couche plexiforme interne, indiquent des caractères qui appartiennent également à d'autres cellules. Les noms de *cellules amacrines* (privées de prolongement long, c'est-à-dire de cylindre-axe) et de *cellules unipolaires* indiquent des caractères inconstants puisqu'il en est qui sont pourvues de cylindre-axe et d'autres qui ont plusieurs prolongements protoplasmiques.

s'étalent horizontalement sur une grande étendue. Parfois des branches terminales se portent dans un autre étage de la couche plexiforme interne.

Quelques-unes de ces cellules amacrines situées dans la couche plexiforme interne ont une arborisation dirigée en haut et une autre en bas. Ramon y Cajal les considère comme des cellules amacrines bistratifiées.

D'autres cellules amacrines sont déplacées jusque dans la couche des cellules multipolaires. On les appelle encore amacrines inférieures. Leur unique prolongement va se ramifier dans un des étages inférieurs de la couche plexiforme. Il forme une ramification etalee à plat dont les branches variqueuses sont extrêmement fines et serrées.

Cellules amacrines diffuses. — Elles envoient leurs prolongements dans toute la couche plexiforme sous-jacente, les unes (petites amacrines de Cajal) dans sa partie inférieure seulement, les autres (grandes amacrines diffuses) dans toute son étendue, mais surtout dans les étages inférieurs.

Spongioblastes d'association. — Ces cellules ont été découvertes par Cajal chez les oiseaux, mais elles existent aussi chez les reptiles et chez les mammifères.

Le *corps cellulaire* de ces éléments est situé généralement un peu en dehors de ceux des autres cellules unipolaires.

Le *prolongement protoplasmique* est volumineux. Il se divise dans la zone externe de la couche plexiforme sous-jacente. D'une part, il donne un bouquet de 2 à 4 branches

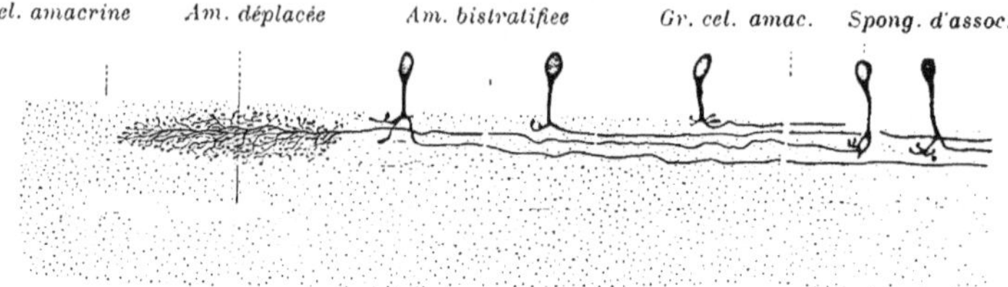

Fig. 684. — Cellules amacrines de la rétine du moineau (Ramon y Cajal).

courtes, variqueuses, quelquefois réduites à l'état de simples bourgeons. D'autre part, il envoie dans une direction horizontale un long rameau qui se termine par une arborisation serrée. Ce rameau peut être considéré comme le cylindre-axe. Il n'émet pas de collaterales sur son parcours. Dans son trajet, il se porte tantôt dans l'un, tantôt dans l'autre des plans de la portion la plus externe de la couche plexiforme interne, quelquefois à la limite de cette couche. Son arborisation terminale, aplatie, siège constamment dans l'epaisseur de la couche plexiforme, au-dessus du second étage; elle se fait dans un plan horizontal mince très régulier, de sorte que, sur les coupes perpendiculaires à la surface de la rétine, elle se présente sous forme d'un trait sans distinction possible des détails. Ses branches ne sont visibles que sur les coupes obliques ou sur les préparations à plat.

C'est très probablement autour des corps de ces cellules que se ramifient les arborisations nerveuses des fibres centrifuges du nerf optique.

C. — ÉLÉMENTS A CONDUCTION CENTRIFUGE

Ces éléments comprennent des *fibres venant du nerf optique*, des *fibres allant de la couche plexiforme interne à la couche plexiforme externe* et des *cellules à cylindre-axe ascendant* situées dans l'assise cellulaire moyenne. (Tous ces éléments sont en rouge dans la fig. 673).

FIBRES VENANT DU NERF OPTIQUE

Ces fibres ont été découvertes par Ramon y Cajal. Elles proviennent de cellules situées dans le corps genouillé externe. On les nomme habituellement *fibres centrifuges*, en considérant bien entendu l'encéphale comme centre.

Dans la rétine, ce sont des cylindres-axes nus, très fins, avec un petit buisson terminal situé dans l'assise cellulaire moyenne et formé de petits rameaux terminés chacun par un renflement.

Ramon y Cajal donne une description détaillée de l'arborisation variqueuse terminale des fibres centrifuges chez le pigeon. Cette arborisation est constituée par trois parties continues, mais ayant des connexions différentes (fig. 685) :

Fig. 685. — Terminaisons des fibres centrifuges autour des spongioblastes d'association, chez le pigeon (Ramon y Cajal).

1° Le *nid péricellulaire*, qui est la région principale de l'arborisation. Il est formé de 2 à 4 branches variqueuses, plus ou moins verticales, parfois dichotomisées dans leur trajet et s'appliquant à la surface du corps d'un spongioblaste d'association. Ces branches se terminent par une granulation fusiforme ou ellipsoïde, parfaitement libre et en contact avec le corps de la cellule;

2° Les *branches inférieures ou basilaires*, qui sont des collatérales généralement courtes nées de la fibre centrifuge avant la constitution du nid, ou du nid lui-même. Ces branchilles se terminent librement entre les spongioblastes voisins;

3° Les *filaments ascendants ou longs*, ordinairement au nombre d'un seul ou de deux, rarement de trois. Généralement ils proviennent du nid lui-même et s'élèvent jusqu'à la limite supérieure de la couche des cellules unipolaires pour se terminer soit par une varicosité, soit par une bifurcation.

Fibres centrifuges à terminaison inconnue. — Ce sont des fibres également très fines et découvertes aussi par Ramon y Cajal. Elles viennent de la couche des fibres optiques et remontent à travers la zone plexiforme interne pour devenir horizontales à différents niveaux de cette zone ; mais leur terminaison n'est pas connue.

FIBRES VENANT DE LA COUCHE PLEXIFORME INTERNE

Ce sont des fibres délicates et rares dont la terminaison seule est connue. Elles proviennent de la couche plexiforme interne dans laquelle elles ont un trajet horizontal, puis elles se coudent à angle droit et traversent verticalement la couche des grains internes. Arrivées à la couche plexiforme externe, elles se résolvent en une ramification à branches très variqueuses et horizontales.

CELLULES A CYLINDRE-AXE ASCENDANT

Ces cellules ont été observées par Ramon y Cajal. Elles sont situées au milieu des cellules unipolaires. Elles ont un corps triangulaire ou ovoïde. Leur face inférieure donne naissance à quelques expansions descendantes d'apparence protoplasmique, se perdant dans la moitié supérieure de la zone plexiforme interne. Leur cylindre-axe droit ou coudé monte jusqu'à la zone plexiforme externe et s'y termine au moyen d'une arborisation libre variqueuse et très courte.

D. — ÉLÉMENTS NÉVROGLIQUES

Les éléments névrogliques de la rétine sont les *fibres de Müller*, qui prennent une part importante à toute sa structure, et des *cellules en araignée* situées dans ses parties internes.

[*A. DRUAULT.*]

FIBRES DE MÜLLER

Nommées encore *fibres radiaires, fibres de soutien, cellules épithéliales* (Cajal). On les trouve dans toute l'étendue de la rétine, depuis le bord de la papille jusqu'à l'ora serrata, Elles s'étendent dans toute son épaisseur et présentent, en allant de dehors en dedans, les corbeilles fibrillaires, la membrane limitante externe, la fibre proprement dite contenant le noyau, et enfin la membrane limitante interne.

Corbeilles fibrillaires (corbeilles ciliées). — Elles existent autour du tiers inférieur du segment interne des cônes et des bâtonnets et sont plus distinctes au niveau des cônes. Par leur partie inférieure, elles se continuent avec la membrane limitante externe. Elles sont formées de fibrilles droites, effilées, appliquées à la surface des segments internes, surface qui paraît ainsi finement striée dans le sens longitudinal

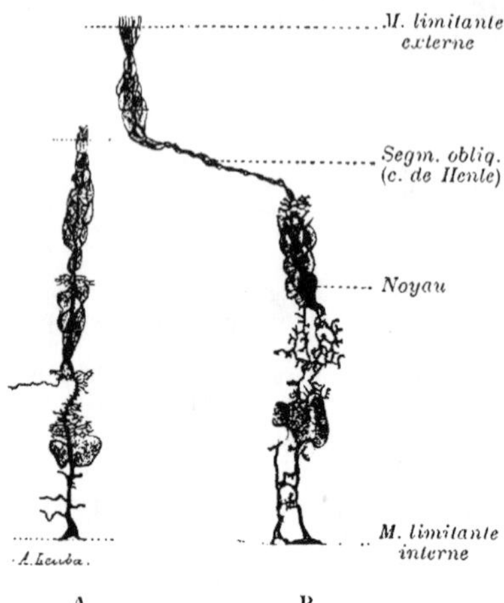

Fig. 686. Fibres de Müller (Dogiel).

A, dans la plus grande partie de la rétine. — *B*, au voisinage de la fovea centralis.

Membrane limitante externe. — Cette membrane résulte de l'union des extrémités supérieures des fibres de Müller. Sur des coupes transversales, elle forme une ligne nette, régulière. Vue de face, elle présente des orifices grands et petits pour les pieds des cônes et les fibres des bâtonnets. Lorsqu'il y a beaucoup de cônes, les orifices, relativement grands, ne sont plus séparés que par de simples travées.

Fibre proprement dite. — La fibre proprement dite s'étend d'une membrane limitante à l'autre, en général assez directement, sauf dans la région maculaire, où elle a un trajet en partie oblique (fig. 686).

L'extrémité supérieure est, dans beaucoup d'espèces, divisée en plusieurs branches plus ou moins parallèles, en fourche. La partie moyenne est renflée pour contenir le noyau. L'extrémité inférieure est souvent bifurquée, pour donner passage à un faisceau nerveux. Les divisions en deux ou même trois pieds terminaux sont plus fréquentes au voisinage de la papille où la couche des fibres optiques possède le maximum de développement. Chez certains animaux (pigeon), l'extrémité inférieure se divise en un grand nombre de longs prolongements terminés chacun par une partie renflée.

De la surface de la fibre partent des prolongements de deux sortes. Les uns, au niveau des trois couches de corps cellulaires, sont membraniformes, anastomosés, formant des logettes pour les corps cellulaires, logettes désignées quelquefois sous le nom de corbeilles. Les autres, au niveau des deux couches plexiformes et de la couche des fibres optiques, sont fibrillaires, courts, légèrement variqueux, quelquefois bifurqués à l'extrémité

Les expansions lamelleuses destinées à la couche des corps des cellules visuelles entourent complètement ceux-ci, les isolant les uns des autres. Au niveau des grains internes, cet isolement existe encore, mais il est imparfait. Enfin les expansions destinées à la couche des cellules multipolaires sont courtes et grossières. — Dans la couche plexiforme externe, les expansions manquent ou sont insignifiantes, ce qui donne toute facilité aux rapports par contiguïté entre les fibres siégeant dans cette couche. Dans la couche plexiforme interne, les expansions collatérales sont très fines, granuleuses et comme frisées ; elles se terminent librement en ménageant des fentes horizontales pour loger les plexus parallèles qui forment les divers étages de cette couche.

A côté des expansions ordinaires, il n'est pas rare d'en trouver quelques-unes qui naissent du protoplasme entourant le noyau et s'engagent dans la zone plexiforme interne pour s'y terminer librement.

Les *noyaux* sont situés au milieu de ceux des cellules bipolaires dont ils se distinguent difficilement. Cependant ils ont une forme plus allongée.

Membrane limitante interne. — Elle est formée par les extrémités des pieds qui s'étalent plus ou moins et se soudent les uns aux autres. La soudure se fait par simple accolement et non par fusion de tissu. Si on traite cette membrane par le nitrate d'argent et qu'on l'examine par sa face interne, elle se présente exactement sous le même aspect que les endothéliums, c'est-à-dire qu'on voit une mosaïque formée par une grande quantité de figures polygonales dont les bords sont irréguliers ou dentelés (fig. 687).

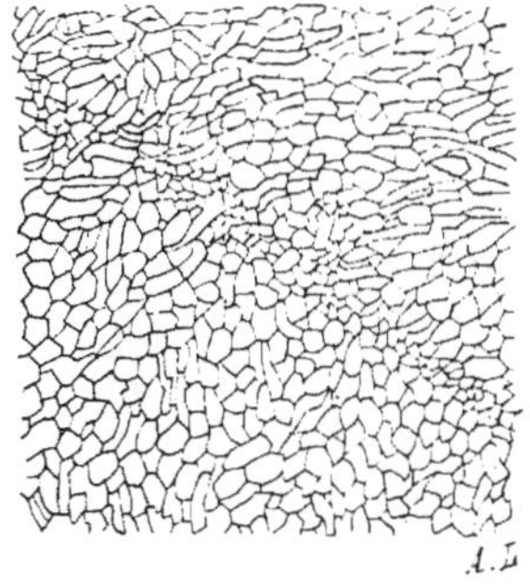

FIG. 687. — Membrane limitante interne de face, montrant les contours des pieds des fibres de Müller ; ceux-ci sont plus serrés sur une traînée répondant au passage d'un vaisseau (Renaut).

CELLULES EN ARAIGNÉE

Des cellules en araignée sont disséminées dans la couche des cellules multipolaires et dans celle des fibres nerveuses. Elles sont composées d'un corps cellulaire d'une forme variable (ronde, ovalaire, triangulaire, semi-lunaire) duquel partent les filaments de névroglie.

Elles sont analogues à celles des centres nerveux et du nerf optique, mais sont un peu moins grosses que celles du nerf optique.

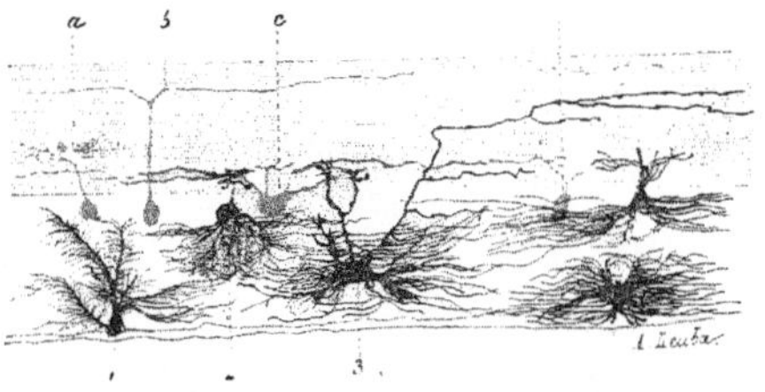

FIG. 688. — Cellules de névroglie (en noir) et cellules multipolaires (en rouge), (bœuf). (D'après Cajal.)

On en distingue deux types d'après le siège qu'elles occupent. Celles de la couche des cellules multipolaires donnent à leur extrémité supérieure un petit faisceau de filaments très fins qui vont se perdre dans le tiers inférieur de la couche plexiforme interne, tandis que leur face inférieure donne naissance à un grand nombre de fibrilles délicates qui vont se terminer parmi les fibres optiques. Les cellules de la couche des fibres nerveuses donnent au contraire des fibrilles également nombreuses dans toutes les directions, sauf lorsqu'elles siègent près de la membrane limitante interne, car alors le côté inférieur de la cellule est relativement dégarni de fibrilles.

Dans la papille (Retzius), ces cellules ont des prolongements rares et longs allant jusqu'à la surface, où ils se terminent en boutons. Ils présentent ainsi un arrangement régulier en palissade ; mais cette modification de forme ne va pas jusqu'à représenter un type de transition avec les fibres de Müller. Au niveau de la lame criblée, les prolongements sont rares et courts.

III. CONNEXIONS DES ÉLÉMENTS RÉTINIENS NERVEUX

Dans la rétine, comme dans tout le système nerveux, chaque cellule nerveuse forme avec tous ses prolongements une individualité nettement déterminée (neurone), dont les rapports fonctionnels avec les autres cellules se font par simple contact (*contiguïté*), sans qu'il y ait *continuité* de tissu. D'ailleurs, la rétine est un des organes nerveux dont l'étude a particulièrement contribué à l'établissement de la doctrine actuelle du neurone.

Cependant, dans ces derniers temps, l'existence d'anastomoses entre les prolongements des cellules rétiniennes a été soutenue encore par Dogiel, Bouin, Renaut. Il est vrai que, pour ces auteurs, il n'est plus question d'anastomoses entre tous les prolongements protoplasmiques, ni de l'existence des réseaux de Gerlach ; les anastomoses existeraient seulement sur un petit nombre de prolongements. Mais, même pour ces quelques anastomoses, Ramon y Cajal pense qu'il s'agit soit d'erreurs d'observation, soit d'accidents de préparation. En effet, elles ne s'observent qu'avec la méthode d'Ehrlich ; or dans cette méthode, les éléments ne sont fixés qu'après l'imprégnation et celle-ci produit sur les fibrilles des renflements irréguliers dont quelques-uns finissent par se rompre. Rompus ou non, il s'établit des points de contact intime au niveau de ces renflements. Dans la méthode de Golgi, les éléments sont fixés d'abord et ces accidents ne peuvent se produire.

L'existence d'anastomoses, même rares, entre les prolongements protoplasmiques semble donc de plus en plus douteuse. Mais à côté de cette question, il en existe deux autres, celle des cellules jumelles et celle des réseaux d'Apathy, qui apportent des faits paraissant plus ou moins en contradiction avec la doctrine du neurone.

Les *cellules jumelles* ont été décrites plus haut à propos des cellules multipolaires. Il semble que ce soient des éléments d'origine commune, incomplètement séparés dans leur développement, tandis que les anastomoses des prolongements protoplasmiques dont il vient d'être question ne pourraient guère être produites que par des coalescences secondaires entre les prolongements. L'existence des cellules jumelles peut donc être entièrement séparée de la question de l'individualité du neurone.

Les *réseaux* observés par Apathy et Bethe dans certains cas sont *formés par des filaments extrêmement fins*. S'il est démontré que ces anastomoses existent dans les différents points du système nerveux, la conception actuelle du neurone devra évidemment être modifiée.

Les éléments nerveux de la rétine ont été décrits dans les pages précédentes à peu près indépendamment les uns des autres. Il reste à examiner comment ils s'articulent entre eux, c'est-à-dire comment se font leurs connexions.

Les éléments servant à la *conduction centripète* des sensations visuelles sont les cellules visuelles, les cellules bipolaires et les cellules multipolaires. Ils présentent d'abord une première articulation entre les cellules visuelles et les cellules bipolaires, puis une seconde entre les cellules bipolaires et les cellules multipolaires.

Les éléments d'*association* sont ceux dont toutes les ramifications sont destinées au même étage. Ils comprennent les cellules horizontales et les cellules unipolaires dont les connexions sont à voir séparément.

Les quelques éléments rétiniens à *conduction centrifuge* décrits plus haut sont imparfaitement connus. Les seules connexions établies parmi eux sont celles des fibres centrifuges venues du nerf optique avec les spongioblastes d'association.

Il existe sans doute bien d'autres connexions entre les éléments nerveux de la rétine. Ces éléments n'étant pas encore complètement connus, à plus forte raison en est-il de même pour les relations établies entre eux par l'enchevêtrement de leurs ramifications protoplasmiques.

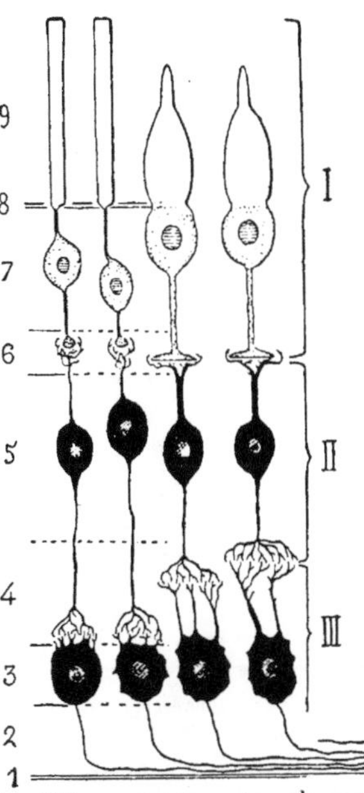

Fig. 689. — Schéma des éléments conducteurs centripètes de la rétine (Mathias Duval).

I, cellule visuelle. — *II*, cellule bipolaire. — *III*, cellule multipolaire. — Les *chiffres arabes* placés sur le côté gauche de la figure rappellent les neuf *couches classiques* de la rétine (l'épithelium pigmenté n'étant pas compté).

Articulations des cellules visuelles avec les cellules bipolaires. — Ces articulations se font sur deux lignes parallèles très rapprochées l'une de l'autre. La plus élevée est celle des cellules à bâtonnets avec les cellules bipolaires spéciales et la plus basse celle des cellules de cônes avec les bipolaires destinées aux cônes.

Pour les éléments en rapport avec les bâtonnets, l'articulation se fait entre le renflement piriforme qui forme l'extrémité inférieure de l'élément neuro-épithélial et les filaments verticaux de l'arborisation constituant l'extrémité supérieure de l'élément nerveux. Le renflement pénètre dans les angles des fibres de ce buisson terminal. Quelquefois les boutons terminaux des cellules à bâtonnets descendent plus bas et se mettent en connexion avec les grosses branches des mêmes bipolaires.

Pour les éléments en rapport avec les cônes, il y a, d'une part, les pieds des cellules à cônes qui sont aplatis et pourvus de filaments et, d'autre part, les arborisations étalées des cellules bipolaires correspondantes. Il est certain que ces cellules bipolaires ne s'articulent pas avec les cellules à bâtonnets, car les branches de leur panache supérieur ne s'élèvent jamais jusqu'au niveau des sphérules des bâtonnets situées plus haut.

A ces articulations il faut rattacher, quoiqu'elle ait sans doute une signification spéciale, la pénétration des massues de Landolt (ou des formations analogues décrites par Dogiel) au milieu des grains des cônes et des bâtonnets.

Les cellules bipolaires sont bien moins nombreuses que les cellules visuelles, excepté dans la région maculaire.

Articulations des cellules bipolaires avec les cellules multipolaires. — Elles se font également d'une façon différente pour les éléments des cônes et ceux des bâtonnnets.

Les cellules bipolaires en rapport avec les bâtonnets envoient un long prolongement qui se termine par un buisson terminal peu développé enveloppant le corps cellulaire d'une cellule multipolaire.

Le prolongement inférieur des bipolaires de cônes se termine par une arborisation analogue, mais plus étendue; il s'articule avec l'arborisation terminant le prolongement supérieur d'une cellule multipolaire. On a vu que ces articulations des bipolaires de cônes avec les multipolaires se font sur cinq étages. D'après Cajal, cette pluralité des surfaces de contact a pour effet de rendre possible l'existence d'un grand nombre de voies de transmission assez distinctes sur un petit espace de la rétine.

Les cellules multipolaires sont encore moins nombreuses que les bipolaires et par conséquent beaucoup moins nombreuses que les cellules visuelles.

Chievitz a déterminé en différents points de la rétine le nombre relatif des diverses cellules dans les trois couches de noyaux cellulaires. Voici ses résultats en ce qui concerne la fovea (area) et trois points situés en dehors :

	AREA CENTRALIS	A 3 MM. 2 EN DEHORS	A 4 MM. 6 EN DEHORS	A 6 MM. EN DEHORS
Grains externes (Cellules visuelles)	1	11	42	80
Grains internes	2	7	18	40
Cellules multipolaires	1	1	1	1

La couche des cellules visuelles et la couche des cellules multipolaires sont formées à peu près exclusivement d'éléments de transmission, mais, comme on l'a déjà vu, la couche des grains internes comprend, outre des éléments de transmission (cellules bipolaires), de nombreux éléments d'association (cellules horizontales et unipolaires) et les noyaux des fibres de Müller. Les nombres qui se rapportent à cette couche devraient donc être notablement réduits, si on n'avait en vue que la proportion des éléments conducteurs par lesquels passe l'impression visuelle. Dans la région fovéale (maculaire), Cajal a observé qu'à chaque cône répondait une cellule bipolaire spéciale; les chiffres de Chievitz indiquent qu'il doit y avoir également une multipolaire spéciale. Dans cette région, les impressions perçues par chaque cône sont donc transmises par une fibre spéciale du nerf optique. Mais pour le reste de la rétine, une fibre du nerf optique transmet les impressions de plusieurs cônes ou bâtonnets et le nombre de ceux-ci est d'autant plus grand qu'on s'éloigne davantage de la fovea centralis. L'individualité de la conduction dans la fovea opposée à la réduction dans le nombre des éléments transmetteurs en dehors de cette région est une des dispositions qui permettent le mieux de comprendre pourquoi l'acuité visuelle est beaucoup plus grande dans la région fovéale que dans les parties périphériques de la rétine.

Connexions des cellules horizontales — On a vu plus haut qu'il existait deux sortes de cellules horizontales. Les grandes sont en rapport par leurs prolongements protoplasmiques avec les renflements inférieurs d'un groupe de cellules à bâtonnets, et par les ramifications de leur cylindre-axe avec les renflements appartenant à des cellules à bâtonnets éloignées du premier groupe. Les petites établissent les mêmes rapports entre les pieds des cônes (fig. 690).

Connexions des cellules unipolaires. — Les cellules unipolaires stratifiées et diffuses envoient également leurs prolongements dans la couche plexi-

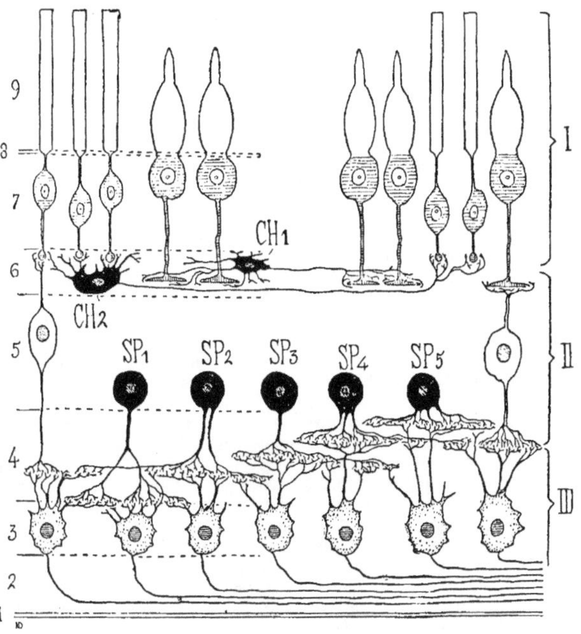

Fig. 690. — Schéma des éléments conducteurs centripètes (figurés en clair) et des éléments d'association (figurés en noir) de la rétine (Mathias Duval).

I, cellule visuelle. — *II*, cellule bipolaire. — *III*, cellule multipolaire. — CH_1, petite cellule horizontale. CH_2, grande cellule horizontale. — SP_1 à SP_5, les cinq ordres de spongioblastes. — Les chiffres arabes placés sur le côté gauche de la figure rappellent les neuf couches classiques de la rétine (l'épithélium pigmenté n'étant pas compté).

forme interne où ces ramifications sont en contact avec celles du prolongement inférieur des bipolaires de cônes et des prolongements supérieurs des multipolaires. En outre, elles ont des rapports avec l'appareil de conduction centrifuge.

Connexions des fibres centrifuges et des spongioblastes d'association. — On a déjà vu que les fibres centrifuges se terminent par un buisson assez pauvre et dont deux ou trois branches enveloppent le corps d'une cellule, lui formant un « nid » (fig. 685).

Les cellules en rapport avec ces buissons terminaux sont des cellules unipolaires tout à fait spéciales, qui ont été décrites plus haut sous le nom de spongioblastes d'association. Le prolongement de ces cellules donne d'abord quelques petits rameaux à l'étage supérieur de la couche plexiforme interne, puis s'en va horizontalement. Les arborisations terminales forment un plexus contenu dans la région supérieure de la couche plexiforme où elles entrent particulièrement en relation avec l'origine des prolongements des autres cellules unipolaires (fig. 691).

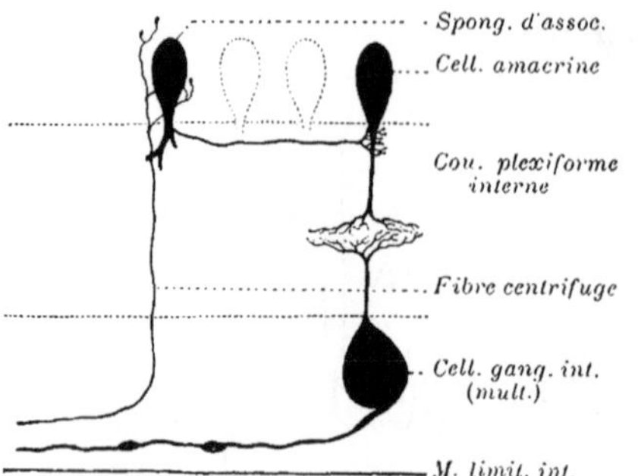

FIG. 691. — Arc réflexe des couches internes de la rétine. (Schéma de Greeff.)

Diffusion des impressions rétiniennes dans les voies optiques. — Si l'on considère d'abord les éléments contenus *dans la rétine*, on doit envisager séparément la région fovéale (maculaire) et le reste de la rétine.

On a vu plus haut que, dans la *région fovéale*, il existe autant de fibres optiques que de cônes et qu'on peut admettre qu'à chaque cône répond une fibre spéciale du nerf optique et rien qu'une. D'après la structure de la rétine, étant données les nombreuses connexions établies par les cellules d'association, il est probable que l'impression reçue par un cône est ressentie encore par plusieurs autres fibres optiques, mais la disposition de cette région n'est pas encore assez connue pour permettre d'autres déductions.

Pour les *autres parties de la rétine*, il existe un nombre plus grand de cônes et de bâtonnets que de fibres optiques. Chaque fibre reçoit donc nécessairement des impressions d'un territoire contenant un grand nombre d'éléments percepteurs. Mais la disposition anatomique permet de supposer (Cajal) qu'elle reçoit aussi des impressions des éléments percepteurs contenus dans les territoires voisins — et que chaque élément percepteur transmet des impressions à plusieurs fibres optiques, sauf peut-être en ce qui concerne les points les plus périphériques de la rétine. De sorte que si l'on considère, d'une part, l'impression reçue par un territoire rétinien, on voit qu'il s'opère une réduction progressive dans le nombre des éléments transmetteurs ; mais si l'on considère, d'autre part, l'impression reçue par un cône ou un bâtonnet, on voit qu'à chaque étage de neurones qu'elle franchit, le nombre des éléments transmetteurs augmente.

Cette disposition a sans doute l'avantage de permettre la sensation d'un plus grand nombre de points qu'il n'existe de fibres. Si, par exemple, chaque fibre optique répondait à un territoire nettement délimité et qu'on suppose alors une impression lumineuse tombant sur un de ces territoires, tant qu'elle se déplacerait dans les limites de ce territoire, ses déplacements ne seraient pas perçus; au contraire, grâce aux associations, un conducteur transmet bien la plus grande part de cette sensation, mais en même temps les conducteurs voisins sont plus ou moins impressionnés suivant leur situation relative et le moindre déplacement du point lumineux doit amener un changement dans cette conduction accessoire. — Cette disposition permet sans doute encore — lorsque quelques éléments isolés sont détruits — l'établissement de suppléances par les éléments conservés.

Une diffusion de sensations existe donc déjà dans la rétine, mais elle est relativement insignifiante et les plus petits faisceaux du nerf optique peuvent être considérés comme répondant à des territoires précis de la rétine.

Dans les *voies optiques*, les sensations visuelles peuvent éprouver une nouvelle diffusion dans les noyaux optiques primaires de la base du cerveau, particulièrement dans le corps genouillé externe, où elle doit être facilitée par les petites dimensions de cet organe.

Projection de la rétine sur l'écorce cérébrale. — Pour quelques auteurs (von Monakov, Bernheimer) les associations produites par les ramifications nerveuses sont telles qu'il est presque impossible que, dans la dernière partie des voies optiques et dans l'écorce cérébrale, il y ait des groupes de fibres et des régions répondant à des territoires exactement déterminés de la rétine. Pour d'autres auteurs (Wilbrand, Henschen), quelques observations anatomo-cliniques démontrent au contraire que chaque région de la rétine transmet ses sensations à une région déterminée de l'écorce cérébrale et qu'il existe ainsi une véritable *projection de la rétine sur l'écorce cérébrale*. On a vu, dans une autre partie de cet ouvrage, que chaque hémisphère cérébral est en rapport avec la moitié homonyme de chaque rétine. La région visuelle de l'écorce cérébrale (centre cortical de la vision) est située à la face interne du lobe occipital autour de la scissure calcarine. D'après Henschen, qui est actuellement le principal défenseur de la théorie de la projection corticale de la rétine, *la lèvre supérieure de la scissure calcarine répond à la partie supérieure de la* *rétine et la lèvre calcarine inférieure à la rétine inférieure.* Par exemple, une destruction de la lèvre calcarine inférieure droite amènera la perte de la vision dans le quadrant inférieur droit des deux rétines et, par suite, la perte de vision de tout ce qui sera dans la partie supérieure gauche du champ visuel des deux yeux. *Le fond de la scissure calcarine serait en rapport avec la région rétinienne située* entre les deux précédentes, c'est-à-dire *dans le méridien horizontal et comprenant la région fovéale (maculaire).* On sait d'ailleurs que chaque hémisphère cérébral reçoit des fibres des deux côtes des deux régions maculaires, puisque dans l'hémianopsie d'origine cérébrale, chaque région maculaire conserve de la vision dans ses deux côtés.

Si l'on compare ces faits avec la disposition des autres localisations cérébrales connues, on voit que, dans le sillon de Rolando, les centres des membres inférieurs sont au-dessus des centres des membres supérieurs, et que les centres d'un côté sont dans l'hémisphère opposé, tandis que pour les rétines, les centres de leurs parties supérieures sont en haut et que les centres des parties droites et gauches sont du même côté. Mais ce n'est là qu'une contradiction apparente. A cause du renversement des images dans l'œil, chaque point d'une rétine répond à un point opposé de l'espace, et les impressions visuelles reçues des objets extérieurs sont renversées dans leurs localisations corticales.

IV. — STRUCTURE DES COUCHES DE LA RÉTINE

Les éléments cellulaires de la rétine étant connus, il reste à décrire leur arrangement dans les *dix couches classiques* (fig. 662, 663 et 695). Ces dix couches sont, en allant de dehors en dedans :

1° l'épithélium pigmenté,

2° la couche des cônes et des bâtonnets,

3° la membrane limitante externe,

4° la couche des grains externes, dont la partie interne forme la couche de Henle,

5° la couche plexiforme externe,

6° la couche des grains internes,

7° la couche plexiforme interne,

8° la couche des cellules multipolaires,

9° la couche des fibres optiques,

10° la membrane limitante interne.

1° ***Épithélium pigmenté.*** — Cette couche a été décrite plus haut (voy. p. 1075).

2° ***Couche des cônes et des bâtonnets.*** — C'est à cette couche qu'on donne encore le nom de *membrane de Jacob.*

Elle est constituée par les cônes et les bâtonnets, c'est-à-dire par les parties supérieures des cellules de la première assise. Sur les coupes, il est facile d'y reconnaître deux zones qui, chez l'homme, répondent à la division des bâtonnets en deux segments. En effet, les cônes sont bien moins nombreux et plus bas.

Dans cette couche, la névroglie n'est représentée que par les corbeilles fibrillaires que les fibres de Müller fournissent aux segments internes des cônes et des bâtonnets.

Chez l'homme, on trouve habituellement dans la partie centrale de la rétine des cônes dont le noyau est situé dans cette couche, c'est-à-dire qu'il se trouve au-dessus de la membrane limitante externe et non au-dessous. Ces cônes sont plus petits que les autres et on ne peut y voir la division en deux segments. Leur prolongement inférieur ne présente rien de particulier.

L'épaisseur de cette couche va en diminuant de la fovea centralis à l'ora serrata. Au niveau même de la fovea, elle atteint jusqu'à 80 μ ; au bord de cette région, elle s'est déjà abaissée à 60 μ ; puis elle ne diminue que d'une façon presque insensible et, au voisinage même de l'ora serrata, elle a encore une hauteur de 40 μ.

3° ***Membrane limitante externe.*** — Déjà décrite comme dépendance des fibres de Müller. Sur les coupes, elle se présente simplement sous l'aspect d'une ligne fine, très régulière

4° ***Couche des grains externes*** (Couche granuleuse externe). — Elle est formée principalement par les grains des cônes et des bâtonnets. Dans les rétines où, comme chez l'homme, il y a moins de cônes que de bâtonnets, les grains des cônes sont tous situés à la partie supérieure de cette couche au contact de la membrane limitante externe en une rangée assez régulière.

Outre les corps cellulaires des cônes et des bâtonnets, cette couche contient dans sa partie interne quelques corps cellulaires qui seraient des cellules bipolaires et des cellules horizontales déplacées.

On y trouve encore les filaments protoplasmiques qui partent des grains et les massues de Landolt (ou formations similaires) avec les filaments qui en dépendent.

Tous ces éléments sont enveloppés par les prolongements lamelleux partant du segment supérieur des fibres de Müller.

Cette couche a une épaisseur de 30 à 40 μ, diminuant très légèrement et d'une façon progressive vers l'ora serrata. Elle atteint sa plus grande épaisseur à 2 millimètres du centre de la fovea. Au bord même de la fovea, elle n'a que 20 à 30 μ. De nouveau, elle augmente un peu d'épaisseur en se rapprochant du centre de la fovea, mais au centre même les grains s'écartent sensiblement les uns des autres et un nouvel amincissement se produit.

Couche de Henle (Couche fibreuse externe). — Elle a été vue par Bergmann en 1864, avant que Henle en fasse une description détaillée. Elle n'est bien nette qu'au niveau de la fovea. En dehors de celle-ci, elle existe à peine. Elle est formée par les fibres de cônes et de bâtonnets, ou plutôt par le segment de ces fibres compris entre les grains externes et les renflements terminaux des fibres de bâtonnets. Il ne s'y établit aucune articulation de prolongements cellulaires, ce qui la différencie des couches plexiformes.

Dogiel signale dans les parties les plus épaisses de cette couche la présence de noyaux appartenant aux fibres de Müller.

Très mince à la périphérie de la rétine, elle s'épaissit peu à peu vers la fovea A 2 millimètres de celle-ci, l'épaississement augmente plus rapidement et le maximum d'épaisseur (40 à 70 μ) est atteint un peu en dedans du bord de la fovea.

5° ***Couche plexiforme externe.*** Cajal. (C. du plexus basal, Ranvier ; C. inter-granulaire, H. Müller ; C. réticulaire externe, Schwalbe ; C. moléculaire externe). — Elle comprend les articulations des cellules à cônes et à bâtonnets avec les cellules bipolaires et horizontales, ainsi que les prolongements cellulaires qui contribuent à former ces articulations. Mais, tandis que les prolongements supérieurs, très développés, des cellules horizontales et bipolaires s'y trouvent à peu près en entier, les prolongements inférieurs des cellules à cônes ou à bâtonnets n'y pénètrent que par leur extrémité.

Cette couche présente deux zones bien nettes, les articulations des cellules à cônes et des cellules à bâtonnets se faisant à deux hauteurs différentes, celles des cellules à bâtonnets plus haut et celles des cellules à cônes plus bas. Sur les coupes, les pieds des cellules à cônes y figurent parfois une véritable ligne pointillée.

On y trouve encore des arborisations terminales de fibres dont l'origine est inconnue. Ces fibres viennent de la couche plexiforme interne où elles paraissent avoir un trajet horizontal. Elles traversent perpendiculairement la couche des grains internes (fig. 673). Cette couche contient parfois des cellules déplacées (cellules basales interstitielles de Ranvier).

Les fibres de Müller y envoient de simples fibrilles non anastomosées.

Son épaisseur est de 6 à 12 μ au bord de la fovea.

6° ***Couche des grains internes*** (C. ganglionnaire externe, Henle). — Elle est formée par les grains internes, c'est-à-dire les noyaux des cellules horizontales, bipolaires et unipolaires, ainsi que des fibres de Müller. Les corps des cellules horizontales sont à la partie supérieure de la couche, sur deux rangs, comme il a été dit dans leur description. Les corps des cellules bipolaires, plus nombreux, forment toute la partie moyenne. Les corps des cellules unipolaires (amacrines) sont à la partie inférieure. Enfin les noyaux des fibres de Müller sont situés plus ou moins haut dans la partie moyenne où on les reconnaît à leur forme plus allongée.

Elle contient encore les arborisations terminales des fibres centrifuges.

Les fibres de Müller y fournissent des prolongements plats, anastomosés en corbeilles.

Cette couche est divisée en deux par W. Müller (couche du ganglion rétinien et couche des spongioblastes), ainsi que par Ranvier (couche des cellules bipolaires et couche des cellules unipolaires).

Elle a une épaisseur totale de 60 à 70 μ au bord de la fovea et de 30 à 36 μ au bord de la papille (Dimmer).

7° ***Couche plexiforme interne***, Cajal (C. du plexus cérébral, Ranvier; C. réticulaire interne; neurospongium, W. Müller). — Elle est formée par les prolongements protoplasmiques et les articulations des cellules bipolaires unipolaires et multipolaires.

Sur les coupes, elle se montre stratifiée en zones plus ou moins distinctes suivant les espèces animales. Toutefois, la stratification est moins nette chez les mammifères que chez les autres vertébrés. En général on y reconnaît cinq zones ou étages plus denses se colorant davantage par les réactifs et séparées par des espaces plus clairs. Les zones plus denses répondent aux plans d'articulations des cellules dites stratifiées. Les cellules diffuses, au contraire, ne prennent aucune part à la formation de ces zones. D'après Cajal, leur nombre se réduit à trois dans les parties périphériques de la rétine, et ce fait est en rapport avec l'amincissement de la couche des bipolaires.

On y rencontre parfois des cellules déplacées des couches voisines.

On y trouve, comme dans la couche plexiforme externe, des fibrilles naissant des fibres de Müller.

Son épaisseur varie très peu dans l'étendue de la rétine. D'après Dimmer, son maximum n'est pas au bord de la fovea comme pour la plupart des autres couches de la rétine, mais à une petite distance de ce bord, dans les diverses directions. Cette épaisseur est d'environ 30 μ au bord de la fovea, 35 à 40 μ à 2 millimètres plus loin, 30 μ ou un peu moins à la périphérie.

8° ***Couche des cellules multipolaires*** (C. ganglionnaire interne, Henle : C. du ganglion du nerf optique, W. Müller). — Elle est constituée presque exclusivement par les corps des cellules multipolaires, mais on y trouve quelquefois des cellules unipolaires. Elle contient encore un petit nombre de cellules névrogliques en araignée. Elle est traversée par la partie inférieure des fibres de Müller qui lui abandonnent des prolongements protoplasmiques aplatis, anastomosés en corbeilles, analogues par conséquent à ceux des autres couches de cellules.

C'est une des couches dont l'épaisseur varie le plus. Elle est composée dans presque toute l'étendue de la rétine par un seul rang de cellules qui est même peu serré à la périphérie. Elle s'épaissit de plus en plus vers la fovea. Au bord de la fovea, où elle a son maximum d'épaisseur, on trouve jusqu'à 8 rangs de cellules et l'épaisseur totale atteint de 50 à 80 μ.

9° ***Couche des fibres nerveuses*** (C. des fibres optiques). — Elle est formée principalement par les cylindres-axes des cellules multipolaires qui vont former le nerf optique. Elle comprend en outre les pieds des fibres de Müller et des cellules névrogliques en araignées.

Les fibres nerveuses y sont dépourvues de myéline, sauf les exceptions signalées déjà. Elles se groupent par faisceaux arrondis présentant de nombreuses anastomoses et laissant entre eux des espaces allongés à bouts effilés dans lesquels sont logés les pieds des fibres de Müller. Ces espaces deviennent de plus en plus grands en se rapprochant de la papille.

Leur trajet présente un intérêt spécial. Il a été étudié surtout par Michel et par Dogiel. Les faisceaux convergent tous vers la papille en suivant un trajet qui présente de petites irrégularités pour chaque faisceau et dont la direction générale varie avec les points considérés. Ces variations sont causées par la présence de la région fovéale (maculaire) qui fournit un grand nombre de fibres, et ne se laisse pas traverser par celles qui proviennent des parties plus externes de la rétine. La fovea étant située en dehors de la papille, les fibres fovéales internes se rendent directement au bord externe de la papille. Les fibres venant des parties supéro-internes et inféro-internes de la fovea la quittent en rayonnant de sorte que, dans la partie moyenne de leur trajet, elles s'écartent des fibres précédentes et décrivent de leur côté une concavité d'autant plus marquée qu'elles en sont plus éloignées. Les fibres qui viennent des parties externes de la fovea contournent les précédentes en décrivant des courbes encore plus accentuées. Celles qui ont leur origine sur la partie du méridien horizontal située en dehors de la fovea contournent toute la région et les faisceaux se repoussent ainsi de proche en proche, mais avec des courbes de moins en moins accentuées. Enfin celles qui abordent la papille à son extrémité interne ont un trajet direct (fig. 692).

Cette couche présente son maximum d'épaisseur au bord de la papille et, à part la région maculaire, va en s'amincissant de plus en plus vers la périphérie.

10° ***Membrane limitante interne***. — Elle est formée par l'union des pieds des fibres de Müller (fig. 687), comme il a été dit plus haut.

En dedans de la membrane limitante interne, se trouve la membrane hya-

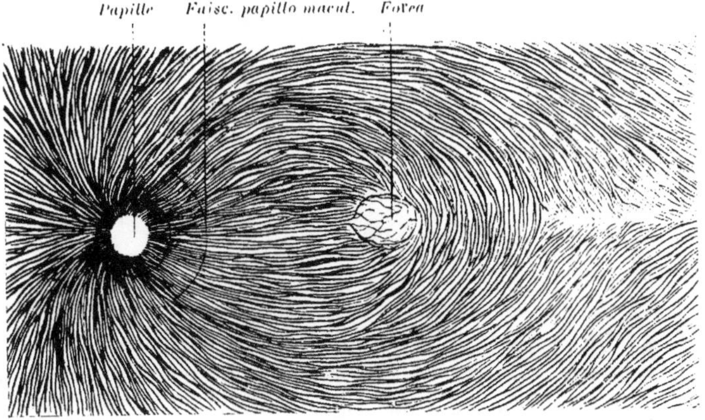

Fig. 692. — Couche des fibres nerveuses de la rétine (région papillo-maculaire de face). (D'après Dogiel et Greeff.)

loïde qui est à son contact, mais, sur les préparations, s'en montre souvent séparée par de fines fentes. Les deux membranes ont été quelquefois confondues ensemble dans les descriptions.

VAISSEAUX RÉTINIENS

Les vaisseaux rétiniens présentent un intérêt particulier pour le médecin, puisqu'il peut les examiner sur le vivant à l'ophtalmoscope. Ils peuvent être observés également par vision entoptique.

La rétine humaine est très riche en vaisseaux. A l'ophtalmoscope, on distingue facilement les veines et les artères. Les veines ont une teinte plus foncée et un calibre plus gros, d'un quart à un tiers. On voit aussi un certain nombre de points où une artère et une veine se croisent. Au voisinage de la papille, c'est tantôt la veine, tantôt l'artère qui est en dessus ; mais à une certaine distance de la papille, c'est l'artère qu'on voit généralement passer par-dessus la veine. — Les veines sont le plus souvent au côté temporal des artères et à une certaine distance.

Les vaisseaux rétiniens sont presque entièrement fournis par les branches de l'artère et de la veine centrales du nerf optique. Souvent il existe en outre au voisinage de la papille quelques vaisseaux cilio-rétiniens.

Branches de l'artère et de la veine centrales. — Les troncs artériels et veineux ont à peu près la même distribution et le même trajet. Le plus souvent, à leur émergence à la surface de la papille, l'artère et la veine centrales du nerf optique se divisent chacune en deux grosses branches à direction verticale et généralement très courtes ; ce sont les *artères* et *veines papillaires supérieures et inférieures*. Puis chacune de ces branches se divise à son tour en deux autres dont l'une va en dedans, l'autre en dehors. On a ainsi quatre artères et quatre veines rétiniennes ; on les nomme d'après leur direction *temporales supérieures, temporales inférieures, nasales supérieures, nasales inférieures*. Les branches nasales sont généralement plus petites, les branches temporales plus grosse

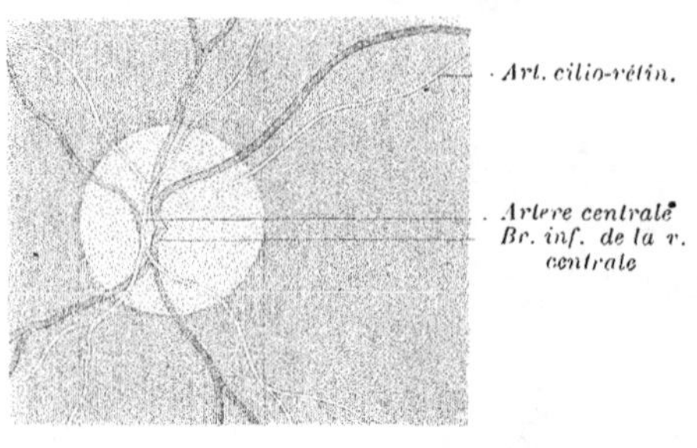

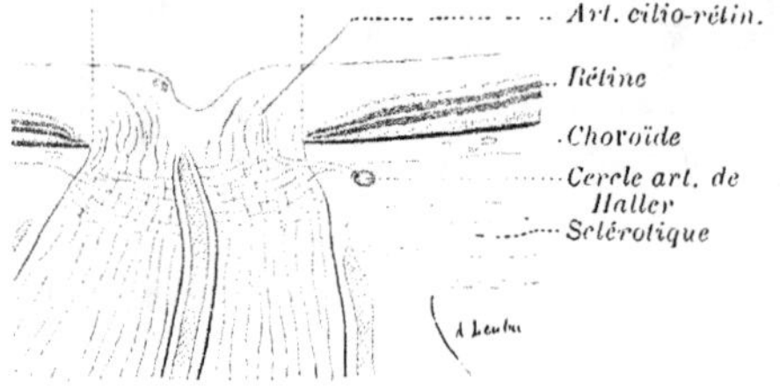

Fig. 693. — Papille (vue ophtalmoscopique et coupe) avec une artère cilio-rétinienne très volumineuse (Elschnig).

La disposition qui vient d'être donnée comme type présente des variations assez nombreuses, d'abord dans les points où se fait la division de l'artère et de la veine centrales, ainsi que de leurs premières branches, comme on le verra à propos de la papille, ensuite dans le volume et la direction des artères et veines qui en dérivent.

Les quatre artères rétiniennes (ainsi que les quatre veines correspondantes) se divisent à leur tour en artères de second ordre auxquelles il n'est plus possible de décrire une disposition régulière, sauf pour celles qui sont destinées à la région fovéale (maculaire).

Vaisseaux cilio-rétiniens. — On donne ce nom surtout à des artérioles provenant du cercle artériel de Haller (fig. 693 et 700) ou d'une artère ciliaire (très rarement d'une artère choroïdienne) et se rendant à la rétine, particulièrement à la région papillo-maculaire. Il n'est pas exceptionnel d'en voir à l'examen ophtalmoscopique du fond de l'œil. Ces artères représentent un vestige de la première vascularisation de la rétine (voy. Développement des vaisseaux rétiniens).

Pour les veines, on peut observer une disposition analogue, c'est-à-dire une veinule conduisant du sang de la rétine dans les veines choroïdiennes. Mais on a observé aussi (Elschnig) des veines choroïdiennes émergeant brusquement au niveau du bord de la papille et venant se jeter dans la veine centrale, c'est-à dire conduisant du sang de la choroïde dans la veine centrale de la rétine.

Absence d'anastomoses. — En dehors du réseau capillaire, les artères rétiniennes ne présentent aucune anastomose, soit entre elles, soit avec les artères choroïdiennes. La destruction complète d'un point d'une artère entraîne donc la destruction du territoire correspondant de la rétine, au moins dans les couches internes.

D'une façon générale, les veines présentent la même disposition, cependant il existe quelques petites anastomoses entre les veinules du voisinage de l'ora serrata.

Situation. — Toutes les branches vasculaires autres que les capillaires sont situées dans la couche des fibres optiques.

Capillaires. — De ces branches, naissent les rameaux qui forment le réseau capillaire, auquel on peut distinguer deux parties principales superposées et en communication l'une avec l'autre : le *réseau interne* à grandes mailles, situé dans la couche des fibres optiques et dans la couche des cellules multipolaires; le *réseau externe* à petites mailles, situé dans la couche des cellules unipolaires et bipolaires. Quelques anses capillaires du réseau externe atteignent le plexus basal, mais jamais elles ne s'élèvent dans son intérieur. Le réseau interne procède directement des artères, le réseau externe est formé de branches venant du réseau interne et peut en être regardé comme un appendice.

Les veines naissent de la partie interne du réseau.

La partie *cérébrale* de la rétine est donc seule vascularisée. Toute l'assise que forment les cellules visuelles avec leurs prolongements est complètement dépourvue de vaisseaux, comme les productions *éphithéliales* en général.

A quelques rares exceptions près, l'anguille par exemple, les rétines des mammifères sont seules vascularisees. Encore existe-t-il parmi les mammifères des espèces, comme le cobaye, le cheval, dont la rétine ne possède que peu de vaisseaux situés au voisinage de la papille.

Structure des vaisseaux. Voies lymphatiques. — Les artères sont relativement bien musclées, ayant jusqu'à trois rangs de fibres musculaires superposées.

Les capillaires sont formés de deux canaux endothéliaux placés l'un dans l'autre.

Les veines n'ont pas de fibres musculaires. Elles sont formées, comme les capillaires, d'un double canal, mais le plus externe est renforcé par du tissu conjonctif.

Les voies lymphatiques sont constituées par les gaines enveloppant les capillaires et les veines. La lymphe circule entre le canal sanguin et sa seconde enveloppe endothéliale ou adventice. D'après His, les espaces lymphatiques existent aussi autour des artères, mais ne les enveloppent pas complètement et forment de simples fentes. — Pour certains auteurs (Mathias Duval, Rochon-Duvigneaud), ces espaces périvasculaires ne sont pas des gaines lymphatiques. Ils ne se terminent pas par de véritables vaisseaux lymphatiques, mais dans les espaces sous-arachnoïdiens.

Nerfs vaso-moteurs. — Il existe autour de l'artère centrale et de ses branches un réseau nerveux, à mailles très serrées, excessivement riche. Mais ce réseau ne peut être considéré comme un nerf autonome analogue à celui qui a été décrit par Tiedmann et qui n'existe pas; aussi le terme de « nerf de Tiedmann » ne peut être employé pour le désigner (Aubaret).

RÉGIONS RÉTINIENNES AYANT UNE STRUCTURE SPÉCIALE

Dans la rétine, trois régions se distinguent par leurs caractères particuliers; ce sont la *fovea centralis*, l'*ora serrata* et la *papille du nerf optique*.

A. — MACULA LUTEA, FOVEA CENTRALIS ET AREA CENTRALIS

La *fossette centrale* ou *fovea centralis* fut découverte chez l'homme par Sömmering, en 1795; on la trouva ensuite chez le singe, puis chez des oiseaux, des reptiles, des poissons. En 1861, H. Müller observa chez des mammifères une région de la rétine présentant les mêmes caractères que les bords de la *fovea* chez l'homme et il la nomma *area centralis*. Depuis, des recherches étendues ont été faites sur cette question par Chievitz.

L'*area centralis* est une région de meilleure vision caractérisée par une augmentation du nombre des cellules nerveuses et surtout des cellules multipolaires. Chez la plupart des mammifères, l'augmentation du nombre des cellules amène simplement un épaississement léger de la couche des grains internes et un renflement considérable de la couche des cellules multipolaires. Elle varie avec les animaux; si l'on compare par exemple deux animaux ayant une vision différente, comme le chien, dont les yeux mobiles fixent nettement les objets, et le lapin, chez lequel la fixation est douteuse, on voit chez le premier une *area* peu étendue mais avec beaucoup de cellules multipolaires, et chez le second une *area* étalée, diffuse, dans laquelle les cellules multipolaires restent sur un rang. Ce n'est jamais une région nettement limitée; on la reconnaît surtout à l'augmentation du nombre des cellules multipolaires. Mais à partir de son centre et jusqu'à l'ora serrata, ces cellules diminuent de nombre d'une façon progressive.

La *fovea centralis* est une *area* déprimée à son centre. Chez l'homme et le singe, l'*area* existe comme chez les autres mammifères pendant les premiers temps de la vie intra-utérine, mais au sixième mois, chez le fœtus humain, la *fovea* commence à se former par l'écartement des éléments des couches superficielles qui sont repoussées dans toutes les directions. L'avantage visuel de cette nouvelle disposition, c'est que les rayons lumineux qui doivent impressionner les cônes de la fovea n'ont plus à traverser les couches superficielles de la rétine. Quoique ces couches soient à peu près transparentes, elles constituent cependant encore un léger obstacle à la propagation de la lumière, obstacle d'autant plus marqué que les couches sont plus épaisses.

Il existe encore quelques divergences sur la signification du mot *fovea*. On l'emploie soit pour désigner toute la dépression, soit pour en désigner seulement le fond. Ces divergences tiennent sans doute à la difficulté de bien la fixer et de conserver exactement sa forme dans les coupes. Le mot *fovea* doit s'appliquer à toute la dépression; le centre étant désigné sous le nom de *fundus foveæ*.

Chez l'homme et le singe, cette région porte également le nom de *macula lutea* parce que, dans toute l'étendue de la fovea et même un peu au delà, la rétine présente une teinte jaune ne s'observant d'ailleurs que dans certaines conditions. Cette teinte ne se montre chez l'homme qu'après la naissance. Elle ne se voit pas à l'examen ophtalmoscopique de la région ; on ne la voit pas davantage en ouvrant un œil qui vient d'être énucléé, ni sur le cadavre si l'œil est ouvert immédiatement après la mort (pendant la première heure environ); ensuite elle apparaît et augmente d'intensité pendant plusieurs heures (1). Aussi on pourrait se demander si cette coloration ne résulte pas simplement d'un phénomène cadavérique. Mais plusieurs observations montrent son existence dans l'épaisseur de la rétine avant qu'elle apparaisse à la surface. Sur des coupes de la région pratiquées sur des rétines fraîches, la coloration a été observée dans toute l'épaisseur de la rétine, sauf au niveau des cônes et des bâtonnets et de leurs noyaux. Cette coloration existait d'une façon diffuse (Max Schultze). Elle a été vue aussi sur des fragments de rétine fraîche détachés de la choroïde et examinés par transparence (Dimmer). Enfin elle est décelée par l'observation entoptique de la « tache de Maxwell ».

La *tache de Maxwell* s'observe en regardant à travers un verre bleu une surface blanche éclairée. Au moment où l'on place le verre devant l'œil, on voit au point de fixation une tache sombre qui s'atténue rapidement et disparaît complètement en une ou deux minutes. Le phénomène s'explique par l'absorption des rayons bleus par la matière colorante jaune, puisqu'il s'agit des deux couleurs complémentaires. L'étendue de la tache ainsi observée est en rapport avec l'étendue de la tache jaune observée sur le cadavre. Si elle est bien due à la présence du pigment, elle montre que sa répartition n'est pas uniforme. En outre, la limite de la région est très difficile à déterminer parce que la tache s'efface progressivement sur les bords.

Les deux termes *macula* et *fovea* peuvent donc être considérés comme désignant la même région. Le premier (*macula*) a peut-être été le plus employé jusqu'à présent, mais le second (*fovea*) doit être préféré parce qu'il est beaucoup plus précis : les bords de la fovea peuvent être reconnus à l'examen microscopique et souvent sur le vivant à l'examen ophtalmoscopique.

Situation. — La fovea centralis de l'homme répond assez exactement au pôle postérieur de l'œil. Par rapport à la papille du nerf optique, elle est située en dehors et un peu en bas. D'après Landolt, son centre est en moyenne à 3 mm. 915 en dehors du centre de la papille et à 0 mm. 785 au-dessous. La ligne qui joint les deux centres est inclinée d'environ 10° sur l'horizontale.

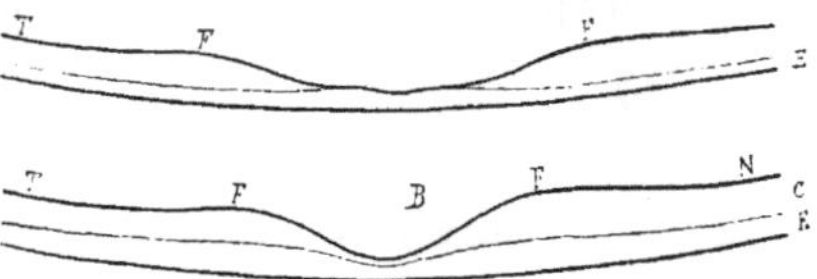

Fig. 694. — Coupe de la région fovéale. Les deux principales formes (Dimmer).

F. bord ou bourrelet de la fovea. — *C.* partie nerveuse (cérébrale) de la rétine. — *E*, neuro-épithélium. — *N*, côté nasal. *T.* côté temporal. — (Dans cette figure, les couches internes de la rétine sont tournées en haut.)

Forme et dimensions. — Vue de face, elle a généralement une forme légèrement elliptique à grand axe horizontal; plus rarement elle est ronde. Son diamètre est de 1,5 à 2 millimètres, à partir du point où la dépression commence.

Sur les coupes, cette dépression débute d'une façon presque insensible. Ha

1. Il se forme en même temps dans cette région de la rétine un petit pli transversal (*plica centralis*) qui pendant longtemps avait été considéré comme normal.

bituellement, tout le fond de la fovea est concave du côté du vitré (fig. 694, B). Parfois la dépression centrale se fait d'une façon différente. Le centre est également concave du côté du vitré, mais, plus en dehors, se trouve une sorte de bourrelet annulaire convexe du côté du vitré; puis une zone annulaire également de courbure inverse, c'est-à-dire concave du côté du vitré (fig. 694, A).

La partie intermédiaire entre le centre et la périphérie de la fovea présente une obliquité de 15 à 25° du côté nasal et un peu moins du côté temporal (Dimmer).

Le fond de la fovea mesure un diamètre de 0 mm. 3 à 0 mm. 4.

La rétine présente son maximum d'*épaisseur* au niveau des bords de cette région (*bourrelet de la fovea*). D'après Dimmer, l'épaisseur de la rétine au bord de la fovea est de 1/3 de millimètre (275 à 400 μ) du côté interne (côté papillaire) et un peu moins (220 à 230 μ) du côté externe. Au fond de la fovea, elle est de 1/10 de millimètre (75 à 120 μ).

Aspect ophtalmoscopique de la fovea. — Cette région est indiquée, à l'examen ophtalmoscopique, par la convergence des petits vaisseaux de la région. Sa couleur peut être identique à celle du reste du fond de l'œil, mais souvent elle est d'un rouge un peu plus sombre. Elle se voit beaucoup mieux chez les sujets jeunes: elle est alors entourée par un reflet annulaire, rond ou ovalaire à grand diamètre horizontal, dont les dimensions sont égales ou supérieures à celles de la papille. Ce reflet est produit par la convexité du bord de la fovea (aux points FF sur la fig. 694). Parfois on rencontre plus en dedans un autre reflet annulaire, concentrique au premier, qui est produit par la saillie existant entre le fond et le bord dans le second type de fovea (fig. 694, A). Enfin, au centre, on voit une petite tache sombre à bords diffus; parfois il s'y produit également un reflet. Plus tard, cette tache centrale persiste seule. Le reflet périphérique disparaît, cependant sans que la rétine change de forme.

Structure. — Dans l'étendue de la fovea, les cellules de l'épithélium pigmentaire sont de coloration plus foncée, de diamètre plus petit, avec des prolongements plus longs. Le centre de cette région ne contient, comme on l'a vu, que des cellules à cônes dont la forme est extrêmement allongée. A chacune correspond une cellule bipolaire et, à chaque cellule bipolaire, une cellule multipolaire. Les cellules d'association existent comme ailleurs.

La *disposition des couches* est profondément modifiée, surtout pour les plus internes. La couche des cônes conserve à peu près le même aspect général que dans les parties voisines. C'est la seule couche de la rétine qui soit réellement complète au centre de la fovea. Or, comme c'est justement le point de meilleure vision, ce fait démontre, avec beaucoup d'autres, que ce sont bien les éléments de cette couche qui reçoivent l'impression lumineuse. La limitante externe reste à peu près à la même distance de l'épithélium pigmentaire. La couche des grains externes subit des modifications plus accusées. Près du fond de la fovea, elle s'épaissit en même temps que les grains s'écartent les uns des autres; tout à fait au centre, les grains sont moins nombreux plus écartés les uns des autres et la couche qu'ils forment s'écarte de la limitante externe, de sorte qu'à un faible grossissement, si on ne voit pas la limitante externe, il semble que les cônes présentent en cette région une hauteur beaucoup plus grande que celle qu'ils ont réellement. La couche de Henle est, comme on l'a vu, presque spéciale à la région fovéale. Elle présente son maximum d'épaisseur au niveau du bourrelet de la fovea. Au centre, elle est mince, mais existe encore.

Toutes les couches plus internes se comportent d'une façon analogue, c'est-à-dire qu'elles présentent leur maximum d'épaisseur — surtout la couche des cellules multipolaires — au bord de la fovea et s'amincissent progressivement pour se terminer en pointe vers le fond où leurs éléments s'entremêlent plus ou moins. Dans le centre de la fovea, la couche plexiforme interne semble ainsi disparaître complètement, de sorte qu'on trouve des cellules bipolaires à la surface de la couche plexiforme externe et, immédiatement en dedans, quelques cellules multipolaires. Ces deux sortes de cellules y sont d'ailleurs en nombre très variable d'une rétine à l'autre; parfois même elles manquent tout à fait, surtout les cellules multipolaires. La couche des fibres nerveuses elle-même ne cesse pas complètement; au centre même de la fovea, il existe de fins fascicules et des cylindres-axes isolés à direction variable. La persistance d'une certaine épaisseur des couches cérébrales de la rétine au fond de la fovea peut être considérée comme un état de développement incomplet de celle-ci (Zimmer).

La membrane limitante interne est formée, comme dans le reste de la rétine, par l'élargissement des pieds des fibres de Müller. Celles-ci sont obliques (fig. 686, B) et plus espacées que dans les autres parties de la rétine, d'où une plus grande fragilité de la région.

Dans la fovea, presque toutes les couches de la rétine sont plus épaisses du côté de la papille que du côté opposé.

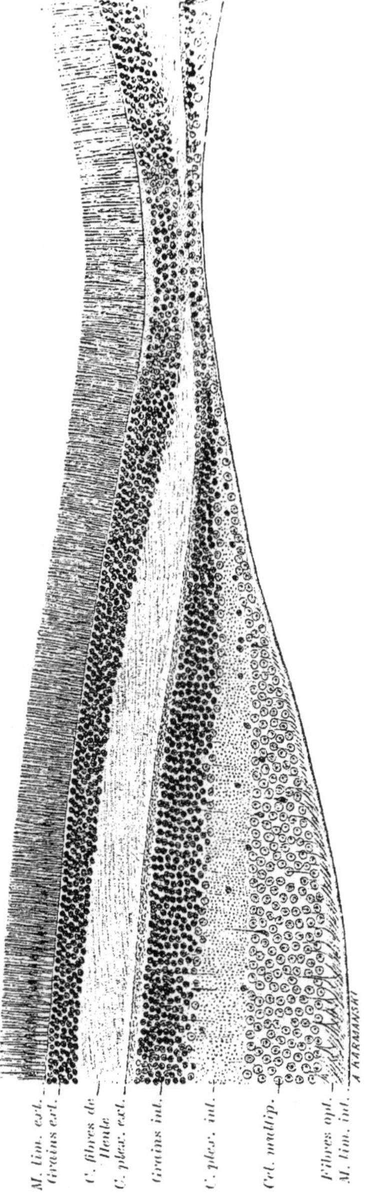

FIG. 695. — Fovea centralis chez l'homme.

La concavité de la partie externe est due à une déformation de la préparation.

Le fond de la fovea a une *vision* bien supérieure à celle du reste de la rétine, mais son « champ » ne s'étend qu'à un demi-degré du point de fixation dans chaque direction, alors que le champ visuel entier s'étend de 60 à 100 degrés. Malgré sa petitesse, c'est le fond de la fovea qui vaut à l'œil humain sa perfection; il est seul utilisé dans la lecture et dans tout travail nécessitant une vision précise. Dans les examens ophtalmologiques, c'est la qualité de cette seule petite région qui entre en jeu dans la détermination de l'*acuité visuelle*.

Vaisseaux. — Cette région n'est jamais traversée par de gros vaisseaux. Elle reçoit des artères fines venant de tout son pourtour; ce sont les artères maculaires (fovéales). Celles-ci sont divisées en artères directes, destinées généralement au tiers interne de la région, et en artères supérieure et inférieure destinées aux deux tiers externes.

Artères maculaires directes. — On donne ce nom à de petites artères allant directement d'un point quelconque de la papille à la partie interne de la macula. D'après Hirsch, ces artères existent dans 70 pour 100 des cas, mais avec des origines diverses. D'après l'examen ophtalmoscopique, sur 100 yeux dans lesquels ces artères existent, on en trouve en moyenne 60 où elles proviennent du tronc même de l'artère centrale, 30 où elles paraissent en un point de la papille, à quelque distance de son tronc, et 10 où elles naissent au bord même de la papille. Ces dernières sont des artères cilio-rétiniennes; elles ont leur origine dans l'anneau vasculaire scléral (fig. 693).

Lorsque les artères maculaires directes manquent (dans 25 pour 100 des yeux, d'après Hirsch), la macula est nourrie seulement par les artères maculaires supérieure et inférieure.

Artères maculaires supérieure et inférieure. — L'artère maculaire supérieure est une branche de l'artère temporale supérieure, et l'artère maculaire inférieure une branche de l'artère temporale inférieure. Leur direction est à peu près celle des fibres optiques de la région maculaire. La limite de leurs territoires respectifs est une ligne horizontale partant du centre de la fovea et se dirigeant en dehors. En dedans de la fovea, elles sont séparées par le territoire des artères maculaires directes.

Dans quelques cas, la disposition des artères s'écarte des types précédents. Il s'agit alors de véritables anomalies parmi lesquelles s'observe la plus grande variété.

Capillaires. — Ils viennent jusqu'au bord du fond de la fovea, comme les couches cérébrales. Le fond lui-même est dépourvu de vaisseaux sur une surface polygonale irrégulière ou arrondie, de 0 mm. 2 à 0 mm. 8 de diamètre.

Parfois, la partie privée de vaisseaux a un diamètre encore moindre (de 0 mm. 13, Dimmer). Elle peut alors être regardée comme une maille du réseau capillaire, simplement un peu plus grande que les mailles voisines. — Cette étendue n'a été déterminée que dans un petit nombre de cas, mais avec beaucoup de précision, grâce aux images entoptiques que l'on peut obtenir des vaisseaux capillaires de cette région.

L'absence ou plutôt la rareté des vaisseaux au fond de la fovea n'a rien de surprenant, puisque les couches cérébrales de la rétine sont écartées presque complètement de ce point et que ce sont les seules qui contiennent des vaisseaux. On ne peut donc guère invoquer cette absence de vaisseaux pour expliquer la pathogénie des affections propres à la région.

B. — BORD ANTÉRIEUR DE LA RÉTINE OU ORA SERRATA RETINÆ

L'ora serrata est le bord antérieur de la rétine proprement dite. Son nom vient de l'aspect dentelé qu'elle présente. La ligne qu'elle forme constitue également la limite entre la choroïde et la zone ciliaire, puisque c'est sa position qui détermine cette limite.

Elle est *située* à quelques millimètres en arrière du bord de la cornée, mais n'est pas exactement parallèle à ce bord. Elle s'en rapproche davantage en dedans (6 mm. 5) qu'en dehors (7 mm. 5, Terrien). Sa situation semble en rapport avec l'optique de l'œil. La rétine proprement dite ne dépasse que de très peu les points qui peuvent recevoir des rayons lumineux du dehors.

Si l'on compare cette situation de l'ora serrata avec celle des images fournies par les limites extrêmes du champ visuel, on constate qu'il existe en avant toute une bande de rétine inutilisée. En effet, pour un champ visuel extrême de 65 à 70 degrés en dedans et de 95 à 100 degrés en dehors, on peut estimer que les images rétiniennes répondant à cette limite sont situées à 8 mm. 5 ou 9 mm. 5 du bord interne et de 10 mm. 5 à 11 mm. 5 du bord externe de la cornée (Druault). La largeur de la partie antérieure de la rétine qui est inutilisée peut donc être évaluée en moyenne à 2 mm. 5 en dedans et à 3 mm. 5 en dehors.

Forme. — L'ora serrata est constituée par de petites arcades à concavité antérieure et dont les extrémités s'unissent en formant des pointes également tournées en avant. Mais cet aspect est très variable suivant les individus et dans les différentes directions d'un même œil.

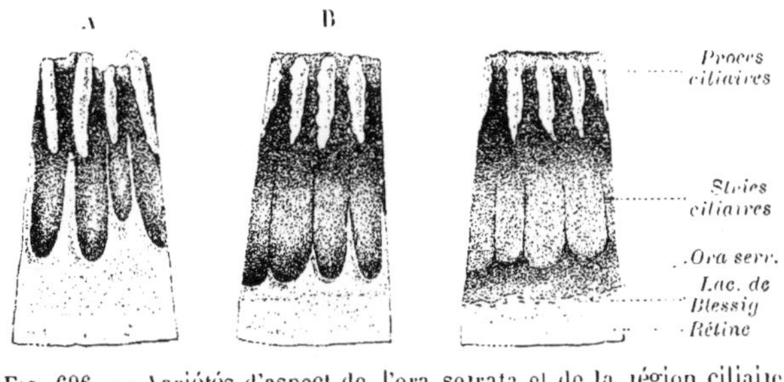

Fig. 696. — Variétés d'aspect de l'ora serrata et de la région ciliaire. Formation des stries ciliaires (O. Schultze).

A, vers la 30e semaine de la vie intra-utérine. — *B* et *C*, adultes.

Les variations qui existent dans la forme de l'ora serrata entre les différents sujets ont été étudiées surtout par O. Schultze. Chez certains sujets, les pointes vont, au moins en partie, jusqu'entre les procès ciliaires ; chez d'autres, l'ora serrata ne forme qu'une ligne ondulée dont les sinuosités présentent sensiblement le même aspect en avant et en arrière ; chez d'autres encore, une partie de la ligne ne forme même pas de sinuosités. Tous les intermédiaires existent entre ces types. Mais le plus souvent ces différentes formes sont plus ou moins mélangées dans l'étendue de l'ora serrata d'un même œil.

En effet, il est rare qu'une ora serrata ait le même aspect dans toute son étendue. Généralement les dentelures sont beaucoup plus marquées dans la portion nasale que dans la portion temporale (Terrien, O. Schultze).

Parfois, les pointes tournées en avant sont prolongées par des traînées sombres (striae ciliares de O. Schultze) qui vont jusqu'à l'extrémité postérieure des vallées ciliaires. Parfois aussi il existe immédiatement au-devant de l'ora serrata toute une bordure sombre, de laquelle partent les mêmes stries. Ces stries ciliaires, produites par une plus grande abondance du pigment rétinien à ce niveau indiquent l'emplacement de dents plus longues que l'ora serrata présentait d'abord dans ces cas. La bande sombre indique également qu'à une époque antérieure de la vie de l'individu la rétine proprement dite recouvrait cette région. D'après O. Schultze, l'effacement progressif de ce bord antérieur de la rétine se produit par la confluence des vides formés par le soi-disant « œdème » de la partie antérieure de la rétine.

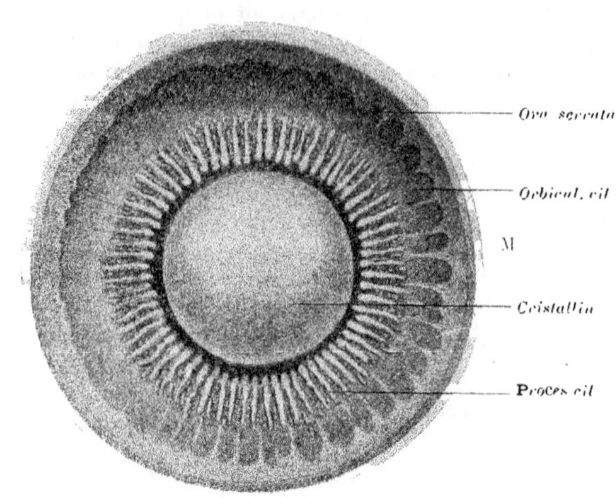

Fig. 697. — Segment antérieur de l'œil vu d'arrière (Oscar Schultze). *L*, côté latéral. — *M*, côté médian.

Partie antérieure de la rétine. — La rétine proprement dite, déjà un peu amincie (120 μ environ), se termine par une chute brusque au niveau de l'ora serrata (fig. 698). Chez la plupart des mammifères, l'amincissement se fait beaucoup moins brusquement que chez l'homme. Chez le cheval, le passage de la rétine proprement dite à la rétine ciliaire occupe même une largeur de 4 mm. (Terrien).

La partie antérieure de la rétine, sur une largeur de 1 mm. environ, laisse paraître plus que le reste de la rétine la teinte foncée du pigment sous-jacent et est plus adhérente à la choroïde (Terrien).

A son extrémité, la rétine présente déjà des modifications notables. On a vu que les bâtonnets sont beaucoup moins nombreux: ils sont aussi plus courts. Les cônes, courts et épais, sont encore en même nombre que dans le reste de la rétine (fig. 672, E). Les grains externes se fusionnent avec les grains internes au moment du passage dans l'épithélium ciliaire. Les cellules multipolaires qui ont diminué de nombre progressivement, depuis le pôle postérieur, n'existent pour ainsi dire plus. Les fibres de Müller sont relativement volumineuses.

Lacunes de Blessig. — Dans la partie antérieure de la rétine, près de l'ora serrata, on observe souvent des cavités arrondies qui ont été décrites (sous le nom de *lacunes*) et figurées d'abord par Blessig (1845). Iwanoff ainsi que Max Schultze les ont décrites sous le nom impropre d'« œdème » qui est encore employé par beaucoup d'auteurs et Greeff sous celui de « dégénérescence cystoïde périphérique de la rétine ». Ce sont des cavités à parois lisses et régulières. En s'agrandissant, elles se rapprochent les unes des autres et arrivent à ne plus être séparées que par de minces travées paraissant formées surtout de fibres de Müller étirées et accolées entre elles. Dans ces travées, on trouve des noyaux assez nombreux. En s'agrandissant davantage, les lacunes se fusionnent les unes avec les autres. Elles contiennent un liquide incolore.

On les rencontre surtout chez les individus âgés, mais elles existent quelquefois chez des sujets jeunes. Elles sont toujours plus développées dans la portion temporale de la rétine. Elles se montrent donc dans les parties de la rétine qui, comme on l'a vu plus haut, sont privées de toute excitation lumineuse. D'ailleurs elles paraissent résulter d'une

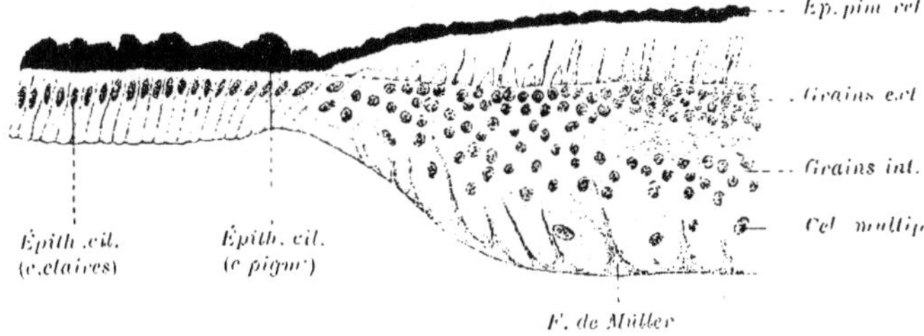

Fig. 698. — Région de l'ora serrata (R. Greeff).

simple atrophie. D'après Oscar Schultze, par le fait de leur confluence, il peut se faire une disparition d'une certaine étendue de rétine et un recul de l'ora serrata. Dans les points où se fait cette disparition, la forte pigmentation de la couche épithéliale pigmentaire n'est pas modifiée, et ce serait l'origine de la petite zone plus foncée qu'on observe à la partie postérieure de l'orbiculus ciliaris (voy. cette région).

C. — PAPILLE DU NERF OPTIQUE

La *papille* est la petite région située entre la rétine et le nerf optique proprement dit. Elle est formée par la terminaison de la couche rétinienne des fibres optiques.

Le nom de papille lui vient de l'idée fausse que les anciens se faisaient de sa forme. Ils croyaient qu'elle constituait une saillie vers l'intérieur de l'œil. Sa surface est, au contraire, généralement excavée.

Limites. — Les fibres nerveuses qui constituent presque exclusivement la papille se continuant d'une part dans la rétine, d'autre part dans le nerf optique, les limites établies entre la papille et ces organes sont conventionnelles.

Du côté de la rétine, il n'existe aucun changement net dans la structure de la couche des fibres optiques au point où elle pénètre dans la région papillaire. La limite est établie au niveau de la terminaison des autres couches de la rétine.

Du côté du nerf optique, la papille est limitée par la face antérieure de la lame criblée. La terminaison du nerf optique a déjà été étudiée à propos de ce nerf (T. III, p. 787 à 790).

Forme. — Sa forme est à considérer de face, comme on la voit à l'ophtal-

A. DRUAULT.

moscope ou à l'ouverture de l'œil, et sur les coupes perpendiculaires aux parois oculaires, comme elle se présente sur la plupart des préparations histologiques.

De face (fig. 693), elle est arrondie et forme quelquefois un cercle assez parfait; mais à l'état normal elle peut être aussi légèrement elliptique à grand axe vertical. En outre, à l'examen ophtalmoscopique, elle peut paraître allongée dans un sens ou dans l'autre par le fait de l'astigmatisme de l'œil observé.

Sur les coupes passant par son centre, on distingue le fond, la surface et les parties latérales. Le fond répond à la face antérieure de la lame criblée et est par conséquent plus ou moins convexe en arrière. La surface est tournée du côté du corps vitré et son centre présente généralement une petite échancrure à sommet aigu répondant à une dépression en entonnoir de la surface (excavation physiologique de la papille).

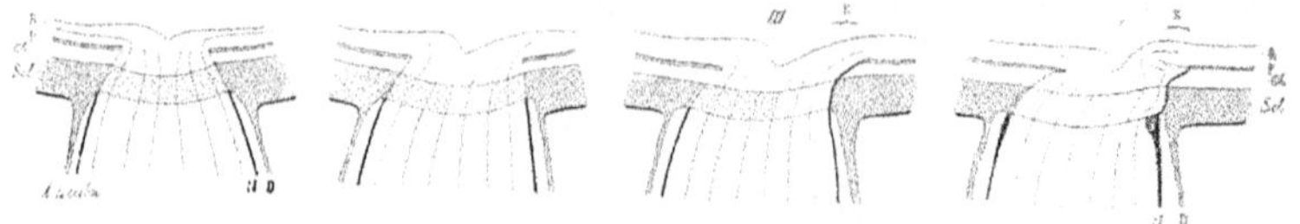

Fig. 699. — Principales formes de la papille (Elschnig).

Côté nasal à gauche; côté temporal à droite. — *Ch*, choroïde. — *D*. gaine durale. — *K*. conus (anneau scléral). — *N*, gaine piale. — *P*, épithélium pigmenté. — *R*, rétine. — *Scl.* sclérotique.

Quant aux parties latérales, en avant elles se continuent avec la couche rétinienne des fibres optiques, en arrière elles sont seulement en rapport avec la terminaison des autres couches de la rétine et avec le bord de la choroïde.

Diamètre. — Le diamètre de la papille est généralement de 1 mm. 5 à 1 mm. 7.

Situation. — Par rapport à la fovea qui occupe le pôle postérieur de l'œil, la papille est en dedans et un peu en haut.

Cette situation relative se mesure exactement en traçant au campimètre la projection de la papille (tache aveugle, tache de Mariotte) et en déterminant sa position par rapport au point de fixation. On trouve ainsi que le centre de la papille et le centre de la fovea sont distants de 4 millimètres et que le centre de la papille est à 0 mm. 6 en moyenne au-dessus du centre de la fovea (Landolt donne pour ces distances 3 mm. 915 et 0 mm. 785). La distance angulaire entre les deux centres est de 15 degrés.

Aspect. — L'aspect normal de la papille est très important à connaître : ses variations sont nombreuses et constituent une des parties les plus importantes de la séméiotique oculaire.

A l'état normal, le disque papillaire est limité par le bord de la choroïde. Souvent ce bord est surchargé de pigment et forme un anneau foncé plus ou moins complet autour de la papille (anneau choroïdien) et d'aspect variable : tantôt il présente une teinte brune s'arrêtant brusquement du côté de la papille et se dégradant du côté opposé; tantôt c'est un liséré bien net, noir, étroit, occupant généralement un côté de la papille et exceptionnellement tout son pourtour. Souvent aussi le bord de la choroïde ne présente aucun changement de teinte et la couleur rouge du fond de l'œil s'arrête brusquement au pourtour de la papille sans s'être modifiée.

D'après Elschnig et Kuhnt, cet anneau pigmenté n'est pas produit par la choroïde proprement dite, mais par l'épithélium rétinien qui est plus pigmenté et même parfois épaissi en plusieurs couches superposées.

Immédiatement en dedans de ce bord, la papille présente soit sa teinte rosée générale, soit une bordure blanche. Cette dernière, lorsqu'elle existe, offre de grandes variétés. C'est généralement un anneau étroit (anneau scléral, a. sclérotical, a. conjonctif) ou un croissant étroit également; mais quelquefois c'est un croissant large (*croissant papillaire* ou *juxta-papillaire*, *conus* des auteurs allemands, *staphylome postérieur*). Ce croissant siège le plus souvent sur un des bords latéraux de la papille, ordinairement le bord externe, et son développement, lorsqu'il est large, est presque toujours un phénomène d'ordre pathologique en rapport avec la myopie ou l'astigmatisme.

Anneau ou croissant, on admet généralement que cet aspect est dû à ce que l'orifice scléral est plus étroit que l'orifice choroïdien. D'ailleurs pour les croissants larges, c'est ordinairement l'orifice choroïdien qui s'est agrandi d'un côté après la naissance.

Pour Elschnig, l'aspect de l'anneau scléral — produit le plus souvent par un développement incomplet ou nul du bord de la choroïde — peut exister encore dans des cas où la choroïde se termine exactement au même niveau que la sclérotique, grâce à des prolongements épais et abondants (non recouverts par la lame vitrée) qu'elle envoie dans le nerf optique et qui sont contournés par les fibres optiques de cette partie du nerf.

Tout le reste de la papille, c'est-à-dire la presque totalité de sa surface, présente une *teinte rosée* plus marquée sur les parties périphériques et surtout à la partie interne.

Les variations individuelles dans la coloration de la papille sont extrêmement marquées. Ces variations sont utiles à connaître, afin de ne pas porter les diagnostics de papillite ou surtout d'atrophie papillaire sur des papilles saines, mais plus colorées ou plus pâles qu'à l'état ordinaire.

L'*excavation physiologique* est une dépression du centre de la papille. Elle tient à ce que les fibres nerveuses s'écartent progressivement en gagnant la surface rétinienne. Elle existe dans la plupart des yeux et présente de nombreuses variétés de dimensions et de formes. Le plus souvent elle est petite, son diamètre représentant le quart ou le tiers du diamètre de la papille, mais il arrive, quoique rarement, qu'elle occupe presque toute la surface papillaire. D'ailleurs, il reste toujours un petit bord non déprimé, surtout en dedans, à l'inverse de l'excavation glaucomateuse qui occupe toute la surface papillaire.

Ordinairement, ses bords sont très inclinés et sa forme générale est en entonnoir, mais souvent un des côtés est à pic. La teinte rosée des bords de la papille va en diminuant vers le centre de l'excavation. Lorsque celle-ci est profonde, le fond est blanc avec une marbrure grisâtre produite par la lame criblée dont les mailles paraissent blanches, tandis que les faisceaux nerveux qui la traversent paraissent grisâtres.

Structure. — Elle est formée presque exclusivement par les fibres nerveuses venant de la couche des fibres optiques de la rétine et se rendant au nerf optique. Ces fibres sont dépourvues de myéline: elles n'en acquièrent qu'après avoir traversé la lame criblée, presque au même niveau pour toutes. Cependant, quelques fibres prennent leur myéline plus en arrière, à une certaine distance de la papille (Aubaret). Les faisceaux de fibres continuent à échanger des anastomoses dans la papille comme dans la rétine.

Neuschüler a observé dans la région de la lame criblée, surtout au point où les fibres acquièrent leur myéline, des fibres pourvues de myéline, assez volumineuses, ayant une direction à peu près perpendiculaire à celle des faisceaux du nerf. Il les a rencontrées chez l'homme, le chat, le porc et le veau. Elles diffèrent des anastomoses signalées ci-dessus, mais leur nature n'est pas exactement déterminée.

Au milieu des fibres optiques, se trouvent des cellules névrogliques en araignées. Ce sont des cellules analogues à celles du nerf optique ; mais, tandis que ces dernières sont étalées, très volumineuses et possèdent des prolongements très longs, les cellules névrogliques de la papille sont petites, irrégulières, à prolongements fins, très rapprochés, dont la plupart sont tournés en avant. Les corpuscules qui touchent à la surface limitante de la papille ressemblent entièrement aux corpuscules internes de la couche des fibres optiques (Ramon y Cajal).

La membrane limitante interne manque à la surface de la papille (Rochon-Duvigneaud), ce qui revient à dire que les renflements terminant les fibrilles névrogliques à la surface de la papille ne s'étalent pas assez pour s'accoler les uns aux autres, comme les pieds des fibres de Müller. Pour Aubaret, au contraire, il y a là une sorte de champ basal qui se confond avec celui que forment les pieds renflés des fibres de Müller.

Enfin du tissu conjonctif forme des gaines aux vaisseaux et s'échappe plus ou moins de la lame criblée et du bord de la sclérotique.

La *rétine* (abstraction faite de la couche des fibres optiques) présente une diminution dans le nombre de ses éléments à environ 0 mm. 5 du bord de la

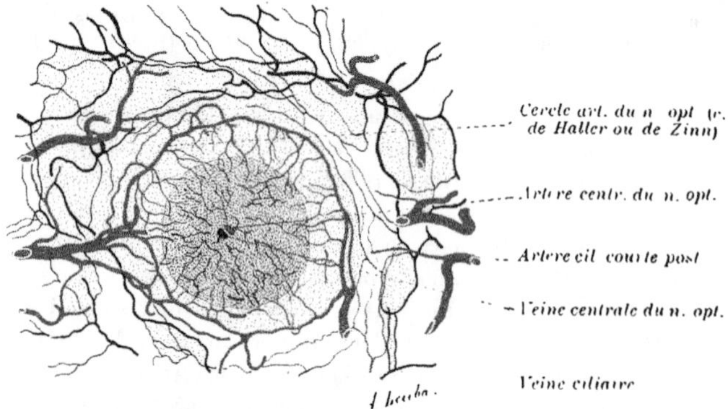

Fig. 700. Vaisseaux contenus dans l'épaisseur de la sclérotique autour du nerf optique. (D'après Leber.)

papille. Arrivée à ce bord, elle se termine le plus souvent d'une façon un peu différente du côté temporal et du côté nasal. Du côté temporal, toutes ses couches cellulaires présentent une terminaison simultanée par un bord relativement net, tandis que du côté nasal la terminaison est plus oblique, les couches internes finissant d'abord.

Vaisseaux. — Il y a à distinguer : 1° l'artère et la veine centrales avec leurs branches; 2° les rameaux du cercle de Haller et 3° l'irrigation capillaire de la région.

Les *vaisseaux centraux* n'émergent pas exactement du centre de la papille, mais un peu en dedans. Lorsqu'il y a une excavation physiologique, ils naissent de son bord nasal.

La division ordinairement dichotomique de l'artère centrale de la rétine en 4 branches se fait soit au milieu de la papille, à sa surface ou dans son épaisseur, soit plus profondément dans le nerf. Suivant qu'elle se fait plus ou moins tôt, il en résulte un aspect variable (fig. 701). Des premières grosses branches de l'artère (*artères papillaires supérieures et inférieures*), il naît souvent directement de petites artères qui gagnent les parties voisines de la rétine et particulièrement la région maculaire. La division de la veine présente une disposition analogue à celle de l'artère, mais souvent se fait plus profondément (Berger).

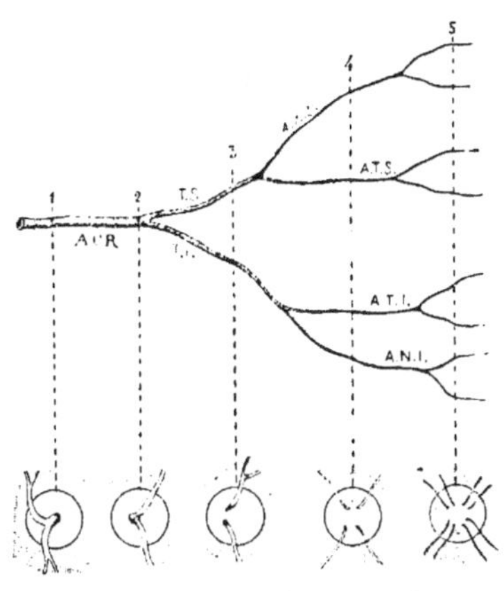

Fig. 701. — Artère centrale de la rétine et ses branches. Variétés d'aspect ophtalmoscopique suivant le siège des points de bifurcation par rapport à la surface de la papille. (Schéma de Rollet.)

1 et 2, l'artère centrale se bifurque à la surface de la papille. — 3, bifurcation en arrière de la lame criblée, invisible à l'ophtalmoscope. — 4, il s'est fait deux bifurcations successives en arrière de la lame criblée et les quatre artères rétiniennes sortent isolément. — 5, il s'est fait trois bifurcations successives en arrière de la lame criblée et les artères rétiniennes sont divisées chacune en deux branches à leur pénétration dans l'œil (disposition tout à fait exceptionnelle).

Le *cercle de Haller ou de Zinn* ou *couronne vasculaire scléroticale* donne quelquefois une petite artère maculaire qui traverse la papille près de son bord et se dirige en dehors (fig. 693). On observe aussi des veines cilio-rétiniennes et optico-ciliaires. (Voy. Vaisseaux cilio-rétiniens.)

Les *capillaires* de la papille lui sont fournis par les vaisseaux centraux, le cercle de Haller et les vaisseaux des gaines du nerf optique (fig. 700).

Des *nerfs vaso-moteurs* ont été observés par Aubaret autour du tronc de l'artère centrale et autour des vaisseaux qui pénètrent dans le nerf optique sur tout le pourtour de la lame criblée.

Variétés de la papille chez les animaux. — Ces variétés sont extrêmement nombreuses. Parmi les mammifères, le chien a une papille triangulaire à angles arrondis, plus ou moins régulière et généralement très vasculaire. Le lapin a une papille excavée dont part sur les parties latérales deux ailes blanches formées par des fibres à myéline. Le cobaye a une papille très simple, elle paraît sous la forme d'une tache ronde, blanc grisâtre, autour de laquelle la rétine est gris foncé; elle n'a pas de vaisseaux apparents. Celle du cheval est allongée transversalement; elle a des petits vaisseaux très nombreux rayonnant sur toute sa périphérie.

Les oiseaux ont une papille extrêmement allongée située en bas et portant le peigne, membrane plissée très pigmentée, s'élevant dans le corps vitré; aussi la papille est invisible à l'ophtalmoscope.

La grenouille et certains poissons ont une papille très allongée. Chez quelques poissons, il existe plusieurs papilles, jusqu'à dix, envoyant chacune un faisceau au tronc du nerf optique (Deyl).

Bibliographie. — Aubaret, *Thèse de Bordeaux*, 1902. — Bach, *Arch. f. Opht.*, t. XLI, 1899. — Beauregard, *Rech. sur les réseaux vasc. de l'œil des vertébrés*, 1876. — Bernheimer, *XIIIe congrès int. de méd.*, Section d'opht., 1900. — Blessig, *De retinae textura* *disq. micr.*: *Diss. inaug. de Dorpat*, 1845. — Bois, *Journal de l'anat. et de la phys.*, 1897. — Boll, *Arch. f. Psych. u. Nervenkr.*, 1871 et 1873. — *Arch. f. Anat. u. Phys.*, 1877 et 1881. — Chievitz, *Intern. Monatsch. f. Anat. v. Phys.*, 1883. — *Verhandl. d. anat. Gesellschaft*, 1889. — *Bulletin de l'Acad. roy. danoise*, 1891. — Dimmer, *Beiträge z. Anat. u. Phys. des Macula lutea der Menschen*, 1894. — Dogiel, *Arch. f. mikr. Anat.*, t. XXXVIII, XL, XLI. — Dor (H.), *Encycl. fr. d'opht.*, t. I, 1903. — Druault, *Arch. d'opht.*, 1898 et 1902. — Duval (Mathias), *Th. d'agrégation*, 1873. — *Précis d'histologie*, 1900. — Elschnig, *Klin. Monatsbl. f. Aug.*, 1898. — *D. nom. Sehnerveneintritt d. menschl. Auges*. 1900. — Van Genderen Stort, *Arch. f. Opht.*, 1887. — Greeff, *Arch. f. Aug.*, t. XXXV. — *Handb. d. gesamt. Augenh.*, 2e éd., 1900. — Hannover, *Müller's Archiv*. 1840 et 1843. — *La rétine de l'homme et des vertébrés*, 1876. — Henle, *Handb. d. Eingeweidl.*, 1866. — Henschen, *XIIIe congrès int. de méd., Section d'opht.*, 1900. — *Semaine médicale*, 1903. — Hirsch, *Arch. f. Augenh.*, t. XXXIII. — His, *Verhandl. d. nat. Ges. in Basel*, 1867. — Jacob, *Philosoph. Transact.*, 1819. — Kallius, *Anat. Hefte de Merkel et Bonnet*, t. III. — Kölliker, *Handb. d. Geweb. d. Menschen*, 1867. — Koster (W.), *Arch. d'opht.*, 1895. — Krause, *Intern. Monatschrift f. Anat. u. Hist.*, 1884 à 1893. — Krückmann, *Arch. f. Opht.*, t. XLVII. — Kühne, *Untersuch. aus d. physiol. Inst. zu Heidelberg*, 1877 et 1882. — Kuhnt, *Jenaische Zeitschrift*, 1889. — Landolt (E.), *Arch. f. mikr. Anat.*, t. VII, 1871. — Leber, *Handb. d. gesamt. Augenh.*, 1re éd., 1875. — Magnus, *Die Gefässe. d. menschl. Netzhaut*. 1873. — Merkel, *Arch. f. Oph.*, 1876. — *Klin. Monatsbl. f. Augenh.*, 1877. — Michel, *Festschrift de Ludwig*, 1874. — Von Monakow, *XIIIe Congrès int. de méd.*, *Section d'opht.*, 1900. — Müller (H.), *Acad. des sciences*, 1856. — *Zeitschrift f. wissensch. Zool.*, 1857. — *Wurzburger naturw. Zeitschrift*, 1861. — Müller (W.), *Festschrift de Ludwig*. 1874. — Neuschüler, *IXe Congrès int. d'opht.*, Utrecht, 1899. — Pizon, *Acad. des sciences*. 1901. — Ramon y Cajal, *La cellule*, t. IX, 1892. — *Journal de l'anat.*, t. XXXII, 1896. — Ranvier, *Arch. d'opht.*, 1882. — *Traité technique d'histologie*, 1889. — Renaut, *Traité d'histologie*, t. II, 1899. — Retzius, *Biologische Untersuchungen*, t. VI, 1894. — Ritter, *Arch. f. Opht.*, t. V, VIII et XI. — Rochon-Duvigneaud, *Encyclopédie française d'ophtalmologie*. t. I, 1903. — Rollet et Jacqueau, *Ann. d'ocul.*, 1898. — Schaper, *Arch. f. mikr. Anat.*, t. XLI. Schultze (Max), *Arch. f. mikr. Anat.*, 1866 à 1871. — *Histologie de Stricker*, t. II, 1871. — Schultze (Oscar), *Verhandl. d. phys. med.*, *Gesellschaft zu Würzburg*, t. XXXIV *Festschrift de Kölliker*, 1892. — Schwalbe, *Anatomie des Auges*, 1887. — Stöhr, *Anat. Anzeiger*, 1899. — Tartuferi, *J. intern. d'anat. et de physiol.*, 1887. — Terrien, *Th. Paris* 1898. — Zenker, *Arch. f. mikr. Anat.*, t. III, 1867.

CRISTALLIN

Le cristallin est une lentille biconvexe complétant l'appareil dioptrique de l'œil dont la partie principale est représentée par la cornée. Sur un œil au repos, la puissance de réfraction de la cornée est de 45 dioptries environ, celle du cristallin n'est que de 16 dioptries. Mais, tandis que la valeur de la cornée est invariable, celle du cristallin, au contraire, peut augmenter considérablement (de 14 dioptries dans le jeune âge), permettant ainsi la vision nette pour des points très rapprochés. On pourrait donc définir le cristallin humain : l'appareil de l'accommodation. Mais cette fonction est très variable : à peine établie, elle commence à diminuer d'une façon régulièrement progressive et finit par disparaître complètement vers 65 ou 70 ans.

Situation. — Le cristallin est situé immédiatement en arrière de l'iris et au-devant du vitré, à la hauteur des procès ciliaires.

Sa distance à la cornée varie beaucoup dans les différents yeux. Elle est généralement de 3 à 4 millimètres mesurée entre le sommet de la face antérieure du cristallin et le sommet de la face *antérieure* de la cornée (en moyenne 3,59 d'après les mensurations d'Awerbach). Elle est généralement plus grande chez les myopes.

En arrière, la face postérieure du cristallin est à 16 millimètres en moyenne de la fovea. Son équateur reste à 1 millimètre et plus des procès ciliaires. Cet espace périlenticulaire est plus étroit chez tous les animaux.

Forme. — Le cristallin présente deux faces réunies suivant une ligne qu'on nomme l'équateur. Les centres des deux faces constituent les pôles antérieur et postérieur. L'axe est la ligne qui passe par les pôles.

Dimensions. — Le facteur essentiel de la valeur d'une lentille est la courbure de ses faces. Étant donné le rôle du cristallin, sa forme à l'état de repos et pendant l'accommodation a donc une importance capitale. Aussi sa détermination exacte a-t-elle beaucoup préoccupé les chercheurs, mais elle présente des difficultés toutes particulières.

La principale cause de ces difficultés est la consistance molle des parties périphériques. Sur un œil jeune, ouvert, le moindre attouchement, non seulement du cristallin, mais des parties voisines, en modifie la forme d'une façon considérable. D'autre part la congélation et le durcissement dans les liquides fixateurs ne permettent pas non plus d'en conserver la forme exacte. Aussi la meilleure façon d'étudier la courbure des faces d'un cristallin est de procéder sur l'œil vivant. On utilise pour cela les images de réflexion de ses faces (images de Purkinje) de la même façon que pour la mensuration de la courbure de la cornée, mais avec beaucoup plus de difficultés à cause de l'éclat infiniment moins grand des images. De plus à l'état normal le centre seul est observable. Ces difficultés, déjà très grandes pour le cristallin au repos, augmentent encore pour le cristallin en état d'accommodation surtout à cause du rétrécissement simultané de la pupille, et c'est sur la courbure des parties paracentrales et périphériques pendant l'accommodation qu'il existe le plus de désaccord entre les auteurs.

Voici les rayons de courbure et l'épaisseur en millimètres du cristallin au repos et d'un cristallin accommodant de 7 dioptries, d'après Helmholtz et d'après Tscherning, et du cristallin au repos seulement, d'après la moyenne des mensurations d'Awerbach :

		RAYON DE COURBURE DE LA FACE ANTÉRIEURE	RAYON DE COURBURE DE LA FACE POSTÉRIEURE	ÉPAISSEUR
HELMHOLTZ..	Repos.	10	6	3.6
	Accommodation de 7 D.	6	5.5	4
TSCHERNING.	Repos.	10.2	6.2	4.1
	Accommodation de 7 D.		5.6	4.4
AWERBACH..	Repos.	10.4	6.1	3.9

Mais les faces du cristallin n'ont pas le même rayon dans toute leur étendue ; ce ne sont pas des surfaces exactement sphériques. La surface antérieure se rapproche davantage d'un hyperboloïde et la surface postérieure d'un paraboloïde (Tscherning et Besio), toutefois une forme parfaitement géométrique n'existe pas. En outre les deux surfaces sont reliées par une courbe de très petit rayon au niveau de l'équateur.

Diamètre. — Le cristallin a environ 9 millimètres de diamètre, peut-être même 9 ou 10 millimètres, comme l'indiquent Truc et Vialleton.

Direction de l'axe. — L'axe du cristallin présente à peu près la même direction que l'axe de la cornée, c'est-à-dire que le rayon cornéen passant par le centre de la surface cornéenne. Sa partie antérieure est dirigée généralement de 5 à 7° en dehors et de 1 à 3° en bas.

Mobilité. — En se basant sur l'examen des images catoptriques du cristallin, Hesse admet que cet organe est mobile *pendant l'accommodation* et qu'il tombe alors très légèrement dans les parties déclives. — D'après Tscherning, il ne s'agit pas dans ce cas d'un déplacement du cristallin en entier, mais d'une déformation, la masse cristallinienne glissant un peu vers le bas dans l'intérieur de la capsule.

Propriétés physiques. — Le *poids* du cristallin est de 19 centigrammes (Renaut) ou de 20 à 25 centigrammes (Sappey). Son poids spécifique, 1,067, d'après Priestley Smith, est plus élevé que celui de l'humeur aqueuse et du vitré; aussi, comme on vient de le voir, à certains moments il se comporte comme un corps lourd tombant plus ou moins dans les parties déclives.

Sa *consistance* est très faible chez l'enfant, mais elle augmente peu à peu, surtout au centre. Dès que les parties centrales ont acquis une certaine solidité, on distingue dans le cristallin un noyau et des couches corticales. Certains auteurs le divisent même en trois zones : superficielle, moyenne et centrale. D'ailleurs cette division est en grande partie artificielle; l'augmentation de consistance se fait graduellement de la périphérie au centre, sans ligne de démarcation, au moins sur le cristallin sain. Chez le vieillard, le même processus de durcissement continue, le noyau envahit peu à peu les couches corticales et finit par comprendre tout le cristallin.

La *couleur* varie parallèlement à la consistance. D'abord incolore et transparent, le cristallin prend peu à peu, dans les parties durcies, une légère teinte ambrée.

Cette teinte peut devenir beaucoup plus marquée chez certains individus, au point d'empêcher complètement la vision. C'est à cet état extrême qu'on donne le nom de cataracte noire, bien que le processus n'ait rien de commun avec les dégénerescences qui constituent la cataracte ordinaire.

L'*indice de réfraction* subit également des variations parallèles à celles de la consistance. Il s'accroît légèrement avec les années; et il augmente aussi de la périphérie au centre. Comme les parties centrales formant le noyau sont limitées par des courbes de très petit rayon, l'élévation de l'indice de réfraction dans ces parties augmente plus l'action convergente totale du cristallin que si elle portait sur toute sa masse.

Cet indice de réfraction est estimé généralement de 1,42 à 1,44 par rapport à l'air, ce qui le met de 1,06 à 1,08 par rapport à l'humeur aqueuse et au corps vitré.

Composition chimique. — Dans son ensemble, le cristallin est composé presque exclusivement de deux tiers d'eau et d'un tiers de substances albuminoïdes. Parmi ces dernières, la plus abondante est une substance spéciale au cristallin, à laquelle Berzélius donna le nom de *cristalline*. Laptschinsky a donné des analyses du cristallin de bœuf, dont la moyenne pour 1000 parties est de : Eau, 639; matières albuminoïdes, 340; autres matières organiques, 9; sels, 7.

Structure. — Les parties constitutives du cristallin sont : 1° une capsule qui l'enveloppe complètement; 2° une couche d'épithélium à la face profonde du segment antérieur de la capsule; 3° la masse principale formée par les fibres; et 4° une substance amorphe unissant les autres parties entre elles.

1° ***Capsule du cristallin.*** — Elle est encore désignée sous le nom de *cristalloïde*. Ce nom lui avait été donné par les anatomistes du seizième siècle à cause de sa ressemblance avec une mince couche de cristal (Sappey).

Enveloppant le cristallin dans son entier, elle peut être divisée en deux segments recouvrant l'un la face antérieure, l'autre la face postérieure. Ces deux segments sont formés par une lame de substance absolument continue; mais, chirurgicalement, ils sont tout à fait distincts et les ophtalmologistes les désignent habituellement par les termes de *cristalloïde antérieure* et *cristalloïde postérieure*, termes qui ont l'avantage d'une brièveté relative, mais qui semblent impliquer l'idée de deux membranes distinctes.

C'est, comme on l'a vu à propos de son développement, une membrane cuticulaire développée exclusivement ou presque exclusivement aux dépens des cellules épithéliales qui forment le cristallin. Elle est l'équivalent de la membrane basale de l'épiderme et par conséquent de la membrane de Bowman dans la cornée.

Son *épaisseur* varie avec les points considérés. Chez tous les vertébrés le segment antérieur est plus épais que le segment postérieur; mais le maximum d'épaisseur est tantôt au pôle antérieur, tantôt dans la région équatoriale. Chez l'homme on trouve deux maxima, l'un sur les parties latérales de la face antérieure, l'autre un peu en arrière de l'équateur.

Épaisseur (en μ) de la capsule du cristallin (H. adulte).

	PÔLE ANTÉRIEUR	EN AVANT DE L'ÉQUATEUR	ÉQUATEUR	EN ARRIÈRE DE L'ÉQUATEUR	PÔLE POSTÉRIEUR
D'après Rabl.	6.5		8	12	2
— O. Schultz . (Texte et dessin).	20	25		20	5
— O. Becker. .	14	11			
	24	17			
	32	14			
— Salzmann . . (Moy. de 7 mensur.)	15	25			

D'après Salzmann, le point le plus épais de la cristalloïde antérieure n'est pas au pôle même, mais en dehors, juste au point où Tscherning a trouvé un aplatissement de la courbure. Le rapport de l'épaisseur de ce point à celle du pôle serait de 5/3 chez l'adulte, de 2/1 chez les sujets jeunes, et de 3/2 chez les sujets vieux.

D'après Otto Becker, chez le nouveau-né le point le plus épais de la capsule se trouve un peu en arrière de l'équateur, immédiatement en arrière de la limite postérieure du canal de Petit. A ce niveau la capsule atteint une épaisseur de 24 μ, plus grande que chez l'adulte.

Les chiffres donnés présentent donc des différences assez grandes. Ces différences peuvent tenir aux variations individuelles, qui, d'après Rabl, sont notables, et au mode de préparation employé. Suivant que le liquide fixateur rétracte ou gonfle le cristallin, la capsule est plus ou moins distendue, particulièrement au niveau des branches des étoiles antérieure et postérieure.

Elle est formée par une substance homogène. Toutefois, dans certains cas (sénilité, action d'agents chimiques), on peut y observer une *striation* parallèle à la surface. Chez quelques animaux, cette striation s'observe à l'état normal;

ainsi, chez le cheval et le renard, qui ont une capsule très épaisse, Rabl a compté 22 à 26 couches au pôle antérieur. D'après Berger, elle se distingue du tissu élastique par sa résistance très faible à l'action des caustiques alcalins et des acides.

L'arrachement des fibres zonulaires qui s'insèrent à sa surface entraîne parfois une mince couche périphérique. Cette couche a été désignée sous les noms de *lamelle zonulaire* de la cristalloïde (Berger) ou de *membrane péri capsulaire* (Retzius).

La cristalloïde est en effet très *élastique*. On peut la distendre par une injection, elle revient ensuite sur elle-même en expulsant le fluide injecté. Lorsqu'elle est déchirée, les lambeaux s'enroulent sur eux-mêmes en dehors.

Étant donnée la grande élasticité de cette membrane, ses inégalités d'épaisseur dans ses divers segments contribuent peut-être à donner au cristallin accommodé la forme bombée au centre et aplatie sur les bords.

Elle présente une friabilité spéciale. Dès qu'elle est rompue en un point, la moindre poussée sur le cristallin fait propager la déchirure jusqu'aux limites du segment, antérieur ou postérieur, lésé. Ce fait est utilisé dans l'opération de la cataracte.

La face externe de la capsule du cristallin est en contact avec l'humeur aqueuse en avant et le vitré en arrière. L'iris s'applique en avant sur toute sa périphérie. Elle donne insertion aux fibres de la zonule (Voy. *Zonule*).

2° ***Couche épithéliale.*** — La face postérieure du segment antérieur de la capsule est tapissée par une couche épithéliale formée d'un seul rang de cellules. De face, ces cellules sont assez régulièrement hexagonales. Leur diamètre est de 20 μ environ, celui du noyau de 10 μ (O. Schultze). Leur hauteur, au pôle antérieur, est évaluée généralement à 8 ou 10 μ; pour Rabl, elle est seulement de 2,5 μ au pôle antérieur et de 9 μ à la périphérie. Ces cellules sont unies entre elles par des ponts de substance protoplasmique et séparées par un ciment intercellulaire formant des cloisons relativement épaisses. Au centre de la région, les ponts protoplasmiques sont plus nombreux et la couche de ciment plus épaisse qu'à la périphérie (Truc et Vialleton).

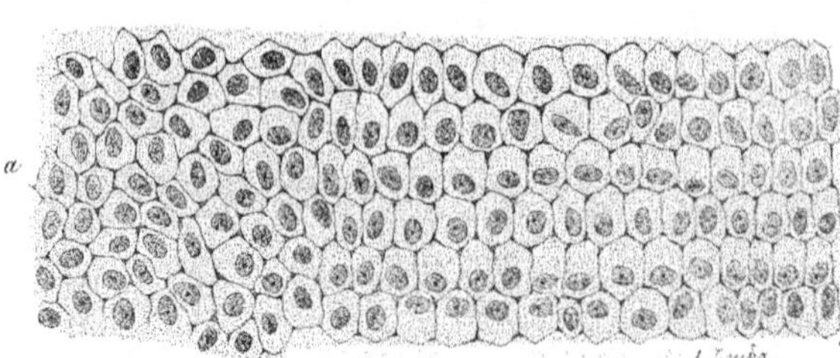

Fig. 702. — Épithélium du cristallin. — Groupement en rangées méridiennes à la périphérie (bœuf). — Gr. 350 D. (Rabl).

a, côté central ou antérieur. — *b*, côté périphérique; point où commence la transformation des cellules en fibres.

Le *noyau* contient un réseau chromatique extrêmement délicat avec un ou plusieurs nucléoles. Il est rarement situé au milieu de la cellule; beaucoup plus souvent il est dans une situation excentrique et quelquefois tout contre la limite de l'espace cellulaire. Ce fait est particulièrement net chez le bœuf (fig. 702) et chez le chien (Rabl).

Cet épithélium contient des figures karyokynétiques, même chez l'homme adulte (O. Becker).

Les cellules varient peu dans toute l'étendue de la couche jusqu'à l'équateur. Mais en ce dernier point, elles subissent deux modifications importantes. D'une part, elles deviennent plus hautes et, d'autre part, Rabl a montré qu'elles s'ordonnaient en même temps en rangées radiaires (fig. 702). Chez l'homme, ces rangées radiaires périphériques sont relativement courtes. On n'y observe jamais de figures karyokynétiques.

Entre cet épithélium périphérique et les fibres vraies, il existe une zone de transition dans laquelle on trouve, en partant de l'épithélium, d'abord des fibres à peine plus longues que les cellules épithéliales périphériques, puis d'autres fibres de plus en plus longues. Elles deviennent ainsi rapidement plusieurs centaines de fois plus longues que les cellules épithéliales périphériques. A partir de l'épithélium, les premières fibres, encore courtes, sont concaves en dehors. Les suivantes sont à peu près droites, puis il commence à se produire une courbe à concavité tournée en dedans. Les noyaux de ces premières fibres sont très apparents. Ils restent sur une même ligne à laquelle H. Meyer a donné le nom de *zone des noyaux* (fig. 703)

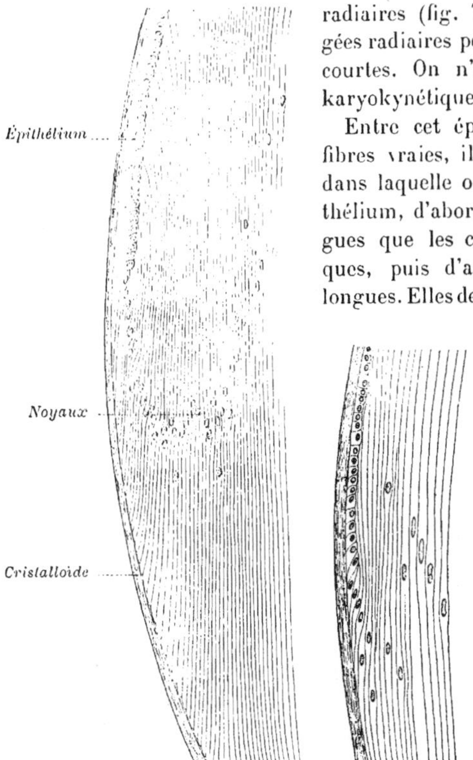

Épithélium

Noyaux

Cristalloïde

A. Leuba. A. Leuba.

A B

Fig. 703. — Région équatoriale du cristallin. Coupes méridiennes (Otto Becker).

A, nouveau-né. — *B*, vieillard.

3° ***Fibres du cristallin*** — La presque totalité du cristallin est formée par des fibres, qui sont de longues cellules.

Comme on l'a vu à propos du développement, les fibres les plus anciennes dans leur développement sont au centre, les plus jeunes à la périphérie et à mesure que des fibres jeunes sont formées à la périphérie, celles qui y étaient auparavant sont refoulées un peu vers le centre. Cette évolution est à rapprocher de celle des cellules de l'épiderme, avec cette différence principale que, dans le cristallin, les cellules vieillies ne sont pas éliminées. Dans le cristallin, il n'existe pas non plus de couches nettes comme dans l'épiderme, les modifications s'y font d'une manière insensible.

Les fibres du cristallin peuvent être divisées, comme Rabl le fait, en fibres principales ou fondamentales situées à la périphérie, fibres intermédiaires au-dessous et fibres centrales au milieu (fig. 704). Les caractères des fibres varient d'un de ces groupes à l'autre.

Forme. — Chez les vertébrés en général, la forme type des fibres principales du cristallin est celle d'un long prisme hexagonal aplati de telle façon que les deux faces larges sont parallèles à la surface du cristallin. Dans la région intermédiaire, la section des libres devient un peu plus irrégulière. Enfin dans la région centrale, l'irrégularité s'accuse et l'aplatissement disparaît.

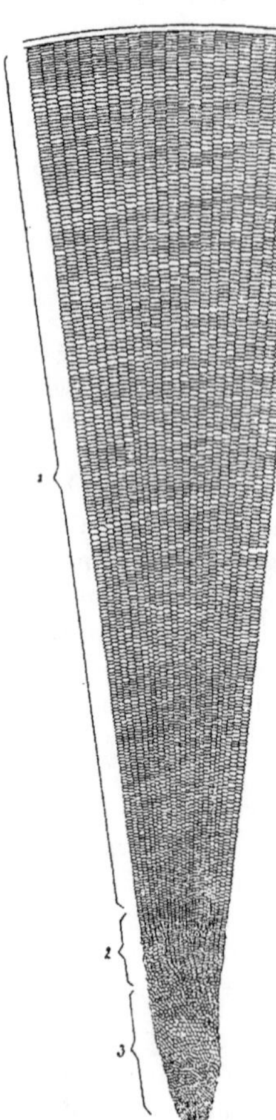

Fig. 704. — Groupement des fibres cristalliniennes en séries méridiennes. (Schéma de Rabl.)

1, fibres principales. — 2, fibres de transition. — 3, fibres centrales.

Chez l'homme, les fibres superficielles seules sont assez régulières de forme; plus profondément elles deviennent très irrégulières. Cette multiplicité des formes de section des fibres peut être regardée comme l'expression de leur grande élasticité, et par suite d'une grande souplesse du cristallin (Rabl). Les fibres ont la même largeur dans toute leur étendue, sauf à leurs extrémités où elles sont légèrement renflées. Assez souvent le point où se trouve le noyau présente également un léger renflement.

Certaines fibres sont dentelées sur les bords, tantôt d'une façon régulière (fig. 706), tantôt avec des dents plus fortes de distance en distance. Cette dentelure est plus marquée dans la partie moyenne des fibres; elle manque entièrement dans les fibres superficielles qui sont lisses, et augmente à mesure qu'on s'éloigne de la surface.

Dimensions. — Les fibres superficielles ont environ 8 millimètres de longueur, soit les deux tiers d'un demi-méridien cristallinien. Les fibres profondes deviennent de plus en plus courtes mais, dans le centre, leur longueur est difficile à évaluer.

D'après Oscar Schultze, la largeur des fibres superficielles est de 10 à 12 μ et leur épaisseur de 1 à 6 μ, tandis que les fibres centrales ont 7 à 8 μ de largeur et 2 à 3 μ d'épaisseur.

En admettant que le cristallin humain ait 2200 lamelles radiaires (voy. ci-dessous), le calcul montre que la largeur de ces lamelles est de 12 μ 8 à l'equateur du cristallin, immédiatement sous la capsule. — D'autre part, le cristallin peut donner lieu à un phénomène de diffraction permettant de calculer que les fibres cristalliniennes qui le produisent et qui sont situees à une petite distance de son équateur, ont une largeur moyenne de 9 μ 4 (Druault, Salomonsohn).

Structure. — Le *protoplasma* des fibres parait entièrement homogène. Il est visqueux dans les fibres superficielles et plus dense en même temps que plus réfringent dans les fibres profondes.

Il est condensé à la périphérie, formant ainsi une sorte d'enveloppe ou de membrane cellulaire. A l'état frais, la mobilité relative du protoplasma proprement dit dans cette sorte d'enveloppe comme dans un tube, surtout au point

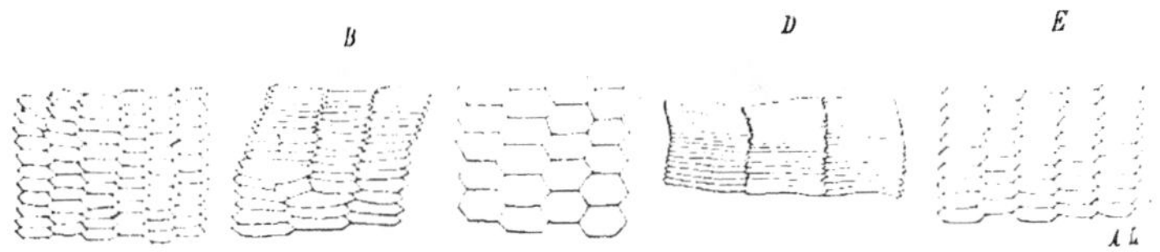

Fig. 705. — Variations de forme des fibres cristalliniennes suivant l'espèce animale (Rabl). A, chat. — B, cheval. — C, chamois. — D, poule. — E, chouette.

où des fibres ont été coupées, a fait donner à ces fibres le nom peu employé de *tubes cristalliniens*.

On a décrit aux fibres des stries transversales, qui semblent être dues à l'action des réactifs.

Chaque fibre présente vers son milieu un noyau sphérique ou légèrement allongé contenant un nucléole et un réseau de chromatine. Les noyaux sont bien nets à la périphérie, mais, à mesure qu'on se rapproche du centre, la chromatine s'altère et ils finissent par disparaître. Dans certaines fibres, on trouve deux noyaux à une petite distance l'un de l'autre. Les fibres sont réunies entre elles par un ciment peu abondant, homogène, se teignant en noir par le nitrate d'argent. Il est un peu moins épais entre les grands côtés qu'entre les petits.

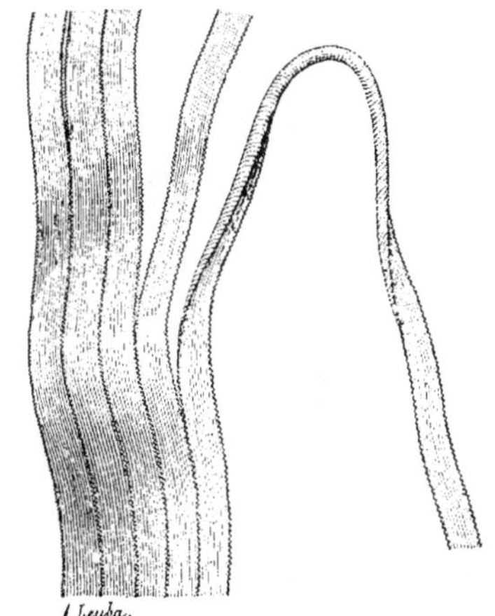

Fig. 706. — Fibres du cristallin (Arnold).

Agencement des fibres. — Le cristallin peut être décomposé en lamelles radiaires (Rabl) et en lames concentriques.

Les *lamelles radiaires* de Rabl sont constituées par des séries de fibres accolées par leurs faces larges (fig. 704). Cette disposition, qui est plus nette dans les couches périphériques, ressort surtout sur les coupes équatoriales; elle a été étudiée par Rabl, qui la considère comme très importante. Le nombre et la disposition des lamelles radiaires varie considérablement d'un animal à l'autre, de sorte qu'on peut ainsi reconnaître à quel animal appartient un cristallin donné. Chez l'homme, il existe environ 2200 lamelles radiaires. Chez le nouveau-né il n'y en a que 1400 à 1500. Leur nombre augmente encore longtemps après la naissance. Chez l'homme, elles sont relativement courtes. Rabl considère cette dernière disposition de même que la multiplicité de formes des fibres comme étant en rapport avec la grande souplesse du cristallin.

La constitution du cristallin en *lames concentriques* est celle qui ressort à l'examen macroscopique du cristallin. Passé dans l'alcool ou l'eau bouillante le cristallin se laisse dissocier, au moins pour ses parties superficielles, en lamelles s'emboîtant les unes dans les autres (fig. 709). Dans ce cas, il montre également sur chacune de ses faces une étoile en rapport avec la formation des lamelles et se reproduisant sur toutes successivement, mais sans relation avec la division en lamelles radiaires indiquée plus haut.

Dans chacune de ces lamelles concentriques, les fibres présentent une disposition particulière, assez simple chez le nouveau-né, mais qui va généralement en se compliquant un peu par la suite.

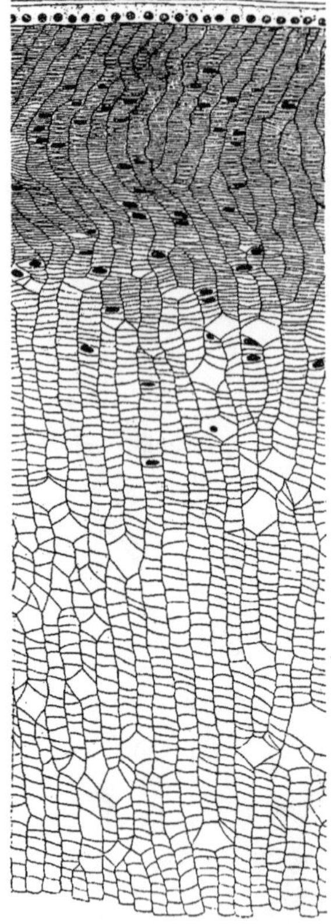

Fig. 707. — Cristallin de nouveau-né (Rabl). Périphérie d'une coupe équatoriale montrant le groupement des fibres en lamelles radiaires.

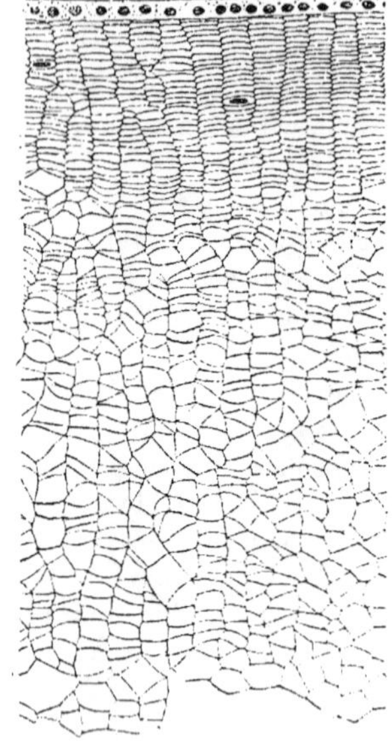

Fig. 708. — Cristallin humain (adulte) (Rabl). Périphérie d'une coupe équatoriale montrant le groupement des fibres en lamelles radiaires.

Chez le nouveau-né, le cristallin montre à chacun de ses pôles une étoile dont les trois branches minces s'étendent jusqu'au voisinage de l'équateur. Les branches d'une face répondent au milieu des intervalles des branches de l'autre face. La disposition des branches de chaque étoile cristallinienne est très régulière ; l'une est verticale et les deux autres obliques. En avant, la branche verticale est en haut (en ⅄), en arrière elle est en bas (en Y). — Toutes les fibres ont une de leurs extrémités à l'une des branches de l'étoile antérieure et l'autre extrémité à une branche de l'étoile postérieure suivant la disposition indiquée sur le schéma III de la figure 710. Il est à remarquer que, dans cette disposition, une fibre qui a une de ses extrémités au bout central d'une branche de l'étoile antérieure a son autre extrémité au bout périphérique de la branche de l'étoile postérieure, et réciproquement. Quant aux fibres qui ont une extrémité au milieu d'une branche, elles ont l'autre extrémité également au milieu d'une autre branche. Dans une même couche, toutes les fibres ont donc à peu près la même longueur. En outre, les fibres se recourbent légèrement à leur extrémité, pour s'insérer moins obliquement sur les branches de l'étoile.

Fig. 709.

a, cristallin d'adulte dont la couche corticale s'est décomposée en huit segments à la suite d'une immersion de quelques jours dans l'eau légèrement acidulée. — b, l'un de ces segments représenté de profil, afin de montrer les lames qui le composent (Sappey).

Chez l'homme adulte, les fibres présentent une disposition un peu différente. Les branches de chaque étoile se sont ramifiées par des bourgeons poussant progressivement, et les fibres prennent une disposition plus nettement radiée. L'étoile du cristallin a ainsi, chez l'homme adulte, de 6 à 9 branches (fig. 710, IV).

Chez certains animaux (sélaciens, lapin), l'agencement des fibres est plus simple en ce que l'étoile de chaque face est remplacée par une simple ligne (fig. 710, I). Néanmoins, le trajet des fibres reste le même par rapport aux deux lignes de suture antérieure et postérieure.

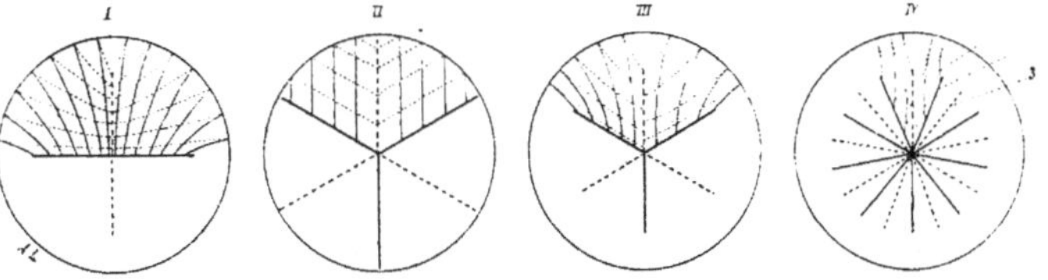

Fig. 710. — Trajet des fibres superficielles du cristallin.

(Les traits pleins se rapportent à la face postérieure, les tracés en pointillé à la face antérieure). — *I*, lapin. — *II*, disposition type. — *III*, homme nouveau-né. — *IV*, homme adulte. 1, fibre cristallinienne (segment postérieur); 2, branche de l'étoile postérieure du cristallin; 3, branche de l'étoile antérieure du cristallin.

Cet état se trouve d'ailleurs au début de la formation des sutures dans les cristallins plus développés.

4° ***Substance amorphe***. — Sous la capsule, dans la région des deux pôles, c'est-à-dire entre la capsule et l'épithélium en avant, entre la capsule et les fibres en arrière, il existe, surtout en arrière, une mince couche de liquide albumineux, dite couche sous-capsulaire. Sous l'action du nitrate d'argent, on peut observer dans cette couche des traînées plus foncées avant l'apparence de cellules endothéliales; mais de telles cellules n'existent pas.

De fines couches de substance albumineuse se trouvent aussi entre la couche épithéliale et la masse des fibres, ainsi que dans les branches des deux étoiles cristalliniennes.

C'est à ces minces couches albumineuses qu'on donne le nom de *substance amorphe* du cristallin. On peut les considérer comme une simple exagération du ciment intercellulaire.

Boules perlées. — D'après Donders, on trouve dans les couches superficielles du cristallin, entre les fibres, de grosses boules (0 mm. 2 de diamètre d'après sa fig.) d'une substance plus réfringente que celle des fibres cristalliniennes. Ces boules se voient au microscope et surtout à l'examen entoptique du cristallin. Elles existent dans presque tous les yeux, mais soit en petit nombre (une dizaine environ). Elles peuvent se développer en quelques jours et quelquefois rester stationnaires un an et davantage. En général elles deviennent plus nombreuses avec l'âge.

ZONULE DE ZINN

On donne ce nom à un système de fibrilles tendues entre les procès ciliaires et le cristallin. Sa fonction est de fixer le cristallin et de lui transmettre l'action du muscle ciliaire. Elle joue donc un rôle important dans l'accommodation.

Pour les anciens anatomistes (Petit, etc.), l'appareil suspenseur du cristallin était formé par un dédoublement de la membrane hyaloïde dans l'intervalle duquel se trouvait un canal (canal de Petit). Cette opinion de la nature membraneuse de la zonule est restée prédominante jusque dans ces dernières années.

Cependant des anatomistes avaient vu depuis longtemps déjà qu'elle était constituée par des filaments isolés : Jules Cloquet, en 1828, dit que la membrane hyaloïde passe en entier derrière le cristallin, qui est fixé par d'innombrables petits tendons, et il répète en 1854 : « J'ai démontré que le cristallin est fixé par des filaments très fins, nombreux, fascicules, transparents, d'une nature spéciale, qui se portent des intervalles des procès ciliaires à la circonférence de la capsule cristalline ». Henle (1841), Merkel (1870), Gerlach (1880), Hocquard et Masson (1883) en donnent des descriptions exactes de plus en plus précises.

Forme. — Dans son ensemble, elle constitue un anneau dont la coupe méridienne présente approximativement la forme d'un triangle ayant sa base appliquée sur le cristallin. Le sommet très allongé et recourbé côtoie les procès ciliaires dans toute leur étendue.

Situation et rapports. — Sa base concave embrasse toute la zone équatoriale du cristallin. Son sommet arrive jusqu'à l'ora serrata. Sa face antéro-externe est en rapport avec la base de l'iris et la face interne de la région ciliaire dans toute son étendue. Sa face postéro-interne est appliquée sur la membrane hyaloïde qui la sépare du vitré. Enfin ses fibres baignent entièrement dans l'humeur aqueuse, et l'espace qu'elle occupe dans son ensemble appartient à la chambre postérieure.

Fibres zonulaires. — La zonule est constituée par des fibres. Ces fibres sont transparentes, élastiques et inextensibles. Elles sont droites, rigides et ont une forme arrondie ou aplatie avec de légères cannelures longitudinales. Leur calibre, très régulier pour chaque fibre, varie généralement de 2 à 8 μ; il peut même atteindre 35 μ (Salzmann). Quant aux fibrilles terminales, elles sont si ténues que leur diamètre est difficile à évaluer

Les fibres de la zonule se ramifient à leurs deux extrémités, mais d'une façon un peu différente : du côté du cristallin elles se divisent brusquement en pinceau; du côté du corps ciliaire elles se divisent en branches elles-mêmes ramifiées, ou bien abandonnent les fibrilles latéralement les unes après les autres comme les barbes d'une plume, mais sur un seul côté de la fibre (Salzmann).

En réalité, les fibres sont des faisceaux de fibrilles, comme on peut le reconnaître, après macération dans l'alcool et parfois sur pièces colorées, par une line striation longitudinale. Berger a même pu, après macération dans une solution de permanganate de potasse, dissocier de grosses fibres zonulaires en fibrilles. Mais la soudure des fibrilles entre elles est extrêmement intime et, dans les conditions ordinaires d'examen histologique, les fibres paraissent formées d'une substance homogène.

Agencement des fibres. — Il y a à distinguer des fibres cilio-cristalliniennes, cilio-vitréennes et cilio-ciliaires. Les fibres cilio-cristalliniennes, de beaucoup les plus nombreuses, sont tendues entre la région ciliaire et le cristallin. Sur les coupes méridiennes elles présentent de nombreux entre-croisements à angle aigu, principalement au niveau de l'extrémité des procès ciliaires (fig. 711). Cette disposition est due à ce que les fibres des procès vont

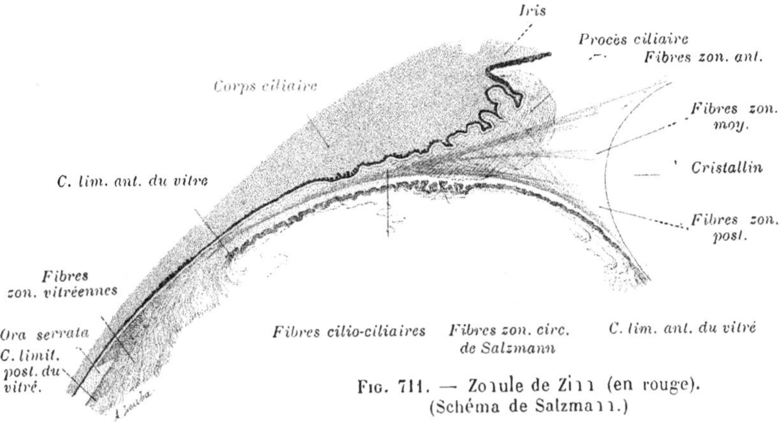

Fig. 711. — Zonule de Zinn (en rouge). (Schéma de Salzmann.)

pour la plupart à l'équateur du cristallin et plus en arrière, tandis que les fibres de la région ciliaire postérieure vont surtout en avant. Les quelques fibres cilio-vitréennes sont celles qui entrent en rapport par une de leurs extrémités avec le corps vitré. Enfin les fibres cilio-ciliaires vont d'un point à un autre de la région ciliaire.

Insertions ciliaires. — Les insertions ciliaires de la zonule se font plus ou moins à toute la surface ciliaire, mais surtout à sa partie moyenne, c'est-à-dire dans une zone occupant la partie antérieure de l'orbiculus et la partie postérieure de la corona. Les limites de cette zone sont dentelées parallèlement. En effet, en arrière elle présente des arcades correspondant à celles de l'ora serrata et en avant elle envoie des prolongements dans les vallées ciliaires.

D'après Salzmann, les insertions ciliaires s'étendent en avant jusque dans l'angle cilio-irien chez l'enfant et seulement jusqu'à la hauteur des renflements ciliaires chez l'adulte.

Au niveau des procès ciliaires, les insertions zonulaires se font sur les parties latérales des procès et surtout dans les vallées, ou exclusivement dans les vallées (Rochon-Duvigneaud).

Au voisinage de leur insertion sur la surface ciliaire, la plupart des fibres zonulaires ont une direction très oblique par rapport à cette surface. Le petit angle qu'elles forment avec cette surface est ouvert en avant pour la plupart. Mais pour quelques-unes il est, au contraire, ouvert en arrière; cette disposition répond à l'extrémité antérieure des fibres dont les deux insertions se font sur la surface ciliaire. Pour un certain nombre de fibres s'insérant sur les procès ciliaires, surtout dans leur partie antérieure, l'insertion se fait par une extrémité perpendiculaire à la surface épithéliale. Il existe enfin des intermédiaires présentant une insertion plus ou moins oblique.

Le *mode d'insertion des fibres zonulaires* sur l'épithélium ciliaire a été et est encore très discuté. Dans les figures 712 et 713 sont réunis quatre dessins provenant d'auteurs récents, qui peuvent être considérés comme les principaux défenseurs actuels des diverses théories émises sur ce mode d'insertion.

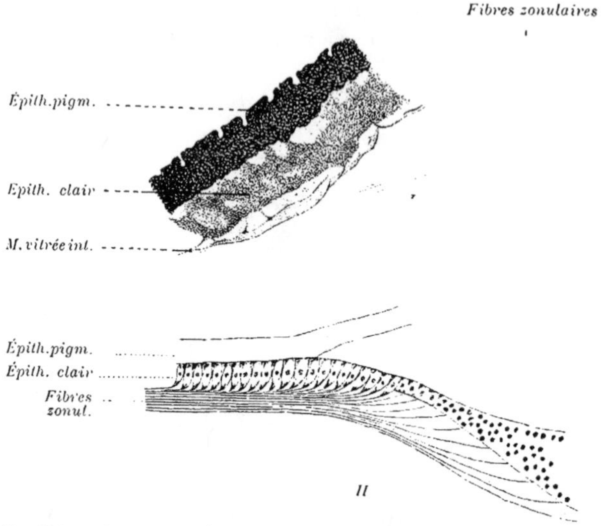

D'après Salzmann, les fibres zonulaires prennent leur insertion sur la membrane vitrée qui recouvre l'épithélium ciliaire (fig. 712, I). Cette insertion se fait d'une manière analogue à celle des mêmes fibres sur le cristallin. — C'est en quelque sorte l'opinion classique (Gerlach, Retzius, etc.).

D'après Schön, les fibres zonulaires sont formées par l'extrémité même des cellules superficielles (fig. 712, II).

D'après Damianoff, les fibres zonulaires s'enfoncent entre les cellules claires, superficielles de l'épithélium ciliaire et vont jusque vers le milieu ou la base de ces cellules, mais non plus bas dans la couche pigmentée (fig. 713, III).

D'après Terrien les fibres zonulaires traversent les deux couches de l'épithélium ciliaire et vont s'insérer à la membrane vitrée sous-jacente (fig. 713, IV), cet epithelium ne presentant de limitante interne qu'au niveau des crêtes et des parois laterales des proces où il n'y a pas de fibres zonulaires.

FIG. 712. — Insertions ciliaires des fibres de la zonule. (Voir également la figure suivante.)

I, d'après Salzmann (dessin inédit). La lame vitrée interne est décollée et il existe des vacuoles accidentelles entre les deux couches épithéliales. Gr. 300 D
II, schéma de Schön.

Insertions cristalliniennes. — Elles se font à la périphérie des deux faces du cristallin et sur son bord. Des deux faces, l'antérieure est celle qui présente le plus d'insertions. De plus, sur cette face, les insertions occupent une surface plus étendue, large d'environ 1 mm. 5; elles se rapprochent ainsi jusqu'à 3 millimètres de l'axe du cristallin. Cette surface d'insertion antérieure est limitée en dedans par une ligne présentant des ondulations qui correspondent aux procès ciliaires. En arrière, au contraire, la surface d'insertion est limitée en dedans par une ligne sans sinuosités.

Sur les faces, les fibres zonulaires arrivent plus ou moins tangentiellement et s'accolent à la cristalloïde avant de se diviser en fibrilles. Sur le bord au

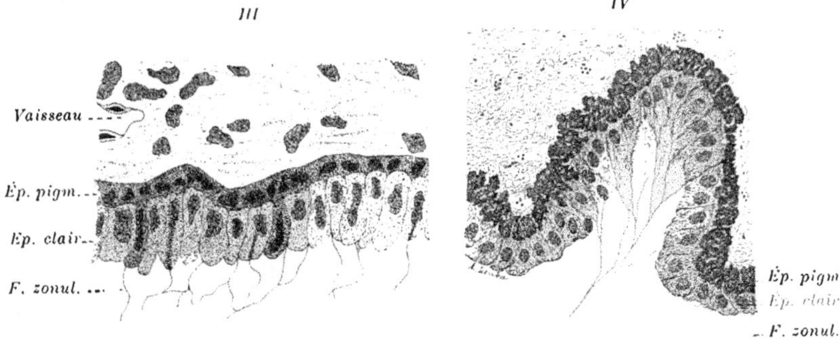

Fig. 713. — Insertions ciliaires des fibres de la zonule.
III, d'après Damianoff. — *IV*, d'après Terrien.

contraire, elles arrivent perpendiculairement à la surface de la cristalloïde et se divisent en fibrilles bien avant le point d'accolement.

Les fibrilles ne pénètrent pas dans la cristalloïde; elles sont seulement soudées à sa surface, mais cette soudure est extrêmement solide et, au moins dans les préparations histologiques, l'arrachement des fibres zonulaires entraîne une mince couche superficielle de cristalloïde.

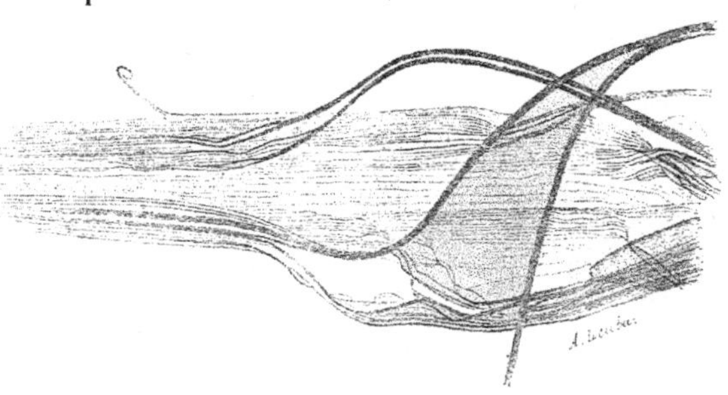

Fig. 714. — Insertion des fibres zonulaires sur la capsule du cristallin (Retzius).

Ces fibrilles peuvent présenter des anastomoses transversales qui ont été signalées par Terrien.

Fibres cilio-vitréennes. — Un certain nombre d'auteurs (Iwanoff, Hocquard et Masson, etc.) admettent que des fibres zonulaires destinées au cristallin proviennent, en arrière de l'ora serrata, soit du corps vitré, soit de la rétine en traversant une partie du corps vitré. Salzmann n'admet cette origine que pour quelques fibres, surtout dans la partie nasale de l'œil. D'autres auteurs (Gerlach, Czermak, Agababow, Terrien, etc.) la rejettent complètement,

Au contraire, des fibres venant de la région ciliaire et se rendant à un point rapproché du vitré sont généralement admises. Des descriptions détaillées de fibres de cette sorte ont été données par Salzmann et par Campos.

Salzmann décrit des fibres qu'il considère comme venant de la couronne ciliaire et formant de petits faisceaux qui vont se fixer à la couche limitante antérieure du corps vitré dans laquelle elles pénètrent. A ce niveau, elles se divisent en un assez grand nombre de fibrilles dirigées presque toutes transversalement, et formant ainsi une sorte d'anneau dans la partie la plus antérieure du vitré (fig. 711, fibres circulaires).

Les *ligaments cordiformes de Campos* sont des filaments enroulés à la manière d'un câble, tendus directement entre la membrane hyaloïde et la surface ciliaire. Campos les regarde comme constituant des ligaments suspenseurs pour la partie antérieure de la membrane hyaloïde. Il pense que ce sont eux qui produisent l'aspect godronné de l'espace de Petit.

Fibres cilio-ciliaires. — Ces fibres, relativement assez nombreuses, vont d'un point à un autre de la région ciliaire, soit dans le sens antéro-postérieur, soit dans le sens transversal. Elles ont en outre des longueurs très variables; la plupart sont très courtes, mais il en est qui franchissent plusieurs procès ciliaires.

Nature des fibres zonulaires. — L'accord est loin d'être fait sur cette question : Hache (1889) et Retzius (1894) admettent que les fibres zonulaires sont des produits de condensation des fibres vitréennes.

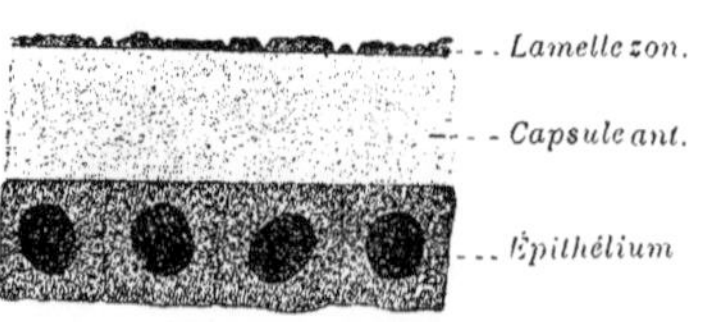

Fig. 715. — Insertion des fibres zonulaires sur la capsule du cristallin. Face antérieure près de l'équateur. Coupe perpendiculaire à la direction des fibres zonulaires. — Gr. 540 D. (Salzmann.)

Pour Berger (1893), elles proviennent des cellules mésodermiques de la partie antérieure du vitré transformées en fibres. Nussbaum (1900), d'après l'observation du lapin, admet qu'elle est formée par des cellules conjonctives dépendant du corps vitré qui émettent de fins prolongements disposés en pinceaux.

Schwalbe considère que les fibres zonulaires se rapprochent surtout du tissu élastique, à cause de leurs caractères chimiques.

Agababow, se basant sur les réactions colorantes et sur la forme des éléments, rapproche les fibres zonulaires à la fois des fibres élastiques et des fibrilles névrogliques.

Pour Salzmann (1900), les réactions colorantes des fibres zonulaires sont toutes plus ou moins communes à des tissus divers et ne peuvent servir à les classer. Il considère la zonule comme une partie modifiée du corps vitré, mais il estime que l'origine ectodermique du vitré et de la zonule est celle qui s'accorde le mieux avec les rapports de celle-ci.

Schœn en fait des prolongements des cellules de la rétine ciliaire.

Terrien (1898) admet que les fibres zonulaires représentent des fibres de Müller transformées. Pour cela il considère surtout qu'elles se comportent vis-à-vis de l'épithelium ciliaire comme les fibres de soutènement qui y sont décrites par Czermak, Berger, etc.

Rabl considère la zonule comme une formation appartenant génétiquement à la rétine.

Pour Damianoff (1900), les fibres zonulaires sont formées par un produit de sécrétion des cellules de la rangée interne (cellules claires) de l'épithélium ciliaire, secrétion qui s'est faite sur la face libre ou interne et sur les faces latérales de ces cellules.

Canal de Petit et canal de Hannover. — Dans le compte rendu de l'Académie des Sciences (1726), Petit s'exprime ainsi : « J'ai découvert un petit canal autour du crystallin, je l'appelle canal circulaire godronné. On ne peut le voir qu'en le soufflant, et lorsqu'il est rempli d'air il s'y fait des plis semblables aux ornemens que l'on fait sur des pièces d'argenterie, que l'on nomme pour cela vaisselle godronnée; il est formé par la duplicature de la membrane hyaloïde. »

En réalité Petit avait injecté l'espace compris entre la zonule et le corps vitré, comme le démontre la largeur de cet espace qu'il avait notée exactement et comme l'a remarqué le premier Jules Cloquet (1829). Cependant l'erreur de Petit persista. Plus tard même (1845) Hannover injecta d'une part l'espace rétro-zonulaire et d'autre part l'espace intra-zonulaire compris entre les fibres zonulaires antérieures et postérieures et l'équateur du cristallin. Il crut que c'était ce dernier espace qui avait été injecté par Petit et décrivit comme nouveau l'espace rétro-zonulaire.

En tout cas ni l'un ni l'autre de ces espaces ne sont des canaux à proprenent parler. Ce sont des espaces injectables; encore faut-il, pour pouvoir les injecter, que la substance employée soit d'une consistance notablement différente de celle du liquide qui les imbibe pendant la vie. Il serait donc préférable de dire *Espace de Petit* et *Espace de Hannover*.

Recessus de Kuhnt. — Les recessus décrits par Kuhnt sont les prolongements de la chambre postérieure dans les vallées ciliaires. Cet auteur, admettant alors la zonule membrane, les supposait limités en dedans par celle-ci. En réalité, ils sont limités en dedans par la membrane hyaloïde.

ACCOMMODATION.

L'accommodation est cette modification de la réfraction de l'œil qui se produit dans la vision de près. Descartes fut le premier à admettre qu'elle est due à une augmentation de courbure des faces du cristallin. La lentille cristallinienne devient ainsi plus convexe, et par suite plus convergente. Par l'examen des images que des lumières produisent par réflexion sur ses faces, on établit (Max Langenbeck, Cramer) que l'augmentation de courbure était beaucoup plus marquée sur la face antérieure. D'après Tscherning (1903), le changement aux pôles est plus prononcé pour la surface antérieure, mais le changement en totalité est plus considérable à la surface postérieure.

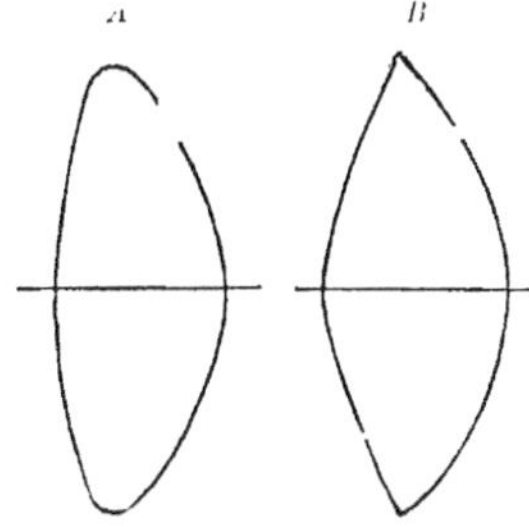

Fig. 716. — Changement de forme du cristallin pendant l'accommodation (Tscherning, 1900).

A, cristallin en état de repos. — B, cristallin en état d'accommodation. — La face antérieure est tournée à gauche.

Pour expliquer le mécanisme de ce phénomène, Helmholtz supposa qu'au repos le cristallin est maintenu aplati par une traction de la zonule, qu'au moment de la contraction du muscle ciliaire, les insertions postérieures de la zonule sont tirées en avant, et que le cristallin devenu libre tend à se rapprocher de la forme sphérique, grâce à sa propre élasticité. Cette théorie a été généralement admise et elle est encore vivement soutenue par Hess et Heine. Cependant elle a été combattue, surtout dans ces dernières années, par plusieurs auteurs au premier rang desquels on doit placer Tscherning. — Pour Hess, le relâchement de la zonule, pendant l'accommodation, est démontré par la mobilité du cristallin à ce moment. — Comme on l'a vu plus haut, Tscherning nie la mobilité du cristallin en état d'accommodation. Il a démontré d'autre part que celui-ci se bombe seulement dans sa partie centrale, tandis que les parties paracentrales et périphériques s'aplatissent (fig. 716). Ce phénomène est entièrement différent de celui que supposaient les partisans de la théorie de Helmholtz, car si le cristallin tendait à prendre la forme sphérique dans son ensemble, la modification devrait être plus marquée dans les parties périphériques, qui justement au repos s'éloignent le plus de cette forme.

Bibliographie. — Agababow, *Arch. f. mikr. Anat.*, t. L. — Awerbach, *Th. Moscou*, 1900. — Babuchin, *Histol. de Stricker*, 1871. — Besio, *Journ. de Physiol. et de Path. gén.*, 1901. — Barabaschew, *Arch. f. Opht.*, t. XXIII. — Becker (O.), *Zur Anat. d. gesunden u. kranken Linse*, 1883. — Cadiat, *Th. d'agr.*, Paris, 1876. — Campos, *Arch. d'Opht.*, 1898. — Cloquet (J.), *Anatomie*, t. III, 1828; — *Titres et travaux scientifiques*, 1854. — Czermak, *Arch. f. Opht.*, t. XXXI, 1885. — Damianoff, *Th. Montpellier*, 1900. — Dessauer, *Klin. Monatsbl.*, 1883. — Deutschmann, *Arch. f. Opht.*, t. XXIII. — Druault, IXe Congrès int. d'Oph., 1899. — Gerlach, *Beitr. z. norm. Anat. d. menschl. Auges*, 1880. — Hache, Soc. de biol., 1889. — J. Henle, *Zur Anat. des Crystallinse*, 1878. — Hess, XIIIe Congr. int. de méd., Paris, 1900. — Hocquard et Masson, *Arch. d'Opht.*, 1883. — Leber, *Arch. f. Opht.*, t. LII. — Petit, *Mémoires de l'Acad. roy. des sciences*, 1726. — Rabl, *Ueber d. Bau u. d. Entwickel d. Linse*, 1900. — Retzius (G.), *Biolog. Untersuchungen*, 1894. — Salzmann, *Die Zonula ciliaris*, 1900. — Schultze (O.), *Handb. d. gesamt. Augenh.*, 2e édit., 1900. — Terrien, *Th. Paris*, 1898; — *Arch. d'Opht.*, 1899. — Truc et Vialleton, *Encycl. franç. d'Opht.*, 1903.
Tscherning, XIIIe Congrès int. de Méd. et Congr. de Phys., Paris, 1900; *Clinica oculistica*, 1903. — Weiss, *Annales d'Ocul.*, 1895. — Zinn, *Descr. anat. oculi humani*, 1780.

CORPS VITRÉ

Le corps vitré — souvent désigné par les simples mots de *vitré* ou de *vitreum* — est une masse de consistance gélatineuse qui occupe la plus grande partie de la cavité de l'œil, c'est-à-dire toute la portion située en arrière du cristallin. Il paraît homogène, transparent. Dans son ensemble, il a une forme sphérique avec dépression de la partie antérieure.

Rapports. — Il est contenu dans un espace formé par la rétine, la zonule et le cristallin.

Sa surface adhère a la rétine, mais peut cependant en être séparée, surtout sur les yeux d'animaux jeunes.

Entre l'*ora serrata* et le cristallin, elle s'applique sur les fibres postéro-internes de la zonule qui la séparent de la région ciliaire.

Au niveau du cristallin, elle s'applique intimement à la cristalloïde postérieure, au moins chez l'homme. Sur un œil frais, divisé en deux par une section équatoriale, et dont on cherche à faire couler le vitré, il en reste toujours une partie adhérente a la paroi postérieure du cristallin et il est même assez difficile de l'enlever complètement. On donne le nom de *fossa patellaris* à la dépression que présente la partie antérieure du corps vitré et dans laquelle la partie postérieure du cristallin est logée.

Consistance. — Dans son ensemble, le corps vitré a une consistance visqueuse un peu plus ferme que celle du blanc d'œuf. Les parties centrales sont plus molles que les parties périphériques. Si les enveloppes oculaires sont perforées, la moindre pression sur le globe en fait sortir une certaine quantité.

Cette consistance molle permet, en outre, certains mouvements dans sa masse. Ces mouvements ont été étudiés récemment par Imbert sous le nom de *déformations internes*. Ils se prêtent à l'observation subjective, grâce aux nombreux petits corps existant dans le corps vitré et visibles dans certaines conditions. Si l'œil fait un mouvement brusque, ce mouvement n'entraîne d'abord que la partie la plus superficielle du corps vitre qui ne peut glisser sur la rétine, tandis que la masse centrale du corps vitre n'exécute le même mouvement de rotation qu'avec un retard appréciable. Mais en outre le mouvement de cette masse ne s'arrête pas aussi brusquement que celui du globe, et elle tourne sur elle-même plus que n'avait fait le globe. Elle revient alors en arrière et finit par s'arrêter dans sa position primitive par rapport aux enveloppes.

Propriétés physiques et chimiques. — Son poids spécifique est de 1,005. Son indice de réfraction est de 1,3375. Sa composition chimique serait pour 1000 parties : eau, 985 ; albumine et autres substances organiques, 3 ; chlorure de sodium, 11 ; autres sels, 1.

Si on met un fragment de corps vitré sur un filtre, il s'écoule un liquide aussi fluide que de l'eau, qui n'est d'ailleurs qu'une solution presque pure de chlorure de sodium, et il ne reste sur le filtre qu'une très petite quantité de substance solide. Cette substance solide est essentiellement hygrométrique, comme l'a démontré Hache.

Membrane hyaloïdienne (Membrane hyaloïde). — C'est une membrane très mince, transparente, anhiste, enveloppant le corps vitré. Les opinions les plus contradictoires ont été émises sur cette membrane en ce qui concerne son existence, sa nature, son étendue.

Son existence est démontrée, au moins au niveau de la rétine proprement dite, d'abord par une simple préparation macroscopique. On peut enlever successivement les diverses membranes de l'œil et mettre ainsi le corps vitré à nu dans la plus grande partie de son étendue. Il forme alors, avec le cristallin qui reste adhérent à son extrémité antérieure, une masse arrondie se déformant par son propre poids, mais dont la surface reste régulière. Si on fait une très légère déchirure à sa surface, l'ouverture a tendance à s'agrandir spontanément et le corps vitré fait hernie à travers l'ouverture; c'est donc qu'on a déchiré une membrane enveloppante. Mais celte membrane ne peut être détachée du corps vitré sous-jacent et, à l'examen microscopique, elle ne s'en montre jamais séparée. C'est en somme une simple condensation des couches périphériques du corps vitré.

Dans toute l'étendue de la rétine proprement dite, la surface libre de cette membrane est en rapport immédiat avec la membrane limitante interne de la rétine. Sur les pièces conservées, on peut observer de minces fentes entre les deux membranes. Ces espaces ont été parfois considérés comme des espaces lymphatiques. Il est bien probable qu'ils n'existent pas à l'état normal.

Au-devant de l'ora serrata, sur la partie postérieure de l'orbiculus ciliaris, le corps vitré adhère très intimement à l'épithélium sous-jacent. Il existe entre les deux formations une mince cuticule qui se détache parfois de l'épithélium dans de petites étendues. Elle peut être considérée comme appartenant soit au corps vitré, soit à l'épithélium. Mais la détermination de sa nature est liée à celle de la membrane vitrée interne de l'épithélium ciliaire, diversement appréciée, comme on l'a vu (p. 1061).

Autrefois on admettait que la membrane hyaloïdienne formait en avant la zonule de Zinn. Cette opinion n'a plus qu'un intérêt historique.

Au niveau de la partie antérieure du vitré, entre l'orbiculus ciliaris et l'équateur du cristallin, l'existence de la membrane hyaloïde est discutée dans les travaux récents. Pourtant c'est le seul point où la surface du corps vitré soit libre et où elle est par conséquent le plus facile à examiner. Sur les yeux que nous avons observés, nous avons vu à ce niveau une condensation superficielle du tissu vitréen identique à celle que l'on voit au niveau de la rétine proprement dite dans les points où le corps vitré en est détaché. On peut donc dire que la membrane hyaloïde se continue sur cette partie du corps vitré.

En arrière du cristallin, l'adhérence du corps vitré à la cristalloïde postérieure devient intime après la disparition du canal de Cloquet, et l'existence d'une membrane hyaloïdienne est difficile à démontrer en ce point.

En effet, il semble que l'*espace post-lenticulaire* admis par Stilling (comme terminaison de son canal hyaloïdien), par Wieger, etc., n'existe pas à l'état normal. Brücke, Aeby ne l'ont pas observé. Berger a trouvé un tel espace post-lenticulaire seulement dans un œil atteint d'irido-choroïdite.

A l'extrémité postérieure du globe, le corps vitré adhère intimement à la surface de la papille, et l'existence de la membrane hyaloïdienne ne peut y être reconnue.

Canal central de Stilling et fentes du vitré. — Lorsqu'on sectionne un œil, le corps vitré semble former une masse entièrement homogène. Cependant par certains artifices (injections, colorations), on peut arriver à y déceler un canal, découvert par Stilling, et des fentes.

Le canal de Stilling existe chez l'adulte à la place où était l'artère hyaloïdienne chez le fœtus. Il s'étend de la papille à la face postérieure du cristallin, en un point situé au milieu de celle-ci, ou dans le voisinage. Il est cylindrique, d'un diamètre de 2 millimètres chez l'adulte, alors qu'il ne serait que de 0 mm.5 chez l'enfant de quelques semaines. Ses deux extrémités seraient évasées. Cependant l'évasement antérieur ou cristallinien n'a jamais été bien nettement observé. Au contraire, l'extrémité postérieure s'étale progressivement pour se continuer avec la surface même du vitré : elle est quelquefois désignée sous le nom d'*area Martegiani*, du nom de l'auteur qui l'a décrite le premier.

Les fentes et les couches vitréennes ont été décrites sur des coupes équatoriales et sur des coupes méridiennes. Sur les coupes équatoriales, la partie centrale présente des fentes radiaires la divisant en segments comparés à des morceaux d'orange ; les parties périphériques sont disposées en couches concentriques. Sur les coupes méridiennes, les fissures périphériques partent de l'ora serrata, se dirigent en arrière le long de la rétine en s'écartant les unes des autres, et vont se terminer sur la partie postérieure du canal de Stilling.

Mais il y a lieu de se demander à quelles dispositions intimes répond toute cette structure observée en se servant de moyens d'exploration relativement grossiers.

Le canal central, considéré par de nombreux auteurs comme un espace lymphatique, ne peut être reconnu à l'examen histologique (alors que le canal de Cloquet, chez le fœtus, s'observe avec la plus grande facilité). Il est difficile de dire actuellement s'il s'agit là d'autre chose que d'une modification de consistance dans la partie centrale, et jusqu'à quel point les restes du canal de Cloquet contribuent à sa formation.

Quant aux fissures, ce sont des produits purement artificiels. La fissuration concentrique de la périphérie est sans doute occasionnée par la condensation lamellaire de cette partie du corps vitré, mais il n'existe pas de fentes véritables. La fissuration rayonnée du centre s'expliquerait plutôt par les variations de consistance de la masse vitréenne.

Structure. — On a vu plus haut que le corps vitré était composé d'une petite quantité de substance solide et d'une grande quantité d'eau. La plupart des auteurs anciens ont admis que la substance solide formait des espaces séparés, ou communiquant entre eux, dans lesquels l'eau devait être contenue. Mais l'examen histologique ne décèle aucune trace de ces logettes et il est démontré (Hache) que la substance solide est extrêmement hygrométrique. Le corps vitré doit donc être comparé à une gélatine imbibée de liquide. Sa nature intime est encore mal connue. (Voy. Développement du corps vitré.) — L'examen microscopique montre une striation fibrillaire prouvant que sa substance n'est pas homogène dans toutes ses parties et y décèle en outre un certain nombre d'éléments figurés.

Fibrillation du corps vitré. — Cette fibrillation se voit très facilement sur les préparations histologiques. Elle présente un aspect différent au centre et à la périphérie, mais sans que ces différentes parties aient entre elles une limite distincte.

Le centre est formé de fibrilles relativement grossières entremêlées dans tous les sens.

La périphérie montre au contraire une fibrillation régulière généralement parallèle à la surface. Mais il ne s'agit pas de fibres isolées, car le même aspect se présente sur les coupes méridiennes et équatoriales. Cet aspect ne pourrait donc être donné que par une *lamellation* de la substance et plusieurs auteurs décrivent non des fibres, mais des membranes du vitré. Cependant on ne peut pas dire qu'il s'agit de lamelles véritables, car on n'en voit jamais d'isolées à quelque grossissement qu'on fasse l'examen. Il s'agit plutôt de *couches de condensation* dans une substance presque homogène. D'ailleurs l'aspect histologique s'éloigne encore plus de l'état normal pour ce tissu que pour tout autre à cause de l'énorme quantité d'eau qu'il contient et que les manipulations histologiques lui enlèvent.

D'après Salzmann, la couche périphérique du corps vitré présente une fibrillation différente dans ses divers segments.

Dans la partie recouvrant la rétine proprement dite, la fibrillation est assez régulièrement parallèle à la surface. Elle est plus condensée à la périphérie, formant ainsi une couche limitante postérieure.

Immédiatement au-devant de l'ora serrata, se trouve une zone de 1 mm. 5 de large dans laquelle le vitré est très adhérent à la surface épithéliale, comme on l'a vu plus haut. Cette région serait le point de départ de toute la fibrillation du corps vitré. Les fibrilles viennent se terminer à la surface de l'épithélium (fig. 711).

Toute la partie corticale du segment antérieur du vitré présente également une condensation de tissu, *couche limitante antérieure*. Entre le bord de cette couche et l'insertion ciliaire du corps vitré, se trouve une sorte de fente remplie de tissu plus lâche.

La couche corticale antérieure est divisée elle-même par Salzmann en plusieurs zones, qu'il désigne en allant de la périphérie au centre sous les noms de zone orbiculaire, zone coronaire, zone périlenticulaire, zone cristallinienne, suivant leurs rapports. Ces zones se différencient aussi par les inégalités de leur surface, traduisant les empreintes des fibres zonulaires ou des procès ciliaires et présentant des sillons annulaires, surtout dans la zone coronaire. — La zone cristallinienne ne présente pas de condensation appréciable.

En général la couche corticale antérieure devient de plus en plus dense à mesure que le sujet avance en âge. Sa fibrillation paraît être surtout circulaire.

Cellules vitréennes. — Chez l'adulte on rencontre des cellules très rares

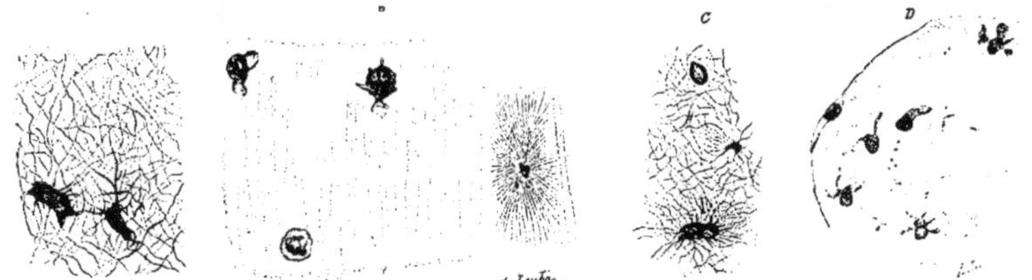

Fig. 717. — Fragments du corps vitré contenant des formations cellulaires ou pseudo-cellulaires (Retzius).

A, fœtus humain au commencement du 5e mois ; vitré proprement dit (partie postérieure de l'œil). — *B*, fœtus humain. — *C*. homme adulte. — **D**, homme adulte ; couche superficielle étalée.

dans la masse même du vitré et plus abondantes à la face interne de la membrane hyaloïdienne, surtout près de l'ora serrata et de la papille. Il s'agit exclusivement de globules blancs plus ou moins modifiés. Schwalbe en a vu les différentes formes se produire en introduisant des fragments de corps vitré dans des sacs lymphatiques de grenouilles. Iwanoff en distingue trois types :

1° Cellules rondes à noyau simple ou polymorphe. Ces cellules sont relativement nombreuses à la face interne de la membrane hyaloïde où elles sont distribuées d'une façon irrégulière.

2° Cellules fusiformes ou étoilées dont les prolongements portent quelquefois de petits renflements sphériques.

3° Cellules vacuolaires, renfermant souvent une vésicule d'un volume supérieur au noyau et quelquefois plusieurs.

Examen entoptique du corps vitré. — Dans certaines conditions, par exemple pendant l'examen au microscope, on voit des sortes de filaments paraissant composés de grains accolés et comparés souvent à des chaînettes de streptocoques; ces filaments se déplacent à chaque mouvement de l'œil pour revenir ensuite plus ou moins vite à leur position primitive, comme on l'a vu plus haut. Par certains artifices, par exemple en regardant une lumière à travers un très petit trou percé dans une carte, on peut voir qu'il existe à côté de ces filaments de nombreuses petites taches isolées. Il est facile de mesurer le diamètre apparent de ces filaments et de ces taches, et par suite de calculer la grandeur des images rétiniennes qui les produisent. Ces images rétiniennes ont de 20 à 80 μ de diamètre; elles sont dues à des phénomènes de diffraction se produisant sur le bord de corpuscules contenus dans le vitré. On peut reconnaître que les corpuscules qui sont vus ainsi siègent dans les couches postérieures du corps vitré, mais à des distances variables de la rétine. On peut encore y observer des figures membraniformes.

Des examens microscopiques du corps vitré à l'état frais ont permis de reconnaître que ces phénomènes sont produits, soit par des cellules, soit par des granulations réfringentes ou de fines membranules.

HUMEUR AQUEUSE ET CHAMBRES DE L'OEIL

L'*humeur aqueuse* est le liquide qui occupe la partie antérieure de la cavité oculaire. Elle est contenue dans les espaces nommés *chambre antérieure* et *chambre postérieure*, dont les parois ont été étudiées successivement dans les chapitres précédents.

Chambre antérieure. — Elle est comprise entre la face postérieure de la cornée en avant et la face antérieure de l'iris en arrière. Au niveau de la pupille, c'est la face antérieure du cristallin qui fait sa limite. — La périphérie ou *angle de la chambre antérieure* est un angle dièdre formé par la membrane fibreuse en avant et la membrane vasculaire en arrière — ou, plus exactement, par le système trabéculaire scléro-cornéen en avant et la face antérieure du corps ciliaire en arrière.

On nomme profondeur de la chambre antérieure la distance comprise entre la cornée et le cristallin ou l'iris. Elle est ordinairement de 2 à 3 millimètres, un peu plus chez les myopes, un peu moins chez les hypermétropes.

Les diamètres vertical et horizontal de la chambre antérieure sont sensiblement égaux. Ils sont un peu plus grands que ceux de la cornée, surtout le diamètre vertical. Ils sont même un peu plus grands que ceux de l'iris, puisque celui-ci ne va pas jusqu'à l'angle de la chambre antérieure. — Rochon-Duvigneaud a mesuré, chez l'homme adulte, la distance qui sépare l'angle de la chambre antérieure du bord transparent de la cornée, considérée par sa face libre. Cette distance est en moyenne de 2 mm.25 en haut, 2 millimètres en bas, 1 mm.25 en dedans et en dehors.

C'est une cavité mésodermique pouvant être comparée à un espace lymphatique. En effet, la face postérieure de la cornée et la face antérieure de l'iris sont tapissées par des endothéliums. La paroi cornéenne est lisse et régulière tandis que la paroi irienne est irrégulière et présente des stomates. Dans l'angle se trouve le système trabéculaire scléro-cornéen.

Chambre postérieure. — Beaucoup plus irrégulière que la chambre antérieure, elle est comprise entre l'iris en avant, les procès ciliaires en dehors et en avant, le cristallin en dedans, le corps vitré en arrière.

Les deux chambres sont séparées par l'iris. Elles communiquent par l'orifice pupillaire. Chez le fœtus, la membrane pupillaire complète la séparation. Chez l'adulte, dans certains états pathologiques, la séparation peut devenir complète par la fermeture de l'orifice pupillaire ou l'accolement de l'iris au cristallin.

La partie postérieure de la chambre postérieure est traversée dans tous les sens par les fibres de la zonule qui limitent le canal de Petit et le canal de Hannover, déjà vus à propos de la zonule. En arrière, elle se prolonge dans

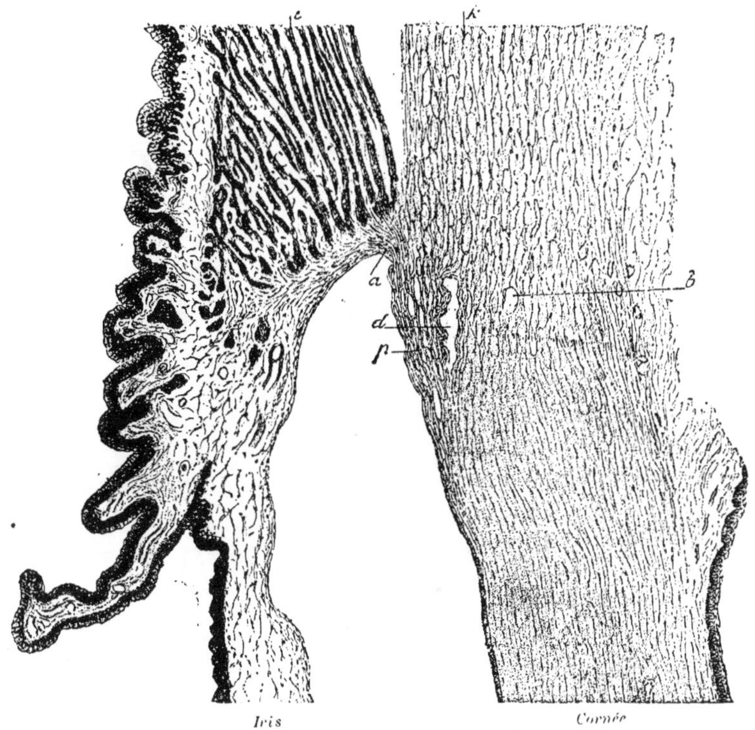

Fig. 718. — Angle de la chambre antérieure (homme adulte). — Gr. 70 D. (D'après Rochon-Duvigneaud.)

a, Tendon du muscle ciliaire : c'est en ce point que se trouve l'angle de la chambre antérieure. — *b*, Une veinule intra-sclérale. — *d*, Canal de Schlemm. — *i*, Muscle ciliaire. — *k*, Sclérotique. — *p*, Système trabéculaire scléro-cornéen. — Cette figure reproduit deux accidents de préparation : le muscle ciliaire est écarté de la sclérotique et l'iris est trop rapproché de la cornée. Le fragment représenté du tractus uvéal paraît avoir pivoté autour du point *a*. — Les parties antérieures sont dirigées en bas.

les vallées ciliaires et même en arrière de celles-ci à la partie antérieure de la surface de l'orbiculus ciliaris. En avant, entre la zonule et l'iris, reste un espace libre qui peut être considéré comme la chambre postérieure proprement dite. Très petit à l'état normal, cet espace peut s'agrandir notablement par soudure de l'iris à la cornée (glaucome, perforations de la cornée).

La chambre postérieure n'est pas une cavité exclusivement mésodermique comme la chambre antérieure. La paroi postérieure formée par le vitré est probablement de nature ectodermique. La paroi interne est formée par la membrane du cristallin ; c'est en somme la face mésodermique d'une membrane basale. Les parois antéro-externes formées par l'iris et les procès ciliaires sont purement épithéliales.

Propriétés physiques et chimiques de l'humeur aqueuse.

— L'humeur aqueuse est un liquide absolument transparent et fluide comme de l'eau. Son poids spécifique est de 1,008 à 1,009. Son indice de réfraction, 1,337, est le même que celui du corps vitré.

Sa composition chimique est également très voisine de celle du corps vitré.

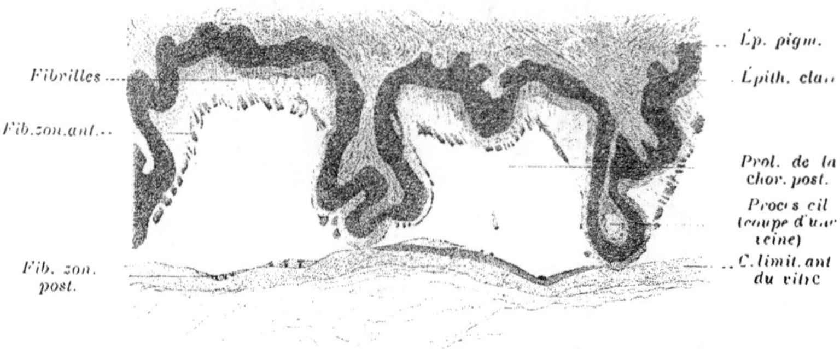

Fig. 719. — Coupe transversale des procès ciliaires, montrant les prolongements de la chambre postérieure dans les vallées ciliaires (Retzius).

Pour 1000 parties, il contiendrait : eau, 980 à 985; chlorure de sodium, 10 à 13; le reste étant formé de matières extractives et de traces d'albumine.

Physiologie de l'humeur aqueuse. — De nombreux travaux ont été faits sur cette question; au premier rang on doit mettre ceux de Leber. Plusieurs points sont encore en discussion, mais les principaux semblent acquis définitivement.

L'humeur aqueuse est sécrétée par l'épithelium de la surface ciliaire, elle passe par l'orifice pupillaire et est résorbée principalement par l'angle irido-cornéen et accessoirement par la face antérieure de l'iris. — On a admis aussi qu'une partie passait par le canal central du vitré et était conduite au dehors par les gaines du nerf optique. D'après Nuel et Benoit, cette voie n'existerait que chez le lapin, parmi les animaux étudiés habituellement.

La tension de l'humeur aqueuse est de 25 millimètres de mercure en moyenne.

La sécrétion est très lente à l'état normal; ainsi, si l'on injecte une matière colorante dans la chambre postérieure, celle-ci peut rester un quart d'heure avant d'apparaître dans l'orifice pupillaire. Mais lorsque la chambre antérieure est ouverte, que la pression tombe par conséquent à 0, la sécrétion devient relativement très abondante. L'humeur aqueuse qui est ainsi produite contient beaucoup plus de materiaux fixes, et son poids spécifique s'élève jusqu'à 1,016 ou 1,017 (Deutschmann, Golowin, etc.).

L'humeur aqueuse contribue à la nutrition des éléments qu'elle baigne et particulièrement du cristallin. Elle recouvre la plus grande partie de la surface de cet organe, et justement dans les points où il présente quelque activité vitale

Bibliographie. — Aeby, *Arch. f. Opht.*, t. 38. — Ciaccio, *Unters. z. Naturl.* de *Moleschott*, t. X, 1870. — Golovine, *Arch. f. Opht.*, t. 49, 1899. — Hache, *Acad. des Sc.*, 1887. Imbert, *Arch. d'Opht.*, 1901. — Iwanoff, *Arch. f. Opht.*, t. XI. — Leber, IXe Congrès Int. d'Oph. Utrecht, 1899. — Nuel et Benoit, *Arch. d'Opht.*, 1900. — Retzius (G.), *Biologische Untersuchungen*, 1894. — Salzmann, *Die Zonula ciliaris*. Wien, 1900. — Stilling, *Arch. f. Opht.*, t. 15, 1869. — H. Virchow, Soc. d'Heidelberg, 1885.

ANNEXES DE L'ŒIL

par PICOU

SOURCIL

Définition. — Les sourcils sont deux saillies musculo-cutanées arquées et poilues qui, de chaque côté de la ligne médiane, séparent le front de la paupière supérieure, en surplombant plus ou moins celle-ci, suivant leur degré de développement. Les poils qu'ils portent à leur surface sont ordinairement courts, et ne font défaut que dans des cas tout à fait exceptionnels, généralement chez des individus très blonds; on voit alors le bourrelet sourcilier se distinguer assez nettement des téguments voisins par une teinte hyperémique.

Configuration extérieure. Limites. — La configuration extérieure des sourcils est celle d'un arc à concavité inférieure dirigé transversalement, et dans lequel on reconnaît généralement trois portions à limites peu précises qui sont, en allant de dedans en dehors : la tête, le corps et la queue. Si, par une forte contraction du muscle frontal, l'on dégage la portion interne du sourcil, enfoncée en majeure partie sous le rebord supérieur de l'orbite, on voit que la tête ou portion la plus large et la plus riche en poils de la région qui nous intéresse, s'étend en dehors jusqu'au bord externe de l'échancrure sus-orbitaire, situé généralement à égale distance du milieu de la glabelle et de la suture fronto-malaire. La queue du sourcil est cette portion qui recouvre l'apophyse orbitaire externe du frontal, et dans laquelle les poils s'éparpillent vers la tempe, en devenant de plus en plus rares.

En général, le sourcil dépasse à peine, vers le plan sagittal médian, une ligne verticale menée par l'angle interne de l'œil, si bien qu'il existe, entre cette ligne et la ligne homologue du côté opposé, un espace à peu près entièrement glabre qui répond à la racine du nez. Mais chez certains sujets à système pileux très développé, on voit les têtes des sourcils empiéter sur cette région et venir même s'entre-croiser sur la ligne médiane; cette dernière disposition est connue sous le nom de *synophridie*.

Du côté de la tempe, la queue du sourcil s'étend rarement au delà de la suture fronto-malaire qui représente en dehors sa limite la plus habituelle. Néanmoins on peut voir cette dernière limite elle-même franchie, et dans ce dernier cas les poils de la queue du sourcil divergent en rayonnant vers la tempe; cette disposition donne à la physionomie un caractère spécial de dureté. Chez d'autres sujets, au contraire, on peut voir la queue du sourcil faire complètement défaut, et la tête seule exister.

L'arc formé par les sourcils est plus ou moins cintré, comme la courbe de l'arcade orbitaire à laquelle il se superpose; aussi voyons-nous la courbe formée par les sourcils plus élancée chez la femme, un peu plus déprimée et souvent presque en accent circonflexe chez l'homme.

Rapports. — L'arc sourcilier étant moins cintré que l'arcade orbitaire, ne saurait lui être parallèle. En effet, la tête du sourcil se trouve placée très légèrement au-dessous de celle-ci ; le corps s'élève d'une faible quantité au-dessus de ce même rebord osseux ; quant à la queue, tout en lui restant supérieure, elle tend néanmoins à s'en rapprocher de nouveau (Merkel, *Topog. Anat.*, I 181). Le sourcil répond ainsi profondément, par son corps et la partie supé rieure de sa tête, à la moitié inférieure de la cavité du sinus frontal qui le sépare du cerveau, et, par sa queue, à la glande lacrymale dont il est séparé par le rebord osseux de l'orbite.

La paroi antérieure du sinus frontal forme sur le squelette une légère saillie connue sous le nom d'arcade sourcilière : cette arcade est située à 5 ou 6 millimètres au moins au-dessus du sourcil et ne fait, par conséquent, nullement partie de la région qui nous occupe.

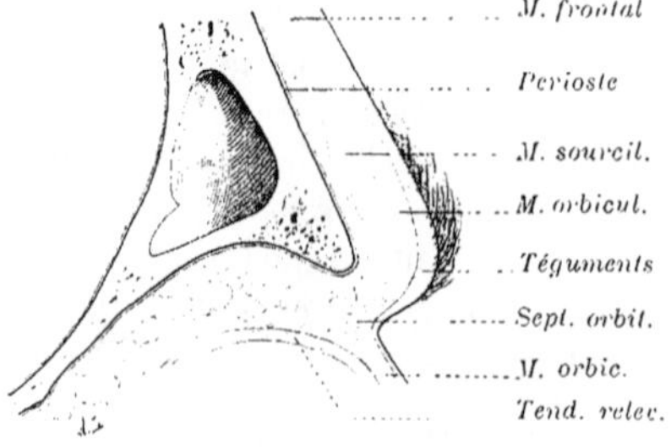

Fig. 720. — Coupe sagittale du sourcil.

Les rapports du sourcil avec le sinus frontal varient comme les dimensions mêmes de cette cavité, dont la grandeur dépend de la projection plus ou moins accentuée de la table antérieure de l'os frontal, projection pouvant aller dans certains cas jusqu'à l'effacement complet de la saillie des rebords orbitaires. Par conséquent, les sourcils des individus au front régulièrement bombé et dépourvu de cette saillie, chez lesquels les sinus frontaux atteignent leur plus grand développement, pourront se trouver dans toute leur étendue en rapport avec cette cavité. Inversement, les sourcils des sujets aux rebords sourciliers très saillants, comme en présentent certains nègres inférieurs, pourront n'affecter, avec les sinus frontaux réduits chez eux à leur plus simple expression, aucune espèce de rapports. Chez l'enfant au-dessous de sept ans, le sourcil n'entre jamais non plus en rapport avec le sinus frontal, encore à peine développé à cette période de la vie (Jacques, *Bull. méd.*, 1901). La forme tranchante de l'arcade sourcilière rend compte de la production, dans les contusions du sourcil, des plaies profondes qui se forment de dedans en dehors. Ces contusions ont pu s'accompagner d'amaurose subite, celle-ci étant due dans ce cas, à la compression du nerf optique, soit par esquille osseuse détachée d'une fissure intéressant le trou optique et ayant son point de départ au rebord de l'orbite, soit par infiltration sanguine des gaines de ce nerf (Abadie, *Traité des mal. des yeux*, 2e édit., I, 77).

La portion du cerveau dont le sourcil se trouve séparé par le sinus frontal correspond à la zone inférieure de la portion dorsale de la deuxième circonvolution frontale qui, par son épanouissement, occupe toute l'étendue de l'arcade orbitaire; celle-ci se trouve située environ un demi-centimètre plus bas (d'après Quain, un sixième de pouce) que le bord inférieur de la zone cérébrale en question. Ce rapport explique la présence parfois constatée de l'encéphalocèle dans la région du sourcil.

Constitution. — Cinq couches régulièrement superposées constituent le sourcil. Ce sont, en allant de la superficie vers la profondeur : 1° la peau; 2° une couche cellulaire lâche, interrompue, par places, par des travées plus ou moins développées de tissu conjonctif condensé unissant intimement au derme les gaines aponévrotiques des divers muscles ou faisceaux musculaires sous-jacents; 3° une couche musculaire; 4° une couche sous-musculaire de tissu cellulaire lâche; 5° le périoste.

1° *Peau.* — Par l'ensemble de ses caractères, la peau du sourcil se rapproche beaucoup plus de celle de la face que de celle du front avec laquelle elle se trouve cependant en continuité directe. Beaucoup plus épaisse que celle des régions voisines, elle adhère intimement aux plans sous-jacents. Elle offre dans son épaisseur un nombre considérable de glandes sudoripares et sébacées généralement fort volumineuses, surtout ces dernières dont le développement est en rapport avec le nombre des poils de la région.

Ces *poils* paraissent d'autant plus développés que leur coloration est plus foncée. Ordinairement raides, soyeux, longs environ d'un demi à deux centimètres, ils offrent la même coloration que les cheveux de la tête et les cils ; assez souvent cependant on les voit moins foncés que ces derniers, notamment chez les femmes blondes, ce que certains auteurs regardent comme un trait de beauté. Il peut enfin arriver que les poils du sourcil présentent chez un même sujet des couleurs différentes ; cette dernière anomalie a reçu de Walther le nom d'*hétérotrichosis*. D'une façon générale, les poils du sourcil sont obliquement implantés de telle sorte que leurs extrémités libres se dirigent toutes en dehors ; cependant, au niveau de la tête du sourcil, leur direction la plus commune est antérieure et légèrement ascendante.

Par leur ensemble, les poils du sourcil décrivent autour de l'arcade orbitaire une sorte de ligne spirale très allongée dans laquelle ceux du bord inférieur convergent, en prenant une direction très légèrement ascendante, vers ceux du bord supérieur quelque peu dirigés en sens inverse des précédents ; vers le plan sagittal médian, ils tendent à devenir de plus en plus verticaux et prennent une direction antéro-postérieure d'autant plus nette qu'ils se rapprochent davantage de ce plan. Quand ils atteignent la glabelle, on les voit même converger vers ceux du côté opposé.

Souvent on trouve dans les diverses parties du sourcil des poils isolés, raides et plus longs, qui, se portant directement en avant, s'élèvent ainsi au-dessus des autres. Cette disposition rappelle les longs poils qu'on observe dans les sourcils d'un très grand nombre de mammifères (Darwin), et notamment les poils tactiles qu'on rencontre dans les régions sourcilières de quelques-uns de ces derniers (Merkel).

Les sourcils se montrent de bonne heure chez le nouveau-né ; la tête en est la première partie qui se forme ; le corps et la queue n'apparaissent que plus tardivement. On les voit parfois poursuivre leur développement pendant toute la durée de l'existence. Dans les premières années de la vie, les poils en sont fins et soyeux ; puis ils deviennent avec l'âge de plus en plus forts, de plus en plus épais, de plus en plus longs : chez les vieillards, il n'est pas rare de voir les yeux ombragés par une épaisse forêt de poils longs et hirsutes (Merkel).

L'abondance des sourcils à l'âge moyen de la vie étant des plus variables, on voit souvent la forme de ces derniers changer suivant les sujets. Ainsi il n'est pas rare de voir la queue des sourcils se relever de manière à donner à leur ensemble la forme d'une *S* italique (Merkel). Dans les sourcils très développés, Waldeyer (*Gräfe-Sämisch' Hdb.*, I, 248) a vu les longs poils affecter une direction croisant à angle aigu celle des poils les plus courts. — Fuchs (*Arch. f. Opht.*, Bd XXXI, Abth. 2) dit avoir vu, dans certains cas, les sourcils occuper une position beaucoup plus élevée qu'à l'état normal, si bien qu'on pouvait les voir alors situés jusqu'à 2 centimètres au-dessus de l'arcade orbitaire. Chez les sujets présentant cette anomalie, il ne serait pas rare, d'après le même auteur, de voir chaque sourcil occuper un niveau différent. — Holub, cité par Mackenzie, a eu l'occasion d'observer des sourcils constitués par une double rangée de poils.

Les *glandes* de la peau du sourcil sont, pour la plupart, très volumineuses. Ainsi il n'est pas rare de rencontrer, dans les parties profondes du derme, des glandes sébacées d'un millimètre et demi de diamètre et, en beaucoup moins grand nombre, des glandes sudoripares dont le plus grand diamètre peut dépasser un millimètre ; quelques-unes de celles-ci pourraient même, suivant Merkel (*Topog. Anat.*, I, 182), acquérir les dimensions des glandes sudoripares de l'aisselle.

Les grosses glandes sébacées qu'on observe dans la profondeur du derme sont séparées les unes des autres par des intervalles à peu près réguliers d'un millimètre à un millimètre un quart environ. Dans ces intervalles le derme présente, accolées à la gaine de grands follicules pileux, des glandes sébacées d'un bien moindre volume. Quant aux grosses glandes sudoripares, on les rencontre surtout non loin du bord supérieur du sourcil, plus profondément que les grosses glandes sébacées et dans le voisinage immédiat de celles-ci.

Les glandes volumineuses et parfois même les bulbes pileux du sourcil présentent dans leur voisinage de nombreux faisceaux musculaires striés, dont les uns plus profonds et en majeure partie longitudinaux ou obliques, passant au-dessous de ces organes, paraissent provenir du muscle sourcilier, tandis que les autres, pour la plupart transversaux et plus superficiels que les précédents, s'insinuant entre leurs faces laterales semblent plutôt appartenir à la portion orbitaire du muscle orbiculaire. On voit même des glandes sudoripares traversées par des fibres musculaires striées longitudinales ou obliques. La disposition des faisceaux musculaires dans les couches profondes du derme doit favoriser l'excrétion des grosses glandes du sourcil, principalement pendant les fortes contractions des muscles orbiculaire et sourcilier. On voit d'ailleurs quelques-unes des fibres de ces muscles venir s'insérer directement sur les capsules glandulaires ainsi que sur les gaines des follicules pileux. Le derme de la région qui nous occupe présente encore, en rapport avec le système pileux, des muscles redresseurs des poils bien développés dont quelques-uns, après un trajet oblique vers la surface du tégument, finissent par lui devenir parallèles : un grand nombre de ceux-ci sont longitudinaux.

2° *Couche cellulaire sous-cutanée.* — On trouve sous la peau une couche de tissu conjonctif lâche, interrompue de distance en distance par de larges

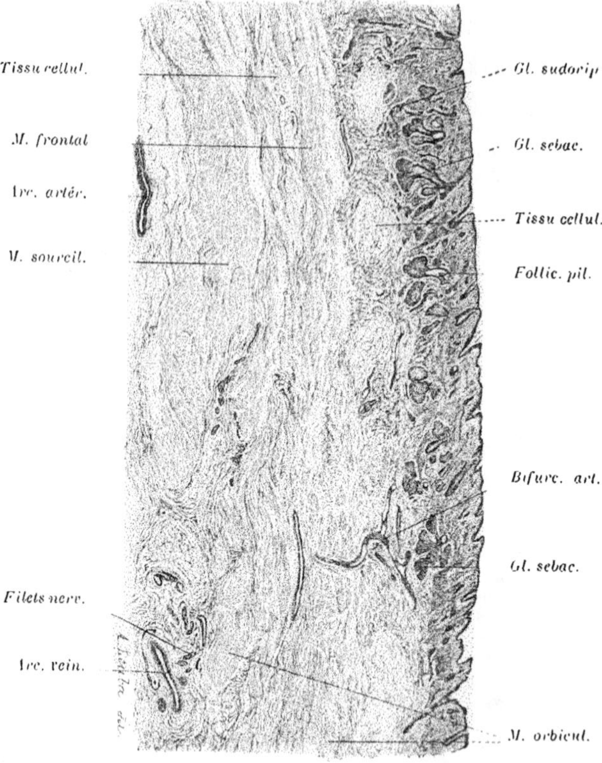

Fig. 721. — Coupe verticale du sourcil (Dr Ernest Coulon).

travées de tissu conjonctif condensé qui, prolongeant le derme au-dessous d'un grand nombre de grosses glandes sébacées, l'unissent profondément aux aponévroses musculaires. Ces travées, dans lesquelles on observe des faisceaux musculaires, des vaisseaux et des nerfs, limitent entre elles des îlots ovalaires, verticalement allongés, de tissu conjonctif lâche. Ces îlots, au sein desquels peut se former de la graisse, diminuent d'étendue en approchant du bord inférieur du sourcil. A ce niveau, faisceaux musculaires et tendineux, prolongements inférieurs de l'aponévrose épicrânienne, tissu conjonctif condensé et tissu conjonctif lâche paraissent confondus d'une façon inextricable. Il n'y a donc là rien qui ressemble au fascia superficialis admis à tort par quelques anatomistes.

3° *Couche musculaire.* — Cette couche comprend trois ordres de faisceaux musculaires disposés sur deux plans qu'on trouve intimement confondus vers la partie inférieure de la région sourcilière. Chaque faisceau isolé paraît entouré d'une gaine connective émanant de l'enveloppe aponévrotique du muscle qui lui a donné naissance. Le plan superficiel comprend, outre la portion inférieure des faisceaux longitudinaux du muscle frontal engainés dans le fascia de ce dernier muscle, quelques faisceaux excentriques du muscle orbiculaire, plus superficiellement placés que le muscle frontal, et principalement abondants vers le bord inférieur du sourcil. Le plan profond comprend surtout le corps du muscle sourcilier engainé dans un fascia plus dense que celui du muscle frontal. Entre ces deux plans musculaires s'interposent, par places, de larges nappes de tissu conjonctif lâche chargé de lobules adipeux; partout ailleurs on voit les deux plans musculaires plus ou moins confondus entre eux.

Les enveloppes aponévrotiques des muscles offrent en général une structure assez complexe provenant de l'interposition, entre les divers faisceaux musculaires, des prolongements de l'aponévrose épicrânienne. Pour l'action des muscles de la région sourcilière et le rôle des sourcils dans la vision, nous renvoyons le lecteur à la Myologie de ce traité. Nous ferons ici simplement observer, avec Hyrtl, que, dans la contraction du muscle sourcilier inséré sur toute la moitié interne du sourcil, ce n'est pas à proprement parler ce dernier qui se fronce, mais seulement la peau entourant la périphérie de sa moitié interne. Dans ce dernier mouvement, comme dans l'élévation en masse de la région sourcilière sous l'action du muscle frontal, l'extrémité de la queue du sourcil reste presque entièrement immobile.

Le léger degré de synergie qui existe entre la contraction de ce dernier muscle et celle des muscles droit supérieur et releveur de la paupière a été utilisé en pathologie pour remédier à certains cas de blépharoptose, en mettant la paupière supérieure sous la dépendance encore plus directe du muscle frontal, soit par la création, au moyen de sétons, de brides fibreuses interstitielles allant verticalement du sourcil aux cils, soit par la dissection dans la partie supérieure de la paupière d'un lambeau quadrangulaire qu'on suture ensuite au sourcil (Königstein, *Beitr. z. Augenheilk.*, XXV, 1896, p. 439).

4° *Couche sous-musculaire de tissu conjonctif lâche.* — Cette couche, dans laquelle se passent les mouvements de glissement du sourcil sur le périoste, forme au-devant de ce dernier une nappe continue bien distincte où se voit du tissu adipeux.

La couche celluleuse sous-musculaire n'est en somme que le prolongement inférieur de la couche celluleuse sous-aponévrotique du cuir chevelu. En cas d'hématome traumatique, de suppuration ou d'emphysème par fracture du sinus frontal, c'est elle et non la peau qui devient le siège des infiltrations pathologiques. Il existe d'ailleurs entre les téguments, la couche cellulaire sous-cutanée et le plan musculaire une telle homogénéité que les lèvres des plaies intéressant seulement ces trois premières couches n'offrent aucune tendance à s'écarter (Tillaux).

Les mouvements de glissement du sourcil seraient, d'après Merkel, aussi étendus du côté du front que du côté de l'orbite, contrairement à l'opinion de Luschka et de Hyrtl pour qui le premier de ces deux mouvements serait beaucoup plus limité. Le sourcil toutefois glisserait beaucoup moins du côté de sa tête, fixée au squelette par l'insertion sous-glabellaire du muscle sourcilier, que du côté de sa queue.

5° *Périoste.* — Le périoste, épais, fortement adhérent au squelette sous-jacent, se continue, d'une part, avec celui des régions frontale et orbitaire, et, d'autre part, avec le *septum orbitale*, qui n'en est qu'une émanation et le rattache au bord supérieur du tarse de la paupière supérieure.

Le squelette nous étant déjà connu, nous ne reviendrons pas ici sur sa description. Notons seulement en passant l'existence assez fréquente démontrée par Königstein (*loc. cit.*, p. 415) de petits canalicules vasculaires qui feraient communiquer, notamment dans le voisinage de l'échancrure sus-orbitaire, la surface extérieure de l'os avec la cavité du sinus frontal.

Vaisseaux et nerfs. — Le sang artériel parvient aux sourcils par quatre voies différentes qui sont : l'artère frontale interne, l'artère sus-orbitaire, l'artère temporale superficielle et l'artère lacrymale. Tous ces vaisseaux, profonds avant d'aborder le sourcil, ne tardent pas, après être parvenus dans le voisinage du rebord orbitaire, à se porter obliquement vers les couches superficielles du front qu'ils atteignent à deux travers de doigt environ au-dessus de l'orbite. Les artères frontale et sus-orbitaire offrent en général un calibre assez étroit, surtout la première qui peut souvent apparaître comme un rameau sans importance; cela tient à la suppléance réciproque fréquente de ces deux artères.

Les troncs artériels quelque peu importants reposent directement sur le périoste. Ces troncs ne tardent pas à se diviser en fournissant des branches qui, s'anastomosant entre elles à la face profonde du plan musculaire de la région, forment fréquemment à ce niveau, parallèlement au bord supérieur du sourcil, une sorte d'*arcade artérielle* souvent double, dans la structure de laquelle domine le tissu élastique. De cette arcade partent de fins rameaux qui traversent obliquement, le plan musculaire. Ceux-ci viennent former à la face superficielle de ce plan, par leurs divisions fréquemment anastomosées entre elles, une sorte de réseau à grandes mailles verticales. De ce réseau se détachent des branches minuscules dans la structure desquelles dominent les fibres musculaires lisses. Ces fines divisions, après avoir traversé obliquement dans le sens antéro-postérieur, la couche celluleuse sous-cutanée, viennent se bifurquer à la face profonde du derme : chacun des ramuscules de bifurcation se rend à la base d'une grosse glande sébacée où il se résout en un riche réseau périglandulaire, après avoir fourni lui-même d'autres divisions importantes, dont quelques-unes offrent un calibre supérieur à un dixième de millimètre. Ces dernières fournissent aux poils leurs réseaux périfolliculaires et viennent finalement s'épuiser dans un grand réseau microscopique terminal situé dans les couches superficielles du derme.

Les veines, après avoir formé dans la couche celluleuse sous-cutanée un premier réseau de quelque importance, viennent finalement se jeter dans une arcade située à la face profonde du plan musculaire, parallèlement au bord inférieur du sourcil. Dans cette arcade qui, tributaire de la veine ophtalmique supérieure, s'anastomose avec la veine temporale superficielle, la veine frontale, les veines palpébrales, les veines du diploé et l'arcade homologue du côté opposé, on observe de nombreuses valvules dirigeant le sang vers l'angle interne de l'œil.

Cette arcade, décrite par certains auteurs sous le nom de veine marginale (*v. marginalis*), forme l'origine de la veine frontale externe; elle se déverse dans la veine ophtalmique supérieure, en dehors, par l'intermédiaire de la veine lacrymale, et en dedans, par le tronc commun qu'elle forme avec la veine frontale interne. De la veine ophtalmique supérieure, le sang veineux passe dans le sinus caverneux, puis dans la veine jugulaire interne; une petite partie cependant de celui de la queue du sourcil se rend directement par les veines temporale et faciale antérieure, dans la veine jugulaire externe. On cite des faits dans lesquels un furoncle de la région sourcilière se serait compliqué de phlébite du sinus caverneux.

Les vaisseaux lymphatiques, nés d'un riche réseau qui occupe les couches les plus superficielles du derme, et dans lequel on observe des troncules d'un calibre de 0 mm. 1, se montrant sur les coupes histologiques de la région comme de larges lacunes irrégulières et béantes, vont en majeure partie, avec les lymphatiques palpébraux externes, se jeter dans les ganglions parotidiens.

Un petit groupe né du bord inférieur de la tête du sourcil va se rendre, uni aux lymphatiques de la moitié interne des paupières, à deux ganglions sous-maxillaires sur lesquels nous aurons bientôt à revenir.

La plus grande partie des lymphatiques du sourcil se rendent à deux troncs lymphatiques parallèles signalés par Küttner (*Beitr. z. klin. Chir.*, XXV, 1899) et qu'on voit naître vers la ligne médiane au niveau de la racine du nez, pour venir ensuite longer le bord inférieur du sourcil et se jeter : l'un supérieur, dans les ganglions paroticiens supérieurs (préauriculaire); l'autre, inférieur, dans les ganglions paroticiens inférieurs.

Tous les muscles du sourcil sont innervés par les rameaux frontaux du nerf facial, qui les abordent par leur face profonde. Les troncs nerveux de quelque importance ne s'observent d'ailleurs au sourcil que sur les deux faces ou dans l'interstice du plan musculaire de la région.

Quant aux filets sensitifs, ils sont fournis par les deux nerfs frontaux externe et interne, appliqués sur le rebord de l'orbite et situés, le premier à un travers de doigt de la ligne médiane (Merkel), le second en dedans du milieu de la distance séparant de la suture fronto-malaire le plan sagittal médian. La tête du sourcil reçoit encore des filets du nerf nasal externe (Daraignez et Labougle. *Archiv. d'ophtalmol.*, 1889); la queue en reçoit également du nerf lacrymal.

D'après Frohse (*Die oberflächl. Nerven des Kopfes*, Berlin, 1895) et d'après Zander (*Anatom. Hefte*, 1897), la queue du sourcil pourrait en outre recevoir assez fréquemment des filets des rameaux temporo-malaire et auriculo-temporal, de même que la tête se trouve parfois innervée par des filets ascendants du nerf sous-orbitaire. La tête et la queue du sourcil auraient donc fréquemment une innervation double, et parfois même triple (nerf lacrymal, nerf temporo-malaire et nerf auriculo-temporal au niveau de la queue).

D'après Bock et d'après Meckel, il ne serait pas exceptionnel de voir un rameau du nerf frontal interne venir se distribuer à la tête du sourcil, après avoir traversé le sinus frontal, sous la muqueuse de cette cavité.

Nous n'avons pas à faire ici l'embryologie de la région sourcilière; rappelons toutefois que le développement de celle-ci aux dépens de la première fente branchiale rend compte de la présence relativement fréquente des angiomes et des kystes dermoïdes, notamment dans la queue du sourcil.

PAUPIÈRES

Définition. — Les paupières, organes de protection de l'œil, sont deux voiles musculo-membraneux qui, étendus jusqu'au pourtour de l'orbite et opposés par leurs bords libres, limitent entre eux une ouverture transversale dont les dimensions en largeur varient sans cesse à chaque instant, laissant à découvert une partie plus ou moins grande de la face antérieure du globe oculaire, sur lequel ces voiles se moulent et s'appliquent directement. L'ouverture qui sépare les deux paupières porte le nom d'orifice palpébral ; à chacune de leurs extrémités, les deux bords de cet orifice s'unissent à angles aigus qu'on désigne communément, d'après leur situation, sous le nom d'*angle* externe et d'angle interne de l'œil, ou encore sous celui de *commissures palpébrales* interne et externe.

Les deux paupières sont : l'une supérieure, et l'autre inférieure. La paupière supérieure est plus mobile et plus étendue que l'inférieure; c'est elle qui recouvre la plus grande partie de la surface antérieure du globe, et cette partie s'accroît encore elle-même quand le regard se dirige en bas, pour atteindre son maximum, lorsque la fente palpébrale est entièrement close, comme dans le sommeil. Les deux paupières présentent d'une façon générale la même disposition anatomique; aussi suffira-t-il de n'en décrire qu'une seule, en signalant au passage les quelques détails qui peuvent la différencier de l'autre.

Limites. — A l'état normal, les paupières paraissent se continuer sans ligne de démarcation bien nette avec les téguments des parties voisines de la face. Mais à l'état pathologique, dans les cas d'œdème ou d'extravasation sanguine, on voit par le développement spécial de la tuméfaction dans leur région, ces limites s'accuser nettement. C'est qu'il existe au-dessous de la peau des paupières une couche de tissu cellulaire lâche, entièrement dépourvue de graisse, et par conséquent non bridée au squelette par des couches conjonctives à disposition aponévrotique, comme cela s'observe à la face partout où l'on rencontre des nappes de lobules adipeux; cette couche de tissu cellulaire lâche favorise dans la région palpébrale, plus que partout ailleurs, les infiltrations de toute nature qui font saillir plus ou moins cette région et en accusent ainsi nettement les limites (Merkel).

Le rebord osseux de l'orbite constitue également pour la délimitation des paupières un point de repère des plus importants.

D'ailleurs, pour la paupière supérieure, la limite naturelle répond en haut au bord inférieur du sourcil, région où la peau, chargée de lobules adipeux, devient plus dense et présente une autre structure.

Pour la paupière inférieure, les limites du côté de la joue sont bien moins accusées, et se trouvent simplement indiquées par une sorte de dépression transversale en forme de gouttière, dont l'axe représente un arc à concavité supérieure embrassant la partie inférieure du globe oculaire; cette dépression qui s'enfonce entre ce dernier et le squelette de l'orbite, est située au-dessus du rebord inférieur de la cavité orbitaire, et est généralement connue sous le nom de *sillon orbito-palpébral inférieur* (Sappey). Ce sillon, parfois à peine accusé, parfois même remplacé par une sorte de bourrelet légèrement saillant, est surtout apparent chez beaucoup de vieillards. Les auteurs allemands font arriver la paupière inférieure un peu plus bas, jusqu'au *sillon jugo-palpébral*, sur lequel nous reviendrons plus loin.

Du côté externe, sauf chez les individus amaigris, les paupières se continuent insensiblement avec la peau de la tempe; à un âge avancé on y aperçoit des plis rayonnés appelés vulgairement *patte d'oie*: l'un d'eux plus accentué correspond au *ligament palpébral externe*, que nous aurons à étudier plus loin (Panas, *Traité des maladies des yeux*, t. II, Paris, 1894).

Du côté nasal, la limite interne des paupières se trouve encore assignée par le prolongement supérieur du *sillon orbito-palpébral inférieur*, prolongement qu'une corde transversale sous-cutanée saillante, répondant au *ligament palpébral interne*, dont il sera question un peu plus loin, divise en deux parties.

Dimensions. — D'après Fuchs (*Annales d'oculist.*, vol. 94 et 95; et *Arch. f. Opht.*, 1885), qui s'est particulièrement occupé des dimensions de la paupière supérieure, il y aurait dans les mensurations de cette paupière deux éléments à considérer : 1° la distance verticale qui sépare le bord libre du milieu du sourcil, lorsque l'œil est fermé ; 2° l'extension verticale dont la peau de cette paupière est susceptible. Pour cette dernière mensuration, qu'on pourra regarder comme satisfaisante lorsque toutes les rides de la peau seront effacées, il tend la paupière, en tirant en bas sur les cils, et mesure, pour la seconde fois, dans cette nouvelle attitude, la distance qui sépare le bord libre du milieu du sourcil. L'extension verticale ainsi obtenue indique la quantité de peau dont le sujet dispose pour recouvrir la partie de la face antérieure du globe oculaire qui se trouve cachée par la paupière supérieure, lorsque l'œil est fermé. Le rapport des deux dimensions verticales que nous venons ainsi de définir renseigne sur le degré possible d'occlusion des paupières. D'après Fuchs, pour que la fente palpébrale puisse, chez l'adulte, se fermer sans difficulté, l'extension verticale de la peau doit dépasser la moitié de la hauteur de la paupière. Dès que l'extension verticale descend au-dessous de ce chiffre, il y aurait du lagophtalmos pouvant entraîner du larmoiement et de la blépharite ulcéreuse (Fuchs). La hauteur de la paupière supérieure, qui mesure 12 mm. 5 vers la fin de la première année, atteint son maximum (25 millimètres) vers l'âge de 20 ans; puis elle diminue dans la vieillesse par suite de l'abaissement du sourcil (Fuchs). La hauteur de la paupière inférieure chez l'adulte est de 11 à 13 millimètres seulement (Richet).

Forme. — La forme des paupières, essentiellement liée au volume et au siège du globe oculaire, dépend aussi, jusqu'à un certain point, du mode de conformation de l'orbite. Suivant que le globe de l'œil paraîtra plus ou moins propulsé, soit par suite d'un développement moindre de la profondeur de la cavité orbitaire, soit par l'accumulation dans cette cavité d'une plus grande quantité de graisse, on aura des paupières plus ou moins arrondies et plus ou moins saillantes. Dans le cas contraire, les paupières paraîtront plus ou moins rétractées. La forme des paupières dépend encore, dans une certaine mesure, de l'état de tension plus ou moins variable des liquides remplissant le globe oculaire, tension dont il est facile d'apprécier le degré plus ou moins considérable en touchant le globe oculaire à travers la paupière supérieure fermée (A. Terson, *Encyclop. franç. d'opht.*, t. I, 1903). Chez les enfants et les personnes à peau délicate, on peut voir vers le sommet de la voûte palpébrale, lorsque l'œil est fermé, une voussure peu prononcée qui répond à la cornée.

Couleur. — La couleur des paupières est généralement en harmonie avec celle de la peau de la face ; celle de la paupière inférieure est souvent légèrement plus foncée que celle de la paupière supérieure. Cette couleur varie d'ailleurs suivant les circonstances et l'état général du sujet. Ainsi, d'après Waldeyer (*Gräfe-Sämisch' Hdb.*, I), toutes les causes qui font varier la quantité de lymphe contenue dans les mailles du tissu conjonctif lâche de la peau des paupières amènent un changement notable dans la coloration de celles-ci. Pour L. Dor (*La fatigue oculaire*, Paris, 1899), l'aréole palpébrale, surtout visible à la fatigue, ne devrait pas être entièrement attribuée au retrait de la lymphe, mais plutôt à un véritable réflexe de pigmentation, consistant dans la migration superficielle des cellules chromatophores qui deviennent alors plus apparentes dans la zone entourant le muscle orbiculaire.

Chez les sujets très blonds, il n'est pas rare de rencontrer au niveau du bord libre des paupières un liséré hyperémié, qui donne à leur physionomie un aspect assez disgracieux (Panas).

Chez les individus aux joues colorées, la coloration rouge des téguments ne s'étend jamais aux paupières. Généralement, même, elle ne dépasse jamais par en haut une ligne horizontale menée par l'angle externe de l'œil (Arlt, *Arch. f. Opht.*, 1863). Dans certains cas la coloration des paupières devient de plus en plus foncée, mais beaucoup plus du côté interne que de l'externe (Merkel, *Anat. Top.*, t. I, p. 185). Du côté externe il n'est pas rare de voir une légère dépression linéaire lisse qui, allant de la commissure externe des paupières au rebord temporal de la cavité orbitaire, semble prolonger dans cette direction le bord libre de la paupière supérieure. Au-dessous de cette dépression, la peau forme une zone plus ou moins pigmentée de 2 à 3 millimètres de largeur.

Configuration extérieure. — On distingue dans chaque paupière, deux faces : l'une antérieure et l'autre postérieure; deux bords : l'un adhérent et l'autre libre; et, enfin, deux extrémités : l'une interne et l'autre externe.

Face antérieure. — A la paupière inférieure, cette face, régulièrement convexe dans tous les sens, répond au globe oculaire dans toute son étendue.

A la paupière supérieure, elle présente deux parties bien distinctes dont l'aspect varie suivant que l'œil est ouvert ou fermé.

Si l'on examine dans tous ses détails la paupière supérieure d'un œil fermé, on distinguera chacune de ces deux parties aux caractères suivants : l'une, inférieure, à forme pour ainsi dire constante, et dont la fixité se trouve déterminée par la présence, dans la paupière, d'une lame fibreuse solide que nous apprendrons à connaître plus tard sous le nom de *tarse*, est lisse, résistante, moulée sur la face antérieure de l'œil et en contact avec lui : c'est la *portion tarsale* de la paupière supérieure (Henle); l'autre, supérieure, voisine du rebord osseux de l'orbite et qu'on désigne pour cette raison sous le nom de *portion orbitaire* (Henle), est simplement cutanée, indépendante de la forme de l'œil, puisqu'elle n'est plus en rapport profondément qu'avec la graisse de la cavité orbitaire vers laquelle elle se déprime, légèrement concave et inclinée en bas et séparée dans toute son étendue de la précédente par un sillon dont le grand axe est incurvé en arc à concavité inférieure, sillon dont le fond arrondi représente plutôt une fosse : c'est le *sillon orbito-palpébral supérieur* (Sappey), peu apparent chez les sujets gras, bien marqué au contraire chez les individus maigres et dans les premières années de la vie. Chez la femme, la distance qui le sépare du sourcil serait un peu plus grande que chez l'homme (Merkel et Kallius, *Gräfe-Sämisch' Hdb.*, I, 1901). Sur l'œil ouvert, la plus grande partie des deux portions tarsale et orbitaire, entraînées par le bord supérieur du tarse, se déprime profondément vers la cavité de l'orbite, et le sillon orbito-palpébral supérieur devient dans ce cas un véritable pli profond, formé par une grande étendue de la surface de chacune d'elles : la portion orbitaire apparaît alors comme une sorte de bourrelet transversal surplombant le globe de l'œil, bourrelet au-dessous duquel la portion tarsale peut se dissimuler presque en totalité; ce bourrelet s'aplanit par une traction exercée sur la peau du front ou sous l'action du muscle frontal (Henle).

Par ses deux extrémités, le sillon orbito-palpébral supérieur vient se perdre insensiblement dans les téguments des régions voisines : en dedans, à 4 ou 5 millimètres au-dessus de l'angle interne de l'œil; en dehors, un peu au-dessus de l'angle externe, au niveau de l'apophyse de l'os malaire où on le voit parfois se continuer avec l'un des plis de la patte d'oie.

La face antérieure des paupières est remarquable par les sillons et les rides qu'on y observe normalement. Ces sillons et ces rides, absents pour la plupart chez l'enfant et chez l'adulte, existent toujours chez le vieillard. Nous connaissons déjà le *sillon orbito-palpébral inférieur*. Outre ce sillon, on voit encore au-dessous de la paupière inférieure, principalement chez les individus d'un certain âge, un autre sillon qui siège au niveau du rebord inférieur de l'orbite. Arlt, qui, le premier, l'a décrit, lui donne le nom de *sillon jugo-palpébral* et lui reconnaît deux parties : l'une, ascendante, formant un arc de cercle dont la concavité regarde en haut et en dehors, répond au bord inférieur de la portion cutanée du muscle orbiculaire; l'autre, descendante, concave en haut et en dedans, commence en haut vers le bord inférieur du ligament palpébral externe, et vient en bas, vers le milieu du bord adhérent de la paupière inférieure, se réunir à la partie ascendante qu'elle n'atteint cependant pas toujours : la partie descendante répond au bord interne du muscle petit zygomatique.

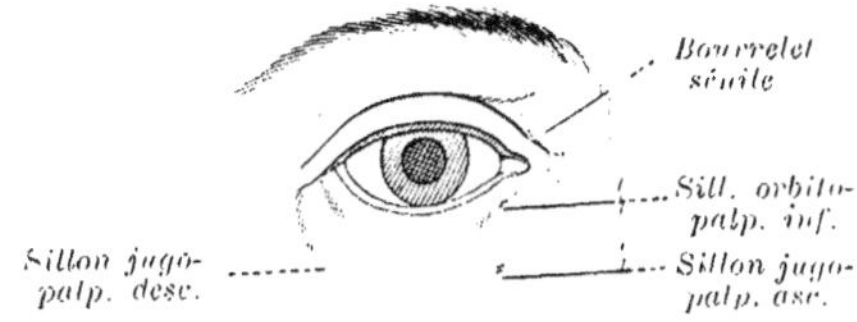

FIG. 722. — Sillons de la région palpébrale (œil droit). (D'après Merkel.)

Chez l'enfant, le sillon orbito-palpébral inférieur n'est représenté que par une simple gouttière peu profonde : il n'apparaît bien nettement que vers le milieu de l'âge adulte; dans la vieillesse, par suite de la voussure que forme la partie inférieure de la paupière, il devient encore plus accusé.

On peut encore observer sur chaque paupière un autre pli transversal à peu près parallèlement superposé au bord convexe du tarse et qui, ayant son point de départ au-dessus ou au-dessous du lac lacrymal, suivant la paupière considérée, forme un arc de cercle concentrique à la fente palpébrale ouverte, et vient se terminer en dehors au niveau du ligament palpébral externe. A la paupière inférieure, ce dernier sillon peut parfois être double: son existence serait des plus constantes : on l'aperçoit déjà chez les enfants d'un certain âge, et son point de départ, du côté interne, correspondrait au point lacrymal (Königstein, *Beitr. z. Augenheilk.*, XXV, p. 446, 1896).

Les plis horizontaux des paupières paraissent d'ailleurs se multiplier avec l'âge: et, à une période avancée de la vie, il vient encore s'y ajouter des rides verticales ou obliques, qui, coupant les plis précédents, donnent un aspect gaufré à la peau des paupières.

Dans la vieillesse, le ligament large des paupières, que nous étudierons plus loin, perdant son élasticité, se laisse refouler par la graisse de l'orbite, et la portion orbitaire bombe alors beaucoup plus en avant, surtout dans la région située immédiatement au-dessus de l'angle interne de l'œil, région qui, dans le jeune âge, apparait comme la partie la plus excavée des paupières; la saillie qui se forme dans cette région s'accentue encore dans le regard en bas (Arlt).

Face postérieure. — Cette face est formée par la conjonctive : nous y reviendrons plus loin dans un chapitre spécial

Extrémités. — Les extrémités ou *commissures* des paupières se distinguent, d'après leur situation, en interne et externe. Au niveau de la commissure interne, la peau se trouve soulevée par une petite saillie transversale due à la présence du tendon sous-jacent du muscle orbiculaire. La commissure externe répond au contraire à une légère dépression linéaire des téguments parfois légèrement pigmentée, obliquement dirigée en bas et en dehors, et surmontée de petits plis transversaux qui se creusent de plus en plus avec l'âge.

Bord adhérent ou bord orbitaire. — Il répond aux limites périphériques des paupières, déjà décrites. Le bord adhérent de chaque paupière dépassant le niveau du cul-de-sac conjonctival correspondant, il s'ensuit que chaque bord adhérent répond profondément aux parties molles de l'orbite dont le sépare le ligament large des paupières.

Bord libre. — Les deux paupières sont opposées par leurs bords libres qui peuvent s'écarter l'un de l'autre, laissant ainsi à découvert la plus grande partie de la face antérieure du globe, et limitant alors une ouverture à grand diamètre transversal communément désigné sous le nom d'*orifice palpébral*, ou au contraire se rapprocher au point d'entrer en contact par toutes leurs parties, ne laissant plus alors entre eux qu'une simple fente connue sous le nom de *fente palpébrale*. Les deux extrémités interne et externe de l'orifice palpébral sont généralement décrites sous le nom d'*angles de l'œil*.

Le bord libre de chaque paupière, long environ de 30 millimètres (Luschka), présente une épaisseur de 2 millimètres. Sur l'œil ouvert, chaque bord libre forme une courbe s'opposant par sa concavité à celle du bord opposé. Quand les paupières sont complètement rapprochées, les deux bords libres accolés forment une ligne légèrement concave en haut.

Chaque bord libre comprend deux portions séparées l'une de l'autre par le *tubercule lacrymal* (*papille lacrymale* d'un grand nombre d'auteurs) : l'une, interne ou *lacrymale*, située en dedans de ce tubercule, et représentant seulement la sixième ou la huitième partie de la longueur totale du bord libre ; l'autre, externe ou *bulbaire* (A. Terson), située en dehors du même tubercule et en rapport plus immédiat avec le globe de l'œil.

A. Portion lacrymale. — Entre le tubercule lacrymal, situé à 5 millimètres environ de l'angle interne de l'œil, et cet angle, les bords palpébraux, lisses et arrondis et dépourvus de cils, s'écartent l'un de l'autre en formant chacun une courbe. Au niveau de l'angle interne de l'œil, ces deux courbes, au lieu de s'unir à angle aigu, se continuent entre elles en formant là une sorte de sommet arrondi, concave en dehors, comparable au sommet d'une ellipse. L'espace semi-elliptique qu'elles embrassent ainsi est désigné par un grand nombre d'auteurs sous le nom de *lac lacrymal* ; le fond de ce lac se trouve occupé par la *caroncule lacrymale* et le repli semi-lunaire de la conjonctive ou rudiment de la 3ᵉ paupière des vertébrés inférieurs, et chacun des bords qui le circonscrit renferme dans son épaisseur les conduits lacrymaux.

B. Portion bulbaire. — Cette portion, qui comprend environ les 7 huitièmes du bord libre, présente deux lèvres et un interstice, large de 2 millimètres, qu'une *région linéaire intermarginale* (A. Terson) divise lui-même en deux parties : l'une antérieure ou ciliaire, et l'autre postérieure, correspondant au tarse et aux glandes de Meibomius.

La lèvre antérieure, souvent émoussée, se continue avec la peau ; la lèvre postérieure, tranchante, avec la conjonctive. Quant à l'interstice, il offre l'aspect d'une petite surface plane qui regarde en haut et un peu en avant, sur la paupière inférieure; en bas et un peu en arrière, sur la paupière supérieure (Sappey). Dans l'état d'occlusion des paupières, ces deux surfaces, intimement appliquées l'une contre l'autre, ne laissent alors en arrière, entre leurs bords postérieurs et la face antérieure du globe oculaire, aucune sorte d'espace. L'espace prismatique longitudinal décrit autrefois entre les lèvres postérieures des bords libres des paupières fermées et la face antérieure de l'œil, sous le nom de *rivus lacrymalis*, par Boerhaave, F. Petit, Winslow et Zinn, ne saurait par conséquent être admis.

Sur la *lèvre antérieure du bord libre* s'implantent obliquement des poils plus épais et plus raides que ceux du sourcil, plus longs vers le milieu qu'aux extrémités des paupières, moins longs à la paupière inférieure qu'à la supérieure. D'après Moll (*Arch. f. Opht.*, 1858), les plus longs mesureraient, à la paupière inférieure, de 6 à 8 millimètres, et à la supérieure, de 8 à 12 millimètres. Ces poils, colorés comme ceux de la tête, relativement plus longs chez la femme et chez l'enfant que chez l'homme adulte, ne sont autres que les *cils*. Leur implantation ne se fait pas sur une seule, mais bien sur deux ou trois rangées irrégulières, occupant vers la lèvre antérieure du bord libre une bande de 2 millimètres de largeur pour la paupière supérieure, et 1 millimètre environ pour l'inférieure. Cette bande empiète davantage, tantôt sur les téguments extérieurs de la paupière, tantôt au contraire sur le bord de celle-ci. D'après Sappey, on compterait 100 à 120 et même 150 cils pour chaque paupière. D'après Donders et d'après Moll, leur nombre, à la paupière inférieure, ne dépasserait pas 50 à 75. Près de l'angle interne de l'œil, ils deviennent plus fins et plus clairsemés. Enfin, à la paupière supérieure, ils seraient beaucoup moins écartés les uns des autres qu'à la paupière inférieure (Merkel). Les cils décrivent une légère courbure, concave en haut pour la paupière supérieure; en bas, pour l'inférieure. Dans l'occlusion des paupières ils se touchent donc par leur convexité, mais sans pénétration ni entre-croisement apparents. D'ailleurs, bien que leur base d'implantation occupe une surface longitudinale de 2 millimètres de largeur sur la paupière supérieure, et 1 millimètre sur l'inférieure, leurs pointes se rapprochent en avant de manière à n'occuper qu'une seule ligne sur chaque paupière. Les cils de la paupière inférieure étant plus fins, se laissent légèrement déprimer vers le bas par ceux de la paupière supérieure, lorsque l'œil est fermé.

D'après E. Berger (*Anat. norm. et pathol. de l'œil*, Paris, 1893), la peau, en dedans de la caroncule, pourrait quelquefois présenter des cils aberrants, et Wicherkiewicz rapporte un cas dans lequel chacun des bords de la portion lacrymale (angle interne) portait de 10 à 12 cils.

La *lèvre postérieure* du bord libre est remarquable par la présence, en avant d'elle, d'une série régulière de 25 à 30 petits pertuis représentant les orifices des glandes de Meibomius. Cette lèvre n'est pas toujours tranchante; elle peut en effet légèrement s'arrondir dans certains cas, et l'existence d'un *rivus lacrymalis* capillaire deviendrait alors possible (Merkel et Kallius, *Gräfe-Sämisch' Hdb.*, I, 1901).

L'interstice ou espace intermarginal présente, nous l'avons déjà vu, une zone remarquable par l'absence de toute formation spéciale, zone essentiellement chirurgicale, comprise entre la zone ciliaire en avant et la zone meibomienne en arrière, et désignée par A. Terson sous le nom de *région linéaire intermarginale*.

Dans la majorité des cas, il existe exactement au milieu de l'espace intermarginal un sillon longitudinal peu marqué et plus constant à la paupière supérieure, parfois simplement indiqué par une ligne brune plus ou moins pigmentée et parallèle aux deux lèvres du bord libre. C'est le *sillon intermarginal* (Frenkel, de Toulouse. Note manuscrite du professeur Charpy), *sulcus intermarginalis* de R. Greef (*Der Bau der Augenlider*, Breslau. 1902).

C. Orifice palpébral et angles de l'œil. — Sur un œil complètement ouvert, cet orifice, limité par les bords libres des paupières, présente une forme qui n'est pas absolument symétrique: en effet, la courbe formée par chacun de ces bords atteint sa plus grande hauteur, plus près de l'angle interne que de l'angle externe de l'œil à la paupière supérieure, et plus près au contraire de l'angle externe que de l'interne à la paupière inférieure. Le rayon de la courbe formée par le bord libre de chaque paupière est : pour la supérieure de 16 mm. 5, et pour l'inférieure de 22 millimètres (Merkel). Par suite de la différence qui existe entre ces deux courbes, l'orifice palpébral se montre fréquemment conformé en amande.

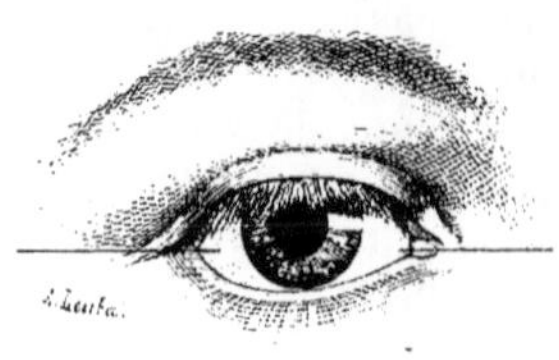

Fig. 723. — Orifice palpébral traversé par une ligne horizontale passant par l'angle interne de l'œil (œil droit).

Des deux points de jonction des courbes limitant l'orifice palpébral, ou, en d'autres termes, des deux *angles de l'œil*, l'externe, légèrement plus élevé que l'interne, dépasse de 4 à 6 millimètres le niveau de celui-ci.

L'orifice palpébral mesure 3 centimètres de long (Luschka, Sömmering) sur 1 centimètre et demi de large; très souvent cependant sa largeur ne dépasse guère 10 à 12 millimètres. Chez la femme, ses dimensions sont plus petites que chez l'homme; chez l'enfant il offre une largeur presque égale à celle de l'adulte, mais avec une longueur plus faible; d'où l'aspect plus arrondi de l'orifice palpébral dans les premières années de la vie.

Ces dimensions sont d'ailleurs, à quelques millimètres près, des plus variables; elles peuvent en effet, jusqu'à un certain point, dépendre de la position de la fente palpébrale qui, chez certains individus, fera paraître l'œil plus ou moins petit, suivant que cette fente sera plus ou moins basse; de même la situation plus ou moins proéminente du globe de l'œil peut faire apparaître plus ou moins arrondie la forme de l'orifice palpébral.

D'après Ivanowsky (*Congrès des natur.*, Moscou, 1899, vol. XCV, sect. d'anthrop., vol. XIX), chez les peuplades de l'extrême Nord (Tchouktes, Iakoutes, Tongouses, Ostiaques, Samoïèdes, Lapons, Esquimaux), l'orifice palpébral serait beaucoup plus petit que dans les autres races humaines; il atteindrait par contre ses plus grandes dimensions chez les habitants des pays chauds voisins de l'équateur. Dans les contrées intermédiaires comprises entre le pôle et l'équateur, les divers bouleversements historiques ayant produit un mélange de toutes les races et de tous les peuples, il n'existe plus de lien de transition entre la forme de l'orifice palpébral des peuplades de l'extrême Nord et celle que présente l'ouverture palpébrale des indigènes des régions voisines de l'équateur.

Chez les Mongols, l'ouverture palpébrale, petite, offre une obliquité en haut et en dehors plus grande que dans toutes les autres races. Cette obliquité, qu'on peut observer chez tous les représentants de la race jaune, aurait, d'après Mondière (*Mém. de la Soc. d'anthropol.*, 1875), une valeur moyenne de 4°,97. Elle est souvent beaucoup plus apparente que réelle, et due surtout à la présence d'une sorte de bride semi-lunaire cutanée qui recouvre l'angle interne de l'œil et le lac lacrymal et qui, née des téguments de la portion orbitaire de la paupière supérieure, vient se perdre en bas insensiblement dans la peau de la joue et de la face externe du nez. Cette bride a reçu de Kollmann (*Verhandl. der naturf. Gesellsch.*, VII, 3, Basel, 1884) le nom de *pli marginal*. L'*épicanthus* des oculistes n'en serait que l'exagération pathologique. Son bord libre vertical, concave en dehors, bien net au-devant de l'angle interne de l'œil, se perd insensiblement, en haut sur la peau de la portion orbitaire de la paupière supérieure; en bas sur celle de la joue et du nez. On peut souvent, par la traction exercée en dedans et en haut, arriver à effacer ce pli complètement.

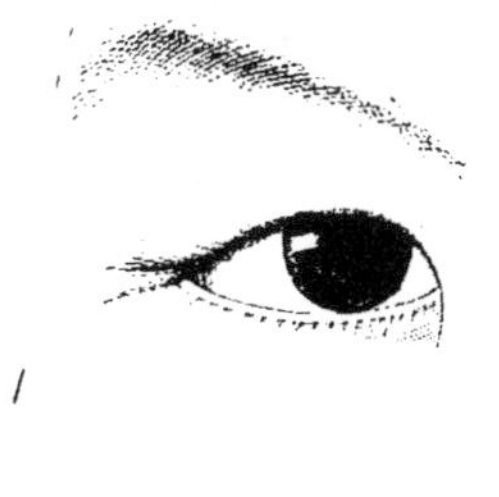

Fig. 724. — Œil mongol (œil droit). (D'après Merkel.)

Pour Metschnikoff (*Zeitschr. f. Ethnol.*, 1874), la bride qui caractérise l'œil mongol ne serait que la persistance d'un caractère particulier à l'enfance et qu'on peut plus ou moins observer dans toutes les races, caractère qui irait s'atténuant avec l'âge pour disparaître même entièrement chez le vieillard. Mais Deniker (*Rev. d'Anthropol.*, 1883) a pu, chez les Kalmouks, constater au contraire son absence dans le jeune âge et sa présence chez l'adulte. D'après Drews (*Arch. für Anthropol.*, 1899), les enfants qui, à leur naissance, offrent cette particularité, présenteraient une sorte d'aplatissement de la racine du nez.

L'œil mongol offre encore un autre caractère : c'est une sorte de boursouflure de la partie de la paupière correspondant au tarse, boursouflure plus accentuée à la paupière supérieure, et qui a pour effet de renverser en dedans les bords de l'orifice palpébral.

L'orifice palpébral doit encore être étudié dans ses rapports avec le rebord osseux de l'orbite et avec le globe oculaire.

L'extrémité externe de cet orifice ou *angle externe* de l'œil se trouve située à 5 ou 7 millimètres du rebord osseux de l'orbite et à 1 centimètre de la suture fronto-malaire (Merkel).

Des deux extrémités de l'orifice palpébral ou *angles de l'œil*, l'*externe*, formé par la rencontre à angle aigu des deux bords libres des paupières, entre seul en rapport avec le globe oculaire, au niveau de son grand équateur ; l'*interne*, arrondi, en reste séparé, comme nous l'avons déjà vu, par un intervalle de 5 à 7 millimètres. Quelquefois cependant l'angle externe lui-même n'arriverait pas jusqu'au globe (A. Terson).

Le centre de la cornée dans le regard direct en avant, se tient à peu près à égale distance de ces deux angles. Quant aux bords palpébraux, l'inférieur arrive au niveau ou reste le plus souvent au-dessous du bord inférieur de la cornée; le supérieur recouvrirait toujours, au contraire, un faible segment supérieur de celle-ci, segment dont la largeur peut aller de 1 demi à 1 millimètre (Merkel).

Ces rapports, toutefois, n'ont absolument rien de constant. Bien des sujets en effet, surtout ceux qui ont les yeux proéminents, ont la cornée entièrement découverte par la paupière supérieure, à l'état de moyenne dilatation (A. Terson). Ceci se voit fréquemment chez les individus maigres arrivés à un âge avancé.

Le développement de l'orifice palpébral n'est nullement parallèle à celui du crâne. Fuchs, qui a étudié ce développement, lui distingue trois périodes qui s'étendent de la quatrième année de la vie à l'âge adulte : au moment de la naissance, sa longueur mesure 18 mm. 5; de 4 à 8 ans, cette dimension est de 24 mm. 3; de 8 à 10 ans, de 25 mm. 4; au delà de 10 ans, elle offre la même valeur que chez l'adulte.

Quand les deux paupières se mettent en contact par leurs bords libres, dans toute leur étendue, comme cela a lieu, par exemple, dans le sommeil, l'orifice palpébral se transforme en une fente, la *fente palpébrale*. Cette fente à peu près linéaire, formant une courbe transversale à concavité supérieure située au-dessous de la ligne horizontale passant par les deux angles de l'œil, commence en dedans par une extrémité arrondie, pour venir en dehors se terminer en pointe. Sa forme est celle d'une *S* italique très allongée couchée transversalement. La courbe de l'*S* répondant à l'angle interne de l'œil, concave en bas, est la plus courte; elle ne s'étend guère au delà de la portion lacrymale des bords libres et se trouve généralement située un peu au-dessus de la ligne horizontale passant par l'angle interne de l'œil. La deuxième courbe de l'*S*, beaucoup plus longue que la précédente et concave en haut, se trouve dans sa totalité au-dessous de cette même ligne à laquelle l'extrémité externe elle-même reste inférieure de 2 à 4 millimètres (Merkel).

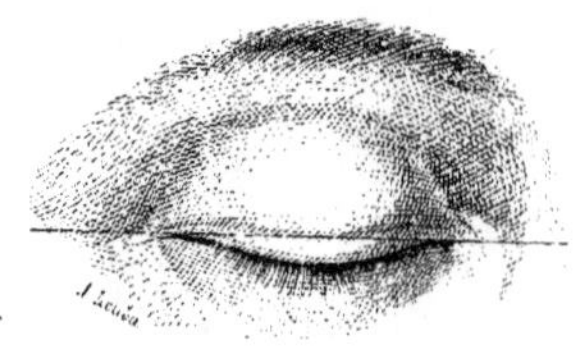

Fig. 725. — Position de la fente palpébrale par rapport à une ligne horizontale passant par l'angle interne de l'œil, dans l'occlusion des paupières (œil droit).

Dans l'occlusion des paupières, l'extrémité interne de l'ouverture palpébrale, fixée par le tendon du muscle orbiculaire, reste à peu près immobile. Il n'en est pas de même de l'extrémité externe qui, comme nous venons de le voir, doit s'abaisser d'un demi-centimètre; dans ce mouvement, le bord libre de la paupière inférieure, pour venir au contact de celui de la supérieure, parcourt un trajet de 2 à 3 millimètres à peine (Merkel).

La fente palpébrale répond au bord inférieur de la cornée, si bien que celle-ci, sur un œil fermé, se trouve entièrement cachée par la paupière supérieure.

Constitution anatomique. — Les paupières, dont l'épaisseur égale souvent 3 millimètres au niveau du bord libre, et va en augmentant au fur et à mesure qu'on se rapproche du bord de l'orbite, de manière à atteindre dans cette région le double de sa valeur initiale, présentent dans leur structure six couches essentielles qui sont, en allant d'avant en arrière : 1° la peau : 2° une épaisse couche de tissu cellulaire lâche; 3° le muscle orbiculaire des paupières plongé au milieu de cette couche; 4° un plan fibro-élastique comprenant le tarse, le ligament large des paupières et le tendon du muscle releveur (ce dernier à la paupière supérieure seulement); 5° une couche de fibres musculaires lisses, mais seulement dans la portion orbitaire des paupières; 6° enfin, une couche muqueuse que nous décrirons à part sous le nom de *conjonctive*.

Le bord libre, avec ses formations glandulaires et sa structure un peu spéciale, fera l'objet d'une description particulière.

1° *Peau.* — Elle est fine et très mince; son épaisseur dépasse rarement

1 millimètre. Elle est en outre transparente et laisse plus ou moins apparaître, dans le retrait de la lymphe du tissu cellulaire sous-jacent, retrait lié à la fatigue ou à certains états anormaux, la coloration des parties situées plus profondément (Waldeyer); chez quelques sujets on la voit à une certaine distance du bord libre, soulevée par les petites veines des paupières.

Elle est extérieurement recouverte d'un fin duvet, assez rare d'ailleurs, auquel sont annexées des glandes sébacées peu volumineuses, plus petites à la paupière inférieure qu'à la supérieure. Exceptionnellement, nous avons pu rencontrer, dans la peau de la portion orbitaire, des glandes sébacées indépendantes. Les glandes sudoripares sont petites et peu nombreuses.

Les papilles du derme, toutes vasculaires, sont généralement courtes, sauf dans la région du bord libre où on les trouve beaucoup plus développées.

Les fibres élastiques sont fines et peu nombreuses, surtout à la paupière inférieure. Cependant Secchi (*Arch. f. Dermatol. und Syphilis*, XXXIV, 3, 1896) et A. Alfieri (*Annali di Ottalmologia*, XXVII, 4, 1898) ont pu noter l'existence constante d'un réseau sous-épithélial très serré, qui devient surtout dense et abondant dans le voisinage des cils, autour du follicule de chacun desquels il forme un très riche lacis.

Waldeyer signale dans la peau des paupières l'existence de cellules pigmentaires, plus nombreuses chez les bruns que chez les blonds, et renfermant un pigment dont la coloration varie entre le jaune d'or et le brun. Ces cellules, qu'on rencontre surtout dans les couches superficielles, existent également dans les tractus de tissu conjonctif lâche, accompagnant dans la profondeur les vaisseaux et les follicules pileux. Certains (L. Dor) les désignent sous le nom de *chromatophores*, et font jouer à leurs migrations un rôle important dans les changements de coloration des paupières.

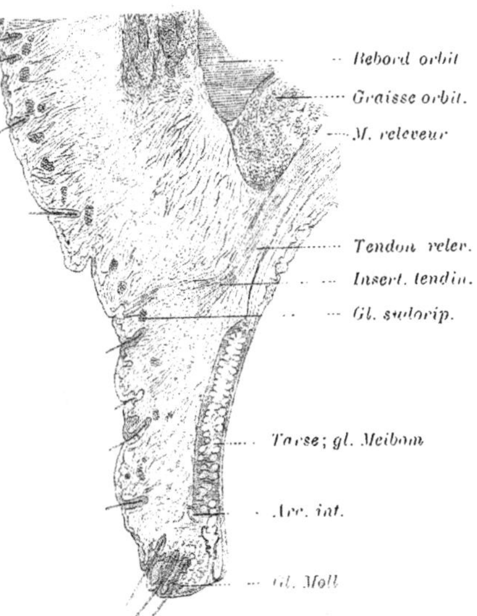

Fig. 726. — Coupe sagittale de la paupière supérieure. (D'après Merkel.)

2° *Couche de tissu cellulaire lâche*. — Elle est très élastique, se laisse facilement distendre par les épanchements de la région et permet à la peau des paupières des mouvements très étendus, grâce auxquels on peut facilement plisser celle-ci dans tous les sens, mais surtout dans le sens transversal. Au niveau de l'angle externe de l'œil ces mouvements cessent d'être possibles; car il existe à ce niveau une adhérence assez intime entre le ligament latéral externe et la peau, adhérence telle que les épanchements limités à la partie externe de l'une des deux paupières ne peuvent qu'exceptionnellement franchir ce ligament pour passer dans l'autre. On ne rencontre jamais dans cette couche de tissu adipeux, sauf tout à fait à la périphérie, le long des vaisseaux et des nerfs, et encore en très petite quantité; une semblable traînée de tissu adipeux peut s'observer dans la région du bord libre, le long de l'artère formant l'artère interne du tarse (Moll, Merkel). A. Terson signale en quelques points la présence de fibres musculaires lisses dont l'insertion au derme fixerait la stabilité des plis de la peau, disposition essentiellement favorable au bon fonctionnement de celle-ci dans les mouvements d'abduction des paupières.

Profondément, le tissu cellulaire lâche des paupières, mais principalement celui de la paupière supérieure près de l'angle interne de l'œil, se continue à travers les plans sous-jacents de la région par les orifices vasculo-nerveux du ligament large des paupières, avec le tissu cellulaire lâche qui s'étale au-dessous de la conjonctive du cul-de-sac; ce dernier est lui-même en communication avec les grands espaces lymphatiques (capsule de Tenon) entourant le globe oculaire et le nerf optique et communiquant eux-mêmes à leur tour, par des voies secondaires, avec l'espace suprachoroïdien et l'espace intervaginal du nerf de la vision. Ces faits bien connus des pathologistes ont été mis en évidence par des injections sous-conjonctivales d'une solution stérilisée d'encre de Chine, pratiquées près du bord de la cornée sur des lapins albinos, par Mellinger et Bossalino (*Archiv. für Augenheilk.*, XXXI). Ces injections qui mettent 4 ou 5 heures pour diffuser dans toute l'étendue de la conjonction oculaire n'apparaissent que le lendemain, à la partie interne de la paupière supérieure après avoir complètement envahi les espaces péribulbaires.

3° *Couche musculaire.* — Plongée au sein de la couche précédente, elle est formée par un muscle aplati, à fibres circulaires, le *m. orbiculaire des paupières* qui nous est déjà suffisamment connu (voy. Myologie). Ce muscle, formé de faisceaux isolés, disposés sur un, deux ou même trois plans, principalement au delà du tarse, est divisé par Gad (*Beitr. z. Physiol.*, Fetschr.. f. A. Fick., 1899), dans sa partie palpébrale, en portion *péritarsale* et portion *épitarsale*. Le faisceau le plus interne et le plus volumineux de celle-ci, sous-jacent au bord libre dont il reste distant, et en rapport avec les bulbes des cils et les grosses glandes de la région marginale, est connu sous le nom de *muscle ciliaire de Riolan*, et la partie la plus reculée de ce muscle située au-dessus de la lèvre postérieure du bord libre, en arrière des conduits excréteurs des glandes de Meibomius, est désigné quelquefois sous celui de portion *subtarsale* du muscle ciliaire (Moll).

Enfin, rappelons l'existence, du côté nasal, du muscle lacrymal postérieur ou *muscle de Horner* (*Philadelphia Journ.*, 1824), muscle antérieurement signalé par Duverney (*L'art de disséquer méthodiquement les muscles du corps humain*, etc., Paris, 1749).

Muscle de Horner. — Klodt (*Arch. f. mikrosk. Anat.*, XLI, 1893) décrit à ce muscle trois couches principales qui sont, en allant de la profondeur vers la surface : 1° un faisceau musculaire naissant de la moitié inférieure de l'os lacrymal, et dont les fibres convergent en dehors pour venir se continuer dans le bord libre de la paupière superieure; 2° un faisceau prenant surtout son origine sur le tendon reflechi du muscle orbiculaire, et depassant par son bord inférieur le faisceau precedent; ce faisceau assez large penetre par ses fibres les plus élevées dans la paupière supérieure, et par les plus basses dans l'inferieure: ses fibres moyennes s'entre-croisent de telle sorte que les inferieures passent dans la paupière supérieure, et reciproquement; 3° en avant du plan musculaire precedent existe encore un autre petit faisceau qui provient de la moitie superieure de la crête de l'os lacrymal et, par quelques-unes de ses fibres, de la face du tendon reflechi en rapport avec la paroi postérieure du sac lacrymal et parfois même de cette paroi: parmi ces dernières, celles de la paupière inferieure font frequemment defaut.

Vers le bord libre de chaque paupière, le tarse sépare en deux couches les fibres du muscle de Horner : l'une, antérieure ou sous-cutanée, se confond avec le reste du muscle orbiculaire; l'autre, postérieure ou sous-conjonctivale, très étroite, va se continuer avec la portion subtarsale du muscle de Riolan.

La paupière inférieure étant moins élevée que la supérieure, le muscle de Horner envoie dans celle-ci la majeure partie de ses fibres.

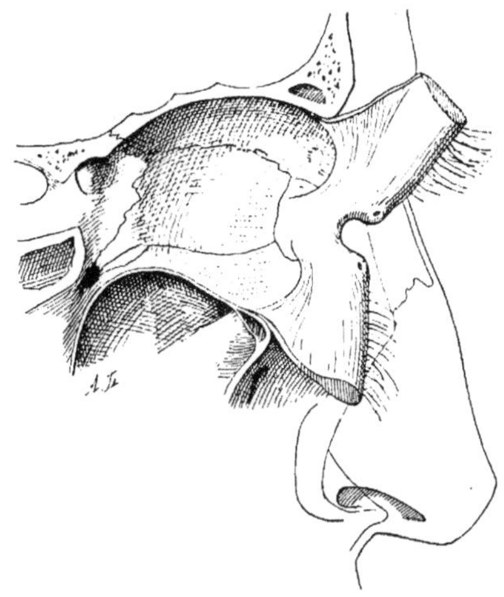

Fig. 727. — Muscle de Horner.

D'après Klodt quelques-unes des fibres du muscle ciliaire les plus rapprochées du bord palpébral se comporteraient de la manière suivante : les sous-conjonctivales formeraient des arcades à concavité postérieure, embrassant en avant les follicules des cils; les sous-cutanées viendraient également décrire autour des follicules des cils, mais sur leur côté postérieur, des arcs à concavité antérieure. Ces deux ordres de fibres, s'entre-croisant sur les faces latérales des follicules en question, formeraient autour d'eux comme des sortes d'anneaux musculaires complets. Enfin d'après le même auteur, quelques-unes des fibres sous-conjonctivales se porteraient en avant, en passant entre les conduits excréteurs des glandes de Meibomius, autour desquels on les voit même fréquemment former de véritables anses. Krehbiehl, en 1878 (*Die Muskulatur der Thränenwege und der Augenlider*, Stuttgart) avait déjà fait la même observation.

Nous signalerons également la présence inconstante du muscle *lacrymal antérieur*, qui naît du tendon direct du muscle orbiculaire et s'applique sur la face antérieure du sac lacrymal : Arlt le désigne à tort sous le nom de muscle dépresseur des sourcils. Sous le nom de *portion sourcilière* (interne) du muscle orbiculaire des paupières, A. Greeff (*Die Stirnmuskulatur des Menschen*. Inaug. Dissertatio, Tübingen, 1888) décrit en effet un faisceau assez constant de la portion épitarsale de ce muscle, faisceau falciforme vertical qui, naissant de la crête lacrymale du maxillaire supérieur et du tendon direct de l'orbiculaire, vient s'insérer dans la peau de la tête du sourcil où il s'entre-croise avec les fibres du muscle frontal. — Le muscle lacrymal antérieur, différent du précédent, « s'attache d'une part au ligament palpébral interne, et de l'autre aux conduits lacrymaux » (Le Double).

Vers l'angle interne de l'œil, le tissu cellulaire lâche recouvrant le *tendon direct du muscle orbiculaire* ou ligament palpébral interne, renferme dans son épaisseur, du côté interne, l'artère nasale, la veine angulaire de la face et l'élévateur commun. Ce tendon adhérent en arrière au sac lacrymal constitue un point de repère important pour aller inciser celui-ci, qui se trouve en général à 3 millimètres et demi de l'angle interne des paupières (A. Terson).

Le tissu cellulaire lâche de la paupière recouvre non seulement les deux faces du muscle orbiculaire, mais encore s'insinue entre ses divers faisceaux où il accompagne les expansions du tendon du muscle releveur. Cette disposition anatomique distingue la portion palpébrale du muscle orbiculaire de sa portion périphérique, laquelle adhère plus intimement à la peau ; aussi cette dernière devient-elle plus apparente lors d'une violente contraction du muscle. Un autre caractère les distingue encore : c'est la structure des fibres, qui, dans la région palpébrale, sont plus fines et plus pâles.

Mouvements palpébraux. — Ces mouvements ont fait l'objet, dans ces dernières années, de travaux spéciaux de la part de Gad (*loc. cit.*) d'Henry (Sur le clignement, *La Nature* 1899) et de Lans (*Nederland Tijdschr. v. Geneesk.* Amsterdam, 1901, 2 R., XXXVII, 312).

L'occlusion palpébrale sans effort se fait très rapidement : elle commence par un relâchement du releveur de la paupière, de courte durée ; la paupière supérieure se trouve d'abord abaissée par les fibres péritarsales de l'orbiculaire, et attirée en dedans par la contraction simultanée des fibres épitarsales. A la paupière inférieure, les fibres péritarsales du muscle palpébral n'entrent pas en action ; seules, les fibres épitarsales, se contractant avec les muscles précédents, attirent fortement en dedans par leur action rapide la paupière inférieure qui ne présente aucune sorte de mouvement d'élévation : l'angle externe de l'œil se trouvant ainsi déplacé vers le nez, la fente palpébrale se raccourcit légèrement. Dans ce mouvement, les fibres péritarsales de la paupière inférieure restent au repos, de même que celles de la portion orbitaire du muscle orbiculaire dans toute son étendue (Gad).

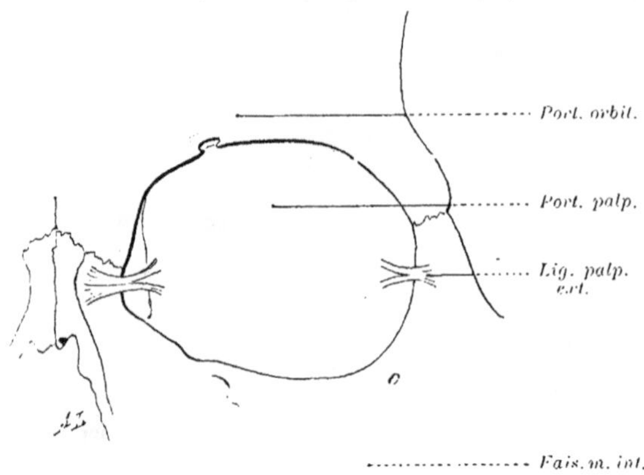

Fig. 728. — Muscle orbiculaire des paupières (Charpy).

Dans l'occlusion avec effort, toutes les parties du muscle orbiculaire se contractent, au contraire, simultanément : il en résulte un raccourcissement légèrement plus accentué de la fente palpébrale, avec faible mouvement de rétraction des paupières vers le fond de l'orbite.

Après un certain temps d'arrêt, s'accompagnant parfois de petites oscillations, le mouvement inverse ne tarde pas à se produire ; il est beaucoup plus lent et dépend : à la paupière inférieure, de la force élastique résidant dans celle-ci seulement ; à la paupière supérieure, de cette force d'abord pendant un court espace de temps, puis de l'action du muscle releveur (Gad, Henry).

Garten (*Pflüger's Archiv*, LXXI), par la photographie, est arrivé à fixer les trois principales phases de ce mouvement, et a trouvé : pour la première phase (abaissement) une durée moyenne de 0",075 à 0",091 ; pour la 2e (repos), un temps d'arrêt plus variable compris entre 0",13 et 0",17 ; enfin pour la 3e (élévation), un intervalle de 0",17. La somme totale de ces trois chiffres n'excède ordinairement pas 0",40, et la durée de 0",17 étant supérieure à celle de la réaction motrice de l'œil, la vision distincte ne saurait donc être gênée par le clignement.

Dans le sommeil, la paupière supérieure s'abaisse, l'inférieure s'élève, et les fibres péritarsales du muscle palpébral, mais seulement celles de la zone orbitaire, paraissent exercer leur action sur les deux paupières (Gad).

Dans l'occlusion normale de la fente palpébrale, le contact des bords libres des deux paupières commencerait, d'après Lans, du côté de la tempe, pour se propager de là presque instantanément du côté du nez.

D'après le même auteur, la simultanéité absolue des deux clignements droit et gauche serait plutôt rare (3 fois sur 17 cas) ; 6 fois la paupière supérieure gauche s'abaisse 0",012 avant la droite et 8 fois la droite, 0",011 en moyenne, avant la gauche. Ce dernier résultat s'écarte de celui de Frank (*Dissertat.*, Königsberg, 1889) qui dit que, la plupart du temps, l'œil droit commence à cligner 0",007 environ avant le gauche.

Normalement, il se produit de 4 à 6 battements spontanés des paupières par minute ; les nouveau-nés font toutefois exception à cette règle.

Donders (*Arch. f. Opht.*, XVII) admet en outre qu'à chaque clignement, la pression intraoculaire se trouverait légèrement augmentée. De plus, d'après le même auteur, le clignement normal produirait sur le globe de l'œil un léger mouvement de recul qu'il évalue à 0 mm. 66. — Müller (*Arch. f. Opht.*, XIV), qui admettait autrefois ce même mouvement, l'avait estimé à 1 millimètre. Outre ce mouvement de recul, Tuyl (*Arch. f. Opht.*, LII, 2) (*Ned. Tijdschr. v. Geneesk.* 1901) admet encore l'existence d'un léger mouvement en haut. L'ouverture de la fente palpébrale s'accompagnerait inversement d'un faible déplacement du globe oculaire en avant et en bas (Lans).

Quant à la *simultanéité* des mouvements palpébraux avec ceux du globe de l'œil dans les changements de direction du regard, elle reconnaîtrait pour cause : 1° d'après Gowers (*The movements of the eyelids*, London, 1879), la pression directe que le globe de l'œil exerce sur la concavité des paupières tendues au-dessus de lui (opinion combattue par Lang et Fitzgerald qui, malgré l'absence du globe oculaire, ont vu les mouvements des paupières rester normaux); 2° d'après Letievant, le refoulement en avant de la graisse orbitaire de l'œil, par la contraction des muscles droits (hypothèse peu vraisemblable); 3° d'après Domeck (*Th. doct.*, Lyon, 1884), l'action que chaque paupière doit exercer sur l'autre par l'intermédiaire des angles de l'œil et surtout l'accolement passif (Sabatier et Domeck) sur une large surface de la muqueuse palpébrale contre la surface du globe.

Dans les mouvements étendus de l'œil, aucune des raisons précédentes ne saurait suffire pour expliquer la simultanéité des mouvements oculaires et palpébraux. Il faut alors nécessairement faire intervenir la contraction musculaire.

D'après les recherches de Gad, quand le regard se porte en haut, les deux paupières s'élèvent en même temps : la supérieure sous l'action des muscles releveur et droit supérieur, et l'inférieure sous l'influence des fibres péritarsales du muscle palpébral ou même par la traction que le globe oculaire exerce sur le cul-de-sac conjonctival inférieur; la paupière inférieure bombe en avant, refoulée par l'équateur de l'œil recouvert de ses parties molles.

Si le regard au contraire se dirige en bas, le muscle releveur se relâche, la paupière supérieure s'abaisse, poussée par la contraction des fibres péritarsales de son muscle palpébral; il en est de même pour la paupière inférieure attirée en bas par l'expansion que lui envoie le tendon du muscle droit inférieur.

4° *Couche fibro-élastique.* — Dans cette couche, qui forme le squelette de la paupière et qui, comme nous l'avons vu, se compose du ligament large des paupières, du tarse et du tendon du muscle releveur, nous n'avons pas à revenir sur la description de ce dernier dont les expansions, s'irradiant entre les faisceaux de l'orbiculaire palpébral, vont s'attacher à la peau, pas plus que sur la description des expansions aponévrotiques que les tendons des muscles de l'œil (droit inférieur, petit oblique à la paupière inférieure) envoient à ce plan fibro-élastique. Nous ne décrirons donc ici dans chaque paupière que la partie périphérique de cette couche ou *ligaments larges des paupières*, *septum orbitale* de quelques auteurs, et sa partie beaucoup plus dense confinant à l'orifice palpébral ou *tarses*.

A. *Ligaments larges des paupières.* — Synonymie : Ligaments larges des tarses (Winslow); fascia tarso-orbitalis; septum orbitale (Zinn, Henle, Merkel).

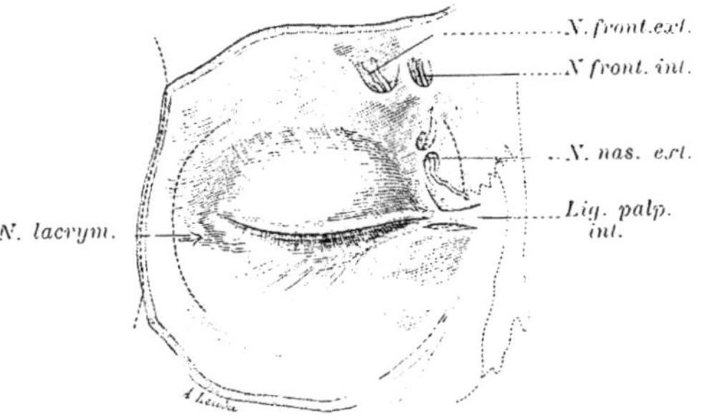

Fig. 729. — Septum orbitale vu par sa face antérieure avec ses orifices vasculo-nerveux. (D'après Merkel.)

Chaque paupière possède son ligament large, membrane fibreuse qui, s'insérant au rebord osseux de l'orbite d'une part, et au bord convexe du tarse correspondant d'autre part, forme, entre le contenu de l'orbite et les trois couches superficielles de la paupière que nous avons déjà décrites, comme une sorte de diaphragme plus ou moins complet; profondément ce diaphragme doublé du côté de l'orbite par l'expansion aponévrotique reliant au bord osseux de l'arcade orbitaire le tendon du muscle releveur, répond au cul-de-sac conjonctival. En dedans et en dehors, les deux ligaments larges s'unissent par leurs fibres devenues horizontales. Celles-ci, au niveau de l'angle externe de l'œil, se confondent avec le ligament palpébral externe; mais au niveau de l'angle interne, elles se séparent au contraire du ligament palpébral correspondant, pour venir s'insérer, immédiatement en arrière du sac lacrymal et du muscle de Horner, sur la crête de l'unguis; par suite de cette disposition, le muscle de Horner, les canalicules lacrymaux et le sac lacrymal se trouvent complètement en dehors de l'orbite.

L'insertion orbitaire des ligaments larges des paupières se fait plutôt sur la lèvre postérieure que sur la lèvre antérieure du rebord osseux de l'orbite. Au niveau de cette insertion, ces ligaments s'épaississent légèrement en se confondant avec le périoste. Au niveau de la poulie du grand oblique, l'insertion du ligament large de la paupière supérieure se fait sur une ligne rugueuse, immédiatement en avant de cette poulie.

Vers le bord convexe des tarses, les ligaments larges, avant de s'unir à ces derniers, se confondent intimement avec les expansions tendineuses du releveur et du droit supérieur à la paupière supérieure, du droit inférieur et du petit oblique à la paupière inférieure. Il existe entre ces expansions tendineuses et la face postérieure des ligaments larges un espace cunéiforme dans lequel s'accumule la graisse de l'orbite.

Au-dessous du rebord de l'orbite, le ligament large de la paupière supérieure présente ordinairement cinq orifices, dont l'un, interne, livre passage à l'anastomose de la veine angulaire de la face avec la veine ophtalmique supérieure; un deuxième, situé au-dessus du précédent, est traversé par le nerf nasal externe et par l'artère du même nom; un peu en dehors de celui-ci et en avant de la poulie du grand oblique, en existe un troisième pour le passage du nerf frontal interne. En se portant encore un peu plus en dehors, on trouve l'échancrure sus-orbitaire dont le fond est occupé par les vaisseaux et nerfs frontaux externes; au niveau de cette échancrure existe un quatrième orifice qui, avec le précédent, est le plus large de tous. Enfin, tout à fait en dehors, et à une distance plus ou moins grande du bord supérieur du ligament palpébral externe, existe un petit orifice pour le passage des vaisseaux et nerfs lacrymaux. Tous ces orifices seraient en partie fermés par des fibres qui, détachées de leurs bords libres, généralement concaves en haut, s'entre-croisent au-devant d'eux dans tous les sens (Merkel).

Les ligaments larges des paupières sont constitués par des fibres conjonctives auxquelles se mêlent des fibres élastiques. Parmi ces fibres, les unes, transversales vont de l'angle interne à l'angle externe de l'œil; les autres, plus ou moins verticales, s'irradient du bord convexe du tarse vers le rebord de l'orbite. Ces dernières, à leurs extrémités, deviennent transversales et vont se confondre avec les ligaments palpébraux.

Les ligaments larges des paupières ne présentent pas partout la même solidité, et c'est en dehors, dans la paupière supérieure, qu'ils sont le plus résistants. A la paupière inférieure, les fibres du ligament large se laissent assez souvent dissocier par des pelotons adipeux de l'orbite. A un âge avancé, ils perdent en partie leur élasticité; ils se laissent alors refouler en avant par la graisse de la cavité orbitaire, en déterminant sur les paupières l'apparition de bourrelets qu'on peut exagérer par une pression suffisante exercée, d'avant en arrière, sur le globe de l'œil.

B. *Tarses des paupières.* — Ce sont deux lames fibro-élastiques denses et résistantes qui, du bord libre de chaque paupière, s'étendent vers le ligament large avec lequel elles se continuent. Suivant la situation de la paupière à laquelle ils appartiennent, on les distingue en *tarse supérieur* et *tarse inférieur*. La dénomination de cartilages-tarses, qui leur avait été donnée par les anciens anatomistes, doit être abandonnée comme consacrant une erreur anatomique; car on ne rencontre jamais dans leur structure des cellules cartilagineuses (W. Krause, *Hdb. der menschl. Anat.*, 1842).

Les tarses représentent deux lames, ayant vaguement la forme d'un segment de cercle qu'on aurait moulé sur la face antérieure du globe et qui présenterait par conséquent : une face postérieure concave, une face antérieure convexe ; deux bords : l'un, bord libre ou ciliaire, à peu près rectiligne, appartenant à la région de l'orifice palpébral, et l'autre, bord orbitaire ou adhérent, convexe; enfin, deux extrémités formées par la rencontre des deux bords : l'une interne et l'autre externe, celle-ci un peu plus pointue.

Au niveau de l'angle interne et de l'angle externe de l'œil, les deux tarses s'unissent par leurs extrémités correspondantes, et se prolongent vers le rebord osseux de l'orbite en donnant naissance à deux ligaments transversaux qu'on désigne sous le nom de *ligaments des tarses* ou encore sous celui de *ligaments palpébraux*. De ces deux ligaments, l'interne se confond avec le tendon direct du muscle orbiculaire dont il partage les insertions; l'externe va se fixer sur le rebord externe de l'orbite, à 7 ou 8 millimètres au-dessous de la suture fronto-malaire. Ce dernier, formé par une masse condensée de tissu conjonctif feutré, résistant, ne présente ni l'aspect tendineux ni la texture solide de l'interne.

Par leur face antérieure, les deux ligaments palpébraux adhèrent à la peau. Le ligament latéral interne détermine même sur celle-ci une saillie d'autant plus prononcée qu'on attire en dehors la fente palpébrale. Par sa face profonde, ce dernier ligament proémine par son bord supérieur dans la cavité du sac lacrymal qu'il divise en deux parties inégales : l'une supérieure plus petite; l'autre inférieure plus grande.

Le ligament palpébral externe répond en arrière à l'aileron externe de l'aponévrose de Tenon, dont le séparent une portion de la glande lacrymale accessoire et un peloton adipeux.

Le bord libre des deux tarses n'est pas toujours rectiligne; celui de la paupière supérieure affecte souvent, en effet, une forme légèrement convexe, à laquelle répond dans ce cas la forme inversement concave de celui de la paupière inférieure. Les bords périphériques ou orbitaires, convexes du côté de la circonférence de la base de l'orbite, représentent chacun approximativement un arc de cercle; mais celui du tarse inférieur appartient à un cercle de plus grand rayon que celui du tarse supérieur. Il en résulte que la forme du premier se rapproche plus de celle d'un rectangle, et celle du second d'un croissant, et que, leur longueur étant la même (20 millimètres), leur largeur ou hauteur devra être différente pour chacun ; le tarse inférieur en effet ne mesure que 5 millimètres de hauteur, tandis que le supérieur en mesure de 10 à 11. Le tarse inférieur est un peu moins épais que le supérieur dont l'épaisseur varierait entre 0 mm. 8 et 1 millimètre (Merkel); pour Schwalbe cette dimension serait la même sur les deux, et égale en moyenne à 0 mm. 72. L'épaisseur des tarses diminue rapidement au-dessus de leur bord convexe qui se continue d'une manière inséparable avec le ligament large des paupières.

En avant, le tarse n'est que faiblement uni aux couches superficielles de la

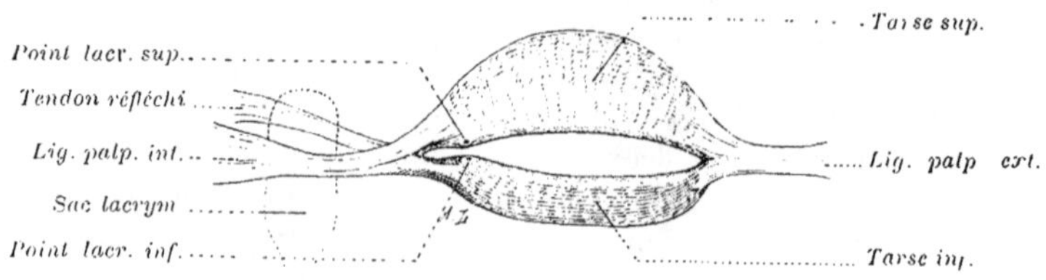

FIG. 730. — Tarses et ligaments palpébraux schéma. (D'après Charpy.)

paupière par le tissu conjonctif lâche de celle-ci; mais en arrière, son adhérence à la conjonctive est si intime qu'il est impossible de l'en séparer par la dissection.

Les tarses sont formés de tissu conjonctif auquel s'ajoutent un certain nombre de fibres élastiques (W. Krause). Ils renferment dans leur épaisseur les glandes de Meibomius. Sur chacune des faces du tarse existe, d'après Waldeyer, une couche de fibres conjonctives longitudinales serrées. D'après ce même auteur, le tarse serait, comme la cornée et la sclérotique, creusé d'un système de lacunes et de canaux lymphatiques, et traversé par des réseaux vasculaires et nerveux entourés d'un tissu conjonctif plus lâche. Phylogénétiquement, le tissu des tarses ne serait autre chose que du tissu dermique ayant subi, sous l'influence de la tension constante qu'exerce sur lui le globe résistant de l'œil, une condensation des plus considérables (Gegenbaur, *Anat. humaine*, 1892).

Secchi (*loc. cit.*) et A. Bietti (*Archivio di ottalmologia*, 1896) décrivent sur les deux faces du tarse un très fin réseau de tissu élastique formé de fibres qui se continuent avec celles situées dans son épaisseur. Le réseau postérieur apparaît sur une coupe sagittale, entre le tarse et la conjonctive, comme une sorte de bande à mailles très serrées qui les unissent étroitement.

Les fibres élastiques dans l'épaisseur du tarse se comportent de deux manières différentes, suivant que dans leur trajet elles rencontrent ou non des glandes de Meibomius. Dans le dernier cas, elles se portent directement d'avant en arrière, de la face antérieure du tarse vers la conjonctive, soit en restant isolées, soit, ce qui est beaucoup plus fréquent, en formant des faisceaux plus ou moins volumineux dans lesquels on observe des fibres de toute épaisseur, depuis les plus grosses jusqu'aux plus tenues. Dans le premier cas, au contraire, l'interposition de l'acinus d'une glande de Meibomius n'interrompt nullement leur trajet, mais les oblige à se dévier en contournant cet acinus, pour se rejoindre sur la face postérieure de celui-ci et poursuivre leur direction vers la face opposée du tarse. Parmi ces dernières, celles qui affectent avec la paroi de l'acinus les rapports les plus immédiats, abandonnent toutefois leur trajet primitif pour prendre autour de celui-ci les directions les plus diverses; elles s'entre-croisent alors et s'enchevêtrent dans tous les sens avec leurs voisines, pour former autour de l'acinus un réseau élastique assez compliqué.

5° *Couche musculaire à fibres lisses.* — Cette couche qu'on observe sur la face postérieure du ligament large des paupières, découverte par Müller (*Zeitschr. f. Wiss. Zool.*, IX; *Würzb Verhand* V, 0, 1858), qui la désigne sous le nom de *muscle orbitaire lisse*, décrite ensuite par Turner (*Nat. Hist Rev.*, 1862) et par Sappey (*C. R. Ac. des Sc.*, 1867), qui lui donna le nom de *muscle orbito-palpébral*, est formée à chaque paupière de fibres musculaires lisses verticales, auxquelles viennent s'ajouter quelques fibres musculaires lisses transversales (Henle, Merkel), le tout entremêlé de fibres conjonctives et d'une assez grande quantité de cellules adipeuses (Müller, Merkel). Il y a donc *deux muscles palpébraux de Müller*; car c'est ainsi qu'on les désigne souvent : l'un, *supérieur*, pour la paupière supérieure; et l'autre, *inférieur*, pour la paupière de même nom. Leurs insertions palpébrales se font par de petits tendons élastiques. Ces muscles ne sont qu'un vestige de la membrane conjonctivo-musculaire complétant le squelette orbitaire incomplet des mammifères inférieurs (Gegenbaur). Cette membrane, indépendante, et s'insérant simplement sur le périoste orbitaire (Burkard, *Arch. f. Anat. u. Phys.*, 1902) ou prolongeant directement celui-ci (Groyer), contient des fibres musculaires, striées chez les mammifères marins, et lisses chez les mammifères terrestres (Groyer, *Wien. klin. Woch.*, 1903, p. 959).

Le *muscle palpébral supérieur de Müller* ne s'étend guère, du côté de l'orbite, au delà du cul-de-sac de la conjonctive. Il arrive jusqu'aux extrémités les plus antérieures des faisceaux striés du muscle releveur, à la face profonde du tendon duquel il s'insère. Sa hauteur est environ d'un centimètre. En bas, il vient s'attacher au bord convexe du tarse.

Le *muscle palpébral inférieur de Müller*, presque aussi haut que le précédent, dépasse à peine, du côté de la cavité orbitaire, le cul-de-sac inférieur de la conjonctive; dans son trajet, il est directement sous-conjonctival. Ses insertions se font, d'une part, à la face profonde de l'expansion palpébrale du tendon du muscle droit inférieur, et d'autre part, au bord convexe du tarse.

6° *Couche profonde ou muqueuse.* — Cette couche est formée par la conjonctive qui, après avoir tapissé la face postérieure des paupières, se porte en dedans vers l'équateur de l'œil qu'elle n'atteint pas cependant, car elle ne tarde pas à se replier sur elle-même pour venir tapisser la face antérieure du globe oculaire. En raison de sa continuité avec cette dernière portion réfléchie, et malgré la part qu'elle prend à la constitution de la paupière, il sera préférable de la comprendre dans la description générale de la conjonctive.

Bord libre des paupières. Follicules des cils. Glandes palpébrales. — La région du bord libre des paupières se distingue nettement des autres parties de celle-ci, par sa texture plus dense, due à la présence d'un tissu conjonctif à mailles très serrées, et par le développement plus considérable des papilles qu'on observe dans son derme.

A la paupière supérieure, la limite de cette région serait représentée sur une coupe sagittale, par une ligne oblique en haut et en arrière, qui, partant de la rangée la plus antérieure des follicules des cils, aboutirait par son extrémité postérieure à la conjonctive palpébrale, après avoir rasé le côté supérieur de l'arcade artérielle inférieure du tarse (Merkel. *Topogr. Anat.*, I, 192).

Entre cette ligne et le bord libre de la paupière, on trouve, outre les follicules des cils et les glandes de Zeiss qui leur sont annexées, le muscle de

Riolan, les glandes de Moll, et la partie inférieure des glandes de Meibomius, contenues en totalité dans l'épaisseur du tarse. Les organes précédents sont plongés dans un tissu conjonctif condensé d'aspect tout à fait homogène qui s'étend sans discontinuité de la face cutanée à la face conjonctivale de la paupière, et se fusionne à tel point avec le bord inférieur du tarse qu'il serait impossible d'en distinguer celui-ci. Le développement de ce tissu se trouve embryologiquement lié à l'apparition des follicules des cils.

A la paupière inférieure, le tissu conjonctif du rebord palpébral n'atteint pas un tel degré de condensation; on ne le trouve guère serré qu'autour des follicules des cils; le tarse conserve ses caractères presque jusqu'au bord libre de la paupière, vers lequel on le voit s'amincir. Partout ailleurs existe du tissu conjonctif peu serré.

Le bord libre des paupières est très riche en fibres élastiques (A. Alfieri. *Annali di ottalmologia*, XXVII, 4, 1898). Celles-ci forment autour de chaque follicule ciliaire un réseau très serré provenant de fibres parallèles à la direction de ce follicule, fibres qui comblent l'intervalle compris entre deux follicules voisins. Les conduits excréteurs des glandes de Meibomius sont également entourés d'une gaine élastique finement réticulée avec prédominance des fibres longitudinales. Il en est de même d'ailleurs des glandes de Zeiss et des glandes de Moll.

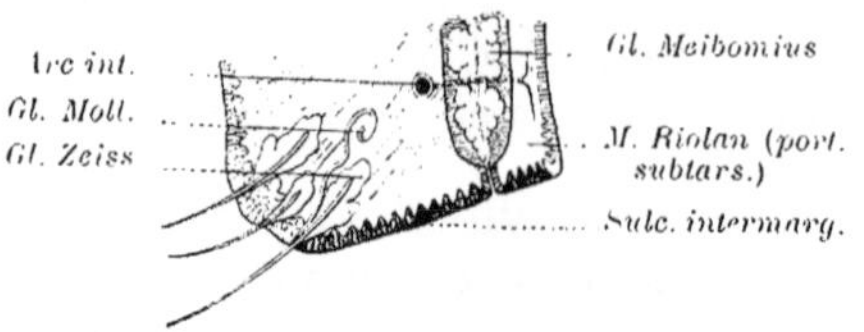

Fig. 731. — Bord libre de la paupière (coupe schématique).

L'espace circonscrit, en avant, par les follicules ciliaires; en arrière, par les conduits excréteurs des glandes de Meibomius; vers la fente palpébrale, par l'épithélium du bord libre, et du côté opposé, par le muscle de Riolan, est rempli de faisceaux compacts de grosses fibres élastiques, parallèles au bord palpébral. Celles-ci se fusionnent : en avant avec les gaines élastiques périfolliculaires; en haut avec la gaine du muscle de Riolan: vers le bord libre, les plus ténues viennent former des anses dans les papilles du derme: enfin, on les voit en arrière, après s'être unies au réseau élastique des conduits excréteurs des glandes de Meibomius, poursuivre leur trajet vers la conjonctive, au-dessous de laquelle elles se confondent avec le fascia élastique décrit par Bietti sur la face postérieure du tarse. Dans la lèvre postérieure du bord libre, elles se condensent en une sorte d'éperon élastique (Alfieri).

Du fascia élastique antérieur du tarse (A. Bietti) se détache, au niveau de l'arcade artérielle inférieure, une nappe élastique qui, suivant dans la paupière supérieure la ligne de délimitation indiquée par Merkel, vient se confondre en avant avec les réseaux élastiques des cils. Entre cette nappe et le muscle de Riolan, le tissu élastique forme un lacis des plus serrés et des plus inextricables.

A la paupière inférieure, le tissu élastique est beaucoup moins développé; on le rencontre surtout en assez grande abondance autour des follicules des cils et vers le bord libre, où il offre encore une disposition fasciculée. Sur chaque face du tarse, au lieu du fascia élastique remarquablement développé qu'on observe à la paupière supérieure, nous ne voyons ici que quelques fibres éparses confondues en avant avec la gaine du muscle de Riolan, et en arrière avec le tissu sous-conjonctival. La plupart de ces fibres se portant d'avant en arrière viennent, comme à la paupière supérieure, mais en nombre beaucoup moindre, entourer les acini des glandes de Meibomius.

Follicules des cils. — Ces follicules, obliquement implantés suivant la direction générale des cils, atteignent souvent par leurs extrémités profondes la face antérieure du tarse avec les glandes de Meibomius, qui, dans une certaine mesure, s'opposent à leur développement du côté de la conjonctive: aussi les voit-on pénétrer plus profondément dans les intervalles de ces glandes. Ceux de la rangée la plus antérieure viennent souvent se mettre en rapport avec l'arcade artérielle inférieure du tarse; aussi trouve-t-on fréquemment, dans ce cas, leurs extrémités profondes entourées des lobules adipeux qui accompagnent parfois ce vaisseau. Leur plus grande longueur atteindrait 2 mm. 5 à la paupière supérieure, et 1 mm. 5 à l'inférieure.

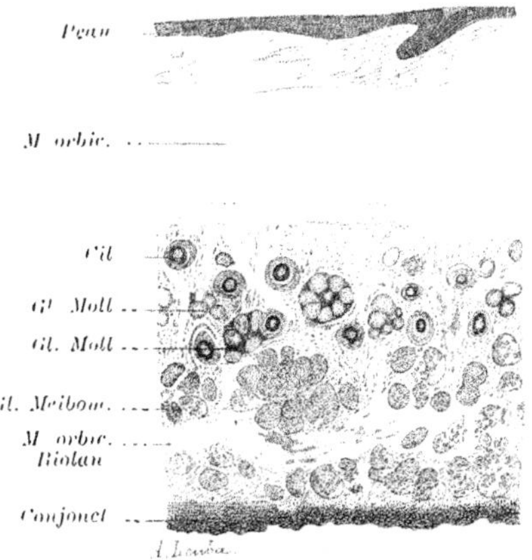

Fig. 732. — Coupe horizontale du bord libre de la paupière supérieure. (D'après Merkel.)

D'après Unna, il viendrait parfois se greffer sur ces follicules des follicules secondaires d'où naîtraient souvent des cils affectant une direction anormale. Nous avons rencontré au sourcil la même disposition qui doit expliquer, selon nous, pourquoi on observe souvent dans cette dernière région, surtout à partir d'un certain âge, des poils à direction nettement antéro-postérieure, s'élevant au-dessus des autres. D'après Moll et d'après Donders, la durée d'évolution de chaque cil ne dépasserait guère de 100 jours à 5 et 6 mois. Ce fait expliquerait pourquoi on rencontre, aux bords libres des paupières, des cils de toutes dimensions.

Glandes ciliaires ou *glandes de Zeiss*. — Ces glandes qui sont le siège de l'affection bien connue sous le nom d'*orgeolet*, décrites par Zeiss en 1835 (*Amnon's Zeitschr. f. Opht.*, Bd V), ne diffèrent pas par leur structure des glandes sébacées ordinaires. Au nombre de deux (Sappey) pour chaque follicule, leur volume peut varier du double au triple suivant les individus et, chez le même sujet, ce volume lui-même dépend de l'importance du follicule auquel la glande se trouve annexée. Elles s'ouvrent en général dans ce dernier, en un point rapproché de la peau. Elles se composent ordinairement d'un seul lobule formé de quelques acini, parfois même d'un seul ; mais on peut, bien que rarement, en trouver de plus compliqués. Leur développement est relativement plus grand chez l'enfant que chez l'adulte; et il est exceptionnel qu'elles fassent presque totalement défaut. D'après Sappey, c'est à ces glandes enflammées qu'appartiendrait la sécrétion de la *chassie*.

Glandes de Moll. — Ce sont des glandes sudoripares arrêtées dans leur développement, en ce sens que leur tube sécrétant, généralement fort long et à lumière large, arrivé au voisinage de sa terminaison, au lieu de former un peloton glomérulé, se contourne simplement en S ou en zigzag. Leur nombre est assez considérable; d'après Sattler (*Arch. f. mikrosk. Anatomie*, Bd XIII, 1877), il en existerait au moins une par intervalle séparant deux cils. Dans la paupière supérieure, elles s'élèvent jusqu'au niveau des extrémités profondes des follicules des cils; dans la paupière inférieure, où on les trouve beaucoup plus développées, elles arrivent à une profondeur presque double de celle de ces follicules, au delà des extrémités profondes desquelles elles viennent

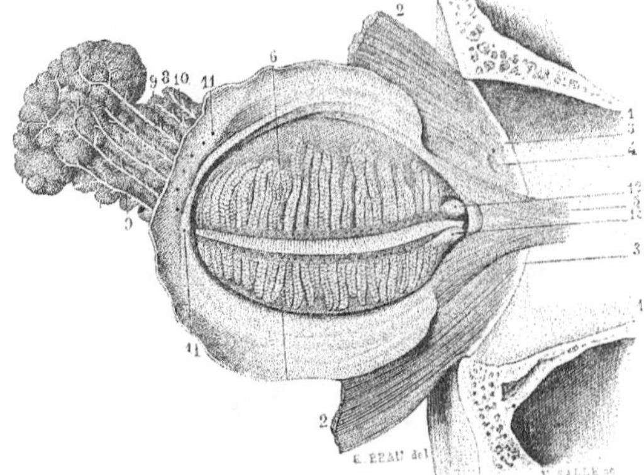

Fig. 733. — Glandes de Meibomius vues par transparence à travers la conjonctive. (D'après Sappey.)

1, paroi interne de l'orbite. — 2, partie interne du muscle orbiculaire. 3. insertion de ce muscle à la partie interne du rebord orbitaire. — 4, anneau fibreux pour l'artère nasale et le nerf nasal externe. — 5, muscle de Horner. 6, glandes de Meibomius. — 7, portion orbitaire de la glande lacrymale. — 8, portion palpébrale de cette glande. — 9, conduits excréteurs et (10) conduits accessoires de la glande lacrymale, avec (11) leurs embouchures.

former à la face antérieure du tarse comme une sorte de revêtement continu. Les glandes de Moll s'ouvrent directement, entre les cils, sur le bord libre des paupières ; mais on en voit quelques-unes venant s'ouvrir dans les follicules mêmes de ces derniers (Merkel).

On rencontre les glandes que nous venons de décrire, non seulement entre les follicules des cils, mais encore en arrière de ceux-ci ; on les voit souvent alors s'ouvrir directement sur la partie antérieure de l'espace intermarginal. Rien que pourvues d'une portion sécrétante assez large, rappelant un peu celle des glandes cérumineuses, les glandes de Moll commencent vers la surface de l'épiderme par un tube excréteur étroit, long environ de 0 mm. 45 (Sattler).

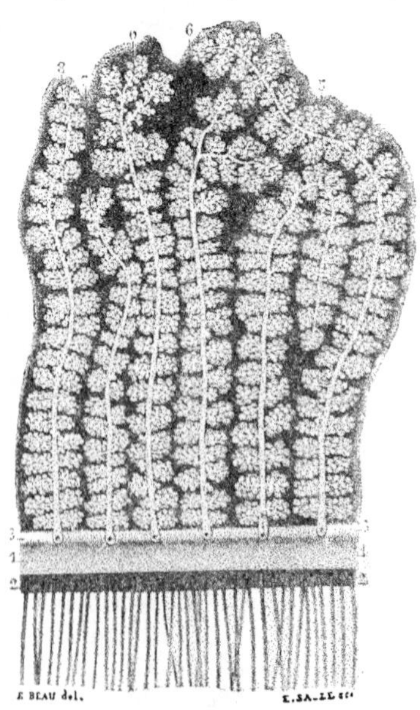

Fig. 734. — Glandes de Meibomius. (D'après Sappey.)

1, espace intermarginal du bord libre palpébral. — 2, zone d'implantation des cils. — 3, lèvre postérieure du bord libre sur laquelle viennent s'ouvrir les glandes de Meibomius. — 4, 5, 6, 7, 8, types divers de glandes de Meibomius.

Glandes de Meibomius. — Ces glandes, décrites en 1666 par Meibomius, mais déjà figurées par Casserius en 1609 (A. Terson), sont des glandes en grappe, de forme allongée, placées parallèlement les unes à côté des autres et perpendiculairement au bord libre de la paupière.

Leur nombre est en moyenne de 35 à la paupière supérieure, et de 25 à l'inférieure. Certains anatomistes prétendent qu'elles seraient plus rapprochées de la face antérieure que de la face postérieure du tarse ; en réalité, elles occupent celui-ci dans toute son épaisseur. Elles l'occupent également dans toute sa hauteur ; aussi rencontre-t-on les plus élevées vers le milieu, et les moins longues vers les extrémités des tarses. Habituellement elles ne forment qu'une seule rangée. Celles de la partie moyenne des tarses sont franchement verticales; vers les extrémités elles n'atteignent pas toutes la même hauteur : il y en a de courtes et de longues, celles-ci plus obliques et légèrement inclinées au-dessus des précédentes, vers le centre de la paupière. Parmi les plus longues on en voit parfois se replier en forme de crosse dont les deux parties occupent souvent chacune un plan différent. On les aperçoit bien du côté de la conjonctive où il est facile de les reconnaître à leur coloration jaunâtre due à leur contenu granulo-graisseux.

Leur structure est assez simple. Autour d'un large canal excréteur venant s'ouvrir sur le bord libre de la paupière, immédiatement en avant de la lèvre postérieure de ce bord, et occupant la glande dans toute sa longueur, canal dont la largeur mesure de 0 mm. 09 à 0 mm. 11 (Kölliker), s'ouvrent des acini ou culs-de-sac arrondis ayant de 0 mm. 09 à 0 mm. 22 de diamètre. Ceux-ci sont simples ou composés, et sur les plus grosses glandes on peut, d'après Sappey, en compter jusqu'à 30 et 40.

Au point de vue histologique, ce sont des glandes sébacées dont le canal excréteur comprend une membrane propre tapissée intérieurement par un épithélium pavimenteux stratifié, et dont les acini présentent identiquement la même structure que les acini de grosses glandes sébacées vulgaires. Colasanti, en 1873, a décrit, autour de ces acini et des conduits extérieurs, des fibres musculaires lisses qui n'ont pas été retrouvées par d'autres auteurs.

VAISSEAUX DES PAUPIÈRES.

1° Artères. — Les artères abordent les paupières par leurs bords adhérents. Ce sont les artères nasale, sus-orbitaire, temporale, superficielle, lacrymale, le rameau malaire de la transverse de la face, l'artère sous-orbitaire et l'artère angulaire, branche de la faciale. Ces artères forment tout autour des paupières un riche réseau anastomotique, d'où partent des rameaux qui convergent vers la fente palpébrale, mais sans dépasser la portion orbitaire des paupières, sur laquelle ils s'anastomosent entre eux ainsi qu'avec les branches des deux *artères palpébrales* que nous allons étudier.

Celles-ci, qui constituent pour les paupières la source artérielle la plus importante, sont au nombre de deux : l'une pour la paupière supérieure ou *palpébrale supérieure*; l'autre pour la paupière inférieure ou *palpébrale inférieure*. Elles proviennent en dedans de l'artère nasale, et chacune d'elles se complète en dehors par un rameau de l'artère lacrymale avec lequel elle s'anastomose à plein canal.

Les branches constitutives des deux artères palpébrales abordent les paupières au niveau de leurs points les plus fixes, c'est-à-dire au niveau du ligament palpébral interne, en dedans, et du ligament palpébral externe en dehors. En dedans comme en dehors elles naissent par un tronc commun qui ne tarde pas à se bifurquer en supérieur et inférieur, pour chaque paupière. Dans chacune de celles-ci, le tronc de bifurcation né en dehors vient s'anastomoser à plein canal, vers le milieu du tarse, avec le tronc de bifurcation né en dedans.

En dedans, le tronc commun provenant de l'artère nasale passe soit en totalité, soit seulement par une de ses branches de bifurcation, en arrière du tendon direct du muscle orbiculaire.

Avant de pénétrer dans sa paupière, la palpébrale supérieure fournit de nombreux ramuscules à la caroncule lacrymale, au sac lacrymal, aux muscles orbiculaire (partie interne) et de Horner, et aux canalicules lacrymaux. De même, la palpébrale inférieure, avant de pénétrer dans la paupière de même nom, fournit au canal nasal quelques fines divisions.

Parvenue dans sa paupière, chaque artère palpébrale se bifurque de nouveau en dehors et en dedans; en effet, du tronc principal qui loge le bord

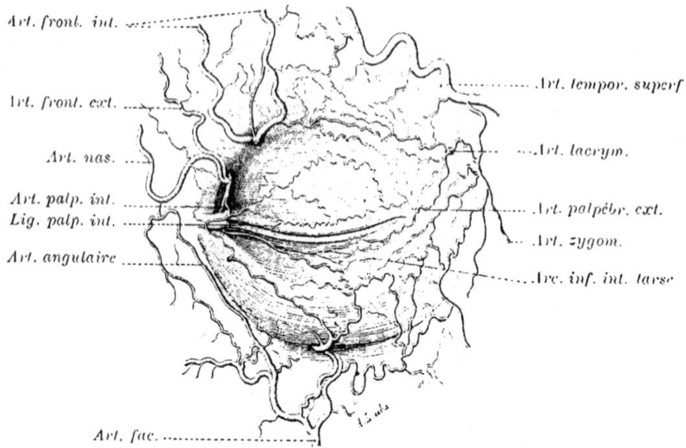

Fig. 735. — Circulation artérielle des paupières. (D'après Merkel.)

libre de la paupière, et qu'on pourrait pour cette raison appeler tronc marginal, se détache une arcade assez forte qui suit le bord convexe du tarse, et vient, à son extrémité opposée, se jeter de nouveau dans ce tronc principal.

Schwalbe (*Anat. der Sinnesorgane*, 1887) désigne ce dernier, d'après sa situation par rapport au centre de la cornée, sous le nom d'*arc interne*, réservant à l'arcade artérielle du bord convexe du tarse celui d'*arc externe*. Nous préférons à cette nomenclature le terme de *marginal* (bord libre de la paupière) et de *périphérique* employés par A. Terson.

Nous décrirons donc à chaque paupière, une *arcade artérielle marginale* ou *arc interne*, et une *arcade artérielle périphérique* ou *arc externe* du tarse, ajoutant à chacune d'elles le qualificatif de *supérieur* ou *inférieur*, suivant la paupière considérée.

Les arcades artérielles de chaque tarse se confondant plus ou moins au niveau des angles de l'œil; il en résulte que l'orifice palpébral, comme tous les autres orifices du corps, se trouve entouré d'une sorte de cercle artériel complet.

D'après Merkel, la distance séparant l'arcade marginale du tarse, du bord libre palpébral, serait de 3 millimètres pour la paupière supérieure, et de

2 mm. 5 seulement pour l'inférieure. Cette arcade repose directement sur la face antérieure du tarse, en arrière du muscle orbiculaire. L'arcade périphérique supérieure, située entre les deux feuillets du tendon du muscle releveur et, par conséquent, très mobile, peut de ce fait devenir extrêmement sinueuse.

Le mode de distribution des rameaux provenant des arcades artérielles du tarse a fait l'objet d'études spéciales de la part de Wolfring (*Arch. f. Opht.*, XIV, 3. Abth., 1868), de Langer (*Medizinisch. Jahrbüch.*, 3. Hft., 1878) et de Fuchs (*Arch. f. Opht.*, XXIV, 3. Abth., 1878). Les résultats des observations de ces deux derniers auteurs sont parfaitement concordants.

L'arcade périphérique ou arc externe du tarse, beaucoup plus rapprochée de la conjonctive que l'arcade marginale, envoie à cette muqueuse la plupart de ses divisions. Celles-ci, *rameaux perforants périphériques* du tarse, franchissent le bord convexe du tarse, au milieu de lobules adipeux qu'on rencontre à l'union de ce bord avec le ligament large des paupières; puis, se plaçant à la face profonde de la conjonctive où elles forment un très riche *réseau sous-conjonctival*, elles se dirigent vers le bord libre de la paupière, où on les voit s'anastomoser avec quelques ramifications beaucoup moins longues, cheminant en sens inverse des précédentes, c'est-à-dire dans la direction du cul-de-sac conjonctival, et provenant des rameaux perforants de l'arcade marginale. Le réseau sous-conjonctival ne s'anastomosant avec les réseaux périglandulaires du tarse que par des ramuscules ténus excessivement peu nombreux, il existe entre la conjonctive et le tarse une zone peu vascularisée séparant très nettement leurs territoires vasculaires (Langer).

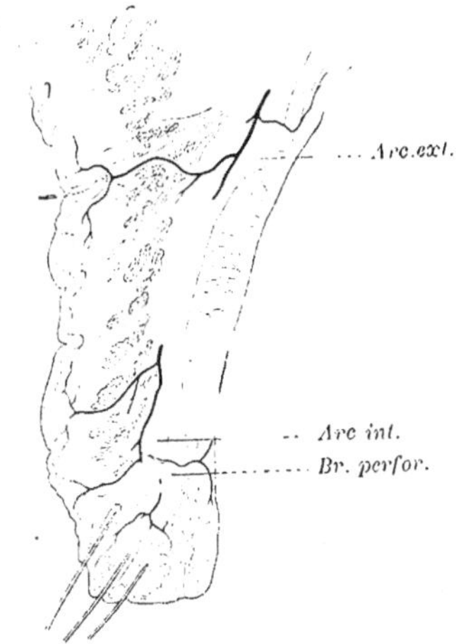

Fig. 736. — Vaisseaux et nerfs de la paupière supérieure (schéma). (D'après Merkel et von Mises.)

Cette arcade périphérique fournit encore d'autres rameaux dont les uns, antérieurs, vont se distribuer à la peau et au muscle orbiculaire, tandis que d'autres, périphériques, viennent au-devant du ligament large des paupières s'anastomoser avec ceux des artères lacrymale et sus-orbitaire, et d'autres enfin, assez courtes, viennent sur la face antérieure du tarse s'anastomoser avec les rameaux prétarsiens beaucoup plus longs fournis par l'arcade marginale, rameaux dont ils partagent d'ailleurs le mode de distribution.

Quelques rameaux perforants, au nombre de 5 à 8 à la paupière supérieure, viennent, après avoir traversé le tendon du muscle releveur, s'épanouir à sa face profonde d'où ils vont ensuite se distribuer à la conjonctive du cul-de-sac et du bulbe.

A la paupière inférieure, l'arcade périphérique, placée en avant du muscle palpébral inférieur de Müller, n'est pas constante et peut, quand elle existe, provenir d'autres sources que l'artère lacrymale. Ainsi, on la voit encore assez fréquemment se détacher d'une des divisions de la transverse de la face ou de la temporale superficielle. A part ce détail, son mode de distribution est le même qu'à la paupière supérieure. Souvent cependant elle ne fournit pas de rameaux perforants, et, dans ce cas, la conjonctive reçoit son réseau artériel entièrement de l'arcade marginale. ou des artères du muscle droit inférieur (Fuchs).

L'arcade marginale ou arc interne du tarse, située plus superficiellement que la précédente, fournit également : 1° des rameaux antérieurs ou cutanés, qui viennent former autour des glandes et des follicules des cils de très riches réseaux vasculaires : 2° des rameaux marginaux, qui vont se distribuer aux papilles du bord libre de la paupière où ils forment des anses vasculaires caractéristiques : 3° de longs *rameaux prétarsiens*, qui, venant à la rencontre des rameaux prétarsiens de l'arcade périphérique, se distribuent, comme nous le verrons plus loin, aux glandes de Meibomius; 4° enfin des *rameaux perforants marginaux*. Ceux-ci fournissent à la conjonctive du tarse de courts ramuscules qui se distribuent dans son épaisseur comme les rameaux conjonctivaux provenant de l'arcade périphérique, avec lesquels ils s'abouchent pour former le réseau sous-conjonctival. Mais la majeure partie vient s'épuiser dans le bord libre de la paupière et dans la zone marginale de la conjonctive, différente par sa structure de la conjonctive du tarse, suivant un mode de distribution que nous étudierons plus loin.

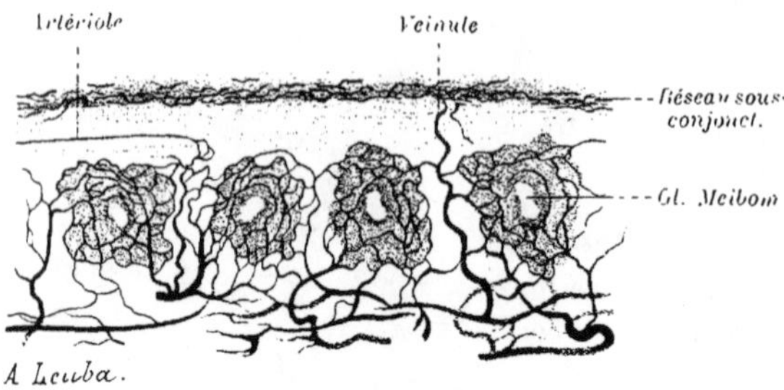

Fig. 737. — Vaisseaux injectés vus a un faible grossissement sur une coupe transversale de la paupière supérieure. (D'après Langer.)

Du *réseau artériel prétarsien* partent des ramifications antérieures qui vont se distribuer au muscle orbiculaire et à la peau, et des ramifications postérieures beaucoup plus importantes qui se rendent aux glandes de Meibomius, autour desquelles elles forment de très riches réseaux. D'après Langer, chaque glande possède un réseau capillaire sanguin qui lui est propre et ne s'anastomose jamais avec celui d'une glande voisine. Les ramifications artérielles destinées aux glandes de Meibomius provenant toutes du réseau prétarsien, on comprend facilement pourquoi, sur une paupière injectée, les plus grosses de ces ramifications s'observent toutes sur la face antérieure et jamais sur la face postérieure du tarse, de laquelle on voit se détacher seulement quelques rares et grêles ramuscules anastomotiques allant des réseaux périglandulaires au réseau sous-conjonctival (Langer).

D'après la description qui précède, on peut dire d'une manière générale que l'arcade artérielle périphérique du tarse est surtout destinée à la conjonctive.

et l'arcade marginale, au bord libre des paupières, ainsi qu'aux glandes de Meibomius.

2° Veines. — Les veines sont plus superficielles que les artères : aussi les voit-on souvent transparaître, à travers la peau et la conjonctive, jusqu'à peu de distance du bord libre. Généralement indépendantes des artères, sauf sur les deux faces du tarse, elles sont beaucoup plus nombreuses et beaucoup plus larges que celles-ci. En avant et en arrière du tarse, elles forment un réseau qui répond exactement aux réseaux artériels et présente à peu près la même distribution.

1° Le *réseau veineux rétrotarsien* ou *sous-conjonctival* naît exclusivement des capillaires sous-conjonctivaux; il s'anastomose néanmoins par quelques branches de peu d'importance avec les réseaux sanguins entourant les glandes de Meibomius. La plus grande partie de ce réseau se rend, à la paupière supérieure, dans la veine ophtalmique supérieure, par l'intermédiaire des veines des muscles de l'œil et de l'arcade veineuse périphérique du tarse, dont il est tributaire. Celle-ci, placée entre les deux feuillets du tendon du muscle releveur, va se jeter dans les veines de ce dernier muscle et dans celles du muscle droit. La partie du réseau veineux sous-conjonctival qui avoisine le bord libre de la paupière aboutit au contraire à l'arcade veineuse marginale du tarse, qui reçoit également le sang veineux de toutes les parties de ce bord libre. Par l'intermédiaire de cette arcade, il devient tributaire des veines sous-cutanées.

A la paupière inférieure, le réseau veineux sous-conjonctival se jette, au contraire, en totalité dans la veine ophtalmique inférieure et ne se met en communication avec les veines sous-cutanées que par quelques rares ramuscules sans importance.

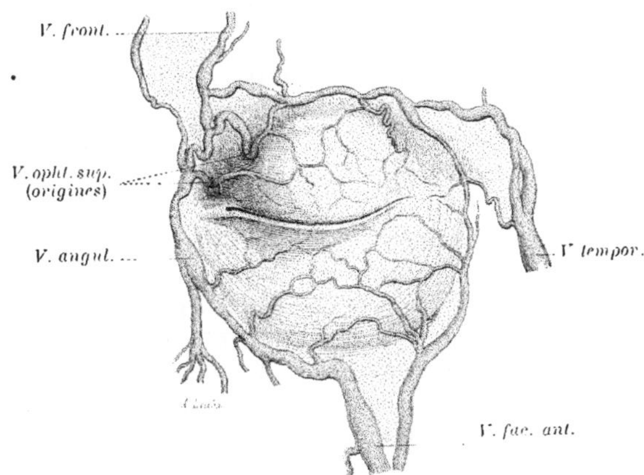

Fig. 738. — Circulation veineuse des paupières. (D'après Merkel.)

2° Le *réseau prétarsien*, tributaire en majeure partie de l'arcade veineuse marginale du tarse, se rend aussi par ses branches les plus rapprochées du bord convexe du tarse dans l'arcade veineuse périphérique, établissant ainsi entre les deux une sorte de large anastomose. Il reçoit les veines des glandes de Meibomius, des follicules des cils, des glandes de Moll et du bord libre palpébral. Finalement il vient lui-même se déverser, par de nombreuses branches traversant les interstices du muscle orbiculaire, dans un plexus veineux sous-cutané à larges mailles qui commence à se former, dans la paupière supérieure, à 3 ou 5 millimètres au-dessus du bord libre (Fuchs). — Le *plexus sous-cutané* que nous venons de signaler, plongé dans le tissu conjonctif lâche sous-cutané, en avant du muscle orbiculaire, vient se jeter, vers le bord adhérent de la paupière, par la totalité de ses branches, dans une grande arcade veineuse encadrant le rebord supérieur de l'orbite et allant de la veine angulaire de la face, en dedans, à la veine temporale superficielle, en dehors. Cette arcade est tributaire de la veine ophtalmique supérieure et, par sa partie externe, de la veine faciale.

Les rameaux les plus externes du plexus palpébral sous-cutané se rendent à l'arcade précédente, sans avoir à traverser le muscle orbiculaire. Tous les autres, au contraire, traversent ce dernier muscle près du rebord de l'orbite; aussi, les voit-on parfois se dilater dans les cas de blépharospasme tant soit peu prolongé.

A la paupière inférieure, le sang veineux du réseau prétarsien et du plexus sous-cutané se rend à la veine faciale, soit directement, soit par l'intermédiaire des veines voisines de la face.

3° *Lymphatiques.* — Les lymphatiques des couches profondes des paupières se réunissent pour former également deux réseaux : l'un *prétarsien* et l'autre *rétrotarsien* ou *sous-conjonctival*, bien décrits l'un et l'autre par Fuchs (*Med. Centralbl.*, 1878). Ces deux réseaux communiquent entre eux par de fines anastomoses; on les voit en outre communiquer par des troncs lymphatiques plus importants qui accompagnent les vaisseaux sanguins perforants marginaux et périphériques. Ces derniers troncs anastomotiques paraissent faire défaut à la paupière inférieure. D'après Fuchs, les lymphatiques du réseau sous-conjonctival possèdent de nombreuses valvules, tandis que les lymphatiques du réseau prétarsien en seraient dépourvus.

Les lymphatiques qui vont former ces réseaux proviennent des régions voisines; ils naissent aussi de fentes lymphatiques allongées, entourant les glandes de Meibomius (Colasanti, *La termin. di nerv. nelle glande sebacee*, Roma, 1873), et d'un très riche réseau qui occupe le bord convexe du tarse et dont la présence expliquerait la facilité avec laquelle la conjonctive se laisse à ce niveau envahir par les processus pathologiques (Merkel et Kallius). Quant au tissu propre du tarse, il possède très peu de vaisseaux lymphatiques.

Les lymphatiques provenant des glandes de Meibomius se rendent presque en totalité dans le réseau sous-conjonctival, suivant ainsi une direction inverse de celle des vaisseaux sanguins, qui sont tributaires des réseaux prétarsiens; quelques-uns seulement aboutissent au réseau de la face antérieure du tarse

Aux deux réseaux *prétarsien* et *sous-conjonctival* de Fuchs, et communiquant avec eux par de nombreuses anastomoses, Grunert (*Bericht. der Ophtalm. Gesellsch.*, Heidelberg, 1901) en ajoute un troisième qu'il a réussi à injecter par le procédé de Gerota. Ce réseau, *sous-cutané*, naît, comme partout ailleurs, d'un système de fines fentes et de capillaires lymphatiques qu'on peut voir dans le derme et dans le tissu conjonctif sous-jacent : il est très développé.

Les trois réseaux que nous venons de signaler se confondent au niveau du bord libre en une sorte de *réseau marginal* à mailles très serrées, occupant toute son épaisseur.

Du *réseau sous-cutané* naissent, en dedans, deux petits troncs qui recueillent la lymphe des téguments et du tissu conjonctif séparant la peau du muscle orbiculaire. Ces deux troncs, cheminant dans la couche cellulo-adipeuse de la peau de la joue, descendent d'abord vers la commissure des lèvres où on les voit s'anastomoser entre eux, puis, vers le bord inférieur de la mâchoire inférieure où ils s'enfoncent dans la couche cellulo-adipeuse recouvrant le périoste, pour venir enfin se jeter dans un ganglion lymphatique situé au-dessous de ce bord, à quelques millimètres en avant de la veine faciale antérieure. — En dehors, le même réseau donne naissance à deux petits troncs lymphatiques qui restent, tout le temps de leur trajet, superficiels et viennent, vers le tiers supérieur de la parotide, se jeter dans l'un des ganglions parotidiens supérieurs. Les deux paires de troncs superficiels s'incurvent vers le milieu de la joue, de manière à encadrer en avant et en arrière la boule graisseuse de Bichat.

Si on enlève ce pannicule, on voit, appliqués sur la face externe du muscle buccinateur, deux autres petits troncs qui ramènent la lymphe de la partie interne du *réseau prétarsien*. On les voit apparaître au-dessous de l'orbiculaire, au niveau de l'angle interne de l'œil, où ils accompagnent la veine faciale antérieure qu'ils suivent jusqu'à leur terminaison dans le deuxième ganglion sous-maxillaire, placé dans l'angle de jonction des deux veines faciales antérieure et postérieure. — Les vaisseaux lymphatiques profonds externes, au nombre de 3 ou 4, apparaissent sur le bord externe du muscle orbiculaire. Un ou deux se rendent dans les ganglions lymphatiques superficiels précédemment indiqués. Les deux autres aboutissent au ganglion préauriculaire : l'un par un trajet direct, l'autre en décrivant sur l'aponévrose temporale une courbe à concavité antérieure. Avant de se jeter dans le ganglion précédent, ce dernier émet une branche de bifurcation qui aboutit à l'un des ganglions parotidiens inférieurs (Grunert).

NERFS. — Les paupières reçoivent trois sortes de nerfs : moteurs, sensitifs et sympathiques.

Nerfs moteurs. — Ils proviennent tous de la branche supérieure du facial et vont se distribuer aux divers faisceaux du muscle orbiculaire, qu'ils abordent par leur face profonde. La paupière inférieure reçoit, par sa partie inféro-externe, le *rameau palpébral inférieur*. La paupière supérieure reçoit, elle aussi, un *rameau palpébral supérieur* qui l'aborde un peu au-dessus de l'angle externe de l'œil et poursuit son trajet, à la face profonde du muscle orbiculaire, parallèlement à l'arcade orbitaire, jusqu'à la ligne médiane (Friteau, *Th. doct.*, Paris, 1896). D'autres filets palpébraux périphériques, nés en haut et en dedans, du rameau temporal antérieur; en haut et en dehors, des rameaux frontaux; en bas et en dedans, des rameaux sous-orbitaires, forment sur tout le pourtour de l'orbite, par leurs entre-croisements avec les filets sensitifs du trijumeau (que nous allons décrire un peu plus bas), une sorte de plexus à mailles très serrées, le *plexus périorbitaire*. Ce plexus fournit des filets qui se distribuent au muscle orbiculaire et à la peau.

Nerfs sensitifs. — Ils sont fournis par les trois branches du nerf trijumeau, et leur mode de distribution a fait, de la part de Zander, au cours d'un tra vail spécial sur les nerfs sensitifs de la face, l'objet de la description qui va suivre (*Anatom. Hefte*, Bd IX, p. 59, 1897). Dans sa plus grande largeur et dans toute sa hauteur, la paupière supérieure se trouve innervée par des rameaux qui, sous le nom de *nerfs palpébraux supérieurs*, proviennent des deux nerfs frontaux interne et externe. Le point d'émergence de ces derniers, en dehors de l'orbite, se trouvant situé en dedans, les nerfs palpébraux supérieurs auront un long trajet curviligne à concavité inférieure et devront se diriger vers la tempe (Merkel).

On admet que la paupière supérieure reçoit ses nerfs sensitifs de l'ophtalmique de Willis, et la paupière inférieure, du nerf sous-orbitaire.

Les recherches de Zander ont donné à cet auteur les résultats que voici :

Le nerf *frontal interne* et le nerf *frontal externe* fournissent, jusqu'au bord libre de la paupière supérieure, des rameaux qui innervent les deux portions tarsienne et orbitaire de cette paupière par des divisions s'écartant les unes des autres à angles très aigus et prenant toutes la direction du bord libre de celle-ci. Près de ce bord, on en compte généralement une pour deux ou trois cils; puis leurs subdivisions deviennent si nombreuses que leurs ramifications les plus voisines, s'entre-croisant entre elles, fournissent, ainsi que Bach (*Arch. f. Augenheilk.*, 1896) l'a très bien fait ressortir, l'illusion d'un véritable plexus (anastomoses en feston de Merkel, *plexus bordant* de von Mises).

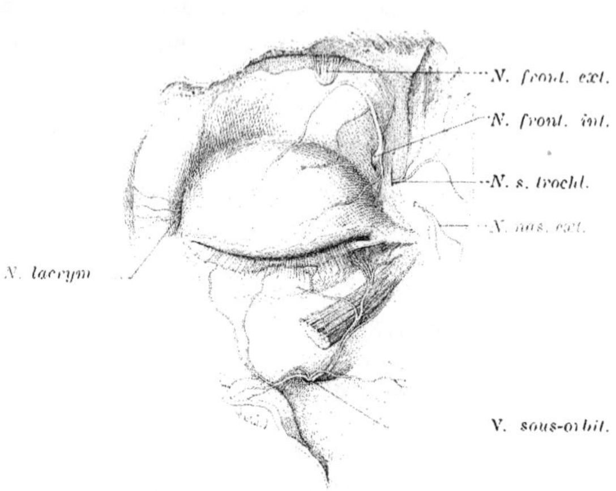

Fig. 739. Nerfs des paupières gauches. (D'après Merkel.)

Du nerf frontal interne et du nerf nasal externe se détachent des filets qui vont se distribuer aux téguments de l'angle interne de l'œil, ainsi qu'à ceux de la partie interne non seulement de la paupière supérieure, mais encore de l'inférieure; cette distribution n'a lieu qu'à la portion tarsienne de la paupière.

Le *nerf lacrymal* fournit des rameaux à l'angle externe de l'œil, ainsi qu'aux parties externes des deux paupières. A la paupière supérieure, ces rameaux innervent le tiers externe des téguments des deux portions tarsienne et orbitaire; les plus internes s'entre-croisent avec les divisions les plus externes du nerf frontal interne. Les quelques filets fournis par le nerf lacrymal à la paupière inférieure s'incurvent en dedans autour de l'angle externe de l'œil et viennent se distribuer jusque vers le milieu de cette paupière. Comme ces filets s'anastomosent avec le rameau orbitaire du maxillaire supérieur, l'on pourrait se demander si la partie externe de la paupière inférieure ne serait pas plutôt innervée par ce rameau que par les divisions du nerf lacrymal; mais Zander conclut de ses recherches que c'est bien le nerf lacrymal qui se distribue à la paupière inférieure.

Le *nerf sous-orbitaire* innerve la paupière inférieure, à laquelle il fournit de riches bouquets de fines divisions qui s'irradient vers son bord libre. Celles-ci s'entre-croisent abondamment avec leurs voisines, comme dans la paupière supérieure. Le nerf sous-orbitaire envoie en outre à la paupière supérieure des filets internes qui, contournant l'angle interne de l'œil, vont se distribuer aux téguments du tiers interne des deux portions tarsienne et orbitaire de cette paupière; il n'est même pas rare de les voir s'élever jusqu'à la tête du sourcil. Pareille disposition ne s'observe guère dans la région de l'angle externe de l'œil, parce qu'à cet endroit la paupière supérieure reçoit des filets du rameau orbitaire du maxillaire supérieur qui remplacent ceux qu'aurait pu fournir le nerf sous-orbitaire.

Le *rameau orbitaire* du maxillaire supérieur innerve en effet par ses deux branches (lacrymo-palpébrale et temporo-malaire) la partie externe des deux paupières dans une étendue assez considérable.

De la description qui précède, nous pouvons conclure que les paupières possèdent une double innervation sensitive, au moins à leurs deux extrémités : la paupière supérieure en effet est innervée par des filets non seulement de l'ophtalmique de Willis, mais encore du nerf maxillaire supérieur (sous-orbitaire dans la région de l'angle interne, rameau orbitaire et parfois même nerf sous-orbitaire dans celle de l'angle externe). De même la paupière inférieure reçoit son innervation non seulement du maxillaire supérieur, mais encore de l'ophtalmique (frontal interne et nasal externe en dedans, lacrymal en dehors) (Zander).

La distribution générale des nerfs dans la paupière s'écarte peu de celle des vaisseaux sanguins. Comme pour ces derniers, en effet, on voit leurs rameaux de quelque importance occuper la couche de tissu conjonctif lâche qui sépare du tarse le muscle orbiculaire; enfin on les voit aussi se diviser en rameaux antérieurs ou cutanés, et rameaux perforants ou conjonctivaux (Von Mises, *Sitz. der Wien. Akad.*, 1882).

Le *plexus bordant* de von Mises, qui se distribue aux divers organes du bord libre de la paupière et qui fournit des fibres venant former des réseaux autour des follicules des cils, des glandes de Zeiss et des glandes de Moll, se trouve placé à la face profonde du muscle orbiculaire. Dans la conjonctive et le tarse, L. Bach (*loc. cit.*) a décrit un très riche réseau nerveux compliqué dans lequel on observe des fibrilles pelotonnées, principalement dans la région du bord convexe du tarse, près des extrémités des glandes de Meibomius. Bach désigne ce réseau sous le nom de *réseau tarsien*. — Autour des acini de ces dernières glandes, Colasanti avait déjà décrit un riche réseau de fibrilles nerveuses. D'après Bach, Dogiel (*Arch. f. mikrosk. Anat.*, 1895), Fumagalli (*Arch. per le Sc. med.*, vol. XXII), Pensa (*Bollet. soc. med. chir.*, Pavia, 1897), les fibres nerveuses, pour la plupart dépourvue de myéline, mais présentant dans leur trajet de nombreuses varicosités et même des cellules ganglionnaires, viennent former par leurs anastomoses, entre l'acinus et sa capsule conjonctive, un *réseau péri-acineux*. De ce réseau se détachent des fibrilles beaucoup plus fines qui viennent former à leur tour, entre les parties basales des cellules de l'acinus, une serie de *réseau intra-acineux*. Ce dernier fournit les divisions ultimes qui pénètrent entre les cellules glandulaires et se terminent même dans celles-ci. Dogiel a vu quelques-unes de ces terminaisons intra-épithéliales se bifurquer chez le lapin. Enfin entre les glandes et dans les cloisons interacineuses existe un véritable *réseau interglandulaire* dans lequel abondent les fibrilles nerveuses pelotonnées (Bach). — D'après Dogiel, certaines papilles du bord libre de la paupière possèdent près de leur sommet un corpuscule nerveux terminal de 0 mm. 02 à 0 mm. 04 de longueur avec une largeur moitié moindre, et analogue comme structure aux corpuscules de Meissner et de Krause. Ces corpuscules se rencontrent surtout dans la portion du bord libre qui s'étend de la lèvre postérieure aux orifices des glandes de Meibomius.

Nerfs sympathiques. — Ces nerfs se rendent aux vaisseaux, aux glandes et aux muscles lisses de Müller. R. Wagner et H. Müller ont démontré que l'excitation du sympathique cervical amenait un léger écartement des paupières par la contraction de ces muscles lisses.

Dogiel a étudié la distribution des fibres sympathiques dans les vaisseaux de la paupière : ces fibres forment d'abord dans l'adventice un réseau très serré d'où partent de fines ramifications variqueuses qui se rendent à la tunique musculaire, au niveau de laquelle seulement elles se subdivisent en fournissant de très fines ramifications latérales ; celles-ci, par leurs anastomoses, forment un deuxième réseau intramusculaire très fin ; de ce réseau partent des divisions ultimes excessivement grêles, pourvues de varicosités, mais sur un seul de leurs côtés seulement ; ces divisions ultimes se terminent librement à la surface des cellules musculaires.

CONJONCTIVE

Définition. — La conjonctive est une membrane muqueuse mince et transparente qui dérive du tégument externe et qui, tapissant la face postérieure des paupières et la face antérieure du globe de l'œil, unit ces organes entre eux, sans gêner leurs mouvements réciproques. — Nous étudierons successivement sa configuration extérieure, sa structure, ses glandes, ses vaisseaux et ses nerfs.

Configuration extérieure. — Au niveau de la lèvre postérieure du bord libre des paupières, la conjonctive se continue directement avec la peau de celles-ci ; de là elle se porte profondément vers leur bord adhérent, en tapissant d'abord la face postérieure des tarses auxquels elle adhère intimement, puis celle des muscles palpébraux de Müller, du tendon du muscle releveur et des expansions tendineuses des autres muscles de l'œil, auxquels elle se trouve unie par du tissu cellulaire lâche : à une certaine distance du bord de la cornée, distance qu'on peut évaluer en moyenne à 8 ou 9 millimètres (Merkel), elle se réfléchit et passe sur la face antérieure du globe de l'œil en formant un cul-de-sac circulaire dont une

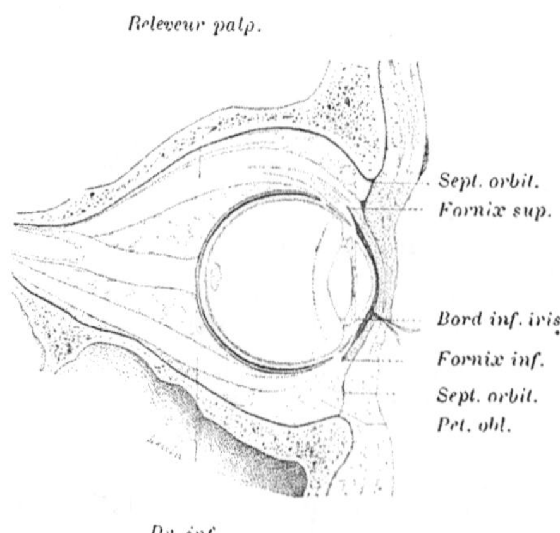

Fig. 740. — Coupe sagittale de l'œil passant par le nerf optique et le sommet de la cornée. (D'après Merkel.)

moitié répond au sillon orbito-palpébral supérieur, et l'autre à l'inférieur. Au niveau de l'angle interne de l'œil, ce cul-de-sac se trouve interrompu, la conjonctive palpébrale ne s'appliquant plus là sur le globe oculaire. Au niveau de l'angle externe, on le voit passer directement de l'une à l'autre paupière; mais il est dans cette dernière région moins profond qu'en haut et qu'en bas.

A partir de ce cul-de-sac et en allant vers le centre de la cornée, la conjonctive tapisse la face antérieure du globe oculaire, d'abord faiblement unie à la sclérotique par du tissu cellulaire lâche, puis intimement confondue avec la cornée.

Par suite de son adhérence intime avec des parties solides essentiellement mobiles, la cornée d'une part et les tarses d'autre part, la conjonctive doit sans cesse varier dans sa forme. Aussi, pour la commodité de la description, l'envisagerons-nous telle qu'elle doit être sur un œil ouvert regardant horizontalement et directement en avant. Dans ce cas, elle paraît affecter la disposition d'un sac séreux (*sac conjonctival*, *Conjunctivalsack* des auteurs allemands) dont le feuillet viscéral coifferait la face antérieure du globe oculaire, tandis que le feuillet pariétal, appliqué sur la face postérieure des paupières, présenterait une longue fente transversale répondant à l'orifice palpébral, fente par laquelle on pénétrerait directement dans la cavité séreuse. Cette dernière particularité est la seule qu'on ne rencontre pas sur les bourses de cette nature; et ce caractère-là mis à part, tous les autres se retrouvent dans le mode suivant lequel la conjonctive s'interpose entre les paupières et l'œil. Aussi Merkel (*Topog. Anat.*, I, 509) n'hésite-t-il pas à la comparer à la synoviale de l'articulation scapulo-humérale; celle-ci reçoit même des tendons des muscles de l'épaule des expansions fibreuses qui se confondent avec elle, comme en reçoit des tendons des muscles de l'œil le tissu sous-muqueux de la conjonctive oculaire (Waldeyer, *Gräfe-Sämisch' Hdb.*, I, 241). Dans l'un comme dans l'autre cas, ces expansions assurent aux replis la forme et la stabilité nécessaires à l'accomplissement régulier des mouvements. Grâce à cette disposition, le repli formé par la réflexion du sac conjonctival passant de la paupière sur le globe oculaire, retrouve sa forme normale, lorsque, à la suite d'un mouvement l'ayant plus ou moins profondément modifié, l'œil revient au repos.

Dans toutes ses régions, la conjonctive présente un aspect lisse et brillant, et toutes ses parties se continuent entre elles sans ligne de démarcation. Néanmoins, comme chacune de ses régions possède certains caractères spéciaux nous la diviserons en : *conjonctive palpébrale* ou portion de la conjonctive tapissant la face postérieure des paupières; *conjonctive oculaire* ou *bulbaire* ou portion de la conjonctive appliquée sur le devant de l'œil, et *conjonctive du cul-de-sac* ou du *fornix* [allemand] ou portion réfléchie de la conjonctive reliant entre elles les deux portions précédentes

1° *Conjonctive palpébrale.* — Mince et transparente et d'une coloration rouge ou simplement rosée, elle s'applique d'abord sur la face postérieure des tarses, auxquels elle adhère de la façon la plus intime, puis sur celle des muscles palpébraux de Muller, auxquels elle s'unit beaucoup plus lâchement.

Au niveau de la lèvre postérieure du bord libre de chaque paupière, elle se continue avec la peau. D'abord lisse et unie sur la face postérieure du tarse, elle présente au delà du bord convexe de celui-ci des sillons et des plis transversaux, surtout développés au voisinage du cul-de-sac.

Ces sillons et ces plis décrits par Fuchs (*Ophthalm.*, Wien, 1891) sous le nom de *plis horizontaux*, ne se forment qu'après la naissance et résultent des mouvements palpébraux : ils s'accusent pendant l'ouverture de l'orifice palpébral, pour s'effacer en partie dans l'occlusion des paupières.

2° *Conjonctive du cul-de-sac.* — De la face postérieure des paupières, la conjonctive passe sur la face antérieure du globe de l'œil, en formant entre ces deux organes une sorte de cul-de-sac circulaire (*Fornix* des auteurs allemands), situé, sauf en dehors, à une certaine distance en avant de l'équateur de l'œil, distance un peu plus grande du côté interne. Ce cul-de-sac, désigné sous le nom de cul-de-sac *oculo-palpébral* ou *oculo-conjonctival*, décrit une circonférence à peu près complète, interrompue seulement au niveau de la commissure interne des paupières, où la présence de la caroncule lacrymale a forcé celles-ci à s'écarter du globe oculaire.

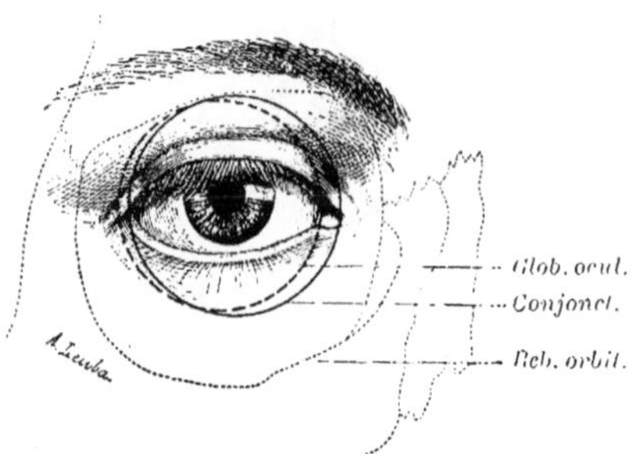

Fig. 741. — Rapports du rebord osseux de l'orbite, du globe oculaire et du cul-de-sac conjonctival, sur un œil ouvert. (D'après Merkel.)

D'après Henle (*Hdb. der Eingeweid.*, 1873), le cul-de-sac oculo-palpébral s'élèverait à la paupière supérieure jusqu'au niveau de l'arcade orbitaire et du sourcil; sa profondeur en arrière de l'arcade orbitaire serait de 17 à 15 millimètres. A la paupière inférieure, il descendrait, d'après le même auteur, jusqu'au niveau du sillon jugo-palpébral de Arlt, qui répond au rebord de l'orbite. La hauteur séparant le milieu du bord libre de chaque paupière du cul-de-sac oculo-palpébral serait, sur un œil fermé : en haut, de 22 à 25 millimètres; en bas, de 11 à 13 millimètres (Henle). Au niveau de la commissure externe des paupières, ce cul-de-sac situé à une profondeur de 5 à 9 millimètres environ, dépasse légèrement en arrière le plan de l'équateur de l'œil. — En haut comme en bas, Merkel le fait arriver seulement au niveau des sillons orbito-palpébraux supérieur et inférieur, et le représente par conséquent avec des limites un peu moins étendues que celles assignées par Henle.

Ces différences tiennent évidemment à de grandes variations; ainsi, en prenant comme point de repère le centre de la cornée, nous avons rencontré des cas dans lesquels aux deux extrémités d'un même diamètre, soit vertical ou transversal, le cul-de-sac oculo-palpébral se trouvait à égale distance de ce point. La moyenne de nos mensurations, en partant du centre de la cornée, nous a donné comme distance du cul-de-sac oculo-palpébral à ce centre : en haut, 17 millimètres; en bas, 15 millimètres; en dedans, 14 millimètres, et en dehors, 20 millimètres. Ces chiffres varient d'ailleurs à chaque instant avec les mouvements du globe oculaire. Ainsi, dans les mouvements de rotation du globe en dehors, les deux distances verticales, séparant du cul-de-sac orbito-palpébral le centre de la portion du globe oculaire comprise au bon milieu de la fente palpébrale, finissent par s'égaliser, en haut comme en bas.

Les plis et les sillons de locomotion que nous avons rencontrés dans la partie de la conjonctive palpébrale située entre le tarse et le fond du cul-de-sac existent également dans cette dernière région, où on les trouve même plus nombreux et plus développés. La conjonctive du cul-de-sac se trouve lâchement unie aux parties profondes, formées dans cette région par le tendon du muscle releveur et les expansions ténoniennes des muscles de l'œil, au moyen d'un tissu cellulaire lâche qui se laisse facilement infiltrer. C'est dans ce tissu que se trouvent plongées les glandes lacrymales accessoires. Il est très riche en vaisseaux qu'il laisse facilement transparaître, principalement au niveau du cul-de-sac oculo-palpébral inférieur à travers lequel on aperçoit nettement le riche réseau veineux sous-jacent, ainsi que les expansions aponévrotiques blanchâtres provenant des muscles droit inférieur et petit oblique (Fuchs).

3° *Conjonctive oculaire* ou *bulbaire*. — La conjonctive oculaire qui revêt la plus grande partie de l'hémisphère antérieur de l'œil est si mince et si transparente qu'on aperçoit avec la plus grande netteté, à travers son épaisseur, la couleur blanchâtre de la sclérotique (blanc de l'œil) et les vaisseaux qui rampent au-dessous d'elle. Ceux-ci, comme nous le verrons plus tard, se divisent en vaisseaux conjonctivaux et vaisseaux ciliaires antérieurs; ces derniers, hyperémiés, se distinguent par leur coloration violette, coloration due, d'après Zitta et Haab, au mélange de leur teinte rouge avec le reflet bleuâtre que prend la conjonctive oculaire à la lumière réfléchie, dès que le fond réfléchissant sur lequel repose cette membrane absorbe une partie des rayons lumineux.

On décrit généralement à la conjonctive oculaire deux portions, l'une *sclérale*, répondant à la sclérotique, et l'autre *cornéenne*, confondue avec la couche antérieure de la cornée.

La *portion sclérale* de la conjonctive bulbaire n'adhère profondément à la sclérotique que par un tissu cellulaire très lâche. Elle répond d'abord aux tendons des quatre muscles droits, puis seulement aux expansions ténoniennes se détachant de ces tendons pour se porter vers la cornée, qu'elles ne parviennent jamais cependant à atteindre, car elles s'épuisent insensiblement dans le tissu cellulaire qui s'étale à la face profonde de la conjonctive sclérale dans laquelle ils viennent se perdre.

Ce tissu à larges mailles se laisse très facilement infiltrer. Ses lacunes, communiquant avec l'espace lymphatique de Tenon, entrent ainsi indirectement en rapport avec les chambres antérieure et postérieure de l'œil, par l'intermédiaire des gaines périvasculaires des vasa vorticosa, des espaces lacunaires du corps ciliaire, de ceux de l'iris, et des stomates de la face antérieure de l'iris. Une solution alcaline étendue de KI ou de $FeCy^6K^4$ injectée dans le tissu cellulaire sous-conjonctival, à 4 ou 5 millimètres du limbe de la cornée, commence déjà à diffuser dans l'humeur aqueuse au bout de 5 à 10 minutes. Cette diffusion atteint son maximum au bout d'une heure, pour ne plus laisser de traces 2 ou 3 heures après (Addario, *Arch. f. Opht.*, 1899, Bd XLVIII, p. 362).

Le tissu cellulaire lâche que nous venons de décrire renferme, à partir de l'âge adulte, des cellules adipeuses formant généralement une traînée qui s'étend de l'angle interne à l'angle externe de l'œil, en suivant le méridien horizontal du globe oculaire; mais c'est surtout dans l'intervalle compris entre le pli semi-lunaire et la cornée qu'on les observe en plus grand nombre : souvent même elles forment, à 3 ou 4 millimètres en dedans du bord de celle-ci, une sorte d'amas graisseux lenticulaire jaunâtre auquel les ophtalmologistes ont donné le nom de *pinguicula*. Un pareil amas, moins développé que le précédent, peut également s'observer sur le côté externe du bord de la cornée (Fuchs).

La *portion cornéenne*, formée du revêtement épithélial antérieur et de la lame élastique antérieure de la cornée sur laquelle repose l'épithélium, fait partie intégrante de celle-ci et ne saurait, par conséquent, en être séparée.

Au niveau de la zone circulaire de soudure de la cornée à la sclérotique, la conjonctive oculaire forme une sorte de bourrelet à structure un peu spéciale décrit par bon nombre d'auteurs sous le nom de *limbe* ou d'*anneau conjonctival* ou *cornéen*.

Dans la région de l'angle interne de l'œil, la conjonctive se continue avec deux formations de nature un peu différente, et qui méritent par conséquent une description particulière. Ce sont la *caroncule lacrymale* et le *repli semi-lunaire*.

Caroncule lacrymale. — La caroncule lacrymale, située au fond du lac lacrymal, entre les portions lacrymales des deux bords palpébraux, est une sorte de mamelon d'apparence muqueuse chez l'homme, mais d'aspect cutané chez un grand nombre d'animaux (veau). Presque toujours, elle est unique, on l'a vue cependant dans certains cas se dédoubler (Sydney Stephenson, *Ophtalmic Review*, London, 1896). Elle représente, d'après A. Terson, un fragment du bord ciliaire des paupières, détaché de celles-ci par les points et les canalicules lacrymaux dont la fourche, en soulevant les téguments autour de lui, l'aurait en quelque sorte refoulé vers la profondeur. Aussi ne faut-il pas s'étonner de la voir, chez certains animaux (veau), reliée à la paupière par un véritable pont cutané. Exceptionnellement d'ailleurs on peut observer chez l'homme la même disposition (A. Terson).

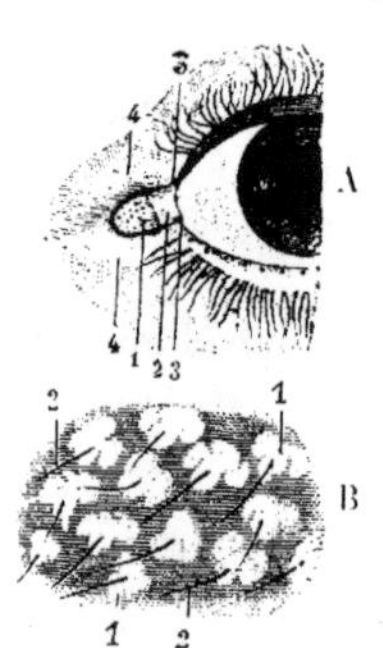

Fig. 742. — Caroncule lacrymale. (D'après Sappey.)

A. *Lac lacrymal* : 1, caroncule. — 2, repli semi-lunaire — 3, points lacrymaux. — 4, portion lacrymale des bords libres des paupières. — B. Glandes sébacées (1) et poils (2) de la caroncule, vus à un grossissement de 7 diamètres.

La forme est à peu près celle d'un coin à grosse extrémité arrondie située dans l'angle même que forment les deux paupières par la jonction des portions lacrymales de leurs bords libres, au niveau de l'angle interne de l'œil. Son sommet ou extrémité effilée plonge en bas, au-dessous de la paupière inférieure qui la cache toujours complètement et vient se perdre dans la partie inférieure du repli semi-lunaire. En dehors, elle se continue avec ce repli. Profondément elle repose sur un coussinet adipeux auquel elle doit en partie sa forme et sa saillie. — Comme dimensions, elle a 5 à 6 millimètres de longueur sur 3 millimètres de largeur. — La nuance blanc jaunâtre de sa coloration rosée est due à la présence d'un grand nombre de glandes sébacées qui entrent dans sa structure. Son aspect est brillant, comme celui de la conjonc-

lisse en général, bien que d'apparence légèrement rugueuse. A sa surface s'élèvent en effet quelques poils follets incolores, au nombre de 13 à 15, qui lui donnent cette apparence, et se montrent sur l'œil ouvert comme de petits points blanchâtres (Merkel).

La structure de la caroncule lacrymale a été surtout bien étudiée par Stieda (*Arch. f. mikrosk. Anat.*, Bd XXXVI, 1890) et A. Terson (*Archiv. d'Opht.*, 1893). Cette structure se rapproche essentiellement de celle du bord ciliaire, dont la caroncule lacrymale, ainsi que paraissent d'ailleurs le confirmer les données embryogéniques de Cosmettatos (*Th. de doct.*, Paris, 1898), ne serait qu'un fragment détaché (A. Terson).

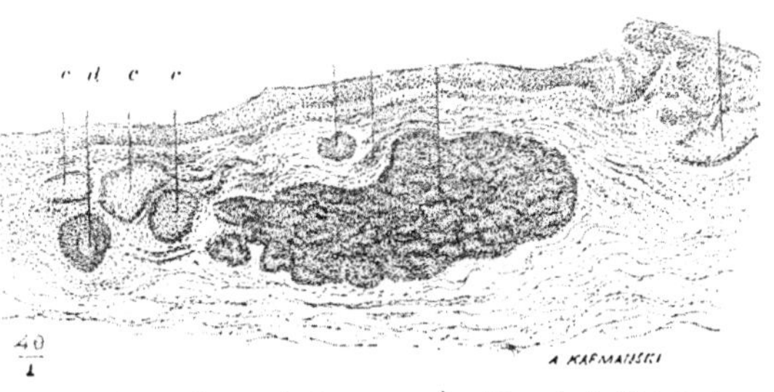

Fig. 743. — Coupe de la caroncule. (D'après A. Terson.)
a, glande de Krause — *b. c*, follicule pileux — *d*, coupe d'un vaisseau.

L'épithélium du sommet ressemble à celui du bord ciliaire; sur les pentes de la caroncule, il se rapprocherait de celui de la conjonctive avec son revêtement cylindrique (A. Terson). La charpente est formée par un tissu conjonctif très dense dans lequel les vaisseaux restent béants à la section. On a trouvé dans ce tissu quelques fibres musculaires lisses (Muller), et du côté interne, quelques fibres striées du muscle orbiculaire dont un certain nombre arrivent même jusqu'à la surface (Waldeyer).

Parmi les glandes sébacées, les unes, annexées aux poils, rappellent les glandes de Zeiss; les autres, indépendantes et beaucoup plus volumineuses, offrent le caractère des glandes de Meibomius (A. Terson). — Waldeyer décrit dans cette région des glandes sudoripares modifiées qui n'ont été vues ni par Stieda, ni par Cirincione (*Riforma medica*, 1890), ni par A. Terson.

Ces derniers auteurs ne décrivent dans cette région qu'une *glande acino-tubuleuse*, de 1 mm. 5 de diamètre, se rapprochant par sa structure des glandes conjonctivales de Krause, que nous étudierons plus loin, et représentant une forme de transition entre les glandes sudoripares et les glandes lacrymales proprement dites (A. Terson). Cette glande le plus souvent unilobulée, mais parfois multilobulée (Stieda), occupe exactement le centre de la caroncule, près de son sommet au niveau duquel vient s'ouvrir, entre les orifices des glandes sébacées, son canal excréteur large, spiralé, tortueux et revêtu d'une couche de cellules épithéliales prismatiques. — La structure des tubes sécrétants rappelle absolument celle des glandes lacrymales, avec sa couche de cellules épithéliales coniques, doublée extérieurement d'une couche de cellules en panier, le tout reposant sur une basale très mince. Elle n'offre aucun lien de parenté avec la glande de Harder, absente dans l'espèce humaine et dont nous dirons plus loin quelques mots: celle-ci également occupe fréquemment cette région (lapin), mais la plupart du temps, à côté de la glande acino-tubuleuse que nous venons de décrire (veau) (A. Terson).

Repli semi-lunaire. — Si la caroncule lacrymale se rattache par son origine au bord ciliaire des paupières, le repli semi-lunaire, au contraire, est bien un repli de la conjonctive bulbaire.

Ce repli falciforme, situé en dehors de la caroncule, est presque entièrement caché par les paupières, qui n'en laissent apercevoir que la portion moyenne. Pour bien le voir dans toute son étendue, il faut fortement érigner celles-ci en haut et en bas, à l'aide d'écarteurs palpébraux. Il affecte la forme d'un croissant verticalement allongé dont le bord concave tourné en dehors s'applique sur le globe de l'œil. Sa forme d'ailleurs se modifie avec les mouvements horizontaux de ce dernier; il augmente en effet d'étendue lorsque la pupille se porte en dehors, pour diminuer au contraire dans le mouvement inverse de celle-ci.

Ce repli formé de deux feuillets muqueux qui se confondent au niveau du bord libre, n'est qu'un rudiment de la troisième paupière des vertébrés (membrane clignotante des oiseaux), comme tend à le prouver sa structure dans laquelle, outre du tissu conjonctif et des vaisseaux minuscules, entrent encore vers son bord adhérent, des fibres musculaires lisses, vestiges du muscle orbito palpébral de Müller se détachant des muscles droit int. et droit inf. et parfois même du releveur palpébral; chez les Mammifères marins ces fibres sont striées (Groyer, *Wien. klin. Woch.*, 1903, p. 959).

La plupart des animaux (ruminants, anthropoïdes) possèdent dans ce repli un cartilage hyalin plus ou moins développé. Giacomini l'a également observé chez le nègre. Dans la race caucasique, sa présence serait beaucoup plus rare (3 fois sur 548 individus) (Giacomini, *Giorn. della Accad. di med. di Torino*, LX, 9, p. 660, 1897).

Glande de Harder. — A l'appareil de la 3e paupière, représenté chez l'homme par le repli semi-lunaire, doit être rattachée la glande de Harder. Celle-ci ne se rencontre, pour ainsi dire jamais dans notre espèce, bien que Giacomini ait observé « chez un Boschiman, vers le bord inférieur du cartilage du repli semi-lunaire, une toute petite glande qui devait être considérée comme représentant chez nous la glande de Harder. Mais cette découverte est jusqu'à présent unique dans la science, et elle offre d'autant plus d'interêt que la glande en question se trouve avoir complètement disparu chez les singes anthropoïdes » (Giacomini, *loc. cit.*, p. 660).

Cette glande découverte par Harder (*Acta Eruditorum publicata*, Lipsiæ, 1694) n'existe pas chez les poissons et ne se montre chez les urodèles qu'à l'état tout à fait rudimentaire mais on la rencontre chez tous les autres vertébrés. Elle appartient au type des glandes à sécrétion graisseuse, et bien que rentrant dans le groupe des glandes acino-tubuleuses, elle diffère par sa structure des glandes lacrymales (Lutz, *Zeitschr. f. Thiermed.*, N. F., III, 1899).

Profondément située contre la paroi de l'orbite, elle s'ouvre par un ou plusieurs conduits excréteurs, à la face profonde de la membrane clignotante. Elle est remarquable par l'abondance du tissu conjonctif qui sépare ses alvéoles.

Ceux-ci, généralement larges, sont limités extérieurement par une membrane vitrée excessivement mince à la face interne de laquelle s'appliquent des cellules en panier d'une extrême délicatesse, formant par les anastomoses de leurs prolongements des mailles délicates en général très petites et assez régulièrement circulaires, beaucoup plus étroites que dans la glande lacrymale (Lacroix, *Province méd.*, 1895). En dedans de celles-ci, l'épithélium paraît formé d'une seule couche de cellules cylindriques basses à limites absolument indistinctes. Ces cellules à noyau central sont remplies d'une grande quantité de granulations graisseuses, et leur produit de sécrétion est toujours plus ou moins solide et épais.

Il ne faut pas confondre la glande de Harder avec l'appareil glandulaire ou la *glande de la membrane clignotante* (*Nickhautdrüse* des Allemands). Celle-ci, toujours en rapport avec le cartilage de la 3e paupière, appartient par ses alvéoles au type des glandes acineuses.

Les acini sont séparés les uns des autres par des cloisons conjonctives excessivement minces; leur épithélium, formé d'une couche de cellules pyramidales de plusieurs sortes, les unes claires, les autres granuleuses, ne renferme aucune ou presque aucune granulation graisseuse. Ces cellules, à limites très distinctes, ont un noyau pressé contre la base, et leur produit de sécrétion a une apparence muqueuse. Le volume de la glande de la membrane clignotante varie toujours en sens inverse de celui de la glande de Harder et réciproquement. Quant à ses conduits excréteurs, ils s'ouvrent indifféremment sur les deux faces de cette membrane (Miessner, *Arch. f. Wissensch. und prakt. Thierheilk.*, Bd XXXVI, Hft 2-3, p. 121, 1900).

Structure de la conjonctive. — Comme toutes les muqueuses, la conjonctive présente deux couches à étudier : l'une superficielle ou *épithéliale*, l'autre profonde qui répond au *derme* ou *chorion* de tous les téguments : nous commencerons notre description par celle-ci, après avoir brièvement exposé l'aspect que présente en certaines régions la conjonctive examinée à la loupe.

Si l'on pratique ce dernier examen, on observe toujours vers le bord convexe du tarse des sillons superficiels bien décrits par Stieda (*Arch. f. mikrosk. Anat.*, III, 1867); ces sillons, dirigés dans tous les sens, forment un véritable réseau dans lequel existent même parfois des fossettes plus ou moins étendues. Les mailles irrégulières plus ou moins considérables de ce réseau délimitent de très petits îlots de muqueuse d'aspect et d'étendue variables, désignés par Eble sous le nom de « corps papillaires » (*Ueber den Bau der Bindehaut des Auges*, Wien, 1828).

Les sillons que nous venons de décrire ne s'étendent que jusqu'à 3 millimètres environ du bord convexe du tarse, et c'est dans la partie de la région orbitaire des paupières voisines de ce dernier qu'on les voit surtout bien développés. A la face postérieure même du tarse, ils peuvent entièrement faire défaut. Dans tous les cas, ils ne dépassent guère, du côté du bord libre de la paupière, la moitié de la hauteur du tarse (Reich, *Arch. f. Opht.*, 1875); à quelque distance de la lèvre postérieure de ce bord libre, on voit leurs portions initiales affecter toutes une disposition d'abord verticale qui les rend à ce niveau parallèles entre eux. A 3 millimètres au delà du tarse, ils cessent complètement dans tout le reste de la portion orbitaire, qui prend alors un aspect lisse et uni, différent de l'aspect velouté qu'on observe sur la portion tarsienne de la conjonctive et qui est dû à la présence de ces sillons. Le même aspect lisse et uni se retrouve dans la portion de la conjonctive palpébrale faisant *ourlet* autour de l'orifice palpébral, les sillons que nous venons de décrire disparaissant toujours également dans cette zone.

Derme de la conjonctive. — Le derme ou chorion muqueux de la conjonctive comprend, d'après Villard (*N. Montpellier médical*, 1896), deux couches : l'une, *superficielle* ou *adénoïde*, très mince, sous-jacente à l'épithélium; l'autre, profonde, *fibreuse*, plus épaisse que la précédente.

La *couche superficielle*, d'une épaisseur qui varie suivant les régions, de 0 mm. 015 (conjonctive bulbaire) à 0 mm. 070 (conjonctive palpébrale et du cul-de-sac), se compose d'un tissu conjonctif délicat se laissant facilement infiltrer par les globules blancs. Cette infiltration lymphatique, généralement abondante et diffuse, lui imprime la disposition réticulée. Le tissu conjonctif se dispose en effet en mailles plus ou moins régulières. Les fines fibres qui forment celle-ci se trouvent çà et là réunies par des points nodaux et viennent, comme dans tout tissu réticulé, s'appuyer sur la paroi des vaisseaux qui traversent la couche superficielle pour faire corps avec elle. C'est cette disposition qui a fait appliquer par Villard à la couche sous-épithéliale du derme de la conjonctive le qualificatif d'*adénoïde*. La plupart de ses fibres sont perpendiculaires aux faisceaux de la couche profonde. Une injection (nitrate d'argent) poussée dans cette couche profonde dissocie fort bien les faisceaux de celle-ci, mais sans jamais pénétrer dans la couche superficielle (Villard).

L'*infiltration lymphatique* peut faire défaut dans la couche superficielle de la conjonctive bulbaire sans que sa structure s'en trouve sensiblement modifiée (Villard); elle est moins abondante, d'après Waldeyer, dans la moitié antérieure de la conjonctive palpébrale, et elle atteint son maximum de développement dans la région qui s'étend du bord convexe du tarse au cul-de-sac.

C'est surtout dans cette dernière zone et principalement vers les commissures palpébrales, qu'on la voit se concentrer en certains points sous forme de nodules folliculaires rappelant les vrais follicules lymphatiques qui ont été décrits chez les animaux sous le nom de *plaques de Bruch*; mais celles-ci n'ont jamais été vues par Waldeyer dans notre espèce, et leur présence, dans tous les cas, y serait exceptionnelle (Stieda, Ciaccio).

En injectant les vaisseaux lymphatiques de la conjonctive, Leber (*Gräfe-Sæmisch*., II Bd XI Kap., p. 87, 1903) a vu, sur les animaux, ces derniers vaisseaux venir former autour des follicules ou amas lymphatiques en question de véritables réseaux, et dans un cas même il a pu réussir à faire pénétrer dans le follicule la masse bleue de son injection.

La couche superficielle répond jusqu'à un certain point au corps papillaire des muqueuses d'origine dermoïde; toutefois son tissu, un peu moins délicat, ne formerait jamais, d'après Villard, de véritables *papilles*. Stieda, Waldeyer et d'autres auteurs étaient d'ailleurs arrivés à la même conclusion (contraire à celle de W. Krause), d'après laquelle les formations d'aspect papillaire qu'on observe sur la conjonctive ne seraient que de simples îlots de muqueuse circonscrits par les sillons disposés en méandres précédemment décrits au cours de cet article. Villard et Ciaccio admettent cependant l'existence de sept à neuf rangées de vraies papilles dans la zone de transition entre la conjonctive et la cornée. Sur une coupe sagittale, on voit ces papilles, au nombre de 4 ou 5 assez grandes (50 μ) près de la cornée, puis de 3 ou 4 beaucoup plus petites (13 à 32 μ) en s'éloignant de celle-ci, arriver jusqu'au niveau de l'angle irido-cornéen (Villard). Tous les auteurs s'accordent également pour en décrire au voisinage du bord libre de la paupière, où on les voit disposées en séries linéaires de 5 à 7 perpendiculaires à ce bord libre et parallèles entre elles (Langer); celles-ci, élevées d'abord de 10 à 16 μ (Villard), diminuent progressivement de hauteur en s'éloignant du bord libre. Enfin Reich (*Arch. f.*

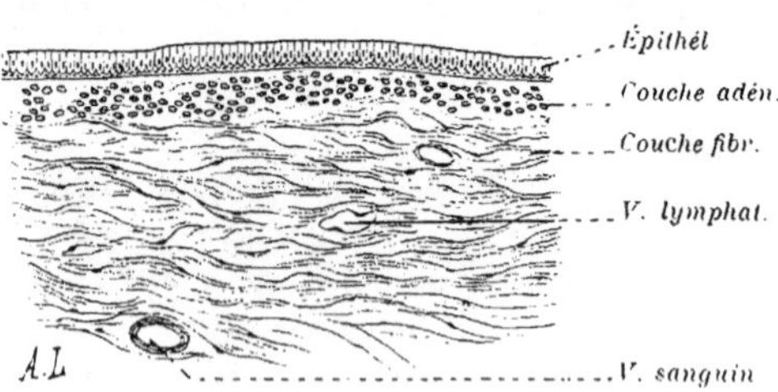

FIG. 744. — Coupe transversale de la conjonctive supratarsienne de l'homme. (D'après Villard.)

Opht., 1875) et Merkel (*Topog. Anat.*, I, p. 210) ont pu en observer dans la conjonctive qui revêt la face profonde de la portion orbitaire de la paupière, au voisinage du bord convexe du tarse.

La couche *profonde* ou *fibreuse* est très peu développée dans la conjonctive palpébrale rétro-tarsienne, où elle se confond avec le tarse et avec une bande fibro-élastique de 3 millimètres de hauteur surmontant le bord convexe de celui-ci. On pourrait même la considérer comme faisant défaut au niveau de cette dernière bande et au niveau du tarse, puisque les injections interstitielles poussées dans l'épaisseur de la conjonctive ne pénètrent jamais dans les deux parties précédentes (Villard). — Au-dessus de la bande juxta-tarsienne, cette couche formée de faisceaux connectifs puissants, solidement entrelacés et dirigés pour la plupart perpendiculairement au bord libre des paupières, présente son maximum d'épaisseur qui varie dans cette région de 1 mm. 3 à 1 mm. 6. Partout ailleurs cette épaisseur semble diminuer progressivement à mesure qu'on approche de la cornée; elle est en effet de 0 mm. 7 à 1 millimètre au niveau du cul-de-sac, pour n'atteindre au-devant du globe oculaire que 0 mm. 1 à 0 mm. 5.

La couche fibreuse du derme se confond insensiblement dans la profondeur avec le tissu conjonctif sous-jacent. Elle contient les vaisseaux et les troncules nerveux de la conjonctive; on y rencontre également des fibres lisses des muscles palpébraux de Müller, ainsi que les glandes de Krause qui, de la sorte, sont encastrées profondément dans le tissu fibreux (Villard). Une *membrane basale* hyaline, continue avec la lame élastique de la cornée, sépare le derme de l'épithélium.

Hoppe (*Arch. f. Opht.*, XLVIII, p. 666, 1899) a pu, dans un cas d'argyrose, étudier dans la conjonctive humaine la disposition du tissu élastique. Celui-ci forme dans la conjonctive deux couches distinctes : l'une superficielle et l'autre profonde. La première est séparée de l'épithélium par une large nappe irrégulière du tissu conjonctif lâche. Çà et là s'élèvent de la couche élastique des faisceaux aplatis de fortes fibres longitudinales ou légèrement ondulées qui traversent obliquement la couche de tissu conjonctif. Après avoir longé dans une certaine étendue la membrane basale, ils se fixent sur celle-ci. Ces faisceaux, obliquement ascendants, présentent à d'assez grandes distances des fibres transversales qui croisent à angle droit les fibres longitudinales, donnant à l'ensemble du faisceau un aspect scalariforme.

La couche élastique superficielle est en grande partie composée d'un tissu feutré à mailles polygonales ou arrondies. Les fibres arrondies ou aplaties formant ces mailles s'infléchissent dans tous les sens ou même se contournent en spires. Les intervalles occupant les centres de ces mailles sont presque entièrement comblés par un fin reticulum de fibrilles élastiques très fines, les unes droites, les autres contournées, donnant l'aspect d'une fine toile d'araignée.

Au-dessous de la couche précédente, et se continuant insensiblement avec elle, sauf en certains endroits où s'interpose une large nappe de tissu conjonctif lâche, on rencontre la deuxième couche élastique qui occupe tout le reste de l'épaisseur de la muqueuse; les fibres en sont plus délicates que celles de la couche superficielle; on les voit s'entre-croiser dans toutes les directions pour former une sorte de réseau dans lequel on rencontre quelques fibres élastiques plus volumineuses, faiblement ondulées. De cette couche se détachent de très longues fibrilles légèrement flexueuses qui s'élèvent vers la couche superficielle; elles viennent dans celle-ci se confondre avec les faisceaux longitudinaux ainsi qu'avec les fibres transversales qui donnent à ces derniers l'aspect scalariforme précédemment décrit. On peut même les suivre jusqu'au-dessous de l'épithélium, à la face profonde duquel on les voit s'étendre en formant par leur ensemble une couche élastique très mince.

A un faible grossissement, on voit à chaque extrémité de la coupe les deux couches élastiques se différencier nettement par les caractères suivants : la couche profonde apparaît limitée par un bord net; la couche superficielle, à texture plus grossière, offre au contraire des limites moins nettes; en effet, on voit à ce niveau ses fibrilles élastiques se contourner diversement sous la forme de spires, de crosses, etc.; seules les fibres élastiques les plus volumineuses restent à peu près droites.

La structure du tissu élastique dans la conjonctive oculaire, au niveau du limbe cornéen, paraît un peu moins compliquée. Sa division en deux couches est loin d'être partout distincte. Cependant il est encore facile d'y reconnaître, immédiatement au-dessous de l'épithélium, des faisceaux délicats de fines fibrilles élastiques à direction longitudinale, parfaitement distincts de la couche élastique sous-jacente qui occupe tout le reste de l'épaisseur de la muqueuse. La grandeur des mailles du réseau élastique de cette région est environ le triple de celle des mailles qu'on observe dans la couche profonde de la conjonctive palpébrale; ces mailles sont formées de faisceaux élastiques solides, mais lâchement unis entre eux, et, à l'inverse de ce que nous avons vu aux paupières, les espaces qu'elles circonscrivent sont clairs, c'est-à-dire ne sont pas comblés par du fin tissu élastique. Cette couche s'étend presque jusqu'au-dessous de l'épithélium, dont elle reste à peu près distincte, bien qu'elle n'en soit séparée que par une faible quantité de tissu cellulaire. La disposition que nous venons de décrire est éminemment favorable à l'infiltration de la conjonctive oculaire; celle-ci est encore favorisée par les sinuosités très accentuées des fines ramifications vasculaires qui s'étalent au-dessous de l'épithélium de cette membrane (Hoppe).

Épithélium. — L'épithélium conjonctival présente sur la conjonctive palpébrale et jusqu'au fond du cul-de-sac le type cylindrique, et sur la conjonctive oculaire, le type pavimenteux stratifié.

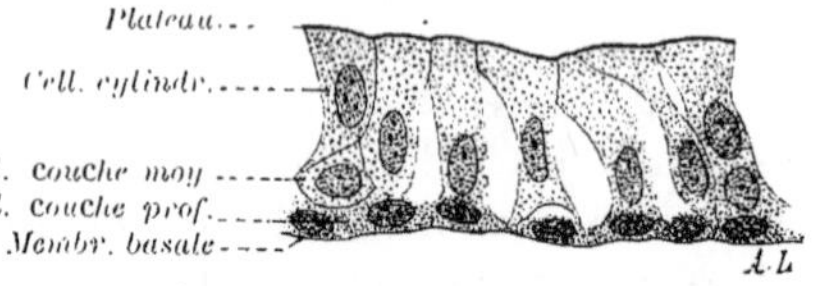

Fig. 745. — Épithélium de la conjonctive tarsienne de l'homme. (D'après Villard.)

L'épithélium cylindrique, plus ou moins épais, est formé généralement de deux couches : l'une, superficielle, de cellules cylindriques, et l'autre, profonde, de cellules plus ou moins arrondies.

Les cellules cylindriques, de forme plutôt pyramidale, moins larges par leurs extrémités profondes, qui confinent par leurs prolongements à la membrane basale lorsqu'il n'existe que deux couches, ont leurs bases situées à la surface libre de l'épithélium. Celles-ci s'unissant entre elles par leurs bords libres au moyen d'un ciment résistant, il en résulte à la surface de l'épithélium une sorte de cuticule partout continue, qui est la seule partie continuant à relier entre elles les cellules ayant subi l'action d'un réactif dissociant (Villard).

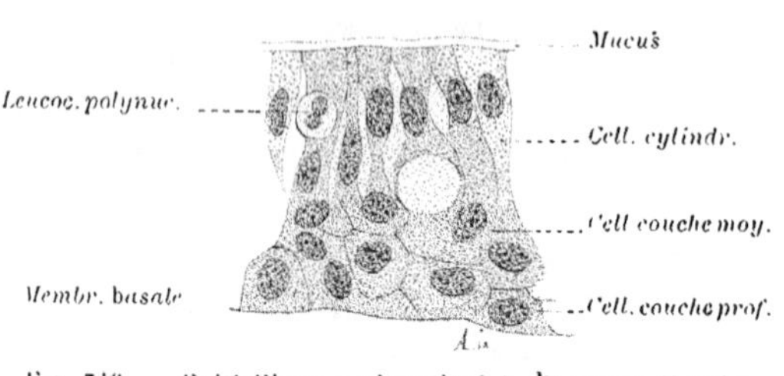

Fig. 746. — Épithélium conjonctival de l'homme, Fornix supérieur. (D'après Villard.)

Immédiatement au-dessous de cette cuticule, on voit les corps des cellules cylindriques s'écarter les uns des autres pour faire place aux cellules épithéliales de la profondeur. Leurs noyaux ovales occupent dans chacune un niveau différent.

Vers la surface, le protoplasma de ces cellules finement granuleux s'épaissit légèrement pour former à chacune de celles-ci une sorte de plateau qu'il ne faut pas confondre avec la mince couche hyaline amorphe de mucus surmontant assez souvent celui-ci.

D'après Pfitzner (*Zeitschr. f. Biologie*, 1896), qui a surtout étudié la coujonctive du cul-de-sac, ce plateau serait strié verticalement comme celui de l'épithélium intestinal.

La couche des cellules profondes est généralement simple, sauf dans la région du cul-de-sac, et tout près du bord libre des paupières, où vient s'interposer une couche moyenne formée d'une ou de plusieurs rangées de cellules polygonales.

Le noyau des cellules de la couche profonde, ovale et parallèle à la surface basale, prend les réactifs colorants avec une intensité plus considérable que les noyaux des autres cellules (Villard).

Poncet (de Cluny), Stöhr, et après eux Villard, ont décrit dans l'épithélium conjonctival des globules blancs migrateurs qu'il n'est pas rare de rencontrer entre les cellules cylindriques.

L'épithélium pavimenteux stratifié qui revêt la face antérieure de la conjonctive bulbaire mérite d'abord une description spéciale au niveau du limbe cornéen. Dans cette dernière région, la couche profonde ou *génératrice* (Villard), facile à reconnaître par l'intensité particulière avec laquelle se colorent ses noyaux, est formée de cellules cylindriques basses : dans celles-ci, le noyau, de forme ovalaire et perpendiculaire à la membrane sous-jacente, remplit presque entièrement le corps de la cellule.

La couche moyenne se compose de cellules polygonales superposées en rangées, dont le nombre varie dans chaque zone suivant l'épaisseur de l'épithélium.

La couche superficielle comprend une ou deux rangées de cellules très aplaties, à noyau fortement coloré; parmi ces cellules, on en voit quelques-unes se détacher çà et là de l'épithélium.

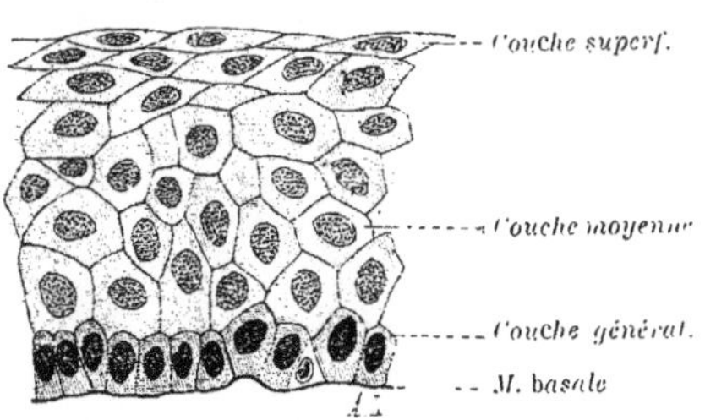

Fig. 747. — Épithélium de la conjonctive bulbaire de l'homme au voisinage de la cornée. (D'après Villard.)

Dans l'épithélium conjonctival qui s'étend du cul-de-sac au limbe cornéen, on retrouve à peu près les mêmes caractères; mais la couche superficielle, au lieu d'être formée de cellules aplaties, se trouve composée d'une couche de cellules cubiques ou même cylindriques, établissant entre l'épithélium du cul-de-sac et celui de la conjonctive bulbaire un lien de transition insensible, à tel point qu'à partir d'un endroit rapproché de 5 à 6 millimètres du fond du cul-de-sac, l'épithélium stratifié redevient nettement cylindrique comme à la conjonctive palpébrale (Villard).

Les cellules de la couche génératrice et quelques cellules de la couche moyenne de la conjonctive bulbaire, présentent autour de leurs noyaux des *granulations pigmentaires*, disposées en croissant du côté de la profondeur. Celles-ci, absentes au niveau du cul-de-sac, deviennent de plus en plus nombreuses en approchant du limbe cornéen où elles sont le plus développées. On les trouve chez les bruns en plus grande abondance, et Pergens (*Annales d'oculist.*, CXX, p. 42, 1898) les a vues, chez le nègre, former au niveau de deux pinguéculas développés à leur place habituelle, des taches pigmentaires noires de différents diamètres, et déterminer, par leur abondance au niveau du limbe cornéen, un véritable anneau foncé périkératique. Au niveau des taches et de cet anneau, le pigment envahit jusqu'aux cellules épithéliales superficielles. Cette particularité ne serait pas spéciale au nègre; Pergens a retrouvé en effet l'anneau noir périkératique chez la plupart des hommes et des animaux des régions qui s'éloignent le moins de l'équateur.

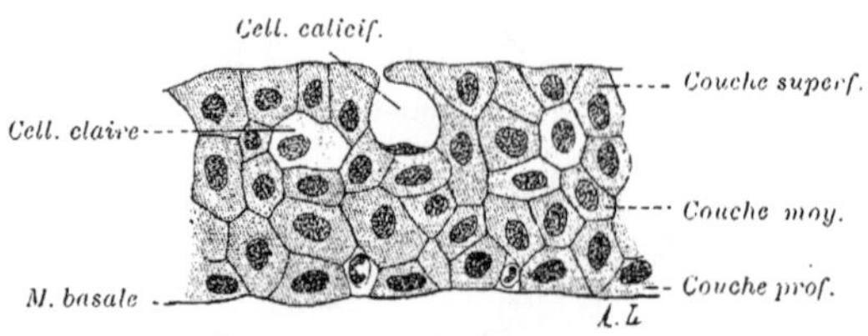

Fig. 748. — Épithélium du feuillet postérieur de la conjonctive de l'homme. (D'après Villard.)

L'épithélium de la conjonctive présente encore çà et là, au sein de ses diverses couches, des cellules ovalaires plus claires, pouvant atteindre jusqu'à 25 μ, à noyau et à protoplasma aplatis refoulés vers la profondeur, et à contenu semblable à celui des cellules à mucus. Celles de ces cellules qui occupent la couche épithéliale la plus superficielle offrent la plus grande analogie de structure avec les cellules caliciformes de l'intestin. Aussi leur a-t-on donné le nom de *cellules caliciformes*; celles-ci s'ouvrent à la surface par un orifice à contour circulaire parfaitement net, de 3 à 4 μ. Les cellules qui, remplies de mucus et dépourvues encore d'orifice, occupent les couches profondes de l'épithélium, sont destinées à les remplacer. — Les cellules caliciformes sont surtout abondantes dans la conjonctive bulbaire et dans celle du cul-de-sac; à partir de cette région, elles deviennent dans la conjonctive palpébrale de plus en plus rares, à mesure qu'on approche du bord libre des paupières. Leedham Green (*Arch. f. Opht.*, XL, 1894) qui a pu les observer chez la plupart des mammifères, chez l'enfant et jusque chez le fœtus, les considère comme des éléments normaux de la conjonctive. Pour Pfitzner, ces éléments seraient analogues aux cellules de Leydig, qu'on rencontre dans l'épiderme d'un grand nombre de vertébrés à vie aquatique, tels que certains poissons et larves de Batraciens.

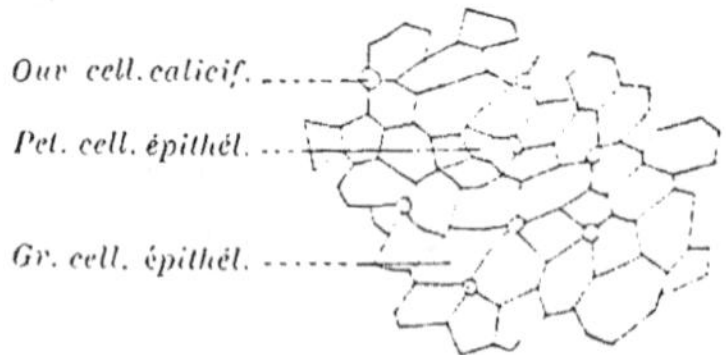

Fig. 749. — Epithelium de la conjonctive de l'homme, vu de face. (D'après Villard.)

Pour compléter cette étude, nous devons encore dire un mot de certains caractères que présente l'épithélium conjonctival au niveau de ses *deux zones de transition*, d'une part avec l'épithélium cornéen, et d'autre part avec l'épiderme du bord libre de la paupière.

Vers le bord de la cornée, les cellules épithéliales comblent les intervalles compris entre les papilles qu'on observe dans cette région, de telle sorte que la surface de l'épithélium apparaît lisse.

Vers le bord libre de la paupière et jusqu'à 0 mm. 6 au-dessus de ce bord, il en est également de même, et l'épaisseur de l'épithélium qui était, sur la face postérieure du tarse, de 40 μ, atteint ici 55 à 60 μ par accroissement des couches de la portion moyenne. De plus, les cellules cylindriques superficielles s'inclinent de plus en plus vers le bord libre, de manière à se recouvrir légèrement en se couchant les unes sur les autres, ce qui permet d'arriver ainsi par transitions insensibles à l'épithélium superficiel aplati de l'épiderme de ce bord libre. Ces caractères se poursuivent même dans la zone de l'espace intermarginal qui confine directement en arrière à la lèvre postérieure du bord libre. Dans cette dernière zone, large environ de 0 mm. 3, les cellules épidermiques superficielles, par suite de l'absence d'éléidine dans les cellules sous-jacentes, ne subissent pas l'imprégnation de la substance cornée (Villard).

Glandes de la conjonctive. — On décrit dans la conjonctive trois sortes de glandes : 1° les glandes acino-tubuleuses de Krause et de Ciaccio, qui appartiennent à la conjonctive du cul-de-sac et à la portion de la conjonctive palpébrale voisine du bord convexe du tarse ; 2° les glandes tubuleuses de Henle, limitées à cette dernière région ; 3° les glandes utriculaires de Manz, signalées chez les animaux par ce dernier auteur, tout près de la circonférence de la cornée, mais plus contestées chez l'homme, ainsi que nous le verrons plus loin.

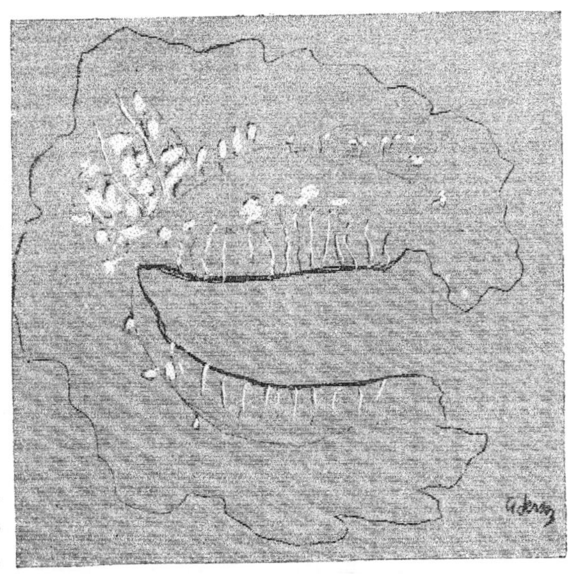

Fig. 750. — Glandes de Krause et de Ciaccio. (D'après A. Terson.)

1° *Glandes acino-tubuleuses de Krause.* — Ces glandes, décrites d'abord par C. Krause (*Hdb. Anat. des Mensch.*, II, 1842), puis par Sappey (*Gaz. méd. de Paris*, 1853), W. Krause (*Zeitschr. f. ration. Medicin.*, 1854), Kleinschmidt (*Arch. f. Opht.*, IX, 1863), Ciaccio (*Cong. umana*, Bologne, 1874), ont fait de nouveau l'objet d'une étude spéciale de la part de A. Terson (*Th. doct.*, Paris, 1892), et plus récemment de Hocevar (*Wiener medicin. Wochenschr.*, 1900).

Les glandes acino-tubuleuses de Krause, disséminées dans le cul-de-sac conjonctival et, dans le tarse, près de l'extrémité distale des glandes de Meibomius, diminuent de nombre en allant de l'angle externe vers l'angle interne de l'œil. A la paupière inférieure, on les trouve surtout dans la région voisine de l'angle externe, et du côté nasal, rarement au delà du milieu de cette paupière. Par leur ensemble, elles forment donc une sorte de fer à cheval, à con cavité dirigée en dedans et en bas, embrassant la commissure externe des paupières et la portion tarsienne de celles-ci

Au nombre de 25 à 30, elles occupent presque toutes la paupière supérieure : la paupière inférieure n'en possède guère au delà de 5 à 6, le plus souvent cantonnées près de la commissure externe, mais pouvant s'étendre en dedans jusqu'au milieu de cette paupière. Leur forme est généralement arrondie ou ovalaire, et leur volume assez variable. A la paupière supérieure on les voit disposées en deux séries parallèles : l'une, supérieure, de beaucoup la plus importante, répondant au cul-de-sac ; l'autre, inférieure, en rapport avec les extrémités distales des glandes de Meibomius. Les glandes de cette dernière série, étudiées d'abord par Wolfring (*Med. Centralbl.*, 1872), ont été, deux années plus tard, bien décrites par Ciaccio aussi Villard propose-t-il de leur donner le nom de *glandes de Ciaccio* réservant plus spécialement celui de *glandes de Krause* aux formations glandulaires acino-tubuleuses qui siègent dans la conjonctive du cul de-sac.

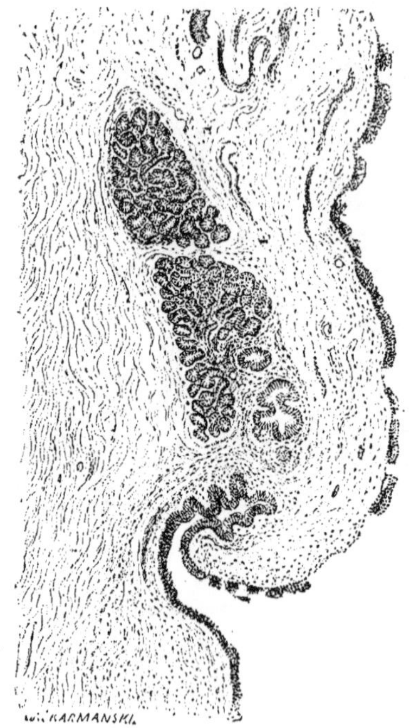

Fig. 751. — Coupe d'une glande conjonctivale de Krause. (D'après A. Terson.)

Les *glandes de Krause*, au nombre de 15 à 20, forment une série parallèle au cul-de-sac ; c'est principalement aux deux extrémités de cette série, et surtout vers son extrémité externe, qu'on les trouve plus nombreuses et plus développées, tandis qu'elles s'espacent en devenant plus petites vers le milieu du bord convexe du tarse. Leur volume varie en moyenne de 0 mm. 5 à 1 mm. 5 ; mais on en trouve de beaucoup plus petites. Le tissu conjonctif qui les entoure ne leur forme jamais une coque fibreuse et résistante comme aux glandes acino tubuleuses plongées dans l'épaisseur du tarse. Nous avons vu qu'elles sont simplement entourées du tissu de la couche profonde ou fibreuse du derme de la conjonctive.

Les *glandes de Ciaccio*, moins nombreuses, et trois ou quatre fois plus volumineuses que les précédentes, s'observent aux deux paupières, bien que beaucoup plus rares dans la paupière inférieure. A la paupière supérieure, elles occupent, au nombre de 2 à 5, la partie moyenne du bord convexe du tarse, dans l'épaisseur et jusque sur la face antérieure duquel (Wolfring) on les voit se placer, à côté des extrémités distales des glandes de Meibomius dont les acini s'intriquent souvent avec leurs lobules. Ceux-ci sont toujours emprisonnés dans une coque fibreuse solide et résistante, comme cela arrive pour les glandes de Meibomius (Villard).

Les glandes de Krause et de Ciaccio présentent une structure absolument analogue à celle de la glande lacrymale. La seule différence réside dans la forme de leurs canaux excréteurs, généralement larges et tortueux.

En 1900, Mathias Hocevar a pu, par des coupes sériées de paupières allant de la peau de la tempe jusqu'à l'angle interne de l'œil, aboutir aux conclusions que voici :

On trouve dans le tissu conjonctif *sous cutané* qui s'étend en dehors de l'angle externe de l'œil, de même que dans le tissu conjonctif sous-cutané et sous-conjonctival de la paupière supérieure et de la moitié externe de la paupière inférieure, des lobules aberrants détachés de la glande lacrymale et entourés, comme celle-ci, d'une coque fibreuse. Ces lobules aplatis et arrondis se disposent isolement ou par groupes dans la zone qui répond au cul-de-sac conjonctival. On trouve fréquemment dans leur structure, chez l'adulte, du tissu adénoide, comme dans la glande lacrymale, et leurs conduits excreteurs s'ouvrent en majeure partie dans la portion temporale du cul-de-sac conjonctival.

Outre ces lobules, nous trouvons encore aux mêmes endroits dans les mailles du tissu conjonctif des éléments glandulaires acino-tubuleux de très petites dimensions, isolés ou groupes et privés de conduits excréteurs, ce qui, au point de vue de la sécrétion, en fait des « éléments stériles ». Ces lobules paraissent également détachés des glandes lacrymales; mais, pendant leur développement embryogénique, la proliferation active du tissu conjonctif autour d'eux les aurait complètement isolés de celles-ci, en les privant ainsi de leurs voies d'excrétion.

Enfin l'auteur décrit des glandes conjonctivales et des glandes para ou même intra-meibomiennes s'ouvrant au fond des sillons de la conjonctive tarsienne, et qui répondent aux deux types de notre description précédente. Celles-ci se rattachent également, par leur structure et leur topographie, à la glande lacrymale, comme les glandes acino-tubuleuses de la bouche, aux glandes salivaires.

2° *Glandes tubuleuses de Henle.* — Admises par un grand nombre d'anatomistes (Henle, Ciaccio, Reich, etc.) et rejetées par d'autres (Stieda, Sappey,

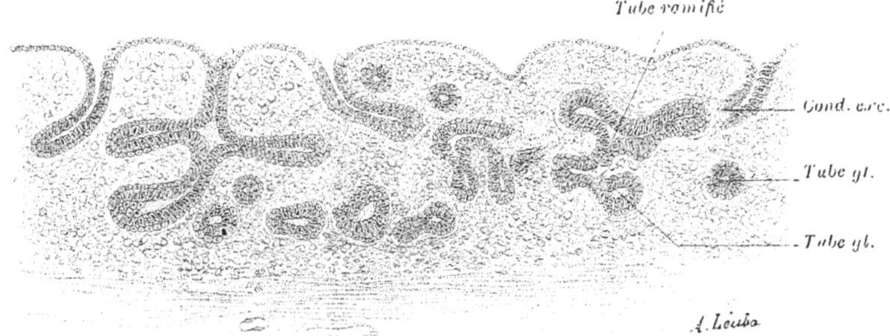

Fig. 752. — Glandes tubuleuses de Henle, dans la portion sus-tarsale de la conjonctive. (D'après Reich.)

Waldeyer, A. Terson, etc.), ces glandes ont été souvent confondues, sur les préparations histologiques de la conjonctive, avec la coupe transversale de sillons parallèles au bord palpébral. Zaluskowski (*Arch. f. mikrosk. Anat.*, 1887), qui admet leur existence et les range dans la catégorie des glandes muqueuses, décrit à côté d'elles des amas épithéliaux de même origine qui pourraient les remplacer dans une certaine mesure. On les rencontre surtout dans la conjonctive qui tapisse la face postérieure des paupières dans le voisinage du bord convexe du tarse. A cet endroit, l'épithélium fournit des invaginations en forme de doigts de gant, analogues aux glandes de Lieberkühn, dans lesquelles les cellules épithéliales offrent les mêmes caractères et la même disposition qu'à la surface; ainsi on y distingue deux couches de ces cellules : l'une, centrale, formée d'éléments cylindriques; l'autre, périphérique, composée d'éléments plus ou moins arrondis à noyau fortement coloré par les réactifs. Au milieu de ces éléments on trouve des cellules caliciformes. Ces glandes, souvent bifurquées, se terminent dans la profondeur par des extrémités arrondies, plus ou moins renflées. Les seuls caractères qui différencient leurs éléments de ceux de l'épithélium de la surface sont : une hauteur plus grande des cellules cylindriques, l'absence de plateau sur la surface libre de celles-ci, enfin la situation de leur noyau situé dans chacune de ces cellules à un même niveau (Villard), qui répond généralement au milieu du corps cellulaire.

3° *Glandes utriculaires de Manz.* — Décrites d'abord par Manz (*Zeitschr. f. ration. Medicin.*, 1859) chez le porc, vers le bord de la cornée, puis par Stromeyer (*Deutsche Klinik*, 1859) chez d'autres animaux, et enfin, chez l'homme, par ce dernier auteur, par Henle et par Ciaccio, ces glandes ont été contestées dans notre espèce par Manz, W. Krause et Kleinschmidt. — Blumberg (*Inaug. Dissert.*, Dorpat, 1867) les considère chez nous comme des productions liées au trachome, et Waldeyer (*Gräfe-Sämisch*, Bd I, 1874), comme des amas épithéliaux logés dans des sortes de nids creusés au sein du derme de la conjonctive. Théodoroff qui, en 1895, a repris leur étude chez l'homme (*Centralbl. f. prakt. Augenheilk.*, XIX, 257), arrive aux conclusions que voici :

Les glandes de Manz existent dans notre espèce à toutes les périodes de la vie, même chez le fœtus. De forme ovalaire ou arrondie, avec une lumière centrale claire, elles offrent des dimensions assez variables. On les trouve disséminées, parfois cependant disposées par paires, dans toutes les parties de la conjonctive, mais principalement dans sa portion tarsienne: tout à fait près du bord de la cornée, elles deviennent excessivement rares. Leur nombre oscille en général entre 18 et 30 à chaque paupière. — Sur des coupes transversales de la paupière, elles offrent l'aspect de cavités dilatées en forme de cul-de-sac, situées au-dessous de l'épithélium, à la surface duquel elles s'ouvrent par un goulot rétréci. Limitées extérieurement par une membrane hyaline, leur cavité est tapissée par un épithélium cylindrique stratifié à plusieurs couches. La cavité elle-même renferme du mucus au sein duquel flottent quelques cellules libres à côté d'autres produits de désintégration.

Chiari (*Archivio di Ottalmologia*, X, p. 270, 1903) conteste aux formations décrites par Théodoroff la nature de véritables glandes. De même que Manz qui, le premier, les a observées chez le porc, Chiari pense que de pareilles formations sont dues à la rétraction par places de la conjonctive, lorsque, pour l'examen, on dissèque celle-ci afin de la séparer des couches sous-jacentes.

En outre, l'auteur précédent estime que le nom de *glandes de Manz* donné par Kleinschmidt (*Arch. f. Ophth.*, X, 1863) à ces formations utriculaires devrait être exclusivement réservé aux vraies glandes, semblables à des glandes sudoripares, que Meissner d'abord, puis Manz, ont décrites vers le bord inférieur et interne de la cornée chez le veau et chez la chèvre. Ces dernières glandes n'ont pu être observées chez l'homme que dans certains cas tératologiques exceptionnels qu'on trouve relatés dans un travail assez récent de Falchi (*Arch. für Augenheilk.*, Bd XL, Heft 1, 68-80).

VAISSEAUX. — 1° *Artères.* — La plus grande partie des rameaux artériels qui se distribuent à la conjonctive provient des branches postérieures perforantes de l'arcade périphérique ou arc externe du tarse, déjà décrit avec les vaisseaux des paupières. Deux zones seulement de la muqueuse conjonctivale, larges chacune de 3 à 4 millimètres, reçoivent leur sang artériel de sources différentes : l'une de celles-ci, formant ourlet (*Randschlingensaum*, de Fuchs) autour de l'orifice palpébral, se trouve en effet artérialisée par des rameaux des branches postérieures perforantes de l'arcade marginale ou arc interne du tarse; l'autre, située autour du bord de la cornée, est nourrie par des rameaux artériels provenant des artères ciliaires antérieures, branches des musculaires.

Les artères de la conjonctive ont surtout été bien étudiées par Leber (*Gräfe-Sämisch'*, II), van Wœrden (*Bijdrage tot de Kennis der uitwendig zigtbare Vaten van het. Osg. Diss.*, Utrecht, 1864), Langer, Fuchs, etc.

a. Les branches artérielles perforantes provenant *de l'arc externe du tarse*, fournissent d'abord des rameaux récurrents pour la conjonctive qui tapisse la face postérieure de celui-ci, et des rameaux directs qui gagnent le cul-de-sac autour duquel ils se réfléchissent pour venir, sous le nom d'*artères conjonctivales postérieures*, s'épuiser dans la plus grande partie de la conjonctive bulbaire. Ces rameaux nombreux, arborescents, situés dans la couche fibreuse du derme de la conjonctive, finissent par se résoudre en un réseau capillaire à larges mailles dans les couches superficielles de celles-ci; de ce réseau se détachent les anses capillaires qui vont se rendre aux papilles, là où celles-ci se rencontrent.

A une certaine distance du bord convexe du tarse, les rameaux artériels nés des branches perforantes postérieures de l'arc externe, commencent à diminuer de plus en plus d'importance, à tel point que la conjonctive, qui paraissait rouge dans la région tarsienne, voit sa coloration diminuer graduellement au niveau du cul-de-sac, pour disparaître entièrement sur le globe de l'œil; ce n'est que dans des cas de forte hypéremie qu'on la voit reparaître dans cette dernière région. Au niveau de la conjonctive bulbaire, les rameaux artériels sont mobiles avec celles-ci. Enfin, à 3 ou 4 millimètres de la cornée, on les voit s'anastomoser avec les rameaux provenant des ciliaires postérieures.

Dans la portion tarsienne de la conjonctive palpébrale, les capillaires présentent, d'après Langer, des dilatations latérales irrégulières de leurs parois analogues à celles qu'on observe sur les capillaires du palais et du pharynx, chez la grenouille et le crapaud. Dans la zone pourvue de papilles qui s'étend au-dessus du bord convexe du tarse, Hyrtl (*Wien. medicin. Wochenschr.*, 1850) a démontré que la branche descendante des anses capillaires est deux fois plus large que la branche ascendante : disposition favorable à une sorte de stase veineuse qui deviendrait la cause d'une transsudation séreuse à travers la conjonctive normale.

b. Tout autour de l'orifice palpébral, dans la zone marginale pourvue de papilles, les rameaux artériels provenant des branches perforantes postérieures de l'*arc interne du tarse*, forment un réseau à mailles plus larges que dans la conjonctive tarsienne; les mailles de ce réseau vont même en s'élargissant à mesure qu'on se rapproche du bord libre de la paupière; une grande partie des troncules qui s'en détachent se rend perpendiculairement vers ce bord libre; ces derniers abandonnent, chemin faisant, aux papilles qu'ils rencontrent, des anses d'abord courtes, puis de plus en plus longues, qui se

[PICOU.]

disposent ainsi en séries longitudinales et parallèles. Les veinules, plus volumineuses, qui accompagnent ces dernières divisions artérielles, affectant le même arrangement que celles-ci, il en résulte au-dessus de l'arête postérieure du bord libre une disposition pectinée déjà signalée par Eble. Ce riche développement du système vasculaire dans la zone de transition du bord libre à la conjonctive, fait paraître constamment cette zone plus rouge que les autres régions de la muqueuse conjonctivale, comme il est facile de s'en rendre compte par l'examen d'une paupière retournée, et cela aussi bien sur le cadavre que sur le vivant (Langer).

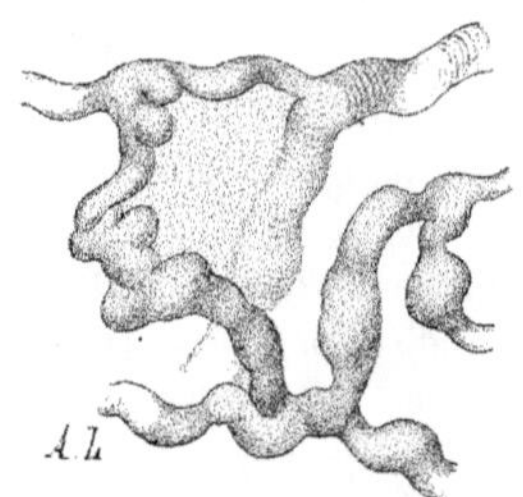

Fig. 753. — Capillaires de la conjonctive. (D'après Langer.)

c. La zone de la conjonctive bulbaire voisine du bord de la cornée reçoit ses artérioles des *ciliaires antérieures*. Celles-ci, plus faciles à distinguer que les vaisseaux conjonctivaux postérieurs, sont également plus profondes; elles ne participent pas, comme ces derniers, aux mouvements de la conjonctive et, au niveau du cercle irido-cornéen, elles semblent cesser brusquement par suite de leur réflexion en arrière vers le grand cercle artériel de l'iris qu'elles con-

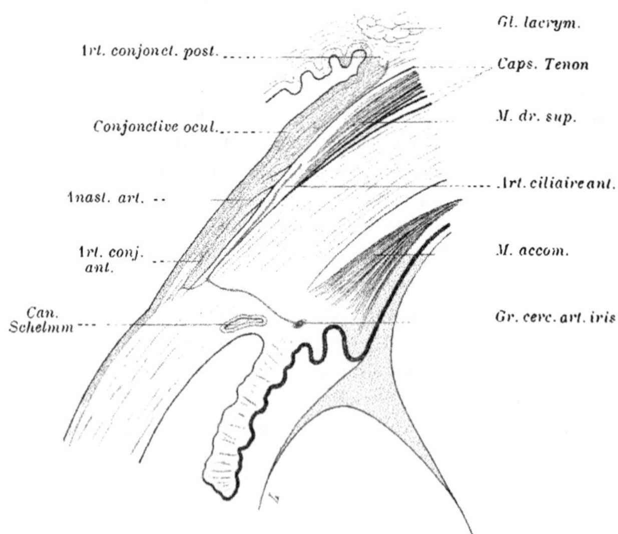

Fig. 754. — Circulation de la conjonctive bulbaire (schématique).

courent à former. C'est au niveau de ce point de réflexion qu'il s'en détache les *artères conjonctivales antérieures*. Ce point est rendu plus apparent pendant la vie par la présence de cellules pigmentaires qui accompagnent les artères ciliaires dans leur trajet intrasclérotical vers la profondeur (Merkel). Les artères conjonctivales antérieures se portent d'abord en avant vers la face profonde de la conjonctive oculaire. Arrivées à ce niveau, elles se divisent et s'anastomosent entre elles en formant des arcades parallèles au bord de la cornée. De ces arcades se détachent régulièrement à angle droit de très fins rameaux qui se portent, d'une part vers celle-ci, et d'autre part vers les dernières divisions des artères conjonctivales postérieures; à 3 ou 4 millimètres du bord de la cornée, elles s'anastomosent avec celles-ci, après avoir fourni des ramuscules excessivement ténus au réseau capillaire sous-conjonctival du limbe cornéen. Ces vaisseaux s'injectent toujours dans les affections inflammatoires de l'iris et de la cornée, qui paraît dans ce cas entourée d'une bandelette rosée connue sous le nom de *cercle périkératique*.

Les artères ciliaires antérieures proviennent des artères des muscles droits, lesquelles sont au nombre de deux pour chacun de ces muscles, à l'exception du droit externe qui n'en possède qu'une seule. Malgré la profondeur de leur situation, on les aperçoit bien par transparence, à travers la conjonctive bulbaire, de la circonférence postérieure de laquelle on les voit se détacher pour s'avancer concentriquement vers le bord de la cornée.

2° *Veines*. — Les veines, au nombre d'une ou deux pour chaque artère, accompagnent généralement celle-ci. Celles de la conjonctive palpébrale, de la conjonctive du cul-de-sac et de la majeure partie de la conjonctive oculaire, vont se jeter dans les veines palpébrales. Nous avons vu que celles-ci, par l'intermédiaire de l'arcade veineuse du bord convexe du tarse, aboutissent aux veines du muscle releveur et des muscles droits.

Dans le territoire de la conjonctive oculaire irrigué par les artères ciliaires antérieures, les veines, également au nombre d'une ou deux pour chaque artère, vont se jeter, en accompagnant celle-ci, dans les veines des muscles droits. Ces dernières sont tributaires de la veine ophtalmique. — Les veines ciliaires antérieures, moins apparentes et beaucoup plus ramifiées que les artères correspondantes, forment autour de la cornée, dans une étendue de 5 à 6 millimètres, une sorte de *réseau épiscléral*, réseau plexiforme à mailles serrées, qui devient bien apparent dans les cas d'hyperémie (Merkel).

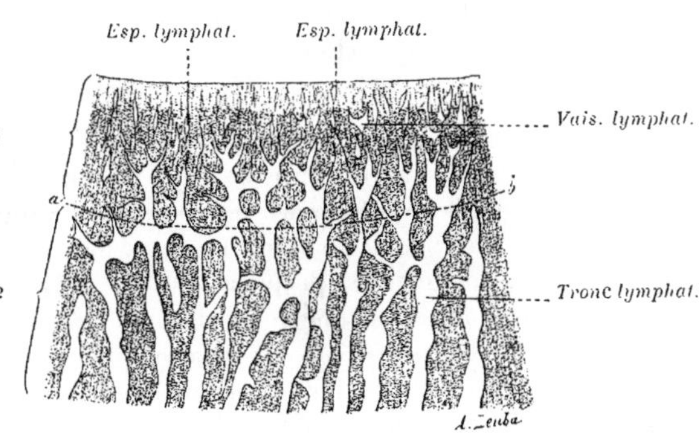

FIG. 755. — Vaisseaux lymphatiques des conjonctives sclérale (2) et cornéenne (1) injectés. (D'après Waldeyer.)

3° *Lymphatiques*. — Les lymphatiques de la conjonctive, bien étudiées par Teichmann (*Das Saugadersystem.*, Leipzig, 1861), Leber (*Monatsbl. f. Augenheilk.*, 1866), Sappey, Fuchs, etc., forment dans le derme de cette muqueuse deux réseaux reliés entre eux par des anastomoses perpendiculaires ou obliques. L'un, superficiel, situé immédiatement au-dessous des capillaires sanguins, se compose de capillaires lymphatiques fins ou de petit diamètre. L'autre, profond, placé à la limite des deux couches du derme de la conjonctive, est formé de capillaires lymphatiques d'un plus grand diamètre. Les plus gros de ces derniers occupent dans le derme la couche profonde ou fibreuse, et quelques-uns possèdent des valvules (LEBER, *Gräfe-Sämisch'*, XI, Bd II, 1903).

Dans la région du limbe cornéen, les capillaires lymphatiques, d'un calibre très minime, forment un réseau étroit à mailles très serrées. Ce réseau s'élargit à sa périphérie, en même temps que l'on voit augmenter le calibre des capillaires qui le forment. Vers le bord de la cornée on le voit communiquer directement avec les lacunes et les canaux lymphatiques de celle-ci (Leber, Waldeyer).

Les troncules lymphatiques nés des réseaux précédents cheminent dans la couche profonde du derme de la conjonctive, et se dirigent vers les commissures palpébrales, où ils viennent s'unir aux lymphatiques des paupières. Comme ces derniers, ils vont se jeter : en dedans dans les ganglions sous-maxillaires, en dehors dans les ganglions parotidiens.

NERFS. — Les nerfs de la conjonctive proviennent : en dedans, du nerf nasal externe; autour de la cornée, des nerfs ciliaires; et en dehors, du nerf lacrymal. Ce dernier prend à l'innervation de la conjonctive une part beaucoup plus considérable qu'à celle des paupières. Les filets des nerfs ciliaires destinés à la zone de la conjonctive qui entoure la cornée, traversent la sclérotique à 5 ou 6 millimètres du bord de celle-ci. Ils forment à la face profonde de la conjonctive oculaire un riche plexus délicat, dont les divisions ultimes viennent aboutir à des corpuscules de Krause ou se terminent librement dans l'épithélium. Ces modes de terminaison s'observent d'ailleurs également dans les autres portions de la muqueuse conjonctivale; nous allons avoir à y revenir.

En traitant par l'acide osmique des lambeaux de la conjonctive étalée, il est facile de voir les nerfs à myéline, colorés par cet acide, se distribuer sous forme de ramifications déliées au sein du tissu conjonctival (Villard).

Terminaisons par extrémités libres. — D'après Dogiel, les fibres nerveuses, parvenues à une certaine distance de l'épithélium, perdent pour la plupart leurs gaines de myéline et forment, par leurs ramifications dirigées dans tous les sens, un premier plexus qu'on peut suivre, dans les couches superficielles du derme de la conjonctive, jusqu'au-dessous de l'épithélium. De ce *plexus sous-épithélial* se détachent une foule de fines ramifications secondaires sans myéline qu'on voit elles-mêmes se résoudre, au-dessous de la base des cellules de la couche épithéliale la plus profonde en divisions variqueuses plus ou moins ténues. Ces dernières, s'unissant les unes aux autres, forment des mailles serrées qui encadrent les bases des cellules épithéliales. C'est le *plexus inter-épithélial*, duquel se détachent de très petites fibrilles finement variqueuses dont la plupart pénètrent, en serpentant, entre les cellules épithéliales dans lesquelles un certain nombre paraissent se terminer librement (Dogiel, Bach, Pensa).

D'après Bach, les plexus que nous venons de décrire offriraient un développement tout à fait remarquable, en deux régions de la conjonctive palpébrale.

répondant : l'une, au bord convexe du tarse, et l'autre, au bord libre de la paupière. Au sein de ces plexus, Pensa mentionne la présence de certaines formations assez semblables à celles qu'un grand nombre d'auteurs (Retzius, Fusari) décrivent comme cellules ganglionnaires. Autour des glandes de Krause, Pensa a pu, en outre, observer un véritable réseau nerveux qui, dans chacune de ses mailles, comprenait une cellule glandulaire; de ce réseau se détachaient de fines fibrilles variqueuses pénétrant entre les cellules et venant même se terminer librement dans leur intérieur. Enfin, au niveau de la caroncule lacrymale, Merkel signale des terminaisons nerveuses dans les gaines des poils follets de cette région.

Terminaisons par corpuscules de Krause. — Certains auteurs ont décrit dans la conjonctive des corpuscules de Pacini et de Meissner, qu'on observe principalement chez les animaux. Chez l'homme, W. Krause, en 1858, et après lui Ciaccio, Longworth (*Arch. f. mikr. Anat.*, 1875), Poncet (*Arch. de physiol.*, 1875), Suchard (*Arch. de physiol.*, 1884), et Dogiel ont décrit dans la conjonctive des corpuscules qui se rapprochent par leur structure de ceux de Meissner : ce sont les *corpuscules de Krause*. Ceux-ci abondent surtout dans le domaine du nerf lacrymal, c'est-à-dire dans la partie supéro-externe de la conjonctive (Ciaccio, Poncet); mais on les trouve aussi en assez grand nombre dans la région du limbe cornéen, innervée par les nerfs ciliaires. Là où ils existent en plus grande abondance, on en trouve de 5 à 6 par 40 millimètres carrés. Leur forme est généralement ovoïde, à grand axe parallèle à celui de la papille, ou plus ou moins perpendiculaire à l'arête du pli conjonctival qui les contient. Il y en a de deux espèces : les uns petits, de 20 à 40 μ, occupent surtout les papilles du bord libre; les autres, plus considérables, de 40 à 80 μ, peuvent se rencontrer dans toutes les régions de la conjonctive. Ils siègent presque toujours à très peu de distance de l'épithélium : aussi les rencontre-t-on tout à fait au sommet des papilles et sous l'arête des plis microscopiques de la conjonctive tarsienne. Mais on en trouve également de plus profonds, comme par exemple à la base des plis précédents, ou dans la couche cellulaire lâche profonde de la portion orbitaire de la conjonctive. C'est même dans cette dernière région qu'on observe les plus volumineux; ces derniers peuvent être composés. Généralement cependant les corpuscules de Krause sont simples et isolés, bien que pouvant former de petits groupements de 5 ou 6 (Dogiel).

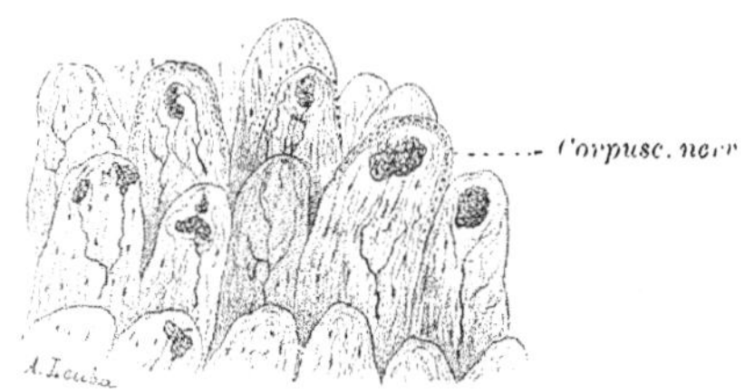

FIG. 756. — Papilles nerveuses de la partie marginale de la conjonctive palpébrale. (D'après Dogiel.)

Les corpuscules de Krause sont formés extérieurement d'une enveloppe à plusieurs couches de nature conjonctive, continues d'une part avec la gaine de Schwann, et d'autre part avec la gaine de Henle du nerf afférent (Longworth, Dogiel); entre celles-ci se trouvent enfouis les noyaux plats et ovales de minces cellules; ces dernières tapissent intérieurement la couche la plus interne qui s'applique directement sur la masse centrale. Celle-ci, formée d'une substance amorphe, finement granuleuse contiendrait des cellules interstitielles (Suchard), comparables aux cellules tactiles des corpuscules de Meissner; mais Dogiel n'a jamais pu, au sein de cette substance amorphe, découvrir d'autres cellules que celles qui tapissent la couche interne de la membrane d'enveloppe. Chaque corpuscule de Krause reçoit une, et parfois même deux fibres à myéline. En pénétrant dans la masse centrale, la fibre nerveuse afférente perd sa myéline, et décrit aussitôt dans cette masse une foule d'anses irrégulières, la plupart transversales, qui émettent de fines divisions; celles-ci se subdivisent elles-mêmes à leur tour et, par leur enchevêtrement avec les subdivisions voisines, forment une sorte de *lacis terminal* inextricable. Le cylindre-axe, ses divisions et ses subdivisions présentent de nombreux renflements de forme et de dimensions variées; ceux-ci peuvent occuper tous les points, jusqu'aux angles de bifurcation des fibrilles. Ces dernières ne se terminent pas toujours dans le corpuscule; on voit en effet certains corpuscules volumineux émettre à leur surface une, et quelquefois même deux ou plusieurs fibrilles efférentes; celles-ci vont se terminer dans un corpuscule voisin et peuvent même servir de lien anastomotique entre 2 ou 3 corpuscules; enfin, d'autres fibrilles efférentes iraient se terminer dans l'épithélium. Dogiel, qui décrit cette disposition, dit l'avoir souvent rencontrée dans la conjonctive bulbaire.

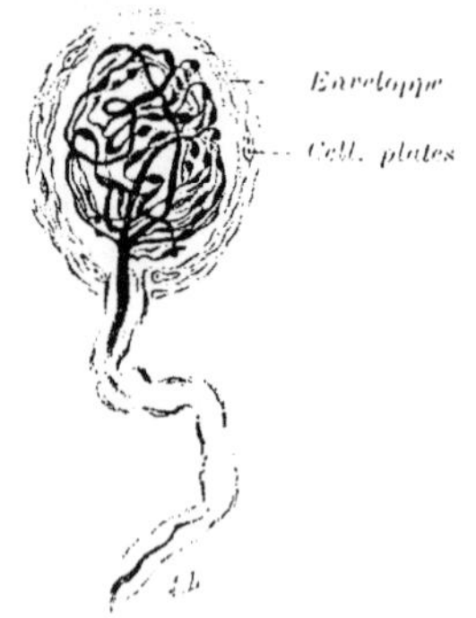

FIG. 757. — Corpuscule terminal de la partie orbitaire de la conjonctive. (D'après Dogiel.)

APPAREIL LACRYMAL

La protection du globe oculaire se trouve assurée du côté de la face non seulement par les paupières et la conjonctive, mais encore par un appareil dont les fonctions ont pour but de faciliter le glissement de ces parties sur l'hémisphère antérieur de l'œil, tout en maintenant à la surface de celui-ci un certain degré constant d'humidité nécessaire à la vitalité de son épithélium, privé de couche superficielle capable de le mettre à l'abri de l'action des corps étrangers et surtout de l'évaporation. Cet appareil a reçu le nom d'*appareil lacrymal*. Les vertébrés qui vivent dans l'eau (Poissons), étant placés dans des conditions propres à rendre cet appareil superflu, s'en trouvent naturellement privés.

Il ne suffit pas à la face antérieure de l'œil d'être humectée, il faut encore que le liquide qui la lubrifie et qui, pour prévenir l'évaporation, doit toujours se trouver en certaine quantité, puisse rapidement se débarrasser de son excédent au moyen de voies spéciales d'absorption. L'appareil lacrymal doit donc se composer : 1° d'organes sécrétant ce liquide; 2° de conduits destinés à en débarrasser l'œil, c'est-à-dire l'espace intra-conjonctival. L'appareil glandulaire destiné à sécréter le liquide qui baigne la conjonctive se montre d'abord dans la série des vertébrés à vie aérienne sous la forme d'une glande assez complexe occupant, chez le Triton, la paupière inférieure. A mesure qu'on s'élève dans la série des Vertébrés à sang froid, on voit la glande en question se développer de plus en plus vers les angles de l'œil qu'elle ne tarde pas à franchir pour venir, par ses deux extrémités, se loger dans la paupière supérieure, tandis que sa partie centrale s'atrophie considérablement. Celle-ci cependant persiste toujours chez les Vertébrés, même chez l'Homme, à l'état de vestiges représentés par les glandes sous-conjonctivales; quant aux deux parties extrêmes, elles servent à former : l'une, en dedans, la glande de Harder, et l'autre, en dehors, la glande lacrymale (Sardemann, *Zool. Anzeig.*, 1884). — Les conduits destinés à débarrasser la cavité de la conjonctive du liquide qui la baigne, conduits dont l'aboutissant est dans les fosses nasales, feront l'objet d'un chapitre spécial sous le titre de *Voies lacrymales proprement dites*. Bien que le liquide s'écoulant par ces voies soit produit par différents organes dont la plupart (glande de Hardes des vertébrés, à sécrétion blanchâtre, graisseuse, souvent presque solide, — glandes conjonctivales de Krause et de Ciaccio, — glandes tubuleuses de Henle, — glandes utriculaires de Manz, — cellules caliciformes) nous sont déjà connus, le seul organe sécrétant qu'on ait l'habitude de décrire chez l'homme avec l'appareil lacrymal, est la *glande lacrymale* dont le produit de sécrétion a reçu la dénomination plus spéciale de *larmes*.

GLANDE LACRYMALE

Définition. — La glande lacrymale, formée, comme les glandes en grappe, de lobules distincts appendus à des conduits collecteurs communs, est une glande tubuleuse composée, s'ouvrant par un certain nombre de canaux excréteurs dans la partie supéro-externe de la conjonctive du cul-de-sac, et ayant pour fonction de sécréter les larmes.

Caractères généraux. — L'aspect de la glande lacrymale est éminemment lobulé; mais, bien que ses caractères macroscopiques paraissent jusqu'à un certain point devoir la rapprocher des glandes salivaires, elle s'en distingue déjà par sa coloration plus foncée. Celle-ci, sur le vivant, serait jaune rougeâtre, et non pas fortement rosée comme le prétendent à tort la plupart des anatomistes (Holmes, *Arch. f. Augenheilk.*, Bd XXXIX, p. 175, 1899). Cette coloration serait d'ailleurs sujette à de grandes variations, depuis le ton jaune pâle de la cire jusqu'à la teinte hyperémique la plus accentuée (Kirschtein, *Dissert. inaug.* Berlin, 1894). Généralement cependant la couleur de la glande lacrymale paraît moins claire que celle du tissu adipeux de l'orbite. Aussi l'en distingue-t-on assez facilement chez l'adulte, mais moins facilement chez l'enfant où la coloration de la glande rappelle toujours plus ou moins la teinte pâle de la cire. Chez la femme, la glande lacrymale serait également d'une couleur plus claire que chez l'homme (Huschke, Kirschtein).

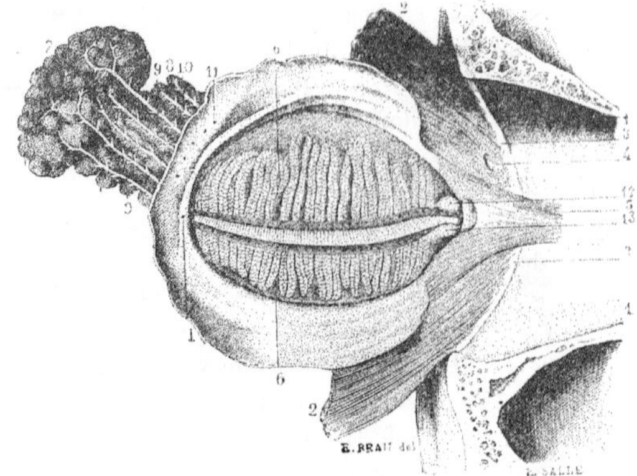

Fig. 758. — Les deux portions de la glande lacrymale, leurs conduits excréteurs; embouchure de ceux-ci. (D'après Sappey.)

1, paroi interne de l'orbite. — 2, muscle orbiculaire (partie interne). — 3, insertion de ce muscle à la partie interne du rebord orbitaire. — 4, anneau fibreux pour l'artère nasale et le nerf nasal externe. — 5. muscle de Horner. — 6. glande de Meibomius. — 7, portion orbitaire de la glande lacrymale. — 8, portion palpébrale de cette glande. — 9, conduits excréteurs de la glande lacrymale. 10, conduits excréteurs accessoires. — 11, embouchure de ces conduits.

Division. — D'une manière générale, la glande lacrymale occupe, presque en totalité, par rapport au squelette, la fossette lacrymale creusée sur la face inférieure de l'apophyse orbitaire externe de l'os frontal; cette fossette occupe, immédiatement en arrière de l'arcade orbitaire, la partie supéro-externe de l'orbite. Chez l'homme, le tendon du muscle releveur de la paupière supérieure et les expansions fibreuses rattachant au côté externe de l'orbite le bord externe de ce muscle et de son tendon ainsi que le bord externe du muscle droit supérieur, la divisent en deux parties : l'une supérieure, de beaucoup la plus importante, directement en rapport avec le squelette de l'orbite ; et l'autre inférieure, accessoire, en rapport avec le tissu cellulo-adipeux de la cavité orbitaire et la conjonctive du cul-de-sac. La première est décrite sous le nom de *portion orbitaire* (Sappey) [glande lacrymale supérieure de Rosenmüller, glande innominée de Galien, glande lacrymale orbitaire de Cruveilhier, groupe orbitaire de Béraud]; la seconde, sous le nom de *portion palpébrale* (Sappey) [glande lacrymale inférieure de Rosenmüller, glandes conglomérées de Monro, glande lacrymale palpébrale, glande lacrymale accessoire, groupe palpébral de Béraud].

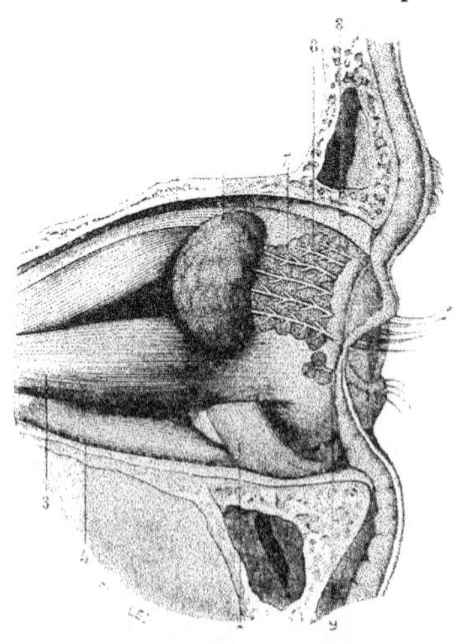

Fig. 759. — Les deux portions de la glande lacrymale, vues par leur face supérieure (D'après Sappey.)

1, muscle releveur de la paupière supérieure. 2, muscle droit supérieur. 3, muscle droit externe — 4, muscle droit inférieur — 5, petit oblique. 6, portion orbitaire de la glande lacrymale. — 7, portion palpébrale de cette glande, traversée par ses canaux et canalicules excréteurs — 8, conduits excréteurs accessoires. — 9, conduit naissant de trois globules glandulaires inférieurs aberrants.

1° Portion orbitaire. — Appliquée dans la fossette lacrymale, contre le périoste de l'orbite, cette portion répond à la partie de l'hémisphère postérieur de l'œil, comprise entre le bord externe du muscle releveur de la paupière supérieure et un plan horizontal passant par la suture fronto-malaire. Elle affecte ordinairement la forme d'un corps aplati, plus ou moins ovalaire, avec une face légèrement concave tournée du côté du globe de l'œil et une face convexe s'appliquant dans la concavité de la fosse lacrymale. Son grand axe se trouve

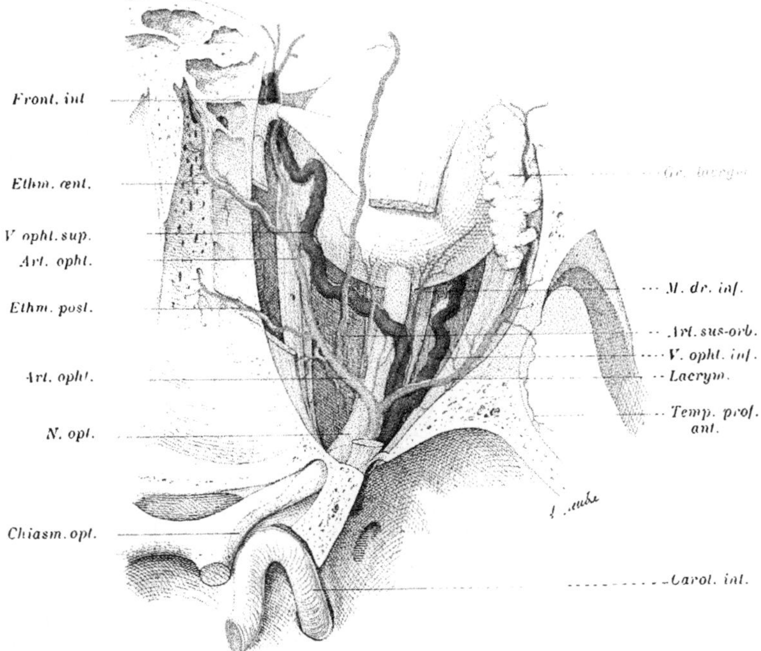

Fig. 760. — Situation dans l'orbite de la glande lacrymale. (D'après Poirier.)

obliquement dirigé en bas, en arrière et en dehors; si, tangentiellement à la partie antéro-interne la plus élevée de la glande, on fait passer deux plans verticaux, l'un frontal et l'autre sagittal, on voit que l'extrémité inféro-externe de cet axe s'écarte, en arrière, des 7 dixièmes environ de sa longueur du premier de ces plans, tandis que l'écart existant entre cette même extrémité et le plan sagittal ne dépasse guère les 45 centièmes de la même longueur. Ceci montre que la direction de la glande lacrymale orbitaire est beaucoup moins frontale que sagittale. Néanmoins, comme les classiques, nous continuerons à décrire à la portion orbitaire de la glande lacrymale : deux faces, l'une supéro-interne et l'autre inféro-externe; deux bords, l'un antérieur et l'autre postérieur; et enfin deux extrémités, l'une interne et l'autre externe.

Rapports. — La *face supéro-externe* convexe, tournée en dehors, répond au périoste, avec lequel elle est unie par l'intermédiaire de la capsule de la glande; cette capsule, fortement adhérente au périoste, envoie en effet dans le parenchyme glandulaire de fines travées de nature conjonctivo-élastique.

lesquelles concourent, jusqu'à un certain point, à la fixation de l'organe. — La *face inféro-interne*, concave et légèrement tournée en avant, répond au bord externe des muscles releveur de la paupière supérieure et droit supérieur, ainsi qu'aux expansions latérales aponévrotiques de ces muscles qui la séparent du droit externe et plus profondément de l'hémisphère postérieur de l'œil plongé dans le tissu cellulo-adipeux de l'orbite. — Le *bord antérieur*, aminci, parallèle à l'arcade orbitaire peut, dans certains cas, dépasser celle-ci d'un ou deux millimètres et venir de la sorte se mettre en rapport avec le ligament large de la paupière supérieure; mais dans la majorité des cas il reste dans la profondeur à 2 ou 3 millimètres environ au-dessus et en arrière de cette arcade (Holmes). — Le *bord postérieur*, plus épais que le précédent, répond à l'union du quart antérieur avec les trois quarts postérieurs de la paroi supérieure de la cavité orbitaire ; l'artère lacrymale et le nerf de même nom abordent la glande vers la partie externe de ce bord qui répond au tissu cellulo-adipeux de l'orbite. — Des deux *extrémités* plus ou moins arrondies, l'une, *interne*, répond au releveur de la paupière supérieure; l'autre, *externe*, repose sur la forte expansion latérale aponévrotique que le muscle droit externe de l'œil envoie au côté externe de l'orbite, expansion renforcée par les prolongements latéraux de même nature qui se détachent des bords externes des muscles droit supérieur et releveur de la paupière supérieure. L'extrémité externe ne descend guère au-dessous du niveau de la suture fronto-malaire; elle arrive ordinairement en arrière jusqu'au plan frontal tangent au pôle postérieur du globe de l'œil, et parfois même, d'après Béraud (*Gazette médicale de Paris*, 1859), principalement chez les jeunes sujets, jusqu'aux insertions postérieures du muscle droit externe; dans ce cas, sa face supéro-externe regarde légèrement en arrière : mais il s'agit évidemment là d'un rapport tout à fait exceptionnel, bien que Laffay (*Th. doct.*, Bordeaux, 1896), dont les recherches ont porté sur 12 sujets, prétende avoir vu dans trois cas la glande sortir de sa loge et se disperser jusqu'en arrière de l'œil, sous forme d'une traînée glandulaire.

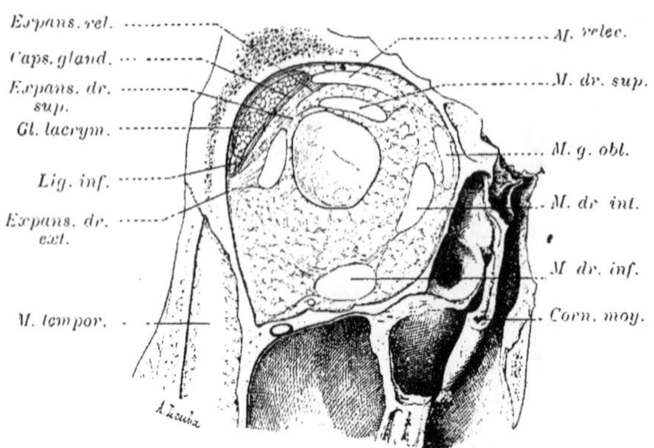

Fig. 761. — Coupe transversale de l'orbite parallèle aux bords postérieurs des deux os malaires et passant très près de ces bords.

Capsule. — La portion orbitaire de la glande lacrymale se trouve entourée de toutes parts d'une capsule propre, de nature conjonctivo-élastique, qui la sépare complètement des parties environnantes et notamment, en arrière, du tissu adipeux de l'orbite. Pour bien voir la partie postérieure de cette capsule

que nient le plus grand nombre des anatomistes contemporains, pour qui l'extrémité externe de la glande lacrymale plongerait directement dans le tissu adipeux de l'orbite, il faut, comme le représente notre dessin fait d'après une préparation, étudier la région par son côté interne; on peut alors se rendre compte qu'il se détache des parois supérieure et externe de l'orbite, à peu près dans le sens frontal, une mince cloison fragile conjonctivo-élastique dont la ligne d'insertion en dehors passe un peu en avant du milieu de la paroi externe de l'orbite, ou correspond même à ce milieu; cette mince cloison s'incurve en avant et reçoit dans sa concavité le bord postérieur de la glande dont on peut facilement l'isoler. Par son bord inférieur et interne, elle vient se confondre avec les expansions latérales aponévrotiques des bords externes des muscles releveur de la paupière supérieure et droit supérieur, ainsi qu'avec la forte expansion qui relie au côté temporal du rebord osseux de l'orbite, la face externe du muscle droit externe. — Bien que se trouvant confondue avec ces expansions aponévrotiques, de même qu'elle l'est en haut et en dehors avec le périoste de l'orbite, et en avant, dans certains cas, avec le septum orbitale doublé de l'expansion que le muscle releveur envoie à l'arcade orbitaire, la capsule de la glande lacrymale conserve partout son individualité propre. On ne saurait donc la considérer, à l'exemple de quelques anatomistes, comme un dédoublement du périoste de l'orbite; ce prétendu dédoublement n'est en réalité qu'une simple apparence. — En dedans, on voit la capsule se porter directement du toit de la cavité orbitaire au bord externe du muscle releveur de la paupière supérieure et de son tendon qui lui adhèrent intimement.

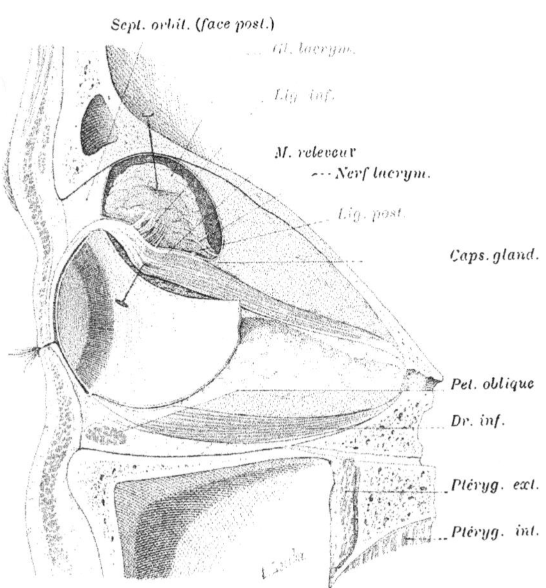

Fig. 762. — Capsule et ligaments de la glande lacrymale orbitaire.

Ligaments. — De l'intérieur de la capsule que nous venons de décrire se détachent de fines travées conjonctivo-élastiques qui pénètrent dans le parenchyme glandulaire et servent à le fixer; au niveau de l'extrémité interne de la glande, ces travées, plus nombreuses et plus épaisses, forment une sorte de ligament qui vient s'insérer sur la paroi supérieure de l'orbite, en dehors du bord externe du muscle releveur de la paupière supérieure, et en arrière de l'arcade orbitaire. C'est le *ligament suspenseur de la glande lacrymale* ou *ligament de Sœmmering*.

Dans l'angle que forme, avec le squelette du côté temporal du rebord de l'orbite, l'insertion des expansions latérales des muscles releveur de la paupière supérieure, droit supérieur et droit externe, la glande lacrymale adhère à celles-ci par l'intermédiaire de trousseaux fibreux assez résistants dont il est fait mention dans l'anatomie de Schwalbe. L'ensemble de ces trousseaux fibreux peut être considéré comme une sorte de *ligament inférieur*.

Schwalbe signale en outre un feuillet fibreux qui, partant du périoste de l'orbite, vers le milieu de sa paroi externe, aborderait et engloberait même en se dédoublant la partie postérieure de la glande. Nous avons pu, à la place de ce feuillet, observer un trousseau fibreux assez résistant qui, se détachant du périoste orbitaire, au niveau de l'insertion de la cloison postérieure de la capsule glandulaire, accompagne les rameaux de la branche supérieure du nerf lacrymal au moment de leur pénétration dans le parenchyme de la glande. On pourrait décrire ce trousseau fibreux, qui parfois peut devenir la source de certaines difficultés au cours de l'extirpation de la glande lacrymale (Holmes), comme un véritable *ligament postérieur*.

Enfin de l'union du tiers antérieur avec les deux tiers postérieurs de la face inféro-interne se détache un épais trousseau fibreux, sorte de *ligament interne* qui accompagne les conduits excréteurs de la glande et contient entre ses faisceaux de tout petits lobules glandulaires.

Aucun des ligaments que nous venons de décrire ne présente ordinairement une grande solidité et, souvent, rien de plus aisé que de les détruire par une simple traction. Ces trousseaux de tissu conjonctif condensé représentent bien plutôt des pédicules vasculo-nerveux que de véritables ligaments. Ainsi le ligament suspenseur de Sœmmering renferme de fines divisions vasculaires qui, des vaisseaux lacrymaux, se portent au périoste ainsi qu'aux muscles releveur de la paupière supérieure et droit supérieur; — le ligament inférieur renferme les divisions anastomotiques qui, des mêmes vaisseaux, se rendent à des divisions analogues provenant des vaisseaux temporaux profonds antérieurs; il contient en outre les fines ramifications provenant du filet anastomotique étendu du nerf lacrymal au rameau orbitaire, ramifications nerveuses principalement destinées à la glande : — le ligament postérieur forme comme une sorte d'organe protecteur aux vaisseaux et nerf lacrymaux : — enfin le ligament interne semble plus spécialement destiné à servir de tuteur aux conduits excréteurs de la glande.

Dimensions. — Les dimensions de la partie orbitaire de la glande lacrymale dont le poids, d'après Krause, atteint à peine 0 gr. 67, sont en général assez variables; aussi les trouve-t-on un peu différentes dans chaque traité d'anatomie. On peut néanmoins considérer la glande lacrymale comme offrant dans son plus grand diamètre, parallèle à l'arcade orbitaire, une longueur de deux centimètres environ; et dans son plus petit diamètre ou diamètre sagittal, une étendue d'un centimètre à un centimètre et demi. Quant à l'épaisseur de la glande, elle ne varie guère : on la trouverait en effet toujours comprise, d'après Bock, entre 3 et 5 millimètres. On a prétendu, à tort selon nous, que la glande lacrymale serait proportionnellement plus développée chez la femme que chez l'homme. Béraud admet de son côté qu'elle serait relativement plus grosse chez l'enfant de 8 ou 10 ans que chez l'adulte, tandis que Kirschstein la trouve chez le nouveau-né proportionnellement plus petite que dans l'âge mûr. D'après ce dernier auteur, en effet, les dimensions de l'orbite et du globe oculaire de l'enfant qui vient de naître représentent environ la moitié ou les 3 cinquièmes de celles de l'adulte, tandis que les mensurations de la glande lacrymale donnent chez le nouveau-né des valeurs représentant tout au plus le quart ou le tiers de celles qu'on relève sur l'homme arrivé à son complet développement; mais à partir de la troisième ou de la quatrième année, on voit la glande augmenter rapidement de volume, et sa croissance étant même relativement plus rapide que celle de l'orbite, on s'explique fort bien qu'à l'âge de 8 ou 10 ans, elle paraisse proportionnellement plus grosse que chez l'adulte. Chez le vieillard, la glande lacrymale s'atrophie comme tous les autres organes.

2° Portion palpébrale. — La portion palpébrale de la glande lacrymale est formée de 15 à 40 lobules (Sappey) de toutes dimensions, les uns ovalaires, les autres arrondis. L'ensemble de tous ces lobules représente à peine la moitié de la portion orbitaire, au-dessous de laquelle la portion palpébrale se trouve située, dans la partie externe de la paupière supérieure. Bien que séparées l'une de l'autre par le plan fibreux résistant que forme, avec l'expansion orbitaire du muscle droit supérieur, le tendon du muscle releveur de la paupière supérieure, les deux portions orbitaire et palpébrale de la glande lacrymale paraissent se continuer au moyen de petits lobules glandulaires occupant des sortes de brèches ménagées dans ce plan fibreux. Entre les divers lobules de la portion palpébrale existent des intervalles d'autant plus grands qu'on s'éloigne du centre de la glande; dans ces intervalles on rencontre souvent des lobules de second ordre infiniment plus petits, dont Hocevar (voy. Conjonctive) nous a donné une description assez détaillée. Chaque lobule possède une capsule propre; mais il n'existe pour la portion palpébrale rien de comparable à la capsule fibreuse qui ferme de toutes parts la loge de la portion orbitaire. Les limites de la portion palpébrale sont en effet des plus diffuses; si en dedans elle ne s'étend guère plus loin que l'extrémité interne de la portion orbitaire, on peut la voir en revanche franchir en dehors les limites de la commissure externe des paupières et venir disperser ses lobules aberrants jusque dans le tissu cellulaire sous-cutané de la moitié externe de celle-ci (Hocevar). Néanmoins, pour la commodité de la description, on peut considérer la portion palpébrale de la glande lacrymale comme une sorte de masse aplatie, irrégulièrement quadrilatère dans laquelle on distingue deux faces : l'une supérieure et l'autre inférieure; deux bords : l'un extérieur et l'autre postérieur; et enfin deux extrémités : l'une interne et l'autre externe.

Rapports. — La face supérieure est en rapport avec l'expansion fibreuse du muscle droit supérieur et le tendon du muscle releveur de la paupière qui la séparent de la portion orbitaire. La face inférieure repose sur la conjonctive du cul-de-sac et, par sa partie la plus reculée, sur la graisse de l'orbite. Le bord antérieur, d'où émergent les canaux excréteurs de la glande, est parallèle au bord convexe du tarse dont il n'est séparé que par un intervalle de 4 à 5 millimètres environ (Sappey). Le bord postérieur compris entre le muscle droit externe et les expansions latérales des muscles droit supérieur et releveur de la paupière supérieure, au-dessous desquelles il se trouve situé, peut venir profondément, en contournant ces expansions, se confondre avec le bord postérieur de la portion orbitaire. L'extrémité interne arrive au même niveau que l'extrémité interne de cette dernière. Enfin l'extrémité externe occupe la région de la commissure externe des paupières, empiétant même parfois sur la paupière inférieure par un ou deux de ses principaux lobules.

3° Canaux excréteurs. — Les canaux excréteurs de la glande lacrymale, bien étudiés par Gosselin (*Arch. gén. de méd.*, 1843), Sappey (*Gaz. méd.*, 1853) et Tillaux (*Gaz. méd.*, 1860), doivent être divisés, d'après Sappey, en *canaux principaux* et *canaux accessoires*. Les premiers, au nombre de 3 à 5 (Sappey) ou de deux seulement (Gosselin), provenant de la portion orbitaire de la glande lacrymale émergent ordinairement de sa face inférieure, près de son bord antérieur et souvent même au niveau de ce bord. Obliquement dirigés en bas et en avant, ils traversent la glande palpébrale et viennent s'ouvrir à la surface de la conjonctive du cul-de-sac. D'après Sappey, les canaux principaux recevraient latéralement, sous des angles très aigus, la plupart des canaux excréteurs de la portion palpébrale de la glande lacrymale. Pour Gosselin, au contraire, les canaux excréteurs des deux portions de cette glande resteraient indépendants dans toute leur étendue. Sur 15 cas, Tillaux a observé treize fois la disposition décrite par Gosselin, et deux fois seulement celle que Sappey considère comme normale.

Les canaux excréteurs indépendants de la portion palpébrale ou *canaux accessoires* siégeraient exclusivement, pour Sappey qui n'en reconnaît que deux ou cinq tout au plus, dans les régions extrêmes de la glande. Schwalbe prétend qu'on les trouverait surtout bien développés vers le côté supéro-interne de celle-ci. Pour Gosselin, au contraire, on peut les rencontrer au nombre de 6 à 8 disséminés dans toute l'étendue de la région occupée par la glande.

Les canaux accessoires et les canaux principaux, rectilignes et parallèles entre eux, représentent des sortes de conduits cylindriques à parois délicates, d'un calibre moyen de 0 mm. 03 à 0 mm. 04 (Sappey) et d'une coloration blanchâtre qui peut les faire confondre avec de fines veinules entièrement exsangues ou même avec des filets nerveux. Ce n'est qu'avec la plus grande difficulté qu'on arrive généralement à les découvrir, bien que, d'après Merkel, leur profondeur au-dessous de la peau ne dépasse guère ordinairement 7 ou 9 millimètres.

Les canaux excréteurs de la glande lacrymale s'ouvrent dans la partie supérieure et externe de la conjonctive du cul-de-sac, à très peu de distance du fond de celui-ci et indépendamment les uns des autres, par des orifices arrondis et distincts. Tous ces orifices, au nombre de 12 à 14, se disposent suivant une ligne à peu près régulière concave en bas et en dedans, parallèle au fond du cul-de-sac conjonctival et située, d'après Sappey, à 4 ou 5 millimètres environ au-dessus du bord convexe du tarse. Ces orifices sont séparés les uns des autres par des intervalles assez réguliers que Sappey évalue à 3 millimètres, mais qui restent en réalité bien au-dessous de ce chiffre. Entre les plus grands, provenant surtout des parties externes de la glande, s'en intercalent de plus petits de toutes dimensions. Le plus large de tous correspond en arrière de la commissure externe des paupières, au canal excréteur le plus volumineux, canal dont le calibre pourrait, dans certains cas, atteindre jusqu'à 0 mm. 045 (Schwalbe). Hyrtl signale encore, au-dessous de la commissure externe des paupières, un ou deux canaux excréteurs qui, provenant de la portion palpébrale, viendraient s'ouvrir dans la conjonctive du cul-de-sac de la paupière inférieure.

La description qui précède répond au type classique considéré comme normal. Mais ce type, d'après Bock, serait loin d'être constant. Sur 10 sujets, autrement dit sur vingt yeux différents, ce dernier auteur, en effet, n'a pu le rencontrer que 9 fois. Dans tous les autres cas, la portion orbitaire de la glande lacrymale s'écartait du type normal, soit par la profondeur plus grande de sa situation dans la cavité de l'orbite (4 fois), soit par la direction de son grand axe, frontale dans un cas, sagittale dans un autre, ou encore par celle du diamètre représentant sa largeur qui, dans deux cas, s'est montrée parallèle à l'arcade orbitaire. Elle en différait également par sa forme, conique dans un cas, sphérique dans deux autres, et même dans un autre cas nettement bilobée. Quant aux dimensions, elles ont varié, pour la longueur de 11 à 22 millimètres, et pour la largeur de 5 à 12 millimètres. — La portion palpébrale, elle-même considérée presque partout comme constante, manquait sept fois totalement et dans cinq cas présentait à peine le volume d'un pois ou même d'une lentille. — Enfin, il n'est pas rare (3 fois sur 10) de voir sur le même sujet la glande lacrymale présenter des caractères différents, de chaque côté.

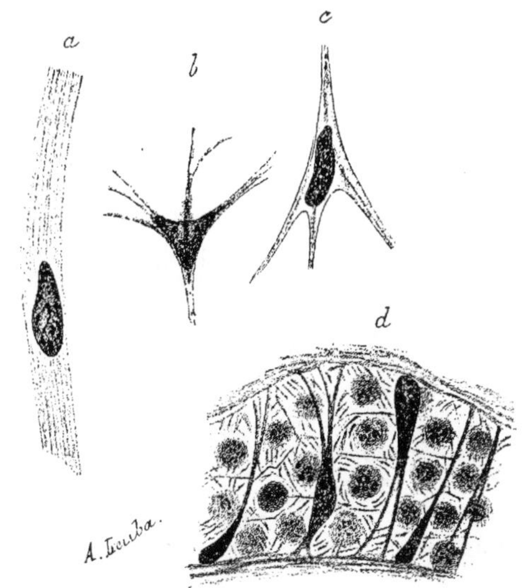

Fig. 763. — Types divers des cellules basales contractiles des acini de la glande lacrymale; en *d*, on voit la disposition qu'affectent ces cellules envers les cellules sécrétantes plus profondément situées. (D'après Zimmermann.)

Structure de la glande lacrymale. — La glande lacrymale est une glande tubuleuse composée, c'est-à-dire formée, comme les glandes en grappe, de lobes qui se décomposent en lobules, constitués eux-mêmes par un groupement d'acini : ces derniers sont, au même titre que les glandes de Moll, de véritables tubes plus ou moins contournés. On dit communément que la glande lacrymale est identique à la glande parotide. Cela est inexact si l'on considère l'épithélium, aussi bien celui des acini que celui des canaux excréteurs; en effet, les cellules de la parotide, d'aspect beaucoup plus clair que celles de la glande lacrymale, possèdent des granulations beaucoup moins volumineuses que dans cette dernière (Nicolas, *Arch. de Physiol.*, p. 193, 1892). — Nous étudierons séparé-

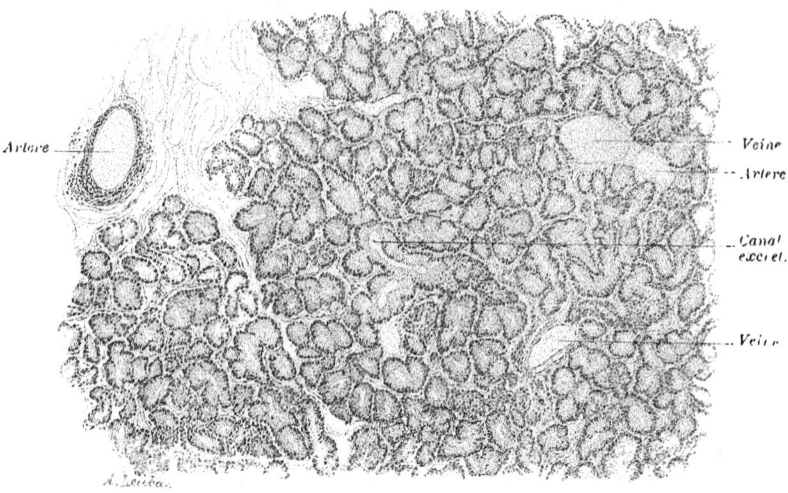

Fig. 764. — Coupe histologique de la glande lacrymale vue à un faible grossissement. (D'après Druault.)

nent la structure de l'acinus, celle des conduits excréteurs et enfin celle du stroma conjonctif au sein duquel se trouvent plongées les parties précédentes.

Acinus. — Chaque acinus représente un tube très long et plusieurs fois ramifié, possédant une cavité centrale relativement large, sujette à de nombreuses variations (Zimmermann, *Arch. f. mikrosk. Anat.*, p. 369, 1898). Extérieurement, cet acinus se trouve limité par une membrane basale, hyaline, au-dessus de laquelle reposent deux ordres de cellules : les unes contractiles, fortement aplaties et, pour la plupart, ramifiées (cellules en panier de Boll), directement appliquées contre cette membrane; les autres sécrétantes, de forme pyramidale, limitant par leurs sommets, dont les bords sont unis au moyen d'un ciment intercellulaire, la cavité centrale de l'acinus; celles-ci, comme nous le verrons plus loin, sont de deux sortes.

Cellules basales. — Les canaux excréteurs sont tapissés intérieurement par une double rangée de cellules épithéliales : l'une centrale et l'autre basale. En arrivant à l'acinus proprement dit, on voit les cellules basales, c'est-à-dire celles qui, plus basses et plus larges, reposent directement sur la membrane basale, s'aplatir encore davantage et prendre une forme de plus en plus allongée, en cessant de se toucher par leurs bords. A peu de distance de la zone de transition précédente, les cellules basales se sont transformées en corpuscules extrêmement minces et très longs, pourvus de noyaux allongés, orientés dans le sens longitudinal et séparés les uns des autres par une certaine distance. Leur protoplasma est, de la façon la plus nette, strié longitudinalement et rappelle tout à fait l'aspect des fibres musculaires lisses aplaties qu'on observe dans les glandes sudoripares. Si l'on examine une partie plus profonde de l'acinus, on voit la forme de ces cellules de simple qu'elle était, devenir ramifiée. Chaque ramification contient un faisceau de fibrilles qui vient, au voisinage du noyau, s'entrecroiser avec des faisceaux analogues provenant des autres ramifications. Les prolongements de plusieurs cellules voisines se rencontrent fréquemment à leur périphérie de manière à constituer une sorte de réseau, sans qu'on puisse dire s'il y a fusion ou simple juxtaposition de ces éléments. Vers le fond de l'acinus, la direction des cellules en question cesse d'être longitudinale pour devenir de plus en plus circulaire, mais leurs ramifications cessent d'être aussi abondantes (Zimmermann).

Cellules sécrétantes. — Les cellules sécrétantes, reposant par leurs bases sur les précédentes, ou bien directement sur la membrane basale, dans les intervalles qui séparent celles-ci, sont de deux sortes : 1° les unes de forme pyramidale, élevées quand elles sont gorgées de leurs produits de sécrétion, deviennent beaucoup plus basses lorsqu'elles viennent d'expulser ces produits. Leur protoplasma finement réticulé présente trois zones : *a*) une première zone basale, striée dans le sens de l'axe de la cellule, paraît également striée sur une coupe transversale de celle-ci, ce qui, pour Zimmermann, semblerait indiquer une structure lamellaire finement granuleuse du protoplasma dans cette région, tandis que pour Garnier (*Journ. de l'anat. et de la physiol.*, p. 22, n° 1, 1900) cette même structure serait filamenteuse et que la réaction colorante du protoplasma dans cette zone se rapprocherait de celle du noyau. Garnier, qui fait jouer à cette dernière partie du protoplasma un rôle important dans la sécrétion, lui donne le nom d'*ergastoplasme*. — *b*) A la zone basale fait suite une zone moyenne finement réticulée, mais plus claire et moins colorable par les réactifs que la précédente. Le *noyau*, plus ou moins arrondi, n'occupe point la base de la cellule, mais en reste distant à la limite de ces deux zones. — *c*) La zone centrale, de beaucoup la plus claire, dans laquelle s'accumule le produit de sécrétion, confine à la cavité de l'acinus; elle présente dans son milieu un segment arrondi, tout à fait incolore et à limites peu précises, au centre duquel existent deux petits corpuscules centraux en forme de bâtonnets ou d'haltères (Zimmermann) fortement colorés par les réactifs. Le segment au centre duquel existent ces corpuscules, toujours rapprochés l'un de l'autre, mais diversement orientés, est souvent limité par une ligne circulaire légèrement plus colorée que le reste du protoplasma de cette région et vaguement striée dans le sens radial. — Le réseau des lignes de ciment unissant entre eux les sommets des cellules, est généralement des plus manifestes; de ce réseau se détachent des bandes de ciment qui pénètrent profondément entre les parois de cellules en y devenant de plus en plus minces.

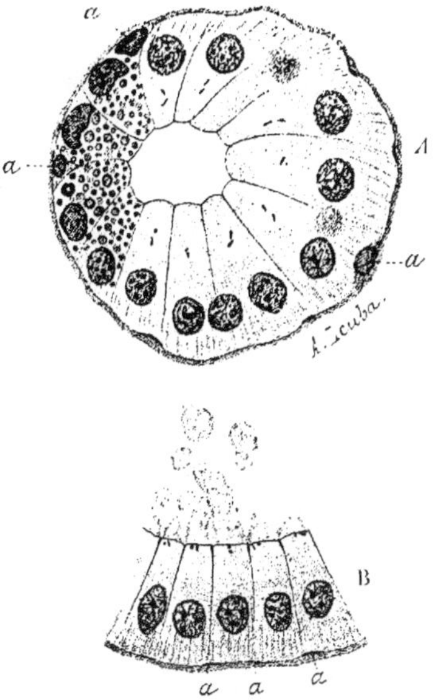

Fig. 765. — A. Cellules secrétantes du segment terminal d'un acinus de glande lacrymale : la lettre *a* indique des cellules basales. — B. Cellules secrétantes d'un acinus de glande lacrymale : la lettre *a* indique des cellules basales très aplaties. (D'après Zimmermann.)

2° Dans le segment terminal de l'acinus et principalement vers la périphérie de la glande, on rencontre une deuxième forme de cellules épithéliales; celles-ci, beaucoup plus basses que les précédentes, possèdent un réseau protoplasmique à larges mailles, remplies dans toute l'étendue de la cellule par de gros grains de sécrétion; la couche basale, ayant la même structure que celle des cellules de la première catégorie, y est cependant beaucoup plus mince, et le noyau se trouve toujours directement appliqué contre la base de la cellule; la paire de corpuscules centraux, que nous avions précédemment rencontrée dans l'autre forme, se montre toujours ici au-dessous de la surface libre ou tout au moins dans son voisinage immédiat. Quant au ciment intercellulaire, il se comporte ici comme dans la première forme.

Axenfeld (*Bericht über die 28te Versammlung der opht. Gesellschaft*, Heidelberg, p. 160, 1901) signale la présence de granulations graisseuses dans les cellules sécrétantes de la glande lacrymale normale; ces granulations, peu nombreuses, faciles à mettre en évidence par l'acide osmique, sont considérées par l'auteur comme un produit habituel de la sécrétion glandulaire, et non pas comme un signe de dégénérescence cellulaire, ainsi que tendent à l'admettre Stanculéanu et Théohari (*Arch. d'Opht.*, 1898, p. 737). Enfin, Nicolas (*Arch. de Physiol.*, 1892, p. 193) dit avoir vu dans les acini de la glande lacrymale du chat de véritables cellules caliciformes rares, il est vrai, mais absolument typiques par leur forme et leurs réactions.

Mécanisme de la sécrétion cellulaire. — Les diverses phases de la sécrétion cellulaire modifient à chaque instant la structure de la cellule, mais en imprimant à celle-ci des aspects différents de ceux qu'avait déjà décrits Reichel (*Arch. f. mikr. Anat.*, 1880). D'après Garnier (*loc. cit.*), ces phases comprendraient successivement : 1° des phénomènes de diffusion chromatique dans l'intérieur du noyau; 2° l'exsudation de matière chromatique autour de ce dernier, dans la zone basale du protoplasma qui prend alors un aspect fibrillaire (ergastoplasme); 3° l'augmentation de volume du protoplasma cellulaire dont les travées deviennent plus nettes et ne tardent pas à présenter des grains de substance zymogène, d'abord aux points où elles s'entre-croisent, puis, au niveau de la substance basale, dans l'intérieur même des mailles qu'elles circonscrivent. A ce moment, l'acte de la sécrétion proprement dit est terminé; la zone protoplasmique de la base de la cellule ne tarde pas à perdre son aspect fibrillaire et le noyau, qui a récupéré son volume, en réorganisant sa structure chromatique, se trouve prêt à recommencer les mêmes phénomènes.

L'excrétion hors de la cellule se produit par la contraction du réseau protoplasmique : cette contraction, qui chasse vers la surface libre de l'épithélium les produits sécrétés, commencerait, d'après Zimmermann, au niveau des deux corpuscules centraux; dans les cellules élevées de la première catégorie, on voit, du côté de la cavité centrale de l'acinus, la surface libre de l'élément épithélial se soulever d'abord légèrement, puis de plus en plus, jusqu'au point de former de véritables saillies claires, finement granuleuses, de forme plus ou moins cylindrique; ces saillies ne tardent pas elles-mêmes à se fragmenter, et les particules de différente grosseur, plus ou moins arrondies, provenant de cette fragmentation, tombent dans la cavité de l'acinus. Pendant leur expulsion à travers la surface épithéliale libre, on voit celle-ci se rapprocher des deux corpuscules centraux jusqu'au point de les atteindre. A partir de ce moment, on voit la couche superficielle se porter de plus en plus avec ces derniers, vers la profondeur, jusqu'au voisinage du noyau de la cellule, laquelle arrive à perdre ainsi près de la moitié de sa hauteur. — Dans les cellules basses, à grosses granulations, du cul-de-sac des acini périphériques de la glande, l'expulsion du produit de sécrétion se fait comme dans les petites glandes séreuses de la langue : lorsque ces produits se sont accumulés au point de faire saillir légèrement la surface libre dans la cavité de l'acinus, on voit les granulations se rapprocher de cette surface en s'éloignant de la zone basale qui devient ainsi de plus en plus claire, et laisse même très bien voir la structure longitudinalement striée de son protoplasma, dès que l'expulsion est terminée. A partir de ce moment, le noyau, qui primitivement occupait la base de la cellule, se trouve au centre de celle-ci, tandis que par la contraction du réseau protoplasmique, les cellules se séparent légèrement les unes des autres par leurs sommets, vers la cavité centrale de l'acinus.

Les produits de la sécrétion lacrymale, une fois versés dans la cavité de l'acinus, sont expulsés dans les canaux excréteurs par la contraction des cellules minces, ramifiées, situées dans l'épaisseur de la membrane basale (cellules basales précédemment décrites). L'ensemble de ces produits a reçu le nom de larmes.

Voies d'excrétion intra-acineuses. — Ces voies comprennent la cavité même de l'acinus et les prolongements que cette cavité envoie entre les cellules. Pour Dogiel (*Arch. f. mikrosk. Anat.*, Bd XLII, 1893), les voies d'excrétion de la glande lacrymale naîtraient chez le lapin, comme dans les glandes séreuses, par de fins canalicules intercellulaires s'ouvrant, d'une part, dans la cavité de l'acinus, et venant, d'autre part, se terminer vers la base de la cellule par une extrémité renflée arrondie ou ovalaire. De la cavité de l'acinus se détacheraient encore parfois de vrais canalicules intracellulaires, analogues aux précédents, mais beaucoup plus courts. Enfin des canalicules inter et intracellulaires se détacheraient à leur tour de courtes divisions latérales qui viendraient se terminer en pointe dans l'intérieur de la cellule. Zimmermann n'a jamais rien observé de semblable chez l'homme : en examinant, dit cet auteur, la surface libre des cellules épithéliales basses, à grosses granulations, on voit des endroits où leurs bordures de ciment s'écartent les unes des autres et paraissent cesser brusquement. En faisant varier la vis micrométrique, on ne tarde pas cependant à se rendre compte que ces bordures s'accolent de nouveau dans la profondeur et continuent le réseau des lignes de ciment vers la membrane basale, mais sans jamais atteindre celle-ci. En d'autres termes, nous avons ici devant nous des canalicules excréteurs intercellulaires excessivement simples qui, se détachant de la cavité même de l'acinus, rayonnent directement vers la membrane basale et se terminent en pointe environ à la hauteur du noyau. Çà et là on observe parfois une bifurcation simple de ces canalicules. Leur présence est très variable. On les trouve en très grand nombre dans la portion terminale du cul-de-sac des gros acini, mais non pas entre toutes les cellules. Entre les cellules élevées de la première catégorie, Zimmermann n'a jamais pu rencontrer que des indications tout à fait vagues de ces canalicules intercellulaires, c'est-à-dire que de courtes dépressions superficielles de la cavité de l'acinus entre les cellules. Quant aux prolongements intracellulaires des canalicules précédents, l'auteur se voit forcé, pour la glande lacrymale, de contester leur existence.

Canaux excréteurs. — A la cavité de l'acinus succède celle des canaux excréteurs proprement dits, formés extérieurement d'une couche de nature conjonctive et intérieurement d'un épithélium à deux rangées de cellules. La couche conjonctive à fibres externes circulaires et à fibres internes longitudinales est séparée de l'épithélium par une membrane basale hyaline sur laquelle repose celui-ci. L'épithélium, avons-nous dit, comprend, d'après Nicolas, Zimmermann, Axenfeld, etc., deux rangées de cellules : l'une basse, formée d'éléments contractiles longitudinaux larges et amincis qui s'unissent par leurs bords au moyen d'un ciment intercellulaire; l'autre centrale, limitant la cavité du conduit, composée de cellules plus étroites, mais en revanche beaucoup plus élevées que les précédentes; ces cellules, prismatiques ou cylindriques, augmentent de hauteur à mesure que l'on s'éloigne de l'acinus; on observerait, d'après Axenfeld, près de leurs sommets, c'est-à-dire du côté de la cavité du conduit, quelques granulations graisseuses, fruits de l'activité sécrétoire de leur protoplasma. Enfin quelques-unes de ces cellules peuvent atteindre par leurs extrémités profondes la membrane basale, dans l'intervalle que laissent parfois entre elles les cellules aplaties reposant directement sur cette membrane : aussi Zimmermann propose-t-il, pour exprimer ce fait, le terme d'*épithélium partiellement stratifié*.

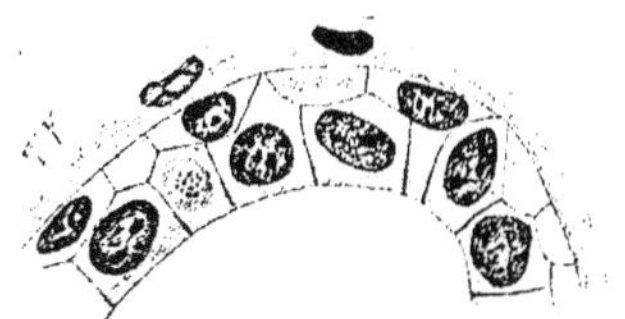

Fig. 766. — Coupe transversale montrant l'épithélium d'un canal excréteur de la glande lacrymale. (D'après Zimmermann.)

Les petits canaux excréteurs faisant suite aux acini se réunissent à angles aigus pour former des canaux plus volumineux; ceux-ci à leur tour forment par leur jonction des canaux beaucoup plus importants venant s'embrancher sur le canal excréteur principal qui vient déboucher, comme nous l'avons vu, à la surface de la conjonctive.

Tissu conjonctif. — Le tissu conjonctif de la glande lacrymale dérive du derme de la conjonctive. Aussi devra-t-on y rencontrer, comme dans celui-ci, de nombreuses fibres élastiques et même des amas lymphatiques tout à fait comparables à ceux que nous avons décrits dans l'épaisseur de cette muqueuse.

Le tissu conjonctif de la glande lacrymale se détache des cloisons que la capsule de cette glande, dérivée elle-même du derme sous-conjonctival, envoie dans son épaisseur, entre ses divers lobules. Cette capsule assez épaisse est formée de faisceaux connectifs au milieu desquels cheminent de grosses fibres élastiques, la plupart parallèles à la surface de la glande. De la face interne de la capsule périglandulaire se détachent des cloisons connectives, également riches en fortes fibres élastiques qui s'entre-croisent et s'anastomosent dans toutes les directions. Ces cloisons séparent les lobes et les lobules et viennent finir entre les acini. Chaque acinus possède, appliqué sur sa membrane propre, un fin réseau de fibres élastiques qui l'englobe de toutes parts. Les divers réseaux élastiques périacineux voisins s'anastomosent entre eux, en formant dans le parenchyme de la glande une sorte de lacis inextricable. Enfin on aurait vu des fibrilles élastiques très fines qui pénètrent dans l'acinus et le traversent de part en part (Fumagalli, Il tessuto elastico nella glandola lagrimale dell' uomo. *Monitore zoolog. italiano*, VIII, 7-8, p. 167, 1897).

Le tissu conjonctif interstitiel de la glande lacrymale serait, d'après Boll (*Stricker's Handbuch*), privé de graisse chez le lapin et la brebis. Chez l'homme on rencontre toujours quelques lobules adipeux, principalement vers le bord inférieur de la glande et surtout dans l'âge adulte.

Le tissu conjonctif interstitiel de la glande lacrymale, beaucoup moins développé chez la femme que chez l'homme, commence déjà à s'accroître vers l'âge de 30 ans, et continue parfois à s'hypertrophier jusque dans la vieillesse. Par contre, à partir de la 50e année, la glande commence à subir une sorte de processus régressif qui fait réapparaître dans sa structure la plupart des caractères infantiles, c'est-à-dire qu'on voit alors les tubes glandulaires moins contournés et moins ramifiés, avec un épithélium moins épais et à cellules plus basses. Malgré ces modifications histologiques, la glande lacrymale continue à fonctionner chez le vieillard, aussi bien que chez l'adulte. Chez la femme cependant la structure de la glande conserve beaucoup plus longtemps ses caractères adultes; ainsi Kirschstein a pu observer deux femmes de 70 ans chez lesquelles cet organe ne présentait pas encore la moindre trace de l'involution sénile que nous venons de signaler (Kirschstein, *Inaug. Dissert.*, Berlin, 1894).

Le tissu conjonctif interstitiel de la glande lacrymale peut devenir normalement, au même titre que le derme de la conjonctive, le siège d'une infiltration lymphatique plus ou moins circonscrite, sous forme de follicules lymphatiques qu'on ne rencontrerait jamais chez l'enfant nouveau-né. Stanculéanu et Théohari qui, sous le nom d' « amas leucocytaires », signalent des formation analogues, principalement autour des vaisseaux et des canaux excréteurs, les considèrent comme le résultat d'un processus inflammatoire chronique; cependant l'existence à peu prés exclusive, dans leur structure, de lymphocytes mononucléaires, paraîtrait plutôt contraire à cette dernière opinion (Axenfeld, *loc. cit.*).

Glande lacrymale du nouveau-né. — La structure histologique de la glande lacrymale du nouveau-né ne diffère nullement de celle que présente ce même organe examiné chez le fœtus. Elle est formée de tubes à peu prés droits et très peu ramifiés, dans lesquels on observe en beaucoup d'endroits les mêmes détails microscopiques que chez l'adulte, avec cette différence que les éléments épithéliaux ne sont pas encore susceptibles de fonctionner: aussi la sécrétion lacrymale fait-elle défaut chez le nouveau-né, jusqu'au 40 jour, d'après Aristote (cité par Frerichs in *Wagner's Handbuch*), et jusqu'à la deuxième moitié du second mois, parfois même jusqu'au début du troisième, d'après Kirschstein. Un des caractères qui différencie la glande du nouveau-né de celle de l'adulte est le suivant : en certains endroits, mais principalement vers les bords, on observe dans cette glande de petits boyaux épithéliaux fortement contournés au sein desquels il est impossible de reconnaître la moindre cavité centrale; ce sont évidemment des tubes en voie de formation analogues à ceux qu'ont observés dans les premiers éléments embryonnaires de la glande lacrymale von Kolliker et Gegenbaur. Parmi les éléments glandulaires, les uns apparaissent, tandis que les autres, depuis longtemps formés, continuent à s'accroître. Aussi, au moment de la naissance, voit-on les petites glandes isolées, dispersées dans les diverses régions de la conjonctive, complètement développées, tandis que les glandes lacrymales volumineuses poursuivent encore leur évolution. Celles-ci ne sont pas encore en état de fonctionner que les premières fournissent déjà leur produit de sécrétion. Le développement complet de la glande lacrymale proprement dite n'est achevé qu'à l'âge de 3 ou 4 ans (Kirschstein).

Vaisseaux. — 1° *Artères.* — La glande lacrymale reçoit ses vaisseaux artériels de l'artère lacrymale, branche de l'ophtalmique. Après avoir envoyé des rameaux dans le canal malaire et ses deux embranchements qui viennent déboucher, l'un à la face et l'autre dans la fosse zygomatique, cette artère poursuit son trajet, entre les deux muscles droit supérieur et droit externe, mais beaucoup plus près de ce dernier, jusqu'à ce qu'elle ait atteint la glande lacrymale. Parvenue à celle-ci, elle continue son trajet antéro-postérieur en s'appliquant intimement contre sa face supéro-externe, ou même en la traversant, jusqu'à ce qu'elle ait atteint la région de l'angle externe de l'œil, où, considérablement réduite de calibre, on la voit se bifurquer en ses deux branches terminales, les artères palpébrales externes supérieure et inférieure. Dans la dernière partie de son trajet, elle abandonne à la glande lacrymale de nombreuses artérioles qui suivent, en se subdivisant, les cloisons du tissu conjonctif interstitiel, pour venir former autour de la membrane propre de chaque tube glandulaire un réseau capillaire à mailles très serrées. — L'artère lacrymale irrigue non seulement la portion orbitaire de la glande du même nom.

mais encore en partie, sa portion palpébrale. Celle-ci reçoit en outre des rameaux perforants que lui envoie l'artère palpébrale supérieure.

2° *Veines.* — Les troncules veineux de la glande lacrymale généralement assez nombreux, accompagnent les artères correspondantes et viennent former la veine lacrymale, tributaire de la veine ophtalmique. D'après Gurwitsch (*Arch. f. Ophth.*, XXIX, 4, p. 66, 1883), 33 fois sur 100 seulement la veine lacrymale vient directement s'aboucher dans celle-ci, très près du sinus caverneux, beaucoup plus près même qu'aucune autre veine de l'orbite; parfois même (9 ou 10 fois sur 100), il se détache de son tronc une ou deux branches qui vont directement se jeter dans ce sinus. Dans les 67 autres cas, la veine lacrymale s'unit aux veines des muscles droits supérieur et externe pour former un tronc commun aboutissant à l'une des veines vorticineuses. Enfin, d'après le même auteur, il est extrêmement fréquent de voir la veine lacrymale s'anastomoser par une branche perforante avec la veine palpébrale supérieure.

3° *Lymphatiques.* — Les lymphatiques de la glande lacrymale, encore peu connus, naissent très vraisemblablement de réseaux glandulaires péritubuleux, ayant leur origine dans un système de fentes analogues aux espaces lymphatiques périacineux décrits dans les glandes acineuses par Boll et par Ranvier. Les troncs provenant de ces réseaux suivent les cloisons interstitielles de la glande et doivent partager le mode de terminaison des lymphatiques des paupières et de la conjonctive. Dans les tumeurs malignes de la glande lacrymale, on trouve fréquemment envahis les ganglions faciaux et préauriculaires.

Nerfs. — Le nerf lacrymal, le plus fin des trois rameaux qui se détachent de l'ophtalmique de Willis, branche supérieure du trijumeau, parvient à la glande lacrymale, en longeant le bord supérieur du muscle droit externe. Avant d'atteindre celle-ci, il se divise en deux filets : l'un, supérieur, qui traverse la glande lacrymale en lui abandonnant la majeure partie de ses divisions, puis vient se terminer dans la paupière supérieure; l'autre, inférieur, qui va, immédiatement en arrière de la glande et quelquefois même dans son épaisseur (Sappey), en abandonnant également à celle-ci un grand nombre de fines divisions, s'anastomoser avec le filet lacrymo-palpébral du rameau orbitaire du nerf maxillaire supérieur, deuxième branche du trijumeau. Chez les vertébrés inférieurs, ce dernier filet seul, d'après Sardemann, innerve la glande lacrymale.

Les fines ramifications nerveuses qui vont se distribuer à cette glande sont presque toutes des nerfs sans myéline qui parviennent aux lobules glandulaires, soit isolément, soit beaucoup plus habituellement en embrassant les vaisseaux et les canaux excréteurs (Dogiel). Par leurs divisions et leurs anastomoses, ces fines ramifications forment un plexus, au sein duquel Puglisti-Allegra (*Anat. Anzeiger*, Bd XXIII, p. 392, 1903) signale la présence de quelques cellules ganglionnaires de petites dimensions, pourvues de grêles prolongements protoplasmiques et d'un prolongement nerveux qu'on voit souvent venir se fusionner par l'une de ses subdivisions avec des filets de ce plexus. Leur mode de terminaison autour des tubes glandulaires a surtout été bien étudié par Dogiel (*Arch. f. mikr. Anat.*, 1893) sur la glande lacrynale du lapin, par Arnstein (*Anat. Anzeiger.* Bd X, p. 104, 1895) sur la glande de Harder dont la structure, chez un grand nombre d'animaux, diffère peu de celle de la glande lacrymale, et enfin par Puglisti-Allegra (*loc. cit.*), sur la glande lacrymale elle-même. D'après ces derniers auteurs, le cylindre-axe, parvenu au contact de la membrane basale du tube glandulaire, se divise abondamment autour de celle-ci pour former à ce niveau un système compliqué de *ramifications épilemmales* qui s'applique sur cette membrane, mais non pas, comme l'admet Dogiel, un réseau au sens propre du mot. De ces ramifications se détachent des fibrilles qui traversent la membrane basale et pénètrent, en se subdivisant (*ramifications hypolemmales*) au-dessous et

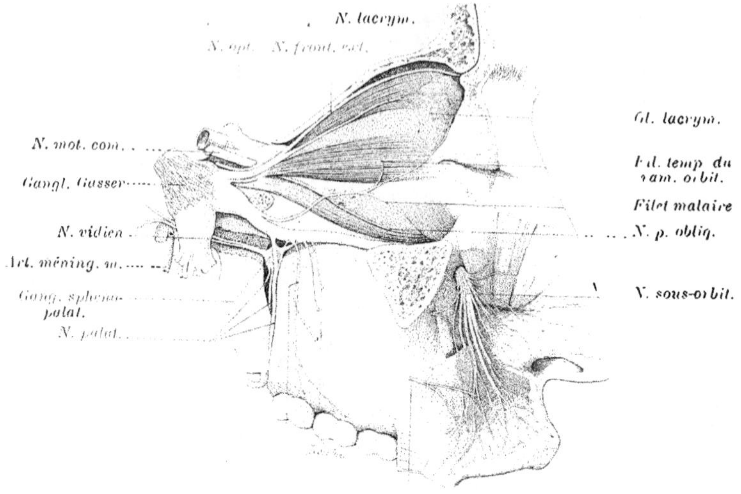

FIG. 767. — Nerfs de la glande lacrymale. (D'après Hirschfeld.)

entre les cellules; les divisions ultimes de ces fibrilles, tantôt lisses et régulières, mais le plus souvent variqueuses, entourent celles-ci de toutes parts et se terminent, en se subdivisant dans leur intérieur, par une sorte de *réseau intracellulaire* formé de fibrilles excessivement ténues et légèrement renflées à leurs points nodaux. Les divers réseaux intracellulaires voisins communiquent entre eux par des anastomoses multiples (Puglisti-Allegra).

Les fibres sécrétoires de la glande lacrymale proviendraient en grande partie du nerf facial, par l'intermédiaire du grand nerf pétreux superficiel et du nerf vidien qui lui fait suite, du ganglion sphéno-palatin, du nerf maxillaire supérieur et du rameau orbitaire de ce nerf [Goldzieher, Jendrassik, Laffay, Klapp (*Inaug. Dissert.*, Greifswald, 1897). Landolt (*Pflüger's Archiv*, 1903) : le nerf lacrymal contient aussi des fibres sécrétoires très nombreuses indépendantes du nerf facial (Campos, *Arch. d'ophtalmol.*, 1897). Quant au sympathique, son influence sur la sécrétion, admise par Wolferz, Demtchenka, Reich, Tepliachine, Arloing, Laffay, etc., n'a pu être mise en évidence chez l'homme par Campos.

Larmes. — Les larmes, produits de sécrétion de la glande lacrymale, ont une composition légèrement variable suivant l'état histologique de l'épithélium qui les fournit. Aussi les analyses des différents auteurs ne concordent-elles pas d'une manière absolue. — Elles ont les caractères d'un liquide incolore, clair comme de l'eau, de réaction toujours alcaline (Emmert, Brugnatelli et Favarelli), de goût légèrement salé. Leur quantité en 24 heures serait, d'après Magaard (*Virchow's Archiv*, 1882), de 6 gr. 4, soit pour chaque glande 3 gr. 2.

Voici quelques analyses sur leur composition d'après un tableau emprunté à Wilbrand et Sänger (*Die Neurologie des Auges*. Wiesbaden, 1901).

100 PARTIES DE LARMES CONTIENNENT :	FRERICHS		LERCH	MAGAARD	ARLT
Eau	99,1	98,7	98,2	98,1	98,223
Résidu	0,9	1,3	1,8	1,9	
Débris épithéliaux	0,1	0,3			
Albumine	0,1	0,1	0,5	1,5	0,520
Mucus et graisse	0,3	0,3			
Chlorure de sodium	0,4	0,6	0,3	0,4	1,527
Phosphates					

VOIES LACRYMALES PROPREMENT DITES

DÉFINITION. — Les larmes excrétées dans la partie externe de la conjonctive du cul-de-sac viennent d'abord remplir la rigole circulaire que forme le fornix autour de l'hémisphère antérieur de l'œil, pour de là se répandre sur la face antérieure de celui-ci, grâce aux mouvements des paupières.

Nous avons vu que le cul-de-sac conjonctival aboutit, dans la région de l'angle interne de l'œil, par ses deux extrémités très rapprochées, d'une part, au bord supérieur, et, de l'autre, au bord inférieur d'une dépression des téguments que les anciens anatomistes avaient désignée sous le nom de *lac lacrymal*. Ce lac, dont le fond est comblé par la caroncule lacrymale et par le repli semi-lunaire, et dont la forme, sur un œil ouvert, se rapproche de celle d'une demi-ellipse à sommet arrondi dirigé en dedans, se trouve circonscrit par la partie la plus interne du bord libre des paupières, partie entièrement dépourvue de cils.

La caroncule lacrymale située au fond du lac lacrymal dévie les larmes vers les *papilles lacrymales* ou *tubercules lacrymaux*, sortes de légères saillies cratériformes au nombre de deux, une pour chaque paupière, placée à la jonction des deux portions lacrymale et bulbaire du bord libre palpébral. Chacune de ces deux saillies porte à son sommet un petit pertuis, connu sous le nom de *point lacrymal*, auquel fait suite le *conduit* ou *canalicule lacrymal*, logé dans l'épaisseur de la portion lacrymale du bord libre de chaque paupière. Les deux canalicules lacrymaux viennent se jeter dans une sorte de petite cavité à peu près verticale, profondément située en dedans du lac lacrymal, et connue sous le nom de *sac lacrymal*. Au sac lacrymal succède un assez large conduit presque vertical désigné sous le nom de *canal nasal* ou encore sous celui de *canal naso-lacrymal*, dont l'extrémité inférieure vient s'ouvrir dans le méat inférieur des fosses nasales. Les points lacrymaux, les conduits lacrymaux, le

[PICOU]

sac lacrymal et le canal nasal forment pour les liquides qui baignent la conjonctive, une sorte d'appareil de résorption dont l'ensemble a reçu la dénomination de *voies lacrymales*.

Conformation extérieure et intérieure. — Rapports. — Les voies lacrymales se composent de parties extérieures, telles que les tubercules et les points lacrymaux, pour l'examen desquelles il n'est besoin d'aucune préparation spéciale, et de parties profondes cachées par les parties molles des paupières ou le squelette de l'orbite et du nez, comprenant les conduits lacrymaux, le sac lacrymal et le canal nasal.

1° *Tubercules et points lacrymaux*. — Les points lacrymaux, situés au sommet des tubercules de même nom, sont deux petits orifices arrondis ou ovalaires, à grand axe transversal (Gerlach, *Beiträge zur normalen Anat. des menschlichen Auges*, Leipzig, 1880), occupant à peu près le même plan que les orifices des glandes de Meibomius, dont ils ne se distinguent que par leurs diamètres un peu plus considérables. L'orifice de la glande de Meibomius la plus interne, situé dans leur voisinage immédiat, s'en trouve encore séparé par un intervalle de 0 mm. 5 à 1 millimètre. On les distingue, — comme les tubercules qui les portent, et dont la situation vers la lèvre postérieure du bord libre de chaque paupière, à l'union de la portion lacrymale avec la portion ciliaire de ce bord, nous est déjà connue, — en supérieur et inférieur. Le point lacrymal inférieur est situé à 6 mm. 5 de la commissure palpébrale interne, tandis que le supérieur n'en est distant que de 6 millimètres, d'où, entre ces deux distances, une différence d'un demi-millimètre grâce à laquelle, dans l'occlusion des paupières, les deux points lacrymaux se juxtaposent, mais ne se superposent jamais. La largeur des points lacrymaux serait, d'après Heinlein (*Arch. f. Opht.*, 1875), de 0 mm. 15 à 0 mm. 2; pour Merkel, celle du supérieur mesure de 0 mm. 2 à 0 mm. 25, et celle de l'inférieur, toujours un peu plus grand, environ 0 mm. 3. Le diamètre de chaque point lacrymal reste invariable, grâce à un tissu conjonctif dense qui entre dans sa structure et n'est qu'une dépendance de celui du tarse. Ce tissu, qui entoure les points lacrymaux à la manière d'un anneau rigide, les maintient toujours béants.

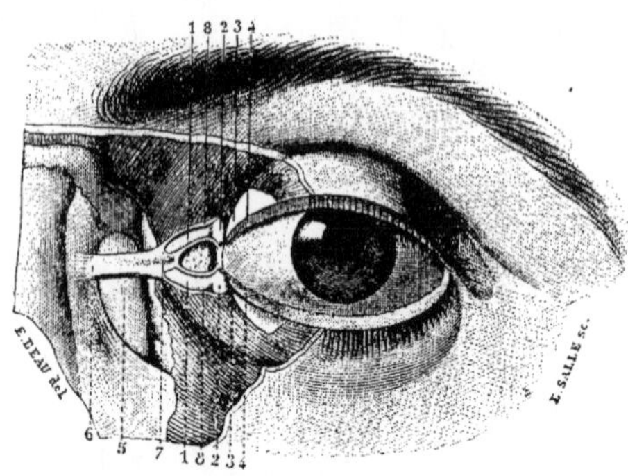

Fig. 768. — Points lacrymaux, conduits lacrymaux, sac lacrymal. (D'après Sappey.)

1, conduits lacrymaux. — 2, portion verticale de ces conduits. — 3, tarses supérieurs et inférieurs. — 4, bord libre des paupières avec les orifices des glandes de Meibomius. — 5, sac lacrymal. — 6, tendon de l'orbiculaire. — 7, point de bifurcation de ce tendon. — 8, gaine fibreuse que chaque moitié du tendon bifurqué fournit au conduit lacrymal correspondant.

Les tubercules lacrymaux, au sommet desquels s'ouvrent les points lacrymaux qui leur donnent un aspect cratériforme, sont deux petites élevures à peine saillantes, dirigées vers la face antérieure de l'œil et maintenant, grâce à cette direction, les deux points lacrymaux constamment plongés dans le liquide du lac lacrymal. Leur saillie paraît s'accentuer avec l'âge; comme ils sont généralement peu vascularisés, leur coloration pâle tranche toujours sur celle des parties voisines. Celui de la paupière supérieure est beaucoup moins étalé, mais légèrement plus saillant que celui de la paupière opposée. Dans l'occlusion des paupières le tubercule lacrymal supérieur s'abaisse en glissant le long du bord concave du repli semi-lunaire et décrit ainsi un petit arc de cercle, tandis que le tubercule lacrymal inférieur s'élève perpendiculairement pour venir se placer sur le côté interne du précédent (Merkel et Kallius). Quand le regard se dirige en dedans, la cornée vient se mettre en rapport avec les deux points lacrymaux; lorsqu'au contraire il se porte en dehors, ceux-ci reposent directement sur la face antérieure du repli semi-lunaire dont l'étendue s'accroît dans ce dernier mouvement.

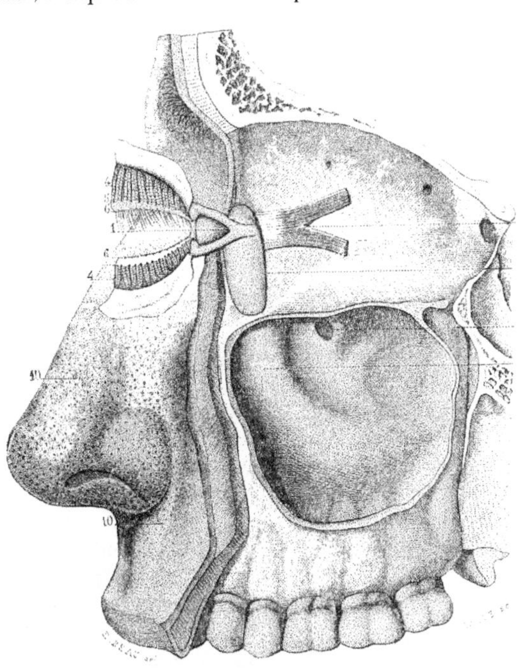

FIG. 769. — Conduits lacrymaux, muscle de Horner, sac lacrymal, saillie formée par le canal nasal sur la paroi interne du sinus maxillaire. (D'après Sappey.)

1, portion commune des conduits lacrymaux. — 2, Muscle de Horner se divisant en dehors, chaque division correspondant à un des deux conduits lacrymaux. — 3. conjonctive palpébrale. — 4. tarse et glande de Meibomius. 5, lèvre postérieure du bord libre des paupieres et embouchure de ces glandes. — 6. lèvre antérieure du même bord, avec les cils. — 7. sac lacrymal. — 8. relief formé par le canal nasal sur la paroi interne du sinus maxillaire. — 9. orifice du sinus précédent.

2° *Conduits lacrymaux.* — Les points lacrymaux que nous venons de décrire représentent l'entrée de deux canalicules coudés à angle obtus presque droit (Gerlach), occupant l'épaisseur de la portion lacrymale du bord libre de chaque paupière, et pouvant être distingués par conséquent, comme les points auxquels ils font suite, en supérieur et inférieur.

Ce sont les *conduits* ou *canalicules lacrymaux*. Au delà de la commissure interne des paupières, ces conduits se réunissent pour former une portion commune ou *canal d'union* (*Sammelrohr* des auteurs allemands) qui vient se jeter dans le sac lacrymal. Merkel qui, après Gerlach, estime à 1 centimètre environ leur longueur totale, ne croit pas qu'il existe entre eux, au sujet de cette longueur, une différence aussi prononcée que celle de 0 mm. 5, admise, à l'exemple de Bochdalek, par la plupart des auteurs, en faveur du conduit lacrymal inférieur. Notons en passant que cette différence est la même que celle des distances séparant les deux points lacrymaux de la commissure interne des paupières. Chaque conduit lacrymal étant, comme nous venons de le dire, coudé presque à angle droit, présente donc deux portions : l'une verticale, ascendante à la paupière supérieure et descendante à la paupière inférieure, et l'autre horizontale. Ces deux portions se continuent par une sorte de segment arrondi qui occupe le coude du conduit et en représente la partie la plus large. Nous allons passer successivement en revue chacune des portions précédentes.

a) Portion verticale. — Cette portion commence d'abord par un segment long de 0 mm. 5, segment évasé en forme d'entonnoir ou d'*infundibulum* (Foltz, *Annales d'oculist.*, 1860), dont la base répond au point lacrymal, tandis que le sommet, représentant la partie la plus étroite de tout le conduit, mesure à peine, d'après Gerlach, 0 mm. 1 de diamètre, ce qui lui a valu, de la part de l'auteur précédent, le nom d'*angustia*. Au delà de cette angustia, qui siège à peu près au niveau de la base de la papille lacrymale (Schwalbe), le conduit s'élargit au point de former une sorte de dilatation ampullaire qui en occupe le coude et qui cesse brusquement au niveau du point où commence la portion horizontale. La dilatation que nous venons de signaler n'est pas régulière ; en effet, vers le sommet du coude existe une sorte d'éperon épais qui s'avance dans l'intérieur de celle-ci et la subdivise en deux autres cavités secondaires : l'une piriforme, faisant suite à l'angustia, et l'autre sacciforme, dépassant de beaucoup par son fond le niveau de la portion horizontale.

La longueur totale de la portion verticale mesure, d'après Heinlein, depuis la base de l'infundibulum jusqu'à l'origine de la portion horizontale, environ 1 mm. 5. D'après le même auteur, le calibre du conduit lacrymal serait, au delà de l'angustia, de 0 mm. 6 au niveau de la première dilatation, de 0 mm. 4 au niveau de l'éperon, et de 0 mm. 7 à 0 mm. 8 au niveau de la deuxième dilatation qui se continue, pour ainsi dire, brusquement avec la portion horizontale du conduit dont le diamètre à peu près uniforme dans toute son étendue, ne mesure guère plus, à partir de cet endroit, que 0 mm. 3 à 0 mm. 4.

b) Portion horizontale. — Cette portion n'est pas absolument horizontale ; mais elle s'incline légèrement, à chaque paupière, vers la commissure palpébrale interne qui devient ainsi le point de convergence des deux conduits lacrymaux.

La portion horizontale du conduit lacrymal supérieur est donc légèrement oblique en bas et en dedans ; celle du conduit lacrymal inférieur se dirige un peu en dedans et en haut. La forme de la portion horizontale, à peu près rectiligne lorsque l'œil est fermé, représente sur l'œil ouvert, une courbe allongée dont la concavité regarde le sommet de la caroncule lacrymale.

Sa longueur, plus grande que celle de la portion verticale, mesure, d'après Gerlach, 6 à 7 millimètres. Son calibre à peu près régulier et cylindrique, se trouve partout compris entre 0 mm. 3 et 0 mm. 4. Grâce à l'élasticité et à l'extrême minceur des parois du conduit lacrymal, ce calibre peut, par une forte distension, atteindre et même dépasser le triple de sa valeur normale; dans ce dernier cas, il se produit dans l'intérieur de la cavité du conduit des replis plus ou moins spiroïdes dont Hyrtl (*Corrosions-Anatomie*, Wien, 1873) nous a donné d'excellentes préparations, mais qui n'existent jamais normalement sur le vivant. La minceur et l'élasticité des parois du conduit lacrymal nous expliquent encore la grande facilité avec laquelle on peut redresser le coude de ce conduit, en tendant fortement la paupière dans le sens de l'angle externe de l'œil. Cette manœuvre facilite beaucoup le cathétérisme des voies lacrymales.

Bien que revêtue de tous côtés par les fibres du muscle orbiculaire, cette portion peut, par suite de la faible épaisseur des couches qui la séparent des téguments, transparaître à travers la peau mince de la région de l'angle interne de l'œil, lorsqu'on pousse une injection colorante dans l'intérieur du conduit lacrymal.

La portion horizontale de chaque conduit lacrymal est recouverte dans son tiers interne, avant de se jeter dans la portion commune ou canal d'union, par le ligament palpébral interne qui lui adhère très lâchement (Heinlein).

Comment se disposent les fibres du muscle orbiculaire autour des conduits lacrymaux? 1° Autour de la base du tubercule lacrymal, Gerlach, Merkel, Walzberg (*Ueber den Bau der Thränenwege*, Rostock, 1875), etc., admettent l'existence d'un véritable sphincter formé par l'entre-croisement des fibres du muscle orbiculaire sur les faces latérales de cette portion. Le sphincter en question ne s'étend jamais jusqu'au sommet du tubercule, formé d'un tissu conjonctif épais et résistant; mais on commencerait à l'apercevoir, sur des coupes horizontales sériées de cette dernière saillie, d'abord sur son côté antérieur, puis, vers sa base, sur toute sa périphérie, de manière à former à ce niveau un anneau musculaire complet, composé de segments indépendants.

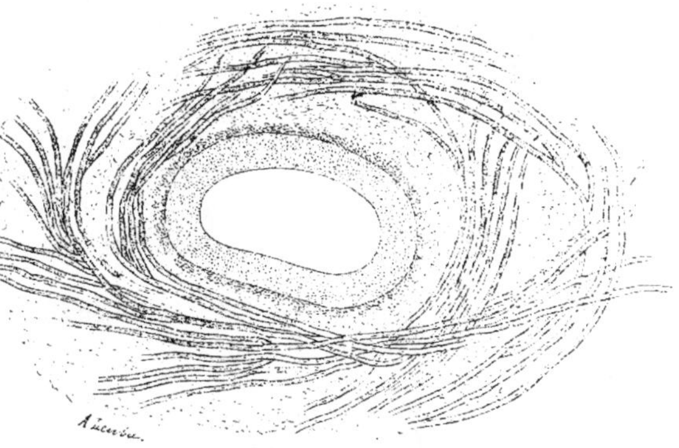

Fig. 770. — Coupe transversale de la base d'un tubercule lacrymal, montrant la disposition sphinctérienne des fibres du muscle orbiculaire à ce niveau. (D'après Merkel.)

2° Autour de la portion verticale, voici comment, d'après Klodt, se comporteraient les faisceaux musculaires : en avant comme en arrière du conduit, les uns poursuivraient sans s'arrêter leur trajet primitif parallèle au bord libre des paupières, tandis que les autres, se déviant sur ses faces latérales, viendraient s'entre-croiser à ce niveau avec des faisceaux venus de la face opposée de la paupière, de manière à former des sortes de boutonnières musculaires dans lesquelles s'engage le conduit lacrymal. Parmi les fibres musculaires subissant cette dernière déviation, il s'en trouve qui, après s'être entre-croisées sur l'un des côtés du conduit, s'entre-croisent de nouveau sur l'autre côté, et, au lieu de gagner, comme les fibres ne subissant qu'un seul entre-croisement, la couche musculaire de la face opposée de la paupière, rentrent de nouveau dans la couche musculaire qui les avait émises. Ces entre-croisements se feraient surtout aux dépens de la couche sous-conjonctivale du muscle de Horner qui diminue ainsi de plus en plus, en passant dans le plan musculaire prétarsien. D'après Klodt, et contrairement aux opinions émises sur ce sujet par Gerlach, Heinlein, Walzberg et Krehbiel, il est à peu près impossible de dire d'où proviennent les fibres musculaires qui entourent le conduit lacrymal, tant sont nombreuses là-dessus les diverses variations.

Pour Rochon-Duvigneaud (*Arch. d'ophtalmol.*, 1900, p. 246), les fibres qui se recourbent et se mélangent au-devant de la base du tubercule lacrymal et de la portion verticale des conduits lacrymaux, donnent simplement l'apparence d'un sphincter; il ne saurait donc être ici question de sphincter véritable; car ainsi que le reconnaît lui-même Merkel, la résistance scléreuse du tissu où sont creusés les points lacrymaux rendrait l'action de ce sphincter complètement illusoire. D'après ce même auteur, le muscle de Horner, bien que ne constituant pas toute la musculature des conduits lacrymaux, est cependant le véritable muscle canaliculaire, et il ne doute pas qu'il ait un rôle essentiel dans la fonction de ces conduits, l'absorption des larmes.

3° Autour de la portion horizontale, les fibres du muscle orbiculaire se disposent parallèlement, en avant et en arrière de cette portion; on en voit cependant quelques-unes qui, se portant d'un plan vers l'autre, passent, soit au-dessus, soit au-dessous du conduit lacrymal, en décrivant à ce niveau des sortes de spires allongées (Heinlein, Krehbiel, Walzberg, Klodt, etc.).

Il est encore difficile de prouver l'insertion des fibres musculaires sur la paroi externe du conduit lacrymal (Gerlach, Klodt). Cependant Sappey admet ces insertions sur les deux côtés du conduit. Heinlein les décrit seulement sur le côte tourné vers le globe de l'œil. Enfin Walzberg, et, après lui, Krehbiel signalent également sur les conduits lacrymaux, l'insertion de quelques fibres musculaires.

c. *Portion commune des conduits lacrymaux; leur abouchement dans le sac lacrymal.* — Avant de s'ouvrir dans le sac lacrymal, les deux conduits lacrymaux se réunissent, dans la majorité des cas, en un canal unique, assez souvent désigné sous le nom de *canal d'union*; mais avant de se joindre pour former ce canal, ils doivent perforer séparément le pont périostique renforcé de tissu fibreux qui, passant de la crête lacrymale de l'unguis à la crête lacrymale de l'apophyse montante du maxillaire supérieur, transforme la fosse lacrymale osseuse en une sorte de cavité close (Schwalbe); c'est donc dans cette cavité que le canal d'union se trouve entièrement contenu, et c'est par l'intermédiaire du plan fibreux qui la ferme en dehors qu'il entre en rapport, par son côté antérieur avec le ligament palpébral interne ou tendon direct du muscle orbiculaire. Ce dernier muscle étant donc séparé du canal d'union par les plans fibreux précédents, on ne trouve jamais de fibres musculaires autour de ce dernier canal.

Le canal d'union des deux conduits lacrymaux a une direction à peu près horizontale. Sa longueur, différente suivant les sujets, varie généralement entre 0 mm. 8 et 3 millimètres; son calibre, de 0 mm. 6 au point de jonction des deux conduits lacrymaux et près de son point de pénétration dans le sac lacrymal, serait, d'après Heinlein, un peu plus petit dans l'intervalle des deux points précédemment indiqués. Parvenu au sac lacrymal, il s'abouche, d'après Lesshaft (*Arch. f. Anat. und Physiol.*, 1860), non pas au bon milieu de son côté externe, mais un peu en arrière de celui-ci, à peu de distance de l'extrémité supérieure du sac, et à peu près exactement en arrière du milieu du ligament palpébral interne.

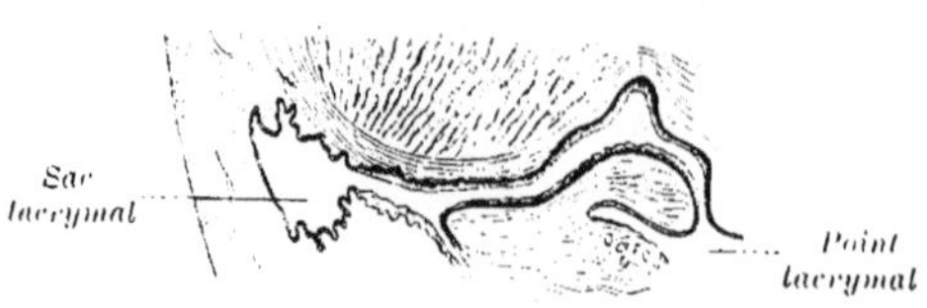

Fig. 771. — Coupe longitudinale d'un conduit lacrymal. (D'après Gerlach.)

Au lieu de s'ouvrir dans le sac lacrymal par un canal commun, les deux conduits lacrymaux viennent souvent s'y aboucher séparément, ou bien ils se jettent encore isolément dans une sorte de dilatation diverticulaire du sac, connue sous le nom de *sinus de Maïer*. L'abouchement séparé des deux conduits lacrymaux s'observe normalement chez les mammifères dont le canal naso-lacrymal, correspondant par sa portion initiale élargie au sac lacrymal de l'homme, continue à peu près leur direction (Walzberg). Les deux conduits lacrymaux, aboutissant séparément au sac lacrymal, s'ouvrent généralement, en conservant leurs rapports réciproques, l'un au-dessus de l'autre. Cependant, dans les cas où il existe un sinus de Maïer, Schwalbe a vu parfois le conduit supérieur s'ouvrir quelque peu en arrière et au-dessous du conduit lacrymal inférieur.

Variations suivant l'âge. — Les conduits lacrymaux apparaissent déjà pendant la vie intra-utérine, très nettement coudés à angle droit. A cette période et dans les premières années qui suivent la naissance, leur trajet, à peu près régulier, permet facilement, d'après Gerlach, de comprendre dans toute leur étendue, sur une même coupe frontale, les deux conduits avec le sac lacrymal dans lequel ils s'abouchent. Mais il ne saurait en être de même chez l'adulte; car le plan vertical qui les contient subit ici une sorte d'incurvation parallèle à la face antérieure du bulbe. Chez le vieillard, il arrive parfois que sous l'influence du relâchement de la paupière inférieure, le point lacrymal inférieur, suivant le léger degré d'ectropion atonique du bord palpébral, cesse d'être en contact avec la conjonctive; d'où quelquefois un peu d'épiphora (Schreger, *Versuch eines vergl. Anat. des Auges und d. Thränenwege des Menschen*, Leipzig, 1810).

Anomalies. — La paroi des conduits lacrymaux s'écarte dans certains cas du type de la description que nous venons de donner; ainsi quelques observateurs signalent des dilatations et des diverticules secondaires pouvant occuper tous les points de leur trajet. On voit même parfois dans son intérieur des replis saillants de la muqueuse pouvant en imposer pour de véritables *valvules* : telles sont la valvule annulaire décrite par Bochdalek (Beitr. zur Anat. der Thränenorgane. *Prager Vierteljahrsschrift*, Bd II, 1863), à l'entrée même du conduit et celle que Foltz a signalée au niveau de l'angustia; celle-ci, de forme semi-lunaire, insérée sur le côté externe du conduit lacrymal, faisait saillie par son bord libre dans la dilatation ampullaire du coude de ce conduit.

Bochdalek a vu des tubercules lacrymaux très développés pouvant atteindre jusqu'à 3 millimètres de hauteur. D'après le même anatomiste, il existe des cas dans lesquels le point lacrymal, au lieu d'occuper le sommet du tubercule précédent, s'ouvre sur l'un de ses versants, soit antérieur, soit postérieur. La forme de ce même pertuis, au lieu d'être arrondie, peut se présenter parfois sous l'aspect d'une fente (Wickerkiewicz, 11e *Congrès internation. de méd.*, Rome, 1895).

Les cas de dédoublement ou d'absence soit partielle, soit totale des points et des conduits lacrymaux, bien que constituant un fait relativement rare, puisque Wickerkiewicz n'a pu, sur 60 000 sujets, observer qu'un seul cas de double point lacrymal avec dédoublement des canalicules, ne sont plus aujourd'hui à compter. Ce sont, d'après Nielsen (*Th. doct.*, Bordeaux, 1896), des anomalies congénitales par excès ou par défaut, tenant : les premières, à un excès de canalisation des bourgeons épithéliaux primitifs, et les secondes, à un arrêt évolutif. Pour Cabannes (*Arch. d'opht.*, 1896), les anomalies par excès s'expliqueraient encore par un bourgeonnement secondaire du bourgeon normal. Le cas signalé par Trantas (*Arch. d'opht.*, 1896) de double point lacrymal congénital avec canalicule simple, dans lequel existait, à 2 mm. 5 en dedans du point lacrymal normal, vers l'angle interne de l'œil, une sorte de fente ellipsoïdale parallèle au canalicule, circonscrite par des lèvres fibreuses et s'ouvrant directement dans la portion horizontale du conduit lacrymal, doit être rangé dans cette dernière catégorie de faits.

Portion intraosseuse des voies lacrymales. — *Sa direction générale.* — Nous désignons sous le nom de portion intraosseuse des voies lacrymales, la partie de ces conduits comprise dans le squelette de la face. Elle est formée de deux segments distincts : l'un supérieur, enfermé dans la gouttière lacrymale que forment par leur articulation l'unguis avec l'apophyse montante du maxillaire supérieur : c'est le *sac lacrymal*; l'autre inférieur ou *canal nasal* contenu dans le canal osseux de même nom.

La direction de la portion intraosseuse des voies lacrymales se trouve liée, chez l'homme, à l'incurvation à concavité interne que présente le canal lacrymal pendant la vie intra-utérine. Cette incurvation est toujours plus accentuée chez le jeune fœtus que chez le nouveau-né, ce que Rochon-Duvigneaud attribue au développement du maxillaire supérieur (Stanculéanu, *Arch. d'opht.*, 1900). Grâce à elle, le sac lacrymal apparaît chez l'adulte obliquement incliné en bas et en dehors, tandis que le canal nasal s'incline au contraire en bas et un peu en dedans. Ces deux parties des voies lacrymales décrivent encore chez l'adulte, par leur ensemble, une sorte de courbe parabolique très ouverte dont le sommet répond à l'orifice supérieur du canal nasal, tandis que les deux branches se trouvent représentées : l'une, en haut, par le sac lacrymal, et l'autre, en bas, par le canal nasal. Le sac lacrymal et le canal nasal occupent à peu près un même plan transversal qui, passant en haut par le milieu de la gouttière lacrymale, vient aboutir en bas, d'après Luschka, au niveau de la 1re ou de la 2e molaire proprement dite, ou même entre la 2e et la 3e molaire (Merkel). Pour Thomas (*Ostéol. descript. et comparée de l'homme et des animaux*. Paris, p. 201, 1865), la direction de ce plan, en rapport avec l'allongement des os de la face, serait très oblique en bas et en avant chez les animaux, tels que le chien et le mouton, et à peu près verticale chez l'homme (Voir : LE DOUBLE. Os lacrymaux. *Bibliogr. anatom.*, 1900). Ceci est vrai en effet dans quelques cas; mais généralement le plan transversal passant par les deux canaux naso-lacrymaux droit et gauche, s'écarte légèrement du plan frontal en bas et en arrière, en formant avec ce dernier un angle dièdre ouvert en bas. Cet angle que nous avons mesuré par des calculs trigonométriques sur 10 cadavres, pris dans le laboratoire de M. le professeur Poirier, nous a paru compris entre 4°34' et 15°38' avec une moyenne de 9 degrés. Par conséquent le chiffre de 15 à 25 degrés donné par Testut dans son Anatomie, chiffre correspondant à la valeur de 70 degrés que Schwalbe attribue à l'angle ouvert en avant, formé par la direction de la portion intra osseuse des voies lacrymales, avec un plan horizontal inférieur, nous paraît un peu trop élevé. Chez les individus au nez aplati, l'angle que nous venons d'étudier serait cependant un peu plus ouvert (Ponteau).

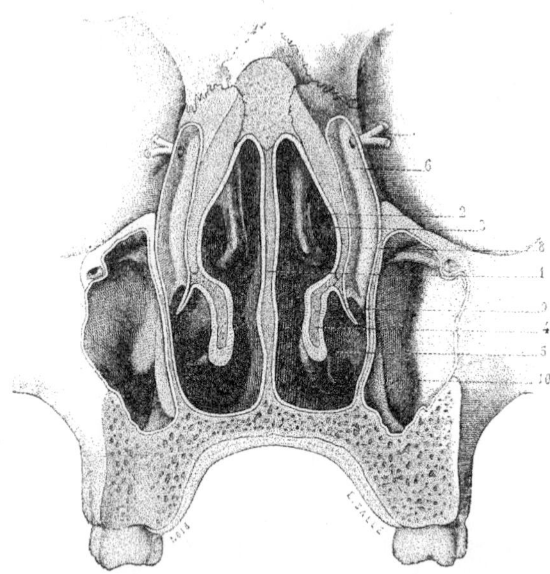

Fig. 772. — Direction générale et rapports avec le squelette du canal lacrymo-nasal. (D'après Sappey.)

1, cloison des fosses nasales. — 2, extrémité antérieure du cornet moyen. — 3 méat moyen. — 4, coupe du cornet inférieur au niveau de l'embouchure du canal nasal. — 5, méat inférieur. — 6, sac lacrymal. — 7, conduits lacrymaux. — 8, canal nasal. — 9, valvule de Hassner. — 10. sinus maxillaire.

Quant au degré d'écartement qui existe entre le plan sagittal et le sac lacrymal, oblique en bas et en dehors, nous l'avons trouvé compris entre 13 degrés et 37 degrés, avec une moyenne de 26 degrés; la direction du sac lacrymal est donc à peu près parallèle à celle de la portion ascendante du sillon jugo-palpébral de Arlt.

Pour ce qui concerne la direction du canal nasal proprement dit, Zabel (Varietäten des Thränenbeines. *Dissert. inaug.*, Rostock, 1900) dit que les deux canaux droit et gauche convergent presque toujours par leurs extrémités inférieures; cet auteur n'aurait observé la direction verticale du canal en question que dans un petit nombre de cas, et jamais il ne l'aurait vu s'écarter, par son extrémité inférieure, du plan sagittal médian. Cependant nous avons pu noter cette déviation en dehors dans une de nos observations, où, *avec un nez normal en apparence*, sa valeur était représentée par un angle de 4°13'. Par contre, la plus forte déviation en dedans qu'il nous ait été donné de constater, mesurait 27 degrés.

Cette déviation dépend évidemment du degré de développement plus ou moins considérable du sinus maxillaire. D'une manière générale, on peut dire que la direction du canal nasal prolongée jusqu'au plan sagittal médian, formerait avec ce plan un angle ouvert en haut, d'environ 12 degrés.

Les grandes variations individuelles qui existent au sujet de l'écartement de l'extrémité inférieure du canal nasal, dans le sens transversal, montrent qu'il ne faut pas toujours compter sur le procédé de Arlt (*Gräfe Sämisch' Hdb.*, 1re édit., III, 484) pour savoir sur le vivant, si ce canal est vertical ou dévié en dedans; dans le premier cas, d'après cet auteur, la distance séparant les insertions sur la joue, des bords intérieurs des deux ailes du nez, serait égale à celle qui réunit les extrémités des deux ligaments palpébraux interne droit et gauche; dans le second cas au contraire, la première de ces deux distances serait plus petite, et la moitié de leur différence mesurerait le degré d'inclinaison du canal. D'une façon générale, c'est chez les individus au nez épaté qu'il faut s'attendre à rencontrer, de chaque côté, un canal nasal à direction verticale. C'est même de préférence, d'après Pouteau, chez ces derniers sujets qu'on observerait la divergence inférieure des deux canaux.

Sac lacrymal. — *Forme et dimensions.* — Le sac lacrymal dont nous venons de voir la direction et la situation dans la gouttière lacrymale, sur le côté interne de la base de l'orbite, est un réservoir membraneux, ayant la forme d'un cylindre un peu incliné sur le plan sagittal, légèrement aplati dans le sens transversal, et à grand axe faiblement incurvé en arrière. Sa hauteur est de 12 à 14 millimètres; ses autres dimensions, très réduites normalement sur le vivant, puisque sa section transversale apparaît pendant la vie comme une fente antéro-postérieure de 3 millimètres tout au plus de longueur, sont au contraire, sur un canal injecté avec une matière solidifiable, de 8 millimètres environ dans le sens antéro-postérieur, et de 4 millimètres à 4 mm. 5 dans le sens transversal (Hyrtl). Sa capacité qui, d'après Arlt, est, au repos, de 20 millimètres cubes, peut facilement arriver jusqu'à 120 millimètres cubes (Arlt, *Arch. f. Opht.*, IX, 1, p. 88, 1863).

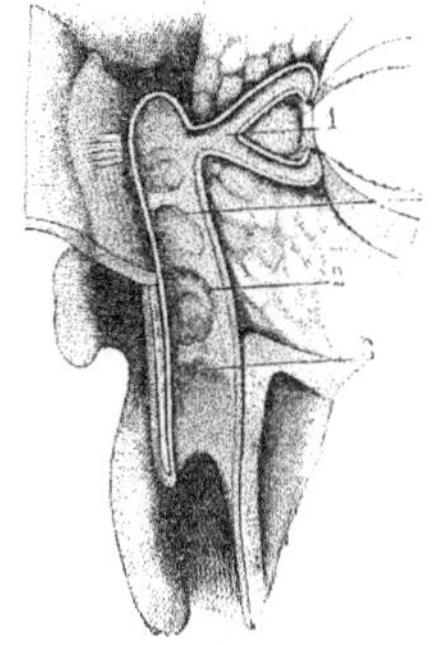

Fig. 773. — Voies lacrymales ouvertes par leur partie antérieure. (D'après Sappey.)

1, conduits lacrymaux. — 2, sac lacrymal dont la muqueuse offre de légers replis. — 3, repli semblable appartenant à la muqueuse du canal nasal.

Pour la commodité de la description, nous envisagerons le sac lacrymal comme s'il nous apparaissait distendu, et nous pourrons alors lui décrire quatre faces et deux extrémités. Des deux extrémités, l'inférieure se continue directement avec le canal nasal; la supérieure, arrondie, forme une sorte de cul de-sac, le fond du sac lacrymal (*Fornix sacci lacrimalis*). Les faces se distinguent en antérieure, postérieure, interne et externe; nous allons étudier leurs rapports.

Rapports. — Le *fond* du sac lacrymal, entouré par le tissu cellulaire qui s'étale au-dessus de lui, entre la face profonde du muscle orbiculaire en avant, et le ligament large des paupières en arrière, dépasse légèrement (2 millimètres environ) le bord supérieur du ligament palpébral interne, et se trouve placé à

15 millimètres au-dessous du niveau de la poulie du muscle grand oblique (Stanculéanu, *Th. de doct.*, Paris, p. 20, 1902); l'intervalle qui sépare le fond du sac lacrymal de celle-ci, livre passage à un groupe vasculo-nerveux important formé, en allant de dedans en dehors, par la racine inférieure de la veine ophtalmique, l'artère nasale et le nerf nasal externe.

La *face antérieure* est en rapport avec le ligament palpébral interne qui s'applique sur elle transversalement et en lui adhérant d'une manière assez intime, à l'union de son tiers supérieur avec ses deux tiers inférieurs. Entre le bord inférieur de ce dernier ligament et l'orifice supérieur du canal nasal, la face antérieure du sac, simplement recouverte par la peau et quelques grêles faisceaux du muscle orbiculaire, offre peu de résistance à la distension par accumulation de liquide (pus, larmes) dans le sac, distension dont le maximum d'effet a d'ailleurs toujours lieu à ce niveau. Il peut même arriver que, les fibres du muscle orbiculaire disparaissant par atrophie, cette région devienne le siège d'une sorte de dilatation passive.

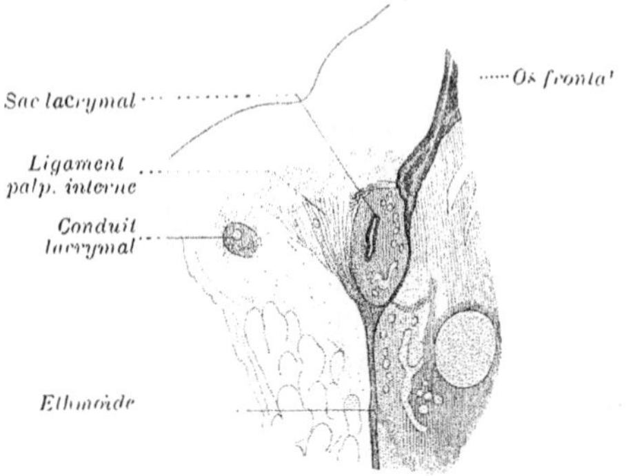

FIG. 774. — Coupe transversale du sac lacrymal droit. (D'après Merkel.)

La *face postérieure* est en rapport avec le tendon réfléchi du muscle orbiculaire, doublé du muscle de Horner, et, au-dessus comme au-dessous de ce tendon, avec le ligament large des paupières qui, venant s'insérer sur la crête lacrymale de l'unguis, le sépare du contenu de l'orbite.

Ainsi que l'a fait observer Gerlach, le muscle de Horner n'affecte avec le sac lacrymal aucun rapport direct; il en reste en effet séparé, non seulement par le tendon réfléchi de l'orbiculaire, mais encore, en avant de celui-ci, par du tissu conjonctif riche en vaisseaux veineux et lymphatiques.

La *face externe*, comprise dans l'angle d'écartement que forme le tendon direct avec le tendon réfléchi du muscle orbiculaire, répond vers l'union de son tiers supérieur avec ses deux tiers inférieurs, à la portion commune des conduits lacrymaux; celle-ci, nous l'avons déjà vu, vient déboucher dans la cavité du sac lacrymal, à 2 mm. 5 environ au-dessous de son fond, tout près de la limite postérieure de la face qui nous occupe. Immédiatement en arrière de ce point, Krenbiel a vu plusieurs fois appliqué contre le sac un petit nodule lymphatique.

Cette face est encore en rapport par sa partie tout à fait inférieure avec l'insertion fixe du muscle petit oblique dont quelques fibres naissent directement de la membrane fibreuse qui, provenant d'un dédoublement du périoste de l'unguis et tendue entre les deux crêtes lacrymales antérieure et postérieure, transforme en cavité close la gouttière lacrymale osseuse dans laquelle repose le sac lacrymal. Cette membrane recouverte en dehors par les muscles orbiculaire et de Horner, et perforée par les conduits lacrymaux à chacun desquels elle fournit une gaine complète jusqu'à son origine au point lacrymal, est formée par le périoste complet, avec sa couche ostéogène (Robin et Cadiat. — Le Double, *Bibliogr. anat.*, 1900, p. 174). Au-dessous du conduit lacrymal inférieur, elle est renforcée par une bande fibreuse plus ou moins prononcée, étendue entre les parties inférieures des deux crêtes lacrymales et dont l'ossification fournit l'*hamule*: on désigne ainsi un osselet intermédiaire à ces crêtes, avec lesquelles il s'articule en avant et en arrière, et dont la base soudée à la face orbitaire du maxillaire supérieur est souvent percée d'un trou pour le passage d'une petite artériole. Cet osselet, que l'on voit parfois remonter le long de la partie inférieure de la paroi externe du sac lacrymal, existerait, d'après Le Double, environ 2 fois sur 100.

La *face interne* du sac lacrymal est unie au périoste fortement adhérent du fond de la gouttière lacrymale, par un dense réseau de fibres conjonctives, prolongement de la gaine vasculaire si riche qui entoure le canal nasal dans sa portion osseuse. Au sein de ce tissu existe un plexus veineux très développé qui n'est qu'une dépendance de celui entourant le canal précédent. Les veines qui le forment refoulent en dehors, par leur turgescence, la paroi interne du sac lacrymal qui se rapproche alors de sa paroi externe, en rétrécissant la cavité de ce réservoir membraneux.

Profondément la face interne du sac répond au groupe des cellules ethmoïdales qui vont s'ouvrir dans la gouttière de l'unciforme. Lorsque ces cellules sont très développées, non seulement la face interne, mais encore les deux faces antérieure et postérieure du sac peuvent entrer en rapport avec elles (Stanculéanu, *Th. doct.*, Paris, 1902). Ces rapports expliquent la difficulté que l'on peut avoir à différencier une dacryocystite d'avec une ethmoïdite à complication orbitaire.

Conformation intérieure. — Le sac lacrymal est tapissé intérieurement par une muqueuse rosée, formant un grand nombre de plis, principalement du côté interne; nous étudierons plus loin ceux qu'on a décrits sous le nom de valvules; pour le moment, contentons-nous de signaler un repli spiroïde que Hyrtl aurait vu plusieurs fois et qui aboutirait en bas à la valvule de Béraud ou de Krause dont nous donnons plus loin la description. Bochdalek, de son côté, aurait rencontré parfois dans l'intérieur du sac des trabécules qui le traversaient librement.

Le sac lacrymal présente en outre assez fréquemment deux diverticules: l'un supérieur, allongé dans le sens vertical, occupe la paroi externe du sac, près de son bord postérieur, tandis que l'autre occupe la paroi antérieure de ce même réservoir, immédiatement au-dessus de l'orifice supérieur du canal nasal qui présente, en avant et en dehors, un bourrelet périostique saillant dans la cavité du sac. Le premier de ces diverticules n'est autre que le *sinus de Maïer*; le second est connu sous le nom de *sinus* ou *recessus de Arlt*.

Le sinus de Maïer présente vers son fond le ou les orifices ovalaires, à grand axe vertical, des deux conduits lacrymaux. Quant au recessus de Arlt, il représente plutôt une simple dépression due à la saillie, dans la cavité du sac, du bourrelet périostique précédemment signalé.

Canal nasal. — *Forme et dimensions.* — Situé dans le canal osseux que concourent à former sur la paroi externe des fosses nasales, l'unguis, le maxillaire supérieur et le cornet inférieur, le canal nasal membraneux, dont la direction nous est déjà connue, fait suite au sac lacrymal et vient s'ouvrir par son extrémité inférieure dans le méat inférieur des fosses nasales. Cette ouverture inférieure peut coïncider avec celle du canal osseux et occuper alors le sommet du méat; mais il arrive le plus souvent que la portion membraneuse du canal nasal se prolonge quelque temps au-dessous de la muqueuse de la face externe du méat inférieur, et vient alors s'ouvrir plus ou moins bas sur cette face, à 3, 4 et même 5 millimètres plus bas que l'orifice osseux (Sappey). Il en résulte pour la longueur du canal, dont la valeur moyenne est de 1 cm. 5 environ, d'assez grandes variations, comprises entre 10 et 27 millimètres.

La longueur du canal nasal dépend de la position plus ou moins élevée du cornet inférieur dans les fosses nasales (Zabel). Ainsi Zabel a vu chez un Apache l'insertion de ce cornet se faire presque au niveau de la face orbitaire du maxillaire supérieur, et, dans ce cas, le canal nasal était excessivement court. Cette dernière particularité s'observerait également chez les nègres qui, généralement pourvus d'un canal nasal large et court, seraient, moins que les autres races, prédisposés aux affections des voies lacrymales (J. Santos-Fernandez. *Anales de Oftalmologia*, Mexico, V, nº 11, 1903).

La forme du canal nasal est approximativement celle d'un cylindre aplati latéralement; son diamètre antéro-postérieur mesure en moyenne 3 millimètres. Son diamètre transverse, de 2 mm. 5 environ (Rochon-Duvigneaud), peut dans certains cas entièrement s'effacer par suite de la turgescence du tissu caverneux qui entoure le canal membraneux.

Le calibre du canal nasal n'est pas partout uniforme; en effet ce canal, qui commence en haut par un orifice la plupart du temps rétréci, s'élargit un peu vers son tiers inférieur, en formant à ce niveau une sorte de dilatation ampullaire d'un calibre de 4 millimètres (Rochon-Duvigneaud). En outre, d'après Serres, et même d'après Hyrlt (*Topogr. Anat.*, 2. Aufl., 1853), le canal membraneux gauche serait moins large que le droit; une telle différence ne s'observe guère sur le squelette privé de ses parties molles (Zabel).

Rapports. — Le canal nasal membraneux est uni solidement au périoste du canal osseux de même nom, par une couche de tissu conjonctif dense, riche en fibres élastiques, au sein duquel s'étale un riche plexus veineux très développé; ce plexus n'est lui-même qu'un prolongement du tissu caverneux qui entoure le cornet inférieur. Ce tissu caverneux, depuis longtemps déjà signalé par Henle autour du canal, offre une épaisseur plus considérable sur son côté interne qui répond au cornet inférieur, que sur son côté externe; en outre, sa richesse diminue à mesure que l'on s'élève du côté du sac lacrymal autour duquel, comme nous l'avons vu, on le trouve encore assez bien développé.

Le canal nasal osseux, situé au milieu des cavités de la face, dessine en dehors, sur la paroi interne du sinus maxillaire, une légère saillie verticale; en dedans, il répond aux fosses nasales, en avant du méat moyen, ou même dans la partie antérieure de ce méat chez le fœtus et chez le nouveau-né.

Configuration intérieure. — La muqueuse du canal nasal, qui offre à peu près le même aspect macroscopique que celle du sac lacrymal, doit cependant au tissu caverneux qui l'entoure sa coloration bleuâtre légèrement plus foncée. Elle présente fréquemment, principalement vers le tiers inférieur de ce canal, des bourrelets et des saillies, vestiges des diaphragmes annulaires qu'on voit chez le fœtus et chez le nouveau-né, et dont les deux plus constants et les plus importants existent vers l'extrémité inférieure du canal (Rochon-Duvigneaud).

En outre il n'est pas rare de rencontrer, le long de ce dernier, de petits sinus latéraux formés par la muqueuse et dont la position n'a rien de fixe.

Orifice inférieur. — Cet orifice, plus ou moins ovalaire et souvent très difficile à découvrir, s'ouvre dans le méat inférieur, à des niveaux différents suivant les individus.

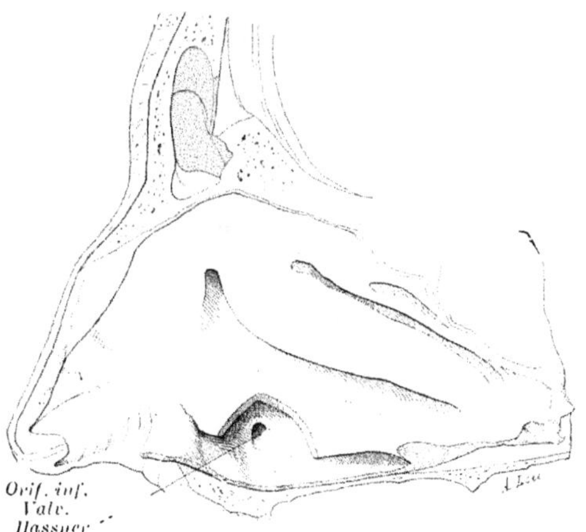

Fig. 775. — Orifice inférieur du canal nasal (forme arrondie).

Situation. — On admet généralement que l'orifice inférieur du canal nasal se trouve à peu près situé à l'union du quart antérieur avec le premier quart moyen de la longueur du cornet inférieur (Schwalbe), point éloigné de 3 centimètres environ du bord postérieur de l'orifice inférieur de la narine correspondante. Cette ouverture peut se faire au sommet du méat inférieur, comme tout près du plancher des fosses nasales, dans le cas où à la portion intraosseuse du canal fait suite un segment membraneux situé à la face profonde de la muqueuse pituitaire.

Holmes, qui s'est livré sur ce sujet à un certain nombre de recherches, arrive aux conclusions suivantes : l'orifice inférieur du canal nasal se trouve placé à une distance du plancher des fosses nasales pouvant varier entre 22 et 6 millimètres, avec une longueur moyenne de 16 millimètres. L'espace qui le sépare de l'extrémité antérieure du bord adhérent du cornet inférieur varie entre 10 et 1 millimètre, avec une moyenne de 6 millimètres. Du bord postérieur de l'orifice inférieur de la narine à l'orifice inférieur du canal nasal correspondant, existe une distance moyenne de 30 millimètres, pouvant varier entre 34 et 25 millimètres. Enfin l'écart moyen existant entre le bord inférieur du cornet inférieur et ce dernier orifice, mesure 10 millimètres, avec variations pouvant s'étendre de 14 à 3 millimètres.

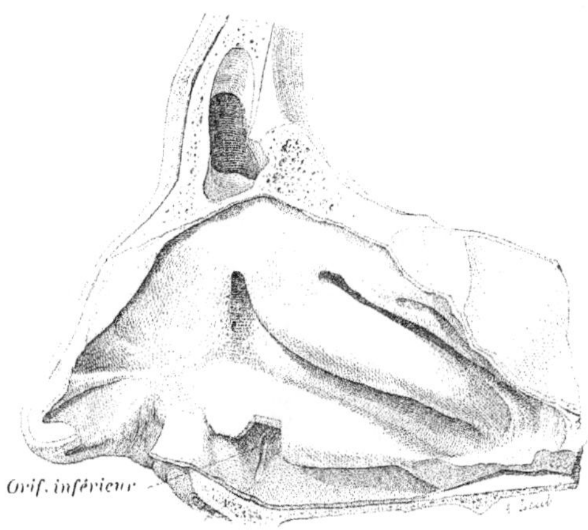

Fig. 776. — Orifice inférieur du canal nasal (sillon de Verga).

Configuration. — Chez le fœtus et chez le nouveau-né, l'extrémité inférieure du canal nasal, encore imperforée et recouverte par une mince membrane résultant de l'accolement, à ce niveau, des deux muqueuses lacrymale et nasale, forme une *vésicule terminale* (*Endblase* de Bochdalek) plus ou moins saillante dans la cavité du méat inférieur. C'est par la déhiscence de cette vésicule que se forme l'orifice nasal, et il est toujours possible, même chez l'adulte, surtout du côté médian, de reconnaître les vestiges des bords membraneux provenant de cette déhiscence. Le mode extrêmement variable suivant lequel celle-ci s'accomplit, explique les nombreuses variétés qu'on observe dans l'orifice inférieur du canal nasal.

Il est des cas où, au lieu de se porter à la vésicule terminale, la déhiscence en question intéresse la cloison interne du segment membraneux terminal sous-pituitaire du canal, soit dans toute son étendue, soit dans une portion tout à fait limitée, soit enfin en deux points isolés. Dans le premier cas, on aura en haut, siégeant à un niveau plus ou moins élevé de la face externe du méat inférieur, un orifice arrondi ou ovalaire, auquel fera suite une gouttière superficielle plus ou moins longue, oblique en bas et légèrement en arrière, bien décrite par Bochdalek et généralement connue sous le nom de *sillon lacrymal* de Verga (Del solco lagrimale. *Annali univers. di Medicina*, p. 92-97, 1872). Dans le second cas, on pourra voir le canal membraneux s'ouvrir par une fente plus ou moins longue et plus ou moins oblique, qu'il ne faut pas confondre avec la courte fente transversale observée parfois à la place de l'orifice arrondi de ce canal. Dans le troisième cas, enfin (Walzberg, Schwalbe, Testut), on pourra avoir deux orifices superposés, disposition qu'on rencontre fréquemment chez certains mammifères, tels que le Chien et le Cochon.

Dans le cas où la déhiscence se produit simplement au centre de la vésicule, on peut avoir un orifice ovalaire ou arrondi, limité par deux replis valvulaires s'opposant par leurs bords libres concaves : l'un, inférieur, petit et inconstant; l'autre, supérieur et médian, toujours bien développé et connu sous le nom de *valvule de Hasner*; ou bien on peut avoir encore une sorte de diaphragme perforé à son centre d'un pertuis souvent à peine visible (Bochdalek), et la vésicule terminale peut dans ce cas continuer à faire saillie dans le méat.

Le cas le plus simple est celui où le canal membraneux s'ouvrant au sommet du méat, comme le canal osseux, présente un large orifice, bordé par quelques rares vestiges plus ou moins atrophiés de l'opercule muqueux qui fermait en bas le canal nasal : mais un pareil orifice ne se rencontre peut-être pas dans plus de 5 pour 100 des cas (Rochon-Duvigneaud). D'après tout ce qui précède on voit combien peu, dans la majorité des cas, doit être praticable le procédé de cathétérisme du canal imaginé par Laforest.

Valvules. — Nous avons vu que l'intérieur de la cavité des voies lacrymales est riche en plis muqueux. Un grand nombre de ces plis ont été décrits sous le nom de valvules, bien que ne pouvant, dans la majorité des cas, en jouer le rôle.

Nous nous bornerons à décrire les plus connus de ces plis. Déjà, en étudiant les conduits lacrymaux, nous avons rencontré au niveau de leurs points, la *valvule de Bochdalek* et plus profondément, au niveau de l'angustia, la *valvule de Foltz*.

Au point d'abouchement des conduits lacrymaux dans la partie externe du sac, existe une disposition rappelant celle de l'ampoule de Vater dans le duodénum. A ce niveau, en effet, le sinus de Maïer communique avec la cavité du sac par une large ouverture, bordée, en haut comme en bas, par deux replis muqueux dont les bords libres, concaves, sont opposés; lorsque le repli supérieur prend un développement anormal, il forme ce qu'on est convenu d'appeler la *valvule de Rosenmüller*; lorsqu'au contraire c'est le pli inférieur, on a la *valvule de Huschke*, beaucoup plus constante que la précédente.

Au point de jonction du sac lacrymal avec le canal nasal, existe, sur le bord antéro-externe de l'orifice supérieur du canal osseux, une sorte de bourrelet périostique dont le développement exagéré fait saillir dans la cavité du sac une sorte de repli muqueux connu sous le nom de *valvule de Béraud* ou *de Krause*. Arlt et Bochdalek ont vu cette valvule remplacée par une sorte de diaphragme percé à son centre d'un tout petit pertuis à peine perceptible. C'est d'ailleurs dans cette région que l'oblitération des voies lacrymales atteint son plus grand degré de fréquence.

Vers la partie moyenne du canal nasal existe parfois une sorte de repli muqueux saillant sur sa paroi externe et qu'il faut considérer comme le reste d'un ancien diaphragme fœtal : c'est la *valvule de Taillefer*.

Enfin, sur le bord interne de l'orifice inférieur du canal nasal, existe une sorte de repli muqueux constant qui, d'après A. Bert (*Bull. Soc. anat.*, p. 88, 1904), pourrait jouer, 3 fois sur 18 cas, le rôle d'une véritable valvule, en empêchant un liquide ou de l'air (action de se moucher), poussé sous pression dans les fosses nasales, de refluer dans les voies lacrymales. C'est même, parmi les plis muqueux que nous avons décrits jusqu'à présent, le seul qui mériterait

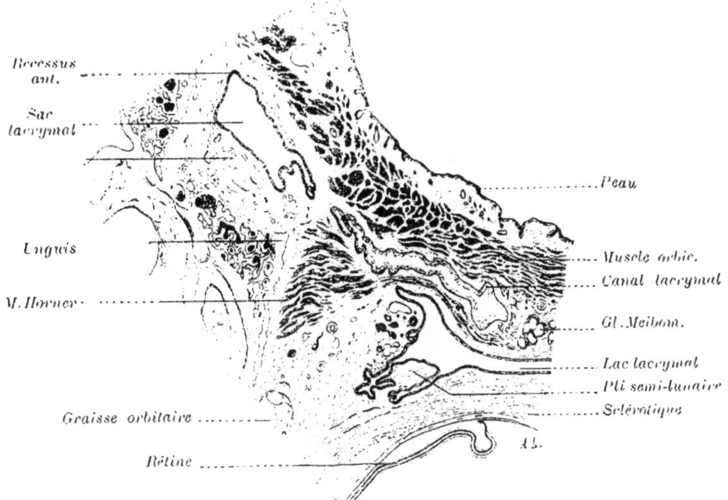

Fig. 777. — Coupe horizontale du sac lacrymal et du canalicule lacrymal inférieur. (D'après Rochon-Duvigneaud.)

réellement le nom de valvule. Ce pli, généralement connu sous le nom de *valvule de Horner*, représente un vestige de la vésicule terminale du canal nasal du nouveau-né et se trouve, par conséquent, constitué par l'accolement des deux muqueuses lacrymale et nasale, lesquelles se continuent entre elles au niveau de son bord libre. Ce bord libre, concave, tourné en bas, s'oppose souvent au bord à concavité supérieure d'un autre petit repli valvulaire qui encadre l'orifice dans sa moitié inférieure.

Structure des voies lacrymales. — Les voies lacrymales sont essentiellement constituées par une muqueuse continue, en haut, avec la conjonctive, au niveau des points lacrymaux; en bas, avec la muqueuse pituitaire, au niveau de l'orifice inférieur du canal nasal.

Cette muqueuse se trouve renforcée : 1° sur les conduits lacrymaux, par la gaine musculaire extérieure provenant de l'orbiculaire et du muscle de Horner, gaine que nous avons déjà décrite, et, en dedans de celle-ci, tout autour du conduit, par une expansion des deux branches du tendon de l'orbiculaire, expansion allant s'insérer sur l'extrémité interne des tarses (Sappey) et que renforce profondément le mince prolongement engainant fourni à chaque conduit, jusqu'au point lacrymal, par le périoste tendu sur la face externe du sac, entre les deux crêtes lacrymales (Robin et Cadiat). Mais ce qui domine au milieu de tous ces éléments, c'est le tissu élastique. Celui-ci se dispose au-dessous de l'épithélium en une sorte de réseau circulaire très dense, de 6 μ d'épaisseur (Schwalbe), fournissant par sa face externe de petits faisceaux, composés pour la plupart de 8 à 10 grosses fibres élastiques qui vont se perdre dans les régions voisines (muscles orbiculaire et de Horner, tissu élastique du derme cutané, tissu élastique de la conjonctive, tarses, etc.). (A. Bietti, *Arch. di Ottalmol.*, fasc. 1, p. 93, 1896). Dans les tubercules lacrymaux existe en outre, autour de la couche élastique précédente, un stroma conjonctif serré comme celui du tarse dont il n'est qu'une dépendance. Grâce à la couche élastique que nous venons de décrire, les conduits lacrymaux sont très extensibles et demeurent toujours béants, même pendant les plus fortes contractions des faisceaux musculaires qui les enserrent.

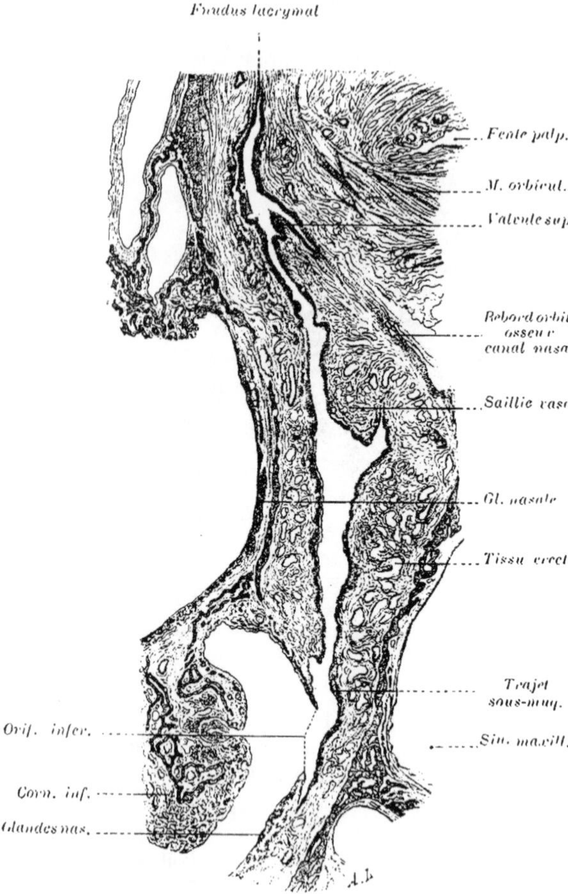

Fig. 778. — Coupe longitudinale du canal lacrymo-nasal. (D'après Rochon-Duvigneaud.)

2° Sur le sac lacrymal et le canal nasal, la muqueuse se trouve renforcée par l'épaisse couche fibro-élastique creusée de nombreux canaux veineux que nous avons déjà signalée, et qui l'unit solidement au périoste, surtout dans le canal nasal. Parmi les canaux veineux précédents, formant dans cette région un plexus serré qui prolonge en haut le tissu caverneux du cornet inférieur.

s'en rencontrent un certain nombre dont le calibre atteint 0 mm. 6 (Walzberg).

En dedans de la couche élastique que nous avons signalée, la structure histologique des conduits lacrymaux comprend encore des éléments cellulaires surtout abondants au-dessous de l'épithélium. Celui-ci repose sur une membrane basale finement dentelée du côté de la lumière du conduit. Il est pavimenteux, stratifié et se compose d'une dizaine de couches de cellules formant, par leur ensemble, une épaisseur de 120 à 130 μ (Schwalbe). La couche la plus profonde se compose de cellules cylindriques; les moyennes, de cellules polyédriques, et les superficielles, d'éléments d'autant plus aplatis qu'on se rapproche davantage du centre du conduit.

La muqueuse de la portion commune (canal d'union) des conduits lacrymaux, du sac lacrymal et du canal nasal, analogue à celle de la conjonctive, possède un derme très délicat, au-dessous duquel s'étale un *réseau lymphatique sous-muqueux*, comparable à celui de la membrane muqueuse qui revêt

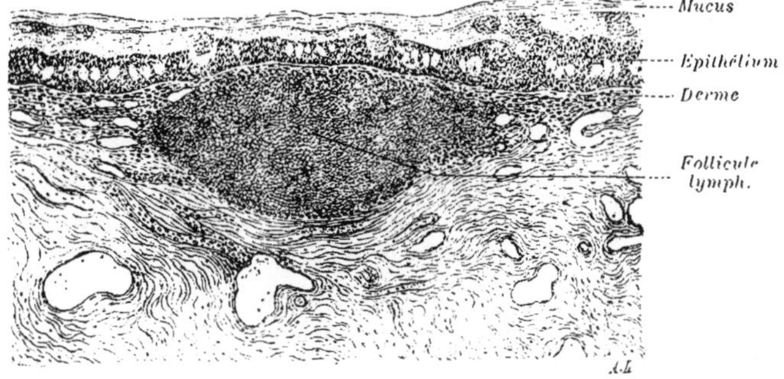

Fig. 779. — Coupe histologique de la muqueuse du canal lacrymal adulte. (D'après Rochon-Duvigneaud).

la face postérieure des paupières. Ce derme, formé en grande partie de tissu conjonctif réticulé, apparaît infiltré chez l'adulte, mais jamais chez le fœtus ni chez le nouveau-né, de petites cellules lymphatiques qui se disposent souvent en *follicules* (Rochon-Duvigneaud). L'épithélium cylindrique stratifié, formé de 4 à 5 assises de cellules, offre une épaisseur moitié moindre que celui des conduits lacrymaux et ressemble à celui de la conjonctive. On trouve dans cet épithélium des cellules caliciformes. La couche la plus superficielle est composée d'éléments cylindriques, terminés vers le centre du canal par une sorte de plateau à la surface duquel certains auteurs admettent la présence de cils vibratiles. Ces derniers n'existeraient pour Kuhnt (*Bericht d. ophth. Ges. Heidelberg*, 1891) qu'en certains endroits seulement, tandis que Schwalbe ni Rochon-Duvigneaud n'ont jamais pu les rencontrer.

Glandes. — La même divergence d'opinion existe en ce qui concerne les glandes du conduit naso-lacrymal. Stanculeanu, dans ses recherches embryologiques (*loc. cit.*), n'a jamais pu, à aucun stade de la vie intra-utérine, en observer les premiers éléments. Rochon-Duvigneaud n'a guère mieux réussi à les mettre en évidence chez l'adulte, et la plupart des auteurs qui les ont décrites les ont confondues avec des productions pathologiques consistant en des dépressions diverticulaires de la muqueuse, semblables aux glandes de Manz, et revêtues intérieurement de cellules caliciformes.

Joerss (Histol. des Thränenschlauches. *Beitr. z. Augenheilk.*, p. 355, 1898) a pu cependant, dans 8 pour 100 des cas, par des coupes sériées, arriver à découvrir dans la sous-muqueuse du fond du sac, de petites glandes séreuses, visibles parfois à l'œil nu, s'ouvrant par un large conduit excréteur dans un diverticule de la muqueuse : ces glandes seraient, d'après l'auteur précédent, identiquement analogues, comme structure, aux glandes conjonctivales de Krause.

On ne saurait donc les confondre avec les glandes muqueuses qu'on observe à l'orifice inférieur du canal nasal, dans les replis valvulaires qui entourent cet orifice, et qui sont formés par l'accolement des deux muqueuses lacrymale et pituitaire. Elles appartiennent toujours d'ailleurs à celle-ci et s'ouvrent constamment à sa surface.

Vaisseaux et nerfs des voies lacrymales. — 1° Le sac lacrymal et le canal nasal reçoivent leur sang artériel de la palpébrale inférieure et du rameau interne de la nasale, branches de l'ophtalmique. Le canal nasal reçoit en outre, dans sa partie inférieure, des divisions de la branche externe de l'artère sphéno-palatine, branche terminale de la maxillaire interne, qui s'anastomosent avec les précédentes.

2° *Veines.* — Le riche plexus veineux qui entoure le sac lacrymal, après avoir reçu une branche qui lui provient du canal nasal, et parfois même une anastomose de la faciale antérieure, vient déboucher en haut dans les veines sus-orbitaires, et en bas dans la veine angulaire de la face.

Quant au plexus veineux encore plus riche qui entoure le canal nasal et qui émane du tissu caverneux du cornet inférieur, il vient, comme ce dernier, aboutir à des branches qui vont traverser le trou sphéno-palatin pour se jeter dans le plexus veineux maxillaire interne.

3° *Lymphatiques.* — Les lymphatiques, encore mal connus, se jettent, d'une part, dans les troncs qui accompagnent l'artère faciale et, d'autre part, dans le réseau lymphatique des fosses nasales (Panas), réseau tributaire des ganglions rétro-pharyngiens, parotidiens et sous-sternomastoïdiens internes supérieurs.

4° *Nerfs.* — Les nerfs, difficiles à découvrir, sont représentés par des filets excessivement fins qui proviennent du nasal externe. En bas, le canal reçoit en outre du filet externe du nerf dentaire antérieur quelques ramifications extrêmement ténues.

Il existe entre l'innervation du sac lacrymal et celle de la glande lacrymale, une certaine relation physiologique que paraissent établir les faits de suppression de la sécrétion des larmes, consécutive à l'ablation du sac (Estor, *Journ. de l'anat.*, 1866, p. 102 ; — Tscherno-Schwarz, *Inaug. Dissert.*, St-Pétersbourg, 1898 ; — Schwarz, *Ophthalm. Klinik*, 1899).

Mécanisme de l'écoulement des larmes. — Le mécanisme de l'écoulement des larmes a donné lieu à un grand nombre de théories basées, pour la plupart, sur de simples vues de l'esprit et non point sur l'expérimentation. Aussi n'exposerons-nous ici que les faits relativement récents qui nous paraissent réellement bien fondés sur des expériences hors de toute critique.

Rien n'empêche d'abord d'admettre la théorie de Giraud-Teulon (*Ann. d'oculist.*, LXIX, p. 227) sur les mouvements spiroïdes des paupières dont l'effet serait de chasser les larmes vers l'angle interne de l'œil ; nous avons vu, en effet, que l'orbiculaire, par sa contraction, rapproche non seulement les paupières, mais encore les attire en dedans ; en outre, d'après Lands, la contraction du muscle orbiculaire commençant toujours du côté de la tempe pour venir se terminer du côté nasal, le léger accroissement de pression que ce muscle exerce, à ce moment-là, sur le globe oculaire devra avoir pour effet de faire progresser les larmes toujours dans le même sens, c'est-à-dire dans la direction de l'angle interne de l'œil, et cela sans leur faire franchir les pores palpébraux, grâce à la sécrétion meibomienne qui empêche ces pores d'être mouillés.

Parvenues au lac lacrymal, les larmes pénètrent dans les voies lacrymales sous l'influence de deux causes qui sont : d'une part la capillarité de ces voies, grâce à laquelle l'écoulement des larmes ne s'arrête jamais, pourvu que le niveau des points lacrymaux dépasse toujours au moins de 5 millimètres celui de l'orifice inférieur du canal nasal (Scimemi, *Arch. f. Physiol.*, 1892), et d'autre part, l'action dilatatrice que les muscles orbiculaire et de Horner exercent par leurs contractions sur le sac lacrymal; cette action, généralement admise à l'heure actuelle par tous les observateurs consciencieux, est la seule qu'on ait pu constater. Le rôle des valvules, presque toujours d'ailleurs insuffisantes, n'a rien à faire avec le mécanisme de l'écoulement des larmes.

L'écoulement incessant produit par la capillarité, et un peu sous l'influence du mécanisme du siphon, admis par Jean-Louis Petit (Scimemi), est simplement accéléré par la contraction des muscles orbiculaire et de Horner, qui déterminent une dilatation du sac lacrymal. Pendant chaque battement physiologique des paupières, Scimemi a vu la capacité du sac s'accroître de 2 millimètres cubes; dans l'occlusion palpébrale avec effort modéré, elle atteignait 10 millimètres cubes, et 30 millimètres cubes dans l'occlusion forcée. Une traction en haut et en dehors exercée sur la paupière supérieure agrandit la cavité du sac beaucoup plus que ne le ferait la contraction la plus énergique des muscles précédents. L'élévation de la pupille reste sans effet sur la dilatation du sac; mais il n'en est pas de même de son abaissement, qui peut augmenter de 4 millimètres cubes la capacité de ce réservoir membraneux (Scimemi).

La réduction de la capacité du sac qui accompagne l'ouverture des paupières, indépendante de ce dernier mouvement, est très lente à se produire et n'est jamais complète. Le sac lacrymal en effet ne se vide jamais à fond; il revient lentement sur lui-même après chaque contraction, grâce à l'élasticité de ses parois; mais il reste toujours dans sa cavité la moitié au moins de son contenu liquide (Scimemi).

La présence accidentelle de l'air dans le sac lacrymal peut ralentir quelque peu les phénomènes précédents, mais jamais elle ne les empêche. Quant au rôle exercé sur le cours des larmes par l'inspiration, l'expérimentation a démontré qu'il était nul (Scimemi).

[PICOU.]

APPAREIL AUDITIF

Envisagé dans son ensemble, l'appareil auditif comprend :

1° Une partie principale, *l'oreille interne*, essentiellement composée d'un épithélium sensoriel dans lequel viennent se terminer les ramifications du nerf auditif.

2° Des parties accessoires qui sont :

Un *appareil collecteur* des sons, formé d'un grand cornet acoustique, le

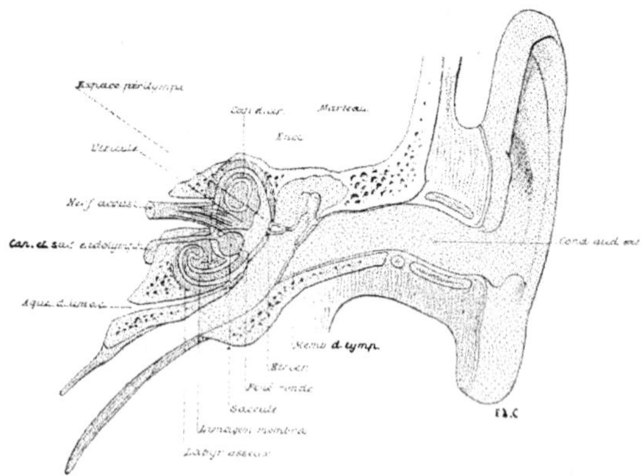

Fig. 780. — Schéma de l'appareil auditif.

pavillon de l'oreille, prolongé par un tube, le *conduit auditif externe*, l'ensemble constituant *l'oreille externe*.

Un *appareil transmetteur*, formé d'une membrane vibrante, la *membrane du tympan*, et d'une chaîne osseuse articulée, les *osselets de l'oreille* ; ces derniers sont contenus dans une caisse pleine d'air, la *caisse du tympan*, qui d'une part se prolonge dans les os voisins par des cavités aériennes, les *annexes pneumatiques de la caisse*, et d'autre part communique avec le pharynx par un canal, la *trompe d'Eustache*. Toutes ces formations constituent *l'oreille moyenne*.

Nous étudierons successivement ces trois parties en allant de l'oreille externe à l'oreille interne.

OREILLE EXTERNE

par M. GUIBÉ

Prosecteur à la Faculté de Médecine de Paris.

L'oreille externe se compose d'un double appareil.

1° Un *appareil de réception*, fort atrophié chez l'homme, très développé au contraire chez la plupart des animaux, constituant au point de vue physique un véritable cornet acoustique, ayant d'ailleurs la forme d'un cornet plus ou moins évasé : le pavillon de l'oreille.

2° Un *appareil de conduction*, conduit plus ou moins cylindrique, en partie cartilagineux, en partie osseux, le conduit auditif externe.

DÉVELOPPEMENT DE L'OREILLE EXTERNE

Le conduit auditif externe et le pavillon se développent aux dépens de cette partie de la première fente branchiale qui est située au dehors de la membrane d'occlusion.

Développement du pavillon. — Les bords et le fond de la première fente branchiale, limitée par les deux premiers arcs branchiaux, se hérissent de mamelons ou bourgeons (Reichert, Dursy, Kollmann), surtout bien décrits par His, au nombre de six. Trois de ces tubercules appartiennent à l'arc mandibulaire (1er arc), les trois autres à l'arc hyoïdien (2e arc); le sommet de la fente répond à l'interstice qui sépare le tubercule 3 du tubercule 4. Enfin, outre ces six tubercules, il faut signaler un repli de peau, complètement indépendant des tubercules branchiaux (*Hélix hyoïdien*, Gradenigo), situé en arrière des trois bourgeons hyoïdiens, parallèle à eux et séparé d'eux par un fin sillon.

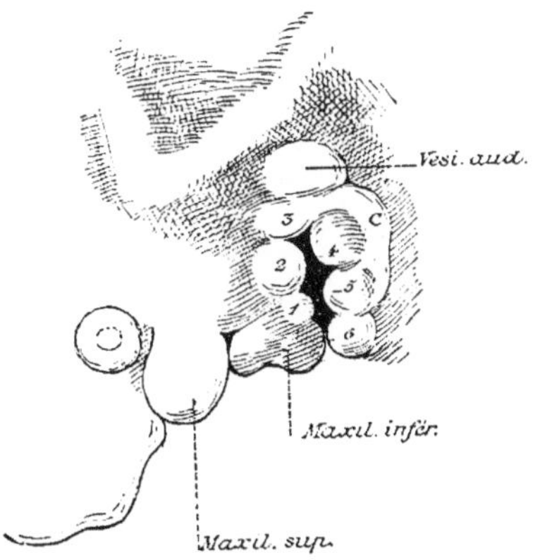

Fig. 781. — Embryon de 11 millimètres (His). C, hélix hyoïdien.

On n'est pas encore bien d'accord sur la part réciproque que prennent ces diverses saillies à la formation du pavillon (His, Gradenigo, Schwalbe); cependant certains points de détail semblent aujourd'hui démontrés. Le tubercule 1 forme le tragus, les tubercules 2 et 3 contribuent à former l'hélix, le tubercule 4 forme l'anthélix. Enfin l'hélix hyoïdien formerait le lobule et une grande partie de l'hélix. On décrit même un hélix mandibulaire qui contribuerait lui aussi à former l'hélix (*Repli antérieur de l'hélix*, Schwalbe). Quoi qu'il en soit, ces divers tubercules se soudent partiellement entre eux et déterminent la formation du pavillon.

Au commencement du 3e mois, la partie postérieure et supérieure du pavillon commence à se détacher de la tête. Vers le milieu de la grossesse, les soudures sont terminées : toutes les parties définitives de l'oreille sont reconnaissables, sauf la conque, à développement plus tardif.

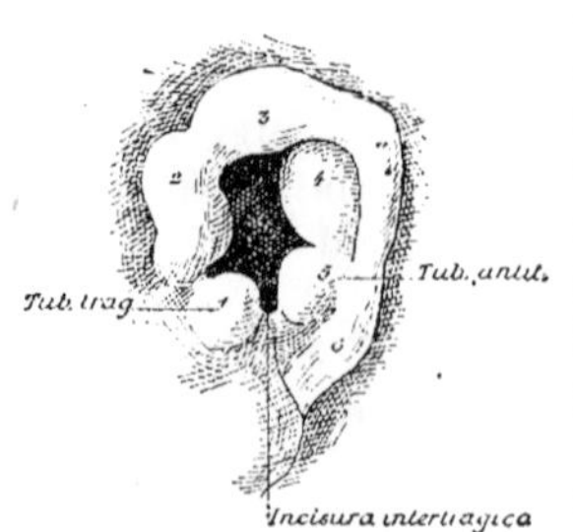

Fig. 782. — Oreille d'un embryon de 15 millimètres (His).

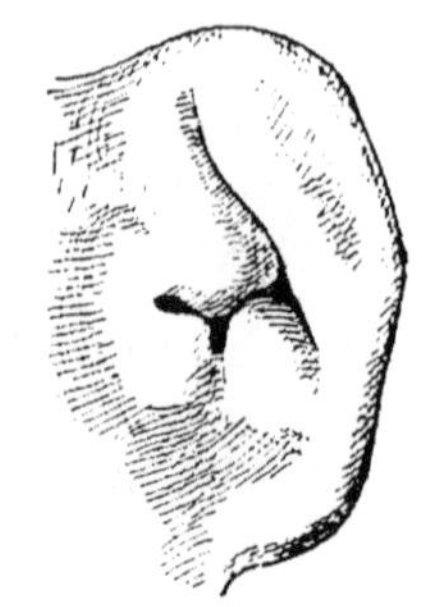

Fig. 783. — Oreille d'un fœtus au commencement du 8e mois (His).

D'après His, le cartilage commence à se développer à la fin du 2e mois comme une lame unique : à aucun moment, le cartilage du tragus n'est relié au cartilage de l'hélix ; il dépend plutôt du cartilage du conduit auditif que de celui du pavillon.

L'évolution du pavillon n'est pas terminée à la naissance ; sans parler de sa croissance, le pavillon, qui avait chez le fœtus des sillons étroits et des saillies pressées les unes contre les autres, subit alors un véritable épanouissement d'où résultent des saillies arrondies et larges et des sillons larges et profonds.

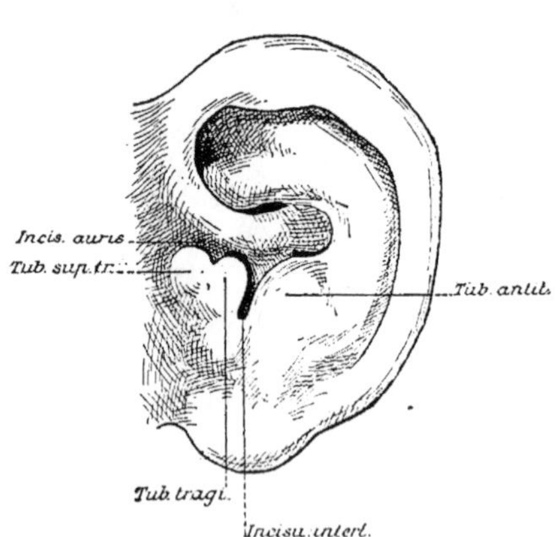

Fig. 784. — Oreille d'un fœtus de 5 mois (His).

La fistule congénitale de l'oreille s'explique par un défaut de soudure du sillon compris entre le tragus et la racine de l'hélix.

Développement du conduit auditif externe.

Le conduit auditif externe se forme aux dépens de la *fosse angulaire* (His), partie dorsale de la première fente branchiale, isolée du reste de la fente par le développement du pavillon. Cette fosse est divisée en deux par un bourrelet, le *bourrelet central* : la partie supérieure constitue la conque, la partie inférieure plus profonde forme le conduit. A cet effet le bourrelet central, qui d'abord regardait directement en dehors, devient de plus en plus oblique et finit par constituer le plafond du conduit et même une partie de la membrane du tympan.

CHAPITRE PREMIER

PAVILLON DE L'OREILLE

Le *pavillon de l'oreille* ou *auricula* est cette lame cartilagineuse et élastique si bizarrement contournée qu'on désigne vulgairement sous le nom d'oreille.

Le pavillon de l'oreille est une formation propre aux mammifères; on ne peut en effet lui homologuer les oreilles des crocodiles; seuls quelques oiseaux (le hibou par exemple) sont pourvus d'appendices analogues. Chez les mammifères, le développement du pavillon est extrêmement variable : on le rencontre développé surtout chez les animaux nocturnes ou obligés de se tenir sur une défensive perpétuelle (lapin). C'est chez les cheiroptères et tout particulièrement chez la chauve-souris oreillard, où il atteint presque les dimensions du corps, qu'il acquiert sa taille maxima. Il s'atrophie au contraire chez les mammifères vivant sous terre (taupe) et disparaît complètement chez les cétacés.

Chez les primates le pavillon s'atrophie peu à peu à mesure qu'on se rapproche de l'homme. Chez ce dernier, quoique réduit comme dimensions et comme mobilité, le pavillon n'est pas dépourvu d'importance comme le voulaient Itard et Richerand : tout le monde s'accorde aujourd'hui à lui accorder un rôle sérieux dans la réception des sons et surtout dans l'orientation du bruit. La rotation si facile de la tète remplace chez l'homme l'action du cornet si mobile chez les animaux. (Voir à ce sujet Ch. Richet, *Dict. de Physiol.*, art. « Audition », tome I, p. 861.)

Situation. — Le pavillon de l'oreille est implanté à la partie antérieure de l'apophyse mastoïde, qui laisse apercevoir sa saillie quand on attire le pavillon en avant; il répond à la partie supérieure de cette gouttière bien marquée chez les sujets maigres, comprise entre le bord postérieur du maxillaire inférieur et le bord antérieur du sterno-mastoïdien : il est situé en un point où viennent s'unir la face, le crâne et la nuque. Au niveau de son bord antérieur se trouve l'origine de l'arcade zygomatique; un peu au-dessous, on voit et on sent remuer le condyle du maxillaire dans les mouvements d'ouverture et de fermeture de la bouche. En haut et en arrière, il est encadré par les cheveux, en avant par les favoris chez l'homme adulte.

Topographie. — Le pavillon de l'oreille répond à peu près au milieu de la distance qui sépare l'angle externe de l'œil de la protubérance occipitale externe, un peu plus rapproché toutefois de cette dernière. En anatomie artistique, on répète depuis Jean Cousin que les oreilles s'étendent en hauteur depuis la ligne des yeux jusqu'à celle du nez. La vérité est que la ligne horizontale menée par le contour inférieur du lobule passe au-dessous du nez à peu près à mi-chemin entre la lèvre supérieure et la sous-cloison, et que la ligne

[GUIBÉ.]

horizontale rasant le contour supérieur atteint le point culminant de l'arcade sourcillière. Le pavillon de l'oreille est donc en général plus long que le nez et il n'est qu'approximativement exact de dire, avec Albert Dürer, qu'une oreille bien conformée doit avoir la longueur et la largeur du nez (Poirier).

Direction. — Le grand axe du pavillon n'est point vertical, mais un peu incliné en haut et en arrière, faisant avec la verticale un angle de 10° ouvert en haut; il est, comme l'indique L. Meyer, à peu près parallèle à la branche montante du maxillaire inférieur.

Le pavillon de l'oreille s'insère sur la paroi latérale du crâne en faisant un angle ouvert en arrière, angle d'ailleurs très variable. Chez quelques individus, le pavillon reste parallèle à la région temporo-mastoïdienne: chez d'autres, il s'en écarte plus ou moins au point même que parfois la face concave du pavillon regarde directement en avant. La valeur de cet angle (*A. d'insertion ou A. auriculo-temporal*, Frigerio, 1888) varie généralement entre 25 et 45°, mais elle peut atteindre et dépasser 90°. Frigerio, qui a étudié cet angle, est arrivé à des chiffres beaucoup plus élevés (70° à 90° dans 52 pour 100 des cas). Mais ces chiffres, évidemment exagérés, sont dus à son procédé défectueux de mensuration. Lorsque l'angle dépasse 90°, on a l'oreille en anse (Lombroso) plus fréquente, semble-t-il, chez les dégénérés, les fous et les criminels.

D'après les recherches de Buchanan, l'aplatissement et l'écartement exagérés sont également nuisibles au bon fonctionnement de l'ouïe : « Une conque large et profonde, la partie supérieure de l'hélix bien détachée, la fosse naviculaire non saillante, le lobule obliquement incliné en avant, l'angle d'insertion variant entre 25° et 45° », tels sont d'après lui les caractères les plus favorables pour recueillir et concentrer vers le conduit auditif externe le plus grand nombre de vibrations sonores.

Le pavillon de l'oreille a ses caractères de beauté, de distinction ou de difformité qui sont parmi ceux qui se transmettent le plus par l'hérédité (Joux). On a dit aussi que l'oreille bien faite, aux formes harmonieuses, dénotait l'intelligence et la distinction, tandis que l'oreille épaisse et massive était un signe de mauvais penchants ou d'appétits vulgaires.

La mobilité du pavillon de l'oreille autour de son point de continuité avec le conduit auditif est assez considérable, elle varie suivant les sujets, quelques-uns jouissant même de la possibilité d'imprimer eux-mêmes des mouvements au pavillon grâce aux muscles qui s'y insèrent. Il est surtout mobile en haut et en arrière, disposition favorable pour l'inspection du conduit.

La coloration du pavillon est en général rosée, diaphane : le pavillon participe aux changements de coloration de la face dans les émotions : « on rougit jusqu'aux oreilles ».

Dimensions. — Les quatre dimensions les plus importantes à étudier (Schwalbe) sont :

1° La *longueur maxima de l'oreille*, allant du point le plus élevé de la circonférence supérieure au point le plus bas de la circonférence inférieure. Elle varie entre 50 et 82 millimètres, en moyenne 65 mm. 5 (♂), 62 millmètres (♀), l'oreille droite était généralement un peu plus longue que la gauche.

2° La *largeur maxima* ou le plus grand diamètre du pavillon perpendiculaire au précédent. (28 à 53 millimètres. Moyenne 39 millimètres (♂), 36 millimètres (♀).)

3° La *longueur de la base de l'oreille*, allant du point d'insertion supérieur au point d'insertion inférieur. (33 à 61 millimètres. Moyenne 44 mm. 4 (♂), 40 millimètres (♀).)

4° La *longueur vraie de l'oreille*, allant du tubercule de Darwin à l'incisure antérieure de l'oreille. (22 à 49 millimètres. Moyenne 36 millimètres (♂), 33 mm. 7 (♀).)

Configuration extérieure. — On peut comparer le pavillon de l'oreille à une coquille allongée à grosse extrémité supérieure, entièrement libre dans sa plus grande étendue, se continuant par son tiers antérieur avec le conduit auditif externe et avec les téguments des parties voisines.

Il nous présente à considérer deux faces et une circonférence.

Face externe. — Cette face, bien visible quand on regarde la tête de profil, est tournée en dehors et en avant; elle nous présente un certain nombre de saillies et de dépressions. La circonférence du pavillon est limitée en avant, en haut et en arrière par un repli ou ourlet presque circulaire : c'est l'*hélix*. Suivi de son origine à sa terminaison, nous voyons l'hélix prendre naissance dans la cavité de la conque par une crête mousse ou tranchante, la *racine de l'hélix* (*Crus helicis*), puis se porter en avant et en haut, soit directement, soit en décrivant une courbe légère à concavité supérieure : là il change de direction d'une façon plus ou moins sensible, devient ascendant (*portion antérieure de l'hélix*), puis horizontal (*p. supérieure*) et enfin descendant (*p. postérieure*) : en bas il se prolonge, en s'effaçant graduellement, jusqu'à la naissance du lobule. Il circonscrit ainsi la plus grande partie du pavillon et décrit un tour de spire presque entier; parfois même, comme le remarque Sappey, il tend à son origine à s'enrouler autour de lui-même, de façon à commencer un deuxième tour de spire. L'hélix peut présenter 4 dispositions (Schwalbe) : soit un bourrelet, soit un tranchant qui regarde directement en arrière, ou bien il regarde simplement en dehors, ou bien enfin il s'enroule sur lui-même et tourne en dedans son bord libre.

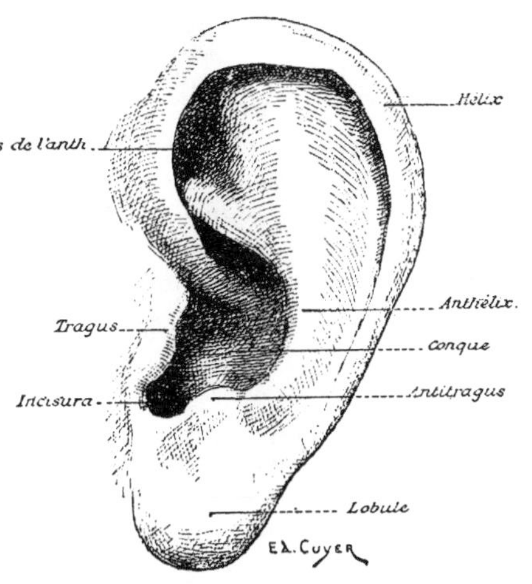

Fig. 785. — Le pavillon de l'oreille.

En examinant avec soin l'hélix, on remarque qu'à peu près à l'union des portions horizontale et descendante, il existe souvent un renflement mousse ou parfois effilé, c'est le *tubercule de Darwin* (*Tuberculum apicale*). Ce tubercule, considéré par beaucoup d'auteurs comme une anomalie ou une malformation, doit être considéré simplement comme une « variété normale » (Schwalbe). Nous aurons à y revenir.

Plus rapprochée du conduit auditif externe que l'hélix, se trouve une deuxième saillie curviligne, l'*anthélix*. L'anthélix naît dans la concavité de la portion ascendante de l'hélix par deux branches, les *bras* de l'anthélix (*Crura anthelicis*); l'inférieur plus long, légèrement incurvé en S italique, est un bourrelet tranchant qui se porte horizontalement en arrière: le supérieur plus court, sur le prolongement duquel se trouve l'anthélix, est une saillie mousse, oblique en bas et en arrière, plus ou moins marquée, parfois même complètement absente. Formé par la réunion de ces deux branches, l'anthélix descend un peu obliquement en bas et en arrière, en avant de l'hélix et parallèle à lui, mais s'en rapprochant à mesure qu'il descend. Il se termine en bas dans l'antitragus, un peu en avant et en haut de l'extrémité inférieure de l'hélix.

Entre l'hélix et l'anthélix se trouve un sillon presque circulaire, la *gouttière de l'hélix*; elle résulte surtout du degré d'enroulement de l'hélix et varie par conséquent avec lui. Elle commence à la partie supérieure de la conque, se dirige en haut, croise l'extrémité antérieure des deux bras de l'hélix, se recourbe pour devenir horizontale, puis descendante, et se termine au niveau de l'extrémité inférieure de l'hélix en s'épanouissant sur le lobule. C'est dans sa partie antérieure qu'elle présente sa profondeur maxima.

De même entre les deux bras de l'anthélix se trouve limitée une petite fossette, la *fossette de l'anthélix* ou *fossette naviculaire* des auteurs français, peu profonde, de forme un peu allongée ou triangulaire, à sommet postérieur et à base se jetant dans la gouttière de l'hélix.

Pour Schwalbe, la gouttière de l'hélix est formée de deux parties : une partie antérieure comprise dans la concavité de la portion ascendante de l'hélix : c'est la *fossa præcruralis* ; et une partie postérieure, comprise entre les portions horizontale et descendante de l'helix et l'anthélix : cette portion est pour lui la *fosse naviculaire* ou *scaphoïde* ou *fosse de l'hélix*. La fossette comprise entre les deux bras de l'anthélix ne porterait que le nom de *fosse triangulaire* ou *de l'anthélix*.

A la partie inférieure de l'anthélix, limitant la conque en bas et en arrière, se trouve une saillie généralement bien marquée et à peu près triangulaire : c'est l'*antitragus*. En haut il est situé sur le prolongement de l'anthélix dont le sépare, tantôt une simple dépression, tantôt un sillon profond, le *sillon postérieur du pavillon* (*Sulcus auriculæ posterior*) ou *incisure de l'anthélix*. En avant, juste en regard de lui, se trouve le tragus, mais entre deux il existe toujours une échancrure profonde, régulière, arrondie et qui regarde en haut et en arrière : l'*incisure intertragienne* (*Incisura intertragica*).

Sur le contour antérieur du pavillon, en avant du méat auditif se voit une saillie qui recouvre plus ou moins ce méat comme un opercule et qu'il faut récliner en avant pour apercevoir le conduit auditif externe, c'est le *tragus*. Le tragus a une forme triangulaire. Sa base se continue avec la portion cartilagineuse du conduit auditif externe et avec le cartilage du pavillon à son extrémité inférieure. Son sommet, dirigé en arrière et en dehors, est tantôt mousse et arrondi, tantôt coupé carrément : le plus souvent, en y regardant de près, toujours en tous cas par la palpation, on peut se convaincre que ce sommet est bifide et se compose en réalité de deux tubercules : un inférieur plus volumineux, qui est le tragus proprement dit, et un supérieur habituellement plus petit, le *tubercule sus-tragien* (*Tuberculum supratragicum*, His). Sa face externe plane se continue avec la peau de la joue. Sa face interne concave présente ordinairement un petit bouquet de poils qui lui ont valu son nom (τράγος, bouc) et qui semblent destinés à jouer vis-à-vis des corps étrangers le même rôle que les cils aux yeux. En haut le tragus est séparé de la partie antérieure de l'hélix par une échancrure obliquement dirigée en bas et en arrière et bien marquée : le *sillon antérieur de l'oreille* (*Sulcus auris anterior* ou *Incisura trago-helicina*); en bas il est séparé de l'antitragus par l'échancrure intertragiennec.

La conque (*Concha auris*) est une excavation large et profonde, creusée au milieu de la face externe du pavillon, plus près cependant du bord antérieur et de l'extrémité inférieure, que du bord postérieur et de l'extrémité supérieure. La conque est limitée en avant par la face postérieure du tragus et la partie ascendante de l'hélix, en haut par le bras inférieur de l'anthélix, en arrière par l'anthélix, en bas par l'antitragus.

La racine de l'hélix divise la conque en deux portions : une partie supérieure (*Cymba conchæ*), plus petite, et une inférieure, plus importante (*Cavum conchæ*). En avant cette partie inférieure se continue avec le conduit auditif externe recouvert par le tragus; au point où la conque se continue avec lui (*Méat auditif*) se trouve habituellement un repli saillant qui le limite et le rétrécit en haut et en arrière, d'où la nécessité de tirer le pavillon en haut et en arrière pour redresser ce repli et permettre l'examen du conduit.

Face interne. — La face interne du pavillon se compose de deux portions bien distinctes : une partie adhérente et une partie libre.

La partie adhérente correspond au segment antérieur du pavillon : celui-ci s'insère sur la partie latérale de la base du crâne se continuant à ce niveau avec le conduit auditif externe et avec les téguments des parties voisines. La surface d'insertion du pavillon a la forme d'un ovale à grand axe sensiblement vertical et à grosse extrémité supérieure : elle est beaucoup plus rapprochée des deux extrémités de l'oreille (8 à 12 millimètres) que du bord postérieur (16 à 18 millimètres); la saillie inférieure est la plus variable et dépend du développement du lobule. La limite antérieure de cette surface constitue la base du pavillon. Cette surface d'insertion dépasse les dimensions du conduit auditif externe : elle s'étend à 3 centimètres environ au-dessus de lui sur le temporal et recouvre en arrière la moitié antérieure de l'apophyse mastoïde.

Dans le reste de son étendue, la face interne est libre, mais, pour la bien voir, il faut porter le pavillon en avant. Moins étendue que la face externe, elle présente le même aspect qu'elle, également pourvue de saillies et de dépressions qui répètent exactement celles de la face externe, mais en sens inverse, une saillie correspondant à une dépression et vice versa.

On y remarque : 1° Un bourrelet à peu près circulaire entourant tout le pavillon jusqu'au lobule et répondant à la gouttière de l'hélix (*Eminentia fossæ navicularis*).

2° En avant de lui, un sillon généralement assez bien marqué qui lui est parallèle et qui répond à l'anthélix ; en haut et en avant cette gouttière s'élargit et s'aplatit : elle est alors surmontée par une saillie mousse répondant à la fossette de l'anthélix de la face externe.

3° Dans la concavité de ce sillon, une saillie formée par la conque, volumineuse et bien marquée, plus ou moins régulièrement hémisphérique, mais dont une grande partie est cachée par la surface d'insertion.

Circonférence. — Dans la plus grande partie, en avant, en haut et en arrière, la circonférence du pavillon est constituée par l'hélix.

En bas elle correspond au lobule de l'oreille : celui-ci est un repli purement cutané formé en avant par la peau qui descend de l'antitragus, du tragus et de l'hélix, en arrière par celle de la face postérieure de la conque ; long de 12 à 15 millimètres, il se porte verticalement en bas. Il est arrondi à son sommet ; sa base est séparée de l'antitragus par un sillon plus ou moins marqué (*Sillon sus-lobulaire*) ; de même en arrière un sillon ou une encoche (*Sillon rétro-lobulaire*) le sépare de l'hélix ; en avant enfin il est plus ou moins longuement adhérent à la joue, limité par le sillon prélobulaire et rattaché à la peau de la joue par un petit champ : l'*area prælobularis* de His.

Le lobule est de consistance plus molle et plus douce au toucher que le reste du pavillon ; il est aussi plus souple et moins sensible. Dans tous les temps et dans tous les pays, il a servi à accrocher des ornements petits et légers chez les peuples civilisés, lourds et volumineux chez les sauvages, si bien que chez ces derniers il est souvent déformé et hypertrophié.

En avant, le contour du pavillon, irrégulier, est formé par l'hélix en haut, puis par le tragus et entre deux par le sillon antérieur de l'oreille : enfin tout à fait en bas l'incisure intertragienne relie le tragus à l'antitragus.

Structure. — La partie essentielle du pavillon de l'oreille est un fibro-cartilage qui en constitue le squelette et lui donne sa forme et son élasticité : ce fibro-cartilage est recouvert par un manchon cutané et il donne insertion à des muscles et à des ligaments destinés à le mouvoir et à maintenir en position ses différents reliefs.

Fibro-cartilage du pavillon. — Le fibro-cartilage du pavillon occupe la plus grande partie du pavillon de l'oreille, à l'exception du lobule formé par un simple repli de la peau. Mis à nu, il reproduit sur chacune de ses faces les saillies et les dépressions du pavillon lui-même, mais en les accentuant assez fortement.

Le fibro-cartilage de l'oreille externe se compose en réalité de deux portions distinctes, réunies par un pont rétréci ou isthme du cartilage de l'oreille : la portion postérieure constitue le cartilage du pavillon ; la portion antérieure forme le cartilage du conduit auditif externe ; le cartilage du tragus fait partie de cette dernière portion, si bien que, logiquement, on devrait, ainsi que le fait Schwalbe, le décrire avec ce cartilage.

Le fibro-cartilage du pavillon nous présente à considérer certains détails nouveaux :

1° En avant, au point où la racine de l'hélix se redresse pour devenir ascendante, se trouve une petite saillie conoïde à sommet dirigé en avant et en bas surmontant le tragus et qu'on peut arriver à sentir sous la peau. Cette saillie, longue d'environ 2 à 3 millimètres, porte le nom d'*apophyse* ou d'*épine de l'hélix*.

Au-dessous de cette épine se trouve un angle rentrant dans lequel vient se loger l'extrémité supérieure du cartilage du tragus.

2° Le bord libre de l'hélix se montre inégal et crénelé quand il est dépourvu de peau. D'après Sappey, le relief qu'il forme se termine le plus souvent au niveau d'une ligne horizontale passant par le centre de la conque.

3° En bas, le cartilage de l'anthélix se confond avec celui de l'antitragus : celui de l'hélix au contraire continue à descendre et forme une languette à sommet libre plus ou moins longue, parallèle à peu près au bord supérieur de l'antitragus. Cette languette, improprement nommée par Santorini *languette caudale de l'hélix et de l'anthélix* et qui doit porter le nom de *queue de l'hélix* (ou *Lingula*, His), est séparée du cartilage de l'anthélix par une profonde incisure généralement assez large et à sommet supérieur et postérieur (*Fissura antitrago-helicina*, Schwalbe), comblée à l'état frais par des muscles et des ligaments.

4° Le cartilage de l'anthélix, lisse dans le jeune âge, rugueux chez l'adulte et le vieillard, présente une face interne plus ou moins concave et une face externe faisant un relief dans l'intérieur de la conque (*Plica antitragica*, His).

5° La face interne du cartilage se fait remarquer par le renforcement des reliefs et des dépressions qu'on y remarque lorsqu'elle est recouverte de téguments et particulièrement des reliefs correspondant à la fossette de l'anthélix et à la conque. Entre elles deux est un sillon profond formé par le bras inférieur de l'anthélix (*Sillon transversal de l'anthélix*); en arrière, au point où les deux bras de l'anthélix se réunissent, il devient plus profond, puis se recourbe pour venir se jeter dans l'incisure antitrago-hélicine. Sur tout le pourtour du pavillon se trouve un renflement correspondant à la gouttière de l'hélix, qui se termine en bas par la queue de l'hélix. Sur la saillie de la conque se voit un sillon dû à la racine de l'hélix, et de plus une saillie linéaire plus ou moins marquée naissant un peu au-dessus de l'extrémité postérieure de ce sillon et se portant en bas et un peu en avant pour se terminer au voisinage de l'isthme : c'est le *ponticule*, formé par l'insertion du muscle auriculaire postérieur ; sa partie supérieure, plus saillante, simule parfois une véritable apophyse, l'*apophyse de la conque*.

6° Le squelette du tragus est formé par une lame fibro-cartilagineuse (*Lamina tragi*), de même forme que lui, dont la base se continue avec le cartilage du conduit auditif; son sommet présente toujours deux éminences séparées par une faible dépression : l'inférieure, plus volumineuse, est l'*éminence tragienne*; la supérieure, plus petite, ou *éminence sus-tragienne*, forme le tubercule sus-tragien de His. En haut, le cartilage du tragus est réuni au cartilage de la conque par des ligaments. En bas, il se continue avec le cartilage de l'anthélix par un pont d'union, large de 8 à 9 millimètres, l'*isthme du cartilage* de l'oreille. Cet isthme, à peu près horizontal, à face supérieure faiblement concave, présente un bord externe et un bord interne libres : le bord externe forme le fond de l'incisure intertragienne; le bord interne forme aussi le fond d'une profonde échancrure qui sépare le cartilage de la conque du cartilage du conduit auditif, la *grande incisure de Santorini* ou *incisura terminalis* (Schwalbe). Cet isthme réunit le cartilage du conduit, qui est en avant, au cartilage du pavillon, qui est en arrière

Le fibro-cartilage du pavillon ne présente pas partout la même épaisseur : mince au niveau de l'hélix, plus épais à l'anthélix, il atteint son épaisseur maxima (2 à 2 mm.5) au niveau de la conque.

C'est un cartilage jaune ou réticulé, dont la substance fondamentale contient beaucoup de tissu élastique sous la forme de fibrilles assez minces (Coyne) et des cellules cartilagineuses grandes de 22 µ. Ce cartilage est revêtu d'un périchondre épais, très riche en fibres élastiques, qui fait corps avec lui et lui donne un aspect nacré. Parfois de petits nodules cartilagineux isolés se rencontrent, surtout vers le bord libre de l'hélix, au niveau du tubercule de Darwin (Tataroff).

La structure de ce cartilage est peu homogène; Meyer, Tataroff et Pilliet ont signalé dans son épaisseur, surtout au niveau de l'hélix et de l'anthélix, des nodules étendus qui ne contiennent pas de fibres élastiques, et où la substance fondamentale se présente sous l'aspect d'une large tache claire; dans ces points, il y a pénétration du cartilage par des vaisseaux émanés du périchondre. C'est là que l'on voit apparaître le plus souvent les modifications pathologiques du cartilage, le ramollissement et la calcification.

Ligaments du pavillon de l'oreille. — On désigne ainsi des faisceaux de tissu conjonctif qui, nés du périchondre, se portent, soit à un autre point du pavillon, soit aux os voisins; d'où deux groupes de ligaments : intrinsèques et extrinsèques.

Ligaments intrinsèques. — Ces ligaments, insérés par leurs deux extrémités sur le pavillon lui-même, relient entre elles les différentes parties du cartilage, comblent les incisures qui existent entre les languettes cartilagineuses et maintiennent la forme du pavillon.

Un premier s'étend de l'antitragus à la queue de l'hélix, comblant ainsi l'incisure antitrago-hélicine.

Un deuxième, plus ou moins confondu avec le ligament extrinsèque antérieur, relie le bord supérieur de la lame du tragus à la petite incisure de la conque située au-dessous de l'origine de l'hélix, servant ainsi à combler le sillon antérieur de l'oreille.

Un troisième va de la convexité de l'hélix à la convexité de la fossette de l'anthélix et de la conque, recouvrant ainsi surtout le sillon transversal de l'anthélix. Ce ligament, ainsi que le suivant, est situé à la face interne de l'oreille.

Un quatrième, plus fort, bien distinct, à fibres courtes et nettes, unit la convexité de la fossette de l'anthélix à la convexité de la conque.

Ligaments extrinsèques. — Constitués simplement par du tissu conjonctif dense, que, d'après Merkel, on ne peut diviser en ligaments, ils unissent le pavillon au temporal. On en distingue généralement deux.

Ligament antérieur ou de Valsalva. — Il se compose de deux faisceaux irréguliers souvent confondus en un seul. Le plus élevé naît de l'aponévrose temporale, immédiatement au-dessus de l'apophyse zygomatique, se porte horizontalement en arrière et vient s'attacher à la partie antérieure de la conque, très près de l'apophyse de l'hélix, et même, pour quelques auteurs, à l'apophyse de l'hélix et à la partie voisine de l'hélix.

Le faisceau inférieur s'insère sur le tubercule zygomatique et de là vient se terminer à l'hélix, au bord antérieur de la conque et au bord supérieur du tragus.

Entre ces deux ligaments passe quelquefois l'artère temporale superficielle.

Ligament postérieur. — Plus large, plus épais et plus irrégulier, il est situé en arrière du précédent, en arrière et en haut du conduit auditif externe et en dedans du pavillon. Par une extrémité, il s'insère à la base de l'apophyse mastoïde, par l'autre à la convexité de la conque et au ponticule. Il est sous-jacent aux muscles auriculaires.

Muscles du pavillon de l'oreille. — Les muscles du pavillon de l'oreille sont, comme les ligaments, de deux sortes :

Les uns, muscles extrinsèques, s'étendent du pavillon de l'oreille aux parties voisines.

Les autres, muscles intrinsèques, vont d'un point à un autre point du fibro cartilage du pavillon.

Comme l'ont montré en particulier les travaux de Ruge, tous ces muscles dérivent du muscle peaucier du cou, profondément différencié au niveau de la tête. Là, en effet, il se décompose en trois groupes : le muscle auriculo-labial inférieur, dépendant du bourgeon maxillaire inférieur; le muscle auriculo-occipital, situé en arrière de l'oreille; et le muscle sous-cutané de la face, divisé lui-même en muscle auriculo-labial supérieur pour le bourgeon maxillaire supérieur et en muscle fronto-temporo-auriculaire. Le muscle auriculo-occipital donne naissance au muscle auriculaire postérieur et à deux petits muscles dérivés de celui-ci, les muscles oblique et transverse du pavillon.

Le muscle auriculo-labial inférieur fournit les muscles du tragus et de l'antitragus.

Le muscle auriculo-labial supérieur fournit les muscles de l'hélix (grand et petit) et le muscle pyramidal.

Le muscle fronto-temporo-auriculaire fournit les muscles auriculaires supérieur et antérieur.

Tous ces muscles sont atrophiés chez l'homme par rapport aux autres mammifères. Cependant, pour ce qui est des muscles intrinsèques, ils sont plus développés chez lui que chez les anthropoïdes, comme le prouvent les recherches sur l'orang (Schwalbe), sur le gorille (Ehlers) et sur le chimpanzé (Schwalbe, Ruge).

Muscles extrinsèques. — Les muscles extrinsèques sont au nombre de trois : un antérieur (muscle auriculaire antérieur ou *attrahens auriculæ*), un supérieur (muscle auriculaire supérieur ou *attollens auriculæ*) et un postérieur (muscle auriculaire postérieur ou *retrahens auriculæ*).

Ces muscles ont déjà été étudiés à la myologie; nous ne nous en occuperons donc pas ici (Voir Myologie, p. 312). Rappelons simplement que l'auriculaire antérieur s'insère sur la face postérieure de l'apophyse de l'hélix et au bord antérieur de la conque, que l'auriculaire supérieur s'insère à la convexité de la fossette de l'anthélix et au bord antérieur de l'hélix, que l'auriculaire postérieur enfin s'insère sur le ponticule.

Muscles intrinsèques. — Conformément à leur origine, nous les diviserons en trois groupes.

Groupe du muscle auriculo-labial supérieur. — *Grand muscle de l'hélix* (Santorini). — C'est le plus grand des muscles du pavillon, mais il n'est pas constant. Il est allongé, long de 10 à 20 millimètres et toujours très pâle.

Il naît en bas de l'apophyse de l'hélix, monte au devant de la partie ascendante de l'hélix, dont le séparent souvent quelques vaisseaux, de la graisse et quelques fibres du muscle auriculaire supérieur avec lesquelles d'ailleurs quelques-unes de ses fibres se continuent; puis il se recourbe en arrière et s'insère à la partie supérieure du relief de la fossette de l'anthélix sur la face interne (Schwalbe), non au cartilage, mais à la peau qui le recouvre (Sappey). à la fois à la peau et au cartilage pour d'autres auteurs.

Petit muscle de l'hélix (Santorini). — Ce petit muscle rose pâle, long à peine comme la moitié du grand, est situé à l'union de la portion ascendante et de la racine de l'hélix.

Pour Henle, Theile et Gegenbaur, ce muscle naît en arrière de l'apophyse de l'hélix, longe la face externe de la racine de l'hélix et, descendant obliquement en bas et en arrière, il vient se terminer tendineux dans la peau de la racine de l'hélix. Pour Sappey, ses deux insertions sont cutanées. Pour Tataroff, son insertion antérieure est mixte, se faisant à la fois à la face profonde de la peau et sur le bord libre du cartilage.

Muscle pyramidal du pavillon (Jung) *ou faisceau accessoire ou superficiel du muscle du tragus* (Sappey), *musculus trago-helicinus* (Schwalbe). — C'est un faisceau inconstant, long, grêle et arrondi, plus superficiel que les fibres verticales du muscle du tragus. Pour Sappey, ce faisceau naît du sommet du tragus; pour Schwalbe, partie de l'extrémité inférieure de ce cartilage, partie de la peau au voisinage de l'incisure intertragienne. De là, il se porte verticalement en haut pour se terminer sur l'apophyse de l'hélix.

Groupe du muscle auriculo-labial inférieur. — *Muscle du tragus* (Valsalva). — Le système des fibres musculaires qui composent le muscle du tragus peut être divisé en muscle du tragus proprement dit et muscle de la grande incisure de Santorini.

Le muscle du tragus proprement dit est une lame musculaire aplatie, généralement bien développée, plus ou moins rectangulaire, recouvrant la face antéro-externe convexe du tragus, recouverte par les lobules supérieurs de la parotide et le ganglion lymphatique prétragien. Il se compose de fibres de trois directions.

Les plus nombreuses et les mieux connues sont les fibres verticales, qui longent pour la plupart le bord libre du tragus, s'insérant en bas sur la face convexe du cartilage du tragus; en haut, partie sur le bord du cartilage, partie sur le tissu fibreux qui l'unit à la conque et à l'origine de l'hélix.

Les deux autres ordres de fibres ont été étudiés surtout par Tataroff sur des coupes sériées : les unes, sagittales et horizontales, longeant le bord supérieur de la lame du tragus, ne se rencontrent que dans le tiers supérieur du tragus ; en arrière, elles sont recouvertes par les fibres verticales, parfois cependant elles passent au milieu de celles-ci ; en avant, au contraire, elles sont libres.

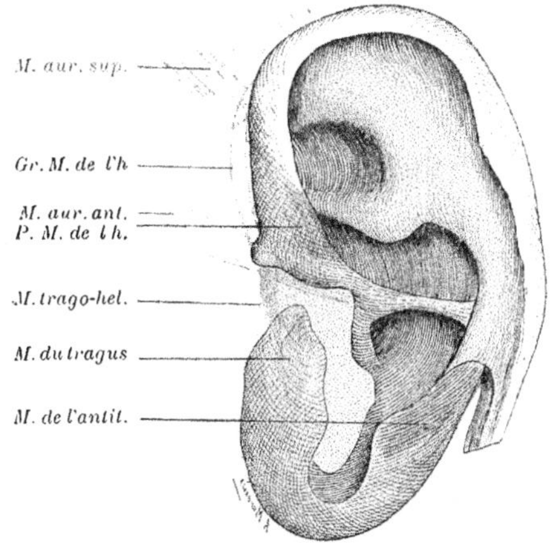

Fig. 786. — Muscles du pavillon de l'oreille. Face externe (Tataroff).

Les autres (fibres frontales ou perpendiculaires) se portent perpendiculairement de la face profonde de la peau vers le cartilage et se perdent au milieu des autres fibres.

Le muscle de la grande incisure de Santorini (Arnold), *musculus dilatator conchæ* (Theile) constant pour Tataroff, très fréquent seulement (Schwalbe), « recouvre seulement la partie inférieure basale de la grande échancrure avec ses fibres obliquement ascendantes. Tantôt, c'est un muscle complètement indépendant ; tantôt, ses fibres postérieures se continuent avec les fibres verticales du muscle du tragus » (Schwalbe). Tataroff lui décrit en outre une deuxième couche, composée de fibres perpendiculaires aux premières.

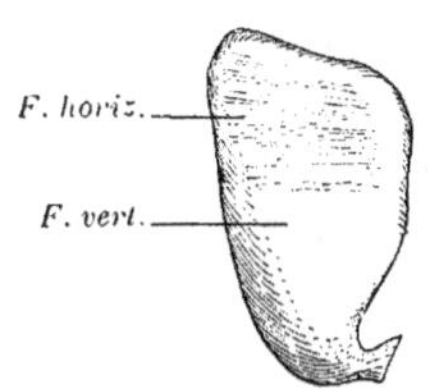

Fig. 787. — Muscle du tragus. Détail (Tataroff).

Muscle de l'antitragus (Valsalva). — Ce muscle un peu allongé s'attache en arrière à la base de la queue de l'hélix et au bord postérieur du cartilage de l'antitragus ; puis, se portant presque horizontalement en bas et en avant sur la face externe de l'antitragus, il vient se terminer sur cette face le long du bord qui limite en arrière l'incisure intertragienne.

Un groupe de fibres aberrantes, formé par les fibres postérieures, a été décrit par Theile et Tataroff sous le nom de deuxième muscle de l'antitragus. Ces fibres, qui comblent en grande partie l'incisure antitrago-hélicine, descendent presque verticalement, parallèles à la queue de l'hélix et s'insèrent en bas, en partie au bord postérieur de l'antitragus, en partie au sommet de la queue de l'hélix.

Groupe du muscle temporo-auriculaire. — *Muscle transverse du pavillon* (Valsalva). — Situé ainsi que le suivant à la face interne du pavillon, ce muscle se compose de fibres courtes et nombreuses, richement entremêlées de fibres tendineuses; d'ailleurs, il est très variable de structure. Il recouvre à la manière d'un pont le prolongement vertical du sillon transverse de l'anthélix, passant obliquement en bas et en avant de la convexité de l'hélix à la convexité de la conque. Ses fibres supérieures remontent jusqu'à l'apophyse de la conque (extrémité supérieure du ponticule), rarement plus haut; en bas, il se termine à la base de la queue de l'hélix, se prolongeant parfois sur la fente anti-trago-hélicine.

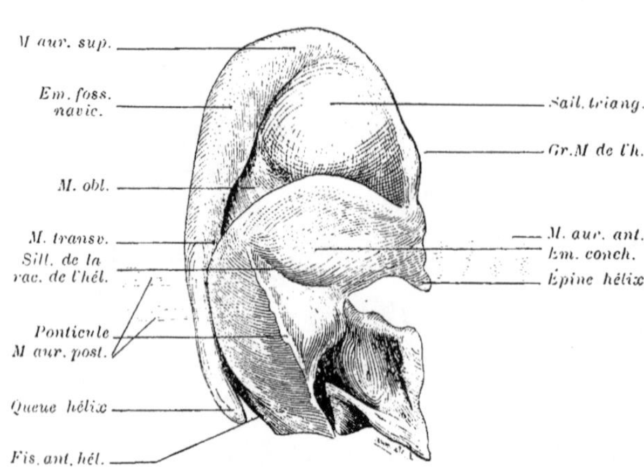

Fig. 788. — Muscles du pavillon de l'oreille. Face postérieure (Tataroff).

Muscle oblique du pavillon (Arnold). — Ce muscle se compose d'un ou plusieurs petits faisceaux musculaires, obliquement étendus de la convexité de la fossette de l'anthélix à la partie supérieure de la convexité de la conque, recouvrant comme d'un pont le sillon transverse de l'anthélix. Ce muscle dépend du muscle précédent, dont Sappey ne le distinguait pas. Gegenbaur en fait simplement un faisceau détaché.

Parmi les faisceaux musculaires accessoires appartenant aux muscles extrinsèques, citons :

1° Le muscle stylo-auriculaire (Hyrtl), inséré sur l'apophyse styloïde au-dessus du muscle stylo-glosse; ce muscle, assez rare d'ailleurs (1/6 Gruber), monte sur la face externe de l'apophyse styloïde et s'insère au-dessous du ponticule, au bord postérieur de l'incisure terminale.

2° Quelques faisceaux aberrants du sterno-cléido-mastoïdien allant s'insérer à la face postérieure du pavillon, signalés par Luschka, Macalister, J. Gruber.

Voir au sujet de ces muscles. Tataroff. *Arch. für Anat.*, 1887. — Ledouble. *Traité des variations musculaires chez l'homme*, t. I, p. 63-77. — Ruge. *Morphologisches Jahrbuch*, Bd 11 et 12.

Physiologie. — C'est surtout Duchenne (de Boulogne) (*De l'électrisation localisée*, 1855, p. 388, et *Physiologie des mouvements*, 1867, p. 830), qui, grâce à la faradisation localisée, a étudié avec soin l'action de chacun de ces muscles. Les résultats ont été depuis confirmés par Ziemssen (1857).

Le *muscle du tragus* par sa contraction soulève la peau de la face interne du tragus, diminuant de 0 mm. 5 à 1 millimètre le diamètre transversal du fond de la conque; quelquefois même, on obtient une dépression du tragus. Pour Sappey, au contraire, il dilaterait un peu l'entrée du conduit auditif.

Le *muscle de l'antitragus* produit l'élévation de l'antitragus et le soulèvement de la peau de sa face interne; puis il abaisse et porte en avant la partie postérieure de l'anthélix, augmentant sa courbure et abaissant en masse la moitié supérieure du pavillon de l'oreille, d'où rétrécissement de la circonférence de la conque.

Tous deux sont donc constricteurs de la conque, le muscle du tragus étant le constricteur supérieur (Duchenne), celui de l'antitragus le constricteur inférieur.

Le *grand muscle de l'hélix* amène l'effacement de la portion ascendante de l'hélix qu'il applique contre la branche inférieure de bifurcation de l'anthélix, si bien que la moitié supérieure du pavillon se porte un peu en haut et en avant. Pour Sappey, au contraire, il attire en bas les téguments qui bordent l'hélix et tend ainsi à donner plus de profondeur à la gouttière qu'il circonscrit.

Le *petit muscle de l'hélix* concourt à ce petit mouvement d'élévation et déprime la partie de l'hélix située en arrière et au-dessus du tragus.

Pendant l'élévation de la moitié supérieure du pavillon, la crête du cartilage semi-lunaire de l'orifice externe du conduit auditif s'efface légèrement.

Quant au *muscle pyramidal*, Sappey lui attribue comme fonction, de rapprocher le tragus de l'hélix et d'incliner au dehors l'opercule du conduit auditif.

Les *muscles oblique et transverse*, rapprochant l'hélix de la conque, modifient la courbure des saillies du pavillon, en même temps qu'ils concourent à maintenir le repli qui constitue l'anthélix.

En somme, les muscles du tragus et de l'antitragus protègent l'organe auditif contre les impressions trop vives produites par les sons intenses

1° En rapprochant la paroi interne du tragus contre la crête semi-lunaire de l'orifice externe du conduit auditif, d'où obstruction partielle du conduit et diminution du nombre des ondes sonores qui peuvent y pénétrer;

2° En rétrécissant la circonférence de la conque et diminuant la surface de réflexion des ondes.

Les muscles de l'hélix sont leurs antagonistes. Par l'effacement du bord antérieur de l'hélix, ils favorisent l'arrivée des ondes sonores; par le soulèvement de la moitié supérieure du pavillon, ils agrandissent l'orifice du conduit auditif externe. Ces muscles n'obéissent pas à la volonté et se contractent sans doute sous l'influence d'une action réflexe. Jung admet même que ces muscles ne peuvent se contracter isolément, mais seulement en même temps que les muscles épicrâniens. Quelques auteurs, sous prétexte que ces muscles sont atrophiés chez l'homme, leur refusent toute action chez lui. Sans doute, ces muscles sont dégradés chez l'homme et leur action ne peut être bien considérable; d'ailleurs, certains d'entre eux manquent souvent. Néanmoins, il semble exagéré de refuser toute action à un muscle, si dégénéré qu'il soit, du moment qu'il existe.

Peau du pavillon de l'oreille. — La peau du pavillon de l'oreille fait suite sans limites distinctes à celle des parties voisines à laquelle elle ressemble, tout en étant plus rose, plus unie et plus douce au toucher; elle est habituellement d'une grande minceur, si bien qu'on aperçoit souvent ses vaisseaux par transparence. Elle revêt le cartilage du pavillon dont elle reproduit fidèlement, quoiqu'en les diminuant, les saillies et les dépressions. Le long du bord de l'hélix, elle déborde un peu le cartilage pour former en partie le bourrelet de l'hélix; en bas, elle déborde largement, comblant l'incisure antitrago-hélicine et venant plus bas former le lobule de l'oreille.

Tissu cellulaire sous-cutané. — Sur la face interne, il est riche en fibres élastiques, en lobules graisseux, si bien que la peau est peu adhérente au cartilage et jouit d'une certaine mobilité sur lui. Sur la face externe au contraire, la peau est très adhérente et absolument immobile sur le périchondre. La graisse est très variablement répandue sur la face externe; tandis qu'elle manque complètement dans une partie de la conque sur la branche inférieure de l'anthélix, elle est, au contraire, très abondante dans la partie ascendante de l'hélix, à l'antitragus et au tragus, et surtout au niveau du lobule, où elle est à son maximum. Avec l'âge, la couche cellulaire graisseuse sous-cutanée s'épaissit souvent au niveau du tragus du lobule et de l'hélix dont les contours s'arrondissent; l'anthélix et la conque conservent en général leur configuration première.

Les fibres élastiques du tissu sont en continuité avec celles du périchondre et du cartilage.

Épiderme et derme. — A peu près normaux du côté interne, on les trouve sur la face externe avec un épiderme mince quoique pourvu d'un stratum corneum s'exfoliant facilement et avec des papilles rares et parfois à peine indiquées par places.

Poils. — Les poils du pavillon de l'oreille sont très nombreux; on en trouve, dit Tataroff, partout où il y a de la graisse, ils ne manquent que sur la branche inférieure de l'anthélix, dans la partie supérieure de la conque et la fossette de l'anthélix. Ils sont très développés particulièrement au niveau du tragus, et aussi de l'antitragus et de l'échancrure qui les sépare; ces poils gros et raides sont surtout développés chez les hommes et dans la vieillesse et forment une véritable houppe rappelant les vibrisses des fosses nasales.

Partout ailleurs les poils très nombreux sont très rudimentaires, et pour les bien voir il faut, comme l'a conseillé Sappey, regarder l'oreille à jour frisant.

Ils forment ainsi un léger duvet, analogue à celui des paupières, extrêmement touffu au niveau du lobule. Les follicules pileux, nombreux, très petits, s'implantent obliquement, si bien que le sommet du poil est tourné en haut et en arrière. Les poils de la face convexe appartiennent au tourbillon du vertex; ceux de la face concave au tourbillon de l'oreille, divergeant régulièrement à partir de l'orifice du conduit auditif externe (Von Brunn); mais dans le tiers antérieur du pavillon, la pointe se tourne en arrière, dans ses deux tiers postérieurs, elle se tourne en avant, si bien qu'au point où ces courants se rencontrent entre eux et avec celui de la face interne, il existe une sorte de touffe qui correspond au tubercule de Darwin (Chiarugi).

Glandes sébacées. — Situées dans l'épaisseur du derme, ces glandes sont très développées, comme celles du lobule du nez; elles le sont surtout dans la cavité de la conque et dans la fossette de l'anthélix où elles forment parfois de petits kystes sébacés. Leur embouchure est souvent indiquée par une petite gouttelette huileuse ou un point noir. D'après Sappey, les unes s'ouvriraient dans les follicules pileux, les autres directement à la peau.

Glandes sudoripares. — Placées dans la couche profonde du derme, ces glandes sont petites et peu nombreuses. Tataroff a montré que certains points du pavillon en étaient totalement dépourvus, tandis qu'elles étaient assez abondantes en d'autres, sur la convexité de l'anthélix, le lobule et la face externe de l'antitragus. Au niveau de l'entrée du conduit auditif externe, elles se modifient peu à peu pour se transformer en glandes cérumineuses.

VARIÉTÉS DU PAVILLON DE L'OREILLE

Variétés de forme. — *A. Hélix.* — *Tubercule de Darwin* — Ce tubercule est un simple épaississement ou une saillie pointue située sur le bord libre de l'hélix, à la partie supérieure de son bord postérieur et tout à fait comparable à la pointe de l'oreille des animaux. La forme de ce tubercule est assez variable pour que Schwalbe ait pu distinguer 5 formes : cependant la plupart des auteurs n'admettent que les 3 premières, les 2 dernières n'étant pas à leur avis assez développées pour mériter d'être comptées.

Dans les 2 premiers cas le tubercule de Darwin est suffisamment aigu pour mériter le nom de pointe de Darwin (Gradenigo), le terme propre de tubercule étant réservé à la 3ᵉ forme.

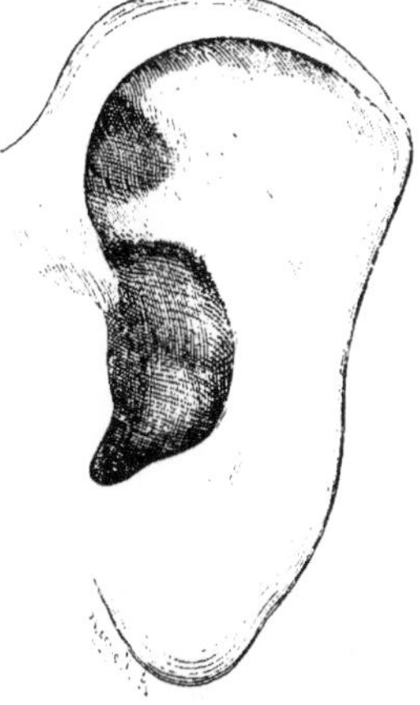

Fig. 790. — *Pavillon de l'oreille humain. Type du Macaque* (Schwalbe).

1ᵉʳ *type ou type du Macaque.* — Le tubercule de Darwin est une saillie aiguë située à la limite du bord supérieur et du bord postérieur du pavillon. L'hélix est normalement ourlé à sa partie initiale, mais l'ourlet diminue peu à peu en se rapprochant du tubercule et disparaît complètement un peu en avant de lui; il ne reparaît pas en dessous, si bien que le tubercule regarde directement en arrière.

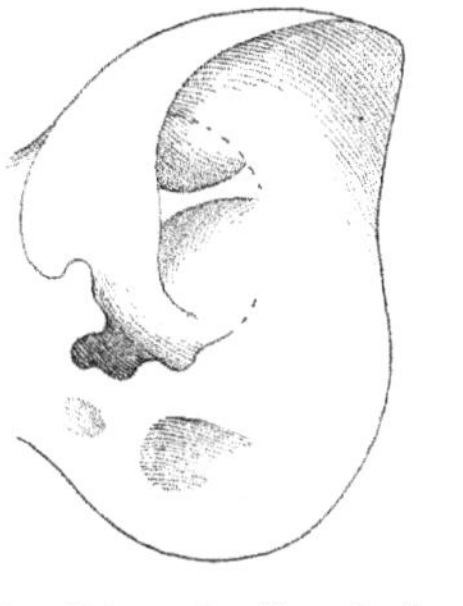

Fig. 789. — *Pavillon de l'oreille de Macacus rhesus* (Schwalbe).

2ᵉ *type ou type du Cercopithèque.* — C'est ici encore un épaississement anguleux du bord de l'hélix, mais il est situé un peu plus bas : en outre, de même que le segment sous-jacent du tragus, il regarde non plus en arrière, mais en dehors.

3ᵉ *type.* — Tout le bord de l'hélix est ourlé et le tubercule de Darwin se présente simplement comme une saillie aiguë de ce bord, qui regarde en bas et en avant.

Dans le 4ᵉ *type* le tubercule est semblable, mais arrondi et obtus.

Le 5ᵉ *type* ne présente qu'un faible épaississement du bourrelat de l'hélix qui n'est guère appréciable que quand on le regarde d'en arrière.

Enfin (6ᵉ *type*) le tubercule manque complètement.

Darwin, qui l'a le premier indiqué (*La descendance de l'homme*), le comparait à la pointe de l'oreille de certains singes et le considérait comme une formation d'origine atavique. L. Meyer et C. Langer n'ont voulu y voir qu'une simple saillie du rebord libre de l'hélix comme on en rencontre parfois; mais les recherches d'anatomie comparée et d'embryologie de Schwalbe ne laissent aucun doute sur sa véritable nature. Il s'agit d'une formation normale chez les singes, normale chez l'embryon, quasi-normale chez l'adulte : on ne peut vraiment pas dire qu'il s'agisse d'une anomalie. Ce tubercule a la valeur morphologique de la pointe de l'oreille des animaux à longues oreilles, pointe qui tend de plus en plus à s'atrophier chez l'homme et qui y arrive parfois complètement. Comme l'ont montré Schwalbe et Chiarugi, les poils des bords supérieur et postérieur du pavillon convergent vers ce tubercule comme le font les poils du pavillon vers la pointe de l'oreille chez les animaux, ce qui serait encore une preuve, s'il en était besoin.

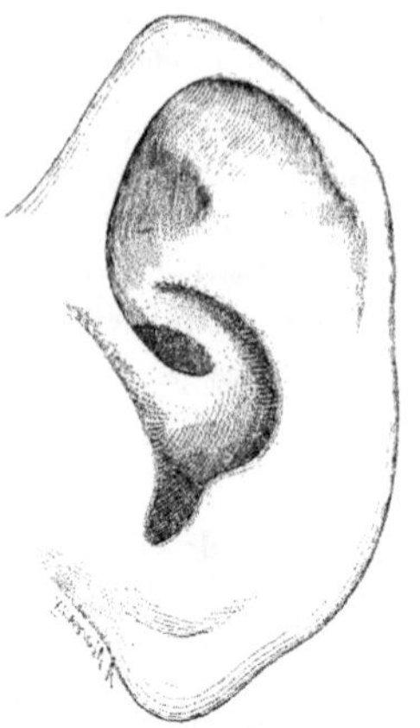

Fig. 792. — Pavillon de l'oreille humain. Type du cercopithèque (Schwalbe).

Sa fréquence semble très variable : Schwalbe, en réunissant les 5 types, trouve que le tubercule existe dans 73,4 pour 100 des cas (♂) et dans 32,8 pour 100 (♀); il manquerait au contraire dans 26,6 pour 100 des cas (♂) et dans 67,2 pour 100 (♀), si bien que, chez les Alsaciens du moins, sa présence est de règle chez l'homme et son absence chez la femme. En ne réunissant que les 3 premiers types, il trouve le tubercule dans 30,7 pour 100 des cas (♂) et 12,7 pour 100 (♀). Gradenigo, en Italie, ne trouve que 3 à 3,5 pour 100 des cas. Schœffer, en Westphalie, trouve des chiffres variant de 15 à 25 pour 100.

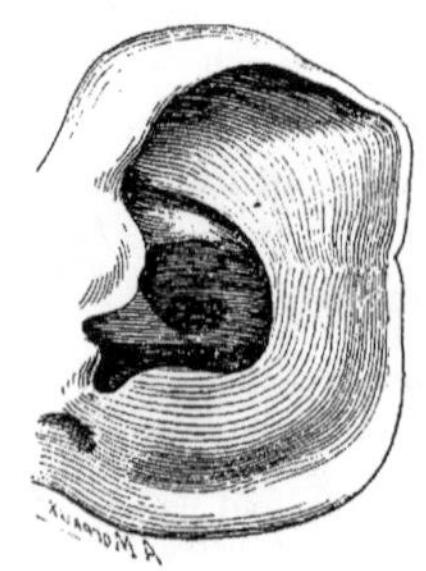

Fig. 791. — Pavillon de l'oreille de Cercopithecus cynosurus (Schwalbe).

Pointe du sommet ou pointe de satyre (Schwalbe). — Cette saillie, qui donne à l'oreille une forme toute particulière (oreille de faune ou de satyre), occupe le point le plus élevé, le sommet de la courbe de l'hélix. Elle existe normalement à une certaine période du développement, mais disparaît dans la suite : elle est d'ailleurs très rare.

Racine de l'hélix. — Elle peut s'unir en arrière avec l'anthélix, divisant ainsi la conque en 2 portions absolument séparées (Féré et Séglas). Dans quelques cas se détache de son contour inférieur une bandelette qui descend en arrière du bord postérieur du conduit auditif. Les 2 formations se rencontrent normalement chez l'embryon.

Bord de l'hélix. — Son degré d'enroulement est très variable; largement replié dans quelques cas, si bien, que le bord du cartilage se soude à la gouttière de l'hélix, il est quelquefois absolument plan et tourné directement en arrière.

B. Anthélix. — Il peut manquer complètement : souvent c'est seulement sa branche de bifurcation supérieure qui est absente.

La saillie de l'anthélix est très variable : elle peut rester en dedans d'un plan mené par le tragus et l'hélix ou le dépasser en dehors (Bertillon).

On peut observer des anthélix accessoires.

3e Branche de l'anthélix. — Cette branche, normale chez certains singes, se porte du point de réunion des 2 branches en arrière et un peu en haut vers le tubercule de Darwin, d'où formation d'une fossette de l'anthélix supplémentaire.

C. Antitragus. — Il peut être vertical ou incliné en dehors. Son bord peut être horizontal ou oblique en bas et en avant, rectiligne ou angulaire.

D. Lobule. — Les anomalies et variétés du lobule de l'oreille ont été très soigneusement étudiées dans un mémoire de His (*Archiv für Anat.*, 1889) auquel nous ferons de nombreux emprunts.

Variétés de relief. — Le sillon sus-lobulaire peut manquer ou être très développé, se continuant avec le sillon de l'hélix; parfois, dans ce sillon, on trouve un petit tubercule (*Eminentia anonyma*, His).

Parfois entre la queue de l'hélix et le lobule se trouve un tubercule, le tubercule rétro-lobulaire (His), séparé en haut de l'hélix par le sillon oblique ou sillon postérieur de l'oreille, en bas du lobule par le sillon rétrolobulaire.

On a vu des cas de division ou de bifurcation du lobule (Fissure ou Coloboma du lobule). Cette fissure paraît due à l'absence de soudure entre l'extrémité inférieure du repli libre de l'oreille (helix hyoïdalis) et le tubercule de l'antitragus; par conséquent elle appartient entièrement à l'arc hyoïdien (Schwalbe) et ne passe pas, comme le veut Israel, entre l'arc mandibulaire et l'arc hyoïdien. Pour Schmidt et Ornstein, cette division s'observerait chez des sujets dont la mère porterait une semblable division due aux boucles d'oreilles. His, il est vrai, prétend que le siège n'est pas le même.

Autres variétés. — On a noté l'absence du lobule; l'adhérence du lobule à la peau de la joue; quelquefois même le lobule se prolonge plus ou moins sur la joue.

Tantôt il est parallèle au plan latéral de la tête, tantôt au contraire il est incliné en dehors ou en dedans.

Rarement les deux oreilles d'un même sujet sont entièrement symétriques, mais le plus souvent les anomalies se rencontrent des deux côtés sur le même sujet.

Variations suivant les sexes. — Chez la femme l'oreille est plus finement modelée, moins épaisse que chez l'homme : son hélix est plus parfaitement enroulé. Elle serait aussi moins variable (Langer). Elle s'en distingue en outre en ce que le tubercule de Darwin est chez elle moins souvent développé que chez l'homme.

Variations suivant les âges. — Ces variations portent surtout sur les dimensions. Pendant la vie fœtale, le pavillon de l'oreille grandit en longueur de 4 millimètres environ par mois, jusqu'à atteindre 30 millimètres au moment de la naissance. Après un brusque accroissement aussitôt après la naissance, il arrive à avoir environ 50 millimètres à la fin de la première année : puis il n'augmente plus qu'insensiblement pour atteindre sa taille définitive à 15 ans (Schwalbe).

Variations suivant les races. — On appelle *indice auriculaire* en anthropologie le rapport de la longueur à la largeur du pavillon.

$$\text{Indice auriculaire} = \frac{\text{Largeur} \times 100}{\text{Longueur.}}$$

D'après Topinard, l'indice auriculaire serait le suivant :

Européens	48,6	Gorille	69,1
Race jaune	49,3	Chimpanzé	71,1
Nègres	44,4	Orang	83,1
Négresses	47,8	Cebus	81
Mélanésiens	55,8	Macaque	88
Polynésiens	52	Cercopithèque	90,5

Malheureusement ces chiffres sont établis sur trop peu de cas pour être considérés comme définitifs.

Pour ce qui est de la longueur absolue du pavillon, on peut avec Schwalbe diviser les races humaines en 4 classes.

Macrotie (Longueur = 65 mm. et au-dessus). — Patagoniens, Indiens de l'Amérique.

Mésotie (Longueur = 60-65 mm.). — Européens, Races jaunes, Canaques, Juifs

Microtie (Longueur = 54-60 mm.). — Nègres, Cafres, Australiens.

Hypermicrotie (Longueur = moins de 54 mm.). — Hottentots, Boschimans, Nubiens.

Quant à ce qui concerne les rapports des malformations de l'oreille avec les maladies mentales et la criminalité, nous renvoyons aux ouvrages spéciaux (Bertillon, Lombroso, Gradenigo). Rien n'est encore moins démontré à l'heure actuelle que la fréquence plus grande des malformations auriculaires chez les dégénérés, et les recherches de quelques auteurs (Lannois, Féré et Séglas, Gradenigo) conduiraient à admettre que « les déformations ne sont pas plus fréquentes chez les aliénés et les criminels que chez les gens sains d'esprit et sans casier judiciaire. »

Vaisseaux et nerfs. — ***Artères.*** — Les *artères du pavillon* de l'oreille viennent toutes de la carotide externe par l'intermédiaire de l'auriculaire postérieure et de la temporale superficielle. Embryologiquement, le domaine de l'auriculaire postérieure appartient à ce qui forme l'arc hyoïdien, celui de la temporale superficielle aux trois tubercules antérieurs dépendant du bourgeon maxillaire inférieur, si bien que tout le pourtour de la pointe ou tubercule de Darwin appartient à l'auriculaire postérieure et que c'est au niveau du sommet de l'oreille que les deux territoires se rencontrent.

Branches de l'artère temporale superficielle ou artères auriculaires antérieures. — Ces artères sont généralement au nombre de trois; la supérieure est la plus volumineuse, la moyenne la plus petite.

Artère auriculaire antérieure supérieure ou artère de l'hélix. — Cette artère à trajet ascendant chemine le long de l'hélix ascendant, remontant sur son bord antérieur jusqu'au sommet de l'oreille, où elle s'anastomose avec des rameaux de l'artère auriculaire postérieure et supérieure. Elle donne des rameaux au muscle auriculaire antérieur et au grand muscle de l'hélix et une branche pour la fosse de l'anthélix (*Artère circonflexe antérieure*).

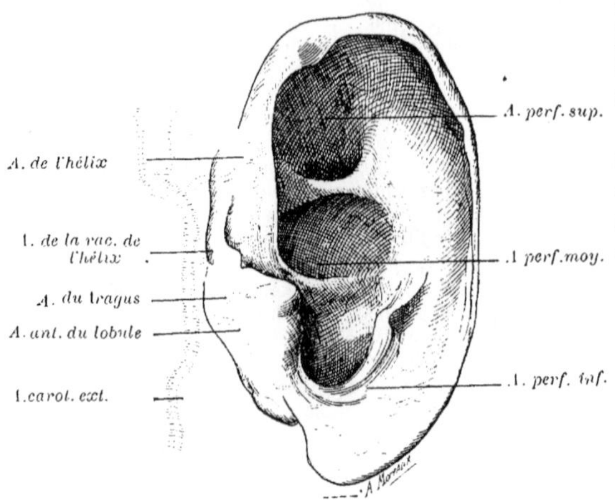

Fig. 793. — Artères du pavillon de l'oreille. Face externe (Merkel).

Artère auriculaire antérieure moyenne ou artère de la racine de l'hélix. — Très souvent simple branche de la supérieure, elle se porte en arrière le long de la racine de l'hélix et fournit au petit muscle de l'hélix.

Artère auriculaire antérieure inférieure ou artère du tragus. — Cette artère se porte en arrière et en bas vers le tragus et le lobule de l'oreille sur lequel une branche plus importante (*Artère antérieure du lobule*) s'anastomose avec l'auriculaire postérieure. La face interne du tragus reçoit ses vaisseaux de deux branches : une artère perforante du tragus qui passe à 4 mm. au-dessous du bord supérieur et une artère circonflexe du tragus qui fait le tour de son bord libre.

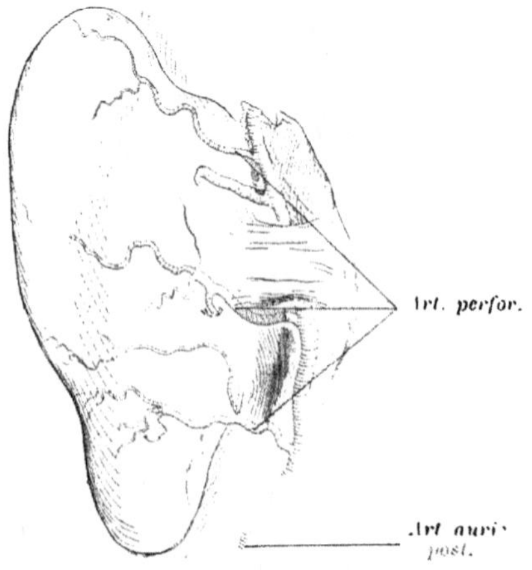

Fig. 794. — Artères du pavillon de l'oreille. Face interne (Merkel).

Branches de l'artère auriculaire postérieure. — L'artère auriculaire postérieure, dans son trajet rétro-auriculaire, fournit un certain nombre de branches qu'on peut diviser en deux groupes, supérieur ou inférieur, suivant qu'elles naissent au-dessus ou au-dessous du muscle auriculaire postérieur.

Le *groupe supérieur* fournit à tout ce qui est au-dessus du tubercule de Darwin sur la face interne, au sommet de l'oreille, aux racines de l'anthélix et à la fossette de l'anthélix sur la face externe : il se compose, tantôt de deux branches, tantôt et le plus souvent d'une seule.

Le *groupe inférieur*, composé de deux ou trois branches, fournit sur la face externe et sur la face interne à toute la surface située au-dessous du tubercule de Darwin et en arrière du conduit auditif externe.

Ces artères fournissent directement à la face interne du pavillon : leurs branches pour la face externe y arrivent par deux voies.

Les unes (*Artères circonflexes postérieures*) y arrivent en contournant le

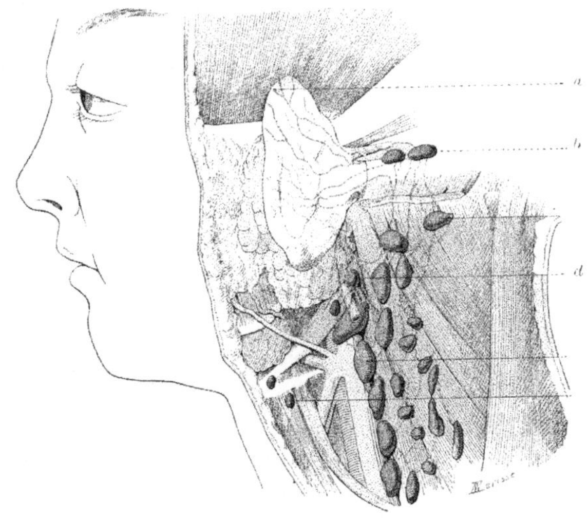

Fig. 795. Lymphatiques du pavillon de l'oreille (face interne).

a, collecteurs du pavillon de l'oreille. — *b*, ganglions mastoïdiens. — *c*, ganglion sterno-mastoïdien (groupe externe). — *d*, ganglion de la chaîne jugulaire externe. — *e*, ganglion sterno-mastoïdien (groupe interne, chaîne jugulaire interne). — *f*, ganglion aberrant sous-hyoïdien, placé sur le trajet des vaisseaux efférents des ganglions sous-mentaux.

bord libre de l'hélix, une plus importante est située un peu au-dessous du tubercule de Darwin.

Les autres (*Artères perforantes*) passent directement de la face interne à la face externe à travers l'épaisseur du pavillon ; celles-ci sont assez constantes, on en distingue généralement quatre : une passant à travers l'incisure anti-tragohélicine, deux autres dans la conque et une quatrième dans la fossette de l'anthélix.

Voir à ce sujet : Schrœder H. Untersuchungen über das Blutgefässystem des äusseren Ohres. *Inaug. Dissert. Iéna* (1892).

Veines. — Les veines affectent un trajet assez indépendant de celui des artères dans le pavillon. Leurs troncs se rapprochent des troncs artériels; comme les artères on peut les diviser en deux groupes.

Le *groupe antérieur* va à la *veine temporale superficielle*; le *groupe postérieur*, composé de troncs plus nombreux et plus gros, aboutit aux *veines auriculaires postérieures ou occipitales superficielles*. Toutes se terminent en

[GUIBÉ]

dernier lieu dans la *veine jugulaire externe*, à laquelle les branches de la partie inférieure du pavillon aboutissent directement.

Lymphatiques. — Les lymphatiques du pavillon de l'oreille, bien étudiés par Sappey, forment un réseau extrêmement riche sur toute la surface du pavillon.

Les troncs qui naissent de ce réseau forment trois groupes.

Les *antérieurs*, au nombre de deux, se portent de la conque et de la fossette de l'anthélix vers le *gros ganglion* qu'on observe en *avant du tragus*.

Les *postérieurs*, au nombre de six ou huit, partent pour la plupart de la face interne du pavillon; deux ou trois cependant émanent du pourtour de la face antérieure et se dirigent aussitôt vers l'hélix qu'ils contournent pour se mêler aux précédents. Ces troncs postérieurs se rendent dans les *ganglions mastoïdiens.*

Les *inférieurs*, au nombre de quatre à cinq, se portent du lobule de l'oreille dans les *ganglions parotidiens.*

Enfin, pour H. Stahr (Die Lymphgefässe und Lymphdrüsen des äusseren Ohres. *Anat. Anzeiger*, Bd. XV, S. 384), quelques lymphatiques de la face postérieure du pavillon iraient directement aux ganglions cervicaux situés sous la face profonde du muscle sterno-mastoïdien.

En outre, Stahr a montré que les territoires lymphatiques de l'oreille externe étaient peu limités et que d'une même région on pouvait voir partir des troncs se rendant aux ganglions mastoïdiens, aux cervicaux et même aux parotidiens.

Nerfs. — Les *nerfs moteurs* pour les muscles du pavillon sont fournis par le *facial*, surtout par ses rameaux temporaux, sauf pour les muscles oblique et transverse qui les reçoivent de la branche auriculaire postérieure : c'est lui qui innerve aussi les muscles extrinsèques du pavillon.

Les *nerfs sensitifs* du pavillon viennent des *rameaux auriculaires du nerf auriculo-temporal*, pour le tragus et la partie ascendante de l'hélix; pour le reste du pavillon, de la *branche auriculaire du plexus cervical superficiel.*

Il faut signaler l'abondance des filets du grand sympathique et des nerfs vaso-moteurs; la section du sympathique ou l'arrachement du ganglion cervical supérieur produisent l'hyperémie du pavillon avec élévation de la température (Cl. Bernard, Schiff).

CHAPITRE II

CONDUIT AUDITIF EXTERNE

Définition. — Le conduit auditif externe est un canal en partie cartilagineux, en partie osseux qui continue directement l'entonnoir formé par le pavillon. En fait, pavillon et conduit forment un seul et même organe, l'oreille externe, collecteur et conducteur des ondes sonores.

Limites. — Il s'étend du fond de la conque à la membrane du tympan, qui le ferme en dedans.

La démarcation entre le pavillon et le conduit auditif externe n'est point nettement tranchée : cependant l'examen attentif de moulages du pavillon et du conduit montre qu'à l'évasement de la conque succède un rétrécissement qui marque le commencement du conduit. Aussi peut-on prendre, sur la face postérieure, comme limite entre eux deux le rebord saillant, semi-lunaire, dû à la saillie du bord antérieur libre de la concavité de la conque.

Sur la face antérieure, la limite est moins nette : le tragus forme par sa face postérieure une excavation connue sous le nom de *fosse du conduit auditif* (Buchanan), recouverte de poils analogues à ceux du tragus.

Quelques auteurs mettent la limite externe du conduit au milieu de cette fosse, une partie seulement du tragus appartient au conduit et son ouverture est dans un plan oblique en arrière et en dedans.

La plupart au contraire (Jarjavay, Tillaux, Sappey, Bezold, Schwalbe, etc.) rapportent la limite du conduit auditif externe au bord libre du tragus; alors le plan de cet orifice est non plus sagittal, mais presque frontal, d'autant plus exactement que le tragus se porte davantage en arrière par son bord libre.

En haut la limite est faite par la saillie du ligament qui unit le tragus à la conque.

En bas elle correspond à l'isthme du cartilage de l'oreille externe.

Pour Merkel (*Anat. Topogr.*), la limite externe du conduit ne saurait être rapportée en arrière au bord antérieur de la conque, mais plus en dehors; les coupes horizontales montrant, d'après lui, que la cavité de la conque appartient déjà au conduit. Mais cette opinion est évidemment exagérée.

La limite interne ou profonde du conduit est beaucoup mieux marquée : là en effet le conduit est entièrement fermé par une membrane (*Membrane du tympan*) et sa limite est formée par le cadre osseux sur lequel la membrane est tendue. Cette membrane n'est pas verticale, mais fortement inclinée, si bien que son axe se dirige obliquement en dehors, en bas et en avant. La membrane fait avec le plan horizontal un angle de 45 à 55 degrés ouvert en dehors, et avec un plan sagittal un angle de 50 degrés environ ouvert en arrière.

Trajet. — Pour étudier le trajet du conduit auditif, il faut avoir recours à trois préparations :

1° une coupe horizontale;

2° une coupe frontale ;

3° un moulage (au plâtre par exemple).

L'axe du conduit auditif est à peu près transversal, un peu oblique cependant en avant et en dedans, faisant avec un plan sagittal un angle de 75 à 80 degrés ouvert en arrière. Il est parallèle à l'axe du conduit auditif interne et non, comme on le dit trop souvent, à l'axe du rocher. Rien n'est plus facile que d'obtenir une coupe rectiligne transversale passant par les deux conduits : l'externe et l'interne. On constate alors que la ligne de section fait avec l'axe du rocher un angle de 25 à 30 degrés.

Cet axe est flexueux, et ses inflexions appartiennent à des courbures de grand rayon : elles varient suivant qu'on les étudie dans les différents plans et sur les différentes parois.

Courbures dans le plan horizontal. Étude d'une coupe horizon-

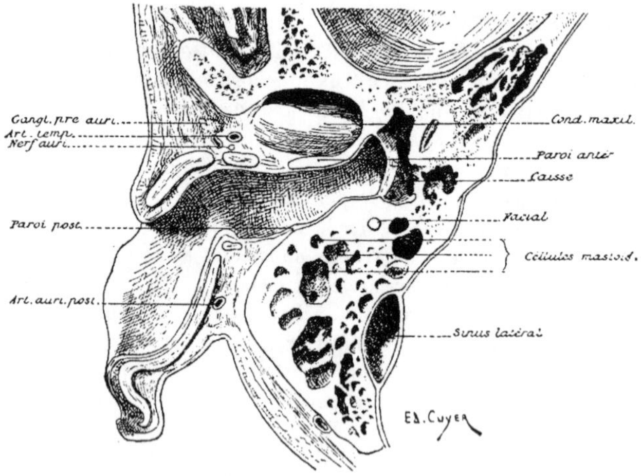

Fig. 796. — Coupe horizontale du conduit auditif externe (Gr. nat.).

tale. — Examiné sur une coupe horizontale, le conduit auditif externe présente un trajet en S italique.

Dans une première portion, la plus externe, le conduit se porte fortement en avant. Cette première portion répond en avant à la face postérieure du tragus; en arrière elle n'existe pas.

A cette première portion fait suite une deuxième, qui se porte transversalement en dedans et s'unit à la précédente en faisant un angle de 105 degrés. En arrière, cette deuxième portion absolument transversale s'étend du cartilage de la conque au conduit auditif osseux; elle est uniquement fibreuse : en avant, elle est encore un peu oblique en avant et, en dedans et son étendue, un peu plus considérable qu'en arrière, correspond à tout l'espace compris entre la lame du tragus et le conduit osseux (cartilage du conduit et segment fibreux de Sappey et Bezold.)

Enfin la troisième portion, qui s'unit à la deuxième en faisant un angle de 155 degrés, se porte de nouveau en avant : elle comprend le conduit auditif osseux presque entier. L'angle qui sépare la deuxième portion de la troisième ne correspond habituellement point exactement à l'union de la portion cartilagineuse avec la portion osseuse ; son sommet est presque toujours formé par une avancée à l'intérieur du conduit de la paroi osseuse antérieure. C'est cette saillie osseuse ou bourrelet, à peu près constante, qui masque le segment inférieur de la membrane du tympan : lorsqu'elle est très prononcée, elle constitue un obstacle à l'examen et rend difficile la manœuvre des instruments.

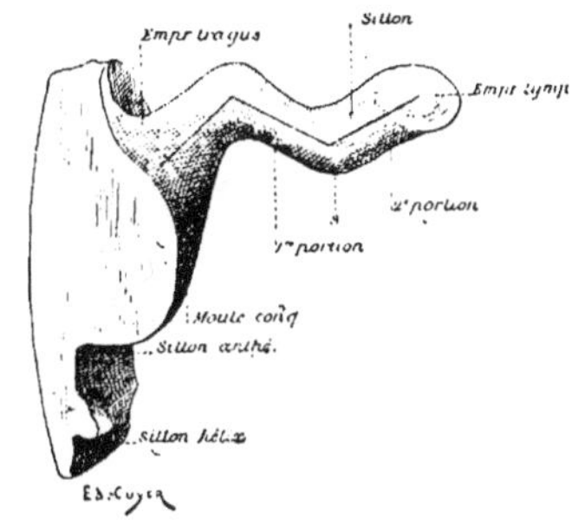

Fig. 797. — Moule du conduit auditif externe vu d'en haut.

Courbures dans le plan frontal. Étude d'une coupe frontale. — Étant donnée la direction non exactement transversale du conduit auditif, cette coupe ne doit pas être absolument frontale, mais faire avec le plan sagittal un angle de 75 à 80 degrés ouvert en arrière.

La paroi supérieure est celle qui s'éloigne le moins de l'horizontale. D'abord

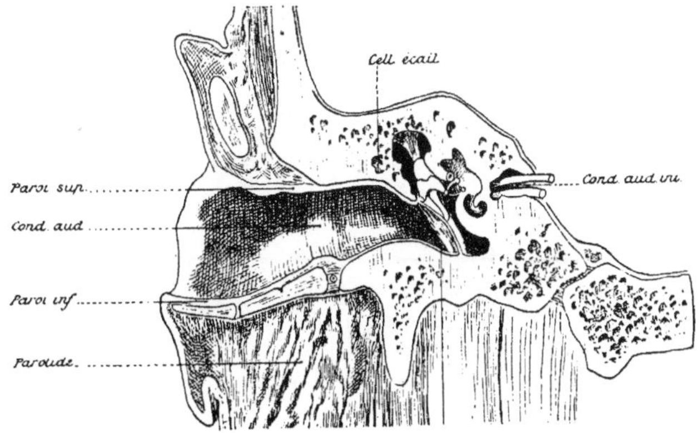

Fig. 798. — Coupe frontale du conduit auditif externe (Gr. nat.).

horizontale, on la voit près de la portion osseuse commencer à décrire une courbe à convexité supérieure dont la branche descendante se continue presque sans ligne de démarcation avec la partie supérieure de la membrane du tympan.

La paroi inférieure est ascendante, convergeant ainsi en dedans avec la paroi supérieure. D'abord faiblement excavée au niveau de l'isthme, elle décrit ensuite une légère courbe à convexité supérieure qui vient aboutir au pôle inférieur du tympan. En s'unissant à la membrane du tympan, la paroi inférieure du conduit forme un sinus à angle aigu (27 degrés environ), ouvert en haut et en dehors : c'est le *recessus meatus auditorii externi* (Bezold) ou le *sinus meatus* (H Meyer) où se logent facilement de petits corps étrangers.

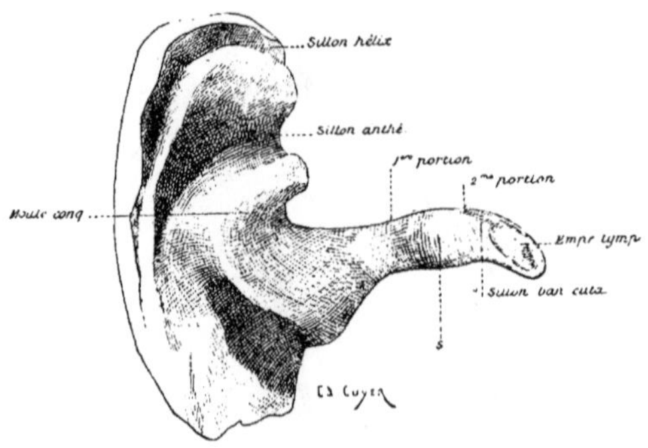

Fig. 799. — Moule du conduit auditif externe vu d'en arrière.

De l'étude de ces coupes nous pouvons tirer plusieurs renseignements.

La paroi antérieure et la paroi inférieure sont plus longues que la postérieure et la supérieure. En outre chez l'adulte l'orifice externe est un peu inférieur à l'orifice interne ; l'horizontale menée par le bord supérieur de l'orifice externe rencontre le bord supérieur de la membrane du tympan, mais, menée par son bord inférieur, elle passe bien au-dessous de cette membrane, le conduit est donc légèrement ascendant. Chez l'enfant, au contraire, il descend très obliquement vers le tympan.

Enfin le tragus éliminé, nous voyons que le conduit auditif externe présente 2 portions à direction différente : dans la première, le conduit se dirige un peu en haut et transversalement; dans la deuxième, il se porte en bas et un peu en avant; comme ces deux portions répondent à peu près aux portions cartilagineuse et osseuse et que celles-ci sont mobiles l'une sur l'autre, il est possible de redresser partiellement le conduit en portant le pavillon en haut et en arrière tout en attirant le tragus en avant : le conduit devenu ainsi rectiligne permet l'introduction d'instruments droits et l'exploration de la membrane du tympan dans la plus grande partie de son étendue.

Forme et dimensions. — ***Forme.*** — La forme du conduit auditif externe est variable dans les différents points, comme le montrent des coupes verticales perpendiculaires à l'axe du conduit. Sur toute sa longueur, la coupe du conduit reste elliptique, mais il se produit une torsion autour de l'axe du conduit, si bien que la paroi primitivement antérieure devient antéro-inférieure (Richet, Sappey).

A l'entrée de la portion cartilagineuse, la coupe est ovalaire à grand diamètre vertical, la face antérieure étant moins incurvée que la face postérieure.

Vers la fin de cette portion se trouve un premier rétrécissement où la coupe est presque régulièrement circulaire.

Au commencement de la portion osseuse, le conduit se dilate de nouveau et devient ovalaire à grand axe oblique en bas et en arrière, la paroi antérieure est aplatie, la paroi postérieure saillante.

Dans la portion osseuse, elle est franchement ovalaire, et l'extrémité supérieure de l'ovale s'incline de plus en plus en avant ; près de la membrane du tympan la figure de coupe change et le conduit, tronqué très obliquement par la membrane du tympan, paraît s'élargir.

Calibre. — Les diamètres varient suivant les différents points. Voici les chiffres qu'en a donnés Bezold :

	Diamètre vertical. ou maximum	Diamètre horizontal. ou minimum	Calibre moyen.
1° Orifice externe.	9 mm. 08	6 mm. 54	7 mm. 8
2° Milieu de portion cartilagineuse.	7 mm. 79	5 mm. 99	6 mm. 9
3° Commencement de la portion osseuse	8 mm. 67	6 mm. 07	7 mm. 4
4° Fin de la portion osseuse. .	8 mm. 13	4 mm. 60	6 mm. 4

Poirier les a mesurés sur 20 têtes à l'amphithéâtre, ses chiffres sont un peu différents des précédents :

	Diamètre vertical.	Diam. antéro-postérieur.
Entrée de la portion cartilagineuse.	10 mm.	9 mm.
Milieu de la portion cartilagineuse.	8 mm.	8 mm.
Portion osseuse.	8 mm.	4-5 mm.

Il faut dire que ces dimensions varient beaucoup suivant l'âge et les individus et parfois même entre les deux conduits sur le même individu, quoi qu'en ait dit Bezold.

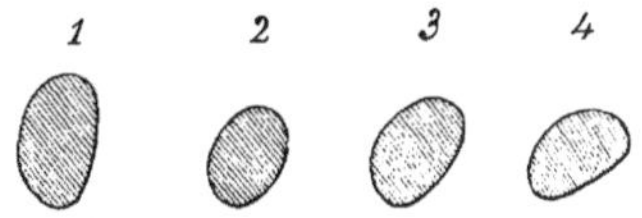

Comme on le voit, il existe dans le conduit auditif une portion plus étroite ou détroit du conduit située, non pas à la jonction des portions cartilagineuse et osseuse, comme on le dit souvent, mais à quelques millimètres au delà dans la portion osseuse, à 19 millimètres environ du fond de la conque et à une distance de la membrane du tympan qui varie de 2 ou 3 millimètres sur la paroi postérieure à 7 à 8 millimètres sur la paroi antérieure.

Fig. 800. — Coupes du conduit auditif externe perpendiculaire à son axe (Bezold).

1. Commencement de la portion cartilagineuse. — 2. Fin de cette portion. — 3. Commencement de portion osseuse. — 4. Fin de portion osseuse. (La face antérieure est à droite et la face postérieure est à gauche.)

Longueur. — La longueur du conduit, mesurée du rebord saillant de la conque au centre de la membrane tympanique, est en moyenne de 24 millimètres chez l'adulte (Tröltsch, Bezold) ; Poirier l'a mesurée sur 25 sujets adultes : les chiffres extrêmes furent 22 et 27 millimètres. Sur ces 24 millimètres, 8 en moyenne appartiennent à la portion cartilagineuse et 16 à la portion osseuse.

Vu l'obliquité de la membrane du tympan, la paroi antérieure est plus longue que la paroi postérieure, et la paroi inférieure que la paroi supérieure.

Voici d'ailleurs les mensurations de Tröltsch pour les quatre parois.

	P. cartilagineuse.		P. osseuse.		Conduit entier
Paroi inférieure.	9	+	18	=	27
Paroi antérieure	10	+	16	=	26
Paroi supérieure	7	+	15	=	22
Paroi postérieure . . .	7	+	14	=	21

[GUIBÉ.]

Rapports. — Le conduit auditif représente donc un cylindre aplati d'avant en arrière, si bien qu'on peut en somme lui distinguer 4 parois.

Paroi supérieure ou crânienne. — Cette paroi, constituée par le temporal, est épaisse dans ses deux tiers externes; mais dans son tiers interne, près de la membrane, elle devient plus mince et est creusée par de nombreuses cellules qui communiquent avec la partie supérieure de la cavité tym-

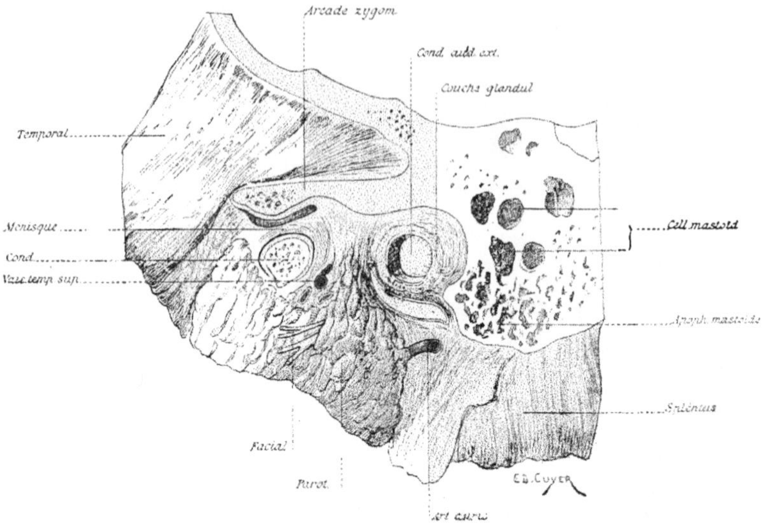

Fig. 801. — Coupe sagittale du conduit auditif externe (portion cartilagineuse).

panique, ce qui explique que des collections purulentes de la caisse puissent se vider dans le conduit auditif sans perforation de la membrane du tympan.

La paroi osseuse, qui peut atteindre 7 à 8 millimètres, mais est très souvent beaucoup moins épaisse, sépare le conduit auditif de la fosse temporo sphénoïdale du crâne et de la base du lobe temporal. Dans la partie externe de cette lame se trouve quelquefois, d'après Kirchner, des cellules aériennes communiquant avec les cellules mastoïdiennes et pouvant même s'étendre jusque dans l'apophyse zygomatique.

Paroi postérieure ou mastoïdienne. — Dans sa portion osseuse, elle est constituée par l'os tympanique et l'apophyse mastoïde, dont la ligne d'union se présente sous la forme d'une fissure qui donne passage au rameau auriculaire du pneumogastrique, la fissure tympano-squameuse postérieure, improprement appelée tympano-mastoïdienne : de fins vaisseaux passant par cette fissure établissent d'étroites connexions entre les cellules mastoïdiennes et le conduit. Cette paroi n'est souvent séparée de ces cellules que par une lamelle osseuse mince, de 1 à 2 millimètres d'épaisseur, surtout dans sa partie interne.

Plus loin, elle répond à l'étage inférieur du crâne et au sinus latéral, dont la sépare une distance de 10 à 12 millimètres.

Dans son tiers externe elle répond aux parties molles de la région mastoïdienne.

Paroi antérieure ou glénoïdienne. — Cette paroi est constituée par une mince lamelle osseuse, appartenant à l'os tympanal; assez souvent, elle reste perforée d'un orifice ovalaire, assez large, indice d'un arrêt dans l'ossification de l'os tympanal : en haut, elle est limitée par la scissure de Glaser.

Cette paroi répond à la cavité glénoïde du temporal et aux deux tiers internes du condyle du maxillaire inférieur : le tiers externe de ce condyle

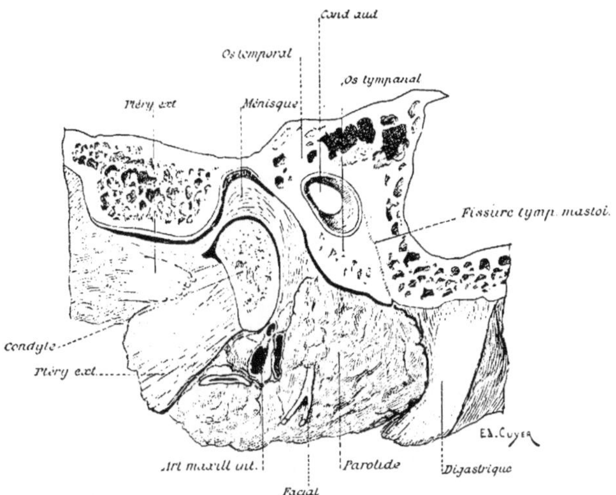

Fig. 862. — Coupe sagittale au conduit auditif externe (portion osseuse).

entre en rapport avec la partie cartilagineuse de cette paroi antérieure; aussi pendant les mouvements de mastication, lorsque les mâchoires se rapprochent, la partie cartilagineuse est repoussée vers l'intérieur du conduit auditif, ainsi qu'il est facile de s'en assurer en introduisant la pulpe du doigt dans l'oreille. C'est en dedans que la paroi antérieure et le condyle sont le plus rapprochés.

En dehors, la paroi antérieure entre en rapport avec les vaisseaux temporaux superficiels, le nerf auriculo-temporal et le ganglion préauriculaire et avec les lobules supérieurs de la parotide.

Paroi inférieure ou parotidienne. — Cette paroi est formée par l'os tympanal dans la moitié interne, par le cartilage dans sa moitié externe; elle entre en rapport immédiat avec la parotide qui, en ce point, adhère fortement au périchondre.

Structure. — La charpente du conduit auditif externe est constituée par un cylindre osseux, continué en dehors par une gouttière cartilagineuse.

La portion cartilagineuse ou externe du conduit est un peu moins longue que la portion osseuse. Les deux parties, reliées par un tissu fibreux intermédiaire au périchondre et au périoste, sont mobiles l'une sur l'autre.

Portion cartilagineuse. — Le *fibro-cartilage du conduit* n'est que la prolongation directe du cartilage du pavillon, auquel il est relié par une portion rétrécie qui nous est déjà connue sous le nom d'isthme. Il représente, non un cylindre complet, mais une gouttière transversalement dirigée, ouverte en haut et en arrière.

Son *bord externe* se continue directement avec la lame du tragus, qui fait partie intégrante du cartilage du conduit.

Son *bord supérieur et antérieur* est à peu près transversalement dirigé de dehors en dedans : dans sa partie externe, il vient se placer dans l'angle rentrant qu'on trouve sur le bord antérieur de la conque au-dessous de l'apophyse de l'hélix.

Son *bord interne*, qui se continue avec le supérieur en formant un angle obtus, décrit une courbe à concavité supéro-postérieure et présente un contour

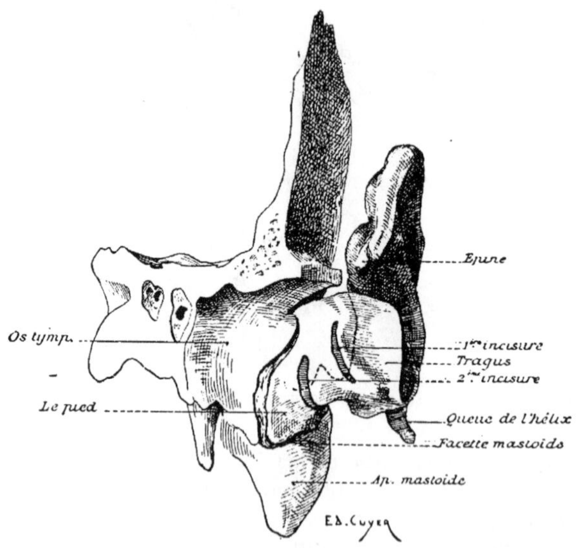

Fig. 803. — Le cartilage du pavillon et du conduit auditif.

en italique ; il est uni par du tissu fibreux au pourtour du conduit osseux. Vers sa partie moyenne, le cartilage présente un prolongement, sorte d'apophyse cartilagineuse épaisse et aplatie par laquelle il repose et glisse sur la surface externe de l'os tympanal ; c'est le *pied* ou *apophyse triangulaire* du cartilage auriculaire, très large, ordinairement décomposé en deux facettes, dont l'une s'unit à la surface rugueuse de l'os tympanal, tandis que l'autre s'applique sur le bord antérieur de l'apophyse mastoïde et glisse sur ce bord dans les mouvements du conduit : il y a là une sorte d'articulation.

Son *bord postérieur* se porte obliquement en haut et en dehors, en formant le bord antérieur de l'incisure terminale : à son union avec le bord interne se trouve un court prolongement.

Cette gouttière présente deux solutions de continuité sous forme de fentes assez larges, les *incisures de Duverney* (1683), improprement appelées ordinairement *incisures de Valsava ou de Santorini*.

Ces *incisures* sont ordinairement au nombre de deux, quelquefois de trois (Duverney). Elles naissent du plancher et montent en convergeant vers l'angle supéro-interne; distantes de 10 millimètres en bas, elles ne sont plus éloignées que de 2 à 3 millimètres en haut (Schwalbe). L'incisure externe ou grande incisure est la plus étendue : plus antérieure que l'interne, elle monte obliquement en haut et en dedans; elle occupe presque la base du tragus et souvent un pont cartilagineux l'interrompt vers sa partie moyenne. L'incisure interne ou petite incisure appartient presque exclusivement au plancher.

D'ailleurs le nombre, la forme et la direction de ces incisures sont soumis à quelques variations,

C'est à ces incisures, dues à un arrêt de développement dans le cartilage du conduit, que celui-ci est redevable en partie de sa mobilité; le tragus ne pourrait être si facilement rabattu vers le conduit ou vers la joue sans l'incisure qui est à sa base; de même pour l'ensemble du conduit qu'on peut allonger ou raccourcir. Ces incisures ne divisent jamais complètement le cartilage en deux ou plusieurs pièces séparées, comme pourraient le faire croire les coupes du conduit sur lesquelles les incisures séparent des segments qui paraissent isolés.

Les incisures sont remplies par un tissu fibreux qui continue le périchondre des cartilages voisins.

Au point de vue histologique, le cartilage du conduit ne diffère en rien du cartilage du pavillon.

Portion fibreuse. — Sous ce nom, Sappey désigne la lame fibreuse en forme de gouttière à concavité inférieure qui unit les deux bords de la gouttière cartilagineuse et la ferme ainsi en un cylindre complet, dont elle constitue le tiers supérieur environ. En haut, elle se confond plus ou moins intimement avec le ligament postérieur de l'oreille; en dedans, elle se fixe solidement au temporal, spécialement à l'épine tympanale; on ne saurait mieux comparer cette lame fibreuse qu'à celle de la trachée qui se dédouble en certains points pour entourer les anneaux cartilagineux; comme celle-ci, on peut considérer la lame fibreuse du conduit auditif comme constituant le périchondre du cartilage, fermant ainsi les incisures de Duverney; et, en outre, c'est elle qui réunit, à la manière d'un ligament, la portion cartilagineuse à la portion osseuse. Pour cela, la surface tympanale est encroûtée d'une couche de cartilage assez épaisse sur laquelle vient s'attacher le tissu fibreux. Elle se rencontre donc partout où manque le cartilage, et ses dimensions varient exactement en raison inverse des dimensions de ce dernier.

Portion osseuse. — Conduit auditif osseux. — La portion osseuse du conduit auditif externe, comprise entre la cavité glénoïde et l'apophyse mastoïde du temporal, se présente sous la forme d'un conduit cylindrique, constitué chez l'adulte par un os particulier, *os tympanal*, ayant la forme d'une gouttière, qui vient s'appliquer à la partie inférieure de l'écaille, de façon à former avec elle un canal osseux complet.

Les *dimensions* de l'os tympanal sont très variables, et, par suite, la parti-

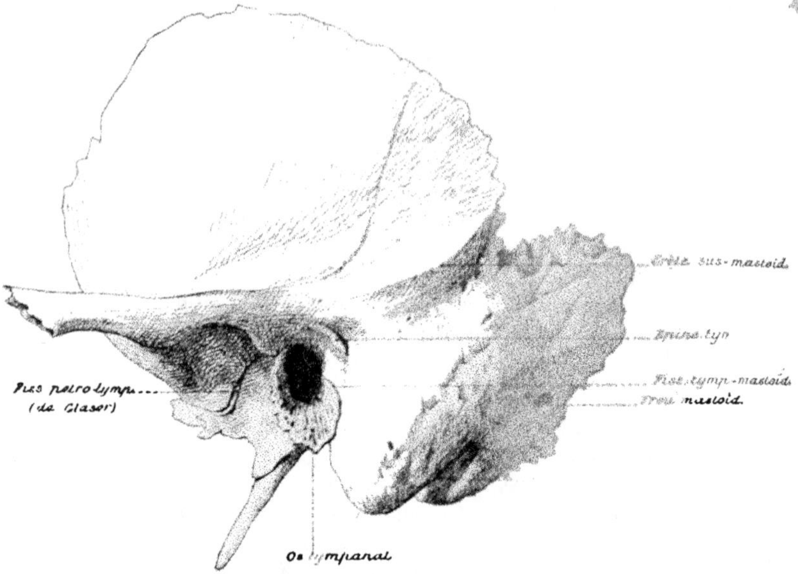

cipation des parties tympanique et écailleuse à la formation du conduit auditif osseux est fort différente suivant les sujets. Ordinairement l'os tympanal ne forme qu'une simple gouttière qui, réunie à la face inférieure de l'écaille, constitue le conduit osseux ; parfois la gouttière tend à devenir un véritable cylindre ou tube osseux complet, tout à fait semblable à celui qu'on rencontre chez un grand nombre d'animaux.

En avant, l'union des deux os répond au point où se rencontrent les faces antérieure et supérieure du conduit, c'est-à-dire à la *crête glénoïdienne* ; il en résulte la formation d'une fissure (*Scissure de Glaser ou scissure tympano-*

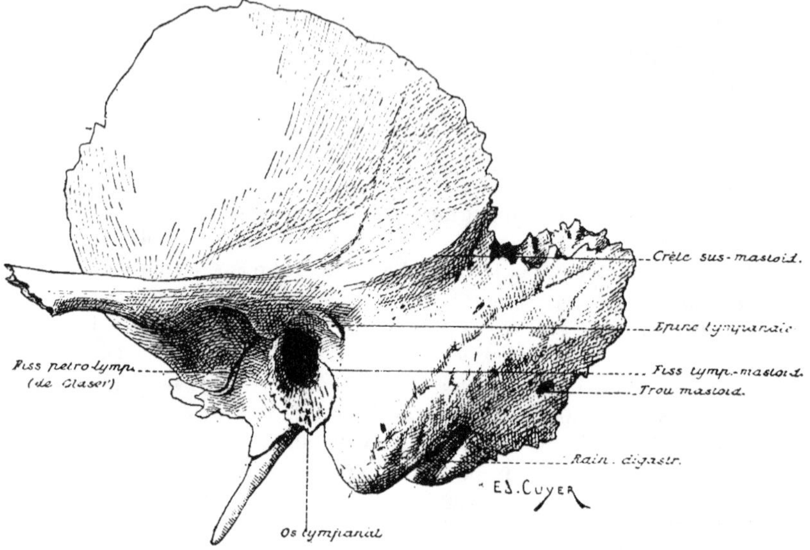

Fig. 804. — Face externe de l'os temporal.

squameuse antérieure) ; en dedans l'os tympanal s'unit, non plus à l'écaille, mais au rocher, si bien que, simple en dehors, la *scissure de Glaser* se bifurque en dedans en *scissure pétro-squameuse* et *scissure pétro-tympanique antérieure*, ces deux scissures étant séparées l'une de l'autre par une étroite bande osseuse appartenant au rocher (*Prolongement inférieur du tegmen tympani*, Henle) et très variable comme développement. En dehors, la scissure de Glaser se termine en séparant l'os tympanal du tubercule zygomatique postérieur qui s'appuie sur lui.

En arrière, la lèvre postérieure de la gouttière tympanale, large et rugueuse, se soude à l'écaille en dehors (*Scissure tympano-squameuse postérieure*) et au rocher en dedans (*Scissure pétro-tympanique postérieure*).

A la partie postérieure et supérieure de la circonférence externe du conduit auditif osseux, on trouve habituellement une petite éminence osseuse qui revêt l'aspect d'une lamelle curviligne, concentrique à l'axe du conduit et assez variable comme dimensions, qui donne insertion à la portion fibreuse du conduit. Point de repère important dans la trépanation de l'apophyse mastoïde, cette épine a été l'objet d'étude de nombreux auteurs : c'est la *Spina supra meatum* (Bezold), *Processus auditorius* (Anat. nom.), *Épine tympanale* (Poirier), *Épine de Henle* de la plupart des chirurgiens français. Chez l'adulte, elle se rencontre presque constamment. Lenoir ne l'aurait vue manquer qu'une seule fois sur 200 cas; mais dans 20 cas elle était peu marquée. Des statistiques assez concordantes de Kiesselbach (82 pour 100), de Schultze et de Lenoir (90 pour 100), on peut donc déduire qu'une épine tympanale facilement appréciable chirurgicalement, se rencontre en moyenne dans 8 ou 9 cas sur 10.

Chez l'enfant, il est loin d'en être ainsi; Broca et Lenoir, après avoir soigneusement étudié ce point sur 15 crânes d'enfants de 2 à 15 ans, concluent : « On ne peut guère compter l'obtenir d'une façon régulière au-dessous de 4 ans, et c'est seulement à partir de 10 ans qu'on peut se considérer comme certain de l'avoir toujours avec netteté » (Broca, *Chir. op. de l'or. moyenne*, p. 9).

Au-dessus et en arrière de l'épine tympanale, on trouve une petite fossette (*Foveola spinæ*) assez variable comme aspect : ce peut être une simple fente en coup d'ongle ou exceptionnellement un trou profond et volumineux; mais ordinairement c'est une petite excavation plus ou moins marquée. Toujours cette dépression est percée de trous vasculaires en nombre variable et profonds, qui vont jusqu'aux cellules limitrophes du conduit auditif externe et même jusque dans la cavité crânienne.

Ces trous correspondent aux *trous paraglénoïdiens* et particulièrement au *trou post-glénoïdien* qui, chez les mammifères inférieurs, sert d'issue au sang du crâne et met le sinus latéral en communication avec la veine jugulaire externe par l'intermédiaire du sinus pétro-squameux.

(Quoique Luschka place son foramen jugulare spurium en avant du conduit auditif externe, en dedans du tubercule zygomatique postérieur, dans la scissure pétro-squameuse, Lenoir a bien montré que, dans certains cas, il était possible de faire pénétrer directement un stylet de la foveola spinæ dans le sinus pétro-squameux, quand celui-ci existe.)

Chez l'enfant au-dessous de deux ans, l'aspect de cette région est très différent. A la place de l'épine on trouve une lamelle osseuse mince et friable, criblée de trous et qui correspond exactement à l'antre; elle se présente comme une tache arrondie et violacée (*Tache spongieuse*, Broca; *Zone criblée rétro-méatique*, Chipault). Mais, d'abord située directement au-dessus du conduit, elle se déplace ensuite en arrière pour occuper la place qu'elle a chez l'adulte. En même temps on voit se développer l'épine pendant que la fosse diminue d'étendue, et la saillie osseuse est directement en rapport avec la profondeur de la fosse située en arrière.

A quel os appartient l'épine tympanale? Pour Poirier, cette lamelle est une dépendance de l'*os tympanal*, avec lequel on pourrait la trouver en continuité directe. Certains auteurs tendent plutôt à la rattacher à l'*écaille*, car habituellement elle reste séparée de l'os tympanal, et, de plus, chez certains animaux (cheval, gorille), on la voit très nettement séparée de cet os, qui passe au-dessous d'elle. Il faudrait peut-être la rattacher au point osseux décrit par

Geoffroy Saint-Hilaire sous le nom d'*épitympanal* (Broca, Lenoir). Dans cette hypothèse, elle mériterait donc le nom d'*épine épitympanale*.

Les sutures qui unissent l'os tympanal aux os voisins sont différemment développées; parfois la soudure est si complète, que toute trace en a disparu; tantôt, au contraire, les bords de la gouttière tympanique sont nettement dégagés et, par suite, les sutures bien visibles.

La *paroi supérieure* est formée par la partie du plan basilaire de l'écaille du temporal qui se trouve comprise entre la scissure de Glaser en avant et l'apophyse mastoïde en arrière. Elle présente une forme assez grossièrement triangulaire; son sommet, tourné en dedans, est émoussé et large d'environ 2 à 3 millimètres; sa base en dehors est large de 8 à 10 millimètres et se confond peu à peu avec la crête sus-mastoïdienne ou racine longitudinale de l'arcade zygomatique. De telle sorte qu'en dedans, les sutures de l'os tympanal appartiennent presque à la paroi supérieure, tandis qu'en dehors, elles sont nettement sur les parois antérieure et postérieure.

En *dedans*, le conduit osseux sertit la membrane du tympan qui le ferme. En *dehors*, il se termine par un bord rugueux, large et triangulaire dans sa partie inférieure, qui donne insertion au cartilage du conduit et spécialement, en bas, à l'apophyse triangulaire de ce cartilage. Cet orifice est surmonté et protégé en haut par la racine longitudinale de l'apophyse zygomatique, en arrière par l'apophyse mastoïde.

Le conduit auditif, tant cartilagineux qu'osseux, varie beaucoup au cours du développement.

Chez le *nouveau-né*, ce conduit auditif externe se presente comme une fente aplatie de haut en bas et dont les parois diffèrent notablement comme constitution de ce qu'elles sont chez l'adulte. La *paroi supérieure* est constituée par deux segments. Le segment externe osseux est formé par le plan basilaire de l'écaille du temporal, comme chez l'adulte; mais, au lieu de se continuer à peu près à angle droit avec la face externe de l'écaille, ce plan forme avec elle un angle de 150 degrés (Schwalbe). Le segment interne est membraneux et constitué par la membrane du tympan, très faiblement inclinée et dont le plan continue presque exactement celui du toit osseux du conduit. Il n'y a pas de portion cartilagineuse à cette époque; le cartilage du pavillon vient s'insérer au niveau de l'orifice externe du conduit osseux.

A cet âge, le conduit est rectiligne et obliquement dirigé en bas et en dedans et non pas horizontal, comme on le répète trop souvent; de telle sorte que, pour voir la membrane du tympan, il faut ici, non pas tirer le pavillon en haut et en arrière, mais, au contraire, porter le lobule en bas et en avant. Il parait continuer en dehors le plan de la membrane du tympan.

La *paroi inférieure* présente aussi deux portions : une externe cartilagineuse, c'est le cartilage du conduit; une interne fibreuse, constituée par une lame (*Lame fibreuse tympanique*, Symington), dans laquelle se développe l'os tympanal; les deux portions se réunissent sous un angle obtus à sommet tourné en haut. Tandis que la portion cartilagineuse manque entièrement sur la paroi supérieure, elle est, au contraire, très développée sur la paroi inférieure, qui se porte ainsi beaucoup plus loin en dehors.

Le conduit osseux n'existe donc qu'à peine à cette époque; sauf sur la paroi supérieure, il se trouve réduit, au moment de la naissance, à un anneau tympanique. C'est un cercle osseux, ouvert à sa partie supérieure sur une étendue de 1 à 2 millimètres, où il est complété par l'écaille du temporal ; cette portion porte souvent le nom de segment de Rivinus[1]. Le plan de cet anneau tympanique est loin d'être vertical, comme celui de la membrane du tympan qui s'y encadre ; il est très oblique, son obliquité variant d'ailleurs suivant l'âge du sujet (Voir *Membrane du tympan*).

Tout l'anneau ne reste pas dans le même plan ; ses deux extrémités ou cornes, et surtout l'antérieure, se replient comme si on les avait tordues de dehors en dedans, si bien qu'en ce point la face interne devient visible en dehors. Enfin, l'anneau présente une série de détails utiles à connaître.

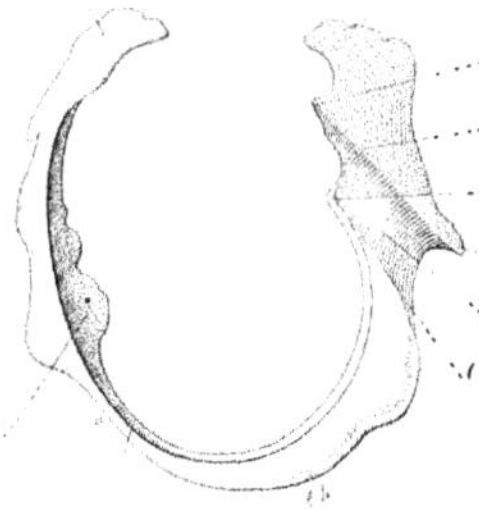

Fig. 805. — Anneau tympanique du nouveau-né (Face interne).

Au point où les cornes commencent à se tordre, se trouvent deux renflements osseux, l'un antérieur, situé un peu plus en dehors, est le *tubercule tympanique antérieur* ; l'autre postérieur (*tubercule tympanique postérieur*), souvent perforé par un petit trou, présente sur son bord tourné vers le conduit auditif plusieurs dentelures, dont une, située juste en face de l'épine tympanique postérieure, a été dénommée par Helmholtz *petite épine tympanique.*

Vu par sa face interne, il présente en avant un sillon ou *gouttière malléolaire* oblique en avant et en bas ; c'est là que passait chez l'embryon le cartilage de Meckel, et que chez l'adulte se trouve logée une partie des organes qui en dérivent ou lui sont annexés : l'apophyse grêle du marteau, le ligament antérieur du marteau, la corde du tympan et l'artère tympanique; plus tard, cette gouttière sera comprise dans la scissure de Glaser par où passent, en effet, tous les organes cités.

Cette gouttière malléolaire, en haut comme en bas, est limitée par deux crêtes à peu près parallèles, l'inférieure, toutefois, un peu plus verticale. La crête supérieure, c'est la *crête épinière* de Henle (*Crista spinarum*); elle doit son nom aux deux épines qui la terminent, l'une saillant en bas et en avant (*Épine tympanique antérieure*, Henle), l'autre faisant saillie en haut et en arrière (*Épine tympanique postérieure*, Henle; ou *grande épine tympanique*, Helmholtz).

La crête inférieure, plus mousse, est la *crête tympanique* de Gruber. En

1. La présence du segment de Rivinus est due à la pénétration du manche du marteau dans l'épaisseur de la membrane. T. Mayer (*Langenbeck's Archiv*, Bd. XXIX, S. 50), a relaté un cas où l'anneau tympanique était complet et où le marteau manquait : c'est ce qui arrive normalement chez les animaux qui, comme les phoques, n'ont pas d'osselets.

arrière on trouve un autre sillon ou gouttière tubaire qui, s'unissant à une demi-gouttière du rocher, contribue à former ce qui sera chez l'adulte le canal musculo-tubaire.

Par ses deux cornes, l'anneau tympanal se soude avec les deux autres portions : par sa corne antérieure, il se soude à la portion écailleuse; par sa corne postérieure il s'unit avec le prolongement de l'écaille qui constituera l'apophyse mastoïde au point où il se soude au rocher. En dedans il reste assez indépendant du rocher, dont il est séparé par une véritable fente qui, par ossification et soudure ultérieures, donnera naissance aux différentes scissures de l'os tympanal. En dehors, il donne insertion à la lame tympanique fibreuse.

Fig. 806. — Temporal d'un enfant nouveau-né (Sappey).

Sur presque toute l'étendue de son bord concave, règne un petit sillon, le *sillon tympanique*, dans lequel s'insère la membrane du tympan; ce sillon est limité par deux bords aigus, l'externe plus

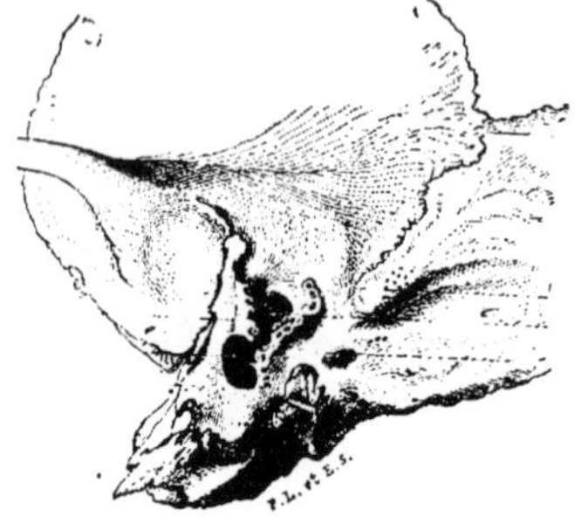

Fig. 807.

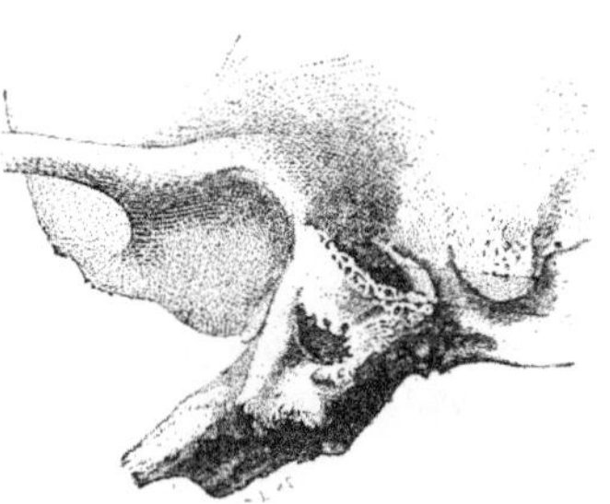

Fig. 808.

Temporal d'un enfant de deux ans (Sappey).

élevé que l'interne, de sorte qu'il n'est visible que par sa face intérieure, sauf au niveau des deux extrémités où, par suite de la torsion de l'anneau, le sillon tympanique devient visible en dehors; il n'existe que sur l'anneau et disparaît au niveau du segment de Rivinus, qui vient combler en haut l'intervalle séparant les deux cornes de l'anneau.

Quatre points osseux concourent à former chez le fœtus le cadre osseux de la membrane du tympan. Trois, appartenant à l'os tympanal, apparaissent vers le 45e jour et sont l'un antérieur, l'autre postérieur, le troisième inférieur, et se soudent vers le troisième mois en un anneau complet; le quatrième, qui forme la voûte, appartient à l'écaille : c'est le *point épitympanique* qui apparaît et se soude avec le reste de l'écaille à peu près aux mêmes époques.

Comment évolue l'anneau tympanique pour former le conduit auditif osseux?

Tout le bord externe de l'anneau ne croît pas d'une façon uniforme, de façon à remplacer la lame fibreuse tympanique par une lamelle osseuse. Les deux points osseux que nous avons désignés sous le nom de tubercules tympaniques antérieur et postérieur, commencent à apparaître vers le septième ou huitième mois de la vie intra-utérine.

D'après Rüdinger (*Beiträge zur Anatomie des Gehörorgans*, etc., München, 1876) et Bürkner, le tubercule postérieur se développe plus tôt que l'antérieur. Tous deux, ils poussent en dehors deux prolongements aplatis qui progressent de plus en plus en dehors, séparés l'un de l'autre par un intervalle en forme de coin ; puis, au niveau de leur bord externe, ils marchent l'un vers l'autre et se soudent ensemble en délimitant ainsi un orifice où l'ossification fait défaut. Cet orifice, situé à l'union de la paroi antérieure avec la paroi inférieure du conduit, est de dimensions variables, de 1-2 millimètres à 4-7 millimètres, de forme irrégulièrement ovale ou semi-lunaire à grand diamètre antéro-postérieur. C'est au cours de la deuxième année que ce trou est le mieux développé ; de deux à cinq ans, il commence à se fermer ; après ce dernier âge, on ne le retrouve habituellement plus. Cependant il n'est pas rare de le voir persister jusqu'à l'âge adulte ; si l'on en croit Bürkner, cela se rencontrerait dans 20 pour 100 des cas, ce qui est évidemment exagéré, et plus souvent chez la femme que chez l'homme, sans influence de race. Tout à fait exceptionnellement cependant, le bord externe de l'anneau tympanique croît uniformément et il ne se forme pas de trou (Zuckerkandl).

A partir de cinq ans, le conduit auditif forme donc une gouttière complète et il ne croît plus alors que par apposition d'os le long de son bord externe, au point de remplacer absolument toute la lame tympanique fibreuse.

Pour passer de ce conduit de l'enfant au conduit de l'adulte, deux modifications se produisent

La face externe du temporal devient nettement verticale et se distingue bien du plan basilaire qui forme le toit du conduit auditif, les deux surfaces se joignant sous un angle droit.

Enfin, le conduit auditif s'élargit considérablement ; vers la fin de la grossesse, la moitié interne seule, comprise entre la membrane du tympan et la lame tympanique fibreuse, est aplatie de haut en bas ; la moitié externe est en forme d'entonnoir ouvert à l'extérieur, le tout d'ailleurs comblé par des débris épithéliaux et du *vernix caseosa*. Peu après la naissance, en même temps que se débouche le conduit, sa forme en entonnoir augmente de plus en plus vers la profondeur, si bien qu'à partir du deuxième mois on peut lui décrire des parois antérieure et postérieure.

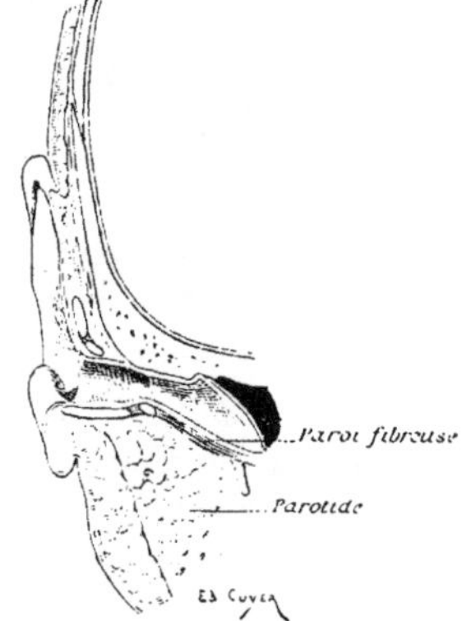

Fig. 809. — Coupe frontale du conduit auditif externe (nouveau-né).

Quant au cartilage du conduit, d'après Schwalbe, il se développerait par trois pièces cartilagineuses demi-lunaires, lame du tragus, lame intermédiaire et lame basale. La lame du tragus s'unit en arrière par l'isthme avec le cartilage du pavillon. Ces trois pièces se soudent entre elles, vers le moment de la naissance, d'abord par leur bord postérieur, puis en avant, jamais dans leur partie moyenne, qui reste fibreuse et constitue les incisures de Santorini Cependant les recherches toutes récentes de Münch tendraient à modifier cette manière de voir, en ce sens que le cartilage formerait d'abord une pièce unique qui se diviserait en trois pièces secondaires.

Peau du conduit auditif externe. — Le revêtement du conduit auditif externe est formé par la peau qui tapisse toute l'étendue du conduit et va former la couche externe de la membrane du tympan.

Dans la *portion cartilagineuse*, la peau est dense et épaisse (1 millimètre à 1 mm. 5), recouverte de papilles très basses, et doublée d'une faible quantité de tissu adipeux. Elle est abondamment pourvue de fins poils à pointe dirigée en dehors, de glandes sébacées et sudoripares qui lui donnent un aspect gras et criblé.

On trouve à la paroi supérieure du conduit auditif osseux une bande cutanée plus épaisse s'étendant jusqu'au tympan, qui présente une structure semblable à celle de la portion cartilagineuse.

Dans la *portion osseuse* la peau est mince (0 mm. 1), lisse, sèche, dépourvue de glandes et de poils et intimement adhérente au périoste: elle va en s'amincissant à mesure qu'on se rapproche de la membrane du tympan.

Au voisinage de la membrane du tympan, on remarque sur la peau une série de crêtes annulaires (Kaufmann) dues à un soulèvement du derme et exceptionnellement garnies de papilles qui forment une série de cercles concentriques à la membrane du tympan. Ces stries, très nombreuses et très développées chez le nouveau-né (30-35, Kaufmann), diminuent plus tard en hauteur et en nombre. En tous cas elles sont toujours moins nombreuses à la partie supérieure.

Annexes de la peau. — *Poils.* — Absolument absents de la portion osseuse, ces poils sont au contraire très multipliés, mais rudimentaires, dans la partie cartilagineuse.

Glandes sébacées. — Annexées aux follicules pileux, elles sont moins développées que celles du pavillon. On ne les rencontre que dans la portion cartilagineuse du conduit. Elles occupent les couches superficielles du derme et quelques-unes s'ouvrent directement à la surface de la peau (Sappey).

Elles ont plutôt la forme de glandes tubuleuses que de glandes acineuses : elles sont formées de tubes allongés et ramifiés, pourvus de dilatations en massue.

Glandes cérumineuses. — Les glandes cérumineuses, simple variété de glandes sudoripares, sont situées au-dessous de la peau qui revêt les portions cartilagineuse et fibreuse: elles forment là, entre la peau et les plans sous-jacents, une couche glandulaire continue de couleur jaune brunâtre: quelques unes cependant, plus petites, sont aussi plus superficielles.

Ces glandes, facilement reconnaissables à leur couleur et à leur volume, forment autour du conduit une couronne dont l'épaisseur diminue au fur et à mesure qu'on approche de la portion osseuse : sur cette dernière portion, on ne les retrouve guère qu'au niveau de la bande cutanée qui suit la paroi supérieure jusqu'au tympan. Leur nombre varie entre 1000 et 2000 ; on en trouverait de 4 à 6 par millimètre carré (Buchanan).

Leur volume est considérable : un grain de millet, dit Sappey ; de 0 mm. 2 à 1 millimètre (Henle) ou même 1 mm. 5 (Schwalbe) dans leur plus grand diamètre, qui se dirige obliquement vers la surface.

Structure. — Le *canal excréteur* des glandes cérumineuses, long de

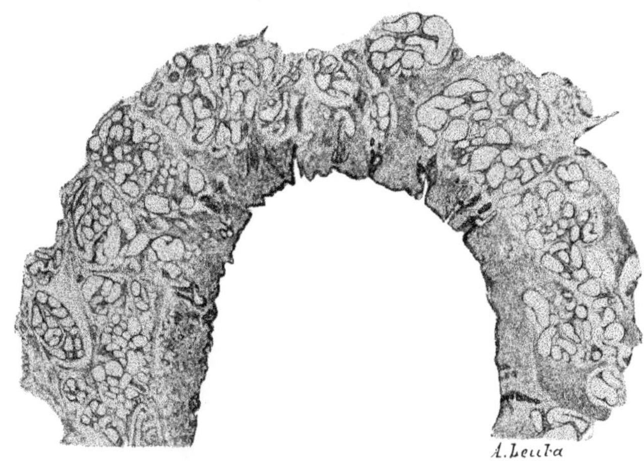

Fig. 810. — Conduit auditif externe. Coupe transversale au niveau de la partie interne de la portion cartilagineuse (Pissot).

0 mm. 5 environ, épais seulement de 12 μ, présente 2 couches de cellules épithéliales.

Ce canal se bifurque généralement du côté glandulaire ; à son embouchure, il présente une dilatation en entonnoir qui se jette dans un appareil pilo-sébacé, pour s'ouvrir avec lui à la peau. Cependant Alzheimer a montré que si, chez le nouveau-né, toutes ces glandes s'abouchent dans le follicule pileux, plus tard elles viennent de plus en plus s'ouvrir isolément à la surface de la peau dans la proportion de 80 pour 100.

Le *tube glandulaire* est très épais (0 mm. 1 de diamètre). Sa lumière, relativement large, est limitée par une couche de cellules épithéliales cylindriques, en dehors de laquelle on trouve une couche unique de fibres musculaires lisses à direction longitudinale, puis une membrane basale amorphe.

Les *cellules sécrétantes* présentent une cuticule, puis une zone claire, suivie d'une couche granuleuse, et enfin dans la portion basale se trouve le noyau. Les granulations qu'on trouve dans ces cellules sont de nature différente : les plus nombreuses sont des granulations de pigment brun jaune : on y trouve aussi de fins corpuscules moins abondants, réfringents, qui brunissent par l'acide osmique, mais ne sont pas solubles dans l'éther, ce qui les différencie de la graisse. Nulle part on ne trouve de graisse dans ces cellules.

Cérumen. — Le produit de sécrétion des glandes du conduit auditif porte le nom de cérumen, mais le cérumen n'est pas exclusivement produit par les

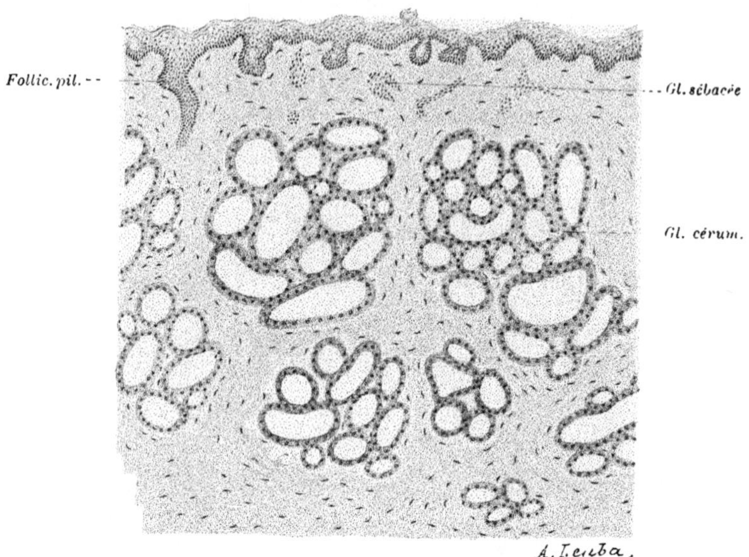

Fig. 811. — Glandes cérumineuses (Pissot).

glandes cérumineuses, on y rencontre le produit de sécrétion des glandes sébacées, des écailles épidermiques et souvent aussi des poils.

Sa composition, pour E. Chevalier, serait la suivante :

Eau	0,100
Matière grasse	0,260
Savon de potasse	0,520
Matière organique	0,120
Chaux et traces de soude	traces
	1.000

Pour Schwalbe, les glandes cérumineuses ne contiennent absolument pas de graisse et il est probable que toute la graisse du cérumen vient des glandes sébacées ; les glandes cérumineuses ne sécréteraient qu'un liquide brun jaunâtre.

La quantité de sécrétion du cérumen est très variable suivant les constitutions ; au point de vue de la quantité, il existe un rapport incontestable entre la sécrétion du conduit et les autres sécrétions à la surface du corps. Chez les individus à la peau sèche, rugueuse, la sécrétion cérumineuse est aussi beaucoup moindre ; par contre chez les personnes à peau grasse et brillante, à cheveux gras et luisants par production exagérée de matière sébacée, la sécrétion cérumineuse est plus abondante. En général, cette sécrétion est modérée et le cérumen forme dans la portion cartilagineuse du conduit une mince couche dont la superficie se dessèche, se détache et s'émiette sous l'influence des mouvements que le condyle du maxillaire inférieur imprime au conduit auditif externe.

Voir au sujet des glandes cérumineuses : Alzheimer, Ueber die Ohrenschmalzdrüsen. *Würzburg Inaug. Dissert.*, 1888. — Pissot, Glandes du conduit auditif externe (glandes dites cérumineuses). *Th. doct.*, Paris, 1899.

Vaisseaux et nerfs. — ***Artères.*** — Les artères du conduit auditif externe viennent toutes de la *carotide externe*.

Pour la portion cartilagineuse, elles viennent, soit de l'*auriculaire postérieure*, soit de la *temporale superficielle* par l'intermédiaire de l'artère du tragus, dont un rameau passe dans une incisure de Duverney, soit de fins ramuscules venant de la *maxillaire interne* ou des *parotidiennes* (Sappey.)

Pour la portion osseuse, elles viennent de l'*artère tympanique* ou *auriculaire profonde*, branche de la maxillaire interne qui passe à travers l'os tympanal ou dans la scissure de Glaser et se distribue à la partie profonde du conduit ainsi qu'à la peau du tympan.

Veines. — Les veines du conduit auditif se divisent en plusieurs groupes :

Un *groupe auriculaire inférieur*, qui aboutit aux *veines auriculaires postérieures*.

Un *groupe auriculaire profond*, qui accompagne l'artère tympanique et se jette dans le *plexus articulaire*.

En outre, Schrœder a décrit des *veines auriculaires supérieures* qui aboutiraient au réseau du cuir chevelu.

Il existe de nombreuses anastomoses entre les vaisseaux du conduit et ceux du voisinage par de petits rameaux vasculaires dont certains passent par les fissures tympano-mastoïdienne et de Glaser. Un faisceau vasculaire important suit la bande cutanée de la paroi supérieure du conduit et passe avec elle sur la membrane du tympan où il s'étend le long du bord postérieur du manche du marteau.

Lymphatiques. — Les lymphatiques vont aux ganglions *préauriculaires*, *mastoïdiens* et *parotidiens*.

Nerfs. — La *branche auriculaire du plexus cervical superficiel* donne quelques filets à la partie la plus externe du conduit; l'*auriculo-temporal* donne des filets qui passent par le tissu fibreux unissant les deux portions du conduit.

Le *rameau auriculaire du pneumogastrique*, venu du ganglion supérieur de ce nerf, suit un petit canal osseux qui finit dans la fissure tympano-mastoïdienne. Dans l'épaisseur de l'apophyse mastoïde, il se partage en plusieurs filets dont la plupart viennent se terminer dans les téguments de la paroi antérieure du conduit et dans la membrane du tympan.

OREILLE MOYENNE

Par M. GUIBÉ

DÉVELOPPEMENT DE L'OREILLE MOYENNE

L'oreille moyenne se développe aux dépens de la partie supérieure ou fond de la gouttière interne de la première fente branchiale et de son voisinage. La vésicule auditive, née au-dessus de la première fente branchiale, vient se mettre bientôt en rapport avec elle en se transformant en labyrinthe.

Cette gouttière interne (ou *canal tubo-tympanique*) se transforme peu à peu en un canal complet par soudure de ses bords : elle donnera naissance à la caisse du tympan et à la trompe d'Eustache.

Dans les deux arcs branchiaux qui limitent cette gouttière, se développent de petites pièces cartilagineuses et les muscles qui en dépendent.

Aux dépens du premier arc ou *arc maxillaire* se développent le marteau. l'enclume, le muscle du marteau et le cartilage de Meckel : celui-ci s'unit au marteau par une petite baguette osseuse, d'abord libre, plus tard soudée au marteau et qui formera l'apophyse longue du marteau.

Aux dépens du deuxième arc ou *arc hyoïdien* se développent l'étrier et le muscle de l'étrier : l'étrier ne se forme pas seulement aux dépens de cet arc, car sa platine provient de la capsule du labyrinthe, mais l'anneau vient du deuxième arc branchial et doit sa forme au passage en son milieu de l'artère stapédienne.

L'innervation des muscles de l'étrier et du marteau se ressent de leur origine : le muscle du marteau, venu du premier arc, est innervé par le maxillaire inférieur, et le muscle de l'étrier, venu du deuxième arc, par le facial.

Toutes ces formations sont d'abord développées en dehors de la cavité de la caisse, noyées en un tissu muqueux très lâche. La cavité tympanique est alors réduite à une fente étroite, aplatie latéralement, et revêtue d'un épithélium, cilié par places. Peu à peu, dès avant la naissance et surtout chez le nouveau-né, le tissu muqueux des parois de la caisse se résorbe et disparaît : la muqueuse, entraînée par cette résorption, s'insinue entre les osselets, les tapisse de toutes parts, si bien qu'ils paraissent libres dans la caisse du tympan, alors qu'en réalité ils restent toujours en dehors de cette cavité, comme les viscères de l'abdomen sont en dehors de la cavité péritonéale et sont simplement suspendus aux parois de la caisse par des replis muqueux, véritables mésos.

La membrane du tympan se forme aux dépens de la membrane d'occlusion de la première fente branchiale. Mais elle a d'abord l'aspect d'une lame conjonctive épaisse, formée surtout de tissu muqueux, dans laquelle les arcs voisins poussent des prolongements mésodermiques qui formeront les osselets et particulièrement le manche du marteau et la corde du tympan. Plus tard la membrane s'amincit par résorption de ce tissu muqueux; son tissu se condense et elle se transforme en une lame vibrante et élastique.

CHAPITRE I

MEMBRANE DU TYMPAN

Définition. — La membrane du tympan est une membrane fibreuse qui ferme en dedans le conduit auditif externe.

Forme. — La membrane du tympan est assez exactement circulaire chez l'enfant; chez l'adulte, elle s'allonge très légèrement dans le sens vertical comme la partie interne du conduit auditif; assez souvent même elle devient ovalaire. Quelquefois elle est comme échancrée à sa partie supérieure et prend l'aspect cordiforme. Elle n'est jamais régulièrement circulaire, si bien qu'on peut toujours facilement lui distinguer un pôle supérieur et un pôle inférieur.

Dimensions. — Le *diamètre vertical* est en moyenne de 9-10 millimètres et même 11 millimètres (Sappey), en moyenne 10 millimètres.

Le *diamètre horizontal* est un peu plus petit, suivant les sujets, de 0 mm. 5 à 2 millimètres; il varie de 8-9 millimètres (Trölsch) et même 10 millimètres (Sappey), en moyenne 8 mm. 5.

Les dimensions sont, à peu de chose près, les mêmes chez le nouveau-né, car déjà le développement de la membrane du tympan est terminé.

Remarquons que, vue par le conduit auditif, la membrane paraît d'autant plus grande qu'elle est moins inclinée.

L'épaisseur peut être évaluée à 0 mm. 1.

Inclinaison. — La membrane du tympan n'est pas située dans un plan cardinal : elle est au contraire inclinée de telle sorte qu'elle regarde en bas, en avant et en dehors, et que son plan coupe obliquement l'axe du conduit auditif externe de haut en bas, de dehors en dedans et d'avant en arrière. L'angle que la membrane du tympan forme avec l'horizontale, ou *angle d'inclinaison*, est chez l'adulte de 45° environ, variant généralement de 20° à 50°. Quelques auteurs lui donnent une valeur un peu différente : 36° (Testut) et jusqu'à 55° (Siebenmann). Cet angle est tel que, si on fait tomber une verticale du pôle supérieur de la membrane du tympan sur la paroi inférieure du conduit auditif externe, la distance du pied de cette verticale au pôle inférieur de la membrane du tympan atteint 6 millimètres (Tröltsch) : d'après cet auteur, elle atteindrait 8-9 millimètres chez les nouveau-nés, mais il ne semble pas qu'il y ait de différence sensible entre ces deux périodes, et la distance dépasse rarement 6 millimètres. Avec un plan sagittal, la membrane du tympan forme un angle (*angle de déclinaison*) de 50° ouvert en arrière.

Avec les parois du conduit auditif externe, la membrane du tympan forme en haut un angle d'au moins 140° (Tröltsch), tandis qu'avec la paroi inférieure cet angle n'est que de 25 à 30° (Bezold) (*sinus du conduit auditif externe*).

L'inclinaison de la membrane du tympan varie avec l'âge, mais peu.

Pour beaucoup d'auteurs (Henle, Tröltsch, Gruber, Merkel, Tillaux, Schwalbe), chez le fœtus, le cercle tympanal dans lequel est enchâssée la membrane du tympan faisant partie de la base du crâne, la membrane du tympan est presque horizontale; elle se relève peu à peu, mais, à la naissance, l'obliquité est encore très prononcée (10°, Tillaux); au fur et à mesure que l'os tympanal se développe, l'inclinaison diminue jusqu'à devenir telle qu'on la trouve chez l'adulte. Pour Merkel deux causes interviendraient pour ce relèvement : l'élargissement de la tête par rotation en bas de l'axe longitudinal du rocher, en même temps que le sommet du rocher se porte en arrière.

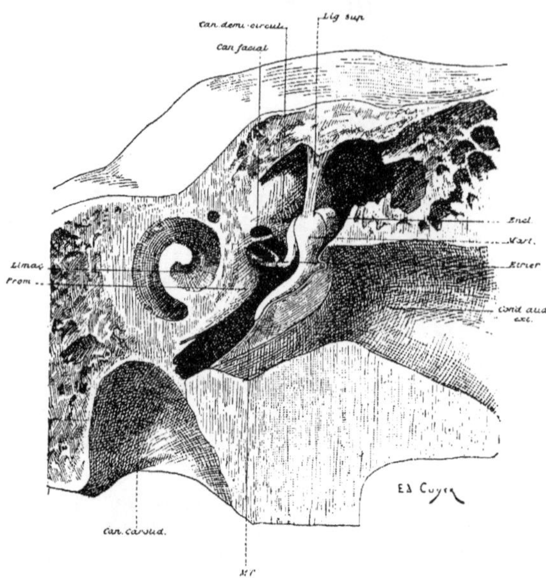

Fig. 812. — Coupe transversale de la caisse du tympan (partie postérieure de la coupe).

Au contraire, pour Prussak, Symington, Poirier et Siebenmann, le degré d'inclinaison de la membrane du tympan serait, chez le nouveau-né, à peu près égale à celle que nous lui trouvons chez l'adulte et l'erreur viendrait, d'après Symington, de ce que, chez le nouveau-né, le conduit auditif externe, dont la portion osseuse fait presque entièrement défaut, est assez fortement oblique en bas, tandis qu'il est beaucoup plus horizontal chez l'adulte. En somme, paroi supérieure du conduit et membrane se continuent presque directement chez le nouveau-né, et ce qui se modifie, c'est surtout leur angle d'union, la paroi supérieure se rapprochant de plus en plus de l'horizontale, en se développant.

Siebenmann, qui a étudié la question sur dix crânes de nouveau-nés, donne pour les deux angles la valeur suivante à cet âge :

Angle d'inclinaison.	31-42°	En moyenne	36°
de déclinaison	29-38°	—	32°

Dans trois cas l'angle d'inclinaison avait une valeur exceptionnelle : 50° dans un cas, et 15° et 22° dans deux cas de crânes prognathes.

Chez le nouveau-né, les plans prolongés des deux membranes tympaniques viendraient se rencontrer vers la partie postérieure du voile du palais (Poirier)

L'inclinaison de la membrane du tympan présente de grandes variétés individuelles, compatibles avec une ouïe suffisante. Bonnafont, Schwartz, Lucæ, Tröltsch ont constaté que chez les musiciens la membrane du tympan est presque verticale, ce qui est bien en rapport avec les expériences physiologiques de Fick. Il semble, en effet, qu'une membrane très inclinée soit plus favorable à la réflexion qu'à la transmission des sons.

On dit : étant donné que l'os tympanal se redresse à mesure que le crâne se développe, à un développement crânien incomplet doit correspondre une inclinaison considérable de la membrane du tympan : les recherches de Tröltsch et de Voltolini sur des idiots auraient confirmé les assertions de Virchow. Ce point mériterait néanmoins des recherches nouvelles.

Division topographique. — Si on mène un premier diamètre suivant le grand axe du manche du marteau, la membrane du tympan est divisée en deux moitiés non absolument antérieure et postérieure : l'antérieure est dite pré-ombilicale, la postérieure rétro-ombilicale. En pratique on ne s'occupe guère de ces deux moitiés, mais menant un deuxième diamètre perpendiculaire au premier, on subdivise chacune de ces deux moitiés en deux quadrants sus et sous-ombilicaux. On se trouve ainsi en présence de quatre secteurs ou quadrants qui portent le nom d'antéro-supérieur ou inférieur, postéro-supérieur ou inférieur.

Ces quadrants n'ont pas des dimensions égales en surface, comme le montrent les chiffres de Tröltsch, Bezold et Schwalbe. Voici les dimensions qu'en donne ce dernier auteur.

Quadrant antéro-supérieur	22 mmq.
inférieur	6 mmq.
postéro-supérieur.	27 mmq.
inférieur	14,5 mmq.

A un autre point de vue on divise parfois la membrane en zone centrale, zone marginale et zone intermédiaire. Nous ne ferons que signaler la division de Gottstein en douze secteurs.

Épaisseur et résistance. — La membrane du tympan est fort mince : on peut la comparer à une feuille de baudruche; son épaisseur est d'environ 0 mm. 1, un peu plus chez l'enfant, par suite du développement de la couche épidermique.

Son élasticité est assez développée : par suite, l'extensibilité est notable. C'est ainsi que la membrane peut être repoussée jusqu'au contact de la paroi interne de la caisse, inversement on la voit parfois bomber fortement dans le conduit auditif externe. Gruber a constaté qu'une pression méthodique permet d'augmenter la surface de la membrane du tympan de 1/5 à 1/3. L'étendue de son mouvement en dedans ne dépasse pas, à l'état normal, 0 mm. 1 (Helmholtz, Gellé), le mouvement en dehors est beaucoup plus étendu.

Quoique mince, la membrane est fort résistante; Schmidekam et Hensen ont constaté que la résistance de la membrane du tympan est beaucoup plus considérable chez l'homme que chez la plupart des animaux; chez l'homme elle supporte sans se rompre une colonne de mercure de 140-160 centimètres. Cependant un changement brusque dans la pression de la colonne atmosphérique en contact avec la face externe de la membrane du tympan peut déchirer celle-ci : une onde sonore puissante, comme celle que met en mouvement un coup de canon tiré à proximité, peut briser la membrane ; un soufflet violemment appliqué aura le même effet. Quelquefois la membrane éclate par le fait d'une augmentation brusque de pression dans la caisse, comme il peut arriver dans un éternuement, un accès de toux violent, ou par une douche d'air poussée sans précaution. Dans les violences extrêmes on aurait observé le décollement de la membrane du tympan de son cadre osseux. Quoi qu'il en soit, c'est surtout du côté gauche et dans le quadrant antéro-inférieur que la membrane se rompt dans les ruptures traumatiques (Hartmann, Urbantschitsch, Treitel).

Configuration extérieure. — ***Face externe.*** — Lorsqu'on regarde la membrane du tympan par sa face externe, elle paraît légèrement déprimée vers sa partie centrale, comme un entonnoir très largement évasé. Le sommet de cet entonnoir constitue l'ombilic : il ne correspond pas exactement au centre géométrique de la membrane, mais est situé un peu au-dessous et en arrière de lui. L'excavation de l'entonnoir est telle que l'ombilic est à 2 millimètres en dedans du plan de la membrane. Lorsque le manche du marteau est très incurvé, le point le plus excavé de la membrane du tympan ne correspond pas exactement à l'extrémité du manche du marteau, mais se trouve un peu au-dessus.

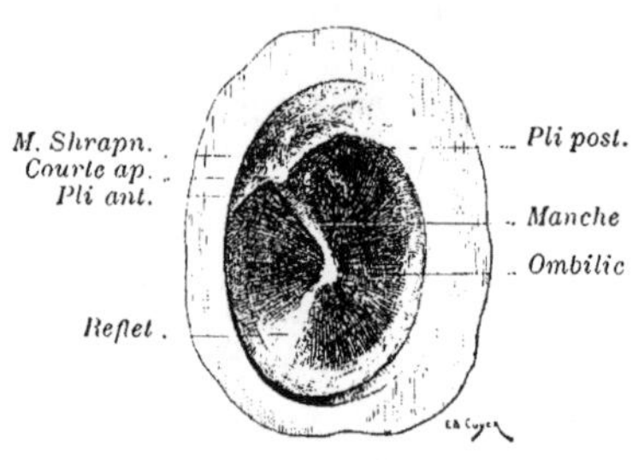

Fig. 813. — Membrane du tympan, vue par sa face externe.

Sur une coupe on voit la partie centrale de la membrane du tympan très déprimée, attirée en dedans par le manche du marteau tandis qu'à la périphérie, surtout en haut et en bas, la membrane du tympan est demeurée convexe, si bien que, d'après Schwalbe, l'angle que forment en se réunissant au centre les deux parois opposées est de 135-140° dans le diamètre qui passe par le manche du marteau, de 120° seulement dans le diamètre horizontal.

Cette face est obliquement traversée de haut en bas et d'avant en arrière par une ligne blanchâtre qui répond au manche du marteau contenu dans l'épaisseur de la membrane et que l'on aperçoit par transparence : l'extrémité inférieure de ce manche, renflée en spatule, descend jusqu'à l'ombilic. Plus la membrane est concave et plus l'extrémité du marteau semble se tourner vers le haut. Cette obliquité, très forte apparemment alors que normalement le manche du marteau est presque vertical, tient à sa faible obliquité en dedans (30° environ) et à la direction oblique sous laquelle on le regarde.

A l'extrémité supérieure du manche du marteau et un peu en avant, près du cercle tympanique, se voit une petite saillie arrondie qui répond à la courte apophyse du marteau.

Cette saillie soulève la membrane et détermine l'apparition de deux replis qui limitent la membrane de Shrapnell : le pli antérieur est beaucoup plus court, mais plus apparent que le postérieur qui manque quelquefois.

Schwalbe décrit et figure comme constant un troisième pli qui divise en deux territoires la membrane flaccide : celle-ci, moins épaisse et moins tendue que la membrane du tympan, proémine dans le conduit auditif externe.

Face interne — La face interne ou muqueuse de la membrane du tympan appartient à la caisse, dont elle forme en partie la paroi externe; elle présente des courbures en sens inverse de celles de la face externe, convexe vers son centre, concave sur la plus grande partie de sa périphérie : dans son ensemble, elle est plus convexe que la face externe n'est concave.

A sa périphérie on peut apercevoir sous l'aspect d'un cercle blanchâtre l'anneau tendineux qui fixe la membrane du tympan dans le sillon de l'os tympanal.

On y remarque le manche du marteau qui, recouvert par la muqueuse, fait une saillie notable dans l'intérieur de la caisse.

La muqueuse enlevée, on voit à la partie supérieure de la membrane du tympan deux ligaments aplatis à bord inférieur libre et concave en bas qui soulèvent la muqueuse en deux replis saillants (*replis de Tröltsch* ou *replis malléolaires antérieur et postérieur*). Ces deux ligaments naissent derrière l'anneau osseux dans lequel est enchâssée la membrane du tympan et descendent vers l'intérieur de la caisse pour s'insérer sur la partie supérieure du manche du marteau, l'antérieur s'arrêtant au niveau de l'insertion du muscle du marteau, le postérieur descendant un peu plus bas. Ces ligaments, ou tout au moins le postérieur (Tröltsch), sont constitués par des faisceaux de la membrane du tympan représentant un feuillet détaché de cette membrane. Dans l'épaisseur du repli antérieur cheminent le ligament antérieur et l'apophyse grêle du marteau et l'artère tympanique; le repli postérieur contient la corde du tympan.

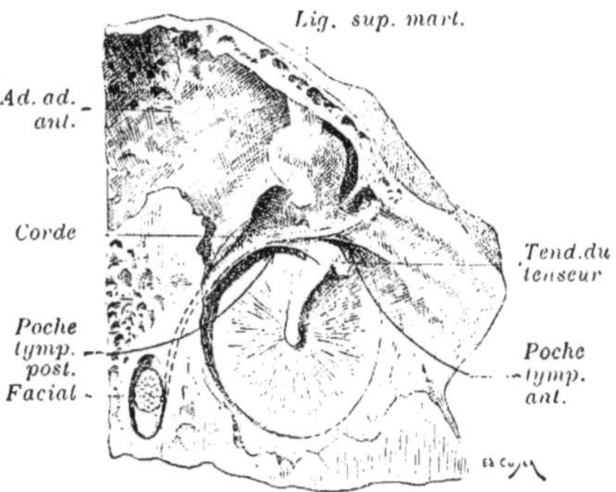

Fig. 814. — Face interne de la membrane du tympan et paroi externe de la caisse.

En soulevant la muqueuse tympanique, ils limitent deux poches ou bourses de la membrane du tympan (Tröltsch) (*Recessus M. T. antérieur et postérieur*) dont la membrane du tympan revêtue de sa muqueuse forme la paroi extérieure. Les deux poches ainsi formées sont séparées par le col du marteau : l'antérieure, moins profonde et moins large, se termine en cul-de-sac; la postérieure communique souvent avec ce que nous appellerons le *recessus M. T. supérieur* ou *Espace de Prussak*.

Coloration. — La coloration de la membrane du tympan est différente suivant qu'on l'examine sur le vivant ou sur le cadavre.

Sur le cadavre, la membrane du tympan est terne, blanchâtre, opaque parce que son tissu a subi une sorte de ramollissement et d'imbibition. Mais si l'on fait tomber sous l'action d'un filet d'eau cette couche épidermique, on obtient une préparation fort belle de la membrane sur laquelle on peut étudier les différents détails.

Sur le vivant, la membrane est brillante et transparente : sa coloration varie un peu suivant différentes conditions et particulièrement suivant l'éclairage employé : à la lumière du jour, elle est gris clair ou gris-perle; à la lumière de la lampe, elle présente une coloration rougeâtre. Politzer a fort bien analysé et défini les conditions qui créent et celles qui modifient la coloration de la membrane du tympan, montrant comment « la membrane du tympan, milieu transparent, mais trouble, réfléchit une partie de la lumière qu'elle reçoit et en laisse passer une autre et comment sa couleur est composée de sa coloration propre, de celle de la lumière qui sert à l'éclairage et enfin de la couleur et de la quantité de lumière que renvoie le promontoire ».

Son intensité varie individuellement, surtout d'après la transparence de la membrane : la coloration la plus claire correspond au quadrant postéro-supérieur et à la région de la membrane flaccide; c'est le quadrant antéro inférieur qui est le plus foncé.

Sa coloration se différencie partout nettement de la paroi osseuse correspondante, sauf en haut au niveau de la membrane flaccide, où la transition se fait insensiblement du conduit à la membrane.

Chez l'enfant, la membrane du tympan est d'un gris plus sombre et moins transparente par suite de l'épaisseur plus grande de la couche épidermique et de la muqueuse. Chez le vieillard la coloration est plus mate et blanchâtre. Elle peut paraître bleuâtre par transparence en cas de déhiscence de la paroi inférieure laissant apercevoir le bulbe de la jugulaire. A l'état normal, la membrane du tympan est revêtue d'une mince couche de matière graisseuse; traitée par l'acide osmique (Schwalbe), elle devient noire; l'eau s'y dépose en gouttelettes, mais ne la mouille pas.

Image otoscopique. — Vue à l'otoscope, la membrane du tympan apparaît comme un ovale dont le grand diamètre, coïncidant avec le diamètre malléolaire, est oblique en bas et en arrière. Au niveau du pôle supérieur, on reconnaît assez bien le segment de Rivinus. Parfois la paroi inféro-antérieure du conduit auditif externe forme un arc fortement saillant qui cache le segment correspondant de la membrane du tympan; mais, d'après Bezold, chez l'adulte on peut arriver, dans au moins 70 pour 100 des cas, à voir la membrane tout entière. De plus, par suite de sa grande obliquité, la membrane paraît plus petite.

Le manche du marteau apparaît dès l'abord sous l'aspect d'une ligne blanchâtre à la partie supérieure de laquelle on peut toujours distinguer une saillie conique, petite, plus lumineuse, quelquefois éclatante, tout près de la circonférence, un peu en avant du pôle supérieur : elle répond à l'apophyse externe. Le manche du marteau se dirige en arrière et en bas pour se terminer un peu au delà du centre de la membrane par une extrémité arrondie ou en spatule qui forme l'ombilic.

Si la membrane a subi une dépression, le manche du marteau, vu en raccourci, paraît moins long : son apophyse externe, qui a basculé en dehors, fait une saillie plus considérable. Lorsque la dépression est très considérable, la saillie de l'apophyse externe est exagérée et les deux replis qui limitent la membrane de Shrapnell apparaissent nettement horizontaux, l'un en avant, l'autre en arrière.

Souvent, surtout dans l'âge avancé, on trouve, correspondant à l'anneau tendineux, une faible zone foncée occupant le bord même de la membrane du tympan. On trouve parfois aussi, entourant l'extrémité du manche du marteau, une zone gris jaunâtre se prolongeant en forme de croissant sur le quadrant inféro-postérieur (Siebenmann).

Quelquefois, lorsque la membrane est très transparente et l'éclairage bon, on aperçoit à travers la membrane la grande branche de l'enclume et le jambage inférieur de l'étrier, le promontoire au-dessous et en arrière duquel une tache sombre indique la niche de la fenêtre ronde. Parfois on peut apercevoir une ligne blanchâtre traversant la membrane près du pôle supérieur, à 1 millimètre au-dessous du contour : c'est la corde du tympan.

Reflet lumineux. — Dans la partie sous-ombilicale et antérieure de la membrane du tympan, on constate toujours un reflet lumineux triangulaire et brillant.

Ce triangle ou *cône lumineux*, signalé par Wilde, a son sommet correspondant à l'ombilic en avant du sommet du manche du marteau; il se dirige en s'élargissant vers la partie inférieure du cercle tympanique, formant ainsi avec le manche du marteau un angle obtus ouvert en avant : un plan passant par les deux triangles lumineux couperait le sommet du menton.

Ordinairement la base du triangle n'atteint pas la périphérie de la membrane du tympan. Helmholtz et Politzer ont montré que ce reflet était en rapport avec les angles d'incidence des rayons lumineux sur la surface courbe de la membrane. Si l'on tend uniformément une membrane brillante sur un anneau, on ne constate pas de reflet lumineux; mais, si l'on vient à déprimer le centre de cette membrane, un reflet lumineux se produit aussitôt, et il devient d'autant plus étroit qu'on déprime plus profondément la membrane. C'est ce qui arrive sur le vivant : on peut voir le triangle s'élargir lorsque l'insufflation d'air dans la caisse repousse la membrane en dehors, tandis qu'il se rétrécit lorsque, par suite de la raréfaction artificielle de l'air dans cette cavité, la membrane se porte en dedans et devient plus concave. En même temps qu'il se rétrécit, il augmente de longueur et d'intensité et se porte un peu plus en haut.

Sa forme varie sur le même individu suivant qu'on l'examine dans différentes positions (debout, couché, la tête en bas), dans des conditions d'éclairage identiques : il y a là à la fois variations de situation et de forme suivant les modifications de courbure de la membrane; c'est ainsi que le reflet s'élargit lorsqu'il se produit sur la partie postérieure de la membrane, moins concave que l'antérieure.

D'ailleurs Wilde, Tröltsch, Tillaux, etc., s'accordent à dire que la membrane du tympan présente de nombreuses variétés individuelles dans son inclinaison et sa courbure, d'où des variétés infinies dans la forme du reflet, sans que l'ouïe en soit altérée. Parfois il est réduit à un point ou à un petit faisceau dont la longueur ne dépasse pas 1 millimètre. Parfois le faisceau lumineux est interrompu par une bande obscure, ou encore il se montre décomposé suivant la longueur en trois faisceaux distincts.

FIG. 815. — Membrane du tympan très concave.

On peut trouver toutes ces formes différentes du reflet lumineux chez des personnes entendant toutes également bien.

D'autres reflets, moins accentués et moins nettement limités, se montrent en d'autres points de la membrane.

FIG. 816. — Membrane du tympan convexe.

Le plus fréquent est le *reflet du sillon* (Bezold) qui est presque constant ; c'est une bande brillante presque linéaire, située à la partie antérieure et inférieure de la membrane du tympan ; il correspond au sillon qui sépare la membrane du conduit et se trouve au point où l'axe du triangle lumineux coupe ce sillon.

Enfin, normalement, on peut encore rencontrer trois autres reflets : un répond au sommet de l'apophyse courte quand celle-ci est saillante.

L'autre, formé comme le reflet du sillon, est au bord antérieur supérieur de la membrane flaccide.

Assez rarement on trouve un reflet du promontoire, tache arrondie, jaunâtre et mate, un peu en arrière et en bas de l'ombilic.

Mode d'insertion. — La membrane du tympan est tendue sur l'anneau tympanal, gouttière tympanale chez l'adulte. A cet effet, la circonférence interne de cet anneau se trouve un sillon plus ou moins profond (*S. tympanique*) dans lequel la membrane du tympan se trouve enchâssée comme un verre de montre dans sa rainure métallique. Nous verrons comment les différentes couches de la membrane contribuent à cette insertion : c'est surtout la fibreuse qui s'épaissit en ce point en une bande annulaire (*anneau tendineux ou bourrelet annulaire de Gerlach*).

Cet anneau tendineux n'est pas complet : arrivé au sommet des deux cornes de l'anneau tympanal, il abandonne l'os pour venir se fixer à l'apophyse courte du marteau, constituant ainsi deux petits ligaments ou ligament de Rivinus. Ces deux petits ligaments séparent très nettement la membrane du tympan en deux portions bien distinctes : une portion inférieure, c'est la portion dense de la membrane du tympan ou membrane du tympan proprement dite, que nous avons surtout étudiée jusqu'à présent ; et une portion supérieure, c'est la membrane flaccide de Shrapnell, qui nous reste maintenant à décrire.

Membrane flaccide de Shrapnell. — La membrane de Shrapnell, dont la hauteur est d'environ 2 mm. 1/2 à 3 millimètres, a la forme d'un triangle à sommet inférieur : elle n'est pas inclinée comme la membrane du tympan proprement dite, mais à peu près verticale. Sa base, qui n'est pas absolument supérieure, mais légèrement tournée en avant et en haut, répond à cette portion de la face inférieure de l'écaille du temporal connue sous le nom de segment de Rivinus ; par ses deux extrémités, elle correspond aux deux cornes de l'anneau tympanal, elle est ainsi située à la hauteur de la base de l'apophyse zygomatique.

Les deux autres côtés du triangle sont formés par les ligaments de Rivinus : l'antérieur beaucoup plus court que le postérieur, le premier sensiblement rectiligne, le deuxième légèrement courbe à concavité inférieure. Le sommet de la membrane de Shrapnell correspond à la courte apophyse du marteau.

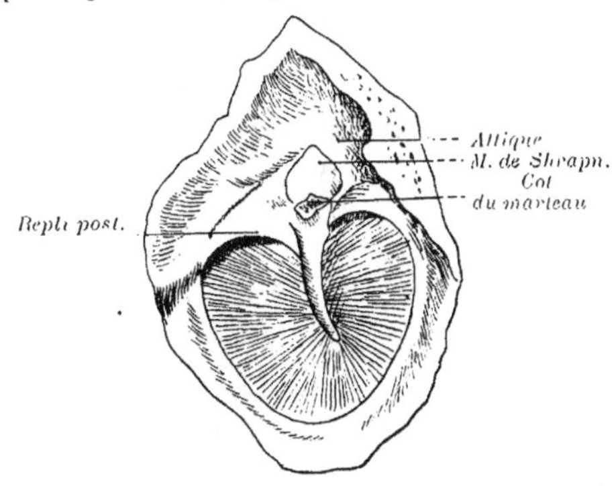

FIG. 817. — Membrane du tympan et membrane de Shrapnell, vues par leur face interne.

Par sa face externe, cette membrane est en rapport avec le conduit auditif externe au fond duquel on l'aperçoit par l'examen otoscopique (voy. plus haut). Certains auteurs y ont décrit un orifice, trou de Rivinus, du nom de celui qui l'a découvert. Décrit de nouveau comme normal par Bochdaleck, cet orifice est actuellement considéré comme pathologique, lorsqu'il existe.

Bezold ne l'a jamais retrouvé chez le nouveau-né : on ne peut donc soutenir qu'il s'agisse là d'une non-oblitération de la première fente branchiale : d'ailleurs, depuis longtemps déjà, His a montré que cette fente n'était jamais perforée. Le plus souvent, il semble bien qu'on soit le jouet d'une illusion.

Par sa face interne, la membrane de Shrapnell est en rapport avec le col du marteau et avec la corde du tympan qui passe au dedans de lui et le contourne ; en arrière, elle se termine un peu en avant du bord antérieur de la longue apophyse de l'enclume.

Bibliographie. — A ce sujet voyez la thèse de A. RAOULT. *Perforation de la membrane de Shrapnell.* Paris, 1893.

Structure. — La membrane du tympan est constituée par trois couches :

1° La couche externe ou cutanée, qui continue directement la peau du conduit auditif externe ;

2° La couche moyenne ou fibreuse, membrane propre ;

3° La couche interne ou muqueuse, formée par la muqueuse de la caisse.

La *couche cutanée*, formée par la réflexion de la peau du conduit sur toute la périphérie de la membrane, est très mince (0 mm. 01 en moyenne, Siebenman). Elle se compose essentiellement de plusieurs couches de cellules reposant sur une mince membrane anhyste, doublée d'un chorion extrêmement mince, nié par Siebenmann. L'épithélium, si on en excepte les couches cornées, comprend deux assises épithéliales. La couche profonde génératrice constitue une couche unique de cellules aplaties à gros noyau arrondi et à limites indis-

D'ailleurs Wilde, Tröltsch, Tillaux, etc., s'accordent à dire que la membrane du tympan présente de nombreuses variétés individuelles dans son inclinaison et sa courbure, d'où des variétés infinies dans la forme du reflet, sans que l'ouïe en soit altérée. Parfois il est réduit à un point ou à un petit faisceau dont la longueur ne dépasse pas 1 millimètre. Parfois le faisceau lumineux est interrompu par une bande obscure, ou bien encore il se montre décomposé suivant la longueur en trois faisceaux distincts.

Fig. 815. — Membrane du tympan très concave.

Fig. 816. — Membrane du tympan convexe.

On peut trouver toutes ces formes très différentes du reflet lumineux chez des personnes entendant toutes également bien.

D'autres reflets, moins accentués et moins nettement limités, se montrent en d'autres points de la membrane.

Le plus fréquent est le *reflet du sillon* (Bezold) qui est presque constant ; c'est une bande brillante, presque linéaire, située à la partie antérieure et inférieure de la membrane du tympan ; il correspond au sillon qui sépare la membrane du conduit et se trouve au point où l'axe du triangle lumineux coupe ce sillon.

Enfin, normalement, on peut encore rencontrer trois autres reflets : un répond au sommet de l'apophyse courte quand celle-ci est arrondie,

L'autre, formé comme le reflet du sillon, est au bord antéro-supérieur de la membrane flaccide.

Assez rarement on trouve un reflet du promontoire, tache arrondie, jaunâtre et mate, un peu en arrière et en bas de l'ombilic.

Mode d'insertion. — La membrane du tympan est tendue sur l'anneau tympanal, gouttière tympanale chez l'adulte. A cet effet, sur la circonférence interne de cet anneau se trouve un sillon plus ou moins profond (*S. tympanique*) dans lequel la membrane du tympan se trouve enchâssée comme un verre de montre dans sa rainure métallique. Nous verrons comment les différentes couches de la membrane contribuent à cette insertion : c'est surtout la fibreuse qui s'épaissit en ce point en une bande annulaire (*Anneau tendineux ou bourrelet annulaire de Gerlach*).

Cet anneau tendineux n'est pas complet : arrivé au sommet des deux cornes de l'anneau tympanal, il abandonne l'os pour venir se fixer à l'apophyse courte du marteau, constituant ainsi deux petits ligaments ou ligament de Rivinus. Ces deux petits ligaments séparent très nettement la membrane du tympan en deux portions bien distinctes : une portion inférieure, c'est la portion dense de la membrane du tympan ou membrane du tympan proprement dite, que nous avons surtout étudiée jusqu'à présent ; et une portion supérieure, c'est la membrane flaccide de Shrapnell, qui nous reste maintenant à décrire.

Membrane flaccide de Shrapnell. — La membrane de Shrapnell, dont la hauteur est d'environ 2 mm. 1/2 à 3 millimètres, a la forme d'un triangle à sommet inférieur : elle n'est pas inclinée comme la membrane du proprement dite, mais à peu près verticale. Sa base, qui n'est pas absolument supérieure, mais légèrement tournée en avant et en haut, répond à celle portion de la face inférieure de l'écaille du temporal connue sous le nom de segment de Rivinus ; par ses deux extrémités, elle correspond aux deux cornes de l'anneau tympanal, elle est ainsi située à la hauteur de la base de l'apophyse zygomatique.

Les deux autres côtés du triangle sont formés par les ligaments de Rivinus : l'antérieur beaucoup plus court que le postérieur, le premier sensiblement rectiligne, le deuxième légèrement courbe à concavité inférieure. Le sommet de la membrane de Shrapnell correspond à la courte apophyse du marteau.

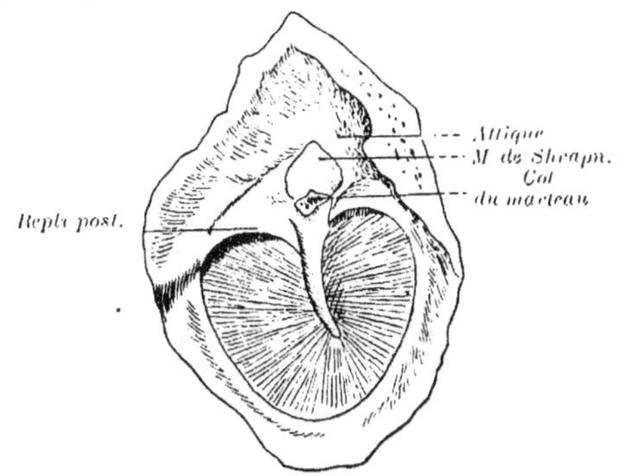

FIG. 817. — Membrane du tympan et membrane de Shrapnell, vues par leur face interne.

Par sa face externe, cette membrane est en rapport avec le conduit auditif externe au fond duquel on l'aperçoit par l'examen otoscopique (voy. plus haut). Certains auteurs y ont décrit un orifice, trou de Rivinus, du nom de celui qui l'a découvert. Décrit de nouveau comme normal par Bochdaleck, cet orifice est actuellement considéré comme pathologique, lorsqu'il existe.

Bezold ne l'a jamais retrouvé chez le nouveau-né : on ne peut donc soutenir qu'il s'agisse là d'une non-oblitération de la première fente branchiale : d'ailleurs, depuis longtemps déjà, His a montré que cette fente n'était jamais perforée. Le plus souvent, il semble bien qu'on soit le jouet d'une illusion.

Par sa face interne, la membrane de Shrapnell est en rapport avec le col du marteau et avec la corde du tympan qui passe au dedans de lui et le contourne : en arrière, elle se termine un peu en avant du bord antérieur de la longue apophyse de l'enclume.

Bibliographie. — A ce sujet voyez la thèse de A. RAOULT. *Perforation de la membrane de Shrapnell.* Paris, 1893.

Structure. — La membrane du tympan est constituée par trois couches :

1° La couche externe ou cutanée, qui continue directement la peau du conduit auditif externe ;

2° La couche moyenne ou fibreuse, membrane propre ;

3° La couche interne ou muqueuse, formée par la muqueuse de la caisse.

La ***couche cutanée***, formée par la réflexion de la peau du conduit sur toute la périphérie de la membrane, est très mince (0 mm. 01 en moyenne, Siebenmann). Elle se compose essentiellement de plusieurs couches de cellules reposant sur une mince membrane anhyste, doublée d'un chorion extrêmement mince, nié par Siebenmann. L'épithélium, si on en excepte les couches cornées, comprend deux assises épithéliales. La couche profonde génératrice constitue une couche unique de cellules aplaties à gros noyau arrondi et à limites indistinctes ; la deuxième couche, ou couche moyenne, ressemble au stratum lucidum de la peau : on ne peut plus guère y colorer de noyaux, sauf de place en place. Au-dessus de ces deux couches se trouve la couche cornée mince et souvent absente c'est une couche à cellules multiples, transparente et dans laquelle on ne peut déceler de noyaux.

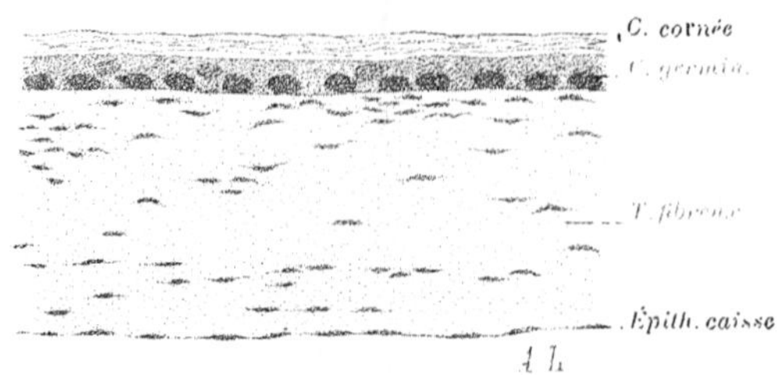

Fig. 818. — Coupe de la membrane du tympan (Siebenmann).

On ne rencontre dans cette couche ni poils, ni glandes, ni papilles. En haut, au niveau de la membrane flaccide, la structure est identique; mais sous la membrane basale on trouve une couche relativement épaisse de tissu cellulaire, renfermant des vaisseaux et des nerfs : il en est de même sur toute la périphérie de l'anneau, au niveau du bourrelet et sur une bande épaisse qui descend parallèlement au manche du marteau, bande qui fait suite à la bande analogue que l'on trouve le long de la paroi supérieure du conduit osseux et qui était autrefois désignée sous le nom de *musculus levator tympani minor*, en raison de la nature musculaire qu'on lui supposait.

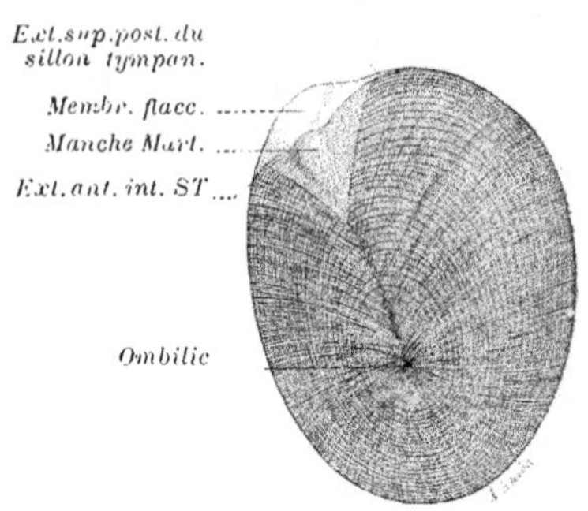

Fig. 819. — Les deux couches de fibres de la membrane du tympan (face externe) (Schwalbe).

La **couche moyenne ou fibreuse**, membrane propre, se compose de faisceaux, aplatis à la périphérie, arrondis au centre, dont le diamètre est de 0 mm. 18 à 0 mm. 36. Constitués par des fibres conjonctives, ces faisceaux s'entre-croisent plus ou moins entre eux et sont solidement feutrés; ils sont homogènes et fortement réfringents; enfin, au milieu d'eux, on trouve des cellules du tissu conjonctif étoilées et quelques rares fibres élastiques; traitée par les acides et les alcalis, cette couche se dissout complètement. L'épaisseur maxima de la membrane se trouve à la fois à la périphérie et au centre; l'épaisseur

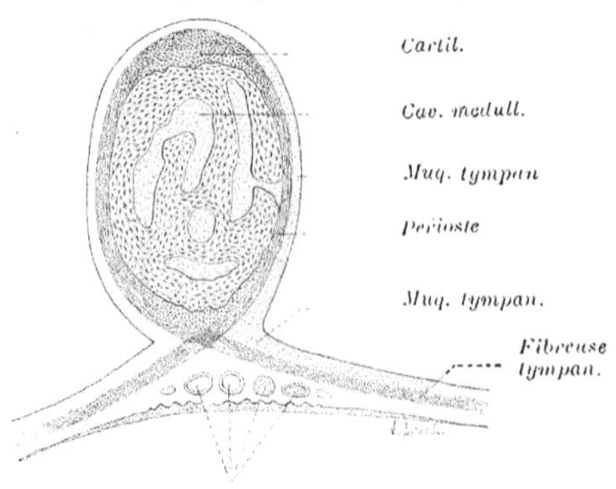

Fig. 820. — Coupe du manche du marteau vers sa partie moyenne (Schwalbe).

minima à l'union des zones centrale et intermédiaire, à cause des différences d'épaisseur des couches fibreuses aux différents points.

Ces fibres s'organisent en deux lamelles : une externe où les fibres ont une direction radiée, et une interne de fibres circulaires.

Couche des fibres radiées. — Les fibres radiées forment un système qui semble avoir pour centre l'ombilic de la membrane du tympan. Les fibres de la moitié inférieure de la membrane convergent à peu près exactement à l'ombilic et s'y insèrent sur l'extrémité élargie du manche du marteau; celles de la moitié supérieure viennent s'insérer sur l'arête extérieure du manche du marteau, surtout dans ses deux tiers inférieurs. Dans le quadrant antéro-supérieur, les fibres sont beaucoup plus verticales que dans le quadrant postéro-supérieur.

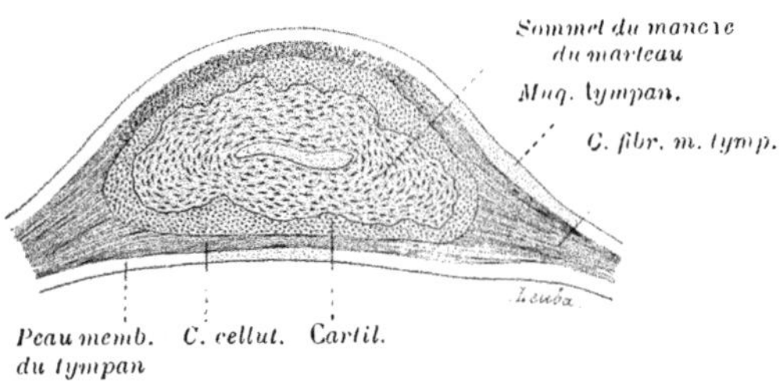

Fig. 821. — Coupe du manche du marteau au niveau de l'ombilic de la membrane du tympan (Schwalbe).

Couche des fibres circulaires. — Cette couche varie notablement d'épaisseur suivant les points : elle va en diminuant de la périphérie vers le centre et manque à peu près complètement au niveau de l'ombilic.

Quelques auteurs admettent que les fibres circulaires passent entièrement en dedans, c'est-à-dire sur la face muqueuse du manche du marteau. Ce n'est pas complètement exact. Comme l'ont bien montré Prussak, Politzer, Tröltsch, Kessel, ces fibres se comportent un peu différemment. La plus grande partie des fibres circulaires vient s'insérer sur les deux cinquièmes supérieurs du manche du marteau en passant sur sa face muqueuse et en s'intriquant avec les fibres périostiques En avant, les fibres périphériques s'incurvent vers l'ombilic et viennent s'insérer sur la courte apophyse du marteau, là où les fibres radiées n'existent plus.

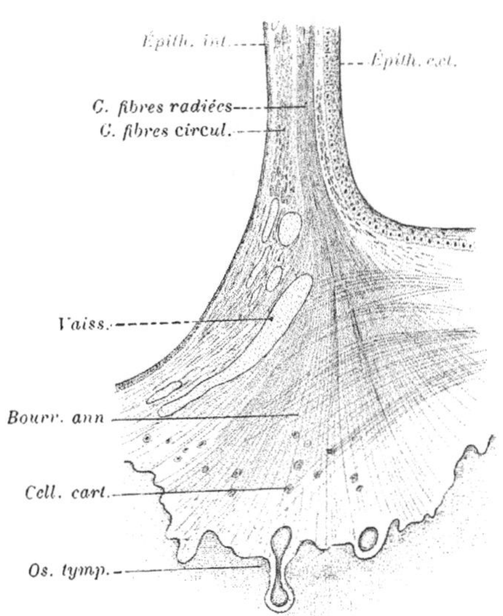

Fig. 822. — Coupe de la membrane du tympan au niveau de son insertion à l'os (Moldenhauer).

L'union du manche du marteau et de la membrane du tympan est surtout faite au niveau de la courte apophyse et à l'extrémité du manche : cela tient à la différence de surface d'insertion que le manche du marteau présente aux fibres, et surtout aux fibres radiées. D'ailleurs l'insertion des fibres ne se fait pas directement sur l'os, mais par l'intermédiaire d'une couche de cartilage hyalin ; cette couche présente son maximum d'épaisseur là où la membrane du tympan s'insère le plus solidement.

A la périphérie, on voit les deux couches prendre part à la formation du bourrelet tendineux. Les fibres circulaires forment une couche épaisse, subdivisée en fascicules par les fibres radiées. Les fibres radiées vont s'insérer dans le sulcus tympanicus en traversant les faisceaux des fibres circulaires; les plus superficielles de ces fibres se continuent avec le périoste du conduit auditif externe; les plus profondes avec celui de la cavité tympanique. Chez les animaux on trouverait en ce point des cellules cartilagineuses (Bertelli) : niées chez l'homme par Siebenmann, ces cellules y auraient été retrouvées par Kessel, qui y décrit même de nombreuses fibres élastiques.

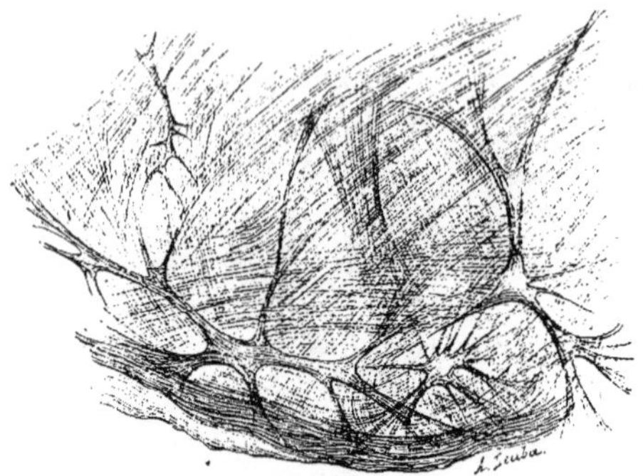

Fig. 823. — Membrane du tympan. Formation dendritique (Gruber).

Dans le quadrant postéro-supérieur de la membrane tympanique, Gruber a décrit une formation un peu spéciale à laquelle il a donné le nom de *formation dendritique*. Presque constante, remarquable par sa solidité, elle repose sur la face profonde de la couche radiée et fait saillie dans l'intérieur de la cavité tympanique; son épaisseur atteignant parfois 0 mm. 08, c'est-à-dire à peu près l'épaisseur de la membrane tympanique tout entière. Il s'agit vraisemblablement d'un reste devenu fibreux de l'épaisse couche de tissu sous-muqueux qui, pendant la première partie de la vie fœtale, remplit la moitié postérieure de la cavité; et en effet on voit parfois s'y insérer des replis revêtus de muqueuse qui traversent et cloisonnent la cavité tympanique. Pour Kessel, il s'agirait de la membrane basale de la muqueuse tympanique modifiée.

La **couche interne ou muqueuse** fait partie de la muqueuse de la caisse. Histologiquement elle a plutôt la structure d'une séreuse que d'une muqueuse. Elle est en effet constituée par une couche unique de cellules larges et aplaties qui sous l'action du nitrate d'argent apparaissent comme champs polygonaux de différentes grandeurs, limités par des bords sinueux et irréguliers; de place en place se voient quelques vides ou stomates. Ces cellules reposent sur une membrane propre hyaline ou formée, pour quelques auteurs (Kessel), par de très fines fibrilles.

Il n'existe pas de sous-muqueuse : la muqueuse repose directement sur la fibreuse, sauf au niveau du bourrelet tendineux. En ce point et au niveau des fossettes tympanales et du manche du marteau se trouveraient de petites papilles vasculaires (Gerlach) que Prussak aurait retrouvées sur toute la surface de la membrane : en réalité ces papilles seraient très rares (Siebenmann).

La membrane de Shrapnell ne diffère du reste de la membrane du tympan que par ce fait que la couche fibreuse manque entièrement : la peau et la muqueuse sont directement accolées. Aussi la membrane flaccide est-elle beaucoup moins résistante et livre-t-elle facilement passage au pus en cas d'otite moyenne.

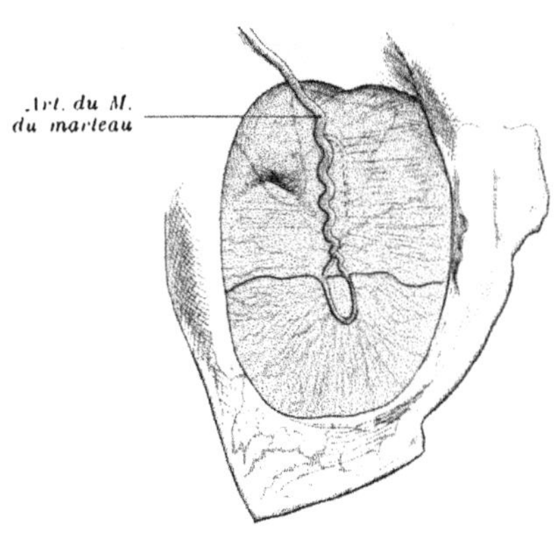

Fig. 824. — Vaisseaux sanguins de la caisse (face externe) (Schrœder).

Vaisseaux et nerfs. — ***Artères.*** — On trouve dans la membrane tympanique deux systèmes vasculaires : celui de la couche dermique et celui de la couche muqueuse : de très nombreuses anastomoses vont de l'un à l'autre.

La couche cutanée de la membrane tympanique reçoit des rameaux artériels, terminaison des artères du conduit auditif externe : c'est ce qu'on voit sur toute la zone périphérique de la membrane. Parmi ces artérioles, il en est toujours une ou deux plus volumineuses, branches généralement de l'auriculaire profonde qui abordent la membrane tympanique au niveau de la partie postéro-supérieure, descendent vers l'ombilic tantôt en avant, plus souvent en arrière du manche du marteau, pour venir s'anastomoser autour de l'extrémité du manche. De cette artère simple ou double partent de nombreuses branches qui se portent en rayonnant vers la périphérie pour rejoindre les autres branches directes. Lorsque l'inflammation injecte ces vaisseaux, on peut les voir descendre de la paroi supérieure avec le prolongement cutané et former une bande rougeâtre autour du manche du marteau. Une figure de Tillaux montre même la plupart des ramifications injectées.

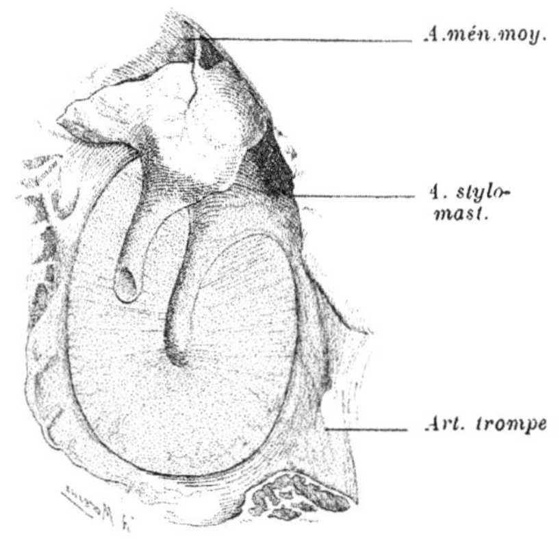

Fig. 825. — Artères de la membrane du tympan (face interne) (Schrœder).

La couche muqueuse reçoit ses artères de deux sources : de la *tympanique*, branche de la maxillaire interne, et de la *stylo-mastoïdienne*, branche de l'auriculaire postérieure. Le réseau ainsi formé est surtout abondant au centre et à la périphérie.

En outre Kessel décrit et figure dans la couche fibreuse un très riche réseau formé de capillaires fins entourant les faisceaux fibreux d'un plexus à mailles allongées parallèlement à la direction de ces faisceaux et communiquant abondamment avec les réseaux cutanés et muqueux. Ce riche réseau est généralement nié par les auteurs qui se sont occupés de la question et particulièrement par Moos (Untersuch. über das Verhalten des Blutgefässkreislaufes des Trommelfelles und des Handgriffes. *Arch. f. Augen- und Ohrenheilk.*, 1878, Bd VI).

D'après ce dernier, les deux réseaux ne communiqueraient que par des veines perforantes, sauf au niveau du manche du marteau. Là se trouvent de nombreux vaisseaux perforants artériels plus nombreux dans le tiers supérieur, plus rares dans le tiers inférieur : ces vaisseaux, fournis par le réseau cutané et surtout par le réseau muqueux, se rendent dans le périoste du manche du marteau et s'y anastomosent richement.

Veines. — Les veines, qui résument la circulation capillaire, forment également deux plexus : les veines de la couche dermique se rendent dans la veine jugulaire externe; celles de la couche muqueuse en majeure partie au plexus veineux situé entre la trompe et l'articulation temporo-maxillaire : quelques unes se rendent dans les veines de la dure-mère et par celles-ci dans les sinus

Les deux plexus veineux cutané et muqueux communiquent plus largement entre eux que les plexus artériels correspondants. En particulier le sang, pour revenir de la caisse vers le conduit auditif externe, peut suivre trois voies constituées par des veinules perforantes qu'on rencontre sur toute la périphérie de la membrane, sur toute la longueur du manche du marteau, mais surtout à sa base au niveau de la membrane flaccide, enfin sur toute l'étendue de la zone intermédiaire de la membrane tympanique (Moos).

Lymphatiques. — Comme les vaisseaux sanguins, les lymphatiques se trouvent répandus dans les trois couches. Dans la peau on trouve un très fin réseau ; immédiatement au-dessous de la couche épithéliale de ce réseau partent des capillaires qui, accompagnant les vaisseaux sanguins, se portent vers la périphérie de la membrane et plus particulièrement vers sa partie supérieure et postérieure, pour se jeter enfin les uns dans les ganglions mastoïdiens, les autres dans les ganglions situés en avant du tragus.

Dans la muqueuse se trouve un plexus sous-épithélial pauvre et surtout développé autour du bourrelet annulaire : rappelons que Kessel a décrit sur la muqueuse des stomates qui mettraient en communication les lympathiques et la caisse. Accompagnant l'artère tympanique, les troncs efférents de ce réseau se portent aux ganglions intra-parotidiens.

Quant aux lymphatiques de la fibreuse, ils seraient constitués pour Kessel par un système de cavités irrégulières, faciles à nitrater et qui aboutiraient aux lymphatiques de la muqueuse et de la peau ainsi largement anastomosés. C'est tout particulièrement au niveau de la formation dendritique de Gruber que l'on rencontre de ces espaces lymphatiques bien développés.

Nerfs. — Les nerfs de la membrane du tympan, très nombreux, viennent de l'*auriculo-temporal* et du *rameau auriculaire du pneumogastrique.*

Pour la couche dermique, les profonds sont fournis par le plexus tympanique. Le filet nerveux le plus important, descendant parallèlement à l'artère du manche du marteau, chemine dans la couche de tissu cellulaire qui double la peau au niveau de ce manche.

Les nerfs se ramifient comme les vaisseaux dans les trois couches, les gros troncs nerveux accompagnant les gros troncs vasculaires. Kessel distingue quatre plexus nerveux. On peut se contenter d'en décrire deux : un plexus fondamental, formé par les nerfs à gaine de Schwann qui pénètrent dans la membrane tympanique, et un plexus sous-épithélial, situé dans le chorion de la peau et formé de fibres sans myéline. C'est de ce dernier que partent les fibrilles terminales qui viennent se terminer librement dans la peau. On trouve ces deux plexus aussi bien du côté de la muqueuse que de la peau, mais beaucoup moins développés de ce côté.

Enfin dans la lame fibreuse propre on trouve des fibres renfermant de places en places des petits renflements noueux pourvus de noyaux que Kessel considère comme probablement des cellules nerveuses.

CHAPITRE II

CAISSE DU TYMPAN

Cavité intermédiaire au conduit auditif externe et au labyrinthe, la caisse du tympan est remplie par de l'air venu du pharynx nasal par la trompe d'Eustache et traversée par une chaîne d'osselets qui rattache la membrane tympanique à l'oreille interne; ces osselets sont maintenus entre eux et aux parois de la caisse par des ligaments et des muscles qui les meuvent; enfin une membrane muqueuse tapisse le tout (parois et osselets), formant des replis ou poches dans la partie supérieure de la cavité.

Forme. — On compare généralement la caisse du tympan à une de ces caisses plates en usage aujourd'hui dans nos musiques, mais il faut ajouter que les deux bases du tambour sont courbes et déprimées vers le centre de la cavité et que le cylindre est aplati sur quatre points ou faces. Elle ressemble donc plutôt à une lentille biconcave à contour quadrangulaire. Il faut d'ailleurs convenir qu'aucune comparaison ne peint d'une façon parfaitement satisfaisante la forme très irrégulière de la caisse du tympan.

Direction. — Aplatie de dehors en dedans, la cavité de l'oreille moyenne n'est point située dans un plan vertical; la lentille est obliquement placée de haut en bas, d'avant en arrière et de dehors en dedans; son obliquité est bien représentée par l'obliquité de la membrane du tympan qui forme la paroi externe de la caisse.

Dimensions. — La hauteur de la voûte au plancher est de 7 millimètres en avant (paroi antérieure) et de 15 en arrière ; sa longueur, mesurée de l'orifice de la trompe aux cellules mastoïdiennes, est en moyenne de 13 millimètres ; l'épaisseur ou profondeur varie sur les divers points ; elle est minima et varie entre 1 et 2 millimètres au niveau du point le plus convexe du promontoire. On dit partout que l'ombilic de la membrane du tympan et le centre ou promontoire sont exactement en regard ; en général, l'ombilic est à 2 millimètres en avant du sommet du promontoire. A la voûte, la largeur est de 5 à 6 millimètres ; sur le plancher elle est de 3 à 4 seulement. Ces dimensions de la caisse présentent d'ailleurs des variations individuelles assez considérables.

Parois. — Les parois et faces de la caisse sont désignées, d'après leurs rapports essentiels, en paroi externe ou tympanique, paroi interne ou labyrinthique, paroi supérieure, voûte ou p. crânienne, paroi inférieure, plancher ou p. jugulaire, paroi antérieure ou tubaire, paroi postérieure ou mastoïdienne.

Paroi externe ou tympanique. — La paroi externe de la caisse est formée de deux portions bien distinctes, une portion membraneuse et une portion osseuse.

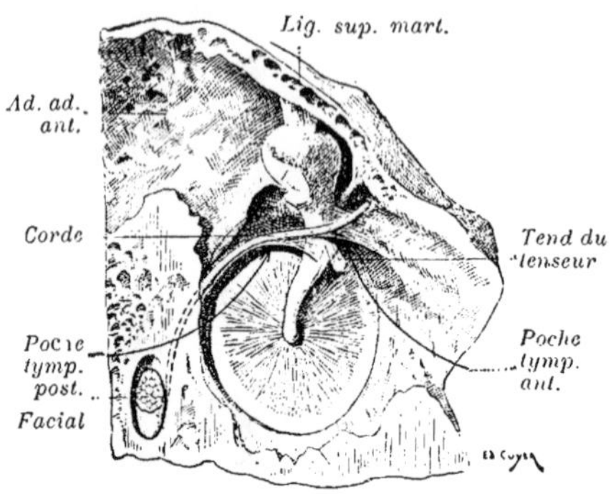

Fig. 826. — Face interne de la membrane du tympan et paroi externe de la caisse.

La *portion membraneuse* est constituée par la membrane du tympan complétée en haut par la membrane flaccide de Shrapnell. Nous venons de les étudier.

La *portion osseuse* prolonge en haut et en bas la portion membraneuse.

En bas l'anneau osseux dans lequel est enchâssée la membrane du tympan forme avec le plancher de la caisse une gouttière de profondeur variable suivant les individus (4 à 5 millimètres, Huguier ; 0 mm. 75 à 4 mm. 5, avec une moyenne de 2 mm. 7, Bezold). Dans cette gouttière (*Recessus hypotympanicus*, Kretschmann) peuvent se loger les corps étrangers, et le pus peut s'y accumuler. Exceptionnellement ce recessus envoie en dehors un prolongement qui passe sous le cadre tympanal et s'étend sous la paroi inférieure du conduit auditif externe.

En haut, au-dessus de la membrane, la paroi externe est formée par une lamelle osseuse du temporal qui présente une large excavation logeant la tête du marteau et de l'enclume. Au niveau de cette excavation, la caisse s'élargit et empiète au-dessus de la paroi supérieure du conduit auditif externe : ce qui nous explique que des abcès de la caisse puissent aller s'ouvrir sur cette paroi supérieure sans traverser la membrane du tympan. Cette lamelle osseuse, dure comme de l'ivoire, constitue le *mur de la logette*.

Entre la corne antérieure de l'anneau tympanique et le toit de la caisse, la scissure de Glaser vient s'ouvrir sur la paroi externe de la caisse ; elle donne passage au ligament antérieur du marteau et à une artériole, l'artère tympanique antérieure, mais non pas à la corde du tympan, comme on le dit trop souvent.

Paroi interne ou labyrinthique. — C'est la plus importante à cause des rapports qu'elle affecte avec le labyrinthe; elle présente les ouvertures qui mettent en communication les organes de transmission avec ceux de perception.

Vers le centre de cette paroi en regard de l'ombilic tympanique, on trouve le *promontoire*; c'est une saillie osseuse, généralement de 8 millimètres de large sur 6 millimètres de haut, lisse et large, parfois conique; elle constitue la paroi externe du premier tour de spire du limaçon.

A la partie inférieure du promontoire se voit un petit orifice auquel fait suite tout un système de gouttières ramifiées sur la saillie du promontoire; c'est *l'orifice supérieur du canal de Jacobson*, qui livre passage aux nerfs du même nom dont les ramifications sillonnent le promontoire.

Au-dessus et un peu en arrière du promontoire, on trouve un orifice elliptique; c'est la *fenêtre ovale* ou *vestibulaire* qui reçoit la platine de l'étrier et s'ouvre dans le vestibule. La fenêtre ovale a 3-4 millimètres de long sur 1 mm. 5 de haut; elle n'est pas absolument elliptique, mais son bord inférieur est plan ou faiblement convexe, ce qui donne à la fenêtre une forme un peu en haricot. Elle est parfois horizontale, parfois oblique en arrière et en bas; elle occupe le fond d'une fossette de profondeur variable, la niche de la fenêtre ovale ou fosse ovale. Cette fenêtre est fermée par une membrane qui n'est autre que le périoste du vestibule; c'est sur cette membrane que vient se souder la partie moyenne de la base de l'étrier.

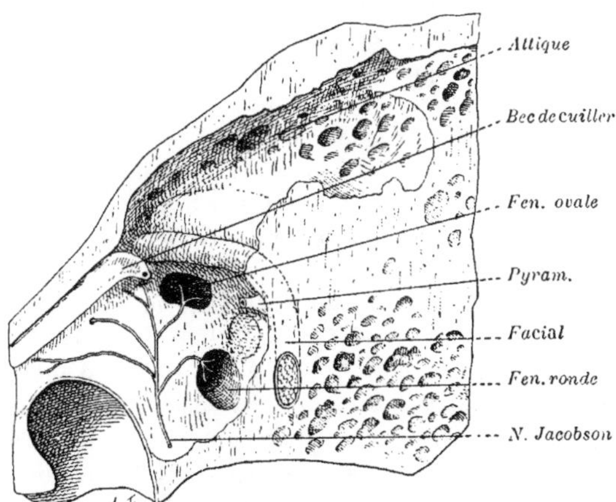

Fig. 828. — Paroi interne de la caisse.

En arrière et au-dessous du promontoire, presque sur la paroi inférieure de la caisse, se trouve une dépression profonde (*fossette de la fenêtre ronde*), qui se présente comme un étroit canal de 1 à 2 millimètres de large, oblique en haut, en avant et en dedans, surplombé et en partie recouvert par le promontoire. Au fond de ce canal se trouve un orifice, la *fenêtre ronde* ou *fenêtre cochléaire*, qui correspond à l'extrémité inférieure de la rampe tympanique du limaçon. Elle n'est pas absolument arrondie, mais un peu réniforme à hile tourné en dedans; ses dimensions varient de 1,5 à 3 millimètres. Sur le sujet vivant, la fenêtre ronde est obturée par une membrane qui porte le nom de *membrane de la fenêtre ronde* ou *tympan secondaire*. Celui-ci est situé dans un plan oblique en dedans, en bas et en avant, presque horizontal; il n'est pas plan, mais représente un segment de cylindre dont la concavité est tournée vers la caisse. Il forme ainsi avec la paroi interne de la fossette un recessus cunéiforme, comme le fait la membrane du tympan avec la paroi antéro-inférieure du conduit. Ce tympan secondaire est formé par une triple couche : une couche moyenne, formée de fibres conjonctives radiées; une couche externe, qui n'est autre que la muqueuse tympanique; une couche interne, endothélium de la rampe tympanique.

Entre la fenêtre ovale et la fenêtre ronde, et un peu en arrière de ces ouvertures, est une fossette très profonde, la *cavité sous-pyramidale* (Huguier) ou le *sinus tympani* (Steinbrügge). Le fond de cette fossette, dont la profondeur atteint parfois 4 ou 5 millimètres, est quelquefois perforé et séparé seulement de la cavité du vestibule par la muqueuse tympanique et la membrane vestibulaire. Elle répond à l'extrémité ampullaire du canal demi-circulaire postérieur. La cavité sous-pyramidale est séparée en haut de la fosse ovale par un repli muqueux ou osseux (*Ponticulus promontorii*, Schwalbe); en bas une crête osseuse qui prolonge le promontoire en arrière (*Subiculum promontorii*, Schwalbe) la sépare de la fenêtre ronde. La largeur et la profondeur de cette cavité sont des plus variables, parfois un pont osseux ferme en partie son entrée. En arrière elle s'avance jusqu'à la portion verticale de l'aqueduc de Fallope et jusqu'au-dessous de la pyramide qui la coiffe comme d'un dôme.

Immédiatement au-dessus et en arrière de la fenêtre ovale apparaît une saillie cylindrique, légèrement oblique en bas et en dehors sur une longueur de 10 à 12 millimètres. C'est le *relief osseux de la deuxième portion de l'aqueduc de Fallope* qui se coude en décrivant un arc au-dessus de la fenêtre ovale. L'aqueduc de Fallope est formé chez l'adulte d'une lamelle osseuse mince et transparente; chez l'embryon, il est membraneux et ce n'est qu'à partir du quatrième mois que sa paroi commence à s'ossifier. Mais elle ne le fait pas toujours complètement et parfois elle reste criblée de trous ou largement fenêtrée, si bien que le nerf facial contenu dans l'aqueduc n'est plus séparé de la cavité de la caisse que par le périoste de l'aqueduc et la muqueuse tympanique; il est donc *très exposé dans les otites moyennes*, d'autant que l'artère stylo-mastoïdienne, qui accompagne le facial dans l'aqueduc, fournit des vaisseaux au nerf lui-même et à la muqueuse de l'oreille moyenne. C'est d'ailleurs un fait aujourd'hui universellement admis depuis Tröltsch, que le plus grand nombre des paralysies faciales dites rhumatismales résultent d'une otite moyenne méconnue.

Au-dessus et un peu en arrière du relief de l'aqueduc se voit une éminence arrondie peu saillante qui répond au *canal demi-circulaire antérieur ou horizontal*. La paroi est plus dense et plus épaisse que celle de l'aqueduc : aussi sa perforation est-elle très rare.

En arrière de la fenêtre ovale, descend à l'union des parois postérieure et interne de la caisse la *troisième portion ou p. verticale de l'aqueduc de Fallope*. Elle ne fait aucune saillie dans la cavité de la caisse, mais à sa partie supérieure, on observe une saillie osseuse : c'est la *pyramide* de forme conique, à sommet un peu recourbé en crochet et dirigé en avant et un peu en haut, à base répondant à l'union de la face postérieure et de la face interne de la caisse juste au-dessus du sinus tympani : la pyramide est tubulée et perforée à son extrémité par un orifice circulaire par où sort le *tendon du muscle de l'étrier*. Le corps de ce muscle est logé à l'intérieur de la pyramide et dans un canal qui lui fait suite et qui descend en arrière et en bas, parallèlement à l'aqueduc de Fallope et en avant de lui ; seule les sépare une mince lamelle osseuse perforée de nombreux trous pour le passage des vaisseaux et nerfs qui de l'artère stylo-mastoïdienne et du nerf facial se rendent vers le muscle.

Le volume et la forme de la pyramide sont très variables ; parfois elle n'existe pas et à sa place on trouve une excavation dans laquelle s'insère le muscle de l'étrier. Huguier a bien indiqué ces différents aspects.

Au-dessus et en avant du promontoire, on voit une gouttière ou un canal osseux qui reçoit le *muscle interne du marteau*. Ce canal débouche sur la face inférieure du crâne, dans l'échancrure séparant le bord antérieur du rocher de l'écaille et où vient s'articuler l'épine du sphénoïde. De là il remonte en haut, en dehors et en arrière, parallèle et sus-jacent à la trompe osseuse. Les deux canaux sont tous deux constitués par deux demi-gouttières se complétant réciproquement et creusés l'une sur la face exocrânienne antérieure du rocher, l'autre sur la face supérieure de l'os tympanal. Arrivé à la partie antérieure et supérieure du promontoire, le conduit se recourbe de dedans en dehors et fait dans la cavité de la caisse une saillie conique, le *bec de cuiller*, perforée à son extrémité pour laisser passer le tendon du muscle. Huguier a bien établi que le conduit de ce muscle, long de 12 à 15 millimètres, forme un canal osseux complet, indépendant de la trompe. Si ce canal apparaît souvent sous la forme d'une gouttière osseuse, c'est que sa paroi externe, extrêmement mince, a été détruite au cours de la préparation nécessaire pour la mettre à nu.

Paroi crânienne ou voûte de la caisse. — Elle est formée par une mince lamelle osseuse, large de 5 à 6 millimètres (*tegmen tympani*), qui relie la base de la pyramide du rocher à l'écaille du temporal et qui fait partie de la face antéro-supérieure du rocher ; elle n'est pas horizontale, mais, comme cette face, inclinée en avant et en bas. Vue par l'intérieur du crâne, elle est lisse et présente à sa limite externe les vestiges de la suture pétro-squameuse ; celle-ci répond à cette partie de la cavité qui s'avance au-dessus du conduit auditif externe. Vue par la caisse, elle se montre inégale, anfractueuse et donne attache aux ligaments qui suspendent le marteau et l'enclume.

Par l'intermédiaire de cette lamelle, la caisse se met en rapport avec l'étage moyen de la base du crâne, et en particulier avec le sinus pétreux supérieur qui chemine sur le bord supérieur du rocher.

L'épaisseur de cette voûte osseuse est très variable ; elle est généralement plus épaisse en dedans qu'en dehors. Fréquemment on y rencontre de petites cellules nombreuses et aplaties qui s'ouvrent dans la caisse. Parfois la voûte devient si mince qu'elle est transparente et même perforée ; toujours au niveau de la suture pétro-squameuse, il existe des orifices qui donnent passage à des vaisseaux méningés, et chez l'enfant la suture pétro-squameuse, encore large, laisse passer de nombreux vaisseaux dure-mériens, issus de la méningée moyenne, qui vont s'anastomoser avec les vaisseaux de l'oreille moyenne (Arnold, Hyrtl.)

Il n'est pas très rare de voir la lamelle mince qui forme le toit de la caisse manquer en partie ; de telle sorte que la dure-mère et la muqueuse de la caisse sont en contact immédiat, d'où facilité des méningo-encéphalites. Hyrtl pense que cette anomalie, à laquelle il a donné le nom de déhiscence spontanée du toit du tympan, est due à un arrêt de développement.

Paroi inférieure ou jugulaire (Plancher de la caisse). — Moins large que la supérieure, elle est constituée par une étroite portion de la face inférieure du rocher. Quelquefois lisse, la paroi inférieure est le plus souvent creusée d'anfractuosités ou logettes osseuses. Elle forme une véritable gouttière en contre-bas de la membrane du tympan, plus large en arrière qu'en avant et où peuvent s'accumuler le pus et le sang. Elle présente des orifices par où pénètrent le rameau de Jacobson et une artère tympanique.

Elle répond au golfe de la veine jugulaire; et comme le sinus latéral droit, qui reçoit le plus souvent le sinus longitudinal supérieur entier, est habituellement plus volumineux que le gauche, les rapports de la caisse et de la jugulaire sont plus intimes à droite qu'à gauche, dans 6 cas sur 10 (Rüdinger, Kœrner). La paroi inférieure est d'épaisseur variable ; la lamelle qui la constitue est parfois d'une minceur extrême : on l'a même vue présenter des lacunes au niveau desquelles la paroi de la jugulaire et la muqueuse tympanique étaient en contact direct. Ainsi s'explique la propagation parfois observée d'une inflammation de la caisse directement à la veine. Bien plus, parfois le bulbe fait ainsi saillie par la déhiscence dans la caisse, donnant à la membrane du tympan une coloration bleuâtre et risquant d'être blessé au cours d'une paracentèse de cette membrane,

A sa partie antérieure, le plancher est souvent soulevé par le coude du canal carotidien.

Sur le plancher de la caisse prennent naissance de nombreuses cellules à direction généralement radiée. Absentes quand le bulbe de la jugulaire est très développé, elles sont au contraire parfois très développées et peuvent venir s'appliquer au sinus pétreux inférieur, ou se diriger vers le sommet du rocher au-dessous du limaçon, immédiatement appliquées au canal carotidien.

Paroi antérieure, tubo-carotidienne. — Dans son tiers supérieur, cette paroi est occupée par la large embouchure de la trompe d'Eustache, au-dessus de laquelle est placé le canal osseux qui contient le muscle interne du marteau. Entre l'orifice de la trompe et l'extrémité supérieure du sillon tympanique, se trouve l'orifice interne en forme de fente de la *scissure pétro-tympanique* ou *scissure de Glaser*, par où passent l'artère tympanique et le ligament antérieur du marteau. Un orifice beaucoup plus petit se trouve situé au-dessus de lui : c'est l'orifice par lequel la corde du tympan sort de la caisse ou *orifice interne du canal d'Huguier*; ce canal, long de 1 centimètre environ, vient s'ouvrir dans l'angle du rocher et de l'écaille du temporal, immédiatement derrière l'épine du sphénoïde.

Dans sa partie carotidienne ou inférieure, la paroi antérieure est formée par une lamelle osseuse très mince (presque jamais 1 millimètre), creusée de cellules osseuses et criblée de trous par lesquels des veines de la muqueuse tympanique vont s'aboucher dans le sinus carotidien. Cette région est toujours en rapport avec le coude de la carotide, et souvent cette dernière fait saillie dans la caisse. D'autres trous destinés à des filets nerveux du plexus carotidien perfo-

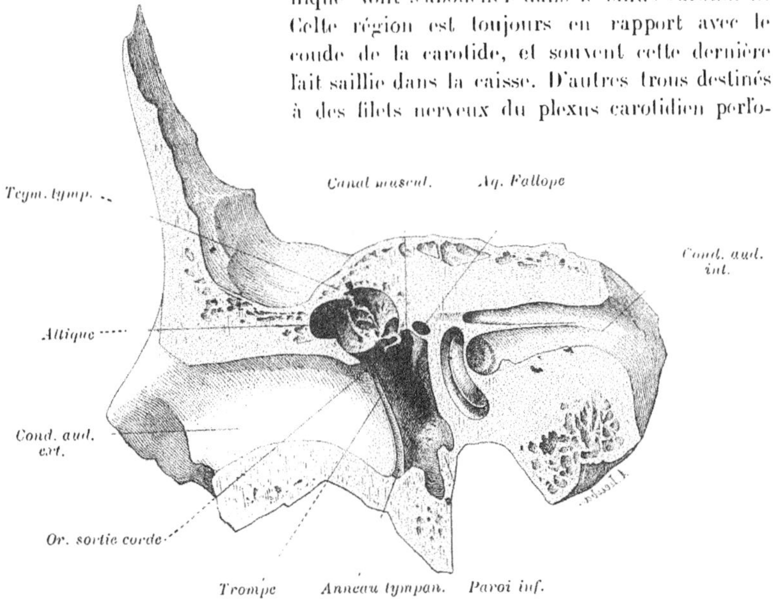

Fig. 829. — Coupe frontale de la caisse du tympan. Moitié antérieure (Politzer).

rent aussi cette paroi. Comme les autres parois, la paroi antérieure peut présenter des déhiscences, si bien que la carotide peut faire

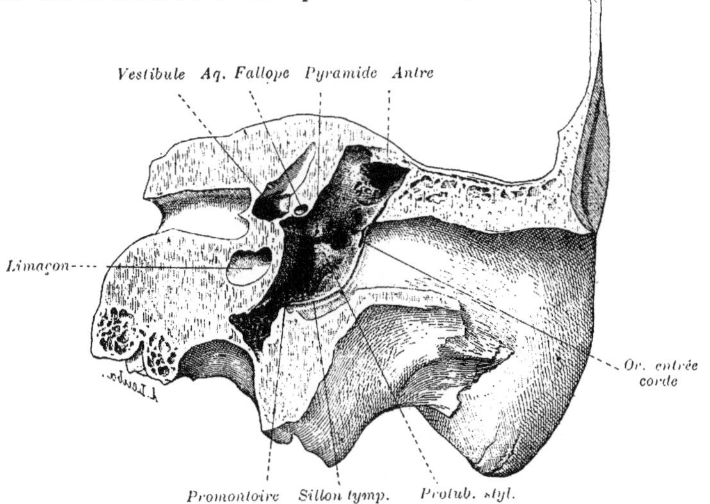

Fig. 830. Coupe frontale de la caisse du tympan. Moitié postérieure (Politzer).

saillie dans la caisse, fait normal chez les singes, ce qui peut l'exposer à des blessures au cours de la paracentèse.

Paroi postérieure ou mastoïdienne. — Elle présente en haut l'orifice qui fait communiquer la caisse avec les cellules mastoïdiennes : cet orifice occupe la partie supérieure de la paroi mastoïdienne, et se trouve placé sur le prolongement de la trompe d'Eustache, si bien qu'une sonde introduite par celle-ci va tout droit en suivant la voûte du tympan dans les cellules mastoïdiennes. A sa partie inférieure on trouve une petite surface rugueuse avec laquelle entre en contact la courte apophyse de l'enclume.

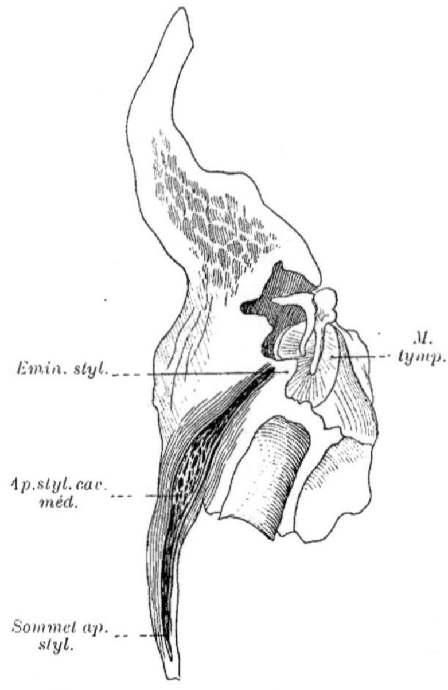

Fig. 831. — Coupe à travers l'apophyse styloïde chez l'adulte (Politzer).

Au-dessous de ce large orifice, la paroi postérieure se montre formée de tissu spongieux dans les aréoles duquel il n'est pas rare de rencontrer d'autres orifices plus petits qui conduisent aussi dans les cellules mastoïdiennes.

Vers le tiers moyen de cette paroi, entre l'extrémité postérieure du sillon tympanique et la pyramide, on trouve un petit orifice taillé en biseau très oblique : c'est l'*orifice d'entrée de la corde du tympan*.

A la partie inférieure, on voit une protubérance plus ou moins développée, éburnée, lisse et sans cellules pneumatiques : c'est l'*éminence styloïde* (Politzer) qui répond à l'insertion sur le rocher de l'apophyse styloïde.

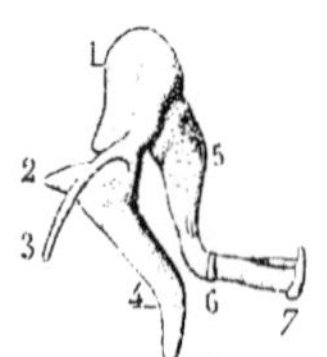

Fig. 832. — Chaine des osselets vue par sa partie antérieure.

1, Tète du marteau articulée en arrière avec le corps de l'enclume. — 2, Apophyse externe du même osselet. — 3, Son apophyse grêle ou antérieure naissant de la partie inférieure de son col. — 4, Son manche. — 5, Longue branche de l'enclume. — 6, Os lenticulaire. — 7, Etrier vu par son bord antérieur.

La paroi postérieure, dans toute sa moitié inférieure, répond à la partie descendante de l'aqueduc de Fallope et en avant de lui au canal du muscle de l'étrier.

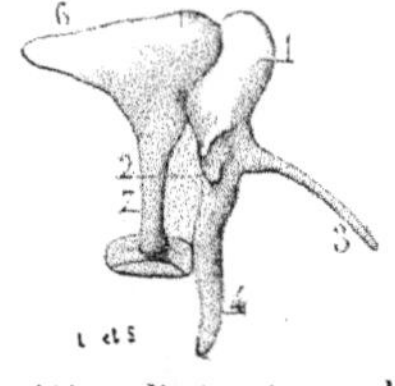

Fig. 833. — Chaine des osselets vue par sa partie externe.

1. Tête du marteau. — 2. Son apophyse courte — 3. Son apophyse grêle. — 4. Son manche. — 5. Base ou corps de l'enclume — 6. Sa courte branche. — 7. Sa longue branche. — 8 Étrier vu par son sommet

Chaines des osselets. — La chaîne des osselets est formée par trois os : le *marteau*, l'*enclume* et l'*étrier* : on en distinguait jadis un quatrième, l'*os lenticulaire*, intermédiaire à l'étrier et à l'enclume et qu'on rattache aujourd'hui à ce dernier. Elle forme un appareil coudé qui va de la membrane du tympan, dans l'épaisseur de laquelle est contenu le manche du marteau, à la fenêtre ovale, dans laquelle s'enchâsse l'étrier. Des articulations relient entre elles ces différentes pièces osseuses que des ligaments fixent aux parois de la caisse; des muscles assurent leurs mouvements; enfin la muqueuse de la caisse les recouvre.

La chaîne des osselets transmet les ondes sonores de la membrane tympanique au labyrinthe.

Osselets. — Les osselets de l'ouïe sont de véritables pièces squelettiques, car, comme le maxillaire inférieur et l'os hyoïde, ils dérivent du squelette des deux premiers cartilages branchiaux.

Marteau. — C'est le plus externe et le plus long des osselets (7-9 millimètres); son poids varie entre 22-26 milligrammes. Il ressemble beaucoup plus à une massue qu'à un marteau. On lui considère une tête, un col, un manche et deux apophyses.

La *tête*, partie supérieure de l'os, se présente comme un gros ovoïde lisse qui se continue avec le col. A sa partie postérieure, il présente une surface articulaire elliptique à grand axe oblique en haut et en dehors, qui est divisée en deux plans inclinés par une petite crête verticale et est limitée par un bourrelet osseux qui servira de dent d'arrêt dans ses mouvements.

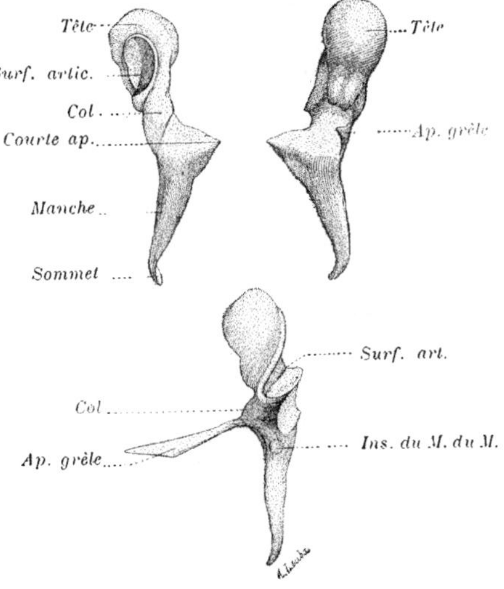

Fig. 834. — Marteau. Face postérieure, antérieure et interne.

Le *col* est aplati de dedans en dehors et tordu sur son axe; il est croisé à angle droit en dedans par la corde du tympan.

Le *manche* du marteau ne continue pas directement l'axe du col et de la tête, mais forme avec lui un angle obtus ouvert en haut et en dedans. Il naît à la périphérie de la membrane du tympan, descend obliquement en bas et en arrrière vers l'ombilic, en décrivant une légère courbe à concavité externe, et s'y termine par une extrémité élargie en forme de spatule aplatie d'avant en arrière comme le col; il est presque entièrement inclus dans l'épaisseur de la membrane du tympan entre sa couche fibreuse qui y prend de solides insertions et sa couche muqueuse. Rappelons que le manche du marteau est longé en dehors par une traînée de tissu cellulaire où se trouve une artère importante.

A la limite du col et du corps, deux apophyses se détachent du marteau.

L'une est la *courte* ou *petite apophyse*, ou *apophyse externe* du marteau : longue de 1 millimètre environ, elle se détache de la partie inféro-externe du col, se dirige en dehors vers la membrane du tympan à laquelle elle se fixe et qu'elle soulève en formant des plis que nous avons étudiés.

L'autre est l'*apophyse longue* ou *grêle*, encore appelée *apophyse antérieure*. *apophyse de Raw* : longue de 4-5 millimètres chez l'adulte, elle naît de la face antérieure du col, se dirige en avant, curviligne ou sinueuse. vers la scissure de Glaser. Chez le nouveau-né, cette apophyse est très longue et s'engage dans la partie la plus externe de la scissure ; chez l'adulte. elle est fort réduite, mais continuée par un ligament qui s'engage dans la scissure.

Structure. — Le marteau est formé de tissu compact dont les canaux de Havers, ailleurs irréguliers, suivent dans le manche une direction longitudinale. Dans la tête on trouve quelques cavités médullaires plus ou moins développées, mais jamais de véritable canal médullaire. Le périoste qui l'entoure entre en connexion intime au niveau du manche avec les faisceaux fibreux de la membrane du tympan.

En divers points on trouve, même chez l'adulte, sous le périoste, du tissu cartilagineux hyalin, restes d'une ossification non achevée du cartilage embryonnaire. On en trouve surtout des amas : *a*) sur la facette articulaire de la tête

b) Sur le manche, sur toute la longueur du bord externe et en différents points sur le bord interne ;

c) Au niveau de la petite apophyse dont il peut constituer le 1/4 ou le 1/3,

d) Au point d'insertion du muscle du marteau.

Brunner et Moldenhauer en ont même décrit des îlots dans l'intérieur même de l'os.

Enclume. — Située en arrière et en dedans du marteau, l'enclume est comparée depuis Meckel à une molaire pourvue de deux racines et dont la couronne ou corps répond à la face articulaire du marteau. Son poids est d'environ 25 milligrammes à six ans (Eitelberg), un peu supérieur à celui du marteau : ce serait l'inverse à la naissance.

Corps de l'enclume. — C'est un cube fortement aplati transversalement : sa face postérieure sert à l'insertion des deux apophyses, les faces interne et externe se continuent en courbe régulière l'une avec l'autre en haut et en bas.

Quant à la face antérieure, elle présente la facette articulaire avec laquelle s'articule le marteau et qui empiète un peu en bas sur la face externe : cette facette en forme de croissant est partagée en deux versants par un sillon oblique en bas et en dehors et chacun de ces versants est convexe, si bien que l'articulation représente une articulation en selle.

Les deux *racines* (*apophyses ou branches*) de l'enclume, nées de la face postérieure du corps, s'écartent aussitôt en formant un angle de 100 à 105 degrés ouvert en bas et en arrière.

La *racine supérieure* ou *courte apophyse* représente un cône aplati de dehors en dedans : elle se dirige horizontalement en arrière vers l'orifice mastoïdien ; là, son sommet présente une petite facette ovalaire rugueuse et tapissée de cartilage qui entre en contact avec l'excavation que nous avons décrite sur la partie inférieure de l'orifice mastoïdien.

La *racine inférieure* ou *longue apophyse* descend presque verticalement en bas parallèlement au manche du marteau, mais un peu en arrière de lui. Elle constitue une mince baguette cylindrique un peu tordue autour de son axe, non rectiligne, mais présentant une légère courbe à concavité antérieure. A sa partie inférieure, cette racine se recourbe presque à angle droit et se termine par une extrémité renflée en bouton, l'*apophyse lenticulaire*, séparée du reste de l'os par un profond sillon circulaire qui constitue un pédicule large de 90 μ sur 250 μ de long. La face interne de cette apophyse est convexe, recouverte d'un revêtement cartilagineux et s'articule avec l'étrier.

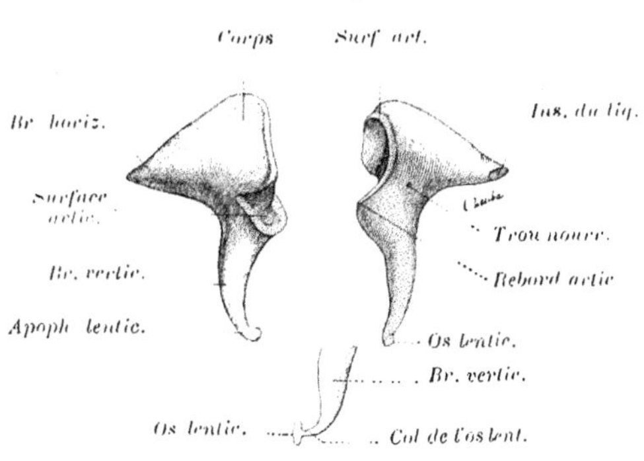

Fig. 835. — Enclume. — Face externe et interne. Détails du sommet de la branche verticale (Or. droite) (Schwalbe).

Schwalbe fait remarquer que l'extrémité des deux racines de l'enclume et du manche du marteau sont sur une même ligne droite.

Os lenticulaire. — On a longtemps décrit l'apophyse lenticulaire de l'enclume comme un osselet séparé (*os lenticulaire* ou *osselet de Sylvius*). Cette erreur tient à la gracilité extrême du pédicule qui le relie à la longue racine de l'enclume; la fracture en est très facile, d'où résulte la séparation artificielle des deux os. On peut avec quelque précaution les trouver en contact : en outre, Schwalbe a établi que dès le sixième mois de la vie intra-utérine, ces os étaient formés d'une coulée osseuse unique.

La structure de l'enclume est identique à celle du marteau : dans le tissu compact qui le constitue on trouve, dans la tête et au centre des racines, des cavités médullaires très développées chez les sujets âgés (Rüdinger). On trouve un revêtement cartilagineux au niveau des deux surfaces articulaires pour le marteau et l'étrier, et au sommet de la courte apophyse, là où celle-ci entre en contact avec la caisse.

Étrier. — L'étrier s'étend horizontalement de l'apophyse lenticulaire de l'enclume à la fenêtre ovale. C'est le plus petit des osselets de l'ouïe : il ne mesure que 2 millimètres (son poids varie entre 1 et 3 milligrammes) (Eitelberg). Ainsi nommé à cause de sa forme, l'étrier présente à considérer une tête, deux branches inégales et asymétriques, et une base, plateau ou platine.

Tête. — La tête est aplatie de haut en bas et un peu irrégulière. Sa face externe présente la facette articulaire pour l'apophyse lenticulaire : c'est une surface faiblement excavée, une véritable cavité glénoïde revêtue de cartilage. Sur le bord postérieur existe une petite surface rugueuse pour l'insertion du muscle de l'étrier, parfois remplacée par une épine osseuse (*épine musculaire*). Sa face interne est séparée des deux branches par une incisure circulaire peu profonde, d'où formation d'un col qui peut manquer dans quelques cas.

Base ou platine. — Occupant la fenêtre ovale, elle en a la forme et les dimensions. Elle présente une forme grossièrement ovalaire; son bord inférieur est plan ou légèrement concave, son bord supérieur convexe; ses deux extrémités sont arrondies, l'antérieure étant plus aiguë que la postérieure : ses dimensions sont d'un pôle à l'autre 3 millimètres et dans le sens vertical 1 mm. 5.

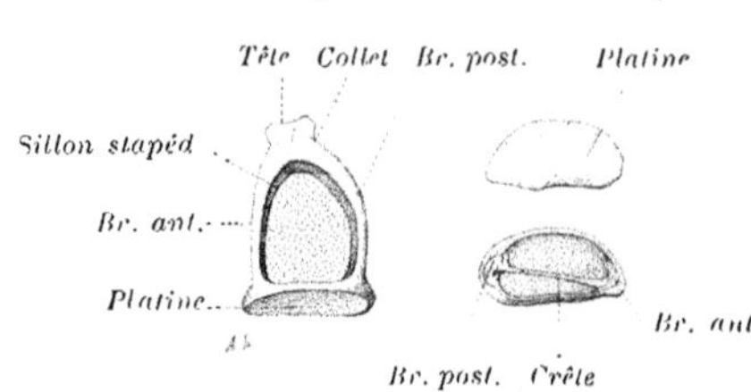

Fig. 836. — Étrier. Face supérieure. Base (face interne et face externe) (Schwalbe).

De ses deux faces, l'interne ou vestibulaire est légèrement convexe et présente un notable épaississement dû à la présence d'une lame cartilagineuse hyaline qui se réfléchit tout autour de la circonférence de la platine et remonte même un peu sur la naissance des branches. Cette lame est plus épaisse, 60 μ, que la platine osseuse, 30 μ (Eysell) : elle lui est solidement unie par de petites travées osseuses qui s'enfoncent dans le cartilage.

La face externe ou tympanique est concave avec bords faiblement incurvés : souvent elle est divisée en deux fossettes secondaires par une faible crête, la *crête de l'étrier*, étendue d'un pôle à l'autre un peu obliquement en arrière et en haut.

La platine de l'étrier occupe, mais ne remplit pas absolument la fenêtre ovale : elle en est partout séparée par une distance qui varie de 15 à 100 μ.

Branches. — Elles naissent des deux pôles de la platine, sur sa face externe, mais non de leur extrémité même, car elles laissent en dehors d'elles le bord épaissi de la platine. Elles s'unissent entre elles pour former un arc à concavité interne situé dans un plan, non pas horizontal, mais oblique en bas et en dehors. La circonférence externe de cet arc est convexe; l'interne au contraire est creusée d'une gouttière profonde (*sulcus stapedis*), ce qui leur donne à la coupe une forme en croissant.

La *branche antérieure* est plus courte et moins recourbée que la postérieure : d'après Doran, elle serait même rectiligne chez l'enfant.

La *branche postérieure* est plus large. L'espace qui s'étend du sommet de la courbe des branches à la base atteint environ 2 millimètres.

Les deux branches sont réunies par la muqueuse qui passe de l'une à l'autre en obturant tout l'espace qui les sépare.

Structure. — C'est encore un os formé de tissu compact; au niveau de la tête, on trouve habituellement quelques cavités médullaires.

Connexions des osselets. — Les connexions des osselets doivent être examinées entre les différents osselets entre eux, et entre les osselets et les parois de la caisse.

Articulation des osselets entre eux. — 1° ***Articulation du marteau et de l'enclume.*** — Les surfaces articulaires du marteau et de l'enclume, revêtues d'une mince couche de cartilage, un peu plus épaisse sur l'enclume que sur le marteau, sont réunies par une capsule très faible et se déchirant avec la plus grande facilité, doublée d'une synoviale. Les surfaces des deux os sont celles d'une articulation par emboîtement réciproque, et il existe un ménisque (Pappenheim) qui divise l'articulation en deux : il naît de la face interne de la capsule et, après ouverture de l'articulation, il reste habituellement adhérent à l'enclume.

Le mécanisme de cette articulation a été comparé par Helmholtz au système d'arrêt par dents de l'intérieur d'une clef de montre. Lorsque le manche du

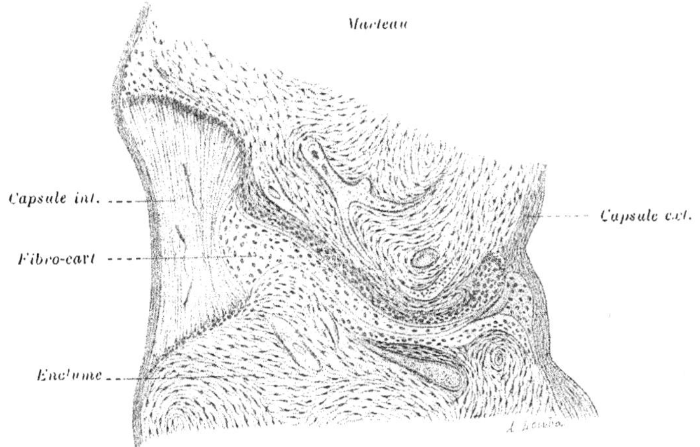

Fig. 837. — Articulation du marteau et de l'enclume. Coupe histologique (Kessel).

marteau s'enfonce, la dent d'arrêt du marteau vient heurter la dent d'arrêt de l'enclume dont le corps bascule en dehors et dont la longue apophyse est ainsi obligée de suivre le mouvement en dedans du marteau. Au contraire, dans le mouvement en dehors du manche, les dents d'arrêt des deux os s'éloignent : aussi l'enclume ne suit que faiblement le mouvement en dehors du marteau.

2° *Articulation de l'enclume et de l'étrier.* — C'est une véritable énarthrose. La tête que forme l'apophyse lenticulaire de l'enclume s'unit à la cavité glénoïde de la tête de l'étrier à l'aide d'une capsule et d'une synoviale : les deux os en présence sont revêtus de cartilage. Pour Rüdinger, il existerait encore ici un véritable ménisque interarticulaire; pour Brunner, l'articulation serait une véritable symphyse. Henle et Eysell se rangent à l'opinion classique.

Connexions des osselets avec les parois de la caisse. — 1° *Connexions du marteau avec la membrane du tympan.* — A propos de cette membrane, nous avons vu comment la courte apophyse et le manche de cet os étaient unis à la membrane du tympan.

2° *Connexions de l'étrier avec la fenêtre ovale* (*Articulation stapédio-vestibulaire*). — Les bords de la platine de l'étrier sont, nous le savons, revêtus de cartilage : il en est de même de ceux de la fenêtre ovale. La fente circulaire qui sépare ces deux bords est comblée par un ligament élastique dont les fibres rayonnent de la base de l'étrier sur le pourtour de la fenêtre ovale : c'est le *lig. annulaire de la base de l'étrier* (Rüdinger). La largeur de ce ligament est égale à l'espace qui sépare les deux os : il va en augmentant d'arrière (15 μ) en avant (100 μ) où il est le plus épais. L'épaisseur du ligament est bien supé-

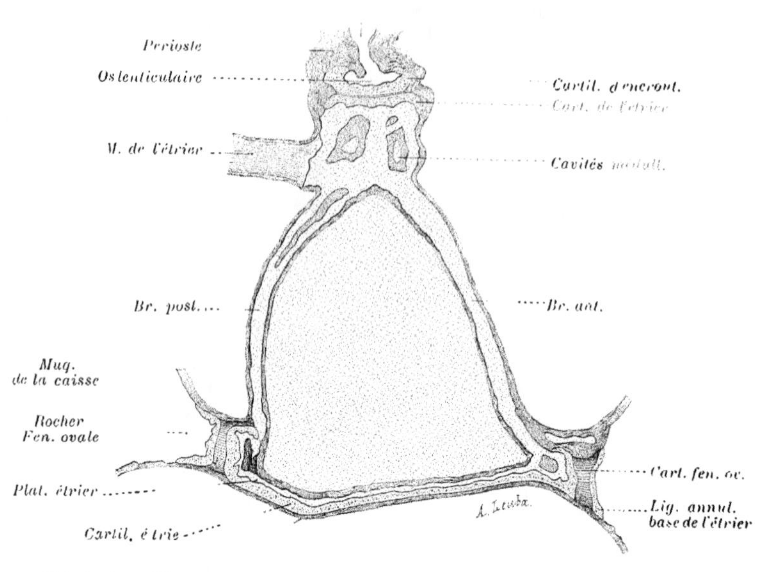

Fig. 838. — Coupe de l'étrier et de ses deux articulations (Schwalbe).

rieure à sa largeur, car elle varie entre 120 μ et 300 μ, toujours moindre sur le bord de l'étrier que sur le bord plus épais de la fenêtre ovale.

En outre, le périoste du vestibule passe comme un pont sur la base de l'étrier et lui adhère tandis que le périoste et la muqueuse tympanique passent directement sur les branches de cet os.

Les mouvements, très simples, sont des mouvements de glissement en dedans ou en dehors, l'étrier se mouvant dans la fenêtre ovale comme un piston dans son cylindre.

Ligaments des osselets. — *a) Ligaments du marteau.* — *Ligament supérieur ou ligament suspenseur.* — Variable comme force et comme développement, il va de la tête du marteau au toit de la caisse et se tend lorsque le manche du marteau est fortement porté en dehors.

Ligament antérieur. — C'est le plus fort : il entoure la longue apophyse du marteau et s'insère avec elle sur le col du marteau ; puis, se portant en avant et en bas, il s'engage dans la scissure de Glaser et vient se fixer sur l'épine du sphénoïde en envoyant quelques fibres au ligament latéral interne de l'articulation temporo-maxillaire. Ce ligament représente un vestige du cartilage de Meckel : ce n'est en rien un muscle (*M. externe du marteau*), comme on l'a parfois décrit.

Ligament externe. — C'est une bandelette courte, mais solide, qui va de la face externe de la tête du marteau à son union avec le col à la paroi externe de la caisse où il s'insère sur toute la moitié postérieure du bord du segment de Rivinus jusqu'à la petite épine tympanique : il limite les mouvements de rotation en dehors du manche.

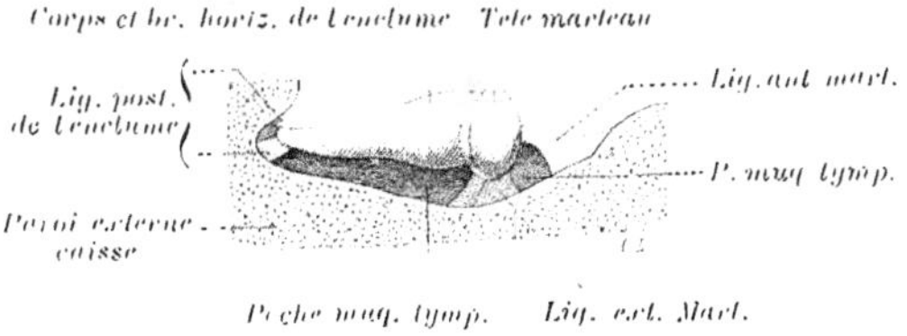

Les fibres postérieures qui vont du marteau à l'extrémité postérieure du segment de Rivinus ont été souvent distraites sous le nom de *ligament postérieur* (Helmholtz).

Fig. 839. — Têtes de l'enclume et du marteau, vus d'en haut avec leurs ligaments (Schwalbe) (Or. droite).

Les fibres postérieures du ligament externe se trouvent dans la même direction que les fibres moyennes du ligament antérieur dont elles sont séparées par le marteau. Physiologiquement, on peut dire que ces fibres se continuent et forment un ligament unique qui représente l'axe de rotation du marteau (*ligament axile* de Helmholtz). Le marteau exécute autour de cet axe antéro postérieur des mouvements de rotation en dedans et en dehors, tendant ou relâchant la membrane du tympan.

Ligaments de l'enclume. — On en décrit habituellement deux :

Le *ligament supérieur* de l'enclume est inconstant et quand il existe ce n'est guère qu'un repli de la muqueuse.

Le *ligament postérieur* réunit le sommet de la courte racine à la fossette de la paroi postérieure de la caisse. Quoique toutes deux revêtues de cartilage, les deux surfaces en question ne s'articulent jamais directement ensemble, mais par l'intermédiaire du ligament postérieur : il n'y a donc jamais articulation véritable, mais symphyse, malgré l'opinion de Huschke, Arnold et Henle.

Muscles moteurs des osselets. — Ils sont au nombre de deux, le muscle du marteau et celui de l'étrier, contenus tous les deux dans un canal osseux dont le sommet saillant dans la cavité de la caisse est perforé d'un orifice qui laisse passer le tendon du muscle inclus.

Muscle du marteau ou tenseur du tympan. — C'est un muscle fusiforme, de 2 centimètres de long, qui occupe le canal osseux qui surmonte la trompe d'Eustache sur la paroi interne de la caisse. Il naît du toit du cartilage de la trompe, de la partie avoisinante de l'aile du sphénoïde, enfin des parois mêmes du canal qui le contient, surtout de la paroi supérieure. Son origine est contiguë à celle du péristaphylin externe et les deux muscles échangent même quelques fibres. Le tendon apparaît dès le milieu du canal au milieu du muscle ; une fois libre, il se réfléchit à angle droit, se dégage par l'orifice du bec de cuiller, se dirige en dehors en traversant la caisse sur une longueur de 2 mm.5

et vient s'insérer à la partie supérieure et interne du manche du marteau. Il reçoit du maxillaire inférieur un filet moteur qui souvent traverse le

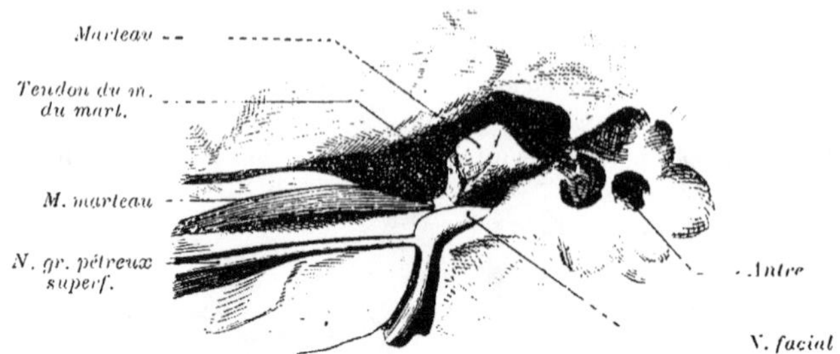

Fig. 840. — Muscle du marteau (Politzer).

ganglion otique ou lui est intimement accolé, d'où l'erreur qui en fait une branche de ce ganglion.

Lorsqu'il se contracte, il imprime au marteau un mouvement de bascule en vertu duquel la tête de celui-ci se porte en dehors et son manche en dedans. Ce mouvement a pour effet de tendre la membrane du tympan et d'enfoncer la base de l'étrier dans la cavité du vestibule; car le manche du marteau se portant en dedans, sa tête se porte en dehors et entraîne dans le même sens le corps de l'enclume, dont la branche verticale s'incline alors en dedans en refoulant l'étrier vers le vestibule. Il est donc tenseur du tympan. A l'état normal, il obéit à l'action réflexe, ses contractions étant éveillées par la sensation sonore.

Muscle de l'étrier. — Ce muscle présente un corps charnu de 7 millimètres environ de long, logé dans un canal osseux vertical qui répond à la paroi postérieure de la caisse et est parallèle au canal du nerf facial. Ses fibres s'insèrent sur le périoste du canal; au niveau de la pyramide, son tendon très grêle se dégage par le petit orifice percé au sommet de celle-ci, se réfléchit à angle obtus pour aller s'insérer au côté postérieur de la tête de l'étrier. Il reçoit un rameau du facial.

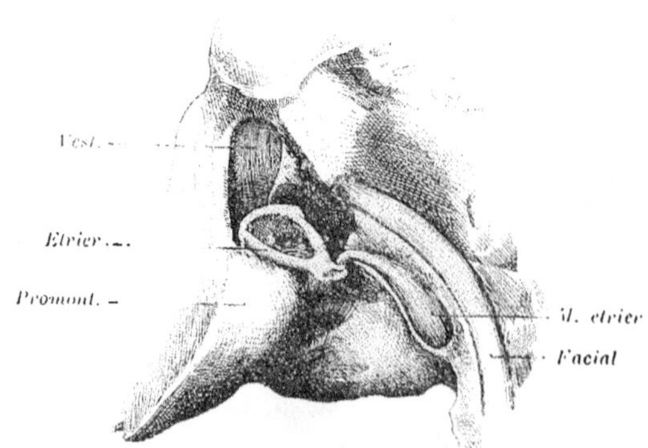

Fig. 841. — Muscle de l'étrier (oreille droite). (Politzer.)

Il paraît avoir pour fonction de régler l'étendue des mouvements d'entrée et de sortie de l'étrier dans la fenêtre ovale et par là de diminuer la pression labyrinthique. Lorsqu'il se contracte, il porte en dehors la base de l'étrier et fait ainsi basculer en dedans la tête de l'enclume, entraînant dans le même sens la tête du marteau dont le manche se porte alors en dehors : il est relâcheur du tympan, par conséquent antagoniste du muscle du marteau.

Dans ce mouvement, Huschke, Sappey, Politzer admettent que la base de l'étrier en basculant s'enfonce dans le vestibule par sa partie postérieure et se relève par sa partie antérieure. C'est là une erreur, comme l'ont montré Helmholtz et Gellé. Les oscillations de la platine de l'étrier dans la fenêtre ovale sont des mouvements totaux, c'est-à-dire que ses deux pôles sont poussés à la fois en dehors ou en dedans. Aucun ligament ne permet des mouvements partiels de bascule sur place.

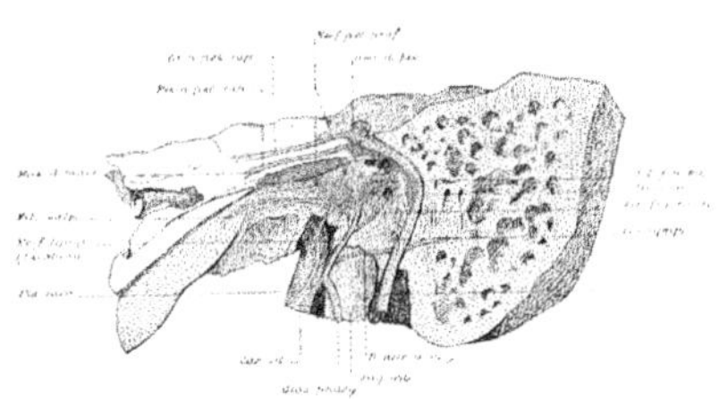

Fig. 842. — Muscles et nerfs de l'oreille moyenne (Arnold.)

Muqueuse de la caisse du tympan. — Tous les organes inclus dans les cavités de la caisse, osselets, tendons, ligaments, sont primitivement situés en dehors de cette cavité ; ce n'est que plus tard, par les progrès du développement, qu'ils pénètrent dans la cavité en se coiffant de la muqueuse qui en revêt les parois. Il en résulte la formation de replis muqueux analogues aux replis mésentériques, qui limitent avec les parois de la caisse des poches, logettes ou cellules formant autant de compartiments dans la cavité générale. Ces poches présentent un intérêt pathologique indiscutable, car elles peuvent retenir le pus et favoriser les lésions profondes de la caisse.

Replis et poches de la muqueuse de la caisse. — Ces replis ou feuillets muqueux sont quelquefois incomplets, représentés par de simples travées ou ligaments. On les rencontre surtout dans la partie supérieure autour des osselets et de leurs ligaments.

Notons d'abord que la caisse, que jusqu'à présent nous avons étudiée en bloc, se compose en réalité de deux portions.

La partie inférieure ou *caisse proprement dite* forme une cavité à peu près unique qui communique en avant avec la trompe d'Eustache.

La partie supérieure ou *aditus ad antrum, recessus epitympanicus, sus-cavité* ou *attique*, constitue une cavité très complexe par suite de la présence de nombreux ligaments et replis muqueux. Elle contient la plus grande partie de l'enclume et du marteau : seules leurs apophyses descendantes viennent jusque dans la caisse. L'attique communique en arrière avec l'antre et par suite avec les cellules mastoïdiennes : en bas il se continue avec la caisse. La limite entre les deux parties est formée : en dehors, par le contour supérieur de la membrane du tympan et les ligaments, pour venir s'insérer sur le marteau ; en dedans, par le bourrelet du canal de Fallope et l'insertion des ligaments et replis qui continuent le tendon du tenseur.

Cette distinction n'est pas seulement anatomique, mais elle présente une importance pathologique considérable.

Poche supérieure. — Située dans la cavité sus-tympanique, elle est limitée en dedans par un repli muqueux qui revêt la tête du marteau, l'enclume et le ligament supérieur du marteau ; en dehors par la paroi osseuse ; en bas par les ligaments qui vont du col du marteau à la marge du tympan. Elle a son ouverture dirigée en haut ; son fond repose en bas sur la paroi supérieure du conduit auditif et un peu aussi sur la membrane flaccide.

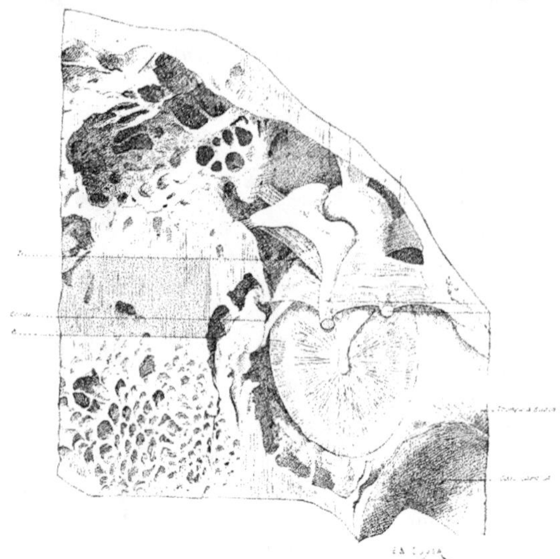

FIG. 843. — *Paroi externe de la caisse. Ligaments du marteau et de l'enclume.*

A et B, Les deux compartiments de la poche sus-tympanique. — K, Lig. supérieur du marteau. — D, poche postérieure de l'enclume. — E, Branche verticale de l'enclume. — F, Tendon du muscle du marteau. — G, Aqueduc de Fallope.

Schwalbe divise cette poche en deux compartiments secondaires, l'un annexé au marteau, l'autre à l'enclume. Cette division est quelquefois réalisée, mais le plus souvent les deux poches communiquent très largement.

Poche de Prussak ou poche de la membrane flaccide. — Immédiatement en dessous de la poche supérieure, sur le pourtour du tympan et répondant à la membrane flaccide, on trouve une pochette très petite : c'est la poche de Prussak. Elle est comprise entre le ligament externe du marteau en haut et la courte apophyse en bas, la membrane flaccide en dehors et le col du marteau en dedans. Séparée en avant de la poche antérieure de la membrane du tympan, elle communique en arrière avec la poche postérieure par un orifice de communication dirigé en haut et en arrière. Cette cavité n'est pas toujours unique. Politzer la décrit comme formée par un système de cavités de nombre et de grandeur variables.

Poches de la membrane du tympan. — A la partie la plus élevée de la membrane du tympan, sur sa face interne, on trouve deux replis valvulaires à concavité inférieure qui, soulevant la muqueuse de la caisse, limitent, avec la portion supérieure de la membrane, deux poches ou poches tympaniques de Tröltsch. L'antérieure, fort petite, représente une simple fente ; la postérieure, plus profonde, vient communiquer en avant avec la poche de la membrane flaccide qui pourrait en somme être considérée comme un simple prolongement de la poche postérieure. Les deux poches de la membrane du tympan sont largement ouvertes en bas.

Poche postérieure de l'enclume. — Schwalbe décrit encore sous ce nom un cul-de-sac muqueux qui s'enfonce entre la poche postérieure du tympan et le pli muqueux soulevé par la courte apophyse de l'enclume

Il serait facile de multiplier ces poches en baptisant tous les culs-de-sac que forme la muqueuse entre les osselets, les tendons et les parois de la caisse : il n'y a qu'inconvénient à cela, d'autant que les variétés sont nombreuses. Il suffit de signaler les principales d'entre elles qui, par leur situation ou leurs dimensions, présentent quelque intérêt en pathologie.

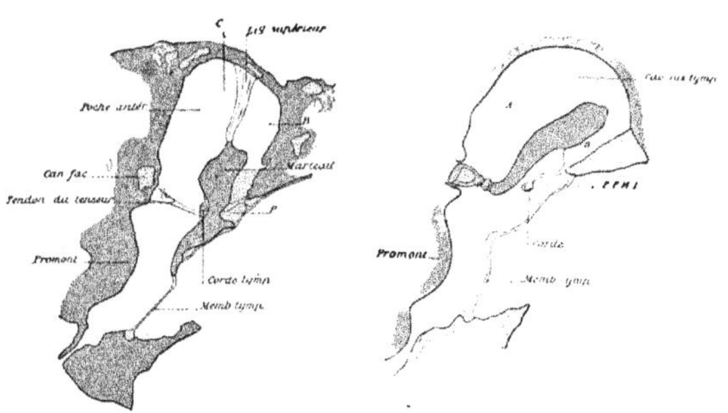

Fig. 844 et 845. — Coupes transversales de la caisse (Chatellier).

Fig. 844. — Coupe passant par le tiers moyen

C, Cavité sus-tympanique divisée en 2 poches A et B par le ligament supérieur du marteau. — P, Poche de Prussak.

Fig. 845. — Coupe passant par le tiers postérieur.

Cavité sus-tympanique divisée en 2 poches A et B. — PPMT, Poche postérieure de la membrane du tympan.

Parmi les cloisons muqueuses qui occupent la partie supérieure de la cavité tympanique, il faut encore signaler un pli muqueux qui descend du toit sur le tendon du tenseur et qui existerait 32 fois sur 40 chez l'adulte (Urbantschitsch) c'est le ligament suspenseur du tendon du muscle interne du marteau (Cellé).

Structure. — Chez l'adulte, la muqueuse se présente comme une pellicule mince, blanchâtre, intimement adhérente au périoste et cependant assez facile à détacher de la paroi osseuse. Leur vascularisation est commune, ce qui a fait dire à Tröltsch que toute inflammation de la muqueuse est une périostite.

L'*épithélium*, plat dans la plus grande étendue de la caisse, devient peu à peu cylindrique et se garnit de cils vibratiles aux environs de l'embouchure de la trompe. C'est dans cette région seulement que l'on rencontre quelques rares glandules; il n'y en a point dans le reste de la muqueuse.

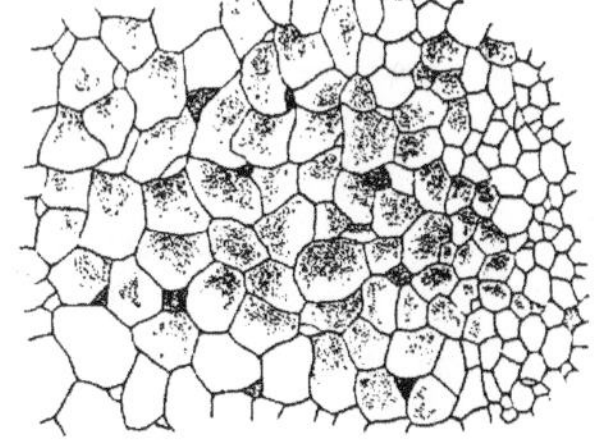

Fig. 846. — Épithélium de la caiss du tympan (Kessel).

La muqueuse revêt toutes les parois de la caisse, les osselets et les ligaments, formant ainsi un certain nombre de replis. En dehors de ces replis, Politzer a décrit dans la caisse des cordons de tissu connectif qui présentent des renflements ovalaires, formés de couches concentriques. Wendt, Krause, Kessel considèrent ces corpuscules comme des formations de tissu conjonctif : on les rencontre surtout dans la partie postéro-supérieure de la caisse et dans l'antre mastoïdien.

Chez le nouveau-né, la muqueuse de la caisse est extrêmement épaisse, de sorte que la cavité se trouve réduite à une fente capillaire. Au dire de tous les auteurs, la caisse du nouveau-né serait remplie d'une gelée de tissu muqueux ; mais nous venons de voir que la cavité est pour ainsi dire virtuelle, et il paraît vraisemblable que ce tissu muqueux n'est autre que le tissu de la membrane (M. Duval).

La transformation en tissu adulte se fait par transformation du tissu muqueux embryonnaire en un tissu conjonctif dense : la cavité tympanique augmente ainsi de dimensions. Mais cela n'a rien à voir avec l'établissement de la respiration.

On a beaucoup écrit sur le contenu de l'oreille chez le fœtus et le nouveau-né. Wendt a trouvé dans l'oreille du nouveau-né du méconium, du liquide amniotique, des mucosités vaginales : on n'admet plus aujourd'hui en médecine légale qu'il soit possible d'établir, d'après le contenu de l'oreille, si un fœtus a ou non respiré.

Vaisseaux et nerfs de la caisse. — Les **artères** naissent des deux *carotides*, surtout de l'*externe*.

Celle-ci donne : *a*) Le *rameau tympanique*, né de la maxillaire interne qui pénètre par la scissure de Glaser;

b) L'*artère stylo-mastoïdienne*, qui donne des rameaux à la membrane du tympan et à la partie postérieure de la caisse.

c) L'*artère pharyngienne inférieure*, qui abandonne quelques ramuscules à la paroi inférieure.

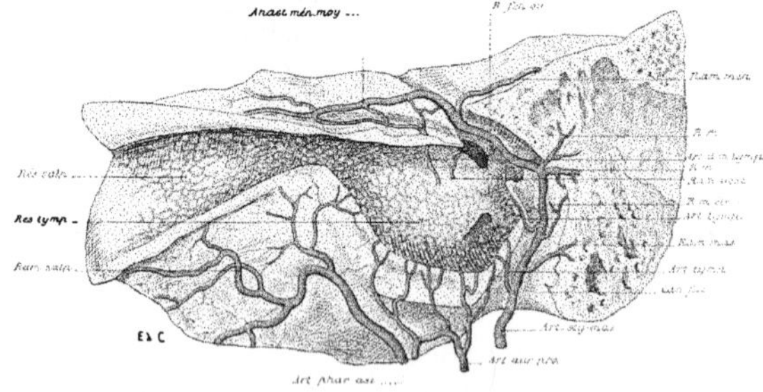

Fig. 847. — L'oreille moyenne et son système artériel chez le nouveau-né.

d) La *méningée moyenne*, qui donne des rameaux pénétrant par la suture pétro-squameuse et se répandant dans la partie supérieure de la caisse.

La carotide interne, au niveau de la portion verticale de son canal osseux, donne de fins ramuscules à la muqueuse qui revêt la paroi antérieure de la caisse. Un de ces rameaux passe entre les deux branches de l'étrier pour aller s'anastomoser avec les autres artères de la caisse : c'est l'*artère stapédienne* ou *artère de l'étrier*.

Toutes ces artérioles s'anastomosent entre elles et forment un riche réseau commun à la muqueuse et au périoste et même sur certains points à la paroi osseuse (Sappey, Politzer). Ils entrent en outre en relation avec ceux du labyrinthe à travers la paroi osseuse qui sépare les deux parties. Enfin, il existe de nombreuses communications vasculaires entre la dure-mère et la caisse.

Les **veines** vont au *plexus pharyngien*, à la *jugulaire interne* et à la *méningée moyenne*. C'est surtout par elles que des connexions intimes s'établissent entre la caisse et la dure-mère.

Lymphatiques. — Des fentes ou espaces lymphatiques analogues à ceux de la membrane du tympan ont été vus par Kessel. On trouve sous la muqueuse un certain nombre de formations particulières, que d'Assiloff considère comme des ganglions lymphatiques microscopiques.

Nerfs. — Les deux muscles moteurs des osselets reçoivent leurs filets du trijumeau pour le muscle du marteau, du facial pour le muscle de l'étrier.

Les filets sensitifs viennent du rameau de Jacobsohn et d'un filet du petit pétreux superficiel.

Des filets sympathiques naissent du plexus qui accompagne la carotide interne dans le canal carotidien et pénètrent dans la caisse par des trous percés dans la paroi antérieure de celle-ci. La réunion de tous ces filets nerveux forme le plexus tympanique occupant les sillons creusés sur le promontoire.

CHAPITRE III

TROMPE D'EUSTACHE

La trompe d'Eustache est un conduit à charpente ostéo-cartilagineuse qui va de la partie antérieure de la caisse à la paroi externe de l'arrière-cavité des fosses nasales. Ainsi étendue de la caisse au pharynx, elle permet l'accès de l'air dans la caisse : c'est le tuyau d'aération ou de ventilation de la caisse accessoirement, elle est une voie d'excrétion pour les mucosités qui prennent naissance dans la caisse.

L'importance physiologique de la trompe est considérable; en permettant l'accès de l'air dans la caisse, elle permet à la pression atmosphérique de s'égaliser sur les deux faces de la membrane du tympan, condition essentielle pour le fonctionnement parfait de la membrane. Lorsque la trompe vient à être obstruée, l'état moyen de tension du tympan est changé et l'audition est altérée.

Direction. — Le conduit auditif externe, la caisse et le conduit auditif interne sont sur une même ligne transversale : la trompe, se détachant de la caisse pour se porter en avant, en bas et en dedans vers le pharynx, forme avec le conduit auditif externe un angle très obtus de 35 à 40 degrés et avec le conduit auditif interne un angle aigu ouvert en avant et en dedans. Son axe fait avec l'horizontale un angle de 30 à 40 degrés. Prolongé en arrière, il irait couper l'apophyse mastoïde dans sa moitié postérieure et supérieure.

Chez l'enfant, la trompe, moins oblique que chez l'adulte, se rapproche davantage de l'horizontale.

Constitution. — La trompe est d'abord constituée par un conduit osseux situé dans l'angle rentrant que forment la portion pétreuse et la portion écailleuse du temporal, c'est la *portion osseuse*; puis un cylindre membrano-cartilagineux continue ce canal osseux jusqu'au pharynx, c'est la *portion cartilagineuse*.

La trompe naît de la caisse par un orifice largement évasé, occupant presque toute la paroi antérieure de la caisse (*orifice tympanique*). Elle va s'aboucher d'autre part dans l'arrière-cavité des fosses nasales par un large orifice épanoui et proéminent en forme de pavillon (*orifice pharyngien*).

La longueur de la trompe serait en moyenne de 35 millimètres (Tröltsch), un peu plus pour Sappey, Bezold et Poirier, de 35 à 40 millimètres, dont un tiers environ pour la portion osseuse et deux tiers pour la portion cartilagineuse. Chez l'enfant, la portion osseuse est relativement plus longue.

Forme. — D'une façon générale, la trompe représente un conduit aplati de dedans en dehors, à parois accolées, béant à ses deux bouts ou orifices. Par suite de l'aplatissement du conduit, le diamètre vertical l'emporte partout sur le diamètre transversal. Le calibre et la forme du canal tubaire varient d'ailleurs dans les différentes portions du conduit : le calibre est minimum à la jonction des portions osseuse et cartilagineuse, où il ne mesure guère plus de 2 millimètres de haut sur 1 millimètre de large : et encore le plus souvent la largeur du conduit tubaire au niveau de l'isthme n'atteint pas 1 millimètre. A l'orifice tympanique le diamètre vertical est de 5 millimètres et l'horizontal de 2 ou 3 (plus souvent 2). L'orifice pharyngien mesure 8 à 9 millimètres de haut sur 5 de large.

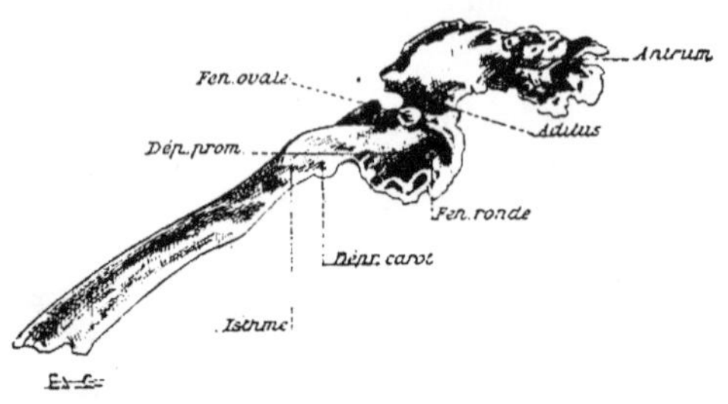

Fig. 848. — Moule de la trompe vu par sa face interne.

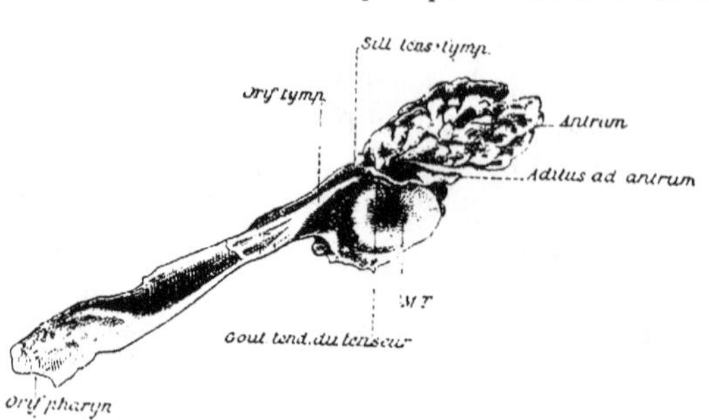

Fig. 849. — Moule de la trompe vu par sa face externe.

Donc la trompe qui commence à la caisse par un orifice assez large, va en se rétrécissant jusqu'au point de jonction des portions osseuse et cartilagineuse; à partir de ce point, elle s'élargit et s'évase progressivement jusqu'à l'orifice pharyngien. Ainsi la trompe peut être comparée à deux cônes, l'un osseux ou tympanique, l'autre membrano-cartilagineux ou pharyngien, réunis par leur sommet tronqué : le point de jonction des deux cônes porte le nom d'*isthme*.

D'après Tröltsch, l'isthme tubaire est moins rétréci chez l'enfant (3 millimètres de haut sur 1 millimètre de large). En outre Siebenmann remarque que le plafond de la trompe osseuse ne forme pas ordinairement une gouttière étroite ou une fente, mais une surface plus ou moins plane dont la forme correspond au plancher du canal du muscle du marteau sus-jacent : des coupes transversales pratiquées à ce niveau donnent donc à la lumière de la trompe une forme triangulaire à base supérieure.

L'axe de la trompe n'est pas rectiligne, c'est-à-dire que l'axe du cône pharyngien ne continue pas en ligne directe celui du cône tympanique : ils forment un angle très obtus ouvert en bas et en avant et dont le sommet, répond à l'isthme; cette courbure n'intéresse nullement le toit de la trompe, mais seulement son plancher. Cette très légère incurvation n'est pas un obstacle au cathétérisme complet du conduit avec des sondes ou bougies demi rigides, qui s'accommodent facilement à cette déviation fort légère.

En outre cet axe est légèrement tordu sur lui-même, si bien que son côté externe tend à devenir inférieur et son côté interne supérieur

Portion osseuse de la trompe. — La portion osseuse de la trompe est constituée par un canal osseux, prolongement effilé de la cavité tympanique : long de 13 à 14 millimètres, il s'accole en haut au canal osseux qui loge le muscle du marteau; en bas, il suit la scissure de Glaser; en avant, il répond à l'épine du sphénoïde.

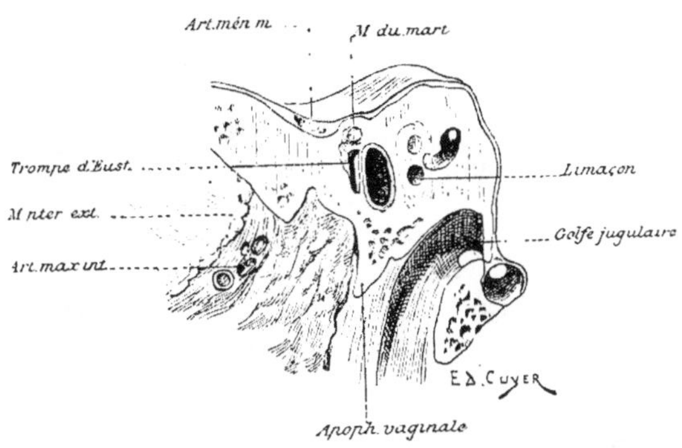

Fig. 850. — Coupe sagittale de la trompe (portion osseuse).

Dans sa moitié interne, la trompe osseuse est limitée en haut par la capsule osseuse compacte du limaçon, dont la pointe est tournée vers la région de l'ostium tympanicum; plus bas, elle répond en arrière à l'angle que forment les portions ascendante et horizontale du canal carotidien : une très mince lamelle osseuse, toujours transparente, quelquefois perforée, sépare l'artère de la trompe : d'où les dangers du cathétérisme forcé.

Le conduit osseux se termine en dedans par un orifice irrégulier, dont le pourtour donne insertion à la portion cartilagineuse

Portion cartilagineuse. — L'extrémité interne du conduit osseux, obliquement taillée et dentelée, se continue directement avec la charpente cartilagineuse.

Cartilage de la trompe. — Le cartilage de la trompe se présente comme une gouttière à concavité inférieure, dont la portion ouverte est fermée par du tissu fibreux qui la transforme en un véritable canal. .

83..

Dans son ensemble il représente une longue lame triangulaire, dont le sommet se fixe au canal osseux et dont la base libre fait saillie sous la muqueuse du pharynx. Sa hauteur diminue de l'extrémité pharyngienne vers l'isthme de 12 à 3 millimètres en même temps que son épaisseur décroît de 7 à 2 millimètres. Tandis que le reste du cartilage se termine sur l'extrémité interne de la trompe osseuse, le crochet cartilagineux pourrait s'y prolonger sur une certaine étendue jusque dans la caisse (Zuckerkandl).

La gouttière ainsi formée n'est pas régulière : en dehors, près de l'insertion osseuse, les deux bords descendent à peu près au même niveau : il n'en est plus de même en dedans. Le bord antérieur est raccourci : c'est le crochet du cartilage tubaire sur lequel vient s'insérer le péristaphylin externe ; il descend beaucoup moins bas que le bord postérieur. Ce dernier, plus épais, constitue une lame cartilagineuse qui occupe presque toute la paroi postérieure de la trompe; il descend jusqu'à la paroi inférieure de la trompe qu'il peut même dépasser, mais souvent aussi il ne l'atteint pas. Par sa convexité ce cartilage est solidement fixé à la base du crâne.

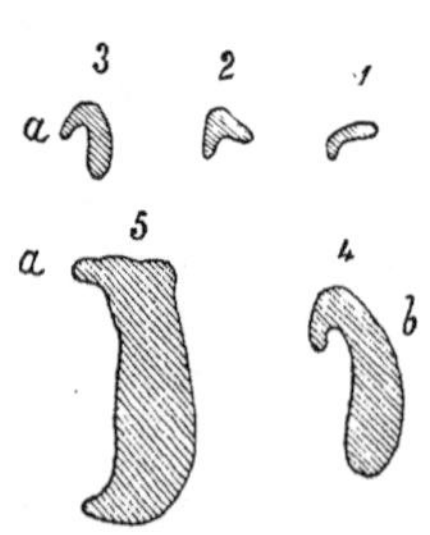

Fig. 831. — Coupes transversales du cartilage de la trompe (Schwalbe).

1, Près de son insertion. — 2 et 3, Dans sa portion initiale. — 4, A, la partie moyenne. — 5, Au voisinage du pavillon. — A, Bord antérieur. — B, Bord postérieur.

Le plus ordinairement cette charpente cartilagineuse est formée d'une pièce unique dans laquelle des fissures occupées par un tissu fibro-cartilagineux permettent l'ouverture et la fermeture de la gouttière. La plus constante de ces fissures se trouve à la jonction du crochet et de la lame postérieure ; c'est la charnière de cette gouttière cartilagineuse.

Au lieu d'incisures superficielles, on peut avoir des fentes intéressant toute l'épaisseur du cartilage, si bien que les deux pièces sont alors séparées et la gouttière est formée de deux pièces reliées par du tissu conjonctif, ce qui est normal chez de nombreux mammifères. Souvent on voit une sorte de crochet postérieur, qui peut aussi se présenter sous forme d'une pièce isolée. Il est encore très fréquent de rencontrer des lamelles cartilagineuses qui se détachent de la face externe ou convexe du cartilage principal pour se porter dans diverses directions.

Le cartilage tubaire est, chez l'adulte, formé en grande partie de fibro cartilage; aussi est-il élastique comme celui du pavillon de l'oreille, mais on y rencontre des îlots entiers de cartilage hyalin, et c'est ainsi en particulier qu'est constitué tout le segment supérieur du cartilage tubaire, même à un âge avancé. La calcification est loin d'être rare. Sur les coupes on voit très facilement à l'œil nu les coupes de canaux qui contiennent des vaisseaux volumineux.

Lame fibreuse. — Les deux bords de la gouttière sont réunis par une lame fibreuse, qui achève le conduit tubaire dont elle forme la paroi antérieure et le bord inférieur. Elle s'épaissit en descendant du crochet au bord inférieur du cartilage tubaire.

La face externe adhère aux organes voisins et reçoit l'insertion du péristaphylin externe.

Grâce à cette constitution, la portion cartilagineuse de la trompe est susceptible de s'ouvrir, et de se fermer par l'écartement de sa partie fibreuse.

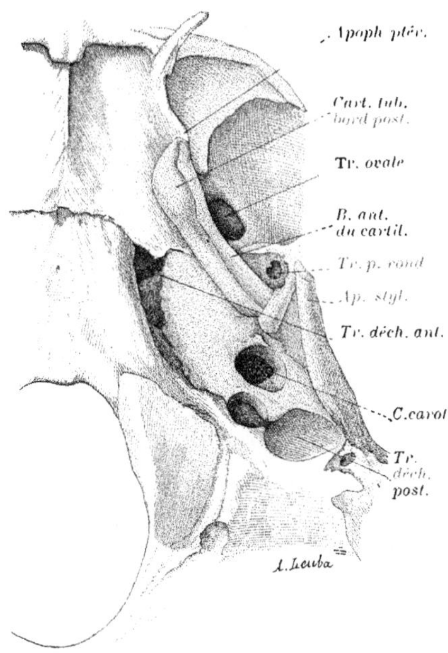

Fig. 852. — Rapports du cartilage de la trompe avec le squelette du crâne (Schwalbe).

Rapports. La portion cartilagineuse est unie à la base du crâne par le tissu fibreux qui remplit la fissure sphéno-pétreuse. La face antéro-externe entre en rapport d'abord avec l'épine du sphénoïde; elle est croisée par l'artère méningée moyenne, passant par le trou petit rond, et le nerf maxillaire inférieur, descendant du trou ovale avec le ganglion annexé (ganglion otique); puis elle entre en rapport avec le muscle ptérygoïdien interne dont la sépare un plexus veineux : elle répond au péristaphylin externe qui y prend insertion et plus en dedans au bord postérieur de l'aile interne de l'apophyse ptérygoïde ; ce bord présente souvent une large échancrure au niveau du point où il est croisé par la trompe.

En arrière, elle répond au péristaphylin interne auquel elle donne insertion, et tout à fait en dedans, à la muqueuse pharyngienne. En haut son bord supérieur est soudé au tissu fibreux qui remplit les sutures pétro-sphénoïdale et pétro-basilaire; en bas son bord inférieur est logé par le pétro-staphylin : il répond à l'interstice des deux péristaphylins.

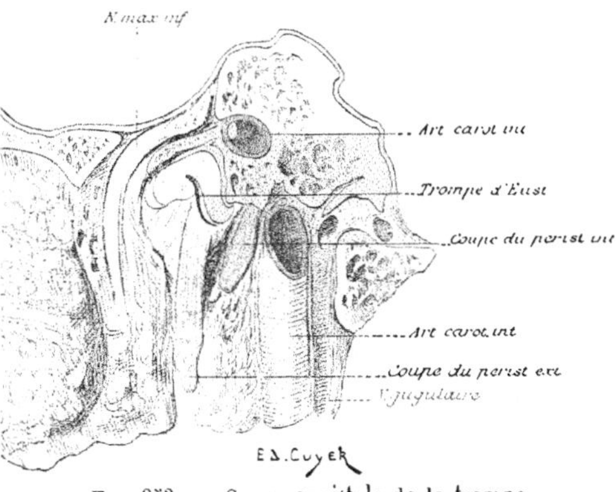

Fig. 853. — Coupe sagittale de la trompe (Portion cartilagineuse).

Il est intéressant de préciser ses rapports avec les aponévroses du pharynx. En réalité ils sont très simples. Les deux périsłaphylins engainent la trompe : l'externe, présalpingien, est sur sa face antérieure; l'interne, rétrosalpingien, est sous sa face inférieure et le croise en arrière. En dedans et en arrière, le péristaphylin interne est entouré par une aponévrose qui vient se fixer à la base du crâne à peu près dans la suture pétro-basilaire; en avant et en dehors du péristaphylin existe aussi une aponévrose qui vient en haut s'insérer sur la base du crâne au niveau de la suture pétro-sphénoïdale. Comme ces deux aponévroses se soudent en arrière du bord postérieur des péristaphylins, il en résulte que muscles et trompe se trouvent compris dans une même gaine fibreuse. En outre, entre les deux péristaphylins chemine une lame fibreuse qui complète leur gaine et vient s'insérer sur le bord inférieur de la membrane fibreuse de la trompe.

C'est cette lame, étendue de la trompe au crochet ptérygoïdien et à la paroi latérale du pharynx, qui a reçu de Tröltsch le nom de *fascia salpingo-*

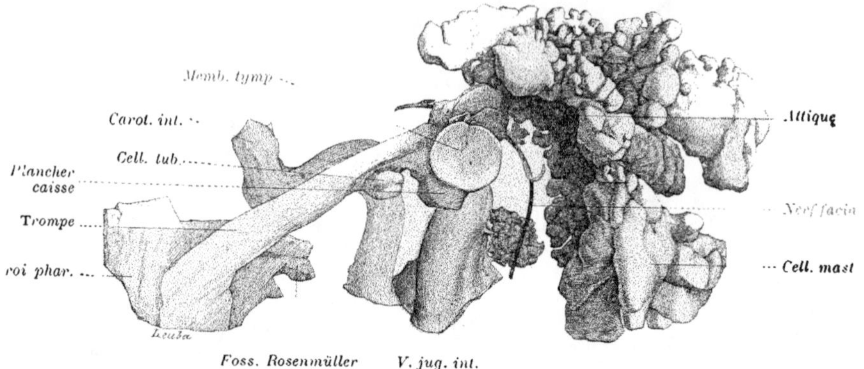

Fig. 854. — Moule par corrosion des cavités de l'oreille moyenne (Siebenmann).
Le trait de l'attique doit être prolongé jusqu'au-dessus de la membrane du tympan.

pharyngien. De même Weber-Liel a décrit comme fascia indépendant allant au muscle ptérygoïdien interne, la lame aponévrotique qui recouvre la face externe du péristaphylin externe.

La lumière du conduit tubaire prend dans sa portion cartilagineuse la forme d'une fente linéaire, les parois de la trompe, toujours fermée à l'état de repos, étant au contact. En deux points du conduit, vers l'orifice pharyngien et près de la portion osseuse, la fente linéaire qui répond à l'accolement des parois tubaires est surmontée d'un petit orifice toujours béant, sorte d'amorce pour faciliter l'ouverture de la trompe et l'entrée de l'air, quand les puissances musculaires entrent en jeu pour dilater le conduit tubaire. Les recherches de Tröltsch et Politzer ont en effet montré que la trompe était complètement fermée dans la moitié externe de sa portion cartilagineuse, et qu'il n'y avait pas au-dessous du crochet cartilagineux de la trompe le petit espace ou conduit toujours libre décrit par Rüdinger, qui mettrait toujours en libre communication la cavité tympanique et la cavité pharyngienne.

Appareil moteur de la trompe. — Deux muscles principaux sont annexés à la portion membrano-cartilagineuse de la trompe : ils ont été déjà étudiés (voy. Splanchnologie, p. 79).

Le péristaphylin externe s'insère sur le tiers supérieur de la portion membraneuse de la trompe sur une étendue variable suivant les sujets : parfois elle se fait à toute la hauteur de la portion membraneuse. Lorsqu'il se contracte, il attire en bas et en avant toute la portion antérieure ou membraneuse de la trompe. Comme ce conduit est solidement fixé à la base du crâne par sa paroi opposée, la paroi antérieure ainsi attirée se sépare de la paroi postérieure et la trompe s'ouvre largement.

Le péristaphylin interne s'attache à la face postérieure du cartilage de la trompe; cette insertion est peu étendue, mais constante. Son corps musculaire adhère à la face postérieure du cartilage sous le bord inférieur duquel il s'engage au niveau de l'orifice pharyngien.

Son action sur la trompe est plus difficile à déterminer : on s'accorde cependant à dire qu'il rétrécit l'orifice pharyngien de la trompe : lorsque la contraction grossit le corps charnu de ce muscle, il tend à soulever le bord inférieur ou plancher de la trompe dont la lumière en forme de fente devient plus courte et plus large, ce qui est surtout sensible au niveau de l'orifice pharyngien dont le bord inférieur est soulevé et tend à prendre une forme en fer à cheval. Mais cette modification de forme est bien légère : le pétro-staphylin est avant tout un élévateur du voile qui n'a rien à faire avec la trompe.

Quelques faisceaux, plus ou moins nombreux du pharyngo-staphylin, dont l'ensemble constitue le muscle salpingo-pharyngien, viennent s'attacher sur une certaine longueur à l'extrémité pharyngienne du cartilage tubaire. En attirant en arrière l'extrémité interne légèrement mobile du cartilage tubaire, il tend à ouvrir l'orifice pharyngien.

Orifice tympanique. — L'orifice tympanique répond à la partie antérieure de la caisse. Cet orifice, très évasé, mesure 5 millimètres de haut et constitue à lui seul presque toute la paroi antérieure de la caisse, avec le plancher de laquelle il se trouve presque de niveau. Cet orifice est donc à bien peu près situé à la partie la plus déclive de la caisse, et il suffit d'une très légère inclinaison de la tête en avant pour permettre l'évacuation totale du contenu de la caisse.

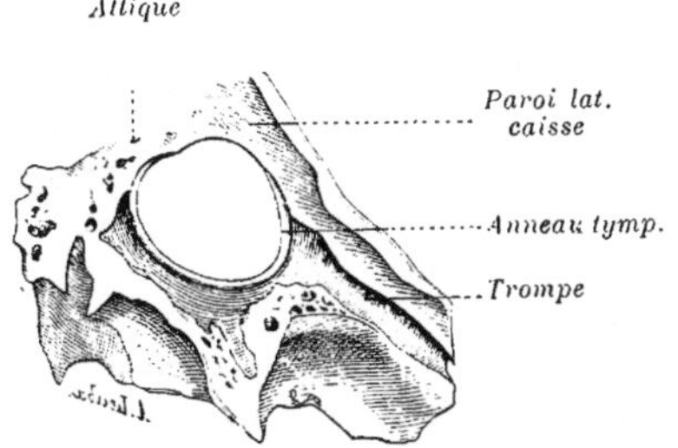

Fig. 833. — Embouchure de la trompe dans la caisse du tympan (Politzer).

L'évasement de cet orifice fait comprendre d'autre part que les sondes introduites dans la trompe par l'orifice pharyngien suivent la paroi supérieure du conduit tubaire, puis la voûte de la caisse, si bien que, passant en dedans du manche du marteau, elles se rendent directement dans les cellules mastoïdiennes.

Orifice pharyngien. — Il apparaît sur la paroi latérale de l'arrière-cavité des fosses nasales, au-dessus du voile du palais, en arrière du cornet inférieur, sous la forme d'un pavillon évasé et proéminent dont le grand axe s'incline obliquement en bas et en arrière parallèlement au voile du palais. Le bord postérieur de ce pavillon est plus proéminent que l'antérieur, si bien que l'ouverture ne regarde pas directement en dedans, mais en dedans, en avant et en bas.

Sa forme et son calibre sont très variables : tantôt il est elliptique à grand diamètre vertical; plus souvent il se présente sous la forme d'un triangle équilatéral à base inférieure, à angles arrondis; exceptionnellement il est circulaire. Dans la forme commune, triangulaire, le bord inférieur ou base du triangle fait saillie vers l'intérieur de l'orifice, écartant les deux autres bords, qui prennent le nom de lèvres antérieure et postérieure. La saillie du bord intérieur est un bourrelet qui répond au corps du muscle péristaphylin interne : la lèvre postérieure, très saillante, est soulevée par le cartilage de la trompe en un bourrelet saillant, oblique en bas et en arrière; la lèvre antérieure, beaucoup moins marquée, répond à la paroi membraneuse de la trompe et à un feuillet celluleux qui descend du crochet de la trompe vers le voile palatin.

Tout ce contour de l'orifice pharyngien fait saillie sur le plan pharyngien surtout dans son contour postérieur et inférieur; dans la moitié antéro-inférieur de ce contour, il ne dépasse pas le niveau des parties voisines. Ces détails sont très importants au point de vue du cathétérisme de la trompe.

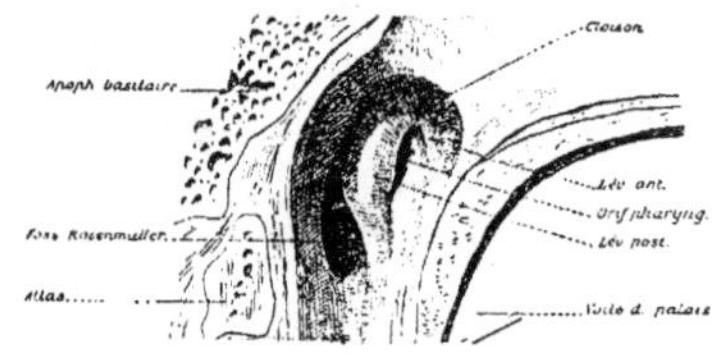

Fig. 856. — Orifice pharyngien de la trompe. Rapports avec la cloison.

Des lèvres ou *piliers* de l'orifice pharyngien descendent sur la paroi latérale du pharynx deux replis muqueux. Le repli postérieur est le *repli salpingo-pharyngien* (Zaufall); constant et toujours très prononcé, on le dit formé par le muscle salpingo-pharyngien (Zaufall, Merkel); il est plus exact de dire qu'il résulte du soulèvement de la muqueuse par la saillie très marquée du cartilage, car il est d'autant plus prononcé que le cartilage fait une saillie plus forte à l'intérieur du pharynx : une traînée glandulaire sous-muqueuse accentue sa saillie

Le repli antérieur ou *pli salpingo-palatin* (Tourtual) est beaucoup moins marqué : le plus souvent il manque; dans quelques cas cependant, il se prononce davantage et pourrait être assez marqué pour faire un obstacle sérieux au passage de la sonde et rétrécir même l'orifice postérieur des fosses nasales. Ce pli contient un ligament qui double le bord postérieur de l'aile interne de l'apophyse ptérygoïde.

Les deux plis muqueux qui continuent les lèvres de l'orifice tubaire interceptent avec la saillie du bord inférieur deux sillons : l'un, antérieur, qui se prolonge vers le voile (*s. salpingo-palatin*); l'autre, postérieur, qui se prolonge vers le voile et la partie latérale du pharynx (*s. salpingo-pharyngien*). Ces sillons sont quelquefois très prononcés (Zuckerkandl.)

Au-dessus de l'orifice tubaire, entre lui et la voûte du pharynx, on trouve une fossette (*f. sus-tubaire*). En arrière du pli postérieur se trouve la *fossette de Rosenmüller*. En avant du pli antérieur, on voit quelquefois et on sent toujours une saillie très appréciable formée par le bord postérieur de l'aile interne de l'apophyse ptérygoïde, qui peut être utilisée pour le cathétérisme de la trompe.

Les dimensions de l'orifice pharyngien sont relativement considérables : son grand diamètre mesure 8 à 9 millimètres en moyenne, le petit en compte 4 à 5. Lorsque l'orifice prend la forme d'un triangle arrondi, chacun des côtés du triangle mesure en moyenne 8 millimètres. Chez le nouveau-né, cet orifice pharyngien affecte assez souvent la forme d'une fente ou d'un orifice elliptique à grand diamètre de 4 millimètres environ, parallèle à celui du palais. En outre, chez lui le bourrelet tubaire est très peu saillant, le tissu lymphoïde du plafond et des parties latérales du pharynx forme un volumineux bourrelet qui aplanit la fossette de Rosenmüller, de sorte que l'orifice pharyngien ne se présente que sous forme d'une fente difficile à trouver.

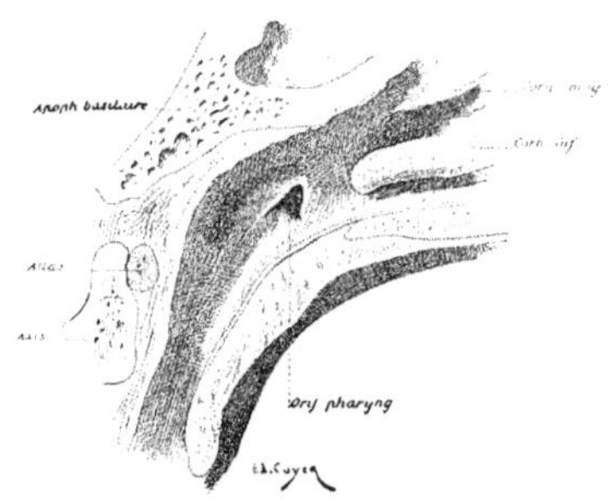

Fig. 857. — Orifice pharyngien de la trompe. Rapports avec le cornet inférieur et le voile du palais.

La situation de l'orifice pharyngien est importante à déterminer au point de vue pratique. Il n'est pas suffisamment exact de dire que l'orifice pharyngien est situé à une distance sensiblement égale de l'apophyse basilaire, du voile du palais, de la paroi postérieure du pharynx et du cornet inférieur. En effet, cet orifice est beaucoup plus rapproché de l'extrémité postérieure du cornet inférieur que de la paroi postérieure du pharynx :

La distance de cet orifice au cornet est en moyenne de .			8	millimètres.
—	—	au voile du palais.. .	9	—
—	—	à l'apophyse basilaire . . .	11	—
—	—	à la paroi postérieure du pharynx .	14	—

Le centre de l'orifice est toujours placé sur une ligne prolongeant en arrière l'insertion du cornet inférieur.

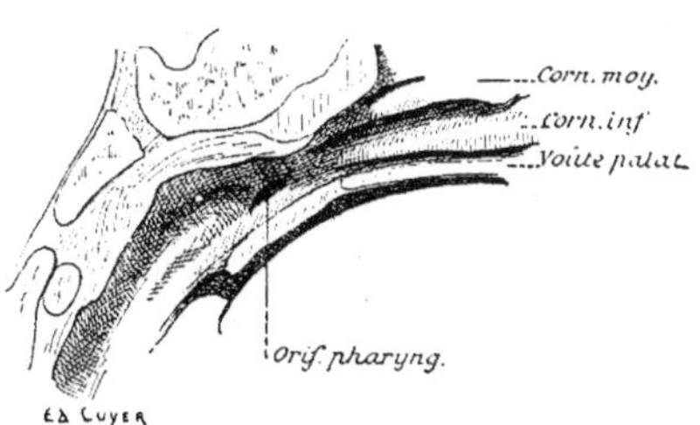

Fig. 858. — Orifice pharyngien de la trompe (nouveau-né).

En résumé on peut dire que l'orifice pharyngien de la trompe est situé à un petit centimètre en arrière du cornet inférieur, sur le prolongement de la ligne d'insertion de ce cornet, et à un petit centimètre au-dessus du voile du palais.

Chez l'enfant la situation est autre. Lors de son apparition, l'orifice pharyngien est situé bien au-dessous de la ligne palatine; sur le nouveau né, il est situé immédiatement au-dessus du voile du palais sur une ligne continuant en arrière la voûte palatine : il remonte peu à peu avec les progrès de l'âge, et n'atteint sa place définitive que lorsque le développement de la face est achevé.

La distance qui sépare cet orifice de l'ouverture des narines est intéressant à connaître pour le cathétérisme. Kostanecki l'a mesurée jusqu'à l'épine nasale antérieure : elle varie entre 53 et 75 millimètres. Jusqu'au bord postérieur de l'orifice externe des narines, toujours visible pendant le cathétérisme de la trompe, elle est en moyenne de 65 millimètres chez la femme, de 70 millimètres chez l'homme (Poirier), un peu plus longue chez les prognathes que chez les orthognathes. Le chiffre de Hartmann (75 millimètres en moyenne) est trop élevé

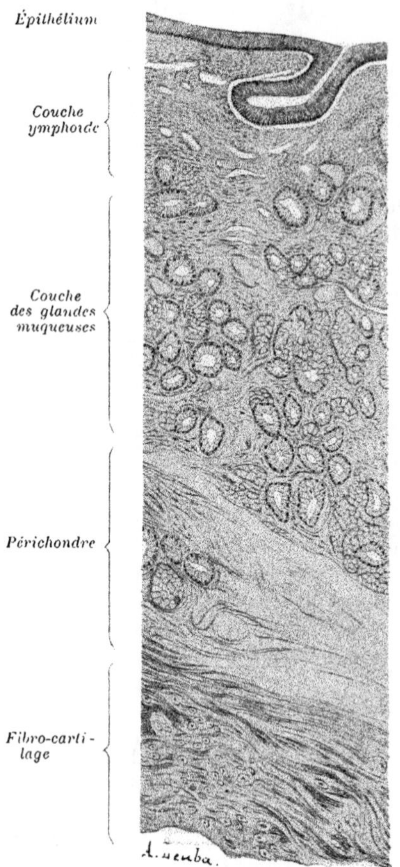

Fig. 859. — Coupe transversale de la paroi interne de la trompe cartilagineuse (Siebenmann).

Muqueuse. — La muqueuse qui tapisse la trompe se continue en dehors avec la muqueuse de la caisse, en dedans avec la muqueuse du nasopharynx. Elle tapisse la face interne du squelette osseux et cartilagineux, et adhère intimement à leur périoste ou périchondre

La muqueuse diffère dans les deux portions de la trompe.

Dans la portion pharyngienne, la muqueuse est épaisse et présente de faibles replis longitudinaux presque invisibles à l'œil nu sur le cadavre frais, plus abondants à la partie inférieure qu'au niveau du toit de la trompe. Il est très exagéré de décrire avec Moos et Urbantschitsch des replis développés au point de constituer une valvule dans la trompe.

La structure de la muqueuse est identique à celle du nasopharynx : une couche d'épithélium vibratile, formé par des cellules très hautes surtout à la partie inférieure, et dont les cils se meuvent de la caisse vers le pharynx. On y rencontre en outre quelques cellules caliciformes

A cette muqueuse sont annexées des glandes et du tissu lymphoïde.

Les *glandes* sont des glandes muqueuses, acineuses : elles sont surtout développées sur le plancher et sur la paroi interne de la trompe; elles sont rares sur la paroi externe et sur le toit. Elles sont profondément situées dans une sous-muqueuse lâche et même jusque dans le périchondre, et leur canal excréteur traverse la couche lymphoïde pour déboucher dans la trompe ; souvent le tissu lymphoïde forme un amas plus dense autour de leur orifice, si bien que souvent celui-ci est indiqué par un follicule.

Elles disparaissent dès le milieu de la portion cartilagineuse sur la paroi externe; sur le plancher, elles se prolongent jusqu'à l'isthme et disparaissent brusquement.

Le *tissu lymphoïde* est très abondant dans la trompe, où il constitue une véritable couche : il se continue avec celui du nasopharynx et fait ainsi partie de ce vaste cercle lymphoïde du pharynx qu'a décrit Waldeyer. Chez le jeune enfant, son abondance est telle qu'on a pu le décrire sous le nom d'*amygdale tubaire* (Gerlach, Teutleben); chez l'adulte, il s'atrophie.

Dans la portion tubaire ou trompe osseuse, la muqueuse s'amincit peu à peu, perdant les caractères de la muqueuse pharyngée pour prendre ceux de la muqueuse tympanique. Les glandes se réduisent à de simples utricules siégeant dans de petits récessus de la paroi osseuse (Siebenmann). Le tissu lymphoïde disparaît; seul Rüdinger en aurait trouvé au toit de la portion osseuse.

A la muqueuse tubaire sont annexées des cryptes aériennes tapissées de muqueuse, les *cellules tubaires*, qui n'ont guère été décrites que par Bezold et Siebenmann, auquel nous emprunterons sa description. Elles sont peu développées et difficiles à trouver : absentes chez le nouveau-né, elles apparaissent dans le cours des six premiers mois. Chez l'adulte, elles naissent du plancher, de la paroi interne et de l'angle supéro-interne de la trompe.

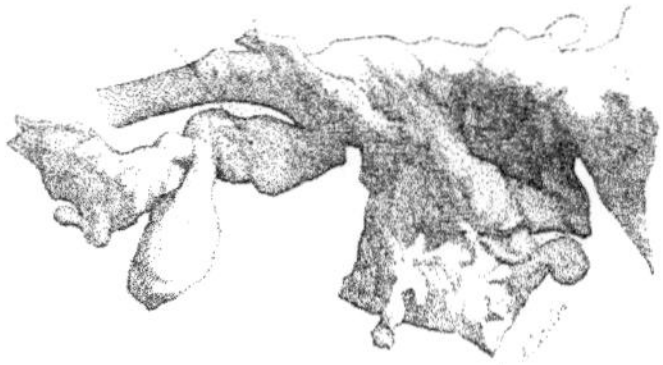

Cell. tub. *Cell. tub.*

Fig. 860. — Cellules de la trompe d'Eustache. Pièce par corrosion (Siebenmann).

Les *cellules tubaires inférieures*, constantes, ne se rencontrent que dans le segment tympanique; elles sont petites, le plus souvent arrondies ou cylindriques, et cheminent sous la trompe, parallèlement à celle-ci.

Les *cellules tubaires internes* sont inconstantes et plus variables.

Les *cellules tubaires supérieures* sont généralement en nombre unique; celle-ci s'enfonce entre la mince paroi osseuse du canal carotidien et le canal musculaire.

Jamais à leur terminaison elles ne communiquent entre elles ou avec d'autres cellules voisines. Elles sont revêtues d'un épithélium cylindrique élevé et contiennent dans leur paroi des glandes muqueuses très simples.

Vaisseaux et nerfs. — Les *artères* viennent, pour la trompe cartilagineuse, de la *pharyngienne ascendante*, qui monte entre les deux péristaphylins pour se perdre dans la trompe; d'autres rameaux viennent de la maxillaire interne (*vidienne, palatine supérieure*); de fins ramuscules, venus de la carotide interne, se rendent à la portion osseuse.

Les **veines**, très abondantes dans la muqueuse du conduit, se rendent en majeure partie au *plexus veineux ptérygoïdien.*

Les **lymphatiques**, continus avec ceux de la caisse en dehors, du pharynx en dedans, se rendent aux ganglions situés au niveau de la bifurcation de la carotide.

Les **nerfs** de la trompe émanent du ganglion sphéno-palatin ; des rameaux du nerf ptérygo-palatin donnent au pavillon une sensibilité très vive. Un filet tubaire, venu du plexus tympanique, se rend dans la muqueuse de la portion osseuse.

CHAPITRE IX

ANNEXES PNEUMATIQUES DE L'OREILLE MOYENNE

La caisse du tympan communique avec une série de cavités osseuses creusées dans les os qui forment ses parois : c'est en arrière, dans la base du rocher et dans l'épaisseur de l'apophyse mastoïde, que se rencontrent les principales de ces cavités osseuses. Les unes, normales, se présentent chez tous les sujets, les autres, inconstantes, offrent un développement très variable suivant l'âge et le sujet.

Ces annexes sont très souvent envahies par les processus morbides de la caisse, et leur inflammation constitue une complication redoutable en raison de leurs connexions vasculaires et de leurs rapports de voisinage avec les organes voisins : sinus veineux, méninges, encéphale; l'ouverture par trépanation de ces foyers osseux peut seule mettre fin à des accidents qui, abandonnés à eux-mêmes, deviennent rapidement mortels. Aussi est-il indispensable d'avoir présente à l'esprit l'anatomie de ces annexes lorsqu'on veut pratiquer leur trépanation, et, suivant que l'opérateur connaît ou ne connaît pas dans ses moindres détails l'anatomie de la région, cette trépanation est une opération efficace et peu dangereuse ou reste une intervention incomplète et parfois mettant la vie en danger.

Toutes ces annexes sont comprises sous la dénomination générale de *cellules mastoïdiennes*. A première vue, leur disposition présente une grande diversité : elles se montrent variables dans leur disposition, leur forme, leur développement, non seulement d'un sujet à l'autre, mais encore d'une apophyse à l'autre sur le même sujet. Cependant, il n'est pas exact de dire qu'ell échappent à toute description régulière; si le développement est variable, la disposition présente une certaine régularité et, grâce à de nombreux travaux, nous sommes en mesure de décrire la disposition ordinaire des cellules pneumatiques et leurs principales variétés.

Il importe dès l'abord, pour ne point s'égarer dans la description de ces cavités et des types divers qu'elles peuvent affecter, de reconnaître et de séparer nettement dans l'ensemble des cavités mastoïdiennes deux ordres ou systèmes de cavités très différents: l'un constant, presque invariable dans sa forme, ses dimensions, sa situation, a pour centre et partie principale l'antre dit mastoïdien; l'autre, à développement très variable, à type multiple comprend les cellules mastoïdiennes, rocheuses ou squameuses.

Antre pétreux. — Une cavité mastoïdienne est constante, c'est l'*antre mastoïdien*, qu'il est mieux d'appeler *antre pétreux*, car il est développé dans la portion pétreuse du rocher et n'a rien à voir avec l'apophyse mastoïde. L'antre pétreux existe chez le nouveau-né avec des dimensions presque égales à celles qu'on lui voit chez l'adulte et le nouveau-né n'a pas d'apophyse mastoïde.

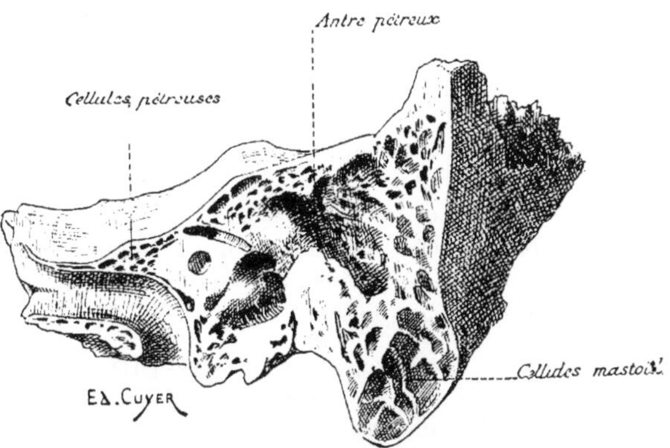

Fig. 861. — Coupe sagittale légèrement oblique de l'apophyse mastoïde, de l'antre et de la caisse.

L'antre pétreux est la continuation directe de la cavité tympanique, sur la paroi postérieure de laquelle il débouche par l'*aditus ad antrum*. Il continue en arrière l'attique dont il n'est qu'un prolongement dans le tissu du rocher.

Quelques auteurs les réunissent même en une seule cavité surmontant la caisse et se prolongeant dans le rocher. Bezold compare cette cavité unique à un haricot dont le hile répond à la marge supérieure du tympan et dont les deux extrémités s'avancent en avant et en arrière de l'oreille moyenne. Cependant l'indépendance entre l'attique et l'antre pétreux paraît résulter de ce fait qu'une cloison muqueuse placée au niveau de l'aditus établit une séparation parfois complète entre les deux cavités (Huschke, Zoja, Urbantschitsch, Poirier). Sur l'adulte, cette cloison manque souvent : elle est constante chez le nouveau-né; toujours très mince et transparente, elle paraît témoigner que les deux cavités se sont développées à part.

Forme et dimensions. — Examiné sur des moules, l'antre apparaît comme une cavité réniforme à bord concave, tourné en bas, à grand axe oblique en arrière et en dehors, et dont la moitié postérieure est plus spacieuse que l'antérieure.

Les dimensions varient dans des limites assez étendues (Bezold).

Longueur. .	9 à 15 millimètres.	Moyenne.	12,7
Largeur	5 à 8,5	—	6,7
Hauteur	6 à 10	—	8,5

Situation. — Au cours du développement, l'antre subit une véritable migration. Situé, avant terme, juste au-dessus de la voûte d'entrée du conduit auditif osseux, le centre de l'antre est, chez le nouveau-né, au-dessus et un peu en arrière de ce point. Puis il se déplace peu à peu en bas et en arrière. Vers dix ans, il est sur une horizontale menée par l'épine de Henle et à partir de ce moment, il ne s'abaisse plus, mais se porte directement en arrière jusqu'à une distance à peu près fixe de 7 millimètres qu'il atteint vers l'adolescence (Broca).

En même temps, l'antre, superficiel chez l'enfant, devient profond chez l'adulte : cela résulte d'un double mécanisme. Il y a d'abord des modifications résultant de l'élargissement du crâne par augmentation de volume de l'encéphale, si bien que des portions osseuses qui primitivement entraient beaucoup plus dans la constitution des parois latérales que dans celle de la base du crâne viennent prendre une part importante dans la formation de cette base (Millet). Il faut aussi tenir compte de l'activité osseuse propre du temporal. L'antre devient plus profond parce que, dans sa paroi externe, il y a depuis la naissance production d'os nouveau, ce qui explique aussi comment, au milieu d'une mastoïde qui se pneumatise, l'antre, cavité préformée, diminue plutôt ou n'augmente pas de volume.

Rapports. — **Paroi supérieure**. — Très mince en général, cette paroi est formée par le *tegmen tympani*, commun par conséquent à l'antre et à l'attique. Souvent lorsque l'antre est très développé et haut situé, il soulève cette paroi supérieure en une saillie qui apparaît sur la face endocrânienne du rocher, immédiatement en dehors de la saillie formée par le canal demi-circulaire supérieur.

Dans cette paroi passe la *suture pétro-squameuse*, légèrement béante chez l'enfant, mais fermée solidement chez l'adulte. Parfois cette paroi est perforée dans ce cas, l'extension de la suppuration de l'antre aux méninges se fait avec la plus grande facilité.

Le toit de l'antre contribue à former le plancher de l'étage moyen du crâne au milieu de la IIIe circonvolution temporale, mais on ne peut préciser ces rapports, à cause des variations d'inclinaison du rocher. Notons en outre que, chez l'enfant, l'antre est externe et répond à l'angle qui sépare les circonvolutions de la face externe des circonvolutions de la face inférieure; chez l'adulte, il est plus profond et se trouve complètement sous la face inférieure du cerveau.

C'est toujours dans cette région que siègent les abcès cérébraux d'origine otique. Aussi la meilleure voie pour les ouvrir et les drainer est-elle la voie attico-antrale qui consiste, après évidement pétro-mastoïdien, à faire sauter la paroi supérieure de l'antre et de l'attique, ce qui mène directement sur la dure-mère au point malade.

Paroi antérieure. — C'est par la paroi antérieure que l'antre communique avec l'attique. L'aditus ad antrum débouche toujours à la partie profonde de la paroi antérieure; chez le nouveau-né, il débouche à la partie moyenne de cette paroi, mais à mesure que l'antre descend davantage, c'est plus haut sur la paroi antérieure qu'il faut chercher l'aditus.

Paroi inférieure. — La paroi inférieure de l'antre repose sur le tissu diploïque chez l'enfant; chez l'adulte ce tissu est ordinairement remplacé par de nombreuses cellules mastoïdiennes.

Fig. 862. — Schéma des rapports du facial avec l'antre pétreux. (D'après Poirier.)

Le seul rapport intéressant de cette paroi est le *nerf facial*. C'est au niveau du coude, qui sépare sa deuxième de sa troisième portion pétreuse, que le facial entre en rapport avec l'antre. Après avoir cheminé dans sa deuxième portion sur la paroi interne de la caisse à l'union de la caisse proprement dite et de l'attique, le facial passe sous le seuil de l'aditus où il se coude pour devenir vertical; ce coude est recouvert par une lamelle osseuse parfois très mince. En profondeur ce coude est en moyenne à 13 millimètres de l'épine de Henle (Noltenius). Un plan sagittal passant par ce coude coupe, en général, la partie interne de l'orifice de l'antre; mais l'antre, étant oblique en arrière et en dehors, se trouve situé en dehors de ce plan; il est donc plus superficiel que le facial. Il en résulte que l'on peut sans danger enlever toute la paroi externe de l'aditus et de l'antre, mais toute tentative pour élargir la brèche vers le plancher aura pour conséquence fatale la section du nerf qui, à ce niveau, commence son trajet vertical.

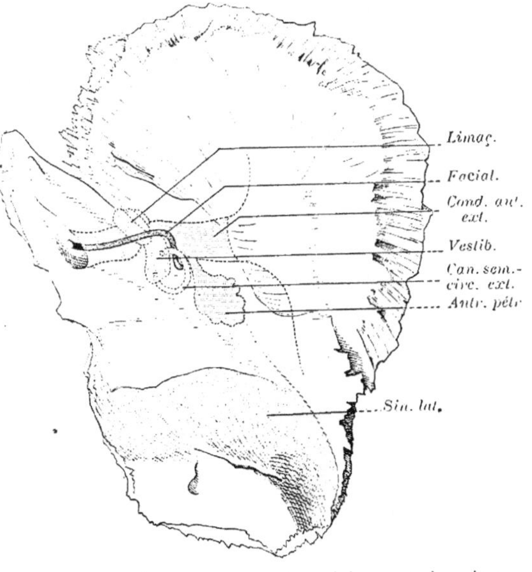

Fig. 863. Schéma des rapports du facial avec le labyrinthe et l'antre pétreux.

Les organes intra-osseux sont supposés vus par transparence.

C'est ordinairement en ce point que le nerf est blessé dans les évidements pétro-mastoïdiens.

Dans sa troisième portion verticale, le facial est profondément logé dans un bloc de tissu compact qui, sur une coupe sagittale, apparaît interposé entre la paroi postérieure de la caisse et les cellules mastoïdiennes. Le facial descend obliquement en bas et en dehors, mais étant donnée l'obliquité en sens inverse de la membrane du tympan, il croise le plan de celle-ci ; cet entre-croisement, qui répond au tiers inférieur de la membrane, se fait à la moitié du trajet de cette troisième portion du facial.

Il faut donc se souvenir qu'on ne doit jamais intervenir sur la moitié inférieure de la paroi postérieure du conduit au voisinage immédiat de la membrane du tympan.

Les rapports de l'antre avec le facial sont beaucoup plus intimes chez l'adulte que chez l'enfant ; chez celui-ci, l'antre se trouve presque entièrement au-dessus du facial ; chez l'adulte, l'antre est situé bien plus bas derrière le conduit auditif et son extrémité inférieure en est séparée par le coude du facial.

Paroi postérieure. — La paroi postérieure est de forme irrégulière. Dans le jeune âge, la sépare du sinus latéral une couche de tissu diploïque, parfois assez mince pour qu'une simple lamelle sépare le tronc veineux de la cavité antrale. Plus tard s'y creusent des cellules mastoïdiennes, et, chez l'adulte, si l'apophyse est pneumatique, les cellules postérieures qui vont jusqu'à la paroi du sinus le séparent de l'antre sur une étendue variable. Pour Stanculéanu, la paroi postérieure de l'antre est distante de 7 à 8 millimètres en moyenne de la paroi du sinus latéral et, même dans les cas où la gouttière sigmoïde est très profonde, il y a toujours entre les deux au moins 4 millimètres de tissu osseux.

Paroi externe. — La paroi externe, généralement épaisse et compacte, est constituée par cette partie de l'écaille qui vient former le tiers antérieur de l'apophyse mastoïde. Chez le nouveau-né, c'est une lamelle écailleuse qu'il suffit d'abraser d'un coup de bistouri pour ouvrir l'antre ; son épaisseur varie de 1 à 4 millimètres. Chez l'adulte elle s'est considérablement épaissie : on trouve l'antre à une profondeur moyenne de 15 à 20 millimètres, pouvant aller jusqu'à 25 et 27 millimètres (Broca). Tantôt ce tissu est compact, scléreux et difficile à sectionner au ciseau, tantôt il est creusé de nombreuses cellules aériennes dont une plus développée peut être prise pour l'antre.

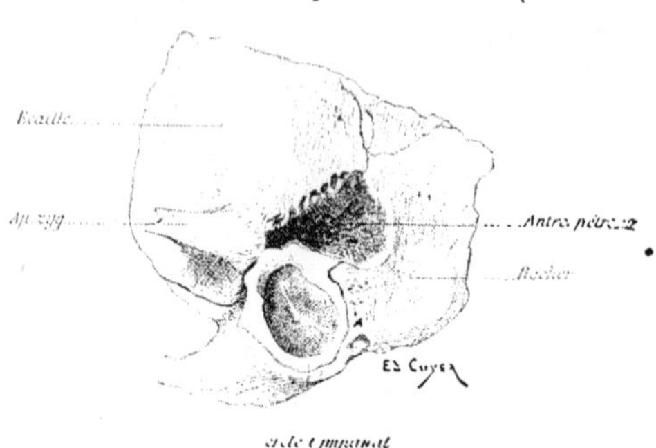

Fig. 864. — L'antre pétreux du nouveau-né (gr. nat.)

Cette paroi externe est la paroi chirurgicale par excellence, car c'est par elle qu'on va ouvrir l'antre, but premier de toute intervention sur la mastoïde. Dans cette opération, il est nécessaire d'une part d'arriver à trouver l'antre et d'autre part, en l'ouvrant, de ne léser aucun des organes voisins, de ne pas pénétrer en haut dans la cavité crânienne, de ne pas perforer en arrière le sinus latéral, de ne pas sectionner en bas le facial. Rien n'est plus facile que d'éviter ces divers organes en trépanant en bonne place.

Chez le nouveau-né, l'antre correspond à la tache spongieuse et, comme elle, est situé au-dessus et en arrière du conduit. Chez l'adulte, de quelque âge qu'il soit, l'antre est toujours situé au-dessous de la crête sus-mastoïdienne, au-dessus et en avant de la suture pétro-squameuse externe (mastoïdo-squameuse). Si,

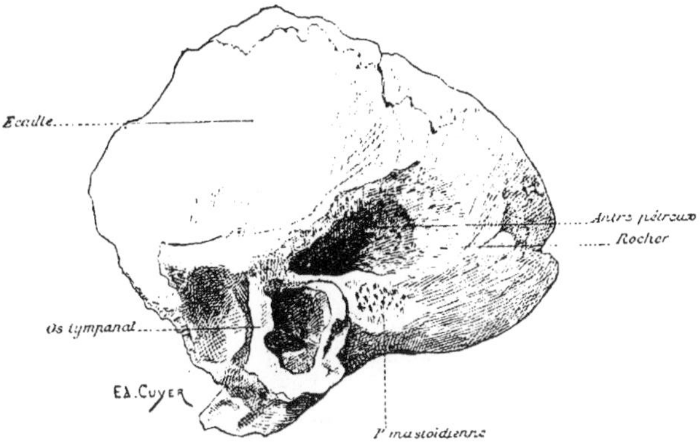

FIG. 865. — L'antre pétreux chez l'enfant de 2 ans (gr. nat.)

chez lui, on veut trépaner correctement, il faudra opérer dans une région dont les limites sont bien fixées. C'est un carré de 1 centimètre de côté situé à 5 millimètres en arrière de la moitié supérieure du conduit, marquée par l'épine de Henle, affleurant en haut la crête sus-mastoïdienne et dont le bord inférieur est à 1 centimètre au-dessous de celle-ci. Encore est-il prudent pour éviter le sinus de ne pas inciser l'os en arrière perpendiculairement à sa surface, mais obliquement. Chez l'enfant, le carré sera réduit à 5 millimètres de côté et placé à 3 millimètres seulement du bord postérieur du conduit.

Paroi interne. — La paroi interne de l'antre, ou mieux de l'apophyse mastoïde, ce qui, au point de vue chirurgical, revient au même, varie suivant le point considéré : son tiers antérieur est *pétreux*, son tiers moyen *veineux*, son tiers postérieur *cérébelleux*.

Dans son tiers antérieur, l'antre est en rapport avec la base du rocher creusée de petites cellules : il est situé un peu en arrière du canal demi-circulaire horizontal.

Dans son tiers moyen, l'antre se met en rapport avec le sinus latéral au niveau de son coude; à cause de son importance chirurgicale, ce rapport mérite d'être précisé. Si on peut trouver le sinus latéral occupant le tiers antérieur (Tillaux) ou le tiers postérieur (Ricard) de l'apophyse mastoïde. C'est le plus souvent au tiers moyen qu'on le trouve (Poirier).

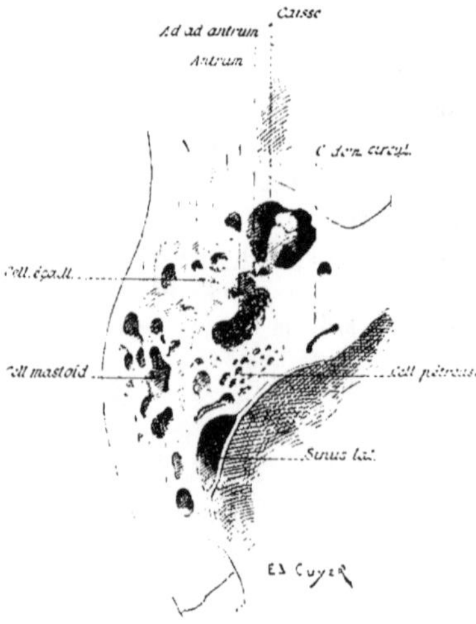

Il serait intéressant de déterminer à quelle profondeur est situé le canal veineux, quelle épaisseur d'os il faut traverser pour arriver à la paroi du sinus; mais les chiffres sont trop variables suivant le volume de la mastoïde, le développement des cellules, la situation du sinus. On peut dire toutefois que le sinus est d'autant plus profond qu'on se rapproche du sommet de l'apophyse, car il se dirige obliquement en avant et en dedans pour atteindre le trou déchiré postérieur; dans la partie supérieure de la région, il répond à la suture pariéto-mastoïdienne où la paroi osseuse n'a que 3 à 5 millimètres d'épaisseur; à partir de ce point, il s'éloigne progressivement de la surface dont il est distant de 2 à 3 centimètres au trou déchiré postérieur. On ne peut donc donner de moyenne.

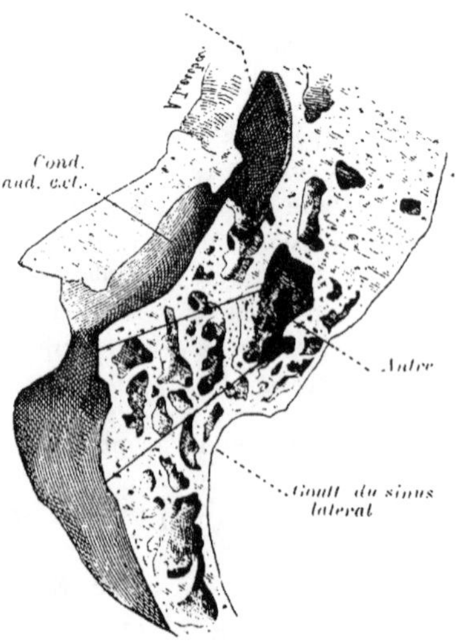

Fig. 866. — Rapports de l'antre pétreux.

Les anomalies de situation sont très nombreuses : la gouttière du sinus est plus ou moins large, son coude plus ou moins élevé et plus ou moins antérieur, et cela d'un sujet à l'autre, et même d'un côté à l'autre sur le même sujet. Ordinairement la gouttière est plus profonde à droite qu'à gauche.

Lorsque le sinus présente sa disposition normale, l'antre lui est à la fois antérieur et superficiel, et le sinus ne risque guère d'être atteint dans la trépanation. Mais il est des cas où la gouttière du sinus, généralement située à 12 millimètres environ en arrière du conduit auditif externe, se trouve tout près de ce conduit sur une coupe horizontale; elle peut même être reportée en avant, être procidente à un degré tel qu'elle soit en avant de l'antre. Si dans ces cas, l'antre cesse d'être antérieur au sinus, du moins reste-t-il toujours sur un plan plus superficiel que lui et, si l'on enfonce un poinçon dans l'os au niveau du quadrant de tré-

Fig. 867. — Rapports normaux du sinus latéral et de l'antre (Politzer).

panation de l'antre, ce poinçon ira tout droit piquer le sinus au lieu d'entrer dans le crâne en avant de lui : mais auparavant il aura traversé l'antre; par conséquent, ici encore l'ouverture de l'antre sera possible sans lésion du sinus (Broca).

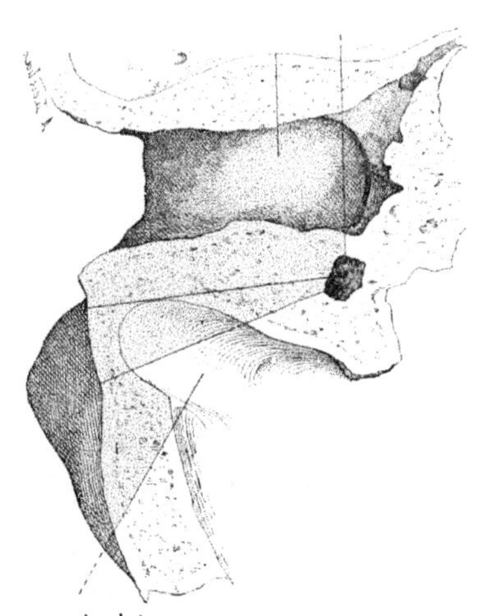

Fig. 868. — Rapports de l'antre et du sinus latéral en cas de procidence exagérée de ce dernier (Politzer).

Toutefois, il y a des cas où l'antre est reporté beaucoup plus en avant et en dedans, et n'est plus interposé entre le point de trépanation et le sinus (Barbarin) (fig. 868)

Pour éviter d'ouvrir le sinus, il est donc indispensable de ne pas trépaner à l'aveuglette avec un instrument perforant, mais d'opérer au grand jour et d'y voir, l'œil précédant l'instrument. On peut ainsi arriver à voir très distinctement la paroi du sinus et à l'éviter.

Chez l'enfant en bas âge, le sinus même très procident est toujours fort éloigné de l'antre superficiel.

Le tiers postérieur de la face interne de l'apophyse mastoïde est en rapport avec le cervelet et prend une part appréciable à la constitution de la paroi latérale de la fosse cérébelleuse. Réduite au minimum à la naissance quand la face postérieure du rocher semble se prolonger directement jusqu'à la suture occipito-mastoïdienne, une surface osseuse se forme peu à peu, qui fait partie de la paroi latérale de la fosse cérébelleuse, véritable écaille mastoïdienne. Cette région correspond à la partie antéro-externe du cervelet, et rien ne serait plus facile que d'aller par cette voie ouvrir les abcès de cette région, les plus fréquents dans les otites, si le sinus latéral ne venait barrer la route. Mais ce n'est pas là un obstacle insurmontable. Outre que dans certains cas où il est

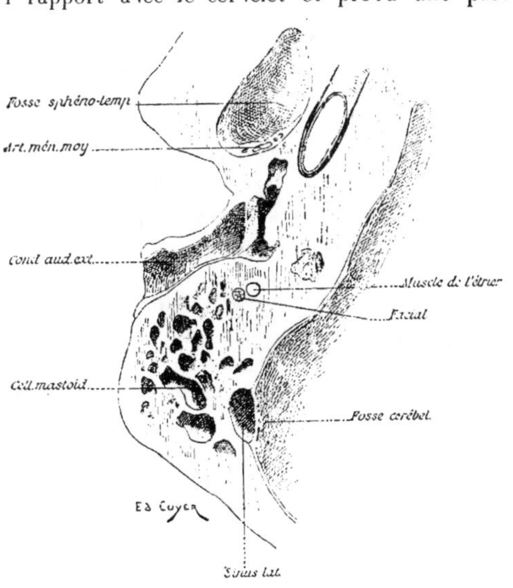

Fig. 869. — Rapport des cellules mastoïdiennes. Cette coupe passe un peu plus bas que celle de la fig. 866.

thrombosé, rien n'est plus simple que de le réséquer pour se donner du jour, on peut toujours atteindre le cervelet en passant en avant ou en arrière de lui. Dans un cas, après avoir reconnu le sinus, on effondre en avant et en dedans de lui la paroi postérieure du rocher ; dans l'autre cas, il suffit d'agrandir en arrière l'orifice de trépanation vers l'écaille mastoïdienne et au besoin vers l'occipital.

Chez l'enfant, où l'apophyse mastoïde n'existe pas encore, le cervelet ne présente aucun rapport avec le système aérien ; c'est ce qui explique la rareté chez lui des complications cérébelleuses au cours des mastoïdites.

Cellules mastoïdiennes. — A côté de l'antre pétreux dont l'existence est constante et la position à peu près fixe, le système des annexes pneumatique de l'oreille moyenne comprend encore des cellules variables d'un sujet à l'autre et rayonnant autour de l'antre. Ces cellules sont inconstantes et leur développement montre qu'elles ne sont que des annexes de l'antre. Chez le nouveau-né, l'écaille et le rocher sont formés d'un tissu spongieux ordinaire et n'offrent que des traces de cellules aérifères : l'apophyse mastoïde n'existe pas encore.

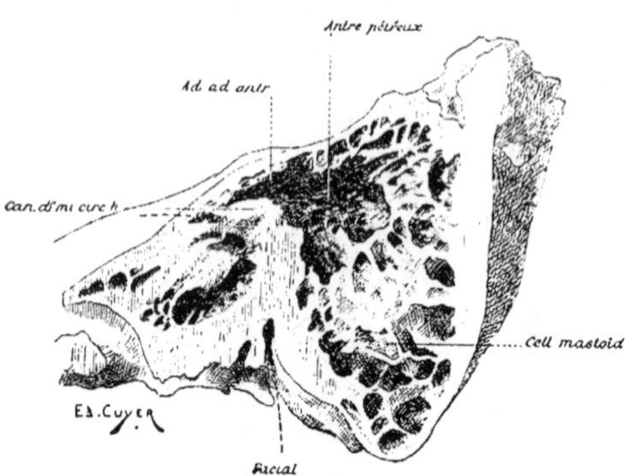

Fig. 870. — L'apophyse mastoïde ; type pneumatique.

Dans le cours de la première année, le tissu spongieux commence à être résorbé et quelques cellules aérifères apparaissent dans la base du rocher, et dans cette partie de l'écaille qui confine à la cavité tympanique. Vers deux ans, l'apophyse commence à se dessiner et devient aussitôt le siège d'un processus de résorption qui porte sur le tissu spongieux et aboutit à la formation de cellules mastoïdiennes. Peu à peu, rayonnant de l'antre vers la périphérie, elles envahissent la mastoïde, l'écaille, le rocher, et le type adulte est définitivement constitué.

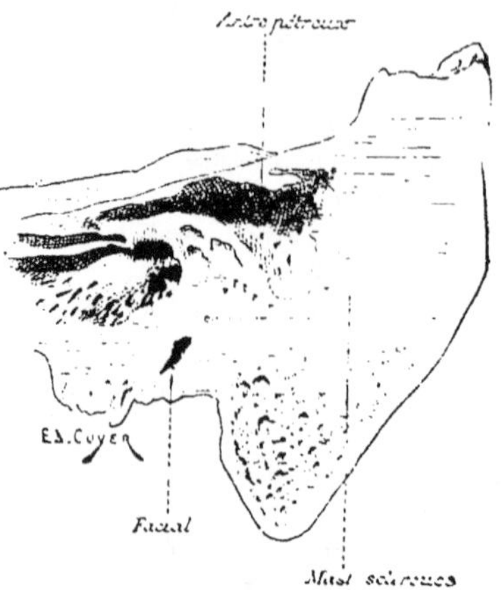

Fig. 871. — L'apophyse mastoïde : type scléreux.

Si on vient à pratiquer une section d'apophyse mastoïde, on est frappé de l'aspect différent qu'elle présente sur les divers sujets, et, suivant l'aspect de ces sections, on a pu décrire divers types d'apophyses : *ap. pneu-*

matiques, où les cellules pneumatiques sont très développées; *ap. scléreuses*, où les cellules manquent presque entièrement, ces dernières pouvant être *éburnées* quand l'apophyse est formée de tissu compact, ou *diploïques* quand on a affaire à du tissu spongieux.

Zuckerkandl a recherché quelle était la fréquence de ces divers types qu'il avait ainsi établis. Sur 250 temporaux, il a trouvé le type pneumatique 36,8 pour 100, le type scléreux 20 pour 100 et le type mixte (ap. en partie pneumatique, en partie scléreuse) 43,2 pour 100. Barbarin, sur 90 cas, arrive à des chiffres analogues : type pneumatique 30 pour 100, type scléreux 26,6 pour 100, type mixte 43,3 pour 100. Mais, comme le fait remarquer ce dernier, une pareille division est toute factice, car il existe bien rarement des types nets, la structure de l'apophyse n'étant pas partout identique : une apophyse peut être scléreuse en un point et présenter ailleurs un groupe cellulaire fort développé. Outre ces variations, les unes sont congénitales, les autres acquises (sclérose progressive de l'apophyse dans les suppurations chroniques de la caisse).

Disposées comme les rayons d'une sphère dont le centre est formé par l'antre mastoïdien, les cellules ont toujours leur plus grand axe sur un rayon de cette sphère, leur développement se faisant toujours du centre vers la périphérie (Schwartze et Eysell). Plus les cellules sont éloignées de leur centre, l'antre, plus elles atteignent de grandes dimensions : les cellules terminales sont beaucoup plus volumineuses que les cellules de passage ou intermédiaires.

On peut diviser les cellules mastoïdiennes en deux groupes, suivant la partie osseuse dans laquelle elles se développent : *cellules squameuses* ou *écailleuses*, *cellules pétreuses*. Cette distinction est loin d'être artificielle, car ces deux groupes sont séparés par une lame osseuse, vestige de la séparation primitive de l'écaille et du rocher; cette lame (*l. de Schwartze-Eysell*) est compacte à sa partie supérieure et se dissocie à sa partie inférieure en tissu spongieux : c'est le vestige de la suture pétro-squameuse ; elle se retrouve même chez l'adulte, mais chez le vieillard elle subit une résorption complète. Cependant elle ne forme pas une cloison hermétique entre les deux groupes de cellules, de nombreux orifices font communiquer les deux portions de la mastoïde.

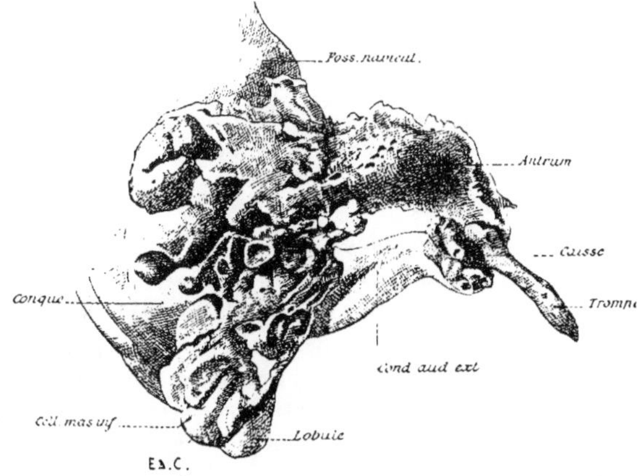

Fig. 872. — Moule de la caisse, de l'antre mastoïdien et des cellules mastoïdiennes (Bezold). Cellules mastoïdiennes volumineuses.

Cellules squameuses ou écailleuses. — Situées dans la partie antéro-supérieure de la mastoïde, c'est-à-dire dans cette portion de l'écaille qui ferme en arrière le conduit auditif externe, elles environnent la moitié antérieure de l'antre. D'abord horizontales, elles se rapprochent peu à peu de la verticale en descendant. Quelques-unes, au contact de la paroi postérieure du conduit auditif externe, forment le groupe des *cellules limitrophes* de ce conduit. En dehors de l'antre se trouve souvent une grosse cellule communiquant avec lui par un orifice étroit (*aditus externus*, Lenoir) et qu'on pourrait prendre facilement pour l'antre lui-même ; mais l'orifice de communication n'est pas en haut et en avant comme le serait l'*aditus ad antrum*, mais en bas (Broca).

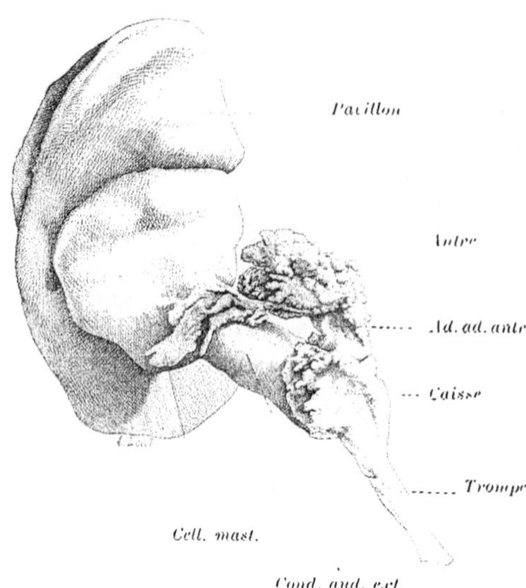

Fig. 873. — Moule de la caisse, de l'antre et des cellules mastoïdiennes (Bezold). Cellules mastoïdiennes peu développées.

Ces cellules se prolongent parfois au-dessus du conduit auditif externe et même en avant dans la racine de l'apophyse zygomatique jusqu'au-dessus de l'articulation temporo-maxillaire. En arrière elles peuvent s'étendre le long de la crête sus-mastoïdienne et même la dépasser assez notablement en haut.

Les cellules écailleuses sont généralement plus petites que les cellules pétreuses.

Cellules pétreuses. — Elles occupent la partie postéro-inférieure de l'apophyse mastoïde, c'est-à-dire la partie qui est formée aux dépens du rocher. Elles présentent un développement variable suivant les sujets, mais toujours elles sont plus importantes que les cellules écailleuses.

En avant elles s'avancent jusqu'au canal du facial.

En arrière elles se dirigent vers le sinus latéral au-devant duquel elles peuvent s'étendre : habituellement séparées de lui par une lame compacte tantôt épaisse, tantôt très mince, elles peuvent dans certains cas s'avancer jusque derrière le sinus et même atteindre l'occipital en entourant de toutes parts le canal de la veine émissaire mastoïdienne. Parfois elles passent en dedans de l'antre le long de la face postérieure du rocher.

Il en est aussi qui, situées en dessus et en dedans de la rainure digastrique, longent la partie inférieure de la gouttière sigmoïde et vont même jusqu'au golfe de la jugulaire.

En bas elles s'étendent jusqu'à la pointe de la mastoïde et jusqu'au golfe de la jugulaire. Sous le nom de *cellules mastoïdiennes proprement dites*, Broca isole un groupe de cellules situées au-dessous d'une ligne horizontale passant à l'union du tiers supérieur et des deux tiers inférieurs du conduit auditif externe. Ces cellules (*cellules de la pointe*) ne sont que des annexes des cellules pétreuses et ne méritent point d'en être distraites. Mais elles sont souvent très développées et ne sont ordinairement recouvertes au niveau du sommet et de la face interne (rainure digastrique) de l'apophyse mastoïde que par une mince coque osseuse : d'où, en cas d'empyème de ces cellules, la fréquente perforation de cette lamelle et le complexus symptomatique qui caractérise la mastoïdite de Bezold.

Structure. — Toutes les cellules aériennes de l'apophyse mastoïde, y compris l'antre, sont revêtues d'une mince muqueuse, délicate et transparente qu'il est impossible de décoller de l'os auquel elle sert de périoste. Cette muqueuse est recouverte par une seule couche de cellules épithéliales aplaties et ne contient pas de glandes.

Se développant par boursouflement progressif de l'antre, les cellules mastoïdiennes sont toujours en communication avec ce dernier et par lui avec l'oreille moyenne. Le canal de communication peut être plus ou moins difficile à mettre en évidence, mais il ne saurait jamais y avoir indépendance de ces cellules. Cela se remarque nettement sur les corrosions d'apophyse mastoïde de Siebenmann. Il y aura eu souvent confusion à cet égard entre des cellules aériennes et des cavités du tissu spongieux de l'apophyse. Cependant il est possible que secondairement, à la suite de phénomènes inflammatoires, certaines cellules s'isolent du reste de l'apophyse par sclérose.

Les *artères* de ces cellules, y compris l'antre, viennent de la méningée moyenne, en traversant le *tegmen tympani*, ou surtout de la stylo-mastoïdienne et de l'auriculaire postérieure.

Des *veines* les unes, traversant le toit de l'antre, se rendent aux veines méningées moyennes ou au sinus pétro-squameux, les autres vont directement au sinus latéral en deux groupes : l'un supérieur, l'autre inférieur, distants de 1 centimètre et se jetant dans le sinus au milieu de la saillie que celui-ci fait vers la partie moyenne de l'apophyse.

On comprend combien les relations intimes de la circulation mastoïdienne avec les sinus de la dure-mère facilitent l'infection de ceux-ci dans les suppurations mastoïdiennes.

OREILLE INTERNE

par André CANNIEU

Professeur d'anatomie à la Faculté de médecine de Bordeaux.

(1re PARTIE[1])

§ I. GÉNÉRALITÉS.

L'oreille externe et l'oreille moyenne ne sont que des parties accessoires de l'organe de l'ouïe. La partie essentielle est représentée par l'oreille interne. Elle apparaît la première dans le développement ontogénique, recueille les vibrations sonores et les transmet au cerveau par l'intermédiaire du nerf

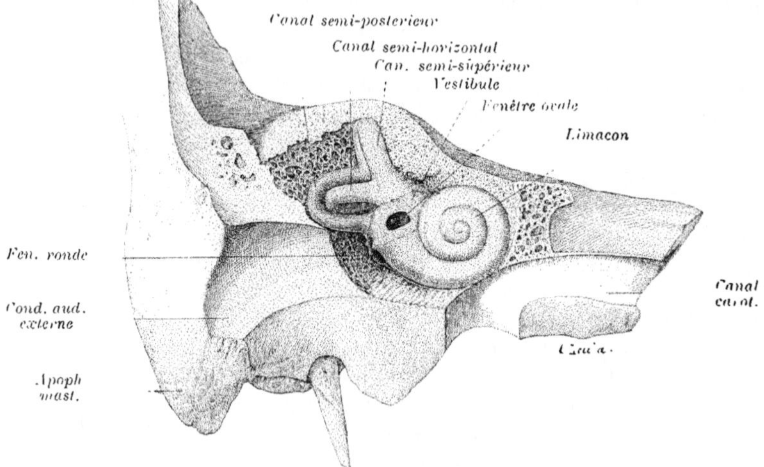

Fig. 874. — Forme et situation du labyrinthe (oreille interne) dans le rocher. Temporal droit.

acoustique. L'oreille interne est située dans le rocher, en dedans et un peu en arrière de la caisse du tympan (fig. 874). Extérieurement, elle se confond avec le rocher dont elle forme la partie la plus dure.

Une description classique de l'oreille interne, pour être complète et former un tout bien lié, doit être précédée d'un exposé rapide de quelques données embryologiques.

1. J'ai divisé l'étude de l'oreille interne en deux parties. Dans la première, j'ai éloigné systématiquement les détails inutiles, les noms d'auteurs, les mensurations. Dans la seconde, j'ai exposé les recherches les plus récentes et les plus importantes.

Des deux parties la première s'adresse aux étudiants, la seconde aux anatomistes de profession.

MM. Amblard, Dague, Gendre, Gentes et Philip, anciens élèves de mon laboratoire, m'ont prêté une aide précieuse dans le cours de ce travail.

A. A une période reculée du développement de l'être, l'oreille apparaît schématiquement constituée par une vésicule épithéliale placée sur les côtés de la moelle allongée, en plein mésoderme (fig. 875). Sur sa partie interne se voit une sorte de renflement. L'épithélium est constitué, en ce point, par une ou plusieurs couches de grandes cellules cylindriques, tandis que partout ailleurs il est moins élevé.

Cette particularité est importante à retenir : toutes les portions de l'oreille interne, que nous passerons plus tard en revue, présenteront ces dispositions. Nous *trouverons partout*, en effet, *des saillies internes*, bien distinctes du reste de la paroi, saillies où se rendront plus tard les filets nerveux de l'auditif.

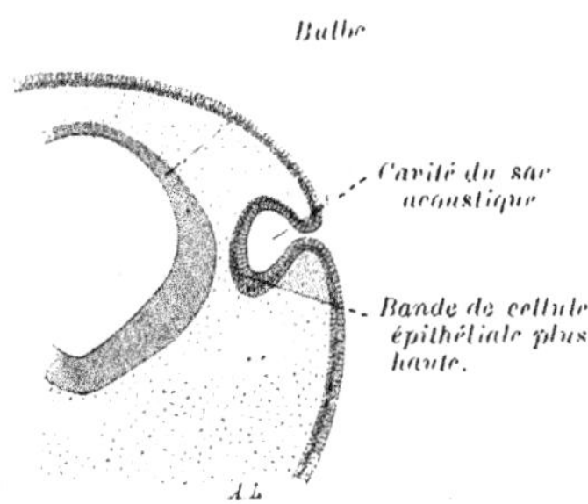

Fig. 875. — Embryologie du sac auditif (Schéma).

La vésicule primitive, plongée dans le mésoderme, n'est pas encore separée du feuillet ectodermique. La vésicule présente à sa partie interne le renflement neuro-épithélial.

B. *Développement du sac endolymphatique, des canaux semi-circulaires et du limaçon* (fig. 876). — Dans la suite du développement cinq bourgeons creux se développent aux dépens des parois épithéliales.

L'un est situé à la partie interne; il formera le *canal endolymphatique*,

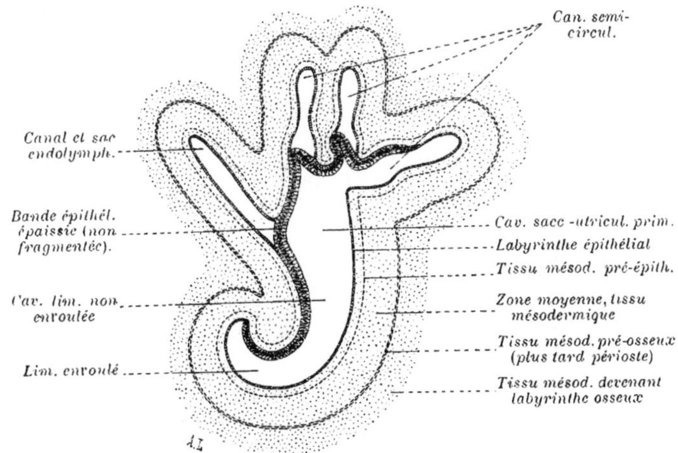

Fig. 876. — (Très schématique).

Le limaçon, les canaux semi-circulaires, le canal endolymphatique se sont développés. L'utricule et le saccule ne sont pas encore différenciés l'un de l'autre. La bande neuro-épithéliale n'est pas encore fragmentée. Le mésoderme entourant le labyrinthe épithélial est séparé par des traits indiquant les zones qui se développent chacune en un organe spécial de l'oreille interne.

dont l'extrémité se renflera. Ce renflement constituera le *sac endolymphatique*.

La paroi postérieure, par le même processus, donnera naissance aux trois *canaux semi-circulaires*. La partie inférieure de la vésicule acoustique produit le cinquième bourgeon, qui, faute d'espace, ne tarde pas à s'enrouler sur lui-même pour constituer le limaçon ou cochlée. Toutefois la partie proximale, la plus rapprochée de la vésicule primitive (fig. 876), ne décrit pas de spirales et permet en conséquence de diviser le limaçon en deux portions, *l'une rectiligne, l'autre enroulée*. La cavité de cet organe a reçu le nom de *canal cochléaire*.

C. *Développement de l'utricule, du saccule et des deux branches du sac*

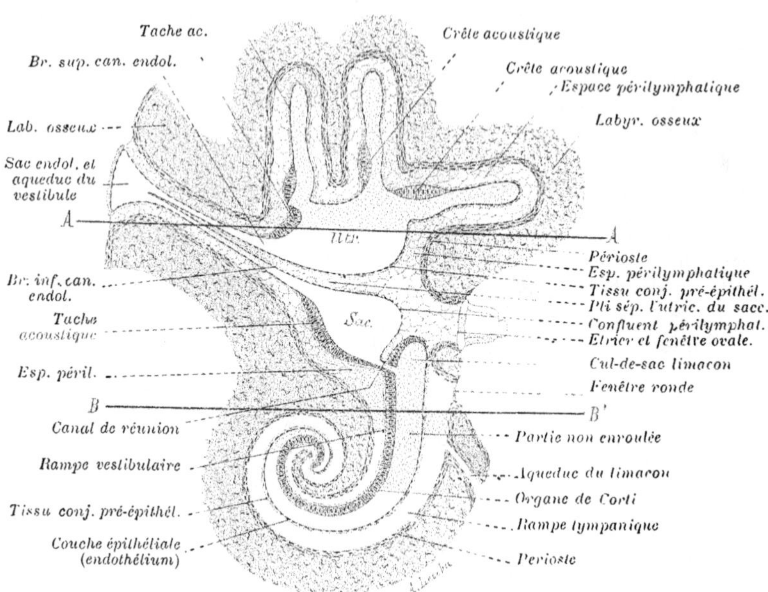

Fig. 877. — (Très schématique).

L'utricule et le saccule se sont séparés l'un de l'autre; la bande neuro-épithéliale s'est fragmentée. Le limaçon s'est séparé du saccule. Le mésoderme s'est transformé en tissu conjonctif pré-épithélial, en périoste, en espaces périlymphatiques, en tissu osseux (labyrinthe osseux). Les organes membraneux compris entre les deux lignes AA' et BB' sont renfermés dans une seule et même enveloppe osseuse : le vestibule.

endolymphatique. — Ces organes se développent en même temps, grâce à un pli qu'on voit apparaître sur la paroi externe de la vésicule primitive.

Tout d'abord la vésicule centrale est séparée en deux autres plus petites par la production de ce repli (fig. 877). Celui-ci, en s'exagérant dans la même direction, c'est-à-dire de dehors en dedans, atteint la partie interne du canal endolymphatique et le partage en deux petits conduits, qui restent en rapport chacun avec l'une des petites vésicules dont nous venons de parler (fig. 877).

Le produit de la division de la vésicule primitive est le saccule et l'utricule. L'utricule est situé en arrière et en haut, par rapport au saccule placé en avant et en bas. Le premier reçoit les canaux semi-circulaires, le second est en rapport avec le limaçon (fig. 877). Tous deux enfin communiquent ensemble, au moyen des deux branches, nouvellement formées, du sac endolymphatique (fig. 877).

Quant au limaçon, il ne tarde pas à se différencier du saccule. Toutefois il lui reste uni par un petit canal, appelé *le canal de réunion* (*Canalis reuniens, canal de Hensen* (fig. 877).

Les différentes parties que nous venons de nommer sont simplement constituées par la couche épithéliale. Leur ensemble a reçu le nom de *labyrinthe épithélial*.

D. *Formation des taches, des crêtes auditives et de l'organe de Corti.* — Pendant les différentes phases de cette évolution, les parties épaissies du sac primitif épithélial, que nous savons être situées sur la paroi interne (fig. 876), se sont développées et sont le siège de certains phénomènes particuliers.

D'abord elles suivent l'évolution de la vésicule primitive; elles grandissent et s'étendent comme une longue bande épithéliale sur tous les organes nouvellement formés; elles constituent une longue papille faisant saillie dans leur intérieur. Le sac endolymphatique seul en est dépourvu (fig. 876).

Quand les différentes portions du labyrinthe se sont différenciées, cette papille se segmente en autant de fragments correspondants.

Celui qui appartient à l'utricule et celui du saccule prennent le nom de *taches acoustiques*. Ceux qui appartiennent aux canaux semi-circulaires s'appellent *les crêtes acoustiques*, et celui qu'on rencontre dans le limaçon constitue l'*organe de Corti* ou *papille spirale* (fig. 877).

Les filets du nerf auditif ne tardent pas à se rendre à ces renflements épithéliaux.

E. *Formation du labyrinthe osseux et des espaces péri-lymphatiques.* — Il nous reste à parler du développement de la zone mésodermique, qui avoisine le labyrinthe épithélial.

Le labyrinthe épithélial est plongé dans le mésoderme (fig. 875 et 876). Bientôt cette zone mésodermique subit une évolution différente, selon qu'on considère ce tissu en un point éloigné ou rapproché du labyrinthe épithélial.

La portion éloignée ne tarde pas à former, à distance, une enveloppe cartilagineuse qui subit bientôt la transformation osseuse (*Labyrinthe osseux*). Ce dernier n'est pas directement appliqué contre le labyrinthe épithélial. Il existe une certaine quantité de tissu mésodermique entre ces deux organes (fig. 876 et 877).

Cette partie intermédiaire, qui ne s'est pas transformée en os, peut être divisée en trois portions. Une portion juxta-osseuse, une portion juxta-épithéliale et une portion comprise entre les deux autres. La première et la seconde se densifient, prennent la structure fibrillaire du tissu conjonctif. Celle qui est appliquée contre le labyrinthe osseux en devient le périoste, celle qui est juxta-épithéliale contribue à former la paroi du labyrinthe épithélial.

Quant à la portion moyenne, on la voit se creuser de cavités, de lacunes qui grandissent de plus en plus. Elles forment bientôt des espaces parcourus par des travées conjonctives, appelés *espaces périlymphatiques*, remplis par un liquide nommé *périlymphe*. L'intérieur du labyrinthe épithélial est également occupé par un liquide, qui est désigné sous le nom d'*endolymphe*.

Autour du limaçon, toutefois, les espaces périlymphatiques sont parcourus par des tractus conjonctifs pendant les premiers stades embryonnaires seulement. Plus tard, ces travées se résorbent, et il se forme de vastes cavités, sans tractus, remplies d'endolymphe, appelées *rampes* (*Rampes tympanique* et *vestibulaire*) (fig. 877 et 892).

Le labyrinthe épithélial, à cette époque, n'est plus formé simplement par l'épithélium ; il s'est adjoint une couche conjonctive justa-épithéliale pour la constitution de ses parois; il quitte alors son nom de *labyrinthe épithélial* et prend celui de *labyrinthe membraneux*.

En résumé, à ce stade, nous avons un labyrinthe osseux, un labyrinthe membraneux, et, entre les deux, des *espaces périlymphatiques* qui les séparent (fig. 877).

Le labyrinthe osseux se moule, à distance, sur le labyrinthe membraneux. Comme lui, il présente des canaux semi-circulaires et un limaçon. Il forme donc à ces parties membraneuses une enveloppe propre à chacune d'elles. Quant à l'utricule, au saccule et à la portion non enroulée du limaçon membraneux, ils sont enfermés dans une enveloppe osseuse commune. Il n'y a donc point un utricule et un saccule osseux, mais une enveloppe unique, formant un organe spécial, présentant une cavité, et qu'on appelle le *vestibule* du labyrinthe osseux (fig. 877).

F. *Développement de l'aqueduc du vestibule et du limaçon.* — Nous savons ce qu'on désigne sous le nom de *canal endolymphatique*. Au moment de l'ossification, il sera enveloppé par ce processus, ainsi que tous les autres organes dérivés de la vésicule auditive primitive. Il se forme alors un conduit osseux contenant le canal membraneux; c'est l'*aqueduc du vestibule* (fig. 877). Il renferme également une veinule.

Au niveau du limaçon, on observe, dès les premières phases de développement, une petite veine. Quand se produit l'ossification, elle est entourée par l'os : il en résulte un petit canal qui a reçu le nom d'*aqueduc du limaçon* (fig. 877).

§ II. — ANATOMIE DU LABYRINTHE MEMBRANEUX.

Le labyrinthe membraneux comprend le labyrinthe épithélial auquel s'est jointe une bande mésodermique pour former la couche conjonctive de ses parois.

Plusieurs parties le composent : l'utricule, le saccule, les canaux semi-circulaires, le limaçon membraneux et le sac endolymphatique.

Caractères du labyrinthe membraneux. — Dérivés de la même vésicule primitive, les différents organes du labyrinthe membraneux offrent un certain nombre de caractères communs au point de vue de leur structure et de leur anatomie. Nous ne nous occuperons ici que de cette dernière.

1° **Caractères communs.** — Ces organes se présentent sous la forme de sacs membraneux. On leur considère deux portions : l'une épaissie, correspondant à l'épithélium sensoriel, aux crêtes, aux taches acoustiques ou à l'organe de Corti ; l'autre, plus mince et lisse, constituant le reste des parois.

Celles-ci présentent une face interne et une face externe que nous allons décrire.

a) La face externe est réunie au périoste par des tractus circonscrivant des mailles où circule le liquide *périlymphatique*. Autour du limaçon cette disposition existe seulement pendant les premiers stades embryonnaires. Les travées conjonctives ne tardent pas à disparaître, et à leur place on trouve de vastes cavités : les rampes du limaçon (*rampes vestibulaires et rampes tympaniques*; voy. fig. 877).

En certains points, le tissu conjonctif qui double l'épithélium des sacs (tissu juxta-épithélial) se confond avec le périoste. Ces faits s'observent ordinairement aux points où les filets nerveux traversent le labyrinthe osseux pour atteindre le labyrinthe membraneux. On observe ailleurs les mêmes faits, qui sont variables comme dispositions avec chacun des organes.

b) La face interne est lisse ; elle est soulevée par la saillie des appareils sensoriels terminaux de l'acoustique (*crêtes, taches*, etc... ; voy. fig. 877).

2° *Caractères particuliers*. — **Utricule**. — Il constitue une de ces vésicules qui, avec le saccule et la partie initiale non enroulée du limaçon, sont enfermées dans le vestibule osseux, qui leur forme une enveloppe commune (fig. 877).

Situation. — Il est placé au-dessus du saccule, et occupe, par conséquent, la partie supérieure du vestibule osseux.

Forme. — Il se présente sous la forme d'un tube allongé (fig. 878).

Orifices. — On observe cinq orifices d'où partent les canaux semi-circulaires, au nombre de trois. Quatre de ces orifices sont placés en haut sur la paroi supérieure, le cinquième est situé en arrière sur la paroi postérieure.

En dedans et en haut on aperçoit une ouverture plus petite : elle conduit dans la branche postérieure du *canal endolymphatique*.

Tache auditive. — Faisant saillie sur la face interne, on voit un petit organe blanchâtre légèrement excavé au centre, c'est la tache acoustique où vient se perdre le rameau utriculaire de l'auditif (fig. 877).

Saccule. — *Situation*. — Le saccule est situé en bas et en dedans de l'utricule.

Forme. — Il est arrondi et plus petit que la vésicule précédente.

Orifices. — Il présente deux ouvertures, l'une en haut et en dedans, qui donne accès dans la branche antérieure et inférieure du *canal endolymphatique* ; l'autre, placée en dehors et en bas, est l'orifice du canal de réunion (*Canalis reuniens*, canal de Hensen), qui rattache cette vésicule à la partie vestibulaire du limaçon (fig. 878).

Tache auditive — La paroi interne du saccule présente comme celle de l'utricule une tache acoustique de même couleur et de même forme, constituant la partie épaissie de l'épithélium (fig. 877).

Canaux semi-circulaires. — 1° *Caractères communs.* — Ces canaux présentent les particularités communes suivantes :

Ce sont des tubes recourbés en demi-cercle, de forme arrondie sur une coupe transversale.

Ils prennent tous leur origine sur l'utricule et se terminent également sur cette vésicule.

Ils ont une partie dilatée s'ouvrant dans l'utricule, l'*ampoule du canal*, et une partie, dont les diamètres sont plus petits, qui s'ouvre également dans

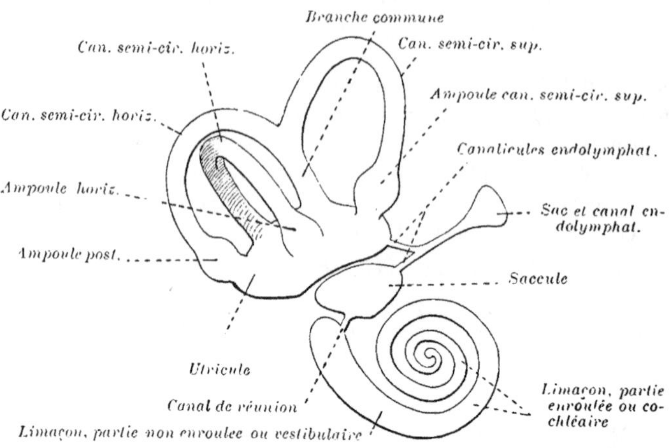

Fig. 878. — Labyrinthe membraneux (côté droit).

cette vésicule. Le premier de ces orifices a reçu le nom d'*orifice ampullaire* et le second celui d'*orifice non ampullaire* (fig. 878).

Crête auditive. — La paroi n'est épaissie dans les canaux semi-circulaires, qu'au niveau des ampoules, à l'endroit où l'épithélium reçoit les filets terminaux de l'acoustique. Cet épaississement a reçu le nom de *crête acoustique*.

Sur une coupe perpendiculaire à l'axe du canal et passant par cet épaississement, la crête apparaît avec une forme convexe (fig. 877, 897 et 898), qui lui a fait donner son nom.

2° *Caractères particuliers.* — *Situation des canaux les uns par rapport aux autres.* — Ces canaux se distinguent les uns des autres par plusieurs caractères.

L'un est appelé canal semi-circulaire supérieur, l'autre postérieur, et le troisième, horizontal (fig. 878 et 879).

Le premier est perpendiculaire à l'axe du rocher, le second lui est parallèle, le troisième est horizontal.

Situation par rapport aux plans de l'espace. — L'un est parallèle au plan sagittal par rapport à l'individu : c'est le canal semi-circulaire postérieur. L'autre est perpendiculaire ou à peu près à ce même plan, c'est le canal semi-circulaire supérieur. Le troisième est parallèle au plan horizontal.

Imaginons un cube parfait dont on aurait enlevé la paroi supérieure, une des parois latérales, l'externe, et la paroi postérieure; et, supposons que sur chacune des autres parois on trace une ligne semi-circulaire, on aura la direction, selon les trois plans de l'espace, de ces canaux (fig. 879).

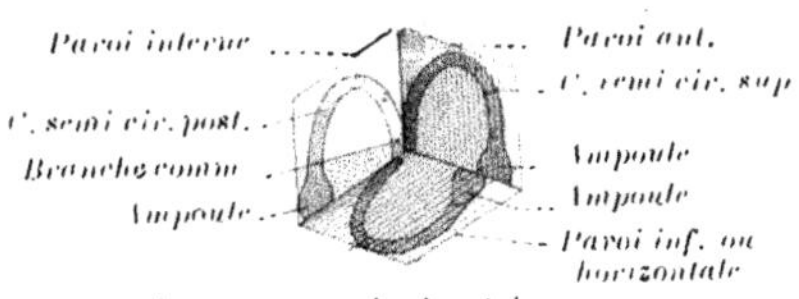

FIG. 879. — Destinée à montrer la situation des canaux semi-circulaires par rapport aux plans de l'espace.

Hauteur. — Le plus haut des trois est le canal demi-circulaire supérieur.

Longueur. — Le plus long est le postérieur, et le plus court, l'horizontal.

Abouchement dans l'utricule.
Les orifices de ces canaux sont au nombre de cinq : quatre sur la paroi supérieure, et un sur la paroi postérieure. Comme nous avons trois canaux, il faut de toute nécessité que deux d'entre eux aient un orifice commun. Il appartient aux canaux semi-circulaires postérieur et supérieur. Il constitue pour tous les deux l'orifice non ampullaire (fig. 878 et 885).

Nous avons vu plus haut que des cinq orifices, l'un se trouvait sur la paroi postérieure, c'est l'orifice ampullaire du canal semi-circulaire postérieur, et quatre étaient placés deux à deux sur la paroi supérieure. Parmi ces derniers, deux sont antérieurs et deux postérieurs : ceux-ci appartiennent au canal semi-circulaire horizontal; l'orifice externe correspond à l'ampoule (orifice ampullaire).

Des deux antérieurs, l'un, l'interne, est l'orifice commun aux canaux semi circulaires postérieur et supérieur; l'autre, l'externe, est l'orifice ampullaire de ce dernier canal (fig. 878).

Limaçon. — Le limaçon peut être étudié de deux façons. En place dans le rocher, c'est-à-dire le sommet dirigé en bas et en avant, ou bien encore la base en bas et son sommet dirigé en haut. La description de cet organe, dans cette dernière situation, est celle que les auteurs admettent généralement.

Nous étudierons la portion vestibulaire ou non enroulée du limaçon, puis sa portion enroulée.

PARTIE VESTIBULAIRE. — *Situation.* — Nous décrirons ici la portion non spiralée. Cette partie est située au-dessous du saccule, dans l'étage inférieur, en conséquence, du vestibule osseux.

Forme. — Elle affecte l'aspect d'un tube se terminant en arrière par un cul-de-sac, et se continuant en avant par une large ouverture donnant accès dans la cavité du limaçon enroulé, sans aucune ligne de démarcation du côté des parois (fig. 877 et 878).

Orifice. — En haut et en arrière existe l'orifice inférieur du canal de réunion (fig. 877 et 878).

Organe de Corti. — Sur une coupe transversale, se voit l'épaississement neuro-épithélial ou organe de Corti. Il se présente sous l'aspect d'une saillie

CANNIEU.

triangulaire à base attachée à la paroi inférieure du tube, à sommet supérieur et à bords latéraux libres, externe et interne (fig. 877 et 880). Cette bande papillaire se continue avec celle du limaçon spiral.

PARTIE ENROULÉE. — *Forme.* — La forme de cette partie est enroulée. Le limaçon humain décrit de trois tours à deux tours et demi de spires. Son sommet se termine en un cul-de-sac.

Sur une coupe transversale, on voit qu'il a la forme d'un prisme triangulaire. enroulé selon l'arête vive que forment les deux parois supérieure et inférieure, en se réunissant vers la partie interne du côté de l'axe d'enroulement. Dans les limaçons étudiés en place, la paroi supérieure devient antérieure, et l'inférieure, postérieure. Quant à la paroi externe, elle conserve la place que lui assigne son nom (fig. 880).

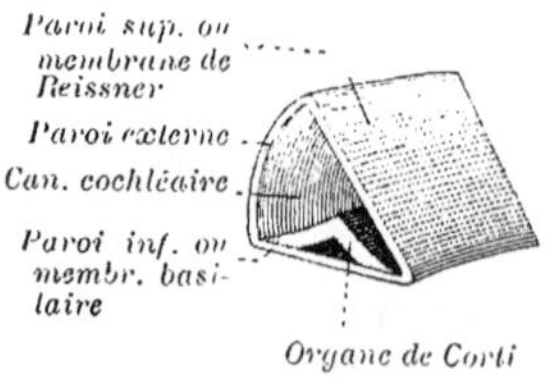

Paroi sup. ou membrane de Reissner
Paroi externe
Can. cochléaire
Paroi inf. ou membr. basilaire
Organe de Corti

FIG. 880. — Fragment du limaçon membraneux.

La paroi convexe ou externe est en rapport intime avec le limaçon osseux. Il en est de même de l'angle de réunion des deux parois, supérieures et inférieures. (Nous étudions plus loin les rapports des deux limaçons osseux et membraneux, fig. 891 et 892.)

Organe de Corti. — La paroi inférieure supporte l'épaississement en forme de papille auquel on a donné le nom de *papille spirale*, de *crête spirale*, ou encore d'*organe de Corti*. Cette paroi est encore appelée *membrane basilaire* (fig. 877, 880 et 892).

La paroi supérieure est absolument lisse : on la désigne sous le nom de *membrane de Reissner*, du nom de l'anatomiste qui l'a découverte (fig. 880, 891 et 892).

Situation. — Le limaçon est situé normalement en avant et en bas du vestibule. Les tours de spire vont de droite à gauche pour le limaçon de l'oreille droite, et de gauche à droite pour celui de l'oreille gauche. La cavité du limaçon a reçu le nom de *canal cochléaire* (fig. 880, 891 et 892).

Sac endolymphatique. — Un certain nombre d'auteurs l'étudient avec l'utricule, le saccule et la partie non enroulée du limaçon membraneux. Il suffit de se rappeler son embryologie pour se persuader que ce canal n'est pas un organe vestibulaire. Il constitue une partie du labyrinthe membraneux ayant son enveloppe osseuse propre, comme les canaux semi-circulaires et la partie enroulée du limaçon (fig. 877 et 878).

Ce sac endolymphatique est pair et formé par la réunion de deux petits canaux (voy. *Embryologie*) provenant l'un de l'utricule, l'autre du saccule. Il fait communiquer le système de ces deux vésicules. Il est situé dans l'aqueduc du vestibule (son enveloppe osseuse) et débouche à la face postérieure du rocher, sous la dure-mère, où il se termine par un cul-de-sac en forme de renflement (fig. 876, 877 et 878).

Cet organe ne possède pas de saillie interne neuro-épithéliale, comme les autres parties du labyrinthe membraneux.

§ III. — ANATOMIE DU LABYRINTHE OSSEUX ET DU PÉRIOSTE

I. LABYRINTHE OSSEUX

Le *labyrinthe osseux* sert d'enveloppe au labyrinthe membraneux. Il n'est pas directement appliqué sur ce dernier. Les espaces périlymphatiques les séparent et ce n'est qu'en certains points que ces organes sont en contact immédiat.

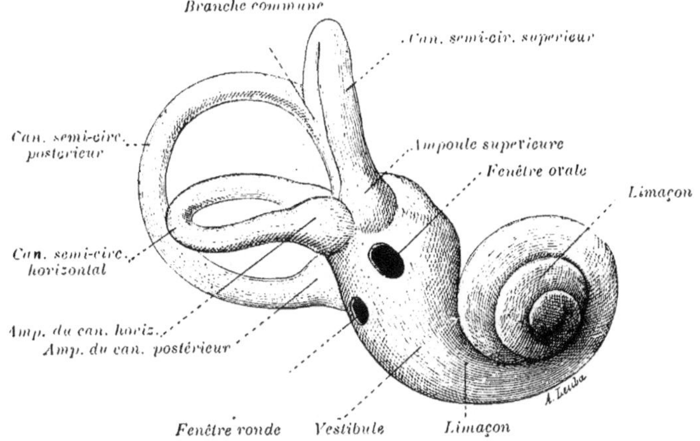

Fig. 881. — Labyrinthe osseux.

Indépendamment des aqueducs du vestibule et du limaçon, nous avons à étudier dans le labyrinthe osseux, le *vestibule*, le *limaçon osseux* et les canaux *semi-circulaires*.

1° ***Caractères généraux du labyrinthe osseux***. — Le labyrinthe osseux est tapissé sur ses parois internes par une couche mésodermique conjonctive, le périoste. De cette couche partent des travées de même origine, irrégulières, plus ou moins volumineuses, qui réunissent le périoste à la couche conjonctive de la paroi du labyrinthe membraneux. Au niveau du limaçon ces travées disparaissent et les espaces périlymphatiques sont constitués par des cavités, les rampes vestibulaire et tympanique (fig. 877, 891 et 892).

2° ***Caractères particuliers***. — *a*) **Vestibule**. Le vestibule osseux constitue la partie centrale de l'oreille interne.

Situation. — Il est situé sur la ligne qui unit le conduit auditif externe au conduit auditif interne. Il correspond en dedans, *au fond* de ce dernier conduit; *en dehors*, à la caisse du tympan ; *en arrière*, il se confond avec la partie postérieure du rocher. *En avant*, il répond au limaçon osseux (fig. 874, 882 et 883).

Forme. — C'est une cavité creusée dans le rocher. Le vestibule a la forme d'un tambour dont les faces membraneuses seraient externe et interne, et dont les autres parties cylindriques constitueraient le contour. Pour la facilité de la description, nous lui supposerons la forme d'un cube avant par conséquent des parois antérieure, postérieure, supérieure, inférieure, interne et externe,

La *paroi supérieure* présente quatre ouvertures, deux antérieures et deux postérieures (fig. 881, 882 et 883). Des deux antérieures l'externe est l'orifice ampullaire du canal semi-circulaire supérieur, l'interne est l'orifice commun aux canaux supérieur et postérieur (fig. 881, 882 et 883).

Les deux orifices postérieurs appartiennent au canal semi-circulaire horizontal. L'externe répond à l'extrémité ampullaire de ce canal.

La *paroi externe* est commune au vestibule et à la caisse du tympan. Elle

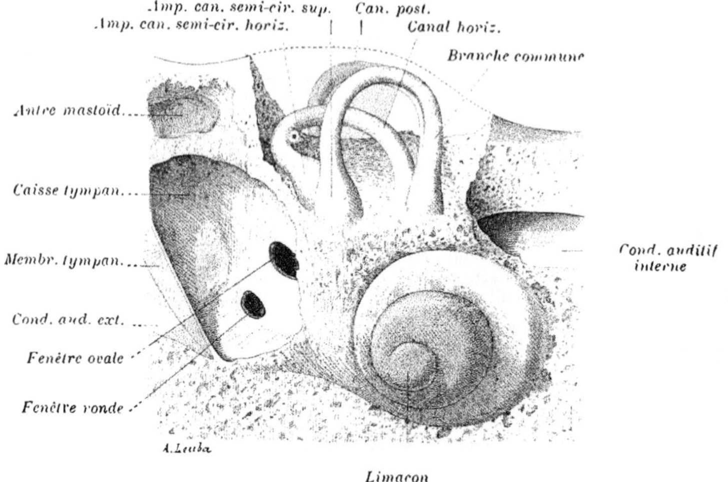

FIG. 882. — Le labyrinthe osseux, dans le rocher.

Les parties antérieures de la caisse du tympan et des conduits auditifs externe et interne ont été enlevées.

est percée d'une ouverture ovale, à grand diamètre antéro-postérieur, la *fenêtre ovale*, qui est normalement obstruée par la plaque de l'étrier.

Au-dessous et en arrière de cette fenêtre ovale, on distingue, toujours sur la face externe, un orifice arrondi donnant accès dans une cavité située au-dessous du vestibule, et qui se continue en avant avec le tube osseux du limaçon. Nous l'appellerons *cavité sous-vestibulaire*. Elle est en effet séparée du vestibule par la paroi inférieure de ce dernier. L'ouverture qui la fait communiquer avec la caisse du tympan a reçu le nom de fenêtre ronde. Elle est fermée par une expansion du périoste qui tapisse la face interne de la paroi où elle est creusée.

La *paroi antérieure* présente une ouverture en forme de demi-cercle, à concavité supérieure. Cette ouverture correspond à la moitié supérieure du tube du limaçon osseux. La moitié inférieure de ce même tube correspond, ainsi qu'on peut l'observer (fig. 883, 884 et 890) à la *cavité sous-vestibulaire*.

La *paroi postérieure* offre à considérer une ouverture donnant passage à l'extrémité ampullaire du canal semi-circulaire postérieur. Elle est placée à la partie interne et inférieure de cette paroi (fig. 883 et 884).

La *paroi interne* répond au conduit auditif interne. Elle présente un certain nombre de particularités : on y observe des *fossettes*, creusées dans la paroi, au nombre de trois. L'une est située à la partie supérieure, c'est la *fossette semi-ovoïde*. Un peu en avant et dans la partie moyenne se trouve la *fossette hémisphérique*. En arrière et en bas on aperçoit une petite dépression, c'est la *fossette cochléaire*. Nous avons dit précédemment que le labyrinthe membraneux entrait en contact avec le labyrinthe osseux plus particulièrement aux endroits où passent les filets de l'acoustique. C'est au niveau de ces fossettes que cette union s'effectue. En ces points, les vésicules membraneuses ont creusé

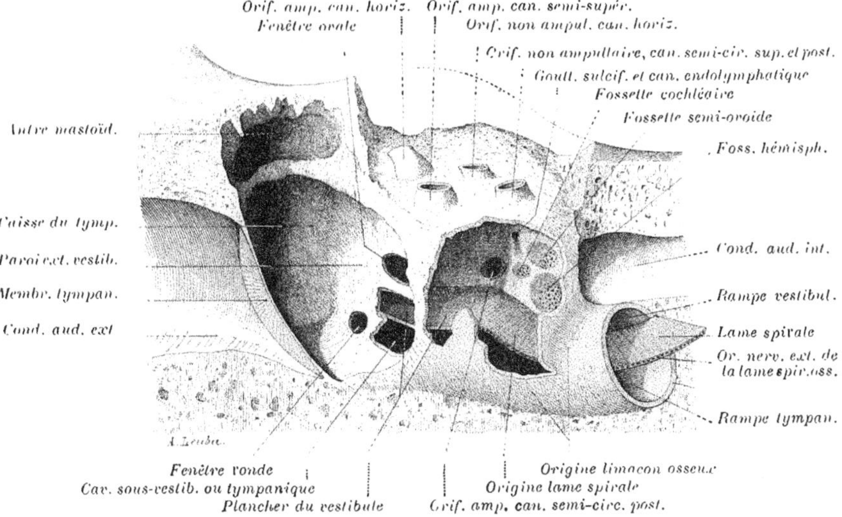

FIG. 883. — Montrant les diverses parties de l'oreille en général et en particulier du labyrinthe osseux.

Des sections ont été faites dans les parois afin d'apercevoir les différentes cavités.

dans la paroi osseuse les dépressions ou fossettes que nous étudions. La *fossette semi-ovoïde* correspond donc à l'utricule ; l'*hémisphérique*, au saccule ; et la dernière, la *fossette cochléaire*, à la portion vestibulaire ou non enroulée du limaçon membraneux (fig. 883 et 884).

Entre les deux premières fossettes la paroi forme comme un bourrelet osseux provenant de l'existence des deux dépressions entre lesquelles il se trouve. On l'appelle la *crête du vestibule*. En avant, cette crête s'élargit *en une surface* triangulaire à base antérieure (fig. 883 et 884).

Cette partie triangulaire, dont le sommet se continue avec la crête du vestibule, a reçu le nom de *pyramide du vestibule*.

A la partie supérieure et postérieure de cette même paroi, on voit un petit orifice (fig. 883 et 884) situé au fond d'une gouttière, c'est la gouttière *sulciforme*.

La *paroi inférieure* forme le plancher du vestibule. Elle ne présente rien de particulier. Toutefois il est à remarquer qu'elle sépare la cavité vestibulaire d'une cavité sous-jacente que nous avons appelée *cavité sous-vestibulaire*. En

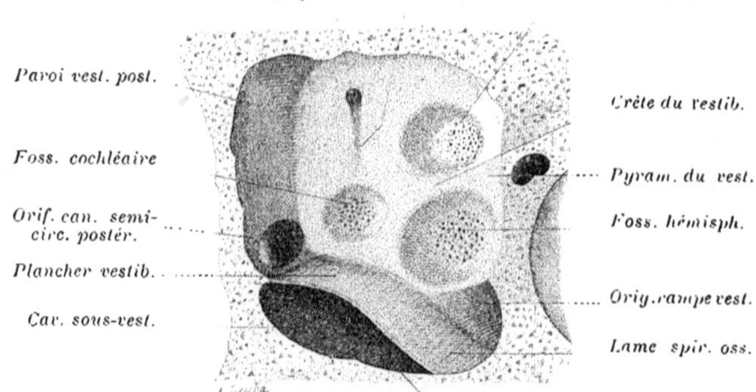

Fig. 884. — Paroi interne du vestibule, montrant les fossettes et les taches criblées.

avant, ainsi que le représentent les figures 883 et 884, elle partage l'orifice du tube du limaçon osseux en deux parties : une supérieure ou vestibulaire, l'autre

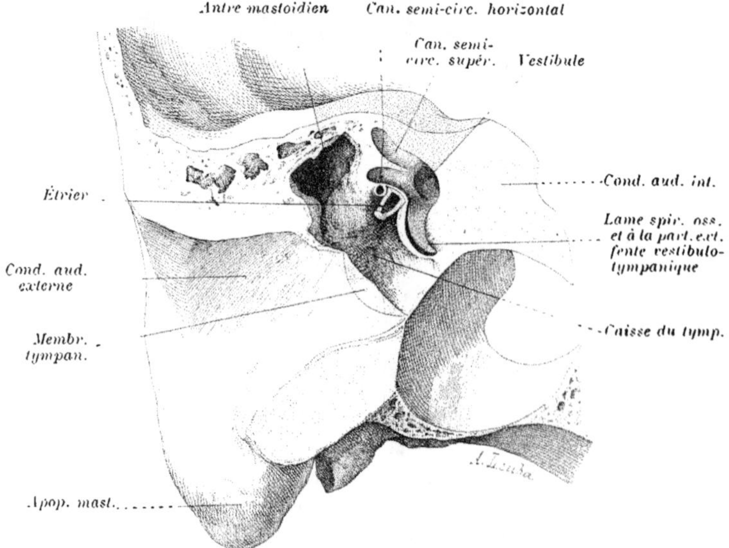

Fig. 885. — Vestibule et origine du limaçon. Coupe du rocher passant par la partie antérieure du vestibule.

inférieure ou tympanique. Ce fait est d'une *haute importance*. Nous y reviendrons plus loin.

Il est également *essentiel* de retenir que la moitié interne de cette même paroi se continue en avant dans le tube osseux du limaçon sous forme d'une lame qui en parcourt toute la cavité. C'est la *lame spirale* du limaçon osseux (fig. 883, 884, 885, 888 et 890).

Taches criblées. — Indépendamment de ces orifices et de ces dépressions visibles à l'œil nu, il en existe de beaucoup plus petits réunis par groupes. Ceux-ci donnent passage aux filets nerveux des branches du nerf vestibulaire (fig. 883 et 884).

Les groupes en question prennent chacun le nom de *tache criblée*.

Nous avons une tache criblée dans la fossette semi-ovoïde, pour le nerf de l'utricule et des ampoules des canaux semi-circulaires supérieur et horizontal; une tache criblée pour le nerf du saccule, située dans la fossette hémisphérique; une autre pour la fossette cochléaire, correspondant à la partie vestibulaire du limaçon. La première a reçu le nom de *tache utriculaire*, la seconde de *tache sacculaire* et la troisième de *tache cochléaire* ou *tache* de *Reichert* (fig. 883 et 884). Ces trois groupes d'orifices sont situés sur la paroi interne. Sur la paroi postérieure, au niveau de l'orifice ampullaire du canal postérieur, on trouve une quatrième tache criblée; elle a reçu le nom de *tache criblée postérieure* (fig. 883 et 884).

Gouttière ou fossette sulciforme, ou orifice interne du canal endolymphatique. — Nous savons que le sac ou canal endolymphatique est enfermé dans un conduit osseux appelé l'*aqueduc du vestibule*. L'orifice de cet aqueduc est placé sur la paroi interne (fig. 883 et 884), en arrière et en haut de la fossette semi-ovoïde ou utriculaire. Il se présente sous forme d'une gouttière qui ne tarde pas à se transformer en canal en pénétrant dans la paroi osseuse; on lui a donné le nom de *gouttière* ou *fossette sulciforme*.

Cavité sous-vestibulaire. — Nous savons que le bord antérieur du plancher, ou paroi inférieure du vestibule partage la partie postérieure du tube limacéen en deux parties: une partie supérieure conduisant dans le vestibule, une partie inférieure conduisant dans la cavité sous-jacente, cavité sous-vestibulaire. Cette dernière communique avec la caisse du tympan par un orifice arrondi ou fenêtre ronde (fig. 883 et 884).

Entrons dans quelques détails et voyons ce qu'est en réalité cette cavité sous-vestibulaire: Un examen attentif montre qu'elle est constituée par une paroi supérieure presque plane (la paroi inférieure du vestibule), à laquelle vient s'ajouter un demi-tube formant ainsi les parois inférieure et latérales de la cavité. On dirait, en résumé, que la demi-portion inférieure du tube limacéen au lieu de s'arrêter au niveau de la base du limaçon osseux (comme le fait la demi-portion supérieure du tube), se continue au-dessous du plancher de la cavité du vestibule jusqu'à la fenêtre ronde (fig. 883 et 884).

On peut donc considérer cette cavité sous-vestibulaire comme le prolongement de la moitié inférieure du tube osseux limacéen pénétrant sous le vestibule et communiquant avec la caisse du tympan par la fenêtre ronde ou fenêtre tympanique.

b) **Limaçon osseux**. — Nous ne nous occuperons ici que du limaçon osseux enroulé. Il n'y a point en effet d'enveloppe osseuse spéciale à la partie rectiligne du limaçon membraneux. Cette dernière est renfermée dans le vestibule osseux, avec l'utricule et le saccule.

Le limaçon osseux est ainsi nommé parce qu'il décrit des tours de spire comme la coquille du mollusque de ce nom. Il est situé dans un plan inférieur au vestibule osseux et un peu en dehors de ce dernier.

On distingue dans le limaçon osseux trois parties :

1) Un noyau central autour duquel se fait l'enroulement, la *columelle* (fig. 886 A, fig. 887 et fig. 888).

2) Un tube enroulé sur lui-même, le *tube limacéen* (fig. 886 et 887).

3) Une lamelle osseuse, la lame spirale, enfermée dans le tube et partageant incomplètement sa cavité interne en deux parties ou rampes (fig. 886, C). Cette lame décrit autant de tours de spire que le tube lui-même.

Etudions ces différentes parties.

1) ***La Columelle.*** — Le noyau osseux autour duquel s'enroule le tube du

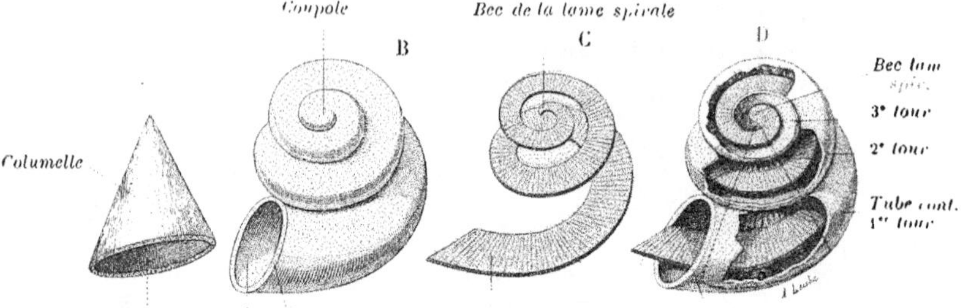

Cav. coll. Car. du tube Tube des cont. Lame sp. (base) Lame spir. Tube des contours

FIG. 886. — Parties constitutives du limaçon osseux.

Le pointillé de la fig. D indique la place occupée par la columelle. — D, la lame spirale en place dans le tube des contours.

limaçon se présente sous l'aspect d'un cône creux. Il est en conséquence plus large à la base qu'au sommet. La cavité interne également conique, reçoit le rameau cochléaire ou limacéen du nerf auditif et lui sert d'enveloppe (fig. 886, 887 et 888).

La paroi de cette cavité présente une double série d'orifices disposés suivant une double *ligne spirale*, décrivant comme le tube limacéen lui-même deux et demi ou trois tours de spire (fig. 887). Le groupement de ces orifices en rectangle (fig. 887) constitue autant de taches criblées dont l'ensemble forme ce que les anatomistes ont appelé le *crible spiroïde* ou encore le *tractus spiralis foraminulentus* (fig. 887). On peut les homologuer avec les taches criblées décrites dans le vestibule

Chacun des orifices constituant la rangée supérieure ou inférieure du crible spiral donne accès dans un petit canal creusé dans la paroi de la *columelle* et dont le trajet est oblique (fig. 887, 891 et 945) ; ces canaux sont occupés par des filets nerveux et aboutissent à un canal plus large. L'orifice externe de ces canalicules est situé sur le paroi interne de ce canal de grande dimension. Ce dernier est arrondi, légèrement ovalaire parfois, et suit le tube spiral du limaçon parallèlement à lui en constituant un véritable canal appelé *canal spiral de Rosenthal* (fig. 887, 892 et 914).

Il est creusé en partie dans la paroi externe de la columelle, en partie dans la paroi interne du tube limacéen. La paroi externe du canal de Rosenthal est percée d'une foule d'orifices de même grandeur, disposés symétriquement et donnant accès dans de petits canalicules qui traversent la paroi interne du tube, pénètrent dans la lame spirale osseuse et se terminent sur le bord externe et concave de cette lame par de petits orifices bien visibles sur les figures 883, 886 et 887.

Le *canal spiral* contient un cordon de cellules nerveuses ganglionnaires auquel on a donné le nom de *ganglion spiral* ou *ganglion de Corti*.

La face externe de la columelle se confond avec la paroi interne du tube du

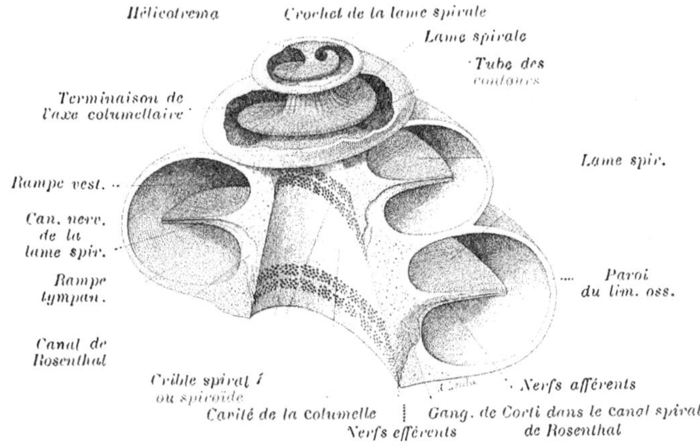

Fig. 887. — Limaçon osseux.

limaçon. On ne doit et on ne peut séparer ces deux organes que pour la commodité de la description.

Quant à la cavité conique de la columelle, elle n'est autre chose que la partie antérieure du conduit auditif interne, pénétrant avec le nerf cochléaire dans le noyau du limaçon. Le sommet de la columelle n'atteint pas le sommet de cet organe. Il ne dépasse pas la partie supérieure du deuxième tour de spire (fig. 887).

2) ***Tube du limaçon ou lame des contours.*** — Le tube du limaçon s'enroule autour de la columelle. Son diamètre diminue à mesure qu'on s'avance vers les derniers tours de spire.

Nous savons qu'on doit diviser la cavité du tube en deux portions, une partie supérieure continuant pour ainsi dire la cavité vestibulaire, rampe vestibulaire, et une partie inférieure prolongeant la cavité sous-vestibulaire, rampe tympanique.

Pour la facilité de la description, nous le décrirons comme nos devanciers, le sommet du limaçon tourné en haut ; puis nous supposerons au tube la forme c'un prisme à quatre faces, et nous lui reconnaîtrons des parois supérieure, inférieure, interne et externe.

La *paroi interne* ou concave est adhérente à la columelle et supporte le bord interne également concave de la lame spirale (fig. 886, B et D et fig. 887).

La *paroi externe* est convexe et se confond avec la substance osseuse du rocher.

La *paroi inférieure* d'un tour de spire quelconque (excepté du premier) se confond avec la paroi supérieure du tour de spire situé au-dessous pour ne

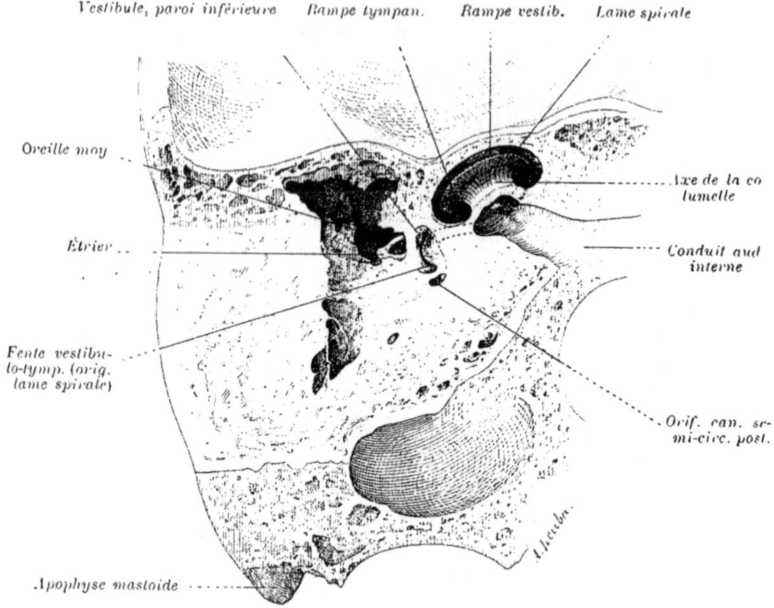

FIG. 888. — Le vestibule (paroi inférieure) et la partie basale du limaçon. Coupe du rocher, vue d'en haut.

constituer à ce niveau qu'une seule et unique cloison séparant les cavités des tours de spire différents (fig. 887 et 891).

La *paroi supérieure* se confond en conséquence avec la paroi inférieure du tour de spire situé au-dessus, pour former également une seule cloison.

Nous ferons remarquer que nous nous sommes servis du nom *tube limacéen* au lieu de *lame des contours* employé par les anatomistes. Nous pensons que le premier mot est préférable, car il indique mieux la forme de l'organe.

3) **Lame spirale.** — La lame spirale osseuse est constituée par une lamelle adhérente à la paroi interne du tube limacéen. Elle fait saillie dans la partie interne de sa cavité. On lui décrit une base, un sommet, deux faces, supérieure et inférieure, un bord interne concave et un bord externe convexe (fig. 886, C et),

La *base* ou *origine* commence au niveau du vestibule. Nous avons vu précédemment qu'on pouvait la considérer comme une expansion de la moitié interne du plancher du vestibule, se prolongeant dans le limaçon (fig. 883, 884, 885, 888 et 890).

Cette façon de comprendre la lame spirale nous rend bien compte qu'elle contribue à séparer le limaçon osseux en 2 cavités ou rampes.

Les *faces* sont, l'une *supérieure*, l'autre *inférieure*. La première répond à la partie supérieure de la cavité du *tube limacéen*, l'autre à sa partie inférieure.

L'*extrémité supérieure* ou *sommet* a la forme d'un crochet (fig. 886, 887 et 889); on lui donne encore le nom de *bec* ou *rostrum*. A ce niveau, la lame spirale n'est point adhérente (fig. 886, 887 et 889) au tube limacéen, comme cela existe ailleurs. La partie comprise entre le crochet et la paroi du tube se présente sous la forme d'un trou arrondi, incomplet, appelé *helicotrema* (fig. 887 et 889). Le pourtour de cet orifice est absolument fermé dans les labyrinthes où subsiste le limaçon membraneux. L'extrémité supérieure de celui-ci dépasse

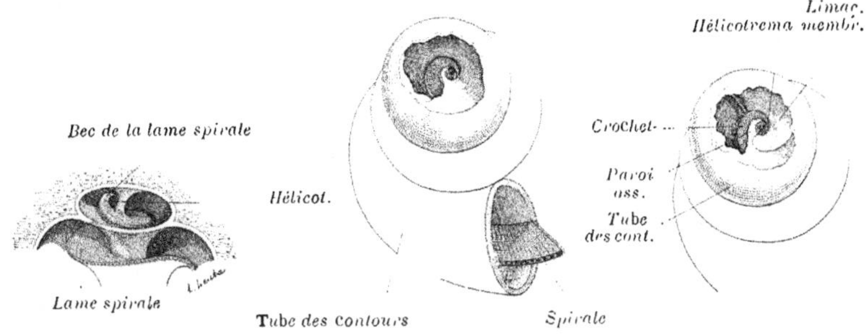

FIG. 889. — L'helicotréma ou orifice faisant communiquer les deux rampes du limaçon. En 1 et 2, hélicotréma incomplet; en 3, complet.

le crochet de la membrane spirale et vient appliquer son extrémité supérieure, en cul-de-sac, contre la paroi osseuse et former ainsi complètement l'hélicotrema (fig. 889, 3). Cet orifice, situé sous la coupole osseuse, permet à la rampe vestibulaire et tympanique de communiquer entre elles.

Des deux bords, l'*interne* est convexe et adhérent à la paroi interne du tube; l'*externe*, concave, est libre dans les labyrinthes privés de leurs parties molles. On y aperçoit une rangée de petits trous régulièrement placés (fig. 883 et 889, 2); ce sont les orifices externes des canalicules qui prennent naissance sur la paroi externe du canal spiral de Rosenthal.

RAMPES DU LIMAÇON. — La lame spirale sépare incomplètement la cavité du tube limacéen en deux parties, supérieure et inférieure, de même que le plancher du vestibule sépare la cavité vestibulaire de la cavité sous-vestibulaire (fig. 883, 890 et 891).

Si on suit la cavité inférieure du limaçon on arrive dans la cavité sous-vestibulaire.

Si on suit la partie située au-dessus de la lame spirale, on arrive dans le vestibule. Ces deux parties limacéennes, séparées par la lame spirale ont reçu le nom de rampes, et comme elles sont en communication vers la base du limaçon l'une avec le vestibule, l'autre avec la partie sous-jacente, la première prend le nom de *rampe vestibulaire*, et la seconde, de rampe sous-vestibulaire ou *rampe tympanique*. Ce dernier nom est dû en effet à ce que la fenêtre ronde fait communiquer la rampe inférieure avec la caisse du tympan (fig, 883 et 890).

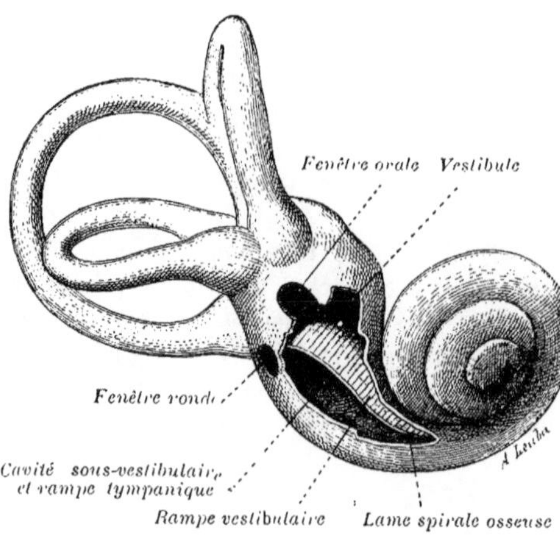

Fig. 890. — Labyrinthe osseux.
Les parois externes du vestibule et du limaçon ont été en partie enlevées.

La lame spirale osseuse sépare les deux rampes fort incomplètement. Dans le limaçon complet, les parties molles (limaçon membraneux) contribuent à la séparation absolue de ces rampes (fig. 891 et 892).

A la partie supérieure, dans la coupole, les deux rampes communiquent l'une avec l'autre au moyen de l'hélicotréma.

c) **Canaux semi-circulaires.** — Nous n'insisterons pas sur leur anatomie. La description que nous avons consacrée aux canaux semi-circulaires membraneux peut s'appliquer à leurs homonymes osseux, ainsi que leurs rapports de situation, de direction, etc. (fig. 881, 882, 883 et 890).

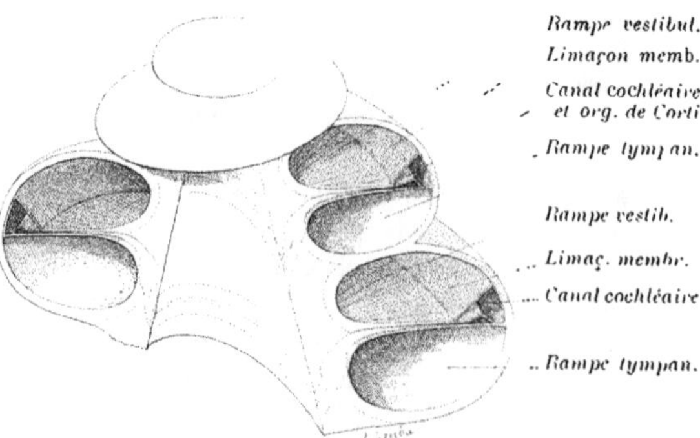

Fig. 891. — Le limaçon osseux et membraneux.

Aqueduc du vestibule. — L'aqueduc du vestibule est un petit conduit contenant la partie interne, impaire du canal endolymphatique. Les deux branches de division ne sont pas contenues dans ce conduit osseux. L'orifice externe commence dans le fond de la gouttière sulciforme du vestibule, l'interne est situé à la partie postérieure du rocher. Entre le canal endolymphatique et l'aqueduc on observe, comme dans toutes les autres parties du labyrinthe des espaces périlymphatiques. Au milieu de ces derniers, on aperçoit une veinule parcourant l'aqueduc (fig. 877, 878 et 896).

Aqueduc du limaçon. — C'est un petit conduit osseux qui contient une veinule placée au milieu d'espaces périlymphatiques. Il relie la rampe tympanique du limaçon à la partie postérieure du rocher où il s'ouvre par un petit orifice placé un peu en dedans de la fosse jugulaire (fig. 877 et 896)

II. PÉRIOSTE.

A. Généralités. — Nous n'avons rien de particulier à écrire sur le périoste du vestibule et des canaux semi-circulaires. De sa face interne se détachent des tractus le réunissant au tissu conjonctif pré-épithélial du labyrinthe

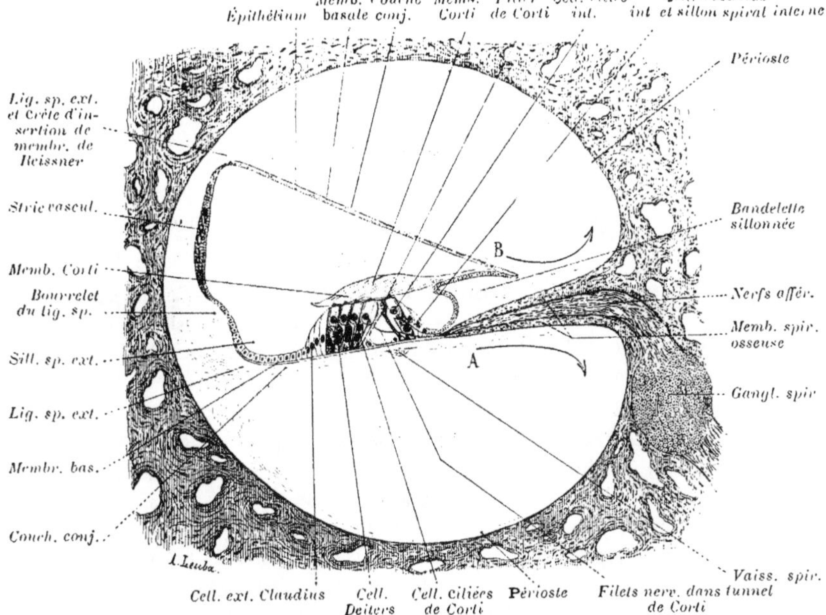

Fig. 892. — Coupe transversale d'un tour de spire des limaçons osseux et membraneux. Le périoste en rouge.

membraneux, excepté toutefois aux endroits où ils se confondent, c'est-à-dire au niveau des points d'émergence des rameaux nerveux.

Dans le limaçon ce périoste mérite une étude plus approfondie. Comme dans le labyrinthe, il tapisse la face interne du tube limacéen ainsi que les deux faces de la lame spirale osseuse (fig. 892).

Pour la facilité de son étude, prenons cette membrane dans la rampe inférieure ou rampe tympanique, au point A où il recouvre la face inférieure de la lame spirale osseuse. Il tapisse la face inférieure de cette lame et, arrivé sur la paroi interne du tube limacéen, il se recourbe vers le bas et recouvre cette paroi. De là il se dirige en dehors, tapisse la paroi inférieure puis la paroi externe jusqu'au limaçon membraneux. En ce point il se partage en deux portions, l'une qui se confond en haut avec le tissu conjonctif du limaçon osseux (fig. 892) et l'autre qui se continue en dedans avec la couche conjonctive qui double la lame basilaire (fig. 892).

Dans la rampe vestibulaire étudions le périoste sur la lame spirale, en partant du point B, où s'insère la membrane de Reissner, et suivons-le de dehors en dedans.

Il recouvre d'abord la face supérieure de la lame spirale, puis la paroi interne de la rampe vestibulaire, sa paroi supérieure, et atteint ainsi le point d'insertion supérieur de la membrane de Reissner. Là il se divise en deux portions, l'une qui continue à tapisser la paroi externe du tube limacéen, au point où il est en rapport avec le tissu conjonctif pre-épithélial de la paroi externe du limaçon membraneux, et l'autre qui se dirige obliquement en bas et en dedans pour se continuer avec la couche conjonctive de la membrane de Reissner (fig. 892).

Il ressort de cette description, ainsi que le fait prévoir le développement de ces organes, que le périoste et le tissu pré-épithélial (qui double le limaçon membraneux) ne sont qu'une seule et même chose, que ceux tissus de même origine et de même nature, qui se confondent au niveau des points de contact des limaçons osseux et membraneux. Leur structure seule diffère par certains détails seulement.

B. **Ligament spiral et bandelette sillonnée.** — Ces deux derniers organes sont formés par de simples épaississements du périoste qui tapisse le tube limacéen. L'un est situé sur la paroi externe du tube; c'est le *ligament spiral*. L'autre, la *bandelette sillonnée*, est placée sur le bord de la face supérieure de la lame spirale osseuse (fig. 892).

1) ***Ligament spiral.*** — Cet organe présente sur une coupe transversale du limaçon la forme d'un croissant dont la face convexe est adhérente à l'os (fig. 892). La face interne offre à considérer un renflement médian qui donne insertion au bord externe de la membrane basilaire (fig. 892).

L'extrémité supérieure du croissant sert d'insertion à la membrane de Reissner (*crête d'insertion de la membrane de Reissner*). Entre les deux points d'insertion externe des deux membranes, on observe une autre saillie appelée Bourrelet du ligament spiral (fig. 892).

Entre la crête d'insertion de la membrane de Reissner et le bourrelet on remarque une dépression en gouttière (fig. 892). C'est la strie ou *bande vasculaire*.

Entre le bourrelet et la membrane basilaire on aperçoit une autre dépression, moins étendue, c'est le *sillon spiral externe*.

2) ***Bandelette sillonnée.*** — La coupe transversale de cet organe se présente sous l'aspect d'un triangle à sommet interne. La base externe est creusée d'une gouttière, le *sillon spiral interne* (fig. 892, 893 et 894). Ce sillon présente deux lèvres : l'une supérieure, proche de la rampe vestibulaire, la *lèvre vestibulaire* (labium vestibulare); l'autre inférieure, la *lèvre tympanique* (labium tympanicum), où s'insère la membrane basilaire.

Ce nom de bandelette sillonnée provient de sa structure. Nous en dirons ici quelques mots, et ne reviendrons pas sur cet organe dans le chapitre consacré à l'histologie de l'oreille interne.

La partie supérieure de la bandelette sillonnée paraît constituée par des rangées de dents, d'autant plus hautes qu'on se rapproche davantage de sa base (fig. 893 et 894).

Les dents sont séparées les unes des autres par des sillons, d'où son nom de bandelette sillonnée (fig. 893 et 894).

Si on veut se rendre compte de la nature de ces sillons, il faut rapidement

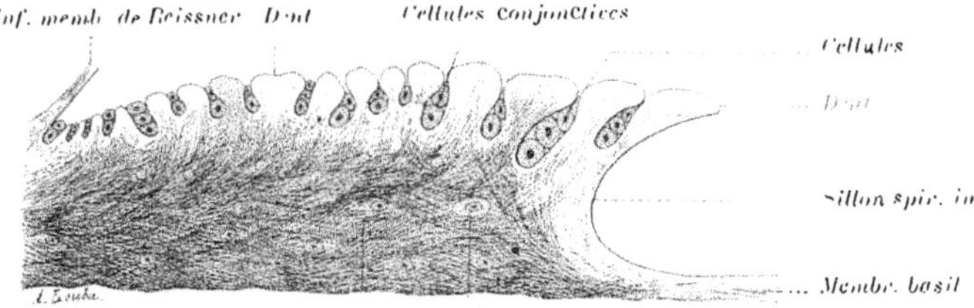

Fig. 893. — Bandelette sillonnée (Coupe transversale). (D'après Sappey.)

rappeler la structure du tissu conjonctif ordinaire. Ce dernier peut être schématiquement considéré comme constitué par des cellules épaisses, séparées les unes des autres par de la substance intercellulaire, de structure fibrillaire, formant le tissu conjonctif.

Dans la bandelette sillonnée les cellules conjonctives sont placées côte à côte, logées dans un même espace et séparées par des faisceaux conjonctifs très

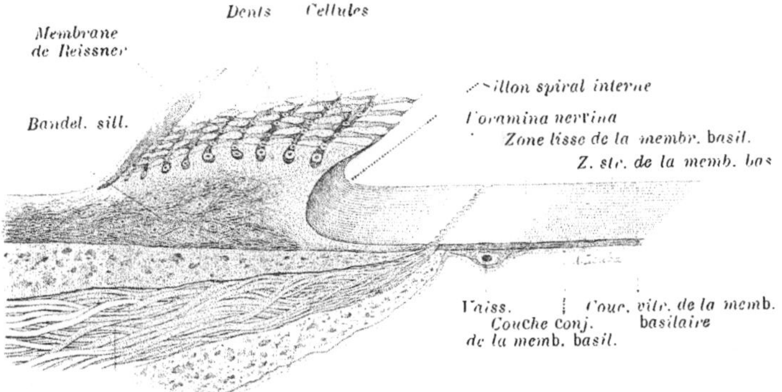

Fig. 894. — Bandelette sillonnée. Membrane basilaire et origine de la membrane de Reissner. (D'après Sappey, modifiée.)

épais. Les sillons sont constitués par la disparition des cellules dont nous venons de parler, et les dents, par les faisceaux conjonctifs restés en place. Telle est la signification de cet épaississement du périoste dont le nom spécial et la description qu'en donnent certains auteurs ne sont dus qu'à des accidents de préparation (fig. 893 et 894).

La lèvre tympanique de la bandelette sillonnée *se continue sans démarca-*

tion avec la membrane basilaire. A l'union de l'une et de l'autre on aperçoit (fig. 893 et 894) de petits orifices correspondant à ceux que nous avons observés sur le bord externe de la lame spirale osseuse. Ce sont les *foramina nervina* par où passent les filets de l'auditif (fig. 894).

§ IV. — RAPPORTS ENTRE LES LABYRINTHES OSSEUX ET MEMBRANEUX

A plusieurs reprises, dans le cours de nos descriptions anatomiques, nous avons traité cette question; aussi passerons-nous rapidement sur ce sujet.

A) **Vestibule**. — Au niveau du vestibule, les parties membraneuses entrent en contact avec la paroi interne du vestibule osseux. A cet endroit se trouvent les trois fossettes. C'est donc aux points où le nerf auditif traverse la paroi interne osseuse du vestibule que les parties du labyrinthe membraneux s'accolent à la paroi osseuse. Cette adhérence s'effectue par l'accolement de la couche externe conjonctive des sacs membraneux avec le périoste,

Entre la paroi externe du vestibule et les sacs membraneux, il existe un espace occupé par des tractus conjonctifs, beaucoup plus longs et moins nombreux qu'ailleurs et contenant du liquide péri-lymphatique. Cet espace a reçu le nom de *confluent péri-lymphatique* (fig. 877).

B) **Canaux semi-circulaires**. — Les canaux semi-circulaires osseux et membraneux sont en rapport immédiat au niveau des ampoules et au niveau de leur portion unie ou circulaire.

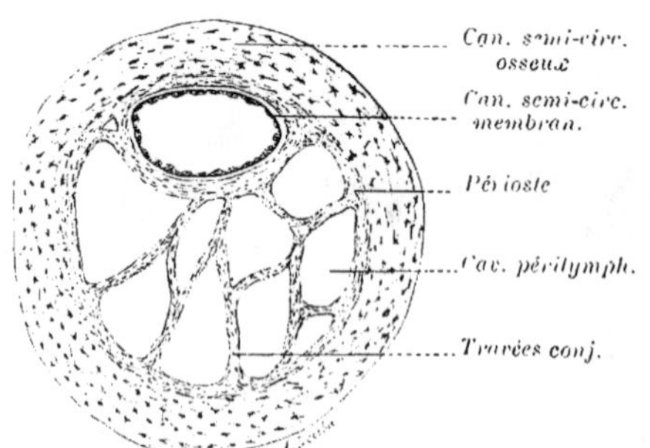

Fig. 895. — Coupe d'un canal semi-circulaire. (D'après Rüdinger.)

Au niveau des ampoules l'accolement du périoste et du tissu conjonctif préépithélial s'effectue aux endroits où pénètrent les filets nerveux.

Quant à leurs parties unies, elles s'accolent l'une à l'autre par leur portion convexe de telle sorte que le canal semi-circulaire membraneux n'occupe point le centre de son homonyme osseux, comme on le voit dans la figure 895.

C) **Limaçon**. — La partie enroulée du limaçon membraneux est en contact avec le limaçon osseux par deux points (fig. 891 et 892).

Au niveau de leurs faces convexes, comme dans les canaux semi-circulaires, leurs parois s'accolent l'une à l'autre. Cette fusion s'effectue dans toute l'étendue de la moitié supérieure du ligament spiral externe, formé, comme nous l'avons vu, par un épaississement du périoste (fig. 892).

Ces deux organes entrent également en contact vers leur partie concave, aux points où le limaçon membraneux reçoit les filets nerveux du nerf cochléaire, c'est-à-dire au niveau du bord externe de la lame spirale osseuse.

La paroi inférieure du limaçon membraneux semble ainsi être la continuation de la lame spirale osseuse. Cette paroi, qui a reçu le nom de *membrane basilaire*, porte également celui de *lame spirale membraneuse*. Les anciens anatomistes croyaient, en effet, qu'elle faisait partie intégrante de la membrane spirale, et qu'elle en constituait la portion externe. Ils l'appelaient encore *portion molle* de la lame spirale, par opposition à la partie interne, osseuse, qui en constituait la *portion dure* (fig. 892).

Le limaçon membraneux est placé à la partie externe du tube limacéen osseux. Sa paroi convexe et externe vient prendre appui sur celle du même nom du tube osseux. Son angle interne vient s'appuyer sur le bord et une petite étendue de la face supérieure de la lame spirale, recouverte à ce niveau par la bandelette sillonnée (fig. 892).

Le limaçon membraneux sépare ainsi nettement et complètement le tube limacéen en deux rampes, à peine indiquées par la lame spirale osseuse, sur le limaçon osseux.

Nous savons qu'on nomme la rampe supérieure *rampe vestibulaire* et la rampe inférieure *rampe tympanique*,

§ V. — CONDUIT AUDITIF INTERNE

A l'exemple des auteurs classiques, nous rattachons à l'étude du labyrinthe osseux celle du conduit auditif interne.

Le labyrinthe membraneux est formé avant l'ossification, avant le labyrinthe osseux. Le nerf auditif, qui dessert les crêtes, les taches acoustiques et l'organe de Corti, se développe également avant le processus osseux. Quand ce dernier s'effectue, il se moule pour ainsi dire autour du nerf, comme autour des sacs épithéliaux.

Le conduit osseux ainsi formé autour du nerf auditif et des nerfs voisins (facial, intermédiaire de Wrisberg), constitue le *conduit auditif interne*, appelé de la sorte par opposition au canal ouvert au dehors, et donnant accès jusqu'à la membrane du tympan de l'oreille moyenne, nommé conduit auditif externe. Il suffit de rappeler les notions embryologiques pour se convaincre que le nom est mal choisi, puisqu'il s'adresse à des organes n'ayant nullement la même signification morphogénétique.

Large de 4 à 5 millimètres de diamètre, long de 1 centimètre environ le conduit auditif interne suit un trajet oblique d'arrière en avant et de dedans en dehors.

Son orifice interne est elliptique et son fond correspond à la face interne de la paroi interne du vestibule, ainsi qu'à la base du limaçon.

Une crête horizontale divise le fond du conduit en deux étages, un étage supérieur et un étage inférieur (fig. 896).

Cette crête a reçu le nom de *crête falciforme* du conduit auditif interne. Chacun des deux étages est séparé en deux parties, l'une antérieure et l'autre postérieure, par des crêtes verticales. Celle de l'étage supérieur est seule bien marquée.

La partie antérieure de l'étage supérieur présente un orifice, l'orifice de l'aqueduc de Fallope pour le Facial et l'Intermédiaire de Wrisberg; la postérieure est creusée d'une fossette où l'on observe plusieurs trous pour les filets nerveux de l'utricule ainsi que des ampoules des canaux semi-circulaires supérieur et horizontal.

L'étage inférieur montre aussi un trou antérieur et une fossette postérieure.

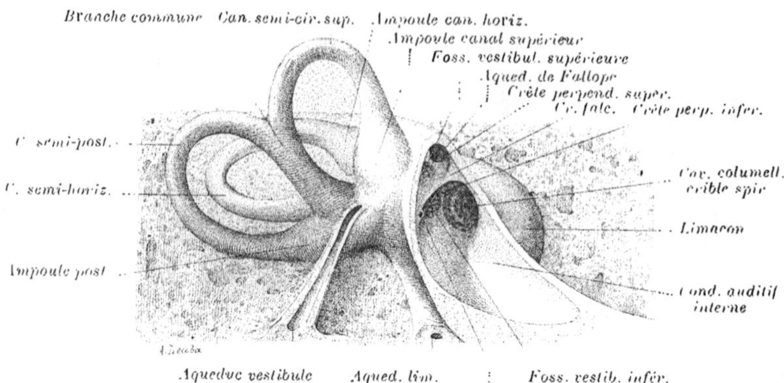

FIG. 896. — Labyrinthe osseux (face interne). Conduit auditif interne. Aqueducs du limaçon et du vestibule.

L'orifice est celui de la cavité de la columelle; la fossette présente plusieurs trous pour les nerfs du saccule (fig. 896).

En arrière de la fossette du saccule, sur sa limite postérieure, on voit un orifice pour le nerf de l'ampoule postérieure. C'est le *foramen singulare de Morgagni*.

Ces fossettes présentent de petits orifices correspondant à ceux des taches criblées que nous avons étudiées plus haut sur la paroi interne du vestibule osseux. Ils sont moins nombreux cependant.

§ VI. — STRUCTURE

La structure du labyrinthe membraneux mérite seule une description détaillée.

L'embryologie nous enseigne que cet organe se développe tout d'abord aux dépens d'un sac épithélial, se différenciant bientôt en ces différentes parties, dont l'ensemble constitue le labyrinthe épithélial. A ce sac, vient bientôt s'adjoindre une bande conjonctive, la couche juxta ou pré-épithéliale, qui contribue à former la paroi du labyrinthe : alors seulement, ce dernier prend le nom de *labyrinthe membraneux*.

Il est naturel, d'après ces faits, que tous les organes (limaçon, canaux, utricule ou saccule, etc.), aient la même structure, diffèrent peu les uns des autres, et qu'on puisse facilement ramener leurs caractères histologiques à l'unité.

A. **Caractères communs du labyrinthe membraneux.** — Que nous ayons affaire à l'utricule, au saccule, aux canaux, au limaçon ou encore au sac endolymphatique, la structure générale de ces organes est identique. De l'extérieur à l'intérieur, on rencontre :

1° Une couche conjonctive ;

2° Une couche vitrée ou membrane basale ;

3° Une couche épithéliale.

1° La **couche conjonctive** présente partout la même structure. On y rencontre des cellules à prolongements ramifiés et des cellules migratrices. Entre ces cellules, se trouvent des faisceaux conjonctifs, accompagnés de quelques fibres élastiques.

Les auteurs divisent cette couche en une couche externe *périostique* et une couche interne *fibreuse*. La direction seule des faisceaux conjonctifs justifie une pareille division d'après nous. Dans la couche externe, ils sont disposés sans ordre ; dans la couche interne, leur direction s'effectue toujours selon des plans parallèles. La structure de cette dernière est identique à celle de la cornée.

2° La **couche vitrée** est claire, transparente, vitrée en un mot ; on l'appelle encore membrane basale ; elle est située entre la zone conjonctive et l'épithélium.

3° La **couche épithéliale** diffère, selon qu'elle est examinée au niveau *a*) des parties minces, ou *b*) des bourrelets neuro-épithéliaux.

a) ***Parties minces de la paroi des sacs labyrinthiques.*** — L'épithélium est aplati, polyédrique. Les cellules offrent l'aspect pavimenteux. Elles possèdent un noyau central avec un nucléole. Cette structure s'observe dans les canaux semi-circulaires, dans l'utricule et le saccule, en dehors des crêtes et des taches acoustiques, enfin, dans le limaçon, sur sa paroi supérieure ou membrane de Reissner.

b) ***Parties nerveuses ou parties épaissies de la paroi des sacs labyrinthiques.*** — Ces portions épaissies proviennent de la différenciation de la couche épithéliale et du développement un peu plus marqué de la couche conjonctive sous-jacente. Au niveau des points, où les sacs labyrinthiques reçoivent les filets nerveux, l'épithélium est constitué non seulement par des cellules plus hautes, mais encore disposées sous plusieurs assises.

Nous savons, par l'exposé embryologique précédent, que les parties épithéliales, différenciées en vue de remplir un rôle spécial, proviennent de la bande plus épaisse des cellules, qu'on observe dans les figures 876 et 877 et qui est déjà fragmentée dans la figure 877.

La structure détaillée de ces petits organes neuro-épithéliaux terminaux appartient aux caractères particuliers de chacun d'eux. Toutefois, nous pensons qu'on peut en donner une description générale, ainsi que le fait pressentir l'embryologie.

Les crêtes des ampoules, les taches de l'utricule et du saccule, la papille ou crête spirale du limaçon, autrement dit *organe de Corti*, sont toujours constituées par deux ordres de cellules importantes, auxquelles nous ajouterons les cellules de la zone intermédiaire.

1) Cellules ciliées. — Les unes sont en rapport avec les filets nerveux terminaux et possèdent des cils rigides. Ces faits leur ont valu le nom de *cellules ciliées*. C'est par cette appellation qu'on les désigne dans les *crêtes*, les taches auditives (fig. 897, 898, et 903). Dans le limaçon, toutefois, ces mêmes cellules ont encore reçu des noms divers; on appelle les unes *cellules ciliées de Corti*, et les autres, *cellules du sommet* (fig. 899). Ces deux espèces de cellules.

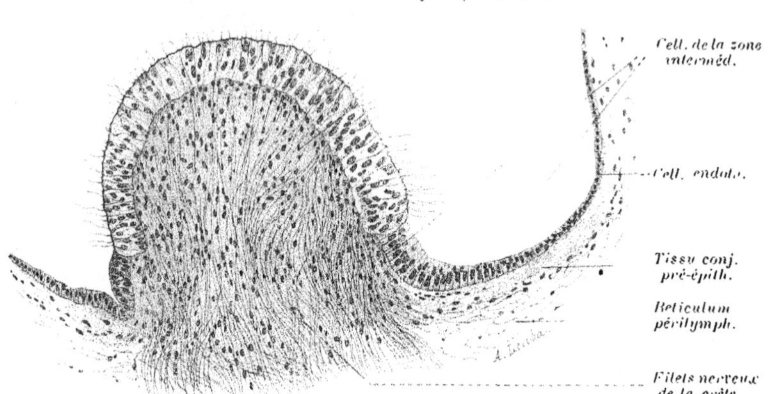

Fig. 897. — Crête acoustique. Zone intermédiaire (chez le chat).

possèdent, comme nous le verrons plus loin, la même forme et la même structure; toutes deux sont en contact avec les filets nerveux; elles diffèrent par la place qu'elles occupent dans l'organe de Corti. Les cellules de Corti sont situées à la partie externe, les cellules du sommet à la partie interne de cet organe. Cette situation a encore valu aux cellules du sommet le nom de *cellules ciliées internes*, et aux cellules de Corti, celui de *cellules ciliées externes* (fig. 892, 899 et 906).

En résumé, dans les renflements épithéliaux, dont nous parlons, on rencontre des cellules spéciales, en rapport avec les filets nerveux et portant des cils. On les nomme *cellules ciliées*. Dans le limaçon, elles sont encore désignées sous d'autres appellations, indépendamment de ces dernières, puisqu'on les nomme *cellules du sommet* et *cellules de Corti*. Quoi qu'il en soit, le premier de ces noms aurait avantage à remplacer cette terminologie qui prête à la confusion.

2) Cellules de soutien. — Indépendamment de ces cellules ciliées, il en est d'autres, privées de cils, qui remplissent un rôle de soutien, un rôle isolateur, un rôle secondaire, car elles ne sont jamais en contact direct avec les filets nerveux. Ce sont les *cellules de soutien*.

Dans les crêtes et les taches auditives, elles ne sont désignées que par cette appellation : *cellules de soutien*. *Dans le limaçon*, par contre, les anatomistes se sont plu à compliquer les choses. Les unes ont reçu le nom de *cellules de Deiters* et les autres celui de *piliers de Corti* (fig. 892, 899 et 908), qui sont des cellules de soutien modifiées,

Il est donc à remarquer que la terminologie des cellules sensorielles ciliées et celle des cellules de soutien du limaçon est moins simple que celle des crêtes

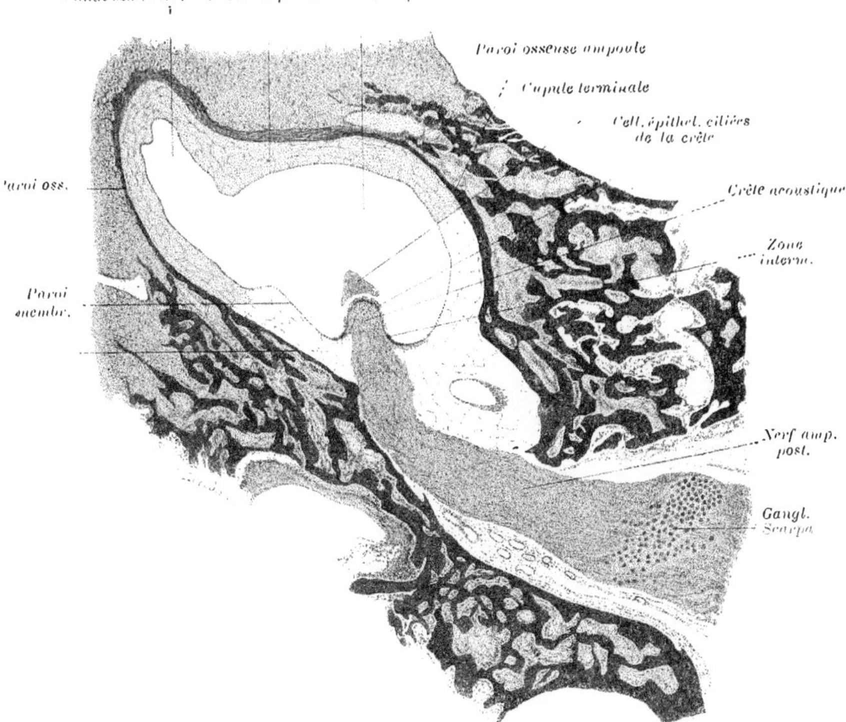

Fig. 898. — Ampoule et origine du canal semi-circulaire postérieur. Son nerf, ganglion de Scarpa. Espace périlymphatique; crête acoustique; cupule terminale (chez le chat).

et des taches auditives. *On retrouve partout cependant les deux espèces de cellules, celles qui reçoivent les filets nerveux et celles qui remplissent simplement un rôle de soutien, un rôle secondaire.*

3) Zone intermédiaire. — L'épithélium sensoriel, sur les bords des crêtes, des taches et de l'organe de Corti, ne passe pas brusquement à l'endothélium, qui tapisse les autres parties des sacs auditifs membraneux. Il existe entre ces deux formations une zone, à laquelle nous donnerons le nom de *zone intermédiaire*. Cette zone est constituée par des cellules épithéliales, d'autant moins élevées qu'on s'éloigne davantage des organes sensoriels épithéliaux (crêtes, taches, etc.), dont nous venons de parler. Elle est constituée par des cellules

allongées, prismatiques, diminuant insensiblement de hauteur, devenant cubiques et passant, en définitive, à l'endothélium (fig. 892, 897 et 898)

Cette zone intermédiaire n'a point reçu de nom spécial, de la part des anatomistes, dans l'*utricule*, le *saccule* et dans les crêtes.

Dans l'organe de Corti, les cellules qui la constituent ont reçu le nom de cellules de Claudius. La situation de ces dernières (fig. 892) les a fait diviser en deux catégories, les *cellules externes* et *internes de Claudius*. Nous pensons qu'à tous ces noms différents, il est préférable de substituer celui de cellules de la zone intermédiaire aussi bien dans l'organe de Corti qu'au niveau des crêtes et des taches acoustiques (fig. 892, 897 et 898).

Des trois couches du labyrinthe membraneux, les deux externes (conjonctive et vitrée) ont partout la même structure, à quelques détails près. La couche

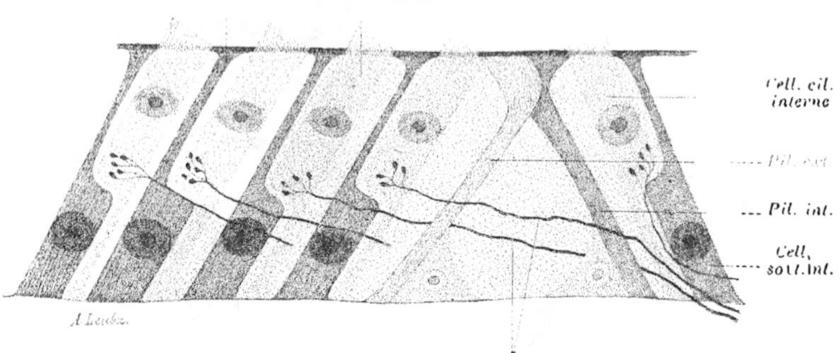

Fig. 899. — Organe de Corti.

épithéliale seule se modifie selon les points observés. Toutefois, même pour l'épithélium, on peut ramener sa structure, qui parait tout d'abord si différente, à des données simples et générales. Les parois minces possèdent un endothélium ; les parties épaissies répondent aux coussinets, où se rendent les filets nerveux ; on y rencontre deux ordres de cellules, les *cellules auditives ciliées* et les *cellules de soutien*. Il existe de plus, entre les appareils épithéliaux nerveux et l'endothélium, une zone intermédiaire, formant un passage insensible des uns à l'autre.

Ainsi donc la structure des sacs labyrinthiques membraneux est des plus simples. La difficulté de leur étude, l'ordre chronologique où leurs différentes parties ont été découvertes, ont amené les anatomistes à embrouiller la description d'organes, qui diffèrent si peu les uns des autres cependant.

Appareil otolithique. — L'épithélium, où se rendent les filets terminaux de l'auditif, sécrète, comme celui des animaux inférieurs, un appareil plus ou moins mobile, mais passif, un appareil otolithique. Il est constitué par un ou plusieurs corps, situés au-dessus des cellules ciliées, et se déplaçant sous l'influence des vibrations sonores. L'appareil, qui se trouve au-dessus des crêtes, a reçu le nom de *cupules terminales*. Celui qui se trouve en regard des taches est appelé *poussière auditive* ou *otoconies* ; et celui qu'on rencontre au-dessus de l'organe de Corti, est nommé *membrana tectoria*, *tectoria*, ou *membrane de Corti* (fig. 900, 901 et 902).

B. Caractères particuliers du labyrinthe membraneux. —

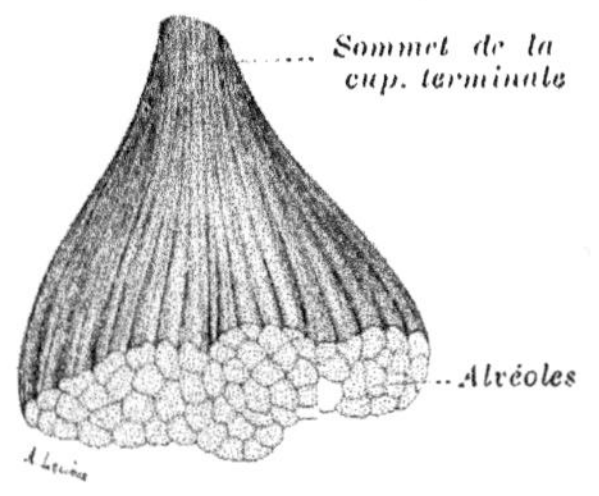

Fig. 900. — Cupule terminale de l'homme. Figure montrant les cavités alvéolaires où pénètrent les cils des cellules épithéliales.

1° **Couches conjonctive et vitrée.** — Nous avons vu que ces deux couches avaient la même structure dans toutes les parties du labyrinthe membraneux. La couche vitrée de la paroi inférieure du limaçon, appelée *membrane basilaire*, *présente certains caractères particuliers*. Pour nous conformer à l'exemple général, nous décrirons plus loin cette paroi en détail.

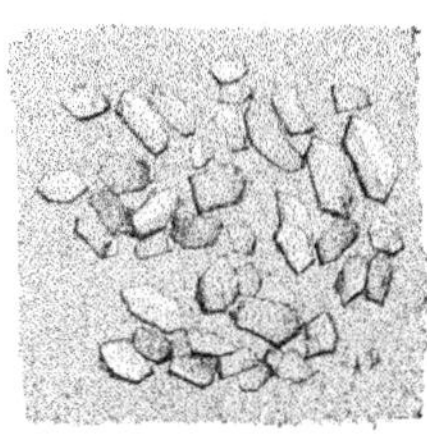

Fig. 901. — Poussière auditive des taches du saccule et de l'utricule.

2° **La couche épithéliale** diffère au niveau des crêtes, des taches et de l'organe de Corti. Encore la structure des crêtes et des taches auditives est-elle la même. Nous étudierons ensemble l'histologie des crêtes et des taches auditives, et nous consacrerons un second paragraphe à la structure de l'organe de Corti.

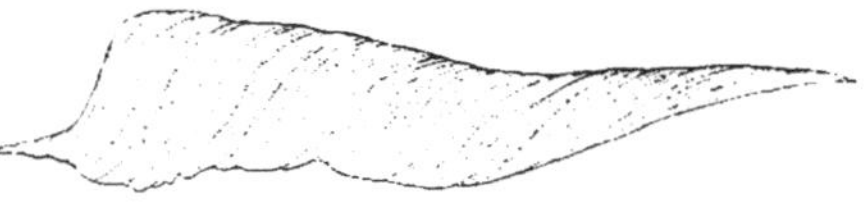

Fig. 902. — Aspect de la membrane de Corti chez l'homme (coupe radiale).

a) ***Structure de l'épithélium des crêtes et des taches auditives.*** — En général, les classiques décrivent cet épithélium chez les rongeurs. Sa structure n'est nullement semblable à celle de l'homme, cependant.

Depuis les travaux de Schulze, on considérait trois couches de cellules 1), les *cellules ciliées*; 2), les *cellules de soutien*, sous-jacentes aux premières; 3), les *cellules basales*, contre la membrane vitrée ou basale.

La description que nous en donnons en diffère presque complètement.

1) Cellules ciliées. — Les crêtes et les taches auditives sont constituées par des cellules ciliées de deux sortes : les cellules ciliées à col long et les cellules à col court (fig. 903 et 904).

Ces éléments sont, en effet, disposés sous deux rangées. Comme ceux de la seconde (fig. 903 et 904) se terminent au même niveau que ceux de la première, au niveau de la surface libre de la crête ou de la tache auditive, il s'ensuit que leur prolongement supérieur ou col sera plus long que celui de ces dernières.

Les cellules ciliées présentent un ventre ou corps renflé, ovoïde. De la partie supérieure part un prolongement, devenant de plus en plus mince jusqu'au milieu de sa longueur. Puis, il augmente de plus en plus de volume, et finit en se coiffant d'une sorte de plateau, bourrelet réfringent, arrondi, surmonté d'une foule de poils (fig. 903 et 904).

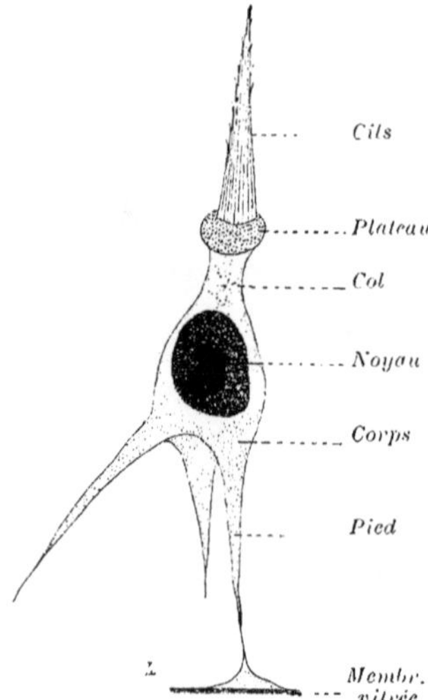

Fig. 903. — Cellule ciliée, en amphore, des crêtes et des taches acoustiques.

On peut comparer la forme de ces cellules à des amphores. De la partie inférieure du corps de la cellule (fig. 903 et 904), s'échappent un ou plusieurs prolongements protoplasmiques. Ils se terminent par un pied, étalé sur la membrane basale ou vitrée. Un gros noyau, garni d'un nucléole, occupe le corps de la cellule (fig. 903 et 904).

2) Cellules de soutien. — Chez l'homme, les cellules de soutien forment deux couches distinctes.

La couche, sous-jacente aux cellules ciliées est constituée par des éléments, présentant un renflement ou corps avec noyau et nucléole. De la partie supérieure, s'en échappe un prolongement, qui prend fin à la surface de l'organe, entre les bourrelets terminaux des cellules ciliées. De la partie inférieure, on voit sortir plusieurs expansions protoplasmiques, qui s'insinuent entre les cellules sous-jacentes pour rejoindre la membrane basale et s'y terminer (fig. 904).

La couche inférieure est située au-dessous de la précédente, contre la membrane basale ou membrane limitante. Ses cellules possèdent également un prolongement supérieur, allant prendre fin à la surface épithéliale (fig. 904), entre les renflements terminaux des cellules ciliées. Le corps de la cellule est plus ou moins arrondi, généralement conique et appliqué contre la membrane vitrée. Il possède un gros noyau avec un nucléole.

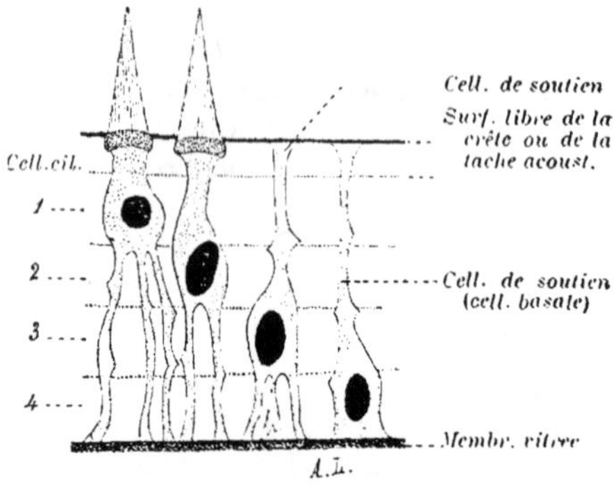

Fig. 904. — Structure des taches et crêtes acoustiques (Chez l'homme).
1, 2, 3, 4, stratification des noyaux et des corps cellulaires.

Les cellules de soutien n'ont pas de cils. Le ventre renflé de ces différentes couches de cellules occupe des niveaux différents. Ce fait a faussement permis de ranger les crêtes et les taches parmi les épithéliums cylindriques stratifiés[1]. Elles appartiennent à la classe des épithéliums cylin-

1. Dès 1895, nous avions décrit cette disposition. Déjà, à la même époque, nous avancions, pour l'avoir également observée, cette même structure dans la muqueuse pituitaire et dans celle de la trachée.

driques simples, puisque toutes les cellules partent de la membrane basale et se terminent à la surface libre de l'épithélium. Les noyaux seuls sont stratifiés. Dans les taches et les crêtes acoustiques de l'homme, il y a deux rangées appartenant aux cellules ciliées et deux rangées aux cellules de soutien.

b) **Épithélium de la papille ou crête spirale du limaçon**, *épithélium de l'organe de Corti* (fig. 892, 899, 905 et 906). — La papille spirale,

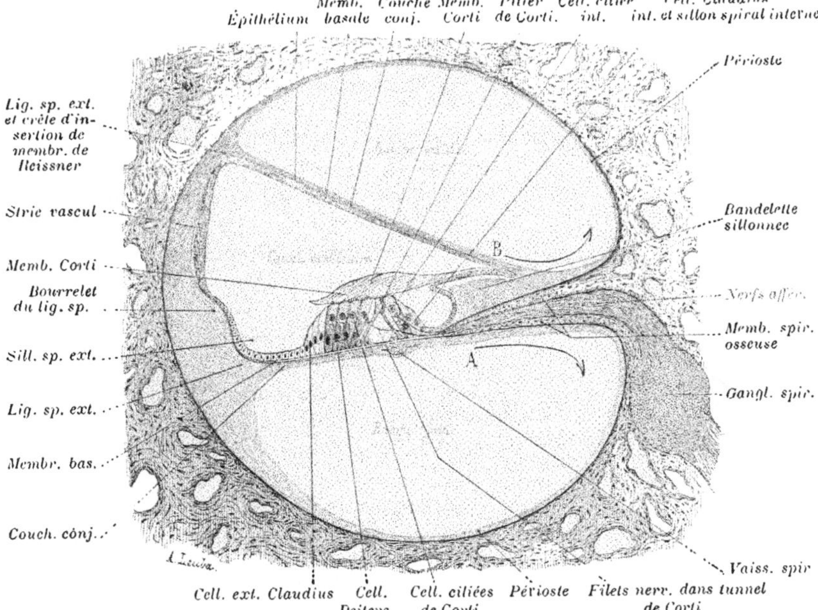

Fig. 905. — Coupe transversale d'un tour de spire des limaçons osseux et membraneux. Le périoste en rouge.

encore nommée organe de Corti, offre à étudier deux rangées de cellules. Celles de la première rangée sont les cellules auditives ciliées; les autres, placées au-dessous, constituent les cellules de soutien. Les unes et les autres vont de la membrane basilaire à la surface de l'organe (fig. 905).

L'organe de Corti n'occupe point toute la face interne de la paroi, où il est situé, mais la moitié médiane environ (fig. 905).

Comme l'épithélium des crêtes et des taches, il est dû à une différenciation de l'épithélium cylindrique primitif. Cet organe forme une saillie qui court en spirale dans toute la longueur de la *cavité du limaçon membraneux* ou *canal cochléaire* (fig. 905).

Les cellules, qui forment la partie interne de l'organe de Corti, sont dirigées obliquement en dehors. Celles qui constituent sa partie externe, beaucoup plus nombreuses, sont dirigées en dedans. De là, entre ces deux groupes d'éléments, la formation d'un tunnel, placé à l'intérieur de la crête spirale (fig. 905 et 899).

Ce tunnel, à forme triangulaire et à base inférieure, repose sur la membrane basilaire, qui en est le plancher. Ses parois sont constituées par des cellules de soutien, d'aspect spécial, qui se touchent par leur sommet. Ces cellules, qu'on ne rencontre qu'à cette place, ont reçu le nom de *piliers de Corti*. Ce tunnel est donc formé en dedans et en dehors par des éléments cellulaires, qui le soutiennent et en constituent comme les piliers ; de là leur nom (fig. 892, 899 905 et 910).

A droite et à gauche des piliers, sont placées les cellules ciliées ou cellules sensorielles ; elles alternent avec des cellules de soutien, autres que les piliers (fig. 899 et 905).

On compte une seule rangée de ces cellules en dedans des piliers (fig. 899 et 905) et quatre rangées en dehors de ces éléments, chez l'homme.

1) Cellules ciliées ou cellules auditives de l'organe de Corti. — Ces cellules présentent un corps cylindrique, assez long, au milieu duquel on aperçoit un gros noyau avec un nucléole (fig. 906).

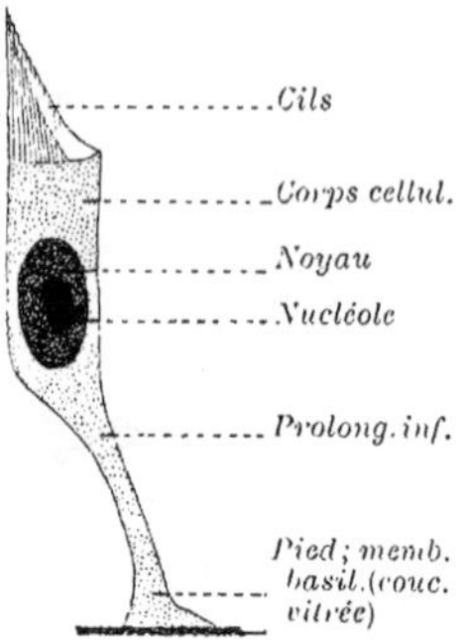

Elles possèdent un pied, qui ne continue pas la partie centrale du corps (fig. 906), mais est rejeté sur le côté. Aussi ces cellules présentent-elles une encoche du côté opposé.

Pour les cellules ciliées externes, le prolongement est placé du côté interne ; et pour les cellules ciliées internes, sur le côté externe. En un mot, il est toujours placé du côté du tunnel (fig. 899 et 905).

Fig. 906. — Cellule ciliée sensorielle de l'organe de Corti (cellule externe).

Ce prolongement inférieur vient s'insérer sur la membrane basilaire. L'extrémité supérieure de la cellule est arrondie ; elle est recouverte par un plateau cuticulaire, de même forme, portant un certain nombre de cils, rangés en fer à cheval. La concavité de ce fer est tournée, pour chaque groupe de cellules auditives, du côté du tunnel (fig. 899), en dehors, par conséquent, pour les cellules auditives internes, en dedans, pour les cellules auditives externes (fig. 899 et 905).

Les cellules externes, rappelons-le, sont appelées *cellules de Corti*, et les cellules internes, *cellules du sommet*.

2) Cellules de soutien. — Ces cellules sont de deux sortes : les *piliers de Corti* et les cellules de soutien internes et externes. Ces dernières alternent avec les cellules ciliées : on les a encore nommées *cellules de Deiters*.

Cellules de Deiters (fig. 899, 905 et 907). — Ces éléments présentent un corps et un prolongement, comme les cellules ciliées, avec cette différence, cependant, que le prolongement est supérieur. Il est situé sur le côté ; mais de façon à ce que l'encoche corresponde à celle de la cellule ciliée de Corti. On dirait, vue en place, que cette cellule de soutien sert de siège à la cellule de Corti. Le corps de la cellule de Deiters est cylindrique ; elle possède un noyau avec un nucléole (fig. 907).

Le prolongement supérieur se termine à la surface de l'organe de Corti par un plateau (fig. 907) présentant un rétrécissement médian et deux extrémités renflées, le plateau a grossièrement la forme d'une *phalange*, tandis que celui de la cellule de Corti a l'aspect d'un *rond*. Il est important de retenir ces noms et ce qu'ils signifient, pour comprendre la structure de la *membrane réticulaire* dont nous parlons plus loin.

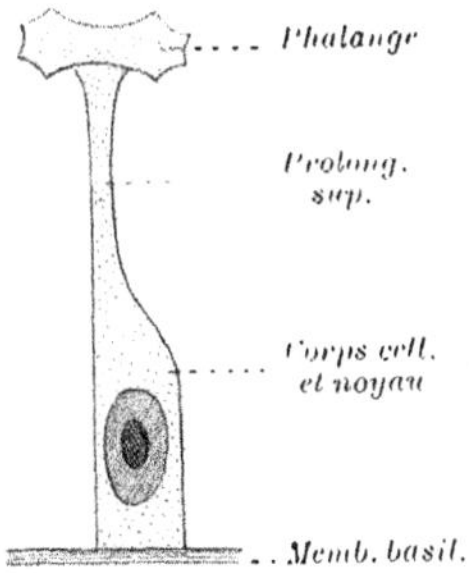

Fig. 907. — Cellule de soutien (de Deiters) de l'organe de Corti.

Les deux côtés évidés de la phalange, mis en regard de ceux d'une autre cellule de même nature, constituent un orifice arrondi, dans lequel vient se loger l'extrémité supérieure d'une cellule ciliée de Corti.

Les cellules de Deiters sont au nombre de quatre rangées, à la partie externe de l'organe de Corti (cellules externes) et d'une seule à la partie interne [1].

Piliers de Corti. — Les piliers sont au nombre de deux, sur une coupe transversale : le pilier interne et le pilier externe. Les auteurs leur considèrent une partie médiane, un corps et deux extrémités. Nous ne croyons pas devoir nous plier devant une division qui n'a rien de scientifique.

Nous leur considérerons, comme aux cellules de Deiters, leur homologue comme fonction et comme morphologie, un corps cellulaire, un prolongement supérieur et un plateau (fig. 908).

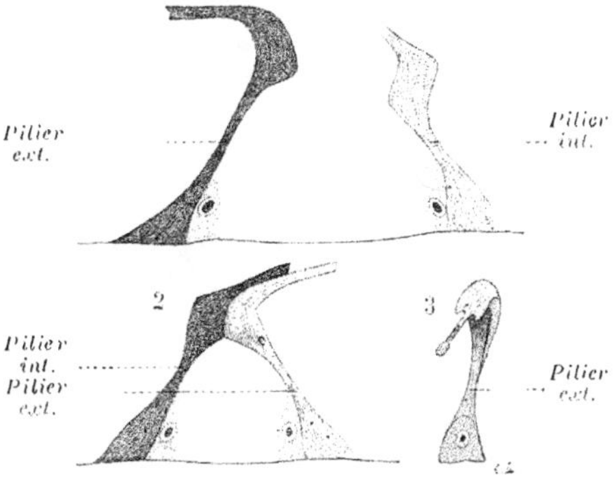

Le corps cellulaire (fig. 908) est plus petit et plus bas que celui de la cellule de Deiters; il présente un noyau et un nucléole. Les auteurs lui donnent le nom de *base*; elle repose sur la membrane basilaire.

Le prolongement est reporté sur un des côtés, comme pour la cellule de Deiters; du côté interne pour le pilier interne, du côté externe pour le pilier externe. Ce fait les rapproche encore des cellules de Deiters (fig. 907 et 908) où l'on observe les mêmes dispositions.

Fig. 908. — Piliers internes et externes de l'organe de Corti.

1, piliers séparés. — 2, piliers appuyés l'un contre l'autre et formant le tunnel de Corti. — 3, pilier externe vu par sa face externe.

L'extrémité supérieure ou tête du pilier présente un plateau avec une apophyse, plus ou moins longue. On peut l'homologuer à la phalange de la cellule de Deiters. La tête du pilier interne est creusée d'une cavité, qui reçoit

1. La cellule de soutien interne n'est pas habituellement appelée cellule de Deiters. Elle a cependant la même forme. Nous pensons qu'il vaut mieux lui donner ce nom pour simplifier les choses.

celle du pilier externe (fig. 908). Ces piliers, au niveau de leur tête, ne sont unis que par simple juxtaposition.

La partie médiane du prolongement est plus étroite que le corps ou base et que la tête. Il existe donc, entre les piliers d'une même rangée, des fentes, par où s'insinuent les filets nerveux qui se rendent aux cellules ciliées externes (fig. 899 et 910).

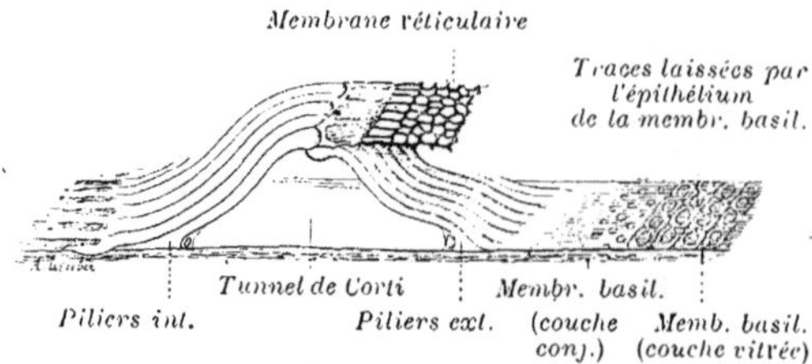

Fig. 909. — Membrane réticulaire, ciment intercellulaire de l'organe de Corti privé de ses ronds et de ses phalanges. Piliers de Corti; membrane basilaire. (D'après Cruveilhier, modifiée.)

Le pilier interne repose, par sa base, immédiatement en dehors des orifices donnant passage aux filets nerveux (foramina nervina).

Membrane réticulaire. — Nous avons vu que les cellules de Corti avaient leur plateau représenté par une surface cuticulaire portant des cils. Ce plateau est arrondi et présente l'aspect d'un *rond*. Nous savons aussi que l'extrémité supérieure des cellules de soutien (cellules de Deiters et piliers de Corti) est

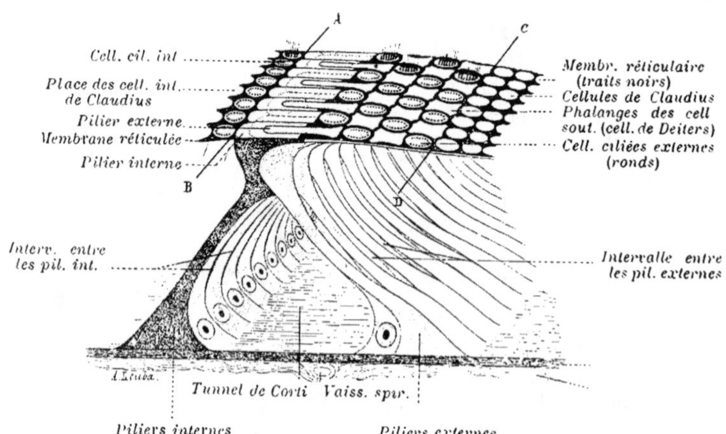

Fig. 910. — Membrane réticulaire représentée par les traits noirs, unissant les cellules de l'organe de Corti.

En bleu, les cellules ciliées (plateaux supérieurs ou ronds). En jaune, cellules de Deiters (plateaux supérieurs ou phalanges). En rouge, cellules externes de Claudius. Entre AB et CD, membrane réticulaire, seule admise par les auteurs.

formée par des plateaux cuticulaires, appelés *têtes pour les piliers* et *phalanges pour les cellules de Deiters*. Tous ces plateaux, ces têtes, ces phalanges, ces ronds sont unis les uns avec les autres par *un ciment intercellulaire, semblable à celui qui existe entre les cellules de tout épithélium*. Ce ciment d'union, lorsqu'il subsiste et que les éléments de l'organe de Corti ont disparu pour une raison quelconque, se présente sous la forme d'une membrane réticulée, percée d'orifices. Ces orifices se présentent sous l'aspect de figures géométriques, auxquelles on a donné le nom de *ronds* et de *phalanges*, fig. 909 et 910.

Les phalanges, nous savons qu'elles désignent l'espace occupé par la cellule de Deiters, et les ronds, celui que remplit la cellule ciliée de Corti. Dans la figure 909 et 910 les lignes noires représentent le ciment d'union, dont *l'ensemble constitue la membrane réticulaire*; les portions bleues indiquent les endroits où les plateaux des cellules ciliées sont restés adhérents à cette membrane, et les jaunes, les points où les phalanges continuent d'occuper leur place normale. Enfin les parties rouges représentent les plateaux supérieurs des cellules externes de Claudius réunies également par un ciment interstitiel continuant, d'après nous, la membrane réticulée à ce niveau (fig. 910).

Zone intermédiaire ou zone des cellules de Claudius. — Les cellules de Claudius sont les éléments cellulaires qui constituent pour le limaçon la *zone intermédiaire*, placée en dehors et en dedans de l'organe de Corti, entre ce dernier et l'épithélium aplati des autres régions.

Ce sont des cellules cylindriques, divisées d'après leur situation en cellules internes et cellules externes de Claudius. Les cellules internes se confondent insensiblement avec celles du sillon spiral interne (fig. 905); les cellules externes, avec celles de la partie externe de la membrane basilaire (fig. 905).

c) ***Structure des parois du limaçon membraneux.*** — 1) Paroi inférieure ou membrane basilaire. — L'épithélium de la membrane basilaire est déjà connu de nous. L'organe de Corti en occupe une grande partie; à droite et à gauche de ce dernier on observe les cellules de Claudius se continuant avec les cellules cubiques, qui tapissent le reste de cette membrane. A sa partie interne, les cellules restent cubiques jusqu'à l'insertion inférieure de la membrane de Reissner.

La *membrane basilaire* offre à étudier de dedans en dehors, c'est-à-dire en allant du canal cochléaire à la rampe tympanique : 1° un épithelium déjà connu (fig. 899 et 905); 2° une vitrée possédant ici des caractères spéciaux, ils se voient très facilement, quand l'épithélium est enlevé. La vitrée offre alors à considérer deux parties : l'une *interne lisse* et l'autre *externe striée* radialement (*zone lisse* et *zone striée*). A l'union de cette membrane et de la lèvre tympanique du sillon spiral interne, on aperçoit les orifices pour les filets du nerf du limaçon (foramina nervina) (fig. 894 et 905).

La *couche conjonctive*, se continuant avec le périoste, forme la couche externe. Elle est parcourue par un vaisseau, le vaisseau spiral (fig. 894 et 905).

2) Structure de la paroi externe. — Sur la paroi externe, l'épithélium est cubique dans le sillon spiral externe. Au niveau de la bande vasculaire (fig. 905), cet épithélium se dispose sur deux ou trois couches. Au-dessous de ces cellules, disent les uns, au milieu même de l'épithelium, prétendent les autres, on rencontrerait un grand nombre de vaisseaux, de là, le nom de bande vasculaire, donné par les anatomistes à cette partie de la paroi externe et supérieure du canal cochléaire (fig. 905).

3) Structure de la membrane de Reissner. — C'est, pour nous conformer

à l'usage établi par les classiques, que nous étudierons spécialement la structure de cette paroi, qui nous est déjà connue en grande partie. La membrane de Reissner constitue la paroi supérieure du limaçon membraneux.

La *membrane de Reissner* présente, en allant de dedans en dehors, c'est-à-dire en allant du canal cochléaire à la rampe vestibulaire : 1° un endothé-

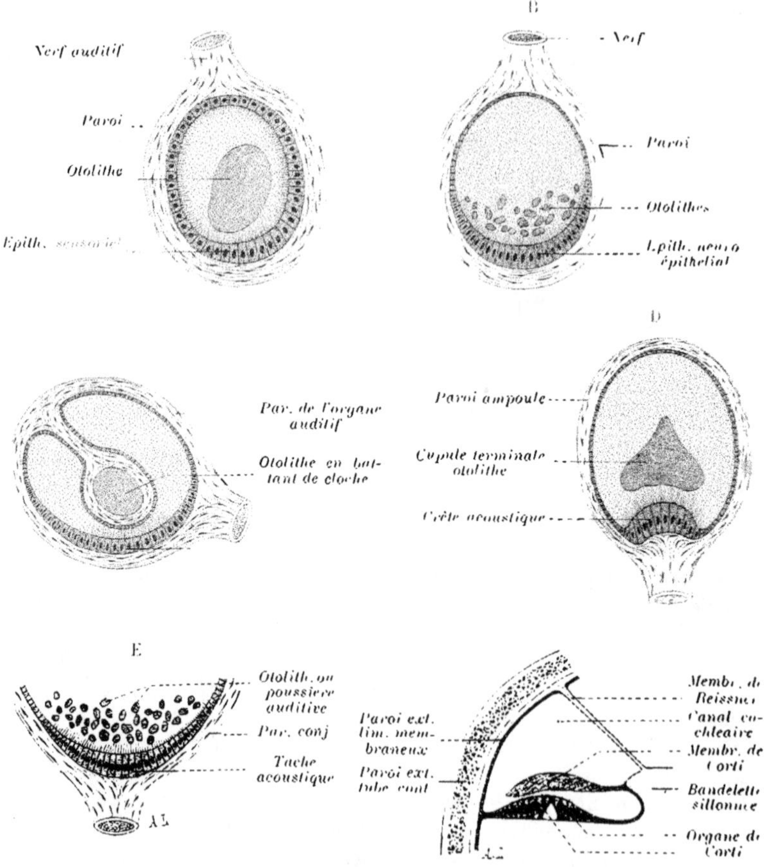

Fig. 911. — Appareil otolithique.

A. Anodonte. — B. Hélix. — C. Géryonides. — D. crête acoustique. — E. tache acoustique. F. limaçon et membrane de Corti.

lium ; 2° une membrane vitrée ou membrane basale, ou encore membrane limitante ; 3° une couche conjonctive se continuant avec le périoste (fig. 905).

Remarque. — Un certain nombre d'auteurs, et nos observations nous permettent de nous ranger à leur avis, décrivent une quatrième couche endothéliale à toutes les parois des sacs auditifs membraneux. Elle tapisse extérieurement la couche conjonctive. J'ai suivi le développement des espaces périlymphatiques : Ils se forment comme les bourses séreuses et les synoviales. Il est donc naturel de retrouver dans ces cavités un *épithélium aplati*. Dans le vestibule et les canaux semi-circulaires, les travées conjonctives sont également tapissées par l'endothélium, aussi les espaces qu'elles circonscrivent ont leurs parois revêtues complètement par les cellules endothéliales.

Appareil otolithique. — Nous en avons déjà donné la définition. Cet appareil, constitué par un ou plusieurs corps inertes, est sécrété par l'épithélium sensoriel placé au-dessous de lui pour faciliter la réception des vibrations sonores.

Quand on examine l'appareil otolithique des animaux inférieurs, on voit qu'il peut se ramener à deux formes principales : la forme en *grelot* et la forme en *battant de cloche*.

La forme en grelot se présente sous deux aspects : le corps inerte est unique ou multiple. Chez l'anodonte, on observe la première de ces dispositions, et chez le limaçon, la seconde (fig. 911, A et B).

Quant à la forme en battant de cloche, nous l'observons chez les Geryonides, où nous l'avons très schématiquement représentée (fig. 911, C).

Ces différentes dispositions de l'appareil *otolithique* des animaux inférieurs sont représentées chez l'homme. Celui des crêtes, appelé, nous l'avons vu, cupule terminale, reproduit le premier type ; celui des taches, avec l'otoconie ou poussière auditive, représente celui des Helix (fig. 911, B et E), et, enfin, celui de l'organe de Corti, par la *membrane de Corti* ou *membrana tectoria*, ressemble à l'otolithe en battant de cloche des Geryonides (fig. 911, C et F).

§ VII. — NERF ET VAISSEAUX

A. **Nerf**.— Le *nerf acoustique* ou *auditif* n'est pas normalement divisé, chez l'homme, en deux branches (fig. 912 et 913). Ce n'est que sur les coupes transversales qu'on voit une cloison conjonctive plus épaisse séparant les faisceaux nerveux en deux portions. La bifurcation s'effectue assez loin, à peu de distance du fond du conduit interne ; l'une des branches est postérieure et supérieure : c'est la *branche vestibulaire* ; l'autre, inférieure et antérieure : c'est la *branche cochléaire*. Les filets nerveux qui constituent chacun de ces rameaux se jettent, avant de se rendre au labyrinthe membraneux, dans deux ganglions qui portent le nom : l'un de *ganglion de Scarpa* ; l'autre, de *ganglion de Corti*. Ce dernier est enfermé dans le canal spiral creusé dans la paroi de la columelle.

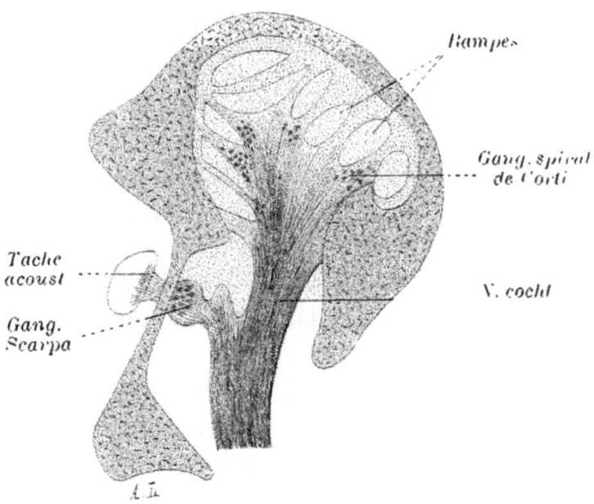

Fig. 912. — Le nerf auditif de l'homme.

[illegible]

1) ***Rameau vestibulaire.*** — Ce sont les fibres nerveuses efférentes (ou centrales) du ganglion de Scarpa qui constituent ce rameau. Il est formé, non par deux parties, comme le prétendent certains auteurs, mais par un nerf unique qui va se jeter ou plutôt qui part sous forme d'éventail, du ganglion vestibulaire ou de Scarpa (fig. 912 et 913).

Ganglion de Scarpa. — Il est formé par une seule masse de cellules ganglionnaires bipolaires et constitue une véritable bande étendue de la fossette postérieure de l'étage supérieur (fossette utriculaire), à la fossette de même nom de l'étage inférieur (fossette sacculaire); il déborde un peu cette dernière en avant.

Branches afférentes ou périphériques du ganglion de Scarpa. — Ces branches sont au nombre de quatre : un rameau supérieur et postérieur ou

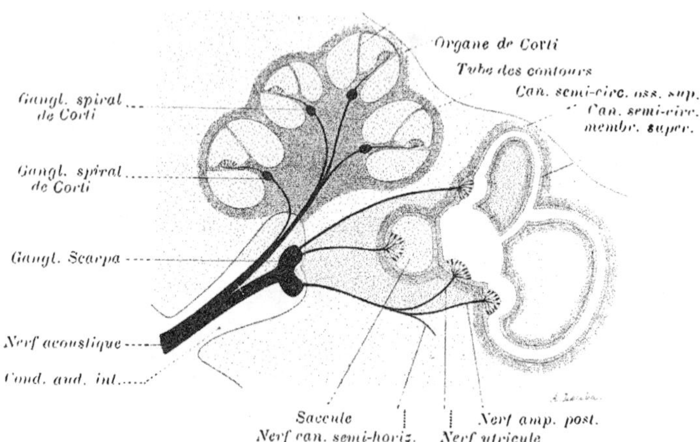

Fig. 913. — Nerf acoustique. (D'après Mathias Duval.)
Le canal semi-circulaire horizontal n'est pas figuré.

utriculaire; un rameau inférieur ou sacculaire; un rameau postérieur ou ampullaire; enfin un rameau pour la partie vestibulaire du limaçon. Nous avons étudié précédemment les divers orifices qui leur permettent de pénétrer. à travers la cloison osseuse, dans le vestibule.

Le rameau utriculaire se subdivise en trois faisceaux plus petits : un pour l'utricule et les deux autres pour les ampoules des canaux semi-circulaires supérieur et horizontal. Les faisceaux afférents sont constitués par des cylindraxes s'échappant des cellules bipolaires par le pôle opposé à celui qui est en continuité avec les cylindraxes des faisceaux efférents

Mode de terminaison des branches afférentes du ganglion de Scarpa dans les crêtes et les taches auditives. — Les filets afférents dont nous venons de parler se rendent aux crêtes et aux taches auditives, plongés dans le tissu conjonctif qui, à ce niveau, réunit les sacs membraneux à la paroi osseuse (voir paragraphes consacrés au labyrinthe osseux et au labyrinthe membraneux). Arrivés à la crête ou à la tache acoustique, chacun de ces rameaux se partage en deux faisceaux qui se rendent aux deux versants de l'organe sensoriel (Ferré). Au niveau de la membrane basale ou vitrée, chacune des fibrilles qui les constituent se dépouille de sa myéline et traverse la couche hyaline à travers les petits trous dont celle-ci est perforée. Au sein de l'épithélium, le cylindraxe se glisse entre les cellules de soutien : il traverse, sans s'arrêter, les deux rangées inférieures formées par le corps de ces dernières. Dans la deuxième et la première rangée des cellules ciliées, les fibrilles se résolvent en de petits bouquets de filaments très déliés qui viennent s'appliquer contre le ventre de chacune de ces cellules. Ces filets terminaux prennent fin par un renflement en massue (fig. 914).

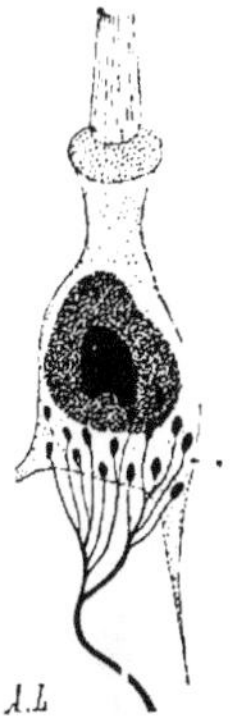

2) **Rameau cochléaire.** — Ce nerf pénètre dans la columelle. Il est conique comme la cavité qui le contient; car, au fur et à mesure qu'il s'éloigne de l'entrée, il émet de petits faisceaux et diminue ainsi insensiblement de volume. Ces petits faisceaux pénètrent dans les orifices de la double rangée spirale que nous avons observés sur la face interne dans la columelle, et suivent les canaux osseux creusés dans la paroi de cette dernière (fig. 915). Ils arrivent ainsi dans le canal spiral rempli par les cellules du ganglion de Corti. Chacun des cylindraxes qui les composent n'est que le prolongement central d'une de ces cellules (fig. 887 et 914).

Fig. 914. — Terminaison nerveuse au niveau des cellules ciliées des crêtes et des taches acoustiques.

Ganglion de Corti. — Le ganglion de Corti est constitué par un amas de cellules bipolaires. Par un de leurs pôles, celles-ci reçoivent le cylindraxe central qui, en s'associant avec un certain nombre de prolongements de même nature émanés des cellules voisines, contribue à former les petits faisceaux dont nous avons parlé; l'autre, pâle, fournit le prolongement périphérique. Ce ganglion décrit, comme le canal qui le contient, deux tours et demi à trois tours de spire (fig. 887, 892, 905 et 915).

Faisceaux afférents du ganglion de Corti. — Les petits faisceaux afférents du ganglion pénètrent par les orifices qui existent sur la paroi externe du canal spiral (fig. 887, 892, 905 et 915). Ils s'engagent dans les petits conduits qui font suite à ces orifices et qui sont creusés dans la lame spirale osseuse (fig. 887, 892, 905 et 915). Arrivés sur le bord externe de cette lame, ils sortent par les petits trous qui se voient sur la figure 883 et 889, et qui correspondent à ceux que nous avons décrits sur la membrane basilaire, sous le nom de *foramina nervina* (fig. 894). De là les faisceaux de fibrilles nerveuses se dirigent vers l'organe de Corti où ils se terminent.

Mode de terminaison des faisceaux afférents du ganglion de Corti dans la papille spirale. — En traversant les *foramina nervina*, les fibrilles qui composent ces faisceaux perdent leur myéline. Les cylindraxes nus rampent alors sur la partie lisse de la membrane basilaire, passent entre les cellules internes de Claudius et, arrivées à peu de distance des piliers internes, se soulèvent obliquement vers le haut et se subdivisent en deux parties : l'une,

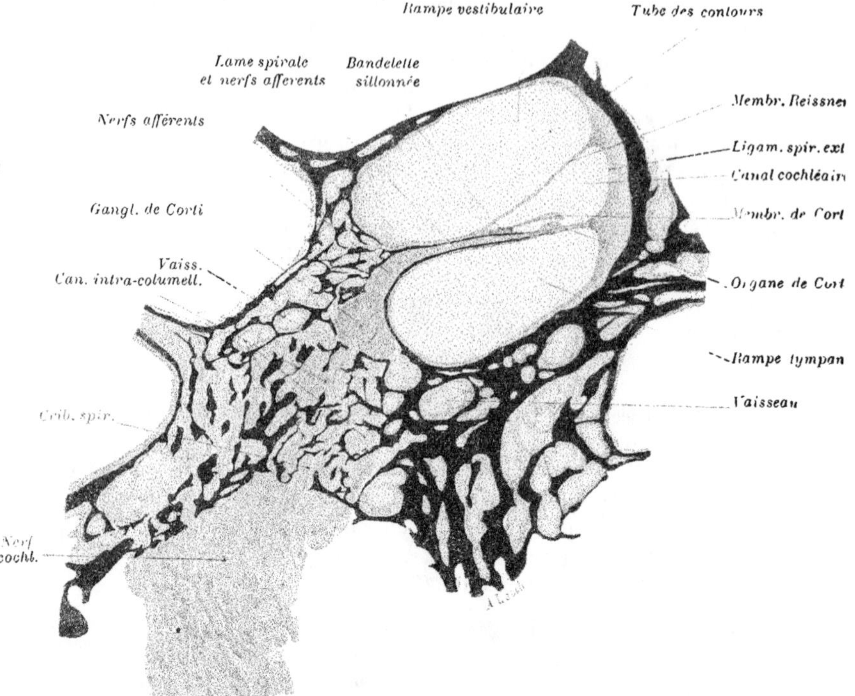

Fig. 915. — Coupe d'un tour de spire du limaçon de l'homme.

l'interne, se dirige immédiatement vers les cellules *ciliées internes* ou *cellules*

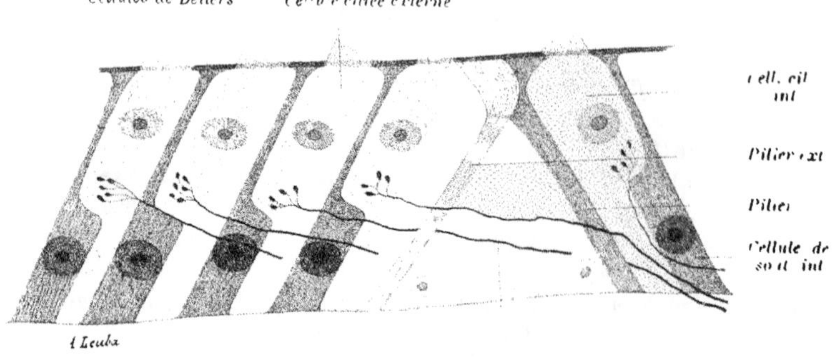

Fig. 916. — Organe de Corti. Terminaisons nerveuses.

du sommet ; l'autre l'externe, passe entre les piliers, traverse le tunnel et va prendre fin au niveau des cellules *ciliées externes* ou cellules de Corti (fig. 892,

905 et 916). Arrivé au voisinage de la partie inférieure de la cellule du sommet ou de la cellule de Corti, le cylindraxe se divise en fibrilles très fines se terminant par un bouton qui vient s'appliquer contre la surface externe du corps de la cellule (fig. 916).

Structure du nerf auditif et des ganglions de Scarpa et de Corti. — Nous n'insisterons pas sur la structure du nerf auditif, car il présente, à peu de chose près, les caractères communs à tous les autres nerfs.

Quant aux cellules ganglionnaires de Scarpa et de Corti, elles représentent le corps du neurone auditif. Elles sont bipolaires et chacune d'elles donne naissance à deux prolongements principaux : les cylindraxes périphériques et centraux. Indépendamment de ces prolongements, les cellules bipolaires des ganglion de Corti et de Scarpa possèdent des prolongements protoplasmiques plus grêles (fig. 917). Parmi ceux-ci, les uns ne dépassent pas la capsule dans laquelle chaque cellule est enfermée (Ferré, Martin, Van Gehuchten, Cannieu); les autres la traversent et, parmi ces derniers, certains vont dans les cellules voisines (Ferré et Cannieu), tandis que les autres se perdent dans le tissu conjonctif inter-capsulaire (Cannieu) (fig. 917).

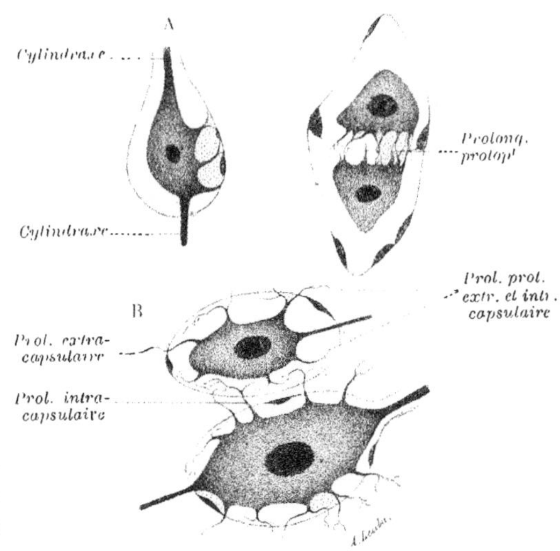

Fig. 917. — Cellule des ganglions de l'oreille interne. A. D'après Ferré. — B. D'après Cannieu.

B. **Vaisseaux**. — *a*) ***Artères***. — L'oreille interne reçoit le sang d'une artère principale, l'artère auditive interne, branche du tronc basilaire. Elle se détache de ce dernier un peu en avant d'un plan transversal, passant par les deux orifices du conduit auditif interne. Elle se dirige en dehors et en arrière, et elle pénètre dans ce conduit où elle accompagne les nerfs de la 8e paire, le facial et l'intermédiaire de Wrisberg.

L'artère auditive interne, encore appelée par Siebenmann *artère labyrinthique commune*, se divise en deux rameaux : l'artère *vestibulaire antérieure* et l'artère *cochléaire commune* (fig. 918).

L'artère vestibulaire antérieure suit le nerf vestibulaire, arrive au niveau du vestibule, et là donne naissance à trois artérioles. La première se rend à l'utricule; la seconde au canal semi-circulaire supérieur et à son ampoule; la troisième à l'ampoule et au canal semi-circulaire horizontal.

L'Artère cochléaire commune, branche de division de l'artère auditive forme tout d'abord un tronc assez court (fig. 918), qui ne tarde pas à donner naissance à l'artère *vestibulo-cochléaire* et à l'artère *cochléaire proprement dite* (fig. 918).

L'**artère vestibulo-cochléaire** se distribue au vestibule, au canal semi circulaire postérieur, ainsi qu'à la partie basale du limaçon (fig. 918). Elle est constituée par un tronc unique qui fournit des collatérales et des terminales.

Les branches collatérales sont formées par deux petits rameaux, se rendant de bas en haut : 1° au nerf de l'ampoule postérieure, 2° au saccule

Les artérioles terminales sont également au nombre de deux, l'une anté-

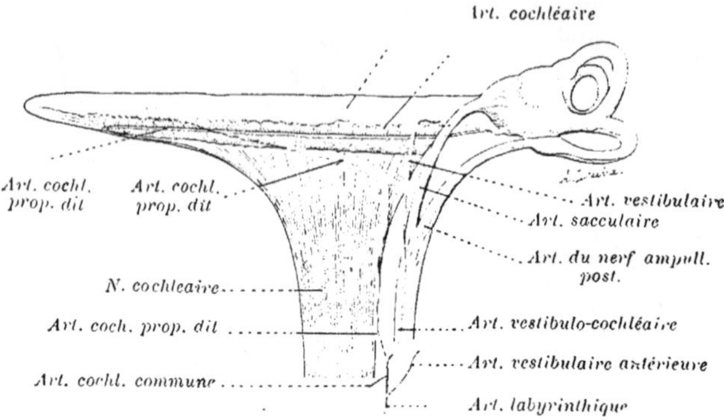

Fig. 918. — Artères labyrinthiques. (D'après Siebenmann.)
Le limaçon est déroulé et étendu.

rieure ou *cochléaire*, irriguant la portion basale du limaçon, l'autre postérieure, l'artère *vestibulaire*, allant à l'utricule, au canal semi-circulaire postérieur ainsi qu'à son ampoule.

L'**artère cochléaire proprement dite** est destinée au limaçon qu'elle irrigue, à l'exclusion de la partie basale de cet organe qui est desservie par l'artère précédente.

Ce vaisseau suit le trajet du nerf du limaçon et se perd par des ramuscules terminaux au niveau de la coupole de cet organe (fig. 921).

Il parcourt dans son trajet spiral un chemin parallèle à celui du tube des contours, en émettant de nombreuses collatérales en dedans et en dehors.

Les collatérales internes se rendent au tronc du nerf cochléaire, les collatérales externes vont irriguer les organes du tube des contours (fig. 919).

Au niveau de la lame spirale osseuse, ces collatérales externes se détachent l'une après l'autre de l'artère cochléaire sous forme de nombreux petits troncs artériels, se divisant chacun en trois rameaux.

L'un de ces trois rameaux, le *supérieur*, se dirige de bas en haut et de dedans en dehors, irrigue d'abord la portion de la paroi commune à deux tours de spire, puis il contourne la paroi externe de la spire à laquelle il appartient, pour aller se perdre sous forme de capillaires dans la *strie vasculaire* et dans le ligament spiral externe (fig. 919).

Le second, ou artère *moyenne*, se dirige directement vers la lame spirale, qu'il parcourt radialement, irrigue cette membrane, donne des artérioles à la bandelette sillonnée, à la membrane de Reissner, à la membrane basilaire, et va se terminer au niveau du vaisseau spiral, situé au-dessous de l'organe de Corti (fig. 919 et 921). Ce vaisseau spiral n'est autre chose que la coupe transversale d'une capillaire intermédiaire entre cette artériole moyenne et la veinule correspondante que nous étudierons plus loin.

La troisième, l'artère *inférieure*, encore appelée artère ganglionnaire, descend

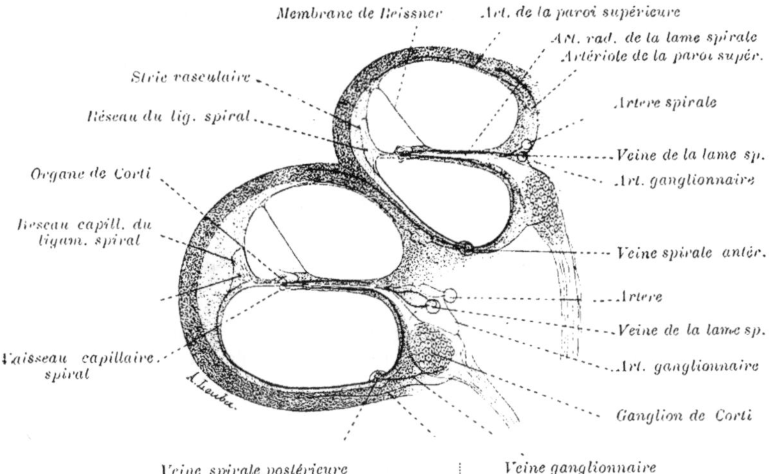

FIG. 919. — Irrigation du tube des contours et des organes qu'il contient. (D'après Siebenmann.)

vers le ganglion de Corti. Arrivée à la partie supérieure de cet organe, dans le canal spiral de Rosenthal, elle se divise en une branche externe et une interne, qui embrassent ce ganglion.

Dans le premier tour de spire, la paroi inférieure du tube des contours est desservie par une expansion vasculaire de cette artère ganglionnaire (fig. 919).

Schwalbe décrit, à l'origine de ces artérioles, des dispositions spéciales, de forme enroulée, des pelotons, qu'il nomme des *glomérules* (fig. 920). Cet auteur distingue deux sortes de glomérules, les grands et les petits. Les premiers se trouvent situés à l'origine du vaisseau qui se rend à la strie vasculaire, les seconds sont placés à la naissance du vaisseau, se rendant à la lame spirale.

D'autres artères concourent encore à la nutrition de l'oreille interne. Elles proviennent des vaisseaux de la caisse du tympan, des artères du rocher. L'une d'elles, venant de la stylo-mastoïdienne, irrigue une partie du labyrinthe osseux.

b) **Veines.** — Les veines de l'oreille interne sont : la veine accessoire de l'aqueduc du vestibule; la veine accessoire de l'aqueduc du limaçon; les veines auditives internes, encore appelées par Siebenmann, veines du conduit auditif interne.

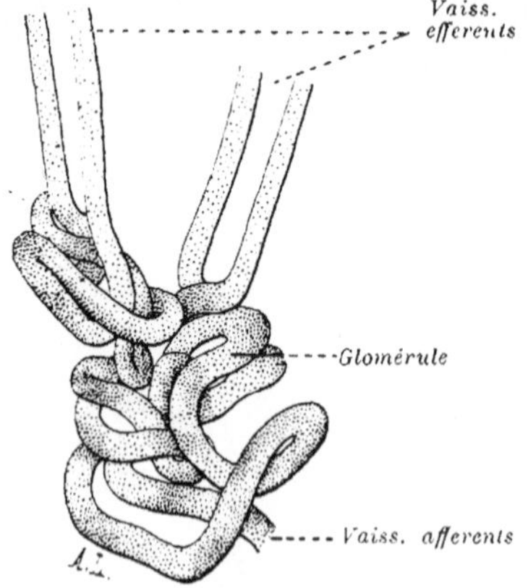

Fig. 920. — Glomérule artériel. (D'après Schwalbe.)

1) La veine accessoire de l'aqueduc du vestibule est ainsi nommée parce qu'elle accompagne le canal et le sac endolymphatique dans l'aqueduc du vestibule.

Ce vaisseau tire son origine de plusieurs veines plus petites : — 1° de trois veinules desservant chacune un des canaux semi-circulaires et son ampoule. — 2° de vaisseaux veineux desservant une partie du vestibule et les organes qu'il contient (utricule, saccule).

Ces différents vaisseaux se réunissent à la partie postéro-supérieure du vestibule et, par leur réunion, constituent la veine de l'aqueduc du vestibule, qui se jette dans le sinus pétreux supérieur.

2) La veine accessoire de l'aqueduc du limaçon se jette dans la jugulaire interne. Quand on la suit dans son conduit osseux, et qu'on arrive à la face interne et basale du limaçon, on voit qu'elle est formée par la réunion de deux vaisseaux principaux : La *veine spirale postérieure* et la *veine spirale antérieure* (Siebenmann).

Comme leur nom l'indique, ces vaisseaux accompagnent le tube des contours dans son trajet en spirale; l'un est situé en avant et l'autre en arrière de ce tube (fig. 921).

La *veine spirale postérieure* dessert la partie basale du limaçon et une certaine portion du tour de spire située immédiatement au-dessus. Avant sa réunion avec la *veine spirale antérieure*, elle reçoit une branche postérieure venant du vestibule et lui amenant le sang de la face postérieure de cet organe ainsi que du saccule et de l'utricule.

La *veine spirale antérieure* est située sur la paroi antérieure du tube des contours. Comme la veine précédente, elle reçoit, avant sa terminaison, une veine tributaire : la *veine vestibulaire antérieure de Siebenmann*. Ce dernier vaisseau dessert la partie antérieure du vestibule, du saccule, de l'utricule ainsi que de l'ampoule du canal semi-circulaire supérieur.

3) Les veines auditives proprement dites ou *veines du conduit auditif interne* sont constituées par une grosse veine et plusieurs petites. Elles se jettent le plus souvent dans le sinus pétreux supérieur ou dans le sinus transverse. Elles prennent leur origine dans le labyrinthe osseux et membraneux, ainsi que dans les différentes parties du nerf auditif.

Parmi ces veines, Siebenmann décrit, d'une façon spéciale, un vaisseau important qu'il appelle la *veine centrale du limaçon*. Elle occupe, en effet, le centre du nerf cochléaire (fig. 921) et tire principalement ses origines de la veine de la lame spirale (fig. 919 et fig. 921). Cette dernière reçoit elle-même le sang de la membrane spirale, de la bandelette sillonnée, de la membrane basilaire, etc., et prend naissance au niveau du vaisseau spiral, situé au-dessous de l'organe de Corti.

Comme on le voit dans la figure 921, et plus particulièrement dans la figure 919, le sang veineux provenant de la strie vasculaire et du ligament spiral externe revient, par la paroi inférieure du tube des contours, dans la *veine*

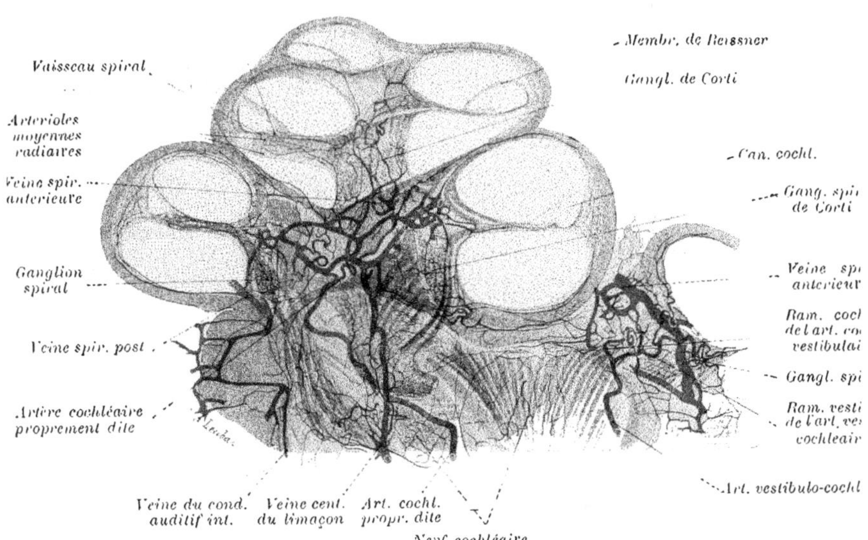

Fig. 921. — Irrigation du limaçon. (D'après Siebenmann.)

spirale postérieure, pour la partie basale du limaçon, et dans la *veine spirale antérieure*, par les tours de spire supérieurs.

Ces différents groupes veineux sont réunis, dans le labyrinthe, par des anastomoses nombreuses.

c) **Lymphatiques.** — Les lymphatiques de l'oreille interne sont peu connus. On considère comme tels les espaces remplis de périlymphe. Ceux-ci communiquent d'une part avec les espaces arachnoïdiens par l'intermédiaire de l'aqueduc du limaçon et du vestibule; d'autre part, avec les espaces sous-arachnoïdiens, par les gaines lymphatiques qui entoureraient le nerf auditif (Axel Key et Retzius).

Enfin, le vaisseau spiral interne est entouré d'une zone claire qui semble indiquer l'existence d'un lymphatique autour de ce vaisseau (Böttcher).

OREILLE INTERNE

(2e PARTIE)

A. — **Labyrinthe membraneux.** — Le *vestibule* membraneux n'occupe, d'après Kölliker et Rüdinger, que les 2/3 du vestibule osseux. La face externe du saccule ou de l'utricule n'est jamais en contact avec la base de l'étrier.

L'*utricule* a la forme d'un sac de 3 1/2 à 4 millimètres, selon son grand diamètre transversal; l'antéro-postérieur et le vertical mesurent 2 millimètres environ. La face inférieure repose sur la face supérieure du saccule. La tache auditive à $0^{mm},4$ d'épaisseur sur 3 millimètres de longueur et 2 millimètres de largeur. Steiffensand aurait vu une seconde saillie dans cette vésicule où se rendraient des filets nerveux. L'ouverture utriculaire du canal endolymphatique est située en arrière, en bas et en dedans de cette partie du vestibule membraneux. Nos recherches nous ont amené à admettre ces dispositions.

Le *saccule* est assez régulièrement arrondi. Son diamètre est de 1 millimètre et demi à 2 millimètres. Il est uni à la face inférieure de l'utricule par un tissu fibreux assez dense. Au niveau de la fossette hémisphérique, le tissu conjonctif est lâche et contient des cellules pigmentaires en assez grande quantité.

En avant et en bas, on rencontre le canalis reuniens; l'orifice du canal endolymphatique est placé en haut, en arrière et en dedans.

La tache auditive a 3 millimètres de longueur, comme celle de l'utricule; sa largeur est moins considérable, elle ne dépasse point $1^{mm},5$ (Kölliker).

Canaux semi-circulaires. — Le canal supérieur est ellipsoïde, ainsi que le canal externe. Le postérieur est arrondi. D'après Sappey, ils occuperaient la moitié et même les trois quarts de la cavité osseuse. Pour Coyne, ils n'en rempliraient que le quart environ. Ces canaux ont reçu différents noms de la part des anatomistes, qui les ont étudiés. Le canal antérieur est appelé supérieur par Duverney, *minor* par Valsalva, supérieur et vertical par Winslow. Le postérieur est désigné sous les appellations de major (Valsalva), vertical postérieur (Winslow), inférieur (Duverney). Quant à l'horizontal, il est nommé *minimus* par Valsalva, horizontal par Winslow, moyen par Duverney.

Les travées conjonctives peuvent être plus ou moins nombreuses et plus ou moins épaisses dans le vestibule et les canaux, selon les espèces examinées.

Chez certains poissons, le tissu muqueux mésodermique persiste pendant toute l'existence et constitue une zone muqueuse, réunissant le labyrinthe osseux au labyrinthe épithélial. Chez la grenouille, on observe les mêmes dispositions. De plus, chez cet animal, la paroi conjonctive des canaux est farcie de cellules pigmentaires.

Chez l'homme, dans cette couche conjonctive, on aperçoit également de grosses cellules multipolaires, pigmentées, découvertes par Kölliker. Avec la methode de Golgi, un certain nombre se colorent en noir et peuvent faire croire à la presence de cellules nerveuses.

Quant aux végétations internes papillaires, elles ont été observées par Rüdinger, Voltolini et admises par la généralité des auteurs. Lucæ les a également observées, mais les considère comme d'origine pathologique. Chez l'homme, comme chez les animaux, nous n'avons jamais trouvé ces végétations villeuses. Ütz et Rüdinger prétendent qu'on ne les rencontre que chez l'adulte : ils les ont retrouvées chez des nouveau-nes, atteints d'otite moyenne. Coyne admet l'existence de ces villosités internes.

Limaçon membraneux. — La bandelette sillonnée suit la lame spirale osseuse, dont elle est le revêtement périostique épaissi. Elle diminue considérablement d'épaisseur et de largeur, au fur et à mesure qu'elle décrit les tours de spire. Au niveau du premier tour de spire, elle est de $0^{mm},10$.

Cette bandelette, sur une coupe radiale du limaçon, se présente sous l'aspect d'un renflement bien marqué vers sa partie externe. Aussi cette partie plus developpée a-t-elle reçu le nom de *protubérance de Huschke*.

Membrane de Reissner. — Il est assez remarquable que des auteurs, tels que Claudius, Bœttcher, Deiters aient nié l'existence de cette membrane qui n'est que la paroi supérieure du canal cochléaire. Quelle idée les auteurs, ainsi que les classiques qui partagent leur doute, se font-ils du limaçon membraneux?

MEMBRANE BASILAIRE. — Nous avons vu que nous considérions cet organe comme formé par les mêmes couches que celles des autres parois des sacs acoustiques. L'épithélium de l'organe de Corti constitue une partie de la couche épithéliale interne. Au-dessous, la membrane vitrée est striée dans sa portion extérieure et lisse dans sa partie interne. Les stries, appelées stries de Hensen, sont dues au ciment, qui unit la base des cellules épithéliales, placées au-dessus, ainsi qu'il ressort de mes recherches.

Au-dessous de la membrane, sur la face tympanique, en plein tissu conjonctif, se trouve le vaisseau spiral. Il est entouré, d'après Bœttcher et Rauber, d'une gaine lymphatique. Les *foramina nervina* sont très nombreux sur cette membrane; Waldever les évalue à 3 ou 4000.

D'après Lowenberg, la *strie* ou *bande vasculaire* comprendrait trois couches; deux simplement, d'après certains autres. Les vaisseaux seraient situés au milieu des couches épithéliales. Huschke est le premier qui ait signalé ces dispositions vasculaires, Corti les a décrites ensuite. Ces vaisseaux ont de 3 à 7 millimètres de diamètre; ils s'anastomosent fréquemment les uns avec les autres et produisent ainsi un réseau à mailles très fines, qui donnent à la bande un aspect aréolaire spécial. Katz s'élève contre cette interprétation. Pour lui, les vaisseaux sont situés au-dessous du revêtement épithélial. Le liquide endolymphatique serait en grande partie produit par transsudation à travers l'épithélium. Pour Retzius, la strie vasculaire est entièrement épithéliale, Les capillaires sont situées entre les cellules épithéliales et la strie est un véritable épithélium vasculaire (Prenant).

B. — **Labyrinthe osseux**. — Il n'est pas possible, chez l'adulte, de séparer le labyrinthe osseux du rocher. Théoriquement, on peut abstraire de ce dernier une enveloppe autour des sacs auditifs membraneux. Chez les fœtus (homme et animaux), au moment où commence à s'effectuer le processus d'ossification, on observe dans le rocher un labyrinthe, mi-partie osseux, mi-partie cartilagineux, qu'on isole assez facilement, comme j'ai pu m'en rendre compte.

Tous les auteurs sont loin de s'entendre sur l'anatomie du labyrinthe osseux. Nous avons cherché à nous faire une opinion personnelle sur cette question.

Nos recherches ont porté sur la situation exacte des orifices des canaux semi-circulaires. Sur certaines préparations, nous avons vu trois de ces orifices, placés sur la paroi postérieure. Ailleurs, deux d'entre eux sont situés à l'union de cette paroi et du toit du vestibule, le troisième restant sur la paroi postérieure et, dans quelques cas enfin, les quatre orifices, rangés par paires, occupaient la paroi supérieure de cette cavité. La seconde de ces dispositions est de beaucoup la plus fréquente; puis vient la troisième. Nous avons adopté cette dernière comme offrant de réels avantages pour la description (Cannieu et Gentes.)

De ces quatre orifices placés sur la paroi supérieure, les deux externes sont fréquemment destinés au canal horizontal; les deux internes sont dévolus aux canaux semi-circulaires supérieur et postérieur. Celui qui est en arrière est commun à ces deux derniers canaux dans ce cas.

Le plus souvent cependant, ainsi que nous l'avons décrit, les deux orifices antérieurs sont pour les canaux supérieurs et postérieurs et les deux postérieurs pour le canal horizontal.

Il s'est donc produit dans ce cas une sorte de translation, s'effectuant de dehors en dedans et d'arrière en avant. Le canal horizontal n'est plus externe mais postérieur; le canal supérieur d'interne devient antérieur; et le postérieur devient interne et se contourne légèrement en dehors pour atteindre son orifice ampullaire, placé sur la paroi postérieure.

On voit donc que ces différents canaux devraient changer de terminologie. L'horizontal doit s'appeler de ce nom à l'exclusion de l'épithète d'externe; le postérieur peut conserver le sien à cause de son orifice ampullaire, et le troisième ne doit être désigné que sous le nom de supérieur[1] (Cannieu et Gentes).

Quoi qu'il en soit, il est intéressant de faire remarquer que les deux canaux verticaux peuvent changer de plans. Au point de vue fonctionnel, la suppléance réciproque ne serait-elle pas possible?

En résumé, des orifices des canaux semi-circulaires, l'un est impair et les quatre autres associés deux à deux. Le premier est constant et placé à la partie inféro-interne de la

1. Le canal semi-circulaire horizontal, ainsi que le prétendent les auteurs, possède parfois deux extrémités ampullaires. Deux fois, nous avons observé ce fait. Une fois ce canal était franchement interne (Cannieu et Gentes

paroi postérieure[1]. La paire antérieure est toujours située sur le toit du vestibule. Quant à la paire postérieure, elle est souvent placée sur cette même paroi, presque toujours à l'union du toit avec la paroi postérieure et quelquefois au milieu de celle-ci.

Fente vestibulo-tympanique. — Nous avons divisé l'étude du vestibule en deux parties, l'une comprenant celle de la cavité vestibulaire proprement dite, et l'autre celle de la cavité sous-vestibulaire. Le plancher du vestibule les sépare l'une de l'autre. Cette description ne répond que rarement à la réalité, il existe presque toujours, sinon constamment, entre le plancher et la paroi externe du vestibule, une *fente très étroite, que nous avons toujours trouvée dans nos préparations* (fig. 885 et 888). Aussi, plutôt que de prétendre que le plancher du vestibule se prolonge en avant pour constituer la membrane spirale osseuse, il est plus exact d'avancer que cette membrane se prolonge en s'élargissant et sépare cette cavité en deux autres, l'une supérieure ou vestibulaire proprement dite, l'autre sous-vestibulaire ou tympanique. Cette fente *vestibulo-tympanique* est visible sur des rochers, privés de leurs parties molles. A l'état normal, elle est obstruée par le vestibule membraneux.
Dans quelques cas, cependant, la fente n'existe point.

Fossettes. — La fossette hémisphérique fut appelée carrefour par Vieussens, fossette elliptique par Cassebohm. C'est à Morgagni qu'elle doit le nom qu'elle a conservé depuis.
La fossette sacculaire se nomme éminence osseuse de la conque (Vieussens), fossette orbiculaire (Cassebohm), fossette semi-ovoïde (Morgagni). Cet auteur étudia l'orifice et la gouttière qui donnent accès dans l'aqueduc du vestibule et les nomma fossette sulciforme.
Cotugno décrivit le premier la pyramide et la crête du vestibule. Il appelait cette dernière l'*épine du vestibule.*

Canaux semi-circulaires osseux. — Le supérieur a 25 millimètres de hauteur, le postérieur 18 millimètres et l'horizontal 12 millimètres.

Limaçon. — La *columelle* a reçu ce nom de Breschet; elle a encore été appelée *modiolus* par Valsalva. Sa base et sa hauteur ont les mêmes dimensions, 3 millimètres. Le sommet de la columelle s'évase en forme de cornet et présente un gros orifice, le *scyphus de Vieussens*, par lequel s'échappent les filets terminaux du nerf cochléaire.
Chacune des fossettes rectangulaires, constituant les spires criblées columellaires possèdent de 4 à 8 orifices, nommés les *foramina modioli.*
Le *tube des contours* mesure environ 30 millimètres de longueur et diminue de volume de la base au sommet; à son origine, il mesure 1 millimètre à 2 millimètres et demi de diamètre.
La lame ou tube des contours *répond* en haut au facial, au coude que forme l'aqueduc de Fallope, en bas et en dehors, à la caisse du tympan; en avant et en bas au canal carotidien, en arrière au vestibule, en avant au conduit du muscle du marteau.
La partie la plus large du tube répond au promontoire de l'oreille moyenne. Le dernier tour de spire est situé au-dessus de la columelle et se termine en se rétrécissant de plus en plus (Cupula). Son extrémité terminale et supérieure forme une lame mince, fragile, enroulée en *demi-cône*, qui descend de la coupole et se continue en bas au niveau de son sommet avec le sommet du noyau, ou columelle. Cette production lamelleuse est appelée lamelle semi-infundibuliforme du tube du limaçon, et le demi-cône qu'elle forme a reçu le nom d'infundibulum.

Lame spirale. — La lame spirale s'attache par son bord convexe au tube des contours. — Au-dessous de la ligne d'implantation, il existe des saillies osseuses séparées par des sillons: on les a appelées *colonnes de la rampe tympanique de Cotugno* (fig. 887 et 888). La lame spirale est formée pour certains par deux lamelles osseuses, entièrement indépendantes l'une de l'autre. Pour d'autres elles sont réunies par des travées osseuses constituant autant de canaux occupés par les filets nerveux. Corti, Kölliker adoptent cette opinion. Chez l'adulte nos préparations nous ont toujours permis d'apercevoir de véritables canaux (fig. 883).
Krause et Deiters admettent les premières dispositions; Lœvenberg croit que les canalicules qui s'observent chez les animaux n'existent point chez l'homme.
Nous savons ce qu'on entend par helicotrema de Breschet. Il a reçu encore d'autres noms : Hiatus (Scarpa), Canalis communis Scalarum (Cassebohm), Infundibulum (Cotugno).

Canaux de Siebenmann. — En 1870, Siebenmann décrit à côté de l'aqueduc du limaçon de petits vaisseaux qui se rendent aux différentes parties de cet organe. Ils sont contenus

1. Quelquefois, cependant, on l'a rencontré sur la même paroi, mais à la partie externe.

dans de petits conduits osseux, les canaux de Siebenmann. On peut donc les considérer comme autant de voies lymphatiques qu'on doit placer à côté de celles que nous avons décrites plus haut.

C. — **Structure**. — Les crêtes auditives sont placées transversalement par rapport à l'axe de l'ampoule.

La structure des crêtes et des taches est identique. Cette structure, nous l'avons retrouvée dans tous les épithéliums dits stratifiés, en particulier dans ceux de la pituitaire et de la trachée.

Dès 1894, nous avons été amené à admettre que la stratification des cellules n'était qu'apparente et que tous ces épithéliums pourraient être rangés parmi les épithéliums cylindriques simples, car toutes les cellules touchent la membrane basale et atteignent la surface épithéliale. Elles ne diffèrent qu'en ce que leur noyau et leur renflement protoplasmiques correspondants ne sont pas disposés sur le même plan (fig. 904).

Max Schulze a donné aux cellules voisines de la vitrée le nom de *cellules basales*; Hasse les appelle *cellules en forme de dents*; Meyer, *cellules nucléaires*; Hebner, *cellules du basement membrane*: Retzius est le seul auteur qui admette la forme que nous leur donnons.

La seconde couche des cellules de soutien est en général décrite comme formée par des éléments ayant un seul prolongement, le supérieur (Ranvier, etc.). Quant aux prolongements inférieurs que nous avons figurés, ils ne sont admis que par Retzius.

Les cellules en amphores, les cellules ciliées à col long et à col court possèdent des expansions inférieures décrites pour la première fois par nous. Retzius, Ranvier, Mathias Duval leur décrivent une extrémité inférieure arrondie (cellules de Retzius, de Ranvier et de Mathias Duval, cellules arrondies de Steinbrugge). Il en est de ces cellules comme des éléments de même nature décrits par nous dans la pituitaire et la trachée : elles possèdent un ou plusieurs prolongements allant s'étaler en forme de pied sur la membrane basale.

Les cellules ciliées à col long constituent la deuxième rangée. Nos prédécesseurs, à l'exception de Retzius, les considèrent comme des éléments fusiformes.

Schultze les compare aux cellules avec prolongement des fosses nasales; Hasse les appelle cellules en bâtonnets « *Stabchen-Zellen* »; Meyer, Pritchard, etc., etc., les décrivent et leur donnent la forme de fuseaux surmontés d'un gros cil unique, terminal.

La généralité des auteurs classiques décrivent les taches et les crêtes des rongeurs. Chez l'homme, il y a deux couches de cellules ciliées; chez les rongeurs, les cellules à col long n'existent point, les cellules à col court seules s'observent. La structure n'est donc pas identique chez les deux groupes.

L'endothélium qui tapisse la paroi interne des canaux, du saccule et de l'utricule est constituée par des cellules polygonales ayant une largeur de 12 à 21 μ et une hauteur de 3 à 4 μ (Schwalbe). Il est de forme aplatie. Au niveau de la *zone intermédiaire*, les éléments cellulaires atteignent de 9 à 10 μ de hauteur, tandis que celui des crêtes et des taches présentent de 30 à 35 μ d'épaisseur.

Le corps des cellules ciliées contient un pigment jaunâtre; leur noyau mesure de 4 à 5 μ de diamètre et leurs cils atteignent chez l'homme de 20 à 25 μ (Retzius).

Organe de Corti. — Les *piliers* que nous avons comparés aux cellules de Deiters en présentent en effet tous les caractères. Nous avons comparé ces dernières à un siège, avec dossier et plateau supérieur. Supposons que le corps de la cellule diminue considérablement, nous aurons un siège plus bas, à dossier plus développé relativement, mais offrant les mêmes dispositions générales (Bonnier, Cannieu). D'ailleurs chez l'embryon et dans la série animale, chez les êtres inférieurs aux mammifères, l'organe de Corti ne présente point à observer ces cellules de soutien différentes des autres : les piliers.

Retzius a décrit au niveau des plateaux supérieurs ou têtes des piliers un corps cellulaire que nous n'avons jamais observé.

Chacun de ces organes s'unit avec deux piliers opposés, c'est-à-dire qu'un pilier quelconque est en contact par sa partie supérieure avec deux moitiés de tête des piliers en regard.

Les piliers internes seraient plus nombreux que les piliers externes, dans le rapport de 3 à 2 1/2. D'après Retzius et Schwalbe, on en compterait 6000 pour 4500. Pour Löwenberg, les piliers internes seraient moins nombreux au contraire. — Pritchard partage cette opinion. — Ils seraient dans le rapport de 5 à 8.

Les piliers externes sont plus longs et plus grêles que les piliers internes; ils sont également plus inclinés. Les premiers mesurent de $0^{mm},045$ dans le premier tour, $0^{mm},054$ dans le second, et $0^{mm},069$ dans le troisième (Corti). Les seconds ont $0^{mm},050$ dans le second tour et $0^{mm},034$ dans le troisième (Corti). Dans le premier tour, ils mesureraient la même longueur que les piliers externes, c'est-à-dire $0^{mm},045$. Hensen donne des mesures différentes,

CANNIEU.

Chez les animaux, ils n'ont pas la même longueur. Waldeyer leur donne 60 à 70 millièmes de millimètre.

Le tunnel de Corti est plus large dans les derniers tours de spire que dans les premiers.

Les piliers externes sont plus grêles, aussi forment-ils, selon l'expression de Bonnier, « une balustrade très ajourée contre une palissade presque cohérente des piliers internes » (fig. 910).

Les *cellules de Corti* sont généralement décrites actuellement comme des cellules en dé, sans prolongement inférieur. Nous avons toujours observé ces derniers. Tafani l'a également décrit. Ce dernier a cru cependant que la cellule de Deiters entourait l'expansion inférieure, comme une lamelle qui s'enroulerait autour d'elle. L'opinion est partagée à ce sujet. D'après Retzius, Steinbrügge, Schwalbe, Ranvier et Mathias Duval, elles ne posséderaient pas de prolongement inférieur, tandis que Kölliker, Deiters, Middendorp, Böttcher, Winiwater, Nuel, Lavdowsky, Coyne, Ferré et nous-même leur décrivons un pied, qui va rejoindre la membrane basilaire.

On a décrit la cellule de Corti comme faisant corps avec l'élément correspondant de Deiters (*Cellules jumelles de l'organe de Corti*).

Le plateau de la cellule de Corti présenterait, d'après Hensen et Bonnier, une petite capsule, sous laquelle on observerait un petit organe ovale, entouré par un filament spiral. Hensen considère cet organe comme un corpuscule tactile; nous ne l'avons jamais observé.

Les cellules externes de Corti des trois premières rangées seraient aussi nombreuses que les piliers externes. Retzius a pu observer une ou plusieurs rangées supplémentaires.

On a désigné les cellules de Corti par un grand nombre de noms : *cellules de Corti* (Kölliker), *cellules de recouvrement externe* (Henle), *cellules auditives ascendantes* (Böttcher), *cellules bâtonnets* (Lavdowsky), *cellules pointues* (Leydig). Les cellules ciliées internes sont aussi riches en appellations : *cellules en bâtonnets internes* (Hensen), *cellules auditives internes* (Böttcher), *cellules ciliées internes* (Kölliker), *plateau de recouvrement interne* (Henle), *cellules terminales internes* (Lavdowsky), *cellules internes de Corti* (Winiwater).

Chez l'homme et le singe, on compte quatre rangées de cellules externes de Corti, trois seulement chez les autres mammifères. Toutefois, à la base du limaçon, on n'en rencontre généralement que trois chez les primates (Retzius, Schwalbe, Ferré, Cannieu). Waldeyer et Lœwenberg auraient observé quatre rangées chez le chat et le chien, trois chez l'homme. Coyne partage cette dernière opinion.

D'après Retzius, le limaçon présenterait à ce point de vue de fréquentes irregularites de nombre.

Les cellules de Corti ont de 18 à 20 μ de hauteur et 6 à 9 μ de largeur (Waldeyer.)

Les cils sont au nombre de 20 chez l'homme, alors que chez le lapin et le chat on n'en observe que 8. Ils ont 4 à 5 μ de hauteur (Retzius).

Si les piliers internes sont plus nombreux, les cellules ciliées qui leur correspondent, les cellules du sommet, sont également en plus grand nombre. Pour dix cellules internes, il y en a neuf externes, et pour trois piliers internes on trouve sept cellules du sommet (Retzius, Schwalbe).

Membrane de Corti. — La membrane de Corti ou *tectoria, membrana propria, membrane du toit, membrane striée, membrane de recouvrement,* apparait dès les premiers stades embryonnaires au-dessus de l'organe de Corti. C'est alors une cuticule striee radialement. Elle constitue une sorte de membrane limitante placée sur la face superieure de l'epithelium. Bientôt, au niveau des cellules ciliées de la papille spirale, cette cuticule s'epaissit considérablement, tout en restant en contact avec l'épithélium qui la forme. Ces dispositions qui, chez les mammifères, ne sont que passagères, sont normales et definitives, d'après Meyer, chez les reptiles et les oiseaux.

Chez les mammifères, on voit bientôt la tectoria passer comme un pont au-dessus du sillon spiral interne. Les cellules qui tapissent ce dernier, en effet, n'ont point suivi dans le développement en hauteur les éléments qui constituent l'organe de Corti proprement dit. Bien plus, chez le chat et le chien il existe, à la naissance, de grandes cellules faisant suite aux cellules internes de Claudius, ce sont les cellules de Waldeyer. Ces elements ne tardent pas à s'atrophier, à disparaître, et le sillon spiral s'agrandit d'autant vers sa partie externe.

Corti, Claudius, Henle admettent l'insertion externe de cette membrane. Löwenberg la fait attacher sur le ligament spiral externe. A l'heure actuelle, Ranvier, Retzius, Mathias Duval, Tafani, etc., etc., pensent qu'elle ne possède point d'insertion externe et qu'elle se présente telle que nous l'avons decrite et figuree plus haut. Waldeyer, Hensen, Böttcher avaient déjà soutenu cette opinion.

Quant à nous, dans un memoire publie en collaboration avec Coyne, nous faisons derer cette membrane à la papille spirale, depuis les cellules internes de Claudius jusqu'aux cellules externes de même nom, où elle se continue avec la couche cuticulaire qui recouvre ces dernières. Elle resterait donc toujours dans sa situation embryonnaire et sa séparation de l'épithelium s'expliquerait par des accidents de preparation.

Cette interprétation est basée sur les faits suivants,

1° La tectoria est de nature cuticulaire (Ranvier, Coyne, Cannieu).

2° Toutes les fois qu'on observe l'organe independant de l'épithélium sensoriel, il a entraîné avec lui, dans son ascension, des cellules de Claudius, de Deiters ou de Corti. Ou bien encore, on voit très souvent sur le bord interne de la cuticule des cellules de Claudius, des irrégularités correspondant à celles qu'on trouve sur le bord externe de la tectoria et indiquant des faits d'arrachement.

3° Sur un grand nombre de préparations humaines et sur toutes les préparations portant sur le limaçon des carnassiers (chat, chien), la *tectoria* se continue insensiblement avec la cuticule des cellules externes de Claudius. Dans ce cas, elle adhère intimement à la papille. Dupuis a observé les mêmes faits dans sa thèse inaugurale.

4° Meyer décrit les mêmes dispositions d'adhérence épithéliale de la membrane de Corti chez les oiseaux et les reptiles. Elle se présente toujours comme une cuticule placée au-dessus de l'épithélium sensoriel, creusée de cavités pour les cils des cellules de Corti, et adhère à cet organe.

La structure de la tectoria est des plus remarquables. Elle est constituée sur une coupe par une membrane d'aspect aréolaire. En 1895, nous l'avons décrit avec Coyne, comme formée par une substance cuticulaire, circonscrivant des cavités faiblement polygonales, se présentant sous la forme d'un réseau transparent. Les mailles du réseau assez larges au-dessus de l'organe de Corti correspondent comme forme et étendue à la forme et aux dimensions des cellules sensorielles ciliées. Les travées qui les circonscrivent s'adaptent très bien aux plateaux ou phalanges des cellules de soutien. De ce fait, il semble naturel de conclure que ces dernières cellules ont seules contribué à la formation de cette membrane, en sécrétant, en quantité à leur surface, la substance cuticulaire qui la constitue. Comme tous les plateaux et les phalanges rentrent en contact les uns avec les autres, il s'ensuit que leur sécrétion formera un tout continu, excepté au niveau des cellules sensorielles, des cellules ciliées de Corti où la sécrétion ne s'effectue pas. En ces points, en conséquence, se trouvera une cavité, contenant les cils de la cellule sensorielle.

Ferré, Ayers, Bonnier, considèrent la *tectoria* comme formée par les cils agglutinés des cellules de Deiters. Cette conception, il faut l'avouer, explique la structure de ces organes, tout aussi bien que celle que nous émettons (structure cavitaire et striée). Toutefois nous ferons remarquer que la striation, comme nous l'avons dit en 1895, peut provenir de la réunion des cloisons des cavités. Cette union s'effectue selon une ligne d'adhérence, plus épaisse à cet endroit du fait de la réunion de plusieurs d'entre elles (Coyne et Cannieu). Ce sont les parties linéaires épaissies aux points nodaux qui constituent la striation.

Au point de vue morphologique et fonctionnel, il importe peu d'admettre l'une ou l'autre de ces théories. Les cils des cellules de l'organe de Deiters ne sont pas des organes vivants comme les cils vibratiles des autres régions, mais des sortes de bâtonnets passifs, rigides, de nature cuticulaire. Que la membrane soit donc formée par des cils ou par des épaississements cuticulaires en forme de cloison, — leur origine et leur nature morphogénétique est la même : c'est toujours une production cuticulaire des différentes cellules de soutien.

Membrane réticulaire. — Qu'à la suite d'un accident la tectoria soit arrachée de la surface épithéliale, elle laissera sur l'organe de Corti une partie de sa portion réticulée. La partie qui est restée adhérente, s'ajoutant au ciment interstitiel de l'épithélium sous-jacent, forme la *membrane réticulaire*. Supposons encore que les cellules de soutien, les cellules de Deiters aient disparu de la place qu'elles occupaient, nous aurons le réticulum de la membrane avec ses figures géométriques bien apparentes, les ronds correspondant aux cavités contenant normalement les cellules de Corti, les phalanges à celles des cellules de Deiters.

La généralité des auteurs n'accordent le nom de membrane réticulaire qu'à la partie qui est comprise entre les piliers et les cellules externes de Claudius (fig. 910). Nous avons toujours vu cette membrane comprendre en dedans les cellules du sommet et en dehors se prolonger sur les cellules externes de Claudius. Dans la figure 910, l'espace compris entre les deux lignes indique la portion de membrane réticulaire décrite seule par les auteurs. L'ensemble de la figure la représente telle que nous la concevons. Nos recherches basées sur de très nombreuses préparations nous ont amené à une pareille interprétation au sujet de cet organe cuticulaire. Qu'on y réfléchisse et l'on verra que cette façon de comprendre les choses les simplifie singulièrement (fig. 910).

Cupules terminales. — Elles ont été étudiées par Lang, Retzius, Hasse, chez les animaux inférieurs. Meyer les a décrites chez les reptiles et les oiseaux. Celles des mammifères ont été étudiées par Coyne et plus particulièrement par Ferré dans sa thèse inaugurale. C'est même à ces deux derniers auteurs que l'on doit les premières descriptions de ces organes chez l'adulte.

Lang prétend que la cupule est formée par des fibres réfringentes onduleuses formant un lacis serré. Pour Retzius, ces fibres sont réellement entre-croisées, tandis que Hasse attribue dans ses premiers travaux la striation aux réactifs fixateurs. Dans un mémoire postérieur, cet auteur considère cette structure comme le résultat de formations successives sécrétées par l'épithélium. Ferré fait remarquer que les stries ne sont pas parallèles, mais perpendiculaires ou obliques à la surface épithéliale. D'ailleurs la structure fibrillaire est admise par la grande majorité des auteurs (Lang, Retzius, Rüdinger, Meyer, Kuhn, Coyne, Ferré, Cannieu, etc...).

La structure des cupules terminales est identique à celle de la tectoria. Nous n'y insisterons pas longuement. Pour nous, elle est formée par des cloisons de substances claires et par des lignes foncées correspondant aux points nodaux de réunions de ces dernières. Pour Meyer, la substance qui la constitue est muqueuse et d'origine cuticulaire. Ferré pense que les stries sont formées par de grosses granulations plongées dans une substance fondamentale plus claire.

Hasse, Ferré, Coyne et nous-même admettons l'existence de petites cavités qui contiennent les cils des cellules sensorielles.

La cupule terminale se présente avec des caractères identiques chez tous les vertébres. Hasse prétend que, chez les cyclostomes, elle est constituée par de petits fragments isolés, éraillures de nature calcaire. G. Ferré, dans sa thèse sur la *Crête auditive*, a observé des corpuscules assez gros, arrondis, distincts les uns des autres, et placés au-dessus de l'épithélium sensoriel.

Ces faits nous permettent d'établir des analogies encore plus étroites entre l'appareil des crêtes auditives, la poussière auditive des taches de l'utricule et du saccule. La cupule chez les mammifères atteint les 2/3 de l'ampoule (Coyne, Ferré). J'ai observé des cas où la cupule atteignait la paroi opposée.

Ganglions de l'oreille. — Les ganglions de Corti et de Scarpa sont les véritables noyaux d'origine des fibres nerveuses qui forment l'acoustique (Retzius, van Gehuchten, His, Cannieu, etc.). Le ganglion que Böttcher décrit sur le rameau qui se rend à la partie non enroulée du limaçon par la tache criblée de Reichert (Cannieu), ainsi que celui que Corti et Schwalbe prétendent exister sur le nerf ampullaire postérieur, ne constituent point des ganglions autonomes (Cannieu). Ils font partie du ganglion de Scarpa.

Le nerf ampullaire postérieur et le nerf sacculaire ne sont pas des branches du nerf cochléaire. Leur situation seule a pu leur faire reconnaître une pareille origine. Sur les coupes en série, il est facile de se rendre compte du contraire. L'anatomie comparée d'ailleurs concourt à de pareilles conclusions.

Nos recherches reposent sur l'examen de plusieurs centaines de rochers d'animaux et de plus de cinquante oreilles humaines débitées en coupes sériées.

Loin de moi l'idée de nier l'exactitude des faits observés par Retzius. Je crois au contraire qu'on peut les considérer comme des faits relevant d'une évolution plus avancée. Les différentes parties des ganglions de l'oreille interne ont sûrement une tendance a la spécialisation; et cette masse unique (le ganglion de Scarpa) n'est peut-être pas très éloignée d'une époque où elle se segmentera en autant de petits ganglions qu'il existe de filets nerveux se rendant aux différents appareils sensoriels épithéliaux. A l'heure actuelle, cependant, nos observations ne nous permettent pas de partager les vues de Retzius.

Toutefois l'idée que nous venons d'émettre repose sur des faits indéniables d'ontogénie et de philogénie. Hiss a vu, chez l'embryon humain, les ganglions de Corti, de Scarpa et géniculé, ne former qu'une seule masse ganglionnaire. D'autre part, nous avons relaté, dans notre thèse inaugurale, que les ganglions de Scarpa et géniculé étaient unis l'un a l'autre chez la souris adulte, et que la séparation complète ne s'effectuait que dans les groupes supérieurs, ou bien au fur et à mesure du développement ontogénique.

Dès l'année 1894, dans notre thèse inaugurale, nous décrivions des prolongements protoplasmiques autres que les prolongements cylindraxiles dans les ganglions de Corti et de Scarpa. Depuis nous avons retrouvé les mêmes dispositions sur les autres ganglions cérébro-spinaux.

Ces expansions protoplasmiques s'échappent de tous petits cônes dont la base est confondue avec le corps cellulaire. Ces prolongements possèdent de véritables petites ramifications secondaires qui peuvent être divisées en prolongements extra et intra-capsulaires. Ces derniers, peu nombreux, rampent sur une petite étendue de la face interne de la capsule; les premiers, au contraire, s'échappent en petit nombre de cette capsule, et vont se perdre dans le tissu conjonctif intercapsulaire (fig. 917).

Ces dispositions ont déjà été décrites en partie par un certain nombre d'auteurs. Dès 1893, Lenhosseck (1893), Retzius (1894), Martin et van Gehuchten (1895), ont observé des faits pareils. Bien avant eux, Ferré avait vu les mêmes dispositions et décrivait les prolongements intra-capsulaires et ceux qui *traversent la membrane d'enveloppe et vont s'anastomoser avec ceux des cellules voisines*.

Ces dispositions permettent d'établir des analogies très étroites entre les neurones de l'acoustique et des ganglions, et ceux du système nerveux des centres (Cellules de la moelle et du cerveau). D'autre part, Kamkoff a observé dans le ganglion de Gasser des filets nerveux d'origine étrangère à ce ganglion se résolvant en dendrites extra-capsulaires et péri-cellulaires. Ces derniers sont intra-capsulaires. On peut admettre que les prolongements, que nous avons décrits, correspondent aux dendrites de Kamkoff et rentrent en rapport de contiguïté avec eux, soit en dedans, soit en dehors de la capsule.

Ramon y Cajal, Kölliker, Retzius ont remarqué que les prolongements cylindraxiles d'une même cellule ganglionnaire ou d'une cellule voisine diffèrent entre eux sous le rapport du volume. Van Gehuchten et Benda, par contre, s'élèvent contre ces observations. Nos recherches sur les ganglions en général, et plus particulièrement sur ceux de l'oreille, nous ont amené à admettre l'une et l'autre de ces conclusions : en général l'un des cylindraxes est plus gros; quelquefois ils sont égaux; souvent ceux d'une cellule sont beaucoup plus petits que ceux d'une autre.

Les résultats de nos recherches cadrent très bien avec ce qu'on sait de la structure du cylindraxe. Ce dernier possède deux modes de terminaison : les collatérales et les terminales. Qu'on ait affaire aux unes ou aux autres, elles se présentent toujours sous forme de fibrilles très fines, se terminant par un renflement en bouton et provenant de la dispersion des faisceaux fibrillaires constitutifs du cylindraxe.

Si ce dernier innerve un petit nombre d'organes, il possédera peu de terminaisons collatérales et terminales; il aura peu de fibrilles constitutives; il sera peu volumineux en conséquence. Dans le cas contraire le cylindraxe sera plus ou moins gros. Quand ces prolongements sont égaux, c'est que le nombre de fibrilles est le même dans chacun d'eux. Chez la souris, dans certains cas, nous avons observé que la couche de myéline entourait la cellule ganglionnaire, ainsi que Ranvier l'a vu chez le brochet, il y a déjà longtemps. Récemment Morat et Bonn ont décrit le même fait dans les ganglions spinaux de la grenouille.

Terminaisons nerveuses dans les crêtes et les taches auditives. — Indépendamment des terminaisons vues par Retzius, Ramon y Cajal et Lenhosseck dans les crêtes et les taches, nous en avons observé un mode nouveau. Les fibrilles terminales arrivent dans ces organes jusqu'à la surface épithéliale.

Là, chacune d'elles se renfle en bouton et de ce renflement part un cil assez gros. Ce fait permet d'établir des homologies entre ce mode de terminaison, et celui qu'on observe dans la muqueuse pituitaire.

Mais il existe une différence : c'est que la cellule nerveuse, dans ce dernier organe, est enfermée dans l'épithélium lui-même, tandis que, dans l'oreille, elle a migré dans les tissus du mésenchyme.

Nous ferons remarquer que ce cil unique, plus gros que ceux que portent les cellules ciliées, a déjà été vu par Hasse, Pritchard, Coyne, Ferré, etc.

Ces auteurs regardent ces cils comme les prolongements des cellules en bâtonnets, les *stabchenzellen* de Hasse, de Pritchard, de Grümm et d'Ebner. Retzius, Ramon y Cajal, Lenhosseck, Morill et nous-même, admettons la terminaison des fibrilles nerveuses par un renflement en bouton venant s'appliquer sur le ventre des cellules ciliées, sans jamais entrer en rapport de continuité avec elles. Ayers, parmi les auteurs qui se sont occupés le plus récemment de cette question, est le seul à décrire l'union intime entre les filets nerveux et les cellules.

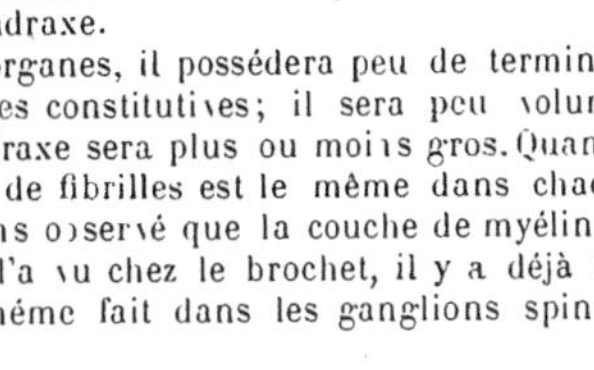

Fig. 922. — Terminaison nerveuse au niveau des crêtes et des taches acoustiques. (D'après Lenhosseck. Méthode de Golgi.)

Pour Lenhosseck (fig. 922), les fibres pénètrent dans l'épithélium et se résolvent en arborisations libres situées au-dessous de l'extrémité profonde des cellules ciliées. Ramon y Cajal, un peu plus tard, a observé « *qu'on voit pénétrer, sur une section perpendiculaire de la crête auditive, les* « *fibrilles nerveuses venues des cellules bipolaires résidant à une grande distance de* « *l'épithélium*. Les ramifications terminales sont variqueuses : elles forment à leur origine « de petits arcs à concavité supérieure « et s'achèvent non loin de la surface « épithéliale libre par une varicosité » (fig. 923).

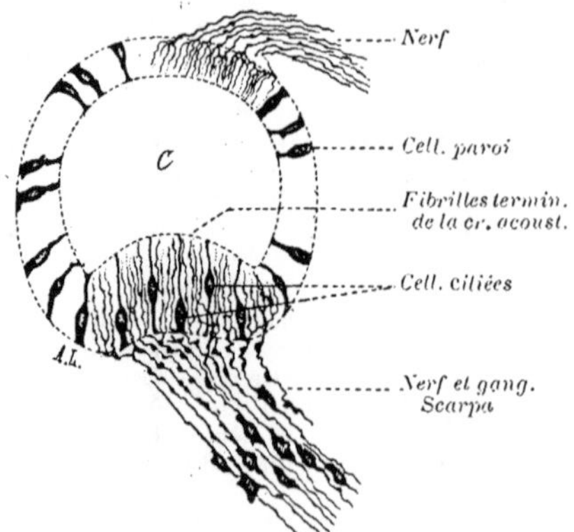

Fig. 923. — Terminaison nerveuse dans la crête acoustique (Ramon y Cajal).

Terminaison dans l'organe de Corti. — Les fibres nerveuses perdent leur double contour au niveau du septum qui sépare le canal spiral de Rosenthal du canalicule nerveux. A partir de ce point elles forment les fibres pâles qui, arrivées au niveau des orifices des canicules nerveux, donnent naissance à deux ordres de fibrilles très différentes par leur trajet. Les unes ont une direction radiaire : ce sont les fibrilles radiaires les autres ont un parcours spiral : ce sont les fibrilles spirales (Lœwenberg, Retzius, Kolliker, Coyne, Ferré, Cannieu, etc.).

Ces auteurs admettent l'existence des deux sortes de fibres. Van Gehuchten n'a jamais vu que les fibres radiaires. Nos recherches nous permettent d'avoir sur ce sujet une opinion personnelle et nous ont amené à nous ranger à l'avis de Retzius.

Nous avons divisé précédemment les fibrilles nerveuses en deux faisceaux, un interne et un externe. Chacun d'eux, arrivé au niveau des cellules ciliées de l'organe de Corti se partage en deux portions : l'une, constituant les fibres radiaires, va directement se terminer sur la cellule du sommet ou de Corti, tandis que l'autre se recourbe vers le haut parallèlement aux tours de spire, entre les cellules de soutien et les cellules ciliées. Ces dernières fibrilles forment les faisceaux spiraux. Elles peuvent ainsi dépasser un certain nombre de cellules et se terminer sur la première, la seconde, la sixième au plus, d'après nous ; et pour Retzius sur une cellule encore plus élevée,

Tandis que Retzius et Lœwenberg admettent *six faisceaux spiraux*, nous n'en avons jamais observé que cinq. Les auteurs précédents ont vu un sixième faisceau courant parallèlement dans le tunnel de Corti.

Les auteurs anciens, ainsi que le fait remarquer Waldeyer, ont décrit dans l'épithélium de l'oreille tous les modes de terminaison possibles : en anse, en plexus intra-epithélial, en terminaison libre dans le liquide endolymphatique, etc., etc.

Bien avant l'application de la méthode de Golgi et de celle au bleu de méthylène, on avait décrit les terminaisons nerveuses par contiguïté.

Böttcher, dès 1869, pense que « *les cellules ou dents de Corti ne sont pas nerveuses dans le sens propre du mot... Ce sont des appareils accessoires... elles ne sont pas la continuation directe des filets nerveux.* »

Lavdowsky admet la terminaison par continuité mais aussi par contiguïté : « *il y a simplement accolement et ces fibrilles se terminent par une sorte de renflement.* »

Cisow croit que les fibrilles terminales « *passent entre les cellules et vont jusqu'à la cuticule. Toutes les cellules ne sont ici que le soutien des filaments nerveux.* »

Quant au mode de terminaison des fibrilles nerveuses par un renflement, surmonté d'un gros cil, que nous avons observé dans les crêtes et les taches aussi bien que dans l'organe de Corti, Lavdowsky l'a représenté *dans ce dernier organe* (fig. 8) de son mémoire.

D. — **Morphologie.** — Le *labyrinthe membraneux*, d'après les travaux d'Ayers, d'Allis, de Beard et de Bonnier doit être considéré au point de vue morphogénétique comme un organe sensoriel de la ligne latérale.

Les recherches des frères Sarrazin sur l'*Epicrium glutinosum* viennent à l'appui de cette conception. Ces auteurs ont décrit un organe latéral, en forme de cupule, tapissé d'un épithelium cilié, en communication avec l'extérieur et dans l'intérieur duquel se trouve un otolithe en forme de massue.

Houssaye considère l'oreille interne comme le vestige incomplètement développé d'une fente branchiale chez l'Axolotl. Chez cet animal, il a observé une invagination entodermique correspondante qui s'atrophierait bientôt. L'oreille interne représenterait seulement la portion ectodermique de cette fente branchiale.

Sac endolymphatique. — Quelle est la signification du sac endolymphatique.

Au point de vue organogénique, c'est une expansion de la vésicule auditive primitive, tout comme les canaux semi-circulaires et le limaçon. Cette expansion est privée d'épithélium sensoriel : toutefois, certains groupes de cellules de l'endothélium seraient caractérisés par une pigmentation analogue à celle qu'on rencontre dans les cellules des taches et crêtes auditives et pourraient être considérés comme un vestige d'un appareil nerveux terminal (Rauber). On y aurait d'ailleurs rencontré de la poussière auditive semblable à celle de l'utricule et du saccule.

Le canal endolymphatique est encore considéré comme la trace de l'invagination primitive qui réunirait la vésicule à l'extérieur : Chez les *Chimères* et les *Raies*, cet organe met le labyrinthe membraneux en communication avec l'extérieur. Toutefois, comme le fait remarquer Bonnier, le canal suit le développement de l'être, grandit même plus que les autres organes labyrinthiques et n'est guère dépassé que par le limaçon. Chez les *poissons osseux*, il est en rapport avec la vessie natatoire. Chez les *mammifères*, avec le liquide céphalo-rachidien. Toutes ces dispositions n'ont d'autre but que de faire percevoir soit la pression extérieure, soit la tension de la vessie natatoire, soit celle du liquide endocranien. Ce n'est donc pas un vestige; c'est un organe semblable aux autres dérivés de la vésicule auditive primitive, mais réduit à la simple perception des tensions des liquides (Bonnier).

Ganglions. — Les ganglions de l'oreille auraient la signification morphologique des ganglions spinaux placés sur la racine postérieure des nerfs mixtes. Ils sont d'ailleurs unis au facial chez les souris (Cannieu). Ce dernier nerf aurait ainsi la valeur d'une racine motrice.

Cette disposition nous permet de le comparer à un nerf spinal ou au glosso-pharyngien et plus particulièrement au trijumeau.

Comme chez ce dernier les filets nerveux constituent une branche exclusivement sensitive, le nerf auditif, comparable au nerf ophtalmique de Willis, l'intermédiaire de Wrisberg et le facial représentant les rameaux mixtes, les rameaux sensitivo-moteurs (Mathias-Duval, Cannieu).

D'ailleurs les prolongements des cellules bipolaires qui constituent les ganglions de Scarpa et de Corti se conduisent vis-à-vis de la moelle et des terminaisons épithéliales comme ceux des racines spinales postérieures. Houssaye a décrit un rameau post-branchial des ganglions de l'oreille. Il lui accorde un certain rôle dans le système sympathique de la région. Bonnier fait remarquer qu'Erlitzky aurait vu dans le tronc du nerf auditif des fibres de Remak qui pourraient bien trouver l'explication de leur existence dans les faits rapportés par Houssaye.

Chez la souris, on rencontre un prolongement antérieur de ganglion de Scarpa. Il donne naissance à un véritable nerf qui dessert la portion non enroulée ainsi que le premier tour de spire du limaçon (Cannieu).

Ce nerf devient de plus en plus grêle au fur et à mesure qu'on remonte la série animale et ne constitue plus chez l'homme qu'un très fin filet qui s'échappe de la partie distale du ganglion de Scarpa. Il doit être considéré comme l'équivalent morphologique du nerf de la *lagena* bien développé chez les animaux inférieurs (Cantlet).

Chez l'homme, le nerf du limaçon ne contient pas des cellules ganglionnaires, comme l'avaient cru et décrit certains auteurs. Chez les carnassiers, chez le rat, la souris et le chat, le nerf cochléaire s'échappe d'un prolongement tubaire particulier.

Ce prolongement pénètre dans le conduit auditif, dans une étendue de quelques millimètres chez le chat, jusqu'à la partie inférieure du dernier tour de spire chez la souris.

Chez cette dernière, cet organe remplit toute la cavité de la columelle et les filets centraux des cellules du ganglion spiral s'y perdent, tout comme les filets du ganglion pituitaire pénètrent dans le bulbe olfactif après avoir traversé la lame criblée de l'ethmoïde (Cannieu).

Ce prolongement n'est autre chose que l'expansion latérale de la portion ventrale du noyau antérieur (Cannieu) qu'on peut assimiler lui-même à la tête des cornes postérieures (Bonnier). Il est morphologiquement comparable au bulbe olfactif et à la partie cérébrale de la rétine (Mathias Duval : Histologie); de telle sorte qu'il est possible d'établir une homologie complète et absolue entre les organes de la sensibilité spéciale.

Les cellules nerveuses qui constituent ce prolongement ne sont pas simplement bipolaires, comme le veut Sala; mais elles possèdent encore une foule de prolongements protoplasmiques très grêles, indépendants de leur prolongement cylindraxile (Cannieu).

Nous ne rentrerons pas dans les détails au sujet de la morphologie générale des nerfs crâniens. Gegenbaur, Van Wighe, Wiedersheim, His, Houssaye ont fait de longues recherches sur ce sujet. Je me contenterai de renvoyer à leurs travaux. Toutefois, je crois que les recherches embryologiques d'Houssaye sur l'Axolotl, les nôtres sur les poissons osseux et les poissons cartilagineux ne permettent point de considérer, avec Van Wighe, Wiedersheim, His, Camilio Paoli, le facial comme constituant, associé à l'acoustique, une paire crânienne dorsale, mais bien comme une paire de nerfs mixtes dont l'acoustique constitue le rameau dorsal et le facial le rameau ventral.

E. — **Liquide péri et endolymphatique. — Périlymphe et Endolymphe.** — Jusqu'en 1683 les anatomistes pensaient que le labyrinthe était plein d'air. On l'appelait *air congénital, air implanté* : car on croyait que, les sacs acoustiques étant fermés de toutes parts, il y prenait directement naissance. Valsalva en 1684 découvre le liquide périlymphique, et Cotugno en 1760 montre quel est son rôle. De là le nom donné encore à la périlymphe d'*humeur de Cotugno*. C'est Breschet qui l'appela le premier *périlymphe*.

L'endolymphe a également été désignée sous le nom d'*humeur de Scarpa*, du nom de l'anatomiste qui la découvrit (1794) et sous celui d'*endolymphe* par Breschet.

La périlymphe varie avec les espèces animales. Elle occupe les deux rampes tympanique et vestibulaire. Comme celles-ci communiquent entre elles au sommet du limaçon et que la rampe vestibulaire conduit dans le vestibule, le liquide périlymphique forme une couche ininterrompue autour des sacs auditifs. La périlymphe est un liquide clair, transparent, fluide, légèrement salé.

L'endolymphe est limpide chez l'adulte : chez le fœtus et l'enfant nouveau-né au contraire, elle a un reflet rougeâtre. Elle est parfois assez consistante. Chez les poissons, elle a un aspect gélatiniforme. L'endolymphe remplit toutes les cavités du labyrinthe membraneux.

L'endolymphe contient du chlorure de sodium, du phosphate d'ammoniaque, du mucus et de l'albumine (Barruel).

Les otoconies seraient formées par des cristaux de carbonate de chaux associé au carbonate de magnésie (Barruel). Krause les considère comme formées par de l'aragonite.

La *périlymphe* est alcaline, salée. On y rencontre des carbonates de potasse et de soude en solution, ainsi que de l'albumine (Krimmer).

BIBLIOGRAPHIE

A. — Anatomie du labyrinthe osseux et membraneux.

Gabriel Fallopius, *Observationes anatomicæ*. Coloniæ, 1562. — Eustachius, *Epistola de organis auditus*. Venetiis, 1563. — Jean Merey, *Description de l'oreille*. Paris, 1687. Duverney, *Observations sur l'organe de l'ouïe*, 1683. — Valsalva, *De aure humana tractatus*. Genevæ, 1716. — Cassebohm, *Disp. anat. de aure interna*, 1730. — Albinus, *De aure humana interiore*. Leydæ, 1758. — Geoffroy, *Dissertations sur l'organe de l'ouïe de l'homme, des reptiles, des poissons*. Amsterdam, 1778. — Sœmmering, *Abbildungen des menschlichen Gehörorgans*. Franckf., 1806. — Buggnone, Observations anatomico-physiologiques sur le labyrinthe de l'oreille. *Mem. Ac. imp.* Turin, 1805-1808. — Krimmer, *Chemische Untersuchungen des Labyrinths Wassers*. Leipsig, 1820. — Rosenthal, Ueber den Bau der Spindel im menschlichen Ohr. *Meckel's Deutsches Arch. für die Physiologie*. 1833. — Cotugno, *De aquæductibus auris humanæ internæ anatomica dissertatio*. Neapoli, 1761. — Scarpa, *De structura fenestræ rotundæ auris et de timpano secundario anatomicæ observationes*. Mutinæ, 1792. — Breschet, *Recherches anatomiques et physiologiques sur l'organe de l'ouïe et l'audition chez l'homme et les animaux vertébrés*. Paris, 1836. — Rüdinger, Ueber den Aquæductus vestibuli des Menschen, etc. *Archiv. f. Ohrenheilkunde*. — Böttcher, *Weitere Beiträge zur Anatomie der Schnecke*. — Gellé, *Communication sur le ligament spiral et la membrane de Corti*, Paris, 1880. — Masse, De l'audition et du sens de l'ouïe chez l'homme. *Thèse agrégation, Montpellier*, 1869. — Reissner, *De auris internæ formatione*. Dorpat, 1851. — Carl, *Beiträge zur Morphologie des Utriculus, Sacculus und ihre Anhänge bei den Säugethieren*. — Coyne, Article *Dict. encyclopédique*. Paris : — *Thèse d'agrégation*, 1876. — Siebenmann, *Recherches sur la vascularisation de l'oreille*. Vienne, 1894. — Bonnier, *Anatomie de l'oreille*. Collection Leauté. — Sappey, *Anatomie humaine*. — Testut, *Anatomie humaine*. — Cruveilhier, *Anatomie humaine*. — Gellé, *Dictionnaire encyclopédique de physiologie*, 1895. Article : « Audition ». — Cannieu, *Procédé technique pour l'étude du labyrinthe osseux*. Société anat. Bordeaux, 1894. — Cannieu et Gentes, Recherches sur les orifices du vestibule et sur les canaux semi-circulaires du labyrinthe osseux.

Gazette hebdomadaire des sciences médicales, Bordeaux. 1900: — Recherches sur le plancher du vestibule osseux et la fente vestibulo-tympanique. *Gazette hebdomadaire des sciences médicales*, Bordeaux, 1900.

B. — Appareil terminal de l'acoustique.

VALSALVA, *De aure humana tractatus*, 1707. — SCHELHAMMERUS. *F. Wiss. zool.*, 1660. DUVERNEY, *Traité de l'organe de l'ouïe*. Paris, 1683. — MORGAGNI, *Epistolæ anat.*, XII, 1758.

ALBINUS, *Academicarum annotationum*, liber quartus, 1785. — SCARPA. *Disquisitiones anatomicæ de auditu et olfactu*. 1789. — COMPARETTI. *Observationes anatomicæ de aure interna comparata*, 1789. — WINDISCHMANN. *De penitiori auris in amphibiis structura*. 1831. — HUSCHKE, *Froriep Notizen*, 1832, et *Lehre von den Eigenweiden und Sinnesorgane des menschlichen Körpers*, 1844. — BOWMANN et TODD, *The physiological anatomy and physiology of Man*. — HANNOVER, *Recherches microscopiques sur le système nerveux*. Copenhague, 1884. — REICH, Ueber den feineren Bau des Gehörorganes von Petromyzon und Ammocetes. *Eiker's Untersuchungen zur Ichtiologie*, 1857. — SCHULTZE, *Muller's Archiv für Anatomie und Physiologie*, 1858. — LEIDIG. *Lehrbuch der Histologie des Menschen und der Thiere*, 1858. — STEIFENSAND, Untersuchungen über die Ampullen des Gehörorgan. *Muller's Archiv für Anatomie und Physiologie*, 1835. — CORTI, Recherches sur l'organe de l'ouïe des mammifères. *Zeitschrift f. wiss. Zoologie*, 1851. — LANG, Das Gehörorgan der Cyprinoiden mit besonderer Beruchsichtigung des Nervenendapparates. *Siebold's und Kölliker's Zeitschrift für Zoologie*, 1863. — CLASSON, Die Morphologie des Gehörsorgans des Eidechsen. *Hasse's Anat. Studien*, Heft. — ODENIUS, Ueber das Epithel der Maculæ acusticæ beim Menschen. *Archiv. f. microscopische Anatomie*, 1867. — DEITERS, Beiträge zur Kenntniss der Lamina spiralis membranacea der Schnecke. *Zeitschr. f. wiss. Zool.*, 1860. — SCHULTZE, Ueber die Endigungsweise der Hörnerven in Labyrinth. *Muller's Archiv. f. Anat. und Physiologie*, 1858. — HARTMAN, *Reichert's und Dubois-Reymondt's Archiv. f. Anat. und Physiologie*, 1862. — HENSEN, Zur Morphologie der Schnecke des Menschen und der Säugethiere. *Zeitschr. f. wiss. Zool.*, XII, p. 139, 1863. — HASSE. Das Gehörorgan der Fische, *Anat. Studien*. Heft 3; — Das Gehörorgan der Schildkröte. Das Gehörorg. der Crocodile, *Anat. Stud.*, Heft 4. — ROSENBERG. *Untersuchungen über die Entwicklung des Canalis cochlearis der Saügethier*, Dorpat. 1868. — KÖLLIKER, *Handbuch der Gewebelehre*, 1863. LOWEMBERG, La lame spirale du limaçon, *Thèse Paris*, 1868. — WALDEYER, Untersuchungen uber den akustichen Endapparat der Saügethiere. *Arch. f. mikr. Anat.*, 1868. — CLAUDIUS, Das Gehörgan von Rhytina Stelleri. *Mém. Acad. impériale Saint-Pétersbourg*, 7e série, t. XI, n° 5, 1887. — MIDDENDORP, rapporté dans *Monaschrift für Ohrenheilkunde*, 1860. — VINIWATER, Untersuchungen über die Gehörschnecke der Säugethiere. *Sitzunsb. k. k. Akad. Wiss. Wien*, LXI, 1870. — GOTTSTEIN, Ueber den feineren Bau und die Entwicklung der Gehörschnecke beim Menschen und den Säugethieren. *Archiv. für mikr. Anat.*, VIII. — BÖTTCHER, Ueber Entwicklung und Bau des Gehörlabyrinths, *Untersuchungen über Säugethieren*, Dresde, 1869. *Journ. de l'Anat. et de la Physiologie*. 1872. — Weitere Beiträge zur Anatomie der Schnecke. *Arch. f. Pathol. und Phys.*, 1859. — VON GRIMM, Der Bogenapparat der Katze. *Bull. de l'Académie impériale des sciences de Saint-Pétersbourg*, t. XIV, 1870. — RÜDINGER, Das häutige Labyrinth. *Stricker's Handbuch*, p. 899. — REID, *Arch. f. Ohrenh. und Augenh.*, 1871. — VOLTOLINI, *Arch. f. Ohrenh. und Augenh.*, 1871. — RETZIUS, Das Gehörorgan der Knochenfische. *Anatomischen Untersuchungen*, Stockholm, 1871. — EBNER, Das Nerven-Epithel. der Crista acustica. *Schrifters des Med. Natur. wissenschaftl. Vereins zur Innsbruck*, 1872. — WALDEYER, Hornerv und Schnecke. *Stricker's Handbuch*, 1873. — NUEL, Recherches microscopiques sur l'anatomie du limaçon des mammifères. *Acad. roy. des sciences de Belgique*, t. XLIII, Bruxelles, 1873. — PRITCHARD. The termination of the Nerves in the vestibule and semi-circular Canal of Mammals. *Quarterly journ. of microsc. sc.*, 1873. — HANSEN, Referat über Hasse's vergleichende Morphologie. *Arch. f. Ohrenheilkunde*. Neue Folge, Bd III. — MEYER, Études histologiques sur le labyrinthe membraneux. *Th. Strasbourg*, 1876. — LAVDOWSKY, Untersuchungen über den akustiken Endapparat der Säugethiere. *Archiv. f. mikr. Anat.*, 1876. — KUHN, *Beiträge zur Anatomie des Gehörorgans*, 1877. — CISOW, Ueber das Gehörorgan des Ganoiden. *Arch. f. microscopische Anatomie*, Bd XVIII, 1879. — RETZIUS, Ueber die peripherische Endigunsweise des Gehörnerven. *Biologisches Untersuchungen* (décembre 1881). — RETZIUS. *Morpholog. histolog. von G. Retzius*. Stockholm, 1884. — TAFANI. L'organe de Corti chez les singes. *Archiv. ital. de biologie*, 1884, t. VI; — Gli epitelii acustici. *Lo Sperimentale*, 1882. t. II. décembre.

STEINBRUGGE, Ueber die helligen Gebilde des menschlichen cortischen Organs. *Zeitschr. f. Ohrenheilk.*, 1884. — FERRÉ. Recherches sur les crêtes auditives. *Thèse Bordeaux*, 1883.

RANVIER, *Traité technique d'histologie*. 1889. — RETZIUS, Die peripherische Endigungsweise des Gehörnerven. *Verhandl d. Anat. Gesell.* Wien, 1892, § 63. — Die Endigungsweise des Gehörnerven. *Biol. Untersuchungen.* N. F., III, § 29, 1892. — Gerberg, Ueber die Endigung des Gehörnerven. 1892, nº 1. — Ayers, Ueber das peripherische Verhalten der Gehörnerven. *Anat. Anz.*, 1892. — Ramon y Cajal, traduct. française, 1894. — Lenhossek, rapporté par Ramon y Cajal, *Traité du système nerveux*. Trad. française d'Azoulay. *Anat. Rauber*, 1897. — Morill, *Journal of Morphologie*, t. XIV, nº 197. — Coyne et Cannieu, Recherches sur l'épithélium sensoriel de l'organe auditif. *Ann. des malad. de l'oreille et du larynx*. 1895. — Cannieu, Recherches sur le nerf auditif, ses rameaux et ganglions. *Thèse Bordeaux*, 1894. — Ferré. Contribution à l'étude du nerf auditif. *Bulletin de la Société zoologique de France*, X, 1885, p. 88. — Cannieu et Coyne. Note sur la cupule terminale, *Société d'Anat.*, Bordeaux, 1894. — Insertion externe de la membrane de Corti. *Acad. des sciences.* 1894. — Structure de la membrane de Corti. *Acad. des sciences.* 1894.

De la tectoria, ses rapports. *Société d'Anat.*, Bordeaux. 1894. — Les stries de la tectoria, leur signification. *Société d'Anat.*, Bordeaux. 1894. — Recherches sur la membrane de Corti. *Journal de l'Anatomie et de la Physiologie*, 1895, Paris. — Ayers. On the membrana basilaris, the membrana tectoria, and the nerve-endings in the humane ear. *Zoological Bull.*, vol. 1, nº 6, 1899. — Morill. The innervation of the auditory epithelium of mustellus Canis. *Journ. of Morphologie*, vol. 24. nº 1, 1899. — Hammerschlag. Ueber Enstellung und Wachstum der Cortis'chen membran. *Verhandl. des Physiol. Clubs. zu Wien.* Jahrg. 1099-1900. — Rickenbacker, Untersuchungen über die embryonale membrana tectoria des Meerschweichens. *Dissertation Basel.* (Prof. Siebenmann. 1901. *Anatomische Hefte.* Bd 16. Heft 2, I Abtheilung.)

C. — Le nerf auditif.

Vieussens, *Nevrographia universalis* et *Traité de la structure de l'oreille.* 1714.
Vesalius (A.), *De humani corporis fabrica.* Bruxelles, 1553. — Fabricius Hieronimus de Aquapendente. *De aure auditusque organo*, VIII et IX, 1600. — Casserius. *De vocis auditusque organis historia anatomica.* 1600. — Willis. *Cerebri anatome, cui accessit nervorum descriptio et usus*, 1664. — Duverney. *Traité de l'organe de l'ouïe.* Paris. 1683. Méry, *Explications mécaniques et physiques des fonctions de l'âme sensitive.* Paris. Lambert Rouillaud, 1685; — *Progrès de la médecine.* Paris. 1697. — La Charrière. *Anatomie nouvelle de la tête de l'homme*, 1703, — Valsalva. *De aure humana tractatus*, 1707. — Vieussens, *Nevrographia universalis*, 1714. — Albinus, *Academicarum annotationum liber quartus*, 1758. — Morgagni. *Epistolæ anat.*, XII, 1758. — Geoffroy. *Dissertation sur l'organe de l'ouïe de l'homme, des reptiles et des poissons*, 1778. — Scarpa. *Disquisitiones anatomicæ de auditu et olfactu*, 1789. — Comparetti. *Observationes anatomicæ de aure interna comparata.* 1789. — Savary, *Dictionn. des Sc. méd.*, 1812. — Ribes. Recherches sur quelques parties de l'oreille interne. *Journal de Phys. expérimentale de Magendie.* 1822, nº 1.

Arnold, *De parte cephalica sympatica.* Heidelberg. 1823. — Serres. *Anatomie du cerveau.* Paris. 1724. — Pappenheim. *Specielle Gewebelehre des Gehörorganes.* 1838. — Breschet, *Dict. de Méd.*, 1840. — Hyrtl. *Lehrbuch der Anatomie des Menschen.* Wien. 1851. Corti, Recherches sur l'organe de l'ouïe des mammifères. *Zeitschrift f. wiss. Zool.*, 1851. — Böttcher. Beiträge zur Anatomie der Schnecke. *Arch. f. Path. und Phys.*, 1849. — Vietor. Ueber der Canalis ganglionaris der Schnecke der Säugethiere und des Menschen. *Zeit. f. Mediz.* 1865. — Kölliker. *Handbuch der Gewebelehre des Menschen.* 1867. — Pierret. Contribution à l'étude des phénomènes cephaliques du tabes dorsal et symptômes sous la dépendance du nerf auditif. *Revue mensuelle*, nº 2. — Loewemberg. La lame spirale du limaçon, *Thèse Paris*, 1868. — Brunner. Ueber den Gehörschwindel. *Arch. f. Augen und Ohrenheilkunde.* 1871. — Huguenin, *Allgemeine Pathol. der Krank. der Nerv. Syst.* Zurich, 1873. — Krause. *Allgemeine und microscopische Anatomie.* Hannover. 1875. Horbaczewsky. *Wiener Zitzungsberichte.* Avril 1875. — Axel Key et Retzius. *Studien in der Anatomie der Nervensystems und des Bindgewebe.* Zweite Hefte. Stockholm. 1876. Lavdowsky. *Untersuchungen über den akustischen Endapparat der Saugethiere.* 1876. Neubel. *Berliner medicinische psychologische Gesellschaft.* Sitzung. von Januar 1878, und *Arch. f. Psych.*, 1879. — Henle. *Handbuch der Nervenlehre des Menschen.* 1879. — Casow. Ueber das Gehörorgan der Ganoiden. *Arch. f. microscopische Anatomie*, Bd XVIII, 1879. — Kuhn, *Beiträge zur Anatomie der Gehörorgans.* 1879. — Mathias Duval. Sens de l'espace. *Société de Biologie*, 24 fevrier 1880; — *Traité élémentaire de physiologie*: — *Traite d'histologie*, 1896. — Retzius. *Das Gehörorgan der Wirbelthiere.* Stockholm. 1881. — Erlitsky. De la structure du nerf auditif. *Arch. de Neurol.*, janvier 1882. — Coyne. *Thèse d'agrégation*: — Article « Oreille ». *Dict. encycl. des sciences méd.* — Ferré. *Contribution à l'étude des crêtes auditives chez les vertébrés.* 1883. — Retzius. Das Gehororgan der Wirbelthiere. *Morphol. histolog. von G. Retzius.* Stockholm. 1884. Milne-Edwards. *Annales des Sc. nat.*, Zool., t. XVI, 1885. — ONUFROWICZ, Experimentaler Beitrag zur Kenntniss des Ursprunges des acusticus beim Kaninchens. *Arch. f. Psych.* Bd XVI, 3. — SCHWALBE. *Lehrbuch der Anatomie der Sinnesorgane.* Erlanger, 1887.—BECHTEREW, Zur Frage über der Ursprung der Hornerven und über die physiologische Bedeutung der N. vestibularis. *Neurol. Cent.*, 1887. — BAUM. Experimentaler Beitrag zur Kenntniss des Hornerven Urprungs des Kaninchens. *Allgemeine Zeitschrift für Psychiatrie*, 1889. — WIEDERSHEIM. *Manuel d'Anat.*, trad. française, 1890, Paris. — RANVIER, *Traité technique d'Histologie*. 1889. — CANNIEU et COYNE. Recherches sur l'oreille interne. Societe Anat., Bordeaux, 1893. — CANNIEU. Recherches sur le nerf auditif. *Archives cliniques*, Bordeaux, 1894. — Sur les origines du nerf acoustique. *Revue de laryngologie, d'otologie et de rhinologie*, Bordeaux, 1894. — Recherches morphologiques sur le nerf auditif. *Annales des maladies de l'oreille, du larynx et du pharynx.* Paris, 1894. — Recherches sur le nerf auditif, ses rameaux et ses ganglions. *Thèse doctorat en médecine*, 1894. — Recherches sur l'histologie du noyau antérieur de l'acoustique. *Revue des sciences nat. de l'Ouest.* Paris, 1895. — Remarque sur l'embryologie du nerf acoustique chez les poissons osseux. *Soc. d'Anat. et de Physiologie de Bordeaux*, 1895. — Remarques embryologiques sur l'intermédiaire de Wrisberg. *Comptes rendus Acad. des sciences*, 1895. — Note sur les ganglions cérébro-spinaux et leurs prolongements. *Bibliographie anatomique*, 1899. — Note sur la structure des ganglions de l'oreille. *Revue hebdomadaire de laryngologie, d'otologie et de rhinologie*, Bordeaux. 1895.

NEZ ET FOSSES NASALES

Par JACQUES

Creusées dans l'épaisseur du massif facial supérieur, qu'elles minent en tous sens, les fosses nasales, avec leurs annexes, constituent un vaste système cavitaire, anfractueux, parcouru par l'air inspiré : véritable carrefour où se côtoient sans se confondre l'*organe olfactif* et l'*appareil respiratoire*. Un couloir commun, prolongement des tuniques externes du corps, la *narine*, donne accès de l'extérieur dans chacune des fosses nasales.

L'histoire élémentaire du développement ne nous a-t-elle pas fait assister aux phases successives de l'évolution de ces cavités, jetant une vive lumière sur la complexité des dispositions réalisées chez l'adulte et nous expliquant du même coup les différences de structure du revêtement muqueux en ces diverses régions? Au-dessus et indépendamment de la cavité buccale primitive qui partage la communauté originelle des appareils digestif et respiratoire, nous avons vu s'isoler du revêtement externe la fossette olfactive, premier rudiment de l'organe de l'odorat. Et tandis que celle-ci, s'enfonçant aux confins du crâne et de la face, marche au-devant du lobe olfactif du cerveau, une gouttière, bientôt transformée en canal, unit sa lèvre inférieure au bord supérieur de l'orifice buccal. Les deux fosses olfactives entrent alors en large communication avec l'extrémité supérieure du conduit alimentaire et respiratoire, disposition que maintient parfois chez l'adulte l'absence congénitale du palais.

Mais l'apparition des deux lames palatines, issues de la face interne des deux bourgeons maxillaires supérieurs, va bientôt étendre au-dessous des fosses olfactives une cloison horizontale complète à mi-hauteur de la cavité buccale primitive. La moitié supérieure de la bouche embryonnaire, unie à l'organe olfactif, va désormais se mettre au service exclusif de l'appareil respiratoire, tandis que la moitié inférieure demeurera définitivement partie constituante du tube digestif. Les canaux de Stenson (mammifères) ou incisifs (homme) resteront les seuls indices de la communication, primitivement si large, des deux étages. Enfin, une cloison verticale, née vers la même époque de la base du crâne, viendra, ébauche du septum, diviser sagittalement le conduit respiratoire en deux moitiés latérales et symétriques, fusionnées chacune avec la fosse olfactive correspondante pour constituer les fosses nasales proprement dites de l'adulte.

Ce court aperçu, jeté sur le développement, nous permet de reconnaître dès à présent dans les fosses nasales deux régions bien distinctes par leur origine et qui devront l'être aussi par leurs fonctions et la structure de leur revêtement muqueux : une région sensorielle occupant la partie la plus élevée des cavités nasales, et une région respiratoire, premier segment de l'arbre aérien, qui en occupera la partie inférieure. En outre il faudra distinguer et décrire à part une troisième région, antérieure, portion du tégument externe qui s'est enfoncée à la suite de l'organe olfactif et s'est mise ultérieurement au service de l'organe respiratoire, vestibule commun que nous distinguerons des fosses nasales proprement dites sous la dénomination de narines.

Au point de vue purement anatomique on a toujours réuni en une seule les deux premières régions, que la nature muqueuse de leur revêtement rapproche l'une de l'autre en les opposant au revêtement cutané du vestibule. Conformément à cette division habituelle nous partagerons notre étude en deux chapitres principaux :

1° *Vestibule* ou *narines*.

2° *Fosses nasales proprement dites*.

Et dans chacun de ces chapitres nous examinerons successivement :

1° La disposition anatomique du revêtement et ses rapports avec le squelette ;

2° La structure histologique de ce revêtement en ses différentes régions.

1° NARINES

Définition. — La narine est cette portion vestibulaire des cavités nasales qui dérive de l'ectoderme et possède un revêtement de nature cutanée.

C'est donc à tort qu'on désigne parfois dans le langage ordinaire, et même en pathologie, sous le nom de narine la fosse nasale dans toute son étendue.

Limites. — Ainsi défini par la nature de son revêtement interne, le vestibule des fosses nasales, limité inférieurement par son orifice extérieur, a sensiblement pour limite supérieure un plan oblique regardant à la fois en haut, en arrière et en dedans, qui passerait par le bord antérieur libre de l'os nasal, et par l'épine nasale antérieure en empiétant légèrement sur l'insertion antérieure du cornet inférieur et sur la région avoisinante du plancher (Ecker).

Cette délimitation supérieure n'a rien d'absolu. Le passage de la peau à la muqueuse ne se fait pas, bien entendu, d'une façon absolument brusque, mais par l'intermédiaire d'une zone de transition, ainsi que nous le verrons plus loin.

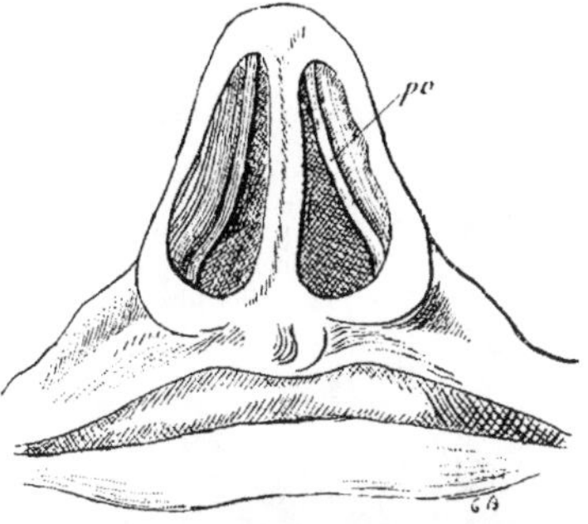

Fig. 924. — Les orifices narinaux vus inférieurement. (D'après Zuckerkandl.)

pe, pli du vestibule.

Configuration extérieure. — La peau qui revêt l'intérieur des narines ne présente pas des caractères identiques dans toute leur étendue. D'autant plus épaisse, riche en glandes et en poils, qu'on la considère plus près de l'orifice externe, elle s'amincit progressivement à mesure qu'elle s'enfonce, rappelant de très près ce que l'on observe au niveau du conduit auditif externe (zone de transition).

Sur la *paroi externe* ou *alaire* on reconnaît facilement deux régions bien distinctes d'aspect :

1° Une région inférieure de forme semi-lunaire, sous-jacente au cartilage de l'aile. La peau s'y montre avec tous ses caractères, notamment des glandes sébacées volumineuses et des poils très développés (vibrisses), implantés perpendiculairement à la surface et formant un bouquet proéminant dans la cavité narinale. Sa texture est remarquablement serrée, au point qu'il est ordinairement impossible de reconnaître au travers d'elle par le toucher le mince feuillet du cartilage de l'aile.

2° Une région supérieure, plus étendue, correspondant à la face interne du cartilage alaire, et se prolongeant plus ou moins au-dessus et en arrière de lui. Là nous voyons la peau s'amincir, pâlir, prendre un aspect entièrement uni et perdre toute trace de production pileuse. Cette région supérieure appartient tout entière à la zone de transition.

Un relief longitudinal, prolongeant la direction du cornet inférieur sur la partie membraneuse de la paroi nasale externe, sépare ces deux régions : c'est le *pli du vestibule* de Zuckerkandl. Il correspond à l'interstice des cartilages alaire et triangulaire.

La *paroi interne* ou *septale* de la narine offre des caractères analogues. On y distingue aussi :

1° Une région inférieure correspondant à la sous-cloison et soulevée vers son milieu par la saillie de l'extrémité de la branche interne du cartilage de l'aile. La peau y est épaisse, un peu mobile et porte des vibrisses.

2° Une région supérieure, mal délimitée en haut, correspondant à la cloison. Dans cette région de passage, la peau est mince, unie, adhérente au cartilage septal et dépourvue de poils.

Les deux parois en s'unissant en avant circonscrivent un recessus assez profond que ferme intérieurement un repli chondro-cutané, c'est le *ventricule du nez* ou *cavité du lobule*. La peau, qui tapisse cette cavité ouverte en arrière, est mince, mais porte constamment un buisson de poils.

Les trois bouquets de vibrisses, issus de la région postérieure des parois internes et externes de la narine ainsi que du ventricule, convergent vers le centre de la cavité narinale et s'y entre-croisent de façon à former une manière de treillis au travers duquel l'air inspiré vient se dépouiller des impuretés qu'il renferme en suspension. Comme le fait justement observer Sappey, les nombreux ébranlements que subissent les vibrisses nasales dans l'état de santé, sous l'influence du moucher, de l'éternuement, des expirations énergiques, dégagent constamment le crible des dépôts qui le souillent. Il n'en est pas de même dans les états pathologiques où prédomine l'adynamie. La suppression temporaire des réactions vitales entraîne bientôt l'encombrement du filtre par les poussières atmosphériques et l'orifice desséché des narines se montre revêtu d'un enduit poussiéreux plus ou moins épais. On donne en séméiologie à cet état le nom de *pulvérulence des narines*.

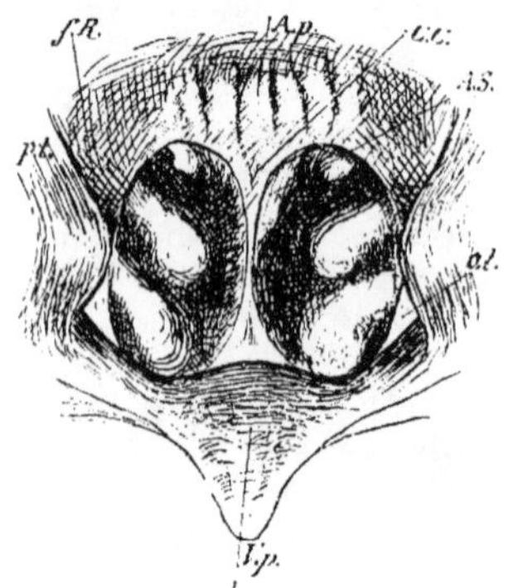

FIG. 925. — Vue rhinoscopique postérieure des fosses nasales.

A. p., amygdale pharyngée. — *C. C.*, cloison des choanes. — *A. S.*, aileron septal. — *p. t.*, pavillon tubaire. — *o. t.*, orifice tubaire. — *f. R.*, fossette de Rosenmuller. — *V. p.*, voile du palais, face dorsale.

Structure microscopique. — A partir du rebord de l'orifice narinal, le revêtement cutané se réfléchit dans l'intérieur du vestibule du nez en conservant tous ses éléments.

L'épithélium, du type pavimenteux stratifié corné, n'offre ici rien de spécial.

Le *derme*, épais, est surtout remarquable par la densité de son tissu. Au sein du feutrage conjonctif serré qui en forme la charpente s'étend un riche réseau élastique dont les fibres, de plus en plus fines à mesure qu'elles se rapprochent de la surface, se prolongent jusqu'au voisinage immédiat de l'épithélium. Les *papilles* sont fort élevées et, dans leur intervalle, débouchent de nombreuses *glandes sébacées* remarquables par leur grand volume, annexées aux *vibrisses*. Sur le plancher de la narine on voit courir au-dessous des glandes, et parfois s'insinuer entre leurs culs-de-sac, les faisceaux striés du petit *muscle nasal* (Schifferdecker). Les *vaisseaux*, assez développés, offrent les mêmes dispositions, vis-à-vis des papilles notamment, que dans la généralité de la peau. Quant aux *nerfs*, très étudiés à la face externe de l'aile du nez et du lobule, où ils constituent chez les animaux des buissons terminaux en rapport avec la fonction tactile du museau, ils n'ont fait à la face interne des parois narinales l'objet d'aucun travail spécial.

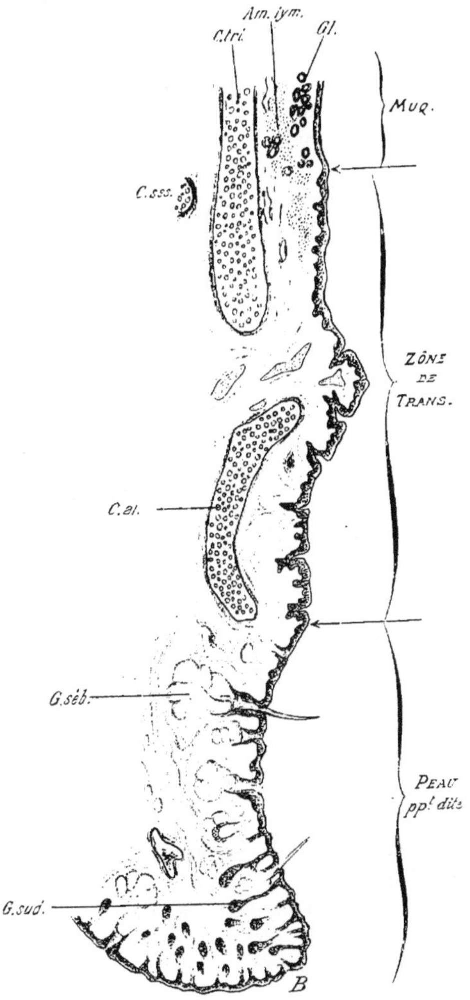

Fig. 926. — Coupe frontale de l'aile du nez d'un faible grossissement (en partie d'après Zuckerkandl).

G. sud., glandes sudoripares. — *G. séb.*, glandes sébacées et poils. — *C. al.*, cartilage de l'aile. — *C. sés.*, cart. sésamoïde. — *C. tri.*, cart. triangulaire. — *Am. lym.*, amas lymphatique. — *G. l.*, glandes de la muqueuse.

Au niveau du bord inférieur du cartilage alaire sur l'aile et du bord inférieur du cartilage quadrangulaire sur la cloison, le revêtement cutané de la narine perd certains de ses caractères et la *zone de transition* ou région supérieure de la narine commence. Cette zone, intermédiaire à la peau proprement dite et à la muqueuse, n'a pas de limite supérieure fixe. Généralement elle empiète plus ou moins en haut sur le cartilage triangulaire en dehors et sur la cloison cartilagineuse en dedans. En allant de bas en haut on voit (fig. 926) disparaître d'abord les poils et les glandes sébacées (bord inférieur de la branche externe du cartilage de l'aile); les saillies papillaires s'élargissent et s'abaissent (région du cartilage alaire), puis s'effacent presque entièrement en même temps que s'amincit considérablement le derme (partie inférieure du cartilage triangulaire) et que l'ensemble du revêtement prend l'aspect de la peau du conduit auditif osseux. Aux confins supérieurs, l'épithélium, tout en conservant le type pavimenteux stratifié, prend le caractère muqueux : les cellules superficielles cessent de se kératiniser et conservent leur noyau; des cryptes mucipares apparaissent au sein de l'épiderme, tandis qu'au-dessous de lui le chorion s'infiltre par place de tissu adénoïde. Çà et là, on peut rencontrer encore quelques glandes sébacées réduites de volume et démunies de poils ainsi que certaines glandes sudoripares modifiées. Dans toute l'étendue de cette région supérieure de la narine les fibres élastiques du derme demeurent abondantes; dans la profondeur ces fibres s'amincissent et se condensent au voisinage du périchondre avec lequel elles se fusionnent intimement : d'où l'adhérence étroite de la peau au cartilage qu'on observe à ce niveau. Les vaisseaux enfin offrent un développement moindre que dans la peau proprement dite et que dans la muqueuse.

J'ai observé que, chez l'*enfant nouveau-né*, les papilles, les poils et les glandes sébacées disparaissaient simultanément au niveau du bord inférieur du cartilage de l'aile du nez (paroi externe), l'épithélium conservant le type pavimenteux stratifié.

L'origine de la muqueuse est indiquée par le caractère nouveau de l'épithélium, la suppression définitive des élevures papillaires et l'apparition dans le derme d'acini glandulaires nombreux, enfin par un développement manifeste du système sanguin et spécialement des réseaux veineux.

2° FOSSES NASALES PROPREMENT DITES

Définition. — Limité en avant par le bord supérieur de la cavité narinale, le revêtement muqueux des fosses nasales proprement dites ou membrane *pituitaire* reçoit en arrière pour frontière conventionnelle la circonférence de l'orifice choanal. Au delà il se continue directement avec la muqueuse du nasopharynx. C'est à cette portion des voies respiratoires supérieures qu'appartiennent les *cavités annexes* du nez, sinus ou cellules, dont la muqueuse est un prolongement diverticulaire de la pituitaire.

A. Caractères généraux.

— La pituitaire revêt intimement tout le squelette des fosses nasales, en épousant les saillies, se moulant sur les dépressions et s'insinuant dans les orifices qu'elle rétrécit. Le configuration générale des fosses nasales chez le vivant reproduira donc assez exactement celle que nous connaissons sur le crâne macéré. Les modifications consistent essentiellement dans une atténuation des rugosités de l'os avec exagération de certaines saillies grâce à un épaississement localisé de la membrane muqueuse.

Épaisseur. — La pituitaire est loin, en effet, d'avoir une épaisseur uniforme. De cette inégalité la raison est facile à saisir et la loi à formuler

L'épaisseur est fonction directe du développement dans le chorion de l'appareil vasculaire et du système glandulaire. Or, formations vasculaires et glandulaires ont pour but principal de fournir à l'air inspiré un degré favorable de chaleur et d'humidité; il faut donc s'attendre à les voir atteindre leur maximum de développement dans les régions des fosses nasales où le contact est le plus direct et le plus prolongé avec la colonne d'air inspiré. *On peut conséquemment poser en principe que l'épaisseur de la muqueuse nasale dépend essentiellement du degré de contact de ses différents points avec le courant d'air inspiré.*

C'est ainsi que, d'une façon générale, sur la paroi externe comme sur la cloison, c'est dans l'étage inférieur du nez, étage respiratoire, que nous verrons la pituitaire recouvrir le squelette d'un revêtement charnu; et, dans cette région inférieure, le bord libre des cornets moyen et surtout inférieur, véritables étraves baignant dans la colonne aérienne qu'elles fendent, nous montrera des replis muqueux de trois à quatre millimètres d'épaisseur. Dans les méats au contraire la membrane s'amincit, et cet amincissement s'accentue encore brusquement au niveau des hiatus faisant communiquer les sinus avec la cavité principale. C'est enfin dans les annexes, diverticules rejetés en dehors de la voie de l'air, que le revêtement muqueux atteint son épaisseur la plus faible.

L'épaisseur de la muqueuse nasale dans son ensemble est sujette à des variations très étendues soit physiologiques (congestions actives), soit pathologiques (stases, hypertrophie).

Coloration. — Examinée *sur le cadavre*, la pituitaire offre généralement une teinte rouge sombre qu'elle doit à un état de stase sanguine dans ses réseaux veineux très développés. *Chez le vivant* sa couleur est beaucoup plus claire, franchement rosée. Toutefois les bords libres et surtout les extrémités postérieures (queues) des cornets présentent une coloration tirant sur le gris violacé, qui doit être attribuée à l'existence du système érectile[1]. Enfin, dans la région olfactive, un léger reflet jaune viendrait se surajouter (Ecker) à la coloration rosée ambiante. Cette tache jaune, évidente chez les batraciens et facilement appréciable chez beaucoup de mammifères, m'a paru faire défaut le plus souvent chez l'homme.

On remarque en outre sur toute la surface du revêtement interne des fosses nasales, et particulièrement dans les points d'épaisseur maxima, un semis serré d'orifices glandulaires qui lui donnent un *aspect criblé*.

Consistance. — La pituitaire est assez molle : Sappey la compare à la muqueuse utérine. Cette friabilité est surtout, il faut le dire, la conséquence de la macération cadavérique; car, chez le vivant et en dehors des altérations pathologiques, la muqueuse nasale supporte assez facilement le contact réitéré d'instruments mousses sans saigner.

Adhérence au squelette. — Bien qu'histologiquement distincte du périoste des fosses nasales, la pituitaire est assez intimement unie à cette membrane fibreuse pour entraîner son décollement du support osseux quand une cause d'arrachement vient à s'exercer sur la muqueuse elle-même. Toutefois l'adhérence de cette muqueuse périostée, comme on la nomme (ou fibro-muqueuse), au squelette varie dans d'assez larges limites suivant les régions considérées : très faible au niveau du plancher, de la cloison osseuse, des méats, des cavités

1. En revanche l'appauvrissement du réseau vasculaire dans les points amincis de la muqueuse se traduit par une pâleur plus ou moins teintée de jaunâtre par l'os sous-jacent (région infundibulaire, face antérieure du sphénoïde, pourtour des choanes).

annexielles et en général partout où le squelette offre une surface lisse, cette adhérence augmente notablement au voisinage des sinus, sur les cornets, et particulièrement sur leur convexité et leurs bords libres, que nous savons être hérissés de crêtes et criblés de dépressions. L'adhérence est généralement plus marquée sur le cartilage que sur l'os.

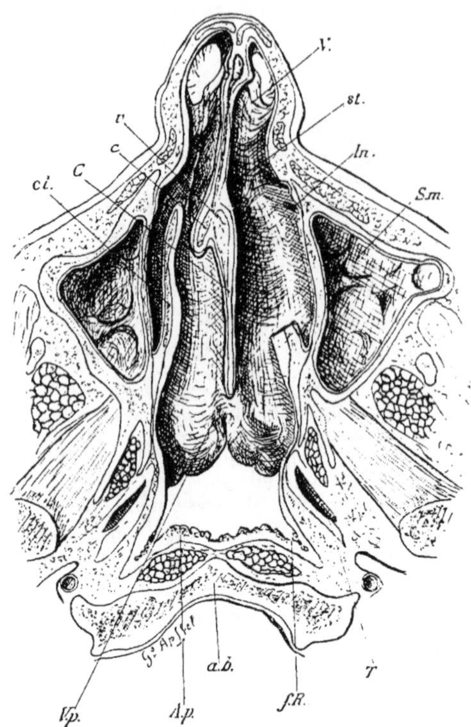

Fig. 927. — Plancher des fosses nasales. — Coupe horizontale de la tête par le méat inférieur. — Segment inférieur de la coupe.

V, vestibule. — *st*, dépression du canal incisif. — *In*, orifice inférieur du canal lacrymo-nasal. — *Sm*, sinus maxillaire. — *C*, cloison nasale avec chevauchement du cartilage *c*, sur le vomer *v*, créant une crête. — *ci*, cornet inférieur adhérant à la paroi externe au niveau de sa queue (le cornet inférieur droit a été réséqué). — *Vp*, voile palatin. — *Ap*, amygdale pharyngienne. — *ab*, apophyse biliaire. — *fR*, fossette de Rosenmuller. — *T*, coupe du cartilage tubaire au voisinage du pavillon

B. Configuration extérieure — Nous suivrons la muqueuse nasale, en partant du plancher, successivement sur la cloison, le toit et la paroi externe.

1° Plancher. — Cette région se présente sous forme d'une gouttière peu profonde, unie de surface, plus large à sa partie moyenne, qui est déprimée, qu'à ses extrémités narinale et choanale, qui sont relevées.

Parfois un faible enfoncement borgne, situé à 20 millimètres environ du bord antérieur, tout contre la cloison, marque l'orifice supérieur du *conduit palatin antérieur* (canal incisif, canal de Stenson des mammifères : voy. Ostéologie). — La muqueuse du plancher diminue graduellement d'épaisseur de dedans en dehors, ainsi que d'avant en arrière. Elle se continue directement au fond avec le revêtement supérieur du voile du palais.

2° Cloison. — Sur la paroi interne la muqueuse revêt régulièrement le squelette. A peu près plane lorsque le septum ostéo-cartilagineux offre lui-même une surface régulière, on y remarque pourtant d'une façon constante, bien qu'avec un développement inégal, un bourrelet allongé horizontalement qui a reçu le nom de *tubercule de la cloison*. Ce bourrelet, uniquement constitué par un épaississement localisé de la muqueuse, et non pas, comme on serait tenté de le croire, par une protubérance du squelette, est dû principalement à un a pas abondant de glandes dans le chorion muqueux. Situé vers le centre de la cloison, en face de la tête du cornet moyen, le tubercule septal limite avec le cornet la *fente olfactive*, qu'il contribue, pour une large part, à rétrécir.

Abstraction faite de cette éminence normale, la cloison du nez est le siège de saillies extrêmement fréquentes, mais tout à fait variables comme siège et comme développement, qui reconnaissent pour cause une anomalie de configuration du squelette. On les connaît sous le nom d'*éperons* quand leur forme est conoïde ou pyramidale et de *crêtes* lorsque

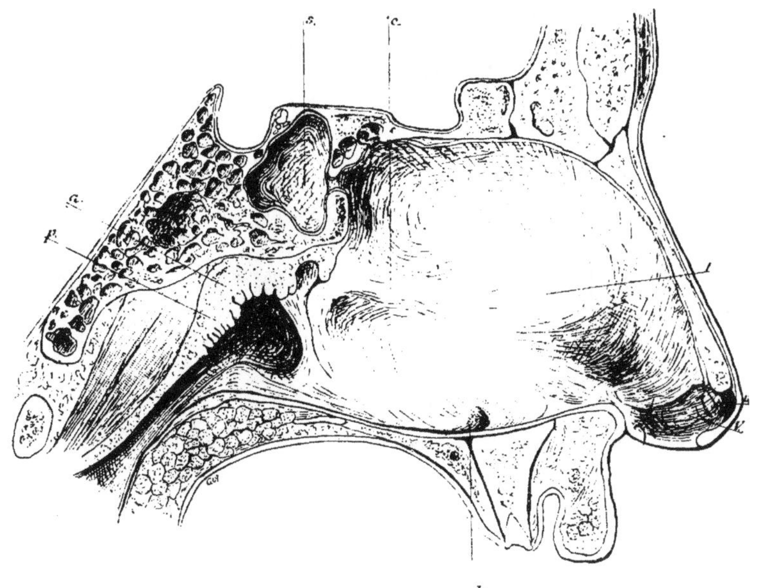

Fig. 928. — Cloison des fosses nasales chez l'adulte.

Une crête mousse postérieure. — *c*, jalonne le bord supérieur du vomer. — *V*, portion vestibulaire ou narinale, avec *v*, le ventricule du lobule. — *t*, tubercule de la cloison. — *i*, dépression infundibuliforme marquant l'origine du canal incisif. — *p*, cavité rhino-pharyngienne limitée en arrière par l'amygdale pharyngienne *a*, empiétant en avant sur le toit nasal. — *s*, sinus sphénoïdal.

leur base s'allonge. Leur lieu d'élection correspond à l'union du bord supérieur du vomer avec le bord inférieur du cartilage septal (suture voméro-chondrale). Éperons et crêtes soulèvent la muqueuse sans la modifier, à moins que leur développement excessif n'amène leur sommet au contact de la paroi externe.

Une autre variété de voussures est réalisée par les *incurvations* ou les *déviations* de la cloison, si fréquentes qu'elles constituent presque la règle : elles diffèrent des précédentes par leur forme arrondie et non acuminée, et par la coexistence de dépressions correspondantes sur l'autre face du septum.

A quelque catégorie qu'elles appartiennent, ces déformations squelettiques portent exclusivement sur la région antérieure et sur la région moyenne de la cloison (cartilage quadrangulaire, lame perpendiculaire, bord supérieur du vomer). Il est tout à fait exceptionnel d'observer des asymétries osseuses au niveau du bord postérieur du vomer. Ce qu'en revanche on rencontre fréquemment dans cette région (septum choanal), ce sont des épaississements irréguliers, blanchâtres, d'aspect noueux, parfois bilatéraux mais presque toujours asymétriques, qui surchargent l'étrave vomérienne et rétrécissent d'autant l'aire de la choane. Ici les parties molles sont seules en cause : à ces épaississements muqueux on donne le nom d'*ailerons de la cloison*.

A quelques millimètres au-dessus et un peu en avant du point du plancher qui correspond à l'orifice supérieur du conduit incisif on remarque parfois sur la cloison une étroite gouttière obliquement dirigée en haut et en arrière et aboutissant à un petit pertuis en bec de flûte. Celui-ci donne accès dans une cavité tubulaire, de forme aplatie dans le plan vertical, offrant ordinairement deux étranglements consécutifs et deux dilatations correspondantes, dilatations dont la seconde est toujours la plus considérable. Ce petit organe, dont la longueur totale varie de 2 à 8 millimètres, possède une largeur qui oscille entre 1/2 (dimension verticale de l'orifice) et 2 millimètres (2ᵉ dilatation). Il chemine au-dessous de la muqueuse septale et parallèlement à sa surface, revêtu qu'il est d'un prolongement diverticulaire de la pituitaire.

Rudimentaire et inconstant chez l'homme, cet organe équivaudrait à une fosse nasale dont il représenterait histologiquement (voy. plus loin) une réduction. On le connaît sous le nom d'*organe de Jacobson* ou *voméro-nasal*.

Telle est, du moins, l'opinion professée depuis longtemps par Kölliker, et confirmée depuis par Merkel, Anton et Mathias Duval. Contrairement à ces savants, Gegenbaur ne voit dans le diverticule en question que le rudiment d'une *glande septale*, qu'on retrouve plus développée dans d'autres espèces (Prosimiens).

Fréquent, sinon constant, chez le fœtus et le nouveau-né, le diverticule voméro-nasal est

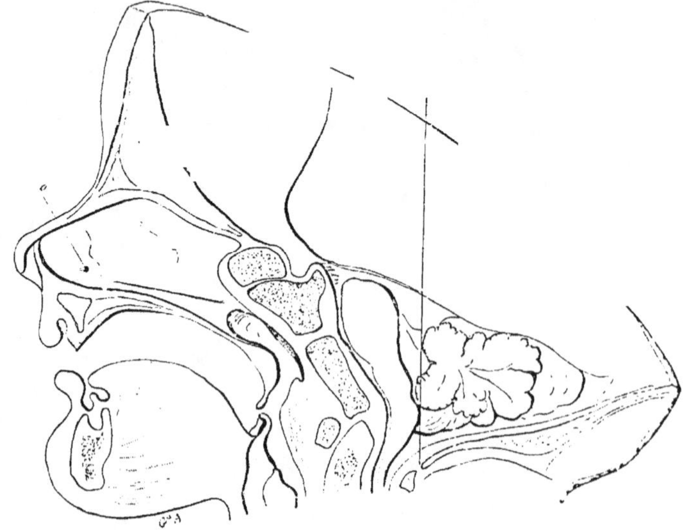

Fig. 929. — L'organe de Jacobson chez le nouveau-né.

o, orifice du canal à la partie antéro-inférieure de la cloison.

relativement rare chez l'homme adulte. Sur cinq à six mille examens de fosses nasales pratiqués sur le vivant, je n'ai observé qu'une dizaine de fois la persistance bien nette de cette formation : le cul-de-sac muqueux était dans la plupart de ces cas bilatéral et siégeait à 15 millimètres en arrière et à 10 millimètres environ au-dessus de la commissure postérieure des narines, faisant sur le fond rose de la muqueuse septale une tache gris jaunâtre, oblongue, de 1 millimètre de largeur.

Chez presque tous les mammifères il se rencontre à titre constant et acquiert même des dimensions notables. Chez plusieurs il s'ouvre dans le canal naso-palatin ou de Stenson : d'où l'hypothèse que l'organe de Jacobson constituerait un appareil olfactif accessoire, une fosse nasale en miniature, destinée à recueillir les émanations odorantes des substances alimentaires pendant la mastication. — Chez les animaux également on voit le diverticule muqueux s'entourer d'une capsule cartilagineuse spéciale, indépendante du cartilage septal : c'est le *cartilage de Jacobson*. Dans l'espèce humaine la capsule a subi un degré de regression plus accentué encore que l'organe lui-même. Ce n'est qu'à un stade très précoce du développement qu'on peut reconnaître autour du tube épithélial une ébauche d'enveloppe cartilagineuse. Chez le fœtus et le nouveau-né le conduit voméro-nasal rampe librement entre la cloison cartilagineuse et la muqueuse qui la revêt. Toutefois, si le cartilage voméro-nasal a perdu tout rôle de protection vis-à-vis du canal lui-même, il n'a pas pour cela entièrement disparu. Schmidt l'a constamment rencontré chez l'enfant et le fœtus à terme sous forme d'une petite pièce de faible épaisseur, légèrement incurvée, de forme semi-lunaire. Les cartilages de chaque côté s'adossent par leurs faces convexes et divergent par leurs extrémités inférieures. Situés au-dessous des tubes muqueux qu'ils débordent, ils ne contractent avec ceux-ci que des rapports de voisinage, sans jamais arriver à les envelopper.

3° Toit. — En se réfléchissant de la cloison sur la paroi externe, la pituitaire revêt le toit des fosses nasales.

Très mince dans toute cette région supérieure, elle reproduit fidèlement la configuration du squelette ostéo-cartilagineux. Aussi offre-t-elle dans son ensemble, de même que le plancher, mais à un degré beaucoup plus marqué, une concavité à la fois transversale et sagittale. D'autre part nous voyons les dimensions transversales du toit diminuer progressivement d'arrière en avant : large d'un centimètre ou plus au niveau de l'arc supérieur de la choane et de la région adjacente de la face antérieure du corps sphénoïdal, le toit se rétrécit ensuite en s'élevant, pour se réduire, dans sa portion horizontale correspondant à la lame criblée de l'ethmoïde, à une gouttière de 3 millimètres d'ouverture à peine; enfin, à partir de l'épine nasale du frontal, les parois interne et externe se réunissent à angle aigu et il ne saurait plus être question, à proprement parler, d'un toit dans toute l'étendue de l'auvent nasal.

En recouvrant la face antérieure du sphénoïde la muqueuse du toit présente, comme l'os sous-jacent, une direction presque verticale ascendante et regarde en même temps légèrement en dehors. Trop verticale pour être vue par le rhino-pharynx, elle s'offre au contraire de face au rayon visuel pénétrant par la narine et montre une teinte rosée claire, contrastant avec la coloration plus sombre de l'amygdale pharyngienne située au-dessous.

Pourtant il n'est pas exceptionnel de voir le tissu adénoïde de la voûte du cavum émettre dans les régions immédiatement adjacentes de la fosse nasale des prolongements erratiques, dont l'hypertrophie, chez les adénoïdiens, donne naissance à de petites tumeurs sessiles susceptibles de réduire dans une certaine mesure le champ de la choane.

Au travers de cette portion ascendante du toit nasal est percé l'*orifice du sinus sphénoïdal*, pertuis assez variable comme situation et comme dimensions. C'est généralement à mi-hauteur de la face antérieure du sphénoïde, ou bien un peu plus bas (Bertemès contre Zuckerkandl), qu'apparaît cet orifice sous forme d'un ostium ovale, à grand axe vertical de 3 millimètres en moyenne, taillé comme à l'emporte-pièce ou partiellement dissimulé par un repli valvulaire de la muqueuse. Il est aussi plus rapproché de la paroi externe que de la cloison, parfois situé à l'union même du toit avec la paroi externe. L'ostium osseux dépasse toujours notablement (1 à 2 millimètres) l'orifice membraneux dans toutes ses dimensions.

Sinus sphénoïdal[1]. Comme celle des autres sinus, la muqueuse du

1. Je crois utile de compléter ici par quelques mots relatifs à la configuration du sinus chez le vivant les notions ostéologiques exposées au tome I de cet ouvrage.

sinus sphénoïdal est d'une grande minceur. Son aspect est uni; elle moule fidèlement les dépressions comme les crêtes et les cloisons incomplètes, qui soulèvent si souvent les parois de cette cavité, sans leur adhérer du reste. Sa teinte, en dehors de toute inflammation, est grisâtre, à peine rosée. Les variations très étendues de forme et de capacité de l'annexe sphénoïdale s'opposent à toute description méthodique de la configuration du revêtement muqueux. L'asymétrie est la règle : elle peut être poussée à un degré extrême. Quoi qu'il en soit, l'importance qu'acquièrent chez certains individus les cavités du

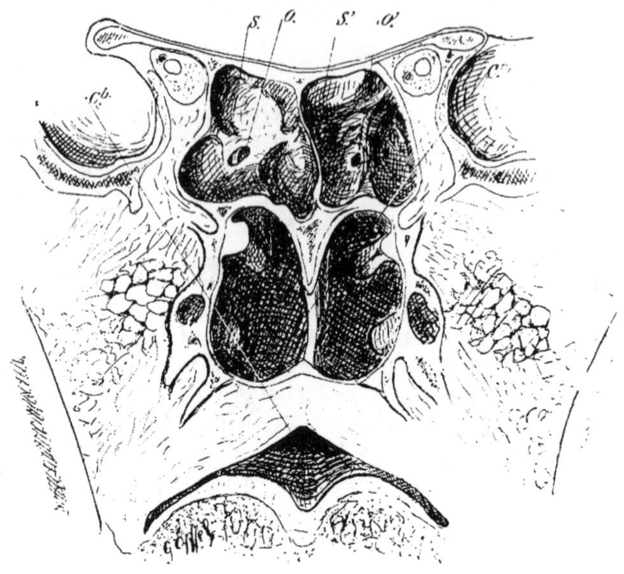

Fig. 930. — Coupe frontale de la tête passant par la partie moyenne du bord pharyngien du vomer (segment antérieur).

s, s' paroi antérieure des sinus sphénoïdaux. — o, o', leurs orifices. — cc, cloison chondroïde formée par le vomer obliquement coupé. — cb, cavité buccale.

sphénoïde explique l'abondance parfois considérable des sécrétions pathologiques de ce diverticule de la pituitaire.

En passant du sphénoïde sur l'ethmoïde, la muqueuse du toit conserve sa minceur, mais prend avec son substratum osseux une adhérence intime, qu'il faut attribuer à la pénétration dans son intérieur des troncs de l'olfactif issus des pertuis de la lame criblée et dont les gaines connectives, émanations de la dure-mère, se fusionnent avec le chorion de la pituitaire. L'épaisseur reste faible, mais l'adhérence diminue dans la gouttière ostéo-cartilagineuse de l'auvent.

4° Paroi externe. — On pourrait justement l'appeler *paroi annexielle*, car elle constitue en totalité le mur de séparation entre la cavité nasale principale et les cavités diverticulaires maxillaire, frontale et ethmoïdales, dont les orifices la perforent en maint endroit. C'est d'elle aussi que se détachent tous les cornets; ce qui, contrairement à ce que nous avons vu pour la cloison, contribue à faire de cette paroi la plus compliquée de toutes comme configuration et comme rapports.

Au point de vue structural et topographique, comme à l'égard des réactions pathologiques, deux étages sont à distinguer dans la paroi nasale externe : un plan horizontal tangent à l'arc supérieur de la choane sépare ces deux étages, dont l'inférieur, ou maxillaire, correspond topographiquement à l'antre d'Highmore, et le supérieur, ou ethmoïdal, répond à l'orbite par l'intermédiaire du labyrinthe ethmoïdal. Le premier, uniquement affecté à la fonction respiratoire, possède une muqueuse charnue, tandis que le revêtement du second, plus spécialement en rapport avec la fonction olfactive, est remarquable par la minceur et la délicatesse de la pituitaire à son niveau : c'est aux dépens de celle-ci que naissent les dégénérescences œdémateuses si connues sous le nom de polypes muqueux.

Généralement oblique en bas et en dehors, la paroi externe offre dans son ensemble une concavité très marquée, qui contribue dans une large mesure à accroître la capacité des fosses nasales; toutefois cette excavation est masquée et partiellement comblée par la saillie des différents cornets.

En avant de l'insertion antérieure des cornets inférieur et moyen, la paroi nasale externe possède une configuration dont la simplicité contraste avec la complexité de celle des deux tiers postérieurs. En cette région la pituitaire repose directement sur la face interne de la branche montante du maxillaire supérieur et de l'os nasal en haut, du cartilage latéral en bas. Il en résulte un champ uni de surface, triangulaire de forme, confinant en bas à la limite supérieure du vestibule, limité en avant par la convergence des parois interne et externe, et en arrière par la tête des cornets. C'est à cette région antérieure et généralement plane de la paroi externe, correspondant à peu près à l'auvent nasal, qu'on a donné les noms d'*agger* (Zuckerkandl), ou de *carina* (Merkel) *nasi*. Elle est parfois un peu soulevée au voisinage de la tête du cornet moyen par la saillie du canal lacrymal.

En arrière, la paroi nasale externe est séparée du cavum naso-pharyngien par le *sillon nasal postérieur*, et de la portion la plus reculée du toit (face antérieure du sphénoïde) par une gouttière étroite et profonde, le *recessus sphéno-ethmoïdal*. A la partie inférieure de cette gouttière s'ouvre, sur le squelette, le trou sphénopalatin, que traversent les vaisseaux et nerfs destinés à la muqueuse nasale et venus de la fosse ptérygo-maxillaire. La pituitaire ferme entièrement le trou chez le vivant.

Abstraction faite de l'agger, la paroi externe de la fosse nasale, examinée de face, se dérobe presque entièrement à la vue, dissimulée qu'elle est par les saillies parallèles des *cornets*. Il faut préalablement réséquer ceux-ci pour prendre une connaissance suffisante des régions qu'ils recouvrent. Aux espaces allongés en forme de gouttières ouvertes en bas et en dedans qui s'étendent dans l'intervalle des attaches des cornets on donne le nom de *méats*. Il existe autant de méats que de cornets et chacun d'eux porte le nom du cornet qui le limite supérieurement.

Nous étudierons successivement les cornets, en place, puis la configuration des méats telle qu'elle apparaît après résection des cornets.

A) Cornets. — Au nombre de 3 — parfois de 4, quand le supérieur est

[JACQUES.]

dédoublé — les cornets se distinguent d'après leurs situations respectives en inférieur, moyen et supérieur. Tous ont une extrémité antérieure élargie (*tête*), un *corps* fusiforme et une extrémité postérieure (*queue*), tantôt effilée et tantôt renflée, parfois même pédiculée. Leur face interne ou septale est convexe, ainsi que leur bord inférieur libre; leur face externe ou méatique est creusée d'une gouttière élargie en avant, offrant en son milieu son maximum de profondeur et s'atténuant progressivement en arrière. Leurs dimensions décroissent rapidement de bas en haut, mais la réduction en longueur s'effectue presque uniquement aux dépens des extrémités antérieures; les trois cornets, en effet, ont

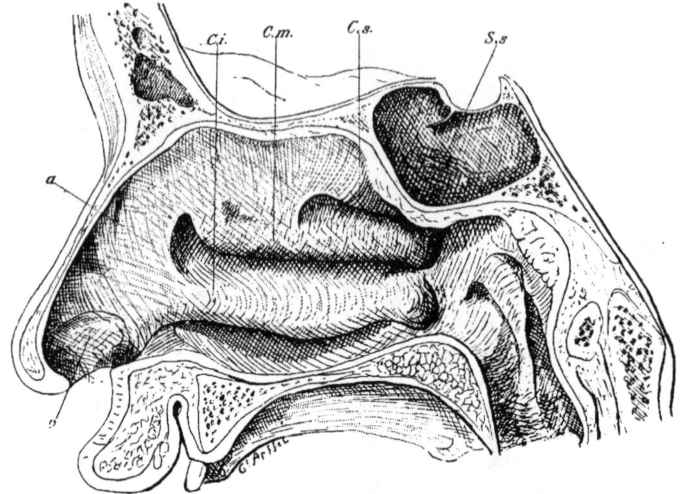

Fig. 931. — Paroi nasale externe revêtue de ses cornets (adulte).

a, agger nasi. — *v*, vestibule. — *Ci*, cornet inférieur. — *Cm*, cornet moyen. — *Cs*, cornet supérieur. *Ss*, sinus sphénoïdal, ici de grandes dimensions.

leurs queues dans un même plan sensiblement vertical, affleurant les choanes; tandis que leurs têtes se disposent suivant une ligne ascendante oblique dirigée comme l'arête du nez extérieur et située à 25 millimètres en arrière de celle-ci.

a) *Cornet supérieur.* — De la lame criblée la pituitaire descend sur la paroi interne des cellules ethmoïdales, puis sur la face septale du cornet supérieur, dont la moitié postérieure seule est libre, la moitié antérieure se montrant toujours fusionnée avec la tête du cornet moyen. Généralement plane ou légèrement convexe sur le cornet lui-même, elle affecte au-dessus de lui une forme irrégulièrement gondolée, due au soulèvement variable des cellules ethmoïdales sous-jacentes. Il n'est pas rare en outre que sa faible épaisseur laisse transparaître les stries divergentes des filets olfactifs; toutefois ceci s'observe mieux sur la cloison que sur la paroi externe et spécialement sur des pièces ayant subi un certain degré de macération. Quant à la teinte jaunâtre souvent décrite dans cette région, il est, je crois, exceptionnel de l'observer.

Le cornet supérieur possède un bord libre rectiligne, aminci. La queue, fort étroite, se cache au fond du recessus sphéno-ethmoïdal et s'arrête au voisinage du trou sphéno-palatin. Sa ligne d'insertion, qui prolonge en haut et en avant la direction du toit du naso-pharynx, monte obliquement comme lui en faisant avec l'horizon un angle de 45° environ.

Cette disposition classique ne correspond pas à la réalité dans un grand nombre de cas : ce sont ceux où il existe entre le cornet moyen (*cornet ethmoïdal inférieur*) et la lame criblée non pas un seul cornet, mais 2, 3 et même 4 cornets. Abstraction faite des cas, fort intéressants au point de vue anthropologique, mais très exceptionnels, où l'ethmoïde porte 4 ou 5 cornets, il faut tenir compte en pratique des faits où la paroi nasale externe porte deux cornets au-dessus du moyen : le plus élevé porte alors le nom de quatrième cornet nasal ou *cornet de Santorini*, le troisième recevant le nom de *cornet de Morgagni*.

Or, il faut savoir que, dans des cas pareils, le cornet surajouté n'est pas le plus élevé, mais l'intermédiaire (cornet ethmoïdal moyen). Quand existe ce dernier, le cornet de Santorini (cornet ethmoïdal supérieur) est moins long que lui, sa tête continuant le mouvement progressif de retrait des cornets sous-jacents ; il est, en revanche, sensiblement plus large. C'est une lamelle plus ou moins convexe, à queue effilée, unie de surface et recouverte d'une muqueuse de nature olfactive. Killian, par des recherches approfondies d'embryologie et d'anatomie comparée, a élucidé la genèse des cornets surnuméraires.

β) *Cornet moyen.* — Beaucoup plus volumineux que le précédent, ce cornet possède une tête élargie (opercule), dans laquelle vient se perdre l'extrémité antérieure du cornet supérieur. Sa forme générale est celle d'un segment de cône tronqué à sommet dirigé en arrière. La muqueuse qui le revêt, mince au niveau de l'attache à la paroi, s'épaissit considérablement le long du bord libre, dont elle dissimule d'habitude toutes les aspérités sous un bourrelet rosé régulier. La queue, ordinairement renflée, se montre souvent blanchâtre et comme nacérée.

L'insertion du cornet moyen figure d'habitude une ligne brisée à angle droit à l'union de son tiers antérieur avec ses deux tiers postérieurs : obliquement ascendante d'arrière en avant dans sa partie postérieure, parallèlement à l'insertion du cornet supérieur, elle se réfléchit brusquement en bas et en avant au niveau de la tête. D'autres fois elle est rectiligne et obliquement ascendante dans la totalité de son étendue.

Il n'est pas exceptionnel de voir l'enroulement du cornet figurer une S et une concavité de la face septale se substituer à la convexité normale. On rencontre parfois, d'autre part, dans l'épaisseur du cornet des cavités aériennes, dépendances des cellules ethmoïdales.

γ) *Cornet inférieur.* — Le plus long des trois, il affecte la figure d'un segment de cylindre déformé par un méplat en regard de la cloison. La pituitaire, en le recouvrant, rend unie sa surface et régularise son enroulement

Comme pour le cornet moyen, la muqueuse acquiert ici son maximum d'épaisseur au niveau du bord inférieur, les parties molles prolongeant vers en bas de plusieurs millimètres la lèvre du cornet osseux. Tout ce bord libre, ainsi que la face convexe, est criblé d'orifices glandulaires. La teinte est rose, tirant, surtout en arrière, sur le violacé. — La queue s'arrondit fréquemment en un assez volumineux bourrelet sphérique, plus ou moins mamelonné, susceptible éventuellement d'obstruer par son développement excessif la choane correspondante. — La tête n'existe pas à proprement parler, du moins en tant que renflement localisé. Au contraire, à son extrémité tout antérieure le cornet s'amincit en une sorte d'étrave divisant le courant d'air inspiré.

La ligne d'insertion du cornet inférieur offre une concavité inférieure bien marquée, dont le son net, sis à l'union du tiers antérieur et du tiers moyen répond à l'embouchure du canal lacrymo-nasal.

Normalement le cornet inférieur présente sur sa face septale des sillons longitudinaux plus ou moins accusés. Quant aux bourrelets pédiculés ou non, communément mûriformes, qu'on rencontre souvent appendus à son bord libre, il faut les considérer comme des productions pathologiques, conséquence d'une irritation locale prolongée ou d'un trouble circulatoire.

B) Méats. — Si l'on sectionne les cornets au ras de leur attache à la paroi nasale externe, celle-ci apparaît creusée d'une série de gouttières ou méats, en nombre égal à celui des cornets. Comme les cornets eux-mêmes, ces gouttières

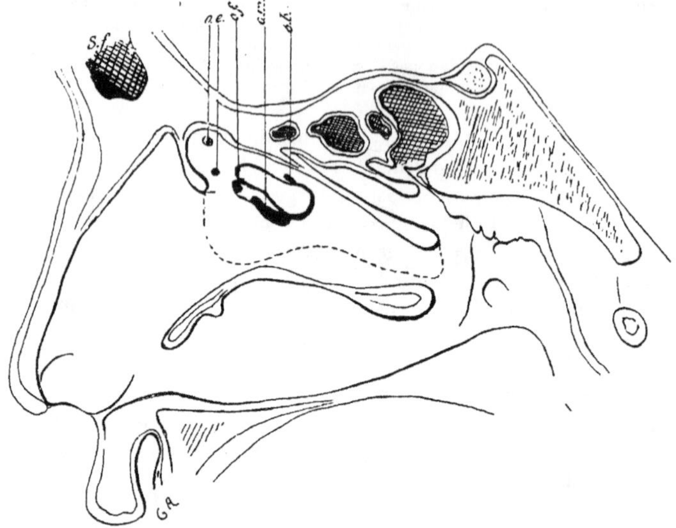

Fig. 932. — Paroi nasale externe (type normal schématique).

La bulle ethmoïdale est bien développée: l'orifice frontal, *of*, est situé à la partie supérieure de la gouttière infundibulaire; il n'existe pas d'orifice accessoire du sinus maxillaire. — *sf*, sinus frontal. — *oe*, orifices des cellules ethmoïdales antérieures. — *om*, orifice normal du sinus maxillaire. — *ob*, orifice de la bulle ethmoïdale

affectent une direction générale antéro-postérieure, tout en divergeant en avant en même temps qu'elles s'élargissent à la manière des lames d'un éventail, dont l'axe serait au nasopharynx et passerait par l'orifice tubaire.

Sauf l'inférieur, qui dépend de la région maxillaire, tous les méats appartiennent au domaine de l'ethmoïde et se montrent perforés de nombreux orifices donnant accès dans les cavités péri-nasales.

De même que l'ethmoïde, dont elle fait partie, la région supérieure de la paroi externe des fosses nasales est sujette à de fréquentes variations. Aussi est-il impossible d'en fixer la configuration dans une description unique, valable pour tous les cas. Ne pouvant passer en revue ici toutes les dispositions variées qu'affecte cette région suivant les individus considérés, je me contenterai de réunir les dispositions les plus communes en un type composite, sorte de schème auquel puissent être ramenés les différents cas particuliers.

a) *Région ethmoïdale.* — α) *Méat moyen.* — En suivant d'avant en arrière la muqueuse ethmoïdale de la paroi externe, nous la voyons soulevée, en arrière de la saillie plus ou moins accusée de l'agger, par une crête presque tranchante, obliquement dirigée de haut en bas et d'avant en arrière, comme le bord libre de la tête du cornet moyen et, comme lui, décrivant une courbe dont la concavité regarde en arrière et en haut : c'est la saillie de l'*apophyse unciforme* de l'ethmoïde. Au delà de cette saillie la pituitaire s'enfonce dans une étroite et profonde gouttière ; puis se relève en un bourrelet hémisphérique de proéminence variable, qui limite en arrière la gouttière et se trouve embrassé par la concavité qu'elle décrit. La gouttière a reçu le nom de sillon ou de *gouttière infundibulaire* (*hiatus semilunaire* de Zuckerkandl), parce qu'elle fait suite à l'infundibulum du sinus frontal ; sa lèvre antérieure, tranchante, est constituée par l'apophyse unciforme, la postérieure par une cellule ethmoïdale de développement inégal suivant les cas et dont la proéminence, parfois considérable, justifie le nom de *bulle ethmoïdale*, que lui a attaché Zuckerkandl.

Le sillon infundibulaire s'ouvre vers en arrière. A son extrémité supérieure, bien qu'il diminue de profondeur, il se transforme en un canal complet : ses deux lèvres s'unissent par une lamelle osseuse, sorte de pont émané de la racine du cornet moyen, et la tranchée devient tunnel en s'engageant sous l'insertion de celui-ci. Ce tunnel n'est autre que le *canal naso-frontal*, dont la partie supérieure, évasée aux dépens des cellules ethmoïdales et largement ouverte dans le sinus frontal, constitue l'*infundibulum*.

Cette disposition typique, où la gouttière infundibulaire se termine directement en haut par l'orifice du canal frontal — disposition la plus favorable au point de vue du cathétérisme du sinus frontal — est toutefois loin d'être constante. Bien souvent la gouttière voit à son extrémité supérieure ses bords s'abaisser et se perdre sur la paroi externe d'une cavité en forme de coupole, dont la paroi opposée est formée par la tête du cornet moyen, cavité dans laquelle s'ouvrent isolément le sinus frontal et plusieurs cellules ethmoïdales du groupe antérieur (recessus frontal du méat moyen de Killian).

Dans les cas de ce genre l'orifice frontal, souvent fort exigu, peut être aisément confondu avec l'abouchement de l'une des cellules ethmoïdales, et le cathétérisme en devient pratiquement impossible. Le canal naso-frontal se trouve alors très réduit en longueur par suite du report en haut de son orifice inférieur.

A son extrémité inférieure la gouttière s'élargit par divergence et aplanissement de ses bords (apophyse unciforme et bulle). Elle se continue sans démarcation précise avec la moitié postérieure, à peine concave, du méat moyen. C'est dans la partie inférieure de la gouttière que s'ouvre l'*orifice normal*, ovalaire ou semilunaire, *du sinus maxillaire*, dissimulé sous la saillie apophysaire antérieure ; tandis qu'apparaît éventuellement, dans l'évasement qui la suit, le trou circulaire, qui constitue l'*orifice accessoire*. Dans cette dernière région (fontanelle nasale : voir Ostéologie, t. Ier), la muqueuse du méat est directement adossée à celle du sinus.

Dans la partie moyenne du sillon infundibulaire on remarque d'ordinaire un ou plusieurs petits orifices arrondis, qui appartiennent aux *cellules ethmoïdales antérieures*.

La *bulle ethmoïdale* est une protubérance de forme et de volume très variables. Tantôt véritablement bulleuse, hémisphérique, elle figure une sorte de soufflure du labyrinthe ethmoïdal, dilatant le méat et refoulant le cornet contre la cloison ; tantôt, réduite à un bourrelet assez mince, elle forme à la gouttière infundibulaire une lèvre postérieure presque semblable à l'antérieure (apophyse unciforme), et se montre creusée d'une cavité insignifiante.

En arrière de la bulle, et la séparant de la racine du cornet moyen, nous rencontrons une nouvelle gouttière à peu près parallèle à celle de l'infundibulum : c'est la gouttière *rétro-bullaire* (Mouret), dans laquelle s'ouvre sous

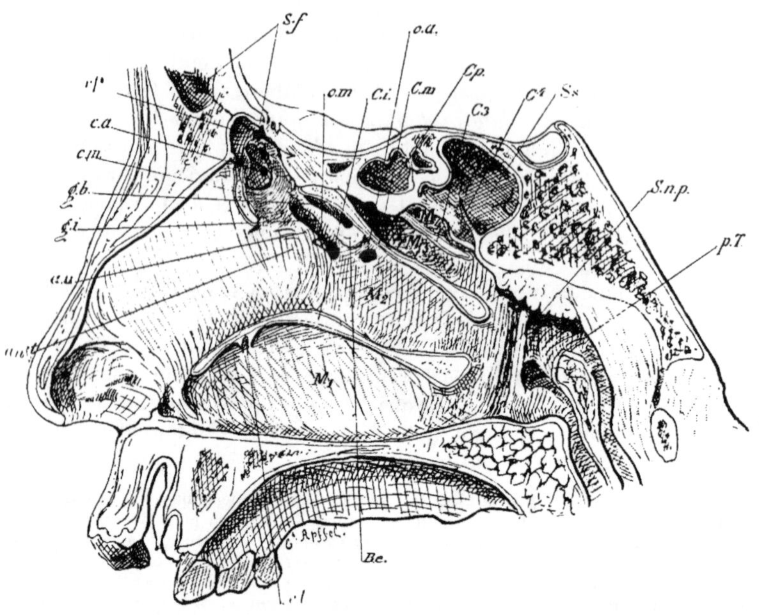

FIG. 933. — Paroi nasale externe après résection des cornets (il existe 4 cornets).

M_1, M_2, M_3, M_4, les 4 méats. — *Ci*, *Cm*, C_3, C_4, les insertions des cornets. — *sf*. sinus frontal avec son orifice nasal indépendant de la gouttière infundibulaire. — *rf*, récessus frontal. — *ca*, orifice d'une cellule ethmoïdale antérieure. — *an*, agger nasi. — *au*, apophyse unciforme. — *gi*, gouttière infundibulaire, avec *om*, l'orifice du sinus maxillaire. — *oa*, orifice accessoire du sinus maxillaire. — *Be*, bulbe ethmoïdal. — *gb*, gouttière rétrobullaire, avec l'orifice de la bulle. — *cl*, orifice inférieur du canal lacrymal. — *cp*, cellule ethmoïdale postérieure avec son orifice dans le 3e méat. — *Snp*, sillon nasal postérieur. — *pT*, pavillon tubaire avec le repli salpingo-pharyngien coupé longitudinalement.

forme d'un pertuis, allongé d'ordinaire en fente verticale, la cavité de la bulle. Le degré de développement de celle-ci régit la largeur des deux sillons qui la limitent en avant et en arrière : à une bulle largement développée et proéminente correspondent des fissures infundibulaire et rétro-bullaire étroites et profondes ; au lieu que, réduite à une simple crête mousse intermédiaire à l'apophyse unciforme et à l'attache du cornet, la même bulle laisse bâiller librement dans le méat moyen les gouttières qu'elle sépare.

Contrairement à ce que nous venons de voir pour la moitié antérieure, la seconde partie du méat moyen est fort peu accidentée. En dehors du trou maxillaire accessoire déjà mentionné, je ne vois à signaler dans cette région que ce fait, qu'à la concavité plus ou moins accusée qu'elle offre d'habitude peut exceptionnellement se substituer, surtout en arrière (palatin), une voussure dont l'effet est de réduire dans des proportions parfois considérables la lumière de la fosse nasale.

La paroi nasale externe est nettement limitée du côté du pharynx par le *sillon nasal postérieur* dans le domaine du méat moyen.

β) *Méat supérieur.* — De configuration très simple et d'étendue beaucoup moindre que le précédent, le méat supérieur se présente, sur le sujet revêtu de ses parties molles, comme une gouttière élargie et approfondie à son extrémité antérieure. Trois *orifices* la perforent le plus souvent, qui conduisent dans les *cellules ethmoïdales postérieures* : un supérieur, un antérieur et un postérieur (Hajek). Toutefois leur nombre peut se réduire. C'est à l'extrémité postérieure de ce méat que se trouve sur le squelette le trou sphénopalatin.

Le *quatrième méat*, quand il existe un 4e cornet, sert d'ordinaire, lui aussi, d'abouchement aux cavités les plus postérieures de l'ethmoïde et particulièrement à la *cellule ethmosphénoïdale*, quand elle coexiste avec lui.

APPENDICE A LA RÉGION ETHMOIDALE DE LA PAROI EXTERNE
SINUS MAXILLAIRE, FRONTAL, ETHMOÏDAUX

Sauf le diverticule sphénoïdal, toutes les cavités annexes des fosses nasales s'ouvrent au niveau de la région ethmoïdale de la paroi externe et ne constituent que des évaginations de la pituitaire tapissant les méats moyen et supérieur. Il me paraît donc logique d'étudier ces annexes diverticulaires à la suite des méats d'où elles dérivent.

1° Sinus maxillaire. — Le sinus maxillaire ou *antre d'Highmore* est ordinairement la plus vaste des cavités annexes des fosses nasales. Sa forme peut être comparée à celle d'une pyramide quadrangulaire à base interne, formée par la paroi externe des fosses nasales (1/2 inférieure), et à sommet externe, creusé dans l'apophyse malaire.

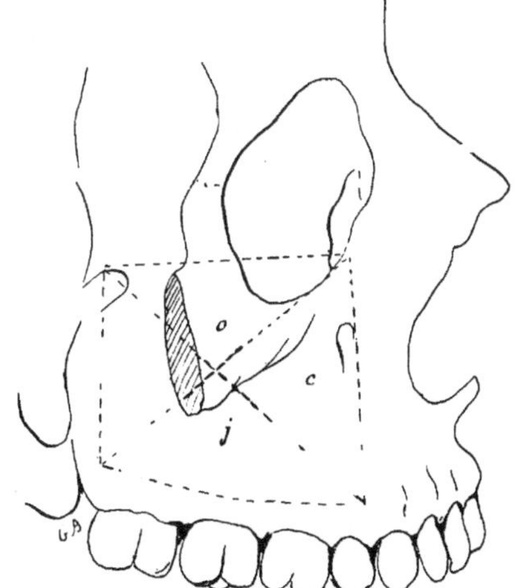

Fig. 934. — Disposition schématique du sinus maxillaire à l'intérieur du maxillaire supérieur.

c, paroi canine. — *j*, paroi jugale. — *t*, paroi tubérositaire. — *o*, paroi orbitaire, constituant les 4 faces de la pyramide, dont la base correspond à la moitié inférieure de la paroi nasale externe et dont le sommet répond à l'apophyse malaire.

Des quatre faces, la supérieure ou *orbitaire* est seule plane; les trois autres sont incurvées : l'antérieure ou *canine* est concave; l'externe ou *jugale* et la postérieure ou *tubérositaire* sont convexes.

La surface inférieure de cette cavité n'est pas plus unie que celle des autres annexes : constamment on voit les parois voisines s'unir par des travées osseuses falciformes, dont une muqueuse très mince épouse étroitement les saillies sans les dissimuler. Ces travées toutefois occupent de préférence certaines régions : ainsi en voit-on toujours quelques-unes jetées de la paroi orbitaire à la paroi nasale et, plus constamment encore, cloisonner transversalement la gouttière inférieure qui résulte de l'union des faces nasale et jugale de la pyramide. Une crête mousse de ce genre se détache sagittalement du toit en avant et contient le canal sous-orbitaire.

L'arête inférieure de cette pyramide n'est pas rectiligne, mais légèrement convexe en dehors, comme la paroi jugale elle-même; l'angle dièdre, qui lui correspond du côté du sinus, représente une gouttière creusée dans l'apophyse alvéolaire du maxillaire, gouttière dont la profondeur varie dans une large mesure suivant les individus avec le degré de résorption du maxillaire, c'est-à-dire avec l'ampleur de la cavité sinusienne elle-même. Dans les sinus de dimensions moyennes le point le plus déclive de la gouttière alvéolaire se trouve sur un même plan horizontal que le plancher nasal; il descend plus bas dans les grands sinus et s'élève à un niveau supérieur au plancher du nez quand l'antre est de dimensions inférieures à la moyenne.

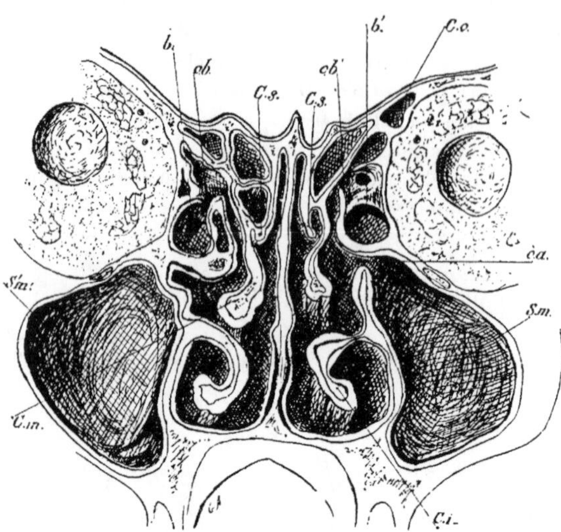

Fig. 935. — Coupe frontale de la tête par la partie moyenne du sinus maxillaire.

Cs, *Cm*, *Ci*, les 3 cornets. — *b*, *b'*, la bulle ethmoïdale. — *ob*, *ob'*, son orifice. *co*, expansion orbitaire d'une cellule ethmoïdo-frontale. — *Sm*, *Sm'* sinus maxillaire. — *oa*, son orifice accessoire.

Souvent on voit la muqueuse qui revêt le fond de la gouttière soulevée par de petits mamelons coniques, qui, tantôt représentent le toit des alvéoles des molaires sous-jacentes proéminant dans le sinus, tantôt ne sont autre chose que l'apex même de leurs racines simplement recouvert de son périoste. Cette protrusion intra-sinusienne des racines dentaires résulte, on le conçoit, d'une forte résorption du tissu spongieux de l'apophyse alvéolaire, et varie par suite avec le degré de cette résorption. Elle se rencontre, d'autre part, le plus fréquemment dans la région la plus déclive de la gouttière, région où normalement est minime l'épaisseur du toit alvéolaire. Or, cette région de déclivité la plus prononcée correspond soit à la deuxième prémolaire, soit plutôt à la première grosse molaire et, pour celle-ci, ce sont constamment les racines les plus externes qui avoisinent de plus près la cavité du sinus.

La gouttière, ou récessus inférieur de l'antre d'Highmore s'étend sagittale ment de la dent de sagesse, en arrière, à la première prémolaire en avant. Ce n'est qu'en cas de développement exceptionnel du sinus que la 1re prémolaire, parfois même la canine, viennent en rapport avec sa cavité.

Il est aisé de déduire de ces données anatomiques des applications pratiques à l'étiologie et au traitement de l'empyème highmorien d'origine dentaire. L'observation montre en effet que l'infection de l'annexe maxillaire résulte habituellement d'une périostite radiculaire de l'une des molaires et spécialement de la première grosse molaire. L'expérience a appris d'autre part que c'est à travers l'alvéole de l'une des racines externes de cette dernière dent que la perforation thérapeutique de ce sinus s'effectue avec le plus de facilité.

Exceptionnellement on peut voir proéminer dans la cavité du sinus des dents en presque totalité : il s'agit alors d'une anomalie d'évolution de l'un des germes dentaires. Cela s'observe surtout, ainsi que j'en possède un exemple typique, pour la dent de sagesse.

La paroi interne ou nasale du sinus maxillaire offre un intérêt tout particulier, puisqu'elle porte l'orifice de la cavité ; elle est, en outre, d'épaisseur très inégale en ses différents points.

Dans son ensemble, elle présente une légère convexité tournée vers la cavité sinusienne, notamment dans sa partie inférieure, qui correspond au méat inférieur. Vers son centre, dans une étendue de 1 centimètre carré environ, elle se réduit à une simple lame membraneuse formée par l'adossement immédiat des muqueuses nasale et antrale (fontanelle nasale postérieure). Dans le domaine de cette lacune osseuse, l'amincissement de la paroi va souvent jusqu'à la perforation : c'est alors qu'il existe un orifice maxillaire accessoire. Quand cet orifice existe, c'est-à-dire dans 10 pour 100 des cas environ, il est le plus souvent circulaire ou un peu allongé d'avant en arrière. Les dimensions varient beaucoup ; mais elles excèdent bien souvent celles de l'orifice normal. Ses bords sont nets et tranchants. Il répond en hauteur à l'union des deux tiers inférieurs avec le tiers supérieur du sinus, à la partie moyenne et inférieure du méat moyen.

Une autre région membraneuse moins étendue s'observe en avant de l'apophyse unciforme (fontanelle nasale antérieure) : elle peut être également le siège d'un orifice accessoire, mais très exceptionnellement. Enfin, une autre zone d'amincissement s'étend dans la région correspondant à la partie moyenne du méat inférieur : ici pourtant la cloison osseuse, si réduite qu'elle soit, demeure continue.

L'orifice normal de l'antre d'Highmore, que nous avons vu s'ouvrir du côté du nez dans la partie la plus basse de la gouttière infundibulaire, siège, du côté du sinus, tout au voisinage du toit, au-dessus et en avant de l'orifice accessoire, quand il existe. C'est une fente elliptique à peu près horizontale, souvent dissimulée par une travée osseuse placée en arrière d'elle. Ses dimensions varient de 3 à 19 millimètres en longueur (Hajek) et de 3 à 6 en largeur.

Comme on le voit, l'orifice normal du sinus maxillaire occupe une situation tout à fait défavorable à l'écoulement des sécrétions qui peuvent s'accumuler à son intérieur, du moins dans l'attitude droite de la tête. Il n'en est pas de même dans le décubitus latéral opposé, ou dans la flexion forte de la tête, où il devient plus ou moins déclive.

La *muqueuse* du sinus maxillaire, diverticule de la pituitaire ethmoïdale, est très délicate. Sa teinte normale est d'un gris rosé uniforme, laissant transparaître la teinte jaune de l'os. Elle se confond avec le périoste et adhère peu au substratum osseux.

Variétés. — Le sinus maxillaire est un de ceux qui varient le moins. Sa capacité toutefois peut différer du simple au double. Il se produit alors un balancement entre le développement de l'antre d'Highmore et celui des autres sinus.

Les asymétries de capacité chez un même individu sont assez rares mais méritent d'être connues. Elles se traduisent à l'extérieur, quand elles sont assez accentuées, par un enfoncement de la joue au niveau de la fosse canine, en rapport avec une dépression plus ou moins accusée de la paroi canine du sinus. Parfois aussi la réduction de volume de la cavité est fonction d'un élargissement exceptionnel de la fosse nasale correspondant avec propulsion en dehors de la paroi nasale externe au niveau des méats inférieur et moyen. — Une intéressante anomalie consiste dans la division complète du sinus par une cloison frontale. La chambre antérieure s'ouvre alors normalement dans la gouttière infundibulaire tandis que la postérieure a généralement son orifice dans le méat supérieur (Zuckerkandl). La bipartition par une cloison horizontale est plus exceptionnelle encore.

2° **Sinus frontal.** — Le diverticule que pousse la muqueuse du méat moyen entre les deux lames du frontal est d'étendue extrêmement variable. Parfois réduit à une vacuole sphérique à peine plus volumineuse que les cellules ethmoïdales voisines, il acquiert d'ordinaire la valeur d'une large cavité en forme de pyramide triangulaire dont la base interne est située dans le plan médian de la tête et dont le sommet atteint le milieu du sourcil.

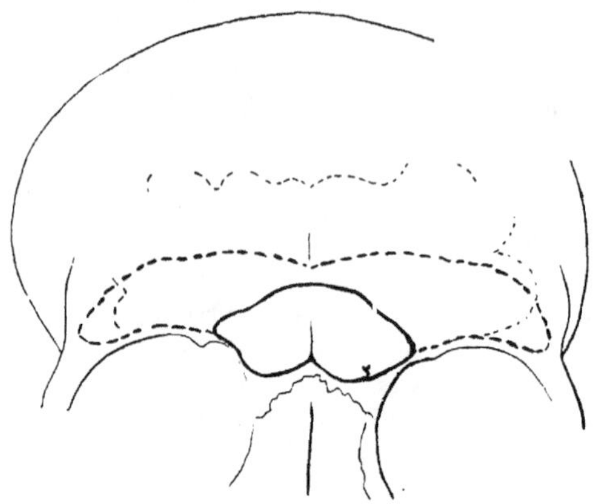

Fig. 936. — Disposition schématique des sinus frontaux de diverses dimensions. (D'après Hajek.)

Projection sur le plan frontal. — En trait plein, sinus de dimensions moyennes. — En pointillé gras, sinus à expansion orbitaire. — En pointillé fin, sinus à expansion écailleuse.

La face antérieure (*paroi sourcilière*) est concave vers l'intérieur ; les deux autres, c'est-à-dire l'inférieure (*paroi orbitaire*) et la postérieure (*paroi endocrânienne*), offrent au contraire une convexité marquée. La plus épaisse de ces parois est l'antérieure, que forme la table externe du frontal : sa puissance croît régulièrement de la racine du nez vers l'apophyse orbitaire externe. La table interne (*paroi postérieure*), qui sépare la muqueuse de la dure-mère, est plus mince et peut même renfermer des lacunes. Mais la moins résistante de toutes est l'inférieure dans la région de l'angle supéro-interne de l'orbite. Des travées plus ou moins saillantes, des colonnes osseuses parfois, jetées d'une paroi à l'autre, donnent constamment au sinus frontal une disposition très anfractueuse dès qu'il atteint une certaine capacité.

En bas et en dedans, vers la racine du nez, la cavité se prolonge jusqu'à l'ostium nasal par un conduit progressivement rétréci en forme d'entonnoir, auquel doit être, à notre avis, attribué le nom d'*infundibulum*, bien plutôt qu'à la gouttière, ouverte dans le méat moyen, qui lui fait suite habituellement (gouttière infundibulaire). Rarement un véritable canal cylindrique d'une certaine longueur unit l'ostium nasal à la cavité sinusienne, et la dénomination de *canal naso-frontal* s'applique d'ordinaire à un court trajet creusé au milieu des cellules ethmoïdales antérieures et dont les parois appartiennent partie à l'os frontal, partie à l'ethmoïde; ce dernier os seul concourt à former l'orifice inférieur. La direction du canal naso-frontal est, comme sa longueur, soumise à des variations individuelles étendues, en rapport étroit, pour l'une aussi bien que pour l'autre, avec le mode d'abouchement déjà signalé du sinus dans le méat et le degré de développement de la bulle ethmoïdale. Ordinairement oblique en haut, en avant et en dehors, le canal peut aussi, refoulé en dedans par une cellule ethmoïdale, affecter une direction oblique interne avec

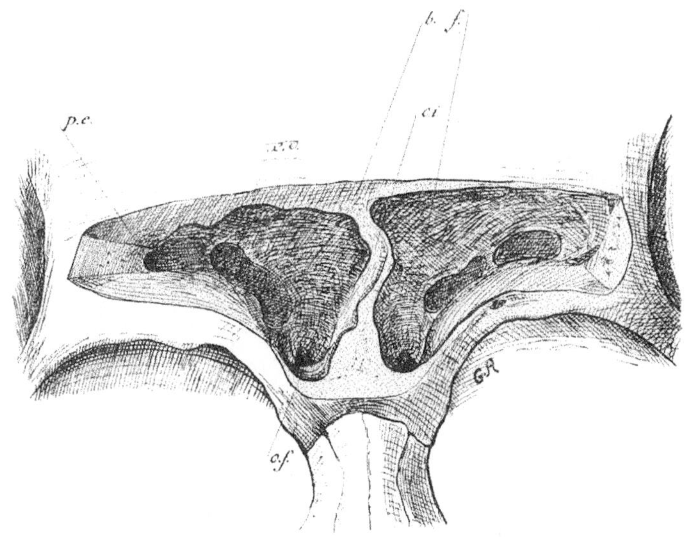

Fig. 937. — Les sinus frontaux, d'après Zuckerkandl. — Les deux sinus ont été ouverts par résection de leur paroi antérieure.

pe, prolongement externe dans l'apophyse orbitaire. — *eo*, expansion orbitaire. — *bf*. bulle frontale. — *ci* cloison intersinusienne. — *of*. orifice frontal.

un trajet contourné. L'orifice nasal, lui aussi, varie dans ses dimensions, entre 1 et 4 millimètres de diamètre en moyenne; sa forme, circulaire ou elliptique, dépend du lieu d'abouchement.

Les deux sinus, adossés par leurs bases, sont séparés par une *cloison* osseuse généralement très mince. Cette cloison est rarement située dans le plan médian. Partie en bas de la ligne médiane, elle se dévie à mesure qu'elle s'élève et s'incline parfois à droite ou à gauche à un degré tel, que l'un des sinus vient entièrement recouvrir son congénère et l'emporte considérablement sur lui en capacité.

Variétés. — La forme pyramidale que nous avons décrite à la cavité du front est très fréquemment modifiée par un prolongement postérieur qui dédouble le toit de l'orbite dans une étendue variable. Cette chambre sus-orbitaire, toujours basse, s'étend parfois en dehors jusque dans l'apophyse orbitaire externe qu'elle évide, et en arrière jusqu'au sphénoïde. Son plancher, régulièrement convexe comme la voûte orbitaire, diffère de son toit que soulèvent irrégulièrement les impressions digitales de la face endocranienne. — Avec ce diverticule postérieur coïncide souvent un prolongement supérieur creusé entre les deux lames de l'écaille du frontal jusqu'à 3, 4 et même 5 centimètres du rebord orbitaire. L'os paraît alors avoir été irrégulièrement soufflé.

D'autre part la cavité du sinus est souvent réduite par un soulèvement hémisphérique de sa paroi postérieure dans sa région inféro-interne. Cette saillie est due à un état de développement particulier de la plus antérieure des cellules ethmoïdo-frontales, à laquelle en raison de sa fréquente disposition ampullaire, Zuckerkandl a donné le nom de *bulbe frontal*.

Habituellement les parois cérébrale et orbitaire du sinus frontal se réunissent en arête en formant un angle très aigu. Il n'est pas exceptionnel de voir cet angle, *angle cérébro orbitaire* (Mourel), remplacé par une paroi verticale plus ou moins élevée. Cette disposition, très importante à reconnaître quand on intervient sur le sinus pour un empyème chronique, est l'indice, non pas d'un cloisonnement vertical de la cavité frontale, mais d'un dédoublement du toit orbitaire en arrière du sinus par une expansion des cellules ethmoïdo-frontales.

Quoi qu'il en soit du développement du sinus frontal, ce serait s'exposer à de sérieux mécomptes que de préjuger de son degré d'après la saillie extérieure plus ou moins forte de l'arcade sourcilière. J'ai sous les yeux une pièce provenant d'un individu avancé en âge, et sur laquelle la proéminence très marquée des bosses sourcilières semblait dénoter la présence de larges cavités frontales. L'évidement au burin de ces saillies osseuses les montra entièrement formées de tissu diploïque sans la moindre trace de cellule aérienne. Et cet exemple est loin d'être unique : les nègres possèdent avec des arcades sourcilières très saillantes, des sinus très réduits. En revanche la transillumination des cavités frontales chez le vivant met fréquemment en évidence, l'existence au sein des fronts les plus lisses de cavités remarquablement spacieuses. Il ne faudrait pas conclure de là que c'est uniquement au refoulement de sa paroi endocrânienne que le sinus doit l'accroissement de sa capacité; mais, comme l'observe judicieusement Zuckerkandl, la saillie de l'arcade sourcilière ne comporte d'enseignement, relativement à l'étendue de l'annexe nasale sous-jacente, qu'autant que cette saillie se continue régulièrement en haut avec la region supra-orbitaire soulevée en une voussure uniforme et surplombe le globe oculaire.

L'absence du sinus frontal doit être considérée comme très rare, à moins que l'on ne range sous cette rubrique les faits encore assez nombreux où l'annexe frontale est réduite à un petit globule soufflé dans la région glabellaire de l'os et dont une étendue variable de paroi appartient à l'ethmoïde.

3° **Cellules ethmoïdales.** — L'ensemble de ces petites annexes constitue un système très compliqué et assez variable, qui mérite bien le nom de *labyrinthe ethmoïdal*, sous lequel on le désigne habituellement. Il remplit tout l'espace limité par la paroi interne de l'orbite en dehors et la paroi nasale externe dans sa moitié supérieure en dedans; par les os nasaux en avant et le corps du sphénoïde en arrière; par la base du crâne en haut et le toit du sinus maxillaire en bas.

La plupart des cellules qui le constituent n'appartiennent qu'en partie à l'ethmoïde, et se trouvent complétées par des cavités plus ou moins profondément creusées dans les os voisins : frontal, lacrymal, sphénoïde. Quelques-unes seulement (bulle) possèdent une paroi entièrement ethmoïdale.

Quand on examine sur le cadavre leur arrangement réciproque, on est tenté comme le fait justement observer Zarniko après Merkel, de les considérer comme une série d'évaginations nées simultanément de la pituitaire et qui se seraient dirigées en dehors pour s'emparer concurremment de l'espace demeuré disponible entre l'œil et le nez : de là leur nombre très variable (2 à 10), leurs déformations par pression mutuelle, leur chevauchement, l'intrication de leurs cavités contrastant avec l'ordonnance relativement fixe de leurs orifices. Cette manière d'envisager les choses, pour ne répondre qu'en partie à la réalité (développement post-embryonnaire des cellules ethmoïdales), n'est pas moins satisfaisante quand on l'étend aux autres annexes, annexes que leurs relations avec l'ethmoïde engagent également à considérer comme des évaginations primitivement ethmoïdales, ayant secondairement envahi les os voisins (frontal, maxillaire, sphénoïde).

En réalité il faut distinguer dans le labyrinthe ethmoïdal une formation embryonnaire, créant les divisions principales, et une formation post-embryonnaire, aboutissant à l'envahissement partiel des os limitrophes et à la structuration définitive du système. Il est bien établi aujourd'hui, notamment par les remarquables recherches de Seydel et de Killian, que le labyrinthe naît d'une série de lamelles fondamentales, à direction voisine de la verticale, s'élevant de la face nasale de la lame papyracée de l'orbite (paroi nasale externe primitive) et proéminant dans la cavité nasale sous forme de cornets ethmoïdaux. De ces cornets primitifs des traces persistent chez l'adulte dans l'apophyse unciforme, la bulle ethmoïdale (ayant l'une et l'autre la valeur d'un cornet ethmoïdal), le cornet moyen, le cornet supérieur et éventuellement le 4e cornet. Le développement ultérieur de cloisons entre ces lamelles transforme ces méats primitifs en cellules, variables dans leur étendue et leurs relations, mais relativement constantes dans leur mode d'abouchement nasal.

On distingue ordinairement les cellules ethmoïdales en *cellules antérieures* et en *cellules postérieures*. Il est plus juste au point de vue de leur signification ontogénique, aussi bien que plus avantageux au point de vue clinique, de les diviser en *cellules ethmoïdales du méat moyen* (antérieures), et *cellules ethmoïdales du méat supérieur* (postérieures) (Zarniko).

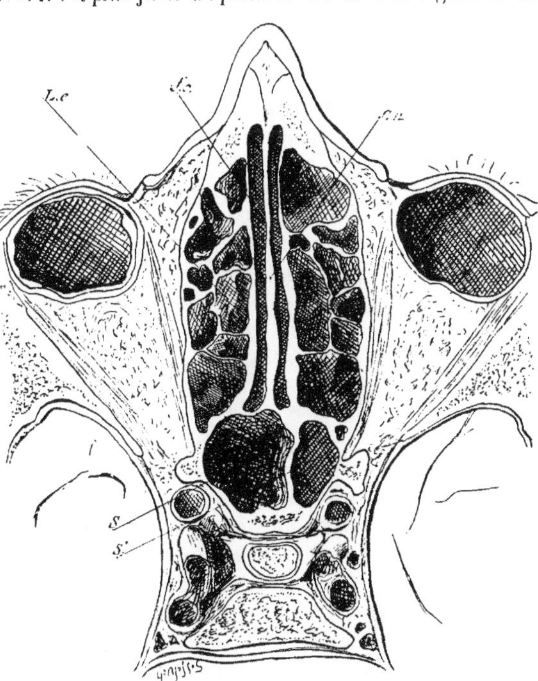

FIG. 938. — Coupe horizontale de la tête passant par les commissures palpébrales pour montrer le labyrinthe ethmoïdal (segment inférieur).

fo, fente olfactive. — *Cn*, cloison nasal. — *Le*, labyrinthe ethmoïdal. — *S*, *S'*, sinus sphénoïdaux asymétriques.

Leurs orifices seuls se groupent systématiquement dans les méats; quant aux cavités cellulaires elles-mêmes, elles n'affectent aucun ordre fixe dans leur juxtaposition et semblent, comme je le disais plus haut, n'obéir dans leur expansion qu'à la loi de moindre résistance. Aussi a-t-on pu dire qu'il n'existait pas deux labyrinthes, non pas identiques, mais même semblables. Pourtant Mouret, en se basant sur l'étude approfondie d'un assez grand nombre de pièces recueillies sur des cadavres d'adultes, a tenté une classification topographique des cellules ethmoïdales. J'exposerai brièvement ici ses conclusions.

Parmi les cellules ethmoïdales antérieures, cellules du méat moyen, il faut distinguer 4 sous-groupes, qui sont, en allant d'avant en arrière :

1° Le *groupe des cellules ethmoïdo-unguéales*, sous-jacentes à l'agger, s'ouvrant au milieu de la gouttière infundibulaire;

2° Le *groupe de l'infundibulum*, formé par les cellules ethmoïdo-frontales situées sur le trajet du canal frontal; elles s'ouvrent au voisinage de la partie supérieure de la gouttière, sur la paroi externe du récessus frontal du méat moyen;

3° La *bulle ethmoïdale*, cavité entièrement limitée par l'ethmoïde, proéminant dans le méat moyen et s'ouvrant dans la gouttière rétrobullaire vers son milieu;

4° Le *groupe des cellules rétro-infundibulaires*, cellules ethmoïdo-frontales, à orifices situés à la partie supérieure de la même gouttière.

Les cellules ethmoïdales postérieures sont au nombre de 3 à 6. Creusées en partie aux dépens de la moitié postérieure des masses latérales de l'ethmoïde, elles sont complétées par des demi-cellules creusées dans le frontal, les maxillaires supérieurs, le sphénoïde, empiétant plus ou moins, comme les antérieures, sur ces os limitrophes. Elles s'ouvrent constamment dans le méat supérieur ou dans le quatrième méat, mais peuvent émettre les expansions les plus variables soit en avant (entre les cellules antérieures), soit en dehors (dans le toit de l'orbite), soit en arrière (au-dessus du sinus sphénoïdal). C'est à ce groupe qu'appartient la cellule qui, parfois, évide le cornet moyen : elle s'ouvre à la face supérieure de ce cornet.

Toutes les cellules ethmoïdales sont indépendantes les unes des autres, séparées qu'elles sont par des cloisons osseuses souvent très délicates, mais toujours complètes. Leurs orifices sont arrondis, de faibles dimensions. La muqueuse qui les tapisse est pâle et très délicate: elle adhère très peu au squelette[1].

Méat inférieur. — La portion méatique inférieure de la paroi nasale externe offre une disposition généralement excavée, tant dans le sens vertical que dans le sens antéro-postérieur. Cet enfoncement, parfois très accusé, réduit notablement la capacité du sinus maxillaire.

La ligne d'insertion, concave également, du cornet qui limite supérieurement ce méat, fait que cette région affecte la forme d'un ovale à grosse extrémité antérieure, le plus grand diamètre vertical de l'ovale correspondant à l'union du tiers antérieur avec les deux tiers postérieurs. C'est en ce dernier point, au sommet de la courbe d'insertion du cornet inférieur, que débouche le *canal lacrymal*, tantôt sous forme d'un orifice arrondi de 2 à 3 millimètres, à bords nets, immédiatement sous-jacent à l'attache du cornet, tantôt et plus souvent sous forme d'une fente verticale située quelques millimètres plus bas et difficilement visible : ceci a lieu quand le conduit membraneux des larmes court quelque temps sous la muqueuse du méat après s'être dégagé de son tunnel osseux.

1. Pour le développement des différents sinus, voir t. I, *Ostéologie*.

La disposition valvulaire ci-dessus décrite constitue un avantage physiologique en s'opposant au reflux des sécrétions nasales dans les voies lacrymales dans l'acte du moucher ou de l'éternuement.

Chez l'enfant nouveau-né l'orifice inférieur du canal lacrymal est habituellement imperforé. Le cul-de-sac muqueux qui en résulte peut se dilater en ampoule capable d'obstruer les voies nasales et de mettre partiellement obstacle à la respiration. D'ordinaire la rupture spontanée a lieu dans les premiers jours qui suivent la naissance et le cours régulier des larmes s'établit.

L'orifice nasal du canal lacrymal siège, chez l'adulte, à 3 centimètres environ du bord postérieur de l'orifice narinal (Arlt), et à 1 centimètre en arrière de l'extrémité antérieure du méat inférieur (Sieur et Jacob).

La hauteur du méat inférieur au niveau de l'orifice lacrymal, hauteur maxima, est en moyenne de 20 millimètres; elle diminue ensuite progressivement à mesure qu'on s'enfonce. Un centimètre en arrière de cet orifice, vers le milieu du méat, elle est encore de 17 millimètres environ : c'est la région la plus mince de la paroi méatique (union des os maxillaires, palatin et cornet inférieur). La fine lame osseuse qui sépare la pituitaire de la paroi antrale y est transparente et parcheminée; c'est là le lieu d'élection pour la ponction exploratrice du sinus maxillaire.

La muqueuse nasale est d'épaisseur moyenne au niveau du méat inférieur (1 mm.); elle est lisse et rouge. Le tissu érectile ne serait bien développé qu'à ses extrémités antérieure et postérieure (Sieur et Jacob).

VAISSEAUX ET NERFS DE LA PITUITAIRE

I. — VAISSEAUX.

Placées aux confins du crâne et de la face, les fosses nasales participent à la fois à la circulation intra-crânienne et à la circulation extra-crânienne. Les artères leur viennent des deux carotides; les veines se déversent en partie dans les troncs faciaux, en partie dans les sinus duraux; les réseaux lymphatiques enfin établissent des connexions indirectes entre les espaces sous-arachnoïdiens de l'encéphale et la circulation lymphatique de la face.

1° Artères. — De la *carotide externe* le revêtement des fosses nasales reçoit deux rameaux d'inégale importance : la *sphéno-palatine*, branche terminale de la maxillaire interne; — l'*artère de la sous-cloison*, branche collatérale de la faciale.

De la *carotide interne* naissent les *deux ethmoïdales*, collatérales de l'ophtalmique.

Chacune de ces branches artérielles fournit à la fois des vaisseaux à la paroi interne et à la paroi externe. A chacune appartient un domaine bien distinct : la sphéno-palatine est l'artère de la région respiratoire de la pituitaire; les ethmoïdales irriguent la région olfactive; l'artère de la sous-cloison appartient à la région vestibulaire.

Les troncs artériels du nez courent au fond de gouttières creusées à la surface du squelette ou dans des canaux osseux complets. Les rameaux secondaires se divisent dans les couches profondes du chorion muqueux : ils affectent souvent la forme hélicine ou en tire-bouchon, indice des variations considérables de longueur auxquelles les soumettent les fréquentes variations d'épaisseur de la muqueuse.

A. Artères de la paroi interne. — *Sphéno-palatine interne.* — Au sortir de la fosse ptérygo-palatine, la terminaison de la maxillaire interne, en pénétrant

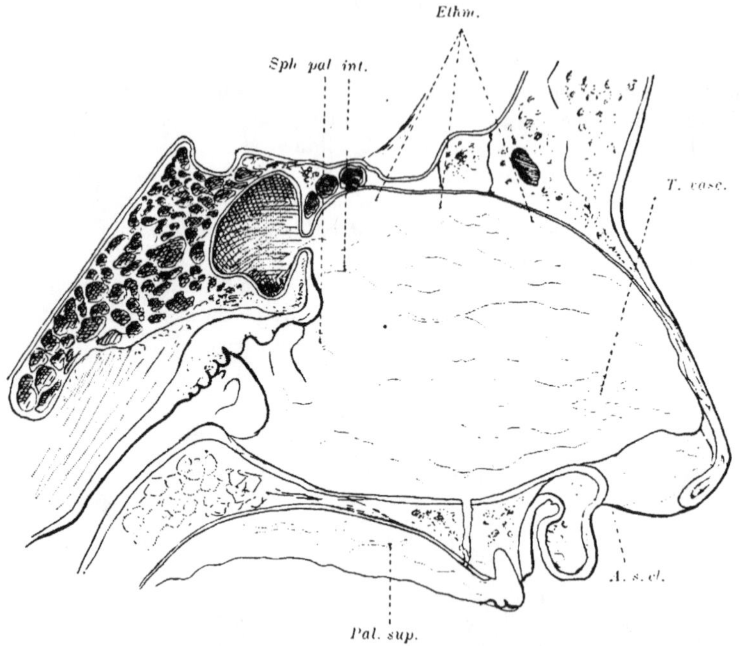

Fig. 939. — Circulation artérielle de la pituitaire : cloison.

par le trou sphéno-palatin dans la fosse nasale correspondante, se partage en deux branches.

La branche médiale ou *sphéno-palatine interne* est destinée à la cloison. Elle court d'abord, obliquement ascendante, de dehors en dedans, au-devant du corps du sphénoïde vers l'attache supérieure du vomer, qu'elle aborde à 8 ou 10 millimètres en avant du bord choanal de cet os (Sieur). Elle fournit alors un rameau osseux vomérien ; puis, se réfléchissant en avant à angle droit, elle ne tarde pas à se diviser en deux branches qui parcourent la cloison en diagonale, parallèlement au bord supérieur du vomer, l'une au-dessus, l'autre au-dessous de ce bord.

La branche supérieure, la plus grêle, destinée principalement à la lame perpendiculaire ethmoïdale, s'anastomose avec les branches septales des ethmoïdales. — L'inférieure s'unit, à l'orifice nasal du canal incisif, avec la terminaison de l'artère palatine supérieure. — Toutes deux, au voisinage de leur extrémité, constituent avec des rameaux issus des artérioles vestibulaires (artère de la sous-cloison) et les ramifications terminales de l'ethmoïdale antérieure un plexus artériel assez riche à la surface du cartilage quadrangulaire, non loin du bord inférieur de celui-ci.

Ce carrefour artériel, situé à 1 centimètre environ au-dessus de l'épine nasale antérieure, ou *tache vasculaire de la cloison* (Sieur et Jacob), est l'origine habituelle de l'épistaxis. On ne saurait toutefois incriminer exclusivement les dispositions anatomiques dans la genèse de cette hémorragie : il faut faire également la part des traumatismes réitérés (grattages digitaux), auxquelles sa superficialité expose d'une manière toute particulière cette région antéro-inférieure de la pituitaire. C'est également au niveau de cette tache que se développent les polypes angiomateux de la cloison.

Ethmoïdales internes. — Les deux ethmoïdales, nées de l'ophtalmique, se divisent, avant de pénétrer dans la fosse nasale correspondante, en plusieurs

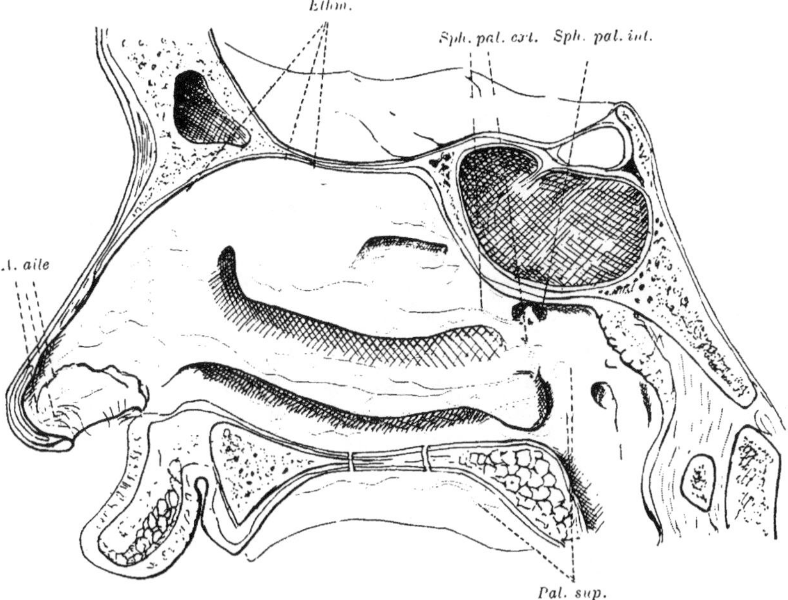

Fig. 940. — Circulation artérielle de la pituitaire : paroi externe.

branches qui traversent isolément les trous de la lame criblée en compagnie des filets olfactifs, dont elles partagent la distribution. Deux ou trois de ces branches se jettent sur la paroi interne, qu'elles parcourent de haut en bas et un peu en avant. Les plus postérieures ont un trajet assez court et ne tardent pas à s'anastomoser avec la branche supérieure de la sphéno-palatine interne, en couvrant de leurs ramifications la lame perpendiculaire. Le rameau antérieur, plus développé, descend non loin de la gouttière de l'auvent et se termine dans la tache vasculaire.

Artère de la sous-cloison. — Cette artériole, issue soit de la coronaire supé-

[JACQUES.]

rieure, soit de l'artère de l'aile du nez, parcourt la sous-cloison d'arrière en avant et s'épanouit dans la peau du lobule et de son ventricule, contribuant à l'irrigation de la paroi septale du ventricule.

B. Artères de la paroi externe. — Le développement considérable de la muqueuse qui tapisse cette paroi (cornets, méats, sinus) nécessite un important apport sanguin, qui lui est fourni par la branche externe de la sphéno-palatine. les branches externes des ethmoïdales et l'artère de l'aile du nez, collatérale de la faciale.

Sphéno-palatine externe. — Plus forte que l'interne, elle naît un peu au-dessus de la queue du cornet moyen et descend au-devant du sillon nasal postérieur. Elle émet alors deux rameaux principaux à direction postéro-antérieure : l'un destiné au cornet et au méat moyens, l'autre au cornet et au méat inférieurs. Cette dernière fournit, chemin faisant, des artérioles destinées à la muqueuse du plancher nasal et en rapport anastomotique avec quelques perforantes de la palatine supérieure ; à son extrémité elle s'unit aux plexus artériels du canal lacrymo-nasal.

L'artère du cornet moyen fournit des branches ascendantes destinées au méat supérieur et à la tête du cornet correspondant, branches qui s'unissent aux rameaux externes des ethmoïdales. La région postéro-supérieure de la paroi externe, le récessus ethmo-sphénoïdal, sont habituellement irrigués par une collatérale de la sphéno-palatine interne, née tout près de son origine.

Enfin quelques petites branches, nées de la palatine supérieure dans son trajet descendant, perforant les parois du canal palatin postérieur et se répandant dans les parties les plus reculées des méats inférieur et moyen.

Ethmoïdales externes. — Elles irriguent surtout l'ethmoïde antérieur et la région de l'agger. L'ethmoïde postérieur reçoit la plus grande partie de son sang artériel par la collatérale sus-énoncée à la sphéno-palatine interne. Elles s'anastomosent entre elles et avec l'artère du cornet moyen. symétrique de la branche supérieure de la sphéno-palatine interne.

Artère de l'aile du nez. — Cette petite collatérale de la faciale fournit des ramuscules vestibulaires dont les terminaisons s'unissent à celles de la sphéno-palatine et surtout de l'ethmoïdale externe antérieure.

Artères des sinus. — Elles sont mal connues. La circulation artérielle des sinus est en grande partie sous la dépendance des vaisseaux de la paroi externe. dont certaines branches pénètrent dans les diverses cavités par leur orifice nasal (artère du méat moyen, branches ethmoïdales externes).

En outre le sinus *maxillaire* reçoit des rameaux alvéolaires pour sa paroi jugale et des rameaux sous-orbitaires pour son toit. — L'irrigation du sinus *frontal* est en partie assurée par des branches de l'ophtalmique. qui traversent son plancher et sa paroi antérieure (artère frontale interne). — Le sinus *sphénoïdal* doit à des branches perforantes de la vidienne et de la ptérygo-palatine quelques-uns des rameaux artériels qui rampent sur son plancher.

2° **Veines.** — A. *Circulation veineuse. Appareil érectile.* — Les vaisseaux veineux de la pituitaire forment, dans toute l'épaisseur de la membrane, un système anastomotique très riche, dans lequel il faut distinguer deux réseaux :

1° Un *réseau superficiel*, serré, formé de canaux de faible calibre, à orientation générale antéro-postérieure. Ce réseau s'étend à la totalité de la pituitaire et règne dans la couche sous-épithéliale;

2° Un *réseau profond*, également riche, mais constitué par des vaisseaux de calibre plus fort, et orientés plutôt perpendiculairement à la surface. Ce réseau profond, très inégalement développé suivant les régions considérées, règne dans toute l'épaisseur de la muqueuse, depuis l'assise sous-épithéliale, où il confine au réseau superficiel, jusqu'au périoste. C'est lui qui forme le *corps érectile de la pituitaire*.

On rencontre cette formation vasculaire bien développée dans tous les points où la muqueuse nasale est en contact direct avec le courant d'air inspiré : tête, bord libre, convexité et queue du cornet inférieur; bord libre et queue du cornet moyen; partie moyenne de la cloison. Dans le méat, sur le plancher, dans la région ethmoïdale, il ne saurait être question de formation érectile, bien que les vaisseaux veineux présentent partout une remarquable densité.

Fig. 941. — préparation par corrosion du corps caverneux nasal, montrant les colonnes veineuses. (D'après Zuckerkandl ; grossie.)

Des préparations par corrosion, portant sur des régions où la formation érectile est le mieux caractérisée, permettent d'y reconnaître une série de colonnettes veineuses juxtaposées, à base élargie reposant sur la couche périostique, à sommet aminci se dirigeant vers la surface. De nombreuses anastomoses transversales ou obliques unissent les troncs parallèles. L'intervalle des canaux veineux est comblé par du tissu conjonctif lâche, au sein duquel s'insinuent de nombreux culs-de-sac glandulaires.

Les veines du corps érectile ont une forme régulière et des parois normalement structurées, même particulièrement riches en tissu musculaire. Nulle part, Zuckerkandl n'a pu constater dans ses injections de relations directes entre les artères précapillaires et les réseaux veineux.

On voit par cette courte description les différences qui séparent l'appareil érectile des fosses nasales et celui des organes génitaux. Zuckerkandl les formule dans ces trois propositions ;

1° Il n'existe pas dans la pituitaire de transition vasculaire directe des artères aux veines.

2° Les caractères des veines y demeurent nettement prononcés, par suite de la disposition régulière de leur musculature.

3° Le tissu érectile y renferme des formations glandulaires : il est logé dans une muqueuse.

Dans les corps caverneux du pénis, au contraire, les cavités veineuses prennent la forme de lacunes de configuration variée, limitées par des parois à musculature très irrégulièrement répartie. Elles sont en relation directe avec les artères précapillaires et ne renferment dans leurs interstices que les éléments du tissu conjonctif. D'autre part, une compression extérieure ne fait ici qu'exagérer la rigidité de l'organe sans diminuer son volume, tandis qu'elle vide les vaisseaux veineux de la pituitaire et réduit son épaisseur. Par ce dernier caractère et les relations qu'il affecte avec une muqueuse l'appareil érectile des fosses nasales présente de grandes analogies avec le *corps spongieux de l'urètre* : il appartient à la catégorie des *formations érectiles compressibles*.

Suivant le degré de réplétion de ce système de canaux veineux, la muqueuse nasale est sujette à des variations considérables d'épaisseur. Celle-ci dépend donc essentiellement du degré de relâchement, de tonicité ou de contraction de la tunique musculaire des veines, phénomène placé sous la dépendance du ganglion sphénopalatin.

B. *Canaux efférents.* — Des réseaux veineux, qui parcourent en tous sens le chorion muqueux, naissent des troncs efférents qui sortent des fosses nasales en divers points principaux, correspondant grossièrement aux différents points où les artères abordent les fosses nasales. Il serait erroné toutefois de considérer ces troncs principaux comme des satellites des artères : autour de celles-ci ne se rencontrent que des canaux veineux de faible calibre, unis entre eux par des anastomoses transversales et formant autour du vaisseau à sang rouge une gaine plexiforme dépressible, dont le rôle essentiel semble être de lui constituer, dans les tunnels osseux qu'il traverse, une atmosphère élastique favorable à son ampliation diastolique.

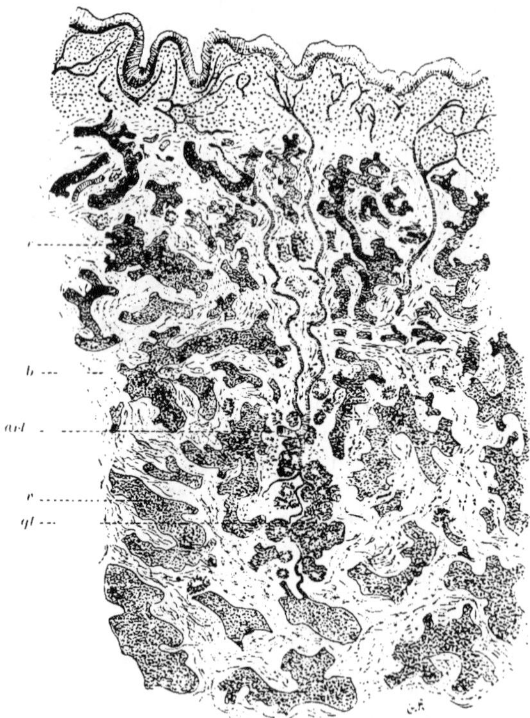

Fig. 942. — Coupe transversale de la muqueuse du cornet inférieur, pour montrer la répartition des vaisseaux veineux. (D'après Zuckerkandl.)

a, couche sous-épithéliale avec le réseau cortical. — *b*, région caverneuse. — *art*, artère montant vers la couche sous-épithéliale, où elle se résoudra en capillaires. — r, veines caverneuses. — *gl*, glandes de la muqueuse.

Il y a lieu de distinguer quatre groupes de veines efférentes :

1° Un groupe *antéro-inférieur*, recueillant le sang du vestibule et de la muqueuse adjacente et sortant de la cavité nasale au niveau des parties latérales de l'orifice piriforme pour gagner la veine faciale ;

2° Un groupe *supérieur*, essentiellement représenté par les veines ethmoïdales, satellites des artères. Ces deux veines principales établissent une communication indirecte entre les veines cérébro-méningées et les plexus pituitaires par des anastomoses situées au niveau de la lame criblée (face cérébrale).

— La relation directe du sinus longitudinal supérieur avec les veines nasales à travers le trou borgne, longtemps admise par les anatomistes (Beaunis, Hyrtl, Krauss), semble devoir être considérée comme une exception, même chez l'enfant. — En outre des veines satellites des artères ethmoïdales, il existe d'autres troncs plus petits, traversant isolément l'os ethmoïde au niveau du toit du labyrinthe et mettant directement en communication les veines méningées et les plexus nasaux (Zuckerkandl);

3° Un groupe *postéro-inférieur*, collectant principalement le sang du réseau superficiel de la pituitaire au niveau de la partie postérieure de la cloison et des cornets en quelques gros troncs, dont les uns se jettent dans le voile, les autres dans les plexus pharyngiens latéraux;

4° Un groupe *postéro-supérieur*, voie efférente principale du système caverneux, formé des branches satellites des artères sphéno-palatines et traversant avec elles le trou sphénopalatin pour se déverser dans les plexus ptérygoïdiens.

On le voit, la circulation veineuse du nez possède des voies de dérivation proportionnée à sa richesse. Aux confins de la pituitaire le réseau veineux communique largement avec les veines superficielles et profondes de la face (groupe antéro-inférieur et groupe postéro-supérieur des veines efférentes), avec l'ophtalmique (ethmoïdales et plexus du canal lacrymo-nasal), avec les veines méningées (ethmoïdales), les plexus pharyngiens et vélopalatins (groupe postéro-inférieur). Aussi les congestions nasales, d'ailleurs si fréquentes, sont-elles plus souvent attribuables à un apport excessif de sang artériel qu'à une insuffisance de la circulation de retour. Pourtant la compression des plexus pharyngiens latéraux par les tumeurs adénoïdes du rhinopharynx est susceptible d'entraîner, par stase dans le domaine des troncs efférents postérieurs, une notable tuméfaction des extrémités postérieures des cornets.

Veines des sinus. — Les voies de retour du sang de la muqueuse *antrale* sont, comme celles du nez, multiples. Une part importante traverse les fontanelles nasales pour se joindre aux veines tributaires de la sphénopalatine externe. D'autres branches efférentes gagnent directement les plexus ptérygo-maxillaires à travers la paroi tubérositaire. Les veines de la paroi antéro-externe contractent d'importantes anastomoses avec celles des alvéoles dentaires. Celles du toit vont soit à la sous-orbitaire, soit à l'ophtalmique inférieure.

Ces relations des veines du sinus maxillaire avec la circulation veineuse intra-crânienne, tant par l'intermédiaire de l'ophtalmique que par le moyen des plexus de la fosse ptérygo-maxillaire, fournissent l'explication de certains accidents mortels survenus par propagation, aux vaisseaux encéphaliques, d'une phlébite primitivement antrale. — Les relations anatomiques et pathologiques sont plus étroites et mieux démontrées pour les autres annexes.

Les réseaux veineux de la muqueuse du sinus *frontal* communiquent à la fois avec ceux du nez, par l'infundibulum; — avec ceux des téguments frontaux, par de petits pertuis dont est constamment percée la bosse sourcilière; — avec l'ophtalmique, par les canalicules qui traversent le plancher; — avec les veines méningées, par des rameaux perforants grêles, mais constants, de la paroi postérieure. Il y a également relation, à travers la cloison intersinusienne, entre les réseaux veineux de la muqueuse qui en tapisse les deux faces.

Comme les artères, les veines principales du sinus *sphénoïdal* empruntent l'orifice nasal pour gagner la fosse ptérygo-maxillaire; mais de nombreux rameaux perforent directement la paroi externe pour se jeter dans les sinus vei neux caverneux ou coronaire. Enfin, la majeure partie du sang issu de la muqueuse du labyrinthe *ethmoïdal* est tributaire de l'ophtalmique.

3° **Lymphatiques.** — On sait, depuis Simon et Sappey, que la lymphe de la pituitaire est drainée par un réseau ténu, à grandes mailles, très superficiel. Deux troncs principaux naissent de ce réseau et se dirigent en arrière pour se jeter : l'un, dans le ganglion préaxoïdien ; l'autre, dans un ganglion adjacent à la grande corne hyoïdienne. Les lymphatiques du plancher se confondent en arrière avec les lymphatiques du voile. Les lymphatiques du vestibule se rendent aux ganglions sous-maxillaires.

Une intéressante et très importante question a été soulevée et d'ailleurs partiellement résolue par les travaux de Key et Retzius : c'est la question de la communication des voies lymphatiques de la pituitaire avec l'espace sous-arachnoïdien du cerveau. Les susdits auteurs ont réussi, en injectant sous faible pression des liquides colorés non diffusibles dans le cavité sous-arachnoïdienne de divers animaux, à remplir le réseau lymphatique de la pituitaire. L'expérience, répétée depuis, a fourni des résultats tout aussi concluants. Il faut donc admettre l'existence d'une communication normale entre la grande cavité lymphatique péri-encéphalique et les réseaux nasaux, chez les animaux du moins, car l'expérience n'a pu être réalisée chez l'homme. Retzius admet que cette communication a pour organes de fins canalicules traversant isolément la lame criblée et totalement indépendants des gaines péri-olfactives (décrites tome III, p. 777 de cet ouvrage). Le courant lymphatique s'y effectuerait du nez vers le cerveau.

Les mêmes auteurs auraient vu d'autre part les réseaux de la pituitaire déboucher librement à la surface de la muqueuse par de fins canalicules traversant l'épithélium. Cette singulière disposition, qui mettrait en constante communication la cavité sous-arachnoïdienne des organes nerveux centraux avec l'air extérieur, a été contestée et attribuée à une effraction artificielle par excès de pression du liquide injecté (Voy. plus loin : Histologie).

Il ne serait pas moins intéressant de connaître les relations possibles des lymphatiques des *sinus frontaux*, *ethmoïdaux*, *sphénoïdaux*, avec les espaces péricérébraux. Nous sommes malheureusement réduits encore sous ce rapport à des conjectures uniquement basées sur les faits cliniques de contamination des meninges à travers une paroi osseuse intacte dans les inflammations suppuratives des cavités aérées pericrâniennes. Il est vraisemblable que les veinules perforantes de la paroi cérébrale des sinus en question sont entourées de gaines lymphatiques en rapport avec l'espace sous-dural.

Pour ce qui est du *sinus maxillaire*, ses infections ne sauraient menacer par la voie lymphatique les espaces périencéphaliques, si ce n'est par l'intermédiaire des espaces lymphatiques de l'orbite.

Les aboutissants ganglionnaires des réseaux sinusiens se confondent avec ceux des réseaux nasaux ; peut-être faut-il leur adjoindre, pour l'antre d'Highmore du moins, certains ganglions de la région sous-maxillaire, et, pour les annexes postérieures, quelques éléments de la chaîne ganglionnaire profonde du cou.

II. — NERFS

L'innervation de la pituitaire a été suffisamment exposée dans la partie de cet ouvrage consacrée à la névrologie (voy. tome III, nerfs olfactif et trijumeau), pour qu'il soit superflu d'entrer ici dans une description nouvelle. Je me bornerai à rappeler, en la précisant, la part respective que prennent à l'innervation de la muqueuse nasale les divers rameaux sensoriels, sensitifs et sympathiques.

L'*olfactif* ne communique la sensibilité spéciale, chez l'adulte du moins, qu'à une région très limitée des fosses nasales. Cette région, suivant von Brünn, auteur des recherches les plus récentes sur la matière, n'excéderait pas sur la paroi externe 1 cmq. 5 de surface, et sur la cloison ne dépasserait pas la projection du bord inférieur du cornet supérieur. Quelques anatomistes auraient, en outre, découvert dans la muqueuse des différentes annexes supérieures (frontales, ethmoïdales, sphénoïdales) les éléments caractéristiques de la sensibilité olfactive.

Le *trijumeau* se distribue à la totalité de la pituitaire, à laquelle il fournit la sensibilité générale par ses deux premières branches, l'ophtalmique et le maxillaire supérieur. Ses divers rameaux se répartissent topographiquement comme suit :

A. *Cloison* :

En haut et en avant : nerf nasal interne (rameau interne) (V_1).
En bas et en arrière : nerf naso-palatin (V_2).

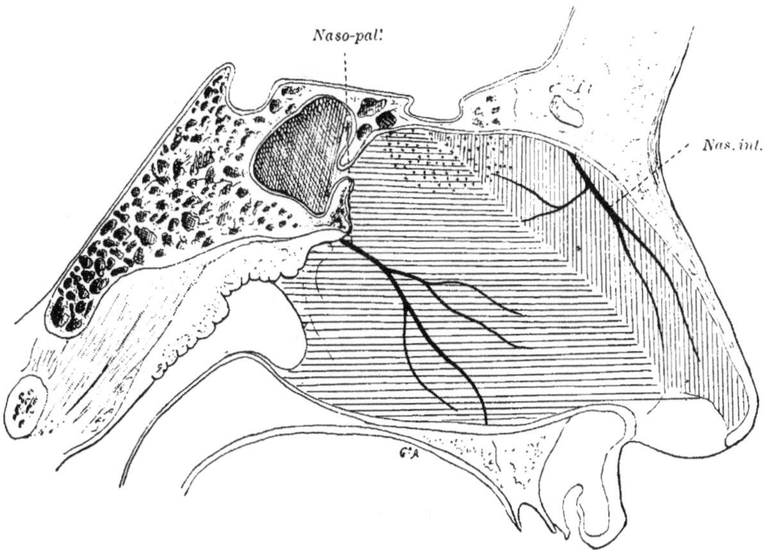

FIG. 943. — Schéma de la distribution des nerfs de la cloison.

Hachures verticales : ophtalmique. — Hachures horizontales : maxillaire supérieur. — Semis de croix olfactif.

B. *Paroi externe* :

Région de l'agger et gouttière de l'auvent : nerf nasal interne (rameau externe) (V_1).

Plancher et méat inférieur :
- en avant : nerf naso-palatin (V_2) et rameau nasal du filet alvéolaire antérieur (V_2) ;
- en arrière : filets inférieurs du nerf palatin antérieur (V_2).

Cornet inférieur et méat moyen : branches supérieures du nerf palatin antérieur (V_2).
Cornet moyen, méat et cornet supérieurs : nerfs nasaux supérieurs (V_2).

C. *Annexes* ·

Sinus maxillaire : { nerfs alvéolaires (V_2).
{ nerf palatin antérieur (V_2).

Sinus frontal et cellules ethmoïdales antérieures : nerf nasal interne (V_1).

Cellules ethmoïdales postérieures : { nerfs nasaux supérieurs (V_2);
{ rameaux orbitaires du maxillaire supérieur (V_2);
{ nerf nasal (filet ethmo-sphénoïdal) (V_1).

Sinus sphénoïdal : { nerfs nasaux supérieurs (V_2);
{ nerf nasal (filet ethmo-sphénoïdal) (V_1).

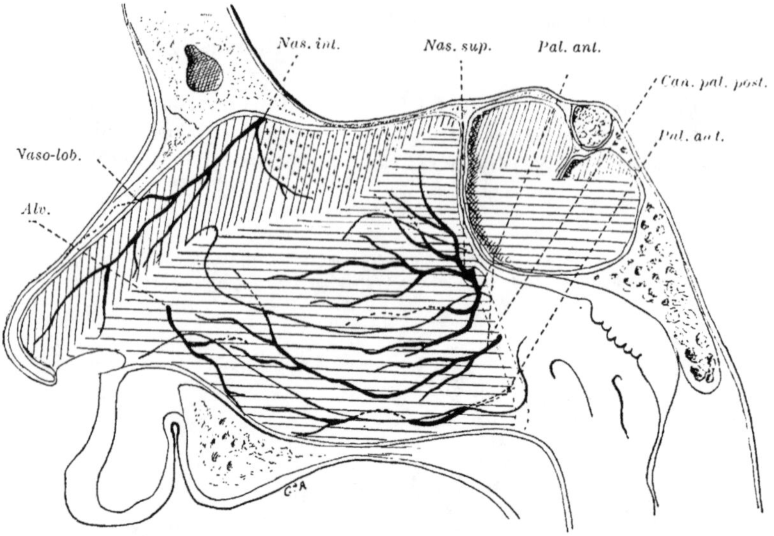

Fig. 944. — Schéma représentant la distribution des nerfs de la paroi externe.

Les hachures horizontales marquent le domaine du maxillaire supérieur ; les verticales, celui de l'ophtalmique ; le semis de croix, la zone olfactive.

Le *sympathique* fournit une riche innervation aux vaisseaux et aux glandes de la muqueuse nasale par l'intermédiaire du *ganglion sphéno-palatin*, ganglion de la chaîne céphalique du sympathique, relié au plexus carotidien par le nerf vidien et le grand pétreux profond. Les filets sympathiques émanés de ce ganglion partagent la distribution des rameaux émanés de la 2ᵉ branche du trijumeau. D'autres filets sympathiques accompagnent aussi sans doute les branches du nasal interne; ils lui arrivent directement du plexus caverneux par l'anastomose qu'en reçoit le tronc de l'ophtalmique.

GLANDES SURRÉNALES

par Gabriel DELAMARE

Syn. : Capsule, corps, organe surrénal. — Nebenniere des auteurs allemands. Adrenal, suprarenal body des auteurs anglais.

Découvertes par Eustache[1], les surrénales ont été considérées tantôt comme des organes nerveux, tantôt comme des organes embryonnaires.

Ce sont des glandes closes, à systématisation paravasculaire qui, constantes chez tous les vertébrés, se trouvent, chez l'homme, derrière le péritoine, à la partie postérieure et supérieure de l'abdomen, au voisinage des reins et des gros troncs vasculaires.

En réalité, de même qu'il existe un *système thyroïdien* constitué par l'association morphologique de deux séries d'organes, fonctionnellement très différents (*thyroïdes* et *parathyroïdes*), il y a un *système surrénal* construit sur un type à peu près identique (formations *médullaires* et *corticales*). Tantôt la moelle est isolée (corps suprarénal des élasmobranches, glandes médullaires accessoires des vertébrés supérieurs), tantôt elle est incluse dans l'écorce (surrénale principale des vertébrés supérieurs). On sait que les parathyroïdes sont parfois indépendantes et parfois aussi incluses dans les lobes thyroïdiens.

Nombre. — Chez l'homme comme chez les autres mammifères et les oiseaux, les glandes surrénales sont normalement au nombre de 2. Chez les batraciens, les ganoïdes et les élasmobranches, leur nombre est bien plus considérable : on en compte 20 chez les urodèles et 13 à 20 paires chez le scyllium catulus (élasmobranches); chez les téléostéens, le nombre varie avec les espèces et parfois même avec les individus. En général, on en trouve une ou deux, voire quatre ou six.

Très condensé en apparence chez les vertébrés supérieurs, le parenchyme surrénal se fragmente chez les vertébrés inférieurs (A. Pettit). L'histologie comparative nous montrera que les organes corticaux et médullaires, réunis chez les vertébrés supérieurs, sont séparés chez les vertébrés inférieurs.

Contrairement à ce qui se passe pour les organes hématopoiétiques, le type de perfectionnement des glandes surrénales est représenté par la condensation, la diminution numérique et l'accroissement du volume.

Couleur. — La surrénale de l'homme est jaunâtre à l'extérieur, brun foncé à l'intérieur. Par contre, chez les oiseaux, les chéloniens et les crocodiliens cette glande est d'un jaune vif, tandis que chez les téléostéens, elle possède un aspect blanchâtre, brillant et nacré (A. Pettit).

1. Della Chiaje avait cru trouver une mention de la surrénale dans les livres mosaïques, mais le professeur Blanchard a montré que cet auteur avait été induit en erreur par la traduction latine de saint Jérôme (Vulgate).

Consistance. — Très fragile, le parenchyme surrénal présente, en dehors de toute altération cadavérique ou morbide, une consistance assez ferme, presque élastique, assez comparable à celle de la rate et inférieure à celle du corps thyroïde et du thymus.

Poids. — Le poids moyen de la glande surrénale paraît très variable : il serait de 4 gr. suivant Meckel et Cruveilhier, de 7 gr. suivant Sappey, Charpy, Beaunis et Bouchard, Testut. Les limites extrêmes entre lesquelles il peut osciller ne sont pas fixées avec précision et les classiques affirment que, sans cause connue, le poids de la surrénale est capable de doubler ou de tripler. En réalité, ce poids varie comme les poisons de l'organisme : lorsque les poisons augmentent, la glande s'hypertrophie, se congestionne, présente des hémorragies et, par suite, devient plus lourde. Ainsi, par exemple, tandis que chez 25 tuberculeux pulmonaires, les deux surrénales pèsent en moyenne 9 gr. 5, le poids de ces mêmes organes atteint 15 gr. 2 et même 19 gr. 5 chez des sujets morts d'infection aiguë (streptococcie, fièvre typhoïde, etc.) ou de grande intoxication (urémie).

Le poids des deux glandes est presque toujours inégal : tantôt c'est la droite, tantôt, et le plus souvent, c'est la gauche qui pèse davantage (Huschke, Cruveilhier). Sur 28 pesées comparatives, je n'ai trouvé qu'une fois l'égalité de poids entre les deux organes ; 11 fois, le poids de la glande droite l'emportait sur celui de la glande gauche ; 16 fois, c'était l'inverse.

Les glandes surrénales paraissent un peu plus légères chez la femme que chez l'homme, puisque ensemble elles pèsent, en moyenne, 8 gr. [illegible] chez celle-là et 10 gr. 20 chez celui-ci.

Le rapport pondéral surrénorénal, naturellement très variable, est exprimé par les fractions 1/15, 1/25, 1/30. De même, dans la série animale, ce rapport est très variable, ainsi qu'en témoignent les chiffres suivants obtenus par Cuvier :

	Tigre.	Cheval.	Guenon.	Rat.	Cobaye.
Poids surrénal . . .	1	1	1	1	1
Poids du rein . . .	150	30	16	12	8-5

Il en va de même pour le rapport du poids de la surrénale au poids du corps. Chez l'homme, ce rapport est exprimé par les fractions 1/4800, 1/10000, 1/10800 (Huschke). Langlois admet 1/10000 en moyenne. Voici les chiffres trouvés par ce physiologiste chez quelques animaux :

	Cheval.	Lapin.	Chien.		Cobaye.	
Poids surrénal	1	1	1 à	1	1 à	1
Poids du corps	12000	10000	6000	3000	1500	2000

Un kilogramme de cobaye adulte possède 0 gr. 4 et quelquefois 0 gr. 5 de tissu surrénal, chiffre absolument analogue à celui trouvé par J. Noé chez le hérisson. L'alimentation animale n'a donc pas d'influence appréciable sur le poids des surrénales. « Comparé à la masse musculaire totale, le parenchyme surrénal paraît un peu plus abondant chez le jeune que chez l'adulte. Mais on peut admettre, suivant Noé, que le rapport est fixe et cette fixité est intéressante à rapprocher du rôle que joue l'organe dans la fatigue musculaire. »

Dimensions, Volume. — La hauteur de la glande surrénale est environ de 3 centimètres avec des écarts de 2 à 3 cm. 5 ; la largeur est de 4 cm. 5 et varie de 4 à 5 cm. 5 ; l'épaisseur est de 2 à 6 et même 8 millimètres (Luschka) : elle est plus grande au niveau de la base (8 millimètres) qu'au niveau des bords (4 millimètres).

Déjà les anciens anatomistes avaient essayé de pénétrer le mystère des variations volumétriques individuelles. Cruveilhier et Blasius avaient signalé l'hypertrophie considérable des surrénales, l'un, dans une double atrophie rénale, l'autre, dans une suppuration prolongée. — Tandis que, dans un cas d'absence du rein droit, Rott signalait l'atrophie de la surrénale correspondante, Fœrster, Hackenberg et Küster ont mentionné dans les mêmes conditions l'hypertrophie de la surrénale correspondante.

Isolées, ces observations demeurèrent sans signification et sans portée générales; la fonction antitoxique étant inconnue, elles ne pouvaient être comprises.

Meckel et Otto ont, autrefois, signalé l'existence d'un parallélisme entre les hypertrophies surrénales et le développement anormal des fonctions ou des organes génitaux. Depuis, cette intéressante question des synergies surrénogénitales a fait l'objet de nombreux travaux. Comme nous le verrons plus tard, elle n'est pas encore définitivement résolue.

D'après Cassan et Meckel, les surrénales sont plus grosses chez le nègre que chez le blanc. Les recherches de Cruveilhier prouvent que cette assertion ne saurait être généralisée. Remarquons à ce propos que, chez certains animaux (cobaye, lapin, rat et souris), les surrénales ne semblent pas plus volumineuses chez les exemplaires pigmentés que chez les types albinos. Cependant Langlois et Rehns ont constaté que les glandes des fœtus de brebis noires étaient plus foncées, un peu plus lourdes et fournissaient une réaction plus nette avec le perchlorure de fer que celles des fœtus de brebis blanches.

Chez les mammifères, le volume des surrénales varie de 1 à 30 suivant les espèces (A. Pettit).

Très considérable chez la loutre (Möhring), le cobaye et le paca (Daubenton, Meckel, Cuvier, Frey, Stannius) et chez l'ornithorynque (Pettit) ainsi que chez les oiseaux coureurs, la plupart des chéloniens et des ophidiens, le volume de ces organes est, au contraire, minime chez les galéopithèques (Meckel), le phoque (Steller, Cuvier et Pettit), les cétacés, les marsupiaux (Meckel)

De même, on trouve de très petites surrénales chez les batraciens, les téléostéens et les élasmobranches (A. Pettit). Ici le volume très faible est en raison inverse du nombre, relativement très grand.

Anomalies. — Les anomalies portent sur la situation et le nombre.

Anomalies de situation. — Parfois, mais très rarement, on a observé que les surrénales étaient sous-jacentes à la capsule propre du rein (Grawitz, Rokitansky, Weyler et Ulrich).

Anomalies numériques. — Elles sont de deux ordres: par défaut ou par excès.

Anomalies par défaut. — Meckel a signalé l'absence complète des deux surrénales chez des monstres atteints de graves malformations crânio-encéphaliques. Plus récemment, Weigert a conclu que, dans ces conditions, il n'y avait pas absence mais aplasie de ces organes.

L'absence complète, chez les sujets exempts d'autres malformations, est encore plus contestable. Pour admettre ces faits en contradiction absolue avec les enseignements les plus positifs de la physiologie, il faudrait être certain qu'une pareille anomalie a été observée sur des cadavres dépourvus de glandules ectopiques.

Par contre, il peut n'exister qu'une seule glande surrénale. Le fait a été signalé chez l'homme et chez les téléostéens (A. Pettit).

Cette anomalie résulte soit de l'absence de l'une des deux glandes, soit de la soudure de ces organes qui, normalement, sont assez éloignés l'un de l'autre.

Otto a signalé une symphyse surrénale chez l'homme; Stannius, Nietsch, Owen et Pettit ont fait des constatations analogues chez certains oiseaux.

Bien que de nombreuses malformations rénales, les ectopies en particulier, ne s'accompagnent pas d'anomalies surrénales, il importe de ne pas oublier que l'agénésie de la surrénale accompagne parfois l'agénésie du rein. Les observations de Stoïcesco, Blaise, Schreiber, Duckworth, Steiner et Neurentter, Cless, Menzier prouvent la réalité de l'agénésie monolatérale; celles de Carrien et Rouville, de Zaaija montrent qu'en l'absence du rein droit, seule la surrénale gauche s'est développée.

Anomalies par excès. — Glandes accessoires. — Les surrénales accessoires sont connues depuis longtemps, puisque Bartholin, Morgagni, Huschke, Meckel les ont signalées chez l'homme et le hérisson.

L'exiguïté de ces glandules, leur teinte jaune grisâtre très discrète, la diversité de leur siège expliquent les incertitudes qui règnent encore sur le degré de leur véritable fréquence. Il est toujours classique, quoique peut-être erroné, de les considérer comme des formations anormales. La dissémination est en effet une disposition morphologique habituelle aux parenchymes des gland closes (îlots de Langerhans, organes hémolymphatiques, parathyroïdes) et il est fort possible que, malgré sa condensation, le tissu surrénal des vertébrés supérieurs conserve, en partie au moins, le type fragmentaire évident chez les vertébrés inférieurs (chéloniens, batraciens, ganoïdes, élasmobranches). Cette manière de voir est justifiée par les recherches de Stilling, qui tendent à établir la constance des surrénales accessoires chez le chien, le chat et le lapin. En ce qui concerne le lapin, les résultats de Stilling ne concordent pas avec ceux d'Alezais et d'Arnaud, qui n'ont trouvé ces glandules qu'une fois sur 20.

Quoi qu'il en soit de ces divergences, il paraît bien établi que les noyaux aberrants sont beaucoup plus rares chez le cobaye (1 fois sur 70 d'après Abelous et Langlois).

Chez l'homme, au contraire, les surrénales accessoires sont très fréquentes puisque R. May les a trouvées 10 fois sur 42 autopsies.

Ainsi, les surrénales accessoires sont très fréquentes lorsque les surrénales principales sont petites (homme, lapin); elles sont très rares lorsque les glandes principales sont grosses (cobaye).

Grosses tantôt comme une tête d'épingle, tantôt comme un pois, les surrénales accessoires sont arrondies, ovalaires, parfois aplaties et plus ou moins allongées.

De consistance assez ferme, de teinte jaune brunâtre, ces glandules peuvent occuper les sièges les plus divers. On les trouve sous la capsule et dans la substance corticale de la glande principale, au voisinage du rein et même sous

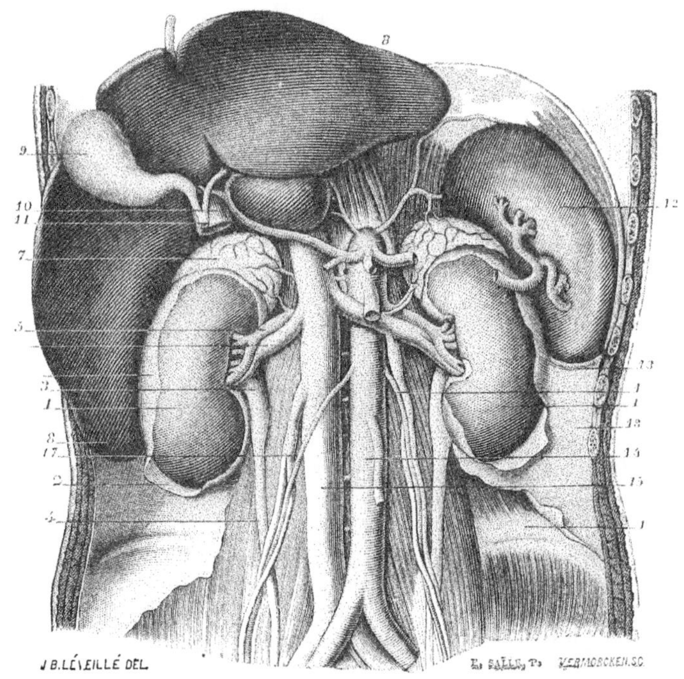

Fig. 945. — Les surrénales: situation, direction, forme, rapports. (Sappey.)

1, 1, les deux reins. — 2, 2, capsule fibreuse qui les rattache à la paroi postérieure de l'abdomen. — 3, bassinet. — 4, uretère. — 5, artère rénale. — 6, veine rénale. — 7, capsule surrénale. — 8, 8, le foie qui a été soulevé pour montrer les rapports de sa face inférieure avec le rein droit — 9, vésicule biliaire. — 10, partie terminale du tronc de la veine porte au-devant duquel on voit l'artère hépatique à gauche, les conduits hépatiques et cystique à droite. — 11, l'origine du conduit cholédoque résultant de la fusion des deux canaux qui précèdent. — 12, la rate dont la face interne a été renversée au dehors pour la montrer dans ses rapports avec le rein gauche. — 13, repli demi-circulaire sur lequel repose son extrémité inférieure. — 14, aorte abdominale. — 15, veine cave inférieure. — 16, artère et veine spermatiques gauches. — 17, veine spermatique droite allant s'ouvrir dans la veine cave ascendante. — 18, lame cellulo-fibreuse sous-péritonéale ou *fascia propria* se dédoublant au niveau du bord convexe des reins pour former l'enveloppe qui les fixe dans leur situation. — 19, extrémité inférieure du muscle carré lombaire.

sa capsule. Cette situation, signalée chez l'homme par Rokitanski, Grawitz, Moglia, Pilliet, est fréquente chez les téléostéens.

Les noyaux erratiques s'observent aussi derrière la veine cave inférieure, au voisinage et parfois à l'intérieur des ganglions sympathiques (Jaboulay): plus souvent encore, ils sont appendus aux rameaux du sympathique. Stilling a pu compter 30 surrénales parasympathiques chez un jeune chat.

Parfois même, ces glandules se trouvent dans le mésentère, près du pancréas, du foie (Soulié). Chiari, Marchand, Grawitz, Dagonet, Pilliet ont signalé leur présence au voisinage des glandes génitales, le long des vaisseaux spermatiques, à l'origine du cordon, dans le mésoépididyme, dans le corps d'Highmore, à côté de l'organe de Rosenmüller et du paroophore. (On sait depuis Meckel et Pettit quels rapports intimes affectent, chez les oiseaux et les reptiles, les surrénales principales et les organes génitaux).

Ces glandules n'ont pas toujours une enveloppe conjonctive propre. La glandule de Pilliet et Veau était pénétrée par les fibres musculaires lisses du ligament large.

Au point de vue structural, on peut distinguer trois sortes de surrénales accessoires : 1° les *glandules complètes*, formées de substances corticale et médullaire; 2° les glandules purement *corticales*; 3° les glandules uniquement *médullaires*. Malgré l'ordinaire fusion des deux organes cortical et médullaire, le souvenir de l'indépendance ancienne n'a donc pas complètement disparu.

On ne saurait admettre d'une façon absolue que les surrénales génitales sont purement corticales (Marchand) et les surrénales sympathiques uniquement médullaires, puisqu'il est possible de trouver des glandules complètes dans le pelvis (Pilliet) et au voisinage du ganglion semi-lunaire (observation personnelle).

Il est inutile d'insister ici sur l'intérêt évident que présente au point de vue physiopathologique la connaissance de ces glandules accessoires. Il nous suffira de rappeler qu'elles sont parfois l'origine de néoplasmes demeurées longtemps énigmatiques et que leur hypertrophie compensatrice, signalée par Hanau et Wiesel, Stilling, Rott, est peut-être capable de suppléer, dans une certaine mesure, les défaillances de l'organe principal. Pilliet d'ailleurs, en les voyant réagir aux infections comme l'organe principal, a démontré la réalité de leur vie fonctionnelle.

D'après Aichel, tandis que les surrénales principales dérivent des entonnoirs du mésonéphros et, par suite, représentent le corps interrénal, les surrénales accessoires se développent aux dépens des canalicules transversaux du mésonéphros et sont assimilables au corps suprarénal des vertébrés inférieurs. Cet auteur distingue deux sortes de surrénales accessoires : les *surrénales accessoires proprement dites* et les *surrénales déplacées ou glandules de Marchand*. Ces dernières constituent une formation normale au même titre que les glandes principales.

D'après Soulié, les surrénales complètes dérivent soit d'une partie détachée de l'organe principal à un stade assez avancé du développement soit, plus vraisemblablement, de la pénétration dans une surrénale corticale de quelques cellules parasympathiques. Les surrénales corticales, dérivées de l'ébauche corticale principale, sont assimilables aux nodules isolés dont l'ensemble constitue le corps interrénal de certains poissons (les raies, Grynfeltt). Les surrénales médullaires résultent de la prolifération isolée des amas parasympathiques (?) qui n'ont pas pénétré dans l'ébauche corticale. Analogues aux corps suprarénaux des Sélaciens, souvent elles s'atrophient et disparaissent.

Situation. — Les corps surrénaux sont situés à la partie supérieure de l'abdomen, derrière le péritoine, au voisinage des reins et des gros troncs vasculaires prévertébraux.

D'après A. Pettit, chez les Mammifères, la connexion vasculaire est constante, fondamentale, la connexion rénale accessoire et inconstante.

Chez l'homme adulte, ces glandes sont tantôt véritablement *surrénales*, car, comme chez le fœtus, elles coiffent le pôle supérieur de l'organe urinaire; tantôt elles sont *pararénales* ou *vertébro-rénales*, car elles s'insinuent entre le rachis et le rein dont elles ne dépassent pas toujours l'extrémité supérieure.

Winslow avait observé que, par suite de leur obliquité, les surrénales se rapprochaient plus du bord interne du rein que de sa convexité. Henle, Treitz, Quain et, plus récemment, Constantinesco ont figuré des surrénales situées entre le rein et la colonne vertébrale. Albarran et Cathelin ont étudié à nouveau les diverses situations de la surrénale. Ces anatomistes distinguent trois positions :

1° La *position basse*, la plus fréquente, dans laquelle la glande, organe vertébro-rénal, est située entre le bord interne du rein et la colonne vertébrale, au-dessus du pédicule rénal; l'extrémité supérieure de la glande surrénale ne dépasse pas le pôle supérieur du rein.

2° La *position haute*, plus rare et spéciale à l'organe droit; dans cette situation haute, la surrénale droite se trouve très profondément dans l'angle formé par la veine cave et le foie, sans rapport avec le pédicule rénal.

3° La *position surrénale* classique. Albarran et Cathelin n'ont vu que 5 fois sur 30 la surrénale de l'adulte recouvrir l'extrémité supérieure du rein.

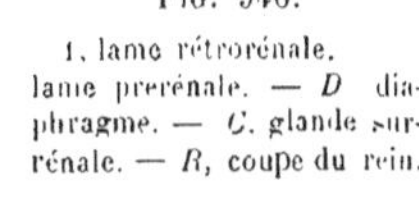

FIG. 946.

1, lame rétrorénale. lame prérénale. — D diaphragme. — C, glande surrénale. — R, coupe du rein.

Moyens de fixité. — Tous les anatomistes s'accordent à reconnaître la très grande stabilité de la surrénale. Cette glande n'accompagne jamais le rein ectopique dans ses migrations parfois si lointaines. Gerota a même démontré que, chez l'enfant, elle constituait un moyen de fixité important pour le rein. Après avoir détruit toutes les autres attaches du rein, il a suspendu à son extrémité inférieure des poids de plus en plus lourds. Une traction de 700 à 1000 grammes fut nécessaire pour détacher le rein de la surrénale.

Les moyens de fixité de la glande surrénale sont nombreux mais d'importance inégale. Signalons la masse intestinale (Albarran et Cathelin), le péritoine, les nerfs et surtout les vaisseaux qui, assez courts, paraissent peu extensibles.

La capsule fibro-conjonctive dont les expansions vont s'attacher à tous les organes voisins (diaphragme, aorte ou veine cave, foie, pancréas et rein) est un agent de fixation beaucoup plus utile.

Les recherches de Zuckerkandl, Gerota, Charpy, Glantenay et Gosset semblent établir que cette gaine fibreuse est formée par les fascias pré et rétrorénaux dont la fusion, au lieu de s'accomplir sous la base de la surrénale, se fait au-dessus de son sommet. L'étude histologique de la région surrénorénale du nouveau-né montre l'absence de tout feuillet fibreux différencié entre les deux organes, mais l'existence de lamelles conjonctives anastomotiques, plus ou moins envahies par la graisse. Chez l'adulte toutefois, il est, en général, facile de constater l'existence d'une lame conjonctive intersurrénorénale et de contourner avec la main le pôle supérieur du rein sans pénétrer dans la loge surrénale proprement dite (Voy. fig. 947). Cette lame conjonctive peut même suffire à empêcher l'envahissement du rein par un néoplasme surrénal, comme nous avons pu le constater sur des préparations histologiques de Lecène.

Albarran et Cathelin ont décrit la plupart des expansions de la gaine conjonctive sous les noms de ligaments *surréno-diaphragmatique, surréno-cave, surréno-aortique, surréno-hépatique.*

D'après leur description, le ligament *surréno-cave* est une membrane assez résistante ; mais le plus net et le plus fort de ces faisceaux est, sans contredit,

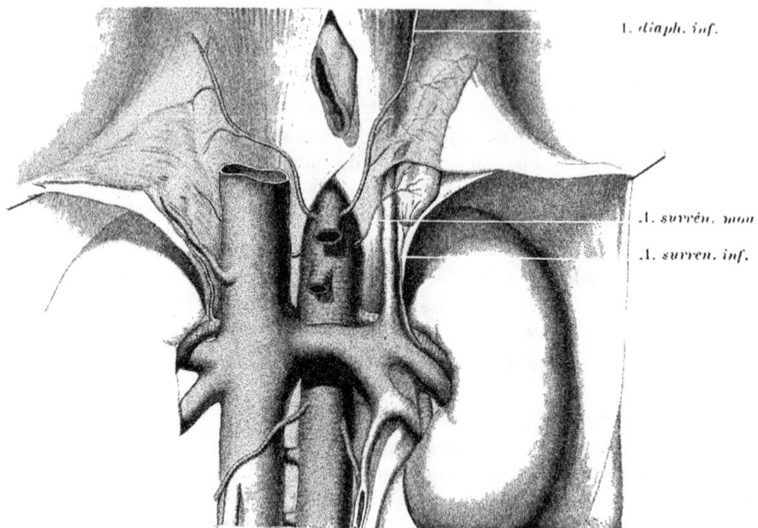

Fig. 947. — Vaisseaux et capsule (enveloppe fibreuse) des glandes surrénales.
Remarquer l'existence d'une lame celluleuse entre le pôle supérieur du rein et la base de la surrénale.

le *surréno-diaphragmatique*, qui s'étale en éventail à chacune de ses extrémités.

Forme. — Chez l'homme et dans la série animale, le polymorphisme de la surrénale défie toute comparaison et rend difficile, sinon impossible, le moindre essai de schématisation.

Boyer comparait la surrénale de l'homme à un casque aplati ; d'après Albarran et Cathelin, elle ressemble plutôt à une grosse virgule renversée.

En réalité, c'est une lame, souvent aplatie, qui tantôt figure un ovoïde une ellipse, un croissant, tantôt affecte la forme d'une pyramide triangulaire ou quadrangulaire.

Chez l'adulte, l'isomorphie des deux glandes est exceptionnelle : la droite est souvent pyramidale, la gauche ressemble plutôt à une ellipse et surtout à un croissant.

Direction. — Le grand axe de la glande surrénale, oblique en arrière et en dehors, fait avec le plan médian vertical du corps un angle de 25 à 30° (Albarran et Cathelin).

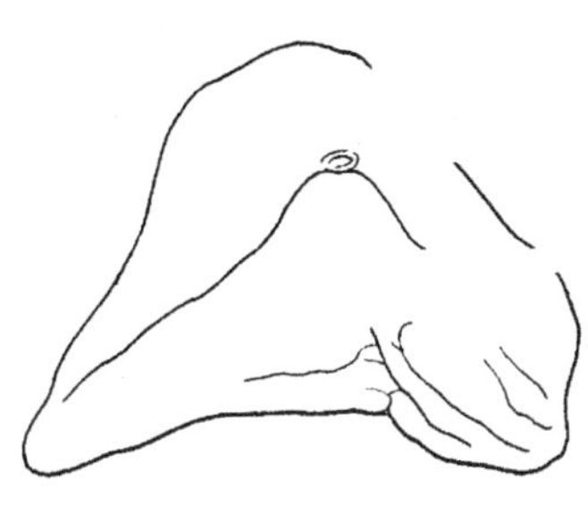

CONFIGURATION EXTÉRIEURE ET RAPPORTS

On peut admettre que le corps surrénal possède 3 faces, 2 bords et un sommet, d'ailleurs inconstant. Ce sommet est remplacé par un bord supérieur, lorsque le bord interne convexe se continue par une courbe douce et insensible avec le bord externe (type de croissant).

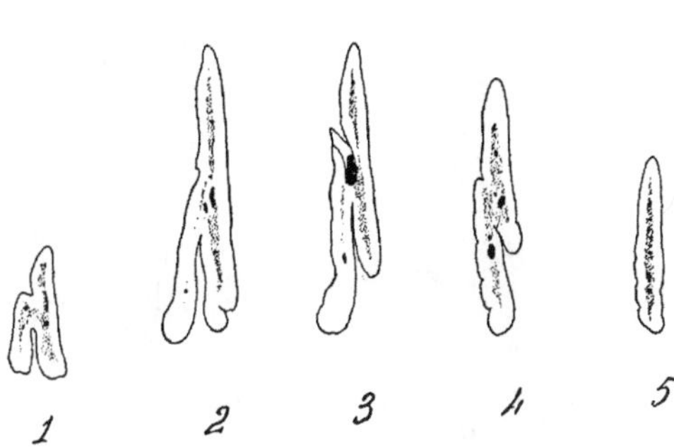

Fig. 948. — Surrénale droite adulte. — Série de coupes verticales passant par les plans 1, 2, 3, 4, 5.

Étant donnée la direction de la glande, les 3 faces sont *antéro-externe*, *postéro-interne* et *inférieure* ou *basale*.

Lisses chez beaucoup d'animaux, elles sont, chez l'homme, hérissées de saillies arrondies et creusées de sillons dont la profondeur est variable.

Le plus important de ces sillons vasculaires se trouve presque toujours sur la face antéro-externe, qu'il parcourt transversalement, obliquement ou même presque verticalement.

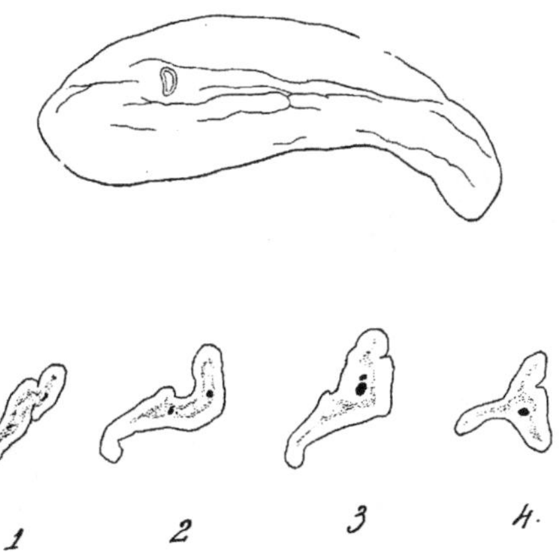

Fig. 949. — Surrénale gauche adulte. Série de coupes verticales passant par les plans 1. 2. 3, 4.

Longé souvent par l'artère surrénale moyenne et par la veine principale, ce sillon est désigné sous le nom de hile; c'est en effet l'un des hiles de cet organe dont les pédicules vasculaires sont multiples.

Convexe ou concave, la face *antéro-externe de la glande gauche* est recouverte par le péritoine pariétal postérieur qui forme à ce niveau le fond de l'arrière-cavité des épiploons; par l'intermédiaire de ce feuillet péritonéal et de l'espace virtuel, à l'état normal, de l'arrière-cavité, la glande surrénale entre en rapport direct avec la face postérieure de la grosse tubérosité de l'estomac; chez l'adulte, le bord postérieur de la rate ne prend contact avec la surrénale que dans des cas anormaux (rate horizontale).

Chez le nouveau-né, ainsi que le montre la coupe de Braune reproduite

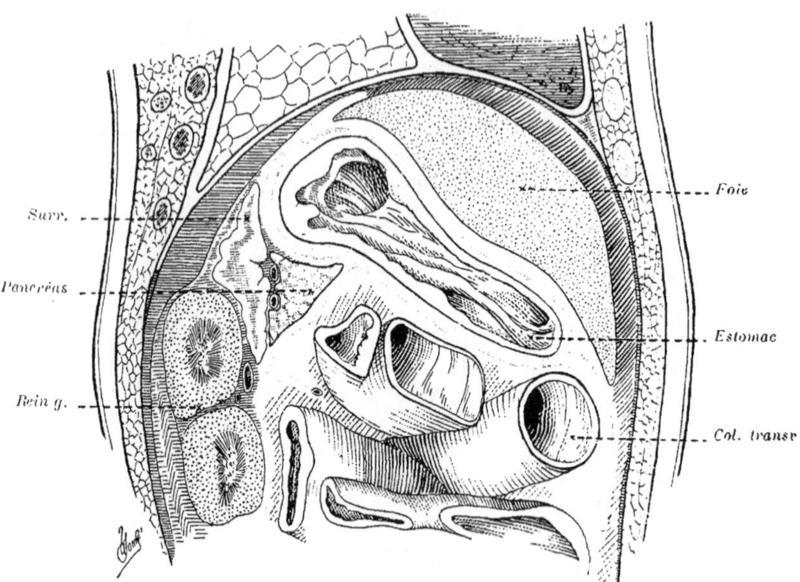

Fig. 950. Forme et rapports de la surrénale chez l'enfant. Coupe antéro-postérieure passant un peu à gauche de la colonne vertébrale. Sujet fixé au formol.

ici, les rapports de la rate et de la surrénale sont importants. Par contre, la queue du pancréas croise, dans tous les cas, la face antérieure de la glande surrénale au niveau de sa partie inférieure; comme l'artère et la veine spléniques longent le bord supérieur du pancréas, ces vaisseaux contractent également des rapports plus ou moins immédiats avec la face antérieure de l'organe surrénal[1].

A droite, la face antérieure de la glande surrénale entre en rapport en avant, avec ou sans interposition de péritoine, avec la face postérieure du foie. La facette que l'on trouve, en effet, marquée sur le parenchyme hépatique, fixé

1. MM. Albarran et Cathelin donnent comme rapport constant de la glande surrénale gauche, *la face inférieure du lobe gauche du foie*; étonné de cette assertion qui, a priori, semble difficilement admissible, j'ai tenté, avec mon ami P. Lecène, de contrôler ce détail; je dois dire que sur aucun sujet nous n'avons pu apercevoir le moindre rapport immédiat entre le lobe gauche du foie et la surrénale gauche, toujours séparés par l'épaisseur de la grosse tubérosité gastrique.

dans sa forme avant l'ouverture du cadavre (His), n'est pas sur la face inférieure du foie, mais bien sur son bord postérieur, si épais qu'il mérite le nom de face postérieure (Charpy). Dans certains cas, le péritoine passe directement de

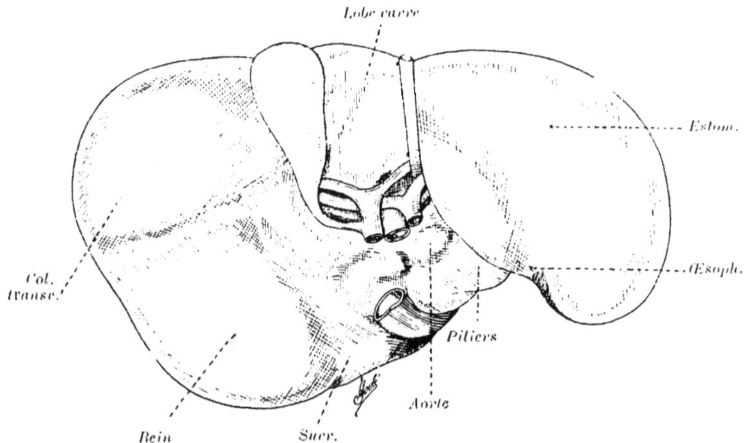

Fig. 951. — Projection des organes sur la face inférieure du foie.

Le contour des organes est indiqué en rouge.

l'extrémité supérieure du rein droit sur le foie sans pénétrer entre cet organe et la glande surrénale; plus souvent on trouve un cul-de-sac péritonéal de profondeur variable.

Par sa partie la plus inférieure, la face antérieure de la glande surrénale droite, qui peut descendre très bas, presque jusqu'au hile du rein, entre en rapport avec l'angle sous-hépatique du duodénum et la deuxième portion, verticalement descendante, de ce segment intestinal.

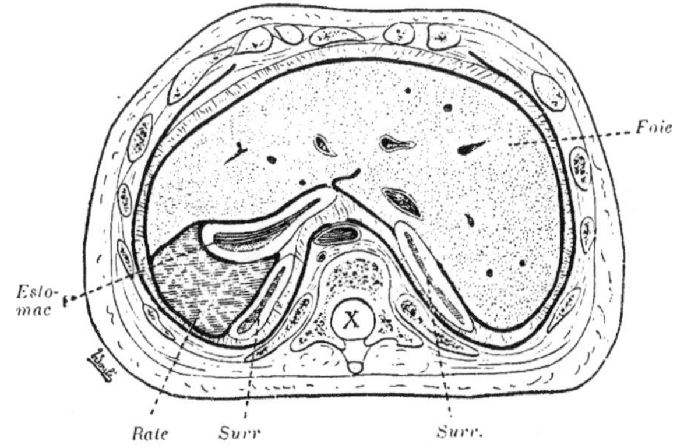

Fig. 952. — Coupe transversale du foie sur un nouveau-né. (D'après Braune.)

Remarquer le rapport de la surrénale droite avec le foie et l'extension de celui-ci sur la rate.

Placée sur le bord externe de la veine cave inférieure, la glande surrénale, recouverte du péritoine pariétal postérieur, se trouve séparée des éléments du pédicule vasculaire hépatique (canal cholédoque, veine porte, artère hépatique) par l'hiatus de Winslow.

La *face postéro-interne* des deux glandes, moins haute, assez souvent plane ou très légèrement convexe, repose sur la portion charnue des piliers du diaphragme, qui la séparent des parties latérales des corps vertébraux. A gauche, la glande surrénale correspond à la 12e dorsale et à la 1re lombaire; à droite, la surrénale correspond à la 12e dorsale (Luschka, Sappey). Les surrénales se trouvent séparées du dernier espace intercostal par l'épaisseur du diaphragme et le sinus pleural costodiaphragmatique. De plus, en arrière de la glande gauche, on trouve l'anastomose veineuse réno-azygo-lombaire de Tuffier et Lejars, en arrière de la glande droite, l'origine de la grande azygos, aux dépens de la

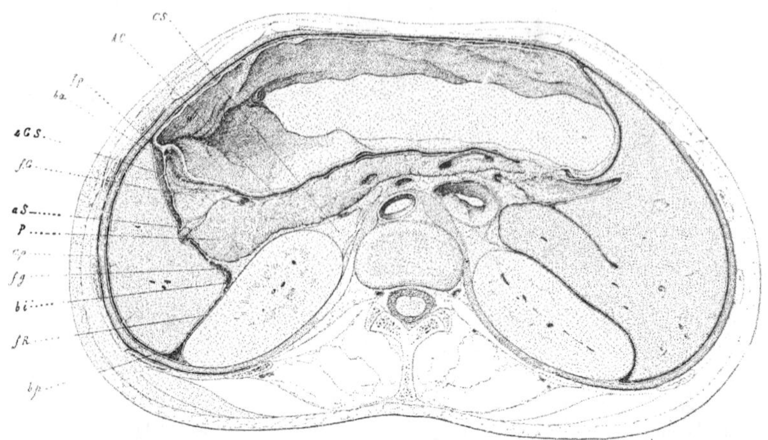

Fig. 953. — Coupe sur un sujet congelé passant par le disque intermédiaire à la 12e dorsale et à la 1re lombaire (Constantinesco).

CS, surrénale. — AC, arrière-cavité épiploïque. — fp, feuillet postérieur de cette cavité. — ba, bord crénelé de la rate. — bp, bord obtus. — bi, bord interne. — fG, face gastrique. — fg, portion de cette face comprise entre le hile et le bord interne. — fR, face rénale. — eGS, épiploon gastro-splénique (la paroi postérieure de l'estomac a été un peu écartée en avant pour laisser voir ce ligament). — aS, artère splénique. — P, pancréas. cp, cavité pleurale.

veine lombaire ascendante droite. Le tronc du sympathique, qui a traversé la partie externe des piliers diaphragmatiques, prend aussi contact avec la face postéro-interne des glandes surrénales.

La face *inférieure* ou *basale* décrit une courbe à concavité inférieure. Taillée suivant un plan oblique en haut et en arrière, elle descend fréquemment sur la face antérieure du rein, jamais sur sa face postérieure (voy. fig. 954).

Il est classique de dire que la *base* de la surrénale répond au pôle supérieur du rein. Chez l'adulte, au moins, cette notion serait inexacte, d'après Albarran et Cathelin. Pour eux, la base de la surrénale repose presque toujours sur le pédicule du rein. En réalité, sans atteindre généralement le hile du rein, la glande surrénale s'en rapproche beaucoup plus que ne l'admettent les classiques.

Les *bords* de la glande surrénale sont, l'un *antéro-interne* et l'autre *postéro-externe*.

Le bord *antéro-interne*, souvent presque rectiligne, se trouve à gauche, dans le voisinage du ganglion semi-lunaire gauche et de l'aorte, au niveau de la naissance du tronc cœliaque; nous verrons, en étudiant les nerfs, que du plexus solaire se détachent un grand nombre de filets nerveux qui abordent la surrénale par son bord interne

A droite, ce bord est en contact intime avec la veine cave inférieure, qui parfois même le recouvre complètement. Il répond encore au ganglion semi-lunaire droit et à l'anse de Wrisberg. C'est également au niveau de ce bord interne que l'artère surrénale moyenne aborde la glande; quant aux vaisseaux diaphragmatiques supérieurs, ils longent la partie supérieure de ce bord interne.

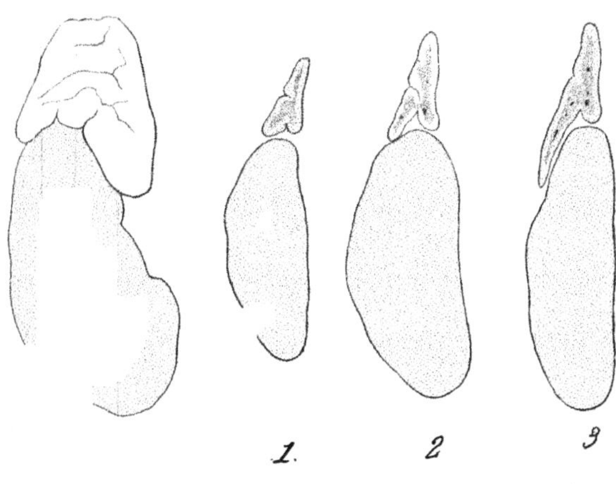

Fig. 954. — Rein droit et surrénale de nouveau-né: série de coupes verticales passant par les plans 1, 2, 3.

Le bord *postéro-externe* est tantôt régulièrement convexe, tantôt plus ou moins sinueux. Il est en rapport avec la surface du rein et même, parfois, avec le pédicule rénal. Le diaphragme le sépare de la plèvre et des côtes.

STRUCTURE

Étude macroscopique. — La glande surrénale possède une enveloppe conjonctive bien développée et assez adhérente à son parenchyme dont le poids spécifique est de 1,0163 d'après Krause.

Examinée à l'œil nu, une coupe verticale de cet organe montre l'existence de deux zones, qui diffèrent l'une de l'autre par leur situation, leurs caractères physiques (couleur, consistance, dimension) et leurs réactions chimiques.

A la périphérie, sous la capsule conjonctive, c'est l'*écorce* qui apparaît comme une bande homogène, jaunâtre, de consistance assez ferme, dont l'épaisseur varie, chez l'homme, de 1 à 2 millimètres. Elle représente environ les deux tiers de la glande.

En dehors, elle est hérissée de saillies nombreuses, arrondies et creusées de sillons dans lesquels pénètrent, avec des vaisseaux et des nerfs, les nombreux tractus conjonctifs émanés de la gaine d'enveloppe.

En dedans, elle est nettement séparée de la zone centrale par une mince bandelette d'un brun plus ou moins noirâtre.

Au contact de la teinture d'iode, des bichromates alcalins, du perchlorure de fer, l'écorce ne présente aucune réaction caractéristique, mais elle brunit et noircit sous l'influence de l'osmium.

Au centre et complètement enveloppée par l'écorce, se trouve la *moelle*. Brune ou rouge, souvent assez molle, la moelle présente en son milieu l'orifice toujours béant d'une grosse veine. Très difficile à bien fixer, la moelle est souvent le siège d'altérations morbides et surtout cadavériques qui, longtemps, ont fait croire à l'existence d'une cavité centrale et légitimé l'expression, si malheureusement classique, de capsule surrénale.

Très mince au niveau des bords où elle mesure un quart de millimètre, elle s'épaissit assez pour mesurer 2 ou 3 millimètres à la partie moyenne de l'organe. Elle paraît ne représenter que le tiers de la surrénale.

Elle ne devient généralement pas noire sous l'influence de l'acide osmique, mais normalement elle s'imprègne de façon élective par les sels de chrome (Henle); elle prend une teinte rose carminée au contact d'une solution aqueuse d'iode; elle verdit au contact des sels ferriques (Colin, Vulpian). La réaction de Vulpian est surtout visible à l'œil nu : je n'ai pu l'obtenir ni sur les coupes de pièces fraîches congelées, ni sur les coupes de matériel fixé par le perchlorure de fer et inclus à la paraffine. Cependant Ciaccio a été, paraît-il, plus heureux en coupant à la main des fragments très minces qui avaient été immergés au préalable dans une solution alcoolique de perhlcorure de fer, dans un mélange d'alcool et d'ammoniaque, et enfin dans l'alcool absolu. Mulon a obtenu le même résultat au moyen d'une technique différente.

Étude microscopique. — Nous étudierons successivement la capsule d'enveloppe, l'écorce et la moelle.

Capsule. — D'épaisseur assez variable suivant l'espèce animale, l'âge, la capsule d'enveloppe est formée, comme celle de la rate et des ganglions, de fibres conjonctives, de fibres élastiques plus rares et même de quelques faisceaux musculaires lisses (Harley, Mœrs et Fusari). Chez le cobaye jeune, on trouve quelques cellules d'Ehrlich (Mastzellen).

Les fibres conjonctives, au milieu desquelles on remarque la coupe de nombreux vaisseaux, sont, en général, parallèles à la surface de l'organe. Soulevées par les saillies de l'écorce, ces fibres envoient des prolongements externes aux parois de la loge fibreuse surrénale, à la capsule propre des reins, et des prolongements internes qui, de place en place, pénètrent dans l'intérieur de la glande.

Vialleton distingue deux sortes de travées conjonctives émanées de la capsule les *travées de premier ordre*, assez épaisses et bien développées, atteignent le centre de l'organe, qu'elles lobulisent plus ou moins, et vont se confondre soit avec le tissu conjonctif qui entoure la veine centrale, soit avec celui qui en-oure les ganglions nerveux. Les *travées de deuxième ordre*, plus fines, descen dent radialement vers le centre de l'organe, qu'elles n'atteignent pas ou dans lequel elles arrivent extrêmement fines. Ce sont ces travées qui, avec les vaisseaux, semblent régler la disposition des cellules glandulaires.

On peut donc concevoir qu'Arnold ait basé, sur les dispositions de cette charpente conjonctive, une classification des zones de l'écorce qui, dans ses grandes lignes, correspond aux classifications établies ensuite sur la morphologie et l'agencement des cellules parenchymateuses. Toutefois, il faut observer que l'importance du tissu conjonctif est très variable suivant les espèces considérées : ce tissu est, par exemple, bien plus abondant chez le chien que chez le cobaye; chez le chien, on trouve une bandelette conjonctive intermédiaire à la moelle et à l'écorce.

Les fibres musculaires lisses accompagnent les vaisseaux et les nerfs dans les septas conjonctifs intraglandulaires (Stilling); nous aurons l'occasion de montrer ultérieurement l'intérêt physiologique de cette constatation.

Écorce. — Examinée à un faible grossissement, l'écorce apparaît comme une nappe cellulaire qui, bien limitée en dehors par la capsule, semble, chez certains animaux, se continuer en dedans avec la moelle.

Elle est formée de cordons cellulaires qui se dirigent de la périphérie au

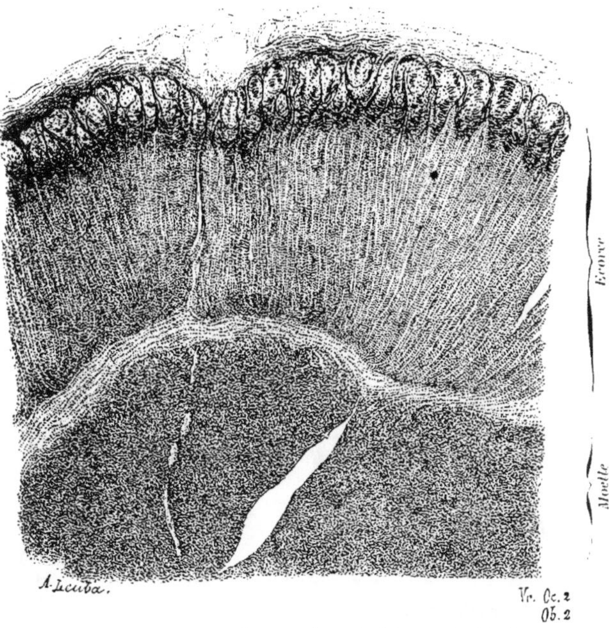

Fig. 955. — Surrénale de chien (Vérick oc. 2, obj. 2).

Remarquer : 1° la bande conjonctive qui sépare l'écorce de la moelle : 2° l'aspect très spécial de la zone glomérulaire située à la partie supérieure de l'écorce au-dessous de la capsule d'enveloppe.

centre, vers lequel ils convergent à peu près comme les rayons d'une roue vont de la jante au moyeu. Séparés de place en place par des fentes vasculaires, ces cordons se pelotonnent en amas arrondis, se contournent en S ou se courbent en fer à cheval immédiatement au-dessous de la capsule, tandis qu'au voisinage de la moelle ils s'anastomosent et se dirigent en tous sens, formant un réseau compliqué au niveau duquel la disposition radiaire, si nette à la partie moyenne, cesse d'être apparente.

Les éléments cellulaires dont le groupement forme ces cordons épithéliaux ne présentent pas, malgré les fréquentes analogies qu'ils doivent à leur commune origine, une structure et une constitution chimique absolument identiques. C'est pourquoi il convient de distinguer dans l'*écorce* trois zones princi pales qui sont, en allant de dehors en dedans, la *glomérulaire*, la *fasciculée* et la *réticulée*.

Zone glomérulaire (zone bulbeuse de Gottschau, zone des arcs de Renaut). — Formée de cordons cellulaires qui se courbent et se replient sur eux-mêmes à la façon des glomérules sudoripares ou des circonvolutions cérébrales, cette zone présente un aspect assez variable suivant l'espèce considérée.

Chez le cheval et surtout chez le chien (voy. fig. 955), la disposition arciforme des travées cellulaires est très nette. Ce sont des arcs, enveloppés de tissu conjonctif, dont la convexité regarde la gaine d'enveloppe et dont les extrémités semblent se continuer avec les éléments de la couche sous-jacente.

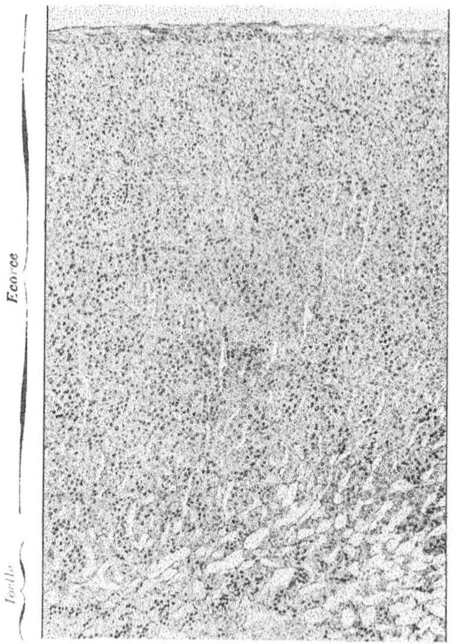

Fig. 956. — Surrénale de cobaye (préparation personnelle photographiée par le docteur Benoît).

Déjà moins nette chez le lapin, le chat, la souris, cette disposition fait défaut chez le cobaye, le bœuf et l'homme, dont la glomérulaire est constituée par des amas cellulaires sphériques ou globuleux (vésicules closes des anciens histologistes). Ces amas sont plus ou moins nombreux suivant les espèces. On n'en trouve qu'une seule rangée dans la très mince couche glomérulaire du cobaye, tandis qu'on en compte deux ou trois assises dans celle, plus épaisse, de l'homme.

Chez les mammifères, les glomérules ne possèdent pas de cavité centrale. Ils sont formés par des cellules superposées ou tassées les unes contre les autres et souvent aplaties par pression réciproque. Chez le chien, les cellules glomérulaires sont comparables à des prismes allongés et étroits. Leurs noyaux forment à mi-hauteur du corps protoplasmique une sorte de bande mouvante dans l'axe de chaque cordon (Renaut).

Leur protoplasma, très clair, serait, d'après Renaut, rempli de boules comparables à celles du mucigène et disposées en séries parallèles suivant le grand axe du corps cellulaire.

Dans les mailles du réticulum cytoplasmique, on trouve des gouttelettes graisseuses parfois abondantes et, parfois aussi, quelques grains pigmentaires signalés par Stilling.

Chez d'autres mammifères, les cellules glomérulaires sont sphériques ou ovoïdes. Leur protoplasma et surtout leur noyau offrent des variations structurales assez fréquentes qui expliquent en partie les discordances que pré-

suivent les descriptions données par les cytologistes. Ainsi, pour Vialleton, ces éléments, souvent assez volumineux, possèdent un noyau arrondi, assez gros et quiescent, puisque son réseau chromatinien est peu colorable. D'après Guieysse, au contraire, les cellules glomérulaires du cobaye sont très petites : elles ne mesurent pas plus de 10 à 12 μ. Elles sont très fortement colorables. Leur noyau ovalaire, oscillant entre 5 et 7 μ, est tantôt presque homogène et très foncé, tantôt bosselé par quelques grains de chromatine. Le protoplasma, très dense, très homogène, contient quelques fines gouttes graisseuses, mais ne présente aucune différenciation capable d'être mise en évidence par la laque ferrique.

En réalité, la glomérulaire contient des noyaux clairs et des noyaux foncés. Ces noyaux ne varient pas seulement par leur colorabilité, mais encore par leur taille et leur forme. Contrairement à Guieysse, Mulon soutient que l'amitose est un processus constant dans la glomérulée. Cette amitose nucléaire ne s'accompagnant pas toujours de division protoplasmique, il en résulte de véritables syncytiums. Les karyokinèses seraient, par contre, exceptionnelles.

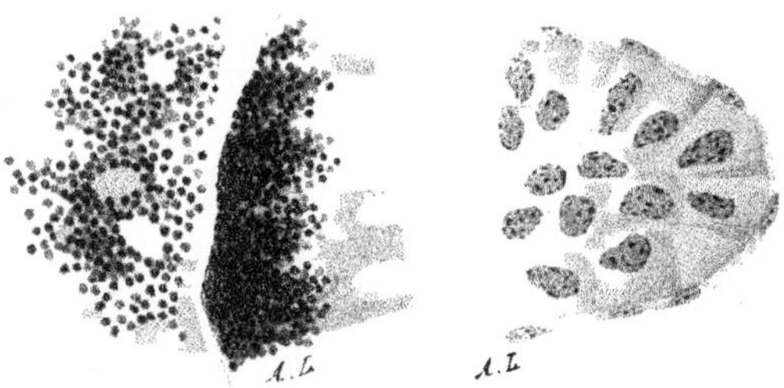

Fig. 957.

1, Cellules glomérulaires chargées de granulations graisseuses (surrénale de Chien fixée par le liquide fort de Flemming; coupe examinée, sans coloration, dans une goutte d'huile de cèdre). — 2, Cellules glomérulaires du cobaye (matériel fixé par le liquide fort de Flemming; coupe montée, après coloration et déshydratation dans le baume au xylol).

Zone fasciculée. — Dépourvus de toute gaine conjonctive, uniquement séparés par des capillaires sanguins, les cordons cellulaires de la fasciculée convergent radialement vers le centre de l'organe, comme les travées hépatiques convergent vers la veine centrolobulaire.

Guieysse distingue deux parties dans la fasciculée du cobaye : à la partie externe, il donne le nom de *spongieuse* ; à la partie interne, celui de *fasciculée proprement dite*.

Partie externe de la fasciculée (spongieuse de Guieysse). — Assez large, cette couche représente, avec la glomérulaire, le quart de l'écorce surrénale du cobaye. Dans cette région, les colonnes cellulaires sont moins individualisées, leur disposition radiaire est moins évidente que dans la fasciculée proprement dite.

Cubiques ou polygonales, les cellules spongieuses sont grandes, puisqu'elles atteignent environ 20 μ. Leur noyau arrondi mesure 5 à 10 μ. Sa teneur en chromatine est variable. Tantôt il est presque homogène, tantôt il est clair, car il ne renferme que deux ou trois grains basophiles. Il est très difficile et souvent impossible de mettre en évidence un nucléole vrai, acidophile. Examiné après dissolution préalable de la graisse, le protoplasma de ces éléments présente, typique, la structure alvéolaire de Bütschli. Il ressemble à une écume légère, à une délicate éponge (voy. fig. 958).

Les fines travées de ce protoplasma circonscrivent des mailles arrondies, des alvéoles qui, en augmentant de volume, deviennent des vacuoles. A la périphérie, le protoplasme se condense et limite exactement chaque élément cellulaire, comme lorsque la tension superficielle est forte.

L'individualité des cellules spongieuses est évidente sans l'intervention des fixateurs osmiés. Dans les mailles ou sur les points nodaux du réticulum cytoplasmique, Ciaccio signale l'existence de quelques rares granulations oxyphiles. Petites, arrondies, réfringentes, insolubles dans l'alcool, l'éther, le chloroforme et les huiles essentielles, ces granulations réduisent l'osmium et se colo-

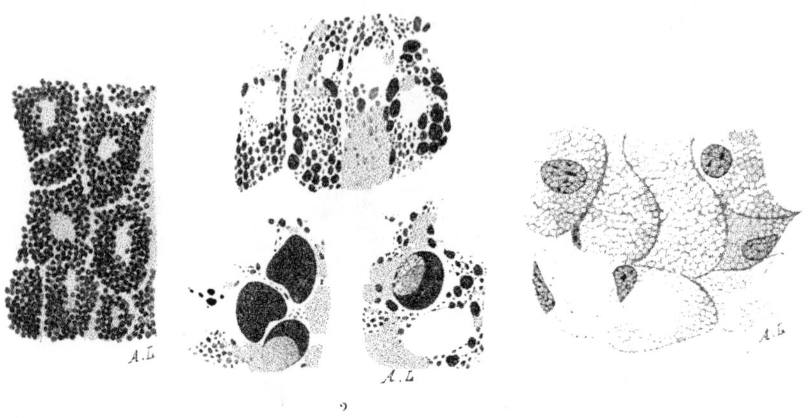

Fig. 958.

1, cellules fasciculées chargées de granulations graisseuses (surrénale de chien). — 2, cellules spongieuses et fasciculées chargées de graisse (surrénale du cobaye). — 3, cellules spongieuses dégraissées (surrénale du cobaye). — Certaines masses graisseuses (fig. 2) sont assez volumineuses pour occuper les vacuoles des spongiocytes (fig. 3).

rent par le carmin neutre, l'hématoxyline, les couleurs acides d'aniline. Le nombre, le siège, la forme et les dimensions de ces grains varient beaucoup suivant la zone ou la cellule considérée, suivant l'espèce animale, etc. Ciaccio décrit et figure dans les cellules de la zone interne de l'écorce des corpuscules sidérophiles à centre clair situés autour du noyau et des formations ergastoplasmiques (?) placées à l'un des pôles de l'élément.

Mais l'étude des préparations partiellement ou totalement dégraissées ne fait connaître que la charpente de la cellule. Elle fournit des renseignements faux ou incomplets sur son contenu véritable. Ainsi, sur la foi de semblables méthodes, on a pu croire que les alvéoles des spongiocytes sont remplies d'un liquide aqueux imbibant leur protoplasme comme l'eau imbibe une éponge, alors qu'en réalité les alvéoles et les travées sont remplis de graisse. Ces gouttes de graisse sont ordinairement petites ou moyennes, plus rarement très grosses.

Leur nombre et leur taille semblent d'ailleurs varier non seulement avec les espèces, mais encore avec les individus, les circonstances physiologiques (grossesse, fatigue, âge). D'après Hultgren et Anderson, elles seraient plus abondantes chez les carnivores et les solipèdes que chez les ruminants.

Elles sont presque toutes très solubles dans l'alcool, le xylol, le chloroforme, les essences et peut-être même, suivant certains histologistes, dans la glycérine. Leur solubilité paraît souvent croître avec leur volume. Il en est de très fines qui, parfois, résistent aux dissolvants énumérés plus haut.

D'après Plecnik et Lewinsohn, ces granulations graisseuses brunissent par l'osmium; elles ne noircissent qu'après action de l'alcool. Comme la myéline, elles se colorent en bleu par la méthode de Pal. De même, Mulon les a colorées en bleu par l'ancienne méthode de Weigert modifiée par Regaud.

Elles ont donc quelques-uns des caractères propres aux graisses phosphorées[1].

Par l'étude polarimétrique de coupes fraîches, Mulon a déterminé la répartition des corps biréfringents présentant le phénomène de la croix de polarisation signalé autrefois par Dareste. Il a constaté l'existence de ces corps au niveau de la spongieuse; en se fondant d'une part sur les recherches de Dastre et d'autre part sur l'absence d'oléate de soude dans la surrénale, il conclut que la lécithine se localise surtout dans cette partie externe de la fasciculée[2].

Quoique chargés de graisse, les spongiocytes peuvent présenter les phénomènes de la division indirecte observée dans l'écorce par Canalis, Gottschau, Renaut, Mulon, Bardier et Bonne. Chez tous les animaux examinés, sauf chez les femelles pleines, Mulon a trouvé des mitoses, surtout dans les 4e, 5e et 6e rangées cellulaires de la spongieuse. Bardier et Bonne ont pu déceler quelques rares cinèses au stade du spirème jusque dans les profondeurs de la fasciculée.

Dans le tissu cellulaire de l'écorce et parfois même au voisinage de la glomérulaire, Guieysse a trouvé de petits amas leucocytaires (leucocytes mononucléés). Oppenheim et Lœper ont observé des amas lymphocytiques souscapsulaires.

Partie interne de la fasciculée. — Très évidents, les cordons cellulaires de la partie interne de la fasciculée sont formés par la juxtaposition de cellules souvent un peu plus petites que les spongiocytes.

Cubiques, grands de 15 à 20 μ, ces éléments possèdent un et même deux noyaux de 6 à 8 μ. Là encore, il faut distinguer des noyaux clairs et des noyaux homogènes. Le protoplasma, assez dense, légèrement granuleux, est souvent assez tassé autour du noyau. Au moyen de l'hématoxyline ferrique, Guieysse a mis en évidence des formations très polymorphes, qu'il désigne sous le nom de corps sidérophiles et qu'il regarde comme des formations ergastoplasmiques. Ces formations, retrouvées par Ciaccio, se présentent sous la forme de lignes irrégulières, de masses juxta-nucléaires, de disques, à centre clair.

En réalité, les corps sidérophiles ne ressemblent pas aux véritables formations ergastoplasmiques; leur polymorphie étrange, leur absence dans les zones dont la fixation est irréprochable, me conduisent à les considérer, avec Bardier

1. Pour l'étude histochimique des graisses neutres et des lécithines, consulter Loisel. *Bull. de la Soc. de Biologie*, 6 juin 1903.

2. L'analyse chimique démontre que la surrénale contient des graisses neutres et des lécithines. Alexander a trouvé une assez forte proportion de lécithine, 2,80 à 4,50 pour 100. D'après Bernard, Bigart et Labbé, le rapport des graisses phosphorées aux graisses totales est de 45,3 pour 100 chez le cheval, de 48,8 chez le mouton, de 52,7 chez le lapin et de 13,1 chez l'homme. Loisel, d'autre part, a constaté que 3 gr. 30 de surrénale, recueillis en décembre sur le cobaye mâle et préalablement débarrassés de toute la graisse extérieure, fournissaient 2 gr. 393 d'extrait éthéré brun et 0,094 d'extrait alcoolique (lécithines).

et Bonne, comme des produits artificiels sans rapport démontrable avec l'activité sécrétoire. — Certaines cellules de la fasciculée contiennent des granulations colorables par le gram, la fuchsine (Mulon).

D'après Guieysse, la fasciculée proprement dite est assez pauvre en graisse, la plupart des cellules n'en contiennent pas, mais celles qui en contiennent en renferment une très grande quantité sous la forme de quatre ou cinq grosses gouttes. Par contre, Bernard et Bigard trouvent beaucoup de graisse dans le point où la fasciculée proprement dite fait suite à la spongieuse. Et, dans le reste de son étendue, ils constatent que presque toutes les cellules renferment de 4 à 12 gouttes moyennes et petites. Mes recherches confirment entièrement sur ce point celles de Bernard et Bigard.

Zone réticulée (pigmentaire). — En s'anastomosant et en se dirigeant en tous

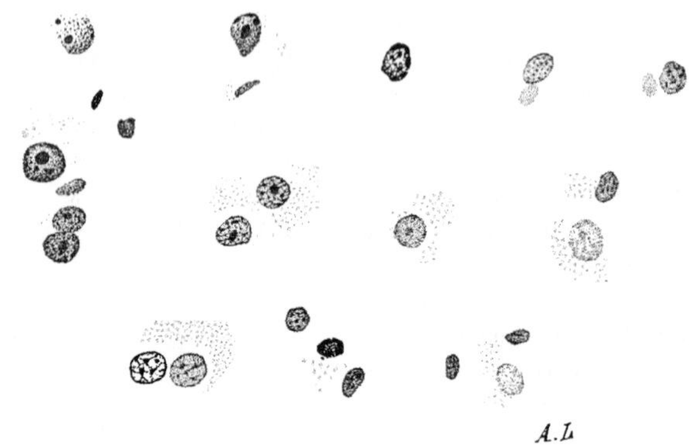

Fig. 959. — Cellules réticulées chargées de pigment (surrénale de vieillard fixée par l'alcool à 90° et montée dans le baume au xylol).

sens, les cylindres de la fasciculée forment un vaste réseau dont les mailles sont occupées par des capillaires : c'est la zone réticulée.

Semblables aux cellules de la fasciculée, les éléments de la réticulée en diffèrent parce qu'ils contiennent parfois des amas pigmentaires étudiés par Grandy et Stilling. Il semble bien que ce pigment, qui chez le bœuf peut s'observer dans la glomérulaire, existe chez l'homme et le cobaye uniquement dans cette couche et jamais dans la moelle (Hultgren et Anderson, Pfaundler, Guieysse, Ciaccio contrairement à Pilliet et à Swale Vincent). — Le pigment surrénal fait défaut chez les sujets très jeunes, il semble peu abondant chez les cobayes albinos; il augmente sous l'influence de la gestation, de l'âge, etc. Il se dépose dans le protoplasma cellulaire sous forme d'amas plus ou moins volumineux qui parfois masquent presque complètement le noyau, généralement inaltéré. Les éléments pigmentaires sont tantôt très fins, à peine visibles, tantôt plus volumineux, atteignant 1, 2 ou 3 μ et parfois davantage. Les uns sont assez régulièrement sphériques, les autres sont souvent irréguliers.

Ce pigment jaunâtre, insoluble dans l'alcool, le chloroforme, le xylol, résiste à l'action des acides et des alcalis. Les grains moyens et volumineux sont incolorables; Mulon a pu teindre par la fuchsine magenta les granules très fins. Ciaccio a coloré certaines sphérules pigmentaires par l'hématoxyline ferrique et la méthode de Russell. Des intéressantes recherches de Mulon il semble résulter que chaque élément pigmentaire est constitué par un stroma albuminoïde imprégné d'une substance colorante variable. Tantôt c'est une combinaison ferrugineuse, tantôt c'est un lipochrome, une lécithine.

Si le passage de ce pigment dans les voies sanguines et lymphatiques est indiscutable, la manière dont s'effectue le passage est bien moins connue.

On a signalé au niveau de cette zone des masses orangeophiles; Auld y décrit des cellules hématophages. Dans le protoplasma des cellules réticulaires, et dans les vaisseaux de cette couche, on trouve de nombreuses et fines granulations colorables en noir par l'hématoxyline ferrique et comparées aux grains zymogènes du pancréas.

Dans la réticulée, la graisse est assez abondante et assez régulièrement répartie; presque toutes les cellules en renferment sous forme de gouttelettes de moyenne grosseur; par contre, les surcharges adipeuses semblent relativement rares.

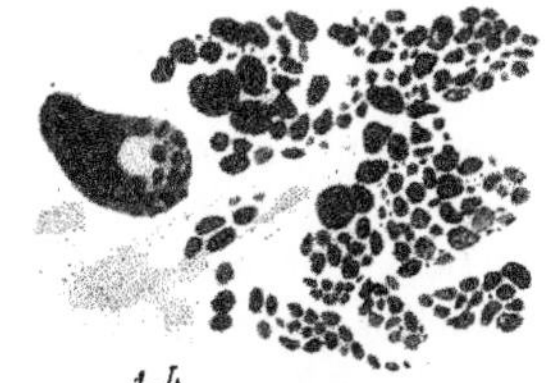

Fig. 960. — Cellules réticules chargées de gouttes graisseuses (surrénale de chien fixée par le liquide fort de Flemming).

Moelle. — La moelle est formée de cordons cellulaires qui, comme ceux de la réticulée, se dirigent et s'anastomosent en tous sens, formant un réseau complexe dans les mailles duquel se trouvent de très nombreux capillaires.

Chez l'homme et chez le cobaye, ces cordons cellulaires se continuent, sans démarcation appréciable, avec ceux de la réticulée dont ils sont, chez le chien, séparés par une cloison conjonctive (voy. fig. 955). Chez le bœuf, ils pénètrent dans la réticulée et même dans la fasciculée au niveau de laquelle ils se recourbent en dessinant des anses et des glomérules.

Les travées cellulaires de la moelle sont plus larges que celles de la réticulée, les capillaires sont plus nombreux et possèdent un calibre plus considérable que ceux de la réticulée.

De la veine centrale partent, ainsi que l'a montré von Brunn, des faisceaux musculaires. Les uns s'insèrent sur les cordons cellulaires de la moelle, tandis que les autres vont s'épanouir dans l'écorce. On peut dire avec Renaut que les cellules surrénales sont, comme certains autres éléments glandulaires, emprisonnées dans les mailles d'un véritable filet contractile.

On trouve aussi dans la moelle des cellules nerveuses isolées ou agminées que nous étudierons ultérieurement, des amas arrondis, des cellules corticales et des amas lymphoïdes signalés par Hultgren et Anderson, Guieysse, Oppenheim et Lœper.

Les cordons médullaires sont formés de grandes cellules accolées par deux ou par trois.

Cylindriques, ces cellules mesurent de 25 à 30 μ. Leur noyau, ovoïde ou arrondi, est central. Gottschau et Vialleton décrivent l'existence de quelques éléments multinucléés (voy. fig. 959).

Très difficile à bien fixer, le protoplasme se rétracte inégalement et simule, de façon plus ou moins grossière, le corps d'une cellule nerveuse multipolaire.

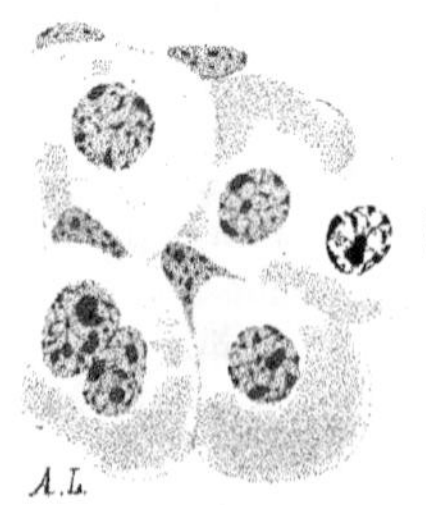

Fig. 961. — Cellules médullaires du cobaye (Leitz oc. 3, obj. 1/12).

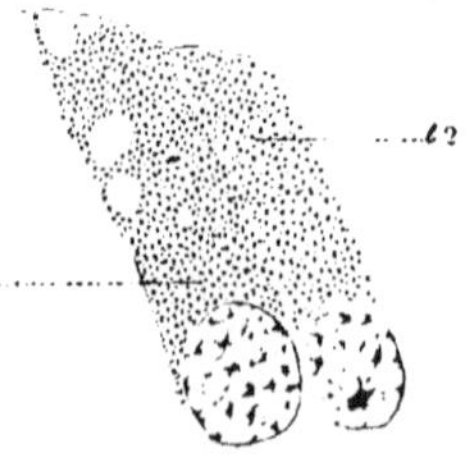

Les cellules médullaires sont probablement pourvues d'un ou deux centrosomes (Canalis, Carlier, Pfaundler et Guievsse). Entouré d'espaces péricellulaires communiquant avec les vaisseaux (L. Felicine), creusé de canalicules intracellulaires (Ciaccio, Holmgren) et parfois de vacuoles (Stilling, Grynfeltt), ce protoplasma n'est pas homogène, mais chargé de granulations.

Fig. 962. — Cellules médullaires du chien d'après Grynfeltt (oc. 9, comp. 1/18 immers. homog. Stiassnie).

1, cellule chargée de grains chromophiles et creusée de vacuoles.
2, cellule dans laquelle les grains sont plus clairsemés.

Constantes, mais plus ou moins abondantes, plus ou moins volumineuses suivant les éléments, les animaux considérés, ces granulations sont fines, arrondies, moins réfringentes que les gouttes de graisse. Grynfeltt a pu les observer à l'état frais.

D'après Ciaccio, les unes seraient acidophiles, les autres basophiles. Les grains basophiles, les mieux connus, sont colorables par la safranine, le rouge magenta, le violet de gentiane, l'hématoxyline ferrique. Par la thionine, le bleu polychrome de Unna, ils se teignent métachromatiquement en vert. A cet égard ils se comportent comme les globules rouges. Insolubles dans l'acide acétique, les essences, le xylol, l'éther, mais solubles dans l'alcool absolu, ces grains brunissent, puis noircissent au contact de l'osmium (Grynfeltt, Mulon). Cette réaction ne se produit pas sur les coupes préalablement lavées; tout se passe comme si l'eau de lavage avait entraîné ou dissous la substance qui donne lieu à la production du phénomène. Ciaccio et Mulon sont parvenus à colorer ces grains en gris verdâtre au moyen du perchlorure de fer et, par suite, à montrer (?) qu'ils étaient responsables de la réaction macroscopiquement constatée par Vulpian. Enfin, sous l'influence de l'acide chromique et des bichromates alcalins, ces granulations jaunissent d'une façon rapide et intense. On

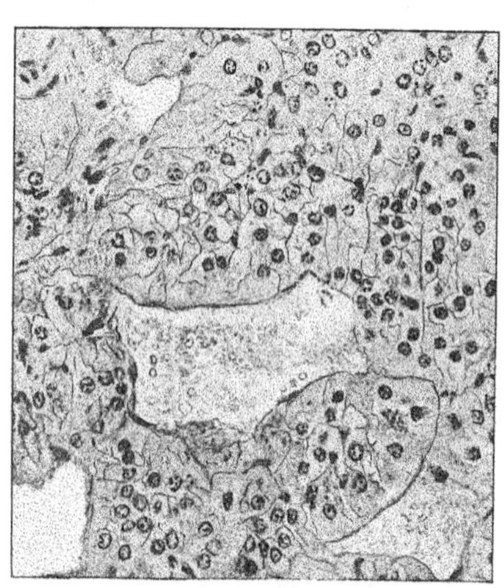

Fig. 963. — Cordons médullaires du cobaye (préparation personnelle photographiée par le docteur Benoit).

peut donc admettre avec Giacomini, Grynfeltt, Ciaccio, et contrairement à Diamare, que ces granulations sont les agents de la chromophilie du protoplasma médullaire, propriété autrefois découverte par Henle. Ces trois réactions de Vulpian, Henle, Grynfeltt et Mulon, sont très importantes, car, *in vitro*, l'adrénaline, le principe vasotonique sécrété par la moelle surrénale, se colore en vert par le perchlorure de fer (Takamine), en rose puis en brun et en noir par l'osmium, en ocre rouge par le bichromate de potasse (Mulon). Cependant, elles ont une valeur révélatrice assez inégale : seule, la réaction de Vulpian, malgré les difficultés et les erreurs auxquelles est sujette sa constatation, caractérise vraiment l'adrénaline, produit spécifique de la cellule médullo-surrénale. Isolée, la réaction de l'osmium n'a pas grande signification, car les corps albuminoïdes ou ternaires sont nombreux, qui brunissent et noircissent au contact de cet agent chimique. On peut en dire autant de l'action des bichromates alcalins qui, comme nul ne l'ignore, sont capables d'imprégner non seulement les éléments de la moelle surrénale, mais encore les hématies, la myéline. D'ailleurs, chez l'embryon, les cellules surrénales élaborent le principe hypertenseur alors qu'elles ne sont pas nettement chromophiles. Chez l'adulte, la substance vasotonique passe sûrement dans les veines efférentes; or, d'après Ciaccio, contrairement à Manasse et Giacomini, seuls les matériaux sidérophiles sont histologiquement appréciables dans les vaisseaux sanguins. Après la mort, les propriétés vasotoniques et la sidérophilie persistent, tandis que la chromophilie disparaît.

On sait, depuis les travaux de Stilling, de Kohn, de Kose, etc., que les cellules du ganglion tympanique, de la glande carotidienne, de l'organe de Zuckerkandl et de la glande de Luschka (paraganglions de Kohn) possèdent une chromophilie comparable à celle des cellules médullaires[1]. Cette réaction commune ne suffit pas à établir que les paraganglions sont formés de cellules médullaires, qu'ils représentent des glandes surrénales médullaires, accessoires mais constantes, vestiges atrophiés des corps suprarénaux décrits, depuis Balfour, chez les élasmobranches. Pour démontrer cette notion, il faudrait prouver que les cellules paraganglionnaires verdissent au contact du perchlorure de fer et sont capables d'élaborer un principe hypertenseur. Mulon croit, il est vrai, que les cellules carotidiennes sont vasotoniques, et présentent la réaction de Vulpian. Mais, pour être acceptée sans réserve, cette dernière constatation mérite d'être confirmée. D'autre part, si Biedl a provoqué des effets hypertenseurs avec l'organe de Zuckerkandl, Allen Cleghorn a provoqué des effets hypotenseurs avec les ganglions sympathiques. Comme ces ganglions contiennent des cellules chromophiles, il faut donc supposer avec Svale Vincent que l'effet hypertenseur de ces éléments trop peu nombreux a été effacé par l'action antagoniste propre au tissu nerveux (Osborne et Vincent). Le doute est encore permis et de nouvelles recherches sont nécessaires pour trancher scientifiquement cette question.

Quoi qu'il en soit, si, morphologiquement, la cellule médullaire diffère assez peu de la cellule corticale, elle en diffère beaucoup au point de vue chimique et fonctionnel. Tandis que la cellule corticale élabore et transforme des graisses,

1. Je conserve les termes de Stilling : *chromophilie* et *chromophile*, afin de ne pas employer les barbarismes de Kohn : *chromaffinité*, *chromaffine*.

des pigments, la cellule médullaire produit des substances chromophiles, colorables par le perchlorure (principes vasotoniques). La surrénale des mammifères est donc réellement formée par l'association de deux organes fonctionnellement très différents, l'écorce et la moelle, qui, confondus chez les vertébrés supérieurs, s'isolent chez les vertébrés inférieurs. Tandis que, chez les mammifères, l'écorce enveloppe complètement la moelle, les deux formations se pénètrent irrégulièrement chez les oiseaux et s'accolent chez les Reptiles, pour se séparer et s'isoler complètement chez les élasmobranches où elles forment les organes interrénaux et suprarénaux.

Surrénale des Oiseaux. — D'après Renaut, la surrénale du poulet possède une mince capsule conjonctive, doublée en dedans et en dehors par des ganglions sympathiques. Cette glande est formée de cordons cellulaires pleins, dépourvus de membrane d'enveloppe.

Rabl et Manasse, trompés sans doute par des artifices de préparation, ont cru observer une cavité centrale glandulaire qui, en réalité, n'existe pas.

Au centre de certains cordons, Renaut comme Pfaundler a observé la coupe d'une cavité vasculaire.

Séparés les uns des autres par des capillaires sanguins, les cordons surrénaux se contournent et changent souvent de direction.

Un examen attentif permet de constater l'existence de deux sortes de cordons intriqués dans toute l'étendue de l'organe : ces cordons répondent aux travées corticales et médullaires des mammifères (Rabl). Rappelons que, chez le bœuf, nous avons déjà signalé la pénétration des éléments corticaux et médullaires.

Les cordons homologues des cordons corticaux sont formés de cellules polyédriques à noyau central, souvent polymorphe. Le corps cellulaire, toujours bien limité, présente un réticulum protoplasmique bourré de granulations graisseuses qui réagissent à l'osmium comme la myéline. Les cordons homologues des médullaires renferment des cellules très délicates et très réfringentes, mais dépourvues de graisse. Leur protoplasma, malgré son apparence hyaline, renferme de très fines granulations. Leur noyau est ordinairement arrondi et central[1]. C'est Kose qui a démontré la chromophilie des cellules de la glande carotidienne des oiseaux.

Surrénale des Reptiles. — Soulié décrit la surrénale du lézard des murailles comme un petit corps jaunâtre, long de 1 millimètre et formé de deux parties, antérieure et postérieure. La partie antérieure, corticale, est plus grande. Elle est formée par des cordons cellulaires, anastomosés, de 40 à 50 μ. Toutes ces cellules sont chargées de graisse; leur noyau est refoulé vers les capillaires sanguins. La partie postérieure, médullaire, est formée par des cylindres de cellules polyédriques, acidophiles et chromophiles. Par endroits, les cordons corticaux se continuent avec les cordons médullaires sans jamais se prolonger et se mélanger avec eux. Mayer et Wiesel ont décrit des nids cellulaires chromophiles, parasympathiques.

1. Soulié donne de la surrénale de la perruche une description à peu près identique : les amas de cellules corticales et médullaires sont intriqués les uns dans les autres : plus épais, les amas corticaux affectent une disposition cordonnale assez régulière. Dégraissées, les cellules corticales sont claires, assez volumineuses, leur noyau est très safranophile. Plus petites, les cellules médullaires ont un noyau légèrement vésiculeux et un protoplasme chargé de granulations chromophiles.

Surrénales des Amphibiens (*Corpora heterogenia* de Swammerdam). — On longtemps discuté la question de savoir si la surrénale des Amphibiens était homologue de celle des mammifères. Tout récemment encore, pendant que Srdinko soutenait l'existence de cellules médullaires et corticales, Soulié n'osait affirmer la réalité des éléments médullaires. Giacomini a tranché définitivement cette question et prouvé que chez les Anoures comme chez les Urodèles, il existe des formations cortico-médullaires. Les formations médullaires sont disséminées au milieu des cordons corticaux et au voisinage des ganglions sympathiques.

La pénétration des deux organes est moins intime chez les Urodèles que chez les Anoures. Les cellules médullaires sont toujours plus nombreuses que les médullaires. D'après Grynfeltt, contrairement à Stilling, il n'y aurait pas de zone analogue à la glomérulée. Les amitoses, décrites par Srdinko, ne seraient que des déformations nucléaires produites par les gouttes graisseuses du cytoplasme. Ces gouttes peuvent atteindre 8 μ. Les amas de cellules chromophiles sont plus nombreux chez les Anoures que chez les Urodèles. Les granulation sont plus volumineuses chez le crapaud que chez la grenouille. Enfin, chez les anoures du genre rana, il existe un troisième élément, la cellule estivale de Stilling, qui, en hiver, ne serait représenté que par des rares vestiges atrophiques (cellules du sommeil). Les observations de Ciaccio, Bonnamour et Policard, Grynfeltt semblent prouver que cet élément ne mérite pas son nom, car, au moins dans certaines conditions, il persiste durant l'hiver. Très riche en chromatine, le noyau de cette cellule est arrondi ou incurvé et excentrique. Le protoplasme renferme des granulations colorables par l'éosine, la safranine, le magenta, l'hématoxyline ferrique, le dahlia, en rouge par le bleu polychrome. Pour Ciaccio, qui paraît ignorer les recherches antérieures de Stilling, il s'agit d'une nouvelle espèce de cellule glandulaire; pour Grynfeltt, il s'agit peut-être d'un leucocyte.

Surrénale des Poissons. — D'après Swale Vincent, la surrénale des dipneustes est inconnue, celle des téléostéens et des ganoïdes ne représente que l'écorce des vertébrés supérieurs. Giacomini a découvert la moelle des téléostéens; celle des ganoïdes reste à trouver.

La surrénale de l'anguille est, suivant Pettit, enveloppée d'une capsule conjonctive de laquelle partent des travées intraparenchymateuses. Le parenchyme est uniquement formé par des cylindres cellulaires clos dont les dimensions sont comprises entre un dixième et un quart de millimètre. Très polymorphes, ces cylindres sont arrondis, allongés, parfois polyédriques. Ils ne possèdent jamais de membrane propre mais, fait inouï, présentent une lumière centrale. La surface interne des cylindres est tapissée par une série de cellules disposées sur une seule rangée (voy. fig. 964). Ces éléments mesurent de 15 à 20 μ; leur protoplasma est finement granuleux et renferme un noyau de 5 à 6 μ, à l'intérieur duquel se trouve un nucléole safranophile.

Au centre du cylindre, dont elles occupent la lumière centrale, existent quelques cellules volumineuses dont le noyau est moins colorable et dont le protoplasme, parsemé de grains acidophiles, tend à devenir sphérique et clair. On trouve aussi d'autres éléments, dont le noyau s'atrophie de plus en plus et dont les contours sont très effacés. Il en résulte un magma central parsemé de noyaux. Lorsque ce magma central est très abondant, le cylindre surrénal est tapissé de cellules surbaissées, sans limites distinctes.

Cette description et la figure 964, reproduction fidèle d'un dessin de Pettit, montrent que, s'il s'agit d'une glande, cette glande ne ressemble guère à la surrénale des mammifères, dont les cylindres ne sont jamais creux et sont caractérisés par la présence d'*éléments adipo-pigmentés* d'une part, d'*éléments chromophiles* d'autre part.

Chez les plagiostomes, les deux formations médullaire et corticale s'individualisent complètement pour former deux séries d'organes indépendants : les

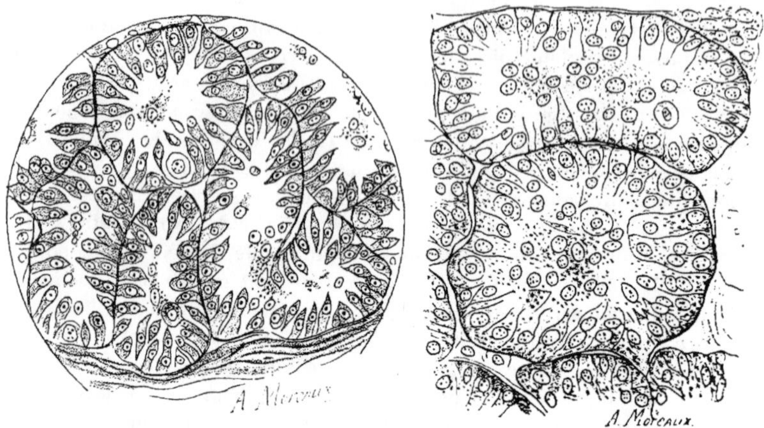

Fig. 964. — (D'après Pettit).
1 glande surrénale d'anguille. — 2, glande surrénale d'anguille soumise à des injections de pilocarpine.

corps supraréna͏ux et *interrénaux*, dont je résume la structure d'après la thèse récente de Grynfeltt.

Les organes *interrénaux* possèdent une mince capsule conjonctive qui n'envoie pas de prolongements à l'intérieur du parenchyme. Celui-ci est constitué par des cordons cellulaires qui forment un réseau inextricable dans les mailles duquel circulent de nombreux capillaires sanguins. Diamare distingue des cordons vrais, allongés, et des vésicules pleines. Les cordons sont constitués par des cellules épithéliales régulières, à bords nets et bien distincts. Le protoplasma contient de nombreuses granulations graisseuses, colorables en noir par l'osmium (Leydig, Kohn, Diamare, Ville et Grynfeltt), et quelques boules safranophiles.

Le noyau, régulièrement arrondi, présente de fines granulations chromatiniennes et un nucléole parfois excentrique dans les cellules peu adipeuses. Dans les cellules très graisseuses, le noyau est plus volumineux, irrégulier, lobé et profondément incisé. En général, ces noyaux sont plus safranophiles qu'hématéinophiles.

Certaines cellules contiennent deux et même trois noyaux. Grynfeltt a observé quelques karyokinèses. D'après Diamare, les cellules sympathiques sont rares. La *cellule interrénale* présente de frappantes analogies avec la cellule corticale, puisque, comme elle, elle se charge de graisse, se reproduit et ne prend aucune part à l'élaboration du principe hypertenseur (Swale Vincent a constaté que l'extrait de corps interrénal restait sans action sur la pression).

Les *corps suprarénaux* sont enveloppés par une mince enveloppe conjonctive et présentent un noyau de lissu conjonctif toujours bien développé autour de de l'artère qui occupe leur centre. Ces corps sont formés par des amas cellulaires. Entre ces amas et parfois à leur centre, se trouvent des vaisseaux. Les cellules sont polyédriques, irrégulières, et présentent parfois des pointes. Elles ont alors un aspect étoilé qui rappelle vaguement celui des cellules nerveuses. Leur protoplasma est vitreux et souvent vacuolaire. Il possède une grande affinité pour les sels de chrome. Dans ce protoplasma, Grynfeltt trouve des grains très fins, visibles à l'état frais, moins réfringents que les granules graisseux, colorables en brun par le bichromate de potasse à 5 p. 100 et colorables encore par l'osmium, solubles dans l'alcool absolu, insolubles dans les essences · ces grains ne se colorent pas par l'hématoxyline, l'éosine, mais se colorent après les réactions chromiques par la safranine, le rouge magenta, le violet de gentiane, l'hématoxyline de Benda. D'après Mulon, ces granulations se colorent en gris verdâtre par le perchlorure de fer. Lorsque les vacuoles sont très développées, les grains chromophiles disparaissent.

Parfois le noyau est petit et sphérique. Il renferme quelques granulations chromatiques fines qui sont disposées sur un réseau de *linine* assez serré. Quelquefois les nucléoles prennent un développement considérable.

Parfois, plus volumineux, ovoïde ou sphérique, le noyau est plus clair et se colore moins vivement, car les grains de chromatine sont plus dispersés.

Dans ce noyau, on trouve fréquemment un nucléole appliqué, en général, à la face interne de la membrane nucléaire. Ces noyaux sont plus safranophiles qu'hématéinophiles. Cependant il est possible, par l'action combinée de ces deux matières colorantes, de mettre en évidence des corpuscules présentant ces deux affinités différentes.

Étant donné que ces éléments sont chromophiles et sidérophiles, qu'ils contiennent un principe puissamment vasoconstricteur (Swale Vincent, Biedl), il est logique de les homologuer aux cellules médullaires des vertébrés.

Giacomini a décrit les formations corticales et médullaires des cyclostomes.

Vaisseaux sanguins et lymphatiques

Artères et veines. — La glande surrénale est très richement vascularisée: elle reçoit trois artères distinctes dont les branches anastomostiques permettent aisément les suppléances circulatoires.

La *surrénale supérieure* naît de la diaphragmatique inférieure. Assez grêle. cette artère longe le bord supérieur de la glande ou sa face antérieure. Elle fournit des rameaux qui sont obliques ou perpendiculaires à son tronc.

La *surrénale moyenne* émerge de la face latérale de l'aorte abdominale. à quelques millimètres au-dessus de la rénale. Elle atteint la glande par son bord interne et se ramifie sur ses deux faces, après avoir envoyé quelques rameaux qui pénètrent directement dans la moelle.

La *surrénale inférieure* naît de la rénale ou de ses branches et atteint l'organe au niveau de son extrémité inféro-interne. Remarquons en passant que la surrénale est non seulement située au voisinage du rein mais qu'elle possède une circulation en partie commune avec la sienne.

Anomalies. — Les anomalies par défaut sont plus rares que les anomalies par excès. L'absence de la surrénale moyenne est très rare ; celle de la surrénale inférieure est plus fréquente. Schmerber en a observé 8 cas.

Parfois la surrénale inférieure est remplacée par une artère émanée du parenchyme rénal (Ronamy, Broca et Beau, Albarran et Cathelin).

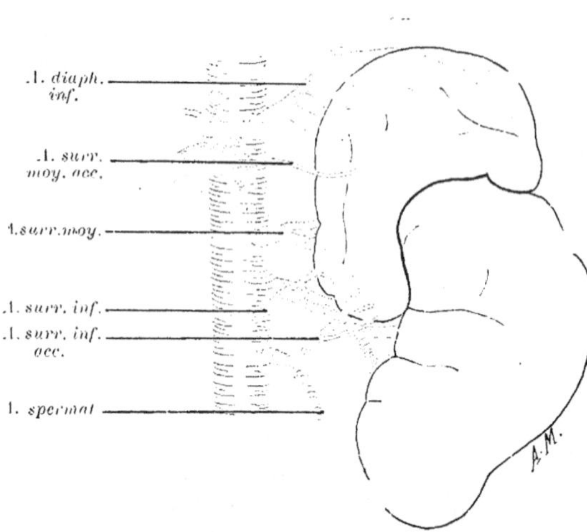

Fig. 965. — Artères de la surrénale chez un nouveau-né.

La diaphragmatique inférieure fournit, en outre de la surrénale supérieure, 6 branches accessoires qui se détachent de son tronc comme les dents d'un peigne. Il existe une surrénale moyenne accessoire issue du tronc cœliaque et une surrénale inférieure accessoire, née de l'artère spermatique.

Lauth a vu la diaphragmatique inférieure donner trois surrénales supérieures ; j'ai pu compter 6 ramuscules accessoires qui, en outre de la surrénale supérieure, se détachaient de la diaphragmatique inférieure comme les dents d'un peigne (voy. fig. 965).

Sur le même sujet, j'ai constaté l'existence de deux surrénales moyennes : la plus élevée naissait du tronc cœliaque, l'autre provenait de la partie latérale de l'aorte au-dessus de l'origine de la rénale. Enfin il existait une surrénale inférieure accessoire qui naissait de la spermatique ; suivant Krause la spermatique et la surrénale moyenne gauches naissent souvent aux dépens d'un tronc commun issu de l'aorte. On sait que chez les Sauriens et les Ophidiens la vascularisation de la surrénale et du testicule est toujours assurée par des artères communes.

D'ailleurs le type de vascularisation est fondamentalement identique dans presque toute la série. On compte trois paires d'artères chez les lémuriens, les cétacés ; on en compte deux chez les oiseaux, trois chez les crocodiliens, les sauriens.

Nous avons vu que, sauf exceptions rares, presque toutes les artères abordaient l'organe par la périphérie. Ces artères donnent un nombre variable de branches. Kölliker en a compté 20. Comme l'a bien vu Grandry, ces artères forment un véritable réseau dans la capsule fibreuse. De ce réseau partent deux sortes de rameaux : les uns conservent leurs tuniques musculaires et descendent le long des travées principales pour se ramifier dans la moelle après avoir éparpillé leurs fibres musculaires au milieu des éléments musculaires. Ce sont les *vaisseaux nourriciers*. Les autres se capillarisent de suite et augmentent progressivement de calibre de dehors en dedans, de l'écorce à la moelle. Ce sont les *vaisseaux fonctionnels*, qui semblent, en certains points, présenter la structure des capillaires embryonnaires. Leur endothélium serait un plasmode dans lequel le nitrate d'argent ne pourrait pas toujours révéler de lignes de ciment intercellulaire (Vialleton, Renaut).

Après avoir formé un réseau périglomérulaire, ces capillaires descendent dans la fasciculée, au niveau de laquelle ils suivent un trajet parallèle à celui des cylindres cellulaires. De même au niveau de la réticulée. Là se forment, par des dilatations énormes, les capillaires veineux qui, au niveau de la moelle, interceptent un large réseau dans les mailles duquel se trouvent, nous le savons, les travées cellulaires.

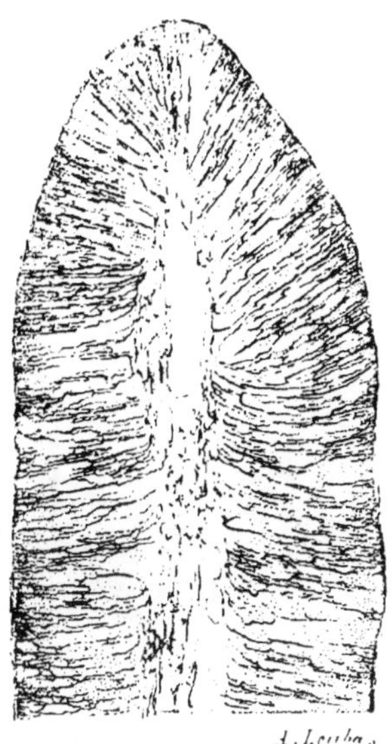

Fig. 966. — Vaisseaux sanguins de la surrénale de cobaye (Injection de bleu de Prusse en solution éthéro térébenthinée).

Les veinules forment souvent des manchons autour des cordons nerveux. Finalement, elles aboutissent à la veine centrale, béante et pourvue de fibres musculaires longitudinales. Cette grosse veine centrale, après avoir traversé l'organe, débouche au niveau du hile pour se jeter à gauche dans la veine rénale, à droite dans la veine cave inférieure. Elle ne possède pas de valvules.

Les veines satellites des artères nourricières suivent les cloisons conjonctives et se jettent les unes dans les veines rénales, dans celles de la capsule adipeuse du rein, les autres dans les diaphragmatiques et parfois même directement dans la cave inférieure. A gauche, il n'est pas rare, suivant Albarran et Cathelin, de constater l'existence d'une veine qui tantôt fait suite à la diaphragmatique inférieure, tantôt émane de celle-ci et se jette dans la veine centrale.

L'arc périrénal de Haller, découvert à nouveau par Tuffier et Lejars, qui communique avec les veines diphragmatiques inférieures, traverse la base de la glande surrénale et se jette en dedans dans la veine surrénale. Pettit suppose que cet arc veineux surrénorénal est peut-être un vestige du système porte surrénal qui existe chez les oiseaux, mais atteint son maximum de développement chez les sauropsidés.

Lymphatiques. — Les lymphatiques de la surrénale ont été étudiés par Mascagni, Huschke, Stilling, Sappey et, plus récemment, par Cunéo et Marcille. Sappey a constaté leur existence chez le cheval où ils sont nombreux et faciles à injecter. Suivant Stilling, le calibre des vaisseaux blancs varie chez l'homme de 0 mm. 3 à 1 mm., chez le cheval et le bœuf de 1 mm. à 1 mm. 5.

D'après Vialleton, les capillaires lymphatiques, nés dans l'intervalle des cordons de la fasciculée et même dans l'épaisseur des amas cellulaires de la glomérulaire, forment un riche réseau dans la capsule fibreuse.

D'autres lymphatiques s'engagent dans les cloisons fibreuses et reçoivent, chemin faisant, de courts rameaux venus de la fasciculée, puis s'ouvrent dans le réseau beaucoup plus développé de la moelle. Là, ils forment des vaisseaux parfois énormes et toujours satellites des veinules.

Ces voies se résument en deux et parfois en trois grands troncs collecteurs. D'après Cunéo et Marcille, ces collecteurs émergent au niveau du bord interne de l'organe. Le plus antérieur passe devant la veine cave, se coude assez brusquement, parfois à angle droit, et descend pour aboutir aux ganglions les plus élevés du groupe *latéro-aortique précave.*

Le deuxième collecteur se porte en dedans, traverse trois nodules interrupteurs et se termine dans un ganglion placé sur le bord interne fibreux du pilier diaphragmatique droit. Ce ganglion appartient au groupe *latéro-aortique rétrocave*; il est sensiblement plus élevé que le ganglion auquel aboutit le premier collecteur.

Le troisième collecteur, inconstant, passe au travers du diaphragme par l'orifice du petit splanchnique et gagne un ganglion *latéro-vertébral.*

Les ganglions, par leur pigmentation, prouvent qu'une partie au moins des élaborations surrénales suit la voie lymphatique.

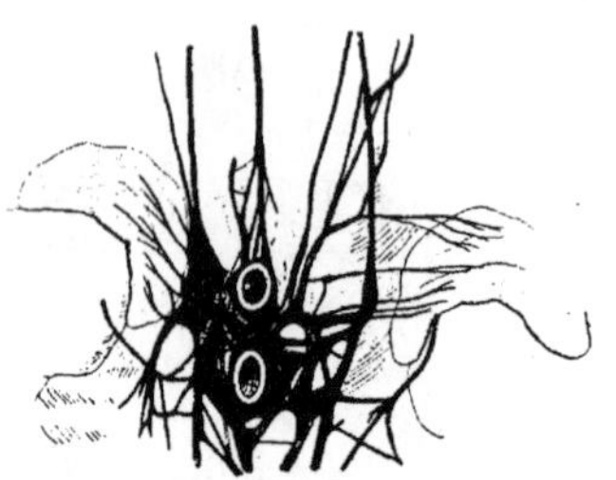

Fig. 967. — Les nerfs de la surrénale. (D'après Bourgery et Jacob.)

Nerfs. — Les nerfs de la surrénale sont fort nombreux : Kölliker a pu compter 35 rameaux allant à cette glande. Ces nerfs proviennent du plexus solaire et du plexus rénal. Quelques-uns émanent du pneumogastrique et du phrénique (Bergmann, Sappey). Ils abordent la surrénale par son bord interne et par la partie interne de la base.

Les nerfs corticaux sont des troncs assez volumineux, formés surtout par des fibres de Remak. Parallèles aux éléments conjonctifs de la capsule d'enveloppe, ils émettent deux ordres de branches : les unes fines et courtes, les autres volumineuses et longues.

Parmi les branches fines, il en est qui s'arborisent autour des glomérules ; d'autres descendent directement en suivant un trajet identique à celui des cordons fasciculés. Toutes ces branches fines se terminent par des extrémités libres légèrement renflées (Voy. fig. 968).

Les grosses branches s'engagent dans les travées conjonctives et, après avoir fourni des rameaux pour les différentes parties de l'écorce, elles atteignent la moelle. Là elles se divisent et se subdivisent en troncules souvent entourés par des veines. Elles s'arborisent et entrent dans la constitution du riche plexus médullaire central. Les ramifications de ces fibres sont souvent très complexes elles s'entre-croisent mais ne s'anastomosent pas (Manouélian).

Dans la moelle, et parfois même dans l'écorce (Holm), on trouve des cellules nerveuses isolées ou agminées. C'est pourquoi l'on a pu dire que l'organe surrénal était réellement constitué, chez les mammifères, par la pénétration réciproque d'une formation glandulaire et d'un ganglion nerveux. Chez les oiseaux, le ganglion et la glande sont simplement juxtaposés.

En général les formations ganglionnaires sont presque uniquement médullaires. Rappelons toutefois que Holm et Dogiel ont trouvé des cellules nerveuses dans l'écorce du lapin, du chien et du chat. Le nombre des cellules nerveuses est d'ailleurs très variable, suivant les espèces, les individus, et suivant les histologistes. Tantôt les cellules nerveuses se groupent par deux, trois et même dix, pour former de véritables ganglions ; tantôt elles sont isolées le long des nerfs. Ces cellules sont les unes petites, les autres grandes (Dogiel). Les petites ressemblent aux éléments sympathiques multipolaires. Pourvues d'un noyau arrondi, elles émettent trois ou quatre prolongements protoplasmiques. S'imprégnant bien par le chromate d'argent et le bleu de méthylène, elles sont faciles à voir (voy. fig. 969). Les grandes cellules, au contraire, échappent d'ordinaire à l'une ou l'autre de ces imprégnations. Sur les préparations ordinaires, elles sont reconnaissables aux caractères suivants : leur grand axe atteint 30 μ ; leur protoplasme, très homogène, se colore un peu plus énergiquement que celui des cellules médullaires. Leur noyau, circulaire, mesure de 10 à 15 μ. Il possède un gros nucléole central de 5 à 6 μ. Chez le cobaye, ces éléments présentent souvent deux noyaux (Vialleton, Guieysse). Ils sont entourés par une couronne de petits noyaux arrondis et fortement colorés. Sur les préparations faites après imprégnation, on peut les reconnaître, à la corbeille que forment autour d'eux les filaments nerveux issus des petites cellules ganglionnaires voisines. Les branches du plexus médullaire se terminent les unes dans les vaisseaux, les autres au voisinage des éléments glandulaires et nerveux.

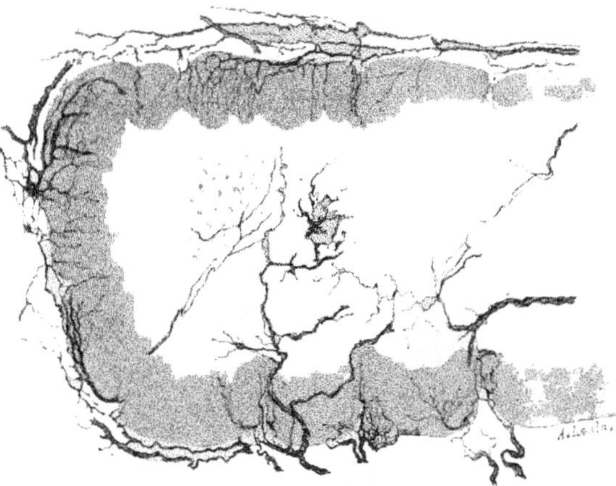

Fig. 968. — Nerfs corticaux et médullaires, d'après une préparation de Manouélian. (Surrénale d'un chat nouveau-né).
Remarquer l'imprégnation chromique très apparente des cellules médullaires.

Fusari et Dogiel ont décrit deux sortes de terminaisons péricellulaires. Fusari a constaté que les fibres nerveuses étaient variqueuses et présentaient des épaississements sous forme de plaques ovalaires, triangulaires ou multipolaires. Ces fibres se terminent par de fines arborisations dont l'ensemble constitue un glomérule arrondi autour de quelques cellules médullaires.

Dogiel a vu que les fibrilles nerveuses forment autour des cellules épithéliales des corbeilles ou des paniers. Ces corbeilles, placées dans les intervalles cellulaires, embrassent une ou plusieurs cellules (Voy. fig. 969). Au contact des éléments épithéliaux, les fibres se terminent par une extrémité renflée en baguette de tambour, comparables aux terminaisons décrites dans la muqueuse linguale par Fusari et Panasci.

Il va sans dire que la richesse de la surrénale en fibres et en cellules nerveuses ne prouve rien contre sa nature glandulaire. Autant vaudrait soutenir que la paroi intestinale fait partie du système nerveux sous prétexte

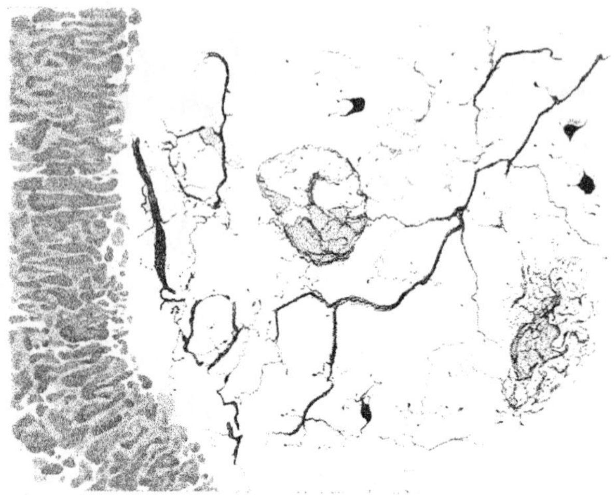

Fig. 969. — Les nerfs de la moelle, d'après une préparation de Manouelian. (Surrénale de souris âgée de quelques jours).

Remarquer : 1° les corbeilles ; 2° les terminaisons libres ; 3° les cellules munies de prolongements protoplasmiques courts.

qu'elle contient les plexus d'Auerbach et de Meissner. Les terminaisons péricellulaires de Fusari ne prouvent pas davantage la nature nerveuse des éléments médullaires.

ÉVOLUTION

Développement. — Nous savons que la glande surrénale des vertébrés supérieurs est formée de deux organes morphologiquement et surtout fonctionnellement différents. Ces deux organes proviennent-ils de deux ébauches distinctes, secondairement fusionnées ? Sont-ils, au contraire, le simple produit d'une différenciation morphologique et fonctionnelle survenue, assez tardivement, dans le cours de l'évolution ontogénique d'une ébauche primordialement unique ? Ce problème d'origine est assez diversement résolu par les embryologistes qui se montrent, les uns partisans des théories dualistes, les autres des théories unicistes.

Les *théories unicistes* supposent, en général, que les cellules médullaires dérivent des cellules corticales. Gottschau et, plus récemment, Srdinko croient avoir vu des formes intermédiaires; nul n'ignore combien il est parfois difficile de distinguer, chez certains mammifères, le début de la moelle et la fin de l'écorce. Mais la plupart des histologistes, sachant que, chez les élasmobranches, la moelle et l'écorce forment des organes distincts par leur situation et par leur origine blastodermique, restent sceptiques à l'égard des éléments de transition décrits par Gottschau, Srdinko, etc.

Voyons quelles sont les origines présumées de l'écorce et de la moelle.

De nombreux auteurs, unicistes ou dualistes, ont soutenu que l'écorce provenait du *mésoderme*. Citons, parmi les unicistes, Valentin, Rathke, Goodsir, Gray, V. Brünn, Sedgwick, Gottschau; parmi les dualistes, nous trouvons Remak, Kölliker, Braun, Balfour, Mitsukuri, Minot.

Pour d'autres, il suffit d'examiner des stades assez précoces pour constater que l'ébauche corticale provient non du mésenchyme mais de l'*épithélium germinatif du cœlome*. Telle est, parmi les unicistes, l'opinion de Janosik, Valenti, Mihalcovicz, et, parmi les dualistes, celle de Fusari, Inaba, Wiesel, Brauer et Soulié.

Enfin, il est des embryologistes qui font dériver l'écorce du mésonéphros; pour d'autres, elle tire son origine du pronéphros.

D'après His, Waldeyer, elle se forme aux dépens des restes épithéliaux du corps de Wolff; d'après Weldon et Hoffmann, des tubes segmentaires du mésonéphros; d'après Aichel, des entonnoirs du rein primordial. Semon et Rabl pensent qu'elle est issue du pronéphros. Soulié soutient qu'elle dérive toujours de l'épithélium cœlomique.

Quant à la moelle, tous les dualistes s'accordent pour affirmer qu'elle provient des éléments ganglionnaires primitifs du grand sympathique. La fusion avec l'ébauche corticale serait précoce, d'après Remak, Kölliker, Balfour, Rabl, Inaba, etc.; l'immigration des éléments sympathiques serait beaucoup plus tardive, d'après Wiesel et Flint. Suivant ces auteurs, l'immigration se produirait encore chez l'adulte pour rénover la moelle au fur et à mesure de sa destruction. La pénétration de l'ébauche surrénale par des cellules sympathiques est un fait indiscutable mais banal. Il serait puéril d'énumérer tous les viscères qui sont le siège d'une semblable pénétration, et personne ne doit plus soutenir que la moelle est un simple ganglion nerveux, cela est impossible au double point de vue morphologique et fonctionnel

Peut-on, en s'appuyant sur les recherches embryologiques précédentes, affirmer que la cellule médullaire, originellement nerveuse ou du moins ectodermique, devient, par le fait d'une différenciation évolutive particulière, une cellule glandulaire? *A priori* le fait n'est pas impossible et l'on sait que certains dérivés de l'ectoderme neural peuvent acquérir et manifester une fonction sécrétoire. Mais il faudrait prouver cette hypothèse en montrant l'existence de formes intermédiaires aux cellules médullaires et aux cellules nerveuses. Certains histologistes ont soutenu la réalité de ces transitions, mais sans entraîner la conviction générale. Pour résoudre ce difficile problème embryologique, Soulié, après Flint et Wiesel, s'inspire des idées récentes de Kohn. La fréquence des éléments chromophiles paraganglionnaires chez l'adulte le conduit à supposer leur constance dans les ganglions sympathiques embryonnaires. Et comme il admet que les cellules chromophiles adultes sont des éléments médullaires erratiques, il peut conclure avec logique que la moelle provient d'une *formation parasympathique* incluse dans le ganglion sympathique embryonnaire. Malheureusement la nature médullaire des éléments paraganglionnaires de l'adulte n'est pas définitivement démontrée et la *cellule parasympathique embryonnaire* a des caractères bien vagues, puisque Soulié lui-même la décrit comme un noyau entouré d'une auréole protoplasmique. Elle n'est pas chromophile et ne peut être sûrement distinguée des neuroblastes qui doivent évoluer vers le type multipolaire.

Envisageons maintenant le développement ontogénique de la surrénale. D'après Soulié, chez tous les vertébrés, l'écorce provient d'une végétation de l'*épithélium cœlomique*. (Suivant Rabl et Poll, l'interrénal des plagiostomes se développe de la même façon.) L'épithélium cœlomique qui revêt la face interne du mésonéphros s'épaissit et des centres de prolifération se constituent au voisinage de la racine du mésentère. Tantôt, comme chez les ruminants, la prolifération est diffuse; tantôt, comme chez la perruche et la taupe, elle résulte de la fusion de bourgeons émanés de centres de prolifération distincts et qui demeurent quelque temps attachés à leur lieu d'origine par un mince pédicule. Le poulet offre un type mixte. La zone surrénale, comprise entre la racine du mésentère et l'aire génitale, s'étend en haut vers le sommet du corps de Wolff, dépasse l'aire génitale, mais reste toujours à une notable distance au-dessous du pronéphros.

Au début, sa longueur n'excède pas 1 mm. 5. Chez les oiseaux et quelques mammifères, elle est lisse, tandis que, chez les ruminants et les rongeurs, elle se montre creusée de sillons.

Les nodules surrénaux adhèrent bientôt aux veines rénales efférentes antérieures du mésonophros et à la veine interne du corps de Wolff. Puis les nodules épithéliaux se condensent en un amas plus homogène qui, s'étalant dans le mésenchyme, contracte des rapports secondaires avec les glomérules et les tubes wolffiens, les organes génitaux et le foie.

Les cellules se divisent et forment des cordons que séparent les vaisseaux sanguins. A ce moment, l'ébauche surrénale est comparable au corps interrénal des élasmobranches.

Les modifications ultérieures résultent de l'apparition de l'ébauche médullaire qui s'accole à l'écorce. Cette disposition persiste, définitive, chez les reptiles. Ensuite la moelle pénètre irrégulièrement l'écorce, ainsi qu'on le voit chez les oiseaux adultes. Et finalement, chez les mammifères, la moelle est complètement entourée par l'écorce.

L'écorce, d'apparition plus précoce, se différencie et fonctionne plutôt que la moelle. Loisel a montré que l'ébauche surrénale d'un embryon de colin de Californie du 5e jour élaborait de la graisse. Suivant Langlois et Rehns, l'élaboration du principe hypertenseur se manifeste au 60e jour intra-utérin chez le mouton (la brebis porte 140 jours) et au 30e jour intra-utérin chez le cobaye (la gestation est de 60 à 65 jours chez cet animal).

Remarquons en passant que au moins en ce qui concerne le cobaye, la réaction au perchlorure de fer et la production de la substance vaso-tonique sont déjà manifestes à une époque où les cellules médullaires ne présentent qu'une très faible affinité pour les sels chromiques. Nous avons vu que Ciaccio, par ses recherches d'histochimie, était amené à distinguer la substance chromophile de la substance vasotonique, colorable par le perchlorure.

Développement de la surrénale humaine (d'après les données de Wiesel et de Soulié).

La première apparition doit se faire entre le 21e et le 25e jour, puisque, sur un embryon de 4 millimètres, Soulié n'en a pas vu la moindre trace et que, sur un embryon de 6 millimètres (25e jour), le même auteur a constaté l'existence d'une ébauche surrénale au-dessous de l'extrémité supérieure du corps de Wolff, de chaque côté de la racine du mésentère. Cette ébauche surrénale était représentée par des amas cellulaires arrondis de 80 μ; quelques-uns d'entre eux présentaient encore des connexions avec l'épithélium cœlomique.

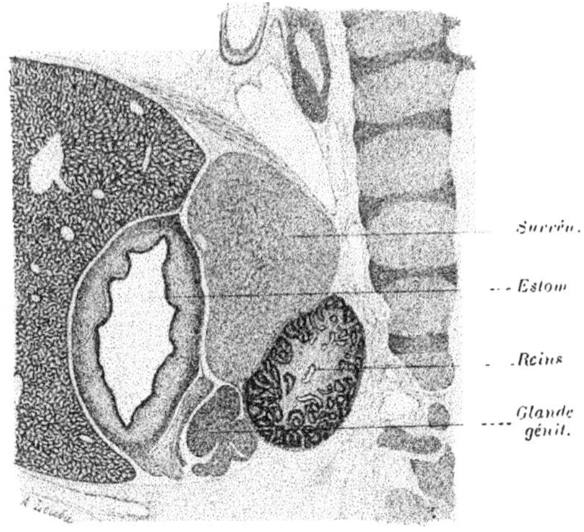

Fig. 970. — Forme et rapports de l'ébauche surrénale sur une coupe verticale d'embryon humain (collection Cunéo).

Remarquer l'insertion supérieure, diaphragmatique de la capsule fibreuse de la surrénale.

Sur un embryon de 8 millimètres (28e jour), l'ébauche surrénale mesure 105 μ. Elle est placée à l'extrémité supérieure du corps de Wolff, entre les glomérules wolffiens en dehors, la veine cardinale en arrière, l'aorte en dedans, l'organe génital en avant. L'accolement de l'ébauche surrénale à l'organe génital est intime. Il n'y a pas de limites nettes entre les deux tissus. Ce fait s'explique par l'origine commune et permet de comprendre pourquoi, chez l'adulte, la vascularisation de ces deux glandes est parfois commune.

L'ébauche surrénale est formée de cellules épithéliales tassées les unes contre les autres et non encore disposées en cordons.

Sur un embryon de 12 mm.5, Wiesel constate que l'ébauche surrénale mesure 1 mm.5 et possède une mince membrane conjonctive; il n'observe pas de pénétration sympathique. Sur un embryon de 14 millimètres (35e jour), l'ébauche ovalaire est épaisse de 320 μ, large de 225. Quelques formations ganglionnaires sympathiques viennent s'interposer entre l'aorte et l'ébauche surrénale. Cette ébauche est formée de cordons épithéliaux anastomosés entre lesquels serpentent des capillaires sanguins. Sur les coupes verticales d'un embryon de 17 millimètres, j'ai constaté que l'ébauche surrénale, beaucoup plus volumineuse que l'ébauche rénale, avait la forme d'un triangle à sommet inférieur.

En haut, cette ébauche est en rapport avec le diaphragme; en avant, elle répond au foie et à l'estomac; en bas, au rein et à la glande génitale. La capsule d'enveloppe, déjà très nette, se confond en bas avec celle du rein et s'insère en haut sur le diaphragme.

A un faible grossissement, le parenchyme glandulaire apparaît comme un amas de cellules dans lequel on peut distinguer deux zones : une zone périphérique plus homogène, plus compacte, et une zone centrale dans laquelle des cordons cellulaires, anastomotiques forment des mailles occupées par de nombreux vaisseaux. Il n'y a pas encore de glomérulaire; il n'y a pas de région pigmentaire. Les karyokinèses sont éparses dans toute l'étendue de l'ébauche. Par place on trouve, à côté des cellules glandulaires, quelques petits éléments arrondis; à noyau hyperchromatique, à très mince bordure protoplasmique, acidophile (cellules embryonnaires à type de lymphocytes). Enfin j'ai con-

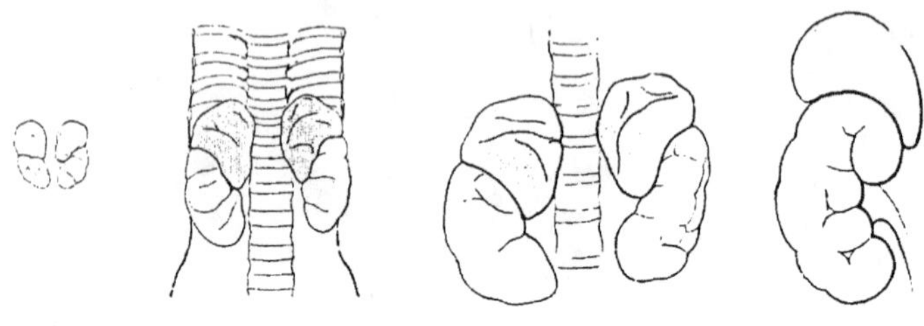

FIG. 971

1, surrénales d'un fœtus humain de 45 mm. (la surrénale est haute de 4 mm. et large de 3 mm). — 2, g. s. d'un fœtus de 8 cm. 5 (hauteur 9 mm., largeur 7 mm.) — 3, g. s. d'un fœtus de 13 cm. (hauteur 13 mm., largeur 10 mm — 4, g. s. d'un fœtus de 7 mois. (Cette dernière figure est empruntée à Gegenbaur).

staté l'existence de cellules géantes dont le protoplasma, contrairement à celui des cellules géantes hépatiques, était peu coloré. Cinq ou six fois plus grands que les cellules environnantes, ces éléments possède un noyau ovoïde ou allongé, fréquemment étranglé ou porteur d'incisures. Ce noyau est parfois polymorphe, jamais multiple. Il présente un délicat réseau de chromatine et un nombre variable de faux nucléoles.

Sur un embryon de 19 millimètres, Wiesel constate l'organisation définitive de l'écorce et l'apparition de la zone glomérulaire. La différenciation est beaucoup moins avancée sur l'embryon de 19 millimètres examiné par Soulié. La surrénale mesure 750 μ. La droite adhère en avant à la veine cave inférieure et la gauche répond à la face postérieure de l'estomac. Toutes deux sont partiellement séparées de l'aorte par des formations sympathiques. En dehors, elles adhèrent au corps de Wolff, dont la régression est manifeste.

Pourvue d'une enveloppe conjonctive, la surrénale est, à cette époque, formée de cordons épithéliaux qui mesurent de 24 à 28 μ. Ces cordons résultent de l'accolement de deux rangées cellulaires et sont séparés par des capillaires sanguins dont le nombre et le volume augmentent vers le centre de l'organe.

L'immigration des cellules parasympathiques (?) débute dans l'ébauche corticale.

Sur un embryon de 24 millimètres (56e jour), la hauteur de l'organe est de

1 mm. 5. La différenciation de la glomérulaire n'est pas encore certaine. Un assez grand nombre d'amas parasympathiques (?) sont englobés dans l'ébauche principale.

Au 64e jour, plus grosse que le rein, la surrénale est haute de 1 mm. 8, large de 2 mm. 25, épaisse de 1 mm. 35.

Le repli gastro-colique s'interpose entre la face postérieure de l'estomac et la face antérieure de la surrénale. La glomérulaire est ébauchée.

A la fin du 3e mois, sur un embryon de 5 centimètres, les surrénales sont toujours plus grosses que le rein. Wiesel constate que les trois zones corticales sont bien nettes. Les cellules médullaires deviennent chromophiles.

Au 4e mois, la surrénale est aussi grosse que le rein. Les cellules chromophiles se groupent autour de la veine centrale et, par place, on remarque des îlots de cellules corticales au niveau de la moelle.

Au 6e mois, le poids de la surrénale est la moitié de celui du rein.

Au 7e mois, son épaisseur est de 2 millimètres. Les trois zones corticales sont manifestes, mais la réticulée se prolonge encore jusqu'à la veine centrale. Les cellules médullaires sont encore en amas; la disposition cordonnale n'est pas nettement établie. Elles mesurent de 8 à 12 μ; leurs noyaux sont très chromatiques, tandis que les cellules réticulées atteignent 20 μ et possèdent des noyaux vésiculeux

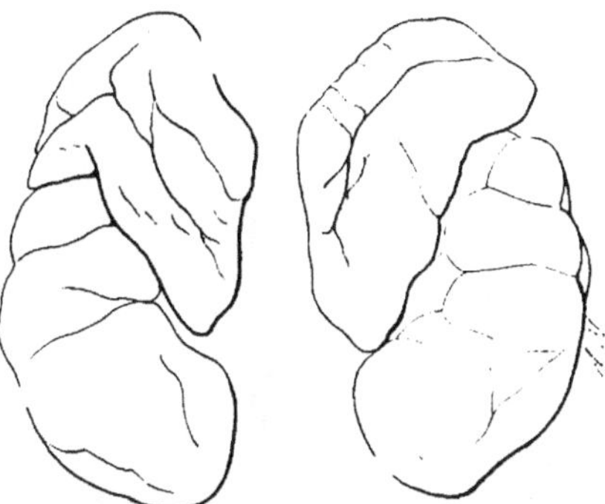

Fig. 972. — Surrénales de nouveau-né. (Grandeur naturelle).

A 8 mois, la surrénale pèse la moitié ou le tiers du poids du rein (Huschke)[1]. A la naissance, elle pèse 3 grammes environ, soit le tiers du poids du rein (Huschke, Cruveilhier, Ribemont), les 475 millièmes ou les 705 millièmes du poids corporel (Huschke). Son poids spécifique, 1,0333 (Huschke), est plus élevé que chez l'adulte.

Au premier mois de la vie extra-utérine, la surrénale est épaisse de 2 mm. 3 (Soulié).

Voici les dimensions trouvées par Soulié chez le nouveau-né et chez l'adulte :

NOUVEAU-NÉ			ADULTE		
Fibreuse 40 μ.			Fibreuse 90 à 100 μ.		
Écorce 750 μ..	Glomérulée. .	80 à 100 μ.	Écorce 1200 à 1500 μ.	Glomérulée. .	110 à 120 μ.
	Fasciculée . .	300 à 350 μ.		Fasciculée . .	720 à 750 μ.
	Réticulée	250 à 300 μ.		Réticulée. . .	400 μ.

Moelle : 70 à 80 μ. — Cellules : 10 à 12 μ. — Moelle : 200 à 250 μ.

1. Contrairement à ce qui se produit chez l'homme, les surrénales ne sont pas proportionnellement plus développées chez le fœtus de cobaye et de paca que chez l'adulte, au contraire (Pettit). Le même fait a été constaté chez le hérisson par Noé. On ne saurait donc affirmer que la surrénale est toujours un organe à prédominance embryonnaire.

Il ressort de ces mensurations que, proportionnellement, la glomérulée est beaucoup plus développée et la moelle beaucoup moins développée chez l'enfant que chez l'adulte. La moelle serait d'ailleurs moins volumineuse chez l'homme que chez les autres animaux (Soulié). La disposition radiée est très nette dans toute la hauteur de l'écorce; il n'y a pas le moindre pigment.

A la fin du premier mois extra-utérin, la surrénale pèse le sixième du rein.

Sénescence. — Chez 11 sujets âgés de 50 à 76 ans, j'ai constaté que la surrénale pesait, en moyenne, 4 gr. 80. Son poids n'est donc pas inférieur à celui de la surrénale adulte. Parfois même il est plus élevé et atteint 5 à 6 grammes. — Les dimensions ne sont pas toujours inférieures à celles enregistrées chez l'adulte : la glande droite d'une femme de 76 ans mesurait 4 centimètres de hauteur, 5 cm. 7 de largeur et 8 millimètres d'épaisseur. On ne saurait donc admettre avec Huschke que la surrénale sénile est toujours beaucoup plus petite que la surrénale adulte. En réalité, la glande du vieillard égale souvent et dépasse parfois, suivant la remarque de Cruveilhier, l'organe adulte.

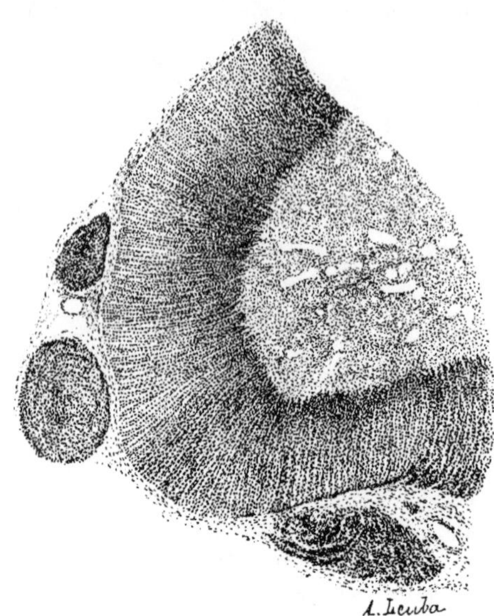

Fig. 973. — Surrénale d'enfant nouveau-né et nodules corticaux accessoires intra-capsulaires.

Histologiquement, la surrénale sénile est le siège de deux processus différents antagonistes : l'angiosclérose atrophique, vulgaire, et l'hypergenèse cellulaire adénomateuse. Ce dernier processus explique la plupart des augmentations pondérales et volumétriques.

L'écorce et la moelle diffèrent l'une de l'autre par leur sénescence. D'apparition plus tardive, la moelle vieillit plus tôt et présente rapidement les signes d'une atrophie totale et d'une phlébosclérose intense. L'écorce ne dégénère d'abord qu'au niveau des zones glomérulaire et réticulée; elle s'hypertrophie au niveau de la fasciculée dont certains éléments exagèrent leurs activités adipogénique et reproductrice.

L'épaississement de la capsule d'enveloppe est, en général, proportionnellement moins considérable que celui des cloisons intraparenchymateuses. Il s'agit d'une sclérose fibrillaire, sans infiltration cellulaire abondante, sans cellule d'Ehrlich. Les amas glomérulés sont entourés et envahis par les fibrilles conjonctives. Cependant l'atrophie de la glomérulée n'est pas toujours très précoce, car j'ai pu assister à ses débuts sur les glandes d'un chien déjà vieux et d'une femme de 76 ans. Les cellules, peut être usées par un fonctionnement trop long, comprimées par les bandes scléreuses et mal nourries par des vaisseaux altérés, dégénèrent en dehors de toute action offensive, primitive des phagocytes. Dans la fasciculée au contraire, les fonctions adipogénique et reproductrice s'exaltent. Il est possible d'observer à ce niveau des amitoses qui fréquemment donnent lieu à des éléments multinucléés (Voy. fig. 975).

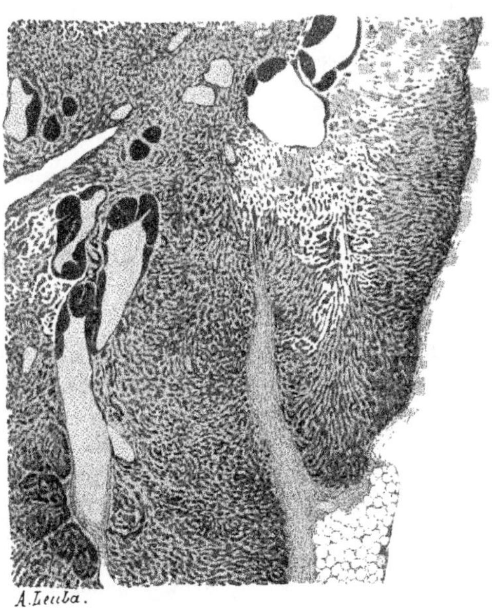

Fig. 974. — Surrénale d'un vieillard de 75 ans.

Suivant Pilliet, la surcharge graisseuse, au lieu de se faire en nappe, prend une forme nodulaire et c'est, dit-il, au milieu ou au contact de ces nodules que se dévoloppe l'adénome si fréquent chez les vieillards. Les causes réelles de ces altérations prolifératives sont encore obscures : Pilliet invoque l'irritation provoquée par les débris cellulaires voisins. Peut-être relèvent-elles aussi de l'auto-intoxication provoquée par l'artériosclérose, l'atrophie rénale, etc. Quoi qu'il en soit et bien que la déchéance (dégénérescence graisseuse) succède à la suractivité fonctionnelle (hyperadipogénie), il n'en est pas moins intéressant de constater que les cellules de la fasciculée, quoique vieilles, sont encore assez vivantes pour édifier des adénomes que respectent les phagocytes.

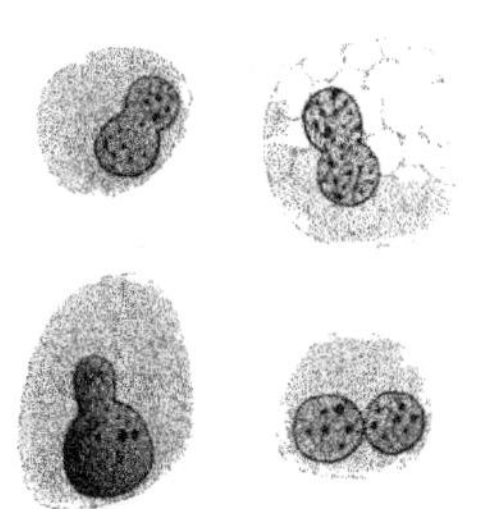

Fig. 975. — Cellules fasciculées de la surrénale d'un vieillard de 75 ans présentant des phénomènes de division directe.

La plupart des cellules de la réticulée sont chargées de grains pigmentaires qui, en règle très générale, ne bleuissent pas par le ferrocyanure de potassium et ne noircissent pas par le sulfhydrate d'ammoniaque. Cette surcharge pigmentaire d'éléments qui, à l'état normal, sont chargés d'éliminer, de transformer voire d'élaborer des pigments, ne traduit pas la déchéance définitive de la zone réticulée. Elle tend seulement à prouver que, chez le vieillard comme chez la femelle gravide, la surrénale doit détruire ou élaborer plus de pigment que chez l'adulte normal. Et de fait, on trouve, même chez des sujets très âgés, des cellules réticulées parfaitement saines qui accomplissent encore leurs rôles pigmentogénique ou pigmentophagique. D'autres par contre, comme dans les expériences de Carnot, comme dans certaines grossesses, succombent à cet excès de travail et, une fois mortes, deviennent la proie des phagocytes. La fonction éliminatrice de la réticulée devient insuffisante et c'est peut-être à cette insuffisance que sont dues les pigmentations anormales des vieillards.

La dégénérescence de la réticulée ne produit jamais la capsulisation sénile décrite par Pilliet. La formation de la cavité centrale est toujours une altération cadavérique : l'examen des organes frais ne laisse aucun doute à cet égard.

Très atrophiée, atteinte de phlébosclérose intense (voy. fig. 974), la moelle conserve souvent ses amas leucocytaires.

HISTO-PHYSIOLOGIE

(APERÇU ANALYTIQUE)

Influence de l'activité sexuelle. — Il y a longtemps que les anatomistes s'efforcent d'établir l'existence d'une relation fonctionnelle entre les organes génitaux et les surrénales. Nous savons que Meckel et Otto ont, autrefois, signalé l'existence d'une hypertrophie surrénale chez des sujets atteints d'hypertrophie génitale (?). D'un autre côté, Vauquelin signalait la calcification des surrénales d'un castrat, et Huschke faisait remarquer que, chez les monstres, l'absence des surrénales coïncidait fréquemment avec celle des organes génitaux. Tout récemment Launois a constaté des signes d'infantilisme chez un adolescent atteint de maladie d'Addison. Langlois a remarqué que la surrénale de grenouille est beaucoup plus petite et contient beaucoup moins de pigment jaune en hiver qu'en été.

Mais cette question complexe reste encore très obscure, car à côté des faits qui tendent à démontrer que l'hypertrophie génitale s'accompagne d'une hypertrophie surrénale, l'atrophie génitale d'une atrophie surrénale, il en est d'autres qui semblent prouver que l'aplasie génitale s'accompagne, au contraire, d'une hypertrophie surrénale. Crecchio a observé une hypertrophie colossale des surrénales dans un cas de pseudo-hermaphrodisme féminin avec atrophie des ovaires. Marchand a constaté la présence de surrénales dans le ligament large d'une femme hermaphrodite dont les ovaires étaient atrophiées.

Le même auteur signale une hypertrophie manifeste des surrénales chez un nègre atteint de sarcocèle syphilitique.

On ne peut, à cet égard, invoquer sans réserves la présence de la cellule estivale de Stilling, car cet élément de signification obscure peut persister pendant l'hiver et même s'observer avant la maturité sexuelle (Grynfeltt). Tout récemment cependant, Ciaccio vient de constater que, chez la grenouille, la castration est suivie d'une hypertrophie et d'une hyperhémie surrénale avec augmentation des cellules granuleuses de Stilling. L'injection de suc testiculaire produirait des effets opposés (?) D'autre part Cesa Bianchi a signalé l'existence d'une altération ovarienne après l'ablation de la surrénale.

On conçoit sans doute que les formations surréno-génitales, toutes deux dérivées de l'épithélium cœlomique puissent manquer simultanément. On conçoit aussi, étant donnée l'existence d'une veine porte surrénale et celle d'une sécrétion interne ovaro-testiculaire, que des produits, élaborés par l'organe génital, puissent arriver au contact de la cellule surrénale et la modifier. On concevra aussi la possibilité d'une vicariance si l'on admet les analogies saisissantes trouvées par Creighton entre la cellule corticale[1] et la cellule du corps jaune ovarien. Cette vicariance semble d'autant moins improbable que l'écorce surrénale est lécithinogène au même titre que les épithéliums séminaux (Loisel, Regaud).

Mais si ces observations, expériences et inductions, intéressantes à coup sûr, posent le problème des relations surréno-génitales, il serait imprudent de croire qu'elles le résolvent définitivement, car les influences sont bien nombreuses qui modifient le volume et la stucture de la surrénale. D'ailleurs tout récemment, Grynfeltt a constaté que les corps suprarénaux et interrénaux des Plagiostomes ne présentaient aucune modification structurale appréciable sous l'influence de la vie génitale.

Influence de la gestation. — Etant données les fonctions antitoxiques connues de la surrénale, il est logique de penser que cette glande s'hypertrophie dans la gestation, puisque, dans cet état, les poisons de l'organisme augmentent d'une façon incontestable. Et de fait, les recherches de Gottschau, d'Alezais et de Guieysse prouvent que le volume et le poids de la surrénale augmentent indiscutablement chez les femelles pleines. Tandis que, chez le cobaye mâle, le grand diamètre de la surrénale varie de 8 à 10 mm. 5, ce grand diamètre oscille entre 10 mm. 5 et 14 millimètres chez les femelles pleines où il mesure, en moyenne, 11 à 12 mm. 5 (Guieysse). J'ai constaté que, chez trois femmes mortes de tuberculose pulmonaire, quelques jours après l'accouchement, les deux glandes pesaient 16 grammes en moyenne.

Il est intéressant de remarquer que, malgré cette augmentation de volume et de poids, il n'y a aucune mitose dans la fasciculée; seules persistent les divisions directes de la glomérulée (Mulon).

Cette hypertrophie volumétrique est d'ailleurs loin d'exprimer une hyperactivité de toutes les fonctions.

La moelle, organe élaborateur du principe hypertenseur, reste sans modifications histologiques appréciables[2]. Le protoplasme de certaines cellules médullaires paraît se charger de granulations graisseuses.

Par contre, l'écorce de la femelle pleine diffère presque toujours beaucoup de la zone corticale du cobaye mâle (Guieysse).

Ces modifications structurales épargnent la glomérulaire et portent sur la spongieuse, la fasciculée et la réticulée. Il y a formation de vacuoles, augmentation du nombre des corps sidérophiles[3], des grains zymogènes et des granules pigmentaires

Dans la spongieuse et dans la fasciculée, le protoplasme est tassé et refoulé à la périphérie de la cellule par des vacuoles parfois énormes qui atteignent 20 μ et plus. Elles sont si nombreuses que le tissu de cette région ressemble à un

1. Cette cellule ne ressemble pas seulement aux éléments du corps jaune; elle ressemble beaucoup à certaines cellules pituitaires qui, comme on le sait, sont également juxtanerveuses.

2. Il serait important de rechercher les modifications des granulations adrénalinogènes.

3. Il est important de remarquer que le terme sidérophilie est employé dans deux sens différents : la sidérophilie corticale de Guieysse caractérise l'affinité pour l'hématoxyline ferrique; la siderophilie médullaire caractérise l'affinité pour le perchlorure de fer.

crible. Après la rupture des vacuoles, le protoplasme se contracte et se ramasse autour du noyau.

Les corps sidérophiles abondent au niveau de la partie interne de la fasciculée. Certaines cellules en renferment une telle quantité que tout le protoplasme est coloré en noir.

Dans les éléments de la réticulée prédominent les grains zymogènes et les granules pigmentaires, toujours plus nombreux que chez le mâle.

Guieysse n'hésite pas à affirmer que ces modifications structurales sont les manifestations histologiques, le substratum morphologique de la sécrétion corticale. Et, non sans logique, il conclut que, sous l'influence de la gestation, l'écorce du cobaye exagère ses processus sécrétoires. Analysant ce processus secrétoire, il soutient que la spongieuse et la partie externe de la fasciculée produisent un liquide très aqueux. Ce liquide doit diluer le produit de sécrétion, invisible, élaboré par la partie interne de la fasciculée. Finalement, tous ces produits de sécrétion et les grains zymogènes de la réticulée se déversent dans les gros sinus veineux de la moelle. Cette théorie est passible de quelques objections. Tout d'abord, l'examen des coupes obtenues par l'inclusion à la paraffine et montées dans le baume ne permet pas d'affirmer que les vacuoles contiennent un liquide très aqueux et non de la graisse. Ce fait ne peut être démontré que sur des coupes obtenues par la congélation et examinées, après action de l'osmium, dans l'eau glycérinée. Comme jamais les préparations faites dans ces conditions ne laissent voir la moindre vacuole, il est probable, sinon certain, que la sécrétion du liquide aqueux n'existe pas réellement.

La réalité des formations ergastoplasmiques n'est pas mieux établie; tout porte à croire qu'il s'agit de précipités sans grande signification fonctionnelle.

Seuls les grains de la réticulée paraissent exister réellement. Et, en invoquant des analogies séduisantes, on peut, sans invraisemblance, supposer qu'ils sont les témoins d'une activité sécrétoire. Mais, toute hypothèse mise à part, l'écorce surrénale se montre, dans la grossesse comme à l'état normal, un organe qui, élaborant des graisses et transformant des pigments, ne sécrète aucun produit soluble. Des recherches nouvelles sont nécessaires pour établir d'une façon indiscutable l'hyperadipogénie de la femelle gravide.

Dès maintenant, les observations de Guieysse permettent d'affirmer l'exaltation de la fonction pigmentaire pendant la gestation du cobaye. Il ne paraît pas toujours en être ainsi dans l'espèce humaine où la fonction pigmento-transformatrice est assez souvent en déficit. En effet, l'hyperpigmentation cutanée n'est pas rare chez les femmes enceintes; or les expériences de Carnot tendent à établir que ces pigmentations cutanées se produisent lorsque la surrénale n'est plus capable de jouer, avec une activité suffisante, son rôle d'organe transformateur et éliminateur du pigment.

Influence du travail musculaire. — Langlois, Albanèse et Abelous ayant établi que la surrénale détruisait les substances toxiques résultant du travail musculaire, il était nécessaire d'étudier la structure de cette glande chez des animaux surmenés ou faradisés. Dans cet ordre d'idées, Bernard et Bigart, Bardier et Bonne ont fait d'intéressantes tentatives. Bernard et Bigart ont constaté que la graisse de la fasciculée augmentait. Bardier et Bonne concluent que la tétanisation musculaire provoque des modifications qui traduisent une exagération de la sécrétion normale ; comme ils trouvent ces modifications dans la spongieuse et dans les zones périphériques de la fasciculée, ils pensent que ces deux couches réagissent les premières à la sollicitation des produits de déchets de la contraction musculaire. Cette étude histophysiologique les conduit à dire que la moelle ne semble prendre aucune part à la neutralisation des substances toxiques.

Ce travail est passible des mêmes objections que celui de Guieysse. Ces auteurs décrivent eux aussi des vacuoles chargées d'une mystérieuse sécrétion, parce qu'ils ont provoqué la dissolution partielle des graisses. Il suffit, d'ailleurs, de comparer les figures 2 et 3 de leur mémoire pour constater que les dimensions des vacuoles ne dépassent pas celles de certaines gouttes graisseuses. Chacun peut trouver dans la *surrénale normale* des gouttes graisseuses assez volumineuses pour atteindre les dimensions des pseudo-vacuoles sécrétoires.

D'ailleurs il est bien inutile d'invoquer une sécrétion liquide hypothétique pour expliquer les fonctions antitoxiques de l'écorce surrénale, puisque cette écorce sécrète des graisses et que les graisses possèdent des propriétés atténuantes. D'après Kempner et Schepilewsky, la lécithine, mélangée à la toxine du botulisme, protège la souris autant que la substance cérébrale. De même l'huile d'olive émulsionnée et neutralisée par la soude. Suivant Stoudewsky, le carmin qui dérive du corps adipeux de la cochenille exerce vis-à-vis de la toxine tétanique une influence modificatrice analogue à celle de la macération des centres nerveux. Remarquons que l'écorce surrénale exerce son rôle antitoxique tout en étant dépourvue de glycogène. Ce fait n'est pas surprenant, puisque le placenta, quoique riche en glycogène, est dépourvu de tout pouvoir antitoxique (Charrin et Delamare).

Influence de la pilocarpine. — Pettit a constaté que, sous l'influence de la pilocarpine et du curare, la surrénale de l'anguille (organe peut-être homologue de l'écorce des vertébrés) présentait des modifications très comparables à celles de l'hypertrophie compensatrice. Seule la vaso-dilatation était moins marquée.

L'assise cellulaire double de hauteur, la lumière centrale est plus petite. Les cellules mesurent 35 μ ; leur cytoplasme granuleux renferme un gros noyau dont le nucléole, plus volumineux, est hyperchromatique. Le magma central est comparable à celui observé à l'état normal ou comparable aux coagula des tubes urinifères (voy. fig. 964). Il y a prolifération cellulaire et augmentation de volume des éléments sécrétants : la surrénale, dit A. Pettit, est le siège d'une hypersécrétion.

Il convient de remarquer que, dans les deux expériences de Pettit, l'action de la pilocarpine est encore manifeste 24 heures après la dernière injection, au moment de la mort de l'animal intoxiqué.

Par contre, chez les Plagiostomes, Grynfeltt a constaté que la pilocarpine ne produisait aucune modification structurale susceptible d'être considérée comme la manifestation histologique d'une sécrétion.

Seules, les caryocinèses de l'interrénal (organe homologue de l'écorce des vertébrés supérieurs) ont augmenté de nombre sous l'influence de cet alcaloïde[1].

En injectant 2 centig. de chlorhydrate de pilocarpine à un cobaye mâle et en le sacrifiant cinquante minutes après, Guieysse a constaté l'augmentation de volume des surrénales. La zone glomérulaire était congestionnée, ses cellules contenaient de grosses boules graisseuses. La fasciculée présentait de nombreuses vacuoles et de très nombreux corps sidérophiles. Dans la réticulée, les granules pigmentaires et zymogènes étaient plus abondants qu'à l'état normal. Dans les quatre couches corticales, la plupart des noyaux présentaient une augmentation et une condensation de leur chromatine.

Quelques notions intéressantes paraissent se dégager de ces faits qui, toutefois, sont encore trop peu nombreux pour permettre des conclusions définitives.

Tout d'abord la pilocarpine ne semble agir que sur l'écorce. Pettit a étudié un organe purement cortical; Guieysse n'a observé aucune modification de la moelle du cobaye; Grynfeltt a constaté que la pilocarpine restait sans action sur l'organe suprarénal (moelle isolée des Plagiostomes).

L'action hypersécrétrice de cette pilocarpine est encore douteuse puisque, si Pettit l'a signalée deux fois, Guieysse une fois, Grynfeltt l'a vainement recherchée.

Par contre, l'alcaloïde semble agir plus constamment sur les noyaux dont il modifie la chromatine. Cependant j'ai pu injecter de la pilocarpine dans les veines d'un lapin, sans provoquer d'autres phénomènes appréciables qu'une salivation abondante et une congestion très vive de la surrénale. Les vacuoles n'étaient pas agrandies, les grains zymogènes, les granules pigmentaires et les caryocinèses n'étaient pas plus abondants qu'à l'état normal. Le sang afférent ne contenait aucun débris cellulaire.

Hypertrophie compensatrice. — Après l'extirpation unilatérale, Pettit constate, chez l'anguille, l'augmentation de volume, la vasodilatation et des modifications cellulaires. L'épithélium double presque de hauteur; il y a deux ou trois rangées de noyaux. Les cellules contiennent des noyaux volumineux et hyperchromatiques. Le magma central est comparable aux coagula des tubes urinifères.

Chez le lapin, Stilling a signalé l'augmentation du volume, des caryocinèses et du pigment.

Inconstante d'après Alezais et Arnaud, assez faible pour Langlois, l'hypertrophie compensatrice serait assez considérable suivant Lucebelli et Oppenheim qui, après Ribbert et de Mattei, ont repris cette question.

Greffe. — On ne saurait affirmer avec Strehl et Weiss que jamais une greffe surrénale ne réussit, car les recherches d'Albanèse, Abelous, Schmieden, Lecène et Cristiani prouvent le contraire. La surrénale de grenouille résiste à la transplantation et fonctionne assez pour empêcher la mort d'un animal préalablement privé de ses organes surrénaux. Par contre, chez les mammi-

1. Je crois intéressant de rappeler à ce propos que, dès 1903, j'ai obtenu des résultats identiques dans le ganglion lymphatique. Voy. Poirier, *Anat. hum.*, t. II, fasc. 2. Cette action de la pilocarpine est importante non seulement parce qu'elle prouve qu'un poison exogène, excitant des sécrétions, active la caryocinèse, mais aussi et surtout parce qu'elle suggère que des substances endogènes (choline, lécithine) sont susceptibles de provoquer la reproduction cellulaire. La choline, en effet, renferme, comme la pilocarpine, un groupement de triméthylamine [$Az(CH^3)^3$], et, comme elle, se dédouble à chaud, sous l'influence de l'eau, en produisant cette base. Desgrez (*C. R. Ac. Sciences*, 7 juillet 1902) a montré que la triméthylamine de la choline favorisait les sécrétions comme celle de la pilocarpine.

fères, l'écorce seule est susceptible de transplantation et jamais elle ne peut régénérer la moelle (Poll, Hultgren et Anderson, Schmieden, Lecène, Cristiani). Dans ces conditions, on conçoit aisément l'insuffisance fonctionnelle des greffes pratiquées chez les vertébrés supérieurs[1].

Cristiani a réussi la greffe péritonéale de l'écorce chez le rat. Dès le deuxième jour, l'adhérence existe, les cellules sont gonflées, troubles et se colorent mal. Au fur et à mesure de la pénétration des vaisseaux, les tissus se revivifient et, par suite, se colorent bien; mais les travées épithéliales sont séparées par des traînées d'infiltration embryonnaire. Du 6e au 12e jour, dans les greffes volumineuses, on constate que la *revivification* se limite aux seules parties périphériques et que, dans la profondeur, la réparation se fait par un processus de *régénération*. Un an après, les tissus corticaux *revivifiés* et *régénérés* persistent et sont normaux; seule, la moelle a complètement disparu.

Rôles. Fonctionnement. — La surrénale des vertébrés supérieurs résulte de l'association plus ou moins intime de deux glandes closes très différentes : l'écorce et la moelle.

Non indispensable à la vie, l'écorce apparaît et fonctionne plus tôt que la moelle[2]. Elle accomplit son rôle antitoxique en produisant des graisses neutres et phosphorées, en transformant et en élaborant des pigments. Ce pouvoir antitoxique explique la fréquence des réactions morbides de l'écorce, la fréquence de ses modifications sous l'influence des poisons endogènes (travail musculaire, gestation, etc.) et des poisons exogènes (curare, pilocarpine, etc.).

La fonction pigmentaire apparaît plus tardivement que la fonction adipogénique. Elle semble ne pas exister chez le fœtus et le nouveau-né. Elle augmente sûrement sous l'influence de la vieillesse, de la gestation, sous l'influence des poisons hématiques (Pilliet, Guieysse).

Les pigments corticaux sont de nature et d'origines variables. Les uns paraissent autochtones; les autres, de provenance hématique ou exogène, parviennent à la glande par la voie vasculaire. En faveur de l'origine plasmatique soutenue par Lukjanow, on peut invoquer les intéressantes observations de Mulon et de Ciaccio. En faveur de l'origine hématique, on peut invoquer la nature ferrugineuse de certains granules et les constatations de Mac Munn, Auld, Pilliet et Guieysse.

Les expériences de Carnot démontrent la provenance vasculaire. Si, comme l'a fait cet auteur, on injecte sous la peau ou dans le péritoine une assez grande quantité de pigment choroïdien, on constate qu'une partie de ce pigment atteint la surrénale et s'y fixe. Très abondants, ces grains détruisent la cellule corticale et peuvent, sans obstacle, gagner les autres organes. Moins nombreux, ils sont absorbés par la cellule réticulée qui les digère et probablement les décolore[3].

1. On pourrait être tenté de voir dans la façon dont se greffe la surrénale des grenouilles un argument en faveur de sa nature purement corticale. Mais si cette glande répondait uniquement à l'écorce des mammifères, sa suppression, même complète, ne devrait pas être mortelle. Les cellules médullaires, éparses au milieu des cellules corticales, sont peut-être moins vulnérables que les cellules médullaires isolées. A ce point de vue, il serait intéressant de voir comment se comporte la surrénale des oiseaux.

2. Son apparition phylogénique est peut-être aussi précoce que son apparition ontogénique, car un jour viendra sans doute où il sera permis de considérer le corps adipeux des insectes comme l'organe précurseur du corps adipeux surrénal des vertébrés.

3. Si la cellule réticulée contient des pigments, ce n'est donc pas parce qu'elle est vieille et défaillante, c'est

Maintenant, faut-il ranger l'écorce parmi les glandes holocrines ou parmi les glandes mérocrines? Dans la surrénale de l'anguille, Pettit a mis en évidence un processus de sécrétion holocrine. Peu apparent sur les glandes normales des mammifères, ce processus existe sans doute, mais très atténué, puisqu'on observe quelques rares phénomènes d'histolyse et quelques phénomènes indiscutables de reproduction cellulaire (Canalis, Gottschau, Mulon et moi-même). Quoique dépourvue de glycogène, l'écorce peut se régénérer. (Les phénomènes de régénération ont été étudiés par Tizzoni, Stilling, Ribbert, Mattéi, etc.)

Quant au passage intravasculaire de cellules entières ou fragmentées, il faudrait, pour le prouver, montrer l'existence de ces éléments non sur des coupes mais sur des préparations faites avec le sang recueilli avec une pipette dans la veine efférente. Or, ce sang, même après injection préalable de pilocarpine ne contient pas, chez le lapin du moins, la moindre cellule surrénale entière ou fragmentée. D'ailleurs, le passage intravasculaire des lécithines (Alexander) ou des granulations sécrétoires (Canalis, Pfaundler, Carlier, Hultgren et Anderson, etc.), paraît un argument assez sérieux en faveur d'une sécrétion mérocrine.

Indispensable à la vie, la moelle élabore un principe hypertenseur, l'adrénaline. Cette substance existe dans le protoplasme cellulaire sous forme de granules, colorables en vert par le perchlorure de fer. Ces granules passent dans les vaisseaux en dehors de toute destruction de la cellule qui les contient. On peut donc affirmer que la moelle sécrète suivant le mode mérocrine. D'ailleurs les éléments de cette glande ne présentent ni caryocinèses, ni amitoses. Transplantés, ils sont incapables de se régénérer ou d'être régénérés par les cellules corticales.

La fonction hématopoiétique, admise par Srdinko, est au moins improbable; le rôle hématolytique paraît bien plus vraisemblable : l'hyperglobulie est manifeste après la capsulectomie et chez les addisonniens, tandis que l'hypoglobulie est non moins évidente après les injections vasculaires d'extraits surrénaux et d'adrénaline (Lœper et Crouzon). Nous avons déjà constaté que la cellule médullaire était, comme les globules rouges, chromophile, orangeophile et colorable en vert métachromatique par le bleu polychrome. Pourquoi ces réactions histochimiques identiques? Les recherches futures nous diront peut-être la raison de ce phénomène en nous apprenant, soit que la moelle détruit normalement des hématies, soit qu'elle utilise des matériaux ferrugineux élaborés par l'écorce.

Bien que la moelle contienne quelques amas lymphoïdes, bien que Matsoukis Calogero ait observé une hypertrophie ganglionnaire après la capsulectomie, la fonction leucopoiétique semble peu importante. Toutefois, la lymphocytose provoquée par les injections aseptiques d'adrénaline indique peut-être que la moelle surrénale est susceptible d'exciter les organes lymphoïdes.

Les produits de sécrétion des glandes surrénales passent, comme ceux de toutes les glandes closes, dans les veines et accessoirement dans les lymphati-

parce qu'elle est pigmentogène ou pigmentophage et, par suite, capable soit d'engendrer, soit de neutraliser ces pigments qui, comme tous les produits excrémentitiels, sont toxiques. La cellule surrénale peut sans doute succomber par excès de travail et laisser passer dans les vaisseaux les débris de son protoplasme ou du moins les granules pigmentaires. Il n'en faut pas conclure avec Gottschau et quelques autres histologistes que la couche réticulée est la couche consomptive de l'écorce et que la cellule réticulée est senescente puisque pigmentée.

ques (ganglions pigmentés). L'excrétion surrénale doit être singulièrement facilitée par les fibres musculaires qui, émanées des parois vasculaires, enserrent les cellules glandulaires dans un vaste réseau contractile.

Bibliographie. — Abelous, Greffes de capsule surrenale. *C. R. Soc. Biol.*, 12 nov. 1892. — Aichel, Vorläufige Mittheil. ü. Nebennierenentwickl. der Sauger. *Anat. Anz.*, 1900, XVII; Vergleichende Entwicklungsges- u. Stammesgeschichte der Nebennieren. *Archiv f. mikr. Anat.*, 1900, p. 1; *Anat. Anzeiger*, 1900, Bd. XVIII. — d'Ajutolo, Su di una struma suprarenale accessoria in un rene. *Bollettino delle science mediche di Bologna*, Serie IV, 1884, vol. XVII; 1886, vol. XVIII. — Albanese, Recherches sur les capsules surrenales. *Biologie*, 1892, t. XVIII, fasc. 1, p. 41-53. — Albarran et Cathelin, Anatomie descriptive et topographique des capsules surrénales. *Rev. de Gynecologie et de chirurgie abdominale*, 1901, n° 6, p. 973. — Alexander, Untersuchungen ü. die Nebennieren u. ihre Beziehungen zum Nervensystem. *Beitrage zur pat. Anat. u. z. all. Path.*, 1892, Bd. XI, H. 1, p. 145-197. — Alezais, Contribution à l'etude de la capsule surrenale du cobaye. *Arch. de Phys. norm. et path.*, 1898, p. 144. — Arnold, *Handbuch der Anatomie des Menschen*. Freiburg, 1881, Bd. II, p. 1327. — Arnold, Ein Beitrag zur der feineren Structure u. zum Chemismus der Nebennieren. *Arch. f. path. Anat. u. Phys.*, 1866, t. XLV, p. 64. — Arren, Essai sur les capsules surrénales. *Thèse Paris*, 1894. — Auscher, *Bull. Soc. Anat.*, 1892, p. 321. — Balfour, U. die Entwicklung u. die Morpholog. der Suprarenalkörper (Nebennieren). *Biol. Centralblatt*, 1881, n° 5; A monograph of the development of Elasmobranch Fishes, p. 467. *Works of F. M. Balfour*, Londres, 1885; *Traité d'Embryologie*, 1885, t. II, p. 611. — Barbier et Bonne, Modifications produites dans la structure des surrénales par la tétanisation des muscles. *C. R. Soc. Biol.*, t. LV, n° 10, p. 355; *Journ. Anat. et Phys.*, 1903. — Bartholin, *Hist. Anat. variarum*, 1654, Centuria II, p. 276. — Bergmann, *Dissertatio de glandulis suprarenalibus*, Göttingen, 1839. — Bichat, *Anatomie générale*, Paris, 1801. — Biedl, Wiesel, *Arch. f. die gesammte Phys.*, Bd XCI, 1902. — Biesing, U. die Nebennieren u. den Sympathicus bei Anencephalen. *Inaug. Diss.*, Bonn, 1886. — Bigard et L. Bernard, Note sur la graisse dans les capsules surrénales de l'homme. *Bull. Soc. Anat.*, Paris, 1902, p. 929; *Presse médicale*, 28 janvier 1903. — Bischoff, *Entwicklung der Saügethiere u. des Menschen*. Bd. VII, Leipzig, 1843. — R. Blanchard, Note sur l'histoire de la découverte de la capsule surrénale. *C. R. Soc. Biol.*, 1882, IV; *Progrès médical*, 1882, p. 409. — Bock, *Handbuch der Anatomie des Menschen*, 4e éd., Leipzig, 1850, Bd. II; *Anatom. Taschenbuch*, Berlin, 1864, p. 497. — Bojanus, *Anatome Testudinis*, 1814, pl. XXX. — Bœhm Davidoff, *Lehrbuch der Histologie des Menschen*, 1895. — Bonnamour et Policard, *C. R. Assoc. Anat.*, Liège, 1903. — Boruttau, Études sur les capsules surrénales. *Archiv f. die gesammte Physiol.*, LXXVIII. — Bœckler, *De thyr. thymi et glandul. supraren. funct.* Strassburg, 1753. — Brandt, U. den Zusammenhang der Glandula suprarenalis mit dem parovarium. resp. der Epididymia beim Huhnern. *Biol. Centralblatt.* Bd IX, n° 17. — Braun, Bau u. Entwicklung der Nebennieren bei Reptilien. *Arbeiten aus den zool. Institut zu Wurzburg*, 1882, t. V, p. 1. — von Brunn, Ein Beitrag zur Kentniss des feineren Baues u. der Entwickl. der Nebennieren. *Archiv. f. mikrosk. Anat.*, 1879, Bd. VIII, H. IV, p. 618; U. das Vorkommen organischer Muskelfasern in den Nebennieren. *Nachrichten von der k. Gesellschaft d. Wiss. u. der G. A. Univ. zu Göttingen*, 1873, p. 421. — Caillau, Notice sur les C. S. suivie d'un discours de Montesquieu prononcé en 1718. *Annales de la Soc. de médecine de Montpellier*, 1819. — Canalis, Contribution à l'étude du développement et de la pathologie des capsules surrénales. *Internat. Monatschrift f. Anatomie*, 1887, Bd. IV, nos 7, 8, p. 312. — Carlier, Note on the structure of the suprarenal Body. *Anat. Anzeiger*, 1892-1893, A, VIII, p. 443. — Carus, *Traité élément. d'anat. comparée*, Paris, 1835, t. II, p. 291. — Charpy, *Organes génito-urinaires*, Paris, 1890. — Cesa Bianchi, *Gaz. med. ital.*, 12 nov. 1903. — Collinge et Swale Vincent, On the so called suprarenal bodies in the Cyclostoma. *Anat. Anzeiger*, 1896; The suprarenal bodies of the Fishes. *Nat. Sc.*, 10 mai 1897. — Chiari, Zur Kentniss der accessor. Nebennieren. *Prag. Zeitschr, f. Heilkunde*, 1884. — Cleghorn, *American Journ. of Phys.*, 1899. — Creighton, A theory of the homology of the suprarenals based on observations. *Journ. of Anat. and Phys.*, XIII; points of ressemblance between the suprarenal bodies of the horse and dog and certains occasional structures in the ovary. *Trans. of the Royal Society*, 6 déc. 1877. — Ciaccio Carmelo, Communicazione sopra i canaliculi di secrezione nelle capsule soprarenali. *Anat. Anz.*, Bd. XXII, n° 23. S. 493-497. — Ciaccio, Sopra una nuova specie di cellule nelle capsule surrenali degli Anuri. *Anat. Anzeiger*, 25 avril 1903; Ricerche sui processi di secrezione cellulare nelle capsule surrenali dei Vertebrati. *Anat. Anzeig.*, 1903, N° 16 u. 17; *Anat. Anzeiger*, 2 janvier 1904. — Cristiani, Histologie et pathologie des greffes et de l'insuffisance des greffes. *C. R. Soc. Biol.*, 1902, p. 811 et 1124. —

CRUIKSHANK, *Geschichte u. Beschr. des einsaugenden Gefässe*, 1767, p. 139. — CRUVEILHIER. *Anat. descriptive*, 2 — CUVIER, *Leçons d'Anatomie comparée*, 2e éd., Paris. 1846, t. VIII. — DAGONET, Beitr. zur path. Anat. der Nebennieren des Menschen. *Prag. Zeitschr. f. Heilk.*, 1885, Bd. 6. — DARBY. Anat. phys. and pathol. of the S. C. *Charleston Joe Rev.*, 1859. XIV, p. 318. — DELAMARE, *C. R. Soc. biol.*, 23 oct. 1903. — DENIKER, *Thèse Paris*, 1886. — DELLE CHIAJE, *Existenza delle glandule renale de Batrici*, 1837. — DIAMARE. I corpusculi surrenali di Stannius e i corpi del cavo addominale dei teleostei. *Boll. della Soc. di nat. in Napoli*, 1895, IX; *Mem. della Soc. ital. della scienze*, Roma, 1896. Série III-X: Morphologie des caps. surren. *Anat. Anzeiger*, 31 janv. 1889, n° 16; *Anat. Anzeiger*, 1902, Bd. XX; *Boll. della Soc. di Naturalisti in Napoli*, XVII, 1903, p. 55. — DOGIEL, Die Nervenendigungen in den Nebenniere der Saügethiere. *Archiv f. Anat. u. Phys.*, 1894. — DOSTOIEWSKY. Material zur mikrosk. Anatomie der Nebennieren. *Inaug. Dissert.*, Petersburg, 1884; Ein Beitrag zur mikrosk. Anat. der Nebennieren bei Saügethieren. *Archiv f. mikrosk. Anat.*, 1886. Bd. XXVI, H. 2, p. 272. — DUCLOS, Contrib. à l'étude des capsules surrénales dans la race nègre. *Rev. gén. de clinique et de thérapeutique*, Paris, 1890. — DUVERNOY. De gland. renal. Eustachii, in *Comment. Petrop.*, 1751, XIII. — EBERTH, Die Nebennieren, in *Stricker's Handbuch*, 1871, CXXII, p. 508. — ECKER. *Der feinere Bau der Nebenniere*. 1846: Recherches sur la structure intime des corps surrénaux chez l'homme et dans les 4 classes de vertébrés. *Annales des Sciences naturelles*, Zoologie, 1847, p. 103, t. VIII: Blutgefässdrüsen. in *R. Wagner's Handwörterbuch d. Physiologie*, 1853, Bd IV, p. 128. — ECKER u. WIEDERSHEIM, *Die Anatomie des Frosches*. — ELLENBERGER u. BAUM, *Anatomie des Hundes*, 1891. — EUSTACHE, *Opuscula anatomica*. De renum structura, Venise, 1564. — FELICINE. *Anat. Anz.*, 1902, S. 153. — FLINT, The blood vessels, angiogenesis. reticulum and histology of the adrenal. *The John Hopkins Hospital Reports*, 1900, IX, p. 153. — FÖRSTER, *Die Missbildungen des Menschen*, Iéna, 1861, p. 126. — FREY, Suprarenal Bodies. *Todd's cycloped. of anatomy*, London. 1847, t. IV, p. 827; *Histologie u. Histochemie*. Leipzig. 1876. — FUSARI. De la terminaison des fibres nerveuses dans les capsules surrénales des mammifères. *Arch. ital. Biologie*, t. XVI, fasc. 1. 191; Contribution à l'étude du développement des capsules surrénales et du sympathique chez le poulet et les mammifères. *Ibid.*, 1892. t. XXVIII: Sullo sviluppo delle capsule surrenali. *Lett. all'Acad. di sc. med. e nat. di Ferrara nella sed. d.* 25 *giugno* 1893. — GASKELL, *Journ. of Anat. and Phys.*, XXXVII. p. 207. — GEGENBAUR. *Anatomie*. — GIACOMINI, Sulla fina struttura delle capsule surrenale degli Anfibii. *Atti della R. Acad. dei fisiocritici in Siena*, 1898; Brevi osservazioni intorno della minuta struttura del corpo interrenale e dei corpi soprarenali dei Selaci. *Id.*, 1898: Sulla existenza della sostanza midollare nelle capsule surrenali dei Teleostei. *Monitore Zool. Ital.*, n° 7 1902. p. 1; Contributo alla conoscenza delle capsule surrenali nei ciclostomi. *Id.*, n° 6, 1902; Sopra la fine struttura delle capsule surrenali degli anfibii. *Gabinetto di Zool. ed Anat. comp. della libera Univ. Perugia*. Siena, 1902. — GOODSIR, On the suprarenal bodies. *Philos. Trans.*, 1846, p. 633. — GOTTSCHAU, Ueber die Nebenniere. *Sitzungsbericht. der Wurzburger Phys.-med. Gesellschaft*, 1882. p. 454; *Archiv. für mikr. Anat.*, 1883. p. 412: *Biolog. Centralblatt*. 1883. Bd III, n° 18. — GRANDRY, Mémoire sur la structure de la capsule surrénale. *Journal de l'Anatomie et de la Physiologie*, 1867. — GRYNFELTT. Rech. anat. et hist. sur les organes surrénaux des plagiostomes. *Thèse Doct. ès sciences*. Paris. 1902: *C. R. Acad. des sciences*. II, 25 août. 8 septembre 1902; *C. R. Acad. Sciences*. juillet 1903; *C. R. Assoc. des anatomistes*, Ve session, Liège. 1903. — GUARNIERI et MAGINI. Etude sur la fine structure des capsules surrénales. *Arch. ital. Biol.*, 1888; *Atti della R. Acad. dei Lincei*, anno 1895, Série IV, 1888. — GRIEYSSE, *Comptes rendus de la Soc. de Biol.*, 25 nov. 1899. GRIEYSSE, La capsule surrénale du cobaye. *Thèse Paris*, 1901. — GULLIVER. On the suprarenals glands, in *Gerber's Anatomy*. London. 1842. — HALLER. *Element. physiol.*, t. VIII. p. 107. — HALLIBURTON, *Journ. of Phys.*, XXVI. 1900. — HULTGREN et ANDERSON. Etude sur la physiologie et l'anatomie des capsules surrénales. *Skandin. Archiv f. Phys.*, 1899. — HASSAU u. WIESEL, *Centralblatt. f. Phys.*, 1899, n° 23. — HARLEY, The histology of the suprarenal capsules. *Lancet*, 2 juin 1898. — HEIM, *Dissertatio de renibus succenturiis*. Berlin. 1824. HENLE, U. das Gewebe der Nebenniere u. der Hypophysis, *Zeitschr. f. rat. Medicin*. 1865; *Anatomie*. — HERTWIG. *Traité d'Embryologie*. — HOLM, U. die nervösen Elemente in der Nebennieren. *Sitz. des Wiener Akad. der Wiss.*, 1866. — HOLMGREN. Weitere Mittheilungen u. die Trophospongienkanälchen der Nebennieren vom Igel. *Anat. Anzeiger*. Bd XXII. n° 22, S. 476. — HOME. *Lectures on Anatomy*. London. 1828. t. V, p. 259. — HUOT. Sur l'origine des capsules surrénales des poissons lophobranches. *C. R. Académie des sciences*, 1878. p. 49; Sur les capsules surrénales, les reins. le tissu lymphoïde des poissons lophobranches. *C. R. Académie des Sciences*. 1897. p. 1462. — HUSCHKE. Caps. surren., in *Encyclop. anat.*. trad. Jourdan. 1845. t. V. p. 330. — INABA. Notes on the development of the suprarenal bodies in the mouse. *Journ. of the college of science. Imperial University*. Japon. 1891. vol. IV. — ISENFLAMM, Beschr. menschlichen Missgeburt ohne Kopf. *Isenflamm's u. Rosen-*

müllers Beitr. für die Zergliederung, Leipzig, 1802, Bd. II, H. 2. — Jaboulay, Capsules surrénales accessoires dans un ganglion semi-lunaire et au milieu du plexus solaire, *Lyon médical*, 1890, p. 473. — Jacoby. U. die Beziehungen der Nebennieren zum Darmbewegungen. *Arch. f. exper. Path. u. Pharm.*, 1891, p. 174. — Jacobson et Reinhard, *Bull. sc. méd.*, 1824, I, 289. — Janosik. Bemerkungen u. die Entwicklung der Nebenniere. *Archiv f. mikroskop. Anat.*, An. Abth., 1883, t. XXII; *Histol. u. mikroskop. Anat.*, 1892; *Anat. des Menschen*, 1899, Bd V. — Joesten, *De glandularum suprarenalium structura*, Bonn, 1863; Der feinere Bau der Nebennieren. *Archiv f. Heilkunde*. 1864, Bd V, p. 97. — Kelly, Berlin, 1837. — Kent Spender, *British med. Journ.*, 11 sept. 1858; *Gaz. hebd.*, 1858, p. 774. — Klebs. *Handbuch der pathol., Anat.*, Bd I, p. 566. — Klein, *Specimen inaugurale anatomicum monstrorum quorumdam descriptionem*, Stutgardia, 1793. — Kœlliker, *Éléments d'histologie humaine*. — Kohn, U. die Nebenniere. *Prag. med. Wochenschrift*. 1898; *Archiv f. mikroskop. Anat.*, 1899, 1990; Chromaffine Zellen; chromaffine Organe; Paraganglion. *Prag. med. Wochenschr.*, 1902, XXVII; *Arch. f. mik. Anat.*, Bd LXI, 1903, S. 263. — Kose, U. das Vorkommen « Chromaffiner Zellen » im Sympathicus des Menschen u. Saügethiere. *Prag. Jahrg.*, 1898; *Anat. Anz.*, 1902, S. 162. — Krause, *Die Anatomie des Kaninchens*, Leipzig. 1878. — Kudinzew, Zur Lehre von den Glandulis suprarenalibus Vorläufige Mittheilung. *Wratch*, 1897. — Kühn, U. das Vorkommen access. Nebennieren. *Zeitschrift f. rat. Medicin*. 1866, p. 147. — Laignel-Lavastine, Recherches sur le plexus solaire. *Thèse Paris*, 1903. — Langlois, Sur les fonctions des capsules surrénales. *Thèse de Doctorat ès sciences*, Paris. 1897. — Langlois et Beins, Les capsules surrénales pendant la vie fœtale. *C. R. de la Société de Biologie*, 25 février 1899. — Lavdosky, *Mikroskop. Anat.*, 1887. — Le Dentu, *Affections chirurgicales des reins, des uretères et des capsules surrénales*, Paris, 1889. — Leydig. *Hist. Untersuch. u. Fische u. Reptilien*, Berlin. 1853; *Traité d'histologie*, 1866. — Liebmann. U. die Nebennieren u. Sympath. bei Hemicephalen. *Inaug. Diss.*, Bonn, 1886. — Lindsay. *Dublin Journal of Med.*, 1838, XIII, 395. — Loisel, *C. R. Soc. Biol.*, 1902, p. 953. — Lomer. U. ein eigenthümlicher Verhalten der Nebennieren bei Hemicephalen. *Arch. f. path. Anat. u. Phys.*, 1884, Bd XCVIII. — Lubarsch, *Virchow's Arch.*, 1894. — Luschka, *Anat. des Menschen*, Tubingen, 1863, Bd II, Abtheil. — I. Magnus, U. das anat. Verhalten der Nebenniere. Thyroidea u. Thymus u. Sympathicus bei Hemicephalen. *Inaug. Diss.*, Königsberg, 1889. — Malacarne, In oggetti piu interess. di Obstetrica e di Storia naturale. *R. Univ. Padua*, 1807: Descrizioni di 4 monstri umani acefali. — Manasse, U. die Beziehungen der Nebennieren zu den Venen u. den venosen Kreislauf. *Archiv. f. path. Anat. u. Phys.*, 1894, Bd CXXXV. t. II, p. 263. — Marchand, U. accessor. Nebennieren in ligamentum latum. *Arch. f. path. Anat. u. Physiol.*, 1883, t. II, p. 11; Beit. zur Kentniss der norm. u. pathol. Anat. der Glandula carotica u. der Nebennieren. *Int. Beitr. zur Medicin*, 1891, Bd I, p. 535. — Martin, *Bull. Soc. Anat.*, 1826, n° 3. — de Martini, Sur un cas d'absence congénitale des capsules surrénales. *C. R. Acad. des Sciences*, 1853, t. XLIII, p. 1052. — Martinotti, Contributo allo studio delle capsule surrenali, *Giornale d. R. Accademia de medicina*, Torino. 1892. — Mathias Duval, *Atlas d'Embryologie*, Paris, 1889. — Matsoukis Calogero, Étude sur les capsules surrénales. *Thèse Paris*, 1901. — Mattei, Sulle fibre muscolari lisse delle capsule soprarenali allo stato normale e pathologico e sull' adenoma di questi organi. *Giorn. d. R. Accad. di Medicina*, Torino, 1886, n° 6, p. 322; Sulla iperplasia compensatoria delle capsule soprarenali. *Ibid.*, XXXIV, p. 127. — Mayer, *De gland. suprarenalib.*, Francfort, 1784. — Mayer, Beobachtungen u. Reflexionen u. Bau u. Verrichtungen d. sympath. Nervensystemes. *Sitz. des K. Akad. d. Wiss.*, Abth. III, 1872, Bd LXV, H. 5. — Meckel, U. die Schilddrüse, Nebennieren u. einige ihnen verwandte Organen. *Abhandl. aus der menschl. u. vergl. Anat.*, Halle, 1806; Beschreibung dreier kopfloser Missgeburten. *Beitr. zur vergl. Anat.*, 1808, Bd I, H. II; *Manuel d'Anatomie*, Paris, 1835, t. III, p. 585. — Méry, Observations faites sur un fœtus humain monstrueux. *Hist. de l'Acad. des Sciences*, Paris, p. 13; *Mémoires*, 1720, p. 8. — Meyer, Die subserösen Epithelknötchen an Tuben, Ligamentum latum, Hoden u. Nebenhoden (sogenannte Keimepithel oder Nebennieren Knötchen). *Virchow's Arch.*, Bd CLXXI, S. 443. — Michael, Zum Vorkommen accessorischer Nebennieren. *Deut. Arch. f. klin. Chirurgie*, 1888, Bd XLIII, H. 1, p. 120. — v. Mihalcovicz, Untersuchungen u. die Entwick. des Harn- u. Geschlechtsapparates der Amnioten. *Internat. Monatschrift. für Anat. u. Histol.*, 1885, Bd II, p. 387. — Milne Edwards. *Leç. s. la phys. et l'anat. comparée de l'homme et des animaux*, 1862, t. VII. — Minot, Morphology of the suprarenal capsules. *Proceed. of the american assoc. for the advanc. of Sciences*, 1883. XXXIV. — Minot, *Lehrbuch d. Entwicklungsgeschichte d. Menschen*, 1894. — Mitsukuri. On the development of the suprarenal Bodies in Mammalia. *Quaterly Journ. of microscopic. Science*, 1882; *Studies from the morphological Laboratory in the University of Cambridge*, 1882, t. II. — Moers, U. den feineren Bau der Nebenniere. *Archiv. f. path. Anat. Phys.*, 1864, Bd. XXIX, p. 336. — Mollière, Art. « Surrénale » in. *Dict. encyclop. Dechambre*. — Moore et S. Vincent. *Proc. Roy. Soc. Lond.*, vol. LXII. — Morano. *Studio sulle capsule surrenali*, Naples. 1870. — Morgagni, *Epist. Anat.*, XX. — Muhlmann. Zur histologie der Nebennieren. *Arch. f. path. Anat.*, Bd CXLVI. — Muller. *Anat. u. Phys. des Rindes*. 1876. t. I; *Anat. u. Phys. des Pferdes*. 1879. — Mulon. Constitut. du corps cellulaire des cellules dites spongieuses des capsules surrenales chez le cobaye et le chien. *C. R. Soc. Biol.*, 22 nov. 1902; Excrétion des capsules surrénales du cobaye dans les vaisseaux sanguins. *C. R. Soc. Biol.*, 27 décembre 1902; Sur une localisation de la lecithine dans les capsules surrénales du cobaye. *C. R. Soc. Biol.*. 17 janvier 1903: Sur une reaction colorante de la graisse des capsules surrénales du cobaye. *C. R. Soc. Biol.*. 4 avril 1903: Divisions nucleaires et rôle germinatif de la couche glomérulaire des capsules surrenales du cobaye. *C. R. Soc. Biol.*, 9 mai 1903; Sur le pigment des capsules surrénales chez le cobaye. *Comptes rendus de l'Association des anatomistes*. 1903; *C. R. Soc. Biol.*. 1904. — Nagel. C. die Struktur der Nebennieren. *Müller's Arch. f. Anat. u. Phys.*. 1838; De renum succ. in mammalia. *Diss. inaug.*, Berlin, 1838. — Nattan Larrier et R. Lœwy. *Soc. Anat.*. 7 mars 1902. — Œsterlen. *Beiträge zur Physiologie des Organismus*. Iena, 1843. — Oppenheim. Les capsules surrénales. *Thèse Paris*, 1902. — Osawa. Nebennieren von Hatteria punctata. *Arch. f. mikr. Anat.*, Bd XLII. — Osborne et Vincent. *Journ. of. Phys.* 1900: Vincent. *Journal of Phys.*, 1903. — Otto, *Neue selt. Beobacht.*. p. 121, pl. II. — Owen. *Anat. of vertebrates*, London, 1866-68. — Pappenheim, Ueber den Bau der Nebenniere. *Archiv. für Anat. u. Phys.*, 1840. p. 534. — Parodi, *G. della R. Acad. di Torino*. juin 1903. — Pettit. Recherches sur les capsules surrénales. *Thèse de doctorat ès-sciences*. Paris. 1896. — Pfaundler, Zur Anatomie der Nebenniere. *Sitzungsberichte der Kaiserlichen Akad. der Wissenschaften*, Wien, 1892, p. 513. — Pilliet, Capsules surrénales dans les organes dérivés du corps de Wolff. *Progrès médical*. 1891; Caps. surrén. dans le plexus solaire. *Bull. Soc. Anat.*, 1891; Etude histologique sur les altérations séniles de la rate. du corps thyroïde et de la capsule surrénale. *Archives de Médecine expérimentale et d'Anatomie pathologique*, 1893, n° 3, p. 320-344; Capsule surrénale située sous la capsule fibreuse du rein droit. *Bulletin de la Société Anatomique*, Paris, 1893. p. 584. — Pilliet et V. Veau, Capsule surrénale aberrante du ligament large. *C. R. Soc. Biol.*. 16 janvier 1897. — Platner. *Archiv. f. mikrosk. Anat.*. t. XXXIII. — Poll, Veränderungen der Nebennierre bei Transplantation. *Inaug. Diss.*, Berlin, 1900; Die Anlage der Zwischenniere bei der Haifischen. *Arch. f. mikrosk. Anat.*, 1903, LXII. p. 138. — Poujol, *Description anatomique d'un corps monstrueux*, Trévoux, 1706. — Rabl, Entwicklung u. Structur der Nebennieren bei den Vogeln. *Arch. f. mikr. Anat.*, 1891. — Ranby, *Philosoph. Transact.*, 1725. t. XXXIII, n° 387. — Rauber. Zur feineren Structur der Nebennieren. *Inaug. Diss.*, Berlin. 1881. — Rayer. *l'Expérience*. 1837, n° 2, p. 17; *Traité des maladies des reins*. 1839. — Reitmann. *De thyroidæ, thymi atque suprarenalium glandularum in homine nascendo et nato functionibus*, 4°, Argentorati, 1753. — Renaut, *Traité d'histologie pratique*, t. I. — Biegels, *De usu glandularum superrenalium in animalibus et de origine adipis*, Copenhague. 1790. — Rokitansky, *Handbuch der pathol. Anat.*, Bd III. p. 381. — Rolleston, Note on the anatomy of the suprarenal bodies. *Journ. of Anat. and Phys.*, 1892, XXVI; *British med. Journ.*. 1895, p. 629, 687, 745. — Rossa, *Archiv f. Gynäk.*, 1898. Bd LVI, p. 296. — Sappey. Descript. et iconographie des vaisseaux lymphatiques. *Traité d'Anatomie*. 1885. — Schet. *Presse méd. Belge*. mai 1870. t. XXII, p. 33. — Schmidt, *Dissertatio de glandulis suprarenalibus*. 1785. — Schmitz, *De renum succentur. Anat. phys. et pathol.*, Bonn. 1842. — Schmorll. Zur Kentniss der access. Nebennieren. *Beiträge zur path. Anat. u. z. allg. Path.*. 1890. — Schwager-Bardeleben, *Obs. microsp. de gland. ductu excretorio carentibus*, Berlin. 1842. in-8°. — Sebastian, *De renibus access.*, Groningue. 1837. in-8, avec 3 pl. — Seiler. Nebennieren. in *Med. Realwörterbuch von Pierer u. Choulant*. Altenburg. 1823. — Semon. Stud. über die Bauplan des Urogenital systems der Wirbelthiere. *Jenaische Zeitschrift*. 1891. t. XXVI. — Semon, U. die morphologische Bedeutung der Urniere in ihrem Verhältniss zur Vorniere u. Nebenniere u. über ihre Verbindung mit dem Genitalsystem. *Anat. Anzeiger*. 1890. — Semper. *Arbeiten aus der Zool. Instit.*, Wurtzburg, 1875, t. II. — Solger. Nebenniere. *Handbuch der Harn. Sexualorgan. von Zulger*. Leipzig. 1893. — Sommering. *Beschr. u. Abbild. einiger Missgeburten*. 1792. — Soulié. Sur les premiers dev. de la capsule surrenale chez qq. mammif. *Assoc. des Anat.*. 1902-1903; *C. R. Soc. Biol.*. 1902; *Thèse doct. ès sciences*, Paris, 1903. — Spengel, Urogenitalsystem der Amphibien. *Arbeit. aus der zool. Inst. zu Wurzburg*, Bd III. — Stannius, *Arch. f. Anat. u. wiss. Medicin*. 1839. p. 97: *Handbuch der vergleich. Anat.*. 2 Auflage. Bd II. — Srdinko. Struct. et developpement des surrenales chez les anoures. *Anat. Anzeiger*. 5 dec. 1900. Stilling, Zur Anat. der Nebennieren. *Archiv. f. path. Anat. u. Phys.*. 1887. p. 324: — Sur l'hypertrophie compensatrice de capsules surrénales. *Revue de Médecine*. 1888. p. 419; *Arch. f. path. Anat.*, 1889. p. 569; Du ganglion intercarotidien. *Rev. inaugurale de l'Univ. de Lausanne*. 1892; *Arch. f. mikroskop. Anat.*. 1898, Bd LII; Die chromophilen Zellen u. Körperchen des Sympathicus. *Anat. Anzeiger*. 1898. Bd XV. — Stöhr. *Lehrbuch d. Hist*. 1896. — Swale Vincent. On the morphology and physiology on the suprarenal capsules in fishes. *Anat. Anzeiger*, 1897, Bd XIII; *Anat. Anzeiger*, 1900, Bd XVIII, nos 2, 3, 20, 21; Till comparative histology of the suprarenal capsules. *Phys. Laboratory Univ. Coll. London. Collected Papers*, 1897-99, XI; The comparative Physiology of the suprarenal capsules. *Proc. roy. Soc. London*, 1897, LXI; The carotic gland of mammalia and its relation to the suprarenal capsule with some remarks upon internal secretion and the phylogeny of the latter organ. *Anat. Anzeiger*, 1900, Bd XVIII; *Journal of Anat. and Phys.*, oct. 1903. — Swammerdam. *Biblia Naturæ*, t. II, p. 794. — Swann, *Illustrations of the comparative Anatomy of Nervous systems*, 1825. — Svehla, Recherches sur la secretion interne du thymus, du corps thyroïde et des capsules surrenales des embryons. *Archiv. f. exper. Pathol. u. Pharmak.*, 1900, p. 321. — Tereg, Nebennieren, in *Vergleichende Histologie der Haussaugethiere von Ellenberger*, 1887. — Testut, *Anat. descript.* — Teyssedre, Anom. de dev. du rein. *Thèse Paris*, 1892. — Thum, *Collect. ad physiol. et path. renum succenturiatorum*, Halle. — Tiedmann, *Anat. der kopflosen Missgeburten*, Landshut, 1843. — Tuffier, La capsule adipeuse du rein. *Rev. Chirurgie*, 1890. — Tuffier et Lejars, Les veines de la capsule adipeuse du rein. *Arch. Phys.*, 1892. — Valenti, Sullo sviluppo delle capsule surrenali nel pollo ed in alcuni mammiferi. Pisa, 1888. *Archiv. ital. Biologie*, 1889, t. XI, p. 424. — Valsalva, Diss. ad excretor. ductus renum succentur. *Diss. Anat.*, III. — Vialleton, Structure de la capsule surénale. *Nouv. Montpellier médical*, 1898. — Virchow, Zur Chemie der Nebennieren. *Arch. f. path. Anat. u. Phys.*, 1857, XII. — Voigtel, *Handbuch der path. Anat.*, t. I, p. 555. — Vogt et Yung, *Traité d'Anat. comparée prat.*, 1894, p. 947. — Vulpian, Note sur quelques réactions propres a la substance des capsules surrenales. *C. R. Académie des Sciences*, 1856, p. 663; *Moniteur des hôpitaux*, Paris, 1866. — Weigert, Hemicephalie u. Aplasie der Nebennierne. *Archiv. f. path. Anat. u. Phys.* 1885, Bd C, p. 176; 1886, Bd. CIII, p. 204. — Weldon, On the suprarenal Bodies of verteb. *Stud. from the morphol. Laboratory in the Univ. of Cambridge*, t. II; *Quarterly Journ. of microsc. Science*. 1884, t. XXIV, p. 171: On the suprarenal Bodies of vertebrata. *Quarterly Journ of microsc. Science*, 1885, t. XXV, p. 137. — Welsch et Delphing, *Examen renum succenturiatorum*, Lipsiæ, 1691, in-4°. — Werner, De capsulis surrenalibus. *Inaug. Diss.*, Dorpat, 1857. — Wichmann, Beitrage zur Kentn. d. Baues u. Entwick. der Nierenorgane der Batrach. *Inaug. Diss.*, Bonn, 1884. — Wiedersheim, *Manuel d'anat. comparée des vertébrés*, trad. Moquin-Tandon, Paris, 1890. — van Wijhe, *Archiv. f. mikrosk. Anat.*, 1889, XXXIII, p. 461. — Wiesel, U. die Entwicklung der Nebenniere des Schweines besonders der Marksubst. *Anatomische Hefte*, 1901, I, XVI, p. 115; U. die Entwicklung der Nebenniere der Menschen. *Centralblatt f. Physiol.*, 1902, n° 2; *Anat. Hefte*, 1902, 1, XIX, p. 483. — Winckel, Rapp. au XIIIe Cong. international Munich. *Rev. Gynec.*, sept. 1900, p. 822. — Zander, U. funct. u. genetische Beziehungen der Nebennieren zu andern Organ, speciell zu Grosshirn. Kritische Studien auf Grund von Beobacht an menschlichen Missgeburten. *Beitr. z. path. Anat. u. zu allg. Path.*, 1890, VII, p. 439. — Zellweger, *Untersuchungen u. die Nebennieren*, Frauenfeld. 1858. — Zuckerkandl, U. Neben organe des sympathicus im Retroperitonealraum des Menschen. *Verhandl. der anat. Gesellsch. Bonn.* mai 1901. Iena.

TABLE DES MATIÈRES

DU FASCICULE II DU TOME V

ORGANES DES SENS

LE TÉGUMENT EXTERNE ET SES DÉRIVÉS

par A. BRANCA

Pages.

ARTICLE I

LA PEAU

ARTICLE II

LES GLANDES CUTANÉES

I. Les Glandes sudoripares.

II. Les Glandes sébacées.

ARTICLE III

L'ONGLE

ARTICLE IV

LE POIL

APPAREIL MOTEUR DE L'OEIL

par M. MOTAIS (d'Angers).

APPAREIL DE LA VISION

par A. DRUAULT

ANNEXES DE L'OEIL

par M. PICOU

APPAREIL AUDITIF

OREILLE EXTERNE

par M. GUIBÉ

OREILLE MOYENNE

par M. GUIBÉ

OREILLE INTERNE

par André CANNIEU

PREMIÈRE PARTIE

DEUXIÈME PARTIE

NEZ ET FOSSES NASALES

par JACQUES

GLANDES SURRÉNALES

par Gabriel DELAMARE

47318. — Paris, imprimerie Lahure, 9, rue de Fleurus.

CPSIA information can be obtained
at www.ICGtesting.com
Printed in the USA
BVHW04*1000170818
524841BV00006B/365/P

9 780656 488711